Manfred Kochsiek (Hrsg.)

Handbuch des Wägens

Manfred Kochsiek (Hrsg.)

Handbuch des Wägens

Mit 492 Bildern und 21 Tabellen

Springer Fachmedien Wiesbaden GmbH

CIP-Kurztitelaufnahme der Deutschen Bibliothek

Handbuch des Wägens / Manfred Kochsiek (Hrsg.). –
Braunschweig; Wiesbaden: Vieweg, 1985.

NE: Kochsiek, Manfred [Hrsg.]

Verlagsredaktion: *Alfred Schubert*

Satz: Vieweg, Braunschweig

ISBN 978-3-528-08572-8 ISBN 978-3-322-90126-2 (eBook)
DOI 10.1007/978-3-322-90126-2

Vorwort

Mit dem Handbuch des Wägens soll ein Gesamtüberblick über die Wägetechnik und damit zusammenhängende Fragen gegeben werden. Der Zeitpunkt der Herausgabe erscheint günstig, da der Umbruch von der Feinmechanik zur Elektronik in der Wägetechnik einen gewissen Abschluß erreicht hat. Die gegenwärtige und zukünftige Entwicklung in diesem Bereich führt durch das Vordringen des Mikroprozessors zu größerer Wirtschaftlichkeit, zu weiterer Miniaturisierung, zu einer wesentlichen Funktionserweiterung und zu einem höheren Bedienungskomfort.

Das Handbuch wendet sich sowohl an Naturwissenschaftler, Ingenieure und Studenten als auch an die Benutzer von Waagen in den verschiedensten Bereichen. Es werden deshalb neben den physikalisch-technischen Grundlagen auch technische Daten, Einsatzgebiete und Hinweise zum richtigen Einsatz von Waagen aufgeführt. Mit der angegebenen Literatur sollte es möglich sein, auch weitergehende Fragen zu klären. Es wurden drei Schwerpunkte ausgewählt: Die physikalisch-technischen Grundlagen der Waagen (Kap. 3), Fragen der metrologischen Zuverlässigkeit und des gesetzlichen Meßwesens (Kap. 6, 9, Anh. B) sowie ein Überblick über die geschichtliche Entwicklung (Anh. A). Die Verfahren der analogen bzw. digitalen Signalverarbeitung werden nicht näher behandelt, da sie zum allgemeinen Stand der Technik gehören und nicht auf das Gebiet der Wägetechnik beschränkt sind.

Das Handbuch geht auf die Grundlagen der Massebestimmung einschließlich der Meßunsicherheiten ein und zeigt hiermit auch die derzeitigen Grenzen des Aufbaus der Masseskale auf. Die Fortschritte der Sensor-, Analog- und Digitaltechnik für die Wägezelle – das Herz jeder modernen Waage – werden verdeutlicht. Die Unterscheidung nach Waagenbauarten ist entsprechend der Gruppeneinteilung nach DIN 8120 vorgenommen worden. In jeder der dargestellten Waagengruppen werden die Bauarten mit ihren Meßprinzipien, technischen Ausführungen, Wägebereichen, erreichbaren Unsicherheiten sowie zu beachtenden Besonderheiten behandelt. Fragen des Wägekomforts bzw. der Wirtschaftlichkeit durch Anbau oder Integration von Zusatzeinrichtungen wie Rechner, Drucker, Bildschirm oder EDV-Anlagen werden erläutert. Entsprechend ihrer Bedeutung für den geschäftlichen und somit eichpflichtigen Verkehr werden Anforderungen und Prüfungen eichfähiger Waagen gesondert dargestellt. Wichtig sind in diesem Zusammenhang die Kenntnis der Umwelteinflüsse, unter denen eine Waage noch fehlerfrei arbeitet, sowie Fragen der Zuverlässigkeit und Funktionsfehlererkennung.

Einige weitere Themen, die immer wieder an den Herausgeber herangetragen wurden und die für einen größeren Leserkreis von Interesse sein dürften, werden im Anhang behandelt.

Das Handbuch wird ergänzt durch ein ausführliches Sachwortverzeichnis.

Die Autoren haben sich bemüht, den neuesten Stand der Wägetechnik darzustellen, dennoch bleibt es unvermeidlich, daß manches in einigen Jahren vom technischen Fortschritt überholt sein wird. Autoren und Herausgeber bitten daher die Leser um entsprechende Hinweise und Ergänzungsvorschläge.

Allen Autoren des Handbuchs sei an dieser Stelle für ihre Mitarbeit gedankt.

Braunschweig, Dezember 1984 *Manfred Kochsiek*

Inhaltsverzeichnis

Autorenverzeichnis

Ach, Karl-Heinz, Dipl.-Phys.
Oberregierungsrat a. D., früher Laboratorium „Masseneinheit" der Physikalisch-Technischen Bundesanstalt (PTB), Braunschweig

Balhorn, Reiner, Dr. rer. nat.
Leiter des Laboratoriums „Masseneinheit" der Physikalisch-Technischen Bundesanstalt (PTB), Braunschweig

Daentzer, August, Dipl.-Ing.
Technischer Leiter der Fa. Eßmann Wägetechnik, Halstenbek

Debler, Erhard, Dr.-Ing.
Leiter des Laboratoriums „Selbsttätige Waagen" der Physikalisch-Technischen Bundesanstalt (PTB), Braunschweig

Felden, Gerd, Dipl.-Ing.
Produkt-Manager für Europa der Fa. Toledo, Köln

Giesecke, Peter, Dr.-Ing.
Konstruktionsleiter bei der Fa. Schenck, Darmstadt

Goffloo, Klaus, Dr. rer. nat.
Leiter Absatz und Entwicklung der Fa. seca Vogel und Halke, Hamburg

Horn, Klaus, Prof. Dr.-Ing.
Leiter des Institutes für Meßtechnik und Austauschbau der Technischen Universität Braunschweig

Jenemann, Hans, Dipl.-Chem.
z. Zt. der Abfassung des Manuskriptes Wissenschaftlicher Mitarbeiter bei der Fa. Schott, Mainz

Kamuff, Richard, Ing. (grad.)
Programmbereichsleiter bei der Fa. Schenck, Darmstadt

Kochsiek, Manfred, Dr.-Ing.
Direktor und Professor an der Physikalisch-Technischen Bundesanstalt (PTB), Braunschweig

Kraushaar, Herbert, Dipl.-Ing.
Geschäftsführer der Arbeitsgemeinschaft Waagen, Frankfurt

Kupper, Walter, E. Dr.
Produktmanager, Mettler-Instr. Corp, Hightstown, USA

Müller, Norbert, Dipl.-Ing.
stellvertr. Abteilungsleiter bei der Fa. Schenck, Darmstadt

Nagel, Erik, Ing. (grad.)
Programmbereichsleiter bei der Fa. Schenck, Darmstadt

Nebuth, Karl-Heinz, Ing. (grad.)
Ober-Ing. bei der Fa. Schenck, Darmstadt

Ockert, Horst
Leiter des Technischen Büros bei der Fa. Soehnle-Waagen, Murrhardt

Oehring, Heinz-Arnold, Dipl.-Phys.
Oberregierungsrat im Laboratorium „Selbsttätige Waagen" der Physikalisch-Technischen Bundesanstalt (PTB), Braunschweig

Pearson, William
Leiter Mechanik-Entwicklung der Fa. seca Vogel und Halke, Hamburg

Sacht, Hans-Joachim, Dr.-Ing.
Unternehmensberater, Duisburg

Sandhack, Fritz, Ing.
Technischer Angestellter im Laboratorium „Nichtselbsttätige Waagen" der Physikalisch-Technischen Bundesanstalt (PTB), Braunschweig

Schulz-Methke, Hans-Dieter
zur Zeit der Abfassung des Manuskriptes Technischer Leiter der Fa. Espera, Duisburg

Schuster, Alfred, Dipl.-Ing.
stellvertr. Abteilungsleiter bei der Fa. Schenck, Darmstadt

Seiler, Eberhard, Dr.-Ing.
Leiter des Referates „Eichwesen" der Physikalisch-Technischen Bundesanstalt (PTB), Braunschweig

Sontopski, Willi, Ing. (grad.)
Leiter Elektronik – Entwicklung der Fa. seca Vogel und Halke, Hamburg

Thiele, Jörgen, Dipl.-Ing.
Geschäftsführer der Fa. Greif, Lübeck

Trapp, Wolfgang, Dr.-Ing.
eh. Direktor des Bayerischen Landesamtes für Maß und Gewicht, München

Volkmann, Christian Ulrich, Dr.-Ing.
Leiter des Laboratoriums „Nichtselbsttätige Waagen" der Physikalisch-Technischen Bundesanstalt (PTB), Braunschweig

Weinberg, Helmut, Obering.
Leiter der Abteilung Industrieanlagentechnik der Fa. Bizerba, Balingen

Wiedemann, Klaus, Dr.-Ing.
Wissenschaftlicher Angestellter im Laboratorium „Nichtselbsttätige Waagen" der Physikalisch-Technischen Bundesanstalt (PTB), Braunschweig

Wünsche, Wilfried, Dipl.-Ing.
Oberregierungsrat im Laboratorium „Selbsttätige Waagen" bei der Physikalisch-Technischen Bundesanstalt (PTB), Braunschweig

1 Von den Anfängen der Massebestimmung zur elektromechanischen Waage

W. Trapp

1.1 Anfänge der Massebestimmung

Das Meßwesen begann wahrscheinlich in vorgeschichtlicher Zeit mit Zeitbestimmungen und Wegmessungen, sowie einer Mengenschätzung des Warenaustausches. Die getauschten Produkte wird man anfänglich durch Benutzung von Hohlmaßen aus Holz oder Ton gemessen haben. Bald jedoch wurde die Masse bereits mit einfachen Waagen bestimmt. Diese Waagen bestanden aus einem Holzbalken mit Schnüren, an denen die beiden Schalen hingen und an denen der Waagebalken in der Mitte aufgehängt war. Derartige einfache Waagen gibt es in Südostasien noch heute mit einem Waagebalken aus Bambus.

1.2 Die Waage im Altertum

Die ältesten uns bekannten Funde von Meßgeräten stammen aus Vorderasien und Ägypten. Die Babylonier kannten schon ein staatlich überwachtes Meßwesen, das in seinen Anfängen auf die Sumerer oder auf noch ältere Kulturen zurückgeht. Überliefert sind nur noch auf Standbildern eingemeißelte Längenmaße und ausgegrabene Normal-Gewichtstücke. Sie tragen Zeichen des jeweiligen Herrschers als Beurkundung ihrer Richtigkeit. Als Massenormale benutzte man mit einem Handgriff versehene Steine, Steinwalzen oder Wägestücke aus sorgfältig behauenen und geglätteten Steinen in Gestalt heiliger Tiere.

Später wurden die Massenormale aus Kupfer oder Bronze gefertigt. Die Normale wurden in den Tempeln unter Obhut der Priester aufbewahrt und standen somit unter göttlichem Schutz.

Die z. Z. ältesten aufgefundenen Gewichtstücke stammen aus den Gräbern von Nagada in Oberägypten. Es sind Stücke von zylindrischer Form, deren Alter auf 9000 Jahre geschätzt wird. Auch der Rest der ältesten bekannten Waage wurde dort entdeckt. Der Fund, der jetzt im Science Museum in London ausgestellt ist, besteht aus einem Waagebalken aus rötlichem Kalkstein mit Bohrungen in der Mitte sowie an beiden Enden und hat eine Länge von 8,5 cm (Bild 1.1). Die Waage wird auf etwa 5000 Jahre vor unserer Zeitrechnung datiert [4, 6].

1.2.1 Die gleicharmige Balkenwaage

Auf den Denkmälern und Papyrusrollen Ägyptens sind zahlreiche Darstellungen der gleicharmigen Balkenwaage erhalten. Die Waage ist vielfach auch in den ägyptischen Totenbüchern abgebildet worden, jenen Sammlungen von Gebeten, die man den Verstorbenen mit ins Jenseits gab. Die Waage ist hier als einfacher zweiarmiger Querbalken mit zwei Waagschalen dargestellt. Der Waagebalken wurde in der Mitte an einer Schnur, die an einer festen Stütze befestigt war, aufgehängt. Die Schnur wurde entweder um den Waagebalken herumgewickelt

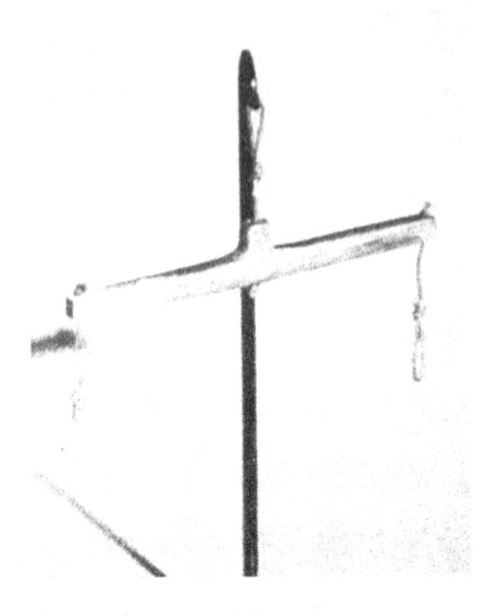

Bild 1.1
Waagebalken aus rötlichem Kalkstein. Aus einem Grab der amratischen Periode Ägyptens, um 5000 v. Chr. *Quelle:* [4]

oder durch ein in den Balken gebohrtes Loch hindurchgezogen (Bild 1.2). Es gab auch Waagen, bei denen die Schnur an einem mit dem Waagebalken fest verbundenen Metallring befestigt war.

Um das Jahr 1500 v. Chr. gab es wesentliche Verbesserungen an den altägyptischen Waagen, nämlich ein Fadenlot, das an der Konsole hängt, die mit der Stütze verbunden ist und einen Zeiger in der Mitte des Waagebalkens hat. Die Waagschalen hatten die Form flacher Teller und waren mit Fäden an den Enden des Waagebalkens aufgehängt [6, 10].

Ob die Griechen die Waage selbst erfunden oder von einem anderen Volk übernommen haben, wissen wir nicht. Auf jeden Fall ähneln die frühesten Waagen der alten Griechen denen der Ägypter sehr. Statt dessen wissen wir aber, daß die alten Griechen als erste die Theorie der Waage entwickelt haben. *Aristoteles* (389–322 v. Chr.), *Euklid* (um 300 v. Chr.) und *Archimedes* (287–212 v. Chr.) befaßten sich mit den Problemen des Gleichgewichts am gleicharmigen Hebel, der Konstanz der Waage, der Abhängigkeit der Empfindlichkeit der Waage von der Hebellänge u. ä.

1.2.2 Die einfache Laufgewichtswaage

Die Erfindung der Laufgewichtswaage wird zwar den Römern zugeschrieben, doch gab es diese „römische Schnellwaage" bereits bei den Etruskern und im alten Ägypten. Auch die Spanier haben nach der Eroberung Perus diese bei den Inkas vorgefunden. Ihren Namen hat sie wahrscheinlich von dem arabischen Wort „romanu" Granatapfel, da das Laufgewicht im Orient vielleicht diese Form hatte. Doch ist auch die andere Hypothese, die statera romana als „römische Waage" auslegt, nicht ganz von der Hand zu weisen, da diese Art Waagen in Italien zuerst die größte Verbreitung gefunden hat.

Die Erfindung der Laufgewichtswaage hatte naturgemäß eine überragende Bedeutung, da die praktische Verwendung im Handelsverkehr gegenüber der gleicharmigen Waage große Vorteile bietet. Es läßt sich mit einem Laufgewicht, das je nach dem Verhältnis der Hebelarme um ein vielfaches leichter als die Last ist, wesentlich schneller und einfacher wiegen als mit der gleicharmigen Waage mit ihren vielen Gewichtstücken. Natürlich ist die Schnellwaage nur anwendbar, wenn nicht so hohe Ansprüche an die Genauigkeit gestellt werden.

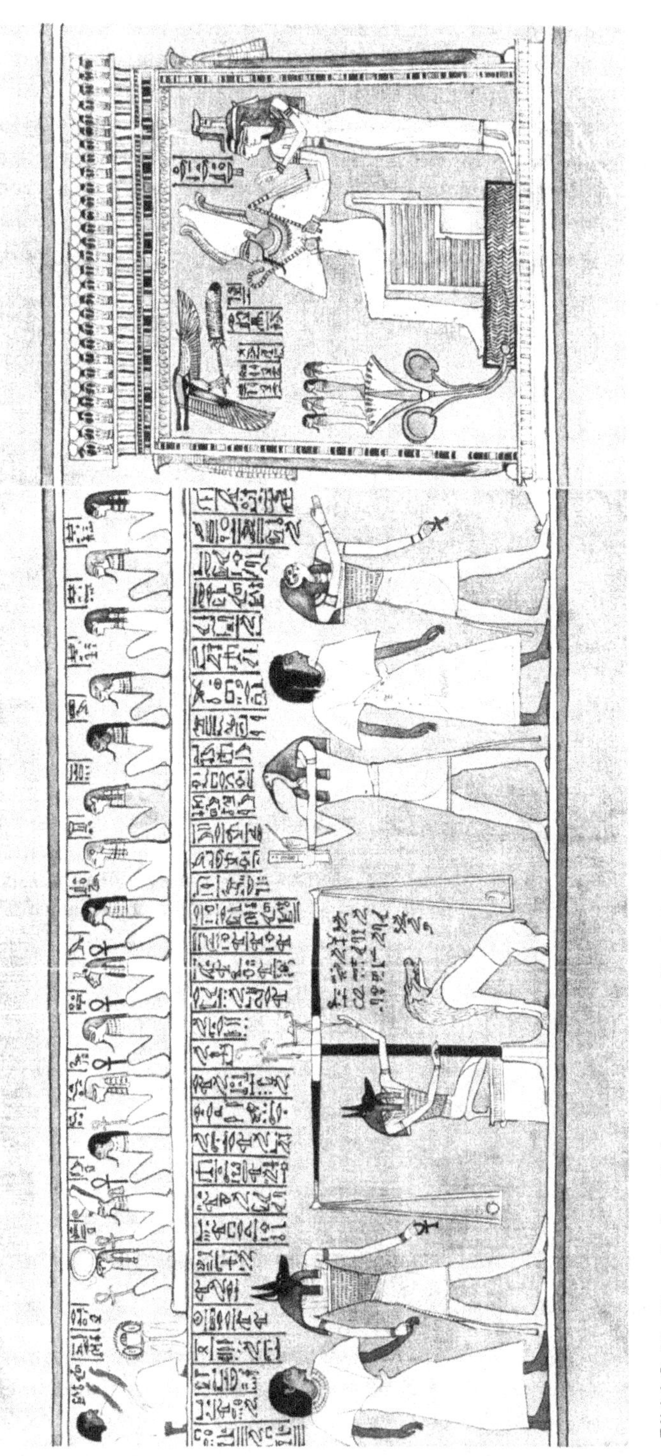

Bild 1.2 Die Waage im ägyptischen Totengericht. Nach einem Papyrus des 13. Jahrhunderts v. Chr.
Quelle: Deutsches Museum, München

Manche Laufgewichtswaagen hatten zwei Haken zum Anhängen der Last und damit zwei Wägebereiche. Das Laufgewicht wurde meist künstlerisch gestaltet. Man hat von diesen Waagen eine ganze Anzahl, besonders in Pompeji gefunden. Der größte Teil besteht aus Bronze und ist von unterschiedlicher Ausführung. Die einen Laufgewichte hatten einfache geometrische Formen, Rauten, Oktogone, Pyramiden, abgestumpfte Kegel; andere sind Abbildungen von Gebrauchsgegenständen, von Früchten und Tieren oder vor allem von menschlichen Büsten (Bild 1.3) [4, 6, 10].

In allen von Rom eroberten Ländern sind solche Waagen oder deren Reste gefunden worden.

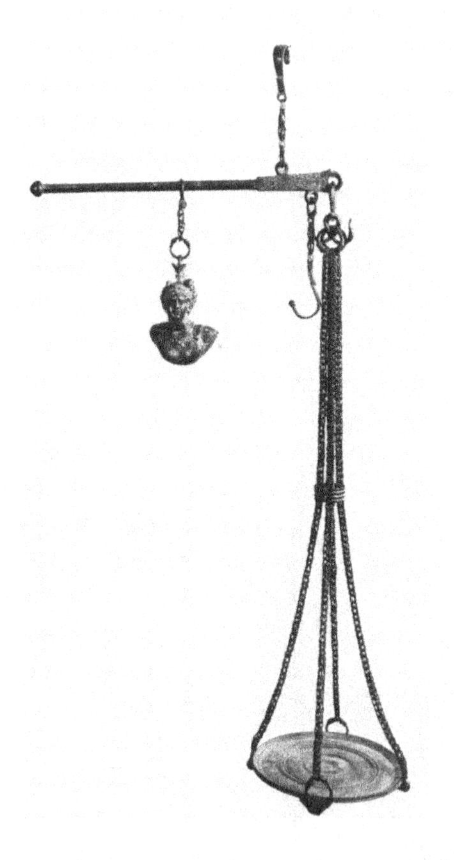

Bild 1.3
Römische Waage mit Laufgewicht in Form einer kleinen Büste. Waagebalken 36 cm lang
Quelle: Deutsches Museum, München

1.3 Die Entwicklung der Handelswaage bis zum Ende des 18. Jahrhunderts

1.3.1 Handelsbräuche und behördliche Aufsicht

Mit dem im Mittelalter vom Landesherrn verliehenen Marktrecht war unlösbar das Recht über Maß und Gewicht verbunden, denn ohne Messen ist ein Warenaustausch nicht denkbar. Die einheitliche Regelung des Maß- und Gewichtswesens ist seit alters her Aufgabe der öffentlichen Gewalt. Am Beispiel der Stadt München soll in kurzen Zügen das gesetzliche Meßwesen des Mittelalters geschildert werden, das sich in dieser Art bis ins 18. Jahrhundert gehalten hat. Am 10. Februar 1353 wird München mit der landesherrlichen Fronwaage belehnt und hat damit das volle Recht über Maß und Gewicht. Diese „Fronwaage" ist die öffentliche Marktwaage, über die alle Waren laufen müssen, die nach Gewicht gehandelt werden (Bild 1.4). Der Rat sorgt nunmehr für die Richtigkeit der im Handel benutzten Meßgeräte und Maßverkörperungen. Das Stadtrecht bedroht jeden, der falsches Maß besitzt und benutzt, mit 10 Schilling Strafe. Die Stadt hat eigene Normalgewichte und Normalmaße, das sogenannte Frongelöt und Fronmaß, nach dem alle im städtischen Verkehr benutzten Maße und Gewichte von vereidigten Beauftragten der Stadt geeicht werden müssen. Eine nach bestimmter Zeit vorgeschriebene Wiederholung der Eichung gibt es nicht. Dafür werden alle Vierteljahre die privaten Meßgeräte auf Fronzeichen (Eichzeichen) und richtige Eich (heute „Richtigkeit") geprüft.

Bild 1.4

Der Waagmeister. Kupferstich 1698
Quelle: Deutsches Museum, München

Außer der – präventiven – Kontrolle der Meßgeräte sieht das Eichrecht verpflichtete „Anwieger" für nach Gewicht gehandelte Waren und „Angießer" für Wein und Bier vor. Diese müssen – repressiv – täglich auf dem Markt, in Häusern und Schulen die Waren, die die Käufer holen, nachmessen und nachwiegen. Schenkwirte müssen das vorgeschriebene Schenkmaß auf den Schanktisch stellen, so daß sich jeder Gast vom richtigen Einschenken überzeugen kann. Dies gilt für den Kleinhandel innerhalb der Stadt. Das Wägen der Kaufmannsgüter im Großhandel geschieht an der Stadtwaage durch den verpflichteten Waagmeister, die Abmessung des nach Volumen gehandelten Getreides besorgen Kornmesser, das Abmessen sonstiger Lebensmittel Marktmesser, des Salzes eigene Salzmesser.

Das Messen der Handelswaren geschieht also nicht, wie heute in der Regel, in Selbstverantwortung der Gewerbetreibenden, sondern durch die Behörde selbst oder zumindest unter behördlicher Aufsicht.

Für die Tätigkeit der städtischen Marktmesser werden Gebühren erhoben, die in einer Marktordnung festgelegt sind. Fremde geben beispielsweise je Karren oder Wagen Obst 1₰. Kauft ein Gast Obst zur Ausfuhr, gibt er 2₰ gegen Quittung, die er dem Torzöllner vorzuweisen hat.

Der Marktmesser hat die städtischen Maße und Gewichte in Verwahrung, um sie gegen Entgelt auszuleihen. Er kassiert Standgeld und bewacht nachts die Stände mit den Waren [11].

1.3.2 Die Waagenbauer

Über die Waagen des späteren Mittelalters und ihre Hersteller wissen wir wenig. Nur soviel kann gesagt werden, daß Neues weder in der Theorie noch in der Praxis geschaffen wurde. Mittelalterliche Literatur über die Waage ist nicht bekannt.

Erst zu Beginn der Neuzeit bildeten sich einige Verbesserungen heraus. Der Schlosser *Jörg Heuß* hatte 1531 in Nürnberg drei Mehlwaagen mit einer Aufzieheinrichtung hergestellt. Im abgelassenen Zustand wurden die beiden Schalen zu ebener Erde belastet, auf die Gewichtsschale wurde eine grob geschätzte Anzahl an Gewichtstücken gelegt und mit einer Handkurbel über Zahnrad und Zahnstange die Waage bis zum freien Spiel angehoben. Mit kleineren Gewichtstücken wurde dann der Feinabgleich erreicht. Die Arbeitsersparnis muß beträchtlich gewesen sein, denn es wurde nicht nur ein Wägeknecht entlassen, sondern dem verbliebenen wurden auch die Bezüge gekürzt.

Mit dem Wachsen des Handelsverkehrs nahm auch die Höchstlast der Waage zu. Da die Güter mit Menschenkraft auf die Waage und von ihr weg befördert werden mußten, genügte eine Höchstlast von 10 Zentner, etwa 500 Kilogramm. Dieses Gewicht dürfte z. B. für die damals vorwiegend als Transportgebinde üblichen Fässer kaum überschritten worden sein.

Zur Arbeitserleichterung beim Wägen mit diesen großen Waagen wurde auch die Waage zum Verschieben eingerichtet. Der Waagebalken hing an einem Bock mit Rädern, der nach Art der Laufkatze eines Krans auf einem Holzbalken lief. Das Be- und Entladen wurde dadurch sehr erleichtert.

Vom 16. Jahrhundert an ist uns wieder wissenschaftliche Literatur überliefert, in der die Probleme der Waage behandelt werden. In Italien traten neben *Galilei* (1564–1642), dessen kleine Schrift „La bilancetta" erst nach seinem Tode veröffentlicht wurde, *Benedetto Castelli* (1577–1644) und *Viviani* (1622–1701) mit Abhandlungen über die Theorie der Waage hervor. Aber alle Resultate sind höchstwahrscheinlich von den Arabern übernommen.

Aus früherer Zeit als die genannten italienischen Schriften stammt das Buch des Nürnbergers *Gualtherius Rivius* „Vom rechten Verstand Waag und Gewicht etliche Büchlein", die der Verfasser im Jahre 1558 im Rahmen einer Sammlung „Der Architekturangehörigen eygentlichen Bericht" herausgab. Es ist eine Anleitung zum Bau von gleicharmigen Waagen und Schnellwaagen.

1747 erschien in den "Commentarii akademici" in Petersburg eine Abhandlung von *Leonhard Euler*, die die erste vollständige Theorie der Waage liefert.

Etwas mehr als zwei Jahrzehnte früher datiert das Buch von *Jacob Leupold* „Theatrum staticum, das ist Schauplatz der Gewicht-Kunst und Waagen", Leipzig 1726 [8]. Das Theatrum Staticum ist das erste umfassende Werk über Theorie und Praxis des Waagenbaus, das mehr als hundert Jahre das Standardwerk war. Es enthält auch eine Aufstellung aller damals in Deutschland gebräuchlichen Gewichtssysteme. Wenn auch von dem einen Fall der Waage von Roberval abgesehen, keine der beschriebenen Konstruktionen eine prinzipielle Neuerung darstellt, so sehen wir doch, wie sich bei einer fortschreitenden wirtschaftlich-technischen Entwicklung die Notwendigkeit ergibt, Waagen für spezielle Zwecke zu bauen.

Besonders zu erwähnen ist die „Leipziger Rats-Heuwaage“ von *Jacob Leupold,* die er in seinem Theatrum Staticum ausführlich beschrieben hat. Diese Waage war nach dem Prinzip der Laufgewichtswaage derart gebaut, daß ganze Fracht- und Heuwagen samt Ladungen gewogen werden konnten. Nach *Leupolds* Angaben bewirkte eine Zulage von einem halben Pfund noch einen Ausschlag am Waagebalken. Da der Leipziger Zentner 110 Pfund hatte, reagierte die Waage, deren Höchstlast 58 Zentner betrug, noch auf die erstaunlich geringe Differenz von $\frac{1}{12760}$.

Bild 1.5 zeigt ein stark vereinfachtes Schema. Die Waage war mit einer Art Laufkatze C an einem Holzbalken A B aufgehängt und wurde durch eine Luke über die Straße hinausgeschoben, wo die Waage mit Ketten angehängt und mit einem nicht gezeichneten Hubwerk in Wägestellung gebracht wurde. Es waren zwei Lastschneiden a^1 und a^2 und außer dem Laufgewicht b noch zwei Zusatzgewichte c^1 und c^2 vorhanden. Damit erhielt die Waage vier Wägebereiche von 3 Zentner bis 58 Zentner.

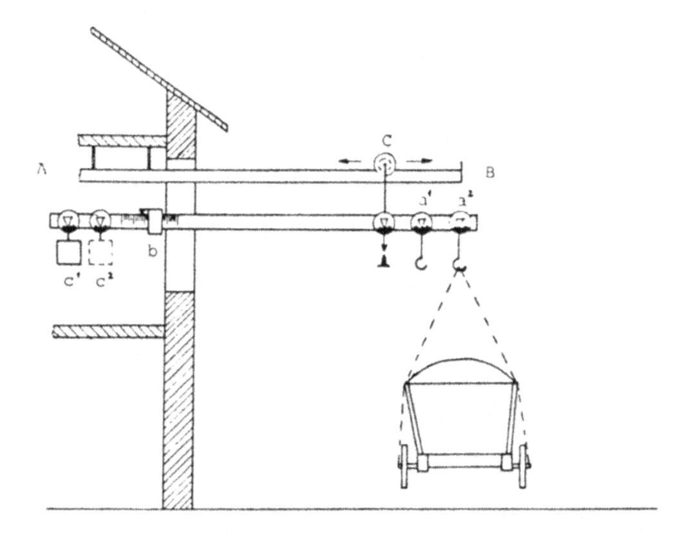

Bild 1.5
„Leipziger Rats-Heuwaage“
Quelle: [10] Seite 21

Von einer großen Empfindlichkeit abgesehen, bedeutete es einen beachtlichen Fortschritt, eine Laufgewichtswaage in dieser Größe zu bauen und damit Fuhrwerke zu wiegen. Das wahrscheinlich letzte Exemplar dieser Gattung wurde in jüngster Zeit in Norddeutschland aufgefunden, sorgfältig restauriert und im Waagenmuseum in Balingen aufgestellt (Bild 1.6) [4,8].

Naturgemäß konnte aber diese Art des Wägens den wachsenden Verkehrsansprüchen nicht genügen, denn das Anhängen der Last war zeitraubend und umständlich. So beginnen im 18. Jahrhundert die Versuche, das Prinzip der Tafelwaage, d. h. die Belastung von oben, auch auf Waagen großer Höchstlast anzuwenden.

Dieses Bestreben führte zu einer der bedeutsamsten Erfindungen des Waagenbaus, zu der Brückenwaage. Die Erfindung der ersten Brückenwaage wird dem Zimmermeister *John Wyatt* aus Birmingham zugeschrieben. Einzelheiten und Zeitpunkt der ersten Konstruktion sind nicht bekannt, doch nimmt man die Zeit um 1740 an, denn im Jahre 1744 wurde bereits von *James Edgell* eine Verbesserung der Wyattschen Waage in England zum Patent angemeldet.

Bild 1.6 Große Laufgewichtswaage, Heuwaage, im Balinger Waagenmuseum
1 Laufgewichtsbalken 2 Laufgewicht 3 Windwerk 4 Ketten zum Anhängen der Last
Quelle: Bizerba, Balingen

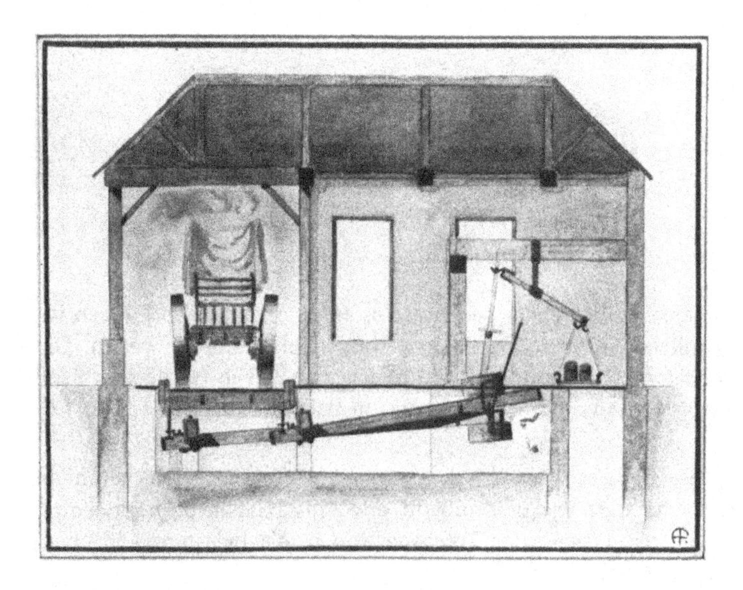

Bild 1.7
Eine der ersten Fuhrwerkswaagen mit Brücke in Straßenhöhe, um 1789
Quelle: Bizerba, Balingen

Die großen Lasthebel bestanden damals aus Holzbalken mit Eisenbeschlägen. Die Gewichtsschale befand sich bei der Ausführung nach *Wyatt* in einer Ebene mit den Lasthebeln, also mit in der Waagengrube. *Edgell* dagegen wollte offenbar die Gewichtsschale aus der Grube heraus auf die Erdoberfläche verlegen (Bild 1.7).

In einer vom Jahre 1789 datierten französischen Bilderhandschrift ist eine Brückenwaage dargestellt, die nach dem Substitutionsprinzip arbeitet. Die Waage, die wie die Wyattsche Waage gebaut war, wurde mit Hilfe einer Hilfsschale derart justiert, daß sich in der Gewichtsschale bei unbelasteter Waagenbrücke eine Anzahl von Gewichtstücken befand, die der Höchstlast entsprach. Bei Belastung wurden nun die entsprechenden Gewichtstücke entfernt, um wieder Gleichgewicht herzustellen. Erst in diesem Jahrhundert wurde dieses Prinzip bei Fein- und Präzisionswaagen wieder aufgegriffen (siehe Abschnitt 5.1.3).

Die von *Edgell* verbesserte Brückenwaage, die es möglich machte, beladene Wagen zu ebener Erde mit verhältnismäßig wenig Gewichtstücken und ohne lange Vorbereitungen zu wägen, hat sich fast ein Jahrhundert unverändert erhalten [3].

1.4 Die Entwicklung im 19. Jahrhundert – Neue Waagensysteme

1.4.1 Die Tafelwaage

Die einfache gleicharmige Balkenwaage erlaubt die genauesten Wägungen. Doch Handel und Haushalt verlangen weniger eine hohe Genauigkeit als vielmehr eine rasche und einfache Gewichtsermittlung. Gegenüber dieser Forderung weisen alle einfachen gleicharmigen Waagen den Nachteil auf, daß die Aufhängung der Schalen das freie Hantieren hindert. Es sollte zumindest die Lastschale oberhalb des Waagebalkens angeordnet werden. Die Ausführbarkeit dieser Forderung wurde lange Zeit für unmöglich gehalten, und nachdem durch Roberval erstmalig eine Lösung des Problems gegeben war, dauerte es noch fast zwei Jahrhunderte, bis diese Erfindung verwertet wurde. Die erste Abbildung und Beschreibung der nach dem Pariser Universitätsprofessor *de Roberval* benannten Waage findet sich im Journal des Scavans 1670. *Leupold* beschäftigt sich eingehend mit ihr, ohne ihren praktischen Wert zu erkennen.

In der Robervalschen Waage begegnen wir zum ersten Mal einer zusammengesetzten Waage. Wie wir aus Bild 1.8 ersehen, ist der Waagebalken verdoppelt und die Schalen sind zwangsweise parallel geführt, sie sind also stets in horizontaler Lage.

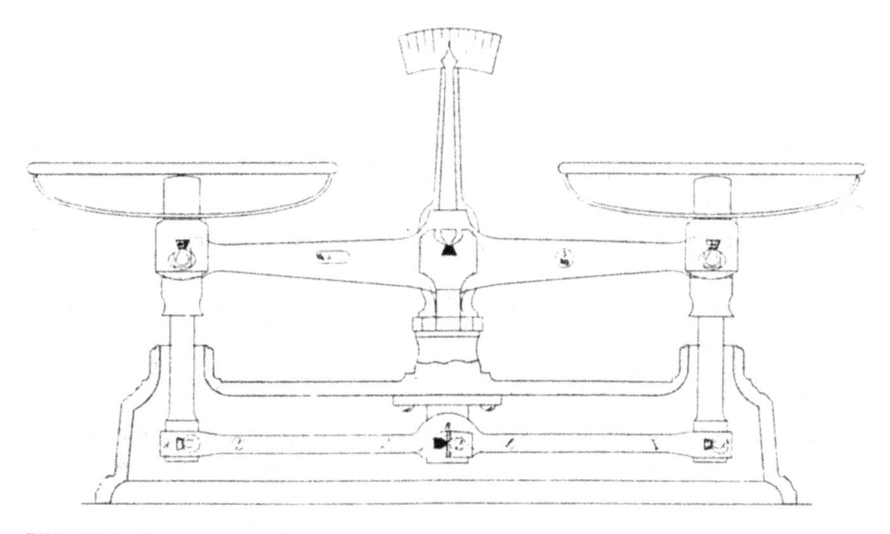

Bild 1.8 Tafelwaage nach Roberval
Quelle: Bildliche Darstellungen eichfähiger Gattungen von Meßgeräten

Bild 1.9
Tafelwaage nach Béranger, einseitig oberschalig
Quelle: LMG, München

Bild 1.10
Tafelwaage nach Roberval
Quelle: LMG, München

Außer der Robervalschen Waage haben vor allem zwei Konstruktionen besondere Verbreitung gefunden: das System *Béranger* und das System *Pfanzeder.* Die Waage von *Béranger* aus Lyon, wurde am 19.3.1849 in England zum Patent angemeldet. Diese Waage wurde auch so gebaut, daß sie nur einseitig oberschalig ist und daß an der anderen Seite sich eine hängende Gewichtsschale befindet (Bild 1.9) [1, 3].

Die Pfanzedersche Waage wurde von der Firma *Gebr. Pfizer* in Oschatz verbessert und ist als Pfanzeder-Pfizersche Waage bekannt geworden (Bild 1.10).

1.4.2 Die Brückenwaage

Im 19. Jahrhundert wurden zahlreiche Konstruktionen von tragbaren Brückenwaagen für kleinere Höchstlasten erarbeitet, die als „Dezimalwaagen" bekannt wurden und schnelle Verbreitung fanden.

Da ist die Waage von *Quintenz* zu nennen. *Quintenz* war zuerst Abt der Benediktinerabtei in Gengenbach und ging nach deren Auflösung 1807 nach Straßburg und beschäftigte sich zusammen mit seinem Freund *Fréderic Rollé* mit der Konstruktion von Waagen. Am 9.2.1822, wenige Wochen vor seinem plötzlichen Tode, meldete er eine Dezimalwaage zum Patent an, die in technischen Kreisen großes Aufsehen erregte und als „Straßburger Waage" in kurzer Zeit die Welt eroberte. Sie ist auch heute noch die gebräuchlichste ihrer Art, zumindest in Deutschland (Bild 1.11). Nach dem Tode von *Quintenz* findet *Rollé* in *Jean-Baptiste Schwilgué* einen neuen Partner, der die Arretierung einführte. Später wurde die Gewichtsschale durch einen Laufgewichtshebel ersetzt, um das Hantieren mit einzelnen Gewichtstücken zu vermeiden. Diese Bauart wurde 1831 von *Thaddeus* und *Erastus Fairbanks* in den USA patentiert [1, 3, 10]. Die Waagen für größere Lasten (vor allem Fuhrwerkswaagen) wurden noch lange nur nach dem Prinzip der Dezimal- oder Zentesimalwaage gebaut.

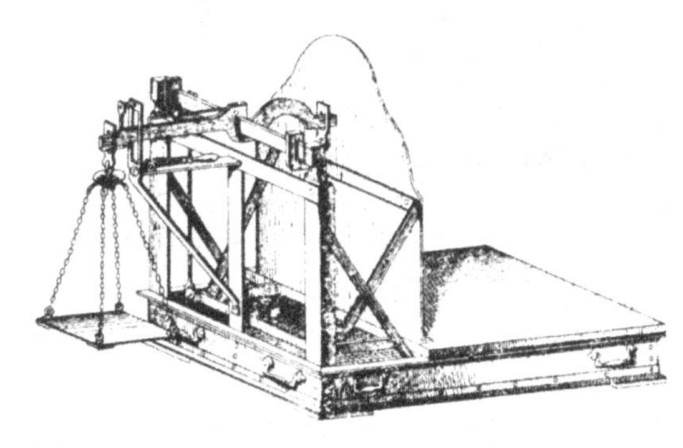

Bild 1.11
Hölzerne Dezimalwaage
Quelle: [3]

Eine Frage von großer Bedeutung, unabhängig von der Art der Auswägeeinrichtung, ist die der Schonung der empfindlichen Gelenke. Die Pfannen und Schneiden leiden außerordentlich, wenn die Waage stoßweise be- oder entlastet wird. Eine Arretier- oder Feststelleinrichtung soll vor allem den Gewichtshebel schonen, damit er bei stoßweisem Aufbringen oder bei plötzlichem Abnehmen der Last nicht in ruckartige Schwingungen gerät und zu heftig an seine Anschläge anstößt. Bei den kleineren, vor allen bei den tragbaren Brückenwaagen, den Dezimalwaagen, genügt diese Einrichtung.

Bei einer Entlastungseinrichtung wird die Brücke vom Hebelwerk getrennt, wenn nicht gewogen wird. 1823 nahm z. B. *Schwilgué* in Schlettstadt ein Patent auf eine derartige Konstruktion. Diese Entlastungseinrichtung bestand darin, daß das Stützlager des Gewichtshebels mittels Zahnstange und Kurbel gesenkt wurde, so daß sich die Brücke auf Stützen legte, während das Hebelwerk dann noch weiter gesenkt und dadurch die Schneiden, auf denen die Brücke ruhte, von diesen entfernt wurden. *Rollé* verbesserte diese Konstruktion später, doch die Bedienung dieser Einrichtung erforderte immer noch einen ziemlichen Kraft- und Zeitaufwand. Das ganze 19. Jahrhundert hindurch fehlt es nicht an Versuchen, zweckmäßigere Bauarten zu finden (Bild 1.12).

Der Betrieb der Entlastung erfolgte später oft durch Elektromotore oder hydraulische Kraftmaschinen. Die Eisenbahn verwendete schon bald nach ihrem Aufkommen große Brückenwaagen zum Wägen der Güterwagen und der Lokomotiven. Diese Waagen mußten natürlich eine wesentlich größere Höchstlast besitzen, als es bisher üblich war. Die erste 100-Tonnen-Waage wurde in Deutschland bereits 1888 gebaut. Sie diente allerdings zum Wägen von Geschützen und Panzerplatten.

Die für die Eisenbahn bestimmten Waagen baute man ursprünglich stets mit Gleisunterbrechung, d. h., die Brücke trug in ihrer Länge ein Schienenpaar. Schädlich waren hierbei

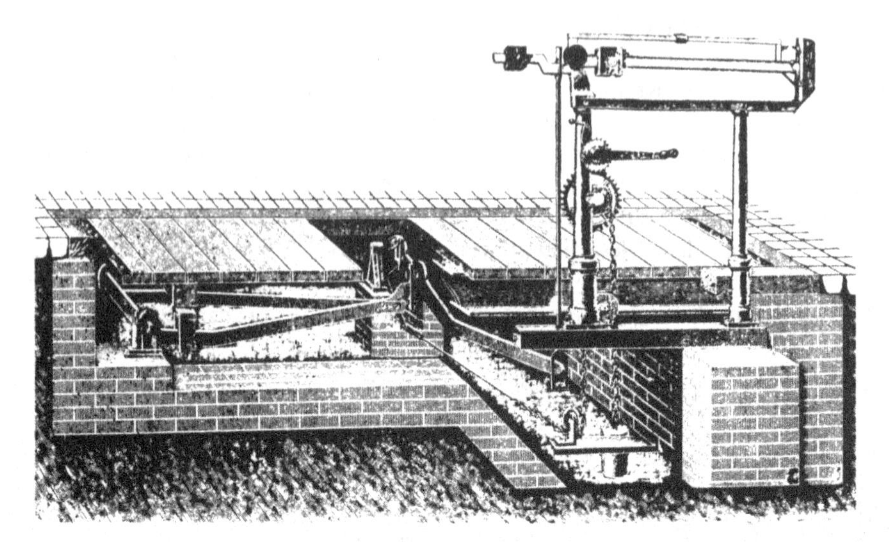

Bild 1.12 Schematische Zeichnung einer Laufgewichts-Brückenwaage mit Entlastung. Höchstlast bis 30 Tonnen
Quelle: E. Steenbock und Sohn, Horst/Holst.

die immer beim Auffahren der Wagen entstehenden Erschütterungen, da Stoßfänger, Pendelgehänge usw. noch unbekannt waren. Daher waren diese Waagen nur in wenig benutzten Nebengleisen eingebaut [10].

Abhilfe brachten die Waagen ohne Gleisunterbrechung. Die Waagenbrücke ist zwischen den Gleisen angeordnet und hebt die Eisenbahnwaggons von den Schienen ab, wenn die Waage in Wägestellung gebracht wird.

Die Entlastungseinrichtung für große Straßenfahrzeugwaagen wurde dann entbehrlich, als Pendelgehänge und Stoßfänger eingeführt wurden. Erst im Jahre 1930 wurde von der Physikalisch-Technischen Reichsanstalt die Straßenfahrzeugwaage in entlastungsloser Bauart probeweise zur Eichung zugelassen. Die entlastungslose Ausführung fand bei den Abnehmern sofort Anklang und schnelle Verbreitung. Sie hat gegenüber den Waagen mit Entlastungseinrichtung wesentliche Vorzüge. Die Bedienung ist vereinfacht und der Wägeraum kann besser genutzt werden. Beim Betätigen der Entlastungseinrichtung trat oft eine Veränderlichkeit in der Gewichtsanzeige auf, da beim Absenken der Lastschneiden auf die Pfannen die ursprüngliche Lage nicht wieder erreicht wurde und sich die Schneiden schneller abnutzten.

1.4.3 Die Kranwaage

Brückenwaagen sind nicht die einzige Art zusammengesetzter ungleicharmiger Hebelwaagen. Als „Schwedische Schiffswaage" war die Kranwaage schon in der ersten Hälfte des 19. Jahrhunderts bekannt. Eine frühere Ausführung einer Kranwaage mit Gewichtschale zeigt Bild 1.13. Für Lasten von mehr als 10 000 kg wurde noch ein Hebel zwischengeschaltet, um eine größere Übersetzung zu erreichen. Als Auswägeeinrichtung diente dann ein Laufgewichtshebel.

Ein Nachteil dieser Konstruktion ist, daß die Hubhöhe des Krans um die Höhe der Waage verringert wird. Um dies zu vermeiden, baute man im vorigen Jahrhundert vielfach Ein-

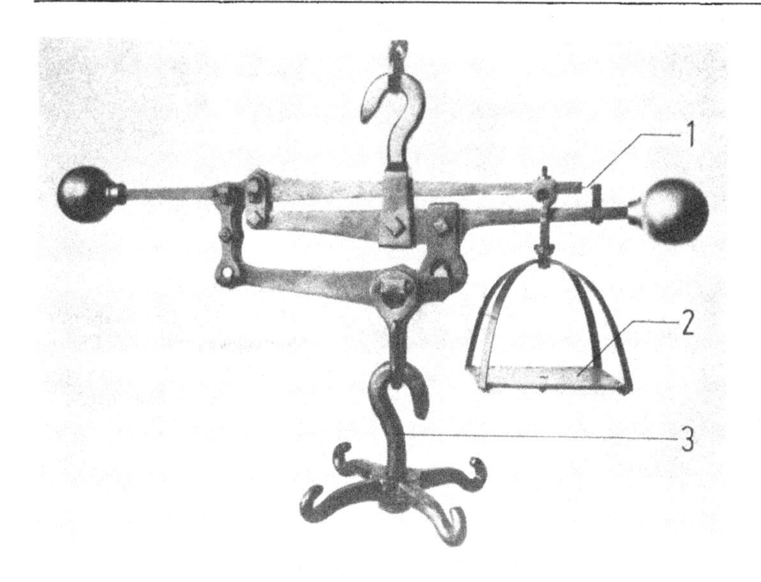

Bild 1.13 Zentesimal-Kranwaage mit Gewichtsschale, 19. Jahrhundert, Höchstlast etwa 2000 kg, Länge etwa 90 cm
1 Einspielanzeige 2 Gewichtsschale 3 Lasthaken
Quelle: Bizerba, Balingen

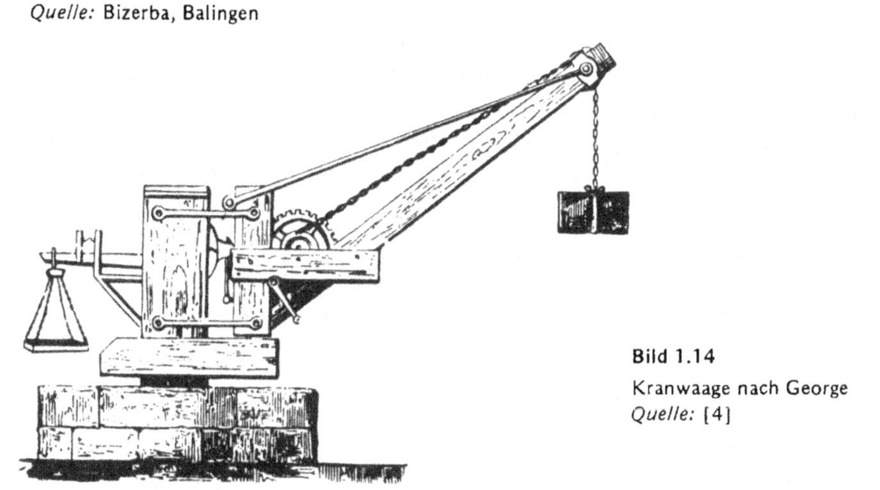

Bild 1.14
Kranwaage nach George
Quelle: [4]

richtungen, bei denen der ganze Kran als Brücke wirkte, wie sie 1844 von *George in* Paris angegeben wurde (Bild 1.14). Diese Konstruktionen wurden nicht lange gebaut, da die Totlast sehr groß ist und die Empfindlichkeit dadurch zu gering wird [3].

Erst im 20. Jahrhundert wurde das Problem, Massengüter in Krananlagen in einfacher Weise zu wägen, durch die Konstruktion der Seilzugwaage gelöst. Im Jahre 1932 wurde eine Zulassung zur Eichung erteilt, als Fehlergrenzen von etwa 2 ‰ der jeweiligen Belastung eingehalten werden konnten. Das Prinzip dieser Waagen besteht darin, daß die vertikale Kraftwirkung der Last über die Seilrolle durch Druckstangen oder Gehänge, die durch Lenker geführt werden, auf das Hebelsystem und die Auswägeeinrichtung übertragen werden. Eine selbsttätige Taraausgleichseinrichtung kompensiert ständig die Masse der freiwerdenden Seile, d. h., die Höhenlage der Last hat keinen Einfluß auf das Wägeergebnis.

Bild 1.15
Modell eines Drehkrans mit Seilzugwaage der Fa. Eßmann, Hamburg
Quelle: LMG, München

Kräne mit Seilzugwaagen fanden eine große Verbreitung, bis sie von elektromechanischen Waagen ersetzt wurden [5]. Bild 1.15 zeigt ein Modell eines Krans mit Seilzugwaage.

1.4.4 Die Neigungswaage

Die erste Neigungswaage in Deutschland dürfte wohl die von dem Pfarrer und Mechaniker *Philipp Matthäus Hahn* um 1775 in Onstmettingen gebaute Zeiger- oder Quadrantenwaage gewesen sein. Eine ähnliche Pendelwaage wird auch *G. F. Brandes* in Augsburg um 1765 zugeschrieben, ein Modell hiervon scheint jedoch nicht mehr vorhanden zu sein, während von der Hahnschen Waage das Original und ein zweites Stück erhalten geblieben sind (Bild 1.16).

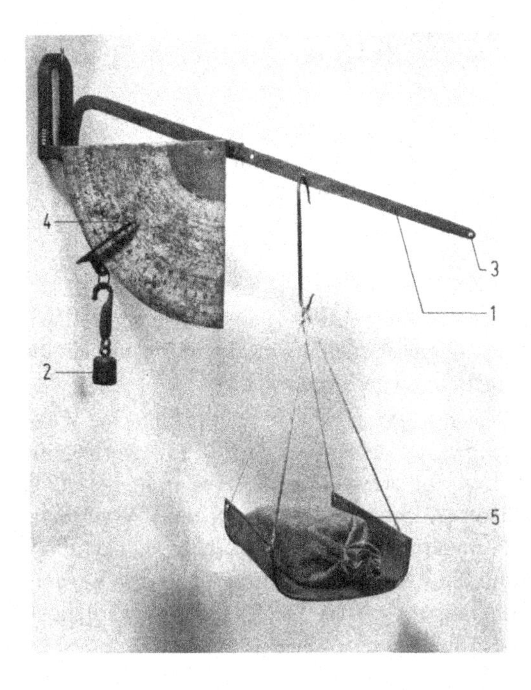

Bild 1.16
Hahnsche Zeiger- oder Quadrantenwaage
1 Neigungshebel (68 cm lang)
2 Neigungsgewicht
3 Aufhängepunkte der Last
4 Neigungsskala mit Gewichtsskalen für die verschiedenen Aufhängepunkte der Last und mit Gebrauchsanweisung
5 Lastschale
Quelle: Deutsches Museum, München

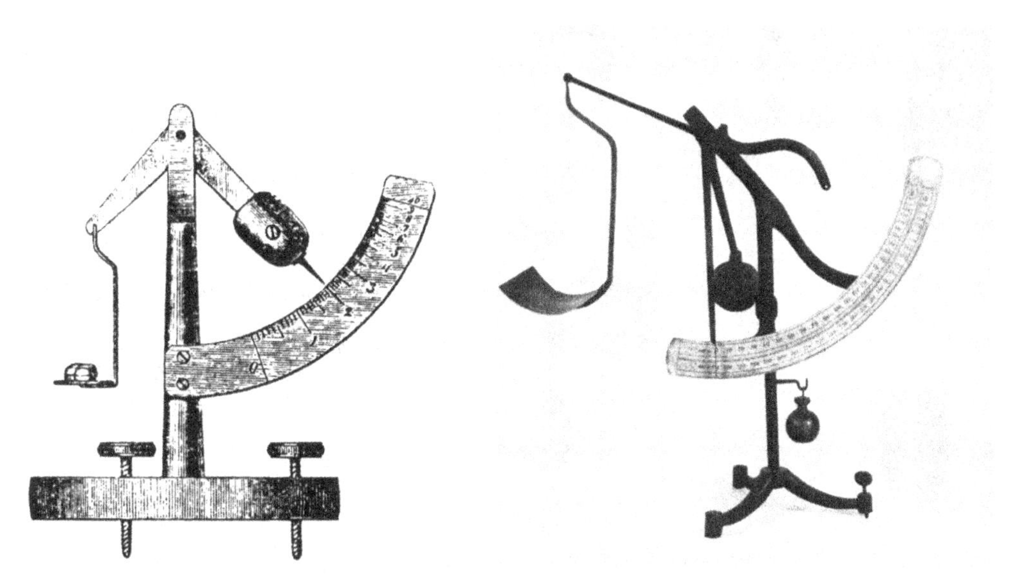

Bild 1.17 Briefwaage, ca. 1860
Quelle: [9], Seite 6

Bild 1.18 Postbriefwaage mit zwei Wägebereichen, ca. 1910
Quelle: LMG, München

Die Waage war zum Aufhängen an der Wand gedacht. *Hahn* wurde der Begründer der feinmechanischen Industrie im Raum Albstadt-Balingen und seinen Nachbargebieten. Mit seiner Erfindung begann der Siegeslauf der Neigungswaage, der erst in unseren Tagen mit dem Bau von elektronischen Waagen seinem Ende zugeht. Die Hahnsche Neigungswaage, eisengeschmiedet, ist eine sehr praktische Schnellwaage, neben der Federwaage die erste direkt das Gewicht anzeigende Waage. Sie ist das Urbild unserer heutigen Briefwaagen. Bild 1.17 zeigt eine frühere Form einer Briefwaage aus der Mitte des 19. Jahrhunderts und Bild 1.18 eine Bauart, die noch bis in unsere Zeit von der Post verwendet wurde. Die Waage von *Hahn* hatte drei Wägebereiche, da die Waagschale an drei Punkten des Neigungshebels aufgehängt werden konnte. Die Höchstlast ging bis 100 Pfund.

Trotz aller Vorzüge kam die Neigungswaage, abgesehen von der einfachen Briefwaage, erst 1876 in Deutschland zur Geltung, als die Kaiserliche Normaleichungskommission eine Neigungsbrückenwaage zum Wägen von Eisenbahnreisegepäck zur Eichung zuließ. Auch für „Postpäckereien ohne angegebenen Wert" wurden Neigungswaagen zugelassen, da in diesen Anwendungsbereichen die damals noch erheblich größere Genauigkeit der anderen Waagenarten nicht erforderlich ist. Ausschlaggebend für die Einführung der Neigungswaage war die einfachere und schnellere Bedienung.

Durch die restriktive Eichgesetzgebung konnte sich die Neigungswaage in Deutschland im 19. Jahrhundert nicht weiter entwickeln und fand nur für untergeordnete Wägeaufgaben Anwendung, beispielsweise als „Hökerwaage" für geringwertige Güter auf dem Markt [15].

1.4.5 Die Federwaage

Die einfache Federwaage ist ein nützliches und bequemes Instrument, da es leicht zu transportieren ist, robust aufgebaut ist und das Gewicht direkt anzeigt.

Bild 1.19
Frühe Federwaagen
a) Waage mit Wendelfeder im Gehäuse, ca. 1708
b) Waage mit Sektorfeder
c) Waage mit zwei Wägebereichen

Bereits im 17. Jahrhundert wurden Federwaagen in der Literatur erwähnt, die mit Wendelfedern und Spiralfedern ausgerüstet waren. Es sind aber keine Exemplare dieser Waagen erhalten geblieben. Hand-Federwaagen mit Wendelfedern waren und sind sehr verbreitet. Das Bild 1.19a zeigt eine frühere Federwaage mit der Jahreszahl 1709, wie sie *Leupold* beschrieben hat. Die Skalenteilung ist auf der rechteckigen Stange angebracht, die sich in dem Gehäuse bewegt. Die Feder dieser Waage wird auf Druck beansprucht.

Eine Waage mit einer „Sektorfeder" zeigt Bild 1.19b. Die Skala trägt nur Marken anstatt der Zahlen. Es sind viele Varianten entwickelt worden. Eine typische Ausführung zeigt Bild 1.19c, die für Lasten bis 30 Pfund geeignet war. Diese Handwaage wurde in großer Zahl während der zweiten Hälfte des 19. Jahrhunderts in Europa und Amerika gefertigt und in der Landwirtschaft verwendet. Die Waage kann an einem von zwei Ringen aufgehängt werden und hat somit zwei Wägebereiche, je nachdem welches Paar der Ringe und Haken benutzt wird. Die Messingskala trägt dementsprechend zwei Teilungen.

Wegen der bequemen Ablesung wurden Federwaagen, trotz ihrer damals recht geringen Genauigkeit fortentwickelt und noch heute als Haushaltsfederwaagen bis 10 kg Höchstlast verwendet. Auch Brückenwaagen mit Federwägeeinrichtung wurden gegen Ende des 19. Jahrhunderts gebaut und für die Gebührenermittlung im Post- und Eisenbahnverkehr eingesetzt. Die heutigen Personenwaagen sind ebenfalls vorwiegend als Federwaagen gebaut. Mit der Entwicklung besserer Federwerkstoffe in jüngster Zeit ist die Feder-Brückenwaage mit der Neigungswaage in Wettbewerb getreten.

1.4.6 Die selbsttätige Waage

Bei einer selbsttätigen Waage ist für die Wägung eine Überwachung der Waagenfunktionen durch Bedienungspersonal nicht erforderlich. Die Waage leitet bei jedem Wägevorgang den für die Bauart charakteristischen Ablauf immer wieder neu ein (siehe Abschnitt 5.9). Man unterscheidet selbsttätige Waagen zum Abwägen und solche zum Wägen.

Bild 1.20
Automatische Getreidewaage, ca. 1900
Quelle: LMG, München

Die fortschreitende Industrialisierung im letzten Drittel des 19. Jahrhunderts verlangte vor allem für schüttfähige Güter schneller arbeitende Waagen, die beispielsweise beim Be- und Entladen von Schiffen das zeitraubende Einstellen von Laufgewichten entbehrlich machen.

Die ersten Bauarten selbsttätiger Waagen zum Abwägen (Registrierwaagen genannt) wurden um 1880 zur Eichung zugelassen (Bild 1.20). Es waren sogenannte Schüttwaagen, bei denen jede Schüttung durch ein Zählwerk registriert wurde. Entsprechend der Verwendung zum Wägen ganzer Schiffsladungen und der Auslaufklappe des Lastträgers betrug die Last einer Schüttung bis 500 kg.

Der Wägevorgang zerfällt in folgende Phasen:

1. Öffnen eines mit Wägegut beschickten Behälters,
2. Zufuhr des Wägegutes in die Lastschale, Wägung,
3. Schließen der Einlaufklappen bei Erreichen der Gleichgewichtslage,
4. selbsttätiges Entleeren der Lastschale,
5. Rückkehr der Lastschale und des kinematischen Getriebes in die Ausgangsstellung und selbsttätiges Auslösen eines neuen Wägevorganges.

Bei einer großen Anzahl von Bauarten, den Registrierwaagen, wird jede Wägung an einem Zählwerk angezeigt.

Bei den etwas später eingeführten Bruttoabsackwaagen fallen die Phasen 4 und 5 weg, da die Säcke manuell am Sackstutzen befestigt und nach der Wägung wieder gelöst werden.

Entsprechend dem Bedarf wurden auch Bauarten von selbsttätigen Waagen zum Abwägen für kleinere Höchstlasten, einige Kilogramm, gebaut. Die Zeit der Fertigpackungen wurde damit eingeleitet.

Mit den Schüttwaagen für große Höchstlasten wurde das Problem des Wägens großer Mengen auf einem Umweg gelöst. Es wurden gleiche Portionen von beispielsweise 100 kg abgewogen und fortlaufend addiert, bis die gesamte zu bestimmende Menge die Waage passiert hatte. Oft war noch eine Restewaage eingebaut, damit die am Schluß der Wägung noch in der Lastschale verbliebene Restmenge von Hand ausgewogen werden konnte.

Es wurden auch Waagen konstruiert, bei denen ein Laufgewicht durch Uhrwerk oder Gewichtswirkung angetrieben, sich langsam bewegte und bei Erreichen der Einspielungslage stillgelegt wurde.

1.5 Die Entwicklung im 20. Jahrhundert

In den ersten zwanzig Jahren des 20. Jahrhundert kann man eine stetige Fortentwicklung des Waagenbaus beobachten. Neue Waagenarten konnten infolge der restriktiven Eichgesetzgebung nicht eingeführt werden, es wurden nur Verbesserungen alteingeführter Bauarten bekannt, obwohl Handel und Industrie dringend nach schneller arbeitenden Waagen verlangten. Erst nach dem ersten Weltkrieg, 1921, wurde die Neigungswaage auch für allgemeine Verwendung im Handel zugelassen. Die Neigungswaage war zwar schon seit 1876 für den Eisenbahngebrauch zulässig, über diesen Zweck hinaus aber weiter nicht verbessert worden. Erst der Einsatz als Handelswaage im eichpflichtigen Verkehr bedingte wesentlich höhere Anforderungen an die Konstruktion und an die Herstellung als dies in der Regel bei nichteichpflichtigen Meßgeräten der Fall ist. Die ersten Zulassungen betrafen ausländische Fabrikate. Dies hatte seine Ursache darin, daß vorwiegend in den USA schon die Eichfähigkeit und somit Erfahrungen für diese Waagen vorlagen.

Die der Neigungswaage gegenüber den bisher zugelassenen Waagenarten zugebilligten größeren Fehlergrenzen wurden anfänglich ebenso angefeindet wie seinerzeit bei der Einführung der Laufgewichtswaage.

1.5.1 Weiterentwicklung der mechanischen Waagen

Erich Dinse [2] schreibt noch 1924: „Einwände der Käufer von Neigungswaagen: Der Inhaber eines Ladengeschäftes, der bislang ... eine Tafelwaage für 10 kg Wiegefähigkeit verwendete und für dieselbe M. 25,– bis M. 30,– bezahlt hat, muß jetzt für eine Neigungswaage neuzeitlicher Bauart einen Preis von ca. M. 450,– anlegen. ... Die Ansicht, daß die Waage völlig automatisch wiegt, weil das Auf- und Absetzen von Gewichten in Fortfall kommt, ist leider bei den bisher in den Verkehr gebrachten Neigungswaagen irrig. Der Verkäufer der Neigungswaage muß zugeben, daß noch 9 kg geeichter Gewichte oder eine an der Waage angebrachte Laufgewichts- bzw. Zuschalte-Einrichtung bereitgehalten werden müssen, weil der Meßbereich der Anzeigevorrichtung nur bis 1000 g reicht." *Dinse* bemängelt dann die Möglichkeit von Ablesefehlern, da die Gewichtstücke noch zu der Anzeige addiert werden müßten. Weiter werden die gegenüber der Tafelwaage fünffach größere Fehlergrenze, die ungleiche Teilung der Skala, das größere Eigengewicht sowie die größere mechanische Empfindlichkeit, die häufig einen Monteur erfordere, kritisiert. In der Art werden noch mehrere Seiten hindurch Nachteile aufgeführt. *Dinse* schließt mit der Feststellung: „Die Neigungswaage ist die Waage der Überflußwirtschaft." Die schnelle Verbreitung der Neigungswaage konnte jedoch durch derart pessimistische Äußerungen nicht aufgehalten werden.

Die ersten Zulassungen der Bauarten von Neigungswaagen wurden im Jahre 1925 von der Physikalisch-Technischen Reichsanstalt veröffentlicht, nachdem diese Bauarten eine mehrjährige Erprobung erfolgreich bestanden hatten. Diese Zulassungen betrafen vor allem Ladentischwaagen mit Höchstlasten bis 20 kg. Es waren meistens Waagen mit einer Fächerskala mit 1000-g-Neigungsbereich und einer Skalenteilung von 5 g. Die Neigungstafelwaagen überwogen, jedoch war eine Bauart einer „reinen" Neigungswaage darunter, die eine Trommelskale besaß und bei einer Höchstlast von 5 kg eine Skalenteilung von 10 g aufwies. Die Trommelskale erlaubte es, eine übersichtliche Preisskale anzubringen, was bei den üblichen Fächerskalen nur bedingt möglich ist (Bild 21).

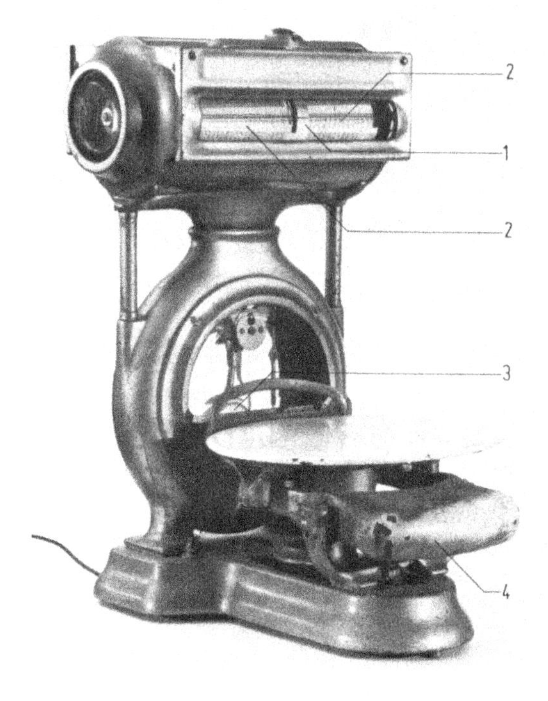

Bild 1.21
Analog preisanzeigende Einpendel-Neigungswaage der Fa. Toledo, Köln
1 Gewichtsanzeige auf der Trommelskale
2 Preisanzeige auf der Trommelskale
3 Neigungsgewicht
4 Gegengewicht
Quelle: PTB, Braunschweig

In den folgenden Jahren erlangten, je nach Anwendungsbereich, drei wichtige Gattungen von Waagen mit Neigungseinrichtung eine größere Verbreitung:

1. Für den Ladentisch werden Waagen mit Fächerskale verwendet, die im Neigungsbereich 100 bis 200 Skalenteile mit meist 5-g-Teilung aufweisen. Sie werden oft zur Erweiterung des Wägebereichs als Neigungstafelwaagen, Neigungslaufgewichtswaagen und als Neigungsschaltgewichtswaagen gebaut. Die Höchstlast beträgt bis 20 kg. Als Ersatz für Neigungsschaltgewichtswaagen kommt etwa 1936 eine Kreiszeigerwaage mit mehrfachem Zeigerumlauf auf den Markt, die bald eine große Verbreitung erlangt.
2. Für industrielle Zwecke (mit Höchstlasten von mehr als 20 kg) werden vorwiegend sogenannte Kreiszeigerwaagen mit Doppelpendelmeßwerk eingesetzt. Im Neigungsbereich haben sie 1000 bis 1500 Skalenteile. Sie erhalten oft eine oder zwei Schaltstufen.
   Bald wird die Kreiszeigerwaage mit mehrfachem Zeigerumlauf, die bis 3000 Skalenteile hat, auch für die Industrie verwendet.
   Die Waage mit Fächerskale erhält für den Einsatz für größere Höchstlasten bis zu 20 Schaltstufen, hat also eine beträchtliche Auflösung von 2000 bis 3000 Skalenteilen.
3. Neigungswaagen mit projizierter Skale (Leuchtbildwaagen) lassen gleichzeitig mit relativ geringem Aufwand eine ausreichende Auflösung erreichen. Sie sind heutzutage wohl die Gattung von Neigungswaagen mit der größten Verbreitung. Für den Einsatz im Ladengeschäft hat diese Bauform den großen Vorteil, daß sich sehr fein geteilte Preisskalen anwenden lassen.

Eine interessante Lösung des Problems der möglichst großen Auflösung ohne Schaltgewichtseinrichtung stellt die Mehrzeigerwaage von *Dinse* aus dem Jahre 1923 dar, die aber wohl

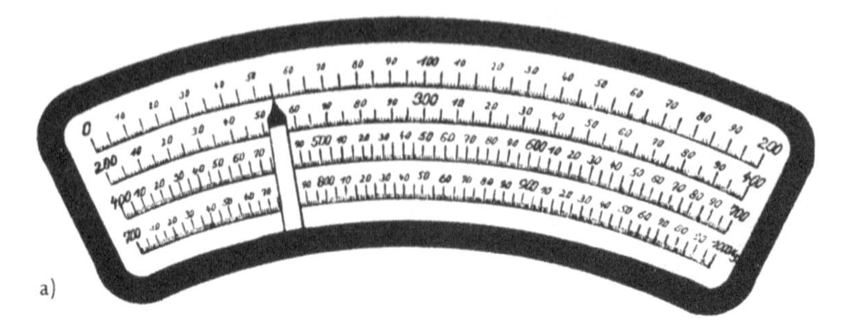

a)

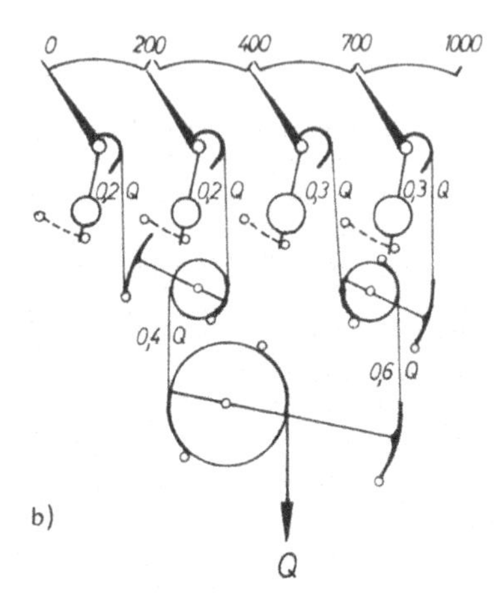

b)

Bild 1.22

Mehrzeigerwaage von *Dinse*, ca. 1930

a) Skale einer Vierpendelwaage für eine Höchstlast von 1000 kg

b) Schema der Neigungspendel. Pendel entgegen der Wirklichkeit nebeneinander gezeichnet

Quelle: Reimpell-Krackau, Handbuch des Waagenbaus, Bd. 2

wegen des recht großen Aufwands keine größere Verbreitung gefunden hat. Der gesamte Wägebereich ist nach Bild 1.22 auf vier untereinander liegenden Segmentskalen verteilt. In dem Schema sind der Übersicht wegen alle Neigungshebel in einer Ebene gezeichnet, während sie in Wirklichkeit so hintereinander angeordnet sind, daß die Drehpunkte aller Hebel in einer Linie liegen. Das Schema zeigt eine Waage von 1000 kg Höchstlast. Die ersten beiden Skalen haben einen Bereich von je 200 kg mit einer Skalenteilung von 500 g, während die beiden folgenden Skalen einen Bereich von je 300 kg mit 100 g Skalenteilung aufweisen.

Eine interessante Bauart der Waagen mit einer Einspielungslage, die Schaltgewichtswaage, muß noch erwähnt werden [2]. Die Schaltgewichtseinrichtung einer Schaltwaage besteht aus einem oder mehreren an einem Schaltgewichtshebel wirkenden Schaltgewichtstücken und einer beim Schalten mitbeteiligten Anzeigeneinrichtung. Die Schaltgewichtstücke bzw. die erzeugten Drehmomente sind meistens dezimal abgestuft. Bild 1.23 zeigt einen Schaltgewichtsschrank.

Im Jahre 1924 wurde die Schaltgewichtswaage in Deutschland eichfähig und serienmäßig gebaut. Sie hat sich im Laufe der Jahre einen Teil des Marktes erobert, der bislang den Laufgewichtswaagen überlassen war.

Während bei dem Schaltgewichtshebel die für die Genauigkeit wichtigen Hebelarme durch Schneiden begrenzt werden, geschieht dies beim Laufgewichtshebel durch Kerben. Schneiden lassen sich sehr genau justieren und unterliegen bei der verschwindend geringen Belastung durch die Schaltgewichte keinem Verschleiß. Bei Kerben dagegen besteht die Gefahr der Abnutzung und des Verschmutzens, die Genauigkeit der Gewichtsanzeige wird dadurch verringert.

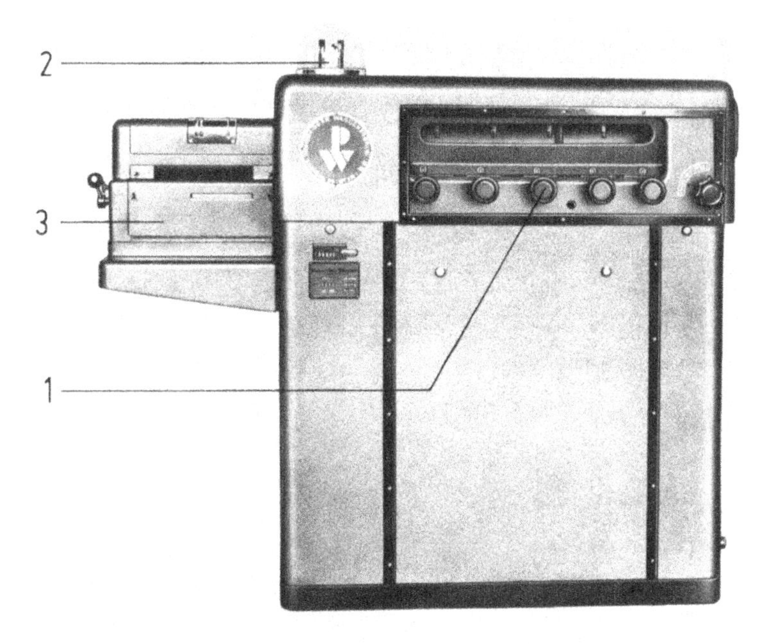

Bild 1.23 Schaltgewichtsschrank von Pfisterwaagen, Augsburg
1 Einstellwerk für die Gewichtsschaltung mit darüberliegender Anzeige 2 Einspielanzeige
3 Sicherheitsdruckwerk
Quelle: Pfisterwaagen, Augsburg

Die Herstellungskosten der Schaltgewichtseinrichtung sind höher als die der Laufgewichtseinrichtung.

In eine Schaltgewichtseinrichtung läßt sich auch ein Sicherheitsdruckwerk einbauen. Es brauchen nur Drucktypenscheiben mit den Schaltgriffen gekoppelt zu werden.

Anders liegen die Verhältnisse bei Laufgewichtswaagen, wobei zu unterscheiden ist zwischen einfachen Druckwerken und Sicherheitsdruckwerken. Sicherheitsdruckwerke erlauben nur dann einen Abdruck des Wägeergebnisses, wenn die Waage die Einspielungslage erreicht hat. Der erste Erfinder eines einfachen Druckwerkes für Laufgewichtswaagen war *Chameroy* in Paris, dem im Jahre 1877 das deutsche Reichspatent Nr. 1525 auf eine Druckeinrichtung in Verbindung mit einem Laufgewichtshebel erteilt wurde (Bild 1.24). Um zu verhindern, daß bei einer beliebigen Stellung des Laufgewichts gedruckt werden konnte, ohne die Einspielungslage abzuwarten, gab *Chameroy* bereits eine Sicherheitseinrichtung an. Der Gewichtshebel war gekapselt und die Laufgewichte wurden von außen bedient. Die Wägekarte konnte nur dann eingeführt werden, wenn die Einspielungslage erreicht war.

Während bei Laufgewichts- und Schaltgewichtswaagen das Wägeergebnis bereits digitalisiert, d. h. als Zahl, vorliegt, zeigt eine Neigungswaage das Ergebnis in analoger Form an. Beim Skalendruckwerk wird dieser analoge Wert von einer mit Drucktypen versehenen Skale zusammen mit einer Marke abgedruckt. Wegen der Unsicherheit der Ablesung und der beschränkten Auflösung findet man Skalendruckwerke nur noch bei Personenwaagen mit Münzeinwurf.

Möchte man das Wägeergebnis als Zahl erhalten, muß man den analogen Ausschlag des Neigungshebels digitalisieren, d. h. die Stellung oder den Weg des Neigungshebels in eine

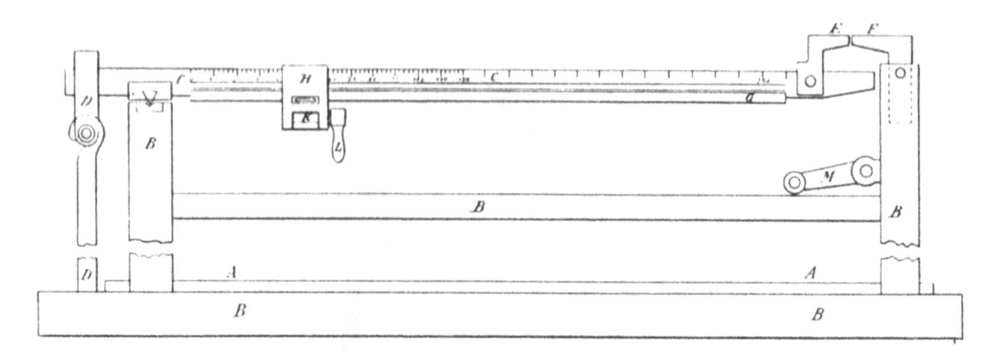

a) Laufgewichtshebel mit einem Laufgewicht

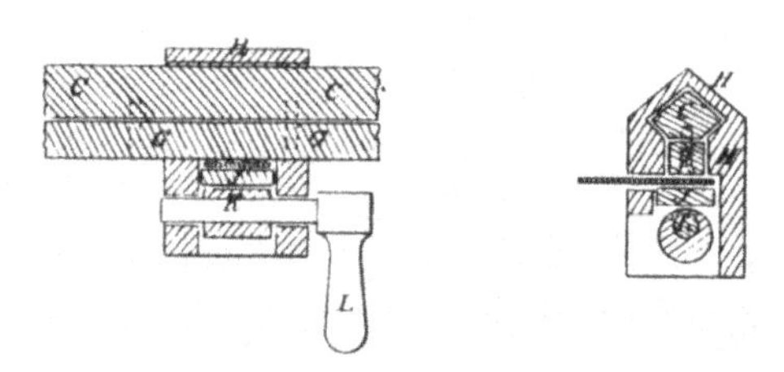

b) Schnitt durch das Laufgewicht

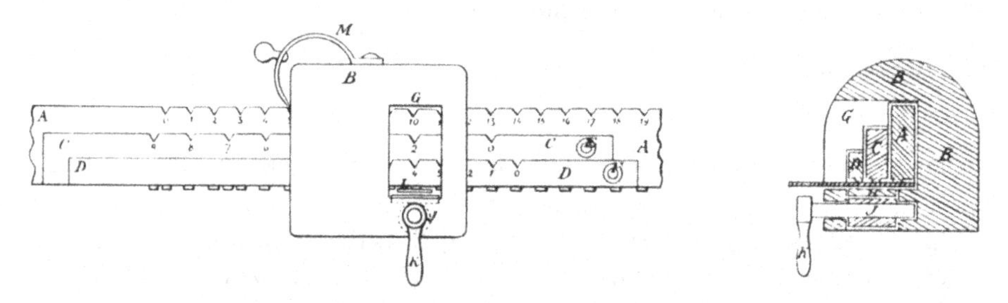

c) Hauptlaufgewicht mit Nebenlaufgewichten

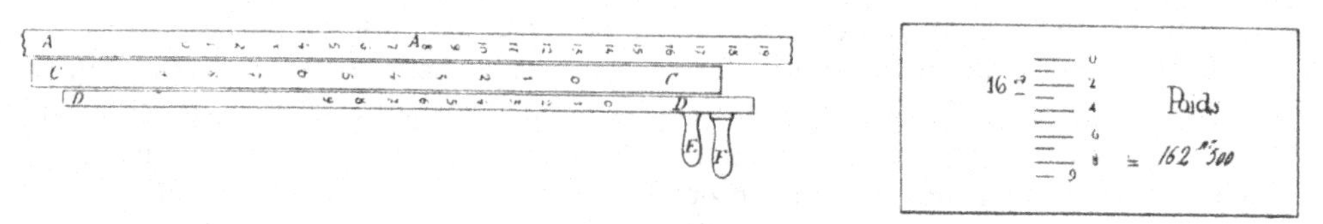

d) Nebenlaufgewichte, die im Hauptlaufgewicht verschiebbar angeordnet sind

Bild 1.24 Druckwerk für Laufgewichtswaagen nach der Patentschrift Nr. 1525 von E. A. Chameroy in Paris von 1877
Quelle: [4] Seite 174

Ziffernfolge umwandeln. Anfang der dreißiger Jahre wurden die ersten derartigen Zahlendruckwerke eingeführt, die anfangs rein mechanisch arbeiteten oder höchstens einen Elektromotor zum Antrieb hatten.

Auf die weitere Entwicklung der Druckwerke wird in Zusammenhang mit den Waagen mit elektrischen Einrichtungen noch näher eingegangen (siehe Abschnitt 6.2).

1.5.2 Eindringen der Elektrotechnik in den Waagenbau

Infolge des wirtschaftlichen Aufschwungs nach dem letzten Krieg wurden an die Waage neue Anforderungen gestellt, um sie in den Produktionsprozeß integrieren zu können. Die immer weitergehenden Rationalisierungsmaßnahmen verlangen auch die Abkürzung der Wägung, die oft nur durch elektrische oder elektronische Mittel zu erreichen ist. So ist die Automatisierung des Wägevorgangs kennzeichnend, ebenso der Wunsch nach selbsttätigem Registrieren und Fernübertragen des Wägeergebnisses und dessen Weiterverarbeitung in Datenverarbeitungsanlagen.

Daher dringt auch die Elektrotechnik immer weiter in den Waagenbau ein, da die anstehenden Probleme rein mechanisch nicht zu lösen sind. Diese Entwicklung begann mit der Konstruktion neuartiger Druckwerke für Waagen mit Neigungsgewichtseinrichtungen. Diese Druckwerke lieferten ein elektrisches Ausgangssignal, das zunächst benutzt wurde, eine handelsübliche Saldier- oder Buchungsmaschine zu steuern. Diesen Büromaschinen wurde ein Satz Elektromagnete eingebaut, die anstelle der Handbedienung die Tasten betätigten. Die Entwicklung setzte etwa im Jahre 1954 ein. Im folgenden Jahrzehnt wurden diese Betätigungsorgane in die Büromaschinen integriert und die Handbedienung entfiel. Etwa vom Jahre 1960 an wurden dann spezielle Meßwertdrucker zum Anschluß an Waagen entwickelt, die den Dauerbeanspruchungen des Wägebetriebes voll gewachsen waren. Der Anschluß dieser Meßwertdrucker war nicht mehr an eine Waagenbauart beschränkt, sie konnten durch spezielle Zwischenschaltungen vielseitig eingesetzt werden [16]. Im folgenden sollen unter Waagen mit elektrischen Einrichtungen solche verstanden werden, mit denen mechanisch gewogen wird, aber die damit zusammenhängenden Funktionen auf elektrischem Wege angezeigt, registriert, fortgeleitet oder gesteuert werden. Dies ist die erste Entwicklungsstufe.

1.5.2.1 Druckwerke

Bei selbsteinspielenden Waagen liegt das Wägeergebnis als Ausschlag des Neigungshebels oder des Federangriffspunktes vor. Dieser Ausschlag wird auf einen Zeiger übertragen oder mittels einer vom Neigungshebel oder von der Feder bewegten Glasskale auf eine Mattscheibe projiziert (z. B. Leuchtbildwaagen). Zum Abdrucken dieses Analogwertes in digitaler Form muß der Meßwert in diskrete kleinste Werte geteilt werden, die der Stellenzahl des Ergebnisses entsprechen. Der in diskrete Werte geteilte Analogwert muß verschlüsselt werden, d. h., es müssen den nunmehr in endlicher Zahl vorliegenden Meßwerten Marken zugeordnet werden. Hierfür sind folgende Möglichkeiten erprobt, die sich allerdings nur zum Teil in der Praxis bewährt haben:

1. Jedem diskreten Meßwert (Skalenteil) ist eine Marke zugeordnet. Diese müssen vom Nullpunkt bis zur Einspielungslage gezählt werden. (Inkrementalverschlüßler). Die Marken sind auf einer Glasskale angeordnet und werden photoelektrisch abgetastet. Die Impulse gelangen in einen elektronischen Zähler, der durch einen Satz von Elektromagneten beispielsweise eine mechanisch arbeitende Saldiermaschine steuert (Bild 1.25).
2. Jedem Meßwert werden mehrere Marken verschiedener Wertigkeit zugeordnet, die dezimal, binär oder auf andere Weise aufgeteilt werden. Die Auswertung muß feststellen, wieviel Marken einer Wertigkeit jeweils der Einspielungslage entsprechen (Momentanwertverschlüßler). Die erste Waage mit dezimaler Codierung wurde im Jahre 1953 zur Eichung zugelassen.

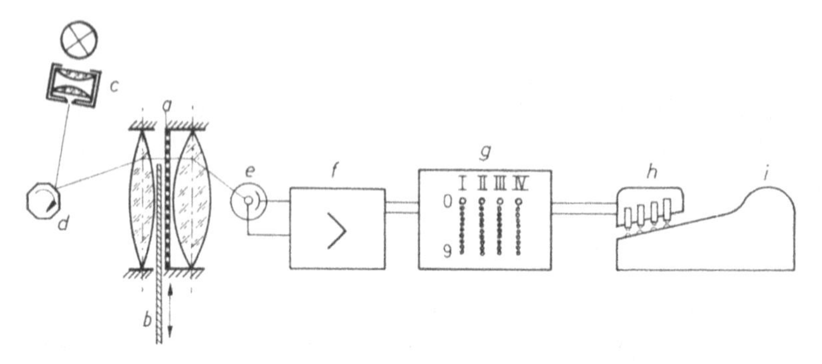

Bild 1.25 Druckwerk für Neigungswaagen mit inkrementaler Abtastung und Saldiermaschine als Druckwerk
a) Glasskale, b) Blende, c) Spaltoptik, d) Polygonspiegel, e) Photozelle, f) Verstärker
g) Zähler, h) Magnetsatz, i) Saldiermaschine
Quelle: [18]

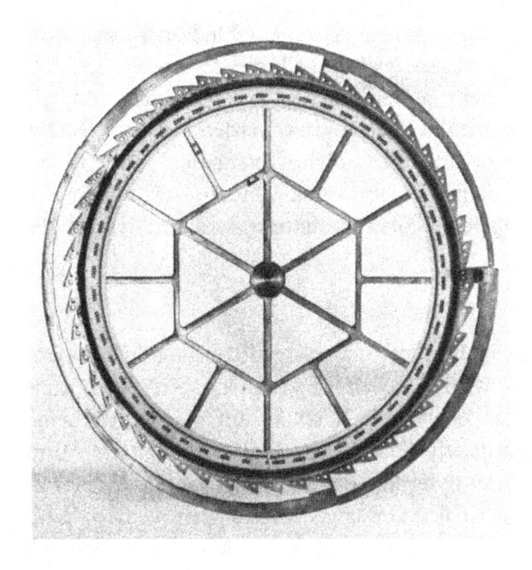

Bild 1.26a Codescheibe für mechanische Abtastung der Fa. Bizerba, Balingen
Quelle: LMG, München

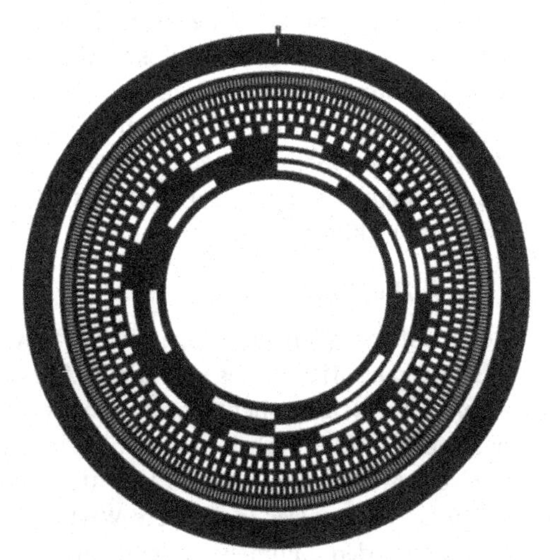

Bild 1.26b Codescheibe für photoelektrische Abtastung
Quelle: LMG, München

2.1 Marken befinden sich auf einer Codescheibe und werden mechanisch abgetastet (Bild 1.26a). An den Abtastfingern können Kontakte zur elektronischen Weiterverarbeitung des Meßwertes angebracht werden.

2.2 Marken sind als elektrische Kontakte auf der Codescheibe angebracht. Durch einen Taster werden Relais erregt, die den Kontaktgruppen zugeordnet sind und das Ergebnis bis zur Abfrage speichern.

2.3 Die Marken befinden sich auf einer lichtdurchlässigen Codescheibe und werden photoelektrisch abgetastet. Wegen der großen Anpassungsfähigkeit an verschiedene Codearten und wegen des geringen Aufwands werden nur noch diese Einrichtungen in mechanische Waagen eingebaut (Bild 1.26b).

3. Es wird die dem Meßwert entsprechende Zeigerstellung, der Ausschlag des Neigungshebels oder der Weg der Wägefeder abgetastet. Der Weg des Abtastorgans wird in eine Drehbewegung umgesetzt und damit Ziffernrollen eingestellt. Zur elektrischen Weiterverarbeitung der Meßwerte können diese mit Kontakten versehen werden.

Weitere Möglichkeiten der Meßwertregistrierung, wie Nachlaufwerke und Mitlaufzeiger, die in den fünfziger Jahren zugelassen wurden, haben keine größere Verbreitung gefunden und sind nur noch von historischem Interesse [18]. Die von der Waage gelieferten elektrischen Signale können auch für weitere Rechenvorgänge wie Nettogewichtsermittlung, benutzt werden.

1.5.2.2 Elektronische Steuerungen [19]

Während man bei den mechanischen Waagen beim Herstellen von Mischungen mit Merkzeigern auf der Skale auskommen muß, werden die „Merkzeiger" für ortsfeste selbsttätige Gattierungsanlagen zu Steuerschaltern ausgebildet, die die Zuführung der einzelnen Mischungsbestandteile meist lichtelektrisch steuern. Diese Steuerschalter sind, von außen verstellbar, auf der Skale einer Kreiszeigerwaage angebracht.

Wenn mehr Komponenten zugeteilt werden müssen, als Schalteinrichtungen auf der Skale untergebracht werden können, wird beispielsweise auf die Achse einer Zeigerwaage ein Feinpotentiometer gesetzt, das ein dem jeweiligen angezeigten Gewicht entsprechenden Widerstand liefert. In einem Schaltpult sind dezimal gestufte Widerstände angeordnet, die dem gewünschten Schaltpunkt entsprechend eingestellt werden. In einer Brückenschaltung werden diese Widerstandswerte miteinander verglichen. Erreicht die Waage das dieser Einstellung entsprechende Gewicht, so wird eine Materialzuführeinrichtung ein- oder ausgeschaltet oder ein anderer Vorgang gesteuert.

1.5.3 Elektromechanische Waagen

Der nächste Schritt, die Wägetechnik noch besser den Anforderungen der Wirtschaft anzupassen, war die direkte Erzeugung eines der Belastung der Waage proportionalen elektrischen Signals. Der Umweg über eine mechanische Hebelkette mit Zeigerübertragung sollte vermieden werden. Als die Kraftmessung mit Dehnungsmeßstreifen soweit entwickelt war, daß die Unsicherheit von Kraftmeßdosen ein Promille unterschritt, konnten im Jahre 1966 Waagen mit derartigen „Wägezellen" zur Eichung zugelassen werden [14]. Ein Federkörper wird mit Dehnungsmeßstreifen beklebt, hermetisch gekapselt und als Wägezelle bezeichnet (Bild 1.27). Waagen mit Dehnungsmeßstreifen sind also Federwaagen, bei denen der Federweg eine

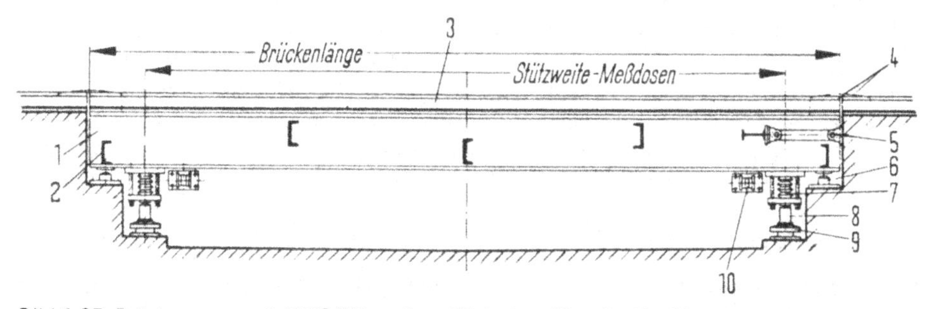

Bild 1.27 Brückenwaage mit DMS-Wägezellen, Höchstlast 50 t, der Fa. Siemens
1 Längsträger 2 Querträger 3 Fahrschiene 4 Überfahrschutz 5 Bolzenlenker (Längsrichtung) 6 Überlaststücke 7 Überlastsicherung 8 Wägezelle 9 Vielkugellager 10 Bolzenlenker (Querrichtung)
Quelle: Reimpell-Bachmann, Handbuch des Waagenbaues, 3. Band, Seite 152

Widerstandsänderung hervorruft, die meist in einer Brückenschaltung in eine der Belastung analoge elektrische Spannung oder in einen elektrischen Strom umgewandelt wird. Weitere Wägezellenprinzipien siehe Kapitel 3.

1.5.4 Integrierung der Waage in den Produktionsablauf

Mit der fortschreitenden Automatisierung technologischer Prozesse verlor die Waage immer mehr ihre Bedeutung als Einzelmeßgerät, wurde dafür aber ein wichtiges Glied in Regel- und Steuerungsabläufen, das mit seinen Informationen Prozesse steuert und regelt und wichtige Daten zur Bilanzierung liefert.

Die Entwicklung begann mit analogen Verfahren der Erfassung des Wägeergebnisses und führte dann in vielen Industriezweigen zu rechnergesteuerten Produktionsprozessen. Dabei stellt die Waage häufig das entscheidende Meßglied zur Erfassung der Prozeßdaten dar. Die bei vielen Anwendungsfällen notwendige Eichfähigkeit erfordert, die hohe Meßgenauigkeit der Waage auch bei der Meßwerterfassung, -verarbeitung und -registrierung zu erhalten. Die Registrierung mit Buchungsmaschinen, Streifenlochern usw. führt zu einer Digitalisierung des Meßwertes, die bei analoger Meßwerterfassung beispielsweise mit einem Analog-Digitalwandler möglich ist. Zur Ausschaltung von Störgrößen ist eine möglichst frühzeitige Umwandlung in digitale Werte erforderlich [17].

Die einzelnen Baugruppen für Meßwerterfassung und -verarbeitung werden in jüngster Zeit mit Hilfe von Mikroprozessoren auf kleinstem Raum zusammengefaßt, wobei die einfache Programmiermöglichkeit dieser hochintegrierten Schaltkreise ausgenutzt wird. Der Schwerpunkt der Schaltungstechnik verlagert sich infolgedessen von der Hardware auf die Software.

1.5.5 Besondere Entwicklung bei der Ladentischwaage

Waagen in Ladengeschäften müssen wegen der hohen Personalkosten und wegen der kurzen Öffnungszeiten das Verkaufsgeschäft beschleunigen helfen. Die Entwicklung begann damit, daß Neigungswaagen projizierte Gewichts- und Preisskalen auf Käufer- und Verkäuferseite erhalten haben. Die einzelnen Grundpreise werden durch Verstellen der Projektionsoptik eingestellt [19].

Bei der zweiten Entwicklungsstufe wurde die Digitalanzeige eingeführt. Der Verkaufspreis wird dabei durch ein transistorbestücktes Rechengerät aus Gewicht und Grundpreis ermittelt. Gleichzeitig wird in den meisten Fällen ein Bon ausgegeben, der Gewicht, Grundpreis und Verkaufspreis enthält [16, 19]. Die neuesten Bauarten von Ladentischwaagen arbeiten mit elektronischen Auswägeeinrichtungen und enthalten als Steuer- und Rechenorgan einen speziell programmierten Mikroprozessor (siehe Abschnitt 5.3).

Da alle diese Waagen einen für den Anschluß von Datenverarbeitungsanlagen geeigneten Ausgang besitzen, können bei größeren Ladengeschäften die Wägeergebnisse zentral erfaßt und verarbeitet werden. Es ist vor allem möglich, die Verkaufspreise der Kasse zu melden, so daß diese Werte bei der Endabrechnung nicht nochmals eingegeben werden müssen. Auch die Lagerhaltung kann durch die Bilanzierung der verkauften Mengen wirtschaftlicher gestaltet werden.

1.5.6 Selbsttätige Kontrollwaagen

Mit dem schnellen Vordringen vorverpackter Waren im Verkauf an den Letztverbraucher und der Einführung gesetzlicher Regelungen für die Füllmenge trat das Bedürfnis auf, die Füllmenge bei der Herstellung dieser Fertigpackungen zu kontrollieren. Die ersten derartigen Waagen wurden etwa 1960 zugelassen. Selbsttätige Kontrollwaagen werden in die Verpackungsstraße eingebaut und wiegen die fertigen Packungen und sortieren sie in über-, unter- und richtig-gewichtige, wobei die Anzahl in jeder Kategorie registriert wird. Steuergeräte beeinflussen die Abfülleinrichtungen, wenn die Füllgewichte eine steigende oder fallende Tendenz zeigen. Da diese Waagen eine sehr kurze Einstellzeit haben müssen, werden Federsysteme verwendet, deren kurzer Hub meist induktiv gemessen wird. Der Fehler muß geringer sein als der zulässige Fehler der hergestellten Fertigpackungen. Dies wird durch Unterdrückung des Nullpunktes erreicht.

Bei neueren Bauarten ist oft eine Auswerteeinrichtung nachgeschaltet, die Mittelwert und Standardabweichung nach einer vorgegebenen Zeit oder nach einer vorgegebenen Stückzahl ausdruckt. Diese Auswertungen können auch fernübertragen werden, um sie zentral erfassen zu können.

1.6 Ausblick

Die künftige Entwicklung des Waagenbaus ist durch die Abkehr von rein mechanischen Wägemethoden zu Gunsten elektronischer Verfahren gekennzeichnet. Anfangs wurden mechanische Waagen mit elektronischen Zusatzeinrichtungen versehen, um das Wägeergebnis abdrucken zu können oder um damit zu rechnen. Später wurde auch die Kraftwirkung der Masse rein elektronisch gemessen und so ohne Umwege ein elektrisches Ausgangssignal erhalten, das zur vielfältigen Weiterverarbeitung geeignet war. Der Wägevorgang konnte so in den Betriebsablauf integriert werden. Mit dem Mikroprozessor wurde die Wägeanlage noch anpassungsfähiger und für vielfältigen Einsatz geeignet. Die anfänglichen Schwierigkeiten beim Einsatz elektronischer Bauelemente, deren Zuverlässigkeit nicht immer mit mechanischen Bauteilen vergleichbar ist, wurden u. a. durch schaltungstechnische Maßnahmen – Funktionsfehlererkennbarkeit – beseitigt.

Schrifttum

Monographien

[1] *Brauer, E.:* Die Konstruktion der Waage. 2. Aufl. Weimar 1887
[2] *Dinse, E.:* Fortschritte im Waagenbau. Berlin 1924
[3] *Hartmann, C.:* Die Waagen und ihre Construktion. Weimar 1856
[4] *Haeberle, K. E.:* 10 000 Jahre Waage. Bizerba-Werke. Balingen 1966
[5] *Hess, E.:* Waagen – Bau und Verwendung. Deutscher Eichverlag, Berlin 1963
[6] *Ibel, Th.:* Die Waage im Altertum und Mittelalter. Dissertation Uni Erlangen 1908
[7] *Kruhm, A.:* Die Waage im Wandel der Zeiten. Frankfurt 1934
[8] *Leupold, J.:* Theatrum Staticum, das ist Schauplatz der Gewicht-Kunst und Waagen. Leipzig 1726
[9] *Place, F.:* Theorie und Konstruktion der Neigungswaage (Zeigerwaage). Weimar 1867
[10] *Redecker, H. O.:* Beiträge zur Geschichte von Waage und Gewicht. Dissertation Uni Würzburg 1924
[11] *Solleder, E.:* München im Mittelalter. München, Berlin 1938
[12] *Tramus, M. J.:* Notions élementaires sur les instruments de pesage. Elysées Copies, Paris 1975
[13] *Vieweg, R.:* Aus der Kulturgeschichte der Waage, Bizerba-Werke, Balingen 1966

Aufsätze

[14] *Horn, K.:* Physikalische Prinzipien für elektromechanische Wägezellen. wägen + dosieren 7 (1976), S. 5–16
[15] *Jenemann, H. R.:* Zur Entwicklungsgeschichte der Neigungswaage. wägen + dosieren 11 (1980), S. 210–215 und S. 248–253
[16] *Sacht, H. J.:* Wägen und Drucken. wägen und dosieren 12 (1982), S. 10–13
[17] *Steinhauer, J.:* Verfahren der Analog/Digitalumsetzung in der elektromechanischen Wägetechnik. wägen + dosieren 7 (1976), S. 17–28
[18] *Trapp, W.:* Elektrische Übertragungsmittel an Waagen. Archiv f. Techn. Messen (ATM) J 131–10, Lief. 261, 1957 und ATM J 131-11, Lief. 270, 1958
[19] *Trapp, W.:* Fortschritte im Waagenbau. Archiv. f. Techn. Messen (ATM) J 1310-F1, Lief. 301, 1961, J 1310-F2, Lief. 319, 1962, J 1310-F3, Lief. 384, 1968, J. 1310-F4, Lief. 471, 1975

2 Grundlagen der Massebestimmung

K. H. Ach, R. Balhorn, M. Kochsiek

2.1 Masse

Die Masse gehört zu den Begriffen, deren sich der Wissenschaftler bedient, um die ihm zugänglichen Phänomene der Umwelt zu beschreiben. Solche Begriffe sind nicht naturgegeben selbstverständlich, sondern von Menschen erdacht. Die als „physikalische Größen" bezeichneten Begriffe sind nicht physikalische Objekte, Zustände oder Vorgänge selbst, sondern nur kennzeichnend für dieselben, z. B. ist ein Körper ein physikalisches Objekt und seine Masse kennzeichnend für seine Trägheit und Schwere. Physikalische Größen sind durch Gleichungen im Rahmen eines physikalischen Begriffssystems miteinander verknüpft. Man führt sie mittels dieser Gleichungen auf andere schon definierte Größen zurück. Es bleiben schließlich Größen übrig, die a priori als Basisgrößen definiert werden. Keine physikalische Größe ist naturnotwendig eine Basisgröße; auch die Anzahl der Basisgrößen ist nicht naturgegeben, sondern eine Frage von Zweckmäßigkeit und Konvention [1].

Der Massebegriff der klassischen Mechanik wurde um 1700 von *Newton* in die Physik eingeführt. *Euler* vollzog den Übergang zu der modernen abstrakten Begriffsbildung der Masse als eines numerischen Koeffizienten, der für den individuellen physikalischen Körper kennzeichnend ist und durch das Verhältnis Kraft durch Beschleunigung bestimmt wird. Sie ist mit unseren Sinnen nicht direkt erfaßbar; zugänglich sind uns nur die durch sie bewirkten Anziehungs- und Trägheitskräfte.

Die Masse ist eine der Basisgrößen des Internationalen Einheitensystems (SI). Ihr Formelzeichen ist der Buchstabe m, der wie alle Formelzeichen für physikalische Größen kursiv (schräg) gedruckt wird [2].

Jeder spezielle Wert einer Größe (Größenwert) kann als Produkt aus Zahlenwert und Einheit ausgedrückt werden:

Größenwert = Zahlenwert · Einheit

Beispiel: $m = 5$ kg

2.2 Gewichtskraft

Das Axiom $F = m \cdot a$ (Kraft = Masse · Beschleunigung) legt den Begriff der trägen Masse fest. Neben der Trägheit kann man die Gravitation als universelle Eigenschaft der Materie betrachten. *Newton* erklärte die von *Kepler* um 1600 erkannte Zentralbewegung der Planeten durch sein Gravitationsgesetz:

$$F = f \cdot m_1 \cdot m_2 / r^2 . \qquad (2.1)$$

Die Gravitationskraft F stellt die für die Zentralbewegung erforderliche Zentralkraft dar. Die klassische Mechanik behauptet eine universelle Proportionalität für träge und schwere Masse, die bereits *Newton* empirisch aus seinen Pendelexperimenten bekannt war und die von *Bessel*, *Eötvös* und anderen mit großer Genauigkeit bestätigt wurde [3 bis 6].

Auf einen Körper, der sich relativ zur Erde in Ruhe befindet, wirken hauptsächlich zwei Kräfte ein, die Anziehungskraft des Erdkörpers und die durch Drehung der Erde bewirkte Zentrifugalkraft. Diese beiden Kräfte addieren sich vektoriell zur Gewichtskraft.

Gemäß Grundsatzerklärung der 3. Generalkonferenz für Maß und Gewicht 1901 in Paris bedeutet Gewicht eines Körpers eine Größe von der Art einer Kraft und ist das Produkt aus Masse des Körpers und örtlicher Fallbeschleunigung:

$$G = m \cdot g_{\mathrm{loc}} \tag{2.2}$$

m Masse des Körpers,
g_{loc} Fallbeschleunigung am Ort des Massenmittelpunktes des Körpers,
G Gewichtkraft, die der Körper ausübt.

Beispiel:
$m = 1\ \mathrm{kg};\ g_{\mathrm{loc}} = 9{,}81\ \mathrm{m\,s^{-2}};$
$G = 1\ \mathrm{kg} \cdot 9{,}81\ \mathrm{m\,s^{-2}} = 9{,}81\ \mathrm{N}$

Auf den Körper wird eine Kraft von 9,81 N ausgeübt, und mit dieser Kraft drückt der Körper wiederum auf eine Unterlage.

2.3 Wägewert

2.3.1 Der Wägewert als Näherungswert für die Masse

Die Formel $G = m \cdot g$ (Gl. (2.2)) wenden wir an, wenn wir Massen miteinander vergleichen wollen. Werden auf zwei Körper P und N die gleichen Gewichtskräfte ausgeübt, so gilt $G_{\mathrm{P}} = m_{\mathrm{P}} \cdot g_1 = G_{\mathrm{N}} = m_{\mathrm{N}} \cdot g_2$. Die Gleichheit von Kräften oder Kraftmomenten können wir mit geeigneten Komparatoren nachweisen. Wenn sie der Massebestimmung dienen, werden sie Waagen genannt.

Befindet sich ein Körper in einem Medium (z. B. Luft oder Wasser), so wirkt auf ihn neben der Gewichtskraft die Auftriebskraft ein (Archimedisches Prinzip). Bei Balkenwaagen gilt unter Berücksichtigung des Auftriebs, wenn die Körper sich in Medien unterschiedlicher Dichte befinden

$$m_{\mathrm{N}} \cdot g_1 \cdot l_1 - \rho_1 \cdot V_{\mathrm{N}} \cdot g_1 \cdot l_1 = m_{\mathrm{P}} \cdot g_2 \cdot l_2 - \rho_2 \cdot V_{\mathrm{P}} \cdot g_2 \cdot l_2 . \tag{2.3}$$

m_{N}, m_{P} Masse der Körper,
V_{N}, V_{P} Volumen der Körper,
g_1, g_2 Fallbeschleunigung am Ort der Körper,
l_1, l_2 Länge des wirksamen Hebelarms, an dem die auf die Körper wirkenden Kräfte angreifen,
ρ_1, ρ_2 Dichte der Medien, in denen sich die Körper während der Wägung befinden.

Zur Vereinfachung der weiteren Rechnung sei angenommen $g_1 = g_2$, $l_1 = l_2$.

$$m_{\mathrm{N}} - V_{\mathrm{N}} \cdot \rho_1 = m_{\mathrm{P}} - V_{\mathrm{P}} \cdot \rho_2 . \tag{2.4}$$

Gl. (2.4) ist die Bestimmungsgleichung für die unbekannte Masse m_{P}.

$$m_{\mathrm{P}} = m_{\mathrm{N}} + \rho_2 \cdot V_{\mathrm{P}} - \rho_1 \cdot V_{\mathrm{N}} . \tag{2.5}$$

Befinden sich beide Körper bei der Wägung in Luft ($\rho_1 = \rho_2 = \rho_L$), so gilt

$$m_P = m_N + \rho_L \cdot (V_P - V_N). \tag{2.6}$$

Das Korrektionsglied $K = \rho_L \cdot (V_P - V_N)$ ist Null, wenn $V_P = V_N$ ist.

Der Wert $m_P^* = m_N$ wird Wägewert des Wägegutes genannt. Je nach Größe der Korrektion K ist er eine mehr oder weniger gute Näherung für die Masse m_P. Er ist keine Konstante, sondern abhängig von der Luftdichte und vom Volumen der verwendeten Gewichtstücke. Im geschäftlichen Verkehr wird der Wägewert in den Fällen, in denen Abweichungen $\Delta m/m \leqslant 10^{-3}$ zulässig sind (Waagen der Klasse (III) und (IIII)), anstatt der Masse verwendet.

2.3.2 Hydrostatische Wägung

Gl. (2.4) kann auch zur Bestimmung des Volumens V_P dienen:

a) Der Körper P wird in Luft gewogen.

$$m_P - \rho_{L1} \cdot V_P = m_{NL} - \rho_{L1} \cdot V_{NL}. \tag{2.6}$$

m_{NL} Masse der Gewichtstücke, die dem Körper in Luft das Gleichgewicht halten,
V_{NL} Volumen der Gewichtstücke mit der Masse m_{NL},
ρ_{L1} Luftdichte bei der Wägung.

b) Der Körper P wird in Wasser gewogen, die Gewichtstücke befinden sich in Luft.

$$m_P - \rho_W \cdot V_P = m_{NW} - \rho_{L2} \cdot V_{NW}. \tag{2.7}$$

m_{NW} Masse der Gewichtstücke, die dem im Wasser befindlichen Körper das Gleichgewicht halten,
V_{NW} Volumen der Gewichtstücke mit der Masse m_{NW},
ρ_{L2} Luftdichte während der Wägung,
ρ_W Dichte des Wassers während der Wägung.

Wird Gl. (2.7) von Gl. (2.6) subtrahiert, so ergibt sich

$$V_P = (m_{NL} - m_{NW} + V_{NW} \cdot \rho_{L2} - V_{NL} \cdot \rho_{L1}) / (\rho_W - \rho_{L1}) \tag{2.8}$$

oder als Näherung

$$V_P \simeq (m_{NL} - m_{NW}) / \rho_W. \tag{2.9}$$

2.3.3 Der konventionelle Wägewert

Für Gewichtstücke aller Klassen besteht seit Einführung der neuen Eichordnung die Vorschrift, daß ihr Nennwert nicht mehr die Masse des Stückes selbst ist, sondern die Masse eines Bezugsgewichts, das die Dichte 8000 kg m^{-3} hat und bei einer Luftdichte von 1,2 kg m^{-3} dem Gewichtstück bei 20 °C das Gleichgewicht hält. Dieser Nennwert wird konventioneller Wägewert m_K genannt. 1,2 kg m^{-3} ist ein mittlerer Luftdichtewert, von dem die tatsächlichen Dichten in Meßräumen in der Bundesrepublik selten um mehr als ± 10 % abweichen [7].

Für ein Gewichtstück mit der Dichte 8000 kg m^{-3} bei 20 °C sind konventioneller Wägewert und Masse identisch.

Gewichtstücke gleichen Nennwertes haben bei der Luftdichte von 1,2 kg m^{-3} die gleiche Kraftwirkung wie das Bezugsstück. Bei Stücken mit vom Bezugswert abweichenden Dichten werden die auftretenden Luftauftriebsdifferenzen durch Gewichtskraftdifferenzen kompensiert. Ändert sich die Luftdichte, so ändern sich auch die Luftauftriebsdifferenzen, während die Gewichtskraftdifferenzen erhalten bleiben. Die Folge ist, daß die von den einzelnen Gewichtstücken gleichen Nennwertes ausgeübten Kräfte unterschiedlich werden. Für die Kräftedifferenz zwischen Gewichtstück und Bezugsstück ergibt sich folgende Formel [8]

$$\Delta F = \Delta m \cdot g = (\rho_L - \rho_0)\,(1/\rho - 1/\rho_K) \cdot m_K \cdot g \qquad (2.10)$$

oder

$$\Delta m/m_K = (\rho_L - \rho_0)\,(1/\rho - 1/\rho_K) \qquad (2.11)$$

Δm ist die Massezulage zum Gewichtstück, die erforderlich ist, um bei der Luftdichte ρ_L wieder Gleichgewicht zum Bezugsstück zu erlangen.

m_K Nennwert des Gewichtstückes,
ρ_L Luftdichte bei der Wägung,
ρ Dichte des Gewichtstückes,
ρ_K = 8000 kg m^{-3} Bezugsdichte der Gewichtstücke,
ρ_0 = 1,2 kg m^{-3} konventionelle Luftdichte.

$\Delta m/m_K$ kann auch als Relativfehler betrachtet werden, der dann auftritt, wenn Gewichtstücke geprüft werden und $\rho_L \neq \rho_0$ ist. Durch entsprechende Wahl von ρ_L und ρ ist immer zu erreichen, daß $|\Delta m|/m_K$ einen vorgegebenen Wert nicht überschreitet.

Ein Zahlenbeispiel soll die Größenordnung des Wertes $\Delta m/m_K$ erkennen lassen. Für $\rho_L - \rho_0 = 0{,}12$ kg m^{-3} und $\rho = 8400$ kg m^{-3} (Messing) ergibt sich

$$\Delta m/m_K = 0{,}12\,(1/8400 - 1/8000),$$
$$\Delta m/m_K = -7{,}1 \cdot 10^{-7}.$$

Dies ist ein Wert, der z. B. im Verhältnis zur relativen Fehlergrenze von Feingewichten ($5 \cdot 10^{-6}$) als klein angesehen werden kann.

- Für das gesetzliche Meßwesen ist die zulässige Dichte von Gewichtstücken folgendermaßen festgelegt: „Die Dichte der Gewichtstücke muß so sein, daß eine Abweichung der Luftdichte um 10 % vom Wert 1,2 kg m^{-3} höchstens einen Fehler des 0,25fachen der Fehlergrenze bewirkt" [7]. Das bedeutet in extenso, daß bei Luftdichten, die außerhalb des Bereiches 1,08 kg $m^{-3} \leqslant \rho_L \leqslant 1{,}32$ kg m^{-3} liegen, durch die Luftdichte Fehler bewirkt werden können, die das 0,25fache der Fehlergrenze überschreiten.

Da die Luftdichte eine Funktion der Größen Druck, Temperatur und relative Feuchte ist, kann man auch Grenzwerte für diese Einflußgrößen angeben, z. B.

$$925 \text{ mbar} \leqslant p \leqslant 1100 \text{ mbar},$$
$$18\,°\text{C} \leqslant t \leqslant 22\,°\text{C},$$
$$\varphi \leqslant 70\,\%.$$

Es gibt natürlich noch eine Vielzahl anderer Grenzwerte. Sie lassen sich alle aus der folgenden Zahlenwertgleichung errechnen, in der p und p_D in mbar und T in Kelvin eingesetzt werden müssen [9].

$$\rho_L = 0{,}3485\, p/T - 0{,}132\, p_D/T \qquad (2.12)$$

ρ_L Luftdichte in kg m^{-3},
p Luftdruck in mbar (1 mbar = 0,75 Torr),
p_D Wasserdampfdruck in mbar,
T Temperatur in Kelvin ($T = t + 273{,}15$ K),
t Temperatur in °C (z. B. $t = 20$ °C, $T = 20$ °C + 273,15 K = 293,15 K),

$p_D = p_s \cdot \varphi/(100\,\%)$,
p_s Sättigungsdampfdruck bei Temperatur T,
φ relative Luftfeuchte in %.

Bei der Prüfung von Gewichtstücken nach Anlage 8 der Eichordnung brauchen Luftauftriebskorrektionen auch in den Klassen höchster Präzision nicht berücksichtigt zu werden, solange die Luftdichte innerhalb des o. a. Bereichs liegt. Für die Prüfung ist als Normal mindestens die nächst genauere Klasse zu verwenden, also für Feingewichte z. B. mindestens Klasse E_2.

Der Relativwert für die Differenz zwischen der Masse m und dem konventionellen Wägewert m_K eines Gewichtstückes der Dichte ρ bei 20 °C ist [8]

$$(m_K - m)/m = 1{,}500 \cdot 10^{-4} - 1{,}200 \text{ kg m}^{-3}/\rho. \quad (2.13)$$

Wird die Eichfehlergrenze mit f bezeichnet, so ergibt sich für alle Gewichtstücke, die den Vorschriften der Eichordnung Anlage 8 Abschnitt 1 bis 5 genügen, daß die Differenz $|m_K - m| < 0{,}15\,|f|$ ist.

Der konventionelle Wägewert m_K und die konventionell festgelegte Dichte $\rho_K = 8000 \text{ kg m}^{-3}$ treten bei der Massebestimmung von Wägegütern an die Stelle von Masse m und Dichte ρ der verwendeten Gewichtstücke. Für ein Wägegut der Masse m_X und der Dichte ρ_X lautet die Bestimmungsgleichung unter Berücksichtigung des Luftauftriebes

$$m_X = m\,(1 - \rho_L/\rho)/(1 - \rho_L/\rho_X). \quad (2.14)$$

Werden in diese Gleichung an Stelle von m und ρ die Werte m_K und $\rho_K = 8000 \text{ kg m}^{-3}$ eingesetzt, so ergibt sich

$$m_X^* = m_K\,\{1 - \rho_L/(8000 \text{ kg m}^{-3})\}/(1 - \rho_L/\rho_X). \quad (2.15)$$

Für m_X^* läßt sich folgender Relativfehler errechnen

$$(m_X^* - m_X)/m_X = (\rho_L - \rho_0)\,\{1/\rho - 1/(8000 \text{ kg m}^{-3})\}. \quad (2.16)$$

Die rechten Seiten der Gln. (2.11) und (2.16) sind identisch. D. h. durch entsprechende Wahl von Grenzwerten für $|\rho_L - \rho_0|$ und $|1/\rho - 1/(8000 \text{ kg m}^{-3})|$ läßt sich auch hier erreichen, daß die Fehler bei der Massebestimmung einen vorgegebenen Grenzwert nicht überschreiten.

Der Grenzwert für $|\rho_L - \rho_0|$ ist international auf 0,12 kg m^{-3} festgelegt. Der Grenzwert $|1/\rho - 1/(8000 \text{ kg m}^{-3})|$ wird durch die Größe ρ (Dichte der verwendeten Gewichtstücke) bestimmt. Sie muß so sein, daß eine Abweichung der Luftdichte um 10 % vom Wert 1,2 kg m^{-3} höchstens einen Fehler des 0,25-fachen der Fehlergrenze des Gewichtstückes bewirkt. Je kleiner der Relativwert der Fehlergrenze ist, um so kleiner sind die zulässigen Abweichungen der Dichte ρ vom Bezugswert $\rho_K = 8000 \text{ kg m}^{-3}$.

Die Verwendung des Begriffes des konventionellen Wägewertes hat für die Praxis der Massebestimmung von Wägegütern zwei Vorteile:

- Der Benutzer braucht die wirkliche Dichte der Gewichtstücke nicht zu kennen. In die Korrekturformeln zur Berücksichtigung des Luftauftriebs setzt er wie früher die Nennwerte der Gewichtstücke ein; für ihre Dichte ist der konventionell festgelegte Wert ρ_K = 8000 kg m^{-3} (unabhängig von der tatsächlichen Dichte) zu benutzen.
- Bei der Prüfung von Gewichtstücken brauchen von den Eichbehörden Luftauftriebsdifferenzen nicht mehr berücksichtigt zu werden.

Zwischen der Masse m und dem konventionellen Wägewert m_k eines geeichten Gewichtstückes besteht ein exakt definierter Zusammenhang [6]:

$$m_k = m\,(\rho - 1{,}2\ \text{kg}\,\text{m}^{-3})\,/\,(0{,}999850 \cdot \rho), \qquad (2.17)$$

ρ ist die Dichte des Gewichtstückes bei 20 °C.

Nennwert (Aufschrift) von Gewichtstücken und Anzeigen in Masseneinheiten bei Waagen beziehen sich auf den konventionellen Wägewert [7].

2.4 Masseneinheit, Masseskale

2.4.1 Masseneinheit

Um eine physikalische Größe messen zu können, ist eine Vergleichsgröße und ein Meßgerät erforderlich. Die Vergleichsgröße wird Einheit genannt. Die Einheit der Masse ist das Kilogramm; sie ist seit der 1. Generalkonferenz für Maß und Gewicht 1889 als die Masse des Internationalen Kilogrammprototyps definiert, das im BIPM in Sèvres bei Paris aufbewahrt wird.

Diese Aussage wurde 1901 durch die 3. Generalkonferenz nochmals bestätigt und ist bis heute unverändert gültig.

Das Internationale Kilogrammprototyp ist ein Zylinder mit 39 mm Höhe und 39 mm Durchmesser aus einer Legierung (Pt-Ir) von 90 % Platin und 10 % Iridium, dessen Dichte etwa 21,5 g/cm³ beträgt.

Gegenüber anderen Basiseinheiten besteht ein wesentlicher Unterschied: Die Definition und Darstellung der Masseneinheit wird nicht auf eine Naturkonstante zurückgeführt wie etwa bei den heute gültigen Definitonen von Meter und Sekunde, sondern ist an die Masse eines bestimmten Körpers gebunden. Das bedeutet, daß die Masseneinheit nie genauer weitergegeben werden kann als es der Massevergleich mit dem Internationalen Prototyp im BIPM zuläßt. Das zwingt zu einem hierarchischen Aufbau von Massenormalen, um die Weitergabe der Masseneinheit mit der höchstmöglichen Genauigkeit zu gewährleisten.

Deshalb haben sich seit 1889 die der Meterkonvention angeschlossenen Länder *Pt-Ir*-Zylinder als nationale Prototype beschafft. Das Nationale Prototyp der Bundesrepublik Deutschland

Bild 2.1
Nationales Kilogrammprototyp der Bundesrepublik Deutschland Nr. 52, aufbewahrt unter zwei Glasglocken, im Hintergrund weitere Haupt- und Bezugsnormale der PTB
Quelle: PTB

ist das 1954 neuerworbene Prototyp Nr. 52 (Bild 2.1), das Basis aller Massebestimmungen in der Bundesrepublik Deutschland ist.

Die Masse des Kilogrammprototyps Nr. 52 ist im Frühjahr 1974 vom BIPM im Rahmen einer Wiederholungsmessung zu

1,000 000 187 kg

bestimmt worden. Die Standardabweichung s dieser Messung betrug $s = 8\ \mu g$.

Gebräuchliche gesetzliche Masseneinheiten sind:

Einheit	Einheitenzeichen	Beziehung zur Basiseinheit
das Nanogramm	ng	1 ng $= 10^{-12}$ kg
das Mikrogramm	μg	1 μg $= 10^{-9}$ kg
das Milligramm	mg	1 mg $= 10^{-6}$ kg
das Gramm	g	1 g $= 10^{-3}$ kg
das Kilogramm	kg	Basiseinheit
die Tonne	t	1 t $= 10^{3}$ kg

Bei der Wägung von Edelsteinen darf die Masse in metrischen Karat angegeben werden, Abkürzung ct (BR Deutschland: Kt). 1 metrisches Karat = 0,2 g [2].

2.4.2 Hierarchie der Massenormale

An der Spitze der hierarchischen Kette zur Weitergabe der Einheit der Masse steht das Internationale Kilogrammprototyp im BIPM (Bild 2.2). Die nationalen Prototype werden auf einer Prototypwaage an die Hauptnormale des BIPM angeschlossen, die ihrerseits wieder mit dem Internationalen Prototyp verglichen sind. Das Internationale Prototyp brauchte dadurch nur in den Jahren 1889, 1939 und 1946 für Anschlüsse benutzt zu werden und ist so vor Abnutzung sowie möglichen Beschädigungen weitgehend geschützt. Die Weitergabe der Einheit durch die PTB erfolgt mit Hilfe von Hauptnormalen, die aber aus Stahl bzw. Messing sind (Dichte 8,0 g/cm^3 bzw. 8,4 g/cm^3). Der Anschluß dieser Hauptnormale an das Nationale Prototyp ist meßtechnisch gesehen am bedeutsamsten, weil bei dem notwendigen Übergang von der Dichte 21,5 g/cm^3 (Pt-Ir) auf etwa 8 g/cm^3 (Fe bzw. Messing) die Unsicherheit der Luftauftriebskorrektionen größer ist als die Unsicherheit der Waage und der anderen Einflußgrößen. An die Hauptnormale der PTB werden dann die Bezugsnormale der Eichdirektionen für den Bereich der gesetzlichen Metrologie sowie die Bezugsnormale von Firmen und anderen Institutionen angeschlossen. Die Prototype, Haupt- und Bezugsnormale sind Normale höchster Präzision, jede Handhabung bedeutet ein Risiko für Masseänderungen (Abnutzung, Verschmutzung) und mögliche Beschädigungen. Die Zeitabstände für die Anschlüsse sind deshalb einerseits möglichst groß zu wählen, andererseits aber so klein, daß Masseveränderungen rechtzeitig erkannt werden. In Bild 2.2 sind in der rechten Spalte Anhaltswerte für die Zeit zwischen zwei Anschlußmessungen und der Ort der Bestimmung angegeben. Gebrauchs- und Kontrollnormale sind leichter zu ersetzen, ihre Überprüfung muß in Abhängigkeit von der Benutzungshäufigkeit erfolgen [10].

2.4.3 Masseskale

Ausgehend von einem 1-kg-Massenormal müssen Teile und Vielfache der Einheit in Form von Massenormalen dargestellt werden, um die Masse eines beliebigen Körpers bestimmen zu können. Das geschieht dadurch, daß man in jeder Dekade die Werte 1 bis 10 darstellt. Dazu sind für jede Dekade mindestens 4 Normale nötig. Weit verbreitet ist die Aufteilung 1, 2, 2, 5

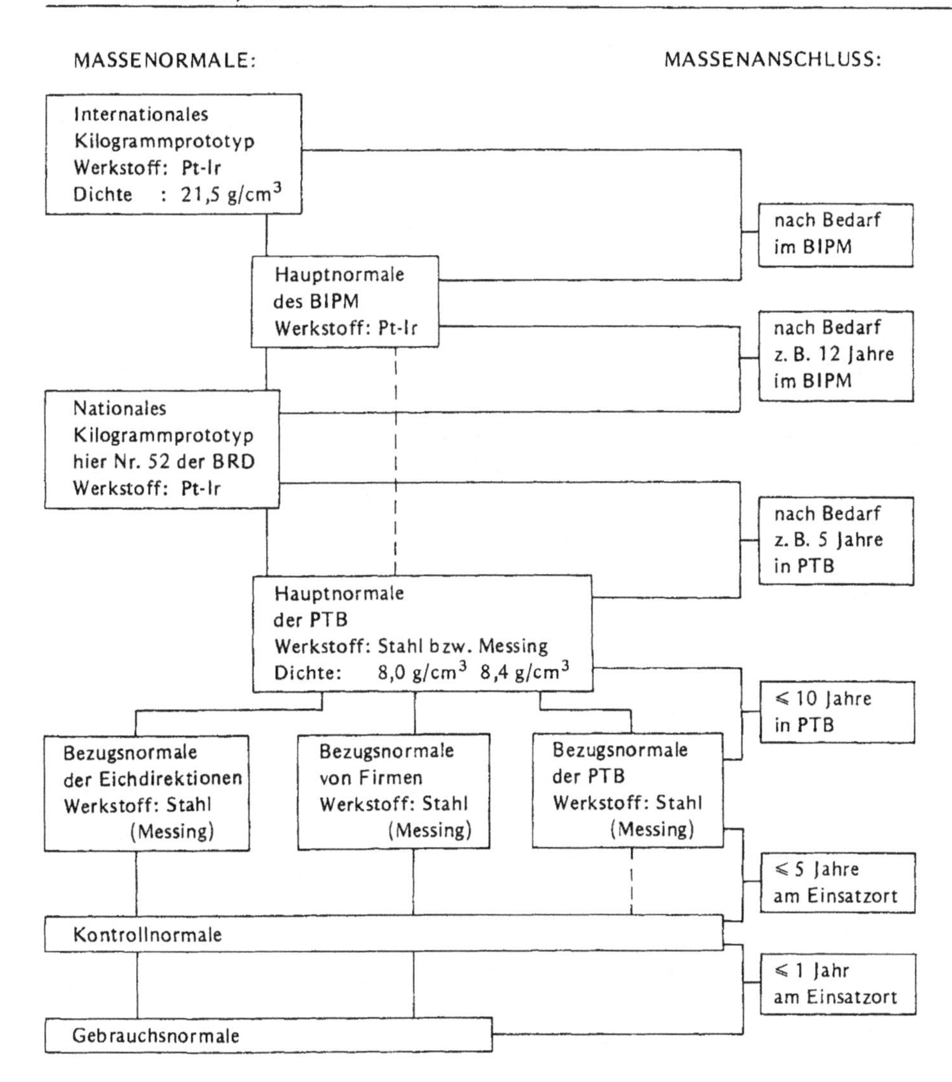

Bild 2.2 Hierarchie der Massennormale
Quelle: Verfasser

also für die Dekade 100 g bis 1 kg Normale mit den Nennwerten 100 g, 200 g, 200 g, 500 g. Haben die Normale die Masse m, so ergibt sich für die erste Anschlußwägung mit bekannter Masse $m_{1\,\text{kg}}$:

$$m_{1\,\text{kg}} - (m_{100} + m_{200} + m'_{200} + m_{500}) = E_1 \qquad (2.18)$$

mit

m_{100} als der Masse des Normals 100 g,
m_{200} als der Masse des Normals 200 g (Nr. 1),
m'_{200} als der Masse des Normals 200 g (Nr. 2),
m_{500} als der Masse des Normals 500 g

und der Differenz der Massen E_1 als Ergebnis der ersten Wägung.

1kg-Hauptnormale der PTB

Mettler H 315 spez
Max: 1000g
d: 0,001mg s_{PTB}: ≦ ± 30µg

Elektromechanische Schaltgewichtswaage
500g bis 1kg

Elektromechanische Schaltgewichtswaage
100g bis 200g

Mettler HL 52 spez
Max: 200g
d: 0,001mg s_{PTB}: ≦ ±10µg
oder Sartorius 2084

Sartorius 2405
Max: 50g
d: 0,001mg s_{PTB}: ≦ ± 2µg

Mechanische Schaltgewichtswaage
5g bis 50g

Elektromechanische Schaltgewichtswaage
0,5mg bis 2g

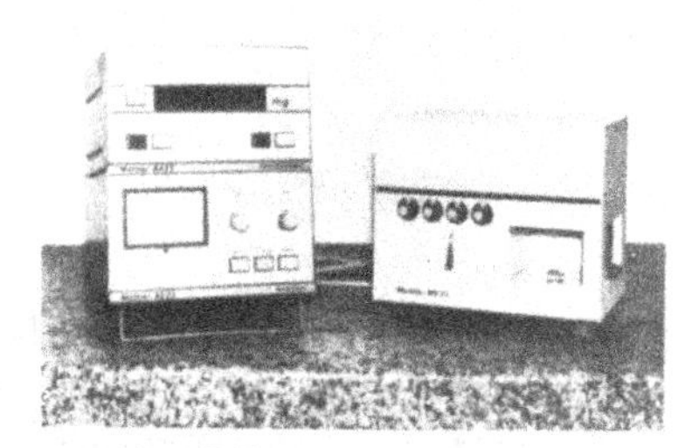

Mettler ME 22
Max: 3g
d: 0,0001mg s_{PTB}: ≦ ± 0,5µg
oder Sartorius 4583

a)

Bild 2.3
Waagen und Wägebereiche bei der Weitergabe der Masseneinheit im Bereich 0,5 mg bis 50 kg
Quelle: Verfasser

1kg - Hauptnormale der PTB

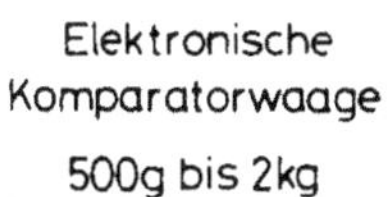

Elektronische Komparatorwaage
500g bis 2kg

Sartorius 2086
Max: 2kg
d: 0,1mg s_{PTB}: ≦ ± 0,1mg

Elektromechanische Schaltgewichtswaage
5kg bis 10kg

Mettler WR - W8
Max: 10kg
d: 1mg s_{PTB}: ≦ ± 1mg

Gleicharmige Balkenwaage
10kg bis 20kg

Sauter 107
Max: 20kg
E: 2 TA/mg s_{PTB}: ≦ ± 4mg

Gleicharmige Balkenwaage
20kg bis 50kg

Rueprecht
Max: 50kg
E: 0,2 TA/mg s_{PTB}: ≦ ± 10mg

b)

Durch eine Anzahl weiterer Bestimmungen wie

$$m_{500} - (m_{100} + m_{200} + m'_{200}) = E_2\,, \tag{2.19}$$

$$m_{200} - m'_{200} = E_3 \tag{2.20}$$

und durch Zuhilfenahme eines zweiten Gewichtsatzes lassen sich gleich viel oder mehr Bestimmungen ausführen als Normale unbekannter Masse vorhanden sind. So läßt sich jede Dekade und schließlich jeder Satz Normale „in sich" bestimmen. Sogenannte Wägeschemata sind von mehreren Autoren aufgestellt worden [11 bis 16].

Für den Aufbau der Masseskale werden die besten vorhandenen Waagen eingesetzt. Bild 2.3, linke Seite, zeigt die Wägebereiche und Waagen für den Bereich 0,5 mg bis 1 kg, die rechte Seite entsprechend für den Bereich 1 kg bis 50 kg. Weitere Einzelheiten über hochauflösende Waagen siehe Abschnitt 5.1, Tabelle 5.1.

2.5 Massenormale, Gewichtstücke

Nach DIN 1305 „Masse, Kraft, Gewicht, Last, Begriffe" werden die Verkörperungen einer Einheit der Masse, ihrer Teile oder Vielfachen Gewichtstücke (oder Wägestücke) genannt. Im gesetzlichen Meßwesen unterscheidet man meistens zwischen Massenormalen und eichfähigen Gewichtstücken, wobei das Adjektiv eichfähig allgemein fortgelassen wird. Während bei dieser Terminologie für Massenormale hinsichtlich Material, Form, Oberflächenbeschaffenheit usw. keine speziellen Vorschriften vorliegen, gelten für (eichfähige) Gewichtstücke internationale Empfehlungen bzw. nationale Vorschriften [7].

Gewichtstücke dienen in den metrologischen Staatsinstituten, Eichdirektionen und in Laboratorien oder Prüfstellen von Firmen für die Weitergabe der Masseneinheit bzw. für feinste Wägungen als Bezugsnormale. Diese Bezugsnormale werden im Rahmen eines hierarchischen Aufbaues von Normalen von den metrologischen Staatsinstituten mit der kleinstmöglichen Unsicherheit bestimmt. Die kleinstmögliche Unsicherheit, mit der ein 1-kg-Bezugsnormal aus Stahl oder Messing zur Zeit bestimmt werden kann, beträgt in der Bundesrepublik Deutschland bei einer statistischen Wahrscheinlichkeit von $P = 99\,\%$

$u = 50\,\mu g$ [10].

Die Unsicherheit ist Ausgangswert für die Unsicherheit aller weiteren Massenanschlüsse sowie für sinnvolle Fehlergrenzen von Gewichtstücken für höchste Genauigkeitsansprüche.

Die Masse des Bezugsnormals bzw. der daran angeschlossenen Gewichtstücke sollte bei fachgerechter Handhabung über einen bestimmten Zeitraum (mehrere Jahre) konstant sein. Masseänderungen in diesem Zeitraum müssen auf jeden Fall kleiner als die Unsicherheit sein, mit der die Masse bestimmt worden ist.

Meßtechnische Anforderungen an ein Gewichtstück beziehen sich auf geeignete Form, Materialeigenschaften (weitgehend unmagnetisch, elektrisch leitend und korrosionsbeständig), Dichte des Werkstoffes, mechanische Festigkeit und Güte der Oberfläche, die zusammen eine Konstanz der Masse über einen längeren Zeitraum garantieren sollen, für (eichfähige) Gewichtstücke außerdem Nennwert, Stückelung und Justierkammer; für Massenormale liegen keine speziellen Vorschriften vor.

Werkstoff: Korrosionsbeständiger, unmagnetischer Stahl für alle Nennwerte (bis 5000 kg),
bis 5 mg auch Aluminium (-folie),
bis 500 mg auch Nickel, Platin, Nickellegierungen,
bis 50 kg auch Messing mit Nickel- oder Chromüberzug.

Fehlergrenzen und Dichtebereich siehe Anhang E9.

Massenormale und Gewichtstücke höherer Genauigkeit sind vor Staub, Schwebeteilchen usw. zu schützen und nur mit Pinzette, Gabel oder anderen geeigneten Werkzeugen zu handhaben. Aufbewahrt werden sie in einem staubdichten, ausgepolsterten Holzkasten. Das Normal sollte eine um mindestens den Faktor 3 kleinere Unsicherheit bzw. Fehlergrenze aufweisen, als die zu kalibrierende Waage, das zu prüfende Gewichtstück oder der Prüfling.

Bild 2.4 zeigt die Eichfehlergrenzen von Gewichtstücken der Klassen E_2 (für Eichdirektionen, Hersteller von hochauflösenden Waagen), F_2 (Prüfgewichte für Präzisionswaagen) und M_2 (zur Prüfung von Handelswaagen).

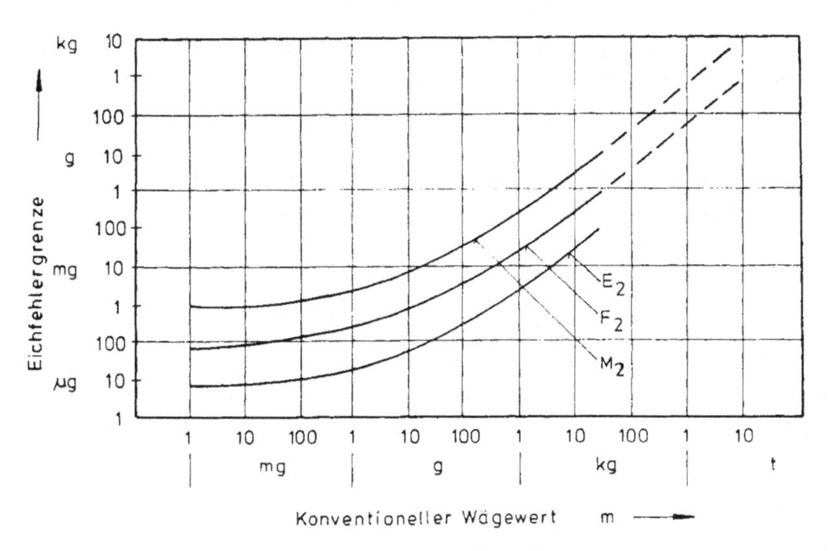

Bild 2.4 Eichfehlergrenzen der Gewichtsklassen E_2, F_2 und M_2
Quelle: Verfasser

2.6 Erreichbare Unsicherheiten bei der Massebestimmung

Ausgehend von einer Unsicherheit

$$u = 50\,\mu g$$

für eine statistische Wahrscheinlichkeit P = 99 % des genauesten 1-kg-Hauptnormals der Bundesrepublik Deutschland mit einer Dichte von etwa 8000 kg m^{-3} leiten sich die Unsicherheiten der anderen Normale nach Bild 2.2 ab. Dabei wird von Stufe zu Stufe die Bestimmungsunsicherheit größer.

Eine wichtige Aufgabe der PTB und der Eichbehörde ist es, die Masseskale mit kleinstmöglicher Unsicherheit darzustellen. Bild 2.5 zeigt die relativen Unsicherheiten, die einige Eichdirektionen und Waagenhersteller (in Teilbereichen) bei Massebestimmungen geeigneter Prüflinge erreichen [18].

Bei der Kalibrierung einer Waage oder bei Wägungen mit Gewichtstücken soll man Gewichtstücke benutzen, deren Absolutwert der Fehlergrenzen nicht mehr als ein Drittel der Fehlergrenze der Waage beträgt.

Außer dem Luftauftrieb beeinflussen diverse Umweltbedingungen (siehe Kap. 8), Waage, Gewichtstücke und Wägegut, die Wägung. Der Waagenoperateur muß außer der richtigen

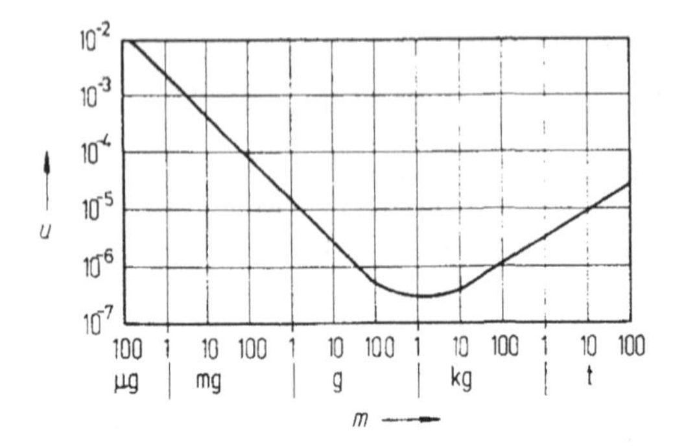

Bild 2.5
Erreichbare relative Unsicherheit u bei der Massebestimmung von Normalen
Quelle: Verfasser

Bedienung der Waage auch abschätzen können, ob die gerade herrschenden Umweltbedingungen den auf dem Kennzeichnungsschild angegebenen oder anderen üblichen Anforderungen entsprechen. Das ist insbesondere bei elektromagnetischen Störeinflüssen nicht immer einfach. Als Faustregel mag gelten:

Ein erfahrener Operateur kann bei Beachtung der Einflußgrößen (Umwelt, Wägegut, usw.) Unsicherheiten bei der Massebestimmung entsprechend dem zwei- bis dreifachen Eichwert bzw. Teilungswert der Waage erreichen.

Bei Lasten in der Größenordnung der Mindestlast steigt die relative Unsicherheit stark an, da die Eichfehlergrenze von 0,5 e bei Mindestlast bzw. 1,5 e bei Höchstlast beträgt, $\frac{0{,}5\,e}{\text{Min}} \gg \frac{1{,}5\,e}{\text{Max}}$ (siehe Kap. 6). Im einzelnen gehen in die Unsicherheit die meßtechnischen Merkmale der Waage (Richtigkeit, Standardabweichung), das Wägeverfahren, die Fähigkeiten des Operateurs und Umwelteinflüsse ein.

2.7 Wägeverfahren

Bei Wägungen wird eines der folgenden Wägeverfahren angewandt:

a) *Einfache Wägung* (übliches Verfahren für Wägungen ohne besondere Genauigkeitsanforderungen), bei der unter Berücksichtigung der Nullage die Masse des Wägegutes von der Waage angezeigt wird. Wägeergebnis = Anzeige (ohne Luftauftriebskorrektion). Im Gegensatz zu den folgenden Verfahren geht der Waagenfehler in das Meßergebnis ein.

b) Für höhere Anforderungen an die Genauigkeit, z. B. Prüfung von Normalgewichten: *Substitutionsverfahren* oder Bordasche Wägung, bei dem hintereinander das Wägegut m_P und die Gewichtstücke m_N mit ein- und derselben Hilfslast verglichen werden.

$$m_\text{P} = m_\text{N} - (A_\text{N} - A_\text{P}). \tag{2.21}$$

A_N Anzeige bei Auflegen der Gewichtstücke,
A_P Anzeige bei Auflegen des Wägegutes.

c) *Vertauschungsverfahren* oder Gaußsche Wägung mit einer gleicharmigen Balkenwaage, bei dem das Wägegut und die Gewichtstücke nach der ersten Wägung auf den Schalen vertauscht werden.

$$m_\text{P} = m_\text{N} + \frac{R_1 - R_2}{2 \cdot E}. \tag{2.22}$$

R_1 Ruhelage vor Vertauschung,
R_2 Ruhelage nach Vertauschung,
E Empfindlichkeit.

Absolut- und Differenzwägung

Unter einer Differenzwägung versteht man insbesondere die Bestimmung einer Massenänderung, die ein Wägegut zwischen zwei aufeinanderfolgenden Wägungen durch z. B. physikalische oder chemische Prozesse erfährt. Diese Massenänderung ist gewöhnlich relativ klein, so daß die gleichen Gewichtstücke Verwendung finden, mithin ist die Bestimmung frei von der Unsicherheit der Gewichtstücke. Die Unsicherheit wird dann im wesentlichen von der Standardabweichung der Waage bestimmt. Die Bestimmung der Masse eines Wägegutes wird auch Absolutwägung genannt.

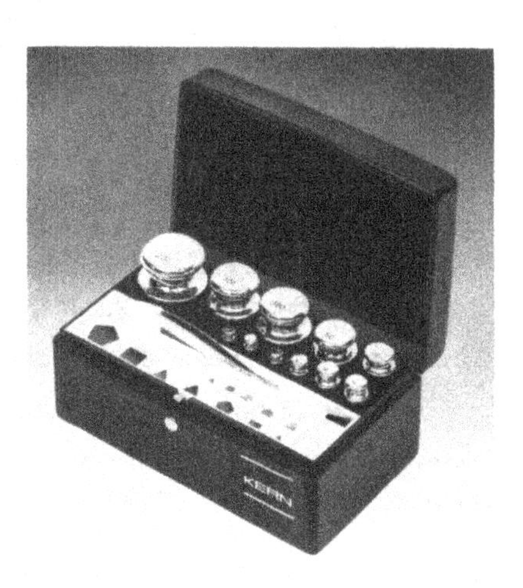

Bild 2.6 Gewichtsatz

a) Blockgewichte (5 kg bis 50 kg) der mittleren Fehlergrenzenklasse nach EO 8–3

b) Gewichtstücke (1 mg bis 200 g) der Klasse F_1 nach EO 8–6
Foto: Kern

Wägeablauf

Im Handelsverkehr ist es üblich, die Masse eines Gutes auf einer Waage in einem einzigen Wägevorgang zu bestimmen. Bei genaueren Wägungen versucht man, durch Optimierung des Wägeablaufs die Unsicherheit zu verringern. Auch nach Abwarten der Anwärmzeit der Waage können noch Driften auftreten. Zur Eliminierung einer Drift benutzt man das erweiterte Substitutionsverfahren, bei dem die Wägungen des Wägegutes von Wägungen der Gewichtstücke eingeschlossen werden.

$$m_p = m_N - \frac{1}{2}(A_{N1} - A_{P1} - A_{P2} + A_{N2}) \quad \text{(ohne Luftauftriebskorrektion).} \qquad (2.23)$$

Die Reihenfolge der Anzeigen A_{Ni} bzw. A_{Pi} (i = 1,2) in der Gleichung entspricht auch dem zeitlichen Meßvorgang.

2.8 Berechnung der Masse und Abschätzung der Unsicherheit

Grundlage für die Massebestimmung eines Prüflings bei Wägungen in Luft ist die Gleichung:

$$m_p = m_N + \rho_L (V_P - V_N). \qquad (2.24)$$

Die Unsicherheit u der Masse des Prüflings ist nach DIN 1319 die Summe aus zufälligem und systematischem Fehler

$$u = \pm (|t \cdot s/\sqrt{n}| + |f|). \qquad (2.25)$$

Als Ergebnis der Massebestimmung m_E ergibt sich also

$$m_E = \overline{m}_p \pm u, \tag{2.26}$$

darin ist m_p der gemessene Mittelwert mehrerer Wägungen, der um die bekannten systematischen Abweichungen berichtigt ist, insbesondere der Luftauftriebskorrektion nach Gl. (2.6).

Am Beispiel des Massevergleichs eines Glaskörpers $m = 50$ g (Dichte 2,5 g $\cdot$ cm^{-3}), mit einem Gewichtsatz der Klasse E 2 soll die Unsicherheit berechnet werden. Der zufällige Fehler ergibt sich aus der Standardabweichung mit z. B. $s = 0{,}15$ mg, der systematische aufgrund folgender Gleichung:

$$f = |\sqrt{u_N^2 + u(\rho_L)^2 \cdot (V_P - V_N)^2 + \rho_L^2 \cdot u(V_p)^2 + u(V_N)^2 \cdot \rho_L^2} \tag{2.27}$$

mit

$u_N = 0{,}1$ mg Unsicherheit der Masse der Gewichtstücke (50 g),
$u(\rho_L) = 0{,}01$ mg $\cdot$ cm^{-3} Unsicherheit der Bestimmung der Luftdichte, ρ_L
$u(V_p) = 0{,}2$ cm^3 Unsicherheit des Volumens V_p des Glaskörpers,
$u(V_N) = 0{,}05$ cm^3 Unsicherheit des Volumens V_N des Gewichtstückes
$V_N = 6{,}25$ cm^3, $V_p = 20$ cm^3, $\rho_L = 1{,}2$ mg $\cdot$ cm^{-3}.

Damit ergibt sich mit einer statistischen Sicherheit von 95 % bei 10 Messungen ($t = 2{,}26$):

$$u = \pm (0{,}11 \text{ mg} + 0{,}30 \text{ mg}) = \pm 0{,}41 \text{ mg}.$$

Dieses Beispiel zeigt, daß der systematische Fehler wesentlich größer sein kann als der zufällige Fehler.

Schrifttum

[1] *Samelski, F. S.:* Die Masse und ihre Messung. Frankfurt/M. 1977
[2] Das internationale Einheitensystem (SI). Vieweg-Verlag, Braunschweig, 1982
[3] *Newton, I.:* Philosopiae naturalis principia mathematica 1686
[4] *Bessel, F. W.:* Astronomische Nachrichten **10** (1833), S. 97
[5] *Eötvös, R. v.:* „Untersuchungen über Gravitation und Erdmagnetismus", Annalen der Physik **59** (1896), S. 354–400
[6] *Zeeman, P.:* Proceedings of the Koningklijke Akademie van Wetenschappen te Amsterdam **20** (1917), S. 542
[7] Eichordnung Anlage 8. Braunschweig: Deutscher Eichverlag 1975
[8] *Ach, K.-H.:* „Über Masse und Wägewert". PTB-Mitt. **85** (1975), S. 130–133
[9] *Ach, K.-H.:* „Prüfen und Justieren von Feinwaagen und Feingewichten". wägen + dosieren 9 (1978), S. 224–226
[10] *German, S.; Kochsiek, M.:* Darstellung und Weitergabe der Masseneinheit Kilogramm in der Bundesrepublik Deutschland. wägen + dosieren **8** (1977) S. 5–12
[11] *Benoit, I. R.:* L'étallonnage des séries des poids. Travaux et Memoires 13 (1907), S. 1–47
[12] *Prowse, D. B.; Anderson, A. R.:* Calibration of a set of masses in terms of one mass standard. Metrologia **10** (1974), S. 123–128
[13] *Cameron, J. M.; Croarkin, M. C.; Raybold, R. C.:* Designs for the calibration of standards of mass. NBS-Technical Note 952, 1977
[14] *Kohlrausch, F.:* Praktische Physik Band 1, 22. Auflage, BG. Teubner, Stuttgart
[15] *Grabe, M.:* Massenanschluß – Optimierung und Fehlerausbreitung. PTB-Mitt. **87** (1977), S. 223–227
[16] *Kochsiek, M.; Kunzmann, H.:* Measurement Philosophy for the Calibration of a set of mass standard. IMEKO, 9th world congress. Preprint Vol V/III, 1982, S. 259–268
[17] *Kochsiek, M.:* Anforderungen an Massenormale und Gewichtstücke für höchste Genauigkeitsansprüche wägen + dosieren 9 (1978), S. 4–11
[18] *Kochsiek, M.:* Fortschritte bei der Darstellung der Masseskale. PTB-Mitt. **89** (1979), S. 421–424

3 Wägeprinzipien

K. Horn

3.1 Theoretische Grundlagen

Zentrale Aufgabe der Wägetechnik ist es, in jedem interessierenden Einzelfall einen Meßwert von der *Menge* an *Materie* zu gewinnen, aus der ein einzelner oder auch eine größere Anzahl gemeinsam betrachteter Körper mit jeweils allseitig in sich geschlossener, geometrisch eindeutig definierbarer Oberfläche unter vorgegebenen Umweltbedingungen im Beobachtungszeitpunkt aufgebaut ist. Diese Materiemenge wird von der Ruhemasse m_0 beschrieben, die streng nur an Körpern feststellbar ist, die sich relativ zum Bezugssystem des Beobachters im Zustand der Ruhe befinden. Denn nach Einstein [1] vergrößert sich die Masse m bewegter Körper entsprechend der Beziehung

$$m = \frac{m_0}{\sqrt{1-(v/c)^2}} \tag{3.1}$$

um so mehr, je stärker sich die Relativgeschwindigkeit v der Lichtgeschwindigkeit c annähert.

In der wägetechnischen Praxis ist aber selbst bei schnell bewegten makroskopischen Objekten $v \ll c$, so daß in aller Regel nicht zwischen m und m_0 unterschieden zu werden braucht ($\Delta m/m_0 < 10^{-6}$, solange $v < 400$ km/s.)

Die Masse einer abgeschlossenen Materiemenge ist völlig unabhängig von ihrer chemischen Zusammensetzung und physikalischen Struktur, also inbesondere davon, ob sie in fester, flüssiger, gasförmiger Form oder gar als Plasma auftritt. Und auch bei chemischen Stoffumwandlungen sowie physikalischen Strukturänderungen bleibt die Masse der daran beteiligten Materie streng erhalten, lediglich bei Atomumwandlungen und Wechselwirkungen zwischen Materie und elektromagnetischer Strahlung können nach der Beziehung

$$W = m \cdot c^2 \tag{3.2}$$

Masse und Energie ineinander überführt werden [1]. Aber diese letztgenannten Prozesse sind für die Wägetechnik ohne jede praktische Relevanz.

Im physikalischen Raum stellt die Masse m das *Speichervermögen* – auch mit *Kapazität* bezeichnet – eines Speichers für die im *mechanisch-translatorischen* System auftretende *kinetische* Energieform dar:

$$W_{\text{kin}} = \frac{1}{2} m v^2, \tag{3.3}$$

Die Masse m ist demnach eine *Eigenschaftsgröße* und damit eine rein *passive* Meßgröße ohne eigenen Energieinhalt, die keiner eigenständigen Informationsabgabe fähig ist, weil dazu physikalisch bedingt stets ein Leistungstransfer [2] erforderlich wäre. Daher läßt sich die Masse grundsätzlich *nicht direkt* messen, sondern nur indirekt über die Nutzung massespezifischer Eigenschaften und Zustandsänderungen mittels eines *externen Energieaustausches* unter der Einwirkung von (aktiven) *Intensitätsgrößen*, wie dies Kräfte, Drehmomente, Drücke sowie Transversal-, Dreh- und Strömungsgeschwindigkeiten sind.

Praktische Wägeverfahren können daher vor allem auf der im *Newtonschen Bewegungsgesetz*

$$F = m \cdot a \tag{3.4}$$

beschriebenen *Trägheitseigenschaft* aller Massen, der sogenannten „*trägen Masse*", aufbauen oder aber auf deren *Schwereeigenschaft*, aufgrund der eine Masse m im Gravitationsfeld einer Bezugsmasse m_N eine *Anziehungskraft* erfährt, die nach *Newtons Gravitationsgesetz*

$$F = m \cdot \gamma \cdot \frac{m_N}{r^2} \cdot \frac{r_0}{|r_0|} \tag{3.5}$$

berechenbar ist (*Schwere Masse*). Hierin ist r_0 der Einheitsvektor in Richtung der Verbindungsstrecke $\bar{r}$ zwischen den Schwerpunkten der Massen m und m_N und $\gamma = 6{,}670 \cdot 10^{-11}$ Nm^2/kg^2 die *Gravitationskonstante.*

Radiometrische Massebestimmungsverfahren, die im Sinne von DIN 8120 nicht streng unter die Wägeverfahren zu rechnen sind, arbeiten schließlich noch mit der Eigenschaft der Materie, radioaktive oder Röntgen-Strahlen um so stärker in ihrer Intensität I zu schwächen, je größere Massebelegungen m' ($\hat{=}$ Masse pro Flächeneinheit) sie durchdringen müssen.

Wegen der nichtlinearen Abhängigkeit

$$I_\nu < I_{0\nu} \cdot e^{-\mu \cdot m'} \tag{3.6}$$

nach der die einzelnen Strahlungsanteile ν beim Durchdringen des Wägegutes entsprechend der dabei individuell durchstrahlten Flächenmasse m' geschwächt werden, ist diese Reststrahlung

$$S_{Rest} = \int\limits_{A\,ges} I_\nu \, dA_\nu = \int\limits_{A\,ges} I_{0\nu} \cdot e^{-\mu \cdot m'} dA_\nu \tag{3.6a}$$

in starkem Maße abhängig von der räumlichen Dichteverteilung $\rho\,(x, y, z)$ des Wägegutes und somit von dessen Geometrie und der Dichte seiner einzelnen Bestandteile (vgl. Abschnitt 3.8.3).

Aber auch die auf der Basis der *Newtonschen Mechanik* arbeitenden Wägeverfahren stehen vor dem grundsätzlichen Problem, daß *reale* Wägegüter keineswegs als *ideale Massen* aufgefaßt werden können, die ausschließlich *verlustfreies Speichervermögen* für kinetische Energie aufweisen und deren Kapazität man sich als im Körperschwerpunkt S vereinigt und wirksam vorstellen kann. In Wirklichkeit ist deren Gesamtmasse m nämlich entsprechend dem Modell in Bild 3.1 aus einer Vielzahl räumlich diskret oder kontinuierlich über ein Körpervolumen verteilter Teilmassen Δm_i aufgebaut, die untereinander durch mehr oder weniger *verlustbehaftete Federnachgiebigkeiten* N_i als *reale Speicherelemente* für *potentielle* Energie verbunden sind.

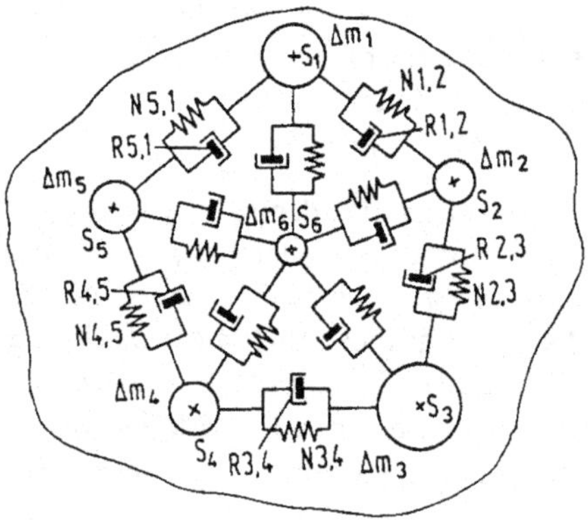

Bild 3.1

Modellaufbau eines realen Wägeobjektes
Δm_i Teilmasse, S_i Körperschwerpunkt
N_i Federnachgiebigkeit, R_i Dämpfung
Quelle: Verfasser

Auf Krafteinwirkung beim Kontakt ihrer Körperoberfläche A_0 mit der Lastaufnahme (z. B. Waagschale) der Wägeeinrichtung reagieren derartige Wägegüter in höchst unübersichtlicher Weise mit gedämpften und gekoppelten Transversal-, Longitudinal- und Rotations-Schwingungen sowie mit dynamischen und stationären Verformungen und außerdem mit Verlagerungen ihres Gesamtschwerpunktes. Hierbei treten im *dynamischen Objektverhalten* extreme Unterschiede in Abhängigkeit davon auf, ob das Wägegut eine feste, körnige, pulvrige, teigige, flüssige oder gar gasförmige *Struktur* aufweist.

Bei der nachfolgenden systematischen Übersichtsbetrachtung sowohl über realisierte als auch rein prinzipiell denkbare Wägeverfahren muß daher stets von diesem Aufbau realer Wägegüter ausgegangen und beurteilt werden, welchen Einfluß die aufgeführten dynamischen, stationären und geometrischen Störeinflüsse jeweils auf die Meßwertermittlung der Ruhemasse m_0 haben.

3.2 Verfahren zur Bestimmung der trägen Masse

3.2.1 Massebestimmung nach dem Bewegungsgesetz

Auf dem Newtonschen Bewegungsgesetz (3.4) basierende Waagen können nach zwei unterschiedlichen Prinzipien arbeiten:

1. Als *Beschleunigungswaagen*, bei denen der zu bestimmenden Masse m_W zusammen mit der Waagen-Totlast m_T eine bekannte Beschleunigung a_N erteilt wird und die dazu erforderliche Kraft F_{T+W} gemessen wird:

$$F_{T+W} = a_N (m_T + m_W) . \tag{3.7}$$

2. Bei *Kraftwaagen* dagegen mißt man die Beschleunigung a_{T+W}, die m_W und m_T unter der Einwirkung einer bekannten Kraft F_N erfährt:

$$a_{T+W} = \frac{F_N}{m_T + m_W} . \tag{3.8}$$

Bei *Wechselbeschleunigungswaagen* wird dem Wägegut m_W zusammen mit der Totlast m_T (Lastaufnahme LA, Parallelführung PF, Kraftzuführung KZ) eine vorzugsweise zeitlich sinusförmige Beschleunigung $a(t)$ aufgezwungen. In Bild 3.2 geschieht dies beispielsweise durch einen mit der konstanten Winkelgeschwindigkeit ω umlaufenden Exzenterantrieb E_x.

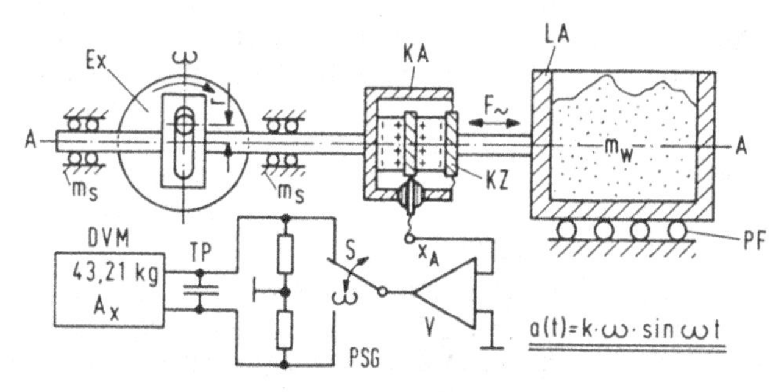

Bild 3.2 Wechselbeschleunigungswaage

m_W Wägegut, LA Lastaufnahme, PF Parallelführung, KZ Kraftzuführung, KA Kraftaufnehmer, Ex Exzenterantrieb, PSG Phasengesteuerter Gleichrichter, TP Tiefpaßfilterung, DVM Digitalvoltmeter, A_x Anzeigewert

Quelle: Verfasser

Die dabei auf LA übertragene Beschleunigungskraft

$$F_{\sim} = (m_T + m_W) \cdot a(t) \tag{3.9}$$

wird von einem Kraftaufnehmer KA in ein elektrisches Signal x_A umgeformt, das nach Verstärkung (V), phasengesteuerter Gleichrichtung (PSG) und Tiefpaßfilterung (TP) von einem Digitalvoltmeter (DVM) in digitale Meßwerte x_D umgesetzt werden kann. Werden diese ständig um den Totlastmeßwert x_T vermindert, den man beim Nullstellen der unbelasteten Waage ($m_W \equiv 0$) einspeichert, erhält man Anzeigewerte A_x für die Masse m_W.

Derartige Wechselbeschleunigungswaagen haben neben ihrem bestechend einfachen Aufbau den Vorteil, im wesentlichen unempfindlich gegenüber der örtlichen Fallbeschleunigung g_{Loc} als auch stationären Änderungen ihrer räumlichen Anordnung in bezug auf die Schwerkraftsrichtung zu sein.

Auch verhindert die phasengesteuerte Gleichrichtung PSG, deren Schaltstrecke S jedesmal umgesteuert wird, wenn der Exzenterbolzen die Vertikale zur Längsachse A-A passiert, daß sich Nulldriften von KA oder V auf die Anzeige auswirken.

Diesen vor allem für *nichtortsfeste* Waagen wertvollen Eigenschaften steht aber der gravierende Nachteil gegenüber, daß genaue Wägeergebnisse nur dann zu gewinnen sind, wenn das Wägegut in seiner Gesamtheit den ihm aufgezwungenen Wechselbeschleunigungen folgen kann. Dies ist aber nur bei nichtfederndem festem Wägegut gegeben und, im Sonderfall einer vertikalen Anordnung der Waagenlängsachse A-A, auch bei inkompressiblen Flüssigkeiten. Bei allen anderen Wägegütern muß man mit Eigenschwingungen rechnen, die besonders beim Auftreten von Resonanzen zu erheblichen Meßfehlern führen können!

Unter Beibehaltung aller Vorteile können derartige Meßfehler bei *Gleichbeschleunigungswaagen* jedoch weitgehend vermieden werden. Bei diesen wird, wie z. B. in Bild 3.3 gezeigt, der Strom i_a durch die Läuferwicklung LW eines Linearmotors LM mittels eines PID-Strom-Reglers so geregelt, daß während des gesamten Wägevorganges die von einem Beschleunigungsaufnehmer BA gemessene Beschleunigung a_{ist} der horizontal geführten Lastaufnahme LA gleich ist der vorgegebenen Bezugsbeschleunigung a_N. Wegen der beim Linearmotor gültigen strengen Proportionalität $F_a = k_i \cdot i_a$ kann i_a über einen Meßwiderstand R und ein Digitalvoltmeter DVM in digitale Meßwerte x_D umgesetzt werden. Durch Subtraktion der zuvor bei einem Nullstellvorgang eingespeicherten Totlast lassen sich daraus Anzeigewerte ZA für die Masse m_W des Wägegutes gewinnen. Vom Beschleunigungsaufnehmer BA wird dabei lediglich ein langzeitstabiler Arbeitspunkt, aber keine lineare Kennlinie verlangt!

Da das Wägegut hier während des Wägevorganges genau wie im Schwerefeld der Erde einer konstanten Beschleunigungskraft ausgesetzt ist, treten auch in dieser Zeit gleichartige struk-

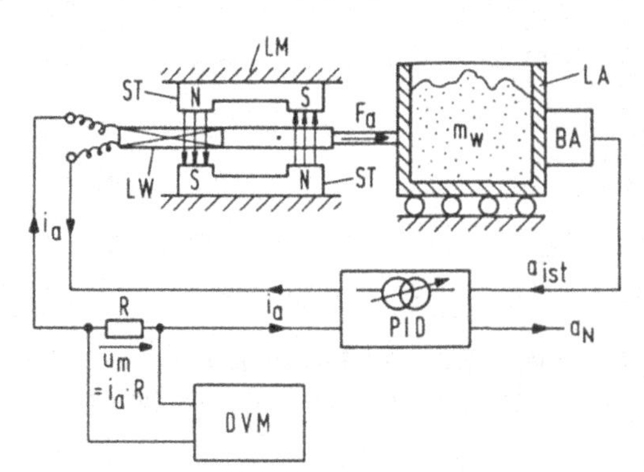

Bild 3.3

Gleichbeschleunigungswaage

m_W Wägegut, LA Lastaufnahme, LM Linearmotor, BA Beschleunigungsaufnehmer, DVM Digitalvoltmeter, ZA Ziffernanzeige

Quelle: Verfasser

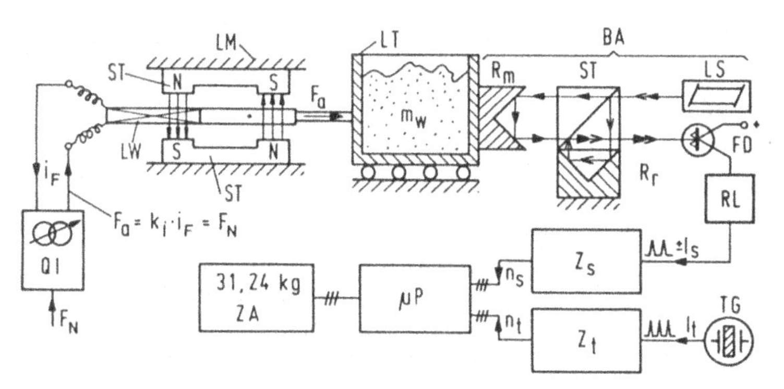

Bild 3.4 Gleichkraftwaage

m_W Wägegut, ZA Ziffernanzeige, LT Lastträger, LM Linearmotor, BA Beschleunigungsaufnehmer, LS Laser, ST Strahlteiler, R_m Prismenreflektor, FD Fotodetektor, RL Logikstufe, Z_s Weginkrementzähler, TG Taktgenerator, Z_t Zeitimpulszähler

Quelle: Verfasser

turbedingte Einschwingvorgänge auf. Ihr Einfluß auf das Meßergebnis kann daher nach den gleichen Strategien der Meßwertgewinnung (analoge oder digitale Filterung, Schätzverfahren etc.) unterdrückt werden, wie man sie z. B. für elektromechanische Waagen zur Bestimmung der *schweren Masse* erfolgreich und in großer Vielfalt entwickelt hat.

Das gilt in vollem Umfange auch für *Gleichkraftwaagen*, die sich, wie Bild 3.4 zeigt, ebenfalls mit Linearmotoren verwirklichen lassen. Mittels einer regelbaren Stromquelle QI wird hier die von der Läuferwicklung LW wegunabhängig ausgeübte Beschleunigungskraft

$$F_a = k_i \cdot i_F \equiv F_N \tag{3.10}$$

auf einen Bezugswert F_N gebracht und mit einem Beschleunigungsaufnehmer BA sowie einer nachgeschalteten Auswerteelektronik gemessen, welche Beschleunigung a_{T+W} das hier ebenfalls sorgfältig horizontal geführte Wägegut m_W zusammen mit der Totlast m_T aller bewegten Waagenteile erfährt. Das gemessene Beschleunigungssignal und damit die Waagenempfindlichkeit nehmen nach (3.2.2) mit abnehmender Systemmasse $m_S = m_T + m_W$ reziprok zu. Damit begegnet die Gleichkraftwaage dem klassischen Bestreben des Waagenbaues, über einen möglichst großen Wägebereich hinweg bezogen auf den jeweils richtigen Wägegutmeßwert annähernd *konstante Relativ-Fehlergrenzen* einhalten zu können!

Dieser Vorteil kann aber nur bedingt genutzt werden, weil in dieser Waagen-Version an den Beschleunigungsaufnehmer BA hohe Anforderungen auch bezüglich der Linearität und des Frequenzganges gestellt werden müssen, die von den heute bekannten Aufnehmerbauarten nicht oder nur sehr schwer erfüllbar sind.

Aus diesem Grund wird entsprechend Bild 3.4 die Beschleunigungsmessung zweckmäßig durch den Einsatz eines Laser-Interferometers auf eine *rechnergestützte Weg-Zeit-Messung* reduziert! Jedes Weginkrement $\delta s = \lambda/8$ ($\lambda \triangleq$ Wellenlänge des Laserlichtes), um das LT mit dem angebauten Prismenreflektor R_m bewegt wird, veranlaßt die Fotodetektoren FD in Verbindung mit einer richtungsbewertenden Logikstufe RL zur Abgabe eines Wegimpulses I_s und verändert den Zählerstand $n_s = 8s/\lambda$ des bidirektionalen Weginkrementzählers Z_s vorzeichenrichtig um einen Schritt. Daneben können vom Zähler Z_t die von einem quarzstabilisierten Taktgenerator TG mit einer hohen Folgefrequenz f_t gelieferten Impulse I_t zum Zählerstand $n_t = f_t \cdot t$ aufsummiert werden.

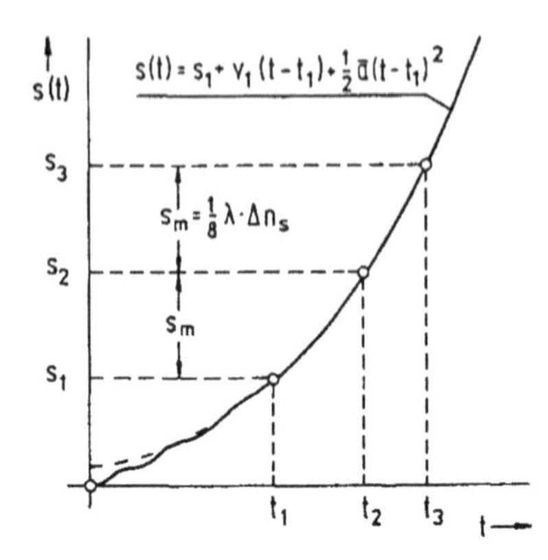

Bild 3.5
Weg-Zeit-Diagramm einer Gleichkraftwaage
s Weg, t Zeit, λ Wellenlänge des Laserlichtes
Quelle: Verfasser

Wird zum Zeitpunkt $t = 0$ durch Einschalten von i_F der Wägevorgang begonnen, nimmt nach Bild 3.5 das bewegte System nach einer Einschwingphase eine gleichförmig beschleunigte Bewegung

$$s(t) = s_1 + v_1 \cdot (t - t_1) + \frac{1}{2} \cdot a \cdot (t - t_1)^2 \tag{3.11}$$

an. Werden dem Mikroprozessor μP an drei aufeinanderfolgenden Zeitpunkten t_ν die jeweils erreichten Zählerstände $n_{s\nu}$ und $n_{t\nu}$ übergeben, kann daraus die Beschleunigung

$$a = \frac{2}{t_3 - t_2} \left(\frac{s_3 - s_1}{t_3 - t_1} - \frac{s_2 - s_1}{t_2 - t_1} \right) \tag{3.12}$$

und mit Gl. (3.8) die Systemmasse

$$m_S = m_W + m_T = \frac{4 K_i \cdot i_F}{\lambda \cdot f t^2} \cdot \frac{n_{t3} - n_{t2}}{\frac{n_{s3} - n_{s1}}{n_{t3} - n_{t1}} - \frac{n_{s2} - n_{s1}}{n_{t2} - n_{t1}}} \tag{3.13}$$

errechnet werden. m_W ergibt sich daraus durch Subtraktion der zuvor in einem Nullstellvorgang bestimmten Systemtotlast m_T.

Die hohe Arbeitsgeschwindigkeit heutiger Rechner in Verbindung mit der großen Meßwertauflösung gestatten trotz der etwas komplizierten Beziehung (3.13) auch *bei kleinen Meßwegen* die Ermittlung vieler Beschleunigungsmeßwerte, die zur digitalen Filterung und Unterdrückung von Störeinflüssen durch Erschütterungen und Materialstruktur genutzt werden können. Bemerkenswert an dem Verfahren ist seine völlige *Unabhängigkeit vom Luftauftrieb,* weshalb es sich prinzipiell zum *Massevergleich* von Normalen aus Materialien *unterschiedlicher Dichte* eignen sollte.

3.2.2 Massebestimmung nach dem Impulssatz

Den *Impulssatz* erhält man durch Integration des Bewegungsgesetzes (3.4) über der Zeit:

$$\int_{t_1}^{t_2} F(t) \cdot dt = \int_{t_1}^{t_2} m \cdot a(t) \cdot dt = m \, [v(t_2) - v(t_1)]. \tag{3.14}$$

Er könnte bei Waagenversionen nach Bild 3.4 einmal dadurch unmittelbar genutzt werden, daß man die Systemmasse m_S während eines definierten Zeitintervalles Δt von der konstanten

Kraft $F_a = k_i \cdot i_F$ beschleunigen läßt und anschließend die dabei aus dem Stand $v(t_1) = 0$ heraus erreichte Geschwindigkeit $v(t_1 + \Delta t)$ bestimmt, beispielsweise durch Messung der Folgefrequenz f_s der Wegimpulse I_s aus dem Zweistrahlinterferometer.

$$m_s = m_W + m_T \equiv \frac{F_a \cdot \Delta t}{v(t_1 + \Delta t)} = \frac{8 \cdot k_i \cdot i_F \cdot \Delta t}{\lambda \cdot f_s(t > t_1 + \Delta t)}. \tag{3.15}$$

Derartige Wägeverfahren leiden aber daran, daß das bewegte System nach Ende der Beschleunigungsphase beim Übergang in die gleichförmige Bewegung strukturabhängige Einschwingvorgänge ausführen wird und man daher $v(t > t_1 + \Delta t)$ über eine längere Zeit beobachten muß. Dabei werden notwendigerweise größere Meßstrecken durchfahren, in denen sich u. U. Reibungs- und Federkräfte der Parallelführung PF störend bemerkbar machen können. Bei *starren Wägegütern* und *gutem Kraftschluß* zwischen diesen und dem Lastträger sollten sich jedoch auch bei dieser Version *gute Meßgenauigkeiten* erreichen lassen.

Zu sehr eleganten *Impulswaagen* kann man auf der Basis von Bild 3.4 aber auch kommen, wenn man der Systemmasse m_s aus dem Ruhezustand $v(t_1) \equiv 0$ heraus einen geeigneten Impuls beliebigen zeitlichen Verlaufes

$$p = \int_{t_1}^{t_2} F_a(t)\, dt = k_i \int_{t_1}^{t_2} i_F(t)\, dt \equiv (m_T + m_W) \cdot v(t_2) \tag{3.14a}$$

erteilt und die dadurch im Zeitpunkt t_2 erreichte Geschwindigkeit $v(t_2) = \lambda \cdot f_{s/k_L}$ mit Hilfe des Laserinterferometers bestimmt.

Bei hochwertigen Proportionalitätseigenschaften des Linearmotors *LM* gilt in jedem Zeitpunkt: $F_a(t) = k_i \cdot i_F(t)$, so daß auch p unabhängig von der Impulsform nach (3.14a) sehr exakt über die Messung des Ankerstromimpulses $\int_{t_1}^{t_1} i_F(t)\, dt$ ermittelt werden kann. Dann wird

$$m_S = m_W + m_T = \frac{k_i \cdot k_L}{\lambda \cdot f_s} \int_{t_1}^{t_2} i_F(t)\, dt \tag{3.15a}$$

Derartige *Impulswaagen* dürften trotz ihrer einfacheren Auswerteelektronik mit den *Gleichkraftwaagen* weitgehend übereinstimmende Meßeigenschaften aufweisen.

Der Impulssatz bietet aber darüberhinaus besonders interessante Meßbedingungen, wenn das Wägegut m_W als ein in sich zusammenhängender Körper oder in Teilmasse δ_{m_i} (z. B. als Schüttgut) zeitlich nacheinander als Massestrom von einem geeigneten Fördermittel von einer Anfangsgeschwindigkeit v_0 auf eine definierte Endgeschwindigkeit v_e beschleunigt wird. Bevorzugt wird man hier gemäß Bild 3.6 *Impuls-Förderbandwaagen* einsetzen, deren Gurt von einem geregelten Antriebsmotor auf der konstanten Bandgeschwindigkeit $v_B \simeq v_e > v_0$ gehalten wird. Fällt an einem Aufgabeort x_0 am Bandanfang eine Teilmasse δ_{m_i} mit der horizontalen Geschwindigkeitskomponente $v_{x_0} = v_0$ auf das Förderband, wird sie über Gleitreibungskräfte $F_R(t)$ immer dann beschleunigt, wenn sie das Band berührt und zwischen diesem und der Teilmasse eine horizontale Geschwindigkeitsdifferenz $\Delta v = v(s) - v_B$ besteht. Je nach Auffallhöhe, vertikaler Auftreffgeschwindigkeit und innerer Struktur wird die Teilmasse dabei unterschiedliche Berührungs- und ggf. Abhebungsphasen durchlaufen, sodaß über die Geschwindigkeitsabhängigkeit $v(s)$ vom Weg keine Aussage zu machen ist. Bei

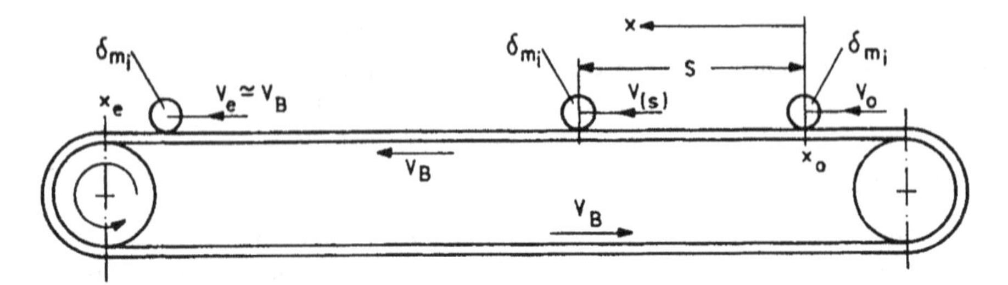

Bild 3.6 Prinzip einer Impuls-Förderbandwaage
δm_i Teilmasse, v_0 Anfangsgeschwindigkeit, v_e Endgeschwindigkeit, v_B Bandgeschwindigkeit
Quelle: Verfasser

hinreichender Bandlänge wird aber nach Verbrauch der Auffallenergie durch Dämpfungsvorgänge die Teilmasse δm_i noch vor Erreichen des Bandendes x_e voll die horizontale Bandgeschwindigkeitskomponente v_B als Endgeschwindigkeit v_e angenommen haben. Hierbei treten keine horizontalen Reibkräfte $F_R(t)$ zum Band mehr auf, ebensowenig wie nach Durchlaufen des Bandendes x_e, sofern *keine Anbackkräfte* das *Abheben im Bandumlenkbereich* behindern. Völlig unabhängig also vom individuellen Geschwindigkeitsverlauf $v(s)$ hat δm_i in der Durchlaufzeit $t_{ei} - t_{0i}$ dem Förderband in horizontaler Richtung den Impuls

$$p_i = \delta m_i \cdot (v_e - v_0) = \int_{t_{0i}}^{t_{ei}} \delta F_{Ri}(t)\,dt \tag{3.16}$$

erteilt. Damit aber ergibt sich die Gesamtmasse m_W eines in der Zeit von t_A bis t_E über die Meßstrecke geförderten Wägegutes

$$m_W = \sum_{i=1}^{n} \delta m_i = \frac{1}{v_e - v_0} \int_{t_A}^{t_E} F_R(t)\,dt \tag{3.17}$$

Darin ist $F_R(t)$ die Summe aller Reibungskräfte $\delta F_{R_i}(t)$, die die zum Zeitpunkt t der Förderstrecke aufliegenden k Teilmassen δm_i in ihrer Gesamtheit auf das Förderband übertragen.

$$F_R(t) = \sum_{i=j}^{j+k} \delta F_{R_i}(t) \tag{3.18}$$

Sie kann entsprechend Bild 3.7 kontinuierlich mit Hilfe eines Kraftaufnehmers KA gemessen werden, gegen den sich eine reibungsfrei von den Horizontalführungen HF_1 und HF_2 waagerecht geführte Förderbandstrecke FB2 abstützt. Hierdurch wird erreicht, daß deren *Totlast ebensowenig in die Kraftmessung eingeht* wie das stark *schwankende Momentangewicht* und die *Auftreffkraft* des augenblicklich geförderten Wägegutes.

In einer realisierten Ausführung [3] wird das Fördergut durch Regelung eines Schiebers S kontinuierlich aus einem Vorratsbunker V abgezogen und fällt in *freiem Fall* ohne eine horizontale Anfangsgeschwindigkeit ($v_0 \equiv 0$) auf das Förderband. Eine fest mit dem Gestell von FB2 verbundene Prallplatte PP sorgt dafür, daß kein Material nach oben oder seitlich

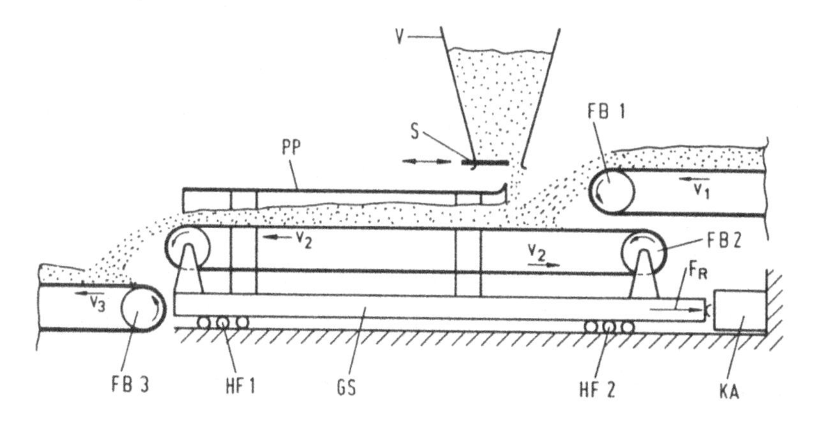

Bild 3.7 Ausführungsvarianten von Impuls-Förderbandwaagen

FB_i Förderbandstrecke, v_i Geschwindigkeit, KA Kraftaufnehmer, GS Gestell, PP Prallplatte, HF Horizontalführung, F_R Meßkraft, V Vorratsbunker, S Schieber oder FB1

Quelle: Verfasser

das Förderband verlassen kann. Dabei auftretende abbremsende Reibungskräfte an PP verfälschen die Messung nicht, da sie in $F_R(t)$ mit negativem Vorzeichen eingehen.

In einer anderen Ausführungsvariante gemäß Bild 3.7 wird das Wägegut auch über ein erstes Förderband FB1 mit einer Horizontalgeschwindigkeit v_1 zugeführt und nach der Messung von einem dritten Förderband FB3 übernommen. Hierbei besteht in der gezeigten Form allerdings der betriebstechnische Nachteil, daß FB1 und FB3 ein unterschiedliches Niveau aufweisen. Dies läßt sich ohne Rückwirkungen auf die Meßgenauigkeit dadurch vermeiden, daß FB2 in Förderrichtung ansteigend auf seinem nach wie vor horizontal geführten Gestell GS montiert wird.

Impulsförderbandwaagen haben bemerkenswerterweise den weiteren Vorteil, daß sie bei Division der Meßkraft $F_R(t)$ durch die Differenz der Horizontalgeschwindigkeiten $v_e - v_0$ ein Signal liefern, das dem *Augenblickswert des Massestromes* über die Waage

$$q = \frac{dm_W}{dt} = \frac{1}{v_e - v_0} \cdot F_R(t) \tag{3.19}$$

entspricht, wie sich durch zeitliche Differentiation von Gl. (3.17) zeigen läßt und das zu *Regelungszwecken* benutzt werden kann.

Da *Impulsförderbandwaagen* bei sorgfältiger Horizontalführung ihres Gestelles GS im Gegensatz zu *Schwerkraft*-Förderbandwaagen *unempfindlich* gegen *geometrische Verformungen* und *Änderungen ihrer Totlast* (Verschmutzung) sowie *Schwankungen* des *Streckengewichtes* und des *Bandzuges* ihres *Fördergurtes* sind und – sofern das Meßgut bei x_e nicht am Gurt haftet – auch unabhängig von der Materialstruktur arbeiten, lassen sich mit ihnen neben wartungsarmem Betrieb auch *erstaunliche Meßgenauigkeiten* erzielen. Voraussetzung dafür ist allerdings, daß auch die Geschwindigkeiten v_e und v_0 genügend genau erfaßt werden. Hohe Ansprüche lassen sich hier erfüllen, wenn zur Geschwindigkeitsmessung Laser-Doppler-Verfahren [4; 5] eingesetzt werden und sich die Messung über eine ganze Zahl von Bandumläufen erstreckt.

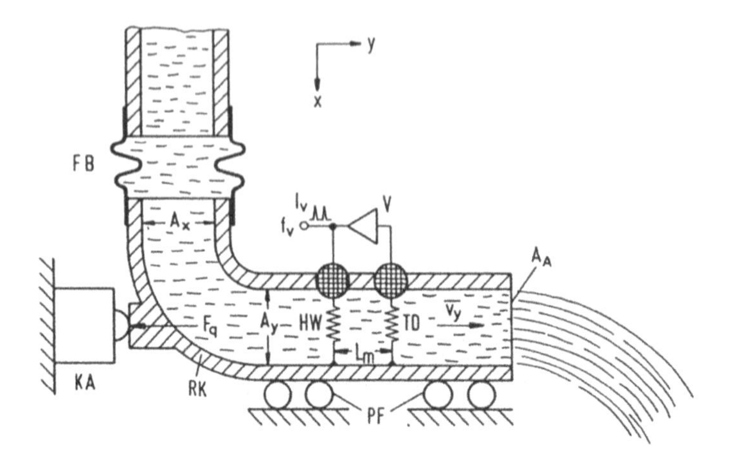

Bild 3.8 Auslauf-Durchflußmessung nach dem Impulsverfahren
RK Rohrkrümmer, FB Faltenbalg, KA Kraftaufnehmer, F_q Kraft, PF Parallelführung, A_i Querschnitt, v Geschwindigkeit, HW Heizwendel, TD Thermodetektor, L_m Meßstrecke
Quelle: Verfasser

Speziell zur Bestimmung der Masse m_W und des Massestromes $q_m = \dot{m}_W$ von *austretenden inkompressiblen Flüssigkeiten* eignet sich der Impulssatz auch in Verbindung mit Anordnungen der *Auslauf-Durchflußmessung,* wie sie Bild 3.8 prinzipiell beschreibt. Der zu messende Flüssigkeitsstrom wird vertikal oder horizontal in x-Richtung über den flexiblen Faltenbalg FB einem von einer Parallelführung PF sorgfältig horizontal geführten Rohrkrümmer *RK* zugeleitet. Hier erfährt der Massestrom durch die 90° Umlenkung in der horizontalen y-Richtung im Mittel eine Geschwindigkeitsänderung von *0* auf v_y. Dadurch wird nach dem Impulssatz (3.14) auf den Kraftaufnehmer KA eine dem Massestrom q_m proportionale Kraft

$$F_q = \overline{v_y}\,(t) \cdot \frac{\mathrm{d}m_W\,(t)}{\mathrm{d}t} = \overline{v_y}\,(t) \cdot q_m\,(t), \qquad \frac{\mathrm{d}\overline{v_y}}{\mathrm{d}t} \approx 0! \tag{3.20}$$

ausgeübt. Wird mit einem der heute zur Verfügung stehenden, Meßverfahren ständig die mittlere Strömungsgeschwindigkeit $\overline{v_y}\,(t)$ erfaßt, kann nach (3.14) durch ständige Integration die in der Zeitspanne von t_0 bis t_1 durch den Rohrquerschnitt A_y hindurchgetretene Masse m_W bestimmt werden:

$$m_W = \int_{t_0}^{t_1} \frac{F_q\,(t)}{v_y\,(t)}\,\mathrm{d}t. \tag{3.21}$$

Da im Austrittsquerschnitt A_A der Flüssigkeitsdruck vollständig abgebaut ist, sind die *Meßergebnisse völlig unabhängig von der Dichte und den Reibungs- und Druckkräften,* die das strömende Medium auf die Rohrwandungen überträgt. Zur Geschwindigkeitsmessung kann hier neben induktiven [7] oder optischen [8] und akustischen [9] Methoden ggf. vorteilhaft auch ein Impulsverfahren [6] eingesetzt werden, bei dem z. B. von einer Heizwendel HW durch einen Stromimpuls I_v der Flüssigkeit eine lokale Erwärmung erteilt wird. Ein Thermodetektor TD stromabwärts stellt die Zeitdauer $T_v = L_m/\overline{v_y}\,(t)$ fest, die die Flüssigkeit zum

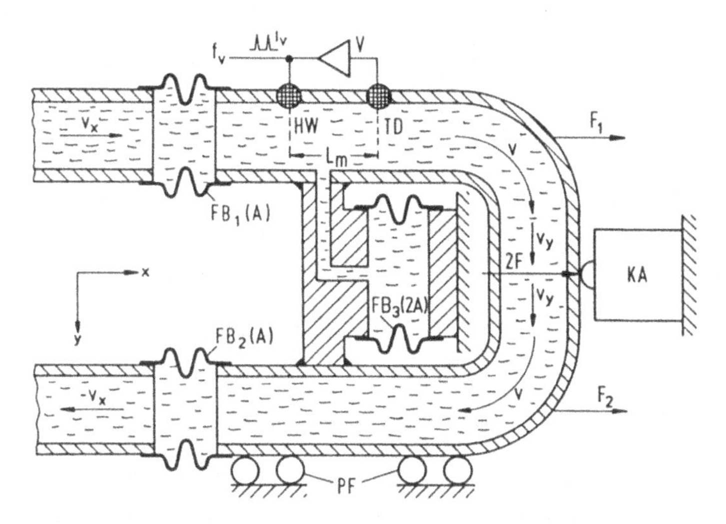

Bild 3.9 Impulsdurchflußmessung

FB_i Faltenbalg, A Querschnitt, KA Kraftaufnehmer, F_i Kraft, v_i Geschwindigkeit, PF Parallelführung, HW Heizwendel, TD Thermodetektor, L_m Meßstrecke

Quelle: Verfasser

Durchfließen der Meßstrecke L_m benötigt. Wird jedesmal beim Eintreffen eines Wärmesignals ein neuer Heizimpuls I_v ausgelöst, ist die sich einstellende Oszillatorfrequenz

$$f_v(t) = 1/T_v = \frac{\overline{v_y}(t)}{L_m} \tag{3.22}$$

ein für eine digitale Meßwertgewinnung besonders geeignetes Meßsignal.

Steht die zu messende Flüssigkeit jedoch unter einem statischen Druck p_{st}, muß entsprechend Bild 3.9 zu dem etwas aufwendigeren Verfahren der *Impuls-Durchflußmessung* übergegangen werden. Hier wird das Meßmedium insgesamt zwei Male um je 90° umgelenkt, so daß als Summe die doppelte Meßkraft 2 F_q nach Gl (3.20) auf den Kraftaufnehmer wirkt. Um aber den zweimal in Meßrichtung über den wirksamen Querschnitt A der Faltenbälge FB_1 und FB_2 wirkenden statischen Druck zu eliminieren, muß dieser mittels eines dritten Faltenbalges FB_3 mit dem doppelten wirksamen Querschnitt 2A kompensiert werden. Durch diese Maßnahme werden gleichzeitig auch hochwirksam Störungskräfte unterdrückt, die aus Druckschwankungen und davon hervorgerufenen Beschleunigungen der Flüssigkeitssäule im Rohrsystem resultieren.

Da das Meßgut auf der gesamten Länge des U-förmigen Meßbogens keinen Änderungen seines Strömungsquerschnittes A unterworfen wird, eignet sich dieses Impuls-Durchflußverfahren prinzipiell für *beliebig kompressible Flüssigkeiten und Gase.* Seine strenge *Linearität,* seine *Unabhängigkeit* von der *Dichte* des Meßgutes und die *äußerst geringen Wirkdruckverluste* sollten es für die *Verfahrenstechnik* in vielen Fällen interessant machen!

Zur Bestimmung der Masse und des Massestromes von festen Schüttgütern werden in der Praxis in vielfältigen Varianten *Prallplatten-Durchflußmeßgeräte* eingesetzt. Bei diesen ergießt sich gemäß Bild 3.10 der Schüttstrom aus einer Zuteilungsrinne ZR im freien Fall mit einer Auftreffgeschwindigkeit v_1 unter einem Auftreffwinkel $\alpha + \beta$ auf eine meist ebene Prallplatte PP, die um den Winkel α gegen die Senkrechte geneigt ist. Die einzelnen Teil-

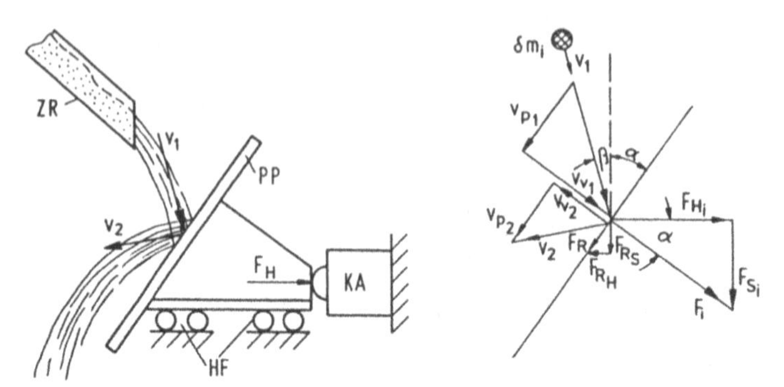

Bild 3.10 Prallplatten-Durchflußmeßeinrichtung
PP Prallplatte, ZR Zuleitungsrinne, KA Kraftaufnehmer, HF Horizontalführung, F_i Kraft, v_i Geschwindigkeit, δm_i Teilmasse
Quelle: Verfasser

massen δm_i werden beim Aufprall in ihrem Impuls geändert, wobei für die Vertikalkomponenten v_{V_1} und v_{V_2} der Auftreff- und Abprallgeschwindigkeit gilt:

$$v_{V_2} = -k\, v_{V_1}, \tag{3.23}$$

Hierin kann der Stoßfaktor k je nach Materialstruktur jeden Wert zwischen + 1 (ideal elastisches) und 0 (ideal plastisches Material) annehmen. Während der Berührungsphase erfahren die Materialpartikel durch die Reibkraft F_R eine Verzögerung parallel zur Prallplattenoberfläche, so daß im allgemeinen auch die Geschwindigkeitskomponente $v_{P_2} < v_{P_1}$ ist. Durch die Impulsänderung der Vertikalkomponenten

$$(v_{V_1} + k v_{V_1})\, \delta m_i = (1 + k)\, v_{V_1} \cdot \delta m_i = \int_t^{t+\tau} F_i(t)\, dt \tag{3.24}$$

werden Kräfte F_i erzeugt, von denen wegen der sorgfältigen Horizontalführung der Prallplatte durch HF nur die Horizontalkomponenten $F_{H_i} = F_i \cos\alpha$ auf den Kraftaufnehmer KA einwirken. Die im Beobachtungszeitraum τ über die Prallplatte transportierte Materialmenge

$$m(\tau) = \sum_{i=1}^{n} \delta m_i = \frac{1}{(1 + k)\, v_1 \cdot \sin(\alpha + \beta) \cos\alpha} \int_t^{t+\tau} F_H(t)\, dt \tag{3.25}$$

läßt sich demnach durch Integration der Meßsignale aus dem Kraftaufnehmer gewinnen. F_H selbst ist wieder ein z. B. für Regelungszwecke nutzbares Maß für den Massestrom $q_m(t) = \dot{m}(\tau)$

$$F_H(t) = \Sigma F_{H_i} = (1 + k)\, v_1 \sin(\alpha + \beta) \cos\alpha \cdot q_m(t) \tag{3.26}$$

Prallplatten-Durchflußmeßeinrichtungen haben einen sehr einfachen, wartungsarmen und gegen physikalische und chemische Störeinwirkungen höchst unempfindlichen Aufbau.

Die mit ihnen gewonnenen Meßergebnisse sind über k aber extrem stark von den Struktureigenschaften des Schüttgutes sowie von der effektiven Größe und dem Winkel β der Auftreffgeschwindigkeit abhängig. Der letztgenannte Einfluß kann klein gehalten werden, indem man das Material senkrecht fallen läßt, wodurch $\beta \equiv 0$ wird.

Wie das Vektordiagramm zeigt, haben aber auch die Reibkräfte F_R Horizontalkomponenten F_{R_H}, die in nicht korrelierter Weise F_H verkleinern. Aus diesem Grunde sind mit Prallplatten Massebestimmungen nur dann möglich, wenn diese zuvor durch vergleichende statische Wägungen von gefördertem Material kalibriert wurden und gewährleistet ist, daß sich weder die Struktureigenschaften noch die Auftreffgeschwindigkeiten des Materials, aber auch nicht die Geometrie und das Reibverhalten der Prallplatte (z. B. durch anbackendes Material) ändern [10].

3.2.3 Massebestimmung nach dem Impulserhaltungssatz

Werden zwei Massen m_1 und m_2 durch eine zwischen ihnen wirkende innere Kraft F_i beschleunigt und durch entsprechende Bahnführungen daran gehindert, Rotationsbewegungen auszuführen, so verhalten sich nach dem *Impulserhaltungssatz*

$$m_1 \cdot v_1 = m_2 \cdot v_2 \tag{3.27}$$

die entgegengesetzt gerichteten Geschwindigkeiten ihrer Masseschwerpunkte in jedem Augenblick umgekehrt zum Verhältnis der Massen selbst.

Damit liegt im Impulserhaltungssatz eine ebenso einfache Beziehung vor, wie sie das Hebelgesetz für die Balkenwaage darstellt. So läßt sich Gl. (3.27) in einer *Reaktionswaage* z. B. nach Bild 3.11 unmittelbar zur Massebestimmung heranziehen, indem m_1 von einem Normal mit der bekannten Masse m_N gebildet wird, an der auch die Statormagnete eines Linearmotors beteiligt sind. Die Läuferwicklung LW wirkt auf die Lastaufnahme LA und das Wägegut m_W, die zusammen die Masse m_2 besitzen. Beide Massen werden vorteilhaft von Luftlagerungen HF_1 und HF_2 streng horizontal geführt, um Schwerkrafteinflüsse zu eliminieren. Zu Beginn des Wägevorganges wird LW über nicht gezeigte flexible Zuführungen kurzzeitig an eine Stromquelle gelegt und dadurch zwischen den beiden Massen eine innere Kraft F_i erzeugt, auf deren *genaue Größe* und *Zeitdauer* es *nicht ankommt!* Mittels zweier Interferometer IF_1 und IF_2, wie sie zu Bild 3.4 schon beschrieben wurden, werden die beiden Geschwindigkeiten v_1 und v_2 in die streng dazu proportionalen Impulsfolgefrequenzen f_1 und f_2 umgeformt.

Als Wägeergebnis erhält man über die mit elektronischen Mitteln sehr exakt durchführbare und direkt digitale Werte liefernde Quotientenbildung der beiden Frequenzen das Wägeergebnis

$$m_2 = m_W + m_T = m_N \cdot f_1/f_2, \tag{3.28}$$

das noch um die zuvor in einem Nullstellvorgang bestimmte Totlast m_T der Masse m_2 zu vermindern ist. Durch einen geeignet gewählten Zeitverlauf des Erregerstromimpulses kann

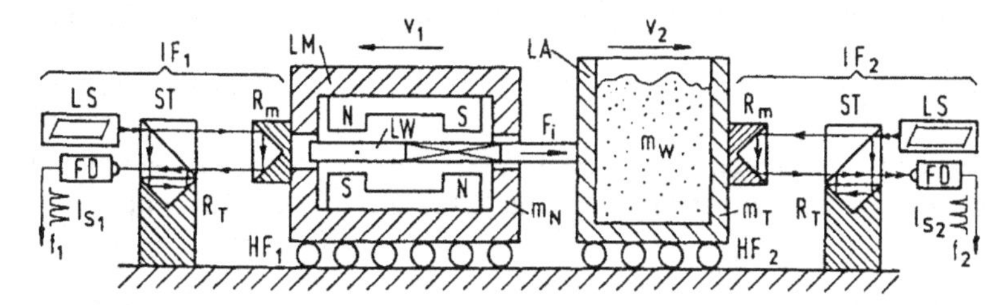

Bild 3.11 Reaktionswaage nach dem Impulserhaltungssatz

LM Linearmotor, LA Lastaufnahme, HF_i Horizontalführung, m_N Massenormal, m_W Wägegut, ST Stranlenteiler, R_i Prismenreflektor, FD Fotodetektor, f_i Pulsfrequenz
Quelle: Verfasser

auch Wägegut mit ungünstiger Materialstruktur so beschleunigt werden, daß keine heftigen Einschwingvorgänge auftreten.

Eine andere prinzipiell ebenfalls denkbare Nutzung des Impulserhaltungssatzes, bei der eine bekannte Masse m_N mit der Geschwindigkeit v_{N_1} einen *zentralen Stoß* auf die aus Wägegut und Totlast bestehende Masse m_2 ausübt und danach die Geschwindigkeit v_{N_2} annimmt, ist *wägetechnisch nicht praktikabel*, weil die Struktureigenschaften des Wägegutes zu stark auf das Meßergebnis durchschlagen. Denn bei ideal elastischem Stoß gilt:

$$\frac{v_{N_2}}{v_{N_1}} = \frac{m_N - m_2}{m_N + m_2} \tag{3.29}$$

und bei idealem plastischen Stoß:

$$\frac{v_{N_2}}{v_{N_1}} = \frac{m_N}{m_N + m_2}\,. \tag{3.30}$$

Bei guten elastischen Eigenschaften der Lastaufnahme wird man zwar einen vorzugsweise elastischen Stoß erhalten. Während der dann aber nur sehr kurzen Stoßzeit kann sich das Wägegut strukturbedingt nur sehr unvollkommen an dem Stoßvorgang beteiligen und es sind *unerträgliche Meßfehler* in Kauf zu nehmen. *Dieser Weg kann daher grundsätzlich nicht beschritten werden.*

3.2.4 Massebestimmung über Corioliskräfte

Wird ein Massepartikel δm_i mit einer Geschwindigkeit v relativ zu einem mit der Winkelgeschwindigkeit ω rotierenden System bewegt, erfährt es von diesem Beschleunigungskräfte δF_{c_i} senkrecht zu seiner Bewegungsrichtung, die nach ihrem Entdecker *Corioliskräfte* genannt werden:

$$\delta F_{c_i} = 2 \cdot \delta m_i \cdot [\mathrm{v} \times \boldsymbol{\omega}] \tag{3.31}$$

Diese Erscheinung kann unmittelbar zur Bestimmung der Fördermenge m_W und des Massestromes $q_m = \dot{m}_W$ kontinuierlicher Materialströme genutzt werden:

Bei der in Bild 3.12 wiedergegebenen *Coriolis-Förderbandwaage* ist ein Förderband FB mit seinem Rahmen R auf Horizontalführungen HF verschieblich in einem Drehgestell *DG* gelagert, das von einem Synchronmotor SM mit der konstanten Winkelgeschwindigkeit ω um eine vertikale Drehachse angetrieben wird. Aus dem mit *DG* starr verbundenen und daher ebenfalls mit ω umlaufenden Zuteilungszwischenbunker ZT wird am Bandanfang der Materialstrom q_m auf das mit einer ungeregelten Geschwindigkeit v_F umlaufende Förderband FB aufgetragen und von diesem über die Förderstrecke L_F zum Bandende transportiert. Dort wird es von einem Ablauftrichter AT aufgefangen und weitergeleitet. Unabhängig von seiner Position x_i wirkt ein Materialpartikel δm_i (nach 3.31) mit seiner Corioliskraft

$$F_{c_i}(x_i) = 2\,\delta\, m_i \cdot \omega \cdot v_i\,(x_i) \tag{3.32}$$

senkrecht zu seiner örtlichen Partikelgeschwindigkeit $v_i\,(x_i)$ auf das Förderbandgestell ein und drückt es gegen die beiden Kraftaufnehmer KA_1 und KA_2. Diese formen den Impuls

$$\delta p_i = \int_{ta_i}^{ta_i+T_i} F_{c_i}(x_i)\,\mathrm{d}t = 2\,\delta m_i \cdot \omega \int_{ta_i}^{ta_i+T_i} v_i\,(x_i)\,\mathrm{d}t = 2\,\delta m_i\,\omega L_F\,, \tag{3.33}$$

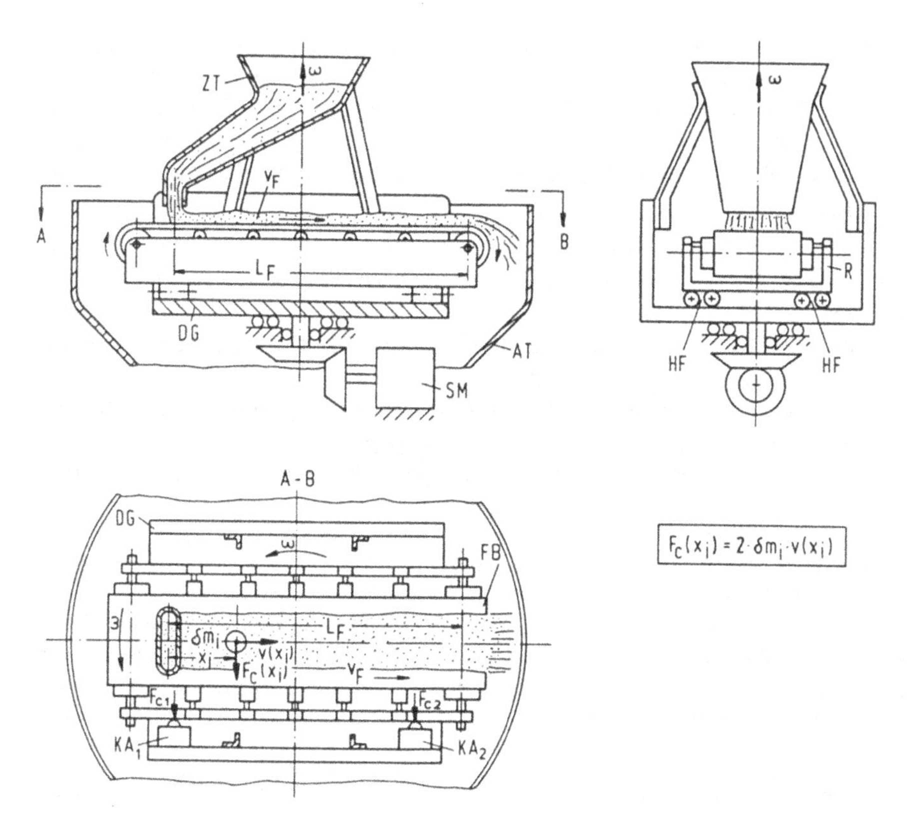

Bild 3.12 Coriolis-Förderbandwaage

ZT Zuteilungszwischenbunker, FB Förderband, DG Drehgestell, AT Ablauftrichter, R Rahmen, HF Horizontalführung, LF Förderweg, KA Kraftaufnehmer, SM Synchronmotor, ω Winkelgeschwindigkeit, v Geschwindigkeit, x Weg, δm_i Massepartikel, δF_{c_i} Corioliskraft

Quelle: Verfasser

den das Partikel δm_i längs des Förderweges L_F insgesamt ausübt, in ein proportionales, elektrisches Signal um. Durch Summation aller Impulse der in einen Beobachtungszeitraum τ geförderten Materialpartikel erhält man deren Gesamtmasse

$$m_W = \sum_{i=1}^{n} \delta m_i = \frac{1}{2\,\omega L_F} \cdot \sum_{i=1}^{n} \delta p_i = \frac{1}{2\,\omega L_F} \int_{t}^{t+\tau} F_c \,dt\,. \tag{3.34}$$

Die Summe $F_c = F_{c_1} + F_{c_2}$ der auf die Kraftaufnehmer ausgeübten Kräfte ist daher wieder stets ein Maß für den Augenblickswert $q_m(t)$ des Materialstromes

$$q_m(t) = \dot{m}_W = \frac{1}{2\,\omega L_F} \cdot F_c(t)\,. \tag{3.35}$$

Bemerkenswert an diesem Wägeverfahren ist, daß es *in keiner Weise* von der *Materialstruktur* des Fördergutes und der *absoluten Größe* der *Bandgeschwindigkeit* v_F abhängig ist und im übrigen streng proportional zu der geometrisch vorgegebenen Förderlänge L_F sowie zu der sehr genau einhaltbaren Winkelgeschwindigkeit ω arbeitet.

Wird außerdem durch weitgehend symmetrischen Materialauftrag auf das Förderband dafür gesorgt, daß dessen Schwerpunkt sich stets in der zur Kraftrichtung von F_c senkrechten Ebene durch die Drehachse von DG befindet, können sich *Zentrifugalkräfte nicht* auf die Kraftaufnehmer KA *auswirken* und dort Nullpunktsfehler hervorrufen. Man kann daher bei derartigen Coriolis-Förderbandwaagen bei *weitgehender Wartungsfreiheit* mit *hohen Meßgenauigkeiten* rechnen!

In [11] wird ein Coriolis-Verfahren beschrieben, das bei sehr einfachem und zuverlässig arbeitendem Aufbau direkt den *Massedurchfluß* näherungsweise *inkompressibler Materialströme* zu erfassen gestattet:

Bei diesem wird nach Bild 3.13 ein einseitig starr eingespanntes U-förmiges Rohrstück von einer Wechselkraft F_a zu sinusförmigen Auslenk-Schwingungen veranlaßt. Dadurch erfahren Partikel δm_i, die sich im Materialstrom mit der Geschwindigkeit v_i von der Einspannstelle fortbewegen, beschleunigende Corioliskräfte δF_{c_i}, dagegen sich auf die Einspannstelle zubewegende Partikel δm_j abbremsende Corioliskräfte δF_{c_j} senkrecht zum jeweiligen Augenblickswert $\omega(t)$ der Auslenk-Winkelgeschwindigkeit

$$\omega(t) \cong \frac{1}{L}\frac{\mathrm{d}}{\mathrm{d}t}\hat{s}_0 \sin\Omega t = \frac{\Omega}{L}\hat{s}_0 \cos\Omega t = \hat{\omega}\cos\Omega t\,. \tag{3.36}$$

δF_{c_i} und δF_{c_j} bilden jeweils ein Kräftepaar, das das U-Rohr proportional zu seiner Drehnachgiebigkeit um einen Winkel $\delta\alpha_{i+j}$ um seine Längsachse AB tordiert. Da sich die Corioliskräfte aller im schwingenden Rohrbogen bewegten Partikel δm gleichermaßen aufsummieren, stellt sich ein Torsionswinkel

$$\alpha_{\text{ges}} = \sum_{i=1}^{n} \alpha_i \cong \sum_{i=1}^{n} \delta m_i v_i \cos\Omega t = q_m(t)\cdot\cos\Omega t \tag{3.37}$$

ein, der in den Zeiten $\Omega t = k\cdot\pi_{k=0,1,2,\dots}$ beim Durchgang durch die Ruhelage des Rohres jeweils seinen Maximalwert erreicht. $\alpha_{\text{ges}}(t)$ kann aus der Phasenverschiebung abgeleitet

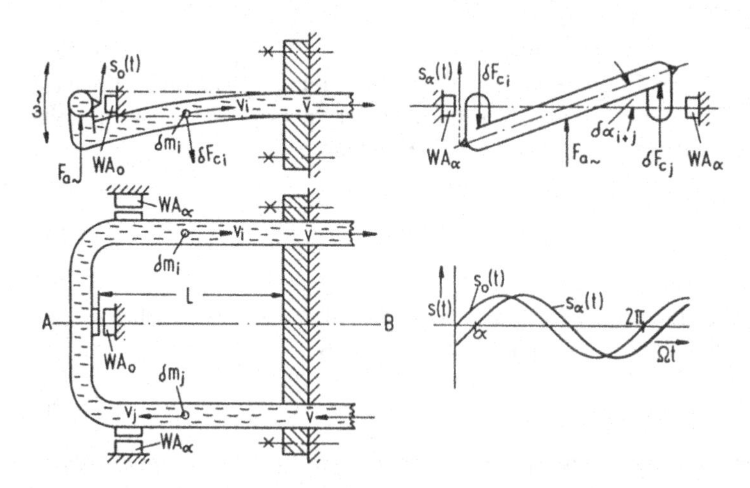

Bild 3.13 Coriolis-Masse-Durchflußmesser

F_a Wechselkraft, ω Auslenkgeschwindigkeit, WA Wegaufnehmer, s Weg, $\bar{v}$ mittlere Strömungsgeschwindigkeit, δm_i Materialpartikel, v_i Partikelgeschwindigkeit, $\delta F_{c_{i,j}}$ Corioliskraft, α Torsionswinkel
Quelle: Verfasser

werden, die die von den induktiven Wegaufnehmern WA_0 und WA_α aufgenommenen Auslenkwegsignale $s_c(t)$ und $s_\alpha(t)$ gegeneinander aufweisen.

Das Verfahren hat *bei im wesentlichen inkompressiblen* Materialströmen, unabhängig von deren Viskosität, gezeigt, daß es jeweils *in einem Durchflußmeßbereich von 1 : 100* bei *relativen Meßabweichungen* von ca. $\pm 10^{-3}$ betrieben werden kann und wegen seiner Wartungsarmut hohe Betriebssicherheit erreicht. Da die Strömungsgeschwindigkeit v nicht gesondert zu bestimmen ist, erweist es sich den Impulsdurchflußmeßverfahren gegenüber im Vorteil. Wie bei allen Verfahren, bei denen das Wägegut *Wechselbeschleunigungen* ausgesetzt ist, muß man aber mit *größeren Abweichungen* rechnen, wenn die *Materialstruktur Kompressibilität* aufweist.

3.2.5 Massebestimmung nach dem Drehbewegungsgesetz

Das für kreisförmige Bewegungen aus Gl. (3.4) ableitbare *Drehbewegungsgesetz*

$$M = \Theta \cdot \dot{\omega} = m_W \cdot r_t^2 \cdot \frac{d\omega}{dt} \tag{3.38}$$

ist für die Bestimmung träger Massen m_W nicht sehr praktikabel, weil man neben einer Messung des beschleunigenden Drehmomentes M bzw. der Winkelbeschleunigung $\dot{\omega}$ stets zusätzlich dafür sorgen muß, daß das mit ω rotierende Wägegut m_W mit seinem Massenschwerpunkt streng exakt auf einem vorgegebenen Trägheitsradius r_t geführt werden muß, wenn nicht gar r_t gesondert zu bestimmen ist. Diese letztgenannten Forderungen sind aber *nur mit größten Schwierigkeiten* zu realisieren!

3.2.6 Massebestimmung nach dem Drehimpulssatz

Ganz anders dagegen liegen die Verhältnisse bei Anwendung des *Drehimpulssatzes*

$$\delta L_i = \int_{t_1}^{t_2} \delta M(t)_i \, dt = \delta m_i \cdot \omega_i \cdot [r_t(t_2)^2 - r_t(t_1)^2], \tag{3.39}$$

den man durch zeitliche Integration aus Gl. (3.38) herleiten kann. Danach genügt es, die einzelnen zu einer Gesamtmasse m_W gehörenden Partikel δm_i relativ zu einem mit der bekannten Winkelgeschwindigkeit ω rotierenden System radial von einem inneren Radius $r_I = r_t(t_1)$ zu einem äußeren Radius $r_A = r_t(t_2)$ zu führen und den Drehimpuls δL_i zu bestimmen, der dabei vom rotierenden System über *Corioliskräfte* auf δm_i ausgeübt wird. Dies führt nach Bild 3.14 zu einem *Drehimpuls-Masse-Durchflußmesser,* mit dem sich der Massestrom $q_m(t)$ sowie $m_W(\tau)$ eines *im wesentlichen inkompressiblen, vorzugsweise flüssigen* Wägegutes ebenfalls recht elegant messen läßt. [12]

Der Flüssigkeitsstrom tritt dort aus einem Eingangsrohr RE in ein mit Leitschaufeln LS_1 und LS_2 versehenes Gehäuse GR, das von einem Synchronmotor SM mit der bekannten Winkelgeschwindigkeit ω in Rotation um die Rohrachse gehalten wird. Beim Eintritt in das mit Meßschaufeln versehene Flügelrad FR, das von GR über den Drehmomentaufnehmer DA mitgenommen wird, hat der Flüssigkeitsstrom ebenfalls ω und damit die zu ω vertikale Umfangsgeschwindigkeit $\mathbf{u}_i = [\boldsymbol{\omega} \times \mathbf{r}_I]$ angenommen. Bis zu seinem Austritt werden die Materialpartikel δm_i von den Meßschaufeln MS auf die Umfangsgeschwindigkeit $\mathbf{u}_A = [\boldsymbol{\omega} \times \mathbf{r}_A]$

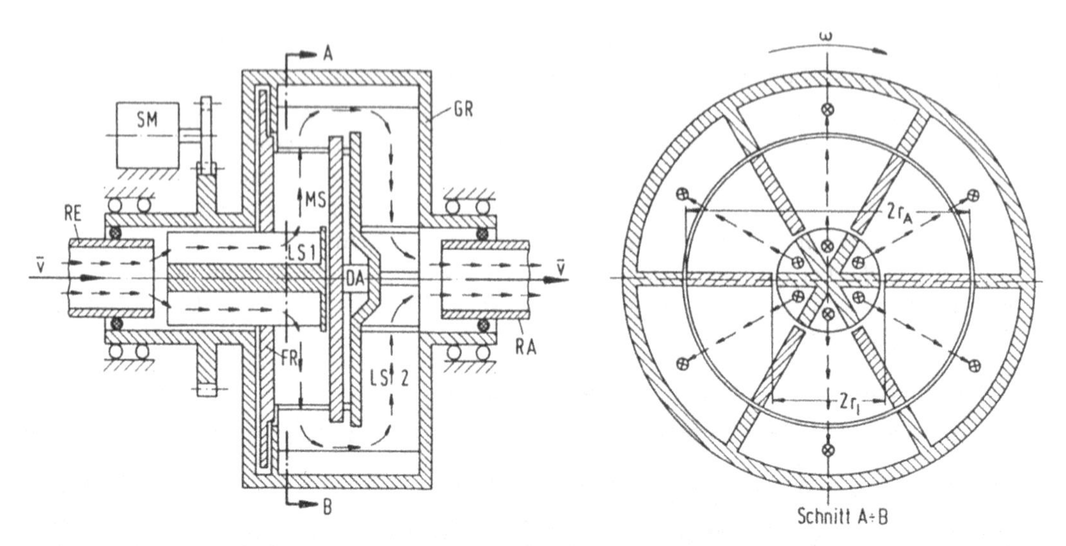

Bild 3.14 Drehimpuls-Masse-Durchflußmesser

RE Eingangsrohr, GR Gehäuse mit Leitschaufeln, LS Leitschaufeln, SM Synchronmotor, ω Winkelgeschwindigkeit, DA Drehmomentaufnehmer, FR Flügelrad, MS Meßschaufeln
Quelle: Verfasser

beschleunigt, die dabei nach Gl. (3.39) auf DA den Drehimpuls δL_i ausüben. Der von m_W in der Meßzeit τ ausgeübte Gesamtdrehimpuls beträgt daher

$$L_{ges} = \sum_{i=1}^{n} \delta L_i = \int_{t}^{t+\tau} M(t)\,dt = m_W \cdot (u_A \cdot r_A - u_I \cdot r_I) = m_W\,\omega\,(r_A^2 - r_I^2). \tag{3.40}$$

Damit aber ist das von DA aufgenommene Drehmoment stets ein Maß für den Momentanwert des Massestromes

$$q_m(t) = \frac{d}{dt} m_W = \frac{M(t)}{\omega\,(r_A^2 - r_I^2)}. \tag{3.41}$$

Das Verfahren arbeitet *streng linear* und weist *nur sehr kleine Strömungsverluste* auf. Bei der Messung *kompressibler Medien* ist aber wegen der Störung der radialen Strömungssymmetrie mit *gewissen Meßabweichungen* zu rechnen.

Völlig strukturunabhängig und *besonders vorteilhaft bei festen Schüttgütern* vermag man jedoch mit *Drehimpulsförderbandwaagen* zu messen, deren Grundaufbau Bild 3.15 entnommen werden kann.

Das Wägegut m_W strömt, von dem Schieber S geregelt, aus dem feststehenden Vorratsbunker VB in einen Zuteilungszwischenbunker ZT, der mit einem Drehgestellt DG starr verbunden ist, das von einem (nicht gezeichneten) Synchronmotor mit der bekannten Winkelgeschwindigkeit ω um seine vertikale Achse in Rotation gehalten wird. Auf DG ist ein Wägerahmen WR über ein Traglager TL verdrehbar abgestützt und mit DG über einen Drehmomentaufnehmer DA verbunden. Der dadurch ebenfalls mit ω umlaufende Wägerahmen nimmt zwei gegensinnig austragende Förderbänder FB_1 und FB_2 auf, auf die das Wägegut im Abstand r_I mit der Umfangsgeschwindigkeit $u_I = [\boldsymbol{\omega} \times r_I]$ auftritt und die

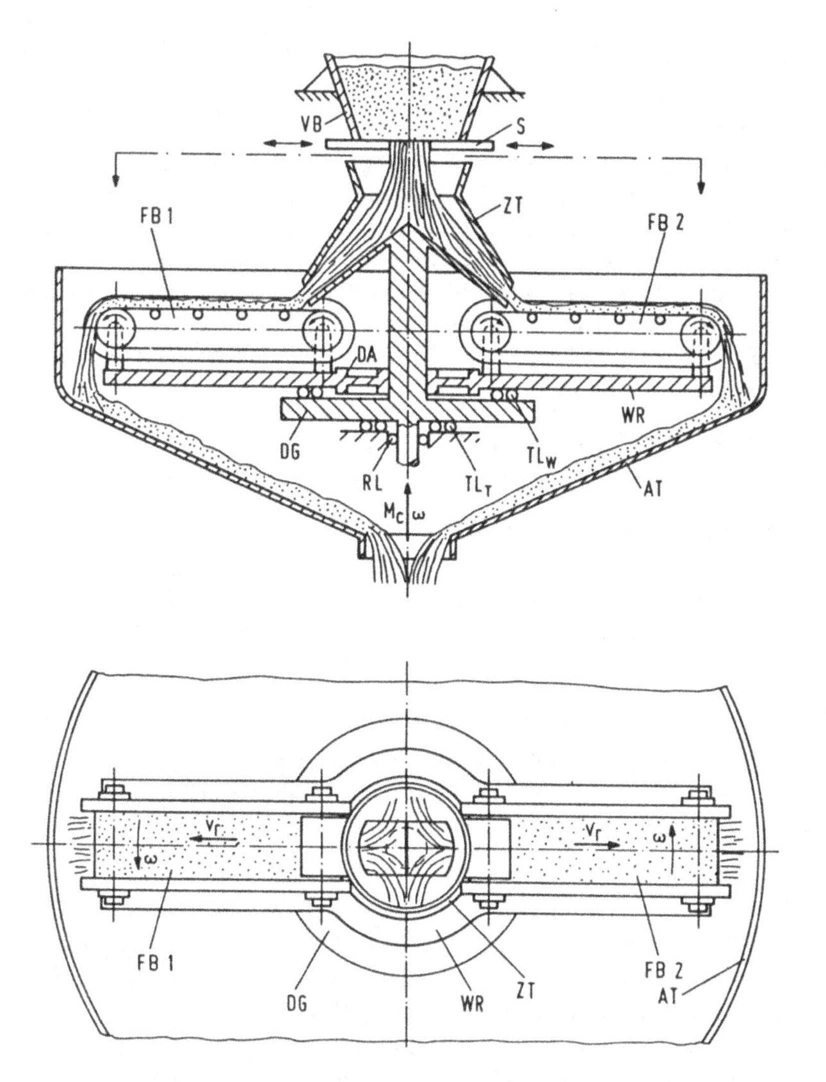

Bild 3.15 Drehimpuls-Förderbandwaage

VB Vorratsbunker, S Schieber, ZT Zuteilungszwischenbunker, DG Drehgestell, WR Wägerahmen, DA Drehmomentaufnehmer, ω Winkelgeschwindigkeit, FB Förderband, TL Traglager, AT Auslauftrichter
Quelle: Verfasser

es nach Beschleunigung durch Corioliskräfte im Abstand r_A mit der Umfangsgeschwindigkeit $u_A = [\boldsymbol{\omega} \times \mathbf{r}_A]$ in den Auffangtrichter AT verläßt. Ebenso wie beim zuvor erläuterten *Drehimpuls-Massedurchflußmesser* beträgt auch hier der in der Beobachtungszeit τ auf *DA* ausgeübte Drehimpuls (vgl. Gl. (3.40)

$$L_{ges} = \int^{t+\tau} M(t)\,\mathrm{d}t = m_W \cdot \omega \cdot (r_A^2 - r_1^2) \tag{3.42}$$

und der Augenblickswert des Massestromes

$$q_m(t) = \frac{1}{\omega \cdot (r_A^2 - r_I^2)} \cdot M(t) \tag{3.43}$$

Die *Drehimpuls-Förderbandwaage* ist *unempfindlich* gegen *unsymmetrisch aufgelegtes Wägegut,* da die von diesem ausgehenden Fliehkräfte alle durch die Systemdrehachse verlaufen und so kein fehlerhaftes Drehmoment auf DA ausüben. Die *Fördergeschwindigkeit* hat *keinen Einfluß* auf das Meßergebnis, *ebensowenig* wie *Materialablagerungen* und *Schwankungen* des *Zuges* oder des *Streckengewichtes* der *Förderbänder.* Solange die Auf- und Abwurfradien r_I und r_A sauber eingehalten werden und so niedrig sind, daß Fliehkräfte den Reibschluß mit dem Band nicht aufheben, sollten sich bei dieser *wartungsarmen* Waage besonders *hohe Meßgenauigkeiten erreichen lassen!*

3.2.7 Massebestimmung nach dem Drehimpulserhaltungssatz

Der Drehimpulserhaltungssatz

$$m_W \cdot r_{tW}^2 \cdot \omega_W = \Theta_W \cdot \omega_W = \Theta_N \cdot \omega_N = m_N \cdot r_{tN}^2 \cdot \omega_N \tag{3.44}$$

ist für die Massebestimmung ebenfalls wenig praktikabel, weil er neben den beteiligten Massen die Kenntnis ihrer geometrischen Anordnung voraussetzt, in Gl. (3.44) durch die Trägheitsradien r_{tW} und r_{tN} ausgedrückt. Ansonsten gelten sinngemäß die in Abschnitt 3.2.5 wiedergegebenen Ausführungen.

3.2.8 Massebestimmung über Zentrifugalkräfte

Wird ein sich mit der Bahngeschwindigkeit $\mathrm{v}_i = [\boldsymbol{\omega}_i \times \mathbf{r}_i]$ bewegendes Massepartikel δm_i von Zentripetalkräften dazu gezwungen, sich auf einer kreisförmigen Bahn vom Radius r_i zu bewegen, übt es auf die Bahnführungen eine *Zentrifugalkraft*

$$\delta F_{z_i} = \delta m_i \cdot \frac{v_i^2}{\mathrm{r}_i} = \delta m_i \cdot \omega_i^2 \mathrm{r}_i \tag{3.45}$$

aus. Da auch in dieser Beziehung neben der Masse noch über den Bahnradius r_i deren individuelle Geometrie (*Schwerpunktslage!*) zur Auswirkung kommt, ist die Nutzung der Zentrifugalkraft für den allgemeinen Waagenbau meist wenig praktikabel.

Dennoch hat sie in der Fördertechnik in Form des in Bild 3.16 wiedergegebenen *Meßschurrenprinzips* eine vor allem für die Messung des Massestromes q_m vorzugsweise fester Schüttgüter vorteilhafte Anwendung gefunden. [10]

Bei diesen wird das Wägegut über einen Zuförderer ZF auf eine Zuführungsstrecke ZS gebracht, von der es schwerkraftbeschleunigt und gerichtet unter einem Winkel φ_1 mit der Geschwindigkeit v_{1_i} auf eine kreisförmig ausgebildete, durch *HF* horizontal geführte Gleitstrecke aus reibungsarmem, verschleißfestem Material gelangt. Auf dieser gleiten die einzelnen Partikel δm_i, je nach ihrer zufälligen Position im Materialstrom auf individuellen Radien r_i, aber im wesentlichen parallelen (konzentrischen) Bahnen, an das Schurrenende, an dem sie alle um den Winkel $\varphi_2 - \varphi_1$ umgelenkt sind und das sie unter dem Winkel φ_2 mit der Geschwindigkeit v_{2_i} verlassen.

Die einzelnen Partikel erfahren daher auf der Schurre in horizontaler Richtung eine Impulsänderung

$$\Delta p_i = \delta m_i (|v_{2_i}| \sin\varphi_2 - |v_{1_i}| \sin\varphi_1) = \int_{t_1}^{t_2} \delta F_{Z_{H_i}}(t)\, dt, \tag{3.46}$$

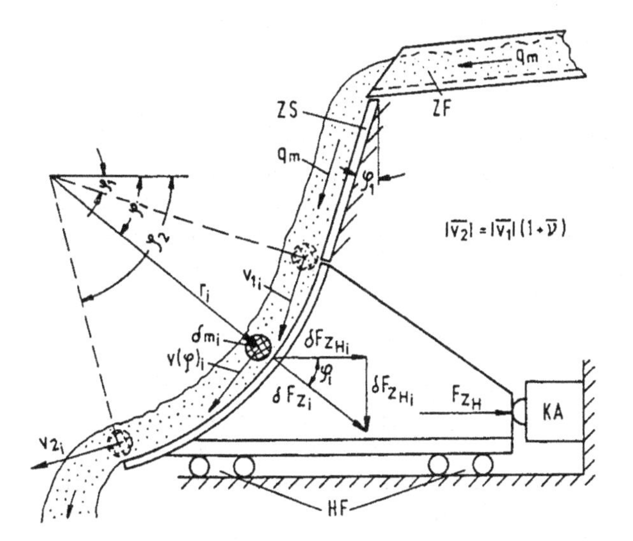

Bild 3.16
Meßschurre als Zentrifugalkraftwaage
q_m Massenstrom, ZF Zuförderer, ZS Zuführungsstrecke, φ_i Winkel, v_i Geschwindigkeit, r_i Radius, F_i Kraft, δm_i Partikel, KA Kraftaufnehmer, HF Zorizontalführung
Quelle: Verfasser

die von dem Kraftaufnehmer KA erfaßt wird. Die in einer Beobachtungszeit τ über die Meßschurre transportierte Masse beträgt daher

$$m_W(\tau) = \sum_{i=1}^{n} \delta m_i = \sum_{i=1}^{n} \frac{1}{|v_1|[(1+k_i)\sin\varphi_2 - \sin\varphi_1]} \int_{t_1}^{t_1+\tau} \delta F_{Z_{H_i}}(t)\,dt\,. \tag{3.47}$$

Darin weist der Korrekturfaktor $k_i = \frac{|v_{2_i}| - |v_{1_i}|}{|v_{1_i}|}$ darauf hin, daß das Material auf der Schurre selbst noch durch Schwerkrafteinwirkungen positive und durch Reibungswirkungen negative Geschwindigkeitsänderungen erfährt, die naturgemäß stark materialabhängig sind. Es ist deshalb erforderlich, die Meßschurre für *jedes spezifische Schüttgut* individuell durch Vergleichswägungen mit *aufgefangenem Material* zu *kalibrieren.* Dann aber kann man mit *akzeptabler Meßgenauigkeit* rechnen, zumal der Prallplatte gegenüber *der Vorteil besteht,* daß hier *keine stoßförmigen Impulsänderungen* vorkommen und somit der extrem materialabhängige Stoßfaktor k (vgl. 3.23) *nicht in das Meßergebnis* eingeht. Bemerkenswert ist ferner, daß bei sorgfältiger Horizontalführung HF der Schurre das aufliegende Meßgut ebenso wenig mit seinem Gewicht auf KA wirkt wie etwa anbackendes oder in Form von Verschmutzungen aufgelagertes Schüttgut! *Meßschurren* können daher *extrem wartungsarm* und *robust* auch gegen *abrasives* und ggf. auch *heißes Meßgut* ausgeführt werden. Wie bei allen anderen Massedurchflußmessern ist auch hier das von dem Kraftaufnehmer gelieferte Ausgangssignal ein für Regelungszwecke geeignetes Maß für den Augenblickswert des Massestromes

$$q_m(t) = \dot{m}_W = \frac{1}{\bar{v}_1\,[(1+\bar{k})\sin\varphi_2 - \sin\varphi_1]} \cdot F_{Z_H}(t)\,. \tag{3.48}$$

3.3 Verfahren zur Bestimmung der schweren Masse

3.3.1 Massebestimmung nach dem Gravitationsgesetz

Die unmittelbare Anwendung des Gravitationsgesetzes (3.5) nach dem aus Bild 3.17 erkennbaren Prinzip bietet *theoretisch* den Vorteil, daß *Auftriebskräfte* von Totlast m_T und Wägegut m_W und auch die *örtliche Fallbeschleunigung* nicht in das Meßergebnis eingehen. Sie haben aber den grundsätzlichen Nachteil, daß die genaue *Lage der effektiven Schwerpunkte* S_W und S_N von m_W und m_N bekannt sein muß, um den Betrag $|r|$ des Schwerpunktabstandsvektors r und seine Richtung φ_r angeben zu können.

$$F_{g_H} = (m_W + m_T) \cdot \frac{m_N}{|r^2|} \cdot \gamma \cdot \cos\varphi_r . \tag{3.49}$$

Unabhängig davon sind die Gravitationskräfte F_{g_H} im Vergleich zu den Gewichtskräften G derartig klein, daß sie von den unvermeidbaren Reibkräften der Horizontalführungen *HF* auch bei sorgfältiger Lagerung völlig überdeckt würden. Beispielsweise beträgt die Gravitationskraft F_g, die ein Wägegut von 1 kg von einer Normalmasse m_N = 1 t bei einem Schwerpunktsabstand r = 1 m erfährt, nach Gl. (3.49) nur $|F_g| \cong 0{,}667\ \mu N$! Eine derartig aufgebaute *Gravitationswaage* ist daher für die Praxis wenig geeignet.

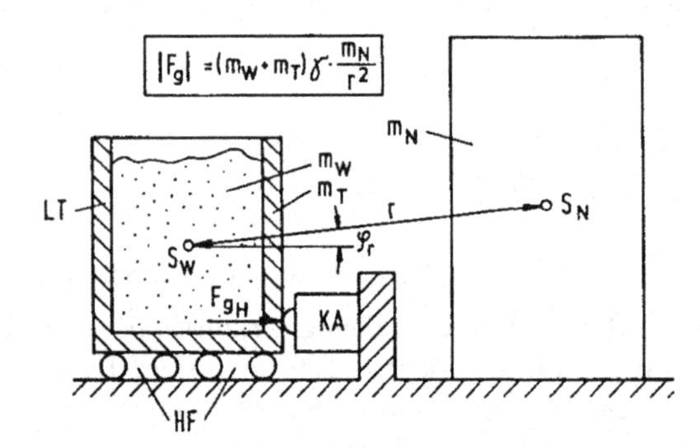

Bild 3.17
Gravitationswaage
m_i Masse, (i: Normal, W Wägegut, T Tara)
S Schwerpunkt, r Schwerpunktabstandsvektor, F_i Kraft, KA Kraftaufnehmer
Quelle: Verfasser

3.3.2 Massebestimmung nach dem Gewichtskraftgesetz

In allen Fällen jedoch, in denen man die Erde als Bezugsmasse m_N nutzt, wird aus Gl. (3.49) speziell das *Gewichtskraftgesetz*

$$G = m \cdot g . \tag{3.50}$$

Hierin ist das Gewicht G – gemäß der Grundsatzerklärung der 3. Generalkonferenz für Maß und Gewicht – die Kraft, mit der ein relativ zur Erde ruhender Körper an einem vorgegebenen Meßort an der Erdoberfläche im Ruhezustand auf seine Unterlage wirkt und g die örtliche Fallbeschleunigung. In letzterer überlagern die sich zum Schwerpunkt der Erde gerichtete Gravitationsbeschleunigung g_g mit der senkrecht auf der Rotationsachse stehenden Zentrifugalbeschleunigung g_z geometrisch, sodaß G und g nur an den Polen und auf dem Äquator *exakt zum Erdmittelpunkt ausgerichtet* sind.

g selber ist daher nach der Näherungsbeziehung

$$g \cong [9{,}80632 - 2{,}586 \cdot 10^{-2} \cos 2\varphi + 3{,}0 \cdot 10^{-5} \cos 4\varphi - 2{,}93 \cdot 10^{-6}\ h/\mathrm{m}]\ \frac{\mathrm{m}}{\mathrm{s}^2} \tag{3.51}$$

sowohl von der geographischen Breite φ des Meßortes als auch von dessen Höhe h über dem Meeresspiegel abhängig [13], siehe auch Anhang E2 und E3. Da die Masseverteilung im Erdinneren aber nicht homogen und die Erdgestalt von der Kugelform abweicht, treten zusätzliche *lokale Abweichungen* von Gl. (3.51) auf. Letztlich wirken sich auch noch die wechselnden Anziehungskräfte der Gestirne – vor allem aber des Mondes! – in *relativen zeitlichen Schwankungen* von g in der Größenordnung von einigen 10^{-7} aus [13]. Das Gewicht G eines Körpers läßt sich direkt aber nur im Vakuum messen, denn in Luft erfährt es nach dem Archimedischen Prinzip eine G entgegengesetzte Auftriebskraft

$$F_A = m_L \cdot g = \rho_L \cdot V_W \cdot g, \tag{3.52}$$

die der Dichte ρ_L der am Meßort vorhandenen Luft und dem vom Wägegut verdrängten Luftvolumen V_W proportional ist. ρ_L ist vornehmlich vom Luftdruck p_L, der Lufttemperatur T_L und der relativen Luftfeuchtigkeit Φ_L abhängig und kann im Bedarfsfall entweder geeigneten Tabellen oder der folgenden Berechnungsformel entnommen werden:

$$\rho_L = \frac{0{,}348444\, p_L/\text{hPa} - (0{,}00252\, T_L/°\text{C} - 0{,}02082)\, \Phi_L/\%}{273{,}15 + T_L/°\text{C}} \frac{\text{kg}}{\text{m}^3}. \tag{3.53}$$

Wird die Auflagekraft $G'_W = G_W - F_A$ des Wägegutes jedoch in Luft bestimmt, muß sie bei genauen Messungen korrigiert werden, um daraus die Masse ableiten zu können:

$$G_W = G'_W + F_A = G'_W \frac{\rho_W}{\rho_W - \rho_L} = G'_W \left(1 + \frac{\rho_L/\rho_W}{1 - \rho_L/\rho_W}\right). \tag{3.54}$$

Hierbei muß aber die Dichte ρ_W des Wägegutes bekannt sein oder gesondert bestimmt werden!

Wesentlich *kleinere Korrekturen* sind jedoch anzubringen, wenn die Gewichtsermittlung über einen *Massevergleich* erfolgt, in dem man die Auflagekräfte G'_W des Wägegutes und G'_N eines bekannten Massenormales m_N mit der Dichte ρ_N am gleichen Meßort in Beziehung setzt. Hier gilt dann

$$\frac{G_W}{G_N} = \frac{G'_W}{G'_N} \left[1 + \frac{\rho_L/\rho_W}{1 - \rho_L/\rho_W} \left(1 - \frac{\rho_W}{\rho_N}\right)\right]. \tag{3.55}$$

Dieser Beziehung ist zu entnehmen, daß *Auftriebskorrekturen* beim Massevergleich *entfallen, wenn die Dichten von Wägegut und Vergleichsnormal übereinstimmen!*

In der Praxis ist man mit dem Umstand konfrontiert, daß der Schwerpunkt S_W des Wägegutes innerhalb der vom Lastträger LT vorgegebenen Begrenzungen von Wägung zu Wägung erhebliche Lageschwankungen aufweisen kann. Daher ist durch konstruktive Maßnahmen dafür zu sorgen, daß derartige *Schwerpunktsablagen* nicht zu einer Verfälschung der abgegriffenen Auflagekräfte führen können. In Bild 3.18 sind die wichtigsten Lösungswege zusammengefaßt, die man beschreiten kann, um derartige *Ecklastfehler* zu vermeiden:

a) Bei *hängender Last* genügt es, den Lastträger an einem *kardanisch* wirkenden Gelenk G_L vorzugsweise an einem horizontalen Dreieckslenker DL oberhalb des Gesamtschwerpunktes S von Wägegut m_W und Totlast m_T aufzuhängen, weil sich dann S stets vertikal unter dem Zentrum von G_L einstellt. Die Gesamtauflagekraft G'_g von $m_W + m_T$ kann dann entweder *direkt* von *einer* Wägezelle unterhalb von G_L oder, im Hebelarmverhältnis $\ddot{u} = l/k$ übersetzt, an einer Teilstrecke k des Lenkerarmes l abgegriffen werden. Im *klassischen* Waagenbau sind die Gelenke üblicherweise als *Schneidenlager* ausgebildet, bei *Wägezellenwaagen* dagegen wegen ihrer Reibungsfreiheit als *elastische* Lager (*Biege-* oder *Torsionselemente*).

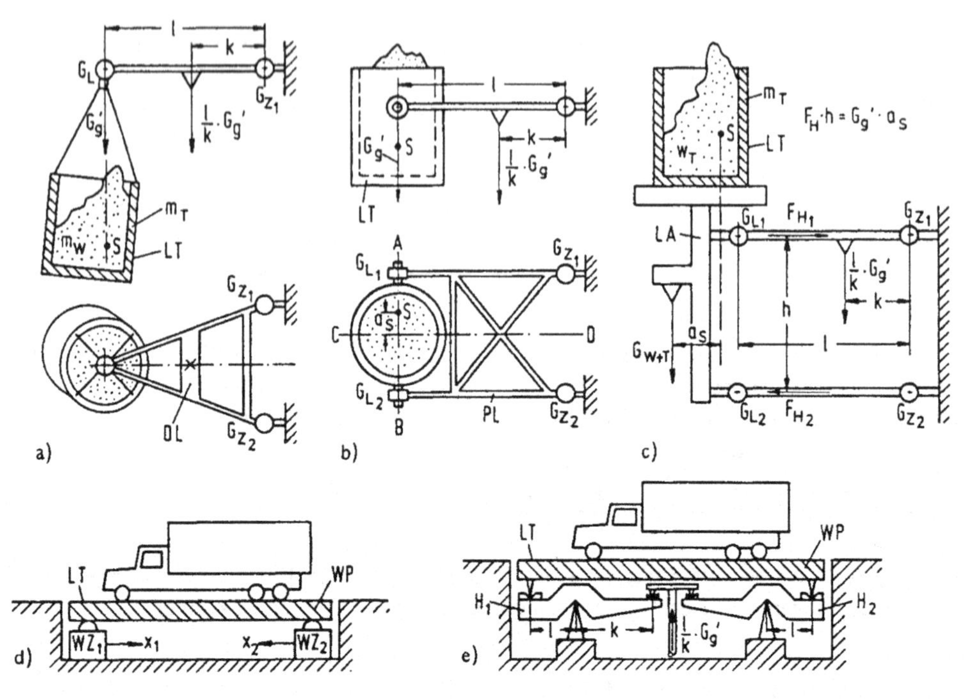

Bild 3.18 Prinzipien der Isolierung von Auflagekräften

a) hängende Last
b) mittelschalige Lagerung
c) oberschalige Lagerung
d) Waage mit Wägezellen
e) Waage mit Hebelwerk

G_g' Gesamtauflage, m_W Wägegut, m_T Totlast, LT Lastträger, LA Lastaufnahme, WP Waagenplattform, S Schwerpunkt, G_L Lastgelenk, G_Z zentrales Gelenk, DL Dreieckslenker, PL Parallellenker, L, K Hebellänge, a, h Abstand, F Kraft, WZ_i Wägezelle, X_i Ausgangssignal, H Hebel

Quelle: Verfasser

b) Bei *mittelschaliger* Lagerung kann LT sich nur noch um die von den Gelenken G_{L_1} und G_{L_2} vorgegebene Drehachse A–B so einstellen, daß S bei der Wägung unterhalb von A–B liegt. Das verbleibende Moment $G_g' \cdot a_S$ um die Achse C–D wird von dem *torsionssteifen* Parallellenker PL aufgefangen. Die Auflagekraft G_g' verteilt sich je nach Schwerpunktlage unterschiedlich auf die Gelenke G_{L_1} und G_{L_2} und kann dort durch *zwei* untergestellte Wägezellen, deren Ausgangssignale zu summieren sind, *direkt* gemessen werden. PL gestattet aber auch eine *mechanische Summierung* und *Übersetzung* im Verhältnis $ü = l/k$.

c) *Oberschalige Waagen,* bei denen sich der Schwerpunkt S oberhalb der Lastträgerauflage befindet, lassen sich vorteilhaft durch eine *exakte Parallelführung* aus zwei *gleichlangen* Parallellenkern PL_1 und PL_2 im Abstand h realisieren. Diese nehmen – *auch bei Auslenkungen aus der Horizontalen unter Lasteinwirkung!* – sowohl Kippmomente $M_K = G_g' \cdot a_S$ um horizontale Achsen als auch vertikale Störmomente (z. B. aus Beladungsvorgängen) auf, ohne die jetzt an beliebiger Stelle an der Lastaufnahme LA direkt abgreifbare Auflagekraft G_g' zu verfälschen. In vielen Fällen wird stattdessen auch hier erst eine im Hebelübersetzungsverhältnis $ü$ angepaßte Kraft $G_g' \cdot ü$ abgenommen.

d) Beim Einsatz von mindestens *drei* Wägezellen WZ wird der Bau *oberschaliger Waagen* besonders einfach, da auch bei *stark exzentrischer* Schwerpunktslage die Summe der Ecklastkräfte der gesuchten Auflagekraft G_g' entspricht. Sie wird durch *Aufsummieren* der Ausgangssignale x_ν der eingesetzten Wägezellen in der nachgeschalteten *Auswäge-Einrichtung* gewonnen.
e) Im klassischen Waagenbau wird schließlich noch durch den Einsatz von *Hebelwerken* auf *mechanischem Wege* eine *Aufsummierung* unterschiedlicher Ecklastkräfte mit gleichzeitiger *Anpassung* an die Auswägeeinrichtung durch Hebelübersetzung im Verhältnis $ü = l/k$ durchgeführt [13]; [14]; [15, S. 384–434].

3.3.3 Massebestimmung mittels Ausschlagsverfahren

Die vom Prinzip her einfachste – *keineswegs aber älteste!* – Methode der Massebestimmung besteht darin, die Gewichtskraft G auf Meßumformer einwirken zu lassen, die so ausgelegt sind, daß sie dabei eine von der Größe von G funktional abhängige Längenänderung $s = L - L_0 = f(G)$ erfahren. Diese *Ausschlagsverfahren* haben dabei den Vorteil, daß jedem Gewichtswert *eindeutig* ein *bestimmter Meßweg* (Ausschlag!) zugeordnet werden kann, sich der zugehörige Anzeigewert *ohne Abgleich-* und *Ausgleichvorgänge* gewinnen läßt (*selbsttätige Waagen*) und die *Meßwertbildung* im Bedarfsfall *besonders rasch* durchzuführen ist. Dem aber steht als *Nachteil* gegenüber, daß das Meßobjekt bei jeder Wägung *grundsätzlich unter Energieaufwand* über *einen Meßweg bewegt* werden muß und daß eine *Vielzahl von Gerätekenngrößen* direkt proportional in das Wägeergebnis eingehen und dieses mit *eventuellen Änderungen unmittelbar beeinflussen.*

3.3.3.1 Transversal-Federwaagen

Sie nutzen die Proportionalität zwischen einwirkender Kraft und *transversaler elastischer Wegverformung* von Biege- und vor allem temperaturstabilen Schraubenfedern aus. Sie werden in der Praxis insbesondere zum Bau von *Kreiszeiger-Köpfen* u. a. auch für eichfähige Waagen herangezogen, wobei die Federauslenkung über ein Zahnstangengetriebe einen Zeigerarm ein- oder mehrfach über eine 360°-Skala bewegt [16].

3.3.3.2 Torsions-Federwaagen

Sie werden bevorzugt für die Bestimmung von Massen im Milli- und Mikrogrammbereich eingesetzt. Hier bilden Spiralfedern oder freigespannte *Quarzfäden*, die gleichzeitig als Lagerung dienen, die *Kraft-Winkel-Meßumformer*, die über einen leichten Hebelarm vom Wägegut direkt zu kleinen Winkelausschlägen veranlaßt werden [17].

3.3.3.3 Wegabhängige Wägezellen-Waagen

Die meisten modernen Waagen mit oder ohne Hebelwerke setzen *Wägezellen* ein, die vom Prinzip her *Kraftaufnehmer* sind, bei denen die Auflagekräfte zunächst an Meßfedern sehr hoher Federsteife äußerst kleine proportionale Längenänderungen hervorrufen, die dann in einem zweiten Schritt über verschiedenartige physikalische Effekte in proportionale, vorzugsweise elektrische Ausgangssignale x_a umgeformt werden [18].

Unabhängig davon, ob bei der weiteren elektronischen Signalauswertung Ausschlags- oder Kompensationsverfahren verwendet werden, erfolgt der beschriebene *erste mechanisch-elektrische Umformschritt* mit allen Vor- und Nachteilen aber eindeutig *nach der Ausschlagsmethode.* Aufgrund der sehr kleinen Meßwege können aber im Bedarfsfall besonders *hohe Geschwindigkeiten* bei der Auflagekraftmessung erzielt werden.

3.3.3.4 Hydraulische Waagen

Bei diesen kommen Wägezellen zur Anwendung, die entsprechend Bild 3.19 die Auflagekraft F_ν über ein membrangedichtetes *Kolben-Zylindersystem* mit der wirksamen Fläche A_W in einen proportionalen Druck

$$p_\nu = F_\nu / A_W \tag{3.56}$$

umformen. Letzterer wird im einfachsten Fall *direkt* z. B. über ein *Bourdonfedermanometer* zur Anzeige gebracht, wobei sich aber nur wenig anspruchsvolle Genauigkeiten erzielen lassen [19, S. 116–129].

In den meisten Fällen wird aber bei oberschaligen Waagen der Einbau von mindestens drei Wägezellen notwendig. Das erfordert dann, da man *Drücke nicht wie Kräfte unmittelbar addieren* kann, zur Ecklast-Summierung die Zwischenschaltung einer *Vielfach-Kolbenzylinderanordnung,* mit deren Hilfe die Einzeldrücke p_ν zunächst in proportionale Kräfte umgeformt werden. Diese wiederum werden in der gemeinsamen Schubstange aufsummiert und anschließend über den Abschlußkolben in den der Summe der Auflagekräfte proportionalen Druck p_Σ abgebildet.

Höhere Genauigkeiten als durch eine direkte Anzeige der Meßdrücke auf mechanischen Manometern erreicht man, wenn man zum *hydraulisch-elektrischen Hybridsystem* übergeht und die Drucksignale in *elektromechanischen Präzisionsdruckaufnehmern* vor der Weiterverarbeitung noch in elektrische Meßsignale umformt. Der entscheidende Vorteil derartiger *elektro-hydraulischer* Waagen liegt in deren außergewöhnlicher Robustheit und geringer Störanfälligkeit gegen hohe dynamische Überlastungen! So werden seit Jahren elektrohydraulische Waagen mit gutem Erfolg zur Bestimmung der dynamischen Achslast in Fahrt befindlicher Lastkraftwaagen eingesetzt [19], [15, S. 411–414], bei denen jede Wägezelle

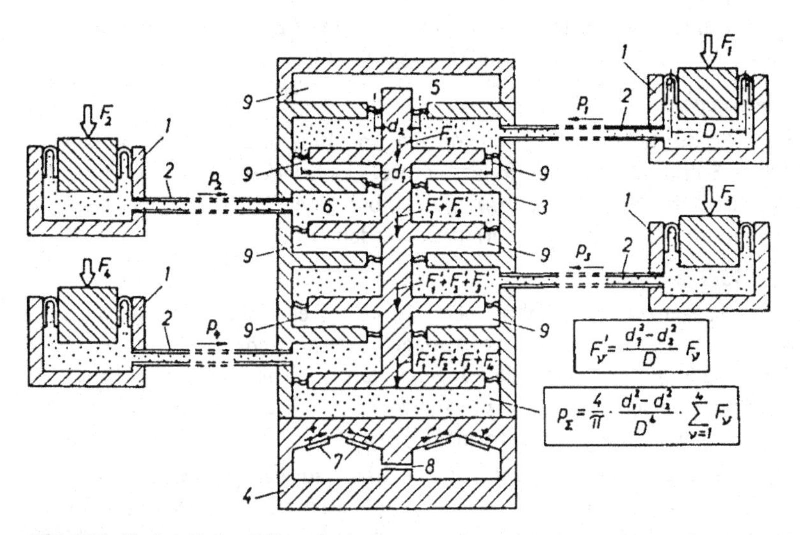

Bild 3.19 Hydraulisches Wägeprinzip

F_i Kraft, p_i Druck, D und d_i Durchmesser

1 hydraulischer Aufnehmer, 2 hydraulische Verbindung, 3 Vielfach-Kolbenzylinderanordnung, 4 Druckaufnehmer, 5 gemeinsame Schubstange, 6 Drucköl, 7 DMS, 8 Überlastanschlag, 9 Gas

Quelle: Verfasser

einen eigenen elektrischen Druckaufnehmer besitzt und die Ecklastsummierung durch Addition der elektrischen Drucksignale erfolgt. Da die Meßfeder dieses Druckaufnehmers schon durch sehr kleine Verformungsenergien auszusteuern ist, gestattet dieses elektrohydraulische Prinzip den Bau extrem steifer Wägezellen großer Höchstlast [68].

3.3.3.5 Ausschlagsverfahren mit Massevergleich

Neigungswaagen

Etwa 1770 fand man im *Einpendelsystem* eine Möglichkeit, beim Wägen auch bei Ausschlagsverfahren zu einem *echten Massenvergleich* zu kommen. Bei diesem ist ein starrer Pendelkörper mit der Bezugsmasse m_N im Abstand r_S von einem Schwerpunkt S_n in einem zentralen Gelenk G_Z drehbar aufgehängt, wie dies in Bild 3.20 gezeigt ist. Beim Anhängen des Lastträgers LT an das Lastgelenk G_L im Abstand l vom Systemdrehpunkt wird der Pendelkörper stationär um den Winkel α ausgelenkt, wobei G_L relativ zu G_Z eine horizontale Lage annehmen möge. In diesem Ruhezustand herrscht Momentengleichgewicht:

$$m_T \cdot g \cdot l = m_N \cdot g \cdot r_s \cdot \sin\alpha . \tag{3.57}$$

Ein zum Pendelkörper gehörender Zeiger Z weist auf die Skalenmarke $\varphi = 0$. Durch Auflegen des Wägegutes m_W auf LT wird das Lastmoment vergrößert und für das Meßsystem ergibt sich eine Einspiellage:

$$(m_T + m_W) \cdot g \cdot l \cdot \cos\varphi = m_N \cdot g \cdot r_S \cdot \sin(\alpha + \varphi) , \tag{3.58}$$

dessen Winkelstellung $\varphi(m_w)$ sich durch Einsetzen von Gl. (3.57) in Gl. (3.58) errechnen

$$\varphi(m_W) = \arctan \frac{m_W}{m_N} \cdot \frac{l}{r_s \cdot \cos\alpha} \tag{3.59}$$

und auf der in Gewichtseinheiten kalibrierbaren Anzeigeskala direkt ablesen läßt. Letztere wird wegen der *arctan*-Funktion mit steigenden Anzeigewerten immer gedrängter, so daß der Skalenumfang meist unter 50° gehalten wird. (Vgl. Einfache Briefwaagen)

Doch erst Anfang der Zwanziger Jahre dieses Jahrhunderts gelang es, dieses Prinzip soweit zu vervollkommnen, daß der Bau von *Kreiszeigerköpfen* möglich wurde, die im *eichpflichtigen Verkehr* zugelassen werden konnten. Dies wurde insbesondere dadurch möglich, daß man

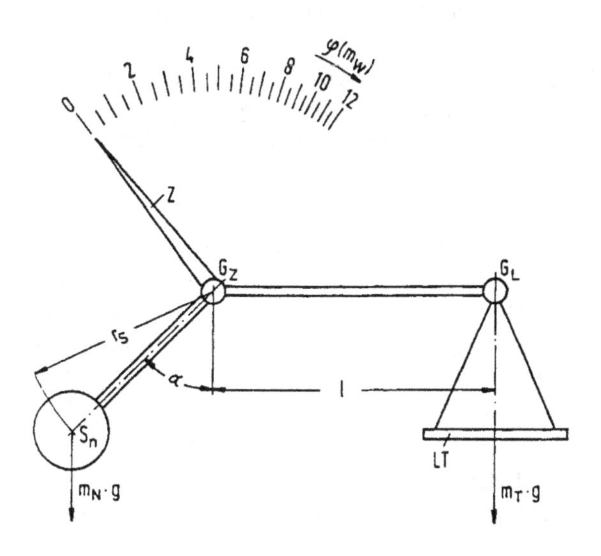

Bild 3.20
Neigungswaagen-Prinzip
G_Z Zentrales Gelenk (Systemdrehpunkt), G_L Lastgelenk, LT Lastträger, m_T Totlast, m_N Bezugsmasse, S_n Schwerpunkt, r_S Abstand der Bezugsmasse vom Systemdrehpunkt, l Abstand der Gelenke, Z Zeiger, α Ausschlagswinkel
Quelle: Verfasser

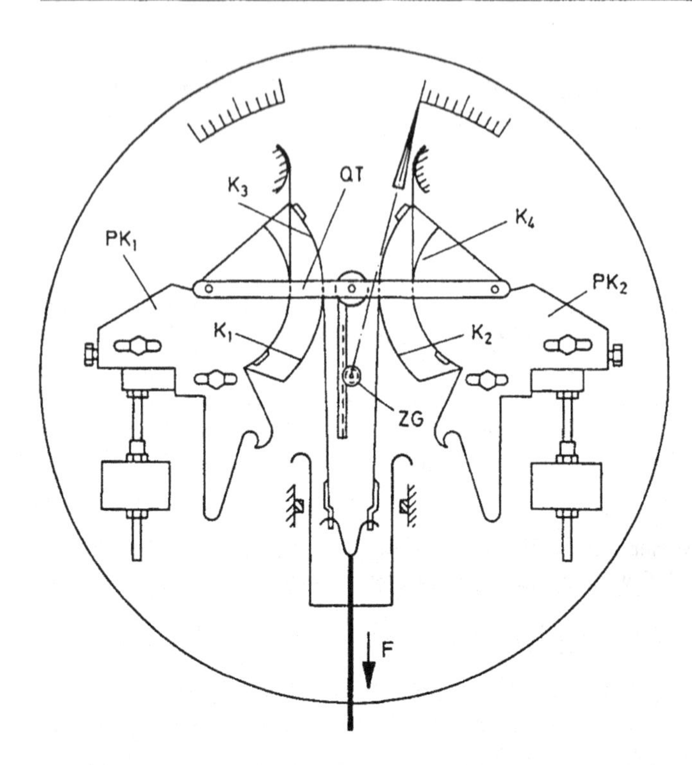

Bild 3.21
Doppelpendel-Kreiszeigerkopf
$K_{1...4}$ Kreisbahnen
$PK_{1,2}$ Pendelkörper, QT Quertraverse, F Meßkraft, ZG Zahnstangengetriebe

auf *Doppelpendelsysteme* überging, bei denen die Meßkraft F über auf den Kreisbahnen $K_{1,2}$ abrollende Stahlbänder gemäß Bild 3.21 zwei antisymmetrische Pendelkörper $PK_{1,2}$ auslenkt. Diese rollen dabei von weiteren Stahlbändern auf den Kreisbahnen $K_{3,4}$ so ab, daß ihre Systemdrehpunkte eine mit dem Gewicht *hochgradig linear* zunehmende Vertikalbewegung ausführen. Diese wird von der Quertraverse QT in den Rotationsachsen der Pendelkörper abgenommen und über ein Zahnstangengetriebe ZG in die Rotation eines Kreiszeigers umgeformt, der über den Wägebereich eine oder gar mehrere volle Umdrehungen ausführt und so bei vertretbaren Skalendurchmessern eine *angemessen hohe Ableseauflösung* ermöglicht [14]; [16].

Der entscheidende Vorteil eines sorgfältig justierten *Doppelpendelsystemes* nach Bild 3.21 gegenüber Einpendelsystemen besteht aber vor allem darin, daß *kleinere Neigungen* der damit ausgerüsteten Waagen aus der *Horizontalen* (Schiefstellungen) *weder Nullpunkts- noch Empfindlichkeitsfehler* zur Folge haben!

Massevergleichende Wägezellenwaagen

Aber auch bei den modernen Wägezellenwaagen nach Abschnitt 3.3.3 können die Vorteile des Massevergleiches genutzt werden, wenn man sie gemäß Bild 3.22 mit einer richtungssensiblen Beschleunigungsmeßvorrichtung BMV versieht. Diese sollte zweckmäßigerweise aus einer in der Richtung der Meßachsen der Wägezellen WZ_ν durch PF parallelgeführten Bezugsmasse m_N sowie einem Vergleichs-Kraftaufnehmer KA_N bestehen, der in Aufbau und Wirkungsweise möglichst den ebenfalls als Kraftaufnehmer wirkenden Wägezellen WZ_ν entspricht.

Die Ausgangssignale x_ν der n eingesetzten Wägezellen WZ_ν werden in üblicher Weise in der Summiereinheit SE elektrisch zu einem der Gesamtauflagekraft proportionalen Signal zu-

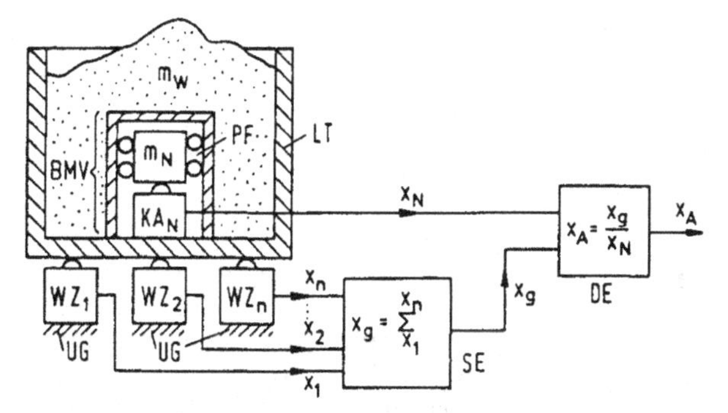

Bild 3.22 Wägezellenwaage mit Massenvergleich
BMV Beschleunigungsmeßvorrichtung, m_N Bezugsmasse, KA_N Vergleichs-Kraftaufnehmer, PF Parallelführung, m_W Wägegut, LT Lastträger, WZ_i Wägezelle, x_i WZ-Ausgangssignal, SE Summiereinheit, DE Divisionseinheit, x_A Ausgabesignal
Quelle: Verfasser

sammengefaßt und anschließend in der Divisionseinheit DE mit dem Beschleunigungssignal $x_g \sim g\,(m_W + m_T)$ verglichen, wodurch der Einfluß beliebiger Beschleunigungen aus dem so gewonnenen Ausgabesignal x_A eliminiert wird.

Die Anordnung von BMV kann zwar prinzipiell auch in der näheren Umgebung des Lastträgers LT stattfinden, aber je näher die Schwerpunkte S_W und S_N von Wägegut m_W und Vergleichsmasse m_N beieinanderliegen, um so besser werden die Einflüsse *veränderlicher Fallbeschleunigung,* aber auch *beliebig gerichteter* dynamischer *Transversal- und Rotations-Beschleunigungen* kompensiert, die aus *Erschütterungen* oder sonstigen *Ortsveränderungen* des Waagenuntergrundes UG resultieren. Daher eignet sich der hier vorgestellte Massenvergleich vor allem auch für *Waagen auf Land-, Luft- und Seefahrzeugen,* wenn *während der Fahrt* gewogen werden muß [21]; [22]; [23].

Ein weiteres Verfahren, in dem zwei weitgehend identische Kraftaufnehmer (Schwingsaiten) in unmittelbarer Nachbarschaft angeordnet sind, von denen die eine über geometrische Kraftzerlegung von der bewerteten Summe $(k_1 \cdot m_N + k_2 m_{W+T})g$ und die andere von deren Differenz $(k_1 m_N - k_2 m_{W+T}) \cdot g$ beaufschlagt wird, ist in [24] im Detail beschrieben. Es bietet mit der freien Wahl der Geräteparameter k_1 und k_2 die Möglichkeit, bei der Quotientenbildung in *QE*

$$x_A = \frac{x_1}{x_2} \sim \frac{f(k_1 m_N + k_2 m_{W+T})}{f(k_1 m_N - k_2 m_{W+T})} \tag{3.60}$$

neben dem Einfluß der Fallbeschleunigung g auch noch die Auswirkungen von Nichtlinearitäten in der Kennlinie der eingesetzten Kraftaufnehmer auf das Ausgabesignal x_A reduzieren zu können. Im Hinblick auf die heute von *Mikroprozessoren* gebotenen Möglichkeiten der *Kennlinien-Linearisierung* hat dieses Verfahren aber an Bedeutung verloren.

3.3.4 Massebestimmung mittels Weg-Kompensationsverfahren

Um bei der Massebestimmung mit dem Wägeobjektsystem nur eine *vernachlässigbar kleine Energiemenge* auszutauschen, ist es erforderlich, dafür zu sorgen, daß durch einen *Regelvorgang* ein zunächst von der Auflagekraft F_g' an einem Meßglied N_m hervorgerufener Meßweg s_m durch Aufbringen einer Gegenkraft F_K auf $s_m = 0$ zurückgeführt wird. (*Wegkompensation,* Bild 3.23). In diesem *ausgeregelten* Zustand gilt dann:

$$X_K \cdot \ddot{U}_K = F_K\,(s_m = 0) = F_g' = (m_W + m_T) \cdot g \cdot (1 - \rho_L/\rho_W)\,. \tag{3.61}$$

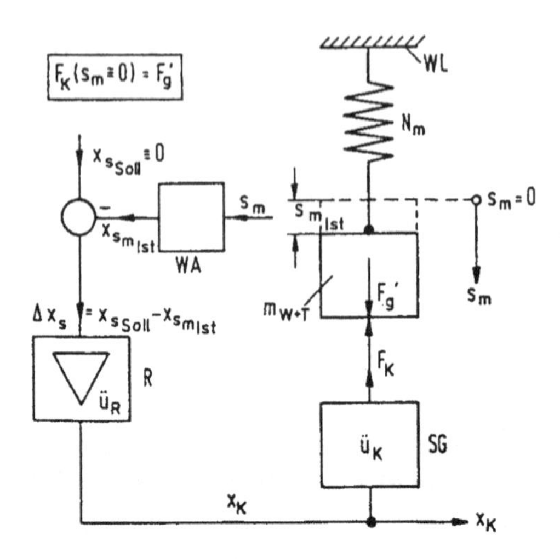

Bild 3.23
Wägung durch Weg-Kompensation
WL Widerlager, N_m Meßglied, s_m Meßweg, F_g' Auflagekraft, m_{W+T} Wägegut mit Totlast, F_K Gegenkraft, WA Wegaufnehmer, R Regler, SG Stellglied, x_K Stellgröße, $ü_K$ Übertragungsmaß
Quelle: Verfasser

Der Vorteil dieses Verfahrens besteht darin, daß bei vollständiger Wegkompensation ($s \equiv 0$) die in N_m zusammengefaßten Geräteparameter (Federnachgiebigkeiten, Reibungswiderstände, Schwerpunktverlagerungen usw.) und insbesondere deren langzeitigen Änderungen das Wägeergebnis nicht beeinflussen können, und daß das Wägeergebnis selbst sich über ein sehr stabiles Übertragungsmaß $Ü_K = F_K/X_K$ des Stellgliedes SG unmittelbar aus dem für den Abgleich gültigen Wert einer hochgenau darstellbaren Stellgröße X_K ableiten läßt. Folgende wegkompensierende Wägeverfahren haben erfolgreichen Eingang in die Praxis gefunden.

3.3.4.1 Gleich- und ungleicharmige Balkenwaagen

Die einfachste und schon seit mindestens 10000 Jahren [25] bekannte Anwendung hat dieses Prinzip in der *gleicharmigen Balkenwaage* mit $l = k$ nach Bild 3.24 gefunden. Geeignet gestufte Gewichtstücke als Stellgröße X_K werden vom Regler „Mensch" so zu einer Gesamtvergleichsmasse m_K kombiniert, daß der in seinem Zentralgelenk G_Z drehbar gelagerte Waagebalken WB mit den im Abstand l und k zusammen mit G_Z in *fadengerader* Linie

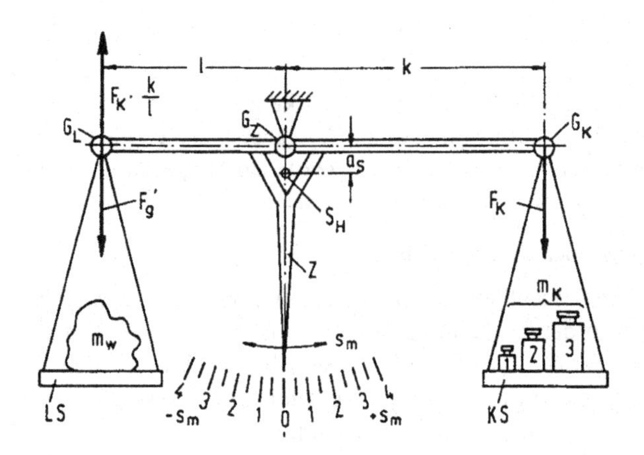

Bild 3.24
Zweiarmige Balkenwaage
LS Lastschale, m_W Wägegut, F_g' Auflagekraft, G_i Gelenk, (i: L Last, Z Zentral, K Kompensation), l und k Hebellänge, F_K Kompensationskraft, m_K Kompensationsmasse, KS Kompensationsmassenschale, S_H Schwerpunkt des Hebels, Z Zeiger
Quelle: Verfasser

angeordneten Gelenken G_L und G_K in seine *waagerechte* Gleichgewichtslage gebracht wird. Das Stellglied „Waagebalken" wirkt dabei als *Hebel,* der die Vergleichskraft

$$F_V = m_K \cdot g \cdot (1 - \rho_L/\rho_K) \tag{3.62}$$

mit dem Übertragungsmaß $\ddot{U}_K = -k/l$ in G_L am Angriffspunkt der Auflagekraft F'_W in die Kompensationskraft F_K umwandelt. Wird vor der Wägung durch Ausbalancieren (*Nullstellen*) dafür gesorgt, daß der Waagebalken mit seinen *unbeladenen* Belastungsschalen LS und KS nach Auslenkungen symmetrisch um die durch $x_{sm} \equiv 0$ gekennzeichnete Gleichgewichtslage ausschwingt, gilt bei *vollkommener* Kompensation $F'_W = -F_K$, und damit:

$$F'_W = m_W \cdot g \cdot (1 - \rho_L/\rho_W) = -m_K \cdot g \cdot (1 - \rho_L/\rho_K) \cdot k/l = \ddot{U} \cdot F_V. \tag{3.63}$$

Auf kleine Abgleichdifferenzen $\Delta F_K = F'_W + F_K$ reagiert der Waagebalken durch Auslenkung aus der Horizontalen um einen Winkel

$$\varphi = \arctan \frac{\Delta F_K \cdot l}{m_B \cdot g \cdot a_S} \approx \frac{\Delta m_W}{m_B} \cdot \frac{l}{a_S}, \tag{3.64}$$

der unter dem Zeiger Z auf der Skala in zugehörigen Wegauslenkungssignalwerten $x_{s\,m}$ ablesbar ist.

Hierin ist m_B die Masse des Waagebalkens und a_S der Abstand seines Schwerpunktes S_H unterhalb der Drehachse von G_Z. Für kleine Massedifferenzen Δm_W arbeitet die Balkenwaage daher wie eine Neigungswaage im Ausschlagsverfahren (vgl. Abschnitt 3.3.3.5), deren *Empfindlichkeit* sich durch *Verkleinern* von a_S auf sehr *hohe Werte steigern läßt.*

Bei *gleicharmigen Balkenwaagen* gilt $k \equiv l$, daher sind diese bei entsprechend sorgfältiger Konstruktion zum sehr genauen Vergleich *gleichschwerer Massen* prädestiniert und werden daher auch als *Prototypwaagen* zum Anschluß nationaler Kilogrammprototypen an das internationale Kilogrammprototyp (*Urkilogramm*) sowie von *Hauptnormalen* an nationale Prototypen eingesetzt [26, siehe Abschnitt 2.4.1]. Durch Anwendung des *Gaußschen Wägeverfahrens* – der Wiederholung von Wägungen nach *Vertauschen* der zu vergleichenden Massen auf den beiden Lastschalen – lassen sich *systematische* Fehler eliminieren, die aus minimalen Unterschieden der Hebelarmlängen l und k sowie aus Inhomogenitäten des Schwerefeldes am Meßort herrühren. Schließlich kann die Ablesung der Balkenschwingungswege durch *Laserinterferometer* sehr stark verbessert werden [27]. Bei Berücksichtigung der *Luftauftriebskorrektion* nach Gl. (3.55) sind so heute mit diesem Waagentyp Massevergleiche mit *Unsicherheiten von einigen* 10^{-9} möglich!

Luftauftriebskorrektion nach Gl. (3.55) sind so heute mit diesem Waagentyp Massenvergleiche mit *Unsicherheiten von einigen* 10^{-9} möglich!

Ungleicharmige Balkenwaagen haben Hebelübersetzungen $k/l \neq 1$ und sind sowohl als *einfache Balkenwaagen* mit nur *einem* Hebel oder als *zusammengesetzte Balkenwaagen* mit *mehreren* durch *Koppeln* verbundene, hintereinander geschaltete Hebelsysteme ausgeführt. Sie gestatten den *Vergleich von Massen sehr unterschiedlicher Größe* (Dezimalwaagen, Zentesimalwaagen, Mikrowaagen usw.) [14].

Dadurch können, unabhängig vom individuellen Wägebereich, bequem handhabbare, einheitliche Gewichtsätze mit im Bedarfsfalle optimaler Genauigkeit der darin enthaltenen Gewichtstücke [28] zum Zusammenstellen der Kompensationsmasse m_K verwendet werden. Da sich Hebelübersetzungsverhältnisse aber nicht beliebig exakt auf vorgegebene Werte einstellen und nachmessen lassen, sind die mit ungleicharmigen Balkenwaagen erreichbaren Meßgenauigkeiten deutlich geringer als bei den gleicharmigen. Außerdem nimmt die Genauigkeit um so stärker ab, je mehr sich das Hebelübersetzungsverhältnis k/l von 1 unterscheidet.

3.3.4.2 Waagen mit hydraulischer Übersetzung

Sind die zu bestimmenden Massen m_W jedoch sehr groß (z. B. $m_W > 100$ t), wird man wegen der dann notwendigen großen Kraftübersetzungsverhältnisse anstelle sehr voluminös bauender *Hebelketten* vielfach vorteilhaft auf *hydraulische Kraftübersetzungen* zurückgreifen. Hier wirkt das Gewicht von m_W gemäß Bild 3.25 über einen Lastkolben mit dem wirksamen Querschnitt $A_L = \frac{\pi}{4} D_L^2$ auf eine Hydraulikflüssigkeit HF und ruft in dieser einen statischen Druckanteil

$$p_W = m_W \cdot g \cdot (1 - \rho_L/\rho_W)/A_L \tag{3.65}$$

hervor. Über die Verbindungsleitung VL arbeitet dieser Druckanteil aber exakt auch auf den wirksamen Querschnitt $A_K = \frac{\pi}{4}(D^2 - d^2)$ des Differentialkolbens DK, sofern der Niveauunterschied h_0 der beiden Kolbenflächen auf Null gesteuert wurde. Dadurch wird am Differentialkolben die Kraft $F_K = p_W \cdot A_K$ hervorgerufen, die von der Auflagekraft der Kompensationsgewichtstücke m_K aufzuwiegen ist. Damit die Kolben in ihren Aufnahmezylindern z_k reibungsfrei spielen können, muß ein geringes Kolbenspiel [29] vorgesehen werden, durch das ständig ein Teil der Hydraulikflüssigkeit als Leckstrom austritt und im Vorratsbehälter VB aufgefangen werden muß. Mittels der regelbaren Pumpe P ist daher ständig für einen Ausgleich der Leckverluste zu sorgen. Eine weitere Reduktion der Kolbenreibungen wird in der Praxis dadurch erreicht, daß die Kolben oder Zylinderwandungen durch gesonderte Antriebe *in ständiger Rotation* zueinander gehalten werden. Genau wie bei Hebelwaagen ist vor der Durchführung einer Wägung durch Auflage von Tariergewichtstücken m_{ta} auf den Differentialkolben ein *Nullstellen* der hydraulischen Waage vorzunehmen, bei dem die verschiedenen Totlasten der Kolben, des Lastträgers LT und konstruktiv bedingter Höhendifferenzen h_0 der wirksamen Kolbenflächen ins Gleichgewicht gebracht werden.

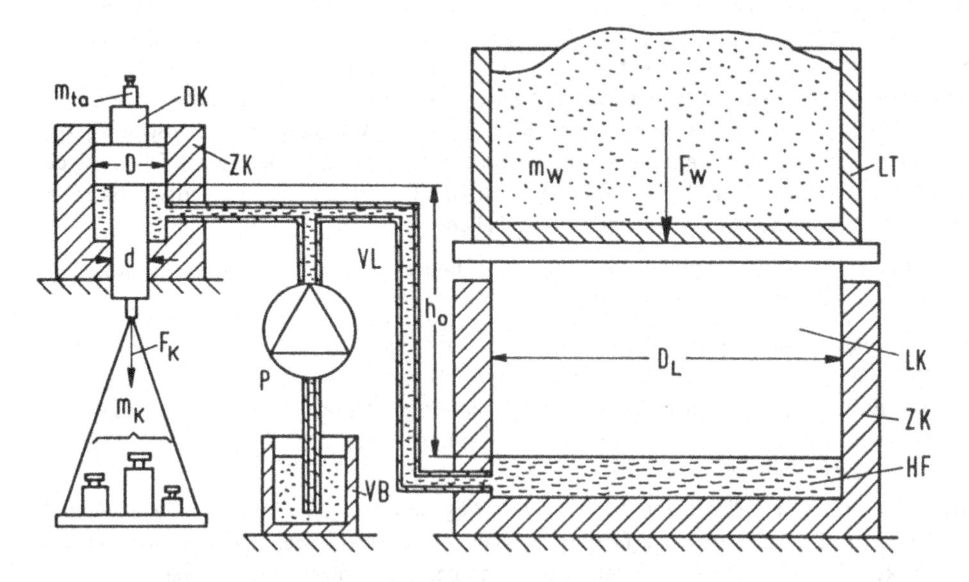

Bild 3.25 Waage mit hydraulischer Übersetzung

m_W Wägegut, LT Lastträger, LK Lastkolben, HF Hydraulikflüssigkeit, DK Differentialkolben, m_{ta} Tariergewichtstücke, h_0 Höhendifferenz, m_K Kompensationsmasse, P Pumpe, VB Vorratsbehälter
Quelle: Verfasser

Dann gilt für den vollständigen Abgleichzustand die Beziehung:

$$p_W \cdot A_K = m_K \cdot g \cdot \frac{\pi}{4}(D^2 - d^2)(1 - \rho_L/\rho_K) = m_W \cdot g \cdot \frac{\pi}{4} D_L^2 (1 - \rho_L/\rho_K). \quad (3.66)$$

Daraus ergibt sich ein Kraftübersetzungsverhältnis

$$\ddot{U}_{hydr.} = F_W/F_K = D_L^2/(D^2 - d^2). \quad (3.67)$$

Da hierin die *linearen* Abmessungen der Kolben *quadratisch* eingehen und man bei Höchstlast Arbeitsdrücke $p_{W_{max}} > 40$ MPa zulassen kann, können auch extrem große Übersetzungsverhältnisse auf *vergleichsweise sehr kleinem Raum* realisiert werden. Bei sorgfältiger Fertigung der Kolbenzylindersysteme und Beachtung der in [29] detailliert beschriebenen Maßnahmen können hydraulische Kraftübersetzungen sicher mit *Relativabweichungen unter* 10^{-4} gewährleistet werden! Dies sollte ein Anlaß sein, das bisher bevorzugt für den Bau von Kraft-Meßmaschinen eingesetzte hydraulische Prinzip auch bei der Erfassung sehr großer Massen stärker für den Waagenbau zu nutzen [30].

3.3.4.3 Laufgewichtswaagen

Die Notwendigkeit der Verwendung passend gestufter Gewichtsätze machen die in den Abschnitten 3.4.1 und 3.4.2 beschriebenen Waagen mit konstanter Kraftübersetzung weder leicht bedienbar noch besonders automatisierungsfreundlich. Daher wurden schon verhältnismäßig früh [25] die sogenannten *Laufgewichtswaagen* eingeführt, bei denen ein festes Vergleichsgewicht m_V längs des Kompensationshebelarmes b (Bild 3.26) zunächst von Hand solange verschoben wurde, bis der Waagenbalken im Gleichgewicht war. Durch Ablesen der dann gefundenen Hebelarmlänge

$$b = a \cdot \frac{m_W (1 + \rho_L/\rho_W)}{m_V (1 + \rho_L/\rho_V)} \cdot \frac{1 + \alpha T_a}{1 + \beta T_b} \quad (3.68)$$

ist die Massebestimmung hier indirekt auf eine Längenmessung reduziert. Wird der Waagebalken aus einem Material einheitlicher Wärmedehnung ($\alpha = \beta$) hergestellt, wird der Abgleichzustand durch *gleichartige* Temperatureinwirkungen ($T_a = T_b$) auf das Hebelsystem nicht

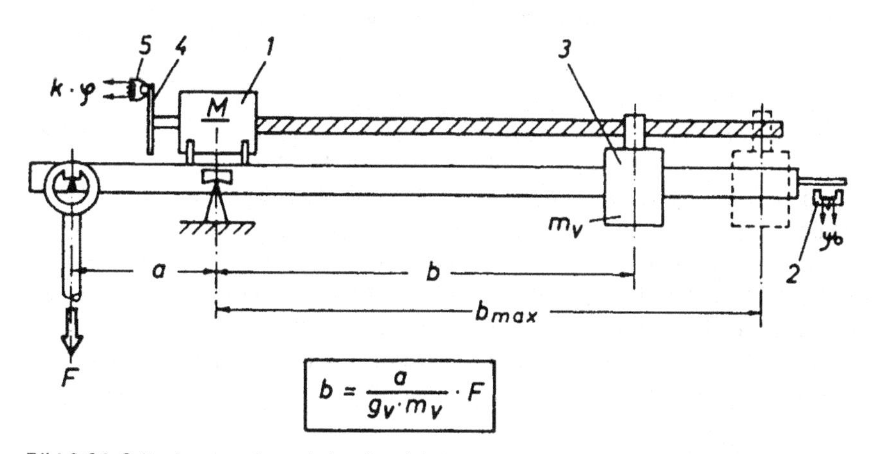

Bild 3.26 Selbstkompensierende Laufgewichtswaage

1 Servomotor, 2 Wegaufnehmer, 3 Vergleichsgewicht, 4 Codierscheibe, 5 Ableseeinrichtung; a feste und b variable Hebellänge

Quelle: Verfasser

verfälscht und man kann – ggf. mittels optischer Ablesehilfen – zu *sehr hohen Auflösungen* auf *fest kalibrierten Skalen* des Laufgewichtsbalkens gelangen. Auch bei diesem Waagentyp ist vor jeder Massebestimmung eine *Nullstellung* der Waage zur Eliminierung der Einflüsse von Totgewichten durchzuführen.

Der klassische Waagenbau hat eine große Anzahl von Varianten der Laufgewichtswaage hervorgebracht [14], [25], die sich vor allem dadurch auszeichnen, daß zur Verbesserung der Auflösung und Bedienbarkeit zwei oder selten drei unterschiedlich große Laufgewichte zu verschieben sind, wobei die jeweils schwereren Laufgewichte mit Schneiden in definierten Hebelarmlängen in exakt vorgegebenen Kerben einrasten können und sich nur das jeweils kleinste Laufgewicht kontinuierlich bewegen läßt.

Vielfach wird unter Einbuße an Waagenempfindlichkeit durch Vergrößerung des Schwerpunktabstandes a_s (vgl. Bild 3.24) der Anzeigebereich der Laufgewichtswaage als Neigungswaage vergrößert, was sich vorteilhaft auf die Geschwindigkeit der Meßwertermittlung auswirkt.

Laufgewichtswaagen eignen sich aber vom Prinzip her hervorragend auch zur *Automatisierung* [31], wie es beispielsweise in Bild 3.26 angedeutet ist. Hier kann das Laufgewicht von einem Servomotor 1 über ein Untersetzungsgetriebe und einen Präzisions-Spindeltrieb über der gesamten Kompensationshebelarmlänge b_{max} verschoben werden. Abweichungen Ψ_b aus der Gleichgewichtslage führen über den Wegaufnehmer 2 und einen Regelverstärker mit PID-Verhalten zu Stellbewegungen des Servomotors. Mit sehr hoher Auflösung – allerdings behaftet mit den im wesentlichen *systematischen* und daher *korrigierbaren* Steigungsfehlern des Spindeltriebes! – kann die Laufgewichtsposition bequem über eine Codierscheibe 4 auf der Spindelachse und Ableseköpfe 5 absolut oder inkrementell *digitalisiert* werden, mit dem Vorteil, daß wegen des hier konsequent befolgten *Nachlaufprinzips* jeder Auflöseschritt d ausgegeben wird und der Betrachter wie bei Analogskalen auf Zifferanzeigen den *Verlauf des Einspielvorganges* verfolgen kann!

3.3.4.4 *Nullstellende Federwaagen*

Im Prinzip lassen sich *nullstellende Federwaagen* dadurch realisieren, daß man von Hand oder automatisch das Widerlager WL der Meßfeder N_m (vgl. Bild 3.23) nach Belastung durch das Wägegut m_W so verschiebt, daß die meßseitige Federauslenkung $s_m = 0$ wird. Dann wäre die Widerlagerverschiebung (nach vorheriger Nullstellung der Waage!)

$$s_{W_L} = N_m \cdot g \cdot (1 + \rho_L/\rho_W) \cdot m_W \qquad (3.69)$$

ebenfalls ein mit den hochauflösungsfähigen Methoden der Längenmeßtechnik (Interferometrie) verwertbares, m_W direkt proportionales Meßsignal. Bei Verwendung *steifer*, auf strenge Linearität und geringen Temperaturgang gezüchteter Meßfedern N_m sollte man bei optimierter Reglerauslegung im Bedarfsfalle, trotz hoher Anzeigeauflösung, zu *sehr hohen Anzeigegeschwindigkeiten* gelangen. Dabei hat man den Vorteil, N_m über viele Größenordnungen hinweg an unterschiedliche Höchstlasten anpassen zu können.

Von diesen Möglichkeiten ist aber, teils aus Gründen des Aufwandes, teils wegen der begrenzten Stabilität der heute entwickelten Meßfedertypen, in der wägetechnischen Praxis bisher wenig Gebrauch gemacht worden.

3.3.4.5 *Elektrostatische Waagen*

Wird ein mit n Einheitsladungen $e_0 = 1{,}6022 \cdot 10^{-19}$ As aufgeladener Körper mit der Masse m_W in ein *homogenes elektrisches Feld* mit der elektrischen Feldstärke $E = U_K/d$ gebracht,

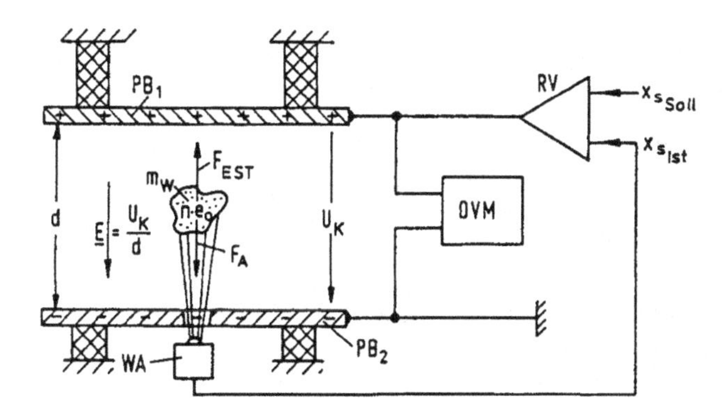

Bild 3.27 Elektrostatische Waage für sehr kleine Masseteilchen
m_W Wägegut, e_0 Einheitsladung, F Feldstärke, PB Plattenkondensatorbelag, F_A Auflagekraft, F_{EST} Elektrostatische Anziehungskraft, DVM Digitalvoltmeter, RV Regelverstärker, WA Wegaufnehmer
Quelle: Verfasser

das nach Bild 3.27 z. B. von den Belägen PB_1 und PB_2 eines Plattenkondensators erzeugt wird, wird auf diesen Körper eine seiner Auflagekraft F_A entgegengerichtete *elektrostatische Anziehungskraft*

$$F_{EST} = n \cdot e_0 \cdot E = n \cdot e_0 \cdot U_K/d \tag{3.20}$$

ausgeübt. Wird von Hand oder mittels des optischen Wegaufnehmers die Speisespannung U_K des Plattenkondensators so geregelt, daß der Körper im Raume schwebt, ist die mit einem Digitalvoltmeter DVM zu messende Spannung U_K ein Maß für die Masse m_W des aufgeladenen Teilchens:

$$F_A = m_W \cdot g \cdot (1 - \rho_L/\rho_W) = n \cdot e_0 \cdot U_K/d\,. \tag{3.71}$$

Da n nur *ganzzahlig* sein kann, ist es meist durch getrennte Betrachtungen möglich, dessen genauen Wert im Einzelfalle festzulegen. Wegen der extrem kleinen Größe der Einheitsladung e_0 eignet sich das Verfahren aber nur zur Massebestimmung von sehr kleinen und leichten Partikeln [32] bis herab in den *atomaren Bereich.*

Eine besonders für Mikrowaagen geeignete Methode ist Bild 3.28 zu entnehmen: Bei Anlegen einer Speisespannung U_K wird der von PF parallelgeführte, bewegliche Belag RB_2 vorzugsweise eines konzentrischen Röhrenkondensators in den Ringspalt der Gegenelektrode RB_1 annähernd wegunabhängig mit der elektrostatischen Kraft

$$F_{EST} = 2\,\frac{dW_{EST}}{ds} = \frac{dC}{ds}\,U_K^2 \cong 2\pi\epsilon_0\epsilon_r\left(\frac{1}{\ln D_1/d_1} + \frac{1}{\ln D_2/d_2}\right)U_K^2 \tag{3.72}$$

hineingezogen. Wird die Totlast des bewegten Systemes bei $U_K \equiv 0$ exakt ausgewogen, z. B. durch ein an der Parallelführung *PF* angreifendes Gegengewicht m_g, ruft eine von einem Wägegut m_W ausgeübte Auflagekraft F_A zunächst eine Auslenkung s_{ist} aus der Ruhelage L_0 hervor. Diese wird vom hochempfindlichen, berührungslos arbeitenden Wegaufnehmer WA [33] erkannt und umgehend vom PID-Regelverstärker durch Aufbau einer Kompensationsspannung U_K auf Null zurückgeführt, für die Gleichgewicht zwischen F_{EST} und F_A besteht.

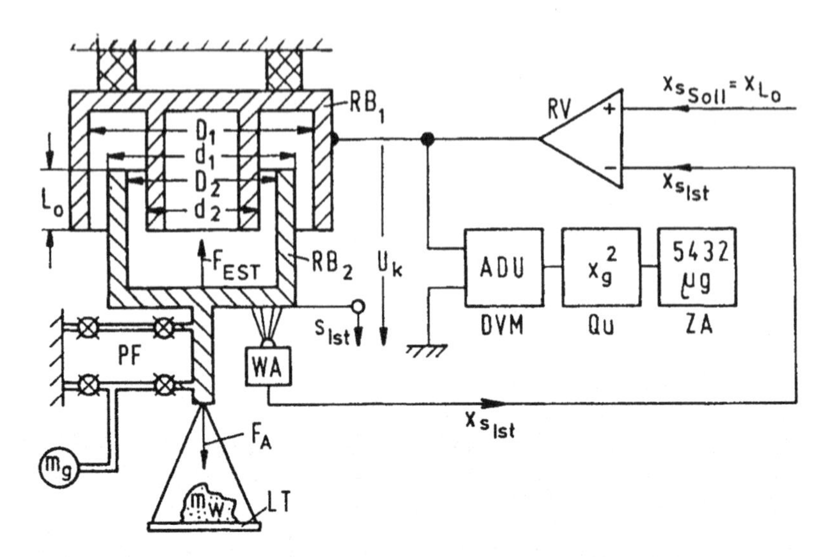

Bild 3.28 Selbstkompensierende elektrostatische Waage
m_W Wägegut, LT Lastträger, PF Parallelführung, m_g *Gegengewicht, RB Ringbelag,* L_0 Ruhelage, F_{EST} Elektrostatische Anziehungskraft, WA Wegaufnehmer, U_K Kompensationsspannung, RV Regelverstärker, DVM Digitalvoltmeter, Q_u Quadrierstufe, ZA Anzeige, D_i und d_i Durchmesser
Quelle: Verfasser

Mit Gl. (3.72) gilt dann

$$U_K = \sqrt{g \cdot (1 - \rho_L/\rho_W) \frac{m_W}{2\pi\epsilon_0\epsilon_r(\ln D_1/d_1 + \ln D_2/d_2)}}. \tag{3.73}$$

Wird U_K mit einem Digitalvoltmeter DVM gemessen und nachfolgend in einer Quadrierstufe Qu quadriert, erhält man auf ZA eine gewichtsproportionale Anzeige. Wegen der Wurzelfunktion nimmt die Waagenempfindlichkeit E_W mit zunehmender Belastung ab,

$$E_W = \frac{dU_K}{dm_W} = \sqrt{\frac{(1 - \rho_L/\rho_W)}{8\pi\epsilon_0\epsilon_r(\ln D_1/d_1 + \ln D_2/d_2)}} \cdot \frac{1}{\sqrt{m_W}}, \tag{3.74}$$

worin in vielen Anwendungsfällen wegen der besseren Ausnutzungsmöglichkeit des Wägebereiches bei vorgegebener Relativfehlergrenze ein erheblicher Vorteil erblickt werden kann.

3.3.4.6 *Elektromagnetische Waagen*

Zu um viele Größenordnungen höheren Kompensationskräften bei vergleichbaren Abmessungen des krafterzeugenden Elementes kann man kommen, wenn man in Bild 3.28 statt des Röhrenkondensators einen *Elektromagneten* z. B. in Topfkernform TK einsetzt, der auf einen weichmagnetischen Anker AN eine elektromagnetische Anziehungskraft F_{EM} ausübt, für die bei Vernachlässigung der Streuung des Magnetflusses Φ und des Magnetisierungsbedarfes von TK und AN in grober Näherung gilt:

$$F_{EM} \approx \frac{A_1 \cdot A_2}{A_1 + A_2} \cdot \frac{\mu_0 \cdot \mu_{rel}}{4} \left(\frac{i_K \cdot w}{L_0}\right)^2. \tag{3.75}$$

Hierin bedeuten A_1 und A_2 die äußeren und inneren Polflächen des Elektromagneten, w die Anzahl der Windungen der Erregerspule Sp und L_0 die Luftspaltlänge im Abgleichzustand der Waage. Wie Gl. (3.75) ausweist, ist hier die Kompensationskraft F_{EM} dem Quadrat des Erregerstromes i_K direkt, aber dem Quadrat der Luftspaltlänge L_0 umgekehrt proportional. Daher ist, im Gegensatz zur elektrostatischen Waage mit Röhrenkondensator-Kraftglied, hier die Gleichgewichtslage einer zuvor durch das Gegengewicht m_g exakt nullgestellten Waage bei Belastung durch das Wägegut m_W bei festeingestelltem Erregerstrom *äußerst instabil!* An die Schnelligkeit und das Übertragungsverhalten des eingesetzten PID-Regelverstärkers RV werden daher extrem hohe Anforderungen gestellt [34].

Im Abgleichfall $F_A = F_{EM}$ gilt bei der selbstkompensierenden elektromagnetischen Waage mit Gl. (3.75)

$$i_K \approx \frac{2L_0}{w} \sqrt{\frac{A_1 + A_2}{A_1 \cdot A_2} \cdot \frac{g}{\mu_0 \cdot \mu_{rel}} (1 - \rho_L/\rho_W)} \cdot \sqrt{m_W}\,. \tag{3.76}$$

Aus i_K kann über den Festwiderstand R_K eine Kompensationsspannung U_K gewonnen werden, aus der sich wieder in der schon in Bild 3.28 geschilderten Weise ein digitaler Anzeigewert bilden läßt.

In der Praxis ist es wegen der *Nichtlinearitäten* der *Magnetisierungskurven* von TK und AN sehr viel schwieriger, mit elektromagnetischen Waagen zu hohen Meßgenauigkeiten zu kommen. Da die *Fehler* aber *im wesentlichen systematischer Natur* sind, können sie bei Bedarf durch den Einsatz von Mikroprozessoren stark reduziert werden.

Ein entscheidender Vorteil dieses Waagentyps besteht aber darin, daß das gesamte bewegliche System zusammen mit dem Wägegut durch eine nichtmagnetische Umhüllung, die insbesondere durch den Luftspalt L_0 verläuft, von der Außenwelt abgeschlossen werden kann. Hierdurch werden viele problematische Wägeaufgaben eigentlich überhaupt erst lösbar.

In Sonderfällen kann aber auch die zentrierende Wirkung einiger Elektromagnetvarianten, zu denen auch die dargestellte Topfkernform gehört, zur vertikalen Führung des Ankers AN genutzt und auf eine gesonderte Parallelführung PF verzichtet werden. Im Abgleichzustand schwebt dann der Anker mit dem angehängten Wägegut im vorgegebenen Luftspaltabstand L_0 völlig frei im Raum [34]!

Es sei an dieser Stelle erwähnt, daß sich das hier zuletzt geschilderte Prinzip der elektromagnetischen, berührungslosen Aufhängung eines von einem Anker getragenen Wägegutes an vielen Stellen auch sehr vorteilhaft zur Massebestimmung in Verbindung mit vielen anderen Waagenbauarten einsetzen läßt, in dem der Topfkern TK nicht, wie in Bild 3.29 gezeigt, am festen Fundament, sondern an der Lastaufnahme dieser Waage befestigt wird. Nach Tarierung der Totlast des Magnetsystemes kann dabei *die volle Meßgenauigkeit* des eingesetzten Waagensystemes in Verbindung mit einer *hermetischen Abkapselung* des Wägegutes zum Tragen gebracht werden [34].

3.3.4.7 Elektrodynamische Waagen

Wird ein von einem Erregerstrom i_K durchflossener Leiter auf der Länge L senkrecht zur Stromrichtung von einem magnetischen Feld mit der Flußdichte **B** durchsetzt, so wird auf ihn die zu $\mathbf{i}_K$ und **B** senkrecht wirkende Lorentzkraft

$$\mathbf{F}_{ED} = L \cdot [\mathbf{i}_K \times \mathbf{B}] \tag{3.77}$$

ausgeübt. Dieser Effekt läßt sich nach Bild 3.30 außergewöhnlich wirkungsvoll zur Erzeugung von Kompensationskräften benützen, die streng einem elektrischen Strom i_K proportio-

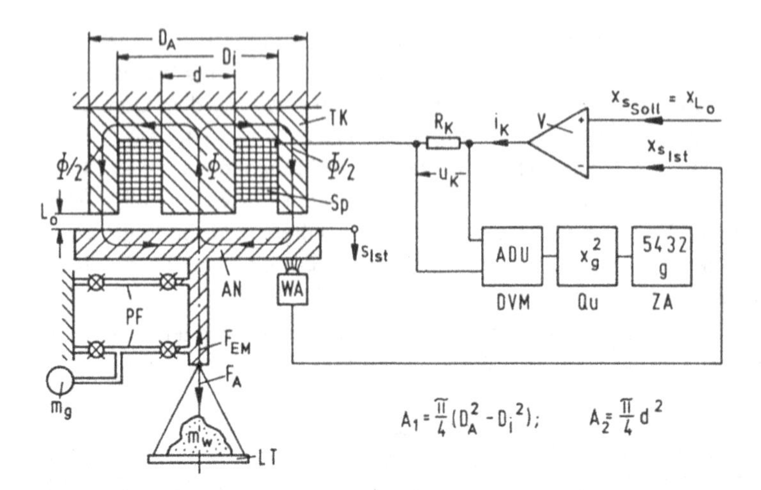

Bild 3.29 Selbstkompensierende elektromagnetische Waage

m_W Wägegut, LT Lastträger, PF Parallelführung, m_g Gegengewicht, WA Wegaufnehmer, AN Anker, TK Topfkern, Sp Spule, Φ magnetischer Fluß, L_0 Ruhelage, i_K Kompensationsstrom, R_K Restwiderstand, DVM Digitalvoltmeter, V PID-Regelverstärker

Quelle: Verfasser

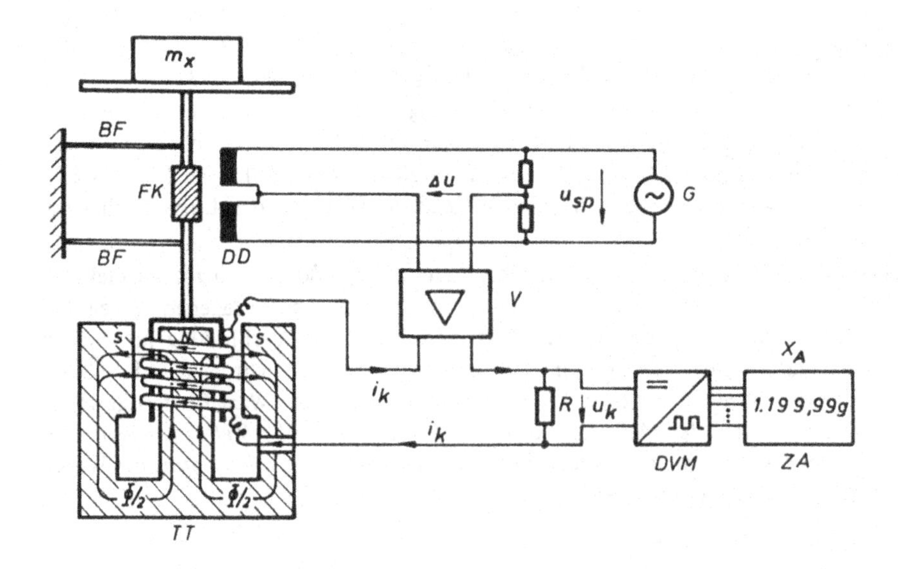

Bild 3.30 Selbstkompensierende elektrodynamische Waage

m_x Wägegut, BF Biegelenkerführung, TT Topfmagnet mit Tauchspule, FK Ferritkern, DD Differentialdrosselspulen, Φ magnetischer Fluß, i_K Kompensationsstrom, V PID-Regelverstärker, DVM Digitalvoltmeter, ZA Anzeige

Quelle: Verfasser

nal sind (*elektrodynamisch!*). Der elektrische Leiter ist eine auf einen rohrförmigen Körper aufgewickelte Zylinderspule mit w Windungen vom mittleren Durchmesser D. Dieser Spulenkörper taucht in mechanischer Verbindung mit dem Lastträger und gemeinsam von Biegelenkern parallel geführt in den ringförmigen Luftspalt eines permanentmagnetisch erregten Topfkernmagneten ein, der in seinem gesamten Spaltvolumen ein homogenes, radial gerichtetes Magnetfeld der Flußdichte B aufweist. Der Kompensationsstrom i_K wird der Spule über bewegliche Stromzuführungen von einem Regelverstärker mit PID-Verhalten wieder gerade in einer solchen Höhe zugeleitet, daß nach Auflegen des Wägegutes vom Wegaufnehmer registrierte Auslenkungen s_{ist} des bewegten Systemes augenblicklich auf Null zurückgeführt werden. In diesem Zustand kompensiert sich die Auflagekraft F_A des Wägegutes mit der elektrodynamischen Kraft F_{ED} der Spule

$$F_A = F_{ED} \rightarrow m_W \cdot g \cdot (1 - \rho_L/\rho_W) = w \cdot \pi \cdot D \cdot B \cdot i_K \;, \tag{3.78}$$

so daß i_K ein streng proportionales Maß für das zu bestimmende Wägegut m_W ist

$$i_K = \frac{g(1 - \rho_L/\rho_W)}{w \cdot \pi \cdot D \cdot B} m_W \tag{3.79}$$

und z. B. über einen Präzisionswiderstand R in einem ausreichend großen Spannungssignal $u_K = R \cdot i_K$ abgebildet werden kann. Dieses schließlich wird von einem hochauflösenden Digitalvoltmeter in das digitale Signal x_A umgesetzt und von einem Ziffernanzeiger als Gewichtswert ausgegeben [35], [36].

Den einschlägigen Waagenherstellern ist es inzwischen durch sorgfältige Materialauswahl sowie eine große Anzahl konstruktiver, schaltungstechnischer und herstellungsgebundener Einzelmaßnahmen – die in einer umfangreichen Patentliteratur ihren Niederschlag fand! – gelungen, die Langzeitstabilität, Homogenität und das Temperaturverhalten derartiger *elektrodynamischer Wägezellen* auf ein Maß zu steigern, daß damit *Feinwaagen* mit *Auflösungen* ihres *selbstkompensierenden* Wägebereiches *in mehr als 3 Millionen* Einzelschritte serienmäßig lieferbar wurden.

Dabei macht es das Prinzip der Wegkompensation möglich, zwischen Lastträger und das elektrodynamische System Kraftübersetzungen durch elastisch gelagerte Hebel einzufügen und so den Wägebereich in weiten Grenzen an die individuellen Anforderungen des Anwenders anzupassen. Auch ist es leicht möglich, diese Wägezellen konstruktiv in *Schaltgewichtshebelwaagen* zu integrieren und auf diese Weise den nutzbaren *Wägebereich* bei gleichbleibenden absoluten Wägeschritten noch jeweils um *ein* bis *zwei Größenordnungen* zu *erweitern.* Hierbei haben sich aber *automatische Empfindlichkeitskalibrierungen* durch eingebaute Referenzmassen und auch *automatische additive* und *subtraktive Tarierungen* über den vollen Wägebereich als sehr vorteilhaft erwiesen.

Ein derartiger breitgefächerter Leistungsstandard wird derzeit von keinem anderen Wägeprinzip erreicht!

3.3.4.8 Kreiselwaagen

Ein gemäß der Skizze links oben im Bild 3.31 in seinem Schwerpunkt *kardanisch* aufgehängter Kreiselrotor mit dem Massenträgheitsmoment Θ_K besitzt um seine horizontale Drehachse B–B' einen sehr exakt definierten *Drehimpuls* (≙ Drall)

$$\mathbf{L} = \Theta_K \cdot \boldsymbol{\omega}_K \,, \tag{3.80}$$

wenn er dem Betrag nach über seine Statorwicklung 2 z. B. quarzstabilisiert, auf einer hochkonstanten Rotationsgeschwindigkeit $|\omega_K|$ gehalten wird. Aufgrund des *Drehimpuls-Erhal-*

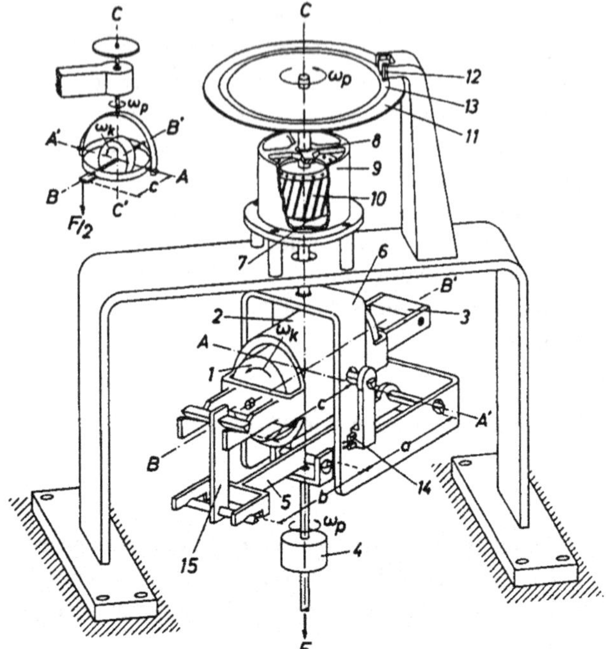

Bild 3.31
Kreiselwaage
A-A' Drehmomentachse, *B-B'* Kreiselachse, *C-C'* Präzessionsachse
1 Kreiselrotor, 2 Statorwicklung, 3 Gegengewicht, 4 Zuglager, 5 Untersetzungshebel, 6 Kreiselrahmen, 7–10 Stützmotor, 11–13 inkrementale Abtastung der Präzessionsgeschwindigkeit, 14 Wegaufnehmer, 15 Zugkoppel
Quelle: Verfasser

tungsgesetzes (3.44) wird daher ein solches *„kräftefreies Kreiselsystem"* seine einmal im Raume eingenommene Ausrichtung auch bei Verlagerungen seiner Aufhängung infolge von Erschütterungen oder gar von Ortsänderungen unbeirrt beibehalten (*Kreiselkompaß*). Auf die Einwirkung eines senkrecht zur Rotationsachse angreifenden Momentes $\mathbf{M} = [\mathbf{c} \times \mathbf{F}]$, das im einfachsten Falle von der Auflagekraft $\mathbf{F} = \mathbf{g} \cdot (1 - \rho_L/\rho_W)\, m_W$ eines im Abstand c vom Rotorschwerpunkt angehängten Wägegutes m_W hervorgerufen wird, muß das System jedoch nach dem *Drehbewegungsgesetz* (3.38) mit einer proportionalen zeitlichen *Änderung* seines *Drehimpulses* reagieren:

$$\mathbf{M} \equiv [\mathbf{c} \times \mathbf{g}]\,(1 - \rho_L/\rho_W)\, m_W = \frac{\mathrm{d}}{\mathrm{d}t}\,\mathbf{L} \equiv \Theta_K \cdot \frac{\mathrm{d}}{\mathrm{d}t}\,\omega_K\,, \tag{3.81}$$

Da $|\omega_K|$ aber hochkonstant gehalten wird, kann diese Reaktion sich nur in Form einer *zeitlichen Richtungsänderung* $\frac{\mathrm{d}\varphi}{\mathrm{d}t} = \omega_P$ äußern, die mit *„Präzession"* bezeichnet wird, und die sowohl senkrecht auf M als auch ω_K stehen muß, um Gl. (3.81) erfüllen zu können. Daher gilt:

$$\mathbf{M} = \Theta_K \cdot [\boldsymbol{\omega}_K \times \boldsymbol{\omega}_P] \tag{3.82}$$

Da es bei praktischen Massebestimmungen nach dieser Methode sehr lästig wäre, das Wägegut m_W mit dem Kreiselsystem präzedieren zu lassen, wird bei *realisierten Kreiselwaagen* nach [37] die Auflagekraft F zweckmäßig längs der vertikalen Präzessionsachse über ein Drehlager 4 auf einen im Kreiselrahmen 6 gelagerten, zur Kreiselrotationsachse parallelen Hebel 5 übertragen und von diesem im Verhältnis $\frac{a}{a+b}$ am Lastangriffshebelarm c untersetzt eingeleitet. Wegen der strengen Orthogonalität der drei Achsen A-A'; B-B' und C-C' besteht aufgrund der vorstehenden Beziehungen der einfache Zusammenhang ($b \equiv c$)

$$\omega_P = \frac{a \cdot c}{a+b} \cdot \frac{1}{\Theta_K \cdot \omega_K} \cdot g\,(1 - \rho_L/\rho_W)\, m_W\,. \tag{3.83}$$

Daran ist einmal äußerst bemerkenswert, daß das Ausgangssignal ω_p eine Winkelgeschwindigkeit ist, die sich mit Hilfe sehr fein geteilter Schrittspuren 13 auf einer Spurscheibe 11 und richtungssensibler Ableseköpfe 12 in ein *frequenzanaloges* Signal umformen und *mit den heutigen elektronischen Mitteln* äußerst *genau* in *hochaufgelöste digitale* Ausgabewerte umsetzen läßt. Weiterhin *gibt* das Kreiselsystem zunächst *nicht in Richtung* einer einwirkenden Auflagekraft F nach, sondern *weicht senkrecht* zu dem von ihr verursachten Drehmoment M – hier also in horizontaler Richtung – aus. Insofern hat man es *scheinbar* vom Prinzip her mit einem *weglos messenden System* zu tun.

Dies ist jedoch in Wahrheit nicht der Fall, denn um sich stationär auf eine neue Präzessionsgeschwindigkeit ω_p einstellen zu können, wenn eine Belastungsänderung stattgefunden hat, muß das Massenträgheitsmoment Θ_p des gesamten Kreiselsystemes um die Präzessionsachse C–C' mit allen der Präzession unterworfenen Massen eine *Drehbeschleunigung* erfahren, außerdem sind *Reibungsverluste* in den verschiedenen Vertikallagern und gegen die Umgebungsluft zu überwinden. Dazu sind Drehmomente M_p um die Präzessionsachse erforderlich, die zu einer *sekundären Präzession* um die Horizontalachse A–A' und damit zu *Wegauslenkungen in Kraftangriffsrichtung* führen. Diese lassen sich jedoch völlig verhindern, wenn die erwähnten Drehmomente M_p nicht vom Kreiselsystem aufgebracht werden müssen, sondern wenn man sie von einem auf die Präzessionswelle wirkenden separaten Stützmotor 9 von außen zuführt. Dazu muß die Antriebsleistung dieses Stützmotors wieder in üblicher Weise über einen PID-Regler geliefert werden, der durch einen empfindlichen Wegaufnehmer stets so ausgesteuert wird, daß die Wegauslenkungen in Kraftrichtung auf Null gehalten werden.

Durch die freie Wahlmöglichkeit von ω_K und Θ_K sowie dem Hebelübersetzungsverhältnis a/b läßt sich die Wägezelle von Kreiselwaagen bei vernünftigen Abmessungen im Bedarfsfalle über *mehrere Größenordnungen* hinweg an *unterschiedliche Wägebereiche* anpassen. Ihre *Ansprechgeschwindigkeit* ist *sehr groß* und ihre *Integrationsfähigkeit* gegenüber *dynamischen Lastschwankungen* ausgezeichnet. Da wegen der praktisch einfachen und klaren Beziehung (3.83) lediglich die *linearen Abmessungen* von Systembausteinen Einfluß auf die Messung der Auflagekraft F haben, lassen sich *prinzipiell die gleichen Genauigkeiten* wie bei den verschiedenen eingeführten wegkompensierenden Hebelwaagen erreichen. So sind heute Wägeköpfe nach dem Kreiselprinzip schon für mehr als 10 000 d Auflösung *eichamtlich zugelassen.*

3.4 Massebestimmung mittels Substitutionsverfahren

Sollen bei Massebestimmungen die *denkbar höchsten Genauigkeitsforderungen* erfüllt werden, sollte auf *Substitutionsverfahren* übergegangen werden, die zwar grundsätzlich umständlicher arbeiten als wegkompensierende Methoden, aber vom Prinzip her geeignet sind, einige der dort noch in Kauf zu nehmenden systematischen Fehler höherer Ordnung zu eliminieren.

In Bild 3.32 symbolisiert WZ die für Auflagekräfte F sensible Wägezelle eines beliebigen Wägeprinzips mit einer nicht notwendigerweise linearen Wegkraft-Kennlinie $s = f(F_{ges})$.

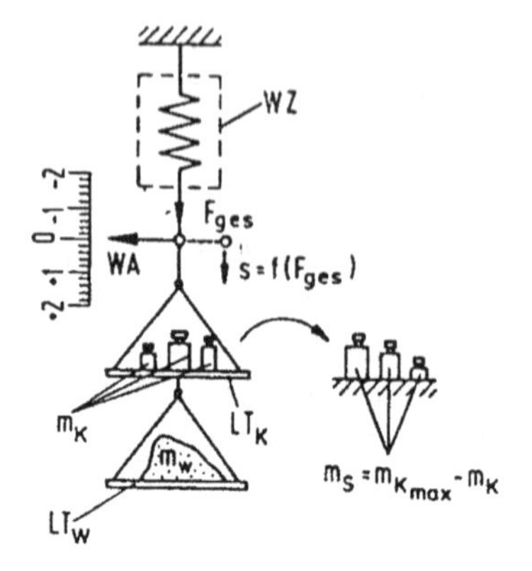

Bild 3.32

Gewichtsbestimmung nach dem Substitutionsverfahren

WZ Wägezelle, WA Wegaufnehmer, LT_j Lastträger, m_K Kompensationsmasse, m_W Wägegut, m_S entfernte Teilmasse

Quelle: Verfasser

Auf WZ wirken auf gemeinsamer Wirkungslinie die Summe

$$F_{ges} = F_W + F_K$$

aus den Auflagekräften des Wägegutes

$$F_W = m_W \cdot g_W (1 - \rho_L/\rho_W)$$

und der Kompensationsgewichtstücke

$$F_K = m_K \cdot g_K (1 - \rho_L/\rho_K)$$

die auf den in Kraftrichtung hintereinander angeordneten Lastträgern LT_W und LT_K ruhen.

Vor Beginn der Wägung ($m_W \equiv 0$) wird die Gesamtmasse $m_{K\,max}$ des Kompensationsgewichtsatzes auf LT_K aufgelegt und mit einem hochempfindlichen, berührungslosen Wegaufnehmer die Einspiellage $s \equiv 0$ bestimmt, auf die WZ dabei durch

$$F_{K\,max} = m_{K\,max} \cdot g_K (1 - \rho_L/\rho_K)$$

ausgelenkt wird.

Bei der möglichst zügig darauf erfolgenden Wägung wird ein Teil m_s der Kompensationsgewichtstücke durch das Wägegut m_W substituiert ($\hat{=}$ ersetzt) und m_K anhand der Ausgangssignale des Wegaufnehmers solange variiert, bis WZ wieder seine ursprüngliche Auslenkung $s \equiv 0$ angenommen hat. In diesem Einstellzustand gilt dann

$$F_{ges} \equiv F_{K\,max} = m_K \cdot g_K (1 - \rho_L/\rho_K) + m_W \cdot g_W (1 - \rho_L/\rho_W), \tag{3.84}$$

woraus sich die Bestimmungsgleichung für m_W direkt ableiten läßt:

$$m_W = \frac{g_K (1 - \rho_L/\rho_K)}{g_W (1 - \rho_L/\rho_W)} (m_{K_{max}} - m_K) = \frac{g_K (1 - \rho_L/\rho_K)}{g_W (1 - \rho_L/\rho_W)} \cdot m_S \tag{3.85}$$

Die *Vorteile* dieses *Substitutionsprinzips* liegen unmittelbar auf der Hand:

Von der Wägezelle WZ wird lediglich eine *hohe Kurzzeitreproduzierbarkeit* in einem *einzigen*, durch die reale Nullanzeige von WA festgelegten *Kennlinienpunkt* verlangt. *Kennlinien-Krümmungen* und *-Langzeitdriften* sowie *Langzeitdriften* des *Nullindikators WA* beeinflussen das Wägeergebnis nicht fehlerhaft.

Haben Wägegut und Kompensationsgewichtstücke die gleiche Dichte ($\rho_W = \rho_K$), kann eine *Luftauftriebskorrektur* völlig *entfallen.*

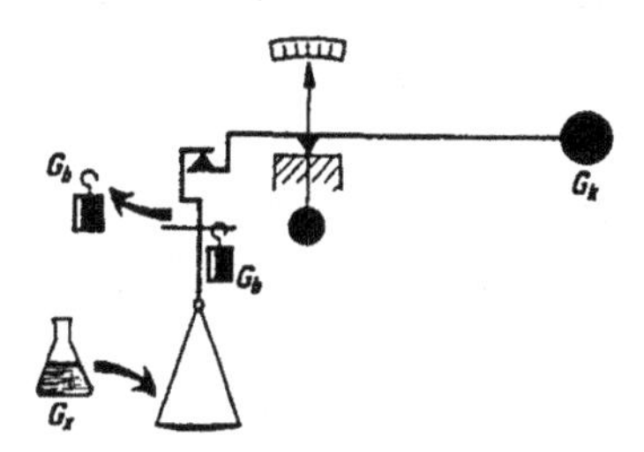

Bild 3.33
Substitutionsverfahren bei Balkenwaagen
G_x Wägegut, G_b Gewichtsatz, G_k Vergleichsmasse
Quelle: Entnommen [13]

Nimmt bei der Substitution das Wägegut m_W zudem den geometrischen Ort der abgehobenen Gewichtstücke m_S ein, ist auch der Einfluß örtlicher *Unterschiede* in den *lokalen Erdbeschleunigungen eliminiert* ($g_W = g_K$). Dann entspricht nach Gl. (3.85) im Abgleichfalle $m_W = m_S$!).

Hiervon kann besonders vorteilhaft bei *Prototypwaagen* Gebrauch gemacht werden, indem die zu *vergleichenden Massenormale nacheinander* auf den *gleichen Lastträger* plaziert werden, nach Möglichkeit, *ohne während des Masseaustausches* die Einspiellage $s \equiv 0$ der Waage zu verändern [38], [39].

Wenn das Substitutionsverfahren auch nicht an spezielle Wägemethoden geknüpft ist, hat es jedoch den *Leistungsstand* von Balkenwaagen und dort insbesondere von *Analysen-* und *Mikrowaagen* noch einmal entscheidend steigern können [40]. Gemäß Bild 3.33 *entfällt* hier jeglicher *Hebelfehler*, da Wägegut G_x und Gewichtssatz G_b am gleichen Hebelarm verglichen werden und nur die konstante Vergleichsmasse G_k am zweiten Hebelarm befestigt ist. Dieser wird im Interesse kleiner Schneidenbelastung meist asymmetrisch und möglichst lang ausgeführt.

Auch bei *Wägebereichserweiterungen* und *Taraeinrichtungen* von *hochauflösenden, elektrodynamischen* Waagen (vgl. Abschnitt 3.4.7) kann das Substitutionsverfahren interessante *Genauigkeitsvorteile* bringen.

3.5 Hydrostatische Massebestimmung

3.5.1 Massebestimmung über den Bodendruck

Der hydrostatische Druck p_H in einer Flüssigkeit mit der – gegebenenfalls durch *ständiges Umwälzen* erzwungenen – homogenen Dichte ρ_W nimmt im Schwerefeld der Erde streng proportional mit dem Abstand x vom Flüssigkeitsspiegel zu. Daher beträgt der Druck am Boden eines unter dem Innendruck p_0 eines Gases von der Dichte ρ_0 stehenden Behälters, wie er in Bild 3.34 wiedergegeben ist und der einen Füllstand h besitzt:

$$p_B = p_H(x = h) = g \cdot \rho_W \cdot h + p_0 \tag{3.86}$$

Diese Beziehung läßt sich sehr vorteilhaft zur Massebestimmung von Flüssigkeiten benützen, wenn diese in Behältern gebunkert sind, deren Querschnitt $A_W = konst(h)$ einmal durch Vermessung genau bekannt und im übrigen *unabhängig* von der *Füllstandshöhe h* ist. Denn dann läßt sich die Masse m_W des Füllgutes ausdrücken durch

$$m_W = \rho_W \cdot V_F \equiv \rho_W \cdot A_W \cdot h\,. \tag{3.87}$$

Läßt man nämlich den hydrostatischen Bodendruck einerseits und andererseits den vom Gewicht der Gassäule mit der Länge h in der Zuleitung ZL2 vergrößerten Gasdruck p_0'

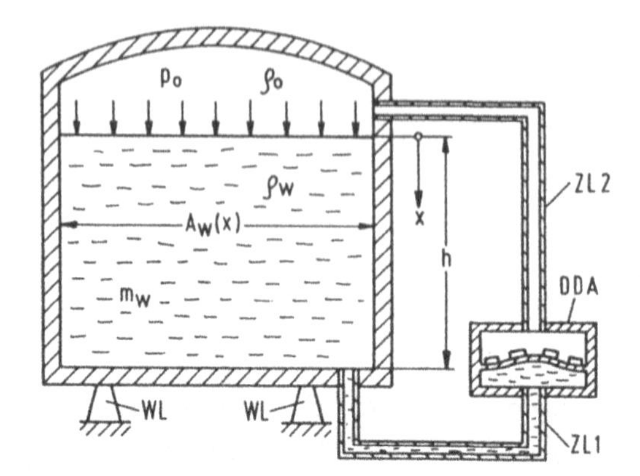

Bild 3.34 Wägung von Flüssigkeiten über den Bodendruck
p_0 Innendruck durch Gas, ρ_0 Gasdichte, ρ_W Flüssigkeitsdichte, h Füllstandshöhe, A_W Behälterquerschnitt, WL Widerlager, DDA Differenzdruck-Aufnehmer, ZL Zuleitung
Quelle: Verfasser

auf den zweiten Eingang eines Differenzdruckaufnehmers DDA wirken, so ist dessen Ausgangssignal x_A dem auf ihn einwirkenden Differenzdruck

$$\Delta p = g \cdot \rho_W \cdot h + p_0 - (p_0 + g \cdot \rho_0 \cdot h) = g \cdot \frac{1 - \rho_0/\rho_W}{A_W} \cdot m_W \tag{3.88}$$

und damit der Flüssigkeitsmasse m_W direkt proportional. Sieht man zunächst einmal von dem Gasauftriebskorrekturfaktor k_G ab, hat das Verfahren den Vorteil, *unabhängig* von der temperaturabhängigen *Dichte* und *Füllhöhe* der gewogenen Flüssigkeit zu sein. $k_G = \rho_0/\rho_W$ hat in der Praxis meist Werte von einigen Promille. Für anspruchsvolle Wägungen genügt es daher, ρ_W und ρ_0 mit *Unsicherheiten* von jeweils *einigen Prozent* zu bestimmen, um ausreichend genaue *Auftriebskorrekturen* durchführen zu können. Dazu kann ρ_W zweckmäßig laufend mit einem Aräometer und ρ_0 mittels eines leichten, *inkompressiblen Auftriebskörpers* überwacht werden, der an einer einfachen *Feder-* oder *Neigungswaage* hängt, die selbst auf der Flüssigkeit schwimmt.

Sorgt man außerdem apparativ dafür, daß die Eingangsdrücke p_B und $p_0 + g \cdot h \cdot \rho_0$ vom Differenzdruck-Aufnehmer DDA abgetrennt werden können und sich diese stattdessen beidseitig durch den gleichen Druck – z. B. den Luftdruck – beaufschlagen lassen, kann man diese Flüssigkeitswaage im Bedarfsfalle auch einer sehr genauen *Nullstellung* unterziehen.

Das geschilderte Verfahren ist wegen seines vergleichweise *geringen Aufwandes* vor allem *bei großen Flüssigkeitstanks* wegen seiner *völligen Unabhängigkeit* von jeglichen *Abstützungskräften* in Auflagerungspunkten von erheblichem Vorteil, aber auch bei solchen Behältern, die z. B. in der *Verfahrenstechnik* mit *angeschlossenen Rohrleitungen* und bei *wechselndem Betriebsdruck* mit *statisch überbestimmten Kraftflüssen* direkt *in die Produktionsanlage eingefügt* sind oder die gar mit dynamisch unruhigen Verarbeitungsmaschinen (z. B. Pumpen) eine mechanische Einheit bilden.

3.5.2 Massebestimmung über Auftriebskräfte

Nach dem Archimedischen Prinzip verliert ein Körper beim Eintauchen in eine Flüssigkeit durch Auftriebskräfte F_A gerade so viel an *Gewicht(skraft)*, wie die Flüssigkeitsmenge *wiegt*, die er dabei *verdrängt*.

Mit Hilfe dieses fundamentalen Grundsatzes erst wird es möglich, die Masse m_W auch von Flüssigkeiten zu bestimmen, die in Behältern aufgenommen werden, deren *Füllquerschnitt*

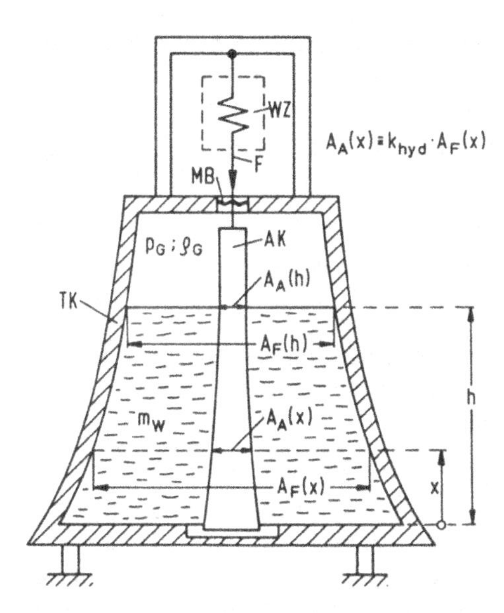

Bild 3.35
Wägung von Flüssigkeiten über Auftriebskörper
A_F Füllquerschnitt, A_A Auftriebskörperquerschnitt, p_G Betriebsdruck, ρ_G Gasdichte, h Füllhöhen, WZ Wägezelle, MB Membran
Quelle: Verfasser

$A_F = A_F(h)$ ggf. *große Änderungen* aufweist (z. B. Kugel- oder Hyperboloid-Behälter!). Nach Bild 3.35 ist es dazu zunächst notwendig, auf geometrischem Wege oder – sofern die Genauigkeitsansprüche dies zulassen – durch Auslitern für jede Füllhöhe $x = h$ den zugehörigen Füllquerschnitt $A_F(x)$ zu bestimmen. Dabei ist bei dünnwandigen Behältern ggf. zu berücksichtigen, daß $A_F(x)$ eine eventuelle *Ausbuchtung* unter den späteren Betriebsbedingungen einschließt!

Dann wird auf einer Präzisionsdreh- oder Schleifmaschine ein langgestreckter Auftriebskörper AK hergestellt, dessen Durchmesser $D_A(x)$ in Abhängigkeit von seiner axialen Lage x so dimensioniert ist, daß für jede Füllhöhe $x = h$ exakt das gleiche Querschnittsübersetzungsverhältnis

$$k_{Hyd} = \frac{A_A(x)}{A_F(x)} = \frac{\pi}{4} \frac{D_A^2(x)}{A_F(x)} \rightarrow D_A(x) = 2 \sqrt{k_{Hyd} \frac{A_F(x)}{\pi}} \tag{3.89}$$

zur Verfügung gestellt wird. Dieser *Auftriebskörper* wird aus Gründen der Gewichtsersparnis als *Hohlkörper* und möglichst aus dem gleichen Material hergestellt, aus dem auch der Flüssigkeitsbehälter besteht, um dadurch die *systematischen Fehler* infolge *von Wärmedehnungen* zu kompensieren! Dabei kann es bei sehr hohen Tanks zweckmäßig werden, AK aus mehreren miteinander *verschraubbaren Teilkörpern* zusammenzusetzen.

Diesen auf die *jeweiligen Behälterabmessungen* individuell *zugeschnittenen Auftriebskörper* bringt man durch eine Öffnung im Tankdeckel in den Flüssigkeitsbehälter und hängt ihn an eine möglichst steife, hochauflösende Wägezelle WZ.

Bei völlig leerem, aber unter dem Betriebsdruck p_G stehendem Tank wirkt dann der Auftriebskörper auf WZ mit der Auflagekraft

$$F_0(h = 0) = V_{AK}(\bar{\rho}_{AK} - \rho_G) \cdot g = m_{AK} \cdot g\,(1 - \rho_G/\bar{\rho}_{AK}) \tag{3.90}$$

Nach [42] ist es vorteilhaft, F_0 in einer hebelübersetzten Gewichtskraft F_N zu speichern, um *später* auch bei *beliebig gefülltem* Behälter durch *Abkoppeln* des *Auftriebskörpers* von WZ und *Aufschalten* dieser Gewichtskraft F_N jederzeit eine *Nullstellung* der Waage vornehmen zu können. Dabei ist aber zu bedenken, daß Abweichungen $\Delta\rho_G$ von der Dichte ρ_G des Füllgases bei der Inbetriebnahme als *Nullpunktsfehler* eingehen, wenn sie nicht über eine *gesonderte Messung* von ρ_G herausgerechnet werden!

Wird jetzt Flüssigkeit mit der homogenen Dichte ρ_W in den Behälter eingefüllt, entspricht jeder Füllstandsänderung dx eine Masseänderung

$$dm_W(x) = \rho_W \cdot dV_W = \rho_W \cdot A_F(x)\, dx \qquad (3.91)$$

und mit Gl. (3.89) einer *Verminderung* der Auflagekraft auf die Wägezelle von

$$dF(x) = -g(\rho_W - \rho_G)\, A_A(x)\, dx \equiv -g(\rho_W \rho_G)\, A_F \cdot k_{Hyd} \cdot dx. \qquad (3.92)$$

Die Waagenempfindlichkeit $E = dF/dm_W$ ist damit unabhängig von der Füllhöhe h und hat eine *streng lineare Kennlinie* zur Folge. Über die Integration aller Füllstandsänderungen bis zur Füllhöhe h erhält man dann den Zusammenhang

$$F(m_W) = F_0 - F_A(m_W) = g\,[(1 - \rho_G/\rho_{AK})\, m_{AK} - (1 - \rho_G/\rho_W)\, k_{Hyd} \cdot m_W]. \qquad (3.93)$$

Bei Verwendung *hochauflösender Wägezellen* mit *sehr kleinen zufälligen Fehlern* (≙ hoher Reproduzierbarkeit) können auch mit dem Tankinhalt *vergleichsweise kleine Fülländerungen* mit hoher Genauigkeit gemessen werden [43], wie ausgeführte Anlagen vor allem in der Mineralölindustrie gezeigt haben, die z. T. sogar schon von den Schweizer Eichbehörden für den Handelsverkehr zugelassen werden konnten [44]. Die *größte* dabei eingesetzte *Tankwaage* mit einem Wägebereich von 30000 t dürfte wohl die *größte in der Welt bisher überhaupt verwendete eichfähige Handelswaage* sein!

Hohe Meßgenauigkeiten bei *vertretbaren Meßzeiten* sind bei diesem System aber an die Voraussetzung geknüpft, daß die zu *wiegenden Flüssigkeiten dünnflüssig* sind und den Auftriebskörper *reproduzierbar* und *ohne nennenswerte Hysterese benetzen* und vor allem auf diesem *keine volumenändernden Ablagerungen* hinterlassen. Durch die Wahl geeigneter Oberflächenmaterialien und Reinigungsvorrichtungen kann man in gewissem Rahmen für eine Reduktion der Störeinwirkungen sorgen, dennoch sollte die Einhaltung der genannten Voraussetzungen für *jeden konkreten Einsatzfall vorab überprüft* werden!

3.5.3 Hydrostatische Substitutionswaagen

Das *völlige Fehlen von Kräften durch ruhende Reibung* und die im laminaren Bereich weitgehend geschwindigkeitsproportionalen Dämpfungseigenschaften, durch die sich *reale Flüssigkeiten* auszeichnen, hat schon relativ früh dazu geführt, das hydrostatische Prinzip auch unmittelbar für den Bau von Präzisionswaagen heranzuziehen. So gehen alle heutigen *Senkwaagen* zur Bestimmung der Dichte interessierender Prüfkörper auf eine 1787 von *W. Nicholson* [41] eingeführte hydrostatische Substitutionswaage zurück, nach deren Vorbild *Tralles* 1805 dann erstmalig eine funktionsfähige Abwandlung schuf, mit der sich schon damals *Massenvergleiche* mit *Unsicherheiten von weniger* als 10^{-6} durchführen ließen [41]. Das von ihm gefundene Prinzip bietet sich daher gemäß Bild 3.36 auch für den Bau modernster Prototypwaagen an:

Bei diesen sind mehrere zylindrische Hohlkörper 2 mechanisch zu einem ringförmigen Auftriebskörper mit dem Gesamtvolumen V zusammengefaßt. Dieser wird über einen zentralen Zugstab und drei Tauchstäbe 1 mit möglichst kleinem Durchmesser d von der Gesamt-Auflagekraft F_{Ges} des Gewichtsnormales 4 mit der Masse m_W und der Masse m_S des Schwimmersystemes im Gleichgewichtszustand bis zur Tauchtiefe z_S in die in einem ringförmigen Trog stehende Meßflüssigkeit mit der Dichte ρ_F hineingedrückt. Weicht nach

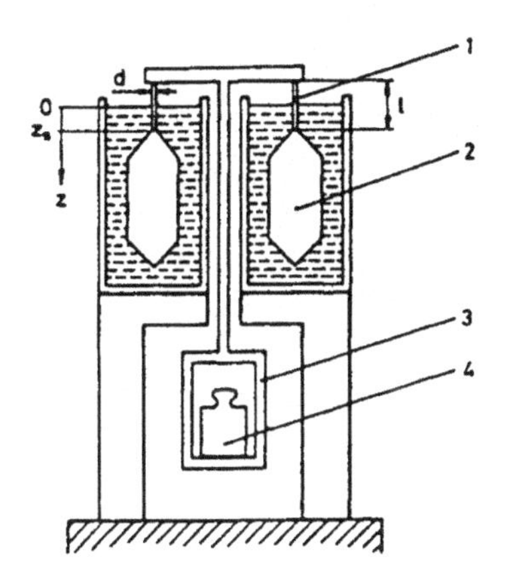

Bild 3.36
Hydrostatische Substitutionswaage
1 Tauchstäbe, 2 zylindrische Hohlkörper, 3 Wägegehänge, 4 Gewichtsnormal
l Tauchstablänge, *d* Durchmesser, z_S Tauchtiefe
Quelle: Entnommen [39]

Austausch von m_W gegen ein Vergleichsnormal m_V auf dem Wägegehänge 3 letzteres um Δm_W von m_W ab, wird das Schwimmersystem um

$$\Delta z = \frac{4\,(1-\rho_L/\rho_W)}{3\,\pi d^2 \cdot \rho_F\,(1-\rho_L/\rho_F)} \cdot \Delta m_W \qquad (3.94)$$

aus seiner ursprünglichen Gleichgewichtslage z_s herausbewegt, sofern zwischen beiden Wägungen keinerlei Änderungen am Meßaufbau erfolgt sind und die Gewichtstücke die gleiche Dichte ρ_W aufweisen.

Zur *echten Substitution* gelangt man zwar erst, nachdem man *mittels kleiner Zusatzmassen* auf dem Gehänge 3 für einen *vollständigen Masseabgleich* sorgt, doch solange die Tauchtiefenänderungen im „*Neigungsbereich*" der Tauchstablänge *l* verbleibt, kann Δm_W mit erheblicher Zeitersparnis aus Gl. (3.94) errechnet werden.

Durch sehr sorgfältige Konstruktion und Materialauswahl, durch Temperaturstabilisierung, erschütterungsfreien Probenaustausch bei gefesseltem Schwimmersystem, zentrale Lastauflage, interferometrische Auslenkungsmessung und Verwendung von entspanntem Wasser als Auftriebsflüssigkeit werden heute bei derartigen hydrostatischen Substitutionswaagen beim Vergleich von 1-kg-Gewichtstücken Standardabweichungen σ von weniger als 3 μg möglich [45]!

Wird die in Bild 3.36 gezeigte Bauform um einen mit hoher Auflösung gestuften Gewichtsatz mit zugehörigem Auflageteller erweitert, erhält man *hydrostatische Substitutionswaagen* höchster Genauigkeit für die *Bestimmung beliebiger Massen* m_W innerhalb des dimensionierten Wägebereiches. Ihr Gebrauchswert sollte sich erheblich verbessern lassen, wenn sie im wesentlichen zur *Erweiterung des Wägebereiches* hochauflösender *elektrodynamischer Wägezellen* genutzt werden (vgl. Abschnitt 3.5).

3.6 Bestimmung der schweren Masse bewegter Streckenlasten

In Abschnitt 3.2 wurde eine Reihe möglicher Verfahren beschrieben, bei denen die *Trägheitseigenschaften* von Masseteilchen, die im Zuge von Materialströmen transportiert werden, zur Bestimmung der in einem Beobachtungszeitraum durch einen Förderquerschnitt geförderten Gesamtmasse herangezogen wird. Diese Verfahren haben aber *trotz ihrer vielen meßtechnischen Vorteile* noch *keine angemessene* Einführung in die Praxis gefunden.

Eine hohe praktische Bedeutung besitzen dagegen *auf Auflagekräfte* reagierende *Förderbandwaagen*, bei denen gemäß Bild 3.37 $n \geqslant 1$ Tragrollenstationen einer Förderbandstrecke vom

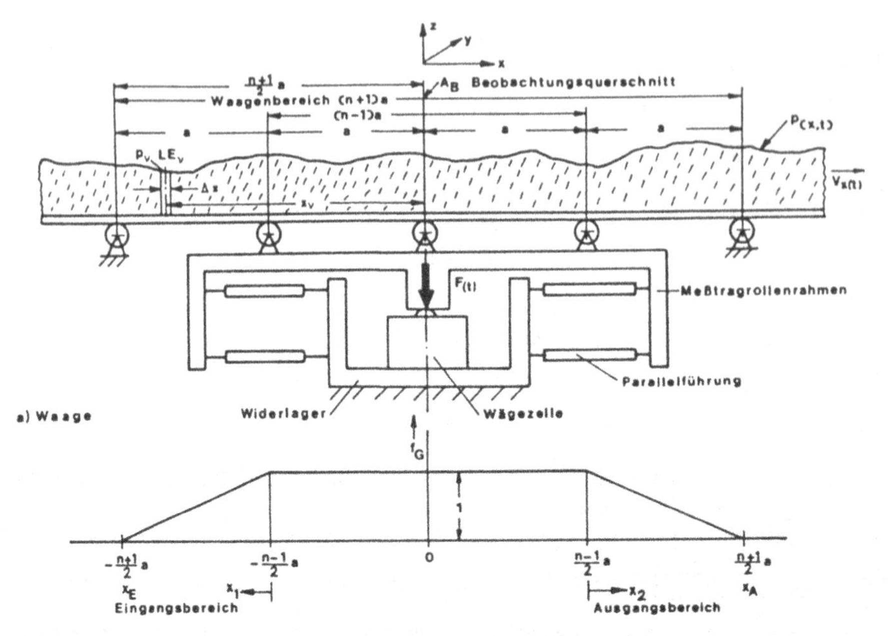

Bild 3.37 Schwerkraft-Förderbandwaage
Quelle: Entnommen [46]

gemeinsamen Förderbandgestell abgetrennt und stattdessen, sorgfältig gefluchtet, auf einem gesonderten *Meßtragrollenrahmen* montiert sind. Dieser wird durch geeignete Parallelführungen (z. B. Biegelenker) reibungsarm vertikal geführt und stützt sich über eine *Wägezelle* gegen ein mit dem Fundament oder dem übrigen Förderbandgestell verbundenes *Widerlager* ab.

Im Idealfalle möge das *Förderband* als *biegesteif* angenommen werden und eine *konstante Streckenlast* $p_F = \frac{d\,m_F}{dx}$ besitzen. Außerdem sei vorausgesetzt, daß die Wägezelle praktisch *weglos* mißt und die *Berührungslinien aller Tragrollen* des gesamten Förderbandes *einwandfrei* in einer Ebene *fluchten.* Dann übt die Totlast m_T des Meßtragrollensystemes zusammen mit der *$n \cdot a$-fachen* Streckenlast p_F des Förderbandes unabhängig von dessen augenblicklicher Position bei unbeladenem Band eine konstante Auflagekraft

$$F_0(t) = g\,[m_T + n \cdot a \cdot p_F] \tag{4.95}$$

auf die Wägezelle aus, deren Einfluß auf das Wägezellenausgangssignal x_W durch *Nullstellen* auf mechanischem oder elektrischem Wege daher *eliminiert* werden kann. Mit a sei der im gesamten Förderband gleichbleibend gewählte Abstand zweier benachbarter Tragrollenstationen bezeichnet.

Wird nun eine Teilmasse Δm_{W_ν} der Nutzlast m_W als quer zur Förderrichtung x ausgerichtetes, scheibenförmiges Laststreckenelement LE_ν mit der Breite Δx und der Streckenlast p_ν

$$\Delta m_{W_\nu} = p_\nu \cdot \Delta x \tag{3.96}$$

über die Wägestrecke L_W von $x_E = -\frac{n+1}{2}a$ bis $x_A = +\frac{n+1}{2}a$ transportiert, so übt dieses Element in Abhängigkeit von seiner x-Position auf die Wägezelle eine Teil-Auflagekraft

$$\Delta F_\nu(x) = g \cdot p_\nu \cdot f_G(x) \cdot \Delta x \tag{3.97}$$

aus, die man aufgrund der in Bild 3.37b wiedergegebenen Gewichtsfunktion $f_G(x)$ berechnen kann. Diese hat zwischen den n Meßtragrollen konstant den Wert 1 und fällt außerhalb dieses Bereiches zu den benachbarten, mit dem Fördergestell starr verbundenen Tragrollen bei $x = \pm\frac{n+1}{2}a$ hin linear auf Null ab, um diesen Wert dann für alle $|x| > \frac{n+1}{2}a$ beizubehalten. Hierbei wird *idealisierend* angesetzt, daß keine Reibkräfte zwischen benachbarten Laststreckenelementen bestehen, so daß diese alle *ihr Eigengewicht voll an ihrer jeweiligen Bandposition* auf das Förderband übertragen können.

Unter diesen Voraussetzungen summiert der Meßrahmen ständig die Teil-Auflagekräfte $\Delta F_\nu(x)$ aller m sich zu einem Zeitpunkt t innerhalb der Wägestrecke L_W befindlichen Laststreckenelemente zur Meßauflagekraft

$$F(t) = \sum_{\nu=1}^{m} \Delta F_\nu(x) = g \int_{-\frac{n+1}{2}a}^{+\frac{n+1}{2}a} p(x, t)\, f_G(x)\, dx \equiv g \cdot n \cdot a \cdot \bar{p}(t). \tag{3.98}$$

Diese ist aber nur im *Sonderfall örtlich konstanter Bandbelegung* $p(x, t) \equiv \bar{p}(t)$ der mittleren Streckenlast $\bar{p}(t)$ proportional, bei einer in der Praxis aber überwiegend anzutreffenden *örtlich schwankenden Bandbelegung* kann sie wegen des Einflusses der Gewichtungsfunktion $f_G(x)$ u. U. *sehr stark von diesem Mittelwert abweichen!*

Je nach der weiteren Methode der Meßwertverarbeitung von $F(t)$ unterscheidet man zwischen zwei *Grundtypen von Schwerkraft-Förderbandwaagen.*

3.6.1 Addierende Förderbandwaagen

Sie verwenden einen *Bandstrecken-Aufnehmer,* der jedes Mal, wenn das Förderband um die Bezugsstrecke $L_B = n \cdot a$ weitertransportiert wurde, einen *Abfrageimpuls* an die Auswägeeinrichtung gibt. Diese übernimmt dann vom Start einer Materialförderung an in jedem Abfragezeitpunkt t_μ den von der Wägezelle gelieferten Momentanwert $F(t_\mu)$ der Meßauflagekraft $F(t)$ in einen Speicher und addiert alle q im Ablauf des betrachteten Fördervorganges angefallenen Momentanwerte auf:

$$\sum_{\mu=1}^{q} F(t_\mu) = g \sum_{\mu=1}^{q} \int_{-\frac{n+1}{2}a}^{+\frac{n+1}{2}a} p(x, t_\mu)\, f_G(x)\, dx \equiv \sum_{\mu=1}^{q} g \cdot \Delta m_W(t_\mu) = g \cdot m_W. \tag{3.99}$$

Diese einfache, von der Bandstreckenmessung her auch recht genau ausführbare Methode hat den *entscheidenden Nachteil,* daß Laststreckenelemente, die sich in einem Abfragezeitpunkt im Ein- oder Ausgangsbereich mit $\frac{n-1}{2}a \leqslant |x| \leqslant \frac{n+1}{2}a$ befinden, wegen der Gewichtungsfunktion $f_G(t)$ stets zu gering bewertet werden. Daraus resultieren *bei ungleichförmiger Bandbelegung* u. U. *beträchtliche Meßfehler,* vor allem, wenn die Bezugsstrecke $n \cdot a$ ein *ganzzahliges Vielfaches* der Periodenlänge überlagerter Streckenlastschwankungen ist! Außerdem führen *an den Abfragetakt gekoppelte dynamische Lastschwingungen* wegen der Momentanwertabfrage in ungünstigen Fällen *zu untragbaren Nullpunktsfehlern.*

Das vorliegende Verfahren ist in der Praxis auf rein mechanisch speichernde und addierende Auswägeeinrichtungen beschränkt geblieben [14, Bd. 2], die sich nur bei relativ niedrigen Bandgeschwindigkeiten einsetzen lassen. Es hat *von der Genauigkeit her nur wenig befriedigen können.*

3.6.2 Integrierende Förderbandwaagen

Sie benutzen zur Vermeidung der aufgeführten Nachteile einen *Bandgeschwindigkeitsaufnehmer* vorzugsweise in Form eines Tacho- oder Impuls-Generators, der mit der Welle eines Schlepprades, einer Tragrolle oder der Umlenkrolle am Bandanfang gekuppelt ist, und bilden ständig das Produkt $y(t)$ aus Auflagekraft $F(t)$ und Bandgeschwindigkeit $v(t)$

$$y(t) = F(t) \cdot v(t) = g \cdot v(t) \int_{-\frac{n+1}{2}a}^{+\frac{n+1}{2}a} f_G(x)\, p(x, t)\, dx\,, \tag{3.100}$$

$$y(t) \equiv g \cdot n \cdot a \cdot \frac{dm_W}{dx} \cdot \frac{dx}{dt} = g \cdot n \cdot a \cdot q_m(t)\,. \tag{3.101}$$

Dieses ist bei örtlich konstanter Bandbelegung $\bar{p}(t) = \frac{dm_W}{dt}$ [vgl. Gl. (3.96)] dem Massestrom $q_m(t) = \frac{dm_W}{dt}$ proportional, der in der Zeiteinheit durch den Beobachtungsquerschnitt in $x = 0$ senkrecht zur Förderrichtung transportiert wird. $y(t)$ wird sich aber wegen des komplizierten Einflusses der Gewichtungsfunktion $f_G(x)$ in Gl. (3.100) um so stärker von $q_m(t)$ unterscheiden, je größer Rollenzahl n und Tragrollenabstand a sind, wenn die Bandbelegung größere örtliche Schwankungen aufweist [46]! Für *Dosierbandwaagen* und *zur Regelung von Masseströmen* sollten daher bevorzugt *Einrollenbandwaagen* mit *möglichst kurzer Gesamtlänge* der Förderstrecke zum Einsatz kommen [46].

Bei der Bestimmung der Gesamtmasse m_W einer Materialmenge, die man in einem Beobachtungszeitraum von t_a bis $t_a + T_B$ über die Förderbandwaage transportiert und über das Zeitintegral

$$\int_{t_a}^{t_a+T_B} y(t)\, dt = g \int_{t_a}^{t_a+T_B} v(t) \int_{-\frac{n+1}{2}a}^{+\frac{n+1}{2}a} f_G(x)\, p(x, t)\, dx\, dt \equiv g \cdot n \cdot a \cdot m_W \tag{3.102}$$

des Massestromsignales $y_{(t)}$ macht man trotz des aus Gl. (3.102) hervorgehenden komplizierten Zusammenhanges *unter den angenommenen Idealbedingungen* jedoch *keinen Fehler,* auch wenn die Geschwindigkeit $v(t)$ während des Förderzeitraumes *variiert* und die Bandbelegung starke örtliche Schwankungen aufweist, sofern man T_B nur so groß wählt, daß sich *weder zu Beginn* (t_a) *noch zum Ende* ($t_a + T_B$) des Beobachtungszeitraumes *Teilmengen des zu verwägenden Materials* im Wägebereich L_W der Waage befinden [46].

Denn wenn man den Anteil berechnet, den ein beliebiges Streckenlastelement LE_ν mit seiner Teilmasse $\Delta m_{W_\nu} = p_\nu \Delta x$ beim Transport über den Wägebereich L_W am Zeitintegral $\int y(t)\, dt$ hat, findet man

$$\Delta \int_{t_E(x_E)}^{t_A(x_A)} y(t)\, dt = \int_{t_E}^{t_A} \Delta F_\nu(x, t) \cdot \frac{dx}{dt} \cdot dt = g \cdot \Delta m_{W_\nu} \int_{x_E}^{x_A} f_G(x)\, dx = g \cdot n \cdot a \cdot \Delta m_{W_\nu}, \tag{3.103}$$

daß jedes dieser Streckenlastelemente LE_ν unbeeinflußt von der Gewichtungsfunktion $f_G(x)$ mit dem gleichen Porportionalitätsfaktor streng mit dem Gewicht seiner Masse in das Wägeergebnis eingeht.

Damit gilt unter den gegebenen Voraussetzungen

$$m_W = \sum_{\nu=1}^{m} \Delta m_W = \frac{1}{g \cdot n \cdot a} \int_{t_a}^{t_a+T_B} y(t)\, dt = \frac{1}{g \cdot n \cdot a} \int_{t_a}^{t_a+T_B} v(t)\, F(t)\, dt. \qquad (3.104)$$

In der Praxis hat eine große Anzahl verschiedener Konstruktionen und Ausführungen Eingang in die betriebliche Wägetechnik gefunden, die sich nicht nur in der Anzahl n der Tragrollenstationen und deren Abstand a, sondern in der Art der Parallelführung, Totlastunterdrückung und Unterdrückung der vielen Störeinwirkungen unterscheiden. Hierüber geben im Detail [19] und [47] viele wertvolle Hinweise.

Im Hinblick auf die mit *Schwerkraft-Förderbandwaagen* erzielbare Genauigkeit sind trotz theoretisch geklärter und gefestigter Zusammenhänge *erhebliche Einschränkungen* zu machen, weil es bisher *nur sehr unvollkommen gelungen ist,* die *idealisierenden Randbedingungen* zu erfüllen. In der Praxis treten vor allem folgende Störeinflüsse in Erscheinung:

1. Das Förderband hat meist ein örtlich stark schwankendes Streckengewicht p_F, unterschiedliche Bandsteife sowie wechselnde geometrische Abmessungen. Daher kann eine *Waagennullstellung* nur für *ganzzahlige vollständige Bandumläufe,* aber nicht für Teile davon gültig sein.
2. *Geringe Fehlfluchtungen* zwischen den Tragrollen der Waage und des übrigen Fördergestelles rufen *starke Nullpunktfehler* hervor, die in erster Linie von der Größe des im Wägebereich herrschenden *Bandzuges* abhängen. Diese Nullpunktfehler beeinflussen den Wägebereich zusätzlich, wenn die Meßtragrollen *wegen zu geringer Steife* des Meßtragrollenrahmens oder der Wägezelle *nennenswerte Meßwege* ausführen. Extrem steife Waagenkonstruktion sowie Bandzugstabilisierung können hier entscheidende meßtechnische Verbesserungen bringen.
3. Da die Fehler der *Erfassung der Bandgeschwindigkeit* mit dem gleichen Gewicht wie die der Kraftmessung in die Massebestimmung eingehen, ist auf genaue Bandgeschwindigkeitsmessung ganz besondere Sorgfalt zu legen. Die eingeführten Verfahren sind durch *Schlupfeinwirkungen* sowie vom *Bandzug* verursachte, *ortsabhängig unterschiedliche Banddehnungen* stark fehlerbehaftet, daher ist bei höheren Ansprüchen anzustreben, daß mit berührungslosen Meßverfahren $v(t)$ effektiv *am fließenden Materialstrom unmittelbar im Wägebereich* L_W erfaßt wird [4], [5].
4. Die *Biegesteifigkeit* des Förderbandes, ggf. verstärkt durch *Reibwirkungen innerhalb des Fördergutes,* hat einen starken Einfluß auf *Nullpunkt* und *Empfindlichkeit,* da sie teilweise als Kraftnebenschluß zur Wägezelle wirkt, andererseits die Störeinwirkungen von Bandzug und Fehlfluchtungen unterschiedlich zur Auswirkung bringt. Vor allem bei *gemuldeten Bändern* ändern unterschiedliche Bandbelegungen sehr stark die *Muldenform* und damit das *effektive Widerstandsmoment* des Bandes.
5. Trotz sorgfältiger Waagenkonstruktion kann häufig die *zu große Nachgiebigkeit des Fundamentes* des Förderbandes Anlaß für *belastungsabhängige Fehlfluchtungen* und deren Folgen sein.
6. Schon geringfügige *Verschmutzungen* und Ablagerungen auf dem Meßtragrollenrahmen ebenso wie *Anbackungen* am Förderband können zu *gravierenden Nullpunktsverschiebungen* führen.

Zu diesen mehr allgemeinen Störeinflüssen treten noch eine Vielzahl meist etwas weniger gravierender Faktoren, die aber mehr von individuellen Merkmalen der eingesetzten Waagenkonstruktion, Betriebsweise und gewählten Meßwertverarbeitung geprägt sind. Zu deren eingehenderem Studium sei u. a. auf [19], [46] und [47] verwiesen.

In jedem Falle ist es bisher nur bei extrem aufwendigem Waagenaufbau und ständiger, sorgfältiger Wartung, Nachjustage und Empfindlichkeitsüberwachung möglich gewesen, relative *Fehlergrenzen* von ca. 0,5 % bei der Massebestimmung *im Dauerbetrieb* einzuhalten oder gar nennenswert zu unterschreiten. In der *betrieblichen Praxis* liegen diese Grenzen meistens um etwa *eine Größenordnung höher!* Diese in wägetechnischer Hinsicht vergleichsweise wenig befriedigende Sachlage hat wohl ihre Hauptursache darin, daß bei Schwerkraft-Förderbandwaagen *Meß-* und *Störkräfte gleiche Richtung* haben und *im Gegensatz zu Trägheitswaagen* keine Möglichkeit besteht, diese aufgrund von *Orthogonalitätsbeziehungen* gegeneinander *abzuschirmen.*

3.6.3 Gravimetrische Flächengewichtswaagen

In der Grundstoffindustrie und Verfahrenstechnik besteht sehr häufig der Bedarf, Bleche, Folien, Papierbahnen, Gewebe und viele andere flächenhafte Produkte nicht nur mit vorgegebenen geometrischen und materialtechnischen Daten, sondern auch in engen Grenzen mit einem gewünschten Gewicht pro Flächeneinheit, dem sogenannten *Flächengewicht* G_A, herzustellen.

Neben den in Abschnitt 3.8.3 erwähnten, nach dem Strahlungsabsorptionsverfahren vorzugsweise mit radioaktiven Strahlungsquellen arbeitenden Geräten hat es sich sehr häufig als vorteilhaft erwiesen, auch hier gravimetrische Methoden einzusetzen. Dies gilt insbesondere dann, wenn die zur Debatte stehenden Erzeugnisse in Bahnenform mit bekannter oder gesondert bestimmbarer Breite *durch Walzvorgänge* in *quasikontinuierlichen Prozessen* hergestellt werden! Hier können mit großem Vorteil *integrierende Flächengewichtswaagen* eingesetzt werden, die in ihrem Grundaufbau den in Bild 3.37 gezeigten Schwerkraft-Förderbandwaagen gleichen, nur daß hier das Meßgut unmittelbar das über die Tragrollenstationen laufende Wägeobjekt darstellt. Wird dabei nach Gl. (3.98) aufgrund der Meßauflagekraft $F(t)$ zunächst das Streckengewicht $\bar{p}(t)$ bestimmt und dieses durch die bekannte oder gesondert ermittelte Bahnenbreite $B(x)$ dividiert, erhält man den Zusammenhang

$$F(x) = g \int_{-\frac{n+1}{2}a}^{+\frac{n+1}{2}a} B(x) \cdot G_A(x) \cdot f_G(x)\, dx \equiv g \cdot n \cdot a\, B(x) \cdot G_A(x)\,. \tag{3.105}$$

Da man im Gegensatz zur Bandbelegung von Förderbändern hier davon ausgehen kann, daß bei gewalzten Produkten das mittlere Streckengewicht $\bar{p}(t)$ nur sehr geringen örtlichen Schwankungen ausgesetzt ist, kann statt der Integralform in Gl. (3.105) in aller Regel die sehr viel einfachere *besondere Summenform* benützt werden.

Da außerdem alle vom Förderband ausgehenden Störeinflüsse entfallen, sind bei *gravimetrischen Flächengewichtswaagen* deutlich *geringere Betriebsfehlergrenzen* einzuhalten als sie derzeit von *Förderbandwaagen* erreicht werden.

Flächengewichtswaagen können selbstverständlich *durch Hinzufügen* eines berührungslosen *Geschwindigkeitsaufnehmers* und einer integrierenden Auswägeeinrichtung zur *Gewichtsbestimmung* abgeteilter Endprodukte genutzt werden. Hier sollten sich aber *mit gewöhnlichen statischen Waagen* an den fertig aufgespulten Rollen bei kleinerem Aufwand bessere Wägegenauigkeiten erzielen lassen. Aus diesem Grunde wird man in der Praxis die *Flächengewichtswaagen* bevorzugt auf *regelungstechnische Belange* ausrichten und möglichst *nur* mit *einer Meßtragrollenstation* und *kleinem Tragrollenabstand* versehen.

3.7 Sonstige Verfahren zur Massebestimmung

Zur Abrundung des vorstehenden Überblickes sei in diesem Abschnitt noch kurz auf einige Verfahren hingewiesen, die nicht im üblichen Sinne der Wägetechnik zuzurechnen sind, gleichwohl aber in konkreten Einsatzfällen für die Massebestimmung besonderer Objekte oder Produkte Bedeutung haben. Ausführliche Informationen mögen dabei der jeweils zugehörigen Fachliteratur entnommen werden.

3.7.1 Massenspektrometer

Statt der in Abschnitt 3.4.5 behandelten *elektrostatischen* Partikelwaagen gestatten es die sogenannten *Massenspektrometer,* die Masse von *Atomen* und *auch Molekülen* mit einer *sehr feinen Auflösung* und *hohen Präzision* zu bestimmen und darüber hinaus von ihrer Masse her unterschiedliche Komponenten vorzugsweise von Gasgemischen voneinander zu *separieren.* Hierbei wird sogar die Trennung von Isotopen des gleichen chemischen Elementes möglich.

Der grundsätzliche Aufbau derartiger Massenspektrometer läßt sich aus Bild 3.38 entnehmen. Das Probenmaterial wird *meist gasförmig* und *ohne nennenswerte Anfangsgeschwindigkeit* am Geräteeingang z. B. durch einen Elektronenstrahl *ionisiert* und anschließend *elektrostatisch* zu einem feinen *Ionenstrahl* fokussiert und auf hohe Bewegungsenergien (einige keV) beschleunigt. Anschließend erfolgt meist durch starke homogene Magnetfelder senkrecht zur Strahlrichtung eine *Strahlablenkung,* wobei sich die einzelnen Partikel auf um so kleineren Kreisradien bewegen, je größer ihre spezifische Ladung q/m ist. Da auch hier $q = n \cdot e_0$ stets ein ganzzahliges Vielfaches der Elementarladung e_0 ist, sind für jede Ionen-

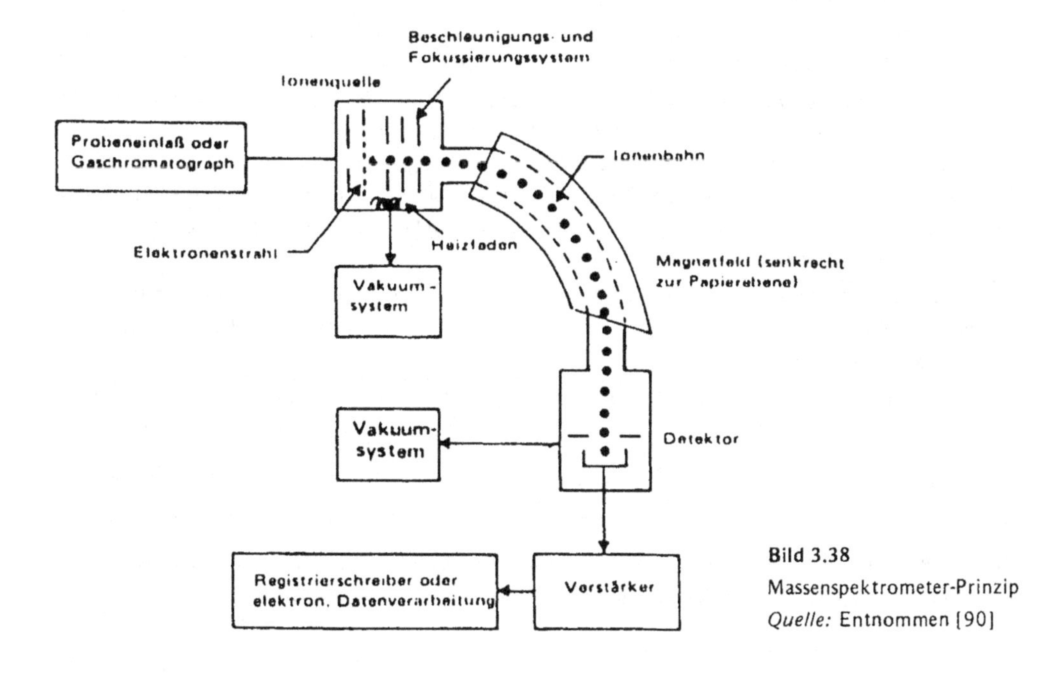

Bild 3.38
Massenspektrometer-Prinzip
Quelle: Entnommen [90]

masse nur eine beschränkte Anzahl typischer Bahnradien möglich, die nach ihrem Auftreffort in einem den *lokalen Ionenstrom* messenden *Detektor* (Sekundärelektronenvervielfacher) ermittelt werden [48].

3.7.2 Volumendurchflußmesser

Die moderne Meßtechnik hat eine große Anzahl unterschiedlicher Verfahren entwickelt, mit deren Hilfe sich der Volumenstrom $q_V = \frac{dV}{dt}$ eines in der Zeiteinheit durch einen Rohrquerschnitt hindurchtretenden gasförmigen oder fluidischen Materialstromes z.T. mit recht hohen Genauigkeiten bestimmen läßt.

Hier seien zunächst einmal die *Volumenzähler* genannt, bei denen mit Hilfe von Schaufelrädern, Turbinen oder vielfältig geformten rotierenden Meßkammern die durch die Rohrleitung fließende Strömung in *definierte,* kleine *Teilvolumina* geteilt und dabei q_V in einer proportionalen Rotordrehzahl abgebildet wird [12], [55], [56].

Bei *Schwebekörper-* und *Stauscheiben-Durchflußmessern* dagegen werden die volumenstromproportionalen Auslenkungen gemessen, die geeignet geformte Widerstandskörper in Rohrstücken mit *veränderlichem Strömungsquerschnitt* erfahren [49].

Bei *Ultraschall-Durchflußmessern* wird die Strömung im Rohrquerschnitt *kreuzförmig* von zwei Schallkeulen durchlaufen, die dabei *Dopplerverschiebungen* ihrer Grundfrequenz gegeneinander erfahren, weil die eine Keule *mit* und die andere *gegen* die Strömungsgeschwindigkeit gerichtet ist [50].

Elektrisch leitende Flüssigkeiten und *Plasmaströmungen* können auf *induktivem* Wege erfaßt werden, weil sie beim senkrechten Durchströmen eines Magnetfeldes senkrecht zu diesem eine ihrer mittleren Strömungsgeschwindigkeit proportionale Spannung induzieren [51].

Bei *Wirbeldurchflußmessern* entsteht hinter querangeströmten, stumpfen Körpern eine *Karmannsche Wirbelstraße* mit periodischen Änderungen des Strömungsfeldes, deren Frequenz durchflußproportional ist [52].

Bei *Dralldurchflußmessern* ist die Frequenz der Präzessionsbewegung eines in Drall versetzten Fluidstrahles ein Maß für den Volumendurchfluß [12].

Anemometer erfassen dagegen nur die *Strömungsgeschwindigkeit* mehr oder weniger *punktförmig* in einem eng begrenzten Bereich des Strömungsquerschnittes. Dennoch können sie bei bekanntem oder gesondert ausgemessenem Strömungsprofil auch mittelbar zur Durchflußmessung herangezogen werden. Hier wurden in den letzten Jahren vor allem auf dem Gebiet der *Laser-Doppler-Anemometer* erhebliche Fortschritte bezüglich Auflösung und Genauigkeit erzielt [8], [57].

In [12], [55] und [56] sind neben einem Gesamtüberblick darüberhinaus noch eine Reihe weiterer Verfahren beschrieben, die wegen ihrer geringeren Verbreitung hier jedoch nicht erwähnt werden sollen.

Alle angeführten Methoden liefern Meßsignale x_{DV}, die dem überwachten Volumendurchfluß

$$x_{DV} = k_{DV} \cdot q_V = k_{DV} \cdot A_R \cdot \bar{v} = k_{DV} \cdot \frac{dV}{dt} \qquad (3.106)$$

entsprechen.

Hierin bedeuten A_R den Rohrquerschnitt am Beobachtungsort und $\bar{v}$ den arithmetischen Mittelwert der Strömungsgeschwindigkeitskomponenten in Rohrachsenrichtung.

Wird die Volumendurchflußmessung erweitert um eine genaue, ständige Bestimmung der Dichte ρ_S der hindurchtretenden Strömung, kann man aus x_{DV} ein Signal x_{DM} des Massestromes q_{mW} ableiten:

$$x_{DM} = \rho_S x_{DV} = k_{DV} \cdot \rho_S \cdot q_V = k_{DV} \cdot \rho_S \cdot \frac{dV}{dt} = k_{DV} \cdot q_{mW} \,. \tag{3.107}$$

Durch zeitliche Integration dieses Signales in Zählern oder elektronischen Auswerteeinrichtungen kann daraus dann das seit einem Startzeitpunkt t_0 durch den Beobachtungsquerschnitt A_R hindurchgetretene Wägegut m_W bestimmt werden:

$$m_W = \int_{t_0}^{t} x_{DM}(t)\, dt = k_{DV} \int_{t_0}^{t} \rho_S(t) \cdot q_V(t)\, dt = k_{DV} \int_{t_0}^{t} q_{mW}(t)\, dt \,. \tag{3.108}$$

Eine besondere Bedeutung kommt in diesem Zusammenhang dem in der Praxis sehr häufig eingesetzten *Wirkdruckverfahren* zu. Bei diesem wird mit Hilfe von *Düsen, Blenden* oder *Venturidüsen* aus der Strömungsenergie von in geschlossenen Rohren transportierten Flüssigkeiten und Gasen eine Druckdifferenz Δp gewonnen, für die gilt:

$$\Delta p = \left(\frac{1}{\epsilon \cdot \alpha \cdot A_2} \right)^2 \frac{q_{mW}^{\;2}}{2 \cdot \rho_1} \,. \tag{3.109}$$

Hier sind ϵ die die *Kompressibilität* des Fluids berücksichtigende *Expansionszahl* und α die *Durchflußzahl,* in die wiederum die *Reibungsverluste,* die *Reynoldszahl* und das Öffnungsverhältnis $m = A_2/A_1$ aus dem Meßquerschnitt A_2 und dem ungestörten Rohrquerschnitt A_1 eingehen [53], [54].

Bei derartigen Anordnungen ist das Meßergebnis Δp dem Quadrat des Massestromes q_{mW}, aber auch der Fluiddichte ρ_1 im ungestörten Rohrquerschnitt A_1 proportional. Für Massebestimmungen ist es daher erforderlich, auch hier $\rho_1\,(t)$ laufend gesondert zu messen und mit Δp zu multiplizieren, um den Massestrom

$$q_{mW} = \epsilon \cdot \alpha \cdot A_2 \sqrt{\Delta p \cdot \rho_1} \tag{3.110}$$

und daraus durch zeitliche Integration die seit dem Startzeitpunkt t_0 durch A_2 hindurchgetretene Fluidmasse zu erhalten:

$$m_W = \int_{t_0}^{t} q_{mW}(t)\, dt = \epsilon \cdot \alpha \cdot A_2 \int_{t_0}^{t} \sqrt{\Delta p(t) \cdot \rho_1(t)}\, dt \,. \tag{3.111}$$

3.7.3 Strahlungsabsorptionsverfahren

Durchdringt eine energiereiche, parallel gerichtete, elektromagnetische Wellenstrahlung der Intensität I_0 eine von Materie mit der homogenen Dichte ρ_W ausgefüllte Wegstrecke d, so wird sie entsprechend dem *Lambert-Beerschen* Gesetz weitgehend *exponentiell* geschwächt und verläßt das Material mit der Restintensität

$$I(M_A) = I_0\, e^{-\mu \cdot \rho_W \cdot d} = I_0\, e^{-\mu \cdot M_A} \,. \tag{3.112}$$

Darin ist μ der *Massenabsorptionskoeffizient,* der in erster Linie von der Energie (~ Frequenz) der Strahlung, in geringem Maße aber auch von der Geometrie und auch von der chemischen Ordnungszahl der Materie abhängt [91]. Insofern kann das Produkt $\rho_W \cdot d = M_A$ zur Verbesserung der Aussagefähigkeit dieses Absorptionsgesetzes sinnvollerweise zur *Flächenmasse*

M_A zusammengefaßt werden, die *irreführenderweise* meist mit *Flächengewicht* bezeichnet wird.

Interessanterweise gehorchen aber nicht nur *Röntgen-*, γ- oder *Brems-Strahlung* diesem Gesetz, sondern zumindestens innerhalb einer charakteristischen maximalen Flächenmasse $M_{A\,max} = \rho_W \cdot d_{max}$ und auch bei nicht parallelem Strahlengang *Korpuskularstrahlungen*, vor allem *harte* β*-Strahlen* ($\hat{=}$ Elektronen mit beinahe Lichtgeschwindigkeit), mit größeren Abweichungen aber auch α*-Strahlen* ($\hat{=}$ Helium-Kerne) und *Neutronen-Strahlen*. Da heute in Form künstlich erzeugter *radioaktiver Isotope* eine größere Zahl von Strahlenquellen mit unterschiedlicher Energie zum Bau preiswerter α-, β-, γ- oder *Bremsstrahlungs*-Quellen höchster Energiekonstanz, aber mit den verschiedensten Halbwertszeiten ihrer Intensität I_0 zur Verfügung stehen [58], kann Gl. (3.112) über einen großen Flächenmassenbereich hinweg an vielen problematischen Wägeobjekten direkt zur *berührungslosen* Messung von *Flächenmassen* und indirekt auch zur Massebestimmung herangezogen werden.

So stellt die einschlägige Industrie vor allem für die kontinuierliche Überwachung und Regelung der Flächenmasse vorzugsweise *ebener Produkte*, wie *Bänder, Bleche, Folien, Papier* usw. speziell angepaßte Meßanordnungen her, bei denen das Meßgut während der Fertigung durch einen eng gebündelt ausgeblendeten Meßstrahl geführt wird und mittels eines Strahlungsempfängers die Intensität der auf der Rückseite des Meßgutes austretenden Reststrahlung gemessen wird [51, dort S. 238–247]. Auf Grund des *nichtlinearen Zusammenhanges* in 3.8.7) ist es aber wegen des Aufwandes und von der Genauigkeit her *wenig sinnvoll*, derartige Geräte zur *Berechnung* der Masse m_W des von einem Startpunkt über die Meßeinrichtung transportierten Materiales bestimmen zu wollen.

Große Vorteile bietet aber in vielen Fällen das Strahlungsabsorptionsverfahren beim Bau von radiometrischen *Förderbandwaagen* wegen seiner *berührungslosen Arbeitsweise*. Entsprechend Bild 3.39 wird dabei das Wägegut bevorzugt in gemuldeten Bändern transportiert und gegebenenfalls durch Abstreifer dafür gesorgt, daß es in diesen einen möglichst kompakten Querschnitt einnimmt und auch in Förderrichtung keine größeren örtlichen Schwankungen der Streckenlast $p(x, t)$ (vgl. Abschnitt 3.7) aufweist. Denn dann kann durch geschickte geometrische Ausbildung von Strahler und Strahlungsempfänger dafür gesorgt werden, daß zwischen gemessener Reststrahlintensität I und der Streckenlast $p(x, t)$ ein funktionaler, aufgrund des exponentiellen Charakters der Gl. (3.112) leider aber *keineswegs* ein *linearer*

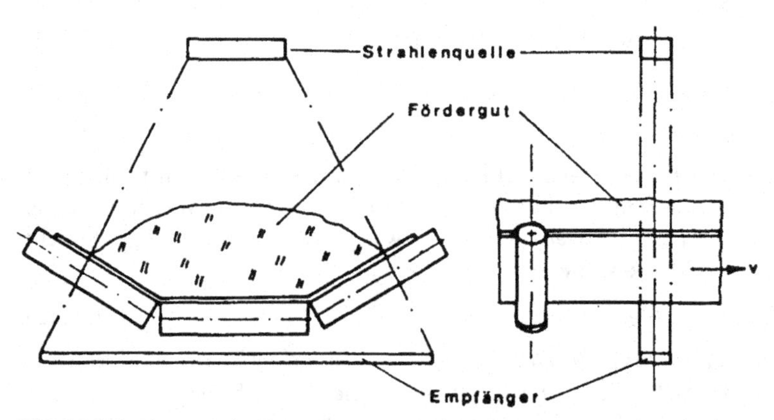

Bild 3.39 Radiometrische Förderbandwaage
Quelle: Entnommen [46]

Zusammenhang besteht. Daher ist es grundsätzlich erforderlich, z. B. mit Hilfe eines Mikroprozessors eine laufende *Kennlinienlinearisierung* durchzuführen und dabei gleichzeitig durch *Quotientenbildung* mit einem gesondert ermitteltem Signal der primären Strahlintensität I_0 die Einflüsse der ständigen *Strahlenalterung* bei der Bildung eines $p(x, t)$ direkt proportionalen Meßsignales $z_p(x, t)$ herauszurechnen [91].

Die Ermittlung der in einem Beobachtungszeitraum geförderten Materialmenge m_W kann hier wegen der scharfen Strahlbündelung zweckmäßig nach der *Methode* der *addierenden Bandwaagen* erfolgen, indem man mittels eines möglichst ebenfalls berührungslosen Verfahrens [5] laufend feststellt, wann das Band um ein Weginkrement Δs_ν weiterbefördert wurde und dann jedesmal den zugehörigen Streckenlastwert $p(s_\nu)$ aufsummiert.

$$m_W = \sum_{\nu=1}^{n} p(s_\nu) \cdot \Delta s_\nu . \tag{3.113}$$

Die Vorteile dieser sich in der Praxis zunehmend durchsetzenden *radiometrischen Förderbandwaage* [19], [58] bestehen vor allem darin, daß sie sehr *wartungsarm* und *robust* sind, unempfindlich gegen *korrosives*, *abrasives* oder *heißes* Meßgut arbeiten und von *Änderungen* des *Bandzuges* und *Fluchtungen* der Tragrollen *nicht fehlerhaft beeinflußt* werden. Bei einigermaßen gleichmäßiger Bandbeladung werden Fehlergrenzen unter ± 5 % von m_W sicher eingehalten; diese Werte *verschlechtern* sich aber stark, wenn große *Streckenlastschwankungen* insbesondere mit echten *Beladungslücken* oder *großen Materialbrocken* auftreten.

3.7.4 Strahlungsreflexionsverfahren

Energiereiche β-Strahlen werden aber beim Durchdringen von Materie nicht nur absorbiert, sondern zum Teil auch *reflektiert*, und zwar *umso stärker*, je *höher* die *chemische Ordnungszahl* der darin vorkommenden Bestandteile und *je dicker* die reflektierende Schicht ist. Dieser Effekt wird ebenfalls zur berührungslosen Bestimmung von Flächemassen vor allem von Folien und Schichten verwendet [51], [59]. Für die *indirekte Massebestimmung* haben diese Verfahren und Geräte aber *keine Bedeutung* gewinnen können.

3.8 Wägezellen-Prinzipien

3.8.1 Gemeinsame Grundlagen

In dem vorangegangenen Überblick über die verschiedenen Möglichkeiten der Massebestimmung tauchte immer wieder der Ausdruck *Wägezelle* als Hilfsmittel für die Umformung von Auflagekräften in elektrische oder anderweitig zur meßtechnischen Auswertung geeignete Signale auf, ohne daß im Detail näher auf deren Funktionsweise, Aufbau oder Leistungsfähigkeit eingegangen werden konnte. Dies geschah vor allem deswegen, weil die meisten dieser Verfahren nicht auf die Verwendung einer speziellen Wägezellenversion angewiesen sind, sondern diese darin nach übergeordneten Gesichtspunkten in weiten Grenzen für den jeweiligen Einsatzfall *freizügig* ausgewählt oder im Bedarfsfalle sogar als *in sich abgeschlossenene Baueinheit* innerhalb einer bestehenden Wägeeinrichtung *ausgetauscht* werden können. Um hierbei auf *Auswahlkriterien* zurückgreifen zu können, sei im folgenden auf die wichtigsten der heute bekannten Wägezellen eingegangen. Dabei wird mit *Wägezelle* gemäß [60] *jeder* mechanisch-elektrische (Kraft-)Aufnehmer bezeichnet, der die von der zu wägenden Masse ausgeübte Gewichtskraft (→ eigentl. Auflagekraft) in ein eindeutig damit zusammenhängendes elektrisches Signal umformt.

Unter diese Definition fallen *zwei Gruppen* von *Kraftaufnehmern*, die vom Wesen her eigentlich für recht *unterschiedliche Einsatzbedingungen* konzipiert und konstruiert sind:

Die *Wägezellen der ersten Gruppe* dienen innerhalb einer Wägeeinrichtung dazu, lediglich eine Einzelkraft F zu erlassen, die auf *rein mechanischem Wege* durch *Summierung* sämtlicher Teilauflagekräfte F_ν des Wägegutes m_W und der Totlast m_T in den n Auflagerungen des Lastträgers LT und einer Anpassung an den Kraftmeßbereich der Wägezelle durch eine Kraftübersetzung $ü$ gewonnen wird:

$$F = ü \cdot \sum_{\nu=1}^{n} F_\nu = ü \cdot \sum_{\nu=1}^{n} (F_{W_\nu} + F_{T_\nu}) \tag{3.114}$$

Dabei werden *Hebelwerke* (vgl. Abschnitt 3.4.1) oder *Hydrauliksysteme* (vgl. Abschnitt 3.4.2) eingesetzt, die zusätzlich die Aufgabe lösen, den Lastträger LT (Waagschale, Wägeplattform, Wägebehälter usw.) mit dem Wägegut vertikal *parallel* zu *führen*, horizontale *Querkräfte* und *Drehmomente* direkt in das Fundament abzuleiten und *rückwirkungsfrei* kleinere *Relativbewegungen* zwischen LT und dessen *Auflagerungen* zu ermöglichen. Den solchermaßen eingesetzten Wägezellen wird F auf einer streng *definierten Wirkungslinie* meist abgeschirmt von den Umwelteinflüssen in der Umgebung des Wägegutes zugeleitet, so daß sie *konstruktiv nicht* auf die *Unterdrückung* von *Querkräften*, *Kraftverlagerungen* und *Umgebungsstörungen* ausgelegt sein müssen. Daher lassen sich vor allem mit den in Abschnitt 3.4 geschilderten wegkompensierenden Verfahren hervorragende Ergebnisse erzielen!

Insgesamt weisen derartig konzipierte Wägevorrichtungen eine hybride Gesamtfunktion auf, so daß den speziell auf diesen Einsatzfall ausgelegten Kraftaufnehmern die Bezeichnung *Wägezellen für Hybridwaagen* zukommt.

Die *Wägezellen* der *zweiten Gruppe* jedoch werden unmittelbar als Auflagerungen des Lastträgers eingesetzt und müssen daher sowohl mit ihrer *Höchstlast* auf die *statisch* und *dynamisch größten* zu erwartenden Teilauflagekräfte F_ν ausgelegt sein [61] als auch eine solche *konstruktive Gestaltung* besitzen, daß sie gegenüber den am *Einbauort* herrschenden *Umweltbedingungen* (Luftdruck, Temperatur, Feuchte, Schmutz, Erschütterungen usw.) völlig unempfindlich sind und in hohem Maße die *Störeinwirkungen* vergleichsweise großer *Querkräfte* F_Q und *Drehmomente* bei der Aufnahme der auf sie wirkenden Auflagekräfte F_ν unterdrücken können. Bild 3.40 zeigt die wichtigsten Konstruktionsmerkmale derartiger *Auflagerungs-Wägezellen*, mit denen man in der Praxis den oben gestellten Anforderungen gerecht zu werden versucht.

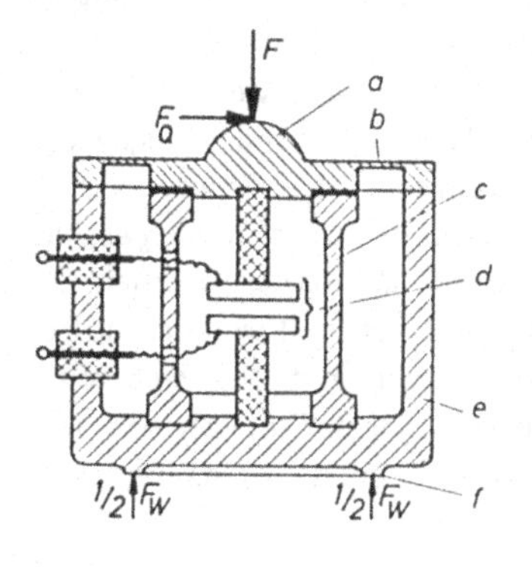

Bild 3.40

Grundaufbau einer elektromechanischen Wägezelle

F Kraft, *a* Lasteinleitung, *b* Querkraftableitung, *c* elastischer Meßfederkörper, *d* Meßfühler, *e* Schutzgehäuse

Quelle: Verfasser

Wegen des *komplexen* elektromechanischen *Innenaufbaues* mit *Stellglied, Wegindikator* und *Regler* eignen sich *wegkompensierende Kraftmeßverfahren* durchweg nicht zum Bau von Auflagerungs-Wägezellen. Bei diesen wird vielmehr die Auflagekraft F_v in aller Regel von der *Rückstellkraft* eines *elastisch verformten Meßfederkörpers* aufgewogen. Die dabei hervorgerufenen *Änderungen der Meßfedergeometrie* werden dann je nach Wägezellenbauart entweder direkt von elektrischen *Wegaufnehmern* (Kapazitäten, Induktivitäten, Potentiometern, Schwingsaiten, Hohlraumresonatoren etc.) oder indirekt über *Oberflächendehnungsaufnehmer* (Dehnungsmeßstreifen = DMS, akustische Oberflächenresonatoren) in elektrische Signale umgeformt. Bei anderen Wägezellenversionen werden aber auch *physikalische Reaktionen* genutzt, die das Meßfedermaterial unter der Einwirkung der Verformungen erfährt: (Magnetoelastischer, piezoelektrischer und piezoresistiver Effekt).

In Bild 3.41 sind die wichtigsten in der Praxis eingesetzten *Meßfedergrundformen* zusammengestellt. Im einfachsten Falle, vor allem für *sehr große Höchstlasten*, verwendet man nach a) auf Zug- oder Stauchung beanspruchte *Voll-* oder *Hohlzylinder*. Für sehr hohe Genauigkeitsansprüche kommen sie jedoch nicht in Betracht, weil durch F kein symmetrischer Spannungszustand erzeugt wird, sondern sich Querdehnung ϵ_D und Zugdehnung ϵ_Z im Betrag stark unterscheiden und keine Möglichkeit zur Unterdrückung von Kennlinienfehlern zweiter Ordnung gegeben sind [63].

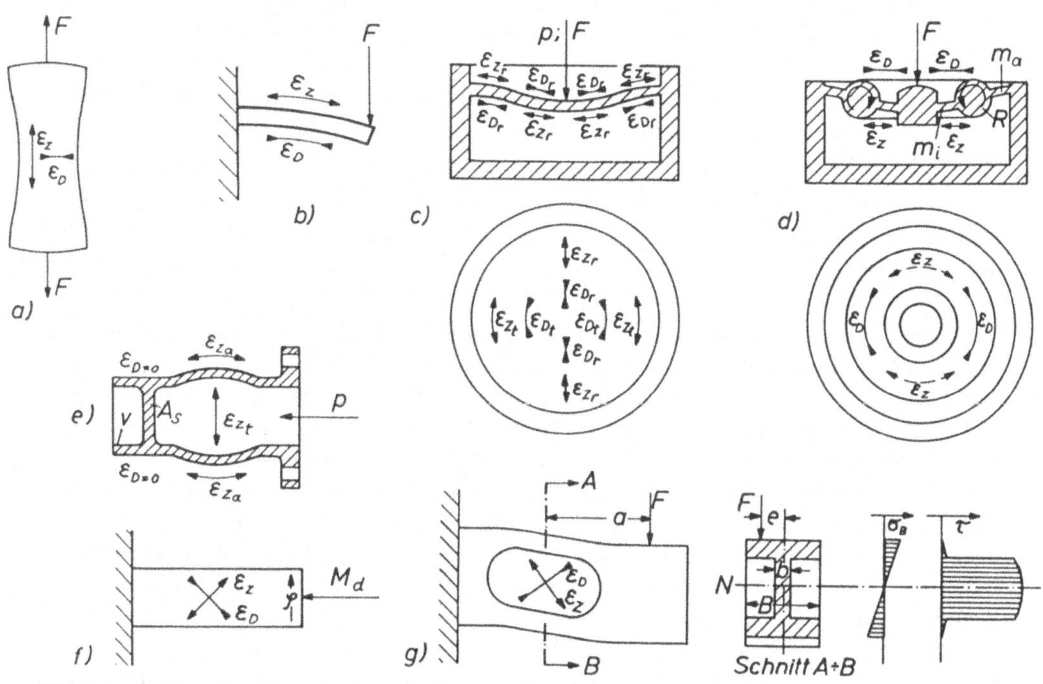

Bild 3.41 Meßfedergrundformen

a) Voll- bzw. Hohlzylinder unter Druck- bzw. Zugbeanspruchung
b) Biegebalkenfeder
c) Membranfeder
d) Rotationstoroid
e) Rohrstutzen
f) Torsionsfeder
g) Scherspannungsfeder

p Druck, M_d Moment, F Kraft, ϵ_Z Dehnung, ϵ_D Stauchung
Quelle: Verfasser

Sehr gute Umformeigenschaften zeigen dagegen *Biegebalkenfedern* nach b), die in einer großen Anzahl von *konstruktiven Varianten* anzutreffen sind [63]. Bei letzteren sind meist *zwei Biegebalken* paarweise nebeneinander angeordnet und werden von F gegensinnig verformt, so daß eine S-förmige Biegelinie entsteht. Verbindet man zwei derartige Doppelbiegebalken durch starre Abstandsstücke an den Enden in zwei in Kraftrichtung gegeneinander versetzten Ebenen, erhält man nach Art der z. B. in Bild 3.18c dargestellten Parallelführung PF eine Meßfeder, die in sich *Führungsaufgaben erfüllt* und *Querkräfte* sowie *Drehmomente* zum Widerlager abzuleiten vermag. Sie läßt sich im Bedarfsfalle *monolithisch*, d. h. aus einem Materialblock heraus herstellen und hat als *Einblock-Meßfeder* weiteste Verbreitung gefunden.

F ruft bei diesen Meßfedern dem Betrag nach gleich große Oberflächendehnungen hervor, und *Wärmeausdehnungen* des Meßfedermaterials wirken sich *nicht in Kraftrichtung* aus. Daher können diese Meßfedern prinzipiell auch gut in Verbindung mit Wegaufnehmern eingesetzt werden [18].

Eine insbesondere für *kompakte Kraftaufnehmer* sowie für *Druckaufnehmer* in Einheit mit *hydraulischen Wägezellen* geeignete Meßfeder in *Membranform* zeigt Bild 3.41c. Auch hier treten symmetrische Beanspruchungen auf, dennoch gibt die *starre Membraneinspannung* Anlaß zu nicht unbeträchtlichen *Kennlinienkrümmungen.* Membranmeßfedern sind prädestiniert für *Massenfertigungen* von Kraft- und Druckaufnehmern nach dem DMS-Prinzip.

Gute Linearitäts-, Symmetrie- und Führungseigenschaften zeigt auch die Meßfederform nach d), bei der F ein *Rotationstoroid* auf seinem gesamten Umfang um seine kreisförmige Achse verdreht und dabei auf Ober- und Unterseite Bereiche entstehen, in denen tangentiale Dehnungen gleichen Betrages aber entgegengesetzten Vorzeichens auftreten [64].

Ebenfalls zur *Druckmessung* an *hydraulischen Wägezellen* kann Meßfederform e) eingesetzt werden [56]. Sie hat aber den Nachteil, daß nur Dehnungen eines Vorzeichens auftreten.

Für die *unmittelbare Messung* von *Drehmomenten* ist Meßfederform f) als *Voll- oder Hohlzylinder* geeignet, wobei *Scherbeanspruchungen* in der Oberfläche unter $\pm 45°$ zur Zylinderachse entgegengesetzte Dehnungen gleichen Betrages hervorrufen. Sie können bei entsprechender *Führung* des *Kraftflusses* auch für *Wägezellenmeßfedern* eingesetzt werden!

Von großer praktischer Bedeutung ist schließlich noch die Meßfederform g), die in ihrem elastischen Bereich einen I- oder ⌷-förmigen Querschnitt aufweist und dank der großen Breite und Höhe ihres Profiles (Schnitt *A-B*) eine *extrem hohe Steifigkeit* gegen *horizontale Querkräfte* und beliebig orientierte *Drehmomente* besitzt. Die Biegespannungen σ_B mit ihren Maximalwerten in den obersten und untersten Meßfederfasern sind zwar vom Ort des Angriffes von F abhängig, nicht aber die Scherspannungen τ, die in der neutralen Faser ihren Maximalwert erreichen, wo σ_B gerade zu Null wird. Hier können daher ebenfalls unter $\pm 45°$ zur Federlängsachse betragsmäßig gleiche Dehnungen gemessen werden, die in erster Näherung unabhängig vom Kraftangriffsabstand a und ungestört von Querkräften und Drehmomenten sind. Bauartbedingt übernehmen die schmalen Querflächen des Profiles ausgezeichnet die Führungsfunktion elastischer Parallellenker [66]!

Bild 3.40 zeigt aber außerdem noch, welche Gestaltungsmöglichkeiten man vorfindet, mit denen den Meßfedern ein bestmöglicher *Schutz* gegen *Umweltstörungen* gegeben werden kann:

Dies ist einmal ein robustes und steifes *Schutzgehäuse,* über das die Kraftausleitung in das Widerlager erfolgt und über das auch mittels einer *hermetisch* abdichtenden *Metallmembran* eine wirkungsvolle *Parallelführung* sowie *Querkraft-* und *Drehmoment-Ableitung* zum

Fundament hin erfolgen kann. Ansonsten hat das Gehäuse den Schutz der Meßfeder vor *Stoß* und *Schlag, Schmutz, Korrosion* und *atmosphärischen Einwirkungen* zu übernehmen.

Da sämtliche Wägezellen mit elastischen Meßfedern nicht nur eine Federnachgiebigkeit N, sondern auch verteilte Massen M und glücklicherweise eine meist vernachlässigbare Dämpfung D besitzen, so daß sie das aus Bild 3.42 entnehmbare *mechanische Ersatznetzwerk* aufweisen, muß man beim Einsatz von Wägezellen damit rechnen, daß die Wägeobjekte je nach innerem Aufbau und Materialzusammensetzung (vgl. Bild 3.1 und Abschnitt 3.1) mit den Wägezellen ein *in vielen Freiheitsgraden schwingungsfähiges Gesamtsystem* bilden. Das hat zur Folge, daß einmal bei der Wägung *minimale Einstellzeiten* nicht unterschritten werden können, die selbst bei Anwendung *rechnergestützter Schätzstrategien* ein Mehrfaches der Periodendauer der niedrigsten Systemeigenschwingung betragen.

Weiterhin können *Bodenerschütterungen* über *Resonanzeffekte* teilweise sehr große *dynamische Signalanteile* verursachen [67]. Hierdurch wird in der nachgeschalteten Signalauswertung eine *dynamische Störunterdrückung* erforderlich, die sich ebenfalls in einer *Verlängerung* der *Einstellzeit* auswirken kann. Wegen der meist *sehr kleinen Meßwege* der Wägezellen ist im allgemeinen auf mechanischem Wege eine *wirkungsvolle Bedämpfung* des Gesamtsystemes *nicht* oder nur mit großem Aufwand *möglich*. Daher ist bei der Auswahl oder Konstruktion eines Wägezellentypes in jedem konkreten Einzelfall darauf zu achten, daß dieser eine angemessen kleine Nachgiebigkeit N besitzt. Hier bieten, insbesondere bei *großen Wägebereichen*, Meßfedern vom *Typ g)* in Bild 3.41 und optimal ausgelegte *hydraulische Wägezellen* interessante Dimensionierungsvorteile [68]. Bei kleinen Höchstlasten dagegen läßt sich mit den *wegkompensierenden Wägezellen* das *günstigste dynamische Verhalten* erreichen, wenn man die zugehörige Regelung zweckgerichtet daraufhin optimiert.

Wägezellen sind unabhängig von ihrem Arbeitsprinzip *integrierende Bauteile* der mit ihnen aufgebauten Waagen und beeinflussen mit ihren konstruktiven, meßtechnischen und dynamischen Eigenschaften zwar *dominierend* das Gebrauchsverhalten jeder vollständigen Wägevorrichtung, aber *keineswegs ausschließlich!* Auch die Konstruktion des Lastträgers und der Lasteinleitungselemente sowie die Dimensionierung und Funktionsweise der den Wägezellen nachgeschalteten Auswerte-Elektronik müssen *jede für sich* und *im Zusammenwirken* den *eichtechnischen* Anforderungen genügen. Daher können die Zulassungsbehörden (in der BR Deutschland die PTB) *Bauartzulassungen* grundsätzlich nur für die von ihnen im Detail untersuchten *vollständigen Wägeeinrichtungen* aussprechen, siehe Kap. 6.

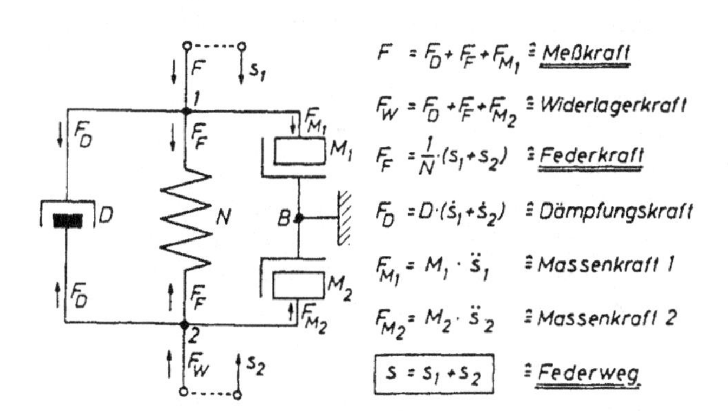

Bild 3.42
Ersatznetzwerk von Wägezellen
Quelle: Verfasser

Zur *Vereinfachung* und *zeitlichen Raffung* von *Zulassungsprüfungen* neuer Waagenbauarten, in denen schon einmal zuvor getestete Wägezellenausführungen eingesetzt werden, werden jedoch aufgrund von Herstelleranträgen für solche Wägezellen *Prüfberichte* herausgegeben, in denen die mit ihnen durchgeführten Untersuchungen ausführlich beschrieben sind und aus denen zu entnehmen ist, welche Fehlergrenzen man bei ihrem Einsatz in *individuellen Waagenkonstruktionen* erreichen kann. Bei Verwendung solcherart voruntersuchter Wägezellentypen kann dann bei der individuellen Bauartzulassung auf die zeitraubenden Wägezellentests verzichtet werden [69].

3.8.2 Wegkompensierende Wägezellen

In Abschnitt 3.4 wurde ein detaillierter Überblick über die Verfahren gegeben, die heute erfolgreich zum Bau von Waagen mit zum Teil hohen Auflösungen und Wägegenauigkeiten eingesetzt werden. Die auf diesen Verfahren beruhenden Wägezellen werden praktisch ausschließlich anstelle der früher üblichen *mechanischen Wägeköpfe* in *Hybridwaagen* eingesetzt, bei denen, wie erläutert, auf *mechanischem Wege* eine *Summierung* der *Auflagekräfte* des Lastträgers und eine *Kraftübersetzung* zur Anpassung an den optimalen Kraftmeßbereich der jeweiligen Wägezellen erfolgt.

In vielen Fällen bildet aber die Wägezelle auch mit den Summier- und Anpaß-Bauelementen, dem Lastträger und der Auswerte-Elektronik eine *kompakte bauliche Einheit*. Typische Beispiele dafür sind die modernen *Fein-* und *Präzisions-Waagen* vorzugsweise mit *elektrodynamischen Wägezellen*, aber auch *Ladentisch-*, *Zähl-*, *Porto-* und *Kontrollwaagen* sowie *Abpackautomaten* aller Art. Über die Ausführungsarten dieser Wägezellen wurde in Abschnitt 3.4 berichtet.

3.8.3 Wegempfindliche ohmsche Wägezellen

Die nächstliegende Möglichkeit, die der Auflagekraft proportionalen Meßfederwege in entsprechende Änderungen ohmscher Widerstände überzuführen und zur Bildung elektrischer Meßsignale heranzuziehen, stößt in der Praxis auf erhebliche Schwierigkeiten. Für *potentiometrische Wegaufnehmer* sind die Meßwege viel zu klein, um direkt und ohne Übersetzung – z. B. durch *Getriebe* oder *Hebel* – erfaßt zu werden. Letztere aber sind *erschütterungsempfindlich* und *reibungsbehaftet.* (Ähnliches gilt für Wägezellen, die *elektrolytische Wegaufnehmer* für die Steuerung ohmscher Spannungsteilervehältnisse nutzen würden [71, S. 121]).

Der vom Kohlemikrofon bekannte *Engeeffekt* [70], [71, dort S. 141], nach dem sich der ohmsche Widerstand kugeliger oder körniger Materialien beim *Zusammenpressen* stark vermindert, wurde zwar in den Dreißiger Jahren zum Bau von Kraftaufnehmern eingesetzt, ist aber für wägetechnische Anwendungen viel zu instabil und ungenau, so daß er aus den Betrachtungen ausscheiden muß.

Günstigere Voraussetzungen bieten dagegen Wägezellen, bei denen vom Federmeßweg der einen *Hallgenerator* oder ein *Gaußelement* (≙ Feldplatte ≙ magnetisch steuerbarer Widerstand) [72] durchsetzende magnetische Fluß eines Permanentmagneten variiert wird, z. B. durch Verschiebung des Halbleiterelementes [71, dort S. 209] oder, eleganter, eines weichmagnetischen Kernes [73]. Die berührungslose, reibungsfreie und rückstellkraftarme Arbeitsweise dieser Verfahren, die teilweise mit *sehr kleinen Meßwegen* auskommen, sollten den Bau *kompakter* und *robuster Wägezellen*, vor allem auch für *kleine Höchstlasten*, ($<$ 1 kg) begünstigen.

3.8.4 Wegempfindliche induktive Wägezellen

Auch *induktive Wegaufnehmer* in Form von *Differential-Tauchankern* oder von *Differential-Transformatoren* [71, dort S. 167–76] bauen kompakt und arbeiten berührungslos und ohne größere Rückstellkräfte. Gegenüber *Differentialfeldplatten* haben sie jedoch den Nachteil eines etwas komplizierteren Aufbaues und der Notwendigkeit, mit höherfrequenten Speisespannungen versorgt und mit *aufwendigen Trägerfrequenzmeßbrückenschaltungen* ausgewertet werden zu müssen. Sie kommen zwar *prinzipiell* mit *sehr kleinen Meßfederwegen* aus (einige Mikrometer) und könnten daher den Bau vergleichsweise steifer Wägezellen ermöglichen. Dies stößt aber auf praktische Schwierigkeiten, weil die induktiven Aufnehmer in Richtung des Meßweges für das Aufbringen ihrer elektrischen Spulen eine gewisse Ausdehnung benötigen und beim Erregen dieser Spulen eine Eigenerwärmung zeigen. Dabei sind *Temperaturgradienten* über den Wegaufnehmer hinweg in Kauf zu nehmen, die bei *kleinen Meßwegen* zu *untragbaren Nullpunktsdriften* Anlaß geben.

Selbst wenn man entsprechend Bild 3.43 durch Verwendung von Biege- oder Membran-Meßfederformen dafür sorgt, daß Wärmedehnungen und Meßwege der Meßfedern senkrecht zueinander stehen, zwingen die Abmessungen der induktiven Aufnehmer dennoch dazu, auf *Meßwege* möglichst in der Größenordnung von *einigen Zehntel-Millimetern* zu dimensionieren und damit *große Federnachgiebigkeiten* und *Einstellzeiten* in Kauf nehmen zu müssen. Da auch die Meßkennlinien *keine besonders gute Linearität* aufweisen und zudem schwierig gegen Temperatureinflüsse zu stabilisieren sind, haben induktive Wägezellen bei höheren Genauigkeitsansprüchen keine größere Bedeutung gewinnen können [18], [74].

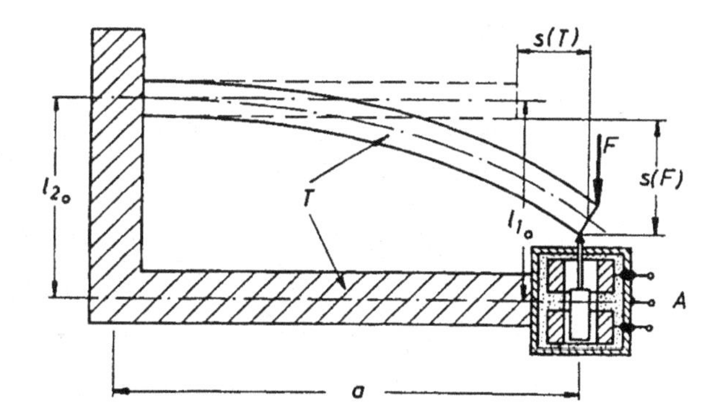

Bild 3.43
Orthogonalitätsprinzip bei Meßfedern
$s(T)$ temperaturabhängiger Weg,
$s(F)$ Kraftabhängiger Weg,
A induktiver Wegaufnehmer
Quelle: Verfasser

3.8.5 Wegempfindliche kapazitive Wägezellen

Die Kapazität C_0 eines Plattenkondensators in Luft mit der Belagfläche A ergibt sich beim Vorliegen eines *homogenen Feldes* – für das man meist durch *Feldsteuerung* mittels *Schutzringelektroden* sorgen kann – zu

$$C(s) = \epsilon_0 \cdot \epsilon_r \cdot \frac{A}{d_0 + s} \tag{3.115}$$

Sie läßt sich durch Veränderungen des Grundluftspaltes d_0 um sehr kleine Meßwege s recht erheblich ändern, wenn nur d_0 klein genug gewählt wird.

$$\frac{\mathrm{d}C}{\mathrm{d}s} = -\frac{\epsilon_0 \cdot \epsilon_r \cdot A}{d_0(1 - s/d_0)^2} \tag{3.116}$$

Da sich bei Abwesenheit von Feuchte die relative Dielektrizitätskonstante ϵ_r von Luft nur geringfügig von *1* unterscheidet, haben *Luftdruck-* und *Temperaturschwankungen* nur *untergeordneten Einfluß* auf die sehr einfachen Beziehungen (3.115) und (3.116).

Diese lassen sich daher bei Beachtung der *Orthogonalitätsforderung* „Meßweg senkrecht zu den Hauptwärmedehnungen der Meßfedern" nun sehr elegant zum Bau genauer *kapazitiver Wägezellen* heranziehen, in dem man *zwei Plattenkondensatoren* verwendet und diese vom Meßweg *gegensinnig* beeinflussen läßt.

Dies kann beispielsweise unter Verwendung einer Membranmeßfeder nach Bild 3.44 geschehen, die in der Nähe ihrer maximalen radialen Oberflächendehnungen 2 Paar kreisförmige Beläge trägt, deren Abstände sich bei Belastung der Zelle gegensinnig verändern. Die *Kreissymmetrie* der Beläge erlaubt es, dabei Folgen *exzentrischer Krafteinleitung* ebenso wie von *Querkrafteinwirkungen* hochwirksam zu eliminieren. Das Verfahren wird besonders leistungsfähig, wenn der Federkörper aus einem *hochelastischen,* elektrisch *isolierenden* Material *extrem geringer Wärmedehnung* gefertigt (z. B. *amorphes Quarz, Glaskeramik* usw.) wird, da dann die Belagträger *monolithisch* mit der Meßfeder verbunden sind und die durch *Aufdampfvorgänge* herstellbaren Elektroden ausgezeichnet voneinander elektrisch isolieren können. Eine weitere Ausführung mit *keramischer monolithischer* Biegemeßfeder und Schutzringelektroden als Teil einer Tischwaage zeigt Bild 3.45 [75].

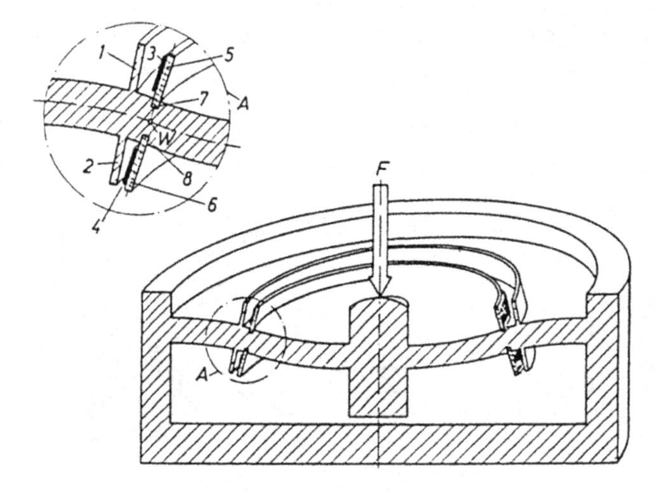

Bild 3.44

Kapazitive Wägezelle mit Membranmeßfeder

1 und 2 Mittelelektroden, 3 und 4 Gegenelektroden, 5 und 6 Isolatoren, 7 und 8 Ringnutfassungen

Quelle: Verfasser

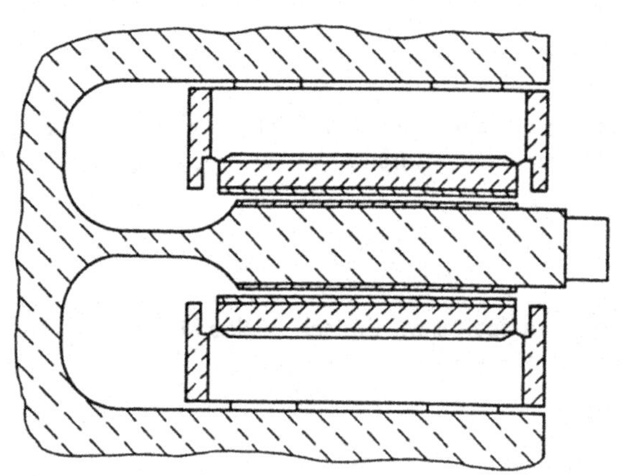

Bild 3.45

Kapazitive Wägezelle mit Biegemeßfeder

Quelle: Fa. Nationals Controls, USA

Durch die hohen qualitativen Verbesserungen, die die Halbleiterindustrie beim Bau preiswerter *Ladungsverstärker* in den letzten Jahren erzielt hat, konnten auch die Aufwendungen für die Auswerteelektronik stark reduziert und die Betriebssicherheit der kapazitiven Wägezellen imponierend verbessert werden. Daneben sind aber auch Auswägeschaltungen im Einsatz, bei denen die Meßkapazität mit einer Luftinduktivität zu einem *Oszillator-Schwingkreis* verbunden ist und mit *frequenzanaloger* Signalauswertung der Wägebereich in etwa 100 000 *Schritte* aufgelöst wird [76].

3.8.6 Wegempfindliche Schwingsaiten-Wägezellen

Die Eigenfrequenz f_0 einer „*schlaffen Saite*" ohne jede Biegesteifigkeit der Länge l_0 und mit dem Querschnitt A_S sowie der Masse m_S beträgt nach Einstein

$$f_0 = \frac{1}{2}\sqrt{\frac{F}{l_0 \cdot m_S}}, \tag{3.117}$$

wenn sie von einer Zugkraft F gespannt wird. Diese Kraft läßt sich aber auch aus der Rückstellkraft dieser Saite gewinnen, wenn sie vom Meßweg s_m einer Meßfeder einer Dehnung

$$\epsilon(s_m) = \frac{s_m}{l_0} = \frac{\sigma_S}{E} = \frac{F}{E \cdot A_{S_0}(1 - 2\nu\epsilon(s_m))} \tag{3.118}$$

unterworfen wird (Wegprägung!).

Setzt man diesen Ausdruck in Gl. (3.117) ein, erhält man die Beziehung

$$f_0 = \frac{1}{2}\sqrt{\frac{E \cdot A_{S_0}}{m_S \cdot L_0}} \cdot \sqrt{\frac{s_m}{l_0}\left(1 - 2\nu\frac{s_m}{l_0}\right)} \tag{3.119}$$

die ebenfalls eine definierte Abhängigkeit der Eigenfrequenz f_0 von dem eingeprägten Meßweg zeigt ($\nu \mathrel{\hat=}$ *Poissonsche Querkontraktionskonstante* $\approx$ 0,3). Versuche, diese Beziehung z. B. gemäß Bild 3.46 unter Verwendung einer Stauchzylindermeßfeder zum Bau von Wägezellen zu nutzen, hatten nur recht unbefriedigenden Erfolg, weil das *Orthogonalitätsprinzip nicht gewahrt* wurde und Wärmedehnungen in Richtung der Saitenachse zu *untragbaren Nullpunktfehlern* führen [18].

Interessante Verbesserungen konnten zwar durch Verwendung von *zwei gegensinnig beanspruchten Schwingsaiten* erreicht werden, die auf die Ober- und Unterseite einer Membran-

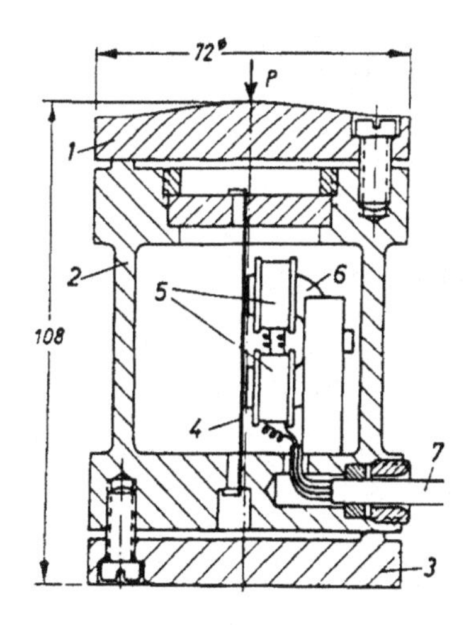

Bild 3.46

Wegempfindliche Schwingsaitenwägezelle

1 Krafteinleitung, 2 Meßfeder, 3 Widerlager-Druckstück, 4 Schwingsaite, 5 Erregerspulen, 6 Dauermagnet, 7 Meßkabel

Quelle: [71]

meßfeder gespannt wurden [77, dort S. 156], aber auch dort ist mit geringfügigen Ungleichförmigkeiten in der Temperaturverteilung über den Meßfederkörper und demzufolge mit *ungenügender* Nullpunktstabilität zu rechnen.

3.8.7 Wägezellen nach dem DMS-Prinzip

Die 1939 von den amerikanischen Professoren Ruge und Simmons unabhängig voneinander angegebenen *Dehnungsmeßstreifen* mit *metallischen Widerstandsgittern* haben unter dem Einfluß der modernen *photolithografischen* Herstellungsverfahren der Halbleiterindustrie einen solchen Fertigungsstand erreicht, daß aus wenigen Mikrometer starken, auf isolierendes Folienträgermaterial aufgewalzten Metallschichten *Widerstandsbahnen* nahezu jeder gewünschten Form und Abmessung herausgeätzt werden können. Bild 3.47 mag davon einen Eindruck vermitteln, dem insbesondere zu entnehmen ist, wie man sich durch entsprechende Gestaltung an die vorgegebene Geometrie geeigneter Meßfederoberflächenabschnitte anpassen und von diesen wahlweise Druck-, Zug-, Biege- oder Scherspannungs-Dehnungen ϵ abgreifen kann. Selbst einem *geometrisch so komplizierten Dehnungsverlauf* aus tangentialen und radialen Dehnungen, wie ihn die verschiedenen *Membranmeßfedern* bieten, lassen sich Folien-DMS angleichen und in Form von Rosetten-Streifen sogar als vollständige Wheatstonebrücke mit 4 paarweise gegensinnig beanspruchten Widerstandsstrecken ausführen.

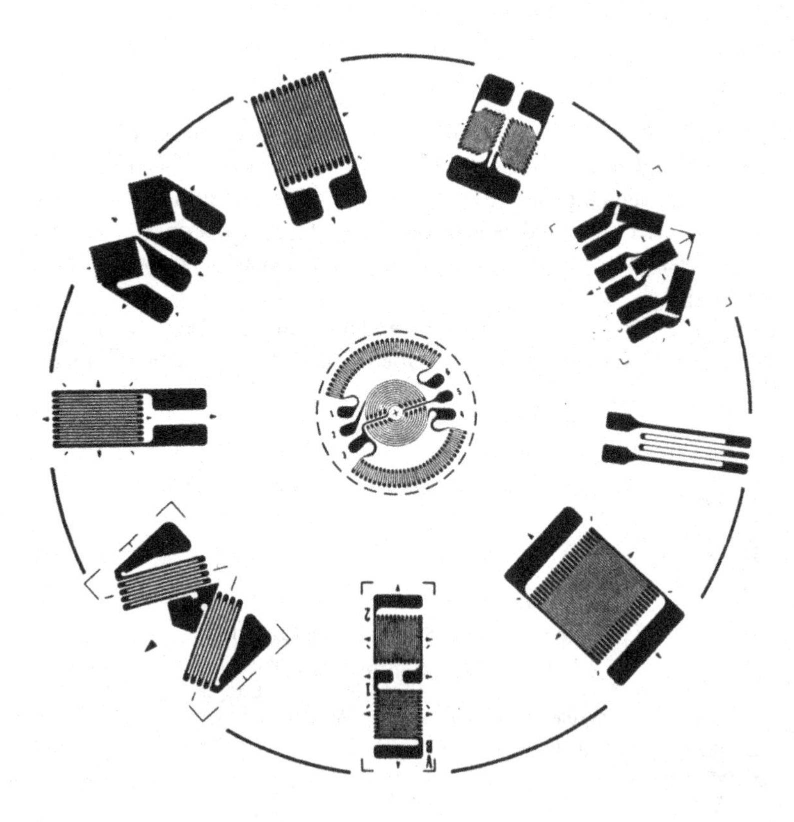

Bild 3.47 Ausführungsformen von Folien-DMS
Quelle: Katalog der Fa. Micromeasurement

Da sich derartige DMS mit geeigneten Klebern auf Meßfederoberflächen aus praktisch jedem geeignet erscheinenden Federmaterial so aufkleben lassen, daß sie deren Meßkraftproportionalen Dehnungen ϵ mit nur äußerst kleinen Abbildungsfehlern ($\hat{=}$ *Kriech-*, *Hysterese-* und *Linearitätsfehlern*) nach Vorzeichen und Betrag in relative Änderungen ΔR ihres Grundwiderstandes R umformen können,

$$\frac{\Delta R}{R} = k \cdot \epsilon \tag{3.120}$$

lassen sich mit ihrer Hilfe alle in Bild 3.40 aufgeführten Meßfederformen in freizügiger Weise für die Konstruktion optimal dem *individuellen Verwendungszweck angepaßter Wägezellen* heranziehen. Dabei lassen sich diese Wägezellen sowohl als *Auflagerungszellen* für *Höchstlasten* typisch von *einigen Hundert Gramm* bis zu *vielen Tausend Tonnen* als auch für die Verwendung innerhalb von *Hybridwaagen* mit *einheitlichen Kraftmeßbereichen* auslegen. Vorzugsweise unter Verwendung von *Einblockbiegefedern* fanden sogar viele *vollständige oberschalige Waagenkonstruktionen* entsprechend Bild 3.48 Eingang in die Praxis, bei denen auf jegliche Verwendung von Hebeln und Lenkern verzichtet werden konnte, weil die Störmomente durch exzentrische Lasteinleitungen x, y von den Biegefedern aufgenommen werden.

Der wesentliche Vorteil des DMS-Umformprinzips besteht darin, daß von den Meßfedern *nur solche Oberflächenzonen* erfaßt werden, die soweit entfernt von den Stellen der Ein- und Ausleitung der Auflagekraft liegen (Bild 3.40), daß ihre Oberflächendehnungen nach dem *Prinzip von St. Venant* nicht mehr von der Art der *Lasteinleitung* beeinflußt werden. Außerdem lassen sich die *Auswirkungen* und *ungleichförmigen Wärmeausdehnungen* auf den Umformprozeß, denen das *Meßfedermaterial* durch äußere Temperatureinwirkungen ausgesetzt sein kann, wegen des *innigen Wärmekontaktes* zwischen Meßgitter und Federoberfläche unmittelbar am Ort ihrer Entstehung durch ein in seinem Temperaturgang angepaßtes Widerstandsmaterial wirkungsvoll unterdrücken [18]. Änderungen der Betriebstemperatur wirken sich über den E-Modul des Meßfedermaterials zwar auf die *Empfindlichkeit* und über eine Brückengrundverstimmung auch auf den *Nullpunkt* des Ausgangssignales aus. Diese Änderungen sind aber *streng systematisch* und *so linear* von der *Temperatur abhängig*, daß sie sich leicht durch das Einfügen von *temperaturabhängigen Kompensationswiderständen* in das Brückennetzwerk *eliminieren* lassen.

Bei Folien-DMS aus metallischem Widerstandsmaterial hat der Proportionalitätsfaktor in Gl. (3.120) ungefähr den Wert $k \cong 2$ [78]. Damit ist der *Meßeffekt* der damit ausgestatteten Wägezellen, die aus Genauigkeitsgründen heute durchwegs Vollbrücken aus vier paarweise

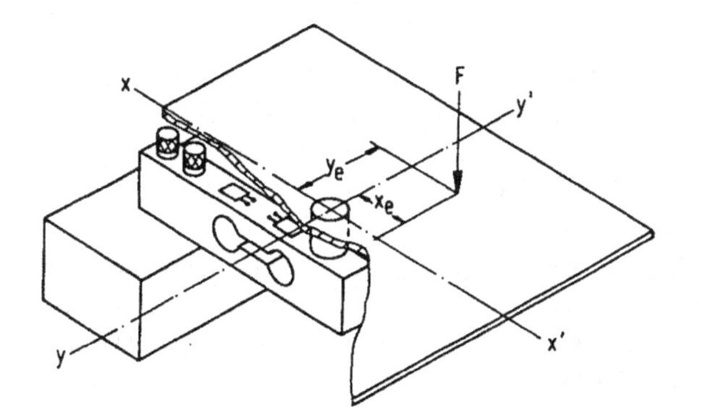

Bild 3.48
Oberschalige Waage mit DMS-Einblock-Wägezelle
F Kraft bei exzentrischer Krafteinleitung (x_e, y_e)
Quelle: DE 2900614 B2

entgegengesetzt, dem Betrag nach aber gleich stark gedehnten Widerstandsstrecken aufweisen [63], *sehr klein:* Denn aus Festigkeitsgründen und im Hinblick auf kleine Umformfehler beansprucht man das Meßfedermaterial bei Höchstlast meist nicht viel mehr als bis zu $\epsilon_{max} \approx 1$ ‰! und nimmt damit Meßsignale u_{m_0} aus der Meßdiagonale der Vollbrückenschaltung von nur

$$u_{m_0 max} = \frac{\Delta R}{R}_{max} \cdot U_{speise} \cong 2 \cdot 10^{-3} \cdot U_{speise} \qquad (3.121)$$

in Kauf, d. h. von maximal rund 2 mV pro Volt an die Brückenspeisediagonale angelegter Speisespannung U_{speise}.

Diese kleinen Meßsignale erzwingen es, daß die DMS konstruktiv sehr sorgfältig gegen den Einfluß von *Störungen* aus der *Umweltatmosphäre,* insbesondere von *Feuchte* und *korrosiven Gasen,* geschützt sein muß, was *vollkommen* nur durch *metallische, hermetische Abkapselung* geschehen kann.

Trotz dieser kleinen Meßsignale ist es mit den *heutigen elektronischen Auswerteschaltungen* möglich, im Bedarfsfall Verstimmungsänderungen $\frac{\Delta R}{R}$ min $\leqslant 2 \cdot 10^{-9}$ sicher zu indizieren [79] und damit vorgegebene *Wägebereichsauflösungen* auf mehr als *1 Million Teilschritte* zu ermöglichen. Eine derartig hohe Auflösung ist von der mit *DMS-Wägezellen z. Z. erreichbaren Genauigkeit,* die im *Bereich der Waagen mittlerer Genauigkeit* (Klasse III) *mit weniger als 10000 Anzeigeschritten* angesiedelt ist, unter *eichtechnischen Gesichtspunkten* zwar *nicht gerechtfertigt,* zeigt aber die Reserven auf, die dieses Prinzip noch besitzt und die es erlaubt, in der Praxis entweder mit *weniger aufwendigen* Auswerte-Elektronik-Schaltungen auszukommen oder die Wägezellen für die *Bestimmung sehr kleiner Gewichtsdifferenzen* heranzuziehen [43].

Die Entwicklungstendenz bei diesen Schaltungen ist daher darauf gerichtet, mit niedrigen Brückenwiderständen R und *niedrigen Speisespannungen* auszukommen, um die *Isolationsprobleme* klein zu halten und die Wägezellen z. B. mit *Trockenbatterien* oder aus *Sonnenzellen* speisen zu können. Dabei erleichtert das von der *individuellen Höchstlast* der Wägezellen weitgehend *unabhängige einheitliche Ausgangssignal* die Entstehung *standardisierter mikroelektronischer Meßschaltungen* [92].

Eine auf die *wirtschaftliche Massenproduktion* ausgerichtete Variante der Metallfolien-DMS sind die *Dünnfilm-DMS.* Bei diesen werden in Vakuumöfen auf möglichst kleinflächig dimensionierte metallische oder nichtmetallische Meßfederoberflächen nacheinander mehrere dünne Isolations-, Widerstands-, Leiterbahn- und Passivierungs-Schichten mit *Schichtstärken* von einigen *Nanometern* aufgedampft oder aufgesputtert [80] und dabei mit aus der Halbleiterfertigung übernommenen Bearbeitungsschritten *feinste Widerstandsstrukturen in Vollbrückenschaltungen* erzeugt.

Bevorzugte *Federformen* sind kleine ebene *Membranen* und *Biegebalken,* die gemeinsam auf größeren Platinen bedampft und abschließend in eine Vielzahl von Einzelmeßfedern aufgetrennt werden. Auch von diesen Meßfedern in Dünnfilmtechnologie können heute bei gleichartigen Meßsignalen teilweise mit den Folien-DMS-Wägezellen vergleichbare Meßeigenschaften erzielt werden.

Eine gesonderte Forschungsrichtung zielte daneben auf die Entwicklung und den Einsatz von *Halbleiter-DMS,* deren Widerstandsmaterial durch geeignete *Dotierungen* sehr viel größere k-Faktoren (vgl. Gl. (3.120)) aufweist. Hier werden mit Silizium- oder Germanium-Grundmaterial (meist einkristallin, aber auch polykristallin) k-Faktoren von $k = \pm 60$ bis ± 200 erreicht [71, dort S. 135], wodurch der Bau von Wägezellen möglich wird, die *Ausgangssignale* in Höhe von mehreren Hundert Millivolt liefern und im Bedarfsfalle wegen der freien Wahl des Vorzeichens von k auch dann Vollbrücken aus 4 aktiven Widerstandsstrecken haben können, wenn die Meßfeder nur Oberflächendehnungen eines Vorzeichens anbietet (z. B. Hohlzylindermeßfeder Bild 3.41 f.)

Diese DMS liegen einmal in Form dünn geätzter *monokristalliner Balken* vor und können wie Folien-DMS auf beliebige Meßfederoberflächen aufgeklebt werden. In vielen Fällen wird aber auch nach Art der Dünnfilm-DMS das Widerstandsgitter im Hochvakuum direkt in Meßfedern aus flächigen Halbleitersubstraten *eindiffundiert,* aus denen dann in nachfolgenden Ätzschritten die meist in Membranform ausgebildeten Meßfedern herausgeätzt werden.

Der *hohe Meßeffekt der Halbleiter-DMS* ist jedoch von einigen *Nachteilen* begleitet, die in seinen temperaturabhängigen Nichtlinearitäten zu suchen sind. Diese verhinderten es bisher, daß mit Halbleiter-DMS Wägezellen mit höherer Genauigkeit gebaut werden konnten.

Neueste Entwicklungsbemühungen sind jetzt darauf gerichtet, *Halbleiter-DMS in Dünnfilmtechnik* auf Meßfedern aus Fremdmaterial zu deponieren [81], um von den konstruktiven Beschränkungen frei zu kommen, die bei den *eindiffundierten Halbeiter-DMS* materialbedingt gegeben sind.

3.8.8 Wägezellen mit akustischen Oberflächenwellen-Resonatoren

Fertigt man vorzugsweise Biegemeßfedern konstanter Festigkeit aus piezoelektrischem Material (Quarz, Keramik), so lassen sich gemäß Bild 3.49 deren Oberflächendehnungen durch *akustische Oberflächenwellen-Oszillatoren* auch in frequenzanaloge Ausgangssignale umformen [82]. Deren Resonatoren bestehen aus *kammförmig* ineinander *verzahnten Elektrodenanordnungen* S als Sender und E als Empfänger, die alle den gleichen Zinkenabstand a aufweisen. Bei Anregung von S durch eine hochfrequente Wechselspannung $u_S\,(f)$ wird das darunter liegende Material auf Grund des piezoelektrischen Effekts zu *rhythmischen Kontraktionen* und *Ausdehnungen* gezwungen. Als Folge werden gerichtete Schallwellen über die Meßstrecke $l = k \cdot a$ auf der Meßfederoberfläche zum Empfänger E gesendet. Dieser generiert daraus auf piezoelektrischem Wege wieder ein Spannungssignal u_E, das vom

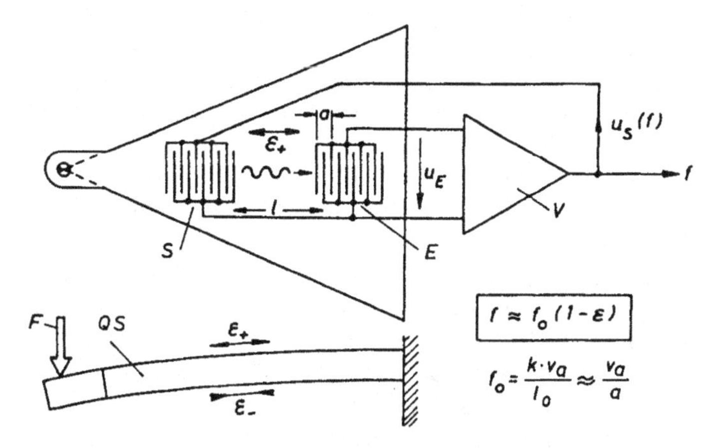

Bild 3.49 Wägezelle mit akustischen Oberflächen-Oszillatoren

F Kraft, *ε* Dehnung, S Sender, E Empfänger, V Verstärker, QS Quarzsubstrat, *a* Zinkenabstand
Quelle: Verfasser

Verstärker V zu $u_S(f)$ verstärkt auf S zurückgekoppelt wird. Dabei wird sich ein stabiler Oszillatorzustand gerade für die Frequenz f einstellen, deren Wellenlänge

$$\lambda = \frac{v_a}{f} = a = \frac{l}{k} \tag{3.122}$$

bei laufzeitfreier Verstärkung in V gleich dem Zinkenabstand a ist und damit gerade k mal in die Meßstrecke l hineinfällt. Da a und l aber der kraftproportionalen Oberflächendehnung ϵ unterworfen ist, wird die *Resonatorfrequenz*

$$f = \frac{v_a}{\lambda} \equiv \frac{v_a}{a(1+\epsilon)} = \frac{k\,v_a}{l_0(1+\epsilon)} = \frac{k \cdot v_a}{l_0(1+cF)} \approx f_0(1-cF) \tag{3.123}$$

unmittelbar von der Kraft moduliert. Durch beidseitige Bestückung der Meßfeder mit je einem derartigen Oszillator kann man zwei von der *Meßkraft gegensinnig beeinflußte* Frequenzen f_1 und f_2 gewinnen, für deren Differenzfrequenz gilt

$$\Delta f = f_2 - f_1 = \frac{k v_a}{l_0}\left[\frac{1}{1-\epsilon} - \frac{1}{1+\epsilon}\right] = 2\frac{k v_a}{l_0}\,\frac{\epsilon}{1-\epsilon^2} \approx 2 f_0 c \cdot F. \tag{3.124}$$

Da bei Höchstlast $\epsilon_{max} \approx 10^{-3}$, ist die Differenzfrequenz Δf der Meßkraft streng proportional. Bei Verwendung von Quarz als Meßfedermaterial kann man bei geeigneter Kristallschnittrichtung extrem kleine Wärmeausdehnungsbeiwerte erzielen und hat bei Oszillatorgrundfrequenzen f_0 von typisch 300 MHz bei hoher Meßstabilität mit einem *Frequenzhub* von 600 kHz über den Wägebereich zu rechnen.

Wägezellen dieses Prinzips befinden sich derzeit noch in der Entwicklung, wobei in erster Linie an einen *Einsatz* innerhalb von *Hybridwaagen* gedacht ist.

Prinzipiell erscheinen auch Bemühungen aussichtsreich, auf Meßfedern aus üblichen Federmaterialien *piezoelektrische Dünnfilmschichten* aufzudampfen und diese dann mit Oberflächenwellenoszillatoren auszustatten [83]. Aber auch hier liegen noch keine einsatzfähigen Ergebnisse vor.

3.8.9 Magnetoelastische Wägezellen

Eine wirkungsvolle Möglichkeit, die beanspruchungsabhängige Veränderung von Materialeigenschaften beim Bau von Wägezellen auszunützen, bietet der *magnetoelastische Effekt.* Denn in den meisten ferromagnetischen Materialien werden die im polykristallinen Zustand stochastisch verteilten *Weißschen Bezirke* von Materialspannungen σ oder τ bis zu einem Sättigungswert um so stärker in deren Wirkungsrichtung oder auch quer zu dieser umorientiert, je größer diese Spannungen selbst sind. Dieses Phänomen wurde schon früh bei industriellen Kraftaufnehmern eingesetzt, deren Meßfeder gleichzeitig eine Induktivität bildete [84]. Kennlinienlinearität und Temperaturstabilität dieser einfachen Aufnehmer können aber wägetechnischen Ansprüchen nicht genügen.

Bild 3.50 zeigt aber eine elegante Lösung [85], die diese Nachteile durch Anwendung des *Variometer-Prinzips* vermeidet. Ein aus *Trafoblechlamellen* zusammengesetzter, von der Stauchkraft F vertikal beanspruchter Meßfederkörper nimmt unter 45° zur Kraftrichtung in entsprechenden Bohrungen eine *Erregerwicklung* und senkrecht dazu eine *zweite Empfängerwicklung* auf. Im unbeanspruchten Material ergibt sich eine symmetrische Flußverteilung, wenn die Erregerwicklung an eine Wechselspannung gelegt wird, die in der senkrecht dazu angeordneten Empfängerwicklung keine Meßspannung induzieren kann.

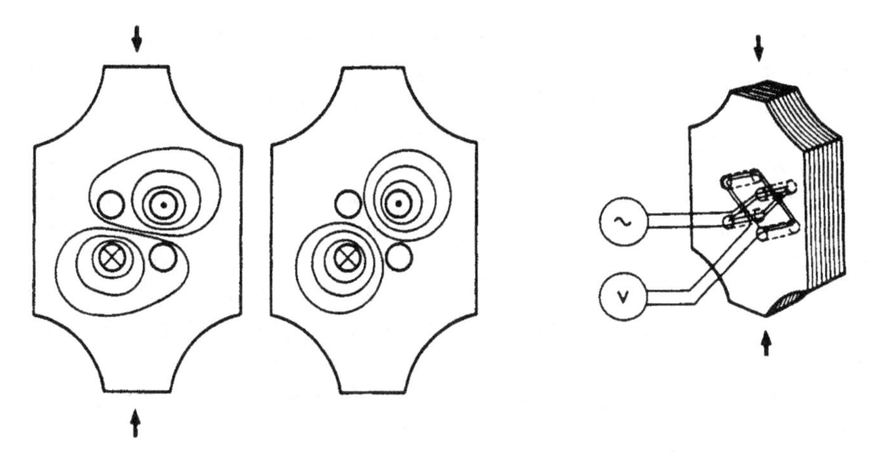

Bild 3.50 Variometrisch magnetoelastische Wägezelle
Quelle: Prospekte der Fa. ASEA

Bei *zunehmender Stauchbeanspruchung* wird das Material magnetisch immer mehr *anisotrop* und nimmt quer zur Stauchrichtung eine *zunehmende Magnetisierbarkeit* an. Proportional dazu wird die *Achse der Flußverteilung gedreht*, so daß an der Empfängerwicklung jetzt ein von der Meßkraft abhängiges Spannungssignal abgegriffen werden kann. Derartige Wägezellen zeichnen sich durch eine *hohe Nullpunktstabilität, Robustheit* und wegen des *niedrigen Innenwiderstandes* der Meßsignalquelle auch durch *geringe Empfindlichkeit* gegen *Isolationsdefekte* und *Umweltstörungen* aus. Anpassungen an unterschiedliche Höchstlasten sind ohne Vergrößerung der Bauhöhe durch Hinzunahme weiterer Blechelemente möglich.

Unbefriedigenden Linearitätseigenschaften des Grundelementes wurde erfolgreich durch Differentialanordnungen begegnet, in denen die Meßkraft zwei Grundelemente gegensinnig beansprucht [86], [74].

3.8.10 Piezoelektrische Wägezellen

Bild 3.51 zeigt den Grundaufbau eines *piezoelektrischen Kraftaufnehmers*, bei dem als Meßfedern zwei einen *longitudinalen piezoelektrischen* Effekt [71, dort S. 221/31] aufweisende, elektrisch hochgradig isolierende, monokristalline Scheiben vorzugsweise aus

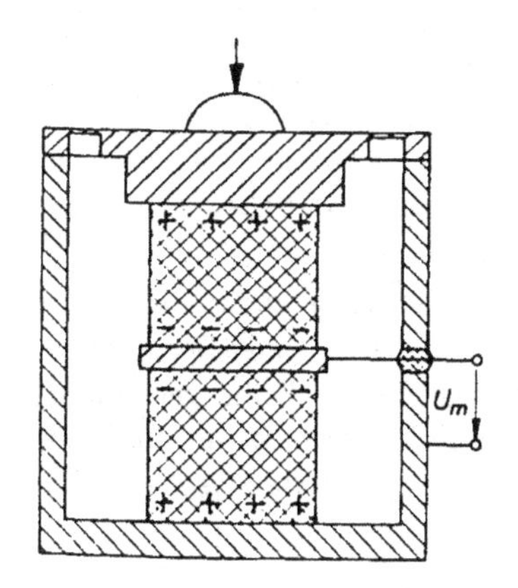

Bild 3.51
Piezoelektrische Wägezelle
Quelle: Verfasser

Quarz mit ihren Kristallorientierungen so aufeinander gelegt sind, daß durch die Meßkraft erzeugte elastische Verformungen an jeweils entgegengesetzt gerichteten Stirnflächen dieser Scheiben Ladungen gleichen Vorzeichens hervorrufen. Diese Ladungen sind der einwirkenden Kraft F streng proportional und können bewirken, daß die Mittelelektrode aufgrund ihrer kleinen Kapazität dadurch eine Leerlaufspannung u_m von *mehreren Hundert Volt* gegenüber dem Gehäuse annehmen kann. Durch Einsatz *moderner Ladungsverstärker* kann zwar *jegliche Spannungserhöhung* der Mittelelektrode durch exakte Abspeicherung der gebildeten Stirnflächenladungen in einen Meßkondensator *verhindert* und dafür gesorgt werden, daß *Isolationsdefekte* und *Leiterkapazitäten* des *Verbindungskabels* zwischen Aufnehmer und Verstärker *keinen Einfluß* auf das *Ladungssignal* haben, aber dadurch ist das *Isolationsproblem lediglich auf den Meßkondensator* verlagert! Denn bei *statischer* Aufnehmerbelastung wird das von diesem abgreifbare Spannungssignal nach einer *e-Funktion* mit der Zeitkonstante $\tau_m = C_m \cdot R_m$ abnehmen, die von der Kapazität C_m und dem Isolationswiderstand R_m eben dieses Meßkondensators festgelegt ist.

Derartige Kraftaufnehmer haben aufgrund ihrer *geringen Abmessungen* sehr *kleine bewegte Massen* und *hohe Federsteifigkeiten* und zeigen daher ein *ausgezeichnetes dynamisches Meßverhalten.* Daher sind sie besonders gut für Wägevorrichtungen geeignet, in denen es auf eine möglichst *kurzfristige Bestimmung* der *Differenz zweier Auflagekräfte* ankommt. Als Anwendungsbeispiele seien hier *Kontroll-* und *Abpackwaagen* genannt, aber auch *Fahrzeugwaagen,* bei denen das Gesamtgewicht *dynamisch* über die *Aufsummierung* der Achsauflagekräfte *während* der *Überfahrt* über eine in Fahrtrichtung sehr kurze Wägeplattform gewonnen wird. Hierbei kann die Waage *vor Beginn* jeder neuen Meßsignalaufnahme *zu Null* gestellt werden, so daß es lediglich auf eine sehr genaue Erfassung der *dynamischen Signalkomponenten* ankommt.

Da jedoch *piezoelektrische Wägezellen* aufgrund der geschilderten Isolationsprobleme grundsätzlich nur eine endliche Zeitkonstante τ_m haben können, zeigen sie das Übertragungsverhalten eines Hochpasses mit der sehr niedrigen unteren Grenzfrequenz $f_u = \frac{1}{2\pi C_m \cdot R_m}$. *Im Rahmen statischer Waagen* können sie daher *prinzipiell nicht eingesetzt* werden!

3.8.11 Kraftempfindliche Wägezellen mit mechanischen Schwingern

Wird einer *schlaffen Saite* statt des Weges einer gesonderten Meßfeder – wie in Abschnitt 3.9.6 behandelt – direkt eine aus der Auflagekraft abgeleitete Zugkraft F aufgeprägt, – so daß diese Saite voll die Funktion der Meßfeder übernimmt – lassen sich aufgrund der *Einsteinschen* Beziehung (3.117) dagegen *frequenzanaloge Signale* erzielen, die *völlig unabhängig* von *Temperaturausdehnungen* der *Einspanngeometrie* des Wägezellengehäuses und von *Änderungen des Saiten-E-Modules* sind. Lediglich die *Wärmedehnungen des Saitenmateriales* wirken sich als *systematische* und damit *kompensierbare Fehler* aus; diese können aber durch die Wahl eines Materiales mit niedrigem Ausdehnungskoeffizienten von vornherein auf vernachlässigbare Werte reduziert werden. Wägezellen dieses Typs haben aber wegen der Wurzelfunktion (3.117) *eine stark gekrümmte Kennlinie.*

Erste in die Praxis eingeführte Wägezellen begegneten den daraus resultierenden Problemen durch Verwendung von zwei identischen Schwingsaitensystemen, die von einer Bezugsmasse gleichsinnig vorgespannt, von der Meßkraft aber in unterschiedlicher Höhe gegensinnig beaufschlagt wurden [24]. Sie eliminierten so außerdem durch das *Prinzip des Massevergleiches* (vgl. Abschn. 3.3.5) den *Schwerkrafteinfluß* und genügten *als preisrechnende Ladentischwaagen* den *geltenden Eichvorschriften* [87].

Heutige Versionen führen die *Kennlinienlinearisierung* mit Hilfe von *Mikroprozessoren* online durch, so daß die *streng systematische* und *äußerst exakt reproduzierbare* Kennlinienkrümmung zumindest bei in sich abgeschlossenen Waagenkonstruktionen *keinen grundsätzlichen Nachteil* mehr darstellt, da sie *bei Bedarf* sogar *individuell begradigt* werden kann [88].

Einsteins Voraussetzung einer schlaffen Saite läßt sich aber bei vertretbaren Saitenlängen nur bei Einsatz äußerst kleiner Saitenquerschnitte hinreichend exakt erfüllen, die wiederum *direkte Höchstlasten* von nur *wenigen Hundert Gramm* zulassen. So sind die mit ihnen realisierten Wägezellen weitgehend auf den *Einsatz innerhalb von Hybridwaagen* begrenzt, erreichen dort aber z. T. sich *in den Bereich der Präzisionswaagen* erstreckende *Meßgenauigkeiten.*

Größere Höchstlasten sind jedoch erreichbar, auch ohne die Vorteile des *bestechend einfachen Systemaufbaues* aufgeben zu müssen, wenn man zu *elastischen Feder-Masse-Schwing-Körpern* übergeht, bei denen die Meßkraft vorzugsweise über die Geometrie die Nachgiebigkeit N_F der zugehörigen Federelemente und damit die Eigenresonanz

$$f_0 = \frac{1}{2\pi\sqrt{m_F \cdot N_F}} \qquad (3.125)$$

beeinflußt. Auch hier sind systematisch *nichtlineare,* aber *ohne Nachteile rechnerisch linearisierbare Kennlinien* zu erwarten und bei sorgfältiger Fertigung des Meßfeder-Schwingkörpers *mit einfachen elektronischen Zählschaltungen digitale Meßsignale hoher Auflösung* zu bekommen. Sehr einfache Schwingkörper stellen hier zunächst einmal *biegesteife Schwingsaiten* dar, die von der Meßkraft F axial auf Zug belastet und im Interesse kurzer Meßzeiten auf Harmonischen der Grundfrequenz zu *transversalen Resonanzschwingungen* angeregt werden. Hierbei ergeben sich aber gewisse Probleme, weil die Saiten auf ihre Aufhängungen *axiale Wechselkräfte* ausüben und danach unter *Einbuße* an *Resonanzschärfe* Dämpfungen erfahren.

Daher ist es wesentlich aussichtsreicher, möglichst *monolithisch* aufgebaute, *paarige Schwingerformen* einzusetzen, wie diese beispielsweise Bild 3.52 entsprechend den Vorschlägen in [18] zeigt. Hier sind jeweils zwei identische Säulen aus *stabförmigen Federelementen* an

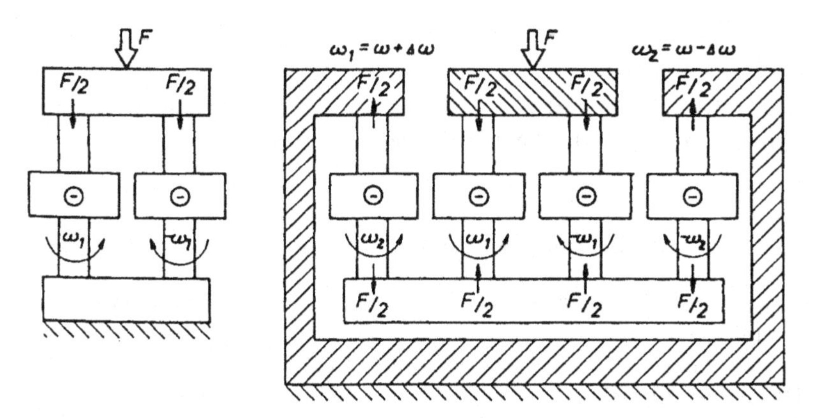

Bild 3.52 Wägezelle mit paarigem kraftempfindlichen Schwingkörper
F Kraft, ω Kreisfrequenz, θ Trägheitsmoment
Quelle: Verfasser

ihren Enden in gemeinsamen Widerlagern gehalten, die in ihrer Mitte je eine gleich große *träge Masse* tragen. Werden diese in sich schwingungsfähigen Elemente als *gekoppelte Schwinger* zu synchronen gegensinnigen *Drehschwingungen* angeregt, werden in axialer Richtung nahezu *keine Wechselkräfte* ausgeübt. Gleichzeitig aber werden auch die gegensinnigen *Reaktions-Wechsel-Drehmomente* vollständig und dämpfungsfrei von den Widerlagern *ausgeglichen.* Da sich derartige Schwingkörper leicht aus einem *zusammenhängenden Materialstück* herausarbeiten lassen (monolithisch!), können jegliche Probleme, die sonst undefinierte reibungsgefährdete Einspannungen verursachen, vermieden und *äußerst hohe Schwingungsgüten* erreicht werden.

Der über den Wägebereich von der Meßkraft durch Stauchung der *Torsionsfederelemente* erzielbare *Frequenzhub* ist deutlich *kleiner als bei Saitenfedern.* Er kann verdoppelt werden, wenn zur Unterdrückung von Temperatureinflüssen auf die Schwingfrequenzen die Meßfeder *monolithisch aus zwei gegensinnig* von der Meßkraft *beanspruchten Schwingerpaaren* aufgebaut wird.

Mit dem Nachteil einer deutlich *größeren axialen Wechselkraft* in den Widerlagern, können Schwinger dieser Bauart aber auch ähnlich wie bei einer Stimmgabel zu *gegensinnigen Transversalschwingungen* angeregt werden. Bei Zugbeanspruchung lassen sich bei Verwendung von Federsäulen mit schlankem rechteckförmigem Querschnitt dafür aber deutlich größere Frequenzhübe als bei Rotationsschwingern erreichen.

Präzisionswaagen mit solchermaßen aufgebauten Wägezellen wurden kürzlich in die Praxis eingeführt [89]. Sie erreichen Auflösungen von etwa 100 000 Teilschritten.

Die *Anregung* derartiger Schwinger und auch die zum Aufbau rückgekoppelter Oszillatorschaltungen notwendigen *Schwingungsempfänger* können bei Schwingmeßfedern aus *ferromagnetischem Stahl* durch *vormagnetisierte Elektromagnete* oder bei *elektrisch leitfähigem* Material auf *elektrodynamischem Wege* dadurch erfolgen, daß der Körper von einem magnetischen Feld durchsetzt und senkrecht dazu von einem schwingfrequenten Wechselstrom durchflossen wird [77, dort S. 135–139]. Eine besonders vorteilhafte Methode stellt jedoch die Verwendung der modernen *piezoelektrischen Bauelemente* auf *Keramikbasis* dar, die bei kleinen Erregerspannungen große Kräfte auszuüben vermögen und große Empfängersignale abgeben können. Sie sind vom *Schwingermaterial unabhängig* und ermöglichen hier auch den Einsatz *nichtleitfähiger* aber *mechanisch* besonders *hochwertiger Federwerkstoffe* (wie Quarz, Glaskeramik etc.).

3.8.12 Elektrohydraulische Wägezellen

Auf diese vor allem für dynamische Wägeaufgaben besonders vorteilhaften Wägezellenversionen wurde schon in Abschnitt 3.3.3.4 näher hingewiesen.

Schrifttum

[1] *Einstein, A.:* Über die spezielle und allgemeine Relativitätstheorie. Akademie-Verlag, Berlin 1969, 21. Auflage.

[2] *Meins, W.:* Handbuch der Betriebstechnik und Fertigungstechnik. Vieweg-Verlag, Wiesbaden. Kap. 3 (Erscheint 1985)

[3] *Robberecht, O.:* New Principle for Continuous Weighing and Batching. Proceedings 6. IMEKO TC 3 Meeting (1977), Odessa/USSR.

[4] *Arzt, R.* und *Ringelhan, H.:* Optische Sensoren zur berührungslosen und schlupffreien Weg- und Geschwindigkeitsmessung an Landfahrzeugen. Feinwerktechnik u. Meßtechn. 86 (1978), S. 61–71.

[5] *Zervos, P.:* Ein Verfahren zur Längenmessung bewegten Meßgutes nach dem Doppler-Effekt. Dissertation TU Braunschweig (1984)

[6] *Shawhan, E.* und *Wright, J. R.:* Thermal Flowmeter US Pat. 2724271 (1950)

[7] *Engl, W.:* Relativistische Theorie des induktiven Durchflußmessers. Arch. Elektr. Tchn. **46** (1961), S. 173–189

[8] *Durst, F.; Melling, A.; Whitelaw, J. H.:* Principle and Practice of Laser-Doppler-Anemometry. Academic Press, London, 2 Edition (1981)

[9] *Stull, K. S.:* Ultrasonic Phasemeter Meausres Water Velocity. Electronics **28** (1955), S 128–131

[10] *Reimund, W.:* Dosieren und Erfassen von Schüttgutströmen mit Hilfe neuer Wägetechniken. wägen + dosieren **10** (1979), S. 50.

[11] *Mettlen, D.:* U-Bogen-Rohr wird zum optimalen Masse-Durchflußmesser. wägen + dosieren **14** (1983), S. 154.

[12] *Kalkhoff, H.-G.:* Mengenmessung von Flüssigkeiten. Carl Hanser-Verlag, München 1964, S. 51

[13] *Biétry, L.* und *Kochsiek, M.:* Mettler Wägelexikon, Fa. Mettler, Greifensee, 1982

[14] *Raudnitz, M.* und *Reimpell, J.:* Handbuch des Waagenbaues. Verlag B. F. Voigt, Berlin 1955.

[15] *Kemény, T.:* MérlegtechnikaiKézikönyv (Waagen Handbuch). Budapest, 1982 (ISBN 963 10 3593X)

[16] *Sacht, H. J.:* Entwicklung und Anwendung der Kreiszeigerwaage. Jubiläumsschrift der Fa. Tacho-Schnellwaagenfabrik GmbH Duisburg, 1971.

[17] *Eder, F. X.:* Moderne Meßmethoden der Physik, Teil 1, VEB Deutscher Verlag der Wissenschaften, Berlin 1960.

[18] *Horn, K.:* Physikalische Prinzipien für elektromechanische Wägezellen. – Aufnehmerprinzipien für die Umformung der mechanischen Meßgröße „Kraft" in elektrisch nutzbare Meßgrößen. wägen + dosieren **7** (1976), S. 5–16

[19] *Colijn, H.:* Weighing and Proportioning of Bulk Solids. Trans. Techn. Publications, Clausthal. NSZK, 1975.

[20] Firmenprospekt der Fa. Weighwrite Ltd. Farnham, England.

[21] *Milz, U.:* Messung von Kraft und Masse unter Einfluß von Störbeschleunigungen. VDI Berichte Nr. 312, 1978, S. 135–141.

[22] *Häggström, R. P.:* Weighing On-Board Fishing Vessels in Overhead Cranes. Proc. 6. Conf. IMEKO TC 3, Odessa (1977).

[23] *Maeda, Ch.* und *Nishiyama, T.:* Dynamics of a Shipboard Scale with Applications. Proc. 9. IMEKO-Kongress (1982), Berlin.

[24] *Wirth, A.; Wirth, J.* und *Gallo, M.:* An Electrodynamic Scale According to the Principle of Mass Comparison. Maatschappij van Berkels Patent NV registerd of Rotterdam.

[25] *Haeberle, K. E.:* Zehntausend Jahre Waage – Aus der Entwicklungsgeschichte der Wägetechnik. Bizerba-Eigenverlag 1967.

[26] *Balhorn, R.:* Prototypwaagen, Forderungen an ihre Mechanik und an ihre Umgebungsbedingungen. PTB-Bericht Me **26**, 1980, S. 29–42.

[27] *Kochsiek, M., Krüger, R.* und *Kunzmann, H.:* Aufbau eines Laserinterferometers zur Messung der Balkenschwingungen von Waagen. Feinwerktechn. u. Meßtechn. **85** (1977), S. 86–88.

[28] *Kochsiek, M.:* Fortschritte bei der Darstellung der Masseskala. PTB-Mitt. **89** (1979), S. 421–424.

[29] *Peters, M.:* Untersuchung über das Spaltverhalten von Kolben-Zylinder-Systemen zur Entwicklung von mathematischen Verfahren für die Bestimmung der wirksamen Flächen in hydraulischen Kraft- und Normalmeßeinrichtungen. Dissertation TU Braunschweig (1978).

[30] *Toyosawa, Y.:* An Evaluation of the Hydraulic Load Standards for Weighing Machines. Proc. 5th Conf. IMEKO TC 3 Szeged (1974).

[31] *Barten, H.:* Renaissance der Laufgewichtswaage. Vortrag auf der Informationstagung „Industrielles Wägen" der AWA am 9./10.10.1975 in Bad Lauterberg (Fa. Pfister, Augsburg).

[32] *Behrndt, K.:* Die Mikrowaagen in ihrer Entwicklung seit 1886. Z. f. angew. Physik VIII. Band, (1956), S. 453–472.

[33] *Gast, Th.* und *Kästel, W.:* Neue Sensoren und Kraftglieder für Wägezellen. VDI-Ber. Nr. 312 (1978), S. 15- 18.

[34] *Gast, Th.:* Fortschritte bei der Wägung im frei schwebenden Zustand. PTB-Bericht Me 26, 1980, S. 65–94.

[35] *Gast, Th.* und *Vieweg, R.:* Z. f. Kunststoff 34 (1944), S. 119.

[36] *Schubert, B.:* Neue Dimensionen im Fein- und Präzisionswaagenbau. Feinwerkt. + Meßt. 86 (1978), S. 26–29.

[37] *Knothe, E.; Melcher, F. J.* und *Berg, Chr.:* Fortschritte in der Wägetechnik. Ingenieur Digest (1982).

[38] *Wöhrl, J.:* Von Maß- und Waagensystemen zur Kreiselwaage. wägen + dosieren 6 (1975), S. 129–133.

[39] *Probst, R.:* Untersuchung eines hydrostatischen Wägeverfahrens hoher Genauigkeit. Dissertation TU Berlin (1983). PTB-Bericht Me 45.

[40] *Jenemann, H. R.:* Substitutionswägung – heute und vor zweihundert Jahren. wägen + dosieren 11 (1980), S. 24–31.

[41] *Jenemann, H. R.:* Zur Geschichte der Substitutionswägung und der Substitutionswaage. Technikgeschichte 49 (1982).

[42] *Wöhrl, J.:* Bulk Tank Inventury: Weighing from the Roof with Tranceable Calibration Reference Firmenprospekt.

[43] *Horn, K.:* Die Messung des Gewichtes von Teilmengen mit hochauflösenden Waagen. VDI-Bericht Nr. 202 (1973), S. 129–138.

[44] Die Wöhwa Stehtankwaage setzt neue Maßstäbe für den Umschlag von Flüssigkeiten im Großtanklager. Die Natursteinindustrie 6 (1982), S. 44–45.

[45] *Probst, R.* und *Kochsiek, M.:* Investigation of a Hydrostatic Weighing Method for a 1 kg Mass Comparator. Metrologia 19 (1984), S. 137–146.

[46] *Hahn, G.:* Meßfehler bei Förderbandwaagen mit einer Tragrollenstation. Dissertation TU Braunschweig (1982).

[47] *v. Petery, A.:* Lagerung von Schüttgütern. Betriebshütte, Bd. Fertigungsbetrieb. Verlag W. Ernst & Sohn (1965), S. 222–248. Berlin, München.

[48] *Roboz, J.:* Introduction to Mass Spectrometry. (Interscience.) New York 1968.

[49] *Lutz, K.:* Die Berechnung des Schwebekörper-Durchflußmessers. Regelungstechn. 7 (1959), S. 355–360.

[50] *Schweiger, M.:* Durchflußmessung mittels Ultraschall. Feingerätetechn. 12 (1963), S. 26–265.

[51] *Grave, H. F.:* Elektrische Messung mechanischer Größen. Akad. Verlagsges. (1965), 2. Auflage.

[52] *Kalkhoff, H. G.:* Der Wirbeldurchflußmesser im Vergleich mit Wirkdruck-Durchflußmeßgeräten. Dissertation TU Braunschweig (1983) PTB-Bericht Me-47.

[53] VDI-Durchflußmeßregeln DIN 1952 (Entwurf 1980)

[54] ISO 5167 (1. Aug. 1980)

[55] *Hengstenberg, J.; Sturm, B.* und *Winkler, O.:* Messen, Steuern und Regeln in der Chemischen Industrie. Springer-Verlag (1980) Berlin, Heidelberg, New York, 3. Auflg. Bd. 1.

[56] *Schröder, A.:* Übersicht über die verschiedenen Durchfluß- und Mengen-Meßverfahren. VDI-Berichte Nr. 254 (1976).

[57] *Dopheide, D.:* Anwendung der Doppler-Anemometrie auf die genaue Großgasmessung. PTB-Mitt. 94 H.1 (1984).

[58] *Fraser, M. J. S.:* Group Weighing Survey. Anglo American Corp. of South Africa Ltd. Crown Mines, Transvaal (1975).

[59] *Hardt, H.:* Die Schichtdickenmessung mit Hilfe von Strahlung. Elektrik 16 (1962), S. 82–89.

[60] Wägezellen, Kenngrößen VDI/VDE 2637.

[61] *Meißner, B.:* Zum Verhalten von Dehnungsmeßstreifen-Wägezellen bei stoßartiger Lastaufbringung. Dissertation TU Braunschweig (1984). PTB-Bericht Me 59.

[62] *Meißner, B.:* Anforderungen und Untersuchungen an Wägezellen für eichfähige Waagen. PTB-Bericht Me 26 (1980), S. 117–131.

[63] *Fischer, K.; Horn, K.* und *Jedelski, J.:* Eine Präzisions-Kraftmeßdose mit Dehnungsmeßstreifen für Kräfte zwischen 6 und 600 kp. ATM Jg. 133-2 (1967).

[64] *Theiß, D.:* Die Wägezelle: Vom Wägegut zum Meßsignal, in Schuster, A.: Industrielle Wägetechnik, Jubiliäumsschrift d. Fa. C. Schenck AG (1983), Eigenverlag Schenck, S. 21–36.

[65] *Horn, K.:* Dehnungsmeßstreifen-Druckgeber und ihre Anwendung. VDI-Bericht **93** (1966) S. 35–39.

[66] *Häggström, R. P.:* A Novel Forcetransducer Opening New Areas of Application. Firmenschrift „Kraftmeßdose KIS-I" der Firma BOFORS Electronics AB, Schweden (1970).

[67] *Horn, K.:* Prinzipien elektromechanischer Wägezellen. PTB-Bericht Me **26** (1980), S. 43–63.

[68] *Horn, K.:* Dimensionierung von Dehnungsmeßstreifen-Aufnehmern auf hohe Federsteifigkeit. VDI-Bericht **509** (1984), S. 179–182.

[69] *Meißner, B.* und *Süß, R.:* Beitrag zur Prüfung von DMS-Wägezellen auf Eignung zum Einsatz in eichfähigen elektromechanischen Waagen. VDI-Bericht **312** (1978), S. 63–68.

[70] *Pflier, P. M.:* Elektrisches Messen mechanischer Größen. Springer-Verlag, Berlin (1956).

[71] *Rohrbach, Ch.:* Handbuch für elektrisches Messen mechanischer Größen. VDI-Verlag, Düsseldorf (1967).

[72] *Weiß, H.:* Die Feldplatte, ein neues steuerbares Halbleiterbauelement. Solid Electronics (1966) Vol. **9**.

[73] *Printz, R.* und *Charvat, R.:* Meßwertaufnehmer. Patentanm. der DFVLR.PA Nr. 3322928.7/52 (7/1982).

[74] *Horn, K.:* Lassen sich nur mit Dehnungsmeßstreifen hochgenaue Kraftaufnehmer bauen? VDI-Bericht **312** (1978) S. 1–14.

[75] *Bradbury, H.:* Kapazitive Lastmeßdose und Verfahren zu ihrer Herstellung OS 29 21 614 Fa. National Controls, Inc. USA (1978).

[76] Firmenschriften d. Fa. Setra Systems Nettick, Mass. USA (1981).

[77] *Novicikj, P. V.; Kuorring, V. G.* und *Gatuikov, V. S.:* Frequenzanaloge Meßeinrichtungen. VEB-Verlag Technik, Berlin (1975).

[78] *Bethe, K.:* Transversalempfindlichkeit von Dünnfilm-Dehnungsmeßstreifen in Theorie und Praxis. VDI-Bericht **509** (1984), S. 213–216.

[79] *Kreutzer, M.:* Programmable Measuring Instrument with Standards Class Accuracy Suitable for Universal Application in Strain Gauge Measurements. Proc. VIII IMEKO Congr. Moskau (1979).

[80] *Bethe, K.:* Some modern Technologies and Materials for Transducers with Thin Film Strain Gages. Proc. 6 Conf. IMEKO TC 3 Odessa/USSR (1977).

[81] *Sakamoto, K.* und *Takeno, Sh.:* Load Cell and Method of Manufacturing the Same. EP 0053 337 A2 (1980).

[82] *Schwartz, R. T.:* Strain Sensor. US-Patent Nr. 3 888 115 der Texas Instr. Inc. (1973).

[83] *Kiewit, D. A.:* Kraftmeßfühler mit einem einseitig eingespannten Körper mit piezoelektrischer Oberflächenwellenerzeugung. DE 27 57 577 B2 d. Fa. Gould/USA (1977).

[84] *Janovsky, W.:* Über die magnetoelastische Messung von Druck-, Zug- und Torsions-Kräften. Z. f. techn. Phys. **14** (1933), S. 466–472.

[85] *Dahle, O.:* The Torductor and the Pressductor, two Magnetic Stress-Gauges of New Type. IVA (Zeitschrift der schwed. Akadem. d. techn. Wiss. **25** (1954), S. 221–238.

[86] Eine neue Generation des Kraftmeßgebers PRESS DUCTOR. Firmenschrift YM 21–101 T der Fa. ASEA (1974).

[87] *Sacht, H. J.:* Elektrodynamische Waagen. Techn. Mitt. **1** (1970). Haus der Technik, Essen.

[88] *Gallo, M.* und *Winkler, J.:* Mikroprozessoren im Waagenbau, Realtime- und Schrittrechnung bei Saitenwaagen. Feinwerktechn. u. Meßtechn. **86** (1968), S. 30–35.

[89] Electronic Balance SG Series. Firmenschrift SV 40 203 Shinko Denshi KK (1984), Tokio.

[90] *Schulz, F.:* Enzyklopädie Naturwissensch. u. Techn. Verlag Moderne Industrie Wolfg. Dummer, München (1980), Bd. 3, S. 2734.

[91] *Jost, G.:* Vergleich radiometrischer und gravimetrischer Systeme zur kontinuierlichen Massebestimmung (Erscheint 1985 in wägen + dosieren).

[92] *Horn, K.:* Time Division a Versatile Conceipt for Low Cost Sensors and High-Precision Transducers of the Strain Gage Type. Proc. IMEKO TC3, Kobe/Japan 1984.

4 Einteilung und Aufbau von Waagen

H. Weinberg

4.1 Einteilung der Waagen

In der deutschen Sprache gibt es für die Benennung eines Meßgerätes, das zur Ermittlung der Masse dient, nur ein einziges Wort: „Waage". Da es aber einige hundert verschiedener Meßgeräte für die Massenbestimmung gibt, die bezüglich des technischen Prinzips, des Aussehens und der Verwendung sehr verschieden sind, bedeutet es ein echtes Problem, eine ganz bestimmte Waage durch eine kurze Bezeichnung so zu charakterisieren, daß sie dadurch eindeutig und genau genug beschrieben ist.

Eine weitere Schwierigkeit liegt darin, daß das Wort Waage auch noch für andere Geräte verwendet wird, wenn man dabei entweder eine horizontale Lage (Wasserwaage) oder ein Gleichgewichtsverhältnis (Stromwaage) zum Ausdruck bringen will.

Im Gegensatz zur deutschen Sprache benutzen andere Sprachen mehrere Worte, mit denen, zwar nicht immer ganz scharf abgegrenzt, ein Gerät zur Massenbestimmung bezeichnet werden kann. Im Englischen spricht man so zum Beispiel von Scale, Balance and Weighing Machine und der Franzose gebraucht die Worte Bascule und Balance in durchaus unterschiedlicher Bedeutung.

DIN 8120 befaßt sich u. a. mit der Einteilung von Waagenbauarten:

4.1.1 Nach dem Anwendungszweck (DIN 8120, Teil 1)

Analysen- und Laborwaagen:

Waagen für besonders genaue Wägungen, vorwiegend für geringe Höchstlast, insbesondere Fein- und Präzisionswaagen.

Ladentisch- und Preisauszeichnungswaagen:

Handelswaagen, die beim direkten Verkauf oder zur Preisauszeichnung verwendet werden.

Plattformwaagen für Handel und Industrie:

Waagen mit einem ebenen Lastträger, der sich in der Regel auf mehrere Auflagen (z. B. Schneiden, Wägezellen) abstützt.

Waagen für hängende Last:

Waagen, bei denen der Lastträger so ausgebildet ist, daß er hängende Lasten aufnehmen kann.

Waagen zur Ermittlung von Beförderungsentgelten:

Waagen, meist in spezieller Ausführung, mit denen von der Masse (Gewicht) abhängige Gebühren ermittelt werden. Sie können eine Gebührenanzeige besitzen.

Personenwaagen für die Heilkunde:

Waagen verschiedener Art, mit denen im Bereich der Heilkunde Menschen gewogen werden.

Waagen für Gleis- und Straßenfahrzeuge:

Waagen, mit denen ganze Fahrzeuge, Achslasten, Radlasten bei stehendem Fahrzeug oder auch in der Bewegung gewogen werden.

Waagen für kontinuierliches Wägen:

Waagen, bei denen ein Fördergutstrom stetig gewogen wird, unabhängig von der Gestaltung der Förderstrecke sowie Dosierbandwaagen und Förderbandwaagen mit Sollwertvorgabe.

Waagen zum diskontinuierlichen Wägen und Abwägen:

Waagen, mit denen Füllungen gewogen oder Abfüllungen einer vorgegebenen Füllmenge durchgeführt werden, wobei die Gewichtsermittlung sowohl netto als auch brutto erfolgen kann.

Behälterwaagen und Gemengewägeanlagen:

Behälterwaagen, die nicht als Abfüllwaagen ausgelegt sind. Sie können sowohl von Hand als auch selbsttätig betrieben werden sowie zu Wägeanlagen zur Herstellung von Gemengen ausgebaut sein.

Vergleichswaagen, selbsttätige Kontroll- und Klassierwaagen:

Waagen, die im allgemeinen nicht das Absolutgewicht, sondern die Abweichung des Istgewichtes vom Sollgewicht oder Gewichtsbereiche (Klassen) anzeigen. Sortierwaagen, meistens als selbsttätige Klassierwaagen mit Sortiereinrichtung gebaut, teilen darüber hinaus das Wägegut selbsttätig in verschiedene Gewichtsklassen ein.

Haushalt- und Badezimmerwaagen:

Hierzu gehören Waagen aller Art, die nur für den privaten Bereich bestimmt sind.

Sonstige, nach dem Wägeprinzip arbeitende Meßgeräte:

Meßgeräte, die nach einem Wägeprinzip arbeiten, aber nicht der Massebestimmung dienen, z. B. Zählwaagen, Prozentwaagen, Dichtewaagen.

4.1.2 Nach der Eichfähigkeit

Waagen und Zusatzeinrichtungen, die im geschäftlichen oder amtlichen Verkehr, im Verkehrswesen, im Bereich der Heilkunde und bei der Herstellung und Prüfung von Arzneimitteln verwendet oder bereitgehalten werden, unterliegen der Eichpflicht gemäß den behördlichen Vorschriften.

Waagen und Zusatzeinrichtungen, die außerhalb dieser Einsatzbereiche verwendet oder bereitgehalten werden, sind nicht eichpflichtig.

Ein Meßgerät (Waage) ist eichfähig, wenn

- es allgemein zur Eichung zugelassen ist und den Forderungen zur Eichordnung entspricht;
- es durch eine Bauartzulassung zur Eichung zugelassen und den Forderungen der Eichordnung und der Bauartzulassung entspricht.

Dazu enthält die Eichordnung – als Rechtsverordnung zum Gesetz über das Meß- und Eichwesen – im Band „Allgemeine Vorschriften" (EO-AV) die für alle eichfähigen Meßgeräte geltenden grundsätzlichen Regelungen über die Zulassung von Meßgerätearten und -bauarten, über die Eichung und über meß- und bautechnische Anforderungen.

In den Eichvorschriften werden nichtselbsttätige Waagen in vier Genauigkeitsklassen entsprechend der Anzahl der Skalenteile, der Höchstlast und der von der Waage eingehaltenen

Fehlergrenzen eingestuft. Sie werden wie folgt nach fallender Genauigkeit mit dem Namen und Kennzeichen für die Genauigkeitsklasse aufgeführt:

Feinwaagen	(I)
Präzisionswaagen	(II)
Handelswaagen	(III)
Grobwaagen	(IIII)

Bei selbsttätigen Waagen zum diskontinuierlichen Wägen wird zwischen den Genauigkeitsklassen III B (Eichfehlergrenze f = 1,25 ‰) und III C (f = 2,5 ‰) unterschieden.

Selbsttätige Waagen zum kontinuierlichen Wägen (Förderbandwaagen) werden in eine Klasse 1 (Eichfehlergrenze f = 0,5 %) oder in eine Klasse 2 (f = 1 %) eingestuft.

4.1.3 Nach selbsttätigen und nichtselbsttätigen Waagen

Bei den selbsttätigen Waagen ist für die Wägung eine Überwachung der Waagenfunktion durch Bedienungspersonal nicht erforderlich, und es wird ein für das Gerät charakteristischer automatischer Ablauf immer wieder neu eingeleitet.

Dabei werden unterschieden:

Selbsttätige Waage zum Abwägen (SWA),
Selbsttätige Waage zum diskontinuierlichen Wägen (SWW),
Selbsttätige Waage zum kontinuierlichen Wägen,
Förderbandwaage (FBW),
Selbsttätige Kontrollwaage (SKW),
Eiersortiermaschine.

Bei den nichtselbsttätigen Waagen ist für die Wägung eine Überwachung der Waagenfunktion durch Bedienungspersonal erforderlich und sicherzustellen, so daß ohne Eingriff des Bedienungspersonals keine Wägung ausgeführt werden kann.

4.1.4 Nach dem Einspielvermögen

Unter dem Einspielen versteht man die Fähigkeit einer Waage, nach einer Belastungsänderung (unbehindert durch Anschläge) eine stabile Gleichgewichtslage, die Einspiellage, einzunehmen. Bei einer elektromechanischen Waage ist die Gleichgewichtslage erreicht, wenn die Anzeige sich nicht mehr nennenswert ändert.

Selbsteinspielende Waagen haben eine veränderliche Einspielungslage und zeichnen sich dadurch aus, daß sie sich automatisch in die der Größe der Last entsprechende Gleichgewichtslage einspielen und dabei keine Bedienung von Ausgleichsgewichten notwendig ist (Bild 4.1a).

Nichtselbsteinspielende Waagen haben eine feste Einspielungslage. Für die lastgrößenabhängige Gleichgewichtslage müssen manuell Gewichte aufgelegt (Bild 4.1b) oder an einem Laufgewichtstab verschoben werden (Bild 4.1c).

Bei halbselbsteinspielenden Waagen muß oberhalb einer bestimmten Belastung (Selbsteinspielbereich) von Hand eingegriffen werden, damit die Waage selbsteinspielen kann.

4.1.5 Nach dem Wägeprinzip

Dem Wägen liegt im allgemeinen das Naturgesetz der Massenanziehung zugrunde. Hiernach übt das Schwerefeld der Erde auf eine Masse eine Anziehungskraft aus, die dieser Masse

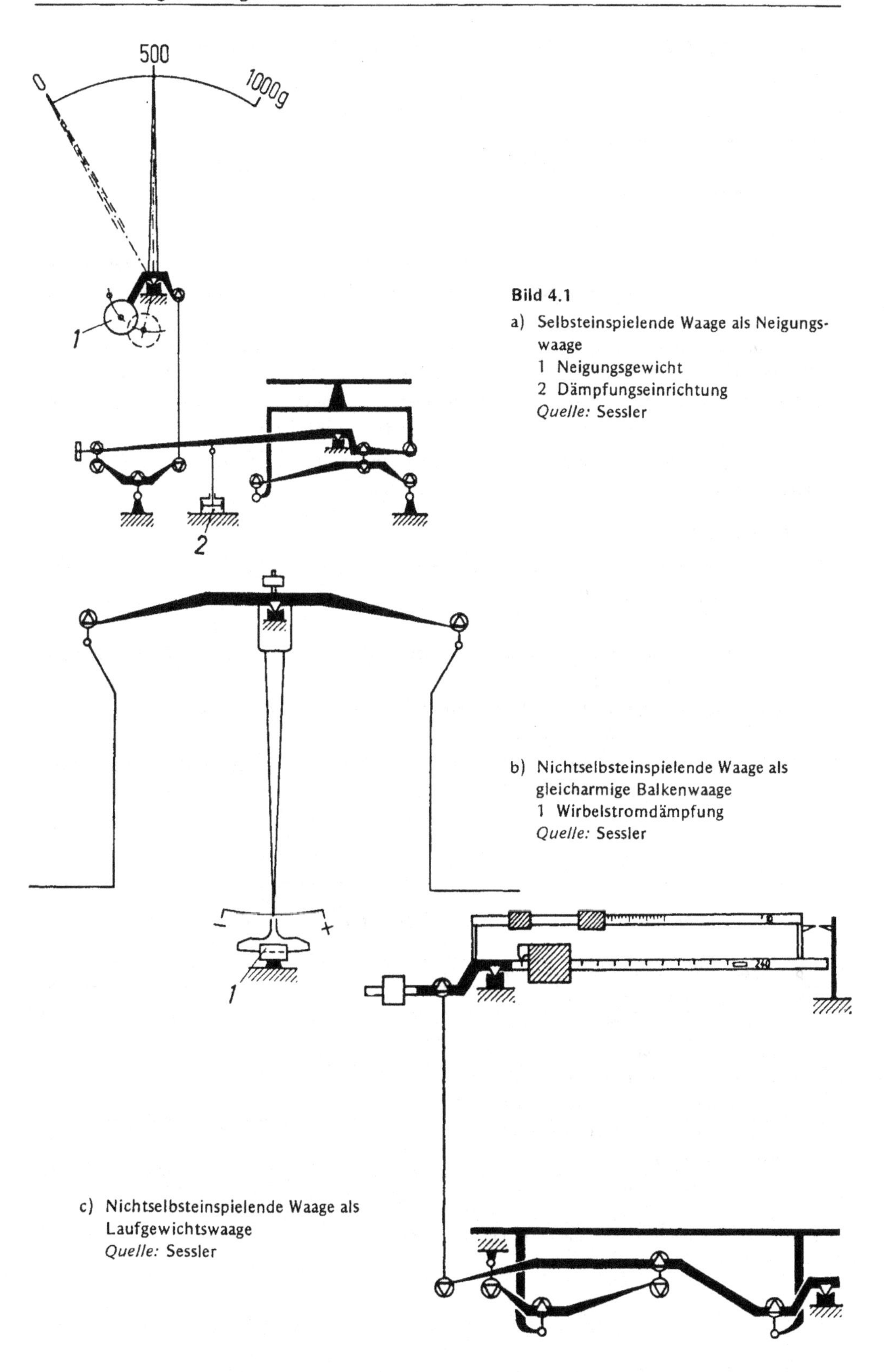

Bild 4.1

a) Selbsteinspielende Waage als Neigungswaage
1 Neigungsgewicht
2 Dämpfungseinrichtung
Quelle: Sessler

b) Nichtselbsteinspielende Waage als gleicharmige Balkenwaage
1 Wirbelstromdämpfung
Quelle: Sessler

c) Nichtselbsteinspielende Waage als Laufgewichtswaage
Quelle: Sessler

proportional ist. Selten sind Prinzipien verwendet, die über eine Beschleunigung wägen wie beispielsweise (siehe auch Kap. 3):

- die Erfassung der Masse dünner Schichten mit Quarzkristallen, deren Resonanzfrequenzänderung ein Maß für die Masse ist;
- die Erfassung der Masse von Schüttgütern durch Prallplatten, wobei die Impulsänderung ein Maß für die Masse ist.

Die Waagen werden häufig in zwei Klassen eingeteilt, in die

- *mechanischen Waagen*, bei denen der Ausgleich der Gewichtskraft des Wägegutes und die Umformung der Meßgröße „Kraft" in eine darstellbare Ausgangsgröße (Anzeige) rein mechanisch erfolgt;
- *elektromechanischen Waagen*, bei denen der Ausgleich der Gewichtskraft des Wägegutes mechanisch oder elektromechanisch erfolgt, wobei die Meßgröße „Kraft" durch einen geeigneten Meßgrößenumformer in ein darstellbares elektrisches Signal umgeformt und die so gewonnene Ausgangsgröße elektrisch oder elektromechanisch angezeigt wird.

Hybride Waagen, eine Kombination der mechanischen und elektromechanischen Waage, sind der Klasse der elektromechanischen Waagen zuzuordnen.

4.1.6 Nach dem Meßsystem

Bei den unter Abschn. 4.1.5 genannten Wägeprinzipien gibt es jeweils verschiedene Methoden zur Erzeugung der Vergleichskraft zum Ausgleich der Kraftwirkung der Masse (siehe Kap. 3).

In Bild 4.2 sind die Meßsysteme zur Erzeugung einer Vergleichskraft, zugeordnet zum Wägeprinzip, zusammengestellt. Im praktischen Waagenbau haben sich aber nur bestimmte Meßsysteme durchgesetzt, die sich wiederum für definierte Waagenarten vorzugsweise eignen und in dem Bild 4.2 entsprechend herausgestellt sind.

Die physikalischen Prinzipien dieser praxisbezogenen Meßsysteme sind in dem Bild 4.3 dargestellt und bilden die Basis der folgenden kurzen Funktionsbeschreibungen.

Physikalisches Prinzip	Praktische wägetechnische Anwendung		
	Industrie-Sonderwaagen	Industrie-Standardwaagen	Kleinwaagen
potentiometrische Kraftmeßeinrichtung	–	–	–
Schwingsaiten Kraftmeßeinrichtung	–		
piezoelektrische Kraftmeßeinrichtung	–	–	–
kapazitive Kraftmeßeinrichtung	–	–	–
induktive Kraftmeßeinrichtung	–	–	–
magnetoelastische Kraftmeßeinrichtung		–	–
magnetische Kraftkompensationseinrichtung	–		
Widerstandskraftmeßeinrichtung			
Kreisel-Kraftmeßeinrichtung			–

Bild 4.2 Übersicht und wägetechnische Anwendung der Meßsysteme
Quelle: Verfasser

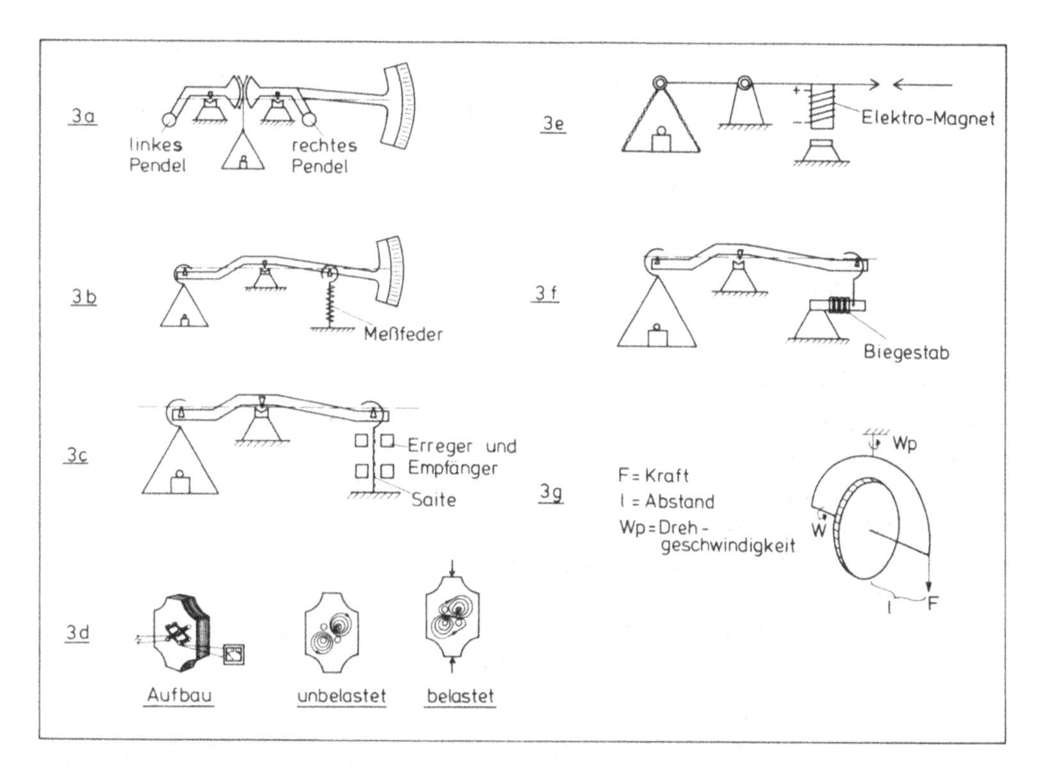

Bild 4.3 Physikalische Prinzipien zur Wandlung der Gewichtskraft
a) Doppel-Pendel-Neigungsgewichtsprinzip,
b) Federwaagenprinzip,
c) Schwingsaitenprinzip,
d) magnetoelastisches Prinzip
e) elektrodynamisches Kraftkompensationsprinzip,
f) Dehnungsmeßstreifenprinzip,
g) Kreiselprinzip.
Quelle: Verfasser

Mechanische Waagen

Bei der Balkenwaage ist das Gewicht einer bekannten Masse die Vergleichskraft (Bild 4.3a).

Bei der Federwaage wird die Vergleichskraft durch die Streckung oder Stauchung einer Feder erzeugt (Bild 4.3b).

Elektromechanische Waagen

Bei der Schwingsaiten-Wägezelle werden der Gewichtskraft proportionale Kräfte auf Meßsaiten geleitet. Deren Resonanzen liefern ein auswertbares Meßsignal (Bild 4.3c).

Bei der magnetoelastischen Kraftmeßeinrichtung (Bild 4.3d) bewirken mechanische Spannungen in Trafoblechen, daß die Permeabilität richtungsabhängig wird. Dadurch ändert sich die magnetische Koppelung zwischen zwei Spulen, die meßtechnisch zu Kraft- und Gewichtsmessungen nutzbar ist.

Bei der elektrodynamischen Kraft-Kompensationseinrichtung (Bild 4.3e) befindet sich eine Spule in einem permanent magnetischen Feld. Bei Stromdurchfluß entstehen Kräfte, die mittels einer Regelung gleich den Belastungen sind. Die Erfassung der Größe der Ströme bzw. der angelegten Spannungen ist mit hoher Genauigkeit möglich.

Bei der Dehnungsmeßstreifen-Wägezelle (DMS) ist die elektrische Widerstandsänderung, die durch die geometrische Änderung eines belasteten metallischen Körpers entsteht, das Maß für die Vergleichskraft (Bild 4.3f). Die speziell entwickelten Widerstände werden als Dehnungsmeßstreifen (DMS) bezeichnet.

Der Kreisel-Kraftmeßeinrichtung liegt die physikalische Gesetzmäßigkeit zugrunde, wonach der Kreisel in seiner Drehgeschwindigkeit um seine vertikale Achse einer aufgebrachten Kraft direkt und proportional folgt (Bild 4.3g).

Andere Meßsysteme

Siehe Kap. 3.

4.1.7 Nach statischer oder dynamischer Wägung

Eine statische Wägung ist immer diskontinuierlich. Während der Wägung erfolgt zwischen dem Wägegut und dem Lastträger keine Relativbewegung.

Bei der dynamischen Wägung liegt eine Relativbewegung zwischen dem Wägegut und dem Lastträger während der Wägung vor. Sie kann durchgeführt werden:

- kontinuierlich, wobei die Masse eines ununterbrochenen Wägegutstromes ohne systematische Unterteilung desselben ermittelt wird (Förderbandwaage);
- diskontinuierlich, wobei eine in sich abgeschlossene, von der Gesamtmenge abgetrennte Teilmenge bei jeder Einzelwägung gewogen wird (Ablaufbergwaage).

4.1.8 Nach dem Förder- und Prozeßablauf

Bei der Durchführung von Einzelwägungen spricht man von einem diskontinuierlichen Wägeverfahren. Es wird bei der Gewichtsbestimmung von klassischen oder umgewandelten Stückgütern und bei der Zusammenstellung von Gemischen, sofern der Prozeß in Chargen abläuft, angewendet.

Das kontinuierliche Wägeverfahren umfaßt die Massebestimmung des ununterbrochenen Wägegutes während der Bewegung. Es wird vor allem bei bandtransportierten Schüttgütern eingesetzt.

Ist in einem kontinuierlichen Prozeß ein halbkontinuierliches Wägeverfahren anwendbar, dann setzt man oftmals – aus Gründen der dabei erzielbaren Genauigkeit – diese Methode anstelle des kontinuierlichen Wägeverfahrens ein. Dabei wird der kontinuierliche Materialstrom in eine Folge gleicher Gewichtsquanten umgewandelt. Im Moment der Wägung liegt also auch hier eine statische Messung vor. Die Zufuhrgeschwindigkeit des Wägegutes pro Zeiteinheit wird hierbei über das Zeitintervall bestimmt, in dem diese Portionen verwogen werden.

4.2 Aufbau der Waagen

Der Aufbau seit langem bekannter Waagenbauarten sowie deren mechanischen Bauelemente sind in Standardwerken, wie beispielsweise im „Handbuch des Waagenbaus" (Band 1 und 2) von „Reimpell-Raudnitz" ausführlich beschrieben. Nachfolgend werden nur die wichtigen und wesentlichen Einrichtungen und Bauelemente kurz besprochen.

4.2.1 Grundsätzlicher Aufbau

Nach der Funktionsblockdarstellung auf dem Bild 4.4 besteht jede Waage aus:

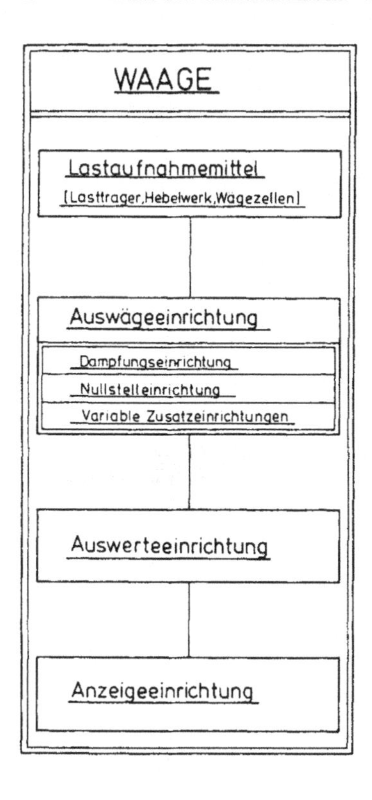

Bild 4.4
Aufbau der Waagen in Funktionsblockdarstellung
Quelle: Verfasser

- dem Lastaufnahmemittel oder Lastträger, der die Last aufnimmt und ihre Kraftwirkung auf die nachfolgenden Bauteile der Waage (Hebelwerk, Wägezellen) überträgt; je nach Art der Last können die unmittelbar zur Aufnahme der Last bestimmten Bauteile als Behälter, Lastschale, Lasthaken oder Plattform oder dergleichen ausgeführt sein;
- der Auswägeeinrichtung (i. a. eine Wägezelle), mit der je nach dem physikalischen Meßsystem auf unterschiedliche Weise die Masse des Wägeguts bestimmt wird;
- der Auswerteeinrichtung – bei elektromechanischen Waagen und selbsttätigen Waagen – in der die von der Wägezelle kommenden Signale so ausgewertet und umgeformt werden, daß Anzeigeeinrichtungen und Zusatzeinrichtungen mit Signalen entsprechend der Masse (Gewicht) angesteuert werden;
- der Anzeigeeinrichtung, die je nach Waagenbauart entweder die Einspiellage oder das Wägeergebnis, gegebenenfalls zusätzlich ein aus dem Wägeergebnis errechnetes Ergebnis, anzeigt; sie können zur direkten Ablesung des Wägeergebnisses in Masseeinheiten unterteilt sein (Bild 4.5) oder sie besitzen nur eine Einspiellage und sind daher nicht unterteilt (Bild 4.6);
- der Dämpfungseinrichtung zum Dämpfen der Schwingungen der Auswägeeinrichtung; sie kann, je nach dem physikalischen Meßsystem, als Luftdämpfung, Öldämpfung, magnetische, elektronische oder Wirbelstromdämpfung ausgeführt werden;
- der Nullstelleinrichtung, mit deren Hilfe die unbelastete Waage vor einer Wägung zum Einspielen auf Null gebracht wird.

Bild 4.5
Anzeigeeinrichtung zur direkten Ablesung des Wägeergebnisses
Quelle: Bizerba

Bild 4.6
Anzeige bei Waagen mit einer Einspiellage
Quelle: Verfasser

4.2.2 Zusatzeinrichtungen

Als variable zusätzliche Einrichtungen können gemäß Bild 4.4 gruppiert werden (siehe auch Abschnitt 7.1):

- Taraeinrichtung als übergeordneter Begriff für Taraausgleichseinrichtung und Tarawägeeinrichtung.

  Die Taraausgleichseinrichtung dient zum Ausgleich einer Taralast, ohne daß deren Gewicht ermittelt werden kann, während bei der Tarawägeeinrichtung ein vorgegebener Tarawert angezeigt wird. Hierzu kann eine besondere Taraskala oder -anzeige (Bild 4.7) verwendet werden.

  Wird der Wägebereich durch die Taralast nicht in Anspruch genommen, dann spricht man von einer additiven Taraeinrichtung mit additiver Tarahöchstlast. Schränkt diese Taralast den Wägebereich ein, so handelt es sich um eine subtraktive Taraeinrichtung mit subtraktiver Tarahöchstlast.

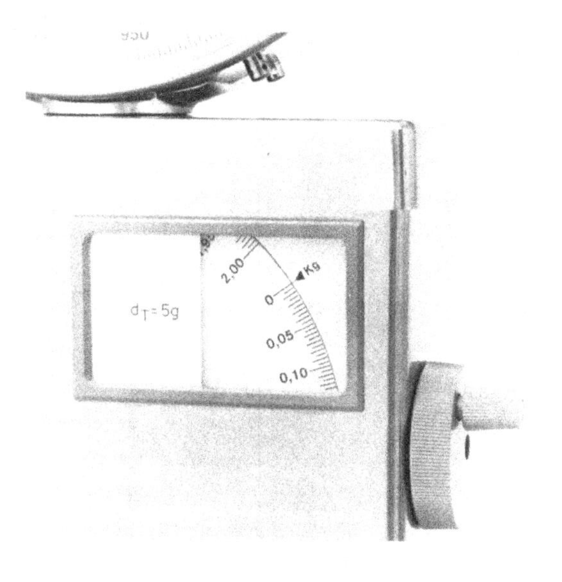

Bild 4.7

Darstellung von Tarawerten

a) Analoge getrennte Taraanzeige
Quelle: Sauter

b) Digitale Haupt- (Gewichtswert) und Tarawertanzeigeeinrichtung
Quelle: Bizerba

Man unterscheidet:

Automatische Taraeinrichtung: Sie führt ohne manuellen Eingriff die Tarierung selbsttätig durch.

Halbautomatische Tariereinrichtung: Sie vollzieht das Tarieren aufgrund eines manuellen Befehls.

Nichtautomatische Taraeinrichtung: Das Tarieren erfolgt durch alleiniges Bedienen von Hand.

- Umschalteinrichtung, die es gestattet, wahlweise je einen oder mehrere Lastaufnahmemittel (Lastträger) gemeinsam mit der Auswägeeinrichtung zu verbinden, wie das Beispiel auf Bild 4.8 zeigt.

Bild 4.8 Umschalteinrichtung einer Waage mit zwei Speziallastträgern auf eine Auswägeeinrichtung
Quelle: Schloemann

Bild 4.9
Analoge Gewichtsanzeige mit elektrischem Steuerschalter
Quelle: Bizerba

- Abschalteinrichtung mit elektrischen oder mechanischen Steuerschaltern (Bild 4.9) zum Zu- oder Abschalten von Geräten oder Vorgängen, die durch die Waage gesteuert werden, z. B. zum Abschalten der Wägegutzufuhr.

- Schaltgewichteinrichtung bei mechanischen Waagen als Bauteil mit meist mehreren Gewichtstücken, die an unveränderlichen Hebelarmen angreifen und durch ein Einstellwerk mit Anzeige von außen geschaltet werden (Bild 4.10).
- Fernanzeige als Anzeigeeinrichtung, von der aus keine Sichtverbindung zur Waage besteht.
- Druckeinrichtung zur Ausgabe von Daten durch Erzeugung dauerhaft visuell erkennbarer Zeichen aus einem Zeichenvorrat auf Papier oder einem anderen Datenträger. Werden zusätzlich die auszugebenden Daten über einen durch die Schnittstellen definierten Leitungsweg übertragen, liegt eine Druckeinrichtung mit Fernübertragung (Ferndruckwerk) vor. Die technische Ausführung erlaubt eine Aufstellung ohne Sichtverbindung zum Entstehungsort der Daten (siehe Abschnitt 7.2).

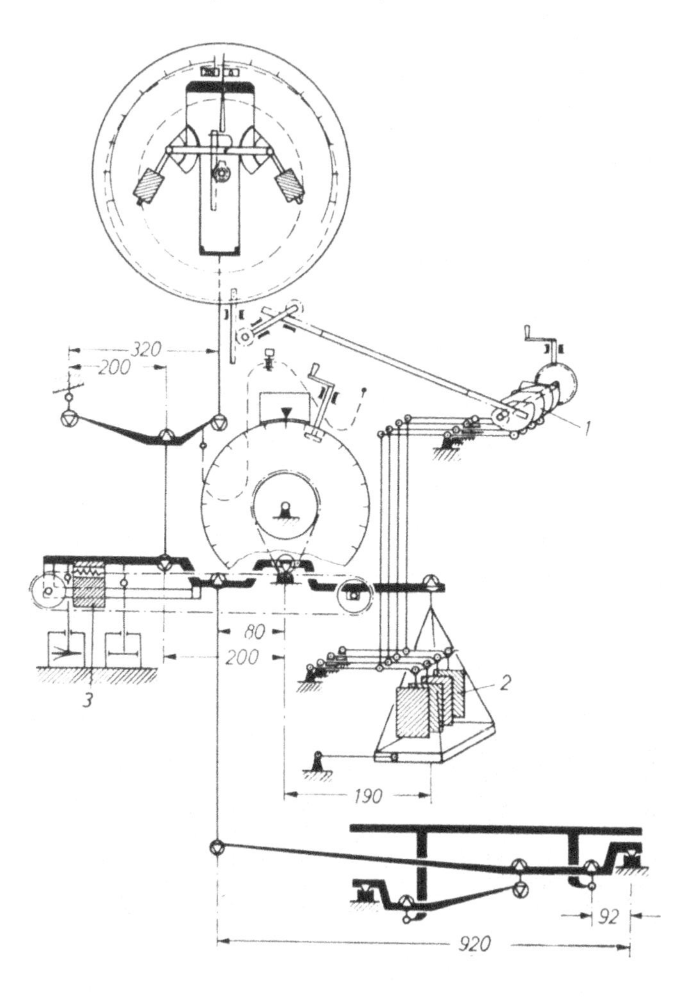

Bild 4.10
Neigungs-Schaltgewichtswaage mit Doppelpendel
1 Betätigung der Schaltgewichtseinrichtung, 2 Schaltgewichte, 3 Taralaufgewicht einer zusätzlichen Tarawägeeinrichtung
Quelle: Sessler

4.2.3 Bauelemente

Die wichtigsten Bauelemente der Waagen werden im folgenden an kompletten Baueinheiten unter Berücksichtigung des Wägeprinzips und des Wägesystems erläutert.

Bei den mechanischen und hybriden Waagen ist der Lastträger oder das Lastaufnahmemittel an vier Punkten über Gehänge oder Kugelsupporte auf den Lasthebeln gelagert (Bild 4.11a).

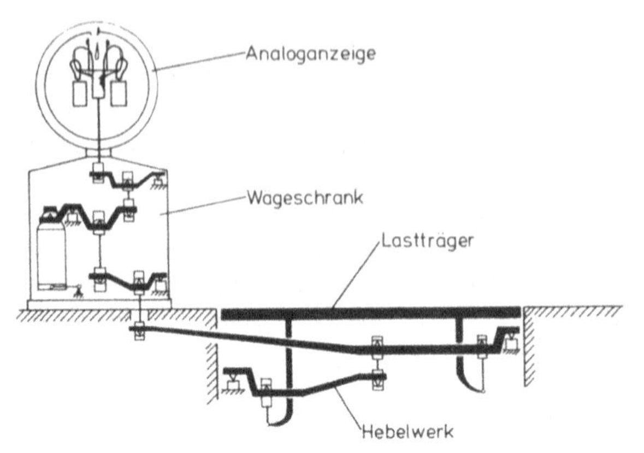

Bild 4.11
Aufbau und Bauelemente mechanischer und hybrider Waagen
a) Mechanische Waage mit Analoganzeige

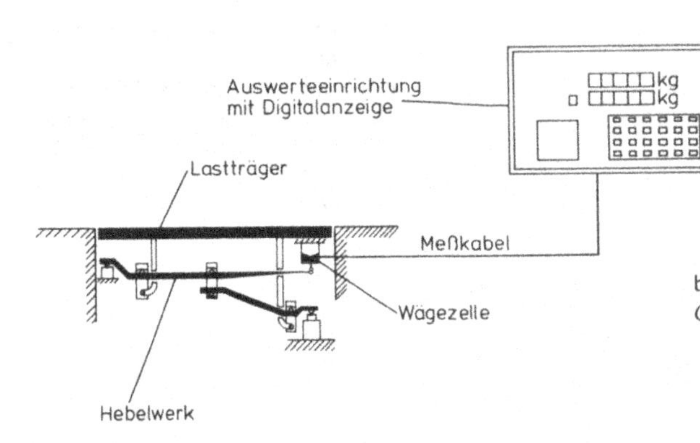

b) Hybridwaage mit Digitalanzeige
Quelle: Verfasser

Bild 4.12
Kreuzpendelgehänge
1, 2 Schneiden,
3 Pfannen,
4, 5 Pendelgehänge
Quelle: Reimpell

Diese Lastgehänge zwischen den Lastträgern und den Lasthebeln sind ein bewegliches Verbindungsglied und vorwiegend als Kreuzpendelgehänge (Bild 4.12) ausgeführt. Bei großen Brückenwaagen werden anstelle der Lastgehänge vielfach bewegliche Kugelsupporte (Bild 4.13) verwendet.

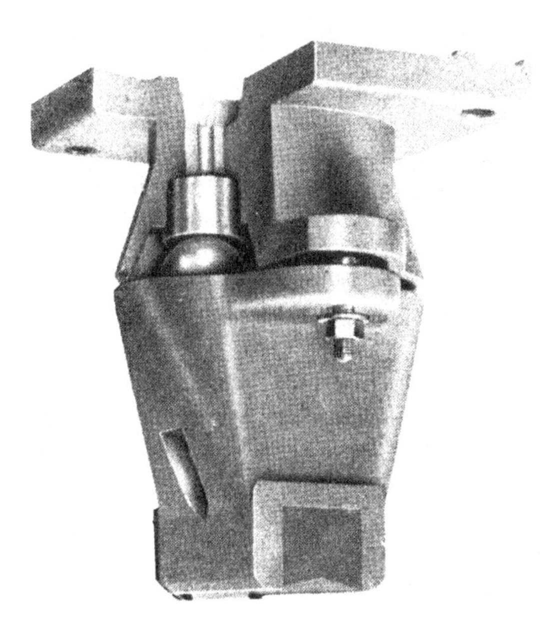

Bild 4.13
Kugelsupport
Quelle: Schenck

Zur Übertragung der aus der Wägelast resultierenden Kräfte und Drehmomente dient das *Hebelwerk*, bestehend aus mehreren hintereinander als Hebelkette oder nebeneinander als Hebelgruppe angeordneten Hebeln. Die Hebellängen werden durch Drehgelenke begrenzt.

Hierbei unterscheidet man *zweiarmige* Hebel, bei denen die Drehachse zwischen den Angriffspunkten von Last und Kompensationskraft liegt (Bild 4.14) und *einarmige* Hebel, bei

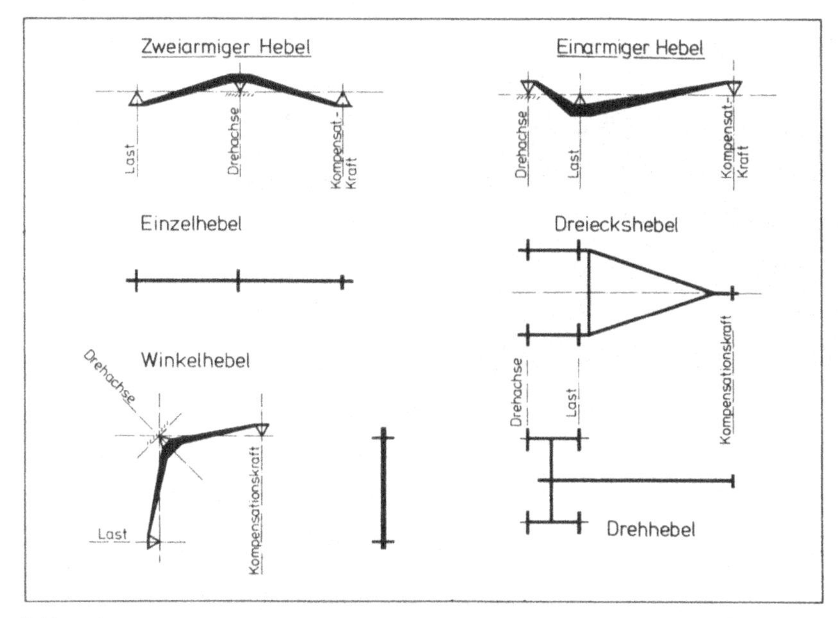

Bild 4.14 Hebelsysteme und Hebelkonstruktionen
Quelle: Verfasser

denen die Drehachse einseitig außerhalb dieser Angriffspunkte liegt. Konstruktiv können die Hebel als *Einzelhebel, Dreieckshebel, Drehhebel* oder *Winkelhebel* ausgeführt werden.

Das *Drehgelenk* des Hebels wird aus der *Schneide* und der *Pfanne* gebildet (Bild 4.15). Dabei sind feste Pfannen unverrückbar eingesetzt, während sich spielende Pfannen innerhalb eines kleinen Spielraumes bewegen und der Richtung der zugehörigen Schneide anpassen können. Meistens bestehen die Schneiden und Pfannen aus gehärtetem Stahl, für höchste Genauigkeitsansprüche wird für die Pfannen synthetischer Saphir und für die Schneiden Achat oder ein Werkstoff ähnlicher Güteklasse eingesetzt. Die Pfannen können als V-Pfannen mit gerundetem, V-förmigem Einschnitt zum besseren Abrollen der Schneide bei der Hebelbewegung, als Planpfanne mit ebener Oberfläche oder als ringförmige Pfanne ausgebildet sein (Bild 4.16).

Diese besprochenen Bauelemente und Zusammenhänge liegen bei mechanischen und hybriden Waagen vor. In bezug auf die Umformung der Ein- und Ausgangsgröße spricht man bei den mechanischen Waagen von einem Meßwertformer, da hier die Ein- und Ausgangsgröße physi-

Bild 4.15
Drehgelenk eines Hebels
Quelle: Bizerba

Ringförmige Pfanne

V-förmige Pfanne

Planpfanne

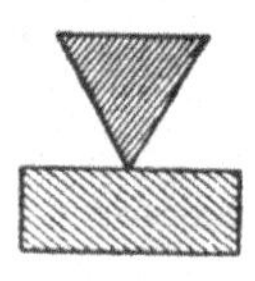

Bild 4.16
Verschiedene Formen der Pfanne
Quelle: Reimpell

kalisch gleich sind und nur der Wert der Eingangsgröße gesetzmäßig vergrößert oder verkleinert wird (Beispiel: Hebelwerk im Wägeschrank, Bild 4.11a). Demgegenüber wird bei den hybriden Waagen die Eingangsgröße in eine andere Ausgangsgröße nach den in Abschnitt 4.1.6 besprochenen Meßsystemen umgeformt und man bezeichnet demnach dieses Element als Meßgrößenumformer (Bild 4.11b).

Bei den elektromechanischen Waagen mit einer oder mehreren Wägezellen als mechanisch-elektrischer Meßgrößenumformer wird die Wägelast über den Lastträger oder über das Lastaufnahmemittel direkt auf die Wägezelle übertragen (Bild 4.17). Dazu wurden anwendungsspezifische Möglichkeiten für die Lagerung der Wägezellen entwickelt, die in dem Bild 4.18 zusammengestellt sind. Die auf horizontalen Loslagern angeordneten Wägezellen (Bilder 4.18a und 4.18b) gestatten eine seitliche Bewegung, wobei die Wägezelle in ihrer senkrechten Lage bleibt und horizontal die Reibungskraft vom Loslager aufnehmen muß. Die als Pendelstütze ausgebildete Wägezelle nach Bild 4.18c eignet sich in Verbindung mit Horizontalfesselungen für Einsatzfälle im normalen Temperaturbereich, da bei einer Horizontalbewegung des Lastträgers die Lasteinleitungsachse nicht mehr mit der Meßachse zusammenfällt.

Bei den mechanischen, hybriden oder elektromechanischen Waagen mit mehreren Wägezellen werden horizontale Belastungen auf den Lastträger durch Stoßfänger oder Lenker aufgenommen (Bild 4.19). Während bei mechanischen Waagen ein zugelassenes horizontales

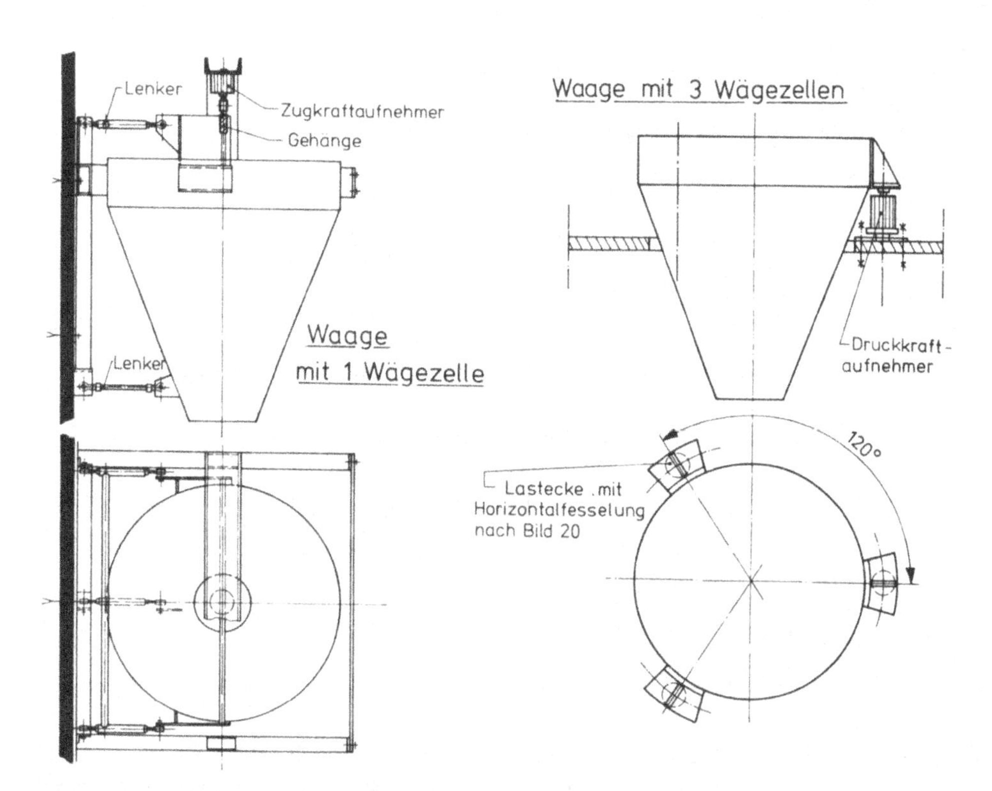

Bild 4.17 Aufbau und Bauelemente elektromechanischer Waagen mit einer oder mehreren Wägezellen
a) Waage mit 1 Wägezelle
b) Waage mit 3 Wägezellen
Quelle: Verfasser

Bild	Konstruktion	Bezeichnung
a	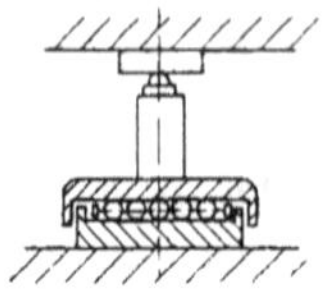	Horizontalloslager (rollend)
b	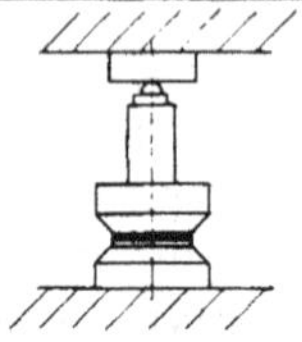	Horizontalloslager (gleitend)
c		Pendelstütze

Bild 4.18
Lagerungsmöglichkeiten für Wägezellen in elektromechanischen Waagen
a), b) Horizontalloslager
c) Pendelstütze
Quelle: Verfasser

Bild	Konstruktion	Bezeichnung
a	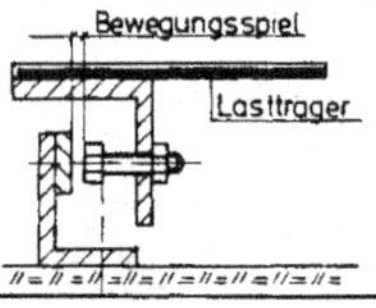 Bewegungsspiel Lastträger	Stoßfänger (Mechanische Waagen)
		Gelenklenker (Elektromech. Waagen) **(Hybride Waagen)**
b	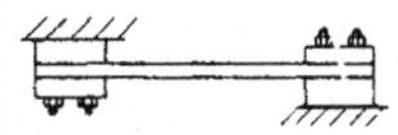	Gelenkloser Lenker (Elektromech. Waagen)
	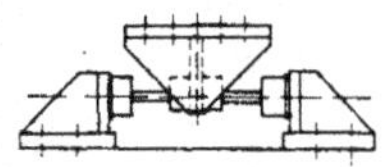	Bolzenstoßfänger (Elektromech. Waagen)

Bild 4.19
Möglichkeiten zur Horizontalfesselung des Lastträgers bei Waagen
a) Stoßfänger
b) Gelenklenker, gelenkloser Lenker, Bolzenstoßfänger
Quelle: Verfasser

Bewegungsspiel des Lastträgers an Stoßfängern einzustellen ist, wird der Lastträger bei den hybriden und elektromechanischen Waagen mit einer oder mehreren Wägezellen durch Lenker oder Bolzenstoßfänger nach Bild 4.19 formschlüssig horizontal gefesselt. Dabei werden auch kombinierte Bauweisen eingesetzt, bei denen die Lasteinleitung und die Horizontalfessung eine Einheit bilden (Bild 4.20).

Bild 4.20
Lastecke mit Wägezelle in kombinierter Bauweise
Quelle: Bizerba

4.3 Begriffsdefinitionen zur Waage nach DIN 8120

Waage

Eine Waage, auch Wägeeinrichtung genannt, ist ein Meßgerät zum Bestimmen der Masse (Gewicht) eines Wägegutes, bei dem die auf das Wägegut ausgeübte Gewichtskraft $G = m$ (Masse des Wägegutes) $\times$ g (Fallbeschleunigung) mit bekannten Kräften verglichen wird.

Waagenpaar

Doppelwaage, bestehend aus zwei voneinander unabhängigen Brückenwaagen, zur Bestimmung einer auf beide Waagenbrücken wirkenden Last durch Addition der Einzelergebnisse.

Die *Verbundwaage* ist dagegen eine Waagenzusammenstellung ohne oder mit Umschalteinrichtung, bei der verschiedene Waagenbrücken (Lastträger) gemeinsam mit einer Auswägeeinrichtung verbunden sind oder zusammengeschaltet werden können. An der Auswägeeinrichtung kann die Gesamtlast, bestehend aus der Summe der Einzellasten auf den verschiedenen Lastträgern, direkt abgelesen werden.

Waagenzusammenstellung

Kombination von mehreren Lastträgern und/oder Auswägeeinrichtungen, die zusammengeschaltet sind oder wahlweise zusammengeschaltet werden können.

Wägeanlage

Kombination aus einer oder mehreren Waagen und Wägesystemen mit den durch diese gesteuerten Einrichtungen.

Wägesystem

Kombination aus einer Waage und einer Signalverarbeitung, die Wägeergebnisse mit anderen Informationen verknüpft und Ausgangssignale liefert, die periphere Einheiten steuern können.

4.4 Funktionsablauf in Wägesystemen und -anlagen

4.4.1 Waage mit Datenaufzeichnung und -verarbeitung

Das Blockschema auf Bild 4.21 zeigt zwei elektromechanische Waagen, bei denen der Lastträger auf je vier Wägezellen, die in je einem Kabelkasten zusammengefaßt sind, gelagert ist. Über eine Umschalt-Verbundeinheit können die Waagen einzeln oder gemeinsam aufgeschaltet werden. Das bei der Belastung der Wägezellen erzeugte analoge Ausgangssignal wird in einer Auswerteeinheit verstärkt, in Masseneinheiten umgewandelt und digitalisiert. Die Darstellung dieses Meßwertes in Gewichtseinheiten kann sowohl auf digitale Anzeigen, die in mikroprozessorunterstützten Wägeterminals integriert sind, als auch auf separaten Fernanzeigegeräten erfolgen. Dabei sind die Wägeterminals mit einem Bedienfeld und einer Bedienerführung ausgerüstet, an dem die gewichtbegleitenden Daten eingegeben und ebenfalls digital dargestellt werden.

Diese Gewichte und Daten können in druckenden Geräten im Klartext aufgeschrieben und/oder auf Datenträger aufgezeichnet und/oder an elektronische Datenverarbeitungsanlagen übertragen werden, wobei eine abgestimmte Datenübertragung zwischen den gebenden und empfangenden Geräten sichergestellt sein muß.

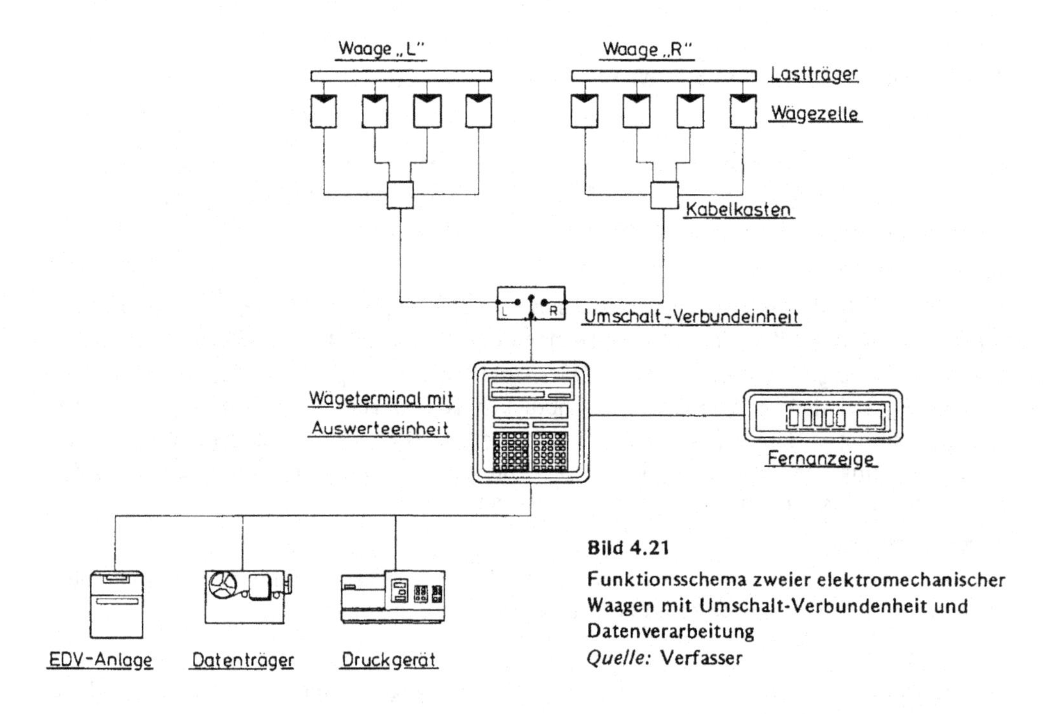

Bild 4.21
Funktionsschema zweier elektromechanischer Waagen mit Umschalt-Verbundenheit und Datenverarbeitung
Quelle: Verfasser

4.4.2 Wägeanlagen zur Prozeßsteuerung

Die Bestrebungen nach dezentralisierten Produktionsanlagen ist bei der auf Bild 4.22 grundsätzlich dargestellten Wägeanlage verwirklicht. Danach ist jede Waage oder jede Waagengruppe mit einem Mikrocomputer ausgerüstet, der beispielsweise bei einer Anlage zur Herstellung von Gemengen folgende Aufgaben erfüllt:

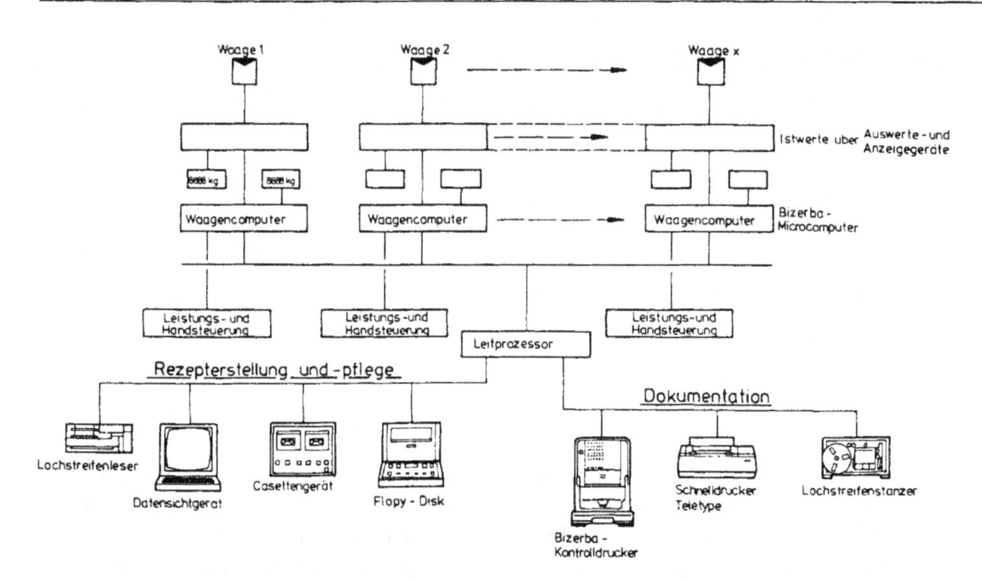

Bild 4.22 Wägeanlage mit mehreren Waagen als Rezepturwägeanlage nach dem dezentralisierten System
Quelle: Verfasser

- Durchführung und Überwachung der Gemengezusammenstellung entsprechend dem Programm,
- Soll-Istgewichtsvergleich mit Toleranzbestimmung und erforderlichenfalls Korrektur,
- Abdruck der Istgewichtswerte mit den zugeordneten Daten,
- Materialflußkontrolle durch Dosierzeitüberwachung,
- Füllstands-Gewichtskontrolle in den Wägebehältern,
- Entleerzeitüberwachung bei Chargenübergabe mit Fertigmeldung und Nullkorrektur,
- Darstellung des Produktionsreports am Bildschirmterminal.

Dem Prozeßrechner fallen bei dieser oder einer ähnlich gelagerten Anlagenkonfiguration folgende Aufgaben zu:

- Zentrale Erfassung, Verarbeitung und Speicherung aller führungsbedingten Prozeßdaten (Rezepturen, Chargen, Mischerbelegung, Temperaturen, Mischzeiten) auf Magnetbandkassetten oder Plattenspeicher und deren Darstellung auf Datensichtgeräte,
- Auswertung der Prozeßdaten mit einem nachfolgenden korrigierenden, optimierenden und koordinierenden Eingreifen in die Mikrocomputer-Ebene,
- Bilanz der Stoffmengen, Verfahrenszeiten und Leistungsdaten mit der Ermittlung der Verfahrenskennzahlen.

Über die Handsteuerungs-Ebene kann ein Notbetrieb bei einem Ausfall der Prozeßautomatik aufrechterhalten werden.

Schrifttum

[1] *Raudnitz, M.; Reimpell, J.:* Handbuch des Waagenbaues. Band 1: Handbediente Waagen. Voigt, Berlin, 1955

[2] DIN 8120 Teil 1 bis 3. Begriffe im Waagenbau, Juli 1981

[3] *Sessler, A.:* Die Waage in Handel und Industrie. Deva-Verlag, Stuttgart, 1960

5 Technische Ausführung von Waagen

5.1 Analysen- und Laborwaagen

W. Kupper, M. Kochsiek

5.1.1 Übersicht und Einteilung

Analysen- und Laborwaagen sind Waagen für besonders genaue Wägungen, vorwiegend für geringe Höchstlasten (Max < 10 kg), im eichpflichtigen Einsatz als Feinwaagen (Genauigkeitsklasse (I)) und Präzisionswaagen (Genauigkeitsklasse (II)). Diese Waagen sind nach Eigenschaften und Verwendung unter die technisch-wissenschaftlichen Meßgeräte einzureihen: Laborwaagen jeglicher Art, Analysenwaagen für Forschung und Prüfung sowie für die chemische und pharmazeutische Industrie, Apothekerwaagen, Karat- und Edelmetallwaagen. Sie verlangen besondere Sorgfalt bei der Herstellung, Kalibrierung, Wartung und Handhabung. In DIN 8120 [1] sind Begriffe und Definitionen erläutert [2].

Die Einteilung der Waagen geschieht nach mehreren Gesichtspunkten:

Eichfähigkeit

Eichfähige Waagen sind international [3] in vier Genauigkeitsklassen eingeteilt. In diesem Abschnitt soll auf die beiden ersten Klassen eingegangen werden:

- Feinwaagen (Klasse (I)) sind Waagen besonders hoher Genauigkeit (Anzahl der Skalenteile meist $n \geqslant 50\,000$).
- Präzisionswaagen (Klasse (II)) sind Waagen mit höherer Genauigkeit im Vergleich zu Handelswaagen (meist $5000 \leqslant n < 100\,000$).

Bild 5.1 zeigt die Abgrenzung der beiden Klassen nach der Anzahl der Skalenteile und dem Eichwert (siehe auch Kap. 6).

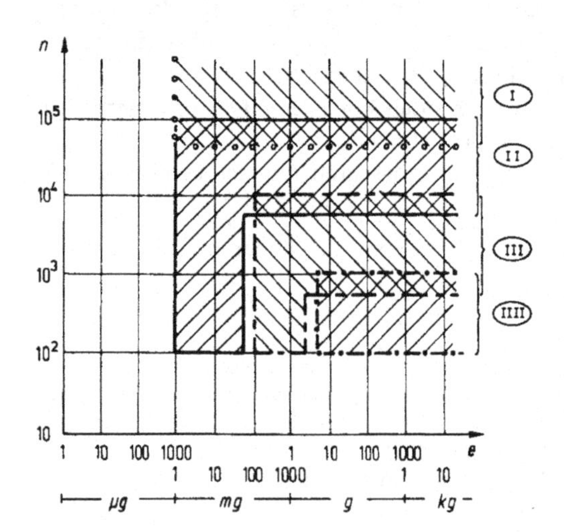

Bild 5.1

Teilungswert und Anzahl der Teilungswerte für Waagen der Genauigkeitsklassen (I) bis (IIII) nach OIML-IR 3, Entwurf ··· (I), —— (II), – – – (III), – · – · (IIII)

Quelle: Verfasser

Abweichungen eichtechnischer Vorschriften für Waagen der Klassen (I) und (II) in der Bundesrepublik Deutschland [4] sind:

1. Feinsteller in zusätzlicher Anzeigestelle

$$\left(d = \frac{e}{10}, \frac{e}{5}, \frac{e}{2}\right), \quad d \text{ Teilungswert, } e \text{ Eichwert,}$$

2. Ausführung des Feinstellers $d < e$ freizügiger,
3. Verzicht auf verschließende Stempelung bei Klasse (I),
4. Funktionsfehlererkennbarkeit, wahlweise ersetzt durch Kontrollgewicht bei Klasse (II) und (I),
5. Nutzung der Anzeige für andere Informationen als Gewichtswerte, z. B. Stückzählung, Prozentanzeige, Datum, Uhrzeit.

In der Bundesrepublik Deutschland werden eichfähige Waagen der Klassen (I) und (II) vorwiegend im Bereich der Pharmazie (Herstellung und Prüfung von Arzneimitteln, Apotheke), Medizin (Analysen, Patientengewicht), geschäftlichen und amtlichen Verkehr (Juwelier, bei Zoll und Polizei) und als Kontrollwaagen im Rahmen der Fertigpackungsverordnung eingesetzt.

Kleinste Dezimalstelle der Anzeige und Höchstlast:

- Makrowaagen:
  Höchstlast größer als 100 g, Teilungswert meist 0,1 mg;
- Halbmikrowaagen:
  Höchstlast meist 50 g bis 100 g, Teilungswert meist 0,01 mg;
- Mikrowaagen:
  Höchstlast meist 5 g bis 50 g, Teilungswert meist 0,001 mg;
- Ultra-Mikrowaagen (siehe Bild 5.17):
  Höchstlast meist kleiner als 5 g, Teilungswert meist 0,0001 mg.

Ein oder zwei Waagschalen

Nur Balkenwaagen haben noch zwei Schalen, eine für das Wägegut und eine für die Gewichtstücke (siehe Bild 5.3). Alle modernen Analysenwaagen werden einschalig ausgeführt.

Anordnung der Lastschale (Bild 5.2)

Oberschalige Bauform ist am verbreitesten und gewährleistet eine gute Zugänglichkeit zur Waage (siehe Bild 5.20). Mit unterschaligen Waagen (hängende, windgeschützte Schale) erreicht man die höchsten Genauigkeiten, aber eingeschränkte Zugänglichkeit. Mittelschalige Analysenwaagen bilden einen Kompromiß mit hoher Genauigkeit bei einfacher Handhabung (siehe Bild 5.13).

Verschiedene Arten der Anzeigeeinrichtung

(heute meistens Digitalanzeige)

Physikalisch-technische Prinzipien der Wägezelle

In erster Linie wird zwischen mechanischen und elektronischen Wägeprinzipien unterschieden.

Waagen mit sehr hoher Auflösung werden häufig als Schaltgewichtswaagen ausgeführt (siehe Bild 5.18).

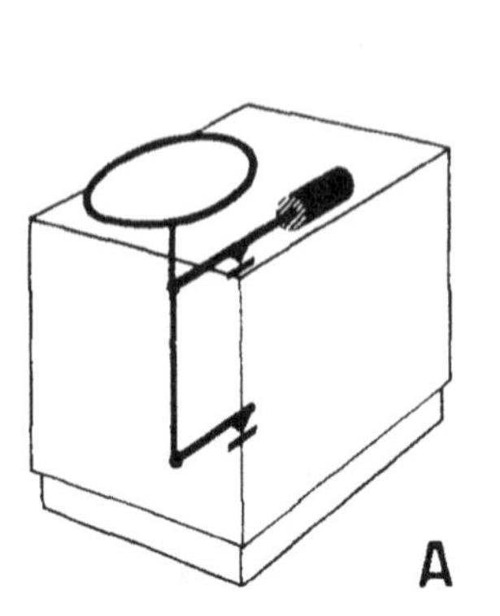

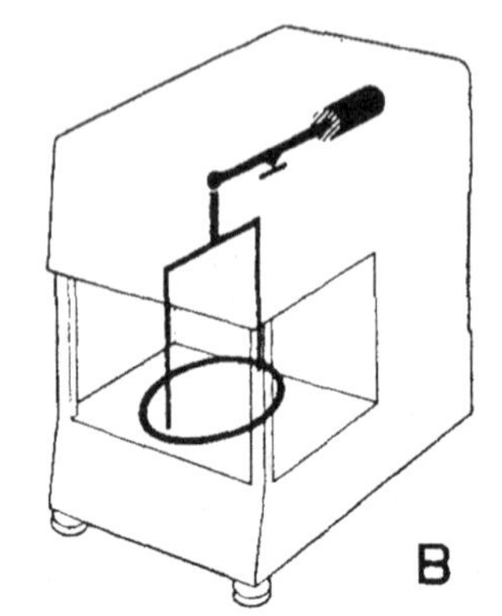

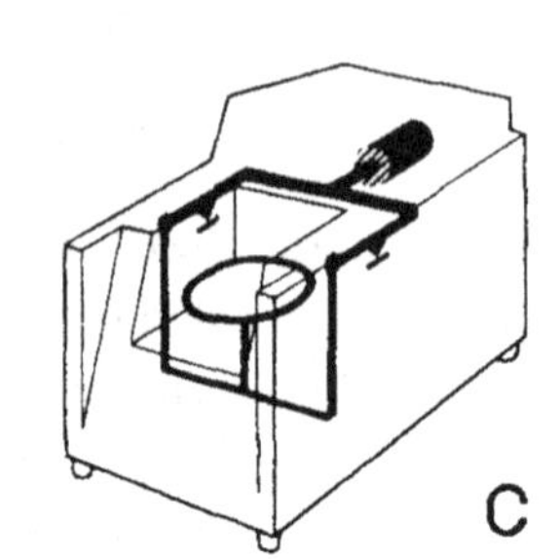

Bild 5.2 Anordnung der Lastschale
A oberschalig, B hängende Schale, C mittelschalig
Quelle: Kern

Eine informative Bezeichnung könnte lauten:
Elektromagnetische Schaltgewichtswaage der Klasse (I), Max 160 g, e = 10 mg, d = 1 mg, Typ ... der Firma ...

5.1.2 Physikalische Prinzipien

Von den in Abschnitt 3.3 dargestellten Massebestimmungsmöglichkeiten und Prinzipien kommen hier folgende in Betracht:

a) Vollständige Kompensation der Belastung der Waage durch Auflegen von Gewichtstücken oder Massenormalen:
   Gleicharmige Balkenwaage,
   Schaltgewichtsbalkenwaage,
   Substitutionsbalkenwaage (Bild 5.3) [5].
   Auflösung bis 10^{10} Skalenteile bei 1 kg, zeitaufwendige Messungen ohne Bedienungskomfort, hohe Anforderungen an den Operateur.

b) Vollständige Kompensation der Belastung der Waage durch eine von außen wirkende Gegenkraft (nicht Gewichtskraft):
   Wägezelle mit mechanisch-elektrischen Umformern, z. B. elektrodynamische, induktive, kapazitive, gyrodynamische, Schwingsaiten-, Dehnungsmeßstreifen-Wägezellen. In der Praxis werden für Analysen- und Laborwaagen überwiegend elektrodynamische Wägezellen eingesetzt (siehe Bild 5.16).
   Auflösung bis zu mehreren 10^6 Skalenteilen, hoher Bedienungskomfort durch digitale Ablesung, geringe Meßzeiten, Wägedatenverarbeitung, Drucker- und Rechneranschluß.

c) Kompensation der Belastung der Waage vorwiegend durch Schaltgewichte (Bild 5.3a) und Feinkompensation durch von außen wirkende Gegenkräfte (Bild 5.3.b). Schaltgewichtswaagen mit Neigungsbereich (mechanisch) oder mit z. B. elektronischer Kraftkompensation (elektromechanisch) (Bild 5.18).
   Auflösung bis 10^9 Skalenteile, fast gleich großer Bedienungskomfort wie bei b.
   In naher Zukunft werden auch Laborwaagen nach dem Schwingsaiten-Prinzip, dem Dehnungsmeßstreifen-Prinzip und dem gyrodynamischen Prinzip auf den Markt kommen, insbesondere für Höchstlasten > 5 kg.

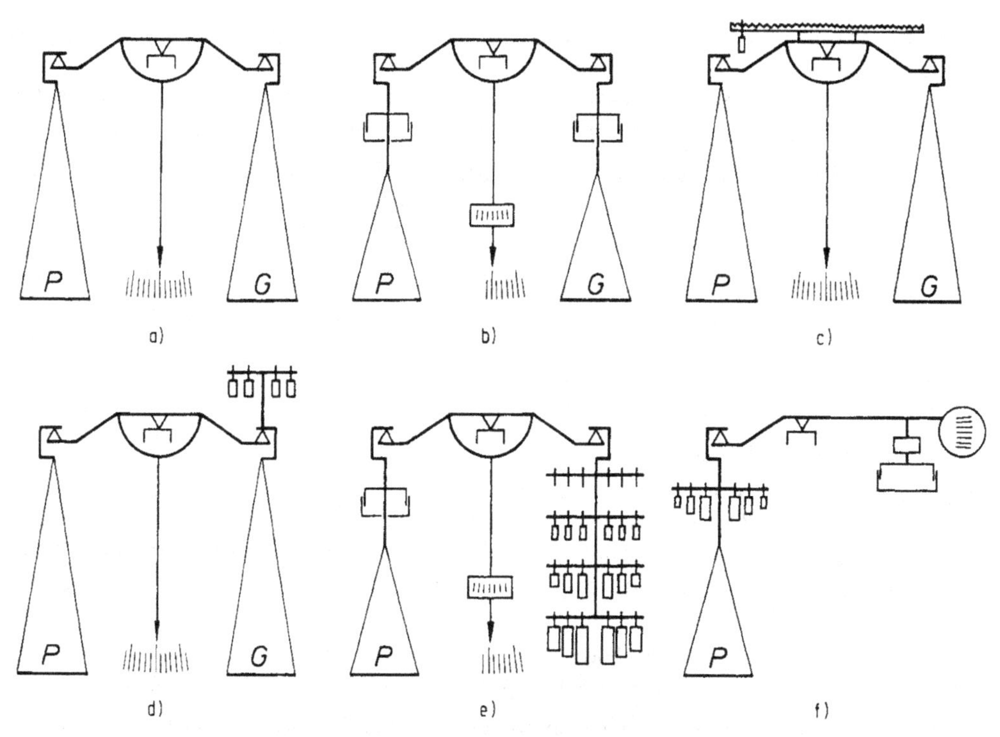

Bild 5.3 Bauarten von Balkenwaagen mit vollständiger Massekompensation

a) einfache Balkenwaage
b) Waage mit Dämpfungs- und Projektionseinrichtung für Neigungsbereich
c) Waage mit Reitergewichtseinrichtung
d) Waage mit Schaltgewichtseinrichtung (< 0,1 Max)
e) Waage mit einer Schale und Schaltgewichtseinrichtung
f) Substitutionswaage mit Schaltgewichtseinrichtung

Quelle: Verfasser

5.1.3 Mechanische Bauarten

Die gleicharmige Balkenwaage war bis Anfang des 20. Jahrhunderts die bevorzugte Bauform für Analysen- und Laborwaagen. Mit den in Bild 5.3 gezeigten Bauformen ist die Balkenwaage auch heute noch im Gebrauch.

5.1.3.1 Prinzip der Balkenwaage

Die grundlegenden Zusammenhänge der gleicharmigen Balkenwaage mit Neigungsfeinbereich ergeben sich ohne weiteres aus dem Lagediagramm der Kräfte (Bild 5.4). In einer idealisierten Betrachtung dieses mechanischen Systems nehmen wir zunächst an, daß

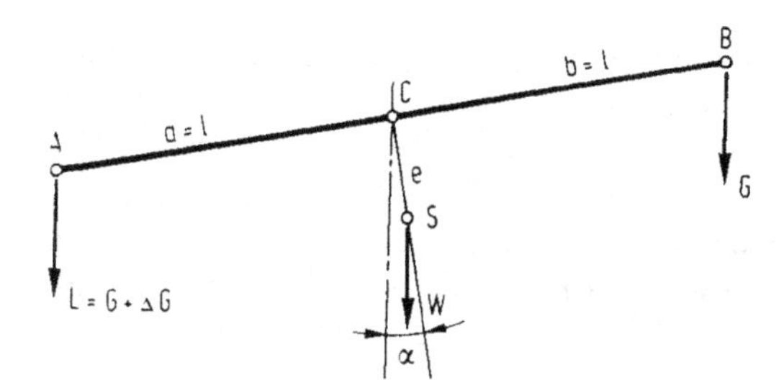

Bild 5.4
Kraftwirkungen an einer gleicharmigen Balkenwaage
Quelle: Verfasser

- die Hebelarmlängen a und b gleich seien,
- die Drehpunkte A, B, C der Schneidenlager in einer Geraden liegen,
- der Schwerpunkt S des Waagebalkens (Masse W) sich in einem festgegebenen Abstand e auf der Mittelsenkrechten des Balkens unterhalb C befinde.

Im Gleichgewichtszustand heben sich die Drehmomente bezüglich C aller am Balken angreifenden Kräfte gegenseitig auf.

$$l\,L\cos\alpha - l\,G\cos\alpha - W\,e\sin\alpha = 0. \tag{5.1}$$

Für kleine Winkel α (im Bogenmaß gemessen) gilt die Näherung

$$\sin\alpha \approx \alpha, \qquad \cos\alpha \approx 1. \tag{5.2}$$

Die Kraft L der zu wägenden Last ergibt sich demnach

$$L = G + \Delta G = G + \frac{We}{l}\cdot\alpha \tag{5.3}$$

und bestimmt sich aus der Gewichtskraft G und dem Produkt aus dem Winkel α mit der Gerätekonstanten We/l, die ihrerseits durch Kalibrierung mit einem bekannten Gewicht ΔG ermittelt wird. Ihr Kehrwert l/We stellt die auf die Masseneinheit bezogene und im Bogenmaß gemessene Winkelauslenkung des Waagebalkens dar und wird als Empfindlichkeit bezeichnet.

Der hier dargestellte Idealfall der Wägung stellt eine Vereinfachung der wirklichen Verhältnisse dar. In der Praxis führen folgende Abweichungen zu Fehlern:

- Durch Herstelltoleranzen und möglicherweise ungleiche Temperaturausdehnung bedingt, sind die Hebellängen a und b nicht exakt gleich. Dadurch entsteht ein Verhältnisfehler zwischen der Wägelast und den aufgelegten Gewichtstücken. *Abhilfe*: Man führt eine Gaußsche Vertauschungs- oder eine Bordasche Substitutionswägung durch (siehe Kap. 2).
- Die Punkte A, B, C liegen nicht auf einer idealen Geraden. Außer der Herstelltoleranz ist die Durchbiegung des Balkens unter den Gewichtskräften G und L zu berücksichtigen. Je nachdem, ob die Linie AB unterhalb oder oberhalb des Balkendrehpunktes C verläuft, üben die Kräfte G und L ein stabilisierendes oder destabilisierendes Richtmoment am Balken aus, das der Resultierenden aus G und L proportional ist. Man erhält in diesem Fall eine von der Wägelast abhängige Neigungsempfindlichkeit.
- Bei der Durchbiegung des Balkens ändert sich zudem die durch e gegebene Lage des Balkenschwerpunktes, was im gleichen Sinne zu einer Veränderung der Neigungsempfindlichkeit führt.

Abhilfe:

Beide systematische Fehlereinflüsse kann man durch folgende Maßnahmen eliminieren:

a) Vermeiden von Empfindlichkeitsfehlern, indem man bei jeder Wägung an der belasteten und eingespielten Waage den Betrag der Empfindlichkeit im Sinne der vorgenannten Definition neu ermittelt (sehr aufwendig);

b) konstruktiv durch Anbau einer Reitervorrichtung (Bild 5.5); bei diesen Waagen wird der Balken immer in die gleiche, horizontale Gleichgewichtslage zurückgebracht, und der Neigungsausschlag wird nur beobachtet, um den Richtungssinn der Gleichgewichtsabweichung zu erkennen;

c) Anwendung des Prinzips der Substitutionswägung (siehe Bilder 5.3e und f), das zu einer Konstantbelastung des Waagbalkens unabhängig von der zu wägenden Last führt (Bild 5.6).

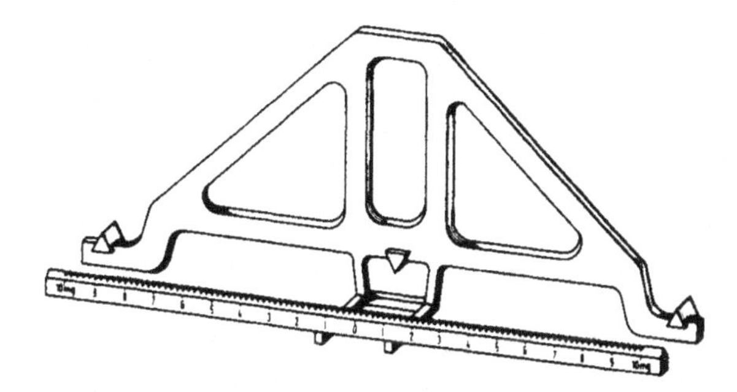

Bild 5.5

Reitergewichtseinrichtung, Teilung auf gesondertem Lineal. Links und rechts der 0 sind je 50 Kerben vorhanden, so daß z. B. mit einem 10 mg-Reiter auf ± 0,2 mg gewogen werden kann.
Quelle: Hess

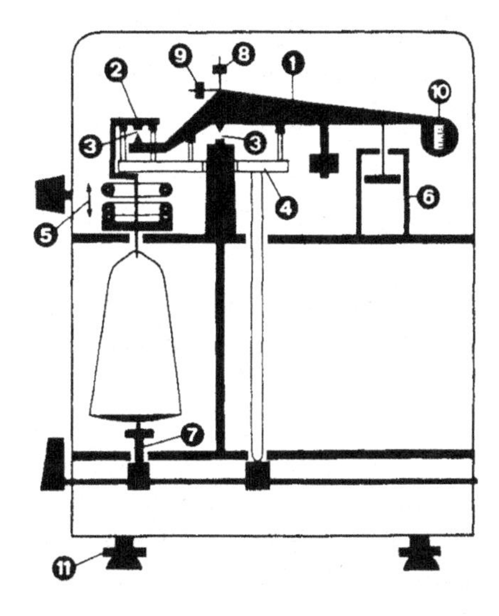

Bild 5.6

Aufbau einer mechanischen Waage (Legende siehe Text)
Quelle: Verfasser

5.1.3.2 Aufbau einer mechanischen Analysenwaage

Am Beispiel der in Bild 5.6 schematisch dargestellten Waage werden die wesentlichen Bauelemente erläutert:

① *Waagbalken*

Der meist aus einer Speziallegierung bestehende Waagbalken trägt an seinem längeren Hebelarm das konstante Gegengewicht. Im vorderen Drittel ist die Hauptschneide eingesetzt, und auf der Gehängeschneide am Ende des kürzeren Hebelarmes wird das Gehänge angehängt (siehe auch Anhang A).

In der Form und Ausführung (Gitterkonstruktion, an den Enden verjüngt) wird eine hohe Biegefestigkeit und gleichzeitig ein geringes Massenträgheitsmoment angestrebt, damit sich einerseits der Balken bei Belastung der Waage möglichst wenig deformiert und andererseits bei gegebener Empfindlichkeit die Schwingungsdauer möglichst kurz wird.

② *Gehänge*

Als Gehänge bezeichnet man jenen Teil der Waage, der sowohl den Gewichtsatz wie auch

Bild 5.7
Waagbalken, Gehänge und Luftdämpfung einer Mikrowaage (Max 20 g)
1 Gehängebügel, 2 Gehänge, 3 Waagbalken, 4 Bruchgrammauflage, 5 Luftdämpfung
Quelle: Verfasser

sondern auch als räumliches Pendel schwingen kann. Damit wird erreicht, daß die Wirkungslinie der resultierenden Gewichtskraft von Gehänge und Wägelast in jedem Fall durch die Mitte der Schneide verläuft (Bild 5.7).

③ *Schneidenlager*

Der Waagbalken und das Gehänge müssen möglichst reibungsfrei gelagert werden. Aus diesem Grund verwendet man im Waagenbau meist Schneidenlager. Am Balken sind zwei schneidenförmige Saphire (auch Achat oder Stahl) eingesetzt, die mit ihren Kanten auf den ebenfalls aus Saphir bestehenden planen Flächen (Pfannen) des Ständers bzw. des Gehängeplättchens aufliegen. Die Schneiden können eingekittet oder geklemmt sein (Bild 5.8).

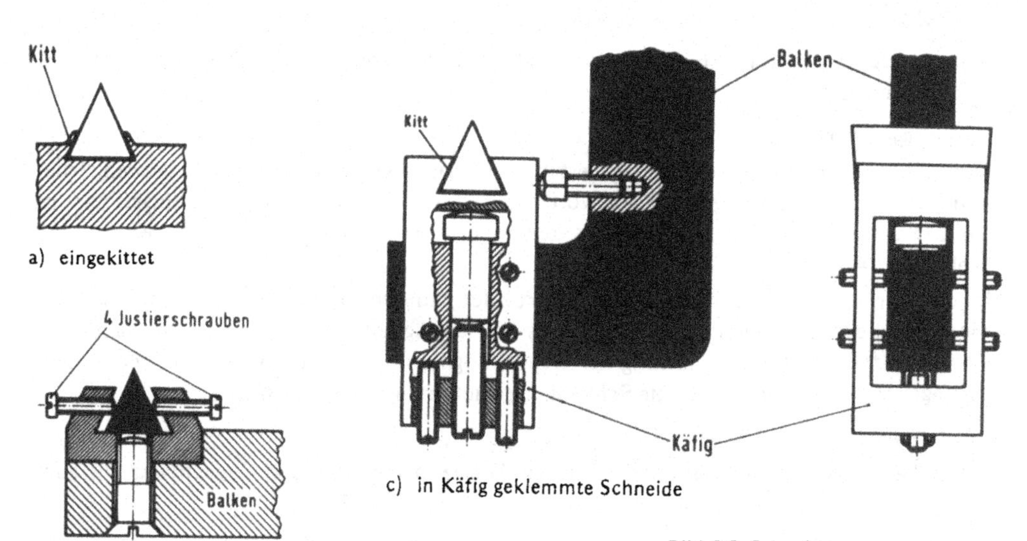

Bild 5.8 Schneiden
Quelle: Hess

④ *Arretiersystem*

In arretiertem Zustand wird der Balken und das Gehänge von den Schneidenlagern abgehoben und durch je drei Lagerstellen abgestützt und fixiert. Dadurch wird verhindert, daß beim Transport oder bei Belastung der Waage die Schneiden von den Pfannen abrutschen oder durch schlagartige Belastungen beschädigt werden. Zum Wägen wird das Arretiersystem abgesenkt und die Schneiden werden auf die Pfannen aufgesetzt. In diesem Zustand darf die Waage weder transportiert noch belastet werden. Die Arretierung wird durch Drehen des Arretierhebels betätigt. Bei Waagen mit automatischer Entarretierung erfolgt das Absenken des Arretiersystems immer gleich schnell, unabhängig davon, wie schnell der Arretierhebel betätigt wird.

Bei der Wägearbeit wird für das häufige Arretieren erhebliche Zeit und Sorgfalt benötigt. Es bestehen daher mehrere Verfeinerungen mit dem Zweck, den Wägevorgang in dieser Hinsicht zu vereinfachen und abzukürzen.

Bei der Halb- oder Teilarretierung (mittlere Raststellung des Arretierschalters) sind die Schneiden zwar im Eingriff, doch ist der Bewegungsbereich des Balkens eingeschränkt. Das System ist so genügend geschützt, daß die Gewichte flüssig durchgeschaltet werden können, bis die optische Anzeige das Einspielen anzeigt. Bei der sogenannten Vorwägeeinrichtung wird der Waagbalken im halbarretierten Zustand an eine eingebaute Federwaage gekoppelt, und der zu wählende Schaltgewichtsbetrag wird im Ablesefenster vorausangezeigt.

⑤ *Gewichtschaltmechanismus*

Bei Substitutionswaagen hängt in unbelastetem Zustand der Waage der ganze Gewichtsatz am Balken.

Die Gewichtschaltung, d. h. das Heben und Ablegen der Gewichtstücke, erfolgt durch fingerartige Hebel oder Greifer, die ihrerseits über Nockenwellen von gerasteten Drehschaltern aus bewegt werden. Der Betrag der gewählten Schaltgewichtskombination wird entweder von den bezifferten Schalterstellungen oder von Zählrollen im Anzeigefenster abgelesen.

Beim eingebauten Gewichtsatz wird auf eine symmetrische Massenverteilung geachtet, denn das Gehänge soll beim Abheben und Aufsetzen der Gewichte (rostfreier Stahl, Dichte $\rho \approx 7{,}9\ \mathrm{g \cdot cm^{-3}}$) nicht zum Pendeln gebracht werden. So findet man beispielsweise konzentrische Ringgewichte; oder es wird jede Gewichtstufe als zwei gleiche Gewichtstücke ausgeführt, die an symmetrisch gegenüberliegenden Stellen auf dem Gewichtträger sitzen.

Bild 5.9a zeigt Ringgewichte für die Schaltgewichtseinrichtung, Bild 5.9b eine Bruchgrammauflage.

⑥ *Schwingungsdämpfung*

Bei jeder Störung des Systemgleichgewichtes, z. B. beim Entarretieren, wird die Waage eine Pendelschwingung um die neue Gleichgewichtslage ausführen. Die Schwingung hat bei Analysenwaagen eine Periodendauer von mehreren Sekunden und kommt ohne Dämpfung erst nach mehreren Minuten zum Stillstand. Die in mechanischen Analysenwaagen verwendeten Luftdämpfer bringen jedoch die Pendelbewegung nach wenigen Ausschlägen zur Ruhe.

Der Tellerkolben preßt im Bremszylinder abwechselnd die Luft im oberen und unteren Zylinderraum zusammen und wandelt so die Bewegungsenergie des Balkens in Wärme um. Da keine Berührung zwischen Kolbenteller und Zylinderwand besteht, ist der Bremseffekt nur durch die Luftbewegung bedingt, wird also bei Stillstand des Balkens gleich Null.

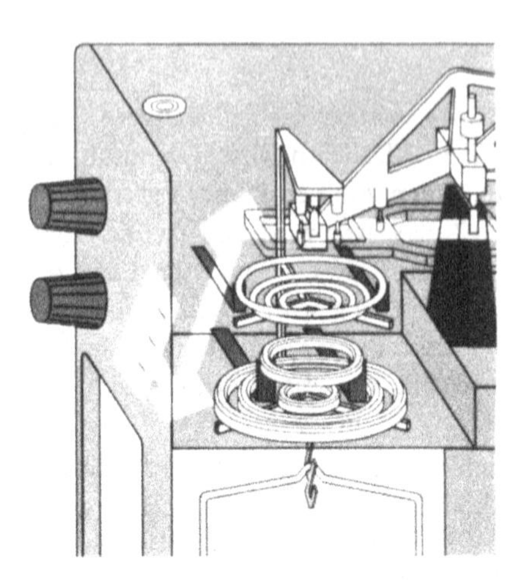

a) mit Ringgewichten

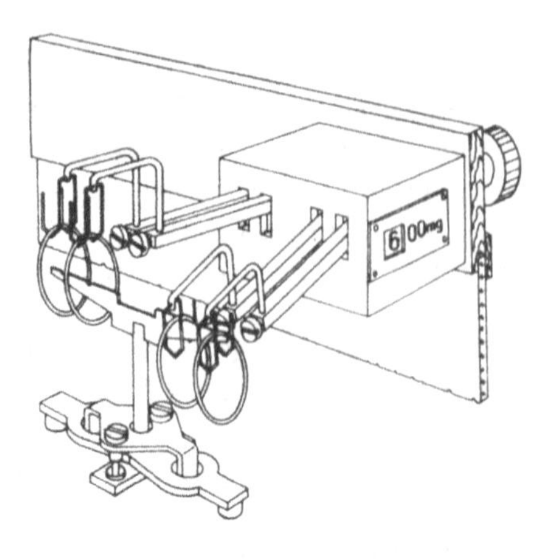

b) für Bruchgrammauflage

Bild 5.9 Schaltgewichtseinrichtung
Quelle: Verfasser

Am Boden des Dämpfungszylinders befindet sich gewöhnlich eine einstellbare Ventilöffnung, womit die Abklingzeit der Waagenschwingung noch feinreguliert werden kann, in der Regel auf drei sichtbare Ausschläge in entgegengesetzten Richtungen.

Außer Luftdämpfern (siehe Bild 5.7) werden auch Flüssigkeits- und Wirbelstromdämpfer eingesetzt.

(7) *Schalenbremse*

Im Gegensatz zu den vertikalen Balkenschwingungen werden die horizontalen Schalenpendelungen durch mechanische Berührung des Schalenbodens durch einen gefederten Metallstift abgebremst. Die Schalenbremse ist mit dem Arretiersystem gekuppelt und tritt daher immer dann in Funktion, wenn beim Belasten der Schale diese angestoßen wird. Beim Entarretieren wird der Bremsstift automatisch gesenkt und gibt so die Schale frei.

(8) *Empfindlichkeitsschraube*

Die Empfindlichkeitsschraube ist ein Teil zum Justieren des Balkenschwerpunkts. Beim Höherschrauben wird dieser Schwerpunkt geringfügig nach oben verlagert: die Waage wird empfindlicher. Mit Hilfe der Empfindlichkeitsschraube wird die Waage so justiert, daß der Vollausschlag im optischen Bereich in der Regel einem Vielfachen oder Teil der Masseneinheit (100 mg, 1000 mg usw.) entspricht.

(9) *Nullpunktschraube*

Die Nullpunktschraube dient zur Einstellung der Balkenlage bei unbelasteter Waage und Horizontallage des Gehäuses. Ihre Einstellung ist nur dann erforderlich, wenn der Einstellbereich der optischen Nullpunkteinstellung nicht mehr ausreicht. Ein Verstellen der Nullpunktschraube hat auf die Empfindlichkeit der Waage keinen Einfluß.

(10) *Strichplatte*

Am Ende des längeren Balkenarmes ist die Strichplatte aus Glas (Skalendiapositiv) befestigt. Mit ihrer Hilfe wird die Neigung des Waagbalkens gemessen. Die bezifferten Strichmarken

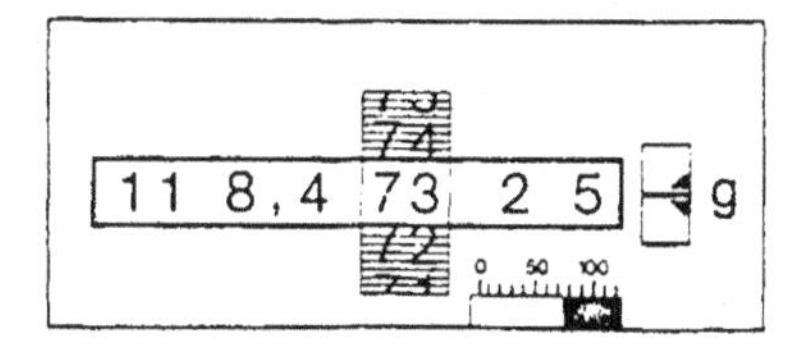

Bild 5.10
Ablesung des Wägeergebnisses durch einfaches Nebeneinanderstellen der Ziffern
Quelle: Verfasser

werden über ein optisches System vergrößert und auf einen Leuchtschirm mit Einspielanzeiger an der Waagenfront projiziert.

Die Ablesung des Wägeergebnisses (Bild 5.10) erfolgt meist durch einfaches Nebeneinanderstellen der Ziffern der Schaltgewichtseinstellung, der projizierten Skaleneinstellung und des Anzeigemikrometers, der eine Interpolation zwischen zwei Skalenteilen gestattet.

(11) *Nivellierschrauben*

Bei unbelasteter Schale stellt sich der Waagebalken immer in die horizontale Lage ein. Aus diesem Grund muß auch das Gehäuse der Waage genau horizontal gestellt, also nivelliert werden, denn nur dann deckt sich die Nullmarke der Skala mit der Indexmarke im Skalenfenster. Die Waage ist dann exakt nivelliert, wenn sich die Luftblase genau im Zentrum der Libelle befindet.

5.1.3.3 Zusatzeinrichtungen an mechanischen Waagen

Die *Reitereinrichtung* ist eine Hilfseinrichtung zum Herbeiführen des Gleichgewichts der Waage, bestehend aus Reiterskale, Reitergewicht und einer Einrichtung zum Aufsetzen und Abheben des Reitergewichtes. Jeder Stellung des Reitergewichtes auf der Reiterskala entspricht ein bestimmter Massewert (siehe Bild 5.5).

Substitutionsneigungswaagen sind teilweise mit einer *Tariervorrichtung* ausgerüstet.

Bei unterschaligen Waagen werden für die Tarierung im Neigungsbereich Uhrenspiralfedern verwendet. Beim Verdrehen des mit dem Taratrieb verbundenen Federendes wird in der mit dem Balken verbundenen Feder ein Drehmoment erzeugt, womit sich die Waage auf die Null-Lage des Neigungsbereichs zurückstellen läßt. Die Tarierfeder bringt allerdings ein zusätzliches und geringfügig nichtlineares Drehmoment auf den Balken; zur Verbesserung der Linearität werden vorzugsweise zwei gegenläufige Spiralfedern verwendet. Bei Waagen mit Schaltgewichtseinrichtung kann diese zur Tarierung benutzt werden.

Zur Ablesung des Wägeergebnisses mit größerer Genauigkeit gibt es *Ablesehilfsmittel* wie Feinsteller, Nonius.

Als *Einwägehilfe* dient eine zusätzliche Grobskala, die das Ablesen der ungefähren Masse bei bewegter Skala gestattet (siehe Bild 5.10).

Zum Bestimmen von Tara-, Brutto- oder Nettogewichten und zum Herstellen von Materialmischungen werden zusätzliche drehbare oder verschiebbare Skalen (Nachstellskalen) angebracht.

5.1.3.4 Ausgeführte Bauarten

In der heutigen Zeit beherrschen elektronische, digitalanzeigende Waagen das Angebot. In einigen Bereichen gibt es dennoch mechanische Labor- und Analysenwaagen.

Die Mikrowaage (Bild 5.11) hat eine Schalenausschwenkvorrichtung zur bequemen Beschikkung und ein Thermoschutzschild aus Spezialglas, damit die Körpertemperatur der Bedien-

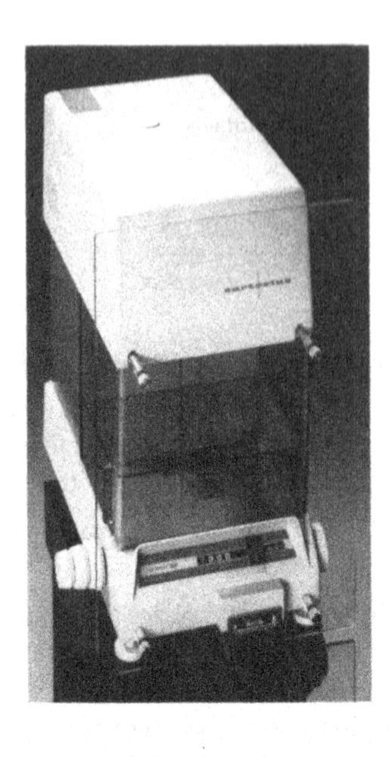

Bild 5.11
Mechanische Mikrowaage mit Schaltgewichtseinrichtung und Projektionsablesung
Quelle: Sartorius

person keinen Einfluß auf das Wägeergebnis hat. Eine Arretierautomatik schont Lager und Schneiden.
Wägebereich 5 mg bis 30 g, Ablesbarkeit 1 μg, (eichfähig in Klasse (I) mit e = 0,1 mg).

Die halbselbsteinspielende Makrowaage (Bild 5.12) zeichnet sich durch robuste Kreuzbiegelager anstelle von Schneiden und Pfannen aus, die eine Arretierung zwischen den einzelnen Wägungen und für das Schalten der Gewichte nicht mehr erfordert.
Wägebereich 50 mg bis 160 g, Ablesbarkeit 0,1 mg, eichfähig in Klasse (I) (e = 10 d = 1 mg).

Technisch interessant ist die mittelschalige Analysenwaage nach Bild 5.13, eine Substitutions-Neigungswaage mit gegabelten Balken für die Aufnahme der Waagschale vergleichbar einer Schaukel.
Wägebereich 0,05 g bis 160 g, Ablesbarkeit 0,1 mg, eichfähig in Klasse (I) (e = 1 mg).

Besonders einfache und preiswerte Präzisionswaagen, z. B. für den Schulunterricht, sind als Laufgewichtswaagen ausgeführt. Die in Bild 5.14 dargestellte Waage verwendet eine Spiralfeder im Feinbereich für die manuelle Gleichgewichtskompensation.
Höchstlast: 2610 g, Ablesbarkeit 0,1 g.

Torsions- und Drehfederwaagen [6] werden kaum noch gebaut. In Bild 5.15 ist eine Torsionsfeinwaage schematisch dargestellt. Der gleicharmige Waagbalken *a* ist in der Mitte des Torsionsfadens (ϕ = 0,175 mm) gelagert. An einer fixen, als Nullmarke wirkenden Linie in der Mitte einer Mattscheibe *o* wandert eine über Lichtquelle *g* und Kondensor *m* mit Objektiv *n* projizierte Skale *e* dann vorbei, wenn mit Drehknopf *d* (am Gerät rechts) der Spannhebel *b* verschwenkt wird. Dabei wird die vordere Hälfte des Torsionsdrahtes *s* gegengespannt. Eine mit Lichtquelle *g*, Kondensor *i* über am Waagbalken *a* befestigten Spiegel *k* und über festen Spiegel *l* projizierte Nullmarke *h* zeigt an, ob der Waagbalken *a* waagerecht steht. Die Nullstellung wird vor der Wägung zum Tara-Feinabgleich durch Vorspannung der hinteren Hälfte des Torsionsdrahtes *s* über Spannbügel *c* durch Knopf *g* (am Gerät links) herbeigeführt. Der maximale Torsionswinkel für den Draht beträgt rd. 16° (Max 1,5 g, Skalenwert $\leqslant$ 20 μg).

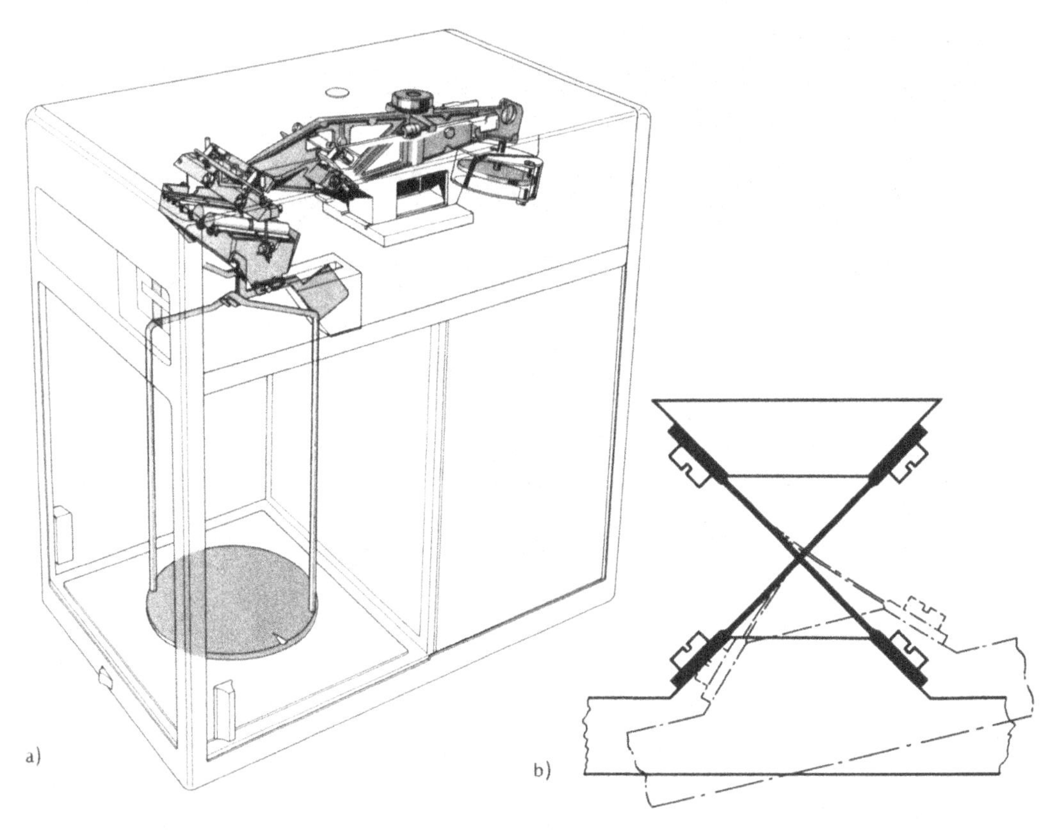

Bild 5.12 Halbselbsteinspielende Analysenwaage mit Kreuzbiegelagern
Quelle: Mettler

Bild 5.13
Mittelschalige Analysenwaage
Quelle: Kern

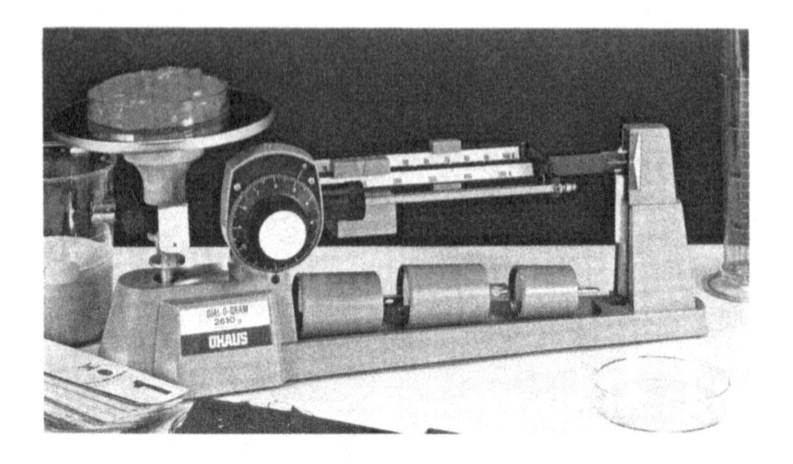

Bild 5.14 Präzisionswaage mit Laufgewichtseinrichtung
Quelle: Ohaus

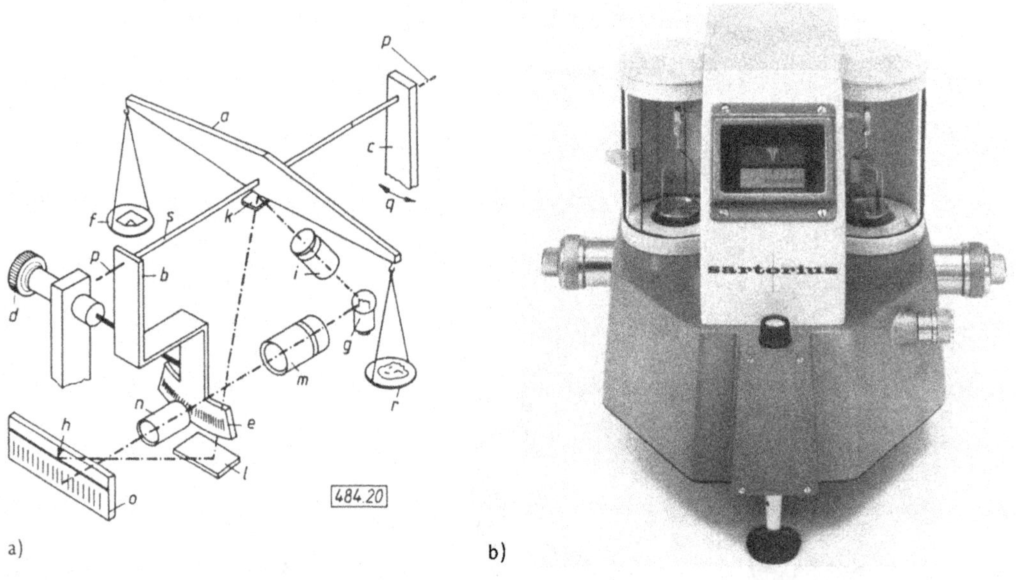

Bild 5.15 Torsions-Feinwaage nach Gorbach – Sartorius

a) schematische Darstellung
b) Ansicht (Legende siehe Text)
Quelle: Sartorius

Bild 5.15b zeigt die Außenansicht. Lastschale *r* und Gewichtschale *f* sind getrennt zugänglich. Rechts unten ist der Arretierungsknopf angebracht. Die Waage besitzt Wirbelstromdämpfung.

Für bestimmte Zwecke, z. B. als Eichamtswaagen hoher Auflösung werden gleicharmige Balkenwaagen noch gebaut, weitere Einzelheiten siehe Anlage A.

5.1.4 Elektronische Analysenwaagen

Der Übergang von der mechanischen zur elektronischen Waage hat sich in den Jahren 1970 bis 1980 relativ schnell vollzogen.

Zunächst wurden die Bedienungsfunktionen der Substitutionsneigungswaage selbsttätig gemacht: motorisierte Arretierung, selbsttätige motorgetriebene Gewichtschaltung, elektrooptische Rasterabtastung im Neigungsbereich. Die digitale Anzeige und Verarbeitung des Wägeresultates wurde damit grundsätzlich ermöglicht, doch waren diese Waagen im Aufbau kompliziert, teuer, und die Arbeitsgeschwindigkeit war von dem nach wie vor mechanischen Wägeprinzip her beschränkt.

Anstatt die manuellen Bedienungsschritte bestehender Waagen zu mechanisieren, haben sich in einem zielgerichteten Entwicklungs- und Ausleseprozeß in der Waagenindustrie innerhalb weniger Jahre drei neue Prinzipien durchgesetzt:

- die Dehnungsmeßstreifen-Wägezelle für Waagen mit mittlerer und geringer Genauigkeit (Klassen (III) und (IIII), neuerdings auch die Klasse (II)),
- die Schwingsaiten-Wägezelle für Klasse (III) , neuerdings auch für Klasse (II) ,
- die Wägezelle mit elektromagnetischer Kraftkompensation für Klasse (I) und (II) , neuerdings auch für Klasse (III) .

Diese Feststellung dürfte für über 90 % der Weltproduktion an elektromechanischen Waagen Gültigkeit haben, wobei sich die Anwendungsbereiche überlappen können und geringfügig auch andere Prinzipien (siehe Abschnitt 3.3) zum Einsatz kommen.

5.1.4.1 Prinzip der elektronischen Analysenwaage

Eine zum Teil schon bei den mechanischen Waagen erkennbare dreiteilige Aufbau- und Funktionsstruktur hat sich bei den elektronischen Waagen besonders deutlich herausgebildet:

- Die Gewichtskraft des unregelmäßig über die Waagschale verteilten Wägegutes bildet die zu messende Eingangsgröße. Der Lastübertragungsteil, bestehend aus mechanischen Hebeln und Lenkern, überführt die Gewichtskraft in eine meßbare Einzelkraft *F*.
- Der Meßwandler, in Waagen Wägezelle genannt, erzeugt ein zur Eingangskraft proportionales Ausgangssignal, z. B. eine elektrische Spannung, Strom oder Frequenzänderung.
- Im Anzeigeteil wird das Wägezellensignal nach einem geeigneten Meßprinzip ausgewertet, gewissen Rechenoperationen unterworfen und schließlich als Wägeergebnis in Masseneinheiten digital angezeigt [7].

Einzelheiten über die Wägezelle, den Regelkreis und die Auswertung des Wägezellensignals siehe Abschnitt 3.3 (Stichworte: Impulsbreitenmodulation, Analog-Digital-Wandlung, Meßwertverarbeitung im Mikroprozessor, LED- oder LCD-Anzeige).

5.1.4.2 Aufbau einer elektromagnetischen Analysenwaage

Bild 5.16 zeigt als Beispiel für eine elektromechanische Präzisionswaage mit elektronisch geregelter Kraftkompensation den prinzipiellen Aufbau. Der Lastträger mit der Lastschale (7)

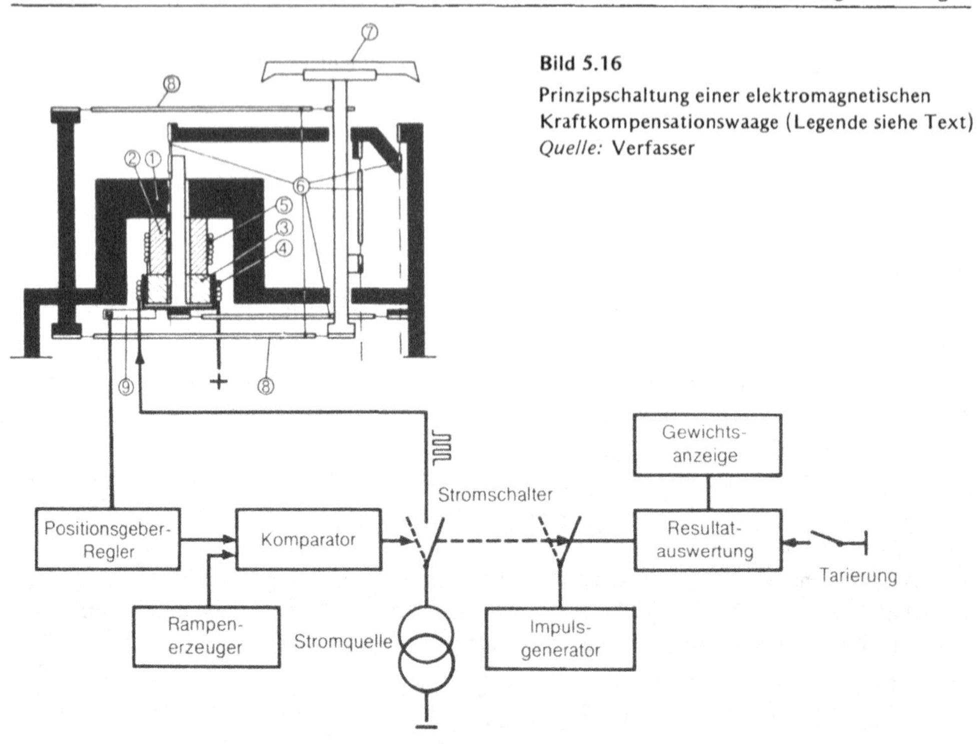

Bild 5.16
Prinzipschaltung einer elektromagnetischen Kraftkompensationswaage (Legende siehe Text)
Quelle: Verfasser

wird von zwei dreieckig angeordneten Lenkerpaaren (8) so geführt, daß nur vertikale Bewegungen des Lastträgers möglich sind. Die Wägekraft wird über einen Hebel auf den Spulenträger mit der Spule (4) übertragen, die sich im Luftspalt eines Magnetsystems, bestehend aus Permanentmagnet (2) mit Joch (1) und Polschuh (3), befindet. Sämtliche Drehpunkte des Zellenmechanismus sind als Biegelager (6) ausgebildet.

Fließt durch die Spule nun ein Strom, so entsteht darin eine senkrecht nach oben gerichtete Kraft. Diese Kraft wirkt der Gewichtskraft der Belastung entgegen. Mit einer fotoelektrischen Abtasteinrichtung (9) kann eine definierte Einspiellage des Spulenträgers erkannt werden. Bei einer Belastungsänderung verändert ein Regler mit Verstärker den durch die Spule fließenden Strom so lange, bis die Einspiellage wieder erreicht ist. Zur Kompensation der Gewichtskraft wird hier in gleichen, kurzen Zeitabständen ein konstanter Strom durch die Spule geleitet. Der Strom bleibt bei kleinerer Belastung für kurze Zeit und bei großer Belastung für längere Zeit eingeschaltet (Impulsbreitenmodulation). Die Einschaltdauer des Stromes wird durch die Abtastung der Einspiellage und mit einem Regelverstärker geregelt und ist der Belastung direkt proportional. Die Magnetisierung des Permanentmagneten (2) wird durch die Lastspule (4) zwar leicht beeinflußt, was jedoch durch die Spulenwicklung (5) korrigiert wird. Während der belastungsabhängigen Einschaltdauer des Stromes werden in einem Zähler jeweils Impulse (Burst-Impulse) eingezählt. Am Ende der Meßzeit zeigt der Zähler das Meßergebnis an.

5.1.4.3 Funktionen der Waage

Durch die Einführung des Mikroprozessors können eine Reihe von Funktionen zusätzlich ausgeführt werden:

- Mehrfachtarierung bei jeder beliebigen Last innerhalb des Wägebereiches;
- wählbare Integrationszeit (Meßzeit) zur Durchschnittsbildung, z. B. bei Tierwägungen oder allgemein bei unruhiger Anzeige;

- Stillstandskontrolle durch Vergleich aufeinanderfolgender Wägeresultate; bei konstant bleibendem Resultat wird der Datenausgang zur Registrierung des Ergebnisses freigegeben;
- Standardabweichung und Mittelwertbildung von mehreren Wägungen oder Nettototale sollen als Beispiel für mögliche Rechenoperationen genannt werden;
- richtige Rundung der intern höheren Auflösung für die Nullpunkt- und Resultatanzeige;
- Datenein- und -ausgabe über eine Schnittstelle für Drucker, Fernanzeige, Terminal, EDV. Der Waagenoperateur kann Kontrollbefehle und zusätzliche Daten über Tastaturen an die Waage übermitteln.

Für aus dem Wägeergebnis abgeleitete Größen wie Stückzahlen, Prozentwerte, Feuchtegehalte, siehe Abschnitt 5.13.

5.1.4.4 Ausgeführte Bauarten

Wesentliche Beurteilungsmerkmale einer elektronischen Analysenwaage sind Höchstlast Max, Anzahl der Teilungswerte n bzw. digitaler Teilungswert d_d, Eichfähigkeit, Wägekomfort und Datenaustausch mit Peripheriegeräten.

Die elektromechanische Ultramikrowaage nach Bild 5.17 hat doppelte Wände und Türen sowie ein zusätzliches Glasschild an der Vorderseite. Die Elektronik ist vom Wägesystem getrennt. Der spannbandgelagerte Balken trägt an einem Ende die Spule des elektromagnetischen Kompensationssystems und auf der anderen Seite das Gehänge mit Lastschale und eingebautem Tariergewichtsatz. Max = 3,005 g, d_d = 0,1 μg.

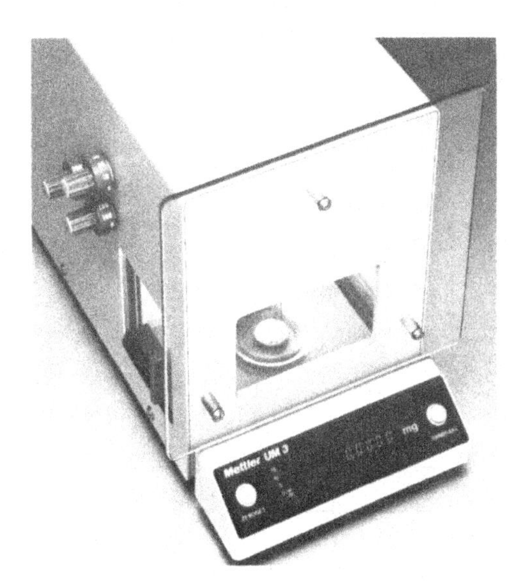

Bild 5.17
Elektromechanische Ultramikrowaage
Max 3 g, d = 0,1 μg
Quelle: Mettler

Bild 5.18 zeigt eine Analysenwaage mit großem elektrischen Einwägebereich bei hoher Auflösung und großem Wägeraum. Max = 160,1 g, Ablesbarkeit 0,01 mg.

Eine neue Lösung findet sich bei der Zweibereichs-Analysenwaage nach Bild 5.19. Die Waagschale wird durch Parallelogrammlenker geführt, die sich im Gehäuse hinter dem Wägeabteil befinden. Damit wurde erstmals eine Semimikrowaage mit geführter Waagschale realisiert (Fa. Mettler, Fa. Sartorius).

a)

Bild 5.18

Elektronische Analysenwaage mit Max = 160 g und d = 0,01 mg

a) Ansicht

b) schematische Darstellung

- (a) Lastschale
- (b) Prüfling
- (c) Schaltgewichte
- (d) Tragspule im Kraftkompensationssystem
- (e) elektronisches Auswertegerät
- (f) Stromzuführung für Tragspule
- (g) Waagenhebel
- (h), (i) Lagesensor
- (k) Kraftkompensationssystem
- (l) Codescheibe für Schaltgewichtstellung
- (m) Digitalanzeige
- (n) Analoganzeige
- (q) Netzgerät
- (r) Tarataste
- (t), (u) Justiergewicht

Quelle: Mettler

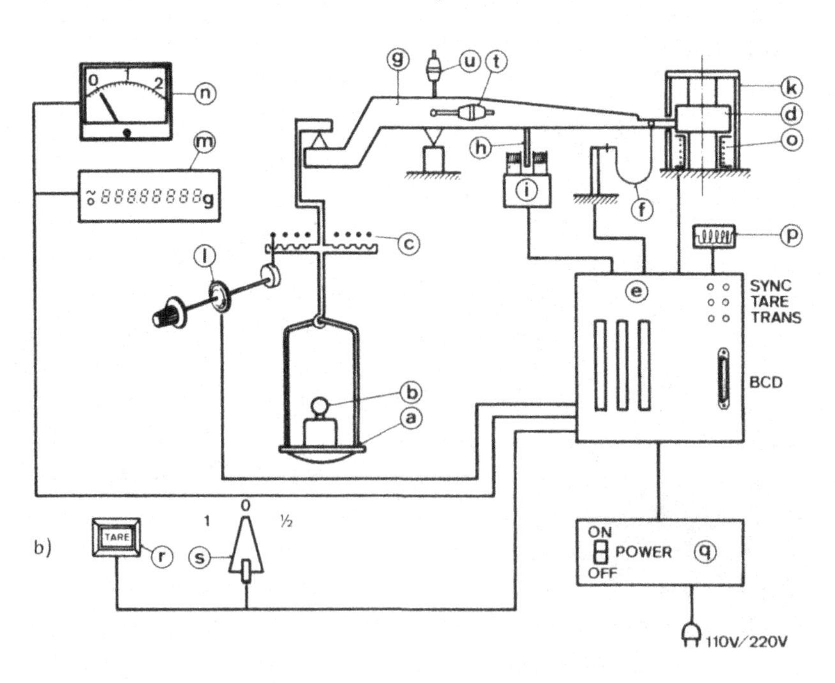

b)

Makro-Bereich	Max = 160 g	d = 0,1 mg
Semimikro-Bereich	Max = 30 g	d = 0,01 mg

Oberschalige Präzisionswaagen mit Teilungswerten d_d von 0,001 g bis 1 g nehmen unter den Laboratoriumswaagen den wichtigsten Platz ein. Bild 5.20 zeigt zwei Ausführungen

a) Max 420 g, e = 0,01 g (Feinbereich „Delta-Range" 40 g mit d = 1 mg),

b) Max 60 kg, e = 5 g, d = 1 g.

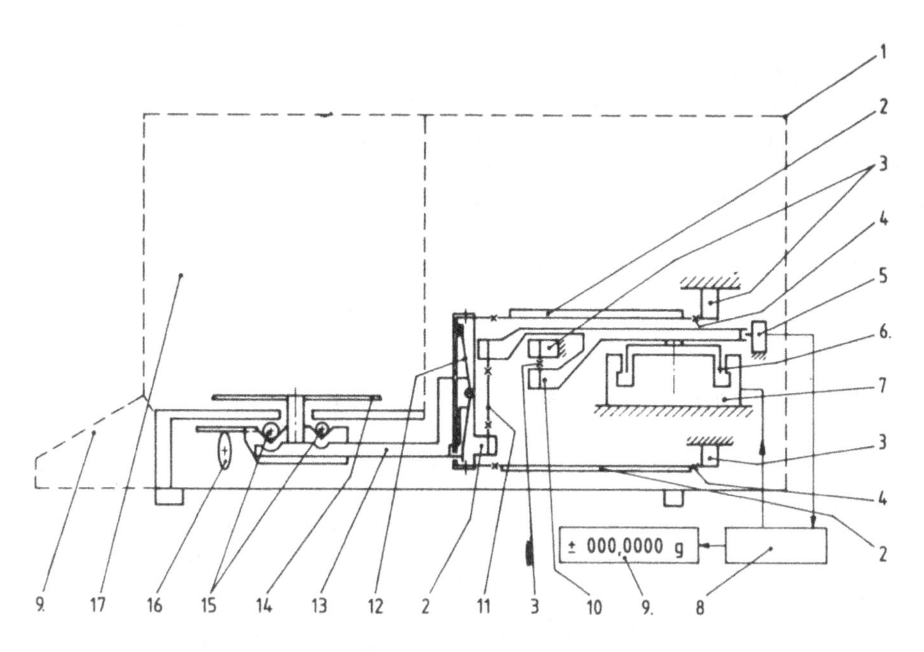

Bild 5.19 Zweibereichs-Analysenwaage

1 Waagengehäuse
2 Parallelführung
3 Gehäusefeste Aufhängung
4 Biegegelenke
5 Optischer Lageindikator
6 Kraftkompensationsspule
7 Permanentmagnet
8 Analoge/Digitale Steuerelektronik
9 Digitale Anzeigeeinrichtung
10 Waagbalken
11 Biegekoppel
12 Überlastschutz
13 Schalenaufnahme
14 Waagschale
15 Justiergewichte
16 Justiergewichtschaltung
17 Wägeraum

Quelle: Verfasser

a) Max 420 g *Quelle:* Mettler

b) Max 60 kg *Quelle:* Sartorius

Bild 5.20 Oberschalige Präzisionswaage

Der prinzipielle Aufbau zeichnet sich durch einen flachen Baukörper aus: Obenliegende, flache Waagschale, Anzeige und Bedienungselemente zeigen nach vorn. Der Lastträger wird mit Parallelogrammlenkern geführt oder ist als Brücke ausgeführt.

Mit Auflösungen bis zu 50 Millionen Teilungswerten werden praktisch für alle Anwendungen entsprechende Waagen angeboten. Als Besonderheit sei der verschiebbare Feinbereich erwähnt, der sich nach Tarierung für eine genauere Einwaage bewährt hat.

Karatwaagen werden bei Juwelieren und im Edelsteinhandel eingesetzt. Als Besonderheit wird die Masse nicht in mg, g oder kg, sondern in Karat (Abkürzung C.M., ct oder kt) angegeben (1 kt ≙ 0,2 g). Wägebereiche bis 6000 kt, Teilungswert 0,001 kt bis 0,1 kt.

5.1.5 Sonderbauformen

Labor- und Analysenwaagen werden ausschließlich in größerer Serie gefertigt. Für einige Anwendungszwecke werden aber einzelne Waagen mit besonderen Anforderungen benötigt.

Prototypwaagen mit Max 1 kg (2 kg) werden in den Staatsinstituten für die Weitergabe der Masseneinheit benötigt. Mit gleicharmigen oder ungleicharmigen Balkenwaagen wird eine Standardabweichung s von einigen μg erreicht (Bild 5.21). Neuerdings werden auch elektromechanische Schaltgewichtswaagen mit kurzer Wägezeit und hohem Wägekomfort eingesetzt, mit $s < 30\ \mu$g.

Eichdirektions- und Eichamtswaagen sind Serienwaagen im Bereich 5 g bis 50 kg, die unter dem Gesichtspunkt der kleinsten erzielbaren Unsicherheit weiterentwickelt werden (Bild 5.22).

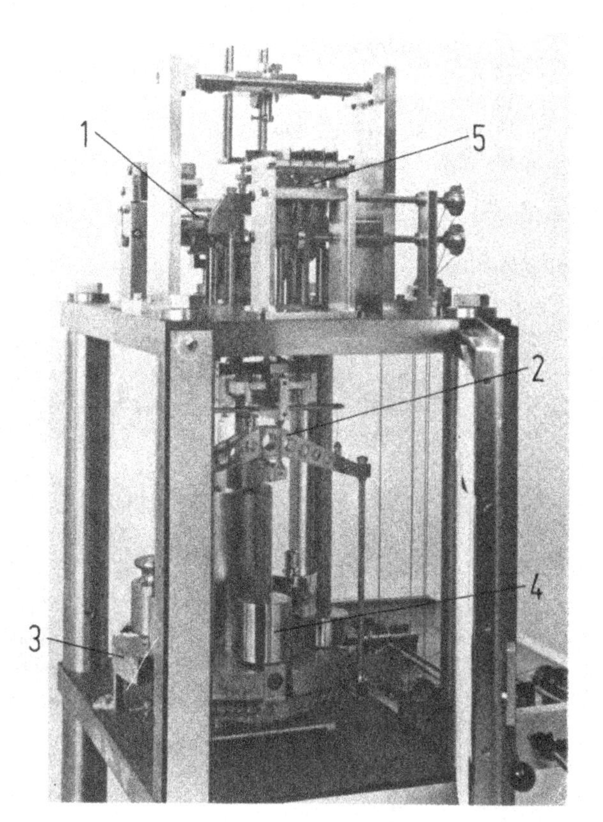

Bild 5.21

Prototypwaage der Fa. Voland

1 Waagbalken mit Gegengewicht
2 Gehänge
3 Karussel mit Prüflingen
4 Normal
5 Schaltgewichtseinrichtung

Eichamtswaage mit Max 20 kg, $s \leqslant 20$ mg.

Bild 5.22
Elektromechanische Eichamtswaage für die Prüfung von Gewichtstücken
Max 20 kg, $s = 20$ mg
Quelle: Sartorius

Tabelle 5.1 zeigt eine Auswahl der in der Physikalisch-Technischen Bundesanstalt, Braunschweig, vorhandenen Waagen (meist weiterentwickelte Waagen bekannter Hersteller) für die Weitergabe der Masseneinheit und für Massebestimmungen höchster Genauigkeit.

Bei einer Anzahl experimenteller Verfahren ist die Masse oder die Massenänderung unter speziellen Umweltbedingungen zu bestimmen, oder es ist die Wirkung eines der Gewichtskraft überlagerten Kraftfeldes zu messen. So werden Wägungen beispielsweise durchgeführt

- im Vakuum [9],
- bei hohen und niedrigen Temperaturen, Drücken, Luftfeuchten,
- unter besonderer Gasatmosphäre (auch aggressiver) oder in Flüssigkeiten,
- in explosionsgefährdeten Räumen, in magnetischen oder elektrostatischen Feldern, bei Erschütterungen am Aufstellort (Maschinenhalle, Schiff) [10].

Für solche Anwendungen [11] sind Sonderausführungen, bekannt z. B. Schwebewaage, oder die Waagenhersteller (z. B. Mettler, Sartorius, Cahn) bieten besondere Systeme und Waagenzusatzgeräte an. Diese Sonderausrüstungen (z. B. Thermowaagen, Vakuumwaagen) enthalten zusätzlich zur eigentlichen Waage auch die Einrichtungen zur Schaffung und Messung der geforderten Umweltbedingungen [12]. Geeignet gestaltete Wägeabteile sind je nach Verwendungszweck mit regelbarer Heizung, Kühlung, mit Vakuumausrüstung oder mit Gaszufuhr versehen. Die Versuchsparameter Druck, Temperatur, atmosphärische Zusammensetzung usw. werden über die meist modular ausgelegte Steuer- und Meßelektronik vorgegeben, wobei fallweise auch die Änderungsgeschwindigkeiten dieser Größen am Kontrollinstrument eingestellt werden können.

Als Ausgangsgröße erhält man die Probenmasse (oder die an der Probe angreifende Kraft) als Funktion der Umgebungsparameter bzw. als Funktion der Zeit. Für die Erfassung, Verarbeitung und Dokumentation der Versuchsdaten werden Drucker, Schreiber, Rechner und Computer-Interfaces als weitere Systemkomponenten angeboten.

Tabelle 5.1

Verwendeter Wägebereich	Waage, Höchstlast Max	Standardabweichung s der Waage im verwendeten Bereich (in Klammern s_{rel} im verwendeten Bereich)
< 1 g	elektromechanische Ultra-Mikrowaage mit Schaltgewichtseinrichtung Max 1 g	($< 0{,}2$ µg, Waage in Erprobung)
$1\ g \leqslant m \leqslant 2\ g$	elektromechanische Ultra-Mikrowaage mit Schaltgewichtseinrichtung Max 4 g	0,2 µg ($2 \cdot 10^{-7}$ bis $5 \cdot 10^{-8}$)
$4\ g < m \leqslant 30\ g$	mechanische Mikrowaage mit Schaltgewichtseinrichtung Max 30 g	1,5 µg ($4 \cdot 10^{-7}$ bis $5 \cdot 10^{-8}$)
$30\ g < m \leqslant 50\ g$	mechanische Mikrowaage mit Schaltgewichtseinrichtung Max 50 g	2 µg ($7 \cdot 10^{-8}$ bis $4 \cdot 10^{-8}$)
$50\ g < m \leqslant 100\ g$	gleicharmige Balkenwaage mit Zeiger Max 200 g	17 µg ($3 \cdot 10^{-7}$ bis $1{,}7 \cdot 10^{-7}$)
$100\ g < m \leqslant 1\ kg$	elektromechanische Makrowaage mit Schaltgewichtseinrichtung Max 1 kg	$\leqslant 25$ µg ($5 \cdot 10^{-8}$ bis $2{,}5 \cdot 10^{-8}$)
	Prototypwaage (gleicharmige Balkenwaage mit optischer Ablesung)	8 µg ($8 \cdot 10^{-9}$)
$1\ kg < m \leqslant 2\ kg$	elektromechanische Makrowaage Max 2 kg	50 µg ($5 \cdot 10^{-8}$ bis $2{,}5 \cdot 10^{-8}$)
$2\ kg < m \leqslant 5\ kg$	gleicharmige Balkenwaage Max 5 kg	0,32 mg ($1{,}5 \cdot 10^{-7}$ bis $6{,}5 \cdot 10^{-8}$)
$5\ kg < m \leqslant 10\ kg$	mechanische Schaltgewichtswaage Max 10 kg	0,7 mg ($1{,}4 \cdot 10^{-7}$ bis $7 \cdot 10^{-8}$)
$10\ kg < m \leqslant 20\ kg$	gleicharmige Balkenwaage mit Zeiger Max 20 kg	3 mg ($3 \cdot 10^{-7}$ bis $1{,}5 \cdot 10^{-7}$)
$20\ kg < m \leqslant 50\ kg$	gleicharmige Balkenwaage mit Zeiger Max 50 kg	9 mg ($4{,}5 \cdot 10^{-7}$ bis $1{,}8 \cdot 10^{-7}$)
$50\ kg < m \leqslant 200\ kg$	gleicharmige Balkenwaage mit Zeiger Max 200 kg	40 mg bis 135 mg ($8 \cdot 10^{-7}$ bis $7 \cdot 10^{-7}$)
$200\ kg < m \leqslant 5\ t$	gleicharmige Balkenwaage mit doppelschildigem Hebel Max 5 t	80 mg bis 180 mg ($4 \cdot 10^{-7}$ bis $4 \cdot 10^{-8}$)
$5\ t < m \leqslant 100\ t$	mechanische Gleisbrückenwaage mit optischer Ablesung Max 100 t	$\pm 0{,}4$ kg ($8 \cdot 10^{-5}$ bis $4 \cdot 10^{-6}$)

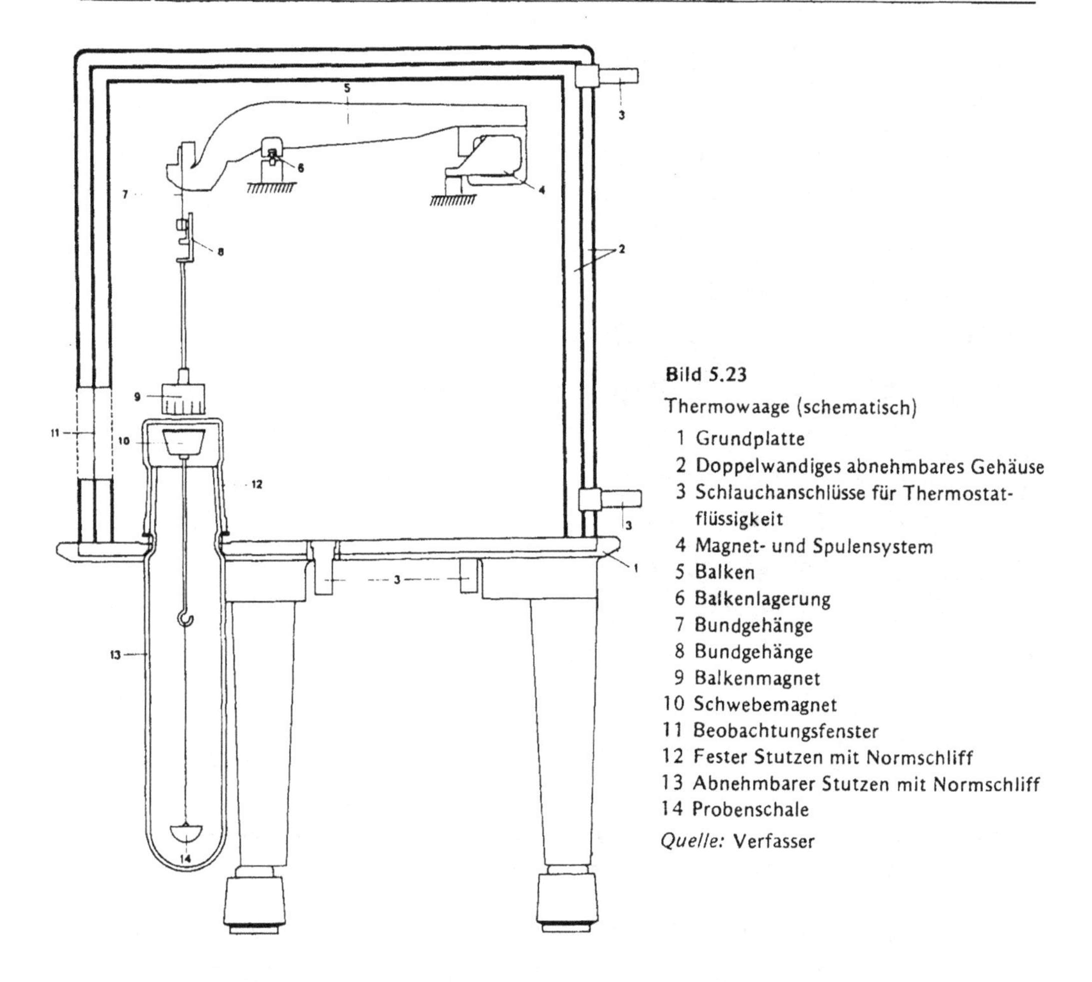

Bild 5.23

Thermowaage (schematisch)

1 Grundplatte
2 Doppelwandiges abnehmbares Gehäuse
3 Schlauchanschlüsse für Thermostatflüssigkeit
4 Magnet- und Spulensystem
5 Balken
6 Balkenlagerung
7 Bundgehänge
8 Bundgehänge
9 Balkenmagnet
10 Schwebemagnet
11 Beobachtungsfenster
12 Fester Stutzen mit Normschliff
13 Abnehmbarer Stutzen mit Normschliff
14 Probenschale

Quelle: Verfasser

Bild 5.23 zeigt schematisch im Schnitt eine Spezialwaage, bei der das Wägegut durch einen Elektromagneten im Schwebezustand gehalten wird, und zwar im völlig vom Waagenraum getrennten Wägeraum. Der Waagbalken 5 wird mit der bekannten elektromagnetischen Kraftkompensation mittels Kompensationssystem 4 in horizontaler Lage geregelt. Der am Waagbalken 5 befindliche Elektromagnet 9 hält den Permanentmagneten 10 im Schwebezustand, der im hermetisch abgeschlossenen Raum, bestehend aus den Rezipiententeilen 12 und 13, untergebracht ist, und an den die Waagschale 14 angehängt ist. Das Kompensationssystem 2 und der Schwebesteuermagnet werden in Abhängigkeit von der zu messenden Masse automatisch gesteuert. Die Waage ist mit einem doppelwandigen Gehäuse versehen; dadurch ist es möglich, über die Eingänge 3 einen Flüssigkeitsthermostaten anzuschließen. Der Schwebezustand des Elektromagneten 9 und Permanentmagneten 10 kann durch das Fenster 11 beobachtet werden. Die Waage trägt 30 g mit einer Auflösung von 0,01 g.

Bild 5.24 zeigt eine Vakuumwaage mit Schreiber zur Aufzeichnung der Gewichtsänderungen (Probengewicht bis 100 g, Auflösung bis 0,5 μg, vakuumfest bis 10^{-6}).

Durch die Verwendung einer magnetischen Koppel wird das Wägen von Proben im Vakuum, in aggresiven Gasen bei extremen Drücken oder Temperaturen möglich [11].

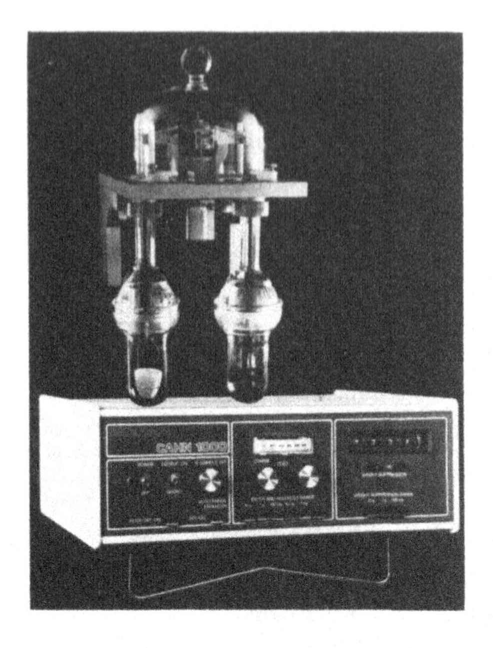

Bild 5.24
Registrierende Vakuumwaage
Quelle: Cahn

Die Entwicklung der Analysenwaagen hat – mit Rücksicht auf ihre Anwendung – in drei Hauptrichtungen stattgefunden [12]:

- Labor- und Analysenwaagen der Bauart Balken-, Feder- und Neigungswaagen für Massebestimmungen hoher Präzision mit dem Ziel, schnell und komfortabel Massebestimmungen auszuführen,
- Thermowaagen meist als modifizierte und registrierende Analysenwaagen mit dem Ziel, die Massenänderung infolge einer programmierten thermischen Behandlung der Probe zeitlich zu verfolgen,
- Vakuum- und Sorptionswaagen als Sonderbauart, z. B. elektronisch kompensierende Balkenwaage, mit dem Ziel, zeitabhängige Massenänderungen bei Reaktionen der Probe mit der Gasphase (z. B. Adsorption, Oxidation, Trocknungszersetzung) aufzuzeichnen.

Die vielfältigen Aktivitäten auf dem Gebiet des Baues von Vakuumwaagen haben zu einem selbständigen Fachgebiet der Vakuum-Mikrowägetechnik geführt. Einen Überblick über den Stand der Technik bieten die Konferenzberichte der "Conferences on Vacuum Microbalance Techniques" (Tabelle 5.2).

5.1.6 Wägesysteme

Labor- und Analysenwaagen werden in größeren Meßsystemen eingesetzt, um Produktions- oder Verfahrensabläufe zu steuern. Als Beispiele seien genannt:

- Rezepturwägeanlagen in der pharmazeutischen Industrie (siehe Abschnitt 5.10),
- Wägeautomaten zur Gewichtskontrolle von Tabletten, Dragees oder Kapseln in der pharmazeutischen Industrie (Bild 5.25),
- Wäge- und Sortierautomaten für verschiedene Anwendungen (Kontrolle der Tausendkorngewichte in Saatzuchtanstalten, Qualitätskontrolle in Elektronik und Optik u. a.),

Tabelle 5.2 Conferences on Vacuum Microbalance Techniques

Konferenz	Jahr	Ort	Titel+) des Konferenzberichts
1	1960	Fort Monmouth, NJ, USA	M.J. Katz (Ed.), VMT, Vol. 1, Plenum, NY, 1961
2	1961	Washington, DC, USA	R.F. Walker (Ed.), VMT, Vol. 2, Plenum, NY, 1962
3	1962	Los Angeles, CA, USA	K.H. Behrndt (Ed.), VMT, Vol. 3, Plenum, NY, 1963
4	1964	Pittsburgh, PA, USA	P.M. Waters (Ed.), VMT, Vol. 4, Plenum, NY, 1965
5	1965	Princeton, NJ, USA	K.H. Behrndt (Ed.), VMT, Vol. 5, Plenum, NY, 1966
6	1966	Newport Beach, CA, USA	A.W. Czanderna (Ed.), VMT, Vol. 6, Plenum, NY, 1967
7	1968	Eindhoven, Niederlande	C.H. Massen und H. Van Beckum (Eds.), VMT, Vol. 7, Plenum, NY, 1970
8	1969	Wakefield, MA, USA	A.W. Czanderna (Ed.), VMT, Vol. 8, Plenum, NY 1971
9	1970	Berlin, Deutschland	Th. Gast and E. Robens (Eds.), PVMT, Vol. 1, Heyden, London, 1972
10	1972	Uxbridge, Großbrit.	S.C. Bevan, S.J. Gregg, and N.D. Parkyns (Eds.), PVMT, Vol. 2, Heyden, London, 1973
*)11	1973	New York, NY, USA	J. Vac. Sci. Technol., 11 (1974) 396–439
12	1974	Lyon, Frankreich	C. Eyraud and M. Escoubes (Eds.), PVMT, Vol. 3, Heyden, London, 1975
*)13	1975	Philadelphia, PA, USA	J. Vac. Sci. Technol., 13 (1976) 541–560
14	1976	Salford, Großbritannien	D. Dollimore (Ed.), Thermochimica Acta, 24 (1978) 204–431
*)15	1977	Boston, MA, USA	J. Vac. Sci. Technol., 15 (1978) 745–821
*)16	1978	Kiel, Deutschland	O. T. Sørensen (Ed.), Thermochimica Acta, 29 (1979) 198–360
*)17	1979	New York, NY, USA	J. Vac. Sci. Technol., 17 (1980) 90–124
*)18	1981	Antwerpen, Belgien	E. Robens (Ed.), Thermochimica Acta, 51 (1981) 1–95
*)19	1982	Baltimore, MD, USA	J. Vac. Sci. Technol., 20 (1983)
*)20	1983	Plymouth, Großbrit.	S.A.A. Jayaweera (Ed.), Thermochimica Acta (1984)

+) VMT = Vacuum Microbalance Techniques, PVMT = Progress in Vacuum Microbalance Techniques

*) Konferenz-Organisatoren, soweit nicht mit den Bericht-Herausgebern identisch:
11.: A.W. Czanderna, 13.: W. Kollen, 15.: P. Ficalora, 16.: H.-J. Seifert und O.T. Sørensen, 17.: A.W. Czanderna, 19.: R. Vasofsky

- Füllmengenkontrollsysteme zur Berechnung statistischer Daten und Toleranzgrenzen bei Fertigpackungen,
- Datenkommunikationssysteme, z. B. bei Füllmengenkontrolle, Tierwägungen, Dosierungen, Fabrikationskontrolle,
- Haemofiltrationssysteme zur Behandlung von Nierenversagen (siehe Abschnitt 5.6.8.1).

5.1.7 Aufstellung, Bedienung, Einfluß- und Störgrößen

Wegen der hohen Auflösung sind Labor- und Analysenwaagen besonders empfindlich gegen nicht fachgerechte Aufstellung, Bedienung und Umwelteinflüsse.

5.1.7.1 Aufstellung der Waage

Fein- und Präzisionswaagen sollen möglichst erschütterungsgeschützt auf speziellen Wägetischen (massiver Tisch, Wandkonsole) einzeln und unter konstanten Temperaturbedingungen (klimatisierter Raum $\vartheta < 0{,}5$ K/h) aufgestellt werden (Bild 5.26). Die Einstellung mit Hilfe der Fußschrauben in die Bezugslage kann mit einer Libelle oder einem Lot überwacht

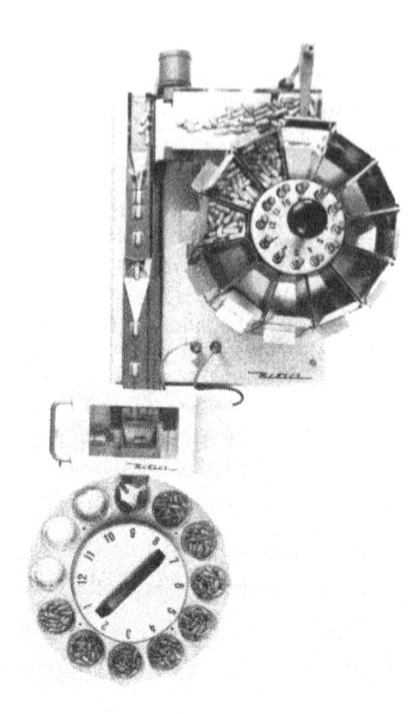

Bild 5.25
Tablettenwägeautomat (Draufsicht)
Quelle: Mettler

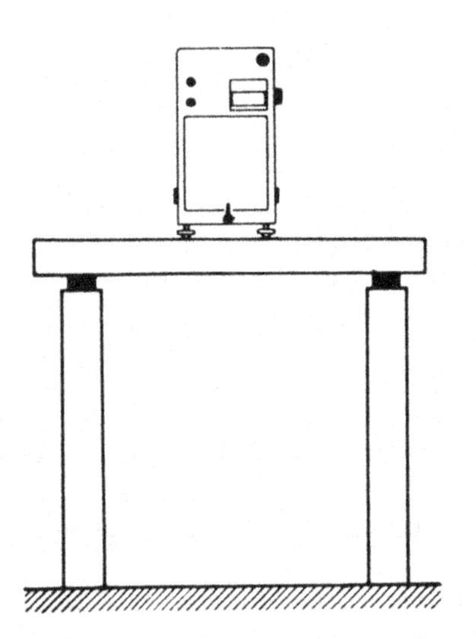

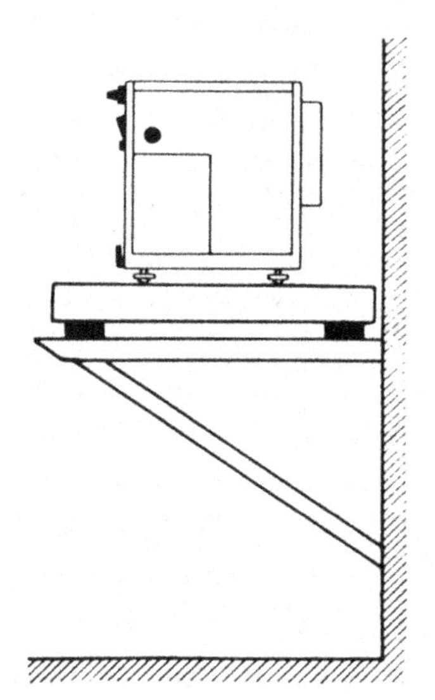

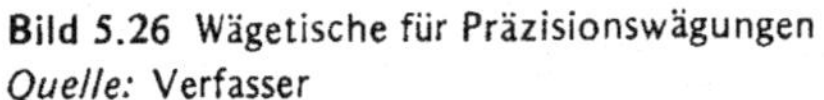

Bild 5.26 Wägetische für Präzisionswägungen
Quelle: Verfasser

werden. Aufstellungsort und Wägetisch müssen so stabil sein, daß sich die Waagenanzeige nicht ändert, wenn man auf den Tisch drückt oder den Wägeplatz betritt (keine weichen Dämpfungsmaterialien). Nach Umsetzen der Waage muß immer eine Neukalibrierung mit Gewichten erfolgen (Einfluß der Fallbeschleunigung, Dezentrierung von Bauelementen). Die Waage darf nur unter den Umweltbedingungen eingesetzt werden, für die sie gebaut ist.

5.1.7.2 Bedienung der Waagen

Labor- und Analysenwaagen erfordern geschultes Personal, auch wenn die Bedienung elektronischer Waagen sehr einfach geworden ist. Einseitige Wärmestrahlung (Heizkörper, Lampen, Beobachter) kann unterschiedliche Dehnung der Balkenarme oder Bauteile verursachen und ebenso wie Luftströmungen im Waagengehäuse zu Wägefehlern führen. Temperaturdifferenzen des Wägegutes gegen die Gehäuseluft erzeugen ebenfalls Konvektion, deshalb muß immer Temperaturausgleich abgewartet werden. Elektrostatische Aufladungen müssen vermieden werden (insbesondere bei Glas, Quarz und Kunststoffteilen als Wägegut oder Gehäuseteilen, ebenso ist Styropor als Wärmeschutz zu vermeiden).

Luftfeuchte bedingt eine Wasserhaut auf fast allen Stoffen, z. B. ca. 1 $\mu g \cdot cm^{-2}$ bei 60 % relativer Luftfeuchte auf bearbeiteten Stahloberflächen. Hygroskopisches Wägegut nimmt Wasser auf (Massezunahme), Flüssigkeiten verdunsten (Massenabnahme).

Bei Balkenwaagen ist mit der von der Belastung abhängigen Durchbiegung eine ebenfalls abhängige Empfindlichkeit zu beachten. Wegen unvermeidlichen Hebelfehlern bei Balkenwaagen sollten Substitutions- oder Vertauschungsverfahren angewendet werden. Störende Schalenschwingungen müssen durch Schalenbremsen vermindert werden, oder es ist Stillstand abzuwarten.

Im Wägeraum muß äußerste Sauberkeit herrschen. Es darf nicht mit der Hand in den Wägeraum gefaßt werden (Temperatur, Feuchtigkeit, Schweiß). Bei Analoganzeigen muß auf Parallaxenfehler geachtet werden. Das Wägegut sollte immer mittig aufgebracht werden.

Bei Unterflurwägungen mit Gehängedurch- oder -umführung (Bild 5.27) sind größere Standardabweichungen wegen des Umwelteinflusses zu erwarten.

Neben der Bedienungsanleitung der Waage sollte der Operateur auch DIN 1319 und DIN 1820 kennen, damit er beurteilen kann, ob die Resultatabweichungen in einem sinnvollen Verhältnis zum Teilungswert bzw. den Toleranzangaben des Herstellers stehen. Ebenso sollte er Fachausdrücke kennen, wie Absolut-Differenzwägung, Reproduzierbarkeit, Empfindlichkeit, Anwärmzeit, Eichfähigkeit, Fehlergrenzen, Drift (Nullpunkt, Empfindlichkeit), Fehler, Genauigkeitsklasse, Hysterese, kalibrieren, Kriechfehler, Linearitätsfehler, Luftauftriebskorrektion, Meßunsicherheit, Mindestlast, Nullpunktbeständigkeit, Prüfverfahren, Rundung von Meßresultaten, Standardabweichung, Stillstandsicherung, Teilungswert, Tragfähigkeit, Vertauschungswägeverfahren, Vibrationsdämpfer, Wägeergebnis, Wägeverfahren, Wägewert einer Last, Zuverlässigkeit [1].

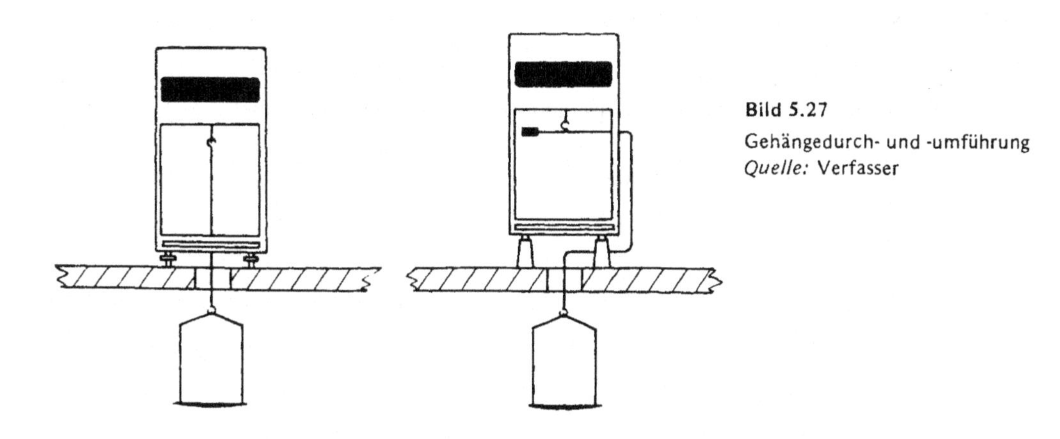

Bild 5.27
Gehängedurch- und -umführung
Quelle: Verfasser

Die in Kapitel 8 aufgeführten Einfluß- und Störgrößen wirken sich bei hochauflösenden Waagen besonders aus. Besonderes Augenmerk ist noch auf folgende Fehlermöglichkeiten zu richten:

Temperaturabhängigkeit

Jede Waage hat einen ihr eigenen und reproduzierbaren Temperaturgang, ausgedrückt durch die Temperaturkoeffizienten des Nullpunktes und der Empfindlichkeit. Die Toleranzangaben des Herstellers dienen als Anhaltspunkt für die anzustrebende Temperaturkonstanz des Arbeitsraumes (z. B. 1 d pro 10 °C für Präzisionswaagen, bis 1 d pro 0,5 °C für Mikroanalysenwaagen). Da die Wägeelektronik Wärme erzeugt (in der Regel < 20 W), benötigen die meisten Waagen nach dem Einschalten eine Anwärmzeit, bis die einzelnen Teile ihre konstante Endtemperatur gefunden haben.

Steilheitsfehler (Änderung der Empfindlichkeit)

Bei Laborwaagen ist die Empfindlichkeitseinstellung in der Regel von außen her zugänglich und kann durch den Operateur justiert werden. Empfindlichkeitsfehler entstehen:

1. wenn die Waage an einen Ort mit anderer Schwerebeschleunigung gebracht wird, z. B. bei der Lieferung eines neuen Gerätes;
2. wenn die Waage aus ihrer horizontalen Arbeitslage geneigt wird, z. B. bei nicht horizontalem Wägetisch; der Fehler ist dem Quadrat des Neigungswinkels proportional und beträgt beispielsweise $-1{,}5 \cdot 10^{-4}$ bei 1° Neigung;
3. als Folge der Alterung der Wägezelle und Elektronik über mehrere Monate oder Jahre. Die Überprüfung der Empfindlichkeit der Waagen kann automatisch durch ein eingebautes Prüfgewicht erfolgen oder von Zeit zu Zeit von Hand durch Auflegen eines Gewichtstükkes entsprechender Genauigkeit.

Funktionsfehler

Eichfähige Waagen haben Maßnahmen zur Funktionsfehlererkennung (z. B. elektronische Selbstprüfschaltung, Auflegen eines beigegebenen Prüfgewichtes), um Defekte, z. B. durch Ausfall eines Bauteiles zu erkennen (siehe Kap. 9).

Luftauftriebskorrektion

Der Wägewert ist der an der Anzeigeeinrichtung der Waage abgelesene Wert, enthält also keine Korrektion bezüglich des Luftauftriebes. Er ist daher keine konstante Größe, sondern abhängig von den Wägebedingungen (momentane Luftdichte bei der Wägung, Dichte des Prüflings) (siehe Abschnitt 2.3) [13].

Der Wägewert stimmt innerhalb abschätzbarer Grenzen mit der Masse überein. Da er viel einfacher zu bestimmen ist, wird er in den Fällen, in denen die Abweichung keine Rolle spielt, z. B. geschäftlicher Verkehr ($\Delta m/m > 10^{-3}$) anstatt der Masse verwendet. Masse ist das Ergebnis einer Wägung unter Anwendung aller Korrektionen insbesondere der Luftauftriebskorrektion.

Die Luftauftriebskorrektion k, die zum Wägewert addiert werden muß, um die Masse des Wägegutes zu erhalten, beträgt

$$K = m_{\mathrm{W}} \cdot \rho_{\mathrm{L}} \frac{\frac{1}{\rho} - \frac{1}{\rho_{\mathrm{N}}}}{1 - \frac{\rho_{\mathrm{L}}}{\rho}} . \qquad (5.1.4)$$

m_W Wägewert (angezeigtes Wägeresultat),
ρ_L Luftdichte,
ρ Wägegutdichte,
ρ_N Dichte der losen oder eingebauten Gewichtstücke.

Bei geeichten Gewichtstücken ist $\rho_N = 8000 \text{ kg m}^{-3}$ einzusetzen. Die Luftdichte kann aus Tabelle Anhang E 4 oder Tabelle Anhang E 5 berechnet bzw. entnommen werden.

Die Luftauftriebskorrektion k kann aus Diagramm Anhang E 6 bestimmt werden.

Absolut/Differenzwägung

Bei einer Differenzwägung bestimmt im wesentlichen die Wägung (Standardabweichung der Waage, Unsicherheit der Luftauftriebskorrektion) die Unsicherheit des Wägeergebnisses, bei einer Absolutwägung *außerdem* die Unsicherheit der Kalibrierung der Waage bzw. der Masse der Gewichtstücke.

Schwerpunkthöhen-Korrektion

Bei feinsten Wägungen ist eine Korrektion notwendig, wenn die Schwerpunkte des zu wägenden Körpers und der Gewichtstücke unterschiedlich hoch liegen; sie beträgt 3 µg für 1 kg und 10 mm Höhenunterschied [14].

5.1.8 Entwicklungstendenzen

Das von *K. Angström* bereits 1895 beschriebene Prinzip der magnetischen Kraftkompensation ist dank dem Fortschritt der Elektronik in den letzten zehn Jahren zu einem Grundpfeiler der Feinwägetechnik geworden, an Bedeutung ohne weiteres den mechanischen Prinzipien der Substitutions- und Neigungswägung vergleichbar. Die Evolution dieses Prinzips erstreckt sich bei den bedeutenderen Herstellern bereits über mehrere Produktgenerationen, womit ein hoher Stand der technischen Reife erreicht worden ist. Als Entwicklungstendenz für die Zukunft erkennt man in erster Linie die weitere Ausnützung der vom Mikroprozessor und allgemein vom Fortschritt der Elektronik gebotenen Möglichkeiten:

- kompaktere Bauarten durch zunehmende Integration und erhöhte Leistungsfähigkeit der elektronischen Komponenten,
- höhere Zuverlässigkeit und Verfügbarkeit,
- größere Vielseitigkeit an tastaturbetätigten Rechen- und Anzeigefunktionen,
- Anschluß von Bildschirmanzeigen, Einbindung in DV-Anlagen,
- Bedienerführung.

Daneben werden auch grundlegende Anstrengungen unternommen, um weitere physikalische Prinzipien für Wägezellen in Labor- und Analysenwaagen [15] nutzbar zu machen. DMS-Wägezelle, Gyrodynamische Wägezelle für höhere Belastungen > 100 kg und Schwingsaiten-Wägezelle u. a. für mittlere Belastungen

- höhere Auflösung, bessere Temperaturkonstanz, kleinere Reproduzierbarkeit durch verfeinerte Techniken.

Ob und wann das vorwiegend benutzte elektromagnetische Kompensationsprinzip durch andere in Kap. 3 behandelte Prinzipien teilweise abgelöst wird, ist noch nicht erkennbar.

Schrifttum

[1] DIN 8120, T 1, 2 und 3. Begriffe im Waagenbau, 1981
[2] *Bietry, L.; Kochsiek, M.:* Praktischer Leitfaden der wägetechnischen Begriffe. Mettler Wägelexikon, Greifensee, 1982

[3] OIML, RI Nr. 3. Réglementation Métrologique des Instruments de Pesage à Fonctionnement non automatique. BIML, Paris, 1980
[4] Eichordnung, Anlage 9. Deutscher Eichverlag, Braunschweig, 1982
[5] *Hess, E.:* Feinwaagen, PTB-Prüfregel. Deutscher Eichverlag, Braunschweig, 1970
[6] *Ulbricht, W.:* Torsions- und Drehfeder-Feinwaagen. Feinwerktechnik 69 (1965) S. 541–546
[7] *Schubart, B.:* Arbeitsprinzipien moderner Präzisions- und Analysenwaagen. Feinwerktechnik + Micr. 77 (1975), S. 223–228
[8] *Almer, H. E.:* National Bureau of Standards. One Kilogram Balance NBS – No. 2 Journ. of Res. of the NBS 76c (1972) S. 1–10
[9] siehe Tabelle 5.2, S. 163
[10] *Gast, Th.; Seifert, W.:* Eine neuartige, selbstkompensierende balkenlose Waage. Feinw. + Meßt. 82 (1974) S. 279–284
[11] *Gast, Th.:* Exakte Wägung unter dem Einfluß wechselnder Beschleunigungen. wägen + dosieren 7 (1976) S. 48–54
[12] *Czanderna, A. W.; Robens, E.:* Konferenzen über Vakuum-Mikrowägetechnik. wägen + dosieren 14 (1983) S. 22
[13] *Ach, K. H.:* Einfluß der Luftdichte auf die Anzeige von Waagen mit elektromagnetischer Kraftkompensation. wägen + dosieren 11 (1980), S. 88–91
[14] *German, S.; Kochsiek, M.:* Darstellung und Weitergabe der Masseneinheit Kilogramm in der Bundesrepublik Deutschland. wägen + dosieren 8 (1977) S. 5–12
[15] *Gast, Th.; Kastel, W.:* Neue Sensoren und Kraftglieder für Wägezellen. VDI-Bericht Nr. 312 (1970) S. 15–18

5.2 Ladentisch- und Preisauszeichnungswaagen

H. D. Schulz-Methke

Die erste elektronisch preisrechnende Waage (Bild 5.28) im Jahre 1959 mit einer Höchstlast von 5 kg und 2 g Teilung, Grundpreisen bis zu 19,90 DM/kg und einer Kaufpreisanzeige

Bild 5.28
Erste elektronisch preisrechnende Ladentischwaage aus dem Jahre 1959
Quelle: Espera

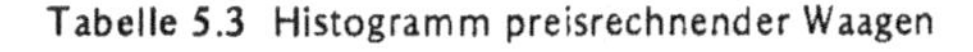

Tabelle 5.3 Histogramm preisrechnender Waagen

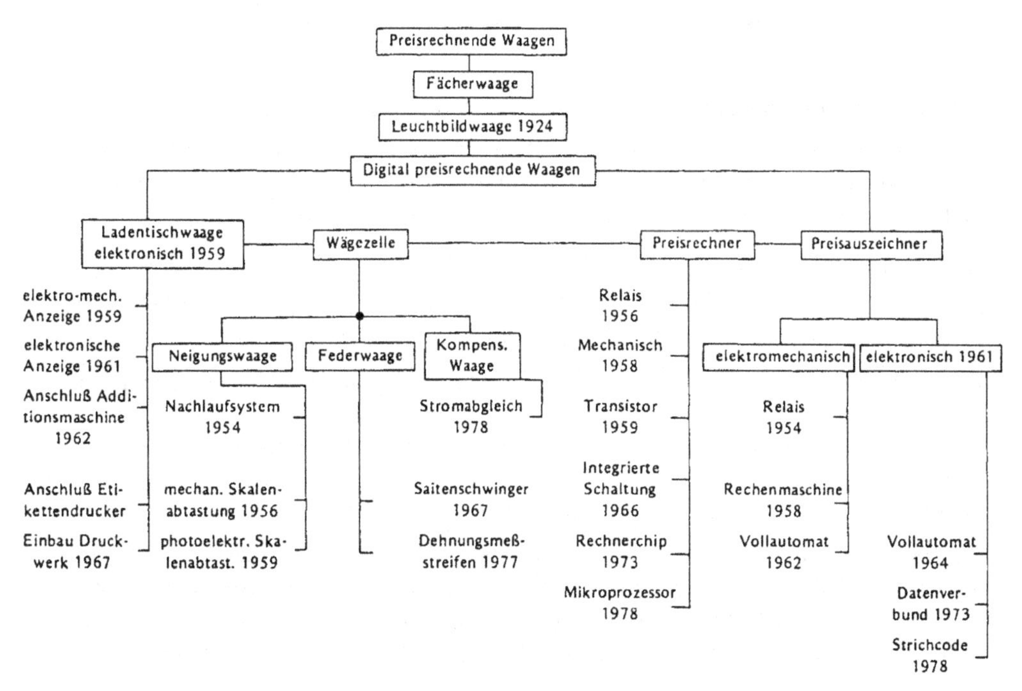

bis 99,99 DM enthielt bereits alle Elemente einer modernen Ladentischwaage. Der Grundpreis in Stufen von 0,10 DM/kg wurde mit einer Tastatur eingegeben und der Kaufpreis pfenniggenau errechnet. Beide Werte wurden auch auf der Käuferseite in Ziffern angezeigt. Viele Einzelheiten wurden in der Zwischenzeit verbessert (Tab. 5.3). An Stelle der Neigungswaage werden zunehmend elektromechanische Wägeverfahren eingesetzt. Die aus einzelnen Bauelementen zusammengeschaltete Rechnerfunktion wurde durch den Mikroprozessor ersetzt [1]. Damit lassen sich durch Programmierung (software) mit ein- und derselben elektronischen Schaltung (hardware) Funktionen realisieren, die durch ihre Anzahl und Komplexität aus den elektronischen Waagen vielfältig verwendbare Kleinrechner der Informationserfassung und -verarbeitung im Handel machen.

Neueste Entwicklungen integrieren die Waage in den Datentransfer. Sie treten über Schnittstellen und Datenleitungen in Dialog mit Registrierkassen, Datenterminals und Zentralrechnern [2]. Diese leitungsgebundene Kommunikation wird bei vorverpackter Ware durch Warenetiketten ergänzt, die die Daten in maschinenlesbarer Schrift enthalten.

Zu unterscheiden sind preisrechnende Waagen für die Verwendung in offenen Verkaufsstellen, in denen die Wägung und Berechnung der Ware in Gegenwart des Kunden erfolgt (Ladentischwaage), und preisauszeichnende Waagen (Preisauszeichner) für die Vorverpackung. Im Ladengeschäft stehen neben leichter Bedienbarkeit eine gute Ablesbarkeit der Wäge- und Rechenergebnisse und ihr Abdruck auf einem Registrierstreifen mit der Angabe der Kaufpreissumme im Vordergrund. Für den vorverpackenden, industriell orientierten Lebensmittelbetrieb sind Ausbringung, Verfügbarkeit und die Betriebskosten wesentliche Kennzahlen eines Preisauszeichners, besonders dann, wenn er in eine Produktionslinie integriert ist.

Meßtechnisch haben Ladentischwaagen und Preisauszeichner sehr viele Gemeinsamkeiten. Für beide Gruppen besteht Eichpflicht. Sie sind fast ausnahmslos Handelswaagen, Genauigkeitsklasse (III).

5.2.1 Mechanische, preisanzeigende Handelswaagen

Sie bestehen aus einem mechanischen System, bei dem ein Einstellglied eine unmittelbar vom Gewicht abhängige Position einnimmt und Gewichtswert und Kaufpreis direkt ablesbar sind. Sie wurden deshalb auch früher „Schnellwaagen" genannt.

5.2.1.1 Mechanisches System

Die Waage besteht aus einer Lastschale, die über ein Hebelwerk mit der Auswägeeinrichtung verbunden ist (Bild 5.29). Das Hebelwerk dient

- zur Parallelführung, um die Wägung unabhängig von der Gewichtsverteilung auf der Waagschale zu machen,
- zur Kraftübersetzung, um den Lastbereich der Waage dem Meßbereich der Auswägeeinrichtung anzupassen,
- zur Führung des Kompensationsgewichtes zum Vorlastausgleich.

Die Hebelwerke werden als sog. selbsttarierende Brücken meist oberhalb von 10 kg und als einfache Parallelführungen im unteren Lastbereich ausgeführt. Als Auswägeeinrichtungen werden fast ausschließlich Neigungsgewichtseinrichtungen verwendet. Sie ergeben ausreichend große Wege, um Kaufpreisskalen in ausreichender Anzahl und Feinteilung vorsehen zu

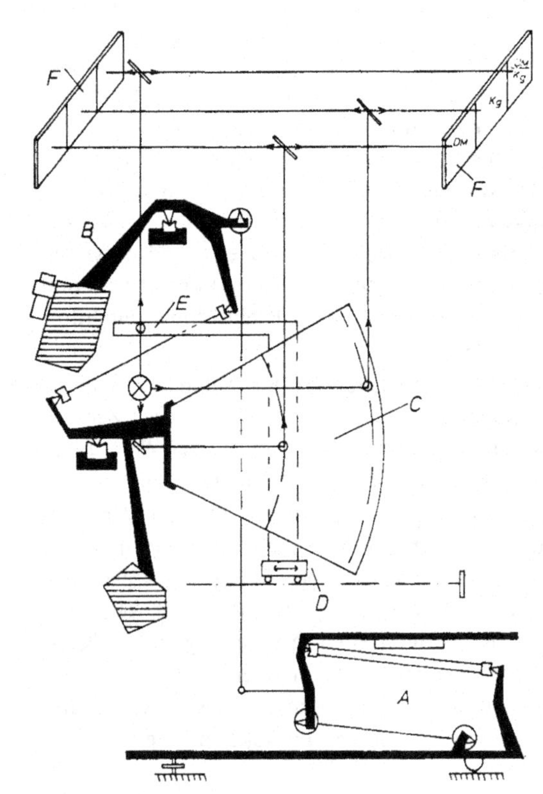

Bild 5.29
Auswägeeinrichtung einer mechanischen Handelswaage mit optischer Projektion des Grundpreises (schematisch)
A Grundwerk, B Neigungsgewichteinrichtung,
C Gewicht- und Kaufpreisskalendiapositiv,
D Grundpreiseinstellung, E Grundpreisskala,
F Ablesefenster
Quelle: Berkel

können. Die Linearität wird durch Zwischenschalten eines Ausgleichsgetriebes der Übertragungsfunktion $\alpha/\sin\alpha$ zwischen Grundwerk und Neigungsgewichtseinrichtung oder zwischen letzterer und der Anzeigeeinrichtung bewirkt, wobei α der Ausschlagwinkel ist.

5.2.1.2 Anzeigeeinrichtung

Es werden im wesentlichen drei Konstruktionen verwendet (Bild 5.30):

a)

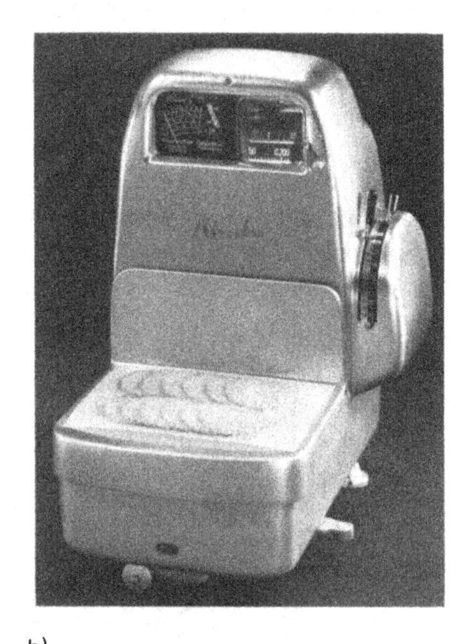

b)

Bild 5.30 Bauformen preisanzeigender Ladentischwaagen
a) Neigungswaage mit Kreisbogenteilung der Kaufpreise
Quelle: Bizerba
b) Neigungswaage mit optisch projizierter Gewichts- und Preisskale
Quelle: Bizerba

- Die Fächerwaage: Ein Kreissektor von 30° ist in Kreisbögen unterteilt, längs derer Kaufpreise für jeweils einen Grundpreis aufgetragen sind (Bild 5.30a). Der Zeiger, der über dem Sektor einspielt und der auf dem obersten Kreisbogen das Gewicht anzeigt, ist längsseitig in Einheiten des Grundpreises unterteilt. Der Kaufpreis für ein bestimmtes Gewicht kann an dem Kreisbogen abgelesen werden, auf den der gegebene Grundpreis am Zeiger hinweist.
- Die Kaufpreiswalze: Die Kaufpreise sind zeilenförmig auf dem Umfang einer Trommel angeordnet. Jeder Zeile entspricht ein Grundpreis. Durch Drehen der Trommel kann der gewünschte Grundpreis in die Ableseposition gebracht werden, in der der Kaufpreis durch die horizontal sich mit dem Gewicht verstellende Ablesemarke gekennzeichnet wird.
- Die optische Projektion: Mit der Auswägeeinrichtung ist ein Skalendiapositiv verbunden, auf dem die Kaufpreisskalen nach Grundpreisen geordnet bogenförmig aufgebracht sind. Eine in Richtung der Grundpreisfolge verschiebbare Projektionseinrichtung, bestehend

aus Lampe, Kondensor und Objektiv, wirft den Skalenausschnitt auf die Mattscheibe der Ablesung (Bild 5.30b). Das Skalendiapositiv wird vom Gewicht verstellt. Kaufpreis und Gewicht sind direkt an der Markierung der Mattscheibe ablesbar. Die Verstellung der Projektionseinrichtung zur Auswahl des Grundpreises erfolgt über Wellen, Seiltriebe oder Zahnstangen von Hand oder durch einen Servomotor, der von einer Tastatur aus gesteuert wird.

Um die Auswahl verfügbarer Kaufpreisskalen zu vergrößern und den Bereich der Grundpreise zu erweitern, wird das Diapositiv aus zwei aufeinander geklebten Skalenflächen ausgeführt, die durch ein zusätzliches Verschieben des Objektives wahlweise auf der Mattscheibe scharf abgebildet werden.Der Wertevorrat der Grundpreise verdoppelt sich. Die Verschiebung des Objektives erfolgt elektromechanisch, die Skalendiapositive werden in Pfeilrichtung von der Neigungsgewichtseinrichtung gewichtsabhängig verstellt. In einigen Ausführungen wird die Skalenbezifferung so dicht gestaffelt, daß sich eine der digitalen Anzeige ähnliche Ablesung ergibt (Bild 5.31). Es ist ein Vorteil dieser Konstruktionen, daß Gewicht und Kaufpreis zunächst durch die Bewegung der Anzeigevorrichtung in ihrer Größenordnung erkennbar sind, bevor eine genaue Ablesung erfolgt; nachteilig ist, daß der Kaufpreis in der letzten Stelle mit der Unsicherheit der Ablesung an einer Skale behaftet ist.

Bild 5.31
Semidigitale Gewichts- und Kaufpreisanzeige an einer Ladentischwaage
Quelle: Berkel

5.2.2 Elektromechanische, preisrechnende Waagen

Die Waagen bestehen aus einer Waagschale, die über ein Hebelwerk mit einer Wägezelle verbunden ist, einer Auswerteelektronik, dem Preisrechner mit Anzeige und einer Druckeinrichtung.

5.2.2.1 Lastaufnahme

Für die Lastaufnahme und die Krafteinleitung in die Wägezelle werden ähnliche Konstruktionen wie bei den mechanischen Handelswaagen (siehe Abschnitt 5.2.1.1) verwendet. Bei kleinen Meßwegen können die Gelenke als Biegegelenke ausgeführt werden.

5.2.2.2 Wägezellen

Der Ausgleich der Gewichtskraft erfolgt durch die Wägezelle selbst, durch zusätzliche Federn oder Neigungsgewichte. Verwendet werden (siehe Kap. 3):

- Neigungswaagen, Feder- und Torsionsstabwaagen mit photoelektrischer, inkrementaler oder codierter Skalenabtastung. Wägebereiche 1,5 kg bis 25 kg mit Teilungszahlen von 1500 bis 5000;
- Waagen mit Saitenschwinger-Wägezelle; Wägebereiche 5 kg bis 30 kg; Teilungszahl 2500 bis 5000;
- Waagen mit Dehnungsmeßstreifen-Wägezelle; Wägebereich 5 kg bis 25 kg; Teilungszahl 2000 bis 4000;
- Waagen mit elektromagnetischer Kompensations-Wägezelle, Wägebereiche 6 kg bis 30 kg; Teilungszahl 3000 bis 6000.

Zur Schwingungsdämpfung dienen Öl-Kolbendämpfer mit temperaturstabilem Silikon-Öl oder elektromagnetische Wirbelstromdämpfer bei größeren Meßwegen. Das Meßsignal (Tab. 5.4) wird in einer Auswerteschaltung soweit aufbereitet, daß es von elektronischen Digitalrechnern, insbesondere mit Mikroprozessoren, verarbeitet werden kann, siehe Kap. 3.

Tabelle 5.4 Meßsignale von Wägezellen

Meßsystem	Meßweg mm	Signal vorzugsw.	Größenordnung	Auswertung zur Digitalanzeige
Saitenschwinger	1,2	Frequenz	15 KHz	Frequenzmessung
Elektromagnetische Kompensation	0	Strom	100 mA	AD-Wandlung
Dehnungsmeßstreifen	0,6 ... 1,2	Spannung	10 mV	AD-Wandlung
Skalenabtastung, inkremental	70 ... 120	Impulse	3 V	Zählung
Skalenabtastung, codiert	70 ... 120	Codewort	3 V	Decodierung

Messung und Auswertung sind äußeren Störeinflüssen unterworfen, gegen die Schutzmaßnahmen erforderlich sind (siehe Kap. 8).

5.2.2.3 Gewichts- und Kaufpreisberechnung

Die Auswertung des Meßsignals zur Ermittlung des Gewichtswertes, die Subtraktion der Tara und die Berechnung des Kaufpreises aus Gewicht und Grundpreis sowie Summierungen geschehen durch Minicomputer mit programmgesteuerten Mikroprozessoren, die die Digitalrechner mit „verdrahteter Intelligenz" verdrängt haben. Das führte zu einer enormen Leistungssteigerung, die die Programmierung, die Ausführung jeder logischen Operation und mathematischen Operation ermöglicht [3, 4]. Bei der Verarbeitung der digitalen Meßgrößen im Rechner werden folgende Nebenbedingungen überwacht:

- Nullstellung beim Einschalten nur, wenn die unbelastete Waage im Nullsetzbereich stillsteht,
- Bereich der Nullanzeige ± 0,25 d,
- Einhaltung des Nullstellbereiches ± 2 % der Höchstlast,
- Einschränkungen der automatischen Nullstellung,
- Überschreiten der Höchstlast,
- Bereich der Mindestlast,
- Teilungswert d in g,

- Tara-Ausgleichsbereich,
- Schwankungsbereich der Meßinformation bei unbedeutenden Störungen,
- Schaltungsverhalten bei bedeutenden Störungen,
- Waagenstillstand als Differenzgrenze aufeinanderfolgender Meßwerte,
- Meß(Integrations-)zeit und Wiederholungssequenz.

Die Feststellung des Stillstandes wird nach jeder Messung möglichst schnell vorgenommen, um entscheiden zu können, ob der betreffende Meßwert schon aus dem Gleichgewicht oder noch aus dem Einspielvorgang stammt. Angezeigt werden auch Werte aus dem Einspielvorgang.

Nichtlineare Zusammenhänge zwischen dem Ausgangssignal der Wägezelle und dem Gewicht lassen sich rechnerisch korrigieren, wenn die Korrekturfunktion geschlossen bekannt ist oder durch ein Polynom hinreichend genau und zeitlich konstant angenähert werden kann. Die dabei erforderlichen Konstanten werden der Wägezelle als elektronischer Speicherinhalt zugeordnet. So werden in zunehmendem Maße Justierarbeiten an Wägezellen eingespart durch den Einsatz von Mikrorechnern, die den Abgleich durch programmierte Ausgleichsrechnungen vornehmen.

Die Berechnung des Kaufpreises aus dem Gewicht und dem Grundpreis erfolgt durch Multiplikation ihrer Digitalwerte. Eine dezimale Multiplikation wurde bei „verdrahteten" Rechnern angewendet, indem der Grundpreis als Impulsfolge nachgebildet und sooft addiert wurde, wie es der Gewichtswert angab. Mikroprozessorgesteuerte Rechner führen die Multiplikationsvorgänge durch binäre, serielle Addition aus, die auf Funktionsfehler durch Kontrollrechnungen überprüft wird [5], siehe auch Kap. 9.

Die zur Anzeige und zum Abdruck verwendeten Werte werden im Rechner bereitgehalten und von der Anzeigeeinheit und dem Druckwerk übernommen. Bei kleinerem Umfang des Rechnerprogramms steuert der Preisrechner Anzeige und Druckwerk direkt, bei größerem Programmumfang wird aus Zeitgründen die Verwendung mehrerer Mikroprozessoren notwendig, die über genormte Schnittstellen vorwiegend seriell, z. B. V 24 – DIN 66020 oder V 11 – DIN 66259, miteinander in Verbindung stehen. Zweckmäßig erhält dabei der Preisrechner die Verwaltung der Schnittstellen zugeteilt. Drucker, Fernübertrager, Transportsteuerungen, Eingabeeinheiten arbeiten jeweils als Untersysteme, wie auch die Wägezelle mit Auswerteelektronik. Die Verbindung wird entweder sternförmig oder als Ring mit serieller Adressierung im Abfragemodus ausgeführt.

Zusätzlich zur Gewichts- und Preisberechnung werden vorgenommen:

- Datenverkehr mit den Speichern von Grundpreisen, Artikel-Nr. und -Bezeichnung, Tarawerten, Waagenkenn-Nr., Stückpreisen, mit den Registern für Tagessumme und Chargensumme für Gewicht und Kaufpreis, für Verkäuferumsatz, Kundenzahl, Stückzahl, Summe der Handeingaben, Summe der Subtraktionen;
- Überwachung der Registerkapazität, der Anzeigekontrolle und der Kontrollrechnungen zur Funktionsfehler-Erkennung;
- Formatierung des Abdruckes und Überwachung der Stromversorgung und Registerhaltung.

Der Datenteil einer preisrechnenden Waage ist in Bild 5.32 dargestellt.

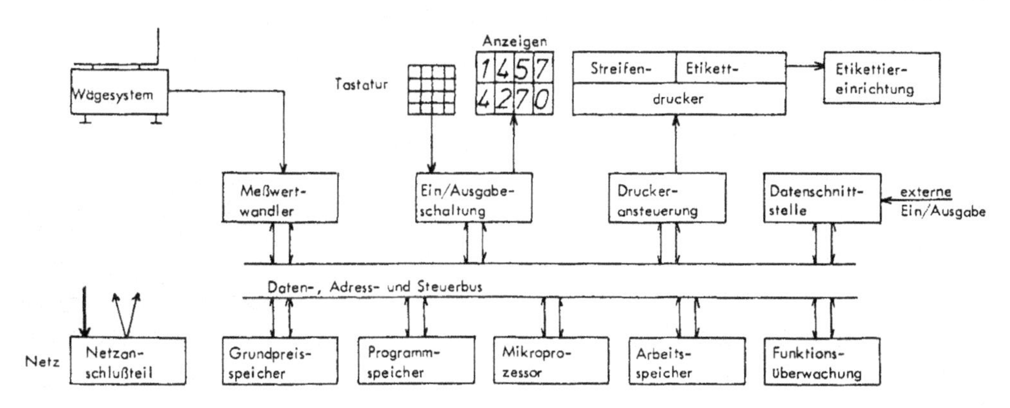

Bild 5.32 Blockaufteilung einer elektronisch preisrechnenden Waage
Quelle: Verfasser

5.2.3 Preisrechnende Ladentischwaage

5.2.3.1 Formgebung und Ergonomie

Ladentischwaagen (Bild 5.33) sind Meßgeräte, deren Ergebnisse sich unmittelbar auf die finanziellen Möglichkeiten breiter Bevölkerungskreise auswirken. Sie erhalten eine besondere Aufmerksamkeit staatlicher Überwachung im Eichrecht. In ihrem praktischen Gebrauch sind Bedienbarkeit und Formgebung von großer Bedeutung, zumal sie auch Signalwirkungen

a) Ständerform
Quelle: Bizerba

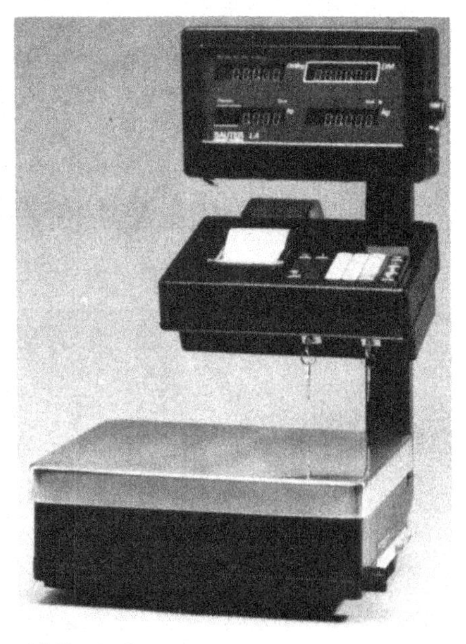

b) Stufenform
Quelle: Sauter

Bild 5.33 (Fortsetzung auf Seite 176)

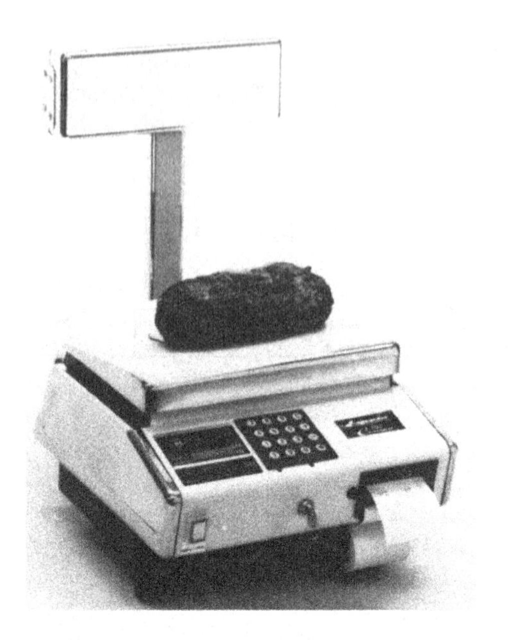

c) Säulenform
Quelle: Espera

f) Aufsatzform
Quelle: Bizerba

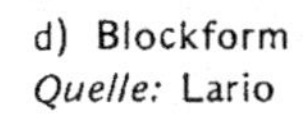

d) Blockform
Quelle: Lario

e) Pultform mit getrennter Wägezelle
Quelle: Berkel

Bild 5.33

Bauformen preisrechnender Ladentischwaagen

Auf der Kundenseite der Waagen befindet sich eine gleichartige Anzeige.

ausüben, von denen „Richtigkeit" und „Zuverlässigkeit" die wichtigsten sind. Eine flimmer- und reflexfreie, übersichtliche Wertanzeige, eine Einsichtnahme auf die Waagschale und ein allgemein stabiler, übersichtlicher Aufbau erzeugen das für den Ladenverkauf unerläßliche Vertrauen. Angezeigt werden entweder nur die stabilen Werte der Gleichgewichtslage oder auch die sich ändernden Werte der Einspielung. Gewicht und Kaufpreis werden auch bei schneller Warenabnahme von der Waagschale für einige Sekunden stabil angezeigt, um auch dem ungeübten Kunden die Ablesung zu ermöglichen.

Die Anordnung der Tastatur erfolgt entweder vor der Waagschale oder in einem getrennten Kopf, der vorwiegend oberhalb der Waagschale angeordnet ist. An den gleichen Stellen, jedoch nicht immer zusammen mit der Tastatur, sind die Verkäuferanzeige-Einheiten angeordnet. Die Kundenanzeige-Einheiten befinden sich überwiegend oberhalb der Waagschale und ragen über den Thekenaufsatz hinaus.

Der Einbau von Ladentischwaagen in die Theke kann die Gefahr mit sich bringen, daß Verpackungsmaterial und Warenteile, die über die Waagschale hinausreichen, mit dem Tisch in Berührung kommen und die Wägung verfälschen. Thekenaufsätze, Werbeständer und Schneidbretter oder Aufschnittmaschinen sollen so weit von der Waagschale entfernt sein, daß eine Berührung vermieden wird.

5.2.3.2 Wägebereiche und Teilungswert

Wägebereiche und Auflösung von Ladentischwaagen zeigt Bild 5.34. Die Einstellzeit spielt, soweit sie unter 1,0 s liegt, keine große Rolle. Es werden zugunsten einer stabilen Anzeige

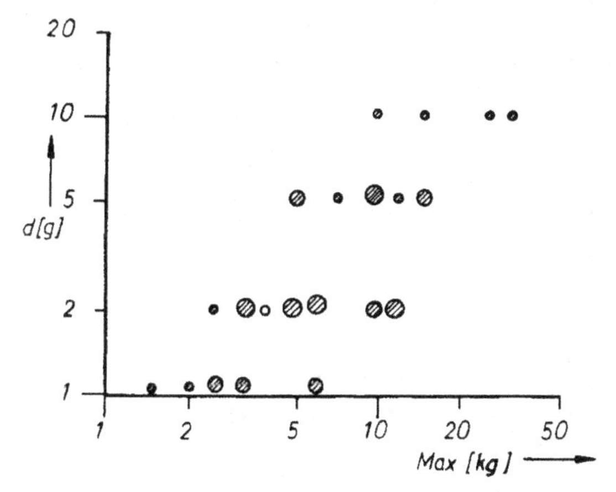

Bild 5.34 Wägebereich und Teilungswert von preisrechnenden Waagen. Die Kreisfläche veranschaulicht die Anzahl der von der PTB erteilten Zulassungen.
Quelle: Verfasser

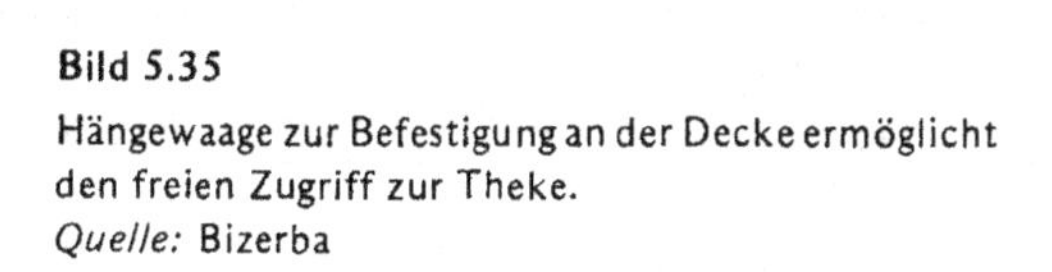

Bild 5.35
Hängewaage zur Befestigung an der Decke ermöglicht den freien Zugriff zur Theke.
Quelle: Bizerba

gute Dämpfer und elektronische Stabilisatoren eingesetzt, die eine annähernd aperiodische Einstellung bewirken und auch stärkere Erschütterungen und Luftbewegungen ausgleichen. Diese Maßnahmen sind besonders erforderlich bei Waagen, die im Freien oder auf Verkaufswagen verwendet werden. Hier bewähren sich auch Hängewaagen (Bild 5.35), die den freien Zugriff zur Theke ermöglichen.

5.2.3.3 Tastaturen

Zehnertastaturen für die Eingabe von Grundpreisen haben Volltastaturen und Hebeleinstellungen abgelöst. Das Tastenfeld enthält die Ziffern 0 bis 9 und zur Vereinfachung der Eingabe gerundeter Zahlen auch die Taste 00. Funktionstasten wirken entweder auf den Meß- oder Rechenwert wie die Tara-, Summen- oder Subtraktionstaste, oder sie ändern den Arbeitsablauf wie die Taste zur Grundpreisfixierung.

Wichtige Funktionen und die verwendeten Kurzzeichen sind in der Tabelle 5.5 aufgelistet. Die Tastaturen werden wasserdicht aufgebaut oder mit einer entsprechenden Abdeckung versehen. Ihre Betätigung verläuft über einen fühlbaren Druckpunkt oder es erfolgt ein akustisches Signal. Summentasten werden häufig durch einen Schlüsselschalter oder eine Kodenummer gesichert.

Tabelle 5.5 Funktionen in Ladentischwaagen

Bezeichnung	Symbol	Funktion
Abdruck	D, W	Abdruck eines gewogenen Einzelwertes
Datum	D, DA	Zifferneingabe ist Datum
Etikett	EB	Umschaltung auf Einzelbon, d. h. Etikettbetrieb
Fixierung	F; K; FP-FT	Fixierung von Grundpreis und/oder Tara für Serienwägungen
Korrektur	C	Rückkehr zur Einschaltroutine
Kundensumme	*	Ausdruck der Kaufpreissumme
		Ausdruck des Registrierstreifens und der Kundensumme bei 2-Verkäufer-Waagen
Löschen	C, CE	Löschen von Tastatureingaben
Minus	–	Preisabzug
Multiplikator	X	Vervielfachung eines Stückpreises
Null	Z	Nullstellung der Waage
Nummer	#	Eingabe einer Kennzeichnungsnummer
Prüfung	P	Systemprüfung, insbesondere DMS und A/D-Wandler
Quittung	Q	Abschluß einer Zifferneingabe
Registrierung	R	Speicherung von Grundpreisen
Speicherung	V1; V2	Eingabe bzw. Abdruck Verkäufer 1 bzw. 2
Storno	St	Storno für alle positiven und negativen Einzelwerteingaben
Stückpreis	H +	Preiseingabe für nicht gewogene Waren
Summe	+ 1; + 2	Kundensumme für Verkäufer 1 bzw. 2
Tagessumme	T	Anzeige (und Abdruck) des Gesamtumsatzes
Tara	T, TA	-halbautomatisch: Abzug eines gewogenen Behältergewichtes
	TM	-manuell: Eingabe einer bekannten Tara mit Zifferntasten
Taraaufruf	T1	Aufruf von Tara 1, die gespeichert ist
Warengruppe	W	Einspeicherung von Kaufpreisen nach Warengruppen geordnet
Ziffern		Eingabe 00; 0 ... 9
Zwischensumme	◇	Anzeige der Tagessumme ohne Nullstellung des Registers

5.2.3.4 Anzeigeeinheit und Ablesbarkeit

Die Anzeige erfolgt fast ausschließlich in Ziffernform mit selbstleuchtenden oder reflektierenden Anzeigeelementen [6]. Ihre Ausführungen sind in Tabelle 5.6 zusammengestellt. Anzeigeeinheiten mit höherem Informationsgehalt mit bis zu 10 000 Punkten auf der Basis von LCD-Anzeigen, mit denen laufende Texte, Graphiken oder Piktogramme zur Bedienerführung dargestellt werden können, oder Bildschirme, sind zukünftige Entwicklungen. Elektrolumineszenz und -chromanzeigen sind in Ladentischwaagen bisher nicht eingesetzt worden.

Tabelle 5.6 Anzeigeelemente

Bezeichnung	Element	Farbe	Blickwinkel °	Leuchtdichte[1] cd/m²
LED	Leuchtdiode	rot[2]	120	100 ... 400
Plasma	Gasentladungsröhre	orange	120	200 ... 300
Fluoreszenz	Vakuumröhre	grün	120	150 ... 600
E-Lumineszenz	Polykristall	gelb	75	800
Glühfaden	Glühlampe	weiß	120	bis 30 000
Elektrochrom	Metalloxid	blau		Kontrast 1 : 20
LCD	Flüssigkristalle	schwarz[3]	45 ... 75	Kontrast 1 : 20

[1] Zum Vergleich: Glühfaden einer 40-W-Glühlampe: 600 cd/m²
[2] auch gelb, grün, orange
[3] Hintergrundfarbe grau

Die Größe der angezeigten Ziffern reicht von 5 mm bis 16 mm vorzugsweise in 7-Segment-Ausführung. Zwischen der Ziffergröße und der Ableseentfernung besteht ein Zusammenhang derart, daß das 0,2 ... 0,4-fache der Zifferngröße in mm die größte Ableseentfernung in m ergibt. Die Ablesbarkeit wird durch Farb-, Polarisations- und Antireflexfilter, kontrastfarbige Umrandungen und den Einbau in Lichtschächte verbessert, durch den Einfall von Fremdlicht und durch Sonnenblendung reduziert. LCD- und Elektrochrom-Anzeigeelemente benötigen Fremdlicht. Bei Ladentischwaagen werden von den vorgeschriebenen zwei Anzeigen eine oder beide Anzeigeeinheiten auch drehbar oder umsteckbar ausgeführt.

Angezeigt werden:

Gewicht: 4- bis 5stellig, Tara: 3- bis 4stellig, Stückzahl: 2stellig,
Grundpreis: 5- bis 6stellig, Kaufpreis: 5- bis 6stellig

sowie mittels Signallampen:

Speicherbelegung, Nullpunkt, Taraverwendung, Speicherverwendung.

Mit Ausnahme der Gewichtsanzeige werden Anzeigeeinheiten auch mehrfach benutzt, wobei dann die Gewichtsanzeige ausgeschaltet wird, um zu verdeutlichen, daß die Vorrichtung nicht mehr als Waage arbeitet. Verwendungen sind: Anzeige von Kaufpreisen, die von Hand über die Tastatur eingegeben wurden, Stückzahl, Kaufpreissummen, Geld- und Rückgeldbeträge, Inhalte von warenartbezogenen Summenregistern. Gewichtsanzeigeeinheiten dürfen nicht zu anderen Wertdarstellungen verwendet werden.

Zifferntasten werden mit mehrfacher Bedeutung verwendet, z. B. um zusätzlich Speicher aufzurufen, eine Eingabe von Buchstaben zu bewirken oder eine Programmauswahl zu treffen. Die Funktionsumschaltung erfolgt mit Schaltern oder besonderen Funktionstasten.

5.2.3.5 Druckwerk von Ladentischwaagen

Der Abdruck von Gewichten und errechneten Kaufpreisen, der Kaufpreissumme und des Datums, der Stückzahl und einer Verkaufsstellenbezeichnung geschieht durch Streifendrucker, die überwiegend in das Waagengehäuse eingebaut sind. Verwendet werden Rollendruckwerke, Nadel- oder Thermodrucker [7] (siehe Abschnitt 7.2). Gedruckt werden die Daten eines gekauften Artikels in jeweils einer Zeile mit einer Druckgeschwindigkeit von 2 ... 3 Zeilen/s. Die Kaufpreissumme als Abrechnungsgröße wird durch auffällige Zusatzkennzeichen hervorgehoben oder durch Großschrift in 5 X 14-Punktmatrix gegenüber der sonst normalen 5 X 7-Punktmatrix (Bild 5.36). Mit Punktdruckern werden auch Kurzbezeichnungen der Warenart abgedruckt.

```
M96               B 000
 kg    DM/kg       DM
0,184 001,56    000,29
0,656 023,60    015,48
1,746 016,70    029,16
1,190 025,60    030,46
             H+ 005,60
1.090 005,60    006,10
             H- 006,10
0,604 023,90    014,44
10.06.83
06  Sum          95,43
```

Bild 5.36
Abdruckstreifen eines Aufrechnungsdruckers einer Ladentischwaage
Quelle: Espera

Zur Beseitigung von Engpässen in Stoßzeiten werden Ladentischwaagen auch mit zwei Registern ausgerüstet, mit denen zwei Kunden unabhängig voneinander bedient werden können. Am Schluß eines Verkaufsvorganges wird die zugehörige Summentaste betätigt. Das Druckwerk druckt alle Einzelposten und die Kaufpreissumme. Meistens ist es möglich, auch während des Ausdruckens mit der Waage und dem anderen Register zu arbeiten.

Andere Lösungen sind: Die Waage enthält zwei Drucker, eine Wägezelle wirkt auf zwei Preisrechner mit Drucker, zwei Waagen mit Preisrechner wirken auf einen Drucker.

In kleinerem Umfang kann mit preisrechnenden Ladentischwaagen auch eine Preisauszeichnung von vorverpackter Ware vorgenommen werden. Im einfachsten Fall ist es möglich, das Programm des Preisrechners in der Waage so umzuschalten, daß jeder Abdruck ein Etikett darstellt, das an die Warenpackung geheftet wird. Ein Fehlen des Abdruckes der Warenbezeichnung begrenzt die Verwendbarkeit dieser Arbeitsweise.

Zum Anschluß eines Etikettendruckers zur Ausgabe selbstklebender Preisauszeichnungsetiketten muß die Waage mit einer Anschluß-Schnittstelle ausgerüstet sein, die zum Drucker paßt (Bild 5.37). Das angeschlossene Gerät druckt mit einer Leistung von 20 Stck./min die Preisauszeichnungsetiketten wie ein normaler Preisauszeichner. Für den Abdruck der Warenbezeichnung wird ein Klischeedruck verwendet. Eine andere Ausführung verwendet einen Thermodrucker, der die Artikelbezeichnungen programmierbar abdruckt und Strichcodierung ermöglicht.

5.2.3.6 Die Waage als Abrechnungskasse

In Einzelhandelsgeschäften, in denen der größte Teil der Ware nach Gewicht verkauft wird, kann eine Waage auch die Funktion einer Abrechnungskasse übernehmen. Die hierfür erforderlichen Funktionen sind: Addition von Kaufpreisen, die von Hand eingegeben werden, und

Bild 5.37
Ladentischwaage mit angeschlossenem Etikettendrucker für die Preisauszeichnung vorverpackter Ware
Quelle: ADS

Abdruck, Eingabe von gegebenem Geld und Rückgeldrechnung, Registrierung aller Summenwerte zum Einzelausdruck und zur Tagessumme, Öffnung einer unter der Waage angeordneten Geldschublade mit dem Summendruck.

5.2.3.7 Die Ladentischwaage im Datenverbund

In das Informationssystem einer Verkaufsstelle werden Ladentischwaagen auf zwei Arten einbezogen:

a) Die Ladentischwaage bleibt autonom und erhält zusätzliche Funktionen:

- mehrere Kaufpreissummenspeicher, die jeweils einer Warenart zugeordnet sind und den Tagesumsatz getrennt nach Warenart ausdrucken;
- Grundpreisspeicher, die durch Schlüsselschalter gesichert sind und aus denen der Grundpreis per Taste aufgerufen wird; die Tasten sind mit der Warennummer oder dem Handelsnamen der Waren beschriftet;
- Textspeicher für den Abdruck der Warenbezeichnung in Kurzform;
- Strichcodedrucker, die Warenart und Kaufpreissumme in einer am Kassenterminal maschinell lesbaren Form abdrucken.

b) Die Ladentischwaage ist an ein zentrales Datenverarbeitungssystem angeschlossen und es erfolgt:

- Abruf von Grundpreis und Warenname oder Artikelnummer aus dem Zentralrechner mittels warenartbezogener Tasten oder Nummern;
- Übertragung von Kaufpreisen oder Summen an den Zentralrechner oder das Kassenterminal; hierbei muß die Zuordnung von Kunde und Summenwert sichergestellt sein;
- Ausführung der Preisberechnung durch den Zentralrechner und Rückübertragung an die Waage zur Anzeige und zum Abdruck; hierbei muß der Zentralrechner in diesem Teil eichfähig ausgeführt sein.

Das Datenübertragungssystem kann schneller auf Veränderungen, z. B. des Grundpreises, ansprechen. Es erfordert aber einen höheren Organisationsgrad. Das autonome System ist bei räumlicher Veränderung flexibler. Kombinationen, wie Grundpreisaufruf vom Zentralrechner und Abdruck der Kaufpreissumme im Strichcode, können optimale Lösungen ergeben.

5.2.4 Preisauszeichnungswaagen für die Vorverpackung

5.2.4.1 Leistung und Ergonomie

Elektronisch preisrechnende Waagen zur Preisauszeichnung vorverpackter Waren ungleicher Füllmenge des Lebensmittelhandels, kurz Preisauszeichner (Bild 5.38) genannt, sind Produktionsmittel, deren Ausbringung, d. h. die Anzahl gewogener und etikettierter Packungen pro Minute, eine betriebswirtschaftlich wichtige Leistungsgröße ist. Sie kann immer nur in bezug auf Packungsgewicht und -form und in Verbindung mit der maximal möglichen Transportgeschwindigkeit für eine Packungsart angegeben werden. Die Ausbringung wird ferner von der Einstellzeit der Waage, ihrem Dämpfungssystem und den Belastungsänderungen beim Pakkungswechsel beeinflußt. Dabei spielen dynamische Beeinflussungen oft eine entscheidende Rolle.

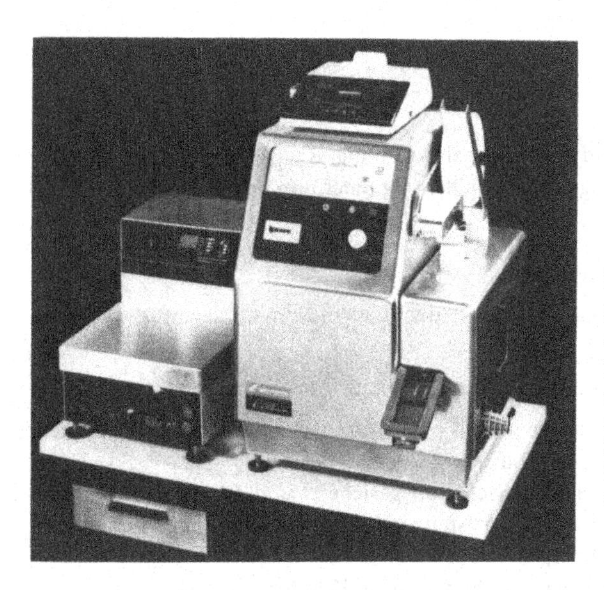

Bild 5.38
Preisauszeichnungswaage, bestehend aus einer elektromechanischen Waage (links), einem digitalen elektronischen Preisrechner und einem elektromagnetischen Etikettendruckwerk mit einem angeschlossenen Streifendruckwerk zur Registrierung von Einzelwerten (oberhalb)
Quelle: Espera

Die ergonomische Gestaltung zur Erleichterung der menschlichen Arbeit durch technische Anpassung betrifft bei Preisauszeichnern die Bereiche:

- Warentransport, insbesondere bei handbedienten Geräten den Packungstransportweg zwischen Waagschale und Etikettausgabe;
- Bedienungsführung durch übersichtliche Anordnung der Bedienungselemente, Eindeutigkeit und Wiedererkennbarkeit von Anzeigen und Hinweisen, Signaleinrichtungen als mnemotechnische Hilfsmittel, Gleichartigkeit der Bedienungsschritte bei unterschiedlichen Operationen;
- Etiketten-Papier-Transport und Farbbandsystem in bezug auf leichtes Einlegen oder Wechseln;
- Oberflächenvergütung, Funktionsfehler-Erkennbarkeit und Verfügbarkeit;

- Wartungsaufwand und Reparierbarkeit sowohl hinsichtlich des Verschleißes als auch zur Beseitigung von Defekten im mechanischen oder elektronischen Teil.

Für die Auszeichnung vorverpackter Waren gelten Rechtsverordnungen des Handelsverkehrs [8].

5.2.4.2 *Wägesystem und Kaufpreisrechner*

In Preisauszeichnern werden weitgehend die gleichen Wägesysteme und Kaufpreisrechner wie in Ladentischwaagen verwendet (s. Abschnitt 5.2.2.2). In Sonderfällen werden für den Großhandel Waagen bis 100 kg eingesetzt.

Der Kaufpreisrechner wird um Funktionen erweitert, die sich auch nach den Handelsbedingungen verschiedener Länder richten:

- Abrundung des Kaufpreises auf 0,05; 0,1 oder 10 Währungseinheiten,
- Abrundung des Grundpreises auf 0,1; 1 oder 10 Währungseinheiten/kg,
- Rundungsabhängige Mindestwerte des Grundpreises,
- Änderung der Kommaposition,
- Berechnung der Gewichts- oder Preisprüfziffer für Strichcodierung,
- Stückzählung mit Vorwahl und Summenbildung,
- Preisberechnung für manuell eingegebene Gewichtswerte,

bei Exportauszeichnern in den anglikanischen Wirtschaftsraum ferner:

- Umrechnung in imperial weight mit pound/ounces oder mit dezimaler Unterteilung.

Die Anzeige der Werte erfolgt in einer dem Gewichtswert ausschließlich zugeordneten Ziffernanzeige und in Anzeigen, die teilweise multifunktional sind.

Um jedoch Verwechslungen zu vermeiden, werden auch die Anzeigen des Kaufpreises und des Grundpreises weitgehend nicht anderweitig benutzt. Als Anzeigeelemente werden die gleichen Ziffernanzeigen wie bei Ladentischwaagen verwendet. Hier gewinnen alpha-numerische Anzeigen, mit denen sowohl Ziffern als auch alle Buchstaben angezeigt werden können, zunehmend Bedeutung. Damit können die Warentexte, die abgedruckt werden, zuvor visuell lesbar angezeigt werden und es kann mit solchen Anzeigen auf Bedienungsschritte oder Funktionszustände hingewiesen werden (Bild 5.39). In die Rechner werden Testprogramme

Bild 5.39

Alpha-numerische Anzeige der Warenbezeichnung an einem Preisauszeichner
Quelle: Bizerba

eingebaut, die Funktions- oder Bedienungsfehler detektieren und zur Anzeige bringen. Eingabetastaturen werden wie bei Ladentischwaagen aufgebaut und bezeichnet.

5.2.4.3 Nullstell- und Taraeinrichtung

Bei Preisauszeichnern kann der Abzug des richtigen Packungsgewichtes dadurch erschwert sein, daß

- die Menge des Verpackungsmaterials sich mit der Warenmenge verändert,
- die Verpackungsmaterialien durch Aufnahme von Feuchtigkeit ihr Gewicht verändern.

Der Nullpunkt kann sich in der Wägezelle selbst oder durch ein Verschmutzen des Lastträgers verändern. Preisauszeichner besitzen deshalb automatische Nullpunktkorrektur-Einrichtungen, die bei unbelasteter Waage kleine, dauernde Abweichungen ausgleichen. Es werden manuelle und halbautomatische Taraeinstellungen verwendet, deren Werte vielfach gespeichert werden, so daß sie durch Tastendruck wieder aufgerufen werden können. Tarawerte werden auch zusammen mit Grundpreisen oder Warenbezeichnungen gespeichert und aufgerufen.

5.2.4.4 Datum- und Uhrzeitangabe

Es ist für alle vorverpackten Waren die Angabe mindestens eines Datums erforderlich. Für leicht verderbliche Ware können zwei Tagesdaten, die Angabe der Tages- oder Uhrzeit der Herstellung erforderlich sein. Die Eingabe erfolgt

- durch Einstellen von Druckrädern,
- durch Tastatureingabe,
- durch Datums- und Uhrzeitgeber im Rechner. Sie können so ausgeführt sein, daß sie auch nach einer vorgegebenen Regel aus dem Tagesdatum für die Warenart das Haltbarkeitsdatum errechnen und abdrucken.

5.2.4.5 Gewichtsveränderungen

Veränderungen des Nettogewichts einer Warenpackung können nach der Herstellung entstehen durch

- Austrocknen oder Aufnahme von Feuchtigkeit, gegebenenfalls mit Eisbildung,
- Abgabe, z. B. von Wasser, Blut oder Fett an das Verpackungsmaterial,
- Veränderungen durch biochemische Vorgänge,
- Warenmengen, die durch Öffnungen verlorengegangen sind.

5.2.4.6 Etikettendruckwerke

Der Abdruck auf Etiketten ist bei kurzer Zeilenlänge mit 12 bis 40 Symbolen stets mehrzeilig (4 bis 8 Zeilen), um alle Daten einer Preisauszeichnung leicht lesbar und deutlich erkennbar darzustellen. Unveränderliche Angaben sind vorgedruckt, und das Etikett ist innerhalb der durch das verwendete Druckwerk gegebenen Möglichkeiten graphisch und werbewirksam gestaltet. Abgedruckt werden:

- das Gewicht als Nettogewicht, gegebenenfalls mit dem Zusatz: zum Zeitpunkt der Herstellung,
- der Grundpreis in DM/kg,
- der Kaufpreis in DM,
- das Herstell-, Verpackungs- oder Haltbarkeitsdatum,

- die Warenbezeichnung und -nummer, gegebenenfalls mit Angabe der Zusammensetzung, der Handels- oder Größenklasse, des Herkunftlandes, sowie Lagerungs- oder Verwendungshinweise,
- die Bezeichnung des Herstellerbetriebes, der Arbeitsschicht und einer die Waage kennzeichnenden Angabe,
- maschinenlesbarer Warencode und Kaufpreis.

Der Kaufpreis wird hervorgehoben. Für den Abdruck der Zahlenwerte und den Text, sofern letzterer nicht mit Klischees erfolgt, werden verwendet (siehe Abschnitt 7.2)

- Anschlagdrucker als Trommel- oder Typenraddrucker im stationären oder „fliegenden" Druckverfahren,
- Nadeldrucker mit mehrzeiliger Anordnung der Druckköpfe,
- Thermodrucker mit ein- oder mehrzeiliger Anordnung der Aktivleisten.

Mögliche andere Druckwerke wie Typenhebel-, Tintenstrahl- und Laserdrucker sowie xerographische Verfahren haben bisher keine Anwendung gefunden.

Der Abdruck eines Etikettes wird in einem Arbeitstakt oder mit einem dazwischenliegenden Papiertransportschritt ausgeführt. Vornehmlich bei Nadel- und Thermodruckern, aber auch bei Trommeldruckern erfolgt der Abdruck, während das Papier schrittweise vorwärts bewegt wird. Erreicht werden 30 ... 120 Etiketten/min.

Für den Abdruck der Warenkennzeichnung werden vielfach Klischees verwendet mit den drei Druckverfahren:

- Hochdruck mit Farbband,
- Hochdruck mit Einfärbung,
- Stempeldruck mit Farbtränkung.

Preisauszeichnungs-Etiketten, bei deren Abdruck ein Funktionsfehler im Druckwerk erkannt wurde, werden durch Überdruck, Unvollständigkeit, besondere Kennzeichnung oder durch automatische Herausnahme aus dem Etikettierprozeß der Verwendung entzogen.

5.2.4.7 Das Preisauszeichnungsetikett

Als Material für Preisauszeichnungsetiketten (Bild 5.40) wird ausschließlich einseitig mit Klebstoff beschichtetes Papier von einer Rolle verwendet. Etikettenträgerstreifen in Leporello-Faltung sind vorerst nicht handelsüblich.

- Heißsiegelpapier: Die Klebschicht wird thermisch bei Temperaturen von 120 ... 180 °C aktiviert.
- Selbstklebe-Etikett: Die Klebung ist permanent, die Etiketten befinden sich auf einem Trägerband, dessen Oberfläche zur Minderung der Haftung silikonisiert ist. Das Etikett löst sich, wenn das Trägerpapier über eine Kante mit 1 ... 3 mm Radius um etwa 120° gelenkt wird. Maximale Zugkraft, Ablösekraft und -geschwindigkeit werden durch Klebstoffart und Temperatur beeinflußt. Die Restablösekraft ist klein, wenn das Etikett am Ende mit einer Nase versehen ist.

Elektrostatische Aufladungen des Papiers können zu Störungen des Transportes führen. Abhilfe sind: Erhöhung der Luftfeuchtigkeit, seitliches Anfeuchten der Bon-Rolle oder in extremen Fällen Einbau von Ionisiergeräten.

Die Haftfähigkeit des Etikettes auf der Warenpackung wird von Klebstoffart, Folienart, Temperatur und Andruckzeit beeinflußt. Sie muß sicherstellen, daß das Etikett nicht ohne

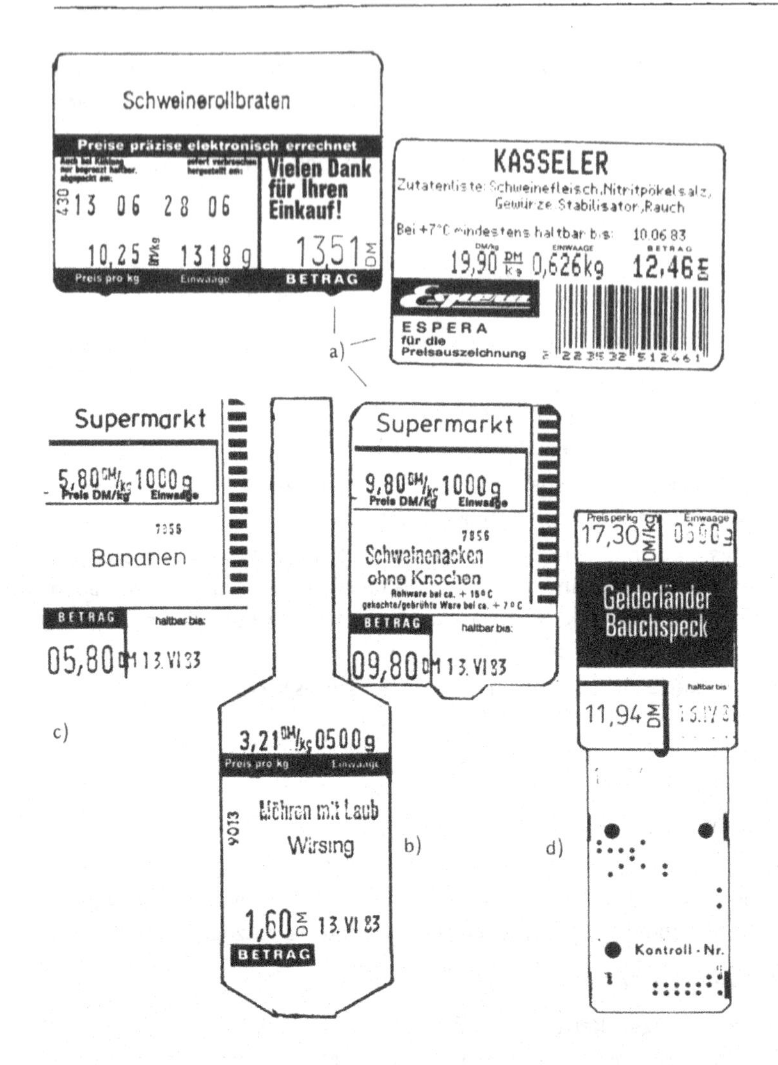

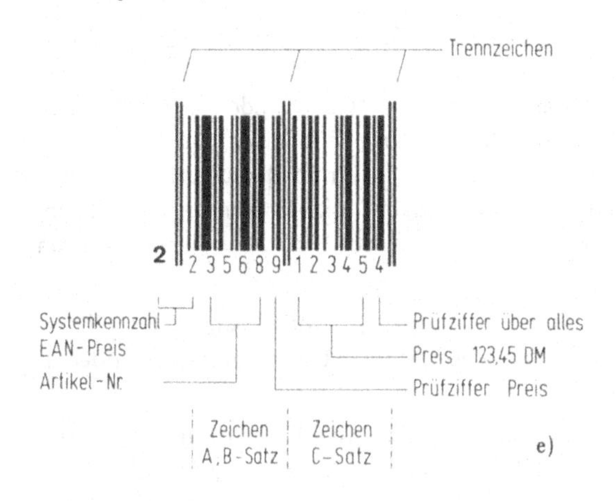

Bild 5.40

Preisauszeichnungsetiketten verschiedener Ausführung, z. T. mit Strichcodierung von Warennummer und Kaufpreisen.

a) Klebeetiketten zur direkten Anbringung an der Verpackung,
b) Streifenetiketten zum Einklippen in Netzbeutelverschlüsse,
c) Etikettenträger zum Einhaken in Netzbeutel oder Bananenkluster,
d) Preisauszeichnungsetikett mit Lochticket als Datenträger
e) Erläuterung des Europäischen Artikel-Nummer-Codes (EAN)

Quelle: Verfasser

Beschädigung ablösbar ist, um die richtige Auszeichnung im eichpflichtigen Verkehr zu erhalten. Nachteilig für die Haftung sind: Oberflächen mit Wasser-, Fett- oder Eisresten bei tiefgekühlter Ware, Lackschichten auf der Folie. Spezialkleber mit großer Anfangshaftung und für tiefgekühlte Oberflächen sind verfügbar.

Netzbeutelverpackungen und Bananen erfordern stabile Anhänger, auf die das Etikett automatisch geklebt wird. Hierzu wurden Dispenser entwickelt, die die Etikettierhaken gestapelt enthalten und sie im Takte der Ausgabe der Etiketten zu ihrer Aufnahme bereitstellen.

Etiketten werden vorgedruckt, so daß das Druckwerk nur die für die Packung wesentlichen Daten abdruckt. Für die Warenauszeichnung von Packungen ungleicher Füllmenge bestehen Rechtsverordnungen: Fertigpackungs-, Lebensmittelkennzeichnungs- und Hackfleisch-VO. Sie beziehen sich auf die erforderlichen Angaben hinsichtlich Menge, Art, Qualität, Zusammensetzung und Haltbarkeit. Gestalterische Maßnahmen erweitern das Etikett zum Werbeträger.

5.2.4.8 Maschinenlesbare Schriften

Preisauszeichnungsetiketten enthalten zusätzlich Angaben in Schriften oder Markierungen, die photoelektrisch gelesen werden können:

- ein der Lochkarte ähnliches Verfahren (Kimball-Sweda-Ticket),
- eine stilisierte Ziffern- und Buchstabendarstellung: Optical character recognition OCR,
- eine Zifferndarstellung in der Form von parallel zueinander angeordneten Strichen (Bar-Code) [9].

Zeichensatz und Anforderung für die OCR-Schrift, die sowohl visuell als auch maschinell lesbar ist, sind in DIN 66008 und ISO 1073 genormt. Die Zeichendarstellung im Bar-Code ist handelsüblicher und in DIN 66236 genormt. Besondere Festlegungen über den Symbolaufbau für Preisauszeichnungen sind der UPC (Universal Product Code) und das EAN-Symbol (European Article Number). Spezielle Symbolaufteilungen befinden sich ebenfalls im Gebrauch. Maschinenlesbare Schriften geben die Möglichkeit weiterer Rationalisierungen im Supermarkt. Die Darstellung im Strichcode wird als Zusatzinformation nicht in die Eichung einbezogen.

5.2.4.9 Die Preisauszeichnungswaage im Datenverbund

Preisauszeichnungswaagen können wie die Ladentischwaage in das werksinterne Datennetz eingebunden werden. Zusätzliche Informationen zur Waage sind dabei Tarawert, Mindestgewicht, Haltbarkeitsdaten, Lieferdaten. Von der Waage an den Zentralrechner werden Summenwerte, Soll-Ist-Vergleiche und Fehlmengen-Meldungen übertragen.

Neben dem Waagen- und dem hausinternen Datenverbund wird ein anlageninterner Datenverkehr vorgesehen, der von der Steuerung der Waage aus die Zufuhr und den Abtransport der Warenpäckchen bewirkt. In diese Steuerung einbezogen ist die Etikettentransportvorrichtung. Gespeicherte Werte werden über Tastenfunktionen wie bei Ladentischwaagen aufgerufen.

5.2.5 Selbsttätige Preisauszeichnungswaagen

5.2.5.1 Warentransportsystem

Preisauszeichner werden zur selbsttätigen Arbeitsweise mit Stetigförderern versehen, die die Warenpackung auf die Waage einzeln transportieren und nach Abschluß der Wägung zur Etikettierstelle am Druckwerk befördern (Bild 5.41).

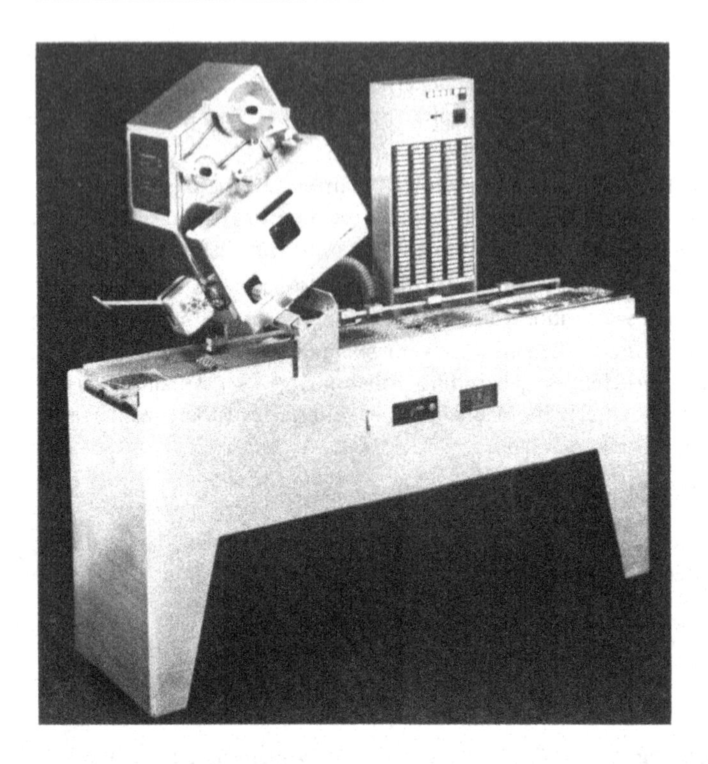

Bild 5.41 Preisauszeichnungsvollautomat

Die Packungen durchlaufen im Bild das Gerät von links nach rechts über drei einzeln gesteuerte Transportbänder: Zufuhrband, Wägeband und Etikettierband. Die Waage befindet sich im Rahmen, Preisrechner und Druckwerk sind schwenkbar oberhalb des Etikettierbandes angeordnet. Im turmartigen Aufbau befinden sich die Warenklischees.

Quelle: Espera

Der Teil des Transportsystems, der mit dem Auswägesystem verbunden ist, wird entweder während der Wägung angehalten oder das Transportband läuft kontinuierlich. In diesem Falle müssen dynamische Einflüsse gut kompensiert sein und eine zeitliche Abstimmung zwischen Transportzeit und der Einstellzeit der Waage vorgenommen werden.

Merkpunkte für die Auswahl von Transportsystemen für Warenpackungen sind [10]

- Bandlänge und -breite und ihr Verhältnis zueinander,
- Spaltbreite zwischen aneinanderstoßenden Bändern,
- Bandgeschwindigkeit,
- Bandnachlauf beim Abschalten und Verzögerung,
- Schlupf zwischen Packung und Band,
- Verhalten der Packung beim Übergang auf ein mit einer anderen Geschwindigkeit laufendes Band,
- Schalthäufigkeit als zusätzliche Motorbelastung;

für die Auswahl des Gurtmaterials:

- Haftung zur Packung bedingt durch die Oberflächenstruktur,
- Feuchtigkeits- und Temperatureinfluß,

- Längung und Nachspannbarkeit,
- elektrostatische Aufladung.

Bei Verwendung von seitlichen Führungen muß die Packung auf dem Gurt verschiebbar sein. Rollenbahnen, Kurvenbänder oder Rollenkurven sowie Schwerkraftförderer finden als Transportmittel gleichfalls Verwendung.

5.2.5.2 Vereinzeler

Warenpackungen, die von Verpackungsmaschinen ohne Abstand hintereinander oder parallel zueinander ausgegeben werden, müssen so transportiert werden, daß sie einzeln der Waage zugeführt werden. In der Transportrichtung erfolgt die Trennung durch zwei Transportbänder, von denen das in Transportrichtung folgende schneller läuft. Der resultierende Abstand ist proportional zur Packungslänge und dem Geschwindigkeitsverhältnis.

Parallel zueinander liegende Packungen werden durch Winkel- und Linienvereinzeler in eine abständige Reihe gebracht (Bild 5.42). Die Vereinzelung muß vor der Waage durch eine Lichtschranke überprüft werden, um Fehlwägungen durch Doppelpackungen auf der Waage zu verhindern. Angewandt werden:

Bild 5.42
Linienvereinzelner zur Reihung von parallel aus Verpackungsmaschinen ausgestoßenen Warenverpackungen. Im Bild ist die Transportrichtung von vorn nach hinten.
Quelle: Espera

- Kontroll-Lichtschranke vor dem Waagenband, die im Fehlerfall die zweite aufliegende Packung erkennt,
- Zeitkontrollen in der Programmsteuerung, die die Ist-Betätigungszeit der vorgeschalteten Lichtschranke mit der Sollzeit für eine einzige Packung vergleicht. Bei unterschiedlichen Packungslängen ist eine Messung über die Sollpackungslänge durch die Steuerung vorgesehen.

In einzelnen Anwendungsfällen können Unterschiede in den Packungsabständen durch Staurollenförderer ausgeglichen werden, um einen gleichmäßigen Antransport zu erreichen.

5.2.5.3 Steuerung des Packungstransportes

Photoelektrische Sensoren kontrollieren die programmierten Steuerungen von Waage und Bändern. Als Sensoren werden verwendet:

- Lichtschranken mit räumlich getrenntem Sender und Empfänger oder mit beiden in einem Gehäuse, denen ein Reflektor im Abstand zugeordnet ist: Die Packung unterbricht den Strahlengang;
- Reflexionslichtschranken: Der von der Lichtquelle ausgehende Strahl wird an der Packung diffus reflektiert und vom Empfänger aufgenommen.

Störungen im Schaltverhalten treten auf, wenn die Packung durchscheinend ist, selbst wie ein Reflektor oder Spiegel wirkt. Sie sind durch Änderung der Apertur der optischen Anordnung oder programmtechnische Maßnahmen wie Totschaltung zu vermeiden.

Der zeitliche Ablauf wird durch programmierte Steuerungen bewirkt, die auch mehrere verschiedene Abläufe, z. B. für Normal- und Festwertauszeichnung, ermöglichen. Sie werden durch Schutzmaßnahmen wie Abschirmung, Erdung und Fehlererkenn-Routinen im Programm gegen den Einfluß von äußeren Störungen abgesichert. Es bestehen Sonderbedingungen:

- unausgezeichneter Transport von leeren Packungen;
- Einlauf in eine Ausgangsposition nach einer Störung;
- Vermeidung des Etikettierversatzes, durch den Packungen mit dem zur nachfolgenden oder vorangehenden Packung gehörenden Etikett versehen werden;
- Herausnahme von Etiketten, die Fehler enthalten oder nicht auf die zugehörige Packung geklebt werden konnten; Abtransport der nicht etikettierten Packungen;
- Reaktion auf Transportfehler, z. B. durch Verklemmen von Packungen.

Sie lassen sich folgerichtig auf Grund eines Zeitverhalten oder aus Plausibilitätskriterien erfassen.

5.2.5.4 Transport auf den Lastträger

Die Masse des Lastträgers ist eine Vorlast, die kompensiert werden muß, deren Größe die Einstellzeit der Waage verlängert. Im kontinuierlichen Betrieb werden ausschließlich Bänder als Transportmittel verwendet, während bei diskontinuierlichem Betrieb und statischer Wägung auch andere Systeme gebaut werden:

- Schiebesystem: Der Lastträger ist eine (gerillte) Platte, oberhalb der sich ein oder mehrere Schieber horizontal bewegen. In einer anderen Ausführung ist der Lastträger aus Stegen aufgebaut, zwischen denen sich fingerförmige Schieber bewegen. Während der Wägung und bei Schieberrücklauf wird die Berührung zur Packung durch vertikale Schieberbewegungen aufgehoben.

- Riemensystem: Der Lastträger ist aus Stegen zusammengesetzt, zwischen denen Riemen laufen. Durch vertikale Bewegung der Riemen wird während der Wägung der Kontakt zur Packung aufgehoben.

Bei Lastträgern, die als Transportband aufgebaut sind, ist der Motor in den Rahmen eingebaut. Seine Stromzuführung erfolgt durch Stahllamellen, die die Wägung nicht beeinflussen. Die Bänder werden als Vollgurte oder als geteilte Gurte aufgebaut, wobei bei mehreren schmalen Gurten die Steuerlichtschranken zwischen ihnen angeordnet werden.

Die Bandlänge von 300 ... 500 mm für Kleinpackungen bis etwa 2 kg und bis 1 m für Packungen bis 25 kg und die Bandgeschwindigkeit von 10 ... 60 m/min wirken auf die Ausbringung. Große Transportlängen mit kleiner Transportgeschwindigkeit ergeben lange Wechselzeiten, die die Ausbringung unter Berücksichtigung folgender Faktoren beeinflußt:

- Je kleiner die Belastungsänderung während des Packungswechsels ist, um so schneller erreicht die Waage ihren Stillstand. Ein Abführen der gewogenen Packung in dem Maße, wie die nachfolgende Packung auftransportiert wird, ist daher von Vorteil.
- Durch eine hohe Bandgeschwindigkeit erhält die Waage einen Stoß durch das Abbremsen, der sie aus ihrer annähernd erreichten Gleichgewichtslage herausbewegt. Der Einschwingvorgang muß danach von einer größeren Abweichung aus erfolgen.
- Ein zu hartes Abstoppen des Bandes kann auch dazu führen, daß die Packung die Haftung zum Band verliert, Eigenbewegungen ausführt, die wiederum die Zeit bis zum Stillstand verlängern.

Besondere Anforderungen an Gleichlauf und Vibrationsfreiheit des Bandes werden gestellt, wenn im Durchlauf verwogen werden soll. Die Bedingung, daß eine und nur eine Packung auf dem Band während des Laufes gerade solange liegt, wie der Einstellzeit der Waage entspricht, hat zur Folge, daß sich aus dieser, vom variablen Packungsgewicht abhängigen Zeit und der Packungslänge eine optimale Transportgeschwindigkeit ergibt. Sie muß herabgesetzt werden, wenn äußere Einflüsse wie Erschütterungen vom Boden auf die Waage wirken oder Packungen sehr stark variierender Größe und Gewicht vorliegen.

5.2.5.5 Etikettier-Einrichtungen

Das vom Druckwerk hergestellte Etikett wird von den Etikettier-Einrichtungen zur Packung transportiert und angedrückt. Die Haftung bei der Etikett-Entnahme und dem Transport erfolgt durch Ansaugen, wobei die Bewegung zweckmäßig davon abhängig gemacht wird, daß das Etikett auch tatsächlich erfaßt wurde (Bild 5.43). In dieser Ausführung erzeugt das Verschließen des Saugrohres durch ein Etikett in dem längsliegenden Zylinder einen Unterdruck, so daß der eingesetzte Kolben, der den Saugarm über ein Kurbelgetriebe bewegt, erst in Bewegung kommt, wenn das Etikett sicher erfaßt ist. Bei Verwendung von Heißsiegel-Etiketten ist der Ansaugkopf gleichzeitig Heizelement.

Die richtige Plazierung auf der Packung erfordert, daß die Packung im Moment des Aufbringens sich an einer bestimmten Stelle befindet und die Etikettier-Einrichtung Höhenunterschiede bis 120 mm selbsttätig ausgleicht. Eine leichte Verstellbarkeit des Druckers relativ zur Transportbahn wird vorgesehen, oder es wird die Packung durch Anschläge oder Kreuzantriebe an eine vorgegebene Position befördert.

Der Andruck erfolgt durch mechanisches Aufbringen, oder es wird von Saugen auf Blasen umgeschaltet, womit das Etikett das letzte Stück zur Packung fliegt. Zur Verbesserung der Anfangshaftung wird das Etikett häufig zusätzlich angedrückt. Etiketten mit Summenwerten werden auf einschwenkbare Ablageplatten geklebt und von Hand entnommen, oder

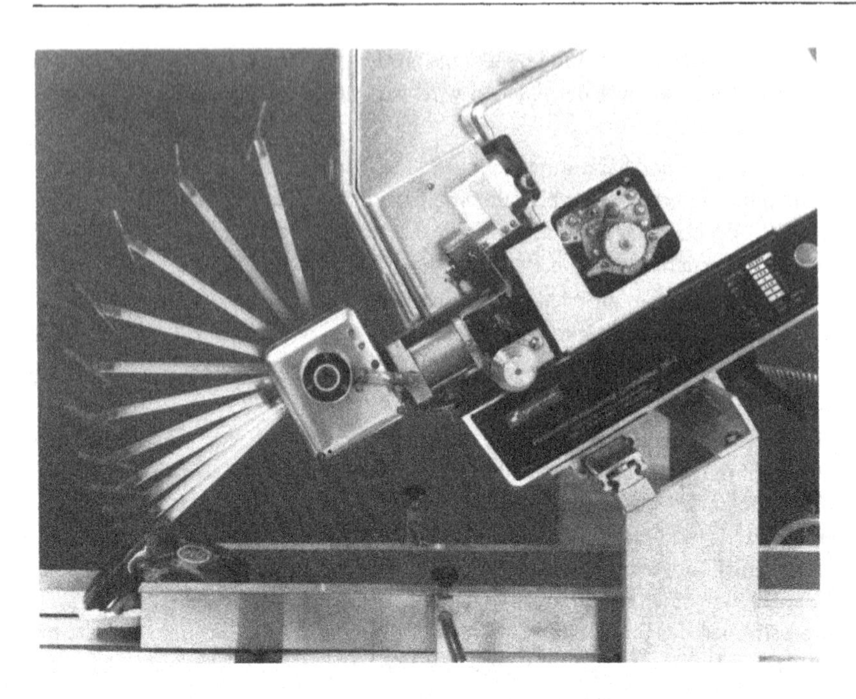

Bild 5.43 Etiketten-Transportvorrichtung an einer Preisauszeichnungswaage
Die Multiaufnahme zeigt den Bewegungsablauf des Saugrohres in seinen Phasen.
Quelle: Espera

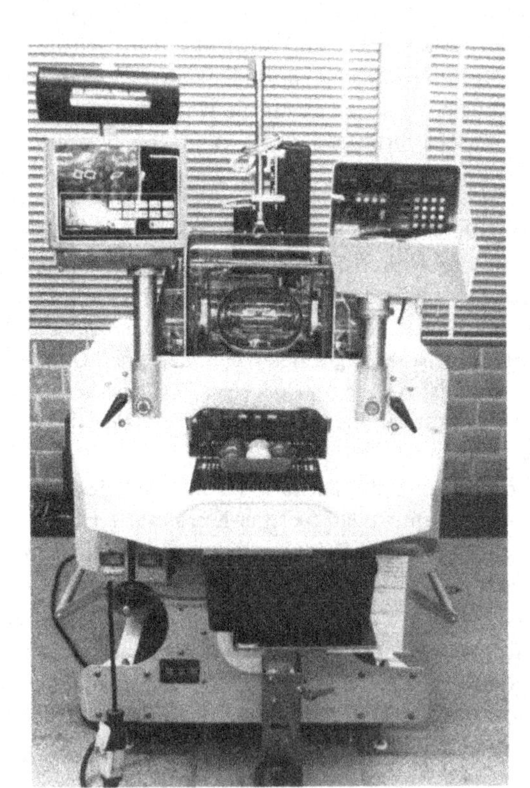

Bild 5.44
Einbau einer Preisauszeichnungswaage in eine Verpackungsmaschine für Folienumschlag
Quelle: Espera

es wird ein Riementransport eingeschwenkt, der das Summenetikett zur Einpackstelle bringt. Für Summenwerte werden auch getrennte Addiermaschinen angeschlossen, die den Registrierstreifen direkt am Einpackort ausgeben, so daß er dem Umkarton beigefügt werden kann.

5.2.5.6 Waagen in Verpackungsmaschinen

Preisauszeichnungswaagen werden so in die Verpackungsmaschinen eingebaut, daß die Ware verpackt wird, während das Druckwerk das Etikett erstellt (Bild 5.44). In einer Ausführung (Bild 5.45) wird die vorbereitete, noch unverpackte Ware auf der Waagschale gewogen, danach mit dem Verpackungsfilm umschlossen und am Ende mit dem Etikett versehen. Bei einer Netzbeutel-Verpackung besitzt die Waage einen Fülltrichter, in dem die Ware gewogen wird. Während des Ablaufes in das Schlauchnetz wird ein fahnenartiges Etikett gedruckt und mit dem Verschlußclip am Beutel befestigt.

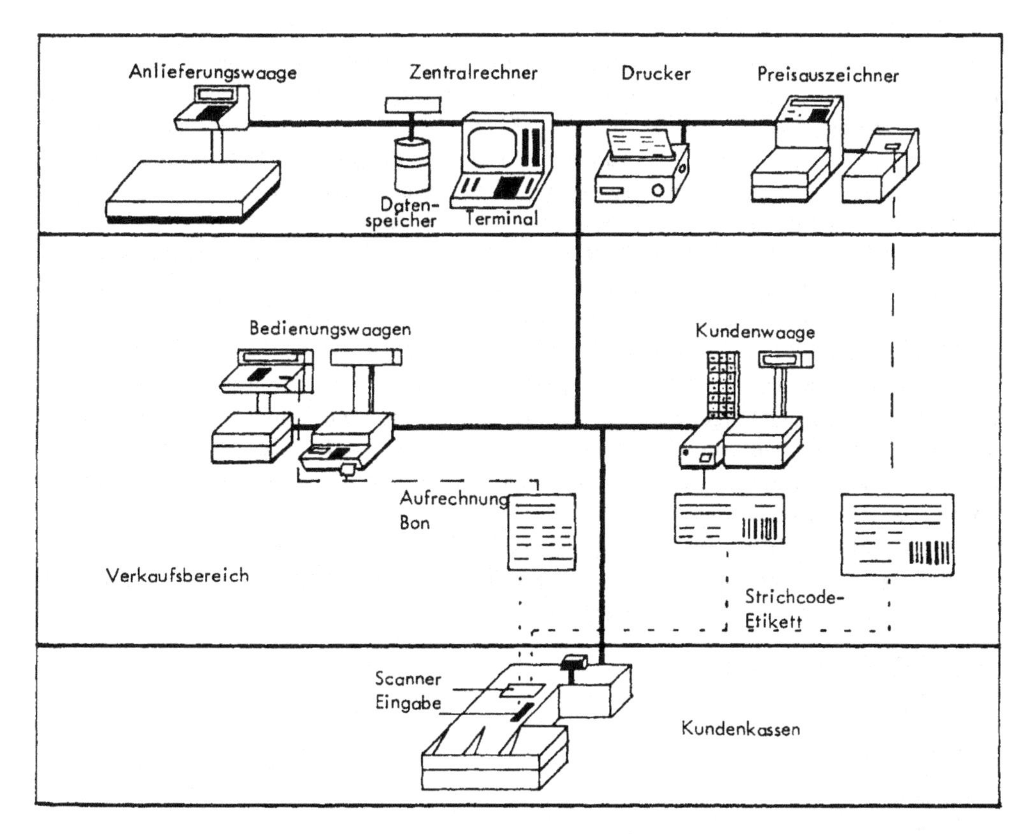

Bild 5.45 Waagen in Datenverbundsystemen für offene Verkaufsstellen mit vorverpackten und verwogenen Artikeln
Quelle: Verfasser

5.2.5.7 Sondereinrichtungen

In besonderen Fällen enthalten vollautomatische Preisauszeichnungswaagen:

- Vorrichtung zum Auszeichnen von Warenpackungen, deren Gewichtswert außerhalb eines einstellbaren Bereiches liegt,
- Summendifferenzanzeige, um manuell mehrere Packungen zu einem bestimmten Gesamtgewicht zusammenzustellen,
- Stückzähler mit Voreinstellung für das Zusammenpacken einer gleichen Anzahl von Packungen und die Kennzeichnung des Umkartons mit dem Summengewicht,
- Umschaltvorrichtungen für die Verwendung von Waagen unterschiedlicher Höchstlast,
- Umschaltvorrichtungen für mehrere Währungen und Kaufpreisstufungen,
- Etikettwechsel-Einrichtungen für unterschiedlich vorgedruckte Etiketten,
- Druckwerke zur Erstellung von Originaletikett und Kopie oder Belegstreifen
- Sortiervorrichtungen zur Sortierung nach Kaufpreisklassen.

5.2.6 Ausblick

Die Integration von preisrechnenden Waagen in den Datenverbund des Nahrungsmittelbetriebes und der offenen Verkaufsstelle ist die vorrangige Entwicklungstendenz (Bild 5.45). Das geschieht auf zwei Ebenen: In der ersten Ebene bei der „verdrahteten" Übertragung von Daten zwischen Waagen, Kassen und einer zentralen EDV. Sie erfordert ein hohes Maß an formellen und elektronischen Festlegungen innerbetrieblicher Systeme. Die EDV übernimmt Funktionen eines Prozeßrechners, wobei der eichrechtlich erforderlichen Sicherung gegen Funktionsfehler genügt werden muß. Die zweite Ebene ist die Mitführung maschinenlesbarer Informationen mit der Ware auf dem Auszeichnungsetikett und als Preissumme auf Aufrechnungsstreifen (siehe Bild 5.46). Dabei kommt dem Strichcode zukünftig eine besondere Bedeutung zu, wenn erst das System bei allen Fertigpackungen voll angewandt wird.

Innerhalb der einzelnen Handelswaagen werden neue Wägezellen mit großer Langzeitstabilität, hoher Auflösung, kurzer Einstellzeit und geringer Störempfindlichkeit stufenweise die Verwendbarkeit erhöhen. Im elektronischen Teil werden schnelle Rechner, große Speicherkapazität und Datenschnittstellen das erforderliche Prinzip der „verteilten" Intelligenz in komplexen Anlagen erreichen.

Die eichrechtlichen Bedingungen, die Unabhängigkeit von Systemstörungen und die Minimalisierung des Zeitbedarfes werden durch eine eigenständige Arbeitsweise der preisrechnenden Waage auch zukünftig am besten erfüllt.

Bild 5.46

Kassenbon auf Thermopapier mit notwendigen Angaben Gewicht, Grundpreis, Kaufpreis und mit zusätzlichen Angaben wie Summe, Warenbezeichnung, Datum, Verkäufernummer und EAN-Strichcode für Kassenauswertung.

Schrifttum

[1] *Böhmer, E.:* Elemente der angewandten Elektronik. Braunschweig, Vieweg 1983
[2] *Rembold, U.; Armbruster, K.; Ülzmann, W.:* Interface-Technologie für Prozeß- und Mikrorechner. München, Oldenbourg 1981
[3] *Krauß, M.; Woschni, E. G.:* Meßinformationssysteme. Heidelberg, Hüthig-Verlag 1973
[4] *Donovan, J. J.:* System-Programmierung. Braunschweig, Vieweg 1976
[5] *Dal Cin, M.:* Fehlertolerante Systeme. Stuttgart, Teubner 1979
[6] *Schmidt, W.; Feustel, O.:* Optoelektronik. Würzburg, Vogel-Verlag 1975
[7] *Tafel, H. J.; Kohl, A.:* Ein- und Ausgabegeräte der Datentechnik. München, Hanser 1982
[8] Fertigpackungsverordnung. Bundesgesetzblatt I, Nr. 59, S. 1585–1620 (1981). Verordnung zur Neuordnung lebensmittelrechtlicher Kennzeichnungsvorschriften. Bundesgesetzblatt I, Nr. 60, S. 1625–1685 (1981).
[9] *Hagen, K.* (Herausg.): EAN – Die Europäische Artikelnumerierung und der EAN-Strichcode. Köln, Rationalisierungs-Gesellsch. d. Handels 1977. S. a. DIN 66236 Teil 1–5. Berlin, Beuth-Verlag
[10] *Zebisch, H.-J.:* Fördertechnik Teil 2: Stetigförderer. Würzburg: Vogel-Verlag 1972

5.3 Plattformwaagen für Handel und Industrie

G. Felden

5.3.1 Definition und Abgrenzung

Als Plattformwaage bezeichnet man eine Waage mit ebenem Lastträger, der sich in der Regel auf mehrere Auflager abstützt (Definition nach DIN 8120, Teil 1) [1]. Plattformwaagen werden zum diskontinuierlichen Wägen eingesetzt, d.h., die Last wird auf den Lastträger aufgebracht, in Ruhe verwogen und anschließend wieder entfernt.

Waagen dieser Ausführung gehören in Handel und Industrie zu den am häufigsten eingesetzten Waagenarten. Weil der Lastträger (auch Plattform, Wägebrücke oder kurz Brücke genannt) sich nach unten auf das sogenannte Unterwerk abstützt, wird das Aufbringen der Last nicht durch über dem Lastträger liegende Stütz- oder Aufhängevorrichtungen behindert. Die leicht zugängliche, ebene Wägebrücke macht Plattformwaagen zur einfach und universell einsetzbaren Waagenart schlechthin.

Ein wichtiges Unterscheidungsmerkmal für Plattformwaagen ist ihre Größe und Aufstellart, durch die maßgeblich ihr Einsatzbereich bestimmt wird:

- *Tischwaagen* sind Plattformwaagen, die meist in Tischhöhe aufgestellt werden. Wegen der im allgemeinen manuellen Handhabung des Wägegutes besitzen sie eine Höchstlast bis etwa 30 kg.
- *Bockwaagen* sind Plattformwaagen mit einer Höchstlast von etwa 20 kg bis 200 kg mit einem als Waagenbock bezeichneten Untergestell, dessen Höhe den jeweiligen Betriebsbedingungen angepaßt ist. Typisch für Bockwaagen ist der Einbau in Transportstrecken wie Rollenbahnen usw.
- *Bodenwaagen* sind Plattformwaagen in freistehender Aufstellung auf dem Fußboden. Bodenwaagen sind oft ortsfest verankert, erfordern aber keine Einlassung in den Boden.

Die Tragfähigkeit liegt generell über 100 kg, um Beschädigungen durch evtl. den Lastträger betretende Personen zu vermeiden.

- *Einbauwaagen* sind Plattformwaagen, die in eine Waagengrube genannte Vertiefung des Bodens eingelassen sind. Da zwischen Wägebrücken-Oberfläche und umgebendem Fußboden kein Höhenunterschied besteht, können diese Brücken leicht mit Transportgeräten befahren oder überfahren werden. Einbauwaagen haben aus diesem Grund generell höhere Tragfähigkeiten ab etwa 500 kg.

Wenn Plattformwaagen im eichpflichtigen Verkehr eingesetzt werden (z. B. im geschäftlichen Verkehr oder bei besonderen Sicherheitsanforderungen), sind hinsichtlich ihrer Bauweise, Inbetriebnahme (Kalibrierung) und Verwendung die Vorschriften der Eichordnung zu beachten [2]. Plattformwaagen für Handel und Industrie werden dabei meistens der Genauigkeitsklasse (III) entsprechend ausgeführt. In selteneren Fällen (bei Präzisionswaagen) entsprechen sie den Bestimmungen der Genauigkeitsklasse (II).

Eine Abgrenzung zu anderen Waagenarten, die teilweise ebenfalls der Definition von Plattformwaagen folgen, geben die folgenden Hinweise:

- Im Bereich kleiner Höchstlasten grenzen die Plattformwaagen an oberschalige Laborwaagen, die für besonders genaue Wägungen eingesetzt werden.
- Eine Reihe anderer Ausführungen entsprechen von ihrer Größe her Plattformwaagen, dienen aber einem so speziellen Anwendungsgebiet, daß sie hierdurch eigenständige Waagenarten bilden. Hierzu gehören z. B. Ladentischwaagen sowie Waagen für Gleis- und Straßenfahrzeuge.

5.3.2 Allgemeine Beschreibung von Plattformwaagen

5.3.2.1 Lastaufnahme

Bei Plattformwaagen wird das Wägegut meist so auf die Wägebrücke aufgebracht, daß sich der Lastschwerpunkt oberhalb der Wägebrücke befindet. Die Wägebrücke hat daher die Funktion einer Auflagefläche für das Wägegut. Hinsichtlich Brückengröße, Stabilität und sonstiger Eigenschaften ist sie den jeweiligen Wägeaufgaben anzupassen (z. B. Abmessungen und Gewicht des Wägegutes). Die Wägebrücke stützt sich auf mehrere Auflager ab, die gleichzeitig zur Übertragung der Gewichtskraft auf die Anzeigeeinrichtung dienen (siehe Abschnitt 5.3.2.2).

Üblicherweise hat die Wägebrücke eine horizontale, rechteckige Auflagefläche. Um das Wägegut in einer stabilen Lage auf der Wägebrücke absetzen zu können, muß die Vertikale durch den Lastschwerpunkt innerhalb der Auflagefläche liegen. Oftmals sind Wägebrücken deswegen mit Zusatzeinrichtungen wie Seitenwänden, Sackhalterungen o. ä. ausgerüstet, die die erforderliche stabile Auflage des Wägegutes erleichtern oder erst ermöglichen. Durch geeignete Ausbildung der Auswägeeinrichtung ist dabei sichergestellt, daß bei allen Schwerpunktlagen innerhalb der Auflagefläche das gleiche Wägeergebnis ermittelt wird.

Weiterhin müssen das Wägegut und die Wägebrücke eine stabile Lage zu den Auflagern einnehmen, die dazu möglichst nahe am Rande der Wägebrücke angeordnet sind. Trotzdem besteht bei hoher Belastung außerhalb der Auflagepunkte die Gefahr, daß sich die Wägebrücke auf der gegenüberliegenden Seite von den Auflagern abhebt. Dieses Kippen der Wägebrücke tritt besonders dann auf, wenn schweres Wägegut über die Brückenkante aufgeschoben wird oder Transportfahrzeuge (z. B. Gabelstapler) über die Brückenkante auffahren (Bild 5.47). Plattformwaagen sind deswegen mit Aushubsicherungen ausgerüstet,

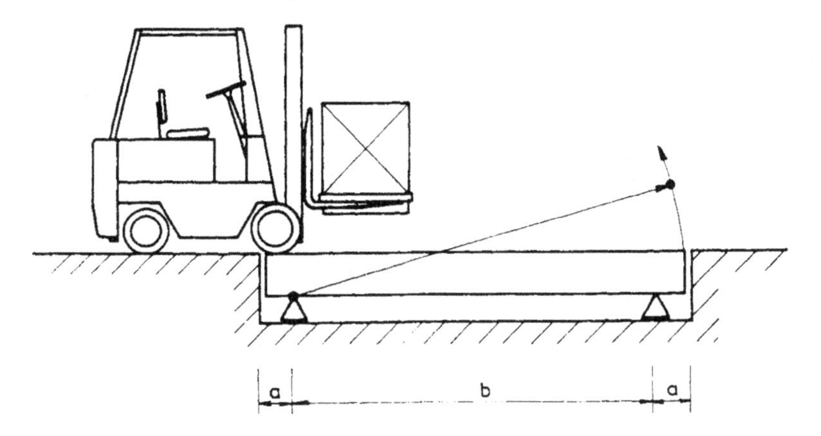

Bild 5.47 Einfluß des Belastungsortes auf die Lagestabilität der Wägebrücke. Im Bereich a kann, im Gegensatz zum Bereich b, die Brücke unter ungünstigen Bedingungen „kippen".
Quelle: Verfasser

die das Kippen der Brücke verhindern oder zumindest soweit begrenzen, daß sich die Brücke nach Entfernen der Belastung wieder in der ursprünglichen Lage auf den Auflagern absetzt.

Horizontalkräfte oder die horizontale Komponente von Kräften, die z. B. beim Aufbringen des Wägegutes auftreten können, müssen von der Übernahme in das Unterwerk ausgeschlossen werden, weil sie zu einer Verfälschung des Wägeergebnisses und u. U. sogar zu einer Beschädigung des Unterwerkes führen können. Plattformwaagen sind daher grundsätzlich mit Einrichtungen versehen, die den Einfluß von nicht vertikalen Kräften eliminieren. Eine Ausnahme von dieser Regel bilden einige Ausführungen elektromechanischer Plattformwaagen, bei denen diese Kräfte durch die Wägezellen aufgenommen werden können.

Bild 5.48a zeigt, wie ein sogenannter Lenker die Auflager von nicht vertikalen Kräften freihält, indem er diese Kräfte vom Waagenunterbau aufnehmen läßt. Ein Lenker ermöglicht eine starre horizontale Fesselung der Wägebrücke, während er vertikalen Kräften nur geringen Widerstand entgegensetzen darf, um Beeinflussungen des Wägeergebnisses möglichst gering zu halten. Generell werden mehrere Lenker benötigt, um alle translatorischen oder rotatorischen Bewegungen außerhalb der Meßrichtung (Vertikale) kompensieren zu können.

Andere Kompensationsmethoden lassen im Gegensatz zu Lenkern eine geringe Horizontalbewegung der Wägebrücke in der Größenordnung von 15 mm zu. Beim Kugelsupport (Bild 5.48b) und beim Gehänge (Bild 5.48c) führt die Wägebrücke bei horizontaler Auslenkung eine geringfügige Hubbewegung aus, die ihr durch das Aufrollen der Kugeln in der Kalotte bzw. durch die Drehung der Schwingglieder im Gehänge aufgezwungen wird. Hinreichend geringe Horizontalkräfte werden durch diese Hubarbeit kompensiert, so daß in diesem Fall die Wägebrücke innerhalb ihres horizontalen Bewegungsspielraumes eine stabile Lage einnimmt, in der eine korrekte Wägung durchgeführt werden kann.

Mit Kugelsupporten, Gehängen o. ä. Einrichtungen ausgerüstete Wägebrücken besitzen grundsätzlich feste Anschläge, die bei Überschreitung des horizontalen Bewegungsspielraumes wirksam werden, um Beschädigungen des Unterwerkes zu vermeiden. In diesem Zustand ist selbstverständlich keine korrekte Wägung möglich. Die Anschläge, von denen wiederum mehrere benötigt werden, um die Wägebrückenbewegung in allen vorkommenden

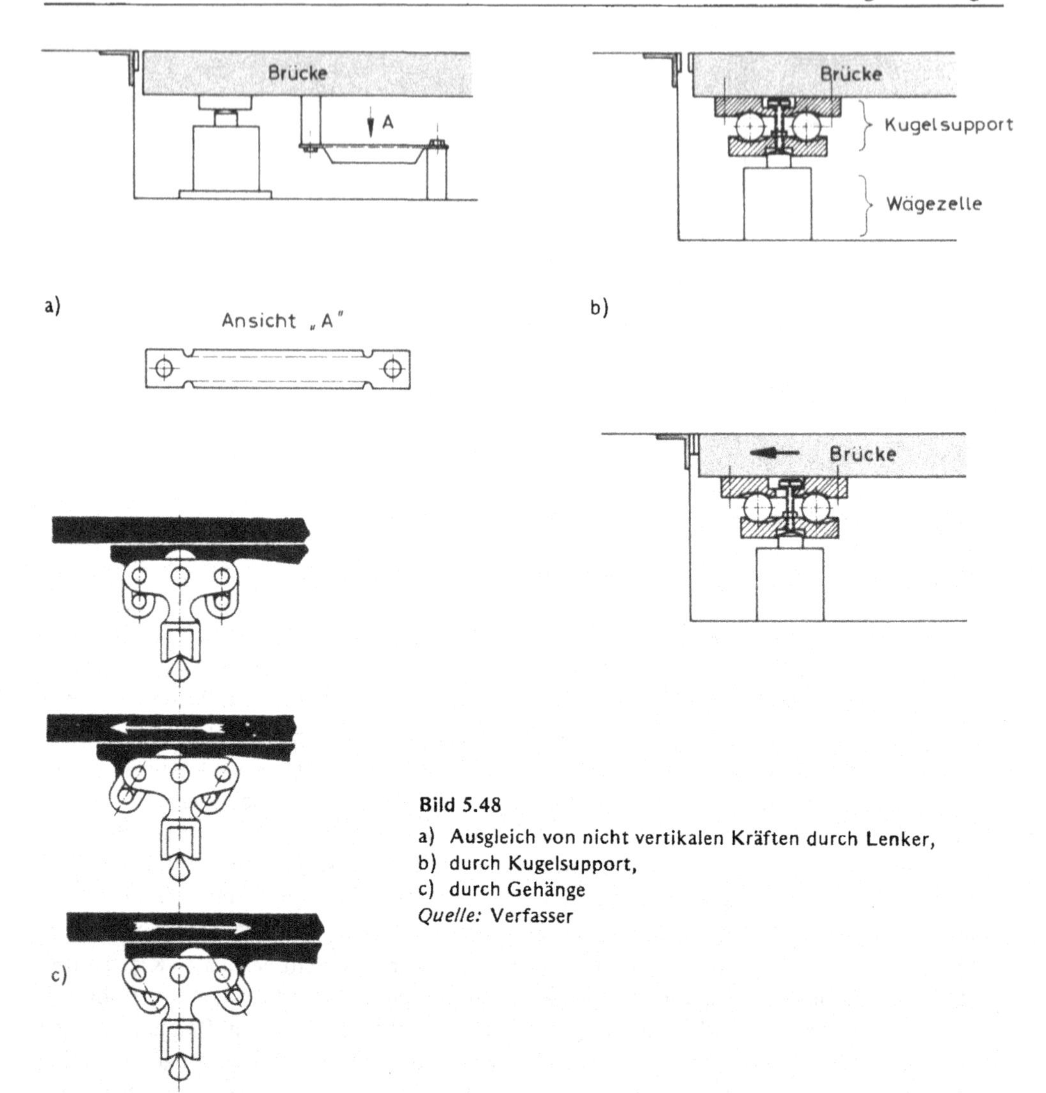

Bild 5.48
a) Ausgleich von nicht vertikalen Kräften durch Lenker,
b) durch Kugelsupport,
c) durch Gehänge
Quelle: Verfasser

Richtungen zu begrenzen, werden bei freistehenden Plattformwaagen in die Wägebrücke eingebaut. Bei Einbauwaagen läßt man im allgemeinen die Wägebrücke gegen den Grubenrahmen anschlagen (s. a. Bild 5.48b). Bei großen Horizontalkräften können Stoßdämpfer o. a. energieabsorbierende Zusatzeinrichtungen erforderlich werden. Auch frei aufgestellte Plattformwaagen sind in diesem Fall durch zusätzliche ortsfeste Rahmen vor Beschädigungen des Unterwerkes zu schützen.

Die Wägebrücke ist bei kleineren Plattformwaagen meist aus gekantetem Blech hergestellt, wobei die abgekanteten Seitenflächen die Formstabilität erhöhen und die Auswägeeinrichtung gegen das Eindringen von Feuchtigkeit und Fremdkörpern schützen (Glockenbrücke). Bei größeren Wägebrücken (ab ca. 1 X 1 m Brückengröße und 1000 kg Tragfähigkeit) ist im allgemeinen eine Profilstahlschweißkonstruktion kostengünstiger. Für die Blechabdeckung wird bei begehbaren Brücken aus Sicherheitsgründen Riffel- oder Tränenblech gewählt.

Bei der Auswahl von Plattformwaagen sind hinsichtlich der Belastung folgende Kennwerte besonders zu beachten:

- Die Höchstlast (Max) gibt an, welches größte Gewicht auf der Plattformwaage ermittelt werden kann.
- Die Tragfähigkeit (Lim) gibt Auskunft über die Belastbarkeit der Wägebrücke.

Selbstverständlich muß die Tragfähigkeit einer Wägebrücke so bemessen sein, daß sie eine der Höchstlast entsprechende Belastung tragen kann. Zusätzliche Belastungen durch Brückenaufbauten oder dynamische Kräfte sowie Sicherheitszuschläge können dazu führen, daß die Tragfähigkeit (Lim) die Höchstlast (Max) erheblich übersteigt.

In DIN 1925 sind Richtlinien für die statische Auslegung von Wägebrücken zusammengefaßt, die auf folgenden Lastannahmen basieren [3]:

Regellast 1: Kleinstückige und gleichmäßig über die Brücke verteilt aufgesetzte Last. Senkgeschwindigkeit max. 3 m/min.

Regellast 2: Großstückig aufgesetzte Last. Senkgeschwindigkeit max. 2 m/min (Bild 5.49a).

Regellast 3: Rollend aufgesetzte Last. Fahrgeschwindigkeit max. 10 km/h (Bild 5.49b).

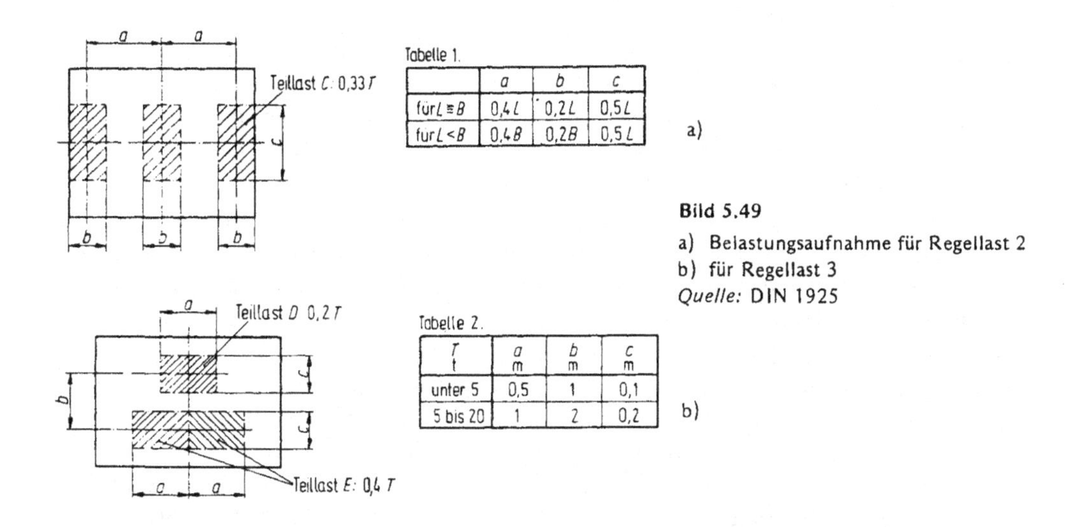

Tabelle 1.

	a	b	c
für L ≧ B	0,4 L	0,2 L	0,5 L
für L < B	0,4 B	0,2 B	0,5 L

Tabelle 2.

T t	a m	b m	c m
unter 5	0,5	1	0,1
5 bis 20	1	2	0,2

Bild 5.49
a) Belastungsaufnahme für Regellast 2
b) für Regellast 3
Quelle: DIN 1925

Für Wägebrücken, die nach DIN 1925 ausgelegt sind, steht somit eine verbindliche Angabe über die Tragfähigkeit bei wichtigen in der Praxis vorkommenden Lastverteilungen auf der Wägebrücke zur Verfügung.

Wenn das Aufbringen der Last mit hohen dynamischen Massenkräften erfolgt (Kranbelastung, freier Fall o. ä.), werden zwischen der Wägebrücke und ihren Auflagern energieabsorbierende Elemente (Tellerfedersäulen o. ä.) angeordnet, um die Auswägeeinrichtung vor Überlastung und Beschädigung zu schützen.

Wägebrücken sind oftmals mit sogenannten Brückenaufbauten ausgestattet, um sie besser an die vorgesehenen Wägeaufgaben anzupassen. Einige Beispiele für häufig genutzte Brückenaufbauten:

a) Brückenaufbauten zur Aufnahme des Wägegutes
   - Seitenwände, Rungen usw. für stückige Güter, oftmals an die Form des Wägegutes angepaßt,

- Schurren, Kippmulden usw. für Schüttgüter,
- Festaufgebaute Behälter, im allgemeinen mit Entleerungsvorrichtung, für Schüttgüter und Flüssigkeiten.

b) Brückenaufbauten zur Aufnahme von Transportbehältnissen
- Sackhalterungen,
- Aufnahmevorrichtungen für Gießpfannen oder sonstige Behälter.

c) Brückenaufbauten zum Transport des Wägegutes
- Rollen- und Röllchenbahnen, mit und ohne Motorantrieb (bei Gefällestrecken sind Stoppvorrichtungen auf der Wägebrücke erforderlich),
- Transportbänder,
- Kugeltische,
- Rollengänge und Taktfördereinrichtungen.

5.3.2.2 *Auswäge- und Anzeigeeinrichtung*

Die Auflager der Wägebrücke nehmen die Gewichtskraft der Last auf und leiten sie direkt bzw. indirekt auf die Auswägeeinrichtung.

Nach dem verwandten Prinzip lassen sich für die Auswägeeinrichtungen von Plattformwaagen zwei Grundformen unterscheiden:

a) mechanische Auswägeeinrichtungen, bei denen Hebelwerke nach den Gesetzen der Mechanik eine mechanische Übertragung der Gewichtskraft zur Anzeigeeinrichtung vornehmen,
b) elektromechanische Auswägeeinrichtungen, bei denen Wägezellen die Gewichtskraft direkt in ein gewichtsproportionales elektrisches Signal umwandeln, das dann der Auswerte- und Anzeigeeinrichtung zugeführt wird.

Beiden Grundformen ist gemeinsam, daß sie die Wägebrücke und das aufliegende Wägegut sicher und frei von Fehlereinflüssen aufnehmen müssen. Hierbei kommen u. a. die oben beschriebenen Grundsätze über Kippsicherheit und die Eliminierung der nicht vertikalen Kräfte zur Anwendung.

Beide Grundformen bilden Untergruppen, von denen die wichtigsten nachfolgend beschrieben werden. Besondere Bedeutung hat hierbei eine Kombination beider Grundformen erlangt, bei der die Gewichtskraft zunächst von einem Hebelwerk übernommen und dann in einer Wägezelle in ein elektrisches Signal umgewandelt wird (Hybridwaagen).

Mechanische Plattformwaagen werden für alle Höchstlastbereiche gebaut. Sie sind im allgemeinen mit einer mechanischen analogen Anzeigeeinrichtung ausgerüstet (Bild 5.50).

Neben einfachsten Ausführungen (z. B. Laufgewichtseinrichtung, vgl. Abschnitt 3.2), die wegen ihrer aufwendigeren Bedienung eine abnehmende Bedeutung haben, werden vorzugsweise selbsteinspielende Anzeigeeinrichtungen eingesetzt, z. B. Kreisskalen mit einem oder mehreren Zeigerumläufen, die eine direkte Ablesung des Gewichtswertes gestatten. Zu diesen selbsteinspielenden Anzeigeeinrichtungen gibt es eine Vielzahl von Zusatzeinrichtungen wie Tariereinrichtungen, Zuschalteinrichtungen zur Meßbereichserweiterung, Steuerschalter zur Signalabgabe bei Erreichen vorgegebener Gewichtswerte, Stückzähleinrichtungen, Drucker usw.

Eine wichtige Eigenschaft *elektromechanischer Plattformwaagen* liegt in der Vermeidung von Hebelwerken, deren Schneiden und Pfannen eine regelmäßige Wartung erfordern. Im Bereich kleinerer Höchstlasten bis etwa 500 kg gibt es Ausführungen, bei denen die Wägebrücke durch Lenker geführt und die Gewichtskraft von einer mittig angeordneten Wägezelle über-

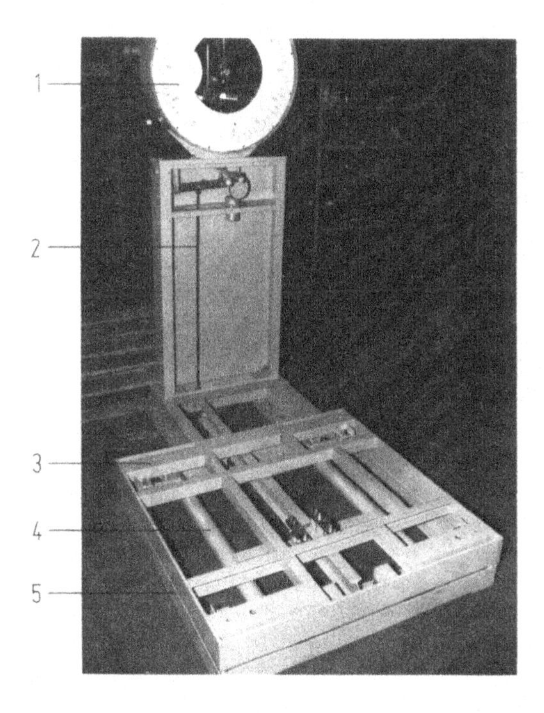

Bild 5.50

Mechanische Plattformwaage.

Die Verkleidung von Brücke und Wägeschrank wurde entfernt, um die darunter liegenden Bauteile erkennen zu lassen.

1 Anzeigeeinrichtung (Kreisskale), 2 Zugstange, 3 Lastträger, 4 Hebelwerk, bestehend aus 2 Lasthebeln und einem Zwischenhebel, 5 Montagerahmen

Quelle: TOLEDO

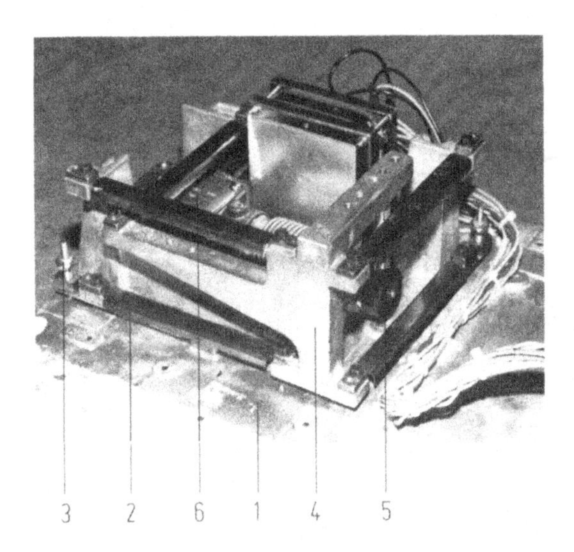

Bild 5.51

Lenkergeführte elektromechanische Plattformwaage. Die Darstellung ohne Wägebrücke und Gehäuse zeigt die Anordnung der Lenker sowie die Krafteinleitung in die Wägezelle.

1 Grundplatte, 2 Lenker, 3 Justageeinrichtung für unsymmetrische Belastung, 4 Brückenträger, 5 Druckkoppel, 6 Wägezelle.

Quelle: TOLEDO

nommen wird, Bild 5.51. Bei größeren Wägebrücken müssen aus konstruktiven Gründen (Eckenbelastung) meist vier Wägezellen verwendet werden, die dann in den Ecken der Wägebrücke angeordnet sind (Bild 5.52). Bei elektromechanischen Plattformwaagen werden die oftmals hohen Belastungen durch die Wägebrücke und evtl. Brückenaufbauten vollständig von den Wägezellen aufgenommen und reduzieren dadurch deren nutzbaren Meßbereich.

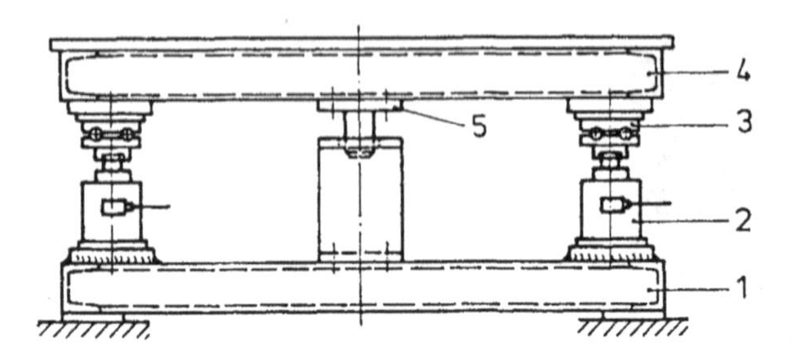

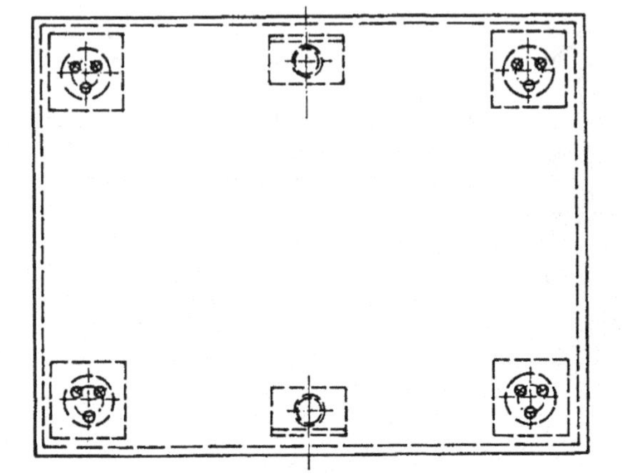

Bild 5.52
Elektromechanische Plattformwaage mit 4 Wägezellen und Krafteinleitung über Kugelsupport.
1 Montagerahmen, 2 Wägezelle, 3 Kugelsupport, 4 Lastträger, 5 Einrichtung zur Begrenzung der horizontalen Bewegung des Lastträgers.
Quelle: Bizerba

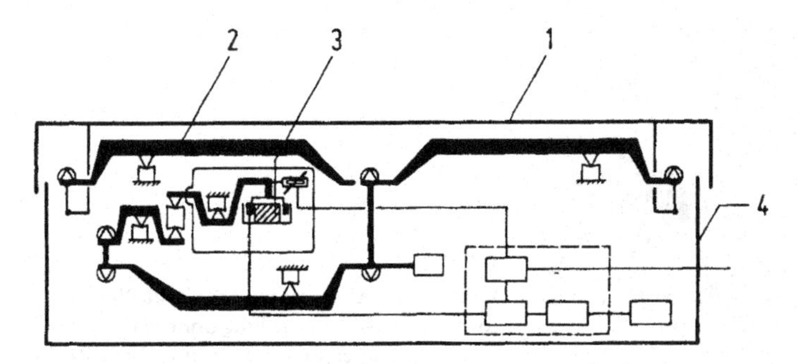

Bild 5.53 Schematische Darstellung einer hybriden Plattformwaage.
1 Glockenbrücke, 2 Hebelwerk, bestehend aus zwei Lasthebeln und mehreren Verbindungshebeln, 3 Wägezelle, 4 Untergehäuse.
Quelle: Sauter

Bei *hybriden Plattformwaagen* übernimmt ein Hebelwerk die stabile Aufnahme der Wägebrücke. Wegen der praktisch weglosen Messung können bei kleineren Tragfähigkeiten (bis etwa 500 kg) anstelle von Schneiden und Pfannen verschleißfreie Biegelager eingesetzt werden, bei denen Blattfedern als Drehgelenke dienen. Erst größere Tragfähigkeiten erfordern, wie bei mechanischen Waagen, Hebelwerke mit Schneiden und Pfannen. Das Hebelwerk bietet die Möglichkeit, ebenso wie bei mechanischen Plattformwaagen, das Gewicht der Wägebrücke und evtl. Brückenaufbauten durch Gegengewichte auszugleichen und dann die Höchstlast durch die Hebelwerk-Übersetzung so an eine Wägezelle anzupassen, daß deren Meßbereich im Interesse einer hohen Anzeigestabilität optimal ausgenutzt wird (Bild 5.53).

Elektromechanische und hybride Plattformwaagen besitzen dank der elektrischen Signalform der Meßwerte besonders bedienungs- und anwendungsfreundliche Anzeigeeinrichtungen, die beispielsweise bei Bedarf problemlos in größerer Entfernung von der Wägebrücke angeordnet werden können. Die digitale Darstellung des ermittelten Gewichtswertes erlaubt eine einfache und sichere Ablesung. Tariereinrichtungen und sonstige Zusatzeinrichtungen besitzen infolge der elektrischen Meßwertverarbeitung ebenfalls hohe Nutzungsvorteile (z. B. Zehnertastatur für die Eingabe bekannter Tarawerte, Fernübertragung der Gewichtswerte in nachgeordnete Drucker, Steuerungen oder Datenverarbeitungs-Einrichtungen mittels Kabel).

Durch Nutzung moderner Elektronik (Mikroprozessortechnik) ist es möglich, die Auswerte- und Anzeigeeinrichtungen mit zusätzlichen Funktionen auszurüsten, die der Lösung spezieller Wägeaufgaben dienen (z. B. Abfüllsteuerungen, Mehrkomponentendosiersteuerungen, Stückzahlerrechnungsanlagen, Kontrollwägeanlagen u. a., Bild 5.54).

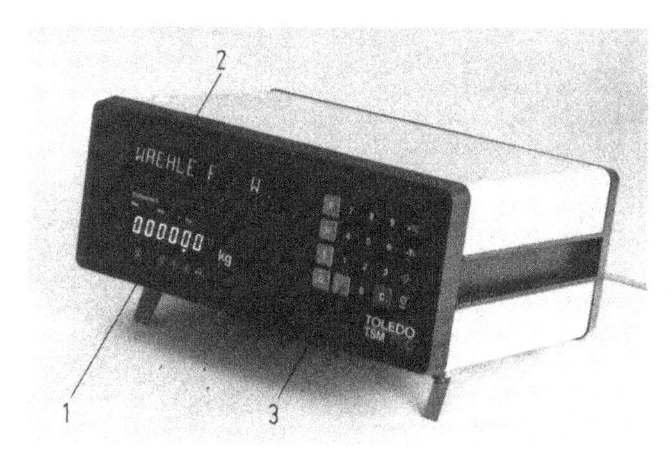

Bild 5.54
Auswerte- und Anzeigeeinrichtung mit zusätzlicher Funktionssteuerung in Tischausführung.
1 Gewichtsanzeige, 2 Nebenanzeige für gewichtfremde Daten und Bedienerführung, 3 Bedientastatur mit Eingabe- und Funktionstasten.
Quelle: TOLEDO

5.3.3 Beschreibung wichtiger Standardbauarten

Aus der Vielfalt der ausgeführten Plattformwaagen werden einige Beispiele vorgestellt, die entweder in der Praxis große Bedeutung erlangt haben oder von ihrer technischen Konzeption her eine interessante Lösung aufzeigen. In fast allen Fällen werden die dargestellten Plattformwaagen in ähnlicher Ausführung von mehreren Herstellern produziert.

5.3.3.1 Mechanische Plattformwaagen

Eine häufig eingesetzte Tischwaage mit selbsteinspielender Anzeigeeinrichtung ist die in Bild 5.55 dargestellte Fächerkopfwaage. Die Skala hat bei diesem Waagentyp die Form eines Kreisausschnitts und ist in 200 Teilungswerte unterteilt. Wenn dieser Selbsteinspielbereich überschritten wird, kann bei einigen Ausführungen eine Bereichserweiterung durch Aufsetzen von Gegengewichten auf der Gewichtsschale vorgenommen werden, bei anderen kann durch eingebaute Lauf- oder Zuschaltgewichte der Einspielbereich der aufgelegten Last angepaßt werden.

Eine weitere verbreitete Tischwaagen-Ausführung ist in Bild 5.56 dargestellt. Die Waage besitzt eine Kreisskala mit fünffachem Zeigerumlauf, die in 3000 Teilungswerte unterteilt ist. Waagen mit dieser Anzeigeeinrichtung werden bis zu Tragfähigkeiten von einigen hundert Kilogramm eingesetzt, wenn keine umfangreichen Zusatzeinrichtungen erforderlich sind.

Bild 5.55

Doppelschalige Tischwaage mit Gewichts- und Lastschale. Max ≤ 20 kg, $e \geq 5$ g
Quelle: Bizerba

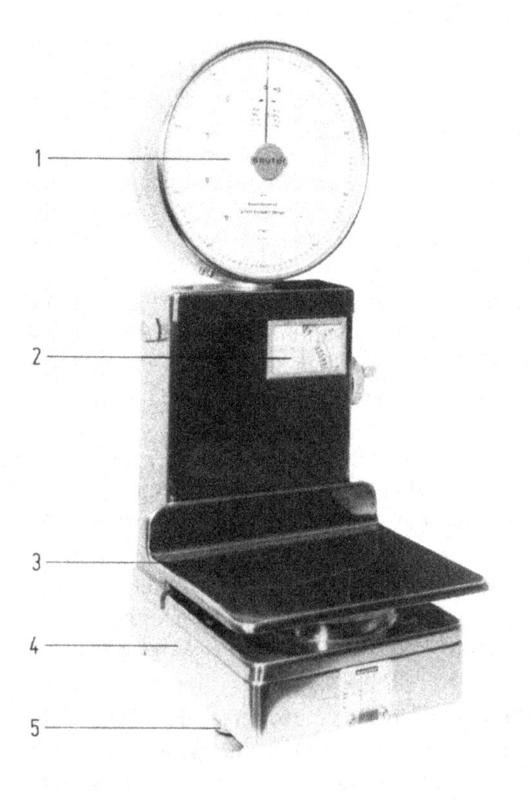

Bild 5.56

Tischwaage mit 40 kg Tragfähigkeit. Max ≤ 20 kg, $e \geq 10$ g, Wägebrücke 350 × 250 mm.
1 Anzeigeeinrichtung (Kreisskale mit mehrfachem Umlauf, 2 Nebenskale für Tara, 3 Lastträger, 4 Waagengehäuse, 5 Fußschrauben zur horizontalen Ausrichtung der Waage auf der Unterlage
Quelle: Sauter

Dies erlaubt die Anzeigeeinrichtung der in Bild 5.57 dargestellte Bockwaage, die eine Kreisskala mit einfachem Zeigerumlauf besitzt, wobei der Meßkopf mit einer Federwägeeinrichtung oder Neigungsgewichteinrichtung ausgerüstet sein kann und in 1000 Teilungswerte unterteilt ist. Es handelt sich hierbei um eine universelle Bauart, die den meisten Industrieanforderungen gerecht wird, weil sie mit vielfältigen Zusatzeinrichtungen versehen werden kann. Die mit Zusatzeinrichtungen ausgerüsteten Waagen dieses Anzeigetyps verlieren aber wegen der in den letzten Jahren erheblich weiterentwickelten elektronischen Anzeigeeinrichtungen zunehmend an Bedeutung.

Die in Bild 5.58 dargestellte Einbauwaage zeigt die typische Tränenblechabdeckung der Wägebrücke. Die Wägebrücke und der Verbindungshebel zur Anzeigeeinrichtung sind in eine Waagengrube eingebaut, um ein ungehindertes Transportieren des Wägegutes zu ermöglichen. Die Anzeigeeinrichtung ist bei diesem Modell mit einer Laufgewicht-Tariereinrichtung ausgerüstet. Bei einer Tragfähigkeit von 3500 kg sind Höchstlasten zwischen 200 kg und 3000 kg sowie Brückenabmessungen von 1000 × 1000 mm bis 1500 × 2500 mm verfügbar.

Bild 5.57 Bockwaage mit 150 kg Tragfähigkeit.
Max $\leq$ 120 kg, $e \geq$ 100 g, Wägebrücke 580 × 470 mm
Quelle: TOLEDO

Bild 5.58 Einbauwaage
Quelle: TOLEDO

5.3.3.2 Hybride Plattformwaagen

Als mechanisch-elektrischer Meßgrößenumformer wird am Endhebel des Hebelwerkes meist eine Dehnungsmeßstreifen(DMS)-Wägezelle eingesetzt. Andere Ausführungen nutzen Wägezellen, die nach dem Prinzip der elektromagnetischen Kraftkompensationen oder einer gewichtproportionalen Frequenzänderung von Schwingsaiten arbeiten (vgl. Abschnitt 3.2.1).

a) mit DMS-Wägezellen, Glockenbrücke und extrem niedriger Bauhöhe

Unterbau mit Wägezelle	Wägebereich in kg							Brückenhöhe in mm
	10	15	20	30	40	60	100	
BF 10	X		X		X		X	65
Z6H3		X		X		X		80
Eichwert	5 g	5 g	10 g	10 g	20 g	20 g	50 g	

Quelle: Bizerba

b) in Tischausführung mit Schwingsaiten-WZ
Quelle: Tacho-Berkel

Bild 5.59 Hybride Plattformwaagen

Bild 5.59a zeigt eine Ausführung aus einer Typenreihe hybrider Plattformwaagen mit DMS-Wägezellen, die sich durch eine geschlossene Ausführung (Glockenbrücke) und niedrige Bauhöhe auszeichnet. Aus der beigefügten Aufstellung wichtiger technischer Daten ist zu entnehmen, daß die Höchstlast der Waagen je nach verwendeter Wägezelle im eichpflichtigen Verkehr meist in 2000 oder 3000 Teilungswerte unterteilt werden kann.

Während Bild 5.53 eine hybride Plattformwaage mit Wägezelle nach dem Prinzip der elektromagnetischen Kraftkompensation enthält, zeigt Bild 5.59b eine Ausführung mit einer Schwingsaiten-Wägezelle. Diese beiden Waagentypen erlauben im eichpflichtigen Verkehr eine Unterteilung der Höchstlast in bis zu 6000 Teilungswerte.

Als weiteres Beispiel werden in Bild 5.60 zwei Waagentypen vorgestellt, die die gleiche Wägebrücke nutzen. Beim Waagenmodell 5.60a wird das Ende des Übertragungshebels mit einer Zugstange an eine DMS-Wägezelle im Waagenkopf angeschlossen. Ein wichtiger Vorzug dieser Ausführung liegt in der räumlichen Trennung zwischen der Wägebrücke mit ausschließlich mechanischen Einbauten und dem leicht gegen Umgebungseinflüsse zu schützenden Anzeigekopf, in dem sich alle elektronischen Teile befinden. Die in Bild 5.60b dargestell-

a)

b)

Bild 5.60

Hybride Plattformwaagen:
a) mit angebauter Anzeigeeinrichtung,
b) für ferngestellte Anzeigeeinrichtung.
Quelle: TOLEDO

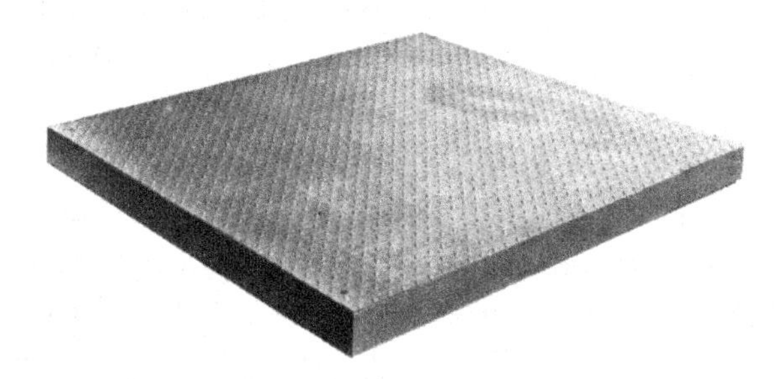

Bild 5.61

Hybride Waagenplattform für Überfluraufstellung oder Bodeneinbau. Max $\leqslant$ 3000 kg, $e \geqslant$ 1 kg, Brückengröße bis 2000 × 1500 mm.
Quelle: TOLEDO

te Wägebrücke besitzt eine eingebaute DMS-Wägezelle, von der aus ein Kabel das Meßsignal weiterleitet, wodurch eine freizügige räumliche Anordnung der Auswerte- und Anzeigeeinrichtung ermöglicht wird.

Bei Boden- und Einbauwaagen führt die Fernstellung der Anzeigeeinrichtung zu einer quaderförmigen Brückenform, die bei Einbau in den Hallenboden völlig frei von störenden Aufbauten und von allen Seiten frei zugänglich ist (Bild 5.61). Das Wägezellenkabel wird hierbei durch ein Rohr unter Flur verlegt. Diese Waagen können direkt in Transportwege für Flurförderzeuge installiert werden, wobei selbstverständlich die die Höchstlast oft weit übersteigende Gesamtbelastung bei der Wahl der Tragfähigkeit zu berücksichtigen ist.

5.3.3.3 Elektromechanische Plattformwaagen

Im Bereich von Tisch- und Bockwaagen dominieren Ausführungen mit einer Wägezelle, bei denen Lenker die Brücke führen und nicht vertikale Kräfte eliminieren. Bei dem Waagenmodell in Bild 5.62 sind alle tragenden Teile aus rostbeständigem Stahl gefertigt. Es eignet sich daher besonders für Einsätze in Naßbetrieben (Lebensmittel-Industrie) oder bei sonstigen ungünstigen Umgebungsbedingungen (z. B. Chemische Industrie).

Bild 5.62
Lenkergeführte elektromechanische Bockwaage aus rostfreiem Stahl.
Max ≤ 150 kg, Wägebrücke 500 X 500 mm
Quelle: TOLEDO

Eine elektromechanische Bodenwaage höherer Tragfähigkeit mit vier Wägezellen ist in Bild 5.63 dargestellt. Für Plattformwaagen dieser Bauart werden nahezu ausnahmslos DMS-Wägezellen eingesetzt, die in Nennlasten bis zu einigen hundert Tonnen zur Verfügung stehen.

5.3.4 Auswahlkriterien für Plattformwaagen

Von den Wägeaufgaben des Anwenders hängt es ab, ob eine Plattformwaage die eingehenden Warenlieferungen eines Einzelhändlers auf korrektes Gewicht überprüft, in der Farbküche einer Textilfabrik den benötigten Farbton erstellen hilft, in der Zerlegerei einer Fleischwarenfabrik eingesetzt wird, zur Stückgewichtsprüfung in einer Gießerei oder zur Erfüllung einer völlig anderen Wägeaufgabe dient.

Bild 5.63
Elektromechanische Plattformwaage mit vier Wägezellen ohne Hebelwerk zum Aufstellen oder Einbau.
Max ≤ 6000 kg, Wägebrücke bis 2500 × 1500 mm.
Quelle: Schenck

Eine genauere Betrachtung zeigt jedoch, daß die unterschiedlichen Bauarten und die gewählten Konstruktionsmerkmale die Waagen für einen bestimmten Anwendungsfall mehr oder weniger geeignet werden lassen oder sogar einen sinnvollen Einsatz ausschließen:

Die Forderung nach Weiterverarbeitung der ermittelten Gewichtswerte führt meist zum Einsatz von Plattformwaagen mit elektronischer Anzeigeeinrichtung. Rauhe Umgebungsbedingungen lassen oft kein Hebelwerk mit Schneiden und Pfannen zu, so daß hier die Wägebrücke vorzugsweise direkt auf Wägezellen aufgesetzt wird. Bei einfachen Wägeaufgaben, speziell in explosionsgefährdeten Bereichen, hat dagegen die herkömmliche mechanische Plattformwaage oft ausschlaggebende Kostenvorteile.

Die obigen Beispiele lassen erkennen, daß im allgemeinen die Vor- und Nachteile der einzelnen Bauarten gegeneinander abgewogen werden müssen, so daß die getroffene Wahl oft einen Kompromiß darstellt. Die richtige Beurteilung der vorliegenden Einflußgrößen erfordert natürlich gründliche Erfahrungen. Die Vergleichstabelle 5.7 kann daher bei einer Entscheidungsfindung eine Hilfestellung bieten.

Die Vergleichstabelle läßt erkennen, wie groß der Einfluß des technischen Prinzips auf die Gebrauchseigenschaften der Waage und damit auf ihre Verwendungsmöglichkeiten ist. Die mögliche Anzahl der Teilungswerte, die Anschlußmöglichkeiten für Zusatzeinrichtungen oder andere Eigenschaften prädestinieren oft eine Bauart oder erfordern sie sogar.

Welche Ausführung bei einem Waagenbedarf zur Anwendung kommt, hängt weiterhin davon ab, wie die erforderlichen meßtechnischen und sonstigen Eigenschaften am kostengünstigsten

Tabelle 5.7 Vergleich wichtiger Eigenschaften der Waagenbauarten

<table>
<tr><th rowspan="2">Beurteilungskriterien</th><th rowspan="2">Mechanische Plattformwaagen</th><th colspan="2">Elektromechanische Plattformwaage</th></tr>
<tr><th>mit Hebelwerk (hybrid)</th><th>ohne Hebelwerk</th></tr>
<tr><td>• Anzahl der Teilungswerte bei eichfähiger Ausführung:
bei nichteichfähi- Ausführung:</td><td>bis 10 000 Teilungswerte*)
bis 10 000 Teilungswerte*)</td><td colspan="2">bis 6 000 Teilungswerte
bis über 20 000 Teilungswerte</td></tr>
<tr><td>• Eigenfrequenz</td><td>niedrigere Werte</td><td colspan="2">höhere Werte</td></tr>
<tr><td>• Bedienungsaufwand</td><td>höherer Bedienungsaufwand</td><td colspan="2">einfache und sichere Bedienung</td></tr>
<tr><td>• Ausbaumöglichkeit
Beispiel:
Anschluß eines Ferndruckwerkes</td><td>teilweise hoher Fertigungsaufwand erforderlich
Umsetzer für den analogen mechanischen Meßwert erforderlich</td><td colspan="2">günstige Ausbaumöglichkeiten infolge der elektrischen Meßwertverarbeitung
Der Gewichtwert liegt bereits als elektrisches Signal vor.</td></tr>
<tr><td>• Elektrische Spannungsversorgung</td><td>nicht erforderlich</td><td colspan="2">elektrische Spannungsversorgung erforderlich</td></tr>
<tr><td>• Eignung für explosionsgefährdete Bereiche</td><td>ohne Zusatzaufwendungen vorhanden</td><td colspan="2">zusätzliche Aufwendungen erforderlich</td></tr>
<tr><td>• Gewichtsausgleich der Brücke und evtl. Brückenaufbauten</td><td colspan="2">durch Gegengewicht im Hebelwerk möglich</td><td>ohne Hebelwerk Reduzierung des nutzbaren Meßbereichs der Wägezellen</td></tr>
<tr><td>• Brückenabsenkung unter Belastung</td><td>je nach Hebelwerksübersetzung bis etwa 15 mm</td><td colspan="2">vernachlässigbar kleine Werte (< 1 mm)</td></tr>
<tr><td>• Bauhöhe der Plattform
Beispiel:</td><td colspan="2">Bei kleineren Höchstlasten führen Hebelwerke zu niedrigeren Bauhöhen.
Lim bis 1000 kg ca. 150 mm
Lim > 10000 kg ca. 400 mm</td><td>im Bereich größerer Höchstlasten niedrigeren Bauhöhe
Lim bei 1000 kg ca. 200 mm
Lim > 10000 kg ca. 300 mm</td></tr>
<tr><td>• Einsatz unter ungünstigen Umgebungsbedingungen
Beispiele:
Schmutz, Stöße</td><td colspan="2">Auswirkungen auf Hebelwerk möglich (Schneiden und Pfannen)</td><td>geringerer Einfluß zu erwarten</td></tr>
<tr><td>Feuchtigkeit</td><td>geringerer Einfluß zu erwarten</td><td colspan="2">besondere Schutzmaßnahmen für elektrische und elektronische Teile erforderlich</td></tr>
<tr><td>• Serviceaufwand für Lastaufnahme und Anzeigerichtung</td><td colspan="2">höherer Aufwand zu erwarten</td><td>geringerer Aufwand zu erwarten</td></tr>
</table>

*) Anzahl der Teilungswerte über 3000 erfordern höheren Fertigungs- und Bedienungsaufwand

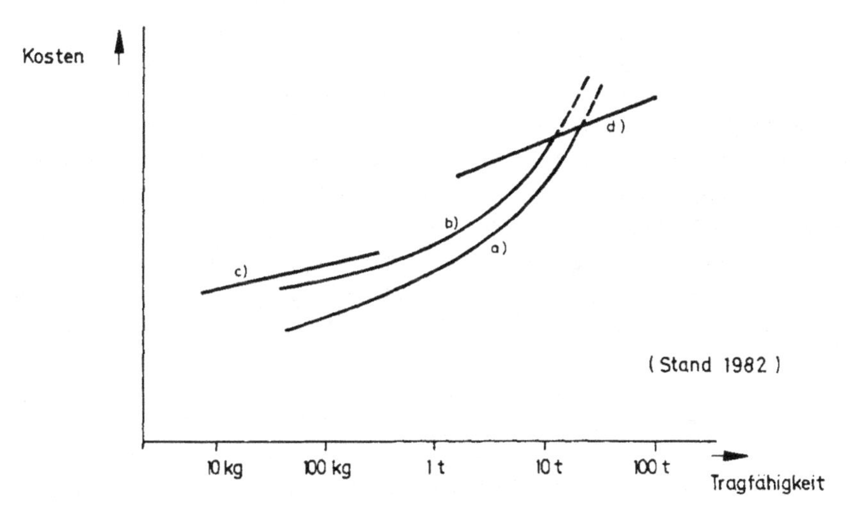

Bild 5.64 Kostenverlauf verschiedener Bauarten in Abhängigkeit von der Tragfähigkeit.
a) mechanische Plattformwaagen
b) hybride Plattformwaagen
c) lenkergeführte elektromechanische Plattformwaagen mit einer Wägezelle
d) elektromechanische Plattformwaagen mit mehreren Wägezellen.
Quelle: Verfasser

realisiert werden können. Bild 5.64 zeigt zur Erläuterung den typischen Kostenverlauf einzelner Bauarten in Abhängigkeit von ihrer Größe (Tragfähigkeit).

Bei Plattformwaagen mit einem Hebelwerk steigen die Kosten angenähert proportional mit der Tragfähigkeit. Ob die Waagen eine mechanische Anzeigeeinrichtung oder eine Wägezelle mit elektronischer Anzeigeeinrichtung besitzen, hat auf diesen grundsätzlichen Verlauf keinen Einfluß. Kleine elektromechanische Plattformwaagen in lenkergeführter Ausführung mit einer Wägezelle liegen im gleichen Kostenbereich. Bei größerer Höchstlast verursacht der Übergang auf vier Wägezellen einen erheblichen Kostensprung. Hier ist aber der kostensteigende Einfluß größerer Höchstlasten nicht so groß wie bei den Wägebrücken mit einem Hebelwerk, so daß sich bei zunehmender Höchstlast ein Schnittpunkt ergibt, von dem ab die elektromechanische Waage ohne Hebelwerk die kostengünstigere Lösung darstellt.

Bei einem einmal gewählten technischen Prinzip gibt es in der konstruktiven Ausführung noch eine Vielzahl weiterer Möglichkeiten, Plattformwaagen für den vorgesehenen Zweck besonders geeignet zu machen.

Ein wichtiges Beispiel hierfür ist der Korrosionsschutz. Während Plattformwaagen für allgemeine Verwendungszwecke vorwiegend aus Stahl mit lackierter Oberfläche gefertigt werden, gibt es eine Vielzahl von Anwendungen mit höheren Anforderungen an den Korrosionsschutz. In einigen Branchen ist es erforderlich, daß produktberührte Teile der Plattformwaagen aus korrosionsbeständigen Materialien gefertigt werden (z. B. pharmazeutische Industrie, Lebensmittel-Industrie). Andere Anwendungen erfordern wegen der Umgebungsbedingungen (Chemikalien, Feuchtigkeit usw.) einen besonderen Korrosionsschutz der Plattformwaagen. Hier werden neben den üblichen Verfahren des Oberflächenschutzes (Sonderlackierung, galvanische Verfahren) auch besondere Materialien (korrosionsbeständiger Stahl, Aluminium usw.) eingesetzt.

Der Einsatz von Plattformwaagen in explosionsgefährdeten Bereichen ist ein weiteres Beispiel für die Anpassung der verwendeten Waage an die speziellen Anforderungen des Benutzers. Insbesondere bei Waagen mit elektrischen oder elektronischen Bestandteilen sind Sonderausführungen zur Beachtung der jeweiligen Explosionsschutz-Bestimmungen erforderlich, die mit erheblichen Zusatzaufwendungen verbunden sind. Für einfache Anforderungen haben daher Plattformwaagen mit elektrischer Anzeigeeinrichtung erst neuerdings Eingang in explosionsgefährdete Betriebsbereiche finden können.

Die unterschiedliche Berücksichtigung von Sicherheitszuschlägen bei der statischen Auslegung der Wägebrücke führt ebenfalls zu unterschiedlichen Nutzungsbereichen. Die auf knapperer Dimensionierung basierende leichtere Ausführung einer Wägebrücke wird entsprechend geringen Robustheitsanforderungen voll genügen und dem Anwender Kostenvorteile bieten. Andere Plattformwaagen müssen harten Beanspruchungen standhalten (z. B. Beladung mittels Magnetkran) und dementsprechend wesentlich kräftiger dimensioniert sein.

Die obigen und ähnliche Ausführungsvarianten gehören bei einigen angebotenen Waagen bereits zur Grundausstattung, bei anderen sind sie als Zusatzausstattung erhältlich. Hierdurch ergibt sich ein breites Spektrum an Waagentypen, Zusatzausstattungen und zugehörigen Herstellkosten, aus dem der Benutzer die für den vorgesehenen Zweck am besten geeignete Ausführung wählen kann.

Ein spezieller Bedarfsfall kann noch weitere besondere Anforderungen an die Waage stellen, die im Rahmen dieser Abhandlung nicht erschöpfend behandelt werden können. In Einzelfällen kann es wichtig sein, der Ausfallsicherheit eine alles überragende Bedeutung einzuräumen. Andere Waagen müssen besonders leicht für Reinigungs- und Wartungsarbeiten zugänglich sein. Wiederum andere unterliegen wegen der vorliegenden Umgebungsbedingungen (z. B. radioaktive Strahlung, Installation auf Hochseeschiffen usw.) speziellen Material- oder Bauvorschriften.

Diese Forderungen können dazu führen, daß eine den Anforderungen des Benutzers entsprechende Plattformwaage nicht als Serienprodukt erhältlich ist. Hier bieten einige Hersteller die Möglichkeit, auf der Basis ihrer Serienbauteile eine auf den speziellen Bedarf des Anwenders abgestimmte Sonderausführung zu fertigen. Die Lösung von Bedarfsfällen dieser Art erfordert allerdings eine enge Beratung und Zusammenarbeit zwischen Anwender und Hersteller.

5.3.5 Sonderausführungen von Plattformwaagen

Eine Reihe von Wägeaufgaben läßt sich mit den in Abschnitt 5.3.3 beschriebenen Standardbauarten nicht optimal lösen. Es handelt sich meist um Plattformwaagen, die eine besondere Form der Wägebrücke oder der Lastaufnahme besitzen oder die in einer speziellen Weise aufgestellt werden.

Diese Ausführungen sind im weiteren Sinne ebenfalls Plattformwaagen, unterscheiden sich aber zum Teil erheblich von den in Abschnitt 5.3.3 beschriebenen Waagentypen. Einige dieser Sonderausführungen haben sich durch Standardisierung zu eigenständigen Waagenarten herausgebildet und sollen nachstehend kurz beschrieben werden.

5.3.5.1 Plattformwaagen mit niedriger Brückenhöhe

Flachwaagen lassen sich als Bodenwaagen definieren, deren konstruktive Ausführung zu einer besonders niedrigen Brückenhöhe führt, so daß Transportfahrzeuge die Brücke über eine Rampe befahren können. Flachwaagen werden häufig anstelle eigentlich erforderlicher

Bild 5.65 Mechanische Flachwaage

1 Anzeigeeinrichtung (Kreisskale) 2 Wägeschrank mit Tariereinrichtung und Nebenskale für Tara
3 Hebelwerk mit Verkleidung 4 Lastträger
Quelle: Bizerba

Einbauwaagen eingesetzt, wenn der Aufstellort keine Waagengrube zuläßt oder wenn die Waage nicht nur an einem Standort benötigt wird. Die niedrige Brückenhöhe kann auch zu einer Verwendung als Einbauwaage führen, wenn die örtlichen Verhältnisse nur eine geringe Grubentiefe zulassen.

Bild 5.65 zeigt eine Flachwaage, bei der das Hebelwerk außerhalb der Brückenfläche angeordnet ist. Hierdurch läßt sich eine Bauhöhe von 50 mm zwischen Brückenoberkante und Fußboden erreichen. Diese Flachwaage eignet sich bei Höchstlasten bis 1000 kg und Brückenabmessungen bis 1500 × 1500 mm beispielsweise für das Befahren mit manuell oder motorgetriebenen Transportfahrzeugen (Palettenwägung). Die Anordnung des Hebelwerkes an drei Brückenkanten führt allerdings zu einer eingeschränkten Zugänglichkeit der Wägebrücke. Flachwaagen dieser Ausführung gibt es als mechanische und hybride Plattformwaagen.

Eine Flachwaage verwandter Bauweise, aber verbesserter Zugänglichkeit der Wägebrücke ist in Bild 5.66 dargestellt. Die Wägebrücke ruht hier direkt auf vier Wägezellen, die an den Ecken der Waage angeordnet sind. Durch Rampen an beiden Schmalseiten kann die Wägebrücke in beiden Richtungen durchgehend befahren werden. Die Brückenhöhe beträgt 75 mm bei einer Tragfähigkeit von 9 t (50 mm bei 2,4 t). Die vier Augenschrauben dienen zum Befestigen der gesamten Wägebrücke an einem Transportmittel (z. B. Kran oder Gabelstapler), wenn die Wägebrücke an einen anderen Aufstellort versetzt werden soll, sowie zum Abheben der Plattform bei Reinigungsarbeiten.

Bild 5.66 Elektromechanische Flachwaage
Max ≤ 9 to, Brückengröße 1.250 × 1.800 mm
Quelle: TOLEDO

5.3.5.2 Fahrbare Plattformwaagen

Während Tischwaagen im allgemeinen problemlos an einen anderen Aufstellort verbracht werden können, rüstet man Bock- und Bodenwaagen für häufig wechselnden Gebrauchsort mit Transporthilfseinrichtungen aus (z. B. fahrbare Waagenböcke für Bockwaagen bzw. Bodenwaagen, die durch Anbau von starren oder/und lenkbaren Rädern verfahren werden können).

Fahrbare Plattformwaagen erfordern generell einen höheren Fertigungsaufwand. Mechanische Ausführungen sind oft mit einer zwangsläufigen Rad-/Kopfsperre als Sicherheitseinrichtung ausgerüstet, bei der in der Fahrstellung die Mechanik des Wägekopfes durch Arretierung gesichert wird, während in der Wägestellung diese Kopfarretierung aufgehoben, dafür aber das Fahrwerk gegen unbeabsichtigtes Verfahren gesichert wird. Weiterhin sind fahrbare Plattformwaagen oft mit einer leicht bedienbaren Nivelliereinrichtung (Spindel mit Handrad anstelle der sonst üblichen mittels Werkzeug einstellbaren Fußschrauben) versehen, damit sie bei Bedarf am neuen Gebrauchsort leicht in die horizontale Bezugslage ausgerichtet werden können.

Bild 5.67 zeigt eine verfahrbare mechanische Bodenwaage mit zusätzlicher Auffahrrampe, die während des Transportes zur Wägebrücke hochgeklappt wird. Dieser Waagentyp wird häufig in der chemischen Industrie eingesetzt, um beispielsweise an verschiedenen Abfüllstellen Fässer oder andere Gebinde zu befüllen.

Fahrbare Plattformwaagen in schienengebundener Ausführung werden z. B. unter einer Siloreihe als Gattierungswaage eingesetzt. Bei hohen Gesamtgewichten oder automatischem Betriebsablauf erhält der Fahrrahmen meist einen motorischen Fahrantrieb.

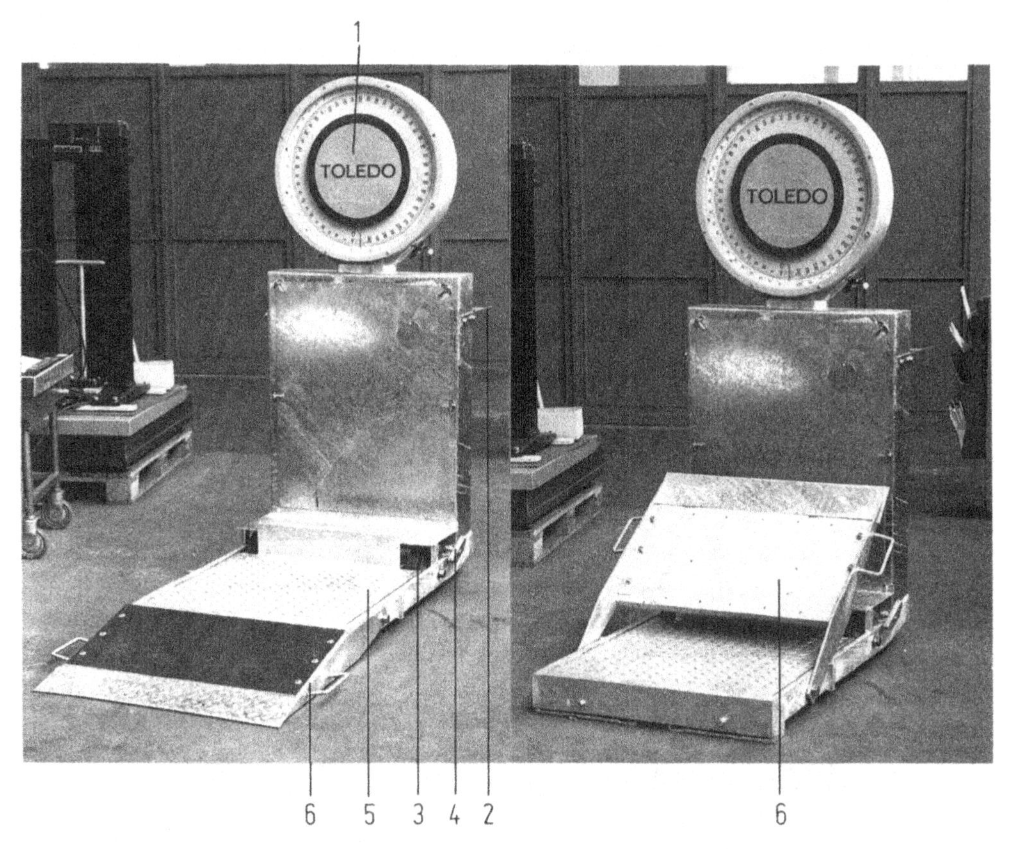

Bild 5.67 Fahrbare mechanische Bodenwaage mit Auffahrrampe.
1 Anzeigeeinrichtung (Kreisskale) 2 Fahrgriff 3 Fahrwerk mit zwei starren Rädern
4 Arretiereinrichtung 5 Lastträger 6 Auffahrrampe, für Transport hochklappbar
Quelle: TOLEDO

5.3.5.3 Wandwaagen

Wandwaagen sind mechanische oder hybride Plattformwaagen, die bodenfrei an einer Wand befestigt werden. Das Hebelwerk befindet sich in einem flachen Wandgehäuse oberhalb der Wägebrücke, die im allgemeinen gegen dieses Wandgehäuse geklappt werden kann, so daß die nicht benutzte Waage nur wenig Raum einnimmt.

Wandwaagen werden häufig in fleischverarbeitenden Betrieben eingesetzt und hier oft zusätzlich mit einem Fleischhaken oder einem kurzen Rohrbahnstück für die Verwägung innerhalb des vorhandenen Hängebahnsystems ausgerüstet. In Bild 5.68 wird eine mechanische Wandwaage mit Fleischhakenaufbau gezeigt, die eine Brückengröße von 600 X 500 mm und eine Höchstlast von 200 kg besitzt.

5.3.5.4 Lebendviehwaagen

Diese Plattformwaagen werden zur Verwägung von lebendem Vieh eingesetzt, z. B. im Anlieferbereich von Schlachthöfen. Sie sind mit robusten Gattern versehen und enthalten an den Schmalseiten Tore, durch die die Tiere die Wägebrücke betreten und verlassen (Bild 5.69). Konstruktive Besonderheiten dieser Waagenausführung liegen in einer weitgehenden

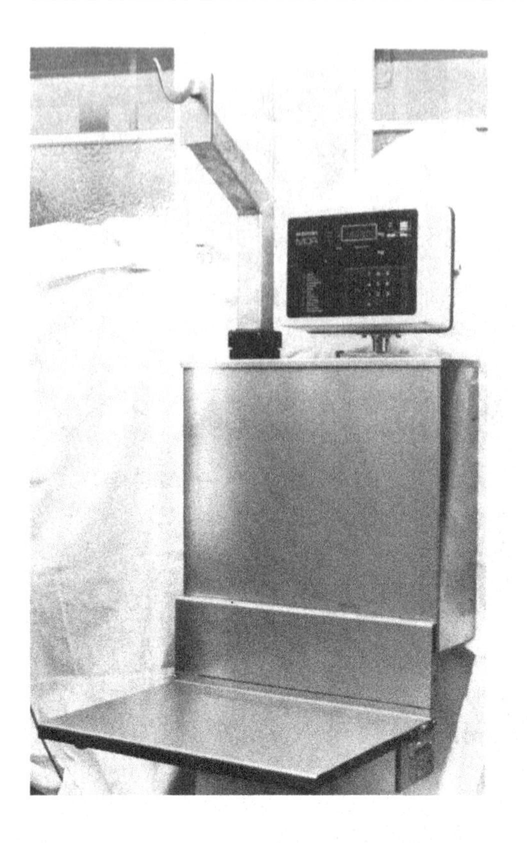

Bild 5.68
Wandwaage mit elektronischer Anzeigeeinrichtung und Fleischhakenaufbau
Quelle: Bizerba

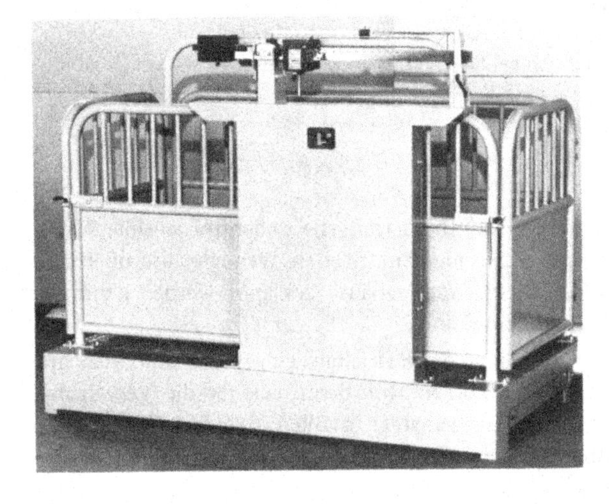

Bild 5.69
Mechanische Lebendviehwaage für Groß- und Kleinvieh mit untenliegendem Hebelwerk
Quelle: Baumann

Fesselung der Wägebrücke gegen Horizontalbewegungen, um die Tiere während der Wägung nicht zusätzlich zu beunruhigen, sowie leichter Reinigungsmöglichkeit der Wägebrücke. Das Hebelwerk ist deshalb auch oft oberhalb der Tiere in einer Stützkonstruktion angeordnet, während sich die mittels Zugstangen angehängte Wägebrücke auf Bodenhöhe befindet. Da unruhige Tiere eine stabile Gewichtsanzeige verhindern, sind Lebendviehwaagen mit einer automatisch arbeitenden Dämpfungseinrichtung versehen, die bei der Verwägung innerhalb einiger Sekunden die Ausschläge der Anzeigeeinrichtung zunehmend stärker dämpft und schließlich zu einer stabilen Gewichtsanzeige führt.

5.3.5.5 Langmaterialwaagen

Langmaterialwaagen werden bei Produktion und Handel stabförmiger Materialien (Rohre, Profilmaterial usw.) eingesetzt. Sie werden im allgemeinen über Flur aufgestellt. Ihre Wägebrücke ist ca. 1 m breit bei einer Länge von etwa 4 ... 10 m entsprechend den vorliegenden Materiallängen (Bild 5.70). Als Zusatzausstattung zur Wägebrücke findet man häufig Rungen, die eine sichere Auflage und ein leichteres Anschlagen von ungebündeltem Material erlauben.

Bild 5.70 Hybride Langmaterialwaage zur Überfluraufstellung
Quelle: TOLEDO

5.3.5.6 Plattformwaagen für die Schwerindustrie

Für diesen Einsatzbereich werden vorwiegend elektromechanische Plattformwaagen vorgesehen. Die Waagen sind grundsätzlich sehr stabil gebaut, um den auftretenden Belastungen standzuhalten. So ist z. B. die Tragfähigkeit der Wägebrücke oft erheblich höher als ihre Höchstlast. Als Beispiel für zusätzlich erforderliche Maßnahmen seien genannt: die Abfederung der Wägebrücke bei Auftreten großer dynamischer Kräfte sowie der Hitzeschutz für temperaturempfindliche Bauteile (Wägezellen), der beispielsweise in Gießereien oder der Hüttenindustrie häufig erforderlich ist.

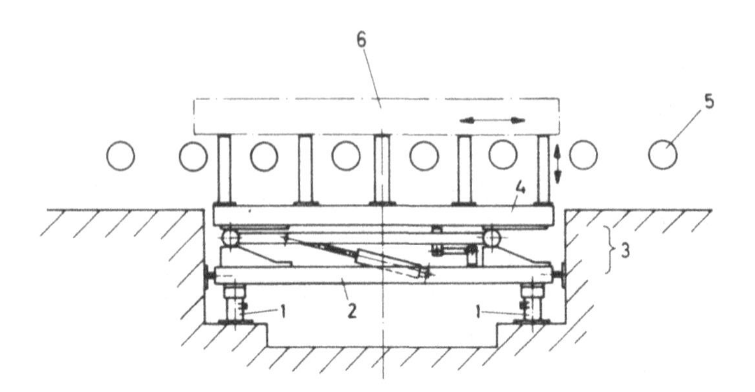

Bild 5.71 Hubbrückenwaage in elektromechanischer Ausführung
1. Wägezellen 2. Montagerahmen 3. Hydraulische Hubeinrichtung 4. Brücke 5. Rollengang
6. Wägegut
Quelle: TOLEDO

Plattformwaagen für die Schwerindustrie sind meist mittels besonderer Brückenausführung oder Brückenaufbauten an eine spezielle Wägeaufgabe angepaßt. Hierzu gehören aufsetzbare oder kippbar angeordnete Behälter (Gießpfannen, Schrottkörbe usw.) oder formschlüssige Aufnahmevorrichtungen für das Wägegut (Coils, Bunde, Walzen o. ä.). Bei Einbau der Waage in eine Transportstrecke trägt die Wägebrücke einen der Brückenlänge entsprechenden Ausschnitt des Förderers, z. B. einer Rollenbahn oder – bei schwererer Ausführung – einen Rollengang, bei dem jede Rolle einzeln angetrieben wird. Als weiteres Beispiel für eine spezielle Brückenausführung zeigt Bild 5.71 das Prinzip einer Hubbrückenwaage, die in eine Transportstrecke eingebaut wird und das Wägegut zur Wägung mittels hydraulischer Hubeinrichtung von der Förderstrecke abhebt.

5.3.5.7 Sonstige Ausführungen

Bild 5.72 zeigt eine rahmenförmige Wägebrücke, die vier DMS-Lastaufnehmer enthält. Wägerahmen dieser Ausführung werden beispielsweise unter den Pratzen eines Wägebehälters montiert und besitzen bei lichter Weite bis 1600 × 1600 mm eine Tragfähigkeit bis 2000 kg.

Zusammenstellungen mehrerer Plattformwaagen oder Plattformwaagen mit anderen Waagenarten erfüllen in Verbindung mit einer Umschalteinrichtung, die wahlweise einzelne oder mehrere Lastaufnehmer mit der Auswägeeinrichtung verbindet, vielfältige Aufgaben. Die gemeinsame Nutzung der Auswägeeinrichtung und evtl. Zusatzeinrichtungen (Drucker usw.), kann erhebliche Kosten sparen. In anderen Anwendungen erlaubt es die Umschalteinrichtung, neben dem Gesamtgewicht das auf jeder Plattform ruhende Gewicht zu ermitteln (Ermittlung der Schwerpunktlage an Maschinen, Trimmen von Flugzeugen, Anwendungen in der Fahrzeugindustrie).

Die Kombination einer Plattformwaage mit einer Hängebahnwaage wird häufig in der Fleischindustrie eingesetzt, um die mit Flurfördermitteln und der Hängebahn transportierten Produkte an einer gemeinsamen Wägestelle erfassen zu können. Bild 5.73 zeigt die mechanische Ausführung einer Hängebahn-Plattformwaage, ausgerüstet mit einer Umschalteinrichtung, die wahlweise die Plattformwaage oder die Hängebahnwaage mit der Auswägeeinrichtung verbindet.

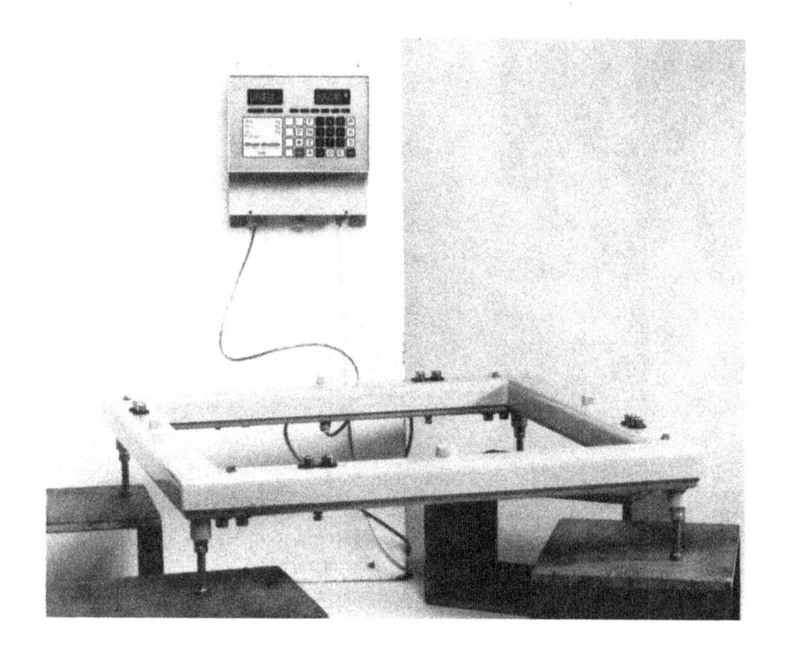

Bild 5.72
Elektromechanische rahmenförmige Wägebrücke
Quelle: Brand

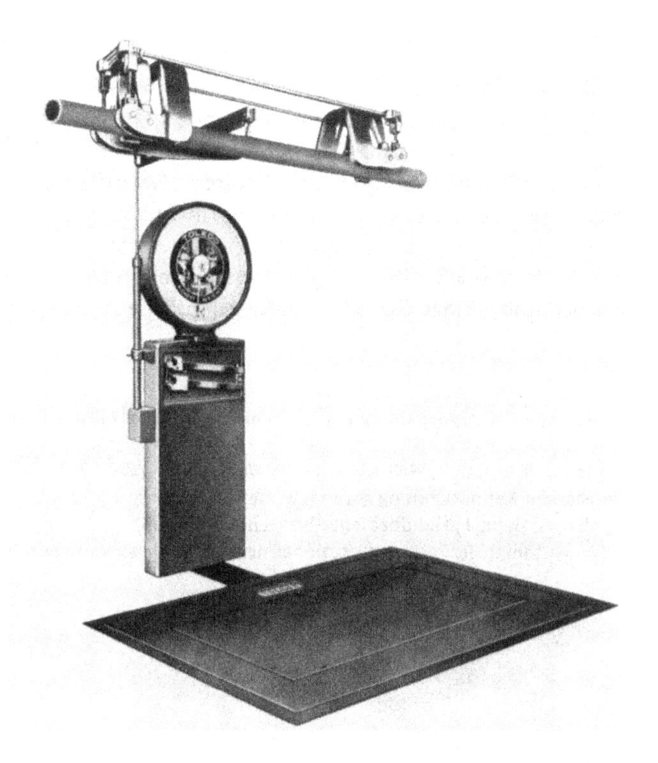

Bild 5.73
Kombinierte Hängebahn-Einbauwaage in mechanischer Ausführung
Quelle: TOLEDO

Bild 5.74
Münzgeldwaage mit Nebenskalen für alle gängigen Münzen. Max $\leq$ 10 kg.
Quelle: Bizerba

Abschließend seien noch Beispiele für Plattformwaagen aufgeführt, bei denen die besondere Ausführung der Auswägeeinrichtung zu einer speziellen Waagenart führt: [1]: Schmutzgehaltswaagen sind mit einer zusätzlichen Prozentskala ausgerüstet und erlauben die Ermittlung des Schmutzgehaltes von landwirtschaftlichen Produkten (z. B. Rüben, Kartoffeln o. ä.) (siehe Abschnitt 5.13.3). Geldzählwaagen besitzen Nebenskalen, die in Stückzahlen oder gebräuchlichen Münzsorten geteilt sind (Bild 5.74), siehe Abschnitt 5.13.1. Abbrandwaagen dienen zur Erfassung der Gewichtsabnahme bei Verbrennungsprozessen. Bei dieser Anwendung sind hohe Vorlasten auszugleichen und geringe Gewichtänderungen präzise zu erfassen.

Schrifttum

[1] DIN 8120, Teil 1: Begriffe im Waagenbau, Gruppeneinteilung, Benennung und Definitionen von Waagen. 7.81
[2] Eichordnung, Allgemeine Vorschriften und Anlage 9: Nichtselbsttätige Waagen, Ausgabe 1981
[3] DIN 1925: Brückenwaagen; Lastannahmen-Kennzeichnung gegen Überbeanspruchung. 11.79
[4] *Reimpell, J.:* Handbuch des Waagenbaues, Band 1: Handbediente Waagen, Berlin 1955
[5] *Weinberg, H.:* Wägetechnik in der Automatisierung und Rationalisierung. wägen + dosieren 13 (1982), S. 92–103

5.4 Waagen für hängende Last

A. Daentzer

5.4.1 Einführung

Mit der Erschließung der Transportwege und Transportmittel, sowie der Wasserwege, wurden Krane zum Be- und Entladen der Handelsgüter gebaut, wobei der Wunsch nach einer Waage im Kran selbst entstand. Ein Drehkran mit festem Ausleger Anno 1760 mit integrierter Dezimalwaage aus dem Jahre 1858 arbeitet noch heute in Hamburg (siehe auch Abschnitt 1.4.1.3).

Die Erkenntnis, daß eine Feder sich unter Last spannt und bei Entlastung in die Ausgangslage zurückgeht, führte zur Entwicklung der Federwaage, deren Merkmale in der DMS-Wägezelle noch erhalten sind. Die Ausführung einer Wand-Federwaage für hängende Lasten um 1780 ist im Bayerischen Landesamt für Maß und Gewicht München erhalten [1].

Waagen für hängende Lasten haben das Merkmal, daß die Last mit Lastaufnahmemittel – Haken, Greifer, Kübel, Zange usw. – frei beweglich senkrecht unter der eigentlichen Waage hängt und von der Erde angezogen wird. Höchstlasten von 0,1 kg bei zylindrischen Dynamometern bis zu 370 t bei Gießereiwaagen sind bisher ausgeführt worden.

5.4.2 Waagen für ruhende oder fast ruhende hängende Last

Bei der in Bild 5.75a dargestellten *Handzugfederwaage* wird durch die Gewichtskraft der Last eine Schraubenfeder gelängt, der Federweg gemessen und in Masseneinheiten (kg) angezeigt. Der Anzeigefehler beträgt ca. 5 % der Höchstlast, weswegen sie nicht eichfähig ist. Die Handzugfederwaage ist raumsparend und reicht für den Hausgebrauch für untergeordnete Zwecke, wie z. B. beim Backen und Kochen und zur nicht eichpflichtigen Ermittlung des Paketgewichtes aus. Waagen mit Höchstlasten von 12,5 kg, 25 kg und 50 kg werden im Handel angeboten.

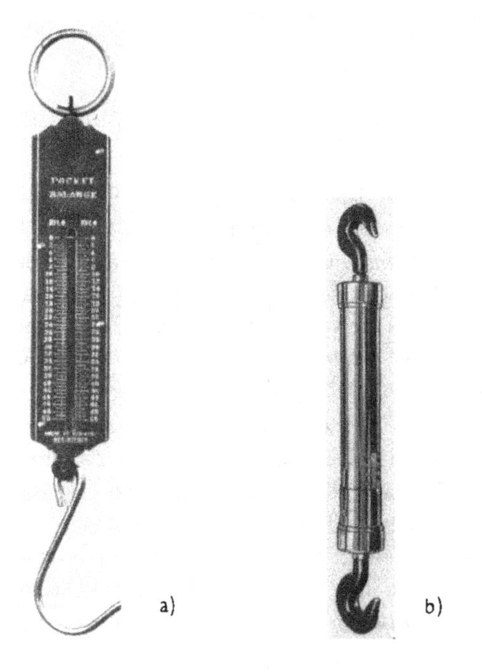

Bild 5.75

Federwaagen

a) Handzugfederwaage, Höchstlast 50 kg, für den Hausgebrauch
Quelle: Verfasser

b) Zylindrisches Dynamometer für Laboratorien
Quelle: Mess- und Wiegetechnik

Das gleiche Prinzip, jedoch mit kleinerem Fehler, stellt das *zylindrische Dynamometer* (Bild 5.75b) dar, z. B. für Anwendung in Laboratorien beim Dosieren geringer Zusatzchargen oder zum Auffüllen von Zusätzen. Der Fehler beträgt ± 2 % der Höchstlast, somit ist auch hier Eichfähigkeit nicht gegeben. Zylindrische Dynamometer werden für Höchstlasten von 0,2 kg bis 1600 kg hergestellt.

Für größere Lasten bis etwa 25 t werden *Kranfederwaagen* (Bild 5.76) im nicht eichpflichtigen Verkehr verwendet, z. B. in der Landwirtschaft, in der Schiffahrt, in Gießereien, Möllereibetrieben, bei der Schrottverwertung und auf Lagerplätzen. Die Kranfederwaage wird zwischen Kranhaken und Last eingehängt. Der durch die Belastung entstehende Federweg wird über eine Zahnstange auf das Zeigerritzel übertragen, so daß die Gewichtswerte an der Analogskale abgelesen werden können. Durch Verdrehen der Skale können Taragewichte der Lastaufnahmemittel ausgeglichen werden. Einstellbare Aufsatzzeiger markieren am Skalenrand die Größe einzelner Chargen. Der Fehler beträgt ± 1 % der Höchstlast.

Bild 5.76
Kranfederwaage für Landwirtschaft, Schiffahrt, Gießereien, Möllereien und Schrottverwertung.
Höchstlast 10 000 kg,
analoger Teilungswert d = 50 kg
Quelle: Mess- und Wiegetechnik

Über 25 t Höchstlast werden die Federpakete zu groß, so daß hydraulische Kraftübertragungen (Bild 5.77a) angewendet werden. Die Kraft wird von einer hydraulischen Wägezelle (Bild 5.77b) mit reibungsfreier Wulstmembran aufgenommen und der hierbei entstehende Flüssigkeitsdruck über einen stahlarmierten Schlauch in das Anzeigegerät übertragen. Dieses enthält eine Röhrenfeder (Bourdonrohr), durch deren bewegliches Ende der Zeiger die Gewichtwerte auf einer Analogskale anzeigt. Der Fehler der *hydraulischen Kranwaage* (Bild 5.77c) beträgt ± 2 % der Höchstlast. Die Höchstlasten reichen bis 160 t.

Bequemer, schneller und eindeutiger als bei Analoganzeigen wird der Gewichtswert bei der *Elektronischen Kranwaage* (Bild 5.78a) digital angezeigt, dabei hängt die Waage zwischen Kranhaken und Last. Die Kraft wird von einer DMS-Wägezelle aufgenommen und an einer Digitalanzeige momentan wiedergegeben. Auswechselbare, aufladbare Batterien stellen die Spannungsversorgung für ca. 14 bis 24 Stunden Dauerbetrieb sicher. Eine mechanische Überlastsicherung schützt die Wägezelle vor Belastungen über 120 % der Nennlast. Elektromechanische Kranwaagen werden mit Höchstlasten zwischen 1000 kg und 50 t hergestellt. Der Fehler beträgt ± 0,1 % der Höchstlast.

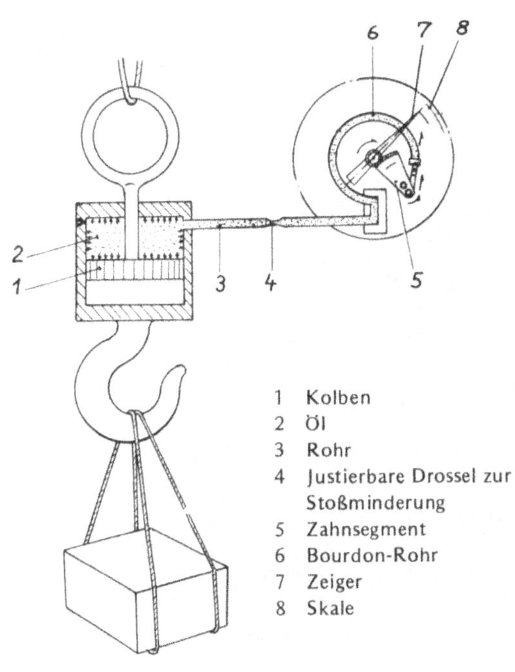

1 Kolben
2 Öl
3 Rohr
4 Justierbare Drossel zur Stoßminderung
5 Zahnsegment
6 Bourdon-Rohr
7 Zeiger
8 Skale

Bild 5.77a Schema einer hydraulischen Kranwaage, System Kubota
Quelle: Verfasser

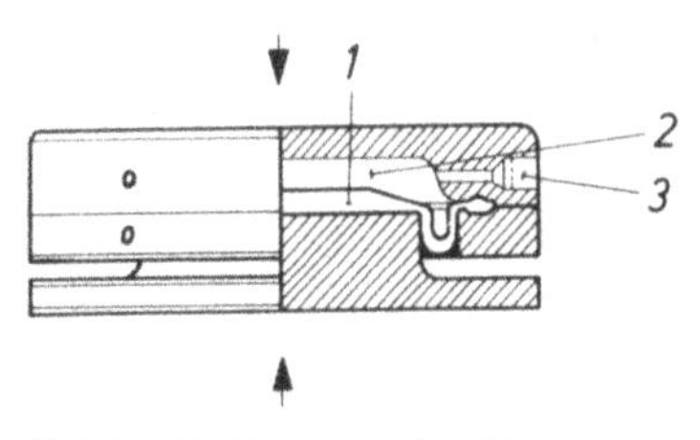

Bild 5.77b Hydraulische Wägezelle
1 Wulstmembran
2 Öl
3 Ölaustritt zur Anzeige
Quelle: Decker

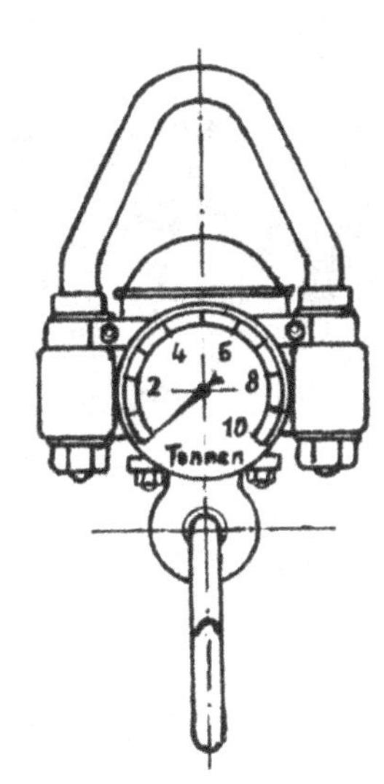

Bild 5.77c
Hydraulische Kranwaage, Höchstlast 10 t
Quelle: Kubota

Bild 5.78a
Elektronische Kranwaage
Quelle: Mess- und Wiegetechnik

Bild 5.78c
Elektronische Digital-Kranwaage beim Wägen eines Flachstahl-Kollis
Quelle: EHP

Bild 5.78b siehe S. 224

Bild 5.78b Elektronische Digital-Kranwaage für Fernbedienung mit Sender und Empfangsstation sowie Streifendrucker
Quelle: EHP

Einen erweiterten Anwendungsbereich bietet die *Digital-Kranhakenwaage* mit Fernbedienung (Bilder 5.78b und 5.78c). Mit unterschiedlichen Programmen sind sowohl Wägungen von Einzelstücken und Partien als auch Entnahmewägungen, z. B. für Gießvorgänge durchführbar. Die Bedienung erfolgt vom Boden aus durch einen Mini-Handsender bis zu 20 m oder von einer Bedienungszentrale aus durch Funkdatenübertragung bis zu 1000 m Entfernung. Hier können die Wägedaten in einem Streifendrucker mit z. B. Datum, Auftrags-Nr., Material-Nr., Chargen-Nr., Einzelgewichtswerten und Totalgewicht ausgedruckt und ggf. über eine genormte Schnittstelle einer EDV-Anlage übergeben werden.

Die mechanische *Kran-Laufgewichtswaage* (Bild 5.79) findet in Eisenlagern und überall dort Anwendung, wo nur wenig gewogen wird. Sie wird zwischen Kranhaken und Last eingehängt. Höchstlasten zwischen 500 kg und 30 t werden serienmäßig ausgeführt. Die Kraft am Lasthaken wirkt über ein mechanisches Lasthebelwerk und eine Hebelkette auf einen Laufgewichtshebel. Die Anwendung ist dadurch begrenzt, daß der Laufgewichtshebel manuell eingestellt werden muß. Sofern der Wäger keinen Bedienstand in der erforderlichen Höhe hat, kann er auch bei Waagen mit großer Höchstlast auf einer an der Waage angebrachten Plattform mit in die Wägehöhe fahren, wobei die Sicherheitsvorschriften für Personentransport mittels Kranen zu beachten sind. Waage mit Wäger und Last müssen beim Wägen durch Gegengewichte in waagerechter bzw. senkrechter Lage sein, was durch Lot oder Libelle angezeigt wird. Die Waage kann eichfähig nach Genauigkeitsklasse (III) ausgeführt werden.

Bild 5.79
Mechanische Kran-Laufgewichtswaage, eichfähig
1 Kranhaken
2 Abstellvorrichtung zur Entlastung des Hebelwerkes
3 Laufgewichtshebel mit Kartendruckapparat
4 Bolzen zur Aufhängung
5 Zeiger und Gegenzeiger für Einspielungslage
6 Arretierung des Laufgewichtshebels
7 Lot
Quelle: Mess- und Wiegetechnik

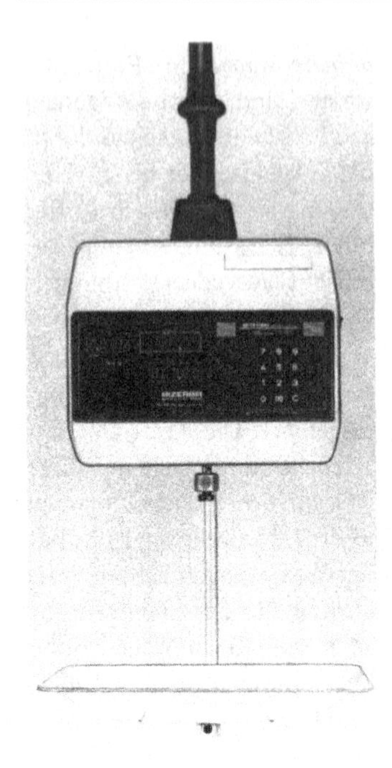
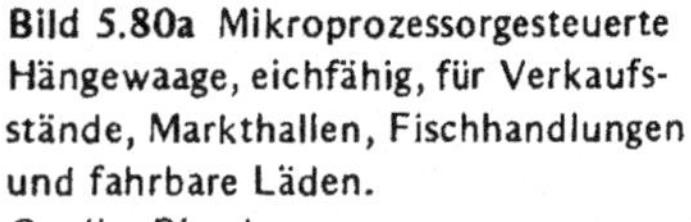

Bild 5.80a Mikroprozessorgesteuerte Hängewaage, eichfähig, für Verkaufsstände, Markthallen, Fischhandlungen und fahrbare Läden.
Quelle: Bizerba

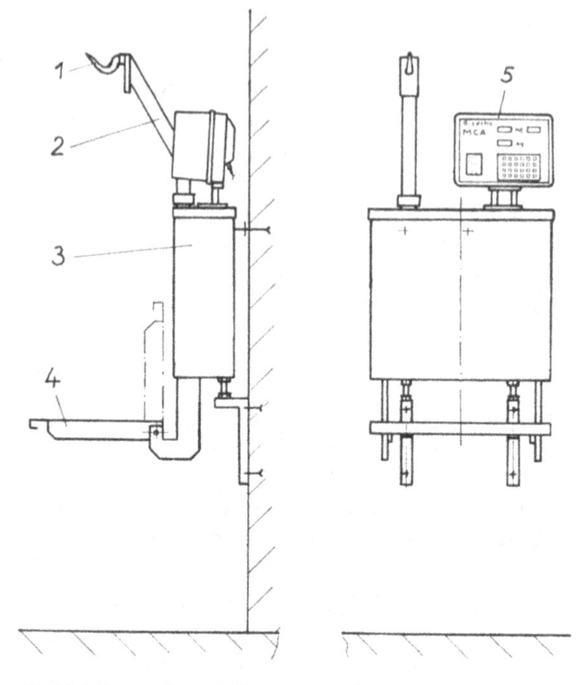

Bild 5.80b Stationäre Wandwaage mit Haken und Klapptisch
1 Fleischhaken
2 Lastarm
3 Postament mit Hebelwerk und Wägezelle
4 Klapptisch
5 Auswägeeinrichtung mit Bedienfeld und Digitalanzeige
Quelle: Bizerba

Die *mikroprozessorgesteuerte Hängewaage* (Bild 5.80a) beinhaltet alle Vorteile der Elektronik, wie schnelle Gewichtserfassung und geringe Abmessungen. Die Waage wird hauptsächlich in Verkaufsständen, Markthallen, Fischhandlungen und fahrbaren Läden eingesetzt. Sie ist nach Genauigkeitsklasse (III) eichfähig und wird für Höchstlasten von 4 kg und 10 kg hergestellt. Durch die hängende Befestigung kann der Raum unterhalb der Schale freibleiben. Automatische Nullstellung, Preisrechnung und Abspeicherung bis zu 25 Grundpreisen sowie Abruf nach Kundennummern sind mit Hilfe des Mikroprozessors möglich (siehe auch Abschnitt 5.2).

Die stationäre *Wandwaage* mit Lastaufnahmemittel für hängende Lasten (Bild 5.80b) ist eine platzsparende Einheit und wird größtenteils in Fleischereibetrieben, Kühlhäusern und Schlachthöfen eingesetzt. Sie wird eichfähig nach Genauigkeitsklasse (III) mit den Höchstlasten 150 kg und 250 kg hergestellt. Das an einer Wand befestigte Postament enthält ein Hebelwerk und die DMS-Wägezelle. Ein Arm mit Fleischerhaken dient zur Aufnahme der Last. Auf einem zusätzlichen Klapptisch können wahlweise tragbare Lasten zur Wägung aufgebracht werden. Die Waage kann auch in eine Rohrbahn eingefügt werden (siehe Abschnitt 5.4.3.2). Hierfür wird anstelle des Hakens ein kurzer Rohrbahnausschnitt von 210 mm Länge waagerecht an dem Arm befestigt. Die an der Rohrbahn hängende Last wird zur Wägung auf den Rohrbahnausschnitt aufgefahren und danach weitertransportiert.

Die mikrocomputergesteuerte Auswägeeinrichtung mit Bedienfeld und Digitalanzeige ist auf dem Postament angeordnet. Taragewichte verschiedener Rohrbahnhaken können fest einprogrammiert werden.

5.4.3 Waagen für bewegliche hängende Lasten

5.4.3.1 Kranwaagen

Anforderungen und Fehlergrenzen

In fast allen Betrieben, in denen mit Kränen gearbeitet wird, z. B. in Hafenumschlagbetrieben, auf Lagerplätzen und in Kraftwerken, muß die Masse des Umschlaggutes und die Umschlagleistung (Masse pro Zeit) möglichst genau bestimmt werden. Dabei soll die Gewichtserfassung die Umschlagleistung nur wenig beeinträchtigen. Die Wägungen unterliegen meistens der Eichpflicht. Sie müssen in jeder Höhenlage der Last und in jeder Kranstellung stattfinden können.

Eichpflicht besteht, wenn das Meßgerät im geschäftlichen oder amtlichen Verkehr verwendet wird, d. h. wenn die Masse den Preis der Ware oder die Höhe des Beförderungsentgeltes bestimmt.

Im internationalen Warenaustausch werden Kontrollgesellschaften zur Erfüllung des Kontraktes, d. h. zur Überwachung der Massebestimmungen und zur Prüfung der Qualität der Ware, eingesetzt. Die Kontrollgesellschaften können die Überwachung ablehnen, wenn ihnen die Bauart der Waage für den Verwendungszweck nicht geeignet erscheint. Sie können auch nach eigenem Ermessen Kontrollen, z. B. durch Aufsetzen oder Anhängen von Prüfgewichten, verlangen. Ebenso können sie verlangen, daß kontrollierte Werte mit einem Beizeichen gekennzeichnet werden.

Im geschäftlichen Verkehr sind normalerweise Waagen der Genauigkeitsklasse (III) geeignet. Ausnahmen bestehen beim Verwägen von Baustoffen und bei der Achslastbestimmung von Fahrzeugen zur Verkehrsüberwachung (mit Radlastmessern). Hier sind auch Grobwaagen, Genauigkeitsklasse (IIII), ausreichend.

Die zulässigen Fehlergrenzen richten sich nach der Waagenbauart, der Genauigkeitsklasse, der Anzahl der Teilungswerte, dem Eichwert und der Art der Anzeigeeinrichtung. Obgleich die Anzahl der Teilungswerte bei Genauigkeitsklasse (III) bis zu 10000 Teilen betragen darf, werden wegen der pendelnden Lasten nicht mehr als 2000, in Ausnahmefällen 3000 Teilungswerte zugelassen. Für Einzelwägungen und Summen aus bis zu 5 Einzelwägungen ist grundsätzlich eine Stillstandskontrolle vorgeschrieben. Sie verhindert den Abdruck, sofern Schwingungen zu Anzeigedifferenzen von mehr als 1/2 Teilungswert führen. Da Schwingungen auf einem Kran immer vorhanden sind, ist ein größerer Teilungswert im Hinblick auf die Umschlagleistung günstiger als ein kleinerer Teilungswert, da die Genauigkeit an die Größe des Teilungswertes gekoppelt ist. Somit ist bei der Auswahl von Kranwägeanlagen zu überlegen, ob die durch die Zulassungsbehörde vorgegebene höchste Genauigkeit realisiert werden muß, oder ob im Interesse einer höheren Umschlagleistung auch eine geringere Genauigkeit mit weniger als 2000 Teilungswerten ausreicht.

Bei Massengutumschlag mittels Greifer, z. B. beim Be- und Entladen eines See- oder Binnenschiffes oder bei Lagerplatzbetrieb, zählt ausschließlich die hohe Umschlagleistung. Um diese zu erreichen, kann im innerstaatlichen Betrieb ohne Stillstandskontrolle gearbeitet werden, sofern die Summe aus mehr als 5 Greiferfüllungen gebildet wird. Die Abweichungen der einzelnen Hieven in Plus oder Minus sind dann größer als bei Arbeiten mit Stillstandssperre, aber die Endsumme, die sich aus einer großen Anzahl von Einzelergebnissen zusam-

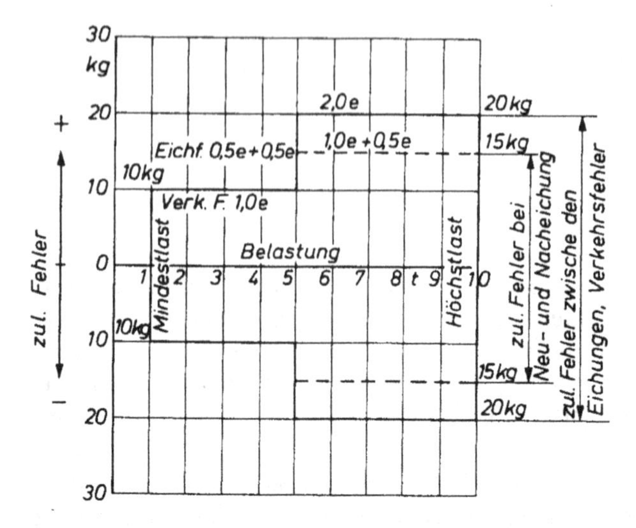

Bild 5.81 Zulässige Fehlergrenzen einer Seilzugwaage
Genauigkeitsklasse (III)
Höchstlast Max 10,00 t
Digitaler Teilungswert d_d = 0,01 t
Eichwert e = 0,01 t
vergl. E09 4.1, 15.4.7.3, 15.4.7.4; A.V. § 9

Bei Seilzugwaagen zum Wägen von Massengütern braucht die Fehlergrenze nur im Mittel aus 5 Wägungen eingehalten zu werden. Der Eichfehler setzt sich zusammen aus den Fehlergrenzen der eigentlichen Waage und dem zusätzlichen Fehler für Seilzugwaagen.
Quelle: Verfasser

mensetzt, konvergiert in ihrer Abweichung gegen den eigentlichen systematischen Fehler der Waage, d. h., die zufälligen Einzelabweichungen heben sich im großen und ganzen gegeneinander auf.

Für die Erst- und Nacheichung gelten die Eichfehlergrenzen (siehe Kap. 9). Von den dort angegebenen Fehlergrenzen unterscheiden sich die Fehlergrenzen der Seilzugwaagen, weswegen deren Fehlergrenzen in Bild 5.81 dargestellt sind. Hierbei ist zu erkennen, daß die Eichfehlergrenzen einer Seilzugwaage um 0,5 *e* gegenüber der eingebauten Waage vergrößert sind – ein Zugeständnis an die Korrektureinrichtung „Seilausgleich" – die das Gewicht des vom Rollenkopf frei herabhängenden Seiles kompensiert und das Wägen der Last in jeder Höhenlage ermöglicht. Seile lassen sich nicht in so feinen Toleranzen ausführen, daß das Metergewicht völlig gleich ist. Bei Laufkatzenbrückenwaagen geht hingegen immer die ganze Seillänge als unveränderlicher Tarawert in die Wägung ein. Die Verkehrsfehlergrenzen von Seilzugwaagen sind jedoch gegenüber den anderen Waagen der Genauigkeitsklasse (III) gleich, da diese Bauarten gleichen Zwecken dienen. Das bedeutet, daß Seilzugwaagen bezüglich Langzeitstabilität engeren Grenzen unterworfen sind, weil die Differenz zwischen Verkehrs- und Eichfehlergrenzen kleiner als bei anderen Waagen ist.

Bauarten

Die Waage in einem Kran für den Umschlag von Gütern ist ein Teil des Kranes und muß vor dem Kauf des Kranes zwischen dem Betreiber, dem Kranbauer und dem Waagenhersteller sorgfältig abgestimmt werden. Der nachträgliche Einbau einer eichfähigen Waage in einen vorhandenen Kran ist meistens sehr schwierig. Bewährte Bauarten sind in den Bildern 5.82a bis h dargestellt.

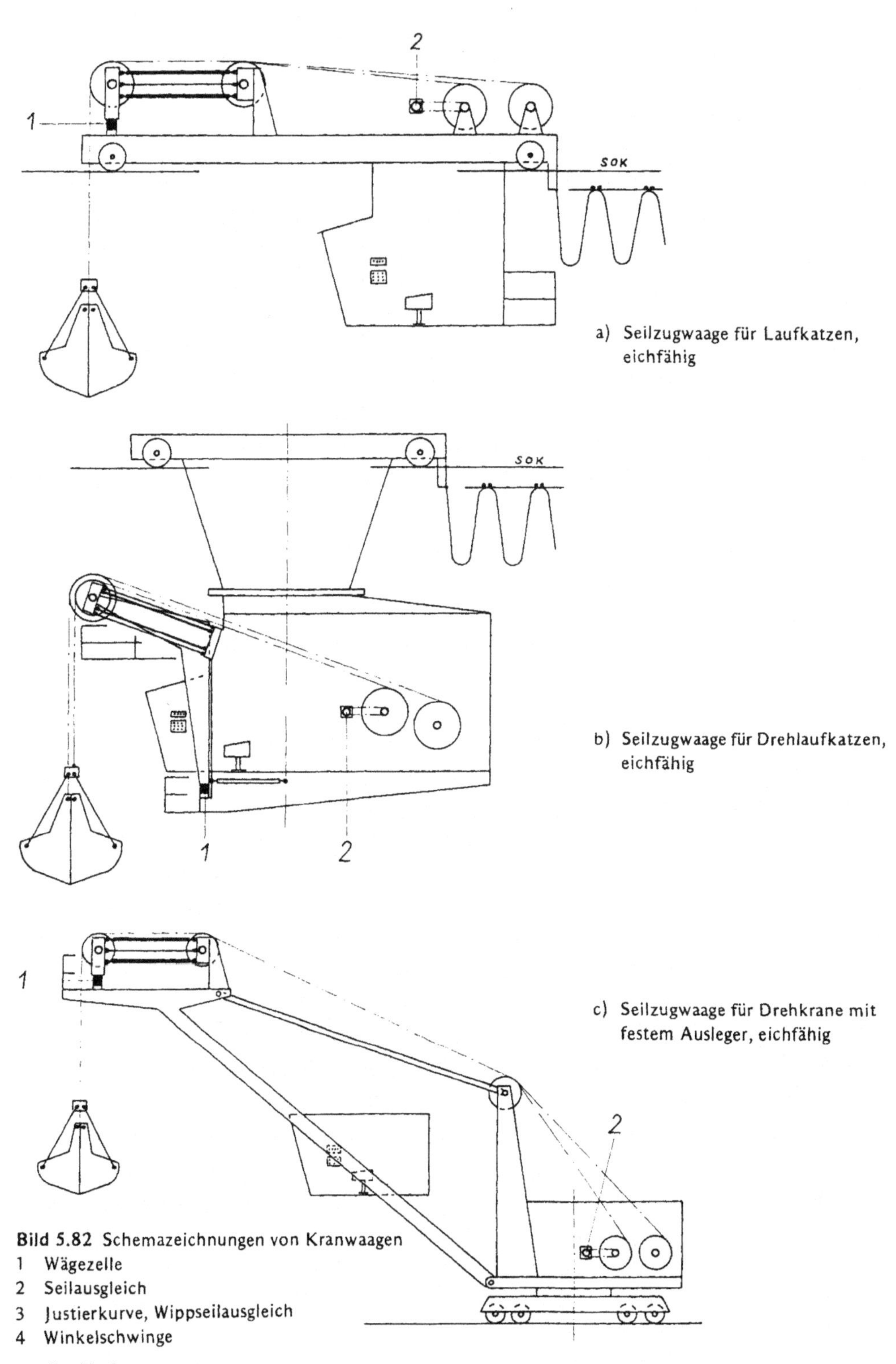

Bild 5.82 Schemazeichnungen von Kranwaagen
1 Wägezelle
2 Seilausgleich
3 Justierkurve, Wippseilausgleich
4 Winkelschwinge

Quelle: Verfasser

Fortsetzung Bild 5.82 auf den Seiten 230 und 231

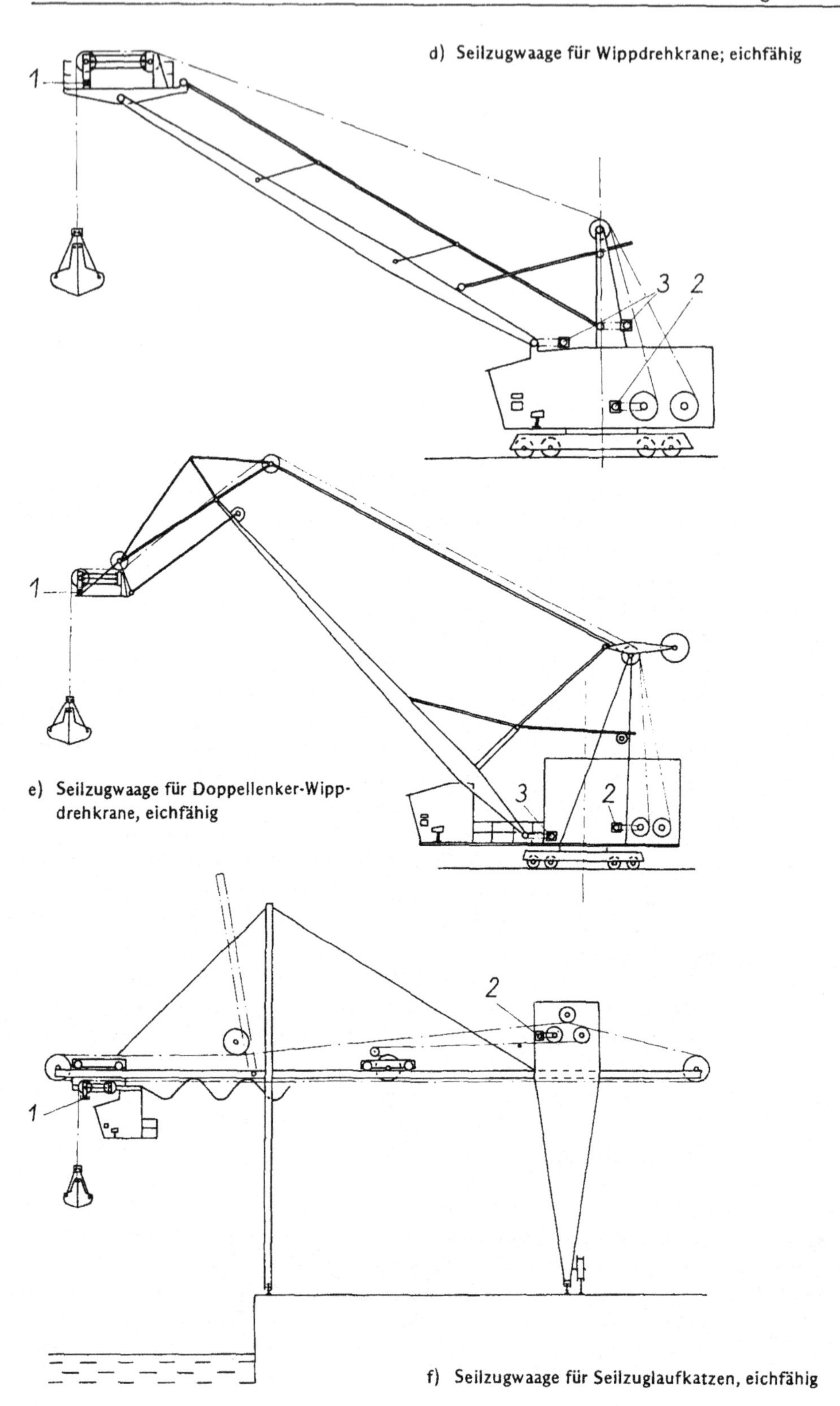

d) Seilzugwaage für Wippdrehkrane; eichfähig

e) Seilzugwaage für Doppellenker-Wippdrehkrane, eichfähig

f) Seilzugwaage für Seilzuglaufkatzen, eichfähig

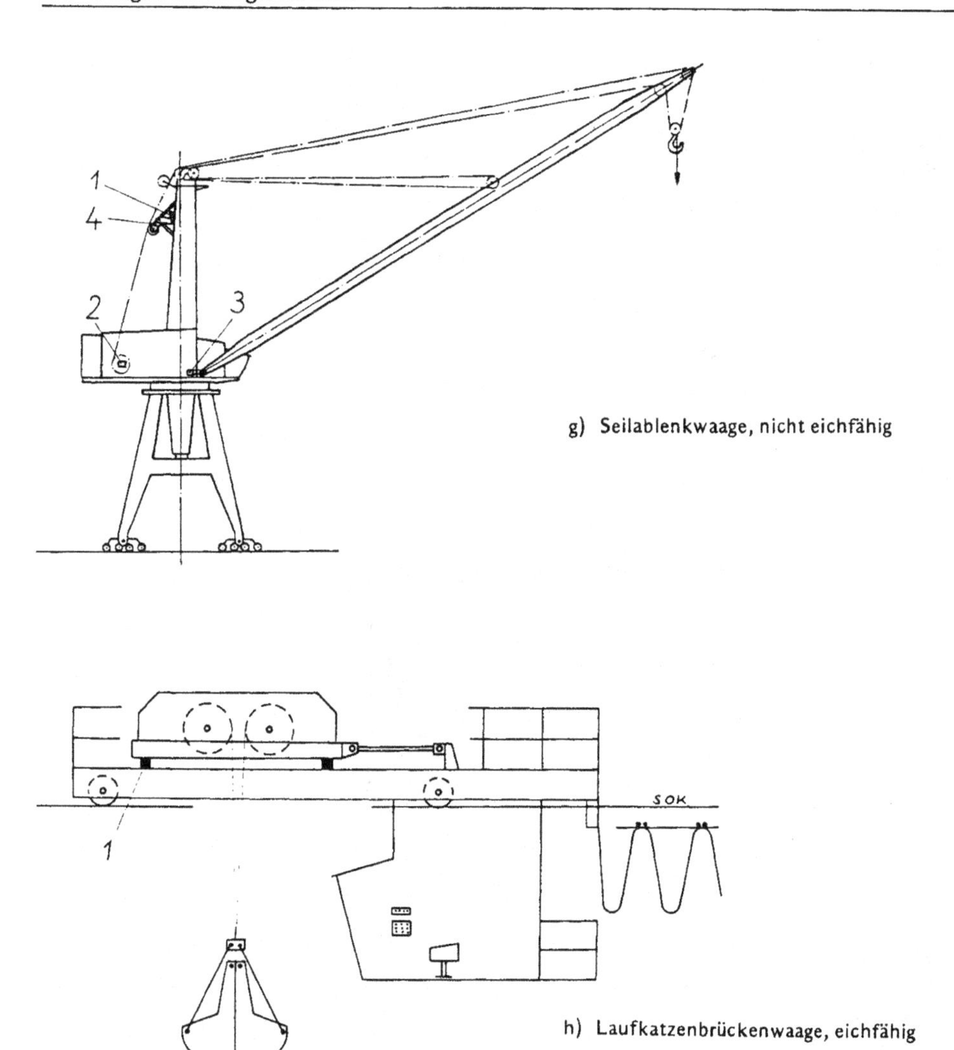

g) Seilablenkwaage, nicht eichfähig

h) Laufkatzenbrückenwaage, eichfähig

Seilzugwaagen (Bilder 5.82a bis f) sind dadurch gekennzeichnet, daß die an den Kranseilen hängende Last durch Messung der senkrechten Komponenten der auf die Kopfrolle einwirkenden Kräfte gemessen wird, wobei die waagerechte Komponente durch Lenker in die Krankonstruktion abgeleitet wird. Eine Tariereinrichtung (Seilausgleich) gleicht die in die Messung eingehenden Gewichte der frei herabhängenden Seile aus. Nur durch dieses Merkmal ist die Messung – weitgehend frei von Reibungskräften der Rollen – in jeder Höhenlage und in jeder Kranstellung möglich.

Die Lager des Kopfrollensatzes (Bilder 5.83a und b) werden frei beweglich rechts und links der Achse auf DMS-Wägezellen abgestützt. In Richtung der waagerecht oder schräg laufenden Seile zu einem zweiten Rollensatz oder zu den Windwerken werden Lenker vorgesehen, die

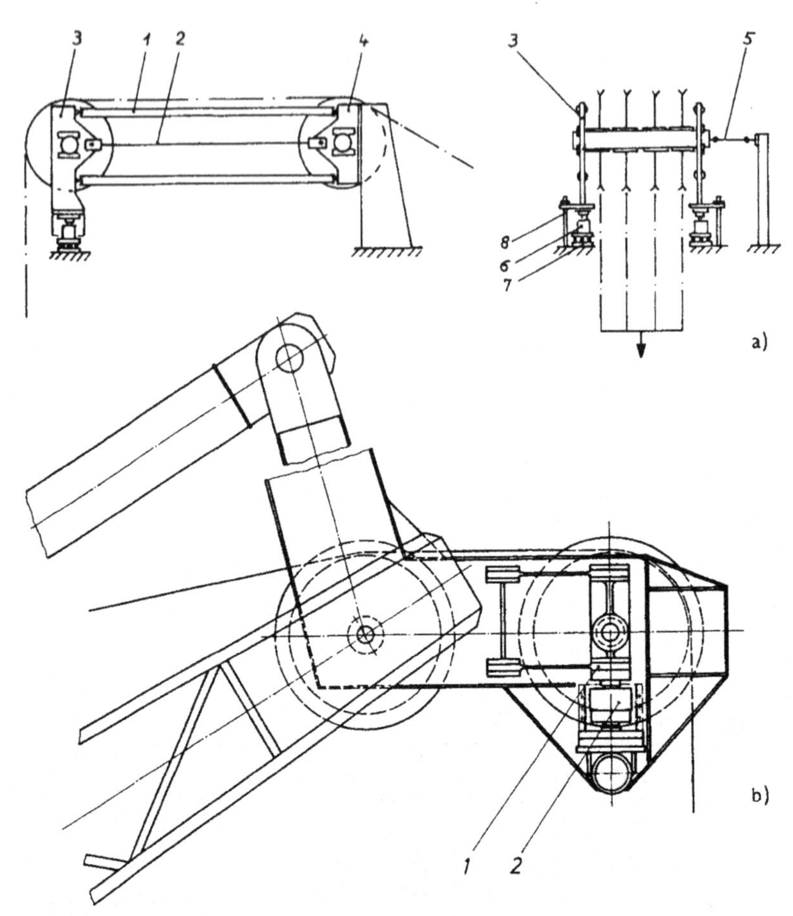

Bild 5.83 Lagerung des Kopfrollensatzes

a) Seilzugwaage mit Parallelogrammlenkern
1 Drucklenker mit Pfannenlagern
2 Zuglenker mit Bolzenbefestigung
3 Schneideneisen, vorne
4 Schneideneisen, hinten
5 Seitenlenker mit Gelenklagern
6 Wägezelle
7 Rollensupport
8 Absturzsicherung
Quelle: Eßmann

b) einer Seilzugwaage mit Blattfederlenkern
1 Lenker
2 Wägezelle
Quelle: Schenk

diese Seilkomponente entweder als Druck (Parallelogrammwaage) oder als Zug reibungsarm aufnehmen. Drucklenker haben den Vorteil, daß durch verschiedene konstruktive Maßnahmen sich die bei einer Durchbiegung des Kranes ergebenden Fehler ausgleichen lassen. Zur Seite hin wird der Rollenkopf in ähnlicher Art durch Seitenlenker frei beweglich gehalten. Die beim Heben und Senken eingehende Masse der herunterhängenden Seile wird mittels eines Seilausgleichs ausgeglichen. Der Seilausgleich besteht aus einem Präzisionsdrehwiderstand, der über ein Untersetzungsgetriebe von der Haltetrommel des Kranes kraftschlüssig angetrieben wird. Die Höhe der Last entspricht dem Drehwinkel des Widerstandes und der elektrische Widerstandswert dem auszugleichenden Tarawert der Seile. Bauarten für Laufkatzen, Drehlaufkatzen und Krane mit festem Ausleger sind in den Bildern 5.82a bis c im Prinzip dargestellt.

Bei Wippdrehkranen (Bild 5.82d) wird die waagerechte Lage der am Kopfrollensatz abgelenkten Seile durch ein Auslegerparallelogramm erzielt. Eine zusätzliche Tariereinrichtung (Wippseilausgleich) kombiniert mit einer Justierkurve gleicht die veränderlichen frei herabhängenden Seilmassen beim Auftoppen und Auslegen des Kranauslegers aus. Die Masse der Seile wird beim Auftoppen größer, da der Kopfrollensatz nach oben gefahren wird, wobei die Last durch eine Ausgleichseinrichtung des Kranes in gleicher Höhe gehalten wird. Der Wippseilausgleich besteht aus einem Präzisionsdrehwiderstand, der über eine empirisch zu bestimmende Scheibe und einen Abtastarm vom Ausleger kraftschlüssig bewegt wird. Der Drehwinkel der Justierscheibe entspricht der Auslegerstellung und somit einer definierten Seillänge. Der Abtastarm tastet die bei der Justage empirisch ausgearbeitete Kurve der Justierscheibe ab und stellt damit über Ritzel und Zahnsegment den Schleifer des Drehwiderstandes auf den auszugleichenden elektrischen Wert, der der Masse der auszugleichenden Seile entspricht. Restfehler aus Durchbiegung, Verwindung und Nichtlinearität des Auslegerparallelogramms, die die waagerechte Lage der oberen Seilstrecke beeinträchtigen und die Meßwerte beeinflussen, werden gleichzeitig mit ausgeglichen. Durch das Zusammenwirken von Seilausgleich, Wippseilausgleich und Justierkurve können bei Wippdrehkranen Messungen in jeder Höhenlage der Last und in jeder Auslegerstellung stattfinden.

Bei Doppellenker-Wippdrehkranen (Bild 5.82e), deren Auslegerspitze sich beim Auslegen und Einziehen auf einer Lemniskatenkurve bewegt, wird die waagerechte Ebene der Seilablenkung durch eine an der Spitze befindliche Wippe, die über ein Gelenkviereck zwangsgeführt wird, gebildet. Unvermeidliche Schräglagen erfordern eine Korrektur der Meßwerte mittels der auch bei Wippdrehkranen erforderlichen Justierkurve.

Uferentlader mit Seilzuglaufkatzen (Bild 5.82f) zeichnen sich aufgrund hoher Fahrgeschwindigkeit der Katze dadurch aus, daß die Masse der zu bewegenden Katze gering gehalten werden kann, womit die zum Fahren notwendigen Beschleunigungskräfte klein sind. Die Windwerke und die Fahrtrommel sind im Pfeiler der Brücke angeordnet. Ein Ausgleichswagen, über den die Lastseile geführt sind, fährt der Katze mit halbem Weg entgegen und bewirkt, daß die Last sich immer in gleicher Höhenlage befindet, ohne daß die Windwerke betätigt zu werden brauchen. Die eingebaute Seilzugwaage hat die gleichen Merkmale wie die bei Laufkatzen dargestellte. Für Fahrgeschwindigkeiten bis 90 m/min kann die Katze mit fest installierter Kranführerkanzel und damit die Waage über Schleppkabeleinrichtungen elektrisch versorgt werden. Bei höheren Fahrgeschwindigkeiten bis 240 m/min und wenn die Kranführerkanzel getrennt von der Katze am Kranträger verfahrbar ist, muß die Spannungsversorgung der Waage an der Katze durch aufladbare Akkus erfolgen. Die Übertragung der Meßwerte von der Katze zur Kranführerkanzel erfolgt durch Funkdatenübertragung.

Seilablenkwaagen (Bild 5.82g) sind nicht eichfähig, lassen sich aber auch nachträglich in einen vorhandenen Kran einbauen. Je nach Anordnung der Seilablenkstrecke und der Anzahl der vorgelagerten Rollensätze sind Meßfehler von 2 % bis 3 % der Höchstlast zu erwarten, sofern die Wägungen nach dem Tarieren immer entweder in Hubrichtung oder in Senkrichtung, getätigt werden. Die Meßfehler sind für Waggondosierung gerade noch zu vertreten, um zu vermeiden, daß ein Waggon überladen oder zu wenig beladen wird. Das der Eichpflicht unterliegende Gewicht muß später auf einer Gleiswaage festgestellt werden. Ein überladener Waggon muß ausrangiert werden, um an einem Lagerplatz das Gewicht zu vermindern, was sehr zeitraubend ist. Ein zu wenig beladener Waggon nutzt die Waggonkapazität nicht voll aus und wird mit überhöhter Fracht belegt.

Eine in ihrer Lage unveränderliche Seilstrecke wird im Drehsinn der Seile um mindestens 15° abgelenkt und die Rückstellkraft über eine Winkelschwinge von einer DMS-Wägezelle aufgenommen. Die elektrischen Werte werden über Meßkabel in das Auswertegerät übertragen. Die Seilstrecke vor der Ablenkung muß ausreichend lang sein, um die Verdrillung in den Seilen zu beruhigen. Die Seilstrecke hinter der Ablenkung muß lang genug sein, um das Einführen in die Seilrillen der Windwerkstrommeln bei leerer und voller Trommel zu gewährleisten. Ein erhöhter Seil- und Rollenverschleiß ist nicht zu vermeiden. Seilausgleich, Wippseilausgleich und Justierkurve sind je nach Bauart des Kranes erforderlich.

Während bei den Bauarten der Seilzugwaagen (Bilder 5.82a bis f) die Seile des Kranes am Kopfrollensatz in waagerechte Richtung abgelenkt werden, ist die *Laufkatzenbrückenwaage* (Bild 5.82h) eine reine Brückenwaage, bei der die Seile mit der Last von den Windwerkstrommeln direkt nach unten ablaufen. Die Windwerke befinden sich auf einem Zwischenrahmen, der sich über in der Regel 4 DMS-Druckwägezellen auf dem Katzfahrrahmen abstützt. Die Fesselung der Rahmen gegeneinander erfolgt durch reibungsarme waagerechte Lenker in Längs- und Querrichtung, die so angeordnet sind, daß durch Beschleunigungskräfte der Katze keine Kippmomente auf die Druckwägezellen einwirken. Der Zwischenrahmen mit den Windwerken ist ein fester unveränderlicher Tarawert, so daß ein Seilausgleich nicht erforderlich ist.

Die Anwendbarkeit der Laufkatzenbrückenwaage für Greiferbetrieb ist dadurch begrenzt, daß sich Seilschlösser zum Zusammenkoppeln der Schließseile, die um den Schließhub auf die Schließtrommel aufgewickelt werden müssen, nicht anwenden lassen. Die Seile müssen durch den Greifer hindurchgeschoren und bei Verschleiß voll ausgewechselt werden.

Höchstlast der Waage – Tragfähigkeit des Kranes

Bei einer Waage in einem Kran ist zwischen Tragfähigkeit des Kranes und Höchstlast der Waage zu unterscheiden. Die zulässige Tragfähigkeit bezieht sich auf die Festigkeit der Bauelemente des Kranes und der Waage sowie die Standsicherheit nach einschlägigen Vorschriften. Sie wird an den Seilen gemessen, wobei eine Überschreitung um ca. 10 % zulässig ist, bis ein Überlastschutz den weiteren Kranbetrieb verhindert. Die Höchstlast der Kranwaage ist der größte noch darzustellende Gewichtwert.

Nach dem Tarieren des Lastaufnahmemittels (Greifer, Hakengeschirr, Zange) zeigt das Auswertegerät nach dem Aufnehmen der Last das Nettogewicht an. Das Druckwerk druckt ebenfalls das Nettogewicht aus. Greifer haben ein beträchtliches Eigengewicht (Tara) zwischen 30 % und 50 % der Tragfähigkeit des Kranes, so daß die Höchstlast der Waage für Krane mit ausschließlich Greiferbetrieb sich um das Eigengewicht des leichtesten Greifers verringert. Um jedoch die größte Umschlagleistung mit dem Kran fahren zu können, wird die Höchstlast der Waage um die zulässigen 10 % Überlast des Kranes größer gewählt, z. B. Tragfähigkeit des Kranes 15 t abzüglich leichtestem Greifer (5 t), vermehrt um 10 % Überlast des Kranes (1,5 t), ergibt eine optimale Höchstlast von 11,5 t, die auf 12 t aufgerundet wird, zumal ein Greifer auch etwas überfüllt sein kann. Die Eichung mit 12 t Normalgewichten ist billiger, einfacher und schneller durchzuführen, als mit 15 t. Bei Kranen, die sowohl Massengutwägungen mittels Greifer als auch Einzelwägungen mittels Hakengeschirr ausführen sollen, muß die Höchstlast der Waage gleich der Tragfähigkeit des Kranes sein. Der Betreiber muß sich bei dieser Forderung darüber klar sein, daß die Waage bei Massengut dann im unteren Nettobereich arbeitet, womit ein relativ großer Verkehrsfehler zulässig sein kann. Während für Massengüter der Einfuhrzoll nach dem Gewicht (Gewichtszoll) ermittelt wird, berechnet sich der Zoll für Stückgut nach dem Wert der Ware (Wertzoll), so daß die Gewichtsermittlung für Stückgut nicht immer erforderlich ist.

Fehler im praktischen Umschlag

Der Mittelwert der zulässigen Verkehrsfehlergrenzen bei einer Kranwaage nach Genauigkeitsklasse (III) mit 1000 Teilen Auflösung liegt zwischen ± 0,2 % und ± 0,5 % der gewogenen Masse. Dieser geringe Fehler darf aber nicht darüber hinwegtäuschen, daß ein Umschlagbetrieb sehr gute Ergebnisse aufweist, wenn sich die Differenzen zwischen Annahme und Abgabe in der Größenordnung um 3 % bewegen. Wenn z. B. ein Schiff beladen wird, die Fracht transportiert und wieder entladen wird, ist ein Schwund unumgänglich. Dieser Schwund richtet sich nach der Art der Ware, nach dem Transportweg und der Transportdauer. Durchschnittswerte zwischen 0,2 % und 0,6 % sind hierfür allgemein bekannt. Weitere Differenzen entstehen durch Abrieb, Verfliegen, Aufnahme und Abgabe von Feuchtigkeit sowie Mengen, die nicht erfaßt werden können. Unter Betrachtung der Größenordnung des Schwundes über alles gesehen, ist zu erkennen, daß die Auflösung der Kranwaage nur eine untergeordnete Rolle, d. h. etwa 1/10 des Fehlers des Gesamtumschlages in Höhe von 3 % spielt, so daß eine höhere Umschlagleistung bei verminderter Auflösung wesentlich wertvoller ist als eine zu hohe Auflösung der Waage.

Gewichtswerterfassung

Nachdem man von 1910 bis 1972 die Gewichtserfassung nur in mechanischer Art lösen konnte, werden heute nur noch elektromechanische Kranwaagen (Bilder 5.82a bis h) gebaut, was den Vorteil geringerer Eigengewichte unter Ausschaltung der Fehler- und Verschleißquellen langer Hebelketten, umständlicher Parallelführungen und aufwendiger Korrektureinrichtungen mit sich bringt. Darüber hinaus können rechnergeführte Datenerfassungs- und Registriersysteme Steuerungsabläufe durchführen und darstellen, die eine optimale Sicherstellung der Wägeergebnisse und die Aufbereitung durch Datenverarbeitungsanlagen ermöglichen (Bild 5.84, siehe auch Kap. 9).

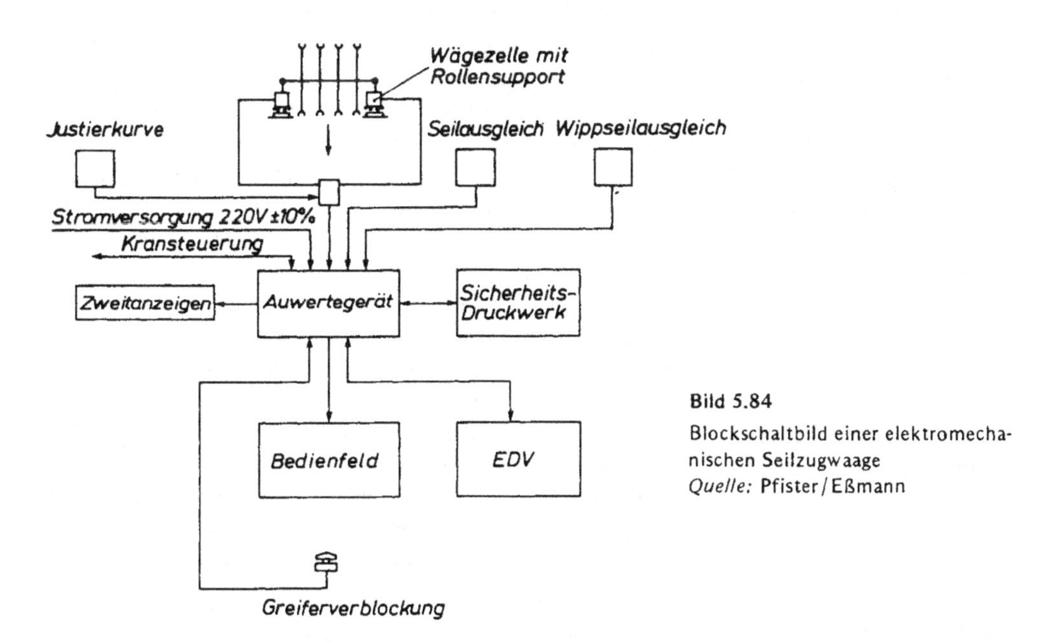

Bild 5.84

Blockschaltbild einer elektromechanischen Seilzugwaage
Quelle: Pfister/Eßmann

Hakenbetrieb

Beim Umschlag von Stückgut mittels Hakengeschirr ist jede Hieve eine Einzelwägung, die durch Betätigen eines Wägetasters manuell eingeleitet wird. Die Stillstandssperre des vorgeschriebenen Sicherheitsdruckwerkes gibt erst dann den Befehl zur Registrierung, wenn das Meßwerterfassungssystem die Gewichtsschwankungen auf eine Bandbreite der zulässigen Fehlergrenzen reduziert und erkannt hat. Einzelwägungen sollten möglichst beim Stillstand der Last ausgeführt werden, sind aber auch beim beschleunigungslosen Heben möglich. Vom Aufnehmen der Last bis zum Abdruck des Wägeergebnisses muß mit einer Beruhigungszeit bis zu 20 s gerechnet werden. Diese kann im langsamen Heben evtl. auch geringer sein.

Greiferbetrieb

Rechnergeführte Datenerfassungs- und Registriersysteme ermöglichen, daß die Umschlagleistung des Kranes durch das Wägen nur wenig vermindert wird und daß Störeinflüsse durch Wind, Schwingungen der Krankonstruktion und der Seile sich nicht merkbar auf das Wägeergebnis auswirken. Ferner sind die Meßwerte frei von manuellen Einflüssen des Bedieners.

Eine Greiferverblockung schreibt den normalen Arbeitsablauf „Greifer leer" – „Greifer schließen und etwas anheben" – „Wägen mit Registrieren, durch Betätigen eines Tasters von Hand" – „Greifer leer" vor. Hierdurch wird verhindert, daß eine Hieve mehrmals verwogen wird und daß keine Wägung vergessen wird. Zum Zusammenkratzen im Schiff kann die Verblockung kurzzeitig aufgehoben werden. Zu diesem Zeitpunkt ist sowieso eine größere Aufmerksamkeit des Bedieners erforderlich, so daß die Gefahr einer Falschwägung kaum mehr gegeben ist.

Während bei Einzelwägungen bis zu 5 Hieven grundsätzlich die Stillstandssperre vorgeschrieben ist, kann diese bei Massengutverwägungen mit mehr als 5 Wägungen, wobei nur die Summe ausgewertet wird, entfallen. Nach der Wahrscheinlichkeit und praxisnaher Bestätigung konvergieren bei einer großen Anzahl Wägungen größere Abweichungen der Einzelhieven in Plus und Minus gegen den Systemfehler der Waage. Das hat den Vorteil, daß auch während des beschleunigungslosen Hebens gewogen werden kann, womit die Umschlagleistungsverminderung nur noch sehr gering ist. Das Wägen im Stillstand des Kranes benötigt u. U. eine größere Beruhigungszeit als das Wägen beim langsamen Heben, da beim Einfallen der Hubwerksbremsen starke Vertikalschwingungen auftreten.

Die Beruhigungszeit von der Einleitung der Wägung bis zum Abdruck mit Stillstandssperre während des langsamen Hebens beträgt ca. 8 s, die in der Hubzeit je nach Hubhöhe fast eingeschlossen sein können, ohne Bewegungssperre liegt die Wägezeit geräteabhängig bei ca. 3 s.

Schwingungen, die der Meßgröße überlagert sind, werden durch ein integriertes System in Abhängigkeit von der Frequenz abgeschwächt. Ein digitales Filter 10. Ordnung erzeugt bei kleiner Einstellzeit eine hohe zunehmende Schwingungsdämpfung. Der Stillstand der Waage wird hieraus dann erkannt, wenn eine einstellbare Anzahl von Messungen innerhalb der Toleranz von ± 1 Teilungswert der Waage liegt (Stillstandssperre). Durch praktische Veränderung der Anzahl der Messungen und der Einstellzeit läßt sich die Schwingungsdämpfung optimieren. Ist die Wägung als richtig erkannt, werden alle weiteren Kranbewegungen, wie Beschleunigen, Auftoppen, Auslegen, Drehen und Fahren freigegeben.

Während normalerweise jede Wägung von Hand eingeleitet wird, kann dieser Vorgang auch automatisch erfolgen. Hierfür werden zu den vorgenannten Kriterien die Informationen Greifer zu und Beschleunigung gleich Null abgefragt, bevor der automatische Wägebefehl erfolgt.

Da grundsätzlich Nettogewichte registriert werden, ist ein gleichbleibender Tarawert des Greifers wichtig. Bei wenig anhaftenden Gütern und in fast allen Fällen genügt es, wenn der Greifer zu Anfang und in gewissen Zeitabständen tariert wird. Bei stark anhaftenden Gütern sind besondere Maßnahmen notwendig, um den Greifer vor jedem neuen Arbeitsspiel erneut zu tarieren, was jedoch nur eine Besserung, aber keine volle Garantie für das richtige Tara-gewicht ergibt, da nach dem Tarieren noch Reste aus dem Greifer herausfallen können.

Registrieren

Nachdem mehr oder weniger Daten über die Verladeart, das Material, deren Herkunft oder Bestimmung, Datum, Uhrzeit, Wäger, Waggon-Nr. usw. eingegeben oder einer Speichereinheit abgefragt und für richtig befunden sind, werden die Einzelwägungen nacheinander entweder nur angezeigt oder für Kontrollzwecke registriert. Bildschirmterminals können zur leichteren Bedienerführung zusätzlich Verwendung finden. Summenspeicher für Schiffsluke, Waggon, LKW usw. können auf Abruf die Werte ausdrucken. Eine Gewichtsvorwahl mit Restmengen-anzeige der noch zu ladenden Menge zeigt dem Bediener jederzeit den Stand des Arbeits-ganges an. Zur Dosierung des letzten Greifers wird etwas mehr gegriffen und dann vorsichtig solange abgelassen, bis das Sollgewicht erreicht ist.

5.4.3.2 Hängebahnwaagen

Hängebahnwaagen, stationär

Die stationäre Hängebahnwaage (Bild 5.85a) wird in Fleischereibetrieben, Kühlhäusern und Schlachthöfen eingesetzt. Sie wird eichfähig in Genauigkeitsklasse (III) ausgeführt. Die Hängebahnwaage in hybrider Ausführung besteht aus dem Hebelwerk mit DMS-Wägezelle und einer, über Meßkabel verbundenen, mikrocomputergesteuerten Auswägeeinrichtung, die bis zu 300 m entfernt von der Waage aufgestellt werden kann. Sicherheitsdrucker und EDV-Anlagen sind anschließbar. Vielseitige Wägeprogramme, subtraktiver Taraausgleich sowie frei programmierbare Taraspeicher für z. B. verschiedene Lasthaken und eine Nullstelleinrichtung mit automatischer Nachregulierung sind arbeitsspezifisch möglich. Die Höchstlasten von 200 kg bis 1000 kg sind den zulässigen Tragfähigkeiten der üblichen Hängebahnen angepaßt. Die Waage wird an beliebiger Stelle der Hängebahn eingefügt. Als Wägestelle dient die unter-brochene Fahrschiene mit einer Wägeschienenlänge von 500 mm bis 1000 mm, je nach Wäge-bereich. Die Übergänge von der Fahrschiene zur Wägeschiene sind zum ruhigeren Auffahren mit berührungslosen Spaltbrücken ausgerüstet. Elektromagnetische Auf- und Ablaufsperren dienen zur Sicherstellung der Wägeergebnisse und ermöglichen optimale Taktzeiten bei größter Transportgeschwindigkeit.

Hängebahnwaagen, verfahrbar

Die verfahrbare Hängebahnwaage (Bild 5.86b) wird hauptsächlich in Gießereien und Mölle-reibetrieben zur Herstellung von Mischungen stückiger und pulvriger Komponenten als Gattierungswaage eingesetzt. Eichfähigkeit nach Genauigkeitsklasse (III) ist möglich, wird aber in den seltensten Fällen benötigt. Die ganze Waage mit Auswägeeinrichtung hängt an der Fahrschiene, so daß eine Schienenunterbrechung nicht erforderlich ist. Die Waage besteht im wesentlichen aus dem der Fahrschienenkonstruktion angepaßten Fahrwerk, das von Hand, durch Seile oder durch Ketten getrieben wird, dem Aufhängegestell mit Ausricht-spindel, der Einpendel- oder Doppelpendel-Neigungswaage und dem angehängten Kippbehäl-ter. An der Skale der Analoganzeige sind mehrere verstellbare Gattierungs-Merkzeiger, die in der Reihenfolge der Beschickung mit den Einzelkomponenten additiv eingestellt werden und

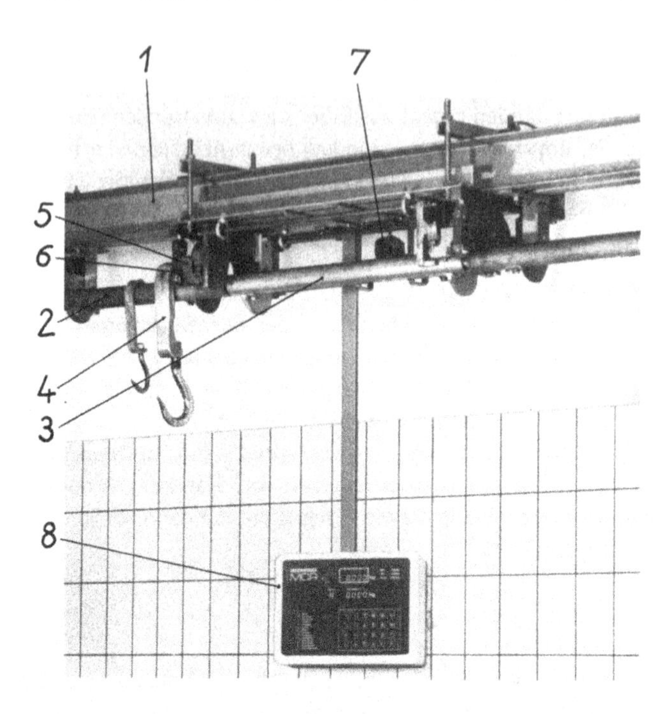

a) Stationäre Hängebahnwaage mit Hebelwerk und Wägezelle für Fleischereibetriebe, Kühlhäuser und Schlachthöfe

1 Tragkonstruktion
2 Rohrbahn
3 Rohrbahnausschnitt zum Wägen
4 verfahrbarer Fleischerhaken
5 Lasthebel
6 Ecklager
7 Dreifachgehänge mit Zugstange zum Oberhebel und zur Wägezelle
8 Auswägeeinrichtung mit Bedienfeld und Digitalanzeige

Quelle: Bizerba

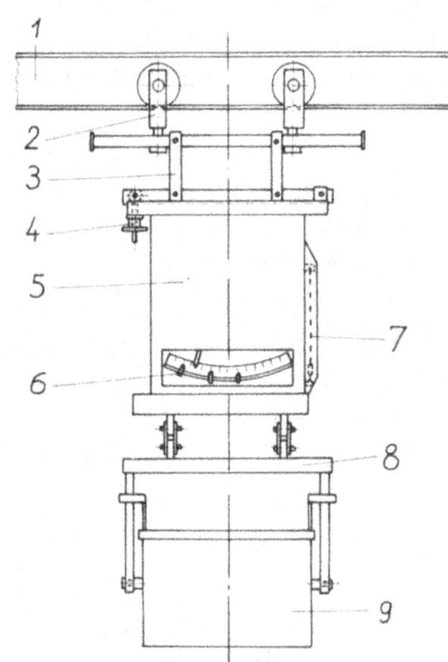

b) Verfahrbare Hängebahnwaage mit Neigungswaage, kippbarem Kübel, Ausrichtspindel und Gattierungszeigern für Gießereien und Möllereien.

1 Fahrschiene
2 Fahrwerk
3 Aufhängegestell
4 Ausrichtspindel
5 Waage
6 Gattierungszeiger
7 Lot
8 Behälteraufhängung
9 kippbarer Behälter

Quelle: ALESCO

Bild 5.85 Hängebahnwaagen

die Ablesung der Dosierung vereinfachen. Die Waage wird zunächst unter den Auslauf des ersten Bunkers gefahren und manuell nach Sicht bis zum ersten Zeiger befüllt, dann verfährt die Waage zu den nächsten Bunkern und wird im gleichen Sinne mit den weiteren Komponenten beladen. Die dosierte Mischung wird zum Auslauftrichter verfahren und der Behälter abgekippt. Die gängigen Höchstlasten liegen zwischen 200 kg und 1500 kg.

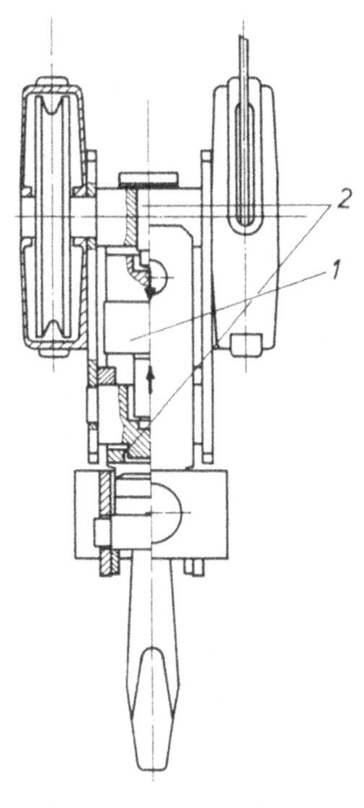

Bild 5.86 Waagen in Eisenlagern

a) Schnittbild einer Hakenflaschenwaage mit 1 Wägezelle
1 Wägezelle mit Lagern
2 Begrenzungen
Quelle: Schenck

b) Hakenflaschenwaage mit 1 Wägezelle, eichfähig, und Leuchtziffern-Großanzeige
Höchstlast 20 t
Quelle: Schenck

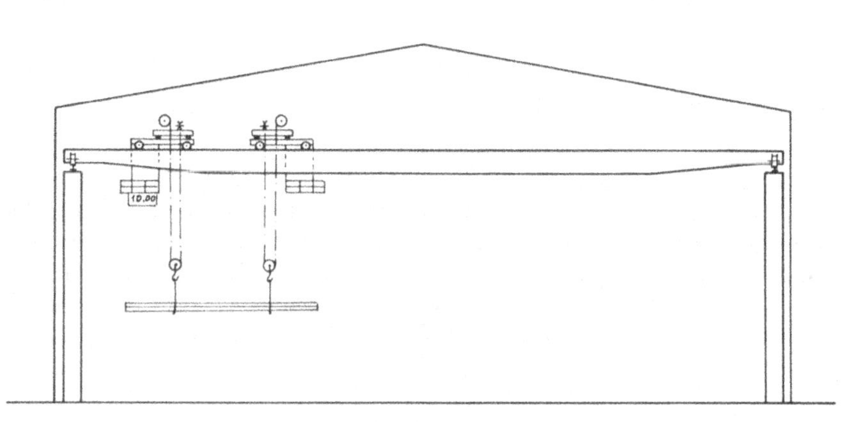

c) Schema zweier Laufkatzenbrückenwaagen im Verbund arbeitend
Quelle: Eßmann

Fortsetzung Bild 5.86 auf Seite 240

Fortsetzung Bild 5.86

d) Laufkatzenbrückenwaagen mit je 6,3 t Höchstlast, eichfähig, zusammen arbeitend, in einem Eisenlager

1 Katze I mit Waage
2 Katze II mit Waage
3 Leuchtziffern-Großanzeige
4 Auswäge- und Registriereinrichtung
5 Fahrschalter beider Katzen mit Wägetaster

Quelle: Schenck

5.4.3.3 Besondere Bauarten

Waagen in Eisenlagern

Halbfabrikate, wie Stabstähle, Formstähle, Röhren und Bleche werden zum Schutz gegen Korrosion in Hallen gelagert. Zum Transport der Materialien, die in oben offenen Regalen liegen und bis zu 18 m lang sind, dienen Hallenkrane, bei denen die Brücke in Längsrichtung der Halle auf Stahlkonstruktionen verfahrbar ist. Auf der Brücke verfährt die Katze in Querrichtung. Materiallängen zwischen 6 m und 18 m werden zur Schonung gegen Durchbiegung und zur besseren Führung meistens mittels zweier Katzen transportiert, was auch schon wegen des großen Gewichtes erforderlich ist. Die Katzen laufen dabei elektrisch synchron gesteuert.

Zum Zusammenstellen, Verladen und zum gewichtsbezogenen Abrechnen der Partien sind die Hallenkrane mit Laufkatzenbrückenwaagen, ähnlich Bild 5.82h, oder Hakenflaschenwaagen (Bilder 5.86a und b) ausgerüstet, die eichfähig nach Genauigkeitsklasse (III) ausgeführt sein müssen. Sofern das Material von zwei Katzen transportiert und gewogen werden muß (Bilder 5.86c und d), arbeiten die beiden Waagen entweder im ständigen Verbund, oder sie werden mit einer Verbundumschaltung ausgerüstet, so daß jede Waage einzeln und beide Waagen

Bild 5.87
Waagen in Gießereien und Stahlwerken.
1 Wägezelle

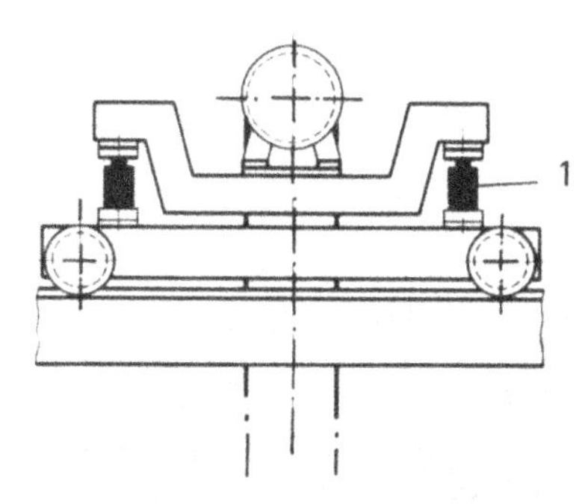

a) Kranwaage mit Hubwerkswägung (Laufkatzenbrückenwaage), System Messmetallurgie

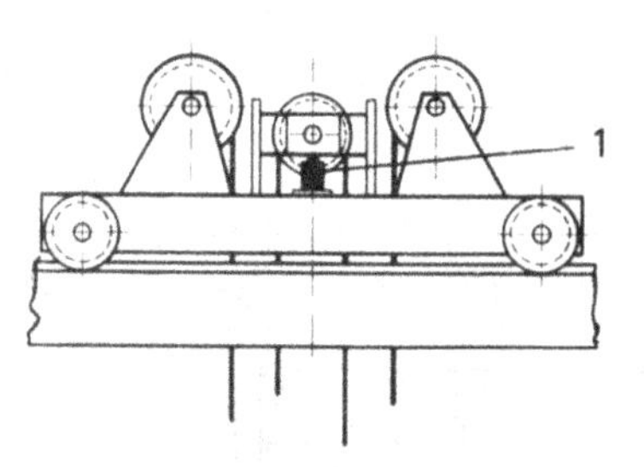

b) Kranwaage mit Wägung an einer Ausgleichsrolle, System Messmetallurgie

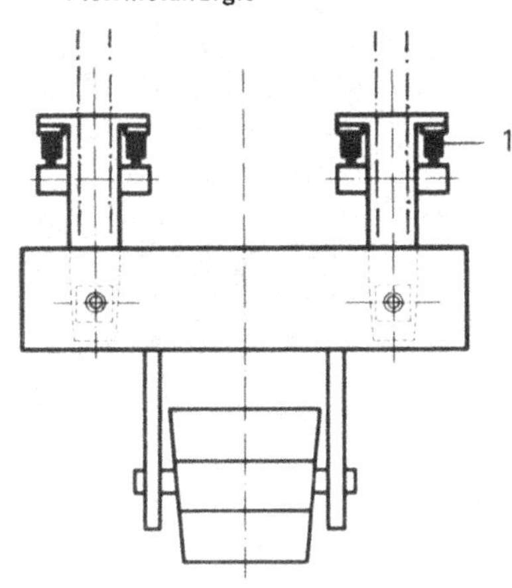

c) Kranwaage mit Seilscheibenbolzenwägung, System Messmetallurgie

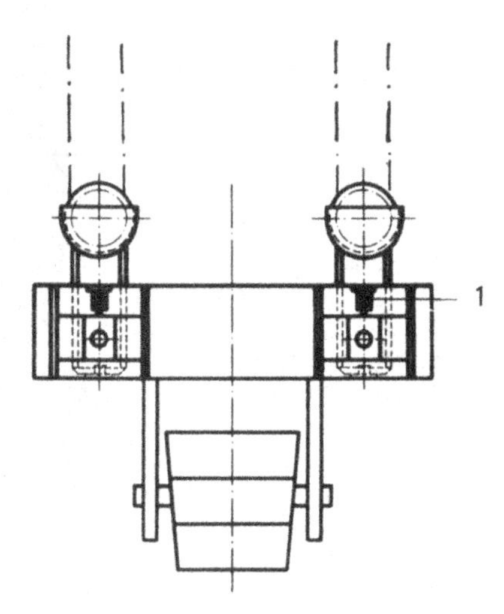

d) Kranwaage mit Bolzenwägung am Radkastenbolzen, System Messmetallurgie

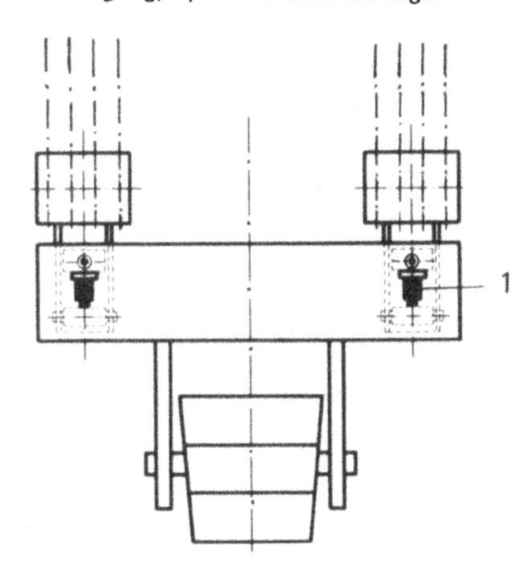

e) Kranwaage mit Radkastenmeßglied, System Messmetallurgie

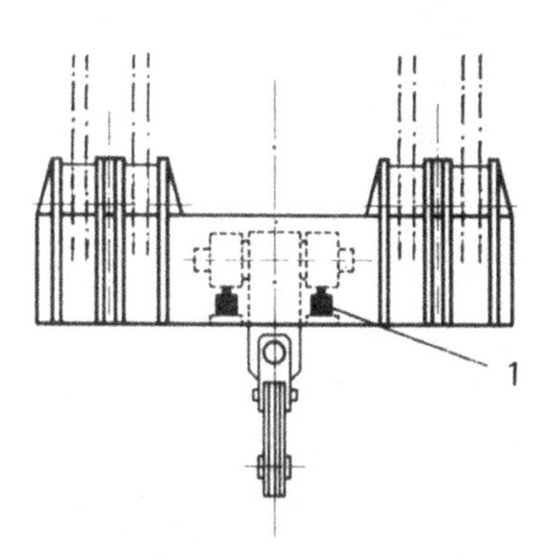

f) Kranwaage mit Bolzenwägung am Lamellenhaken, System Messmetallurgie

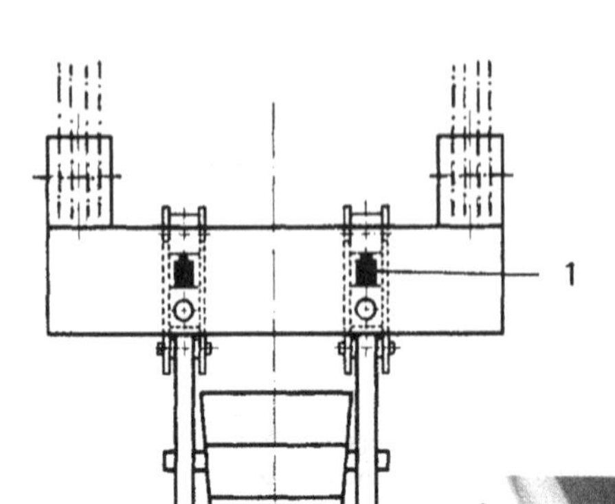

g) Kranwaage mit Lamellenhaken-Meßgliedern, System Messmetallurgie

h) Hakenflaschenwaage mit 3 Wägezellen in der Unterflasche und Tiegel in einem Stahlwerk. Höchstlast 50 t. *Quelle:* Schenck

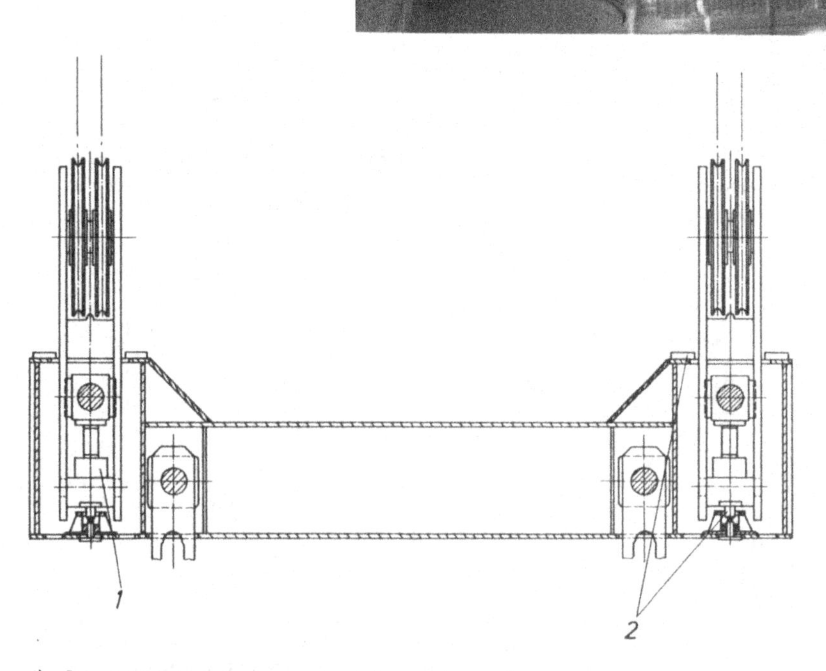

i) Schnittbild einer Traversenwaage, System Schenck
1 Wägezelle 2 Begrenzungen

k) Traversenwaage mit Tiegel in einem Stahlwerk. Höchstlast 350 t.
Quelle: Schenck

zusammen auf eine Auswäge- und Registriereinrichtung arbeiten können. Zusätzliche Leuchtziffern-Großanzeigen an den Katzen lassen die Ablesung der Gewichtswerte vom Hallenboden aus zu. Die Registrierung erfolgt auf Wägeformular mit Bezeichnung der Warensorte in der Kranführerkanzel oder über Fernübertragungseinrichtungen in der Versandzentrale. Eine weitere schonende Lastaufnahme von Langmaterial ist mittels *Magnet-Lastwaage* möglich. Sie ist in der Anordnung der Wägezellen ähnlich der Traversenwaage (Bild 5.87i), jedoch wird das Material durch eine Reihe Elektromagnete zum Transport gehalten.

Wenn in einer Halle mehrere Brücken und Katzen gleichzeitig arbeiten sollen, ist bei der Planung besonderer Wert auf getrennte Brückenfahrbahnen und Fundamente zu legen, zumal die unvermeidbaren Fahrschwingungen oftmals keine Ruhe der einzelnen Waagen zulassen, womit keine Registrierung in angemessener Zeit zustande käme. Ebenso wichtig ist eine stabilisierte Stromversorgung jeder einzelnen Waage, um Netzeinbrüche und Spannungsabweichungen größer als − 15 % bis + 10 % der Nennspannung auszugleichen, was bei Parallelbetrieb verschiedener Katzen, insbesondere beim Anfahren, häufig auftritt.

Waagen in Gießereien und Stahlwerken

In Gießereien und Stahlwerken muß insbesondere sehr großem Staubanfall, Hitzestrahlung über Gießpfannen, aggressiven Gasen und starken elektromagnetischen Feldern mit 50 ... 100 Gauß in der Nähe von Elektroöfen Rechnung getragen werden (siehe auch Kap. 9). Mittels Gießkranwaagen soll die Befüllung der Gießpfanne (Tiegel) und das Entleeren in die Formen überwacht werden. Eine parallel zur Bedienerstation mitlaufende Großanzeige an der Katze oder am Träger der Kranbrücke zeigt hierfür den jeweiligen Zustand der Befüllung an. Ein Maximal-Grenzwert signalisiert den zulässigen Füllstand, um eine Überfüllung zu verhindern.

Beim Entleeren in die Form wird die aus der Gießpfanne ausgelaufene Masse durch Negativwägung angezeigt. Hierfür wird der Inhalt auf Null tariert und die Verminderung mit negativem Vorzeichen angezeigt. Ebenso kann auf Abruf die Gießgeschwindigkeit dargestellt werden. Nachdem eine Form richtig befüllt ist, wird die Waage auf Inhalt zurückgeschaltet und der Rest in der Gießpfanne zur Kritik der Befüllung einer weiteren Form gegeben. Die Übertragung der Meßwerte, zusammen mit Kenndaten, wie Datum, Uhrzeit, Ofen-Nr., Charge und Material zur Registrierung in der Zentrale und zur weiteren Erfassung in EDV-Anlagen und Werksrechnern erfolgt je nach Bedarf des Werkes über Schleppkabel, Induktionsschleifen, Trägerfrequenz oder Funkdatenübertragungsanlagen. Für die Überwachung der Gießvorgänge ist keine Eichfähigkeit der Waage erforderlich, was auch schon bei der Beschaffung der Eichnormale wegen zu großer Höchstlasten bis 370 t auf Schwierigkeiten stoßen würde. Stahlwerke fordern zur Sicherstellung der Qualität, daß die Fehlergrenzen von ± 0,1 % bis 0,15 % der jeweiligen Last eingehalten werden. Die gebräuchlichsten Bauarten sind in den Bildern 5.87a bis g dargestellt.

In Gießereien und Stahlwerken mit mehrschichtigem Dauerbetrieb wird die Waage mit dem Kran oder dem Lastaufnahmehilfsmittel integriert.

Die *Hubwerkswägungen* (Bild 5.87a) und die Wägung an der *Ausgleichsrolle* (Bild 5.87b) haben den Vorteil, daß die Meßkabel zu den Wägezellen keinen Auf- und Abwickelvorgängen unterliegen. Bei den *Hakenflaschenwaagen* (Unterflaschenwaage) (Bilder 5.86a und b) müssen die Wägezellen und das Meßkabel durch ein Hitzeschild vor schädlicher Wärmestrahlung geschützt werden. Die freie Länge des Meßkabels von der Wägezelle zur Katze, die die Hubbewegung der Unterflasche mit ausführt, wird über eine Federkabeltrommel an der Katze bis zu 40 m Hub ausgeglichen. Für größere Hubhöhen muß eine Motor-Kabeltrommel eingesetzt werden. Die Möglichkeit, die Gießpfanne am Haken horizontal zu drehen, wird durch die Verdrillung des Meßkabels mit den Kranseilen begrenzt.

Weitere Bauarten zur Wägung mit und an *Lastaufnahmetraversen* sind in den Bildern 5.87i und k) dargestellt. Die Planung der Ausführung und der Einbau der Wägezellen nach den Teilbildern 5.87 richtet sich nach den optimalen Verhältnissen des Kranes und des Tiegels für den betreffenden Verwendungszweck unter Berücksichtigung der örtlichen Verhältnisse.

Schrifttum

[1] *Häussermann, U.:* Ewige Waage. Köln, 1962, S. 20

[2] Eichordnung; Allgemeine Vorschriften § 9 und Anlage 9, § 4.1.; 15.4.7.3.; 15.4.7.4, Braunschweig, 1981

5.5 Waagen zur Ermittlung von Beförderungsentgelten

H. Weinberg

5.5.1 Einsatzbereiche

Versandfähige Güter werden auf dem Landweg (Schiene oder Straße), Luftweg oder Seeweg befördert. Auch sind diesbezügliche Kombinationen möglich (Bild 5.88).

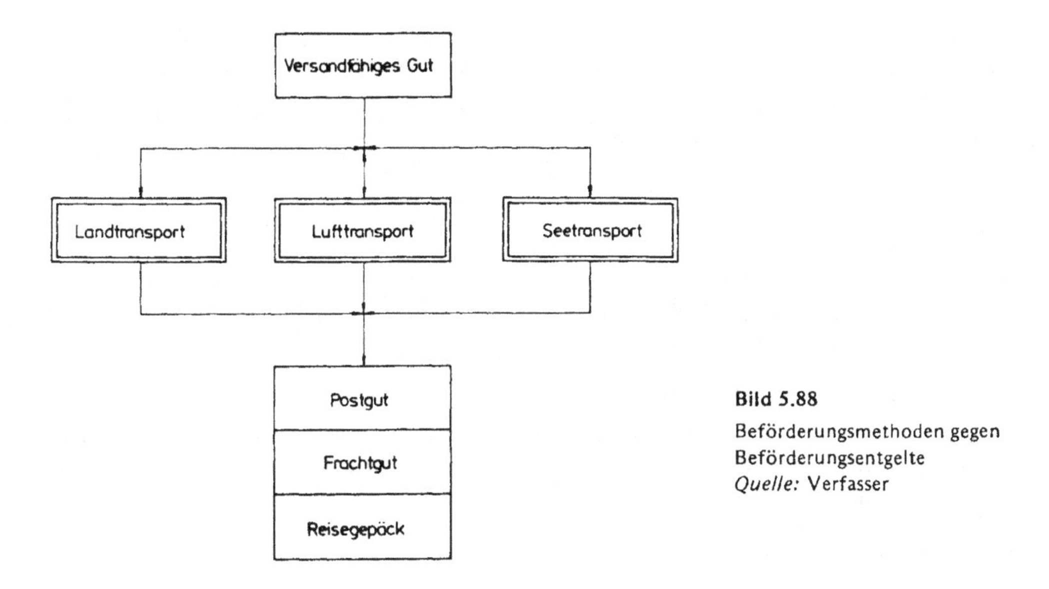

Bild 5.88
Beförderungsmethoden gegen Beförderungsentgelte
Quelle: Verfasser

Beim Landtransport kann man die Bereiche, die der Ermittlung von Beförderungsentgelten unterliegen, gliedern nach

- dem Transport von Postgut,
- dem Gütertransport durch die Bundesbahn,
- dem Gütertransport durch Speditionen.

Bei dem Luft- und Seetransport unterscheidet man zwischen

- dem Transport von Postgut,
- der Beförderung von Frachtgut.

Die Beförderung von Reisegepäck im Luftverkehr unterliegt ebenfalls bei Überschreitung festgesetzter, klassenbezogener Gewichtsgrenzen der Entrichtung von Beförderungsentgelten.

5.5.2 Berechnungsgrundlagen für Beförderungsentgelte

Für die Ermittlung von Beförderungsentgelten im Postverkehr sind die nachstehend genannten Parameter maßgebend:

- Gewicht,
- Abmessung,
- Versandart,
- Behandlungsart,
- Entfernungszone,
- Auslandsbereich.

Beim Stückguttransport durch die Bundesbahn, durch Speditionen oder bei einem kombinierten Transport (Straße – Schiene – Straße) werden die Frachtkosten grundsätzlich nach dem Gewicht in aufgerundete Kilogramm berechnet.

Liegt das frachtpflichtige Gewicht einer Sendung über 1000 kg, dann wird jeweils auf 100 kg aufgerundet. Als frachtpflichtiges Gewicht gilt üblicherweise das Bruttogewicht. Eine zweite Rechengröße ist die Tarifentfernung, die in besonderen Bestimmungen festgelegt ist.

Liegt bei sperrigen Stückgütern das Gewicht der Sendung unter 150 kg je Kubikmeter, dann wird der Frachtberechnung ein Gewicht von 1,5 kg je angefangene 10 dm^3 zu Grunde gelegt. Der Rauminhalt ergibt sich dabei aus der maximalen Länge, Breite und Höhe des Frachtstückes, rechtwinklig zueinander gemessen.

Für die Beförderung von Gasen und Flüssigkeiten, Behältern und Paletten sowie Container und Wechselaufbauten gelten Zusatzbestimmungen, ebenfalls mit dem Gewicht als Rechengröße.

Auch die beim Gütertransport über die Straße oder über die Schiene anfallenden Nebengebühren (Wiegegeld, Ladegebühr, Lager- und Platzgeld, Standgeld, Entladegebühr usw.) werden nach dem Gewicht errechnet.

5.5.3 Waagen für den Postversand

Waagen für den Postversand sind im allgemeinen eichpflichtig, wenn sie von der Bundespost verwendet werden oder von Postkunden, die eine Vereinbarung mit der Bundespost (z. B. Selbstbucher) über die Einlieferung von Postgut abgeschlossen haben.

5.5.3.1 Mechanische Waagen

Einfache Brief- und Päckchenwaagen

Diese Waagengattung ist erstmals für den Postversand mit zwei Wägebereichen entwickelt worden:

- als umschaltbare Briefwaage, Skalenbereich 50 g/500 g, Skalenteilung 1 g/10 g;
- als umschaltbare Brief- und Päckchenwaage, Skalenbereich 200 g/2000 g, Skalenteilung 1 g/10 g.

Das Federwaagensystem hat eine obenliegende Wägeplatte, eine Nullstelleinrichtung, Transportarretierung und die erwähnte skalenbezogene Wägebereichsumschaltung. Das Gewicht wird auf der Skale abgelesen und danach die Inlandsgebühr in einer, auf der Waage angebrachten, Tabelle ermittelt.

Brief- und Päckchenwaage mit Gebührenanzeige

In den Schaltervorräumen der Postämter sind Hubgewichtswaagen nach Bild 5.89 in großer Anzahl eingesetzt. Sie zeigen an, zwischen welchen Grenzen eines Postgebührentarifs die Masse der betreffenden Sendung liegt. Beim Erreichen einer Tarifgrenze wird jedes Mal ein weiteres Gewicht von einem Hebel, der den Waagenmechanismus mit der Gewichtsskale verbindet, genommen. Die Gebührenanzeige ist für das Inland und das europäische Ausland ausgelegt.

Waage für Luftpostsendungen

Luftpostsendungen mit einem Gewicht bis 2000 g können auf doppelschaligen Briefwaagen abgewickelt werden. Sie verfügen über einen Wägebereich von 5 g bis 2000 g, haben einen Skalenbereich von 100 g bei 1 g Skalenteilung und sind mit einer Luftpost-Gebührenskale für die wichtigsten, überseeischen Länder ausgerüstet, so daß der Zeiger deutlich die gewichtsabhängige Beförderungsgebühr anzeigt.

Postpaketwaagen

Für Postgut und Pakete ist die Postpaketwaage für eine Höchstlast von 25 kg bei 50 g Skalenteilung oder von 50 kg bei 100 g Skalenteilung entwickelt worden (Bild 5.90). Die übersichtlich geteilte Skale ist auch mit einer auswechselbaren Gebührenkulisse ausgerüstet. Die nach dem Federmeßsystem arbeitende Analogwaage ist für den eichpflichtigen Verkehr zugelassen.

Bild 5.89
Brief- und Päckchenwaage mit Gebührenanzeige
Max 2000 g
Quelle: Bizerba

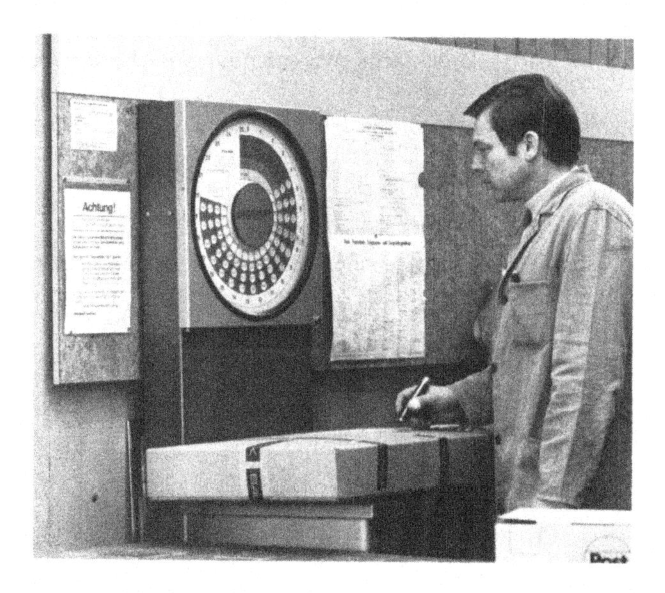

Bild 5.90
Postpaketwaage mit auswechselbarer Gebührenskale
Max 25 kg, d = 50 g
Quelle: Bizerba

Sie wird bei der Bundespost als Schaltervorraumwaage und in den Postversandstellen der Industrie eingesetzt.

5.5.3.2 Elektromechanische Waagen

Für den Brief- und Päckchenversand werden – vor allem in stark frequentierten Postabfertigungsstellen mit umfangreichen Bestimmungsländern – elektromechanische Brief- und Päckchenwaagen zunehmend eingesetzt. Die in Bild 5.91 gezeigte Waage verfügt über eine obenliegende Lastschale und über ein Display mit der Bedienertastatur, einer fünfstelligen Porto- und einer vierstelligen Gewichtanzeige. An dem Tastenfeld können die nachgenannten Versandarten und postalischen Behandlungsarten eingegeben werden:

Bild 5.91
Elektromechanische Brief- und Päckchenwaage
Max 2 kg, $e = 2$ g
Quelle: Bizerba

- sechs Versandarten (Brief, Briefdrucksache, Drucksache, Warensendung, Büchersendung, Päckchen bis 2 kg);
- fünf Behandlungsarten (Nichtstandard, Nachnahme, Eilzustellung, Einschreiben, Schnellsendung);
- vier Zonen für Luftpostsendungen;
- drei Auslandsbereiche.

Durch einen eingebauten Rechner wird nach dem Eintasten einer Behandlungsart automatisch geprüft, ob sie für die jeweilige Versandart zulässig ist. Bei richtiger Wahl leuchtet die zugeordnete Tastenanzeige auf.

Technische Daten:

Wägebereich	20 g bis 2000 g als Gebührenwaage 40 g bis 2000 g als Handelswaage
Ziffernschritt	2 g
Wägeplattformgröße	232 X 167 mm

5.5.3.3 Postgebühren-Ermittlungsanlagen

Arbeitstechnische, organisatorische, posttechnische und wirtschaftliche Vorteile bieten die Postgebühren-Ermittlungsanlagen. Die postamtlich zugelassenen Systeme armortisieren sich bereits innerhalb eines Jahres bei täglich 300 bis 400 Sendungen. Dabei können alle Postsendungen, vom Auslands-Luftpostbrief bis zum Schnellpaket, mit einem Wägesystem freigemacht werden.

Auf Grund der unterschiedlichen, kundenspezifischen Forderungen und Organisationsformen sind drei Grundsysteme gemäß Bild 5.92 auf dem Markt, die sich im wesentlichen in der Vielseitigkeit und in der Druckbeleggestaltung und -kapazität unterscheiden.

Das Bild 5.93 zeigt beispielhaft den Aufbau einer Postgebührenanlage für den optimalen Sendungsartbereich (Briefe bis Pakete). Unabhängig von der Anlagenbauform ist der Post-Label in Abstimmung mit der Deutschen Bundespost einheitlich ausgeführt und wird mit der Sendungsart, dem Datum und der Gebühr bedruckt.

Bauformen	PGA 1	PGA 2	PGA 3
Sendungsart Bereich	Briefe bis Päckchen	Päckchen, Postgut Pakete	Briefe bis Pakete
Bestimmungsort	In- und Ausland	Inland	Inland
Wägesystem	Einbereichswaage	Einbereichswaage	Zweibereichswaage
Wägebereich	6 kg	60 kg	6kg/60 kg
Ziffernschritt	2 g	20 g	2g/ 20g
Druckbelege	1. Label als Postlabel 2. Label für Betrieb	1. Label als Postlabel 2 Label für Betrieb DIN A 4 Formular	1. Label als Postlabel 2. Label für Betrieb DIN A4 Formular
Zusatzausstattung	Speicher für Auslands- und Luftpostgebühren	—	Speicher für Auslands- und Luftpostversand (Briefe, Drucksachen, Bücher, Päckchen)

Bild 5.92 Daten zu Postgebühren-Ermittlungsanlagen
Quelle: Verfasser

Bild 5.93 Postgebühren-Ermittlungsanlage für Briefe und Pakete mit Post-Label
Quelle: Verfasser

AEG-TELEFUNKEN Konsumgüter AG

Geschäftsbereich AEG-Hausgeräte
Kundendienst

POSTGEBÜHRENABRECHNUNG

Postamt

8500 Nürnberg 2

Versandartschlüssel:

1.1 Brief
2.1 Briefdrucksache
3.1 Drucksache
4.1 Warensendung
5.1 Büchersendung
6.1 Päckchen
6.2 Päckchen Container
6.3 Päckchen Ort
6.4 Päckchen Pakum
6.5 Päckchen Leitzone
6.6 LR/LG
7.1 Postgut
7.2 Postgut Container
7.3 Postgut Ort
7.4 Postgut Pakum
7.5 Postgut Leitzone
7.6 LR/LG
7.7 Modell V
8.1 Paket
8.2 Paket Container
8.3 Paket Ort
8.4 Paket Pakum
8.5 Paket Leitzone
8.6 LR/LG
8.7 Modell V

Behandlungsartschlüssel:

6.8 Päckchen Nachnahme
6.9 Päckchen Schnellversand
7.8 Postgut Nachnahme
7.9 Postgut Schnellversand
8.8 Paket Nachnahme
8.9 Paket Schnellversand
8.0 Paket Sperrgut

Datum	Anlage	Abrechn.-Nr.	
1 4, 02 80	1	1 2 3	
Sendungsart	Stückzahl	Gebühr DM	
1 / 1	4	6, 5 0	DM
5 / 1	1 3	8, 0 0	DM
6 / 1	1 1	2 6, 8 0	DM
6 / 5	2 1	4 8, 9 9	DM
S U M M E	T S	9 0, 2 9	DM
S U M M E	T S	4 9,	St
7 / 1	1 8	1 3 0, 1 0	DM
7 / 4	5 0	2 2 9, 8 0	DM
8 / 1	2 1	7 7, 3 5	DM
8 / 5	4 8	3 2 4, 3 8	DM
S U M M E	T S	1 2 1 1, 6 6	DM
S U M M E	T S	2 4 0,	St
S U M M E	*	1 3 0 1, 9 5	DM
S U M M E	*	2 8 9,	St
6 / 8		3,	St
6 / 9		5,	St
7 / 8		2 6,	St
7 / 9		1,	St
8 / 8		1 1,	St
8 / 9		6,	St
8 / 0		3,	St
6 / 5	Ko	2, 3 1	DM
7 / 4	Ko	3 2, 2 0	DM
7 / 5	Ko	3 7, 4 7	DM
8 / 5	Ko	1 9, 1 2	DM
S U M M E	Ko	9 1, 1 0	DM

Bild 5.94 Muster für eine Gebührenabrechnung (Tagessumme)
Quelle: Verfasser

Der zweite Label kann beispielsweise als Versandpapier-Aufkleber für die Weiterberechnung von Versandgebühren und Verpackungskosten oder als Gewichtsnachweis bei Reklamationen benutzt werden. Hierdurch wird der Verwendungsbereich der Postgebühren-Ermittlungsanlagen insofern ausgeweitet, als bei Überschreitung von 20 kg andere Versandwege (Bahn, Spedition, Abholung, Zufuhr) mit zulässigen Wägebelegen gewählt werden können.

Bei der Großbereichsanlage ist zusätzlich das Bedrucken einer täglichen Gebührenabrechnung im DIN A4-Format möglich (Bild 5.94). In die vorbereitete Köpfzeile werden das Datum, die Anlagen- und Abrechnungsnummer, in die Spalten werden untereinander die Sendungsart (codiert), die Stückzahl und die Gebühr gedruckt. Sendungsartbezogene Teilsummendrucke und die Registrierung der Gesamtgebührensumme und Gesamtstückzahl komplettieren die Angaben.

Ordnen Versender ihre Postgüter wie Pakete und großformatige Päckchen selbst nach Leitzonen, Orten oder Richtungen in entsprechende Versandbehälter, erhalten sie von der Deutschen Bundespost den durch diese Vorleistung erzielten Rationalisierungsgewinn vergütet. Besteht eine derartige Kooperation mit der Bundespost, dann werden auf dem Abrechnungsformular gemäß Bild 5.94 mit der Kennzeichnung „KO" für Kooperationsausgleich die eingesparten Gebühren als Einzel- und Summenposten ebenfalls gedruckt.

5.5.4 Wäge- und Registriertechnik für den Frachtgutverkehr

5.5.4.1 Grundlegende Betrachtungen

Die Klassifizierung des Frachtgutes nach Bild 5.95 ist neben den Transport- und Lademitteln mitbestimmend für die Waagenbauform.

So werden für die Frachtkostenberechnung von Stückgütern überwiegend freistehende oder eingebaute Plattformwaagen ohne oder mit aufgebauten Transportsystemen (Kettenförderer, Rollenbahnen oder dgl.) eingesetzt. Dabei erfolgt die Zufuhr des Frachtgutes zur Waage durch Hebezeuge, gleislose Flurfördermittel oder über die vorgenannten Horizontalförderer.

Aber auch elektromechanische Kranwaagen in eichfähiger Ausführung können für die Frachtkostenermittlung eingesetzt werden. Dabei sind die Wägezellen in die Katze unterhalb des Hubwerks eingebaut und mit der flureben angeordneten Anzeige- und Registriereinrichtung durch teilweise festverlegte, teilweise flexible Kabel verbunden (siehe auch Abschnitt 5.4).

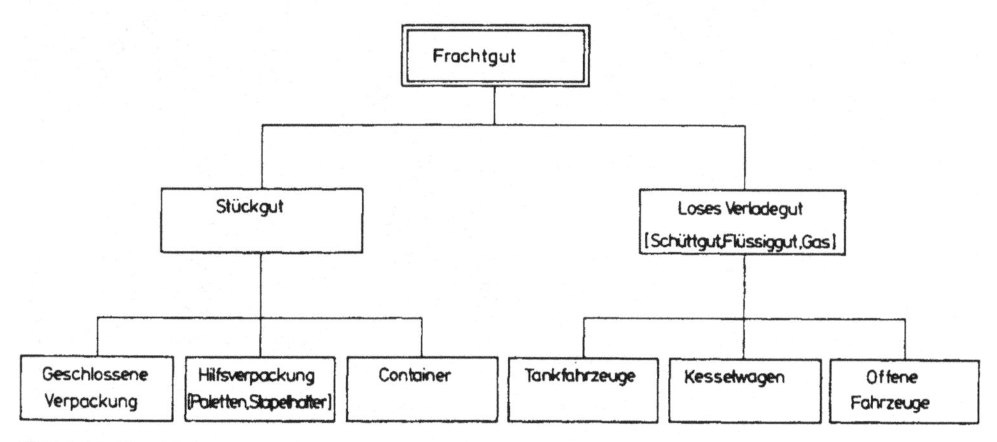

Bild 5.95 Klassifizierung des Frachtgutes
Quelle: Verfasser

Die losen Verladegüter werden in offene oder geschlossene Fahrzeuge abgefüllt und über die Straße oder Schiene befördert. Die Bruttogewichtsbestimmung als Basis für die Errechnung des Beförderungsentgeltes erfolgt auf den bekannten Straßenfahrzeug- oder Gleisfahrzeugwaagen (siehe Abschnitt 5.7).

Für die Berechnung der Beförderungsentgelte werden entweder Gebührentabellen mit dem Gewicht und der Tarifentfernung als Parameter oder teilprogrammierte Rechner in Verbindung mit den genannten Waagengattungen verwendet. Dabei setzt die Bundesbahn vorzugsweise Plattformwaagen und Straßen- oder Gleisfahrzeugwaagen ein.

5.5.4.2 Systeme und Einsatzbeispiele für Stückgutwaagen

Mechanische Waagen mit analogen Gewichtsanzeigen sind noch verschiedentlich im Einsatz, werden aber zunehmend durch hybride oder elektromechanische Meßsysteme mit mikrocomputergesteuerten, digitalen Auswerte- und Anzeigegeräten nach Bild 5.96 verdrängt. Diese Systeme erfüllen auch die aus dem Frachtgutbereich bekannten Forderungen:

- digitale Gewichtswertdarstellung und -verarbeitung;
- von den Wägestellen räumlich gelöste Steuer-, Kontroll- und Datenverarbeitungsfunktionen;
- gerätetechnische und handlinggerechte Anpassung an die Ergonomie des Arbeitsplatzes;
- Anpassung an die jeweilige Aufgabe durch einfache, stufenweise Systemerweiterung;
- optimale Funktions- und Betriebssicherheit durch Selbstprüfschaltungen;
- hohe Wägegenauigkeit im eichpflichtigen Verkehr bei wirtschaftlicher Relation zum Preis;
- Anschlußmöglichkeit für Registrier-Systeme, Datenträgergeräte und Industrieterminals an EDV-Anlagen über international geläufige Schnittstellen bis zur Einbindung in Gesamtdatensysteme.

Sie verfügen über eine Nullstelleinrichtung, Stillstandskontrolle, Anzeigestabilisierung, Taraausgleichseinrichtung, Tarawägeeinrichtung, automatische Systemprüfung, Anschlußmöglich-

Bild 5.96 Eingebaute, hybride Plattformwaage mit digitalem Auswerte- und Anzeigegerät
Quelle: Verfasser

Bild 5.97 Mikrocomputergesteuertes Wägeterminal mit/ohne Druckwerk
Quelle: Bizerba

keit für digitale Fernanzeigen, alphanumerische Beizeicheneingabe und Datenausgänge in der international bekannten Modifikation für Gewichte und Beizeichen und über ein Summenprogramm.

Eichfähige Handelswaagen der Klasse (III) sind für diese Zwecke mit einer Auflösung des Meßbereiches bis zu 6000 Teilungswerten bekannt.

Die angestrebte Konzentration der Bedienerführung, auch im Versand- und Verfrachtungsbereich, führte zur Entwicklung eichfähiger, mikrocomputergesteuerter Wägeterminals nach Bild 5.97. Diese Gerätetechnik vereinigt das Visuelle mit dem Handling im engsten Arbeitsbereich des Bedieners und verfügt über eine logische Bedienerführung. Der direkte Anschluß eines Thermodruckers zum alphanumerischen Druck der Daten ist möglich. Das 24er-Tastenfeld enthält die Funktionstasten für das Nullstellen, Tarieren, Eingeben von Daten, Auslösen von Registrier- und Rechenfunktionen und Löschen gespeicherter Daten. Auf den Digitalanzeigen können bei entsprechender Bedienerführung das Brutto- oder Nettogewicht, das Taragewicht, das Summengewicht und abschnittweise die eingetasteten Beizeichen angezeigt werden. Eine Datenausgabe an periphere Anlagen über international geläufige Schnittstellen ist gewährleistet.

5.5.4.3 Systeme und Einsatzbeispiele für lose Verladegüter

Bezugnehmend auf Bild 5.95 werden für den Schienen- und Straßentransport überwiegend geschlossene, teilweise aber auch offene Fahrzeuge eingesetzt. Die Gewichtsbestimmung für die Frachtkostenberechnung erfolgt dabei auf Straßenfahrzeugwaagen, Gleisfahrzeugwaagen oder kombinierten Systemen. Dabei bevorzugt man das elektromechanische Meßsystem (siehe Abschnitt 5.7), kombiniert mit den in Abschnitt 5.5.4.2 besprochenen digitalen Auswerte- und Anzeigegeräten.

Zentrale Abfertigungsstellen an den Werksein- und -ausgängen bestimmen heute nicht nur die produktbezogenen Liefergewichte mit anschließender Fakturierung, sondern weisen gleich-

a)

b)

Bild 5.98 Straßenfahrzeugwaagen mit Abfertigungszentrum
a) Anordnung
b) Innenansicht der zentralen Abfertigungsstation
Quelle: Hoesch

zeitig die Gewichte für die Berechnung der Frachtkosten, mit erforderlichenfalls anschließender Erstellung der Frachtpapiere, aus. Ein derartiges Abfertigungszentrum mit drei Straßenfahrzeugwaagen (Höchstlast je 50 000 kg, Teilungswert 10 kg, Plattformgröße 18 m X 3 m) zeigt das Bild 5.98a. Jede Waage ist mit einer Wechselsprechanlage, einer Signalanlage und mit Fernsehkameras ausgerüstet. In der etwa 150 m entfernten Abfertigungsstation sind je Waage ein Abfertigungsblock mit dem Bedientableau, den Fernsehmonitoren und dem Drucker angeordnet (Bild 5.98b).

- Nach dem Vorzeigen der Ladepapiere beim Einfahren wird das Fahrzeug zu einer Waage eingewiesen.
- Nach Übertragung des Fahrzeugkennzeichens, der fehlerfreien Fahrzeugstellung auf der Wägebrücke, des Einfahrtgewichtes (Erstgewicht), Abdruck des Gewichtes mit den zugeordneten Daten bei gleichzeitiger Codierung im Wägebeleg und Zielfreigabe, verläßt das Fahrzeug die Waage.
- Nach der Be- oder Entladung fährt das Fahrzeug erneut auf eine freie Waage und gibt Rückmeldung.
- Der nach der Fahrzeugnummer sortierte Wägebeleg wird dem Drucker zugeführt, um das Ausfahrtgewicht (Zweitgewicht) mit den zugeordneten Daten auf den Beleg zu drucken, aus der Lochcodierung das Erstgewicht auszulesen, das Nettogewicht zu errechnen und ebenfalls zu registrieren.
- Am Abfertigungszentrum erhält der Fahrer die für die Frachtberechnung authentischen Ladepapiere.

5.5.4.4 Datenaufzeichnung und -verarbeitung

Die Systeme der Datenaufzeichnung und -verarbeitung und ihre Verknüpfungen sind in Bild 5.99 zusammengestellt. Entsprechend der Methode (1) sind der Klartextaufschreibung alle anzeigegebundenen und peripheren Registriergeräte zuzuordnen, die das Gewicht und zugeordnete Daten auf Wägebelege drucken (siehe auch Abschnitt 7.2). Durch die Integration der Mikroprozessortechnik in die digitalen Auswerte- und Anzeigegeräte ähnlich Bild 5.97 übernehmen bei entsprechender Programm-Modifikation (Software) zusätzliche Aufgaben, während die Registriergeräte nur noch eine schreibende Funktion haben (Slave-Drucker). Im Frachtkostenbereich kann das beispielsweise sein:

- Frachtkostenberechnung nach dem bestimmten Gewicht und der programmierten Entfernungszone;
- Entscheidung, ob bei sperrigen Gütern nach dem Gewicht oder Rauminhalt berechnet wird mit nachfolgender Bestimmung des Beförderungsentgeltes;
- Addition der Frachtkosten und Bruttoeinzelgewichte bei Optimierung der Ladekapazität des Transportmittels und Ausschaltung unzulässiger Überladungen.

Eine Vielfalt an Wägebelegen ermöglicht eine passende Auswahl zu der geplanten oder vorhandenen betrieblichen Organisation. So können beispielsweise in dem Industriedruckwerk ähnlich Bild 5.100

- die Frachtpapiere im DIN A4- oder DIN A5-Format mit Kopien an einer gewünschten Stelle mit dem Gewicht und den zugeordneten Daten direkt bedruckt werden;
- Wägekarten oder Coupons bedruckt und an die Versandpapiere geheftet werden;
- bei mehreren Einzelposten für einen Kunden gedruckte Listen mit Kopfzeile erstellt und den Versandpapieren zugeordnet werden;
- Selbstklebeetiketten bedruckt, automatisch von einem Trägerband abgezogen und manuell auf die Frachtunterlagen geklebt werden.

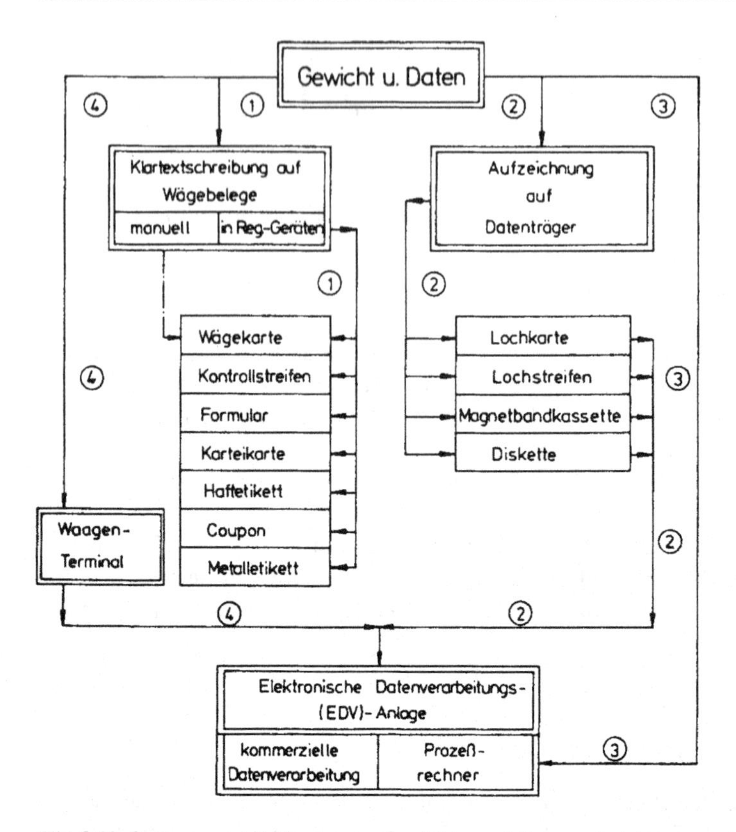

Bild 5.99 Systeme und Methoden zur Gewichts- und Datenaufzeichnung und -verarbeitung
Quelle: Verfasser

Bild 5.100 Waagenanzeige mit Industriedruckwerk
Quelle: Bizerba

Auch ist eine fortlaufende Registrierung der Einzelgewichte und Daten auf einen Kontrollstreifen möglich.

Die Eingabe der dem Gewicht zugeordneten Daten erfolgt über eine Zehnertastatur oder über eine alphanumerische Tastatur mit Leuchtziffernanzeige.

Der Gebrauch von Datenträgern nach Methode ② ist bei der Verwendung zentraler Fakturieranlagen in der Beförderung und Verfrachtung angezeigt. Das gilt auch für die direkte Datenverarbeitung (Methode ③).

Die Entwicklung der Mikroprozessortechnik hat dazu geführt, daß heute zunehmend Rechnersysteme mit dezentralisierter Intelligenz angestrebt werden, wobei die Mikrocomputer fest zugeordnete Teilbereiche übernehmen. Diese Dezentralisierung ermöglicht auch in

Bild 5.101
Fluggepäckwaage
a) Einbau in einem Abfertigungsschalter

b) Anordnung der Digitalanzeigen im Bedienpult zur Anlage nach Bild a)
Quelle: Flughafenges. Riem (Flughafenges. Kastrup)

großen Verfrachtungsbereichen eine flexiblere Anpassung, wodurch die Systemsicherheit erheblich gesteigert wird. Dabei erhalten Waagenterminals mit Bildschirm oder Punktdiodenleuchtdisplay und darüber hinaus mit eichfähigem Drucker und Floppy-Disk oder Magnetkassettenaufzeichnung die Daten von den Wägestationen (Methode (4)). Dort werden sie überprüft, protokolliert und nach dem gewählten Programmerfordernis verarbeitet bzw. aufbereitet. Es können mehrere parallel arbeitende Wägestationen aus verschiedenen Versandbereichen mit dem Waagenterminal korrespondieren. Diese Datenaufbereitung für EDV-Anlagen stellt sicher, daß nur geprüfte und fehlerfreie Daten zur Weiterverarbeitung kommen.

5.5.5 Fluggepäckwaagen

Das Gewicht des Passagier-Fluggepäcks ist nach oben klassenbezogen limitiert und zwar meistens für die erste Flugklasse 30 kg/Person, für die zweite Flugklasse 20 kg/Person. Die an den Abfertigungsschaltern (Check in) eingesetzten, eichfähigen Fluggepäckwaagen sind Kontrollwaagen und werden normalerweise erst bei Überschreitung der limitierten Gewichte zur Berechnung von Beförderungsentgelten eingesetzt.

Die Waagen werden heute nach neuesten ergonomischen Erkenntnissen in die Abfertigungsschalter integriert, wobei die hybride Waage mit aufgebautem Transportband zur Gepäckaufnahme seitlich des Bedienpultes angeordnet wird (Bild 5.101a). Der Anzeigebereich liegt zwischen 5 kg und 150 kg bei einem Ziffernschritt von 100 g, die Einschwingzeit beträgt etwa 0,5 s.

Im Bedienpult sind vorzugsweise zwei digitale Gewichtsanzeigen derart eingebaut, daß eine verzerrungsfreie Ablesung durch die Bedienung und den Fluggast gewährleistet ist (Bild 5.101b). Im Handlingbereich der Bedienung liegen auch die Funktionstasten mit Kontrolllampen.

Das Mikrocomputersystem der Waage kann so ausgeweitet und programmiert werden, daß eine Speicherung und Addition der flugnummernbezogenen Einzelgewichte erfolgt. Eine Ausgabe der Gewichte zur Datenerfassung durch Registriergeräte oder zentrale Rechner ist ebenfalls möglich.

5.6 Personenwaagen für die Heilkunde

K. Goffloo, W. Pearson, W. Sontopski

5.6.1 Wägen in der Medizin

Das Wägen ist in der Medizin ein wesentliches diagnostisches Hilfsmittel:

- Die regelmäßige Gewichtskontrolle gehört zu praktisch jeder Untersuchung in Arztpraxen, Krankenhäusern und im öffentlichen Gesundheitsdienst. Gewichtsänderungen sind hier Frühindikatoren für zahlreiche Erkrankungen.
- Bei Vorsorgeuntersuchungen von Schwangeren zeigt der Gewichtsverlauf die Entwicklung des Fötus und ist Grundlage diätetischer Empfehlungen an die Mutter.
- Nach der Geburt wird der Säugling gewogen und die Nahrungsaufnahme beim Stillen überwacht.

- Bei Vorsorgeuntersuchungen von Kleinkindern dient das Gewicht zur Beurteilung der altersgemäßen Entwicklung.
- Reihenuntersuchungen in der Schule dienen dem gleichen Zweck.
- Übergewicht ist einer der wichtigsten Risikofaktoren für Herz-Kreislauf-Erkrankungen, Bluthochdruck und Diabetes. Eine fortlaufende, präzise Gewichtsüberwachung ist hier unerläßlich.
- Bei bettlägerigen Patienten ist das frühzeitige Erkennen pathologischer Gewichtsänderungen entscheidend.
- Bei schweren Brandverletzungen werden die Flüssigkeitsverluste durch Infusionen ausgeglichen. Die Infusionsrate leitet sich aus den Gewichtsänderungen ab.
- Während einer Dialysebehandlung werden dem Patienten 300 ml bis 1000 ml Flüssigkeit pro Stunde entzogen. Nur eine genaue Beobachtung des Patientengewichts vermeidet Kreislaufkomplikationen.
- Die Heimdialyse ermöglicht Nierenkranken wieder ein weitgehend normales Leben mit beruflicher Tätigkeit. Auch hier ist eine genaue Gewichtsüberwachung unerläßlich.
- Wichtig ist das Beobachten des Gewichtes auch für die Beurteilung des Wasserhaushaltes beatmeter Intensivpflegepatienten.

In all diesen Einsatzbereichen erwartet der Mediziner von der Waage:

- eine Auflösung oder Skalenteilung von 100 g, bei der Kinderdialyse von 50 g;
- einen maximalen Meßfehler, der nicht wesentlich größer als die Auflösung ist;
- eine einfache Möglichkeit, die Funktionsfähigkeit der Waage zu überprüfen;
- daß Defekte in der Anzeige sofort zu erkennen sind; solche Defekte dürfen keinesfalls zu falschen Gewichtsanzeigen führen;
- daß die Waage bei unterschiedlichsten Beanspruchungen über mehrere Jahre meßbeständig ist;
- daß die allgemeinen Sicherheitsbestimmungen (z. B. VDE 0750) beachtet werden.

5.6.2 Rechtliche Grundlagen

5.6.2.1 Eichpflicht in der Medizin

Die Einsatzbereiche medizinischer Waagen sind vielfältig. Der spätere Einsatzbereich einer Waage ist jedoch meistens nicht vorhersehbar. Hierüber entscheiden der Arzt und seine Helfer vor Ort. Der Gesetzgeber hat deshalb mit dem Eichgesetz und der Eichordnung einen Qualitätsstandard vorgeschrieben.

Nach § 3 des Eichgesetzes [1] müssen Waagen geeicht sein, wenn sie

- bei der *Ausübung* der Heilkunde verwendet oder
- so *bereitgehalten* werden, daß sie ohne besondere Vorbereitung in Gebrauch genommen werden können.

Das Vertreiben ungeeichter Waagen untersagt der § 3 nicht. Hier unterscheiden sich Waagen von anderen eichpflichtigen medizinischen Geräten. Augentonometer und Blutdruckmesser fallen beispielsweise unter die erweiterte Eichpflicht nach § 4. Diese untersagt bereits das Indenverkehrbringen dieser Geräte.

Die gesetzliche Regelung hat in der Vergangenheit dazu geführt, daß immer wieder nicht-eichfähige und wegen ihres geringeren Qualitätsstandards auch preiswertere Waagen angeboten wurden. Hier wird die unzureichende Kontrollmöglichkeit der örtlichen Eichbehörden häufig ausgenutzt.

Eichpflichtig sind auch Bettwaagen, die auf Dialyse- und Intensivpflegestationen eingesetzt werden – auch wenn sie zum Teil nicht das Patientengewicht, sondern nur seine zeitliche Änderung anzeigen. Gerade dieser Einsatzfall stellt – wie später noch gezeigt wird – erhöhte Anforderungen an die Langzeitstabilität und die technische Zuverlässigkeit der Waagen.

Die medizinischen Patientenwaagen fallen in die Genauigkeitsklasse (III) „Handelswaagen". Da sie nur in geschlossenen Räumen eingesetzt werden, gilt häufig der eingeschränkte Temperaturbereich von + 10 °C bis + 40 °C.

5.6.2.2 Gerätesicherheit in der Medizin

Für medizinische Geräte ist die technische Sicherheit von besonderer Bedeutung. Bei Stichproben fanden Mitarbeiter der Gewerbeaufsicht und des TÜV zahlreiche Mängel an medizinischen Geräten. Dies veranlaßte den Gesetzgeber zu einer Novellierung des Maschinenschutzgesetzes – ab 1979 Gerätesicherheitsgesetz genannt. Mit der Novellierung wurden medizinisch-technische Geräte in den Katalog der überwachungspflichtigen Anlagen aufgenommen [2].

Nach § 8a kann der Bundesminister für Arbeit und Sozialforschung eine Rechtsverordnung erlassen, die besagt, daß medizinisch-technische Geräte nur in den Verkehr gebracht oder ausgestellt werden dürfen, wenn

- die Geräte bestimmten Anforderungen entsprechen,
- der Hersteller bescheinigt, daß sich die Geräte in ordnungsgemäßem Zustand befinden,
- die Geräte einer Bauartprüfung unterzogen worden sind,
- die Geräte nach dieser Bauartprüfung allgemein zugelassen sind,
- die Geräte vom Hersteller einem amtlich anerkannten Sachverständigen zur Endabnahme vorgeführt wurden.

Die Anforderungen und Auflagen richten sich danach, wie stark Leben und Gesundheit von der technischen Zuverlässigkeit der Geräte abhängen.

Es werden voraussichtlich folgende Gerätegruppen unterschieden:

- Geräte, die unmittelbar *am* Körper des Patienten angewendet werden (z. B. Infusionspumpen).
- Geräte, die mittelbar *am* Körper des Patienten angewendet werden (z. B. EKG-Schreiber).
- Geräte, die nicht am Körper des Patienten angewendet werden, aber dem Gesundheitsschutz dienen (z. B. Analysegeräte für das Labor).

Medizinische Waagen fallen in die letzte Gruppe. Für diese Gruppe sind zunächst keine Bauartprüfungen nach dem Gerätesicherheitsgesetz geplant. Dennoch ist eine freiwillige Bauartprüfung sinnvoll, weil immer mehr Krankenanstalten nur noch geprüfte Geräte einsetzen.

5.6.3 Klassifikation der medizinischen Waagen

Wir unterscheiden folgende medizinische Waagenarten:

Tabelle 5.8 Klassifikation der medizinischen Waagen

	Höchstlast in kg	Taralast in kg	Teilungswert in kg	Anzahl der Skalenteile
Personenwaagen	150 ... 200		0,1	1500 ... 2000
Stuhlwaagen	150 ... 200		0,1	1500 ... 2000
Bettwaagen	150	380	0,05 ... 0,1	1500 ... 3000
Säuglingswaagen	15		0,005 ... 0,01	1500 ... 3000

5.6.4 Personenwaagen

5.6.4.1 Elektromechanische Personenwaagen

Bild 5.102 zeigt eine elektromechanische Personenwaage. Sie hat eine Anzeige für den Patienten und eine Fernbedienung mit Anzeige für den Arzt oder seine Helfer. Die Fernbedienung steht auf dem Schreibtisch des Arztes. Der Arbeitsablauf muß für das Wägen nicht unterbrochen werden.

Beide Anzeigen sind 7-Segment-LED-Anzeigen. Sie werden auf Funktionsfehler der Anzeigedioden überwacht. Ein Funktionsfehler wird dem Nutzer mit einer Fehlermeldung angezeigt. Die Waage läßt sich per Knopfdruck tarieren.

Die Kräfte werden über die Lastbrücke in ein Hebelwerk geleitet (Bild 5.103). Die Lasthebel vermindern die Kraft im Verhältnis 1 : 12,5 und führen sie in einem Punkt zusammen. Die Lasthebel sind in Gehängen gelagert und in ihrem Hebelarm durch Schneiden begrenzt. Über

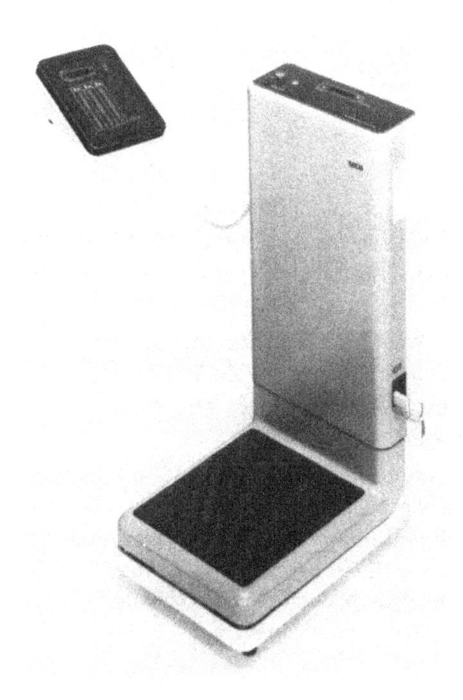

Bild 5.102
Elektromechanische Personenwaage für die Medizin
Quelle: seca Vogel & Halke

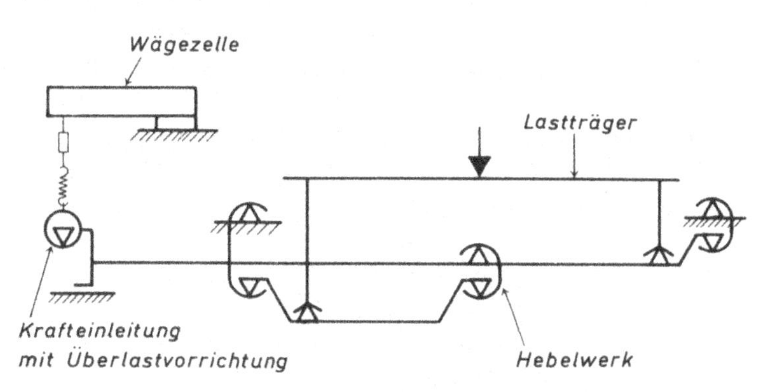

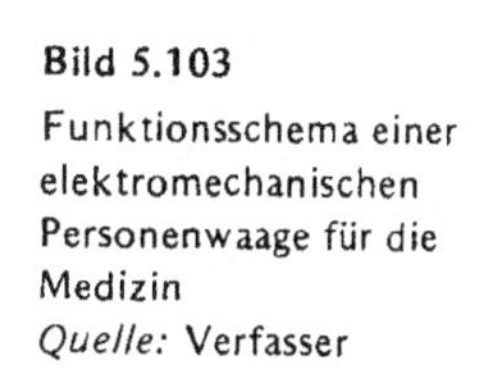

Bild 5.103
Funktionsschema einer elektromechanischen Personenwaage für die Medizin
Quelle: Verfasser

eine Zugstange wird die Kraft in eine DMS-Wägezelle geleitet. Sie ist wahlweise ein Einfachbiegestab mit integrierter Krafteinleitung oder ein Doppelbiegestab.

Die Zugstange hängt in einer Feder. Der Federweg wird bei Überlast durch einen mechanischen Anschlag begrenzt.

Die 4 Dehnungsmeßstreifen der Wägezelle sind als Vollbrücke geschaltet. Die Applikationsstelle der DMS ist mit einer Metallfolie gegen Luftfeuchte geschützt. Die DMS-Brücke wird mit einer Wechselspannung gespeist. Die Signalaufbereitung mittels Trägerfrequenz eliminiert automatisch Gleichspannungsdriften von Kontakten und Operationsverstärkern.

Mit einer Test-Taste läßt sich die Funktionsfähigkeit der Waage überprüfen. Der Knopfdruck bewirkt eine Verstimmung der DMS-Brücke, die einer Belastung von beispielsweise 123,4 kg entspricht.

Technische Daten: Max 150 kg
Min 5 kg
$d = e = 0{,}1$ kg
Genauigkeitsklasse (III)
Temperaturbereich + 10 °C bis + 40 °C
eichfähig

5.6.4.2 Personenwaage mit Leuchtbildanzeige

Bild 5.104 zeigt eine selbsteinspielende Personenwaage mit Leuchtbildanzeige. Das Gewicht ist von 2 Seiten ablesbar: Helferin und Patient haben eine eigene Anzeige. Es handelt sich um eine Federwaage. Die Lastplattform ruht auf 2 Dreiecks-Lasthebeln. Über das Lasthebelwerk wird die Kraft in eine Zugstange geleitet.

Ein Zwischenhebel vermindert die Last, die von der Wägefeder aufzunehmen ist, nochmals. Der Zwischenhebel trägt das Diapositiv für die Leuchtbildanzeige. Zusätzlich ist die Öldämpfung am Hebelende angelenkt. Um auch robusten Anforderungen gerecht zu werden, wird der Zwischenhebel in Präzisionskugellagern gelagert.

Die Waage besitzt eine Einrichtung zum Ausgleich unterschiedlicher Fallbeschleunigungen: Das einstellbare Schraubgewicht dieser Einrichtung wirkt als Neigungsgewicht. Das Gewicht ist am Zwischenhebel angebracht, so daß es im Nullpunkt nicht auf die Auswägeeinrichtung wirkt. Wird die Waage jedoch belastet, dreht sich der Zwischenhebel. Der Ausschlag des Hebels wird durch den Hub der Wägefeder bestimmt. Durch Verstellen des Neigungsgewichtes wird die Waage an die Fallbeschleunigung des Aufstellortes angepaßt.

Der Nullsteller wirkt auf den Lasthebel.

Um den Waagenmechanismus zu schonen, ist ein Feststeller vorhanden. Er drückt das Hebelwerk gegen einen Anschlag und hebt damit die kraftschlüssige Verbindung auf.

Die Vorspannung der Wägefeder ist so gewählt, daß der Anschlag am Zwischenhebel die Auslaufdichtung im Öldämpfer mit Sicherheit verschließt. Die Waage hat Laufrollen. Sie läßt sich nach Feststellen und Ankippen mobil auf der Station einsetzen. Die Waage kann nur gefahren werden, wenn das Hebelwerk entlastet und der Öldämpfer geschlossen ist.

Technische Daten: Max 150 kg
Min 5 kg
$d = e = 0{,}1$ kg
Genauigkeitsklasse (III)
Temperaturbereich − 10 °C bis + 40 °C
eichfähig

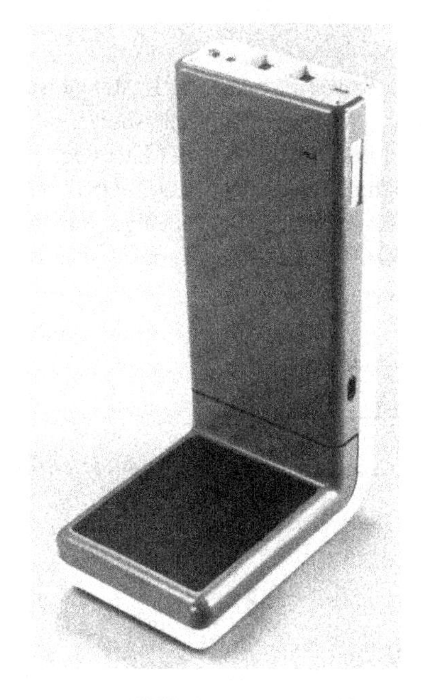

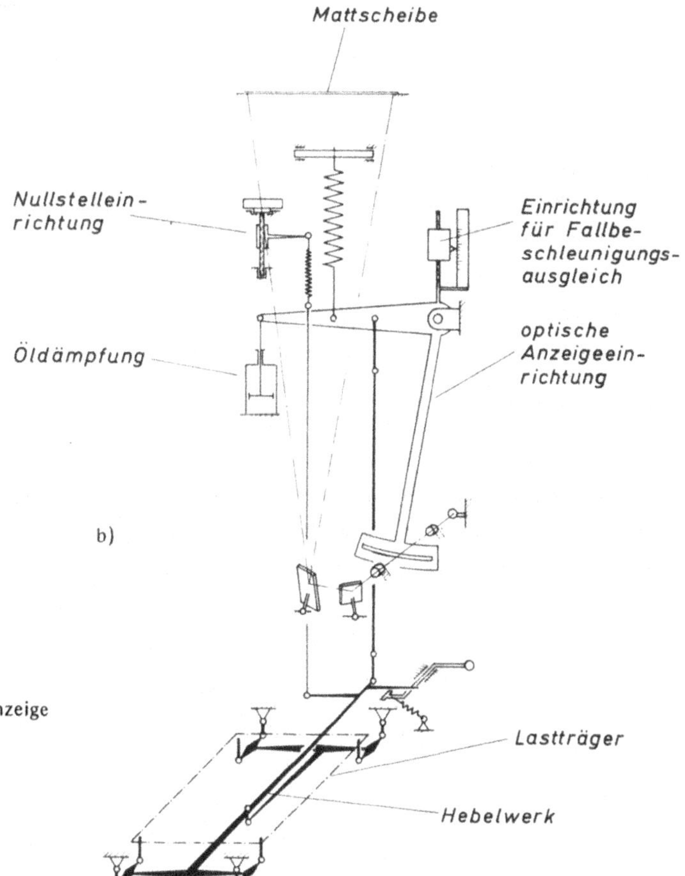

Bild 5.104

Personenwaage mit Leuchtbildanzeige
a) Ansicht
b) Schema
Quelle: Verfasser

5.6.4.3 Laufgewichts-Personenwaage

Bei Laufgewichtswaagen läßt sich die geforderte Genauigkeit verhältnismäßig kostengünstig realisieren. Da sie leicht zu bedienen und in vielen Einsatzbereichen einsetzbar sind, besitzt dieser Waagentyp die größte Verbreitung. Bei der Waage in Bild 5.105 wird die Last über ein schneidenbegrenztes Lasthebelwerk von einer Laufgewichtseinrichtung ausgeglichen. Bei Erreichen der Einspiellage pendelt sich der bewegliche Zeiger auf den Gegenzeiger ein. An der Stellung der Laufgewichte kann das Gewicht auf der Skala abgelesen werden.

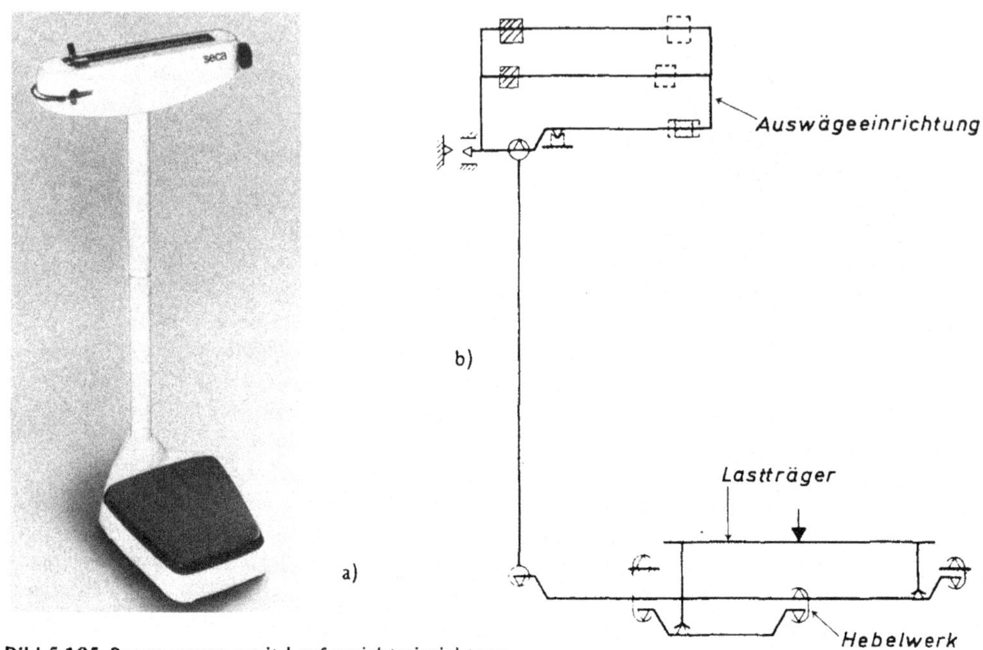

Bild 5.105 Personenwaage mit Laufgewichtseinrichtung
a) Ansicht
b) Schema
Quelle: seca Vogel & Halke

Eine Nullstelleinrichtung ermöglicht das Einregulieren der Zeiger bei unbelasteter Plattform. Die Laufgewichtseinrichtung läßt sich durch Feststellen schützen.

Technische Daten: Max 150 kg
Min 5 kg
$d = e = 0{,}1$ kg
Genauigkeitsklasse (III)
Temperaturbereich − 10 °C bis + 40 °C
eichfähig

5.6.4.4 *Einsatzbereiche und Anforderungen*

Medizinische Indikationen	Anwendungsbereiche	Anforderungen
Die Gewichtsermittlung ist Bestandteil praktisch jeder medizinischen Untersuchung	Vorsorgeuntersuchungen von Schwangeren Reihenuntersuchungen in der Schule Überwachung der Heimdialyse	Teilung: 100 g Max 150 ... 200 kg Dauer eines Wägevorganges kleiner 1 min fehlerfreie und schnell ablesbare Gewichtsanzeige Erkennbarkeit von Funktionsfehlern der Anzeige durch das Bedienungspersonal mobile Einsatzmöglichkeit auf der Krankenhausstation

5.6.5 Stuhlwaagen

Bettlägerige, bewegungsbehinderte oder ältere Patienten können häufig nicht mit Personenwaagen gewogen werden. Hier liegt der Einsatzbereich der Stuhlwaagen. Die Pflegeperson schiebt die Waage an das Bett des Patienten und arretiert die Räder. Die bettseitige Armlehne wird zurückgeschwenkt. Der Patient kann nun direkt aus dem Bett auf die Waage geschoben werden.

Die Stuhlwaagen (Bild 5.106) sind mobil auf der Station einsetzbar. Sie lassen sich darüber hinaus als Transportstuhl nutzen. Die großen Räder erleichtern das Manövrieren auf engstem

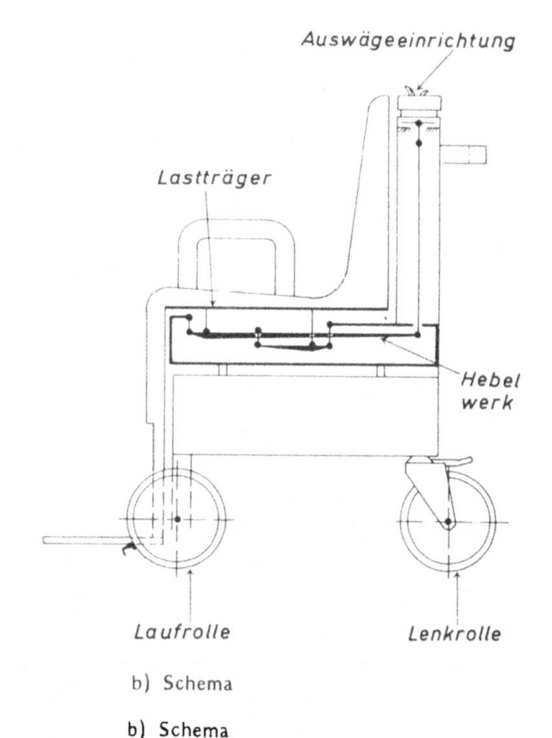

Bild 5.106 Personen-Transportstuhlwaage
a) Ansicht
b) Schema
Quelle: seca Vogel & Halke

Raum und das Überwinden kleiner Hindernisse. Die Räder haben zur Ableitung elektrostatischer Ladungen einen elektrisch leitenden Belag.

Beim Transport findet der Patient sicheren Halt auf der Fußstütze. Diese wird vom Pfleger mit dem Fuß vom Haltemagneten gelöst und heruntergeklappt. Dem Patienten kann – soweit nötig – ein Gurt angelegt werden.

Die Stuhlwaage arbeitet nach dem Laufgewichtprinzip. Die Lastbrücke wird durch einen Stuhl abgedeckt. Die geschlossene Bauweise mit glatten Oberflächen erleichtert die Reinigung.

Technische Daten: Max 150 kg
Min 5 kg
$d = e = 0{,}1$ kg
Genauigkeitsklasse (III)
Temperaturbereich – 10 °C bis + 40 °C
eichfähig

Tabelle 5.9 Einsatzbereiche und Anforderungen an medizinische Stuhlwaagen

Medizinische Indikationen	Anwendungsbereiche	Anforderungen
regelmäßige Gewichtskontrolle bei bettlägerigen Patienten, die nicht einer kontinuierlichen Gewichtsüberwachung per Bettwaage bedürfen	Bettlägerige und nicht stehfähige Patienten in allen Abteilungen des Krankenhauses ältere Menschen in Pflegeheimen	Teilung: 100 g Max 150 ... 200 kg Dauer eines Wägevorganges kleiner 5 min einfache Ablesung und Bedienung einfacher Transport des Patienten aus dem Bett auf die Waage und zurück gute Fahreigenschaften auf engstem Raum Rollen mit elektrisch leitfähigem Belag zur Ableitung elektrostatischer Ladungen geschlossene Bauweise mit glatten Oberflächen zur einfachen hygienischen Reinigung

5.6.6 Bettwaagen

Bettwaagen werden vornehmlich bei der Akutdialyse, der Intensivpflege und der Behandlung von Brandverletzten eingesetzt.

Bei den gebräuchlichsten Bettwaagen sind das Untergestell, das das Bett aufnimmt, und der Anzeige-Monitor getrennte Einheiten, die über ein Kabel miteinander verbunden sind (Bild 5.107). Das Bett wird auf das Untergestell geschoben oder auf 4 Meßdosen mit einem Hydraulikheber gehoben. Danach wird die Waage tariert. Der Patient kann nun ins Bett gelegt werden. In der Anzeige erscheint das aktuelle Patientengewicht.

Vor der Behandlung wird eine zweite Anzeige für die Gewichtsänderungen nullgesetzt. Während der Behandlung ist nun stets die Gewichtsänderung vorzeichenrichtig ablesbar. Maximal erlaubte Gewichtsänderungen können als Grenzwerte vorgewählt werden. Ein akustisches Signal ruft den Arzt, wenn diese Grenzwerte überschritten werden.

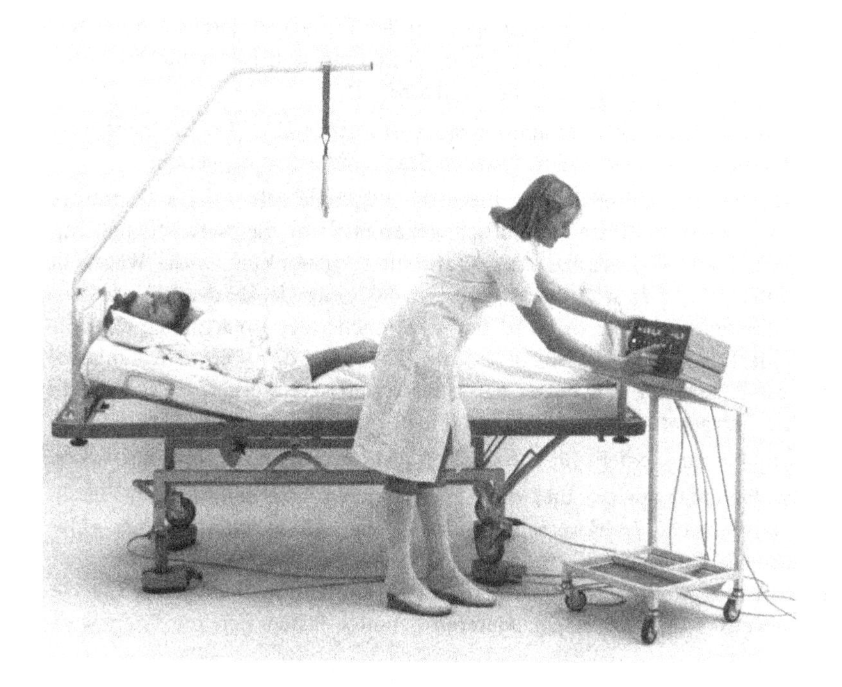

Bild 5.107 Elektromechanische Bettwaage mit 4 Meßdosen zur Bettenaufnahme
Quelle: seca Vogel & Halke

Gewichtsänderungen, die nicht durch den Patienten bedingt sind (z. B. das Hinzufügen oder die Wegnahme von Gegenständen), werden mit einem speziellen Tara-Programm unterdrückt.

5.6.6.1 Beispiel

Bild 5.108 zeigt eine elektromechanische Bettwaage. In dem Untergestell sind 2 Führungsstangen untergebracht. Diese werden herausgezogen und in die Zentrierungen am Untergestell

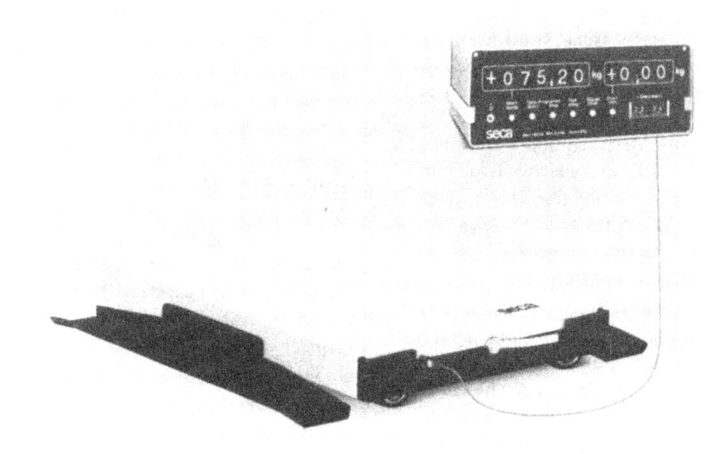

Bild 5.108
Elektromechanische Bettwaage mit Untergestell zum Auffahren des Bettes
Quelle: seca Vogel & Halke

gesteckt. Die Bremse wird gelöst, das Untergestell kann an den Einsatzort geschoben werden. Die seitlichen Auffahrrampen werden nun herausgezogen und auf den Radstand des Bettes gebracht. Das Bett wird auf die Rampen geschoben und arretiert.

Die Last wird über ein Lasthebelwerk in einem Punkt zusammengeführt. Im Lasthebelwerk werden statt der sonst üblichen Schneiden und Pfannen Stahlbandlenker verwendet.

Die Kraft wird über ein kurzes Stahlseil in eine Biegestab-Wägezelle geleitet. Die Dehnungsmeßstreifen sind gegen Umwelteinflüsse hermetisch gekapselt, um die notwendige Langzeitstabilität zu erzielen. Lageveränderungen des Krafteinleitungspunktes an der Wägezelle verursachen einen Fehler. Um diesen zu vermeiden, ist das Seilende an der Wägezelle in einem konischen Klemmstück gelagert. So wird ein Verdrehen oder Verschieben des Seilangriffspunktes verhindert. Als Überlastschutz für die Wägezelle dient ein mechanischer Anschlag. Im Untergestell befindet sich ferner ein Trägerfrequenzverstärker. Er enthält die Einstellelemente für die Temperaturkompensation und die Empfindlichkeit der Waage.

Als zentrales Steuer- und Rechenelement für alle Gerätefunktionen dient ein Mikroprozessor.

Der Monitor zeigt das Patientengewicht und die Gewichtsänderungen getrennt an. Für die Gewichtsänderungen lassen sich Grenzwerte vorwählen, eine Überschreitung löst einen akustischen Alarm aus. Die Funktion der Bettwaage läßt sich per Tastendruck überprüfen. Wird die Prüftaste gedrückt, erhöhen sich z. B. Patientengewicht und die Anzeige der Gewichtsänderung um jeweils 4 kg. Mit einem weiteren Schalter lassen sich die Grenzwertmelder prüfen.

Technische Daten: Max 150 kg
Min 2,5 kg
Tara 380 kg
$d = e = 0{,}05$ kg
Genauigkeitsklasse (III)
Temperaturbereich + 10 °C bis + 40 °C
eichfähig

5.6.6.2 Einsatzbereiche der Bettwaagen und Anforderungen

medizinische Indikationen	Anwendungsbeispiele	Anforderungen
1. unübersichtliche Flüssigkeitsverluste bei Intensivpflege-Patienten mit • profusen Durchfällen • starkem Erbrechen • Entleerung von Urin oder Darminhalt über eine Hautfistel • Drainagen mit starker Absonderung	Hier können Körperflüssigkeiten nicht in Behältern gesammelt werden. Sie werden von der Bettwäsche, von Unterlagen oder Verbänden aufgesaugt oder großflächig verdunstet. Werden nun die feuchten Tücher, Unterlagen und Verbände gegen trockene gleicher Größe und Stückzahl gewechselt, zeigt die Anzeige wieder das Patientengewicht.	Auflösung von 50 g einfache Möglichkeit zur Überprüfung der Funktionssicherheit Das aktuelle Patientengewicht und die Veränderung des Gewichtes seit Beginn des Wägevorganges müssen auf dem Monitor möglichst getrennt leicht ablesbar angezeigt werden. Von großer praktischer Bedeutung ist der Taraausgleich per Tastendruck, so daß man z. B. auch das Absolutgewicht beatmeter Patienten relativ einfach bestimmen kann.
• Verbrennungen	Einer der Schwerpunkte bei der Behandlung von Brandverletzten ist die Infusionstherapie, weil Brandverletzte vor allem an den Folgen des hohen Flüssigkeitsverlustes sterben. In Abhängigkeit von der Tiefe der Verbrennungen kommt es	Wichtig ist der automatische Taraausgleich bei Gewichtsveränderungen, die nicht durch den Patienten bedingt sind. So können Manipulationen am Bett mit Auflegen oder Entfernen von Gegenständen

medizinische Indikationen	Anwendungsbeispiel	Anforderungen
	• zu einem Verlust des plasmaähnlichen, zellfreien Substrates durch die Körperoberfläche. Nach 3 Tagen setzt die Abdichtung der Gefäße und die Rückresorption der zwischengeweblichen Flüssigkeitsansammlungen ein. In dieser kritischen Phase muß die Infusionsmenge entsprechend reduziert werden, sonst tritt eine Überladung des Kreislaufs ein. Daher ist die Information über die Menge der eingelagerten Flüssigkeit äußerst wichtig.	ohne Verfälschung des Patientengewichtes durchgeführt werden. Eine Grenzwertvorwahl mit akustischem Warnsignal ist besonders für Intensivbehandlung mit hohem Flüssigkeitsumsatz zur Sicherheit des Patienten erforderlich. Anzeigendämpfung bei Patientenbewegungen
	Der Arzt muß wissen, ob das zellfreie Substrat im Zwischengewebe bleibt oder an der Körperoberfläche verlorengeht. Die wesentliche Information, wo verschwindet das zellfreie Substrat, läßt sich formelmäßig nicht erfassen. Nur die laufende Gewichtsbestimmung gibt eine Aussage über Dauer und Menge von Einlagerung bzw. Verlust. Deshalb muß auf einer Spezialstation für Brandverletzte bis zur spontanen Regeneration der Haut oder Wiederherstellung der zerstörten Körperoberfläche durch Transplantation eine Bettwaage zur Verfügung stehen.	Möglichkeit des Schreiberanschlusses raumsparende oder leicht verfahrbare Bettenaufnahme leichte Reinigungsmöglichkeit mit gebräuchlichen Desinfektionsmitteln.
2. Hoher Flüssigkeitsumsatz bei Patienten mit gestörter Nierentätigkeit • bei Einsatz der Haemofiltration zur Behandlung einer Überwässerung • bei der Haemodialyse ohne Vorrichtung zum kontrollierten Flüssigkeitsentzug • bei der Peritonealdialyse ohne automatische Flüssigkeitsbilanzierung • bei der Peritonealdialyse ohne automatische Flüssigkeitsbilanzierung	In allen Fällen werden dem Patienten pro Stunde 300 ... 1000 ml Flüssigkeit entzogen. Nur eine genaue Beobachtung des Patientengewichtes vermeidet Kreislaufkomplikationen. Wichtig ist auch die Beobachtung des Patientengegewichtes für die Beurteilung des Wasserhaushaltes beatmeter Patienten. Die Überwachung der Gewichtsänderungen mit Einstellung von Grenzwerten ist zur Sicherung gegen die fatalen Folgen eines Fehlers in der Bilanzierung bei extrem hohem Flüssigkeitsumsatz unbedingt notwendig.	

5.6.7 Säuglingswaagen

5.6.7.1 Laufgewichts-Säuglingswaage

Bei der Säuglingswaage müssen die Beschleunigungskräfte, die durch die Bewegung des Babys entstehen, gedämpft werden. Eine exakte Gewichtsermittlung ist sonst nicht möglich. Wie Bild 5.109 zeigt, wird hier das Dämpfungsproblem durch einen schweren Laufgewichtsbalken gelöst.

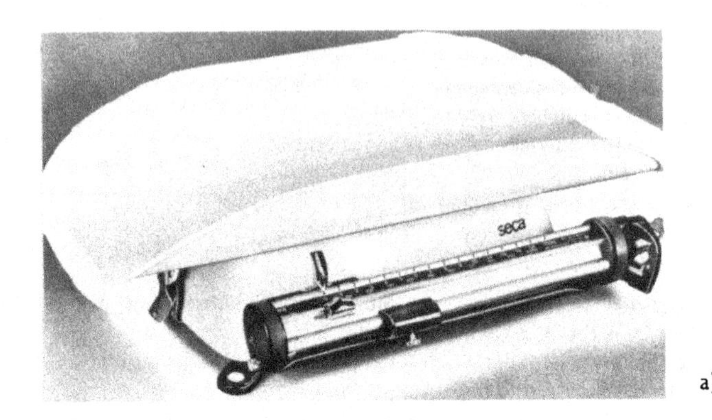

a)

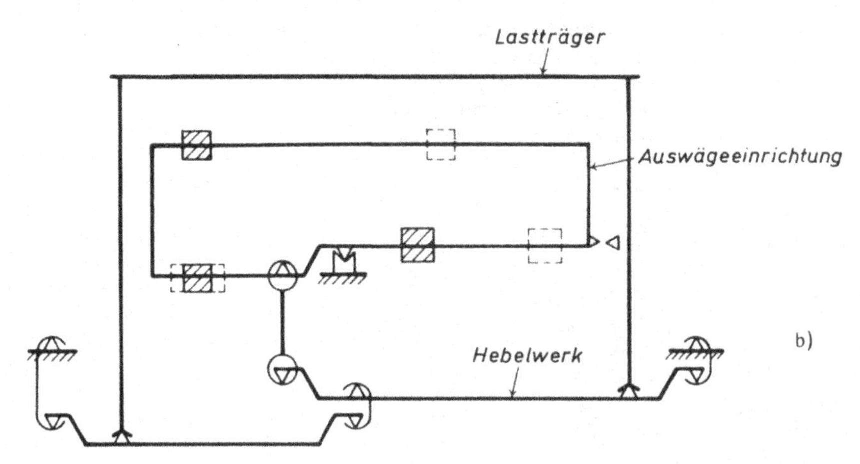

b)

Bild 5.109 Säuglingswaage mit Laufgewichtseinrichtung
a) Ansicht
b) Schema
Quelle: seca Vogel & Halke

Technische Daten: Max 16 kg
Min 0,5 kg
$e = d = 0{,}01$ kg
Genauigkeitsklasse (III)
Temperaturbereich − 10 °C bis + 40 °C
eichfähig

5.6.7.2 Elektromechanische Säuglingswaage

Mit einer elektromechanischen Säuglingswaage läßt sich das Säuglings- und Kleinkindergewicht einfach, schnell und genau messen. Bei der Bauart nach Bild 5.110 wird die Last über eine ergonomisch gestaltete Säuglingsmulde in ein konventionelles Hebelsystem und über eine spezielle Krafteinleitung zur DMS-Wägezelle gelenkt. Elektronik und Wägezelle entsprechen der Bauart, die in Abschnitt 5.6.4.1 beschrieben wurde.

Die Energieversorgung ist von Netz- auf Akku-Betrieb umschaltbar. Die Säuglingswaage ist somit mobil auf der Station einzusetzen. Dies hat bei der Rooming-in-Station, wo die Säuglinge im Raum der Mutter verbleiben, besondere Bedeutung.

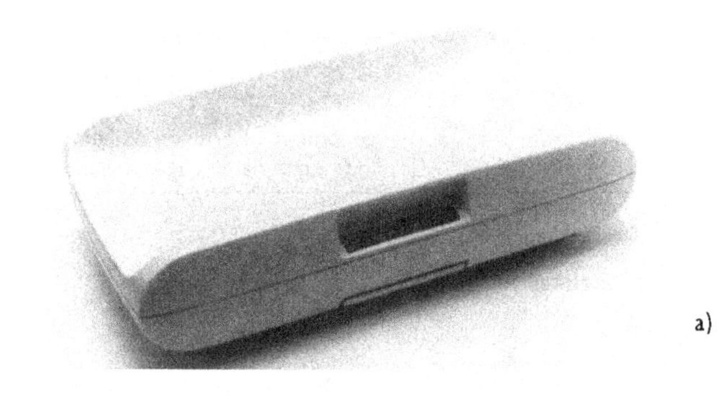

a)

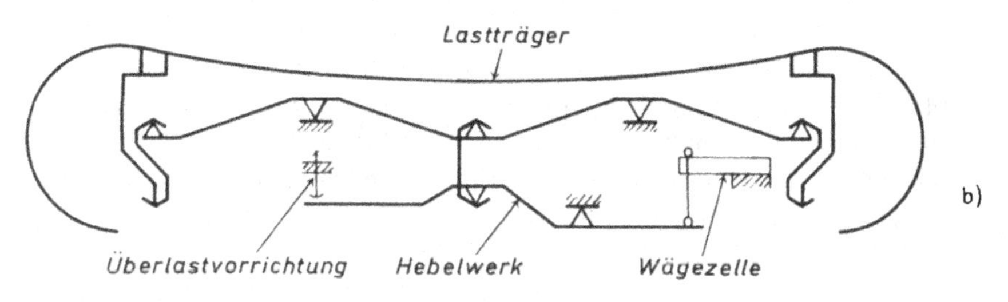

b)

Bild 5.110 Elektromechanische Säuglingswaage
a) Ansicht
b) Schema
Quelle: seca Vogel & Halke

Technische Daten: Max 15 kg
Min 0,2 kg
$e = d = 0{,}01$ kg
Genauigkeitsklasse (III)
Temperaturbereich + 10 °C bis + 40 °C
eichfähig

5.6.7.3 Einsatzbereiche und Anforderungen

medizinische Indikation	Anwendungsbereiche	Anforderungen
Gewichtsermittlung und Gewichtsüberwachung Kontrolle der Nahrungsaufnahme	Einsatz in Arztpraxis, Hebammendienst, Entbindungs- und Säuglingsstation sowie Kinderklinik	Teilung: 5 g oder 10 g Max 15 kg Dauer eines Wägevorganges je nach Bauart 3 min. bis 30 s einfache Ablesung und Bedienung Tara-Ausgleich z. B. für Windelauflage mobile Einsatzmöglichkeit (Rooming-in) Dämpfung der Anzeige zur Kompensation der Kindesbewegungen geschlossene Bauweise für hygienische Sauberhaltung Standsicherheit von Waage und Mulde ergonomische Form der Säuglingsmulde zur sicheren Lage des Kindes

5.6.8 Waagen für spezielle Zwecke im medizinischen Bereich

5.6.8.1 Waagen in Haemofiltrationsgeräten

Die Haemofiltration ist eine neuartige Methode zur Behandlung des chronischen und akuten Nierenversagens. Sie ist somit eine vielversprechende Alternative zur Haemodialyse. Die Abtrennung der harnpflichtigen Substanzen erfolgt bei der Haemodialyse durch Osmose. Die Haemofiltration nutzt eine von außen vorgegebene transmembrane Druckdifferenz.

Bei der Haemofiltration wird erstmals die Funktion der Nieren nachgeahmt, die das Blut in einem mehrstufigen Verfahren reinigt: In der ersten Stufe führt sie eine Ultrafiltration des Blutes durch. Dabei wird in 12 Stunden sogenannter „Primärharn" in einer Menge produziert, die in etwa dem eigenen Körpergewicht in Litern entspricht. In einer zweiten Stufe wird der weitaus größte Teil dieser Flüssigkeitsmenge wieder resorbiert, der Rest als Konzentrat ausgeschieden.

Das Haemofiltrationssystem arbeitet praktisch nach dem gleichen Prinzip, jedoch entfällt die zweite Stufe, die Resorptionsphase. Der durch Haemofiltration gewonnene „Primärharn" wird verworfen, der Flüssigkeitsverlust durch Zugabe einer Infusionslösung definierter Zusammensetzung ausgeglichen, um eine gezielte Entwässerung der Patienten zu erreichen. Der gewonnene „Primärharn" und die Infusionslösung werden gewogen. Die eingesetzten Waagen arbeiten nach dem DMS-Prinzip oder der elektrodynamischen Kraftkompensation (Bild 5.111).

Das Haemofiltrationsgerät beinhaltet den Haemofilter zur „Primärharn"-Abscheidung und den Haemoprozessor zur automatischen Steuerung und Überwachung des Ablaufes. Den Haemoprozessor (Bild 5.112) bilden 3 Einschübe:

- Der obere Einschub enthält einen Prozeßrechner für die Steuerung und Überwachung des Gesamtsystems.
- Der zweite Einschub enthält je eine Rollerpumpe für Blut, Filtrat und Substitutionslösung.

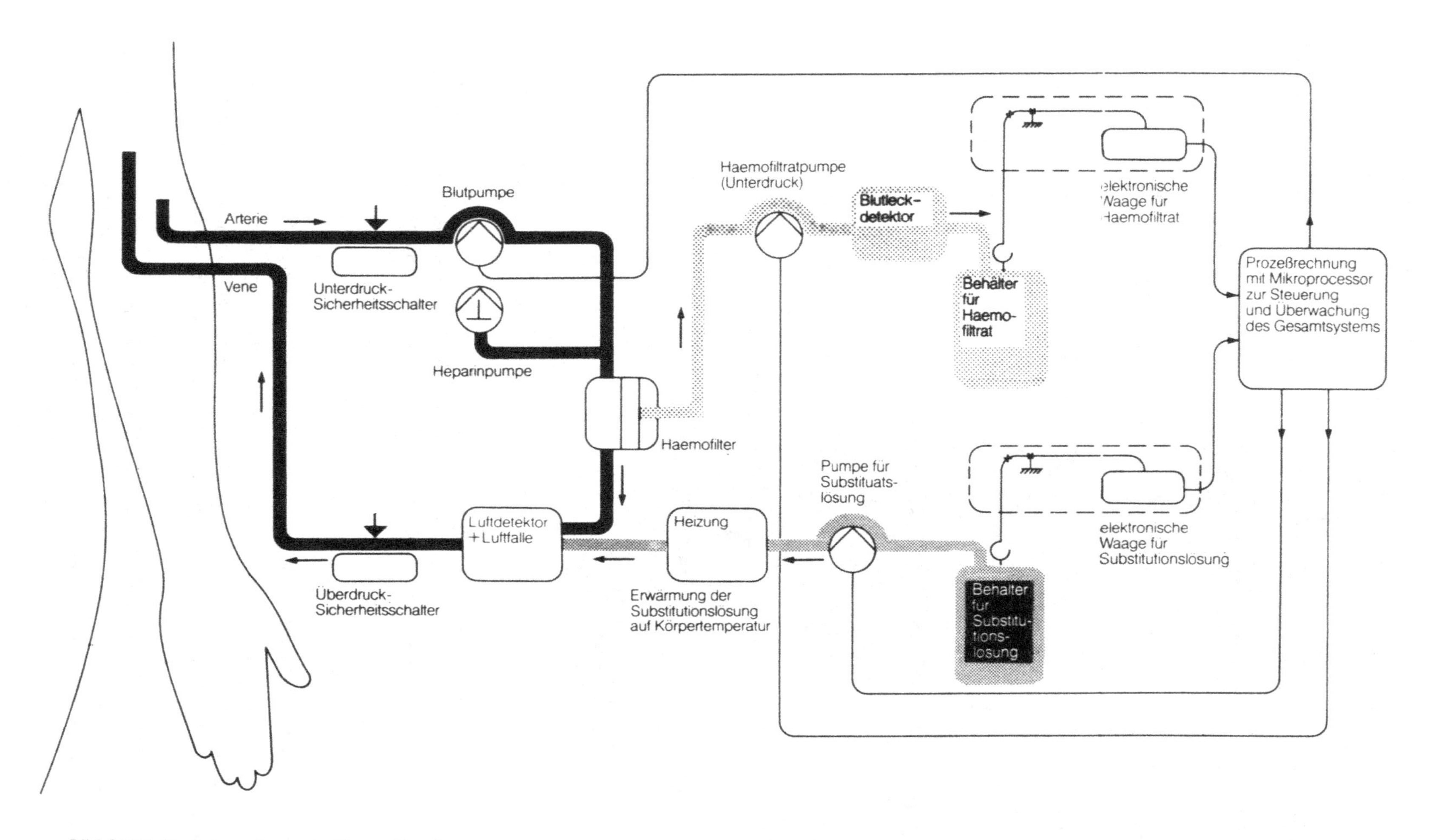

Bild 5.111 Funktionsschema der Haemofiltration
Quelle: Sartorius

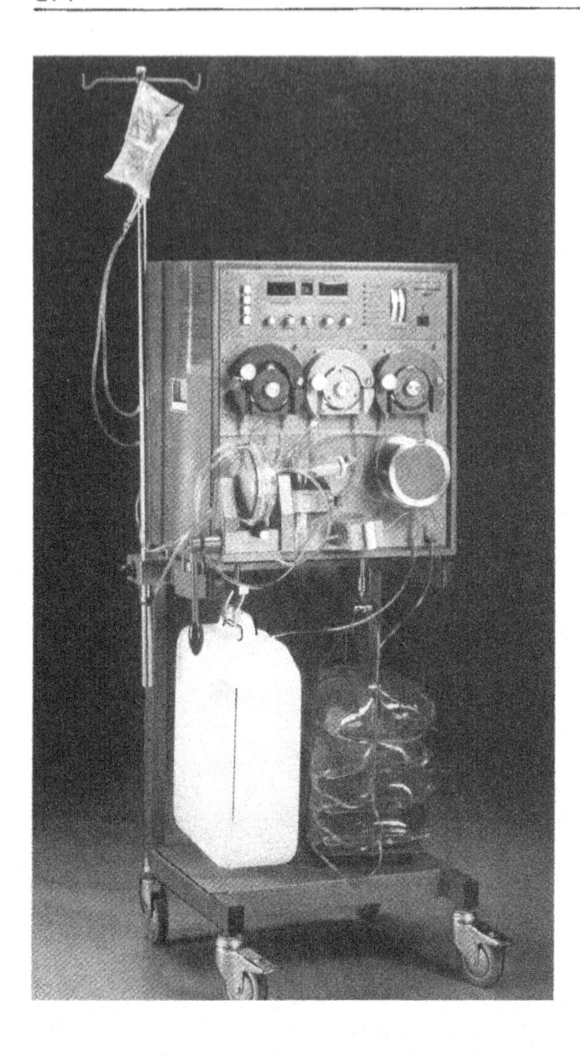

Bild 5.112
Haemoprozessor
Quelle: Sartorius

- Im dritten Einschub befinden sich u. a. die Heizung für die Substitutionslösung, je einen Blutleck- und Luftdetektor sowie 2 Waagen mit nach unten durchgeführtem Gehänge für die Aufnahme des Filtratbehälters und der Behälter für die Substitutionslösung.

5.6.8.2 Analysenwaagen

Hier wird auf die Ausführungen des Abschnittes 5.1 verwiesen.

5.6.9 Probleme des medizinischen Wägens und Lösungsmöglichkeiten

Vergleicht man unterschiedliche Meßprinzipien, so wird deutlich, daß sie sich im wesentlichen in der Wägezelle und dem Verstärker unterscheiden. Die weiteren Funktionen sind nahezu unabhängig vom Meßprinzip. Die Auswahl der Wägezelle ist somit das Kernproblem. Entscheidungskriterien sind hier:

- Die Wägezelle muß für eichfähige Waagen bis zu 3000 Teilen geeignet sein.
- Die Herstellkosten des Gesamtsystems dürfen nicht oberhalb der Kosten mechanischer Bauarten liegen, weil das Wägen in der Medizin nicht abrechnungsfähig ist.

Ein Vergleich der Wägezellen zeigt:

- Induktive und kapazitive Wägezellen erfüllen das Kostenkriterium, haben jedoch eine Auflösungsgrenze von etwa 500 Teilen. Sie sind somit zur Zeit nur für Badezimmerwaagen mit 0,5 kg Teilung einsetzbar.
- Die optische Abtastung von Code- oder Inkrementalscheiben erlaubt im vorgegebenen Kostenrahmen Auflösungen etwa gleicher Größenordnung. Bei Auflösungen von 1500 und mehr Teilen steigen die Systemkosten erheblich. Probleme, die es zu lösen gilt, sind beispielsweise der Staubschutz und die Alterung der Glühlampen und Abtastsensoren.
- Die Systemkosten der Schwingsaite und der Kraftkompensation sind ebenfalls zu hoch.
- Hermetisch gegen Umwelteinflüsse gekapselte DMS-Wägezellen erreichen ausreichende Auflösungen, sind jedoch zu teuer. Durch kunststoffgekapselte oder offene DMS-Wägezellen lassen sich die Kosten erheblich reduzieren. Praktische Ausführungsformen und Meßergebnisse werden in Abschnitt 3.2 diskutiert.

Die positiven Eigenschaften der DMS-Wägezelle sind:

- Verschleißfreiheit,
- hohe Linearität,
- kleine Hysterese,
- Unempfindlichkeit gegen Stoßbelastung,
- geringe Temperaturempfindlichkeit.

Nachteile sind:

- das kleine Ausgangssignal; dieser Nachteil läßt sich mit leistungsfähigen Operationsverstärkern beheben;
- eine hohe Nullpunktdrift; bei medizinischen Einsatzfällen (mit Ausnahme der Bettwaage) mit Wägezeiten von wenigen Sekunden ist dieser Nachteil von geringer Bedeutung. Zu Beginn jeder Wägung wird nullgesetzt und die Wägezeit durch eine Zeitautomatik begrenzt. Besondere Maßnahmen zur Nullpunktstabilisierung können entfallen. Soll die Anzeige ständig in Betrieb sein, wird der Nullpunkt mittels spezieller Programme automatisch nachgeführt.

Für die auf den Verstärker folgenden Funktionen A/D-Wandlung und Ablaufsteuerung bieten sich zur Kostenreduktion hoch integrierte Bausteine an. Ein Beispiel ist der 1-Chip-Mikro-Computer:

- Die Update-Zeit bei Personenwaagen liegt bei ca. 1 s. Sie ist verglichen mit der Arbeitsgeschwindigkeit der Prozessoren sehr lang. So können wesentliche Aufgaben durch den Mikro-Prozessor im Zeit-Multiplex-Verfahren nacheinander abgearbeitet werden.
- Die Programmkapazität reicht aus, mehrere Waagenarten in einem Speicher abzulegen. Durch Codierbrücken arbeitet der Mikro-Computer dann das gewünschte Programm ab. Die Stückzahl eines Mikro-Computer-Chips läßt sich so erheblich steigern und die Kostendegression ausnutzen.
- Wegen der längeren Update-Zeit sind auch langsame, integrierende A/D-Wandler einsetzbar. Hier liegt der wesentliche Unterschied zu den meisten anderen Waagentypen, bei denen kurze Reaktionszeiten gefordert werden.

Die Stromversorgung ist bei den meisten medizinischen Waagen ein Problem. Gewünscht wird eine hohe Mobilität der Waage auf der Station und ein hohes Maß an elektrischer Sicherheit. Hier bietet sich der Batteriebetrieb an, jedoch stehen dann nur Versorgungsspannungen von 5 ... 6 V zur Verfügung. Standard-Operationsverstärker benötigen erheblich höhere Betriebsspannungen. Da Spannungswandler wegen ihres schlechten Wirkungsgrades nicht verwendbar sind, bedarf dieses Problem besonderer Beachtung. Manuelle Ausschalter sind ebenfalls nachteilig. Wegen des häufigen Personalwechsels auf der Station wird oft vergessen, die Waage auszuschalten. Hier helfen Eintaster mit nachgeschalteten Zeitgliedern, die die Einschaltdauer begrenzen. Bei Einschaltzeiten von 10 ... 20 s sind so mehr als 1000 Wägungen mit einem Batteriesatz möglich. Das elektrische und thermische Einschwingen sollte nach maximal 0,2 ... 0,5 s beendet sein, weil sonst zu lange Wartezeiten für den Anwender entstehen.

Bettwaagen sind grundsätzlich ähnlich wie Personenwaagen aufgebaut. Auch hier hat sich der Einsatz von Mikro-Prozessoren bewährt. Die Berechnung des Patientengewichtes aus Gesamtgewicht minus Bettgewicht, die Änderung des Patientengewichtes und die Überwachung von Grenzwerten sind einige der Prozessoraufgaben. Abweichend von Personenwaagen sind Bettwaagen z. B. bei der Behandlung Brandverletzter über mehrere Tage im Einsatz, ohne daß jeweils ein erneutes Nullsetzen erfolgen kann. Hier wird eine hohe Langzeitstabilität gefordert. Hermetisch gekapselte DMS-Wägezellen erfüllen diese Forderung. Die Signalaufbereitung erfolgt mittels Trägerfrequenz. So lassen sich Gleichspannungsdriften von Kontakten und Operationsverstärkern automatisch eliminieren.

Der Einsatz von Mikrocomputern erschließt auch weitere Bereiche für Personenwaagen. Es lassen sich Wägesysteme schaffen, die vor allem dem gesundheitsbewußten Privatmann eine

Bild 5.113
Elektromechanische Personenwaage mit Zusatzfunktionen für den privaten Endverbraucher
Quelle: seca Vogel & Halke

bessere Unterstützung bei der Gewichtsreduzierung bieten. Bedenkt man, daß zur Zeit zwei Drittel der Bundesbürger über ihrem Idealgewicht liegen und jeder Dritte sogar das Normalgewicht überschreitet, wird der Nutzen solcher Systeme deutlich.

Bei diesen intelligenten Personenwaagen übernimmt der Computer zusätzlich folgende Aufgaben:

- Bedienung der Tastatur, über die persönliche Kennwerte eingegeben werden,
- Berechnung des Idealgewichts auf der Basis einer medizinischen Formel,
- Ermittlung der Differenz zum Zielgewicht,
- das persönliche Wunschgewicht und die Zeit zur Erreichung dieses Gewichtswunsches lassen sich eingeben,
- auf Knopfdruck wird der Gewichtstrend der kommenden Woche angezeigt,
- Lichtsignale zeigen an, ob der Weg zum Wunschgewicht eingehalten wird; unvermeidliche Tagesschwankungen werden dabei berücksichtigt,
- die Waage kann gleichzeitig von 12 Personen benutzt werden,
- Lichtsignale zeigen die Bedienungsschritte an.

Die Speicherung der Anfangs- und Zielgewichte geschieht in CMOS-Speichern. Ein Beispiel zeigt Bild 5.113.

Schrifttum

[1] Gesetz über das Meß- und Eichwesen vom 8.7.1969
[2] Gesetz zur Änderung des Gesetzes über technische Arbeitsmittel und der Gewerbeordnung vom 13.8.1979, Bundesgesetzblatt, Teil 1, vom 17.8.1979, Seite 1133 ff.

5.7 Waagen für Straßen- und Gleisfahrzeuge

N. Müller, A. Schuster

5.7.1 Erfassung des rollenden Verkehrs

In weiten Bereichen der Industrie ist es erforderlich, die Waren- bzw. Materialbewegungen des rollenden Verkehrs im Ein- und Ausgang zu kontrollieren. Dies beschränkt sich nicht nur auf das eichpflichtige Erfassen der Netto-Gewichte, sondern bezieht sich auch auf das Überprüfen zulässiger Ladegewichte von Fahrzeugen, für die entsprechende Vorschriften gelten.

Fahrzeugwaagen, vorzugsweise eingebaut in die Zu- bzw. Ausfahrtswege eines Betriebs- oder Werksbereiches, sind in hohem Maße geeignet, diese Aufgaben zu erfüllen. Die Waagen werden in der Regel so in den Verkehrsfluß integriert, daß keine zeitraubenden Umwege für die Wägungen notwendig sind. Ihre Anordnungen richten sich dabei nach den technischen Daten der zu wägenden Fahrzeuge und nach sonstigen räumlichen Randbedingungen, wie vorgegebene Straßen- oder Gleisführung.

Als Fahrzeugwaagen sollen hier alle Waagen verstanden werden, die geeignet sind, Gesamt- oder Teilgewichte von Fahrzeugen zu erfassen oder zu kontrollieren, wobei die Waagen getrennt von den Fahrzeugen angeordnet sind und nicht in diese eingebaut oder mit ihnen verbunden sind.

Man unterscheidet Waagen für schienen-ungebundene und schienen-gebundene Fahrzeuge. Auch Kombinationen sind möglich. Es ist allgemein üblich, hier von Straßenfahrzeugwaagen und Gleisfahrzeugwaagen zu sprechen. Jede dieser Gruppen kann man ferner nach dem vorgesehenen Wägeverfahren unterscheiden, nämlich Waagen für Fahrtwägung oder Wägung im Stillstand. Zusätzlich sind Varianten möglich, die auch oder nur Achs- bzw. Radlasten ermitteln (Bild 5.114).

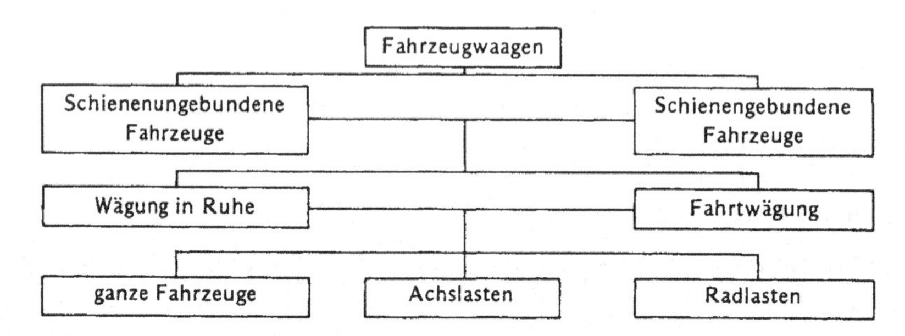

Bild 5.114 Einteilung von Fahrzeugwaagen
Quelle: Verfasser

Welche Waagenart und welches Wägeverfahren Anwendung findet, richtet sich nicht nur nach den Fahrzeugen, sondern auch nach dem Zweck der Gewichtserfassung. Da die Meßunsicherheit der Wägung jedoch auch von äußeren Einflüssen abhängt wie Wind, Fahrtgeschwindigkeit und Eigenschwingungsverhalten der Fahrzeuge, deren Positionsgenauigkeit auf der Waagenbrücke, Qualität der Waagenfundamente und ähnlichem mehr, sind die technischen Möglichkeiten und der ökonomische Einsatz im Einzelfall stets sorgfältig zu prüfen.

5.7.2 Bauarten und Komponenten

Fahrzeugwaagen sind Brückenwaagen im Sinne der Definition nach DIN 8120, Teil 1. Die lastaufnehmende Waagenbrücke stützt sich dabei derart auf die lastübertragenden Elemente ab, daß keine Stütz- oder Aufhängevorrichtungen oberhalb der Waagenbrücke angeordnet sind und dadurch das Auffahren der Fahrzeuge behindern könnten.

Folgende Bauarten werden eingesetzt:

- Mechanische Hebelwerkswaagen,
- Elektromechanische Waagen,
- Hybridausführungen.

Die elektromechanischen Waagen haben sich in den letzten Jahren immer stärker durchgesetzt, und es ist nicht auszuschließen, daß in den achtziger Jahren bei Neu-Installationen eine nahezu vollständige Ablösung der rein mechanischen Ausführungen erfolgen wird. Die sogenannten Hybridausführungen (Kombinationen von Hebelwerk und Wägezelle) stellen hierbei eine Übergangsform dar. Sie kommen häufig dort zum Einsatz, wo vorhandene mechanische Waagen umgebaut werden. Die Auswägeeinrichtung und oft auch die verbindende Hebelkette zum Lasthebelwerk werden in diesen Fällen durch eine Wägezelle mit elektronischer Auswägeeinrichtung ersetzt. Es entsteht die gemischt mechanisch-elektromechanische Ausführung.

Unabhängig von diesen Kriterien werden Fahrzeugwaagen als Einzelbrückenwaagen oder Doppelbrückenwaagen, z. B. den sogenannten Verbundwaagen eingesetzt. Bei letzteren werden zwei Einzelbrücken hintereinander angeordnet, die sowohl einzeln als auch „im Verbund" gleichzeitig auf eine gemeinsame Auswägeeinrichtung geschaltet werden, um beispielsweise einen Lastzug mit Motorwagen und Anhänger einzeln und komplett wägen zu können.

5.7.2.1 Mechanische Waagen

Die Lasthebelanordnungen der mechanischen Waagen sind im Gegensatz zu früheren Ausführungen durch Verwendung von Einzelhebeln gekennzeichnet, die unabhängig von den Brückenabmessungen eingesetzt werden können. Sie werden paarweise angeordnet, so daß sich die Waagenbrücke je nach Länge auf 4, 6 oder 8 Lastschneiden abstützt. Die Verbindung zwischen Lasthebelwerk und dem Wägehaus mit der Auswägeeinrichtung erfolgt über eine Zugkoppel oder aber über zwischengeschaltete Hebel und Hebelketten, wenn der oft standardisierte Nutzlastzug der Auswägeeinrichtung eine weitere Reduzierung der Meßkraft erfordert. In Bild 5.115 sind die gängigen Hebelanordnungen bei Fahrzeugwaagen schematisch dargestellt. Die Anordnung a) mit Einzelhebeln und Zugkoppel hat hier den Vorteil, daß die Position der Auswägeeinrichtung – und damit die Anordnung des Wägehauses – in gewissen Grenzen variiert werden kann, ohne daß das Hebelsystem einer versetzten Wägehaus-Anordnung angepaßt werden müßte. Die Anordnung c) mit Last- und Übertragungshebeln ist in dieser Hinsicht nicht variabel. Die zusätzlichen Hebel sind jedoch bei großen Höchstlasten (Gleiswaagen) erforderlich, um die notwendige Hebelübersetzung zu erreichen.

Die statisch unbestimmte Lagerung der Waagenbrücke auf vier oder mehr Stützpunkten erfordert eine gewisse Biegeelastizität der Brückenkonstruktion. Die Brücke muß bereits durch ihr Eigengewicht auf allen Stützpunkten aufliegen. Die Krafteinleitung in die Lastschneiden erfolgt über Pendelgehänge oder Kugelsupporte, so daß die Waagenbrücke in der

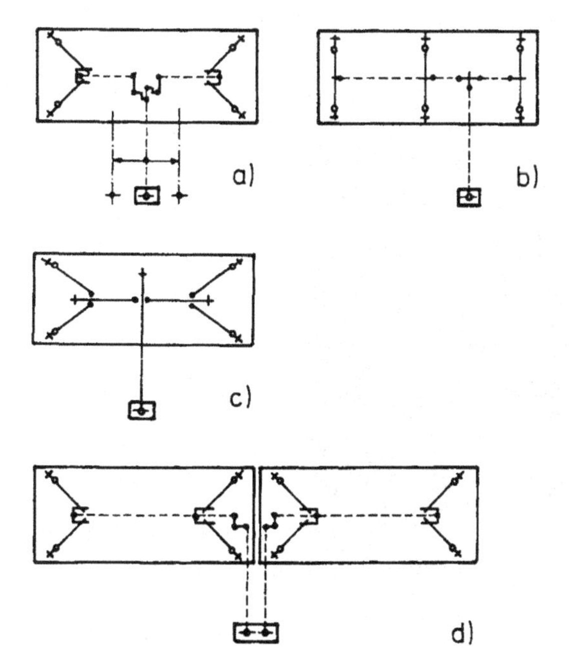

Bild 5.115

Hebelanordnung bei Fahrzeugwaagen
a) 4-Punkt-Lagerung mit Zugkoppelverbindung
b) 6-Punkt-Lagerung mit Zugkoppelverbindung
c) 4-Punkt-Lagerung mit Übertragungshebel
d) Verbundwaage mit Zugkoppelverbindung
Quelle: Verfasser

Ebene frei schwingen kann. Harte Stöße beim Auffahren oder Überfahren der Waage werden dadurch vom Hebelwerk ferngehalten. Außerdem können Längenänderungen durch Temperaturdifferenzen zwischen Brücke und Fundament ausgeglichen werden.

Für eine stabile Abstützung der Lagerpunkte müssen absetzungssichere Fundamente vorausgesetzt werden. Um parallele Befestigungsflächen, senkrecht zur Krafteinleitung und parallel zueinander zu erreichen, werden hier vorzugsweise Stahlplatten eingegossen.

5.7.2.2 Elektromechanische Waagen

In den letzten Jahren hat sich der Trend zur elektromechanischen Waage bemerkenswert beschleunigt. Bei Fahrzeugwaagen werden die charakteristischen Vorteile dieser Bauart besonders deutlich. Der Ersatz des kompletten Hebelwerks durch die unmittelbare Auflagerung der Waagenbrücke auf Wägezellen bietet eine Reihe von Vorzügen:

- Der Erhaltungsaufwand wird erheblich gesenkt, weil kein Hebelwerk, das bei im Freien stehenden Fahrzeugwaagen besonders von Korrosionsschäden bedroht ist, instand gehalten werden muß.
- Es müssen keine verschleißenden Teile wie Schneiden, Pfannen oder andere mechanische Übertragungselemente des Waagenunterbaus und der Auswägeeinrichtung gewartet und regelmäßig ausgewechselt werden.
- Es sind geringe Bauhöhen möglich.
- Die flexible Kabelverbindung zu den Wägezellen gestattet eine nahezu vollständig freizügige Anordnung der Auswägeeinrichtung und der angeschlossenen Peripheriegeräte.

Die Brücken werden auf 4, 6 oder 8 Wägezellen abgestützt. Die Krafteinleitung in die Wägezellen muß senkrecht erfolgen. Kraftnebenschlüsse sind zu vermeiden. Die Wägezellen werden vorzugsweise so in Pendellagerungen integriert, daß sie selbstzentrierend sind, die Wägebrücke somit unter dem Einfluß horizontaler Kräfte allseits auspendeln kann und sich danach wieder in die senkrechte Ruhelage zurückstellt. Das horizontale Brückenspiel wird dabei rückwirkungsfrei begrenzt (siehe Abschnitt 5.7.2.5). Bild 5.116 zeigt die Brückenlage-

Bild 5.116 Brückenlagerung auf 8 DMS-Wägezellen bei einer elektromechanischen Verbund-Fahrzeugwaage
Quelle: Schenck

rung auf Wägezellen bei einer elektromechanischen Verbund-Fahrzeugwaage. Die Wägezellen sind hier unbeweglich auf der Unterstützungsplatte befestigt. Ausgleichs- und Rückstellelement ist ein Pendeldruckstück (Bild 5.117). Eine ebenfalls bevorzugt eingesetzte Wägezellen-Lagerung zeigt Bild 5.118a. Die Wägezelle ist hier Bestandteil des pendelnden Teils. Es ist daher besonders auf ein nebenschlußfreies Verlegen des Wägezellen-Anschlußkabels zu achten.

Beide Lagerarten ermöglichen ein seitliches Verschieben des Auflagepunktes und vermeiden die Entstehung horizontaler Kräfte in den Auflagern.

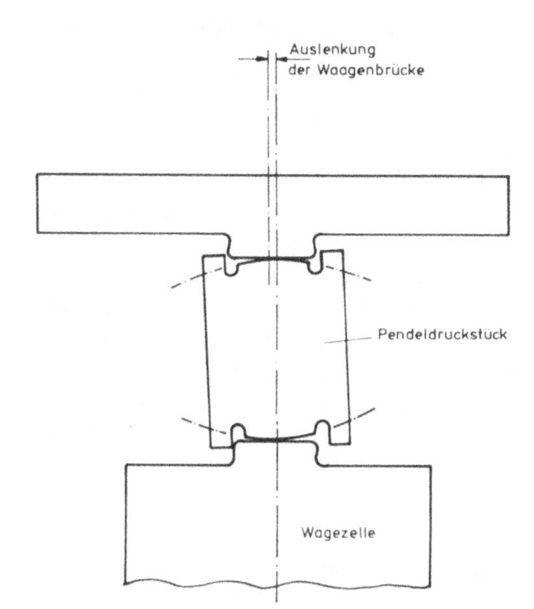

Bild 5.117
Pendeldruckstück zur Krafteinleitung bei Wägezellen
Quelle: Verfasser

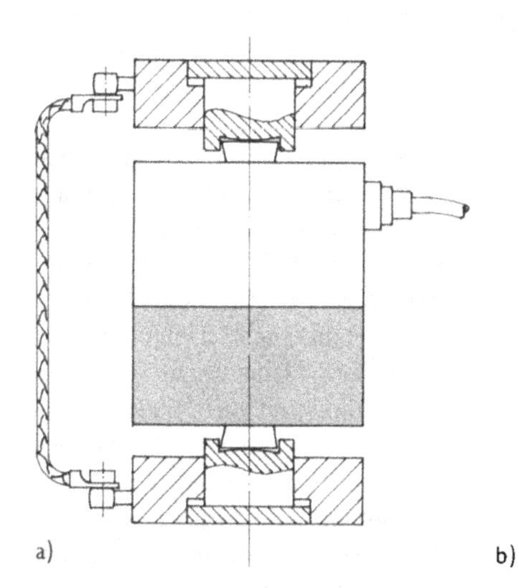

Bild 5.118 Wägezellen-Pendellagerung
a) Krafteinleitung b) Lager mit Schutzmanschette
Quelle: Schenck

Die eingesetzten DMS-Wägezellen sind in der Regel hermetisch geschlossen und weitgehend gegen Korrosion geschützt. Die Nennlast richtet sich nach der gesamten Last, die auf die Waagenbrücke einwirkt. Bei Fahrzeugwaagen ist das Eigengewicht der Waagenbrücke sehr hoch. Zusammen mit der zu wägenden Nutzlast muß die Bruttolast kleiner als die Nennlast der Wägezellen sein. Hinzu kommen dynamische Beanspruchungen. Keinesfalls darf die Grenzlast der Wägezellen überschritten werden. Demzufolge ist die Wägezellen-Ausnutzung, d.h. das Verhältnis der Höchstlast (Nutzlast der Waage) zur Summe aller Wägezellen-Nennlasten, bei Fahrzeugwaagen relativ klein. Meßtechnisch kann also nur ein kleiner Bereich der Wägezellen-Nennlast ausgenützt werden.

Als Faustregel für die Wägezellen-Ausnutzung B_a kann je nach Wägezellen-Bauart für Straßen- und Gleisfahrzeugwaagen angenommen werden:

$$B_a = \frac{\text{Höchstlast der Waage}}{\text{Summe der Wägezellen-Nennlast}} \times 100\,\% = 20 \ldots 50\,\% \qquad (5.4)$$

Auch bei kleiner Wägezellen-Ausnutzung muß eine hohe Genauigkeit gewährleistet sein, um eichfähige Waagen mit einer Auflösung bis zu 3000 Teilen sicher zu beherrschen. Die heutige Wägezellen-Technologie ist in der Lage, diese Anforderungen zu erfüllen, was Voraussetzung für das Vordringen der elektromechanischen Ausführungen war.

Die kompletten Wägezellen-Lager können zum Schutz gegen Staub und Nässe mit einer Manschette versehen werden (Bild 5.118b). Zum Ableiten parasitärer Ströme, die z. B. beim Schweißen entstehen können, wird ein geflochtenes Kupferkabel – mechanisch flexibel – als elektrischer Nebenschluß installiert. Die Wägezellen-Anschlußkabel werden in der Waagengrube zu einem Anschlußkasten geführt, von wo aus die Verbindung zur Auswägeeinrichtung erfolgt.

5.7.2.3 Hybridausführungen

Die Kombination einer Hebelwerksausführung mit Wägezellen wird häufig bei einem Umbau oder bei Umrüstungen gewählt. Man versucht hierbei die Vorteile elektronischer Auswägeeinrichtungen und deren freizügige Anordnung gegenüber der Waagenbrücke auszunutzen, ohne daß ein komplettes Hebelwerk erforderlich wird. Kostengesichtspunkte spielen hierbei eine entscheidende Rolle und im Einzelfall sind Investitionskosten, Wartungsaufwand und bei Umrüstungen nicht zuletzt der technische Zustand des vorhandenen Hebelwerks gegeneinander abzuwägen.

Ort und Art des Wägezellen-Einbaus hängen von verschiedenen Randbedingungen ab. Hebelanordnung, örtliche Verhältnisse oder auch Art und Zweck des beabsichtigten Umbaus können die Einbaustelle beeinflussen. Die Wägezelle kann unmittelbar im Austausch gegen die mechanische Auswägeeinrichtung an deren Stelle eingebaut werden. Der Umrüstungsaufwand ist dabei gering und es wird in der Regel nur eine Wägezelle mit kleiner Nennlast benötigt. Sehr häufig wird als Einbaustelle die Endschneide des ersten, den Lasthebeln nachgeschalteten gemeinsamen Übertragungshebels gewählt. Die weiteren Hebel bis zur Auswägeeinrichtung können entfallen. Der Wartungsaufwand wird gesenkt, und die freizügige Anordnung der elektronischen Auswägeeinrichtung ist weitestgehend möglich. Schließlich werden auch Anordnungen verwendet, bei denen jeweils ein Lasthebelpaar auf eine Wägezelle geschaltet wird. Hierbei kann völlig auf die nachgeschalteten Übertragungshebel verzichtet werden, allerdings werden die erforderlichen Wägezellen-Nennlasten mit kleiner werdenden Hebelübersetzungen größer. Für alle Einbauarten gilt, daß bei der Krafteinleitung in die Wägezellen gleiche Kriterien zu beachten sind, wie sie bereits in Abschnitt 5.7.2.2

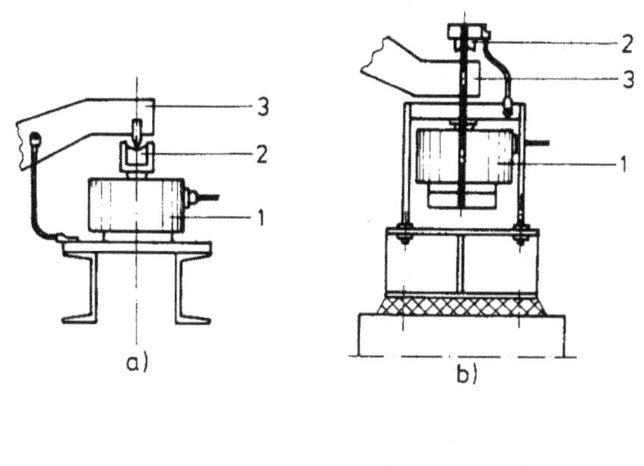

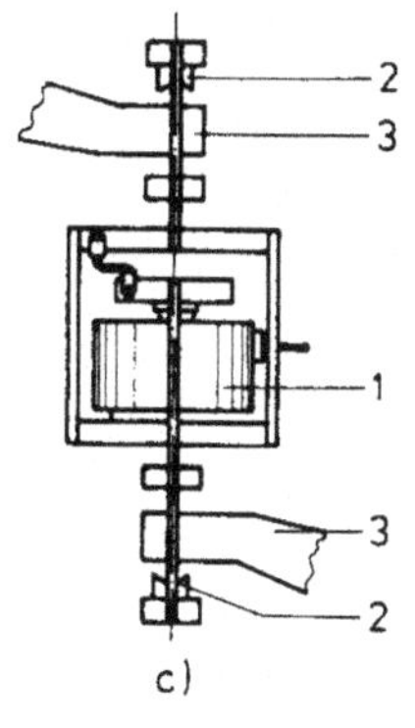

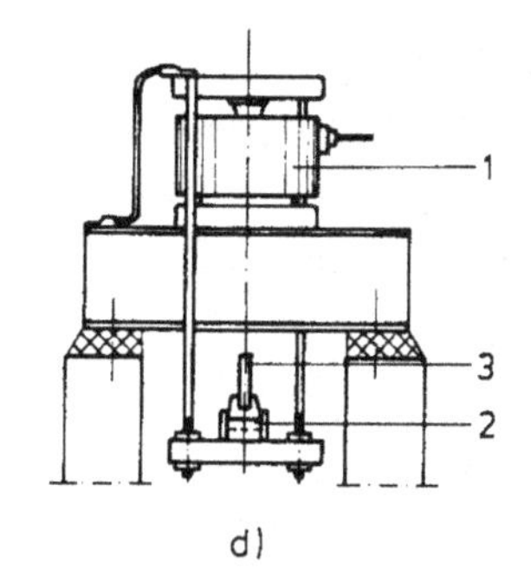

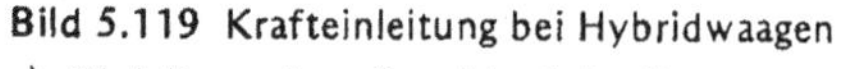

Bild 5.119 Krafteinleitung bei Hybridwaagen
a) Einleitung einer Druckkraft in die Wägezelle über eine Pfannenlagerung
b) Einleitung einer Zugkraft in die Wägezelle über ein Umkehrgehänge
c) Einbau einer Wägezelle in eine Zugstangenverbindung
d) Einleitung einer Druckkraft in eine Wägezelle über ein Pendelgehänge.
1 Wägezelle
2 Pfannen-Lagerung
3 Hebel mit Schneide
Quelle: Verfasser

angeführt wurden. Die Krafteinleitung erfolgt über die Schneide eines Hebels. Es müssen also Ausgleichselemente angeordnet werden, so daß die Kraft senkrecht und rückwirkungsfrei in die Wägezelle eingeleitet wird. In Bild 5.119 sind einige der vorzugsweise eingesetzten Krafteinleitungen bei Hybridwaagen dargestellt.

5.7.2.4 Brücken und Fundamente

Fahrzeugwaagen sind in der Regel im Freien ortsfest eingebaut. Sie sind besonderen Umgebungsbedingungen ausgesetzt. Große Sorgfalt ist somit auf die Ausführung der Betonfundamente und der Waagenbrücken zu richten [1, 2].

Als Waagenbrücken werden eingesetzt:

- Stahlbaubrücken,
- Vollbetonbrücken,
- Spannbeton-Fertigteilbrücken.

Die Längsträger der Stahlbaubrücken (Bild 5.120a) sind durch Quertraversen verbunden und stabilisiert. Die Brücken können mit einer Betonfüllung versehen werden oder aber mit Fahrbahnabdeckungen aus Tränen- bzw. Riffelblech. Verwendet werden auch zerlegbare Stahlträgerbrücken, die mit Betonplatten oder speziellen Stahlbohlenprofilen abgedeckt werden können. Da die Waagenbrücken den Witterungseinflüssen unmittelbar ausgesetzt sind, ist auf guten Korrosionsschutz der Stahlträger – z. B. durch Feuerverzinkung – zu achten.

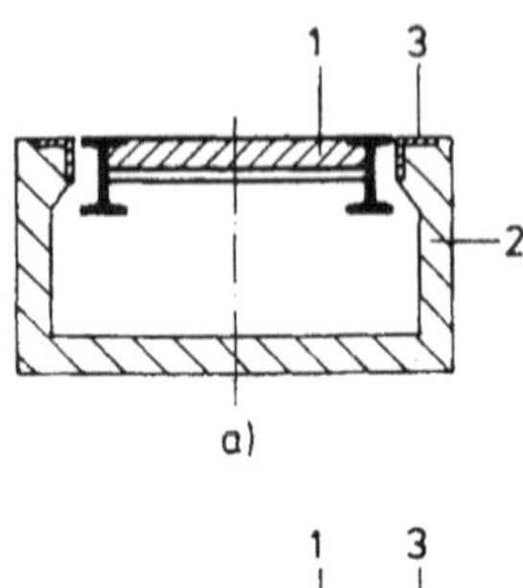

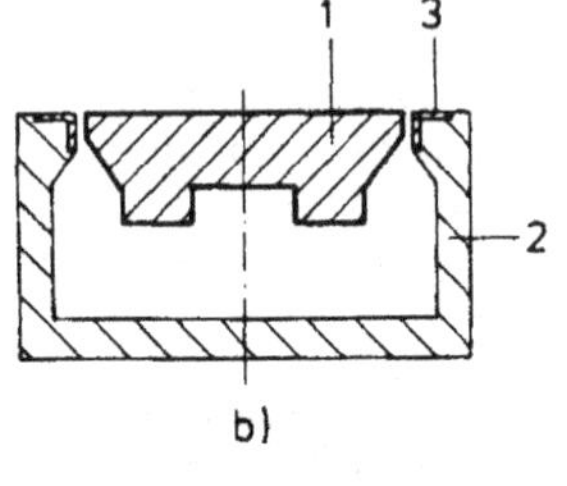

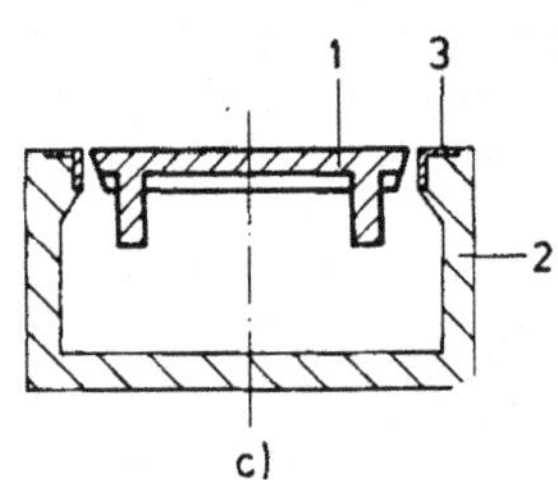

Bild 5.120
Ausführungen von Waagenbrücken
a) Stahlbaubrücke
b) Vollbetonbrücke
c) Spannbeton-Fertigteilbrücke
1 Waagenbrücke
2 Fundament
3 Fundament-Einfassung
Quelle: Verfasser

Vollbetonbrücken können an Ort und Stelle hergestellt werden. Sie haben glatte, einfache Formen, so daß die Schalungskosten vertretbar sind (Bild 5.120b). Ihr Eigengewicht ist wesentlich höher als das der Stahlbaubrücken. Je nach Brückenlänge und Ausgestaltung kann es das 1,5- bis 2-fache der Stahlbrücken betragen. Vollbetonbrücken werden vorzugsweise dann eingesetzt, wenn die Kostenbewertung der Transportprobleme im Vergleich zu den Bau- und Montagezeiten ihren Einsatz rechtfertigen.

Spannbeton-Fertigteilbrücken sind in den letzten Jahren verstärkt zum Einsatz gekommen. In Verbindung mit Fundamenten aus vorfabrizierten Fertigteilelementen werden außergewöhnlich kurze Bau- und Montagezeiten erreicht. Das Eigengewicht dieser Brücken ist mit dem der Stahlbauausführungen vergleichbar (Bild 5.120c).

Die Forderung der Eichordnung nach Einsehbarkeit der Waagenteile bzw. Zugänglichkeit der Waagengrube, sowie nach einer wirksamen Entwässerung müssen bereits bei der Brückenausgestaltung berücksichtigt werden. Vorzugsweise werden in der Brücke zwei abdeckbare Einstiegöffnungen zur Begehung der Waagengrube vorgesehen. Nur in Ausnahmefällen, wenn besondere bauseitige Gründe dies erfordern, werden Zugänge an den Stirnseiten des Waagenfundamentes angeordnet. Zur Ableitung von Regenwasser können zentrale Abflußröhren in der Brücke vorgesehen werden. Das über die Brückenspalte einlaufende Wasser kann durch geeignete Abweiskanten an der Brückenunterseite vom Hebelwerk bzw. von den Wägezellen-Lagerungen ferngehalten werden.

Neben den Waagenbrücken ist die Ausführung und die Anordnung der Waagenfundamente für die Funktionstüchtigkeit – und nicht zuletzt auch für die Lebensdauer der ganzen Waage – von großer Wichtigkeit. Am Aufstellungsort sollte fester, gewachsener Boden vorhanden sein. Gegebenenfalls muß durch geeignete Maßnahmen für die erforderliche Bodenfestigkeit gesorgt werden, so daß sich das Fundament später nicht absenkt. Nach der Eichordnung EO 9, Nr. 15.1.11.3 müssen auch die An- und Abfahrt zu ortsfesten Fahrzeugwaagen als gerade und waagerechte Beruhigungsstrecken „hinreichend fest" sein (siehe auch Abschnitt 5.7.6.1).

Bei geschlossenen Betonfundamenten ist die Grube so tief, daß die Zugänglichkeit zu den Lastaufnahme- bzw. Lastübertragungselementen gegeben ist. Vorzugsweise bei elektromechanischen Waagen werden auch flache, nicht begehbare Fundamentgruben eingesetzt. Sie haben seitliche Inspektionsschächte für die Wägezellen und sind deshalb oft breiter als begehbare Waagenfundamente. Die Reinigung des Raums unterhalb der Waagenbrücke kann bei diesen flachen Ausführungen und stärkerer Verschlammung der Grube zu Schwierigkeiten führen.

Flachfundamente sind dort von Vorteil, wo beispielsweise ein hoher Grundwasserspiegel, vorhandene Versorgungsleitungen oder ein felsiger Baugrund den Aushub einer tieferen Grube erschweren.

Im Vergleich zu Ortbeton-Fundamenten können mit Fertigteil-Ausführungen Kosten und Bauzeit reduziert werden. Vorfabrizierte Betonsockel als Aufnahme für Brückenlagerungen, Sicherheitsstützen, Stoßfänger und Montage-Öldruckheber jeweils als Kopfstücke einer Grube angeordnet, können für alle Brückenlängen gleich groß sein und somit serienmäßig gefertigt werden. Die längsverbindenden Seitenwangen haben nur den Erddruck aufzunehmen und sind keine tragenden Bauteile [3].

5.7.2.5 Stoßbegrenzungen/Sicherheitsstützen

Die Waagenbrücke muß frei von Kraftnebenschlüssen schwingen können. Die Schwingweite muß jedoch gegenüber dem ortsfesten Fundament begrenzt werden, um die beim Auffahren und Abbremsen der Fahrzeuge in waagerechter Richtung entstehenden Stöße abfangen zu können. Die hierzu vorgesehenen Stoßbegrenzer oder Stoßfänger begrenzen das freie Spiel der Brücke in der Ebene oder schließen es unter Umständen ganz aus.

Eingesetzt werden Stoßbegrenzungen in Form von Klauenstoßfängern oder Kugelstoßbolzen. Hauptstoßrichtung ist naturgemäß die Auf- bzw. Überfahrrichtung der Waagenbrücke. Durch einseitiges oder schräges Überfahren der Brücken bei Straßenfahrzeugwaagen, aber auch durch andere Einflüsse wie Schwingen der Fahrzeuge oder Winddruck können Stöße quer zur Längsseite der Waagenbrücke auftreten. Stoßbegrenzer müssen also an allen vier Seiten der Brücke angeordnet werden oder aber allseits eine Begrenzung bewirken.

Klauenstoßfänger (Bild 5.121) haben in der Regel ein fest vorgegebenes Spiel und werden paarweise an den Stirnseiten der Waagenbrücke oder aber an jeder Brückenseite angeordnet. Bei Waagen mit voraussehbaren größeren Störkräften werden oft Kugelstoßbolzen eingesetzt. Diese Stoßbegrenzer sind aufwendiger, mit ihnen kann jedoch das Brückenspiel völlig aufgehoben werden, ohne daß unzulässige Kraftnebenschlüsse entstehen. Die dynamischen Längs- oder Seitenkräfte, die auf das Wägesystem einwirken, können hiermit am besten abgefangen werden. Kugelstoßbolzen werden an den vier Brückenecken unter einem Winkel von etwa 30° zur Längsachse angeordnet. In Bild 5.122 ist eine derartige Kugelstoßbolzen-Anlenkung dargestellt.

Es ist sicherheitstechnisch notwendig und für eichpflichtige Fahrzeugwaagen in der Eichordnung (EO 9, Nr. 15.1.11.7) zwingend vorgeschrieben, daß wirksame Sicherungen gegen das Abstürzen der Waagenbrücke bei Bruch der tragenden Elemente in dem Fundament

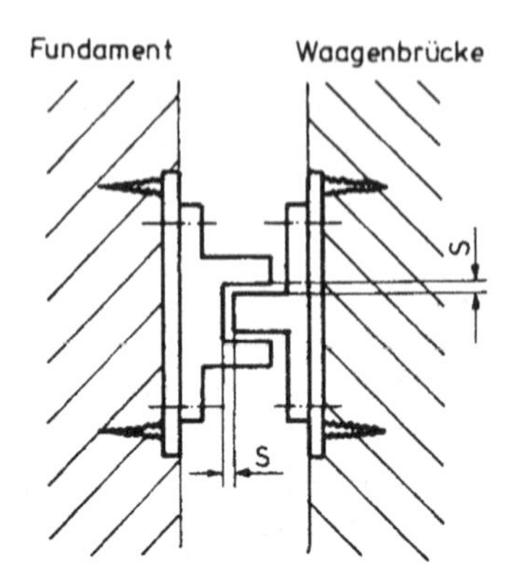

Bild 5.121 Klauenstoßfänger mit vorgegebenem Brückenspiel S
Quelle: Verfasser

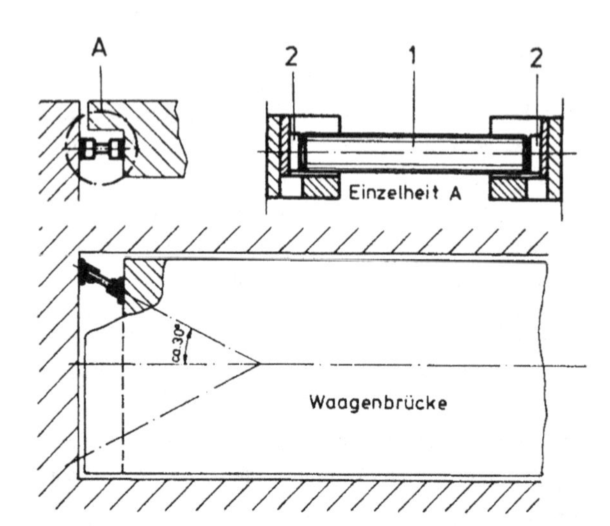

Bild 5.122 Stirnseite einer Waagenbrücke mit Kugelstoßbolzenanlenkung
1 Kugelstoßbolzen
2 Stoßplatten
Quelle: Verfasser

der Waage vorgesehen werden müssen. Die hierzu bestimmten Sicherheitsstützen werden in unmittelbarer Nähe der Brückenabstützpunkte angeordnet. Dafür werden entsprechende Betonsockel oder getrennte Stahlstützen aus Doppel-T oder Rohr-Profilen vorgesehen. Bei Gleiswaagen sind zusätzliche Richtlinien der Deutschen Bundesbahn zu beachten, die die Vorschriften der EO noch weiter einschränken.

5.7.3 Registrierung/Datenverarbeitung

Die Registrierung von Wägedaten, die beim Güterumschlag mit Straßen- und Gleisfahrzeugen anfallen, ist durch folgende Anforderungen gekennzeichnet:

- Abdruck auf Wägekarten, Formulare, Lieferscheine, Kontrollstreifen, wobei häufig mehrere Belegarten in Kombination vorkommen;
- Abdruck von numerischen und alphanumerischen Beizeichen vielfach in großer Datenmenge, und zwar:
  Unveränderliche Beizeichen wie Waagennummer, Festsymbole
  selbsttätig fortgeschaltete Beizeichen wie laufende Nummer der Wägung, Uhrzeit, Positionsnummer von Waggons im Zugverband, Achszahl,
  pro Zeitabschnitt eingegebene Beizeichen wie Datum, Wägernummer, Zugnummer,
  pro Wägung eingegebene Beizeichen wie Kfz- oder Waggonnummer, Kunden-Sortencode, Empfängeradresse, usw.;
- unterschiedliche Formate der Wägebelege;
- Anordnung der zu registrierenden Daten auf dem Wägebeleg nach kundenspezifischen Wünschen (Formatierung des Abdrucks);
- relativ viele Durchschläge (bis 7).

Ein Druckmusterbeispiel für kombinierte Gleis- und Straßenfahrzeugwaage zeigt Bild 5.123. Die Gestaltung der eingesetzten Drucker muß an diese Registrierprogramme angepaßt sein [4] (siehe Abschnitt 7.2).

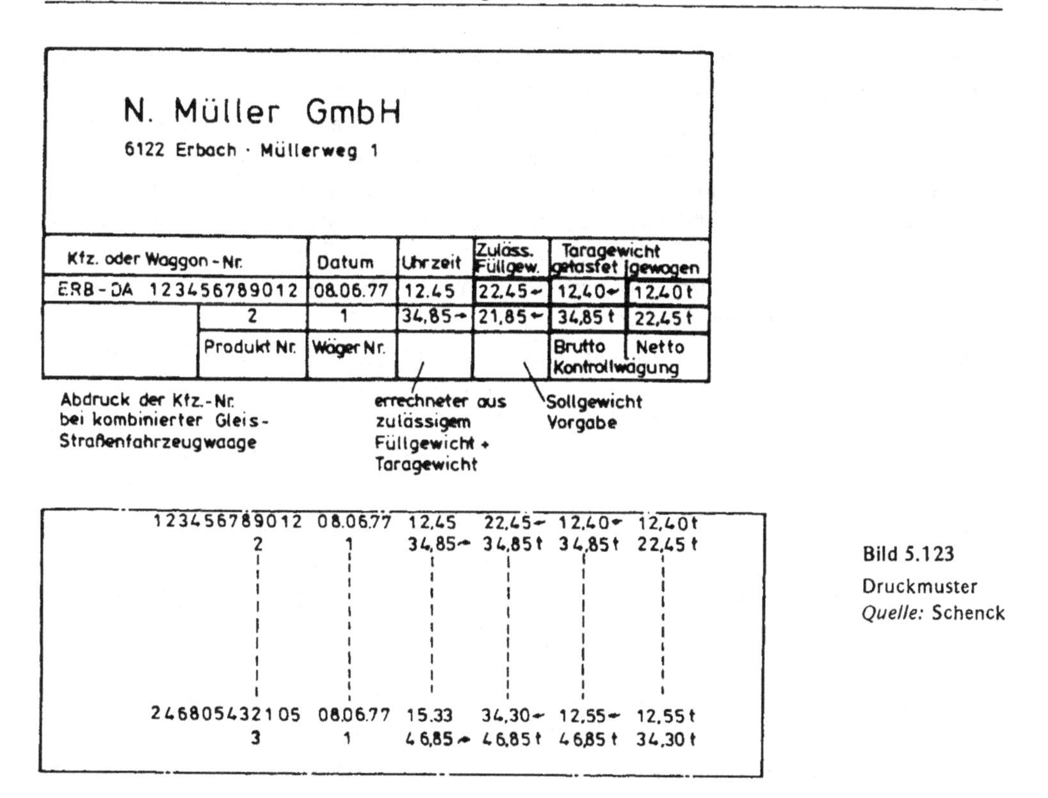

Bild 5.123
Druckmuster
Quelle: Schenck

Typische Wägungsabläufe für Straßenfahrzeug- und Gleiswaagen, auf die die Wägedatenverarbeitung abgestimmt sein muß, sind:

- zwei zeitversetzte Wägungen:
  - Abdruck des Erstwägungsgewichtes – Brutto- oder Tara –, je nachdem, ob ein leeres oder volles Fahrzeug bei der Erstwägung abgefertigt wird.
  - Bei Rückkehr des Fahrzeuges Eingabe des gewogenen Erstwägungsgewichtes über Tastatur bzw. durch Einlesung von Karten mit Loch- oder Magnetkodierung. Gegebenenfalls kann das Erstwägungsgewicht auch in einem Speicher abgelegt sein, der durch Identnummer dem Fahrzeug zugeordnet ist.
  - Abdruck des Zweitwägungsgewichtes als Bruttogewicht nach Füllen oder als Taragewicht nach Entladen des Fahrzeuges.
  - Errechnung und Abdruck des Nettogewichtes aus eingegebenem Erstwägungs- und Zweitwägungs-Gewicht und gegebenenfalls Bildung von Nettosummen für mehrere Fahrzeuge. Dabei ist auch spaltenweise Addition z. B. nach dem Kriterium „Sorte" möglich.
- Füllen und Wägen von Fahrzeugen auf der Waage:
  - Abdruck des Taragewichtes,
  - Automatische Tarierung bzw. Tarierung durch Drucktastenbetätigung,
  - Steuerung der Füllung nach vorgegebenem Sollgewicht,
  - Abdruck des Nettogewichtes mit Beizeichen und Nettosummenbildung.

Häufig wird nach Löschen des Taraspeichers auch das Bruttogewicht abgedruckt, um die Einhaltung des zulässigen Gesamtgewichtes nachweisen zu können.

Für die Wägedatenverarbeitung nach diesen Anforderungen bietet die Anwendung der Mikroprozessortechnologie optimale und kostengünstige Möglichkeiten. Eingebaut in die Auswerteeinrichtung übernimmt der Mikrorpozessor wägetechnische Grundfunktionen, wie Tarierung, Nettogewichterrechnung, Soll-Istvergleich und gibt Gewichtwerte sowie zusätzliche Informationen an Drucker und andere Empfänger aus. Dabei ist er als Sender für eine serielle Übertragungsprozedur programmiert. Für die Beizeichenverarbeitung sind je nach Gerätekonzeption folgende Konfigurationen typisch:

1. Beizeicheneingabe und kundenspezifische Formatierung des Wägebeleges am Drucker,
2. Beizeicheneingabe in begrenzter Menge an der Auswerteeinrichtung, von der aus auch die Formatierung am Drucker gesteuert wird,
3. unbegrenzte, also auch alphanumerische Beizeicheneingabe über ein Eingabeterminal oder einen Wägedatenprozessor als Verbindungsglied zwischen Auswerteeinrichtung und Drucker.

Der Wägedatenprozessor (Bild 5.124) wird durch erhöhte Speicherkapazität für Fahrzeugnummern, Erstwägungsgewichte, Kundenadressen usw., durch eine Software-Programmbibliothek für Wägungsabläufe und Registrierprogramme sowie durch Bedienerführung zum echten Datenterminal.

„Intelligente" Wägeterminals sind durch definierte, serielle Schnittstellen an ergänzende oder übergeordnete Systeme der Datenverarbeitung anschließbar, z. B.:

- Bildschirmgeräte zur Kontrolle von Eingaben und zum Abruf gespeicherter Informationen oder auch zur Bedienerführung,
- Verladesteuerungen (Lose Verladung von Schüttgütern oder Abfüllung von Flüssigstoffen oder Gasen),
- Datenspeicher großer Kapazität mit Kunden/Lieferanten-, Kfz.- oder Waggoninformationen.

Der Anschluß von Straßenfahrzeug- und Gleisfahrzeugwaagen an kommerzielle Datenverarbeitungsanlagen ist seit vielen Jahren zur wägetechnischen Routine geworden.

Soweit Lieferscheine und Rechnungen auf der Datenverarbeitungsanlage erstellt werden, müssen die von der PTB formulierten Richtlinien beachtet werden [5]. Danach kann die von der Waage angesteuerte Datenverarbeitungsanlage von der Eichpflicht unter der Voraussetzung ausgenommen werden, daß ein Sicherheitsdruckwerk zur Erstellung von Urbelegen

Bild 5.124
Wägedatenprozessor
Quelle: Schenck

in die Eichung der Waage einbezogen ist. Diese Belege müssen jeweils mindestens Gewichtswerte und ein Identifizierungsmerkmal enthalten und den Geschäftspartnern zur Verfügung stehen.

5.7.4 Waagen für Straßenfahrzeuge

Straßenfahrzeugwaagen sind nach DIN 8120 Brückenwaagen mit in der Regel ebenerdiger Brückenoberfläche zum Wägen von nichtschienengebundenen Fahrzeugen. Waagen zum Wägen ganzer Fahrzeuge bzw. ganzer Lastzüge (Zugfahrzeug und Anhänger) unterscheiden sich gegenüber Waagen zum Ermitteln von Achs- oder Radlasten nicht nur in funktioneller Hinsicht, sondern auch in der Ausführung und im Aufbau. Im folgenden werden daher beide Waagen- bzw. Wägearten getrennt behandelt.

5.7.4.1 Waagen für ganze Fahrzeuge

Aufbau und Auslegung

Die Waagen bestehen aus der lastaufnehmenden Waagenbrücke, den lastübertragenden Elementen, dem Fundament und der Auswägeeinrichtung mit eventuell angeschlossenen Registriergeräten. Diese Hauptbestandteile wurden in den vorhergehenden Abschnitten im einzelnen behandelt. Im weiteren Sinne gehört zum Gesamtkomplex „Straßenfahrzeugwaage" jedoch auch das Wägehaus, in dem die Auswägeeinrichtung und die datenverarbeitenden Geräte witterungsgeschützt untergebracht sind. Die Ausgestaltung des Wägehauses und seine Anordnung sind für einen zügigen und funktionsgerechten Wägeablauf von großer Bedeutung [6].

Die Brückenabmessungen sind an den Rad- und Achsabständen der in Frage kommenden Straßenfahrzeuge orientiert. Im Normblatt DIN 1926 Blatt 2 sind die entsprechenden Brückenlängen und Höchstlasten aufgeführt.

In Tabelle 5.10 sind Brückenabmessungen und Höchstlasten aufgeführt, die in der Praxis vorzugsweise eingesetzt werden.

Tabelle 5.10 Vorzugstypen von Straßenfahrzeugwaagen

Art	Brückengrößen m	Höchstlast t	Tragfähigkeit t	*d* (typisch) kg
Einzelwaagen	9 × 3	30	40	10
	10 × 3	30	40	10
	12 × 3	50	60	20
	14 × 3	50	60	20
	16 × 3	50	60	20
	18 × 3	50	60	20
Verbundwaagen	(9 + 9) × 3	50	80	20
	(10 + 10) × 3	50	80	20

d Skalenwert bzw. Zahlenschritt, Abdruckstufe nach Abschnitt 5.7.6.1

Bei der rechnerischen Auslegung der Waagenbrücke und der tragenden Bauelemente sind bestimmte Lastannahmen zu beachten, die in DIN 8119 (Brücken für Straßenfahrzeugwaagen) mit Hinweisen auf DIN 1072 (Straßen- und Wegebrücken, Lastannahmen) zusammengefaßt sind. In dieser Norm werden die Verkehrs-Regellasten für die Verteilung der

Achslasten, die Radlasten und die anzusetzenden Aufstandsbreiten der Regelfahrzeuge aufgeführt. Im Rahmen der statischen Berechnung ist der Festigkeitsnachweis für alle tragenden Konstruktionsteile zu erbringen. Dies sind vor allem:

- Waagenbrücke,
- Lasthebel,
- Stützböcke,
- Sicherheitsstützen,
- Fundamente.

Ebenso werden Spannungsnachweise für die Stahlbauteile mit Stabilitäts- und Dauerfestigkeitsnachweisen wie auch die erforderliche Standsicherheit im Rahmen der rechnerischen Auslegung erbracht. Unter Standsicherheit ist die Sicherheit der Waagenbrücke gegen Abheben von den Lagern vor allem in Brückenlängsrichtung zu verstehen. Die Stützpunkte der Waagenbrücke werden so gewählt, daß die nötige Kippsicherung in der Regel bereits durch das Eigengewicht der Waagenbrücke gegeben ist.

Bei der statischen Berechnung sind die dynamischen Beanspruchungen der Waage durch auf- bzw. überfahrende Fahrzeuge durch einen sogenannten „Schwingbeiwert" zu berücksichtigen. Nach DIN 8119 ist dieser Wert für alle Brücken mit $\varphi = 1{,}2$ bei einer maximalen Überfahrgeschwindigkeit von 25 km/h anzusetzen. Diese Geschwindigkeitsbegrenzung muß durch ein entsprechendes Hinweisschild an der Waage in beiden Fahrtrichtungen kenntlich gemacht werden. Ebenso muß auf die Höchstlast der Waage hingewiesen werden.

Einsatzkriterien

Erfassung, Kontrolle und Überwachung des Stoffflusses innerhalb eines Betriebes sind durch die Verknüpfung von Datenerfassungs- und Transportaufgaben gekennzeichnet. Im Bereich des Warenein- und -ausgangs wird dies besonders deutlich und Straßenfahrzeugwaagen werden hier bevorzugt eingesetzt.

Die Forderung nach möglichst verzögerungsfreiem Transportfluß wird dadurch optimiert, daß die Waagen derart eingebaut werden, daß für die Wägung keine Umleitung oder gar ein Bypass notwendig wird. Die heutige Wägetechnik erlaubt so kurze Wägezeiten, daß die damit verbundenen Standzeiten die ohnehin notwendigen Wartezeiten für die in der Regel üblichen Passierkontrollen nicht beeinflussen.

Bei der Planung einer Straßenfahrzeugwaage ist neben der fahrzeugabhängigen Auslegung auch die Anordnung der Waagenbrücke(n) für den optimalen Wägeablauf von großer Bedeutung. Art und Stärke des Fahrzeugaufkommens müssen hierbei berücksichtigt werden. In Bild 5.125 sind die häufigsten Waagenanordnungen dargestellt. Die Anordnungen a) und b) setzen voraus, daß das Fahrzeugaufkommen in beiden Richtungen nie so groß ist, daß es zu unvertretbaren Staus kommt. Bild 5.125c) und d) zeigen Anordnungen, bei denen die Ein- und Ausgangsbrücke in getrennten Fahrspuren liegen. Dies sind Anordnungen, die vorzugsweise bei hohem Fahrzeugaufkommen zu empfehlen sind. Beide Brücken können auf eine gemeinsame Auswägeeinrichtung geschaltet werden, die auch in einem gemeinsamen Wägehaus untergebracht ist. Selbstverständlich können dabei nicht die Fahrzeuge beider Fahrspuren gleichzeitig verwogen werden und bei extrem hohem Aufkommen in Ein- und Ausgangsrichtung sollten zweckmäßigerweise zwei völlig getrennte, komplette Straßenfahrzeugwaagen vorgesehen werden. Jedoch auch bei einer derartigen Anordnung kann für beide Auswägeeinrichtungen ein gemeinsames Wägehaus vorgesehen werden. Dies ist nicht nur aus Kostengründen anzustreben, sondern hat personelle und funktionelle Vorteile hinsichtlich Übersicht und Bedienung. Darüberhinaus kann so eine bessere Raumnutzung erreicht werden.

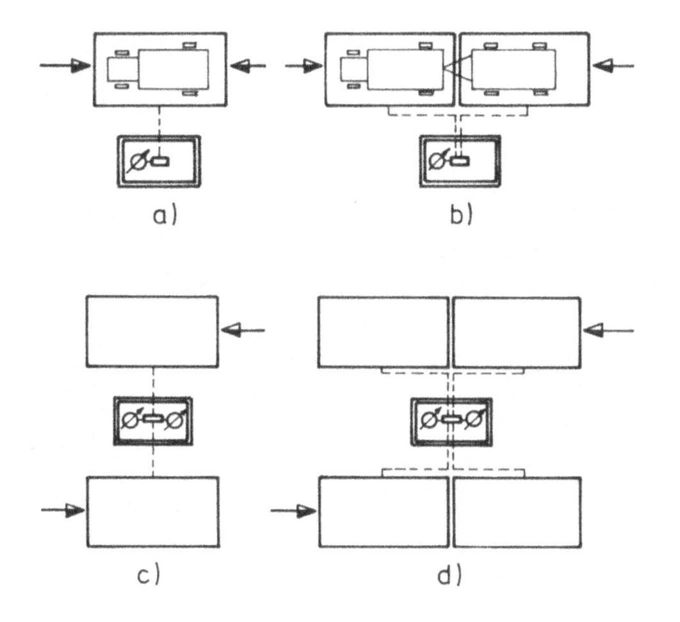

Bild 5.125
Waagenanordnung bei Straßenfahrzeugwaagen
a) Ein-Ausgangswaage
b) Verbund-Ein- und Ausgangswaage
c) Doppelwaage
Ein- und Ausgang getrennt
d) Doppelverbundwaage
Ein- und Ausgang getrennt
Quelle: Verfasser

Das Wägehaus sollte möglichst rundum verglast sein, damit dem Wäger eine vollständige Einsehbarkeit der Waagenbrücke möglich ist. Diese Einsehbarkeit ist nicht nur ein wichtiger Bedienungsvorteil, sondern wird auch durch die Eichordnung vorgeschrieben (siehe Abschnitt 5.7.6.1).

In den Bildern 5.126 bis 5.128 sind ausgeführte Anlagen dargestellt. Bei den Torwaagen in den Bildern 5.126 und 5.127 sind jeweils getrennte Waagenbrücken für die Zu- und Ausfahrspur vorhanden. In Bild 5.126 sind es zwei Einfachbrücken und Bild 5.127 zeigt den Eingangsbereich einer Zuckerfabrik mit zwei getrennten Verbundbrücken für Zu- und Ausfahrt.

Bild 5.126 Straßenfahrzeugwaage für Ein- und Ausgang
Quelle: Berkel

Bild 5.127 Doppel-Verbundfahrzeugwaage
Quelle: Schenck

Bild 5.128 Bedienplatz in einem Wägehaus
Quelle: Schenck

Bild 5.128 zeigt den Bedienungsplatz in einem Wägehaus. Die Einsehbarkeit der Waagenbrücke ist hier in optimaler Weise gegeben.

Straßenfahrzeugwaagen, die im innerbetrieblichen Bereich eingesetzt werden, unterliegen meist anderen Randbedingungen, als spezielle Ein- und Ausgangswaagen. Weit häufiger als bei Torwaagen wird man im werksinternen Bereich mit äußeren Störeinflüssen konfrontiert, die bei der Planung einer Straßenfahrzeugwaage sorgfältig auf ihre Auswirkungen hin zu untersuchen sind. Zu nennen sind hier beispielsweise Störschwingungen, die von Maschinenaggregaten in Waagennähe durch das Erdreich übertragen werden und über das Fundament der Waage die Wägungen beeinflussen. Sind Störungen dieser Art zu befürchten, ist eine Schwingungsanalyse bereits in der Planungsphase zu empfehlen, um geeignete Maßnahmen (Dämpfung der Ursachen oder Fundamentisolierung) zur Vermeidung oder Minderung der Störungen einzuleiten. In Sonderfällen muß ein anderer Standort gewählt werden. Kritisch können im innerbetrieblichen Bereich auch die räumlichen Randbedingungen werden, so daß eine einwandfreie Zu- oder Auffahrt der Fahrzeuge auf die Waagenbrücke nicht gewährleistet ist. Hier gilt gleiches wie für Torwaagen. Sorgfältige Planung unter Einbeziehung der künftigen Entwicklung bezüglich Fahrzeugart und Fahrzeugaufkommen am Einsatzort sind Voraussetzungen für einen späteren optimalen Einsatz.

Sonderausführungen

Die bisher behandelten Straßenfahrzeugwaagen sind hinsichtlich Auslegung und Aufbau an Fahrzeugen und Wägeabläufen orientiert, mit denen im normalen Produktionsprozeß und Geschäftsverkehr der weitaus größte Teil aller vorkommenden Wägeaufgaben gelöst werden kann. Darüberhinaus gibt es jedoch Sonderaufgaben, die an Ausführung und Wägetechnik spezielle Anforderungen stellen. Die Waagenhersteller haben die Lösung derartiger Wägeprobleme stets mit großem Engagement betrieben und auch im Bereich der Straßenfahrzeugwaagen werden Sonderkonstruktionen eingesetzt, die jeweils auf den Einzelfall abgestimmt sind.

Die Bilder 5.129 bis 5.131 zeigen einige Beispiele von derartigen Ausführungen. Die Überflurausführung in Bild 5.129 ist für eine fundamentlose Aufstellung konzipiert. Durch die außenliegenden Krafteinleitungen kann die Waagenbrücke sehr niedrig über dem Erdboden angeordnet werden; mittels Auf- und Abfahrrampen ist ein problemloses Überfahren der Wägebrücke möglich. Diese Ausführung kann jedoch nur dort eingesetzt werden, wo ein seitliches Auffahren auf die Waagenbrücke nicht notwendig ist, bzw. vermieden werden kann.

Bild 5.130 zeigt die Konstruktion einer elektromechanischen Verbundwaage in einem Flachfundament, das hier sogar nur zum Teil in eine Fundamentgrube eingelassen ist. Die Zugänglichkeit zu den Wägezellenlagerungen ist über seitliche Inspektionsschächte gegeben.

In Bild 5.131 ist eine Kippbrückenausführung dargestellt. Fundament und Kippbrücke sind hier für diesen konkreten Anwendungsfall konzipiert worden. Diese Ausführung ermöglicht

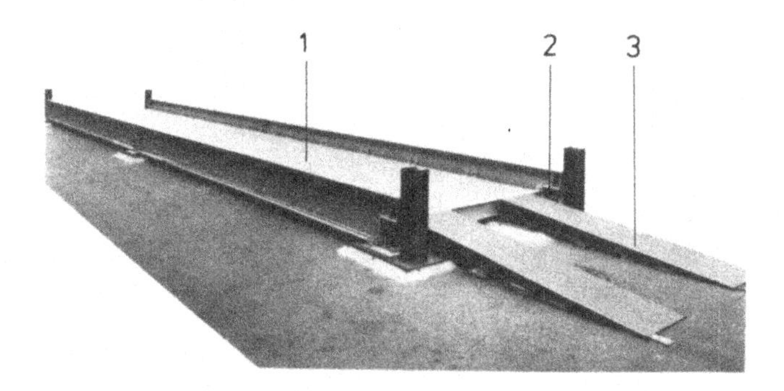

Bild 5.129
Überflurausführung einer Straßenfahrzeugwaage
1 Waagenbrücke
2 Auffahrrampe
3 Wägezellen-Lagerung
Quelle: TOLEDO

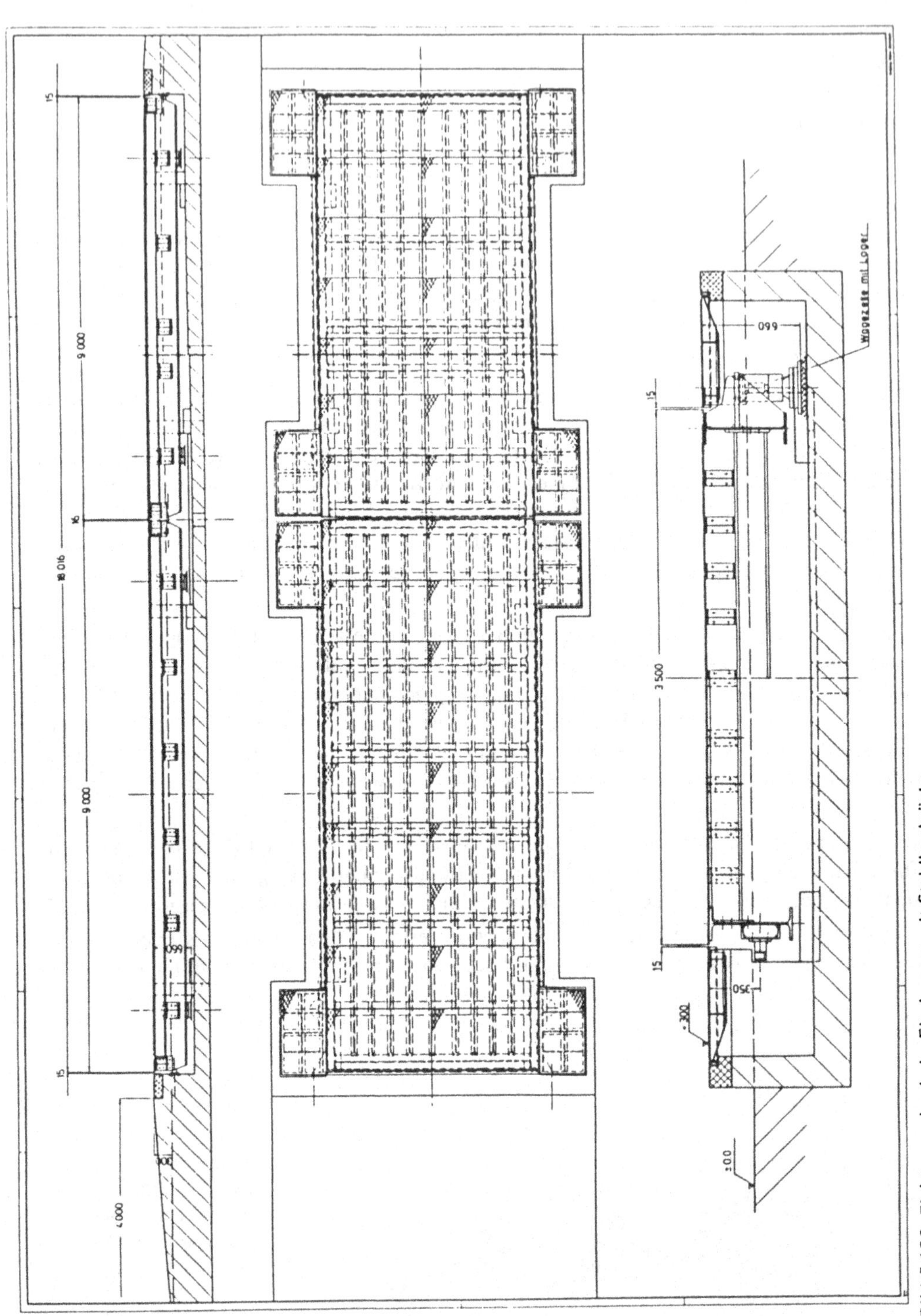

Bild 5.130 Elektromechanische Flachwaage mit Stahlbaubrücke
Quelle: Schenck

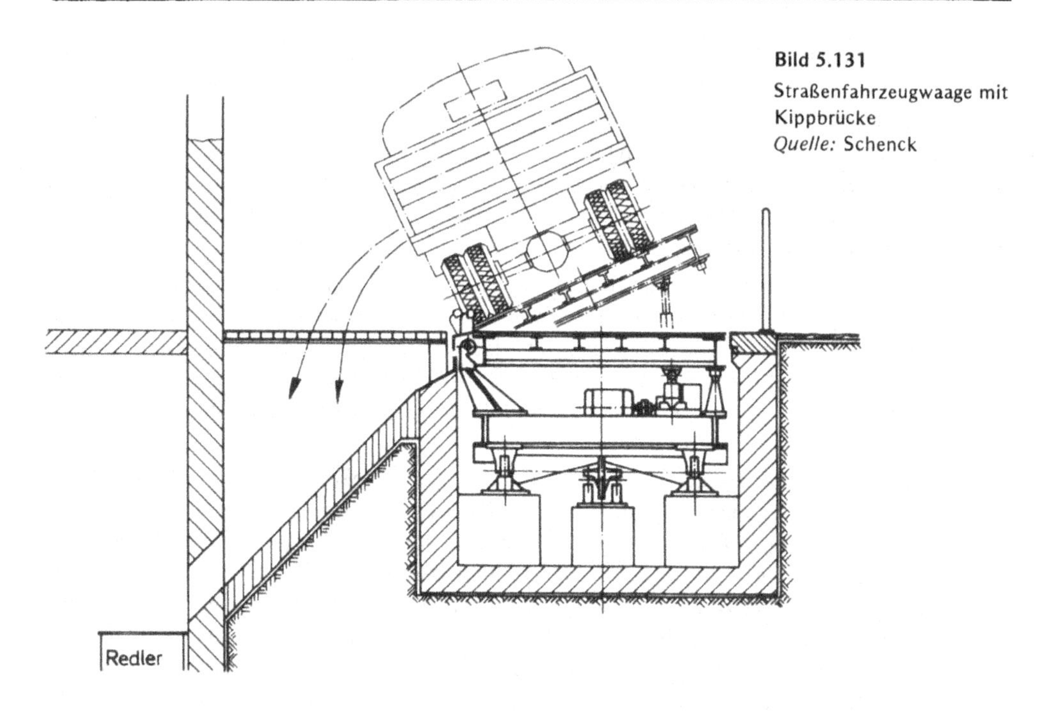

Bild 5.131
Straßenfahrzeugwaage mit Kippbrücke
Quelle: Schenck

ein rationelles Entladen. Eine Tara-Wägung kann ohne Verfahren des LKWs annschließend durchgeführt werden.

5.7.4.2 Waagen für Rad- und Achslastmessungen

Rad- oder achsweise Wägungen von Straßenfahrzeugen zur eichpflichtigen Ermittlung des Gesamtgewichtes sind nicht generell zulässig. Für die Einhaltung der Eichfehlergrenzen der Genauigkeitsklasse (III) müssen bestimmte Fahrzeug-spezifische Voraussetzungen sowie waagenabhängige Randbedingungen erfüllt werden, die in Abschnitt 5.7.6.1 aufgeführt sind. Im geschäftlichen Verkehr spielen derartige Wägungen, insbesondere unter Verwendung üblicher Straßenfahrzeugwaagen, eine untergeordnete Rolle.

Anders verhält es sich jedoch im Bereich des außerbetrieblichen Gütertransportes. Hier werden rad- bzw. achsweise Kontrollwägungen mit erweiterten Fehlergrenzen durchgeführt (Genauigkeitsklasse (IIII)) im Rahmen der polizeilichen Verkehrsüberwachung zur Vermeidung von Überladungen. Aber auch aus der Sicht der Unternehmer sind derartige Kontrollen interessant, da nichtgenutztes Ladegewicht, d. h. kostenungünstige Transportleistungen, die Wirtschaftlichkeit negativ beeinflussen.

Aufbau

Zu unterscheiden sind Waagen, mit denen im Stillstand gewogen wird, und Waagen, bei denen im fließenden Verkehr die Fahrzeuge während der Fahrt kontrolliert werden können.

Die ersteren sind vorzugsweise als kompakte, transportable Plattformen ausgeführt. Sie ermöglichen einen mobilen Einsatz und sind mit wenigen Handgriffen betriebsbereit. Die Plattformflächen betragen ca. 0,3 m^2. Sie sind so bemessen, daß auch zwillingsbereifte Fahrzeuge kontrolliert werden können. Für Lastkraftwagen mit Doppelachsen sind Fahrstege als Verlängerungen vorgesehen. Bestandteil der Plattformen sind in der Regel zwei

Rampen, so daß ein Auf- und Abfahren möglich ist. Es kommen aber auch extrem niedrige Bauhöhen zum Einsatz, die im Einzelfall nur 20 mm betragen, so daß hier ein Auffahren auch ohne Rampen möglich ist. Bei Verwendung als Radlastmesser zur Verkehrsüberwachung sind diese Rampen jedoch vorgeschrieben, EO 9 Nr. 14.4.1. Ihre Steigung darf nicht größer als 30 % sein und ihre Oberkanten dürfen das Niveau der Lastbrücke über dem Erdboden nicht überragen. Die Radlastmesser dürfen nur paarweise verwendet werden. Sie müssen beim Auffahren fest auf dem Boden aufliegen und dürfen nicht wegrutschen.

Die Waagen arbeiten nach hydraulisch-mechanischem Prinzip mit unmittelbar angeschlossener Analoganzeige oder aber als elektromechanische Ausführungen, bei denen die Anzeige- und Kontrolleinheit durch ein Kabel mit der Plattform verbunden ist. Die rein mechanischen Hebelwerksausführungen sind wegen ihrer konstruktionsbedingten größeren Bauhöhen nahezu vollständig durch hydraulische oder elektromechanische Bauarten substituiert worden.

Bei dynamischen Achslastwägungen werden Fahrzeuge im fließenden Verkehr kontrolliert. Jede Achse wird dabei einzeln gemessen. Die Waagen bestehen aus einer Lastaufnahmeeinrichtung, die in einem flachen Fundamentrahmen von nur wenigen cm Tiefe fahrbahneben und quer zur Fahrtrichtung in die Straße eingelassen ist, sowie aus der Anzeige- und Auswerteeinrichtung. Die Waagen werden sowohl fundamentfest als auch mobil eingesetzt. Im letzten Fall ist eine niedrige Bauhöhe besonders wichtig, um das Überfahren zu erleichtern, die dynamischen Störgrößen zu mindern und nicht zuletzt auch um eine einfache und unfallfreie Handhabung zu gewährleisten. Zusätzliche flache Rampen erleichtern jedoch auch hier grundsätzlich das Überrollen der Fahrzeuge.

Als Lastaufnahmeeinrichtung werden vorzugsweise elektromechanische Bauarten eingesetzt. Speziell entwickelte Wägeplatten mit integrierten Meßwertaufnehmern sind besonders geeignet, die geforderten äußeren Randbedingungen zu erfüllen. Bei derartigen Wägeplatten wird unter dem Einfluß der Radlast die Durchbiegung einer Stahlplatte an bestimmten Stellen über applizierte Dehnungsmeßstreifen erfaßt und ausgewertet. Aufwendige Krafteinleitungsmechaniken können somit entfallen und besonders flache Bauformen sind damit erreichbar [7, 8, 9].

Die Waagen werden im Freien eingesetzt. Sie müssen daher für einen großen Temperaturbereich ausgelegt werden (z. B. − 20 °C bis + 60 °C), sie sind weitestgehend witterungsgeschützt und vorzugsweise von robuster Ausführung.

Die Meßbereiche betragen je nach Anwendung 0,3 ... 20 t Achslast. Die Überlastbarkeit ist sehr hoch und kann im Einzelfall bis zu 200 % betragen.

Die Meßgenauigkeiten werden in hohem Maße von der Beschaffenheit des An- und Abfahrbereiches beeinflußt. Darüberhinaus sind sie abhängig von der Geschwindigkeit der zu messenden Fahrzeuge. Bis etwa 5 km/h sind statistische Genauigkeiten von ± 1 % des Meßbereiches erreichbar. Bei höheren Geschwindigkeiten bis etwa 100 km/h können Werte ⩽ ± 5 % erzielt werden. Bild 5.132 zeigt eine mobile Waage in flacher Ausführung für dynamische Rad- und Achslastmessungen.

Einsatzkriterien

Haupteinsatzbereich für Rad- und Achslastkontrollwägungen von Straßenfahrzeugen ist die behördliche Verkehrsdatenerfassung mit folgender Zielrichtung:

- Ermittlung der Straßennetzbelastung,
- Erfassung überladener Fahrzeuge.

Bild 5.132 Mobile Waagen für dynamische Rad- und Achslastmessungen mit digitaler Anzeige der Einzellasten bzw. des Gesamtgewichtes.
Quelle: PAT-Ettlingen

Die Lebensdauer des Straßennetzes wird unter anderem wesentlich von der Belastung durch die Fahrzeuge beeinflußt. Die Beanspruchung einer Straße wächst mit der vierten Potenz der Achslast an. Deswegen sind vorrangig Lastkraftwagen auf die zulässigen Achslasten hin zu kontrollieren. Die Achslastkontrollen dienen somit dem Wunsch der Verkehrsbehörden, möglichst das komplette Verkehrsaufkommen eines Straßenquerschnittes ohne Behinderung des Verkehrsflusses zu kontrollieren und überladene Fahrzeuge zu erfassen [10, 11].

In den letzten Jahren ist zur Lösung dieser Wägeprobleme intensive Entwicklung betrieben worden. Im Rahmen umfangreicher Forschungsvorhaben wurden Langzeitbeobachtungen eingeleitet, die noch nicht abgeschlossen sind [12]. Die Geräteentwicklung hat hierdurch wichtige Impulse erfahren, so daß in Verbindung mit der Mikroelektronik im Rahmen der Achslastkontrollen vielfältige Aufgaben aus dem Bereich der Verkehrsdatenanalyse durch Erfassen und Auswerten folgender Daten gelöst werden können:

- Achsfolge mit zugeordnetem Gewicht,
- Überladung von Einzel- oder Mehrfachachsen,
- Ermittlung der Gesamtfahrzeuggewichte,
- Überladung der Gesamtfahrzeuge,
- Abweichungen von Radlasten links/rechts,
- Achsabstände,
- Fahrzeuglängen,
- Fahrzeuggeschwindigkeiten,
- Klassifizierung von Fahrzeugtypen.

Bild 5.133 zeigt eine eingebaute Wägestation für dynamische Achslastmessungen, die den gesamten Straßenquerschnitt abdeckt und somit alle überrollenden Fahrzeuge erfaßt.

Bild 5.133 Dynamische Achslast-Waage zur Erfassung und Kontrolle von beliebigen Fahrzeugen im fließenden Straßenverkehr. Die Wägestation ist in einem flachen Fundamentrahmen in einer Ausfräsung quer zur Fahrtrichtung fahrbahneben montiert.
Quelle: PAT-Ettlingen

Weitere typische Einsatzfälle von Rad- und Achslastwaagen neben der behördlichen Verkehrsüberwachung sind Überladeprüfungen durch Speditionen, Gebührenerhebung bei Maut-Stationen, Tarifermittlung an Verlade- oder Umschlagstellen, Sicherung von Brücken gegen zu hohe Verkehrsbelastungen.

5.7.5 Waagen für Gleisfahrzeuge

Nach DIN 8120 werden die in einem Gleis eingebauten Waagen zum Wägen von Gleisfahrzeugen als Gleiswaagen definiert. Damit das freie Pendeln der Waagenbrücke möglich ist, müssen die Schienen auf der Brücke von den Fahrschienen der Gleisstrecke durch Spalte getrennt sein. Um die Auffahrstöße zu mildern, werden die Schienen entweder mit Schrägschnitt versehen oder die Räder laufen von den Anschlußschienen über Spaltbrücken auf die Brückenschienen (Bild 5.134).

Die Methoden für die Wägung schienengebundener Fahrzeuge gehen aus dem Schema nach Bild 5.114 hervor. Da Gleiswaagen überwiegend im eichpflichtigen Verkehr verwendet werden, ist die Wägung ganzer Gleisfahrzeuge in Ruhe der Regelfall (Abschnitt 5.7.6.2).

Ein augenfälliger Unterschied zur Verwägung schienenungebundener Fahrzeuge besteht darin, daß die Güterwagen zu Zugverbänden zusammengestellt sind und daß die Dimensionierung von Gleiswaagen nach Eigengewicht und Verkehrslast der schwersten Lokomotive zu bemessen ist.

5.7.5.1 Waagen für die Wägung von Waggons im Stillstand

Bei der Wägung im Stillstand wird die Brückenlänge der Gleiswaage so ausgelegt, daß der Waggon mit dem größten Achsabstand in Ruhe auf der Waage steht. Dabei muß er von den

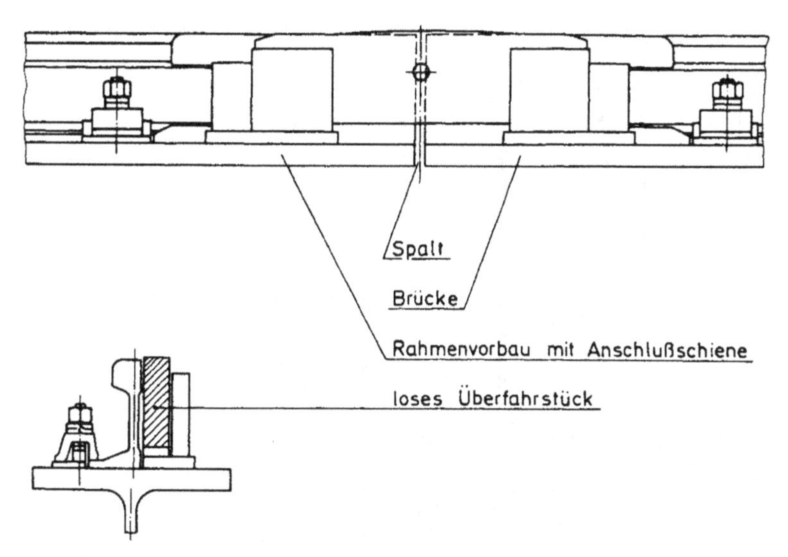

Bild 5.134 Spaltbrücke mit Überfahrstück zwischen Anschluß- und Brückenschienen
Quelle: Schenck

Nachbarwaggons abgekuppelt sein, denn nur dann ist eine kraftnebenschlußfreie, im eichpflichtigen Verkehr nicht zu beanstandende Wägung gewährleistet. Der Wägebetrieb ist also mit Rangieren verbunden, dies um so mehr, als im Zugverband im allgemeinen Waggons mit unterschiedlicher Achsgeometrie vorkommen. Unter besonderen Bedingungen und Einschränkungen ist die Wägung gekuppelter Waggons auf einer sogenannten Waggonwägeanlage zulässig (Abschnitt 5.7.6.1).

Durch bestimmte Brückenkombinationen kann eine bestmögliche Anpassung an das Waggonspektrum und dadurch eine Minderung von Rangierbewegungen erreicht werden. Übliche Brückenkombinationen sind Verbundwaagen (Bild 5.115), die aus zwei Brücken – bei Gleiswaagen meist unterschiedlicher Länge – bestehen (Tabelle 5.12). Sie werden einzeln oder im Verbund auf die Auswäge- bzw. Auswerteeinrichtung geschaltet, so daß eine Verteilung der Waggons in drei Gruppen unterschiedlicher Abmessungen möglich ist.

Aufbau und Auslegung

Bauarten und Komponenten von Gleiswaagen siehe Abschnitt 5.7.2.

Gleiswaagen haben wegen der Dimensionierung nach der Lokomotive grundsätzlich höhere Tragfähigkeiten als Straßenfahrzeugwaagen. Bei der mechanischen und hybriden Bauart sind schwere und oft recht komplizierte Hebelwerke die Folge. Demgegenüber weist die bevorzugte Bauart mit Wägezellen hinsichtlich Herstellung, Transport und Montage Vorteile auf. Dies wird aus dem Vergleich der Bundesbahn Einheits-Verbundgleiswaage in mechanischer (Bild 5.135) und elektromechanischer (Bild 5.136) Ausführung deutlich.

Da Gleiswaagen – auch wenn sie in Privatgleisanschlüssen eingebaut sind – von Schienenfahrzeugen des öffentlichen Verkehrs befahren werden, unterliegen sie den Dienstvorschriften (DV) der Deutschen Bundesbahn. Daraus folgt für den Betreiber einer Gleiswaage, daß er vor dem Einbau beim örtlich zuständigen Landesbevollmächtigten für Bahnaufsicht einen Zulassungsantrag stellen muß. Für Festigkeitsberechnungen der Waage, der Waagengrube und der Fundamente ist die Prüfung durch einen amtlich anerkannten, an der Aufstellung unbe-

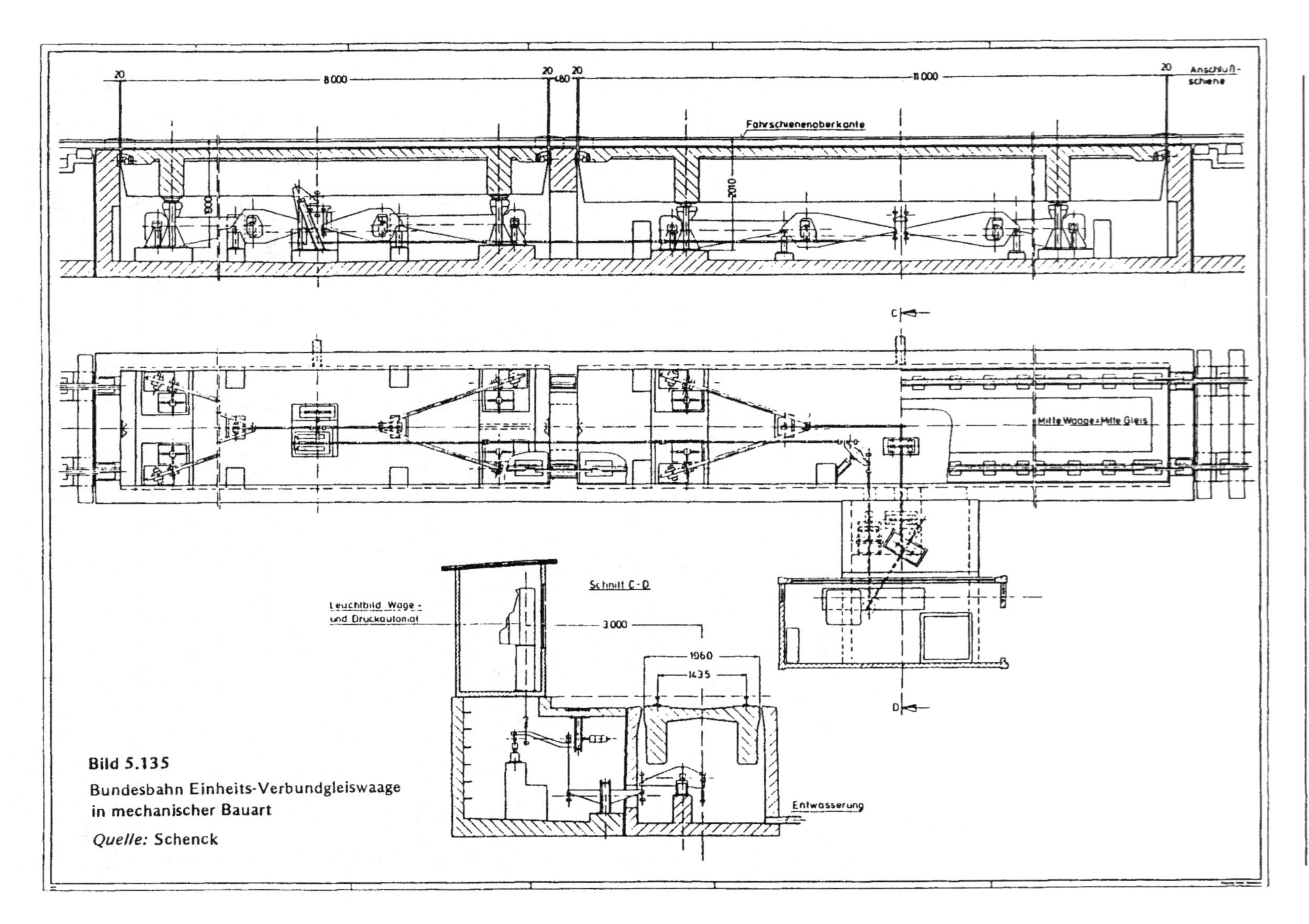

Bild 5.135
Bundesbahn Einheits-Verbundgleiswaage in mechanischer Bauart
Quelle: Schenck

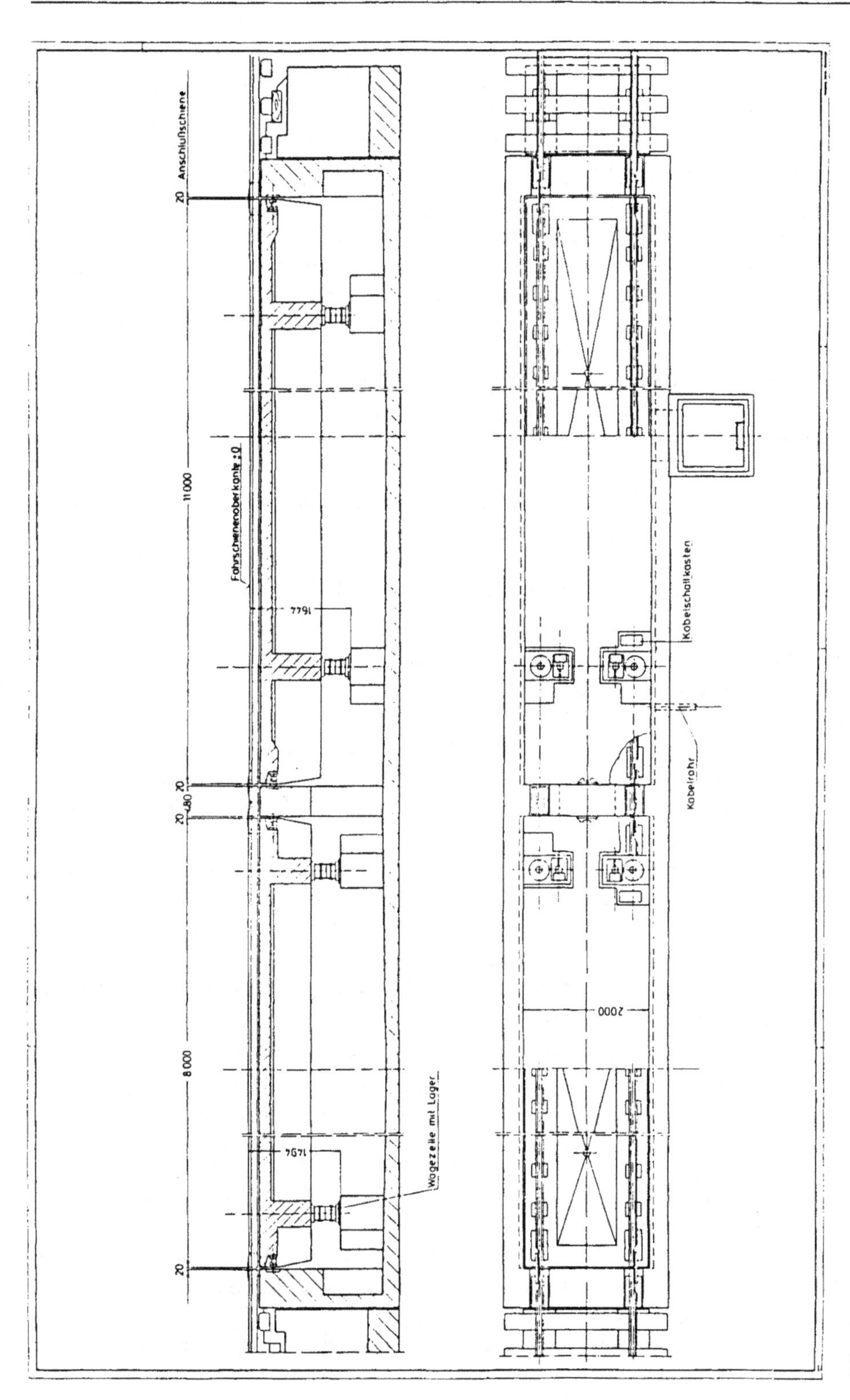

Bild 5.136 Bundesbahn Einheits-Verbundgleiswaage in elektromechanischer Bauart
Quelle: Schenck

teiligten Prüfingenieur für Baustatik vorgeschrieben. Nach dem Einbau der Waage wird eine Endabnahme durchgeführt, wobei die Genehmigung des Bauvorhabens durch die zuständige Bauaufsichtsbehörde vorausgesetzt wird.

Nach der Inbetriebnahme der Gleiswaage erstreckt sich die Verantwortung des Waagenbesitzers im wesentlichen darauf,

- daß die für das Befahren der Waage zulässige Höchstgeschwindigkeit nicht überschritten wird. Falls keine Einschränkungen verfügt werden, beträgt sie 25 km/h;
- daß der Festigkeitsberechnung zugrunde gelegte Lasten nicht überschritten und Wägungen nur innerhalb der Höchstlast der Waage durchgeführt werden;
- daß Sonderregelungen und Auflagen seitens der Bundesbahn und Eichbehörde beachtet werden;
- daß die Fristen für Nacheichungen eingehalten werden;
- daß Arbeiten an der Waage, soweit sie den rollenden Verkehr betreffen, rechtzeitig den zuständen Bundesbahnstellen gemeldet werden, damit die Gleise gegebenenfalls gesperrt werden.

Die Hersteller von Gleiswaagen haben sich hinsichtlich Bemessung, Konstruktion und Fertigung nach den Bundesbahnvorschriften für Eisenbahnbrücken zu richten. Das übergeordnete Vorschriftenwerk DV 804 ist als Vorausgabe veröffentlicht und wird für neue Bauvorhaben angewendet. In diese Neufassung sind eingearbeitet, soweit für Gleiswaagen zutreffend:

- die Berechnungsgrundlagen für stählerne Eisenbahnbrücken (BE-DV 804),
- die DV 805: Grundsätze für die bauliche Durchbildung stählerner Eisenbahnbrücken,
- die DV 848: Vorschriften für geschweißte Eisenbahnbrücken,
- die DV 827: Technische Vorschriften für Stahlbauwerke.

Als Verkehrslast ist das Lastbild UIC 71 der Union Internationale des Chemins de Fer verbindlich. Im Falle von Massiv-Bauteilen sind Brückenbauvorschriften und Normen wie DIN 1045 und DIN 1078 maßgebend. Schließlich ist der Standsicherheitsnachweis gegen Abheben von den Lagern zu führen.

Der Schwingbeiwert, mit dem die dynamische Beanspruchung der Gleiswaage insbesondere beim Auffahren der Gleisfahrzeuge auf die Waagenbrücke rechnerisch berücksichtigt wird, beträgt für Gleiswaagen $\varphi = 1{,}5$.

Zeichnungen und statische Berechnungen werden grundsätzlich vom Bundesbahnzentralamt München überprüft und mit einer Prüfnummer versehen. Die erteilte Genehmigung ist für alle Folgelieferungen von identisch gleichen Gleiswaagen gültig.

Im Fertigungsbereich sind besonders folgende Bestimmungen zu beachten:

- Für die Herstellung tragender, geschweißter Bauteile insbesondere von Stahlbaubrücken ist eine Zulassung durch die Deutsche Bundesbahn als Schweißfachbetrieb notwendig. Voraussetzung ist der Eignungsnachweis der Befähigung zum Schweißen von Stahlbauten nach DIN 4100 Beiblatt 1.
- Bezüglich der Oberflächenbehandlung gelten die technischen Vorschriften für Rostschutz von Stahlbauwerken (DV 807).
- Die Bauausführung wird im Herstellerwerk durch eine Bundesbahn-Abnahme kontrolliert.
- Bei der Projektierung ist die Lichtraumumgrenzung nach DV 804 zu beachten. Der Regelabstand zu Bauwerken (Wägehaus) beträgt 3 m.
- Die Höchstlasten der Gleiswaagen sind in Verbindung mit den Brückenlängen nach DIN 1926 Blatt 3 genormt.

Vorzugstypen nach Tabelle 5.11:

Tabelle 5.11 Vorzugstypen von Gleiswaagen

Einzelwaagen			
Brückenlänge m	Höchstlast t	Tragfähigkeit t	*d* (typisch) kg
9	50 – 60 – 80	127	20 – 20 – 50
10	60 – 80 – 100	135	20 – 50 – 50
E 11	100	143	50
12	100	151	50
13	100	159	50
14	100	167	50

E Bundesbahn Einheits-Gleiswaage
d Skalenwert bzw. Zahlenschritt, Abdruckstufe (s. Abschnitt 5.7.6.1)
Tragfähigkeit nach Lastbild UIC 71

Brückenbreite bei Regelspur 1435 mm:

Stahlbaubrücke 1,8 m
Betonbrücke 1,96 m

Verbundwaagen (Gleiswaagenzusammenstellungen) können aus zwei Einzelwaagen nach Tabelle 5.11 bestehen. Bei Kombination mit kurzer Brücke (Abschnitt 5.7.5.1.2) Abmessungen nach Tabelle 5.12.

Tabelle 5.12 Kurze Brücke von Verbundgleiswaagen

Brückenlänge in m	5	5,5	6	6,5	7	7,5	8
Höchstlast in t	50/60						

Höchstlast bei Schaltung der Brücken in Verbund: 100 t
Abmessungen der Bundesbahn-Einheitsverbundgleiswaage: 11 m + 0,5 m + 8 m
Die beiden Einzelwaagen sind in einem Abstand von 0,5 m hintereinander in die Gleisstrecke eingebaut.

Einsatzkriterien

Wesentliche Kriterien für die Einplanung einer Gleiswaage ergeben sich aus den Vorschriften zum Schutz der Waage und zur Sicherung der Wägeergebnisse. Hierzu gehören die in Abschnitt 5.7.6.1 zusammengefaßten Richtlinien, die die Anordnung der Waage, die Ausbildung der Fundamente und die Beobachtung des Wäge- und Rangierverkehrs vom Standort des Wägers aus betreffen.

Wegen der Geschwindigkeitsbeschränkung auf 25 km/h kann die Waage nicht in eine Gleisstrecke mit Durchgangsverkehr eingebaut werden (Umfahrungsgleis).

Auf die Bedeutung der Bestimmung einer optimalen Brückenlänge in Abhängigkeit von den zu wägenden Güterwagen wurde einleitend hingewiesen (Abschnitt 5.7.1). Die Abmessungen der Bundesbahn-Einheitsgleiswaage bzw. Verbundgleiswaage geht auf eine Studie anhand des derzeitigen Typenspektrums von Güterwagen der Deutschen Bundesbahn zurück [13]. Mit der Verbundeinheitsgleiswaage kann die Güterwagenzusammenstellung „langer Waggon, kurzer Waggon" ohne Zurückziehen des Zuges verwogen werden. Bei Wägung eines kurzen Waggons auf einer langen Brücke wäre Rangieren notwendig, damit die erste Achse des nachfolgenden Waggons nicht auf der Waagenbrücke steht. In Verbund geschaltet ergibt sich eine gesamte Brückenlänge von 19,5 m, die den längsten Drehgestellgüterwagen mit 18,4 m äußerem Achsabstand aufnehmen kann.

Als Brückenausführung für die Einheitsgleiswaagen hat man Spannbeton gewählt, um die nicht unbeträchtlichen Aufwendungen für Korrosionsschutz der Stahlbaubrücke zu vermeiden.

Wegen der extrem kurzen Bau- und Montagearbeiten ist ein Fundament aus Betonfertigteilen (Abschnitt 5.7.2.4) eine interessante Alternative bei der Planung einer Gleiswaage. Die Montagezeit des Fertigteilfundamentes nach Bild 5.137 wird mit einer Woche angegeben [13].

Die Umschlagsleistung beim Wägen von Güterzügen wird durch den Wägevorgang selbst kaum bestimmt. Die Wäge- und Registrierzeiten moderner Systeme sind im Vergleich zu den Rangierzeiten für die Positionierung der Waggons auf der Waagenbrücke und für den Waggonwechsel sehr kurz. Sie liegen von der Wägungseinleitung bis zur Meßwerterfassung und Speicherung bei unter 3 s. Voraussetzung ist allerdings, daß das Einspielen der Waage auf den statischen Wert nicht durch äußere Einflüsse gestört wird, weil sonst die Registrierung durch das vorgeschriebene Sicherheitsdruckwerk verhindert würde.

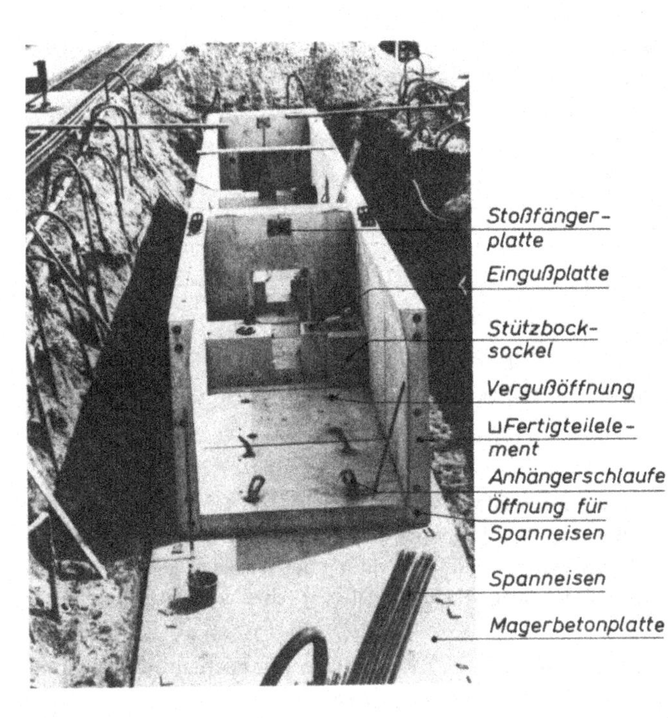

Bild 5.137
Fertigteilfundament für Bundesbahn Einheits-Verbundgleiswaage
Quelle: Bundesbahn

Kombinierte Gleis- und Straßenfahrzeugwaagen

Bei kombiniertem Schienen-Straßenverkehr werden Waagen eingebaut, die von beiden Fahrzeugarten befahren werden können. Voraussetzung hierfür sind versenkte Schienen. Aus dem Querschnitt nach Bild 5.138 ist erkennbar, daß Spurrillenschienen auf der tragenden

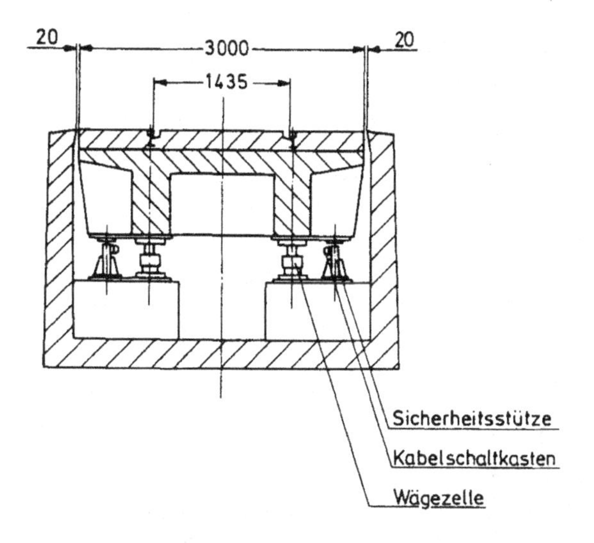

Bild 5.138
Kombinierte Gleis- und Straßenfahrzeugwaage mit Spurrillenschienen – Querschnitt
Quelle: Schenck

Brücke – z. B. in Vollbetonbauweise – aufgelagert sind. Der Abstand bis zur Schienenoberkante wird mit Beton aufgefüllt.

Hinsichtlich Lastannahmen, Berechnung und Konstruktion sind die kombinierten Gleis- und Straßenfahrzeugwaagen den reinen Gleiswaagen zuzuordnen. Für die außermittige Belastung durch Straßenfahrzeuge sind die Berechnungsgrundlagen nach DIN 8119 (Abschnitt 5.7.4.1) maßgebend.

Die Brückenlängen und Höchstlasten von kombinierten Einzelwaagen entsprechen DIN 1926 Blatt 3 für Gleiswaagen, während die Brückenbreite wie bei Straßenfahrzeugwaagen mit 3 m – in Sonderfällen 3,5 m – genormt ist.

Bei den Verbund-Gleis- und Straßenfahrzeugwaagen werden vorzugsweise folgende Brückenlängen gewählt:

(8 + 8) m; (9 + 9) m; (10 + 10) m.

Waagen zur Verladung von Schüttgütern und Flüssigkeiten

Gleiswaagen für die Verladung werden ebenso wie Straßenfahrzeugwaagen im Sinne der Definitionen nach DIN 8120 sowohl zum Wägen als auch zum Abwägen benutzt. Hierzu ist in die Auswäge- oder Auswerteeinrichtung ein Steuerschalter eingebaut. Er schaltet die Zufuhr von Wägegut ab, wenn ein eingestellter Sollwert der Füllung erreicht ist. Das Füllgewicht wird im allgemeinen näherungsweise erzeugt, d. h., es wird mit einstufigem Steuerschalter im Grobstrom gefahren. Die eigentliche Wägung zur Bestimmung des Nettoinhaltes findet im Anschluß an die Füllphase statt.

Beim Füllen von Kessel- oder Tankwaagen mit Flüssigstoffen wie Benzin, Öl oder verflüssigtem Gas sowie bei staubförmigem Schüttgut wie Zement ist eine exakte Positionierung des Waggons unterhalb des Füllgeschirrs notwendig. Hierzu werden vielfach Verholeinrichtungen wie Seilzuganlagen oder Schubwagen – auch Trollerfahrzeuge genannt – eingesetzt. Der Querschnitt einer Gleiswaage in einer Raffinerie (Bild 5.139) zeigt die zusätzlichen Schienen mit der „Trollerspur" für einen Radsatzschubwagen. Die Wägezellen müssen explosionsgeschützt sein in Schutzart „druckfeste Kapselung" oder „eigensicher". Zu erkennen ist die spezielle Ausbildung des Brückenspaltes zur Vermeidung des Eindringens von Flüssigstoffen in die Waagengrube.

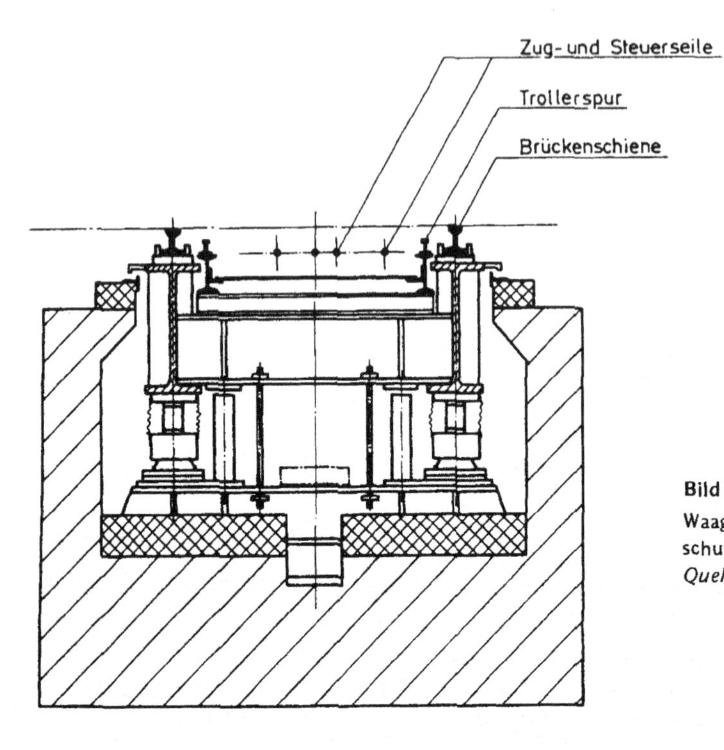

Bild 5.139
Waage mit Trollerspur für Radsatzschubwagen – Querschnitt
Quelle: Schenck

Die Brückenlänge dieser Verbundwaage ist typisch für Raffinerien, nämlich (9,5 + 4,5) m, angepaßt an die Abmessungen der vorkommenden Kessel- und Tankwagen.

Bei der Verladung von körnigem Schüttgut in offene Güterwagen – z. B. Kohle oder Erz – ist zu beachten, daß die Waggons einerseits maximal gefüllt, andererseits aber nicht überladen werden sollen. Dabei muß die Verteilung des Materials so erfolgen, daß zulässige Achs- bzw. Drehgestellasten nicht überschritten werden. Hierzu sind folgende Maßnahmen gebräuchlich:

- Einstellen der Steuerschalter auf einen Vorsollwert unter Berücksichtigung des Nachlaufes,
- Sollwerteingabe mit programmierter Vorabschaltung bei rechnergestützter Füllmengensteuerung,
- Austrag aus zwei oder mehreren Bunkerzitzen, so daß sich Haufwerke oberhalb der Drehgestelle bilden,
- Teilmengenerfassung der Drehgestellasten durch Verbundwaagen,
- fahrbare Zuteiler zum Verziehen des Materials,
- langsames Verfahren des Zuges während der Füllphase, wobei sichergestellt sein muß, daß eine einwandfreie Wägung zustandekommt (Abschnitt 5.7.6.1).

Beim Einschalten von Waagen in den Material- und Datenfluß der Verladeanlagen können sich je nach Wert der umzuschlagenden Güter und Umschlagsleistung besondere Anforderungen ergeben [14].

- hohe Fülleistung, kurze Wäge- und Abfertigungszeit,
- automatische Positionierung bzw. Stellungskontrolle der Fahrzeuge auf der Waage,
- Datenspeicher für Erstwägungsgewichte und Fahrzeuginformationen,
- größtmögliche Sicherheit gegen unbefugte Ladung von Mengen und Sorten,

- Sicherung gegen Überladung, z. B. beim Füllen nicht vollständig entleerter Fahrzeuge,
- zuverlässige Übertragung der Wägedaten an Datenverarbeitungsanlagen,
- Maßnahmen zur Aufrechterhaltung des Verladebetriebes bei Störungen und Ausfällen.

5.7.5.2 Waagen für Fahrtwägung

Für die Wägung von Gleisfahrzeugen in Fahrt sind folgende Verfahren üblich:

1. Wägung der Waggons im gekuppelten Zugverband,
2. Wägung der Achsen bzw. Drehgestelle im gekuppelten Zugverband,
3. Wägung vereinzelter Waggons, die bei Bildung von Zugverbänden z. B. eine Ablaufbergwaage überfahren.

Da die Gleisfahrzeuge auf der Waage weder angehalten noch rangiert werden müssen, gewinnt die rationelle Methode der Fahrtwägung weltweit an Bedeutung.

Die Anwendbarkeit im eichpflichtigen Verkehr ist aber – zumindest nach den deutschen Eichvorschriften – sehr begrenzt. Dies hängt zusammen mit zusätzlichen Fehlern, die dem Fehler der Waage bei statischer Messung abgekuppelter Waggons überlagert sind. Je nach Verfahren treten folgende Störeinflüsse auf:

- Dynamischer Fehler durch den fahrenden Waggon als Folge von Stößen bzw. von Schwingungen der Waggonaufbauten, die durch Federn gegen die Achsen abgestützt sind. Ursache können die Gleisführung, insbesondere ein Stoß beim Auffahren auf die Waagenbrücke, Unwuchten der Räder (Flachstellen), Sinuslauf der Waggons und das Schwappen von Flüssigkeiten (Tankfahrzeuge) sein [15, 21].
- Fehler aus der Teilwägung von Achsen bzw. Drehgestellen (Abschnitt 5.7.6.1).
- Fehler aus der Beeinflussung benachbarter Waggons über die Kupplung (Abschnitt 5.7.6.1).

Waagen für Fahrtwägung werden heute überwiegend in elektromechanischer Bauart hergestellt. Die Auswerteeinrichtungen müssen so beschaffen sein, daß sie aus dem dynamischen Signal den Gleichspannungsanteil – proportional dem statischen Gewicht – herausfiltern.

Frequenzen höherer Ordnung lassen sich durch Filterstufen am Eingang der Auswerteeinrichtung aussieben (Tiefpaß), während niederfrequente Schwingungen einer Signalverarbeitung unterzogen werden. Hierfür sind folgende Meßverfahren gebräuchlich [16, 17]:

- Mittelwertbildung durch Integration des analogen Meßsignals während der Wägezeit;
- digitale Integration während einer konstanten Zeitbasis, d. h. Zählung von gewichtbewerteten, frequenzproportionalen Impulsen;
- digitales Filter, mit dem der statische Gewichtwert berechnet wird.

Wägung von gekuppelten Waggons

Bei der Wägung von Waggons (waggonweise) in Fahrt bestehen folgende Zusammenhänge: Jeder Waggon muß sich während der Wägezeit unbeeinflußt von Störachsen benachbarter Waggons auf der Brücke der Gleiswaage befinden. Durch dieses Grundprinzip werden Brükkenlänge, Fahrtgeschwindigkeit, Wägezeit und Waggonabmessungen miteinander verknüpft (Bild 5.140).

Die Ableitung der Beziehungen zwischen diesen Größen führt zu der Erkenntnis: Nur bei annähernd gleichen geometrischen Abmessungen der Waggons im Zugverband kann eine Brückenlänge der Waage ermittelt werden, mit der das Grundprinzip der Fahrtwägung einzuhalten ist. Darüberhinaus führen im eichpflichtigen Verkehr die Anforderungen an eine Waggonwägeanlage (Abschnitt 5.7.6.2) dazu, daß das Verfahren auf Massengutwägung (z. B.

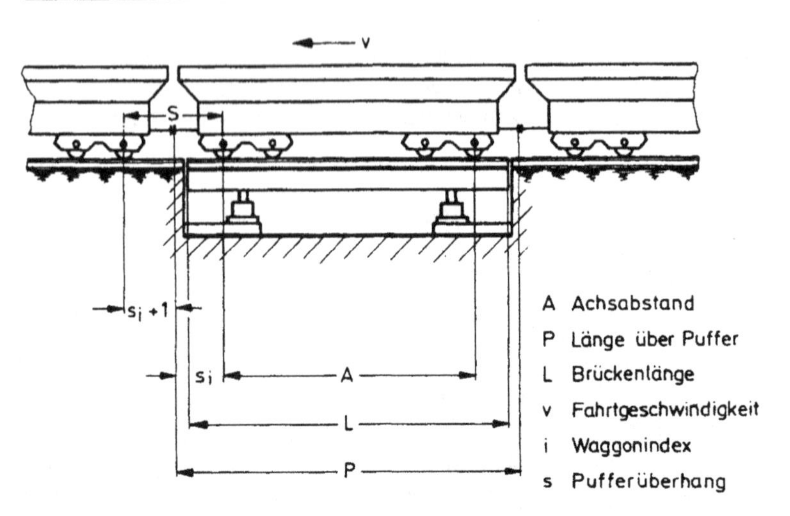

Bild 5.140 Schema zur waggonweisen Wägung in Fahrt
Quelle: Verfasser

Kohle, Erz) beschränkt ist, sofern die Züge aus gleichen Waggons mit annähernd gleicher Beladung bestehen. Verrechnungsgrundlage ist das Zuggewicht, gebildet aus der Addition der Waggongewichte.

Achsweise Wägung von gekuppelten Waggons

Das im vorigen Abschnitt aufgestellte Grundprinzip der Fahrtwägung ist wie folgt zu modifizieren:

- Jede Achse (Drehgestell) eines Waggons muß sich während der Wägezeit unbeeinflußt von benachbarten Achsen (Drehgestellen) auf der Brücke der Gleiswaage befinden.

Die Brückenlänge wird so ausgelegt, daß die Achsen zweiachsiger- bzw. die Drehgestelle vier- und mehrachsiger Waggons nacheinander gewogen und das Gesamtgewicht pro Waggon durch Addition der Teilgewichte errechnet wird. Mit dieser Methode können gemischte Zugverbände, die aus Waggons unterschiedlicher geometrischer Abmessungen und Achszahlen gebildet sind, in Fahrt gewogen werden.

Für die Projektierung der Waage müssen zur Festlegung der Brückenlänge die Abmessungen aller Waggons bekannt sein. Am übersichtlichsten ist eine grafische Darstellung der Waggons in der Stellung „erste Achse in Fahrtrichtung am Schienenschalter". Der Schienenschalter für die Wägungseinleitung wird so auf der Brücke angeordnet, daß das Drehgestell mit dem größten Achsabstand gerade auf der Brücke steht. Ob die Bedingungen der Störfreiheit für die übrigen Waggons erfüllt sind und welche Fahrtgeschwindigkeit der notwendigen Verweilzeit der Drehgestelle zugeordnet werden kann, ist im Rahmen der Projektierung zu klären.

Typische Brückenlänge: 3 ... 4 m
Fahrtgeschwindigkeit: 5 ... 10 km/h

Wenn bei extrem unterschiedlichen Waggonabmessungen keine Drehgestellwägung möglich ist, kann man auf die universellste Methode ausweichen, nämlich auch die Achsen der Drehgestelle achsweise zu wiegen. Hierbei muß aber ein erheblicher Zusatzfehler in Kauf genommen werden, hervorgerufen durch die nicht konstante Verteilung der in das Drehgestell eingeleiteten Gewichtkraft auf die Achsen [18].

Die nach der Eichordnung für Fahrtwägung verbindlichen Eichfehlergrenzen sind zu eng, als daß sie bei achs- bzw. drehgestellweiser Wägung gekuppelter Waggons eingehalten werden könnten. Daher ist das Verfahren in Deutschland im eichpflichtigen Verkehr nicht anwendbar und bleibt der innerbetrieblichen Kontrolle vorbehalten. Es ist jedoch weit verbreitet in Ländern, in deren Eichbestimmungen die dem System eigenen, zufälligen Fehler eingeordnet werden können (Abschnitt 5.7.6.2). Wegen der beschränkten Anwendungsmöglichkeiten ist eine vertiefende Behandlung der Wägung fahrender Züge im Rahmen dieses Beitrages nicht sinnvoll, obwohl die Betrachtung der Maßnahmen zur Minimierung der Störeinflüsse sowie die Beschreibung der automatisch ablaufenden Wägezyklen einschließlich Datenverarbeitung ein interessantes Thema wäre [19].

Ablaufbergwaagen

Von den zuvor behandelten Fahrtwägungsanlagen in der Ebene unterscheiden sich Ablaufbergwaagen in folgender Hinsicht:

- Die Waagenbrücke liegt in einer Neigung bis 50 ‰, wenn die Waage unmittelbar hinter dem Gipfelpunkt des Ablaufberges in die Steilrampe eingebaut wird. Daraus resultierende Komponenten von Reibungskräften zwischen Schiene und Rad in Richtung der Gewichtkraft dürfen keine Wägefehler hervorrufen [20].
- Die Geschwindigkeit im Bereich der Waage ist nicht konstant, die Waggons werden unter dem Einfluß der Schwerkraft in Abhängigkeit von ihren spezifischen Laufeigenschaften und der Neigung beschleunigt.
- Die mittlere Geschwindigkeit v ist relativ hoch, was Rückwirkungen auf die Brückenlänge hat (v bis 5 m/s).
- Der Kupplungsfehler tritt nicht auf, es ist daher möglich, Ablaufbergwaagen im eichpflichtigen Verkehr einzusetzen. Voraussetzung ist die Unterdrückung des dynamischen Störeinflusses, damit die Schwingungsamplituden nicht zu einer Überschreitung der Fehlergrenzen führen (Abschnitt 5.7.6.2). Darüberhinaus darf die Ansprechschwelle der Einrichtung zur Stillstandssicherung, die eine Registrierung des Wägeergebnisses verhindert, nicht überschritten werden. Da der Waggon nicht angehalten werden kann, würde er sonst ungewogen über den Ablaufberg laufen.

Der Waggon mit dem größten Achsabstand A_{max} muß während der Wägezeit t auf der Waage sein. Hieraus ergibt sich die Brückenlänge L zu:

$$L = A_{max} + v \cdot t. \tag{5.5}$$

Wegen der hohen Überlaufgeschwindigkeit sind auch bei kurzen Wägezeiten (1 ... 2 s) die Brücken von Ablaufbergwaagen außergewöhnlich lang (bis 28 m).

Als Folge der Brückenlänge ist eine Auflagerung auf mehr als 2 Lasthebel- bzw. Wägezellenpaare notwendig, d. h., es entsteht ein statisch unbestimmtes System, das als Träger auf n Stützen zu behandeln ist. Die Brücke kann auch als Gerberträger ausgebildet werden.

Das Grundprinzip der Fahrtwägung gilt auch für Ablaufbergwaagen und besagt: Während der Wägezeit eines Waggons darf kein nachfolgender Waggon auf die Waage auflaufen.

Der kritische Fall, den man in Form einer ablaufdynamischen Untersuchung (Bild 5.141) zu betrachten hat, ist gegeben, wenn auf einen Waggon mit schlechten Laufeigenschaften und kurzer Länge über Puffer (P) ein ebenfalls kurzer Gutläufer folgt.

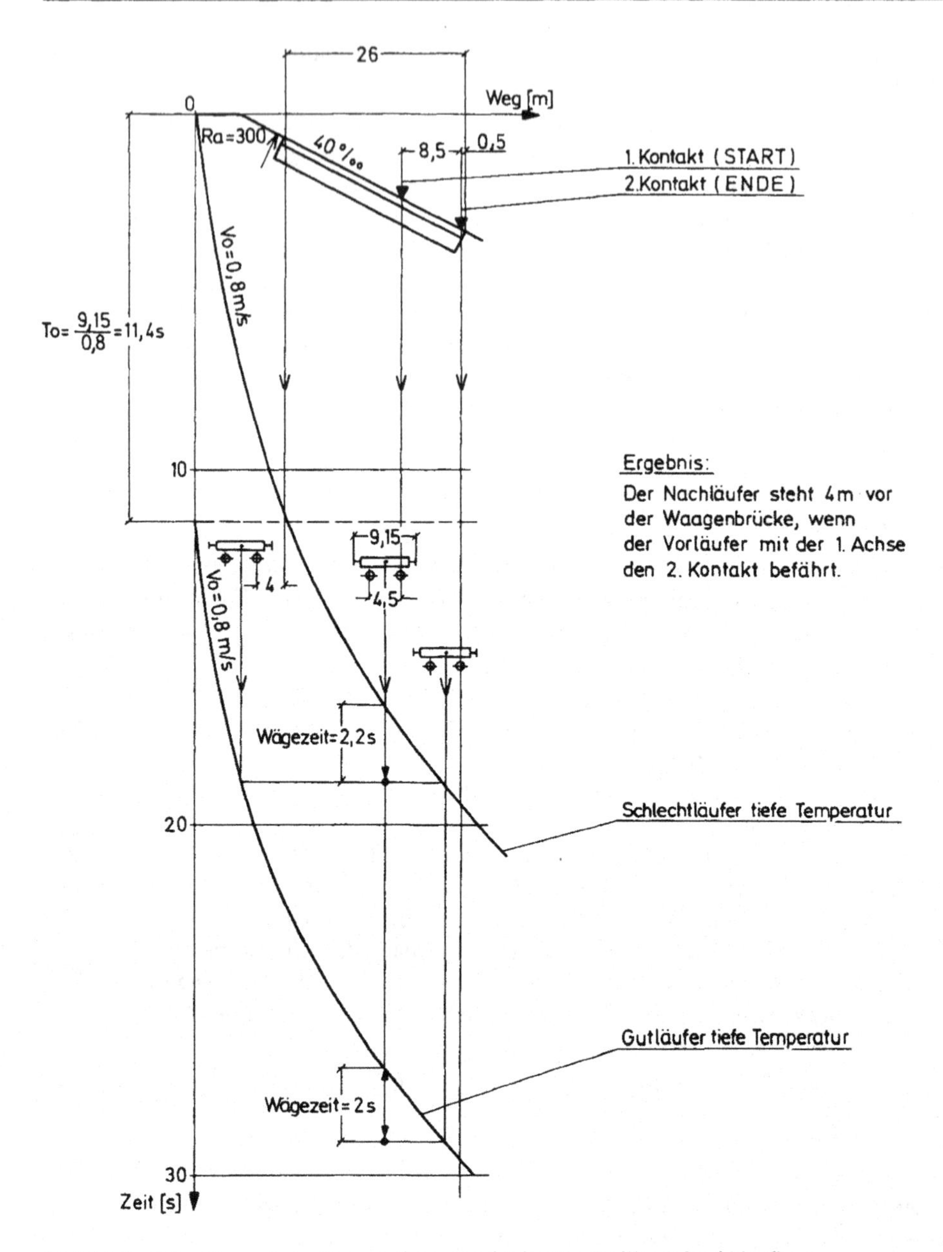

Bild 5.141 Ablaufdynamische Untersuchung zur Auslegung der Waage im Ablaufberg
Quelle: Schenck

Maßgebend für die Vereinzelung am Gipfelpunkt des Ablaufberges ist die Abdrückgeschwindigkeit v_0, woraus sich die kürzeste Waggonfolgezeit T_0 ergibt:

$$T_0 = \frac{P_{min}}{v_0}. \tag{5.6}$$

Die Abdrückgeschwindigkeit ist durch die Auslegung des Ablaufbergprofils vorgegeben, denn Schlechtläufer müssen einerseits die Richtungsgleise erreichen, andererseits muß die Waggonfolgezeit so bemessen sein, daß die Weichen der Gleisharfe gestellt werden können [22].

Die Ablaufbergwaage muß je nach Aufgabenstellung in das System der Datenerfassung und Datenverarbeitung integriert sein, z. B.:

- Abspeicherung der Waggondaten vor Ablaufbeginn anhand einer Zugaufnahmeliste,
- Zugriff auf eine Waggondatenbank,
- Unterdrückung der Wägungseinleitung bei Gruppenabläufen oder im Falle von nicht zu wiegenden Waggons,
- Ausgabe von Gewichtwerten zur Steuerung der Gleisbremse,
- Protokollierung der Wägedaten bzw. Erstellung von Zugprotokollen.

5.7.5.3 Waagen zur Messung von Radlasten

Für den ruhigen Lauf von Schienenfahrzeugen ist eine gleichmäßige Verteilung des Eigengewichtes auf die Räder wesentlich. Zur Bestimmung der Radlasten – insbesondere von Lokomotiven – werden bei Herstellerfirmen und in Ausbesserungswerken Radlastwaagen eingesetzt.

Zeigt das Meßergebnis eine unzulässige Abweichung, dann wird die Lastverteilung durch Änderung der Federvorspannung an den betreffenden Rädern korrigiert. Hieraus folgt, daß pro Rad eine Waage installiert werden muß. Während man früher verfahrbare Radlastwaagen einsetzte, um unterschiedliche Achsstände der Schienenfahrzeuge auszugleichen und die Räder mit einer Entlastungsvorrichtung von der Schiene abgehoben wurden [1], bevorzugt man heute stationäre Brückenwaagen. Deren Anordnung und Brückenlänge wird den vorkommenden Achsständen angepaßt. Hierzu ist eine grafische Untersuchung zweckmäßig. Bild 5.142 zeigt eine Radlastwaage in elektromechanischer Bauart mit Längs- und Querlenkern, eingebaut oberhalb der Wartungsgrube. Je nach Lokomotivspektrum können bis 18 Einzelwaagen notwendig sein.

Will man die Meßergebnisse in ihrer Gesamtheit darstellen, so wird an jede Einzelwaage eine Auswerteeinrichtung angeschlossen. Andernfalls besteht die Möglichkeit, eine gemeinsame Auswerteeinrichtung über Meßstellenumschaltung nacheinander mit den Radlastwaagen zu verbinden. Durch Anschluß eines Datenprozessors kann ein automatischer Soll-Istvergleich der Lastverteilung herbeigeführt und ein Prüfprotokoll ausgedruckt werden.

Auf eine spezielle mit konventionellen Mitteln der Wägetechnik nicht lösbare Aufgabe der Bestimmung von Radlasten sei kurz hingewiesen. Es handelt sich um die Kontrolle der Radlastverteilung bei schnell – bis 100 km/h – fahrenden Güterzügen. Ungleiche Radlastverteilung kann im Extremfall bis zum Entgleisen führen. Mit einer Meßeinrichtung bestehend aus 14 Meßstellen je Schienenstrang werden kurzzeitig anstehende Signale (min. 18 ms) beim Überfahren der Räder des Zuges aufgenommen.

Durch vielfache Abfrage des anstehenden Meßstellensignals bildet ein schneller Rechner den Signalverlauf pro Meßstelle ab. Nach einem mathematischen Schätzverfahren (Schätzalgorithmus) gewinnt man hieraus einen Mittelwert. Insgesamt entstehen pro Rad und Schienenstrang 14 Mittelwerte, aus denen die wahrscheinlichen statischen Radlasten und ihre Verteilung berechnet werden [23].

Die Zuordnung der Räder zu den Waggons und die Lokidentifizierung übernimmt ein rechnergestütztes Erkennungssystem [24].

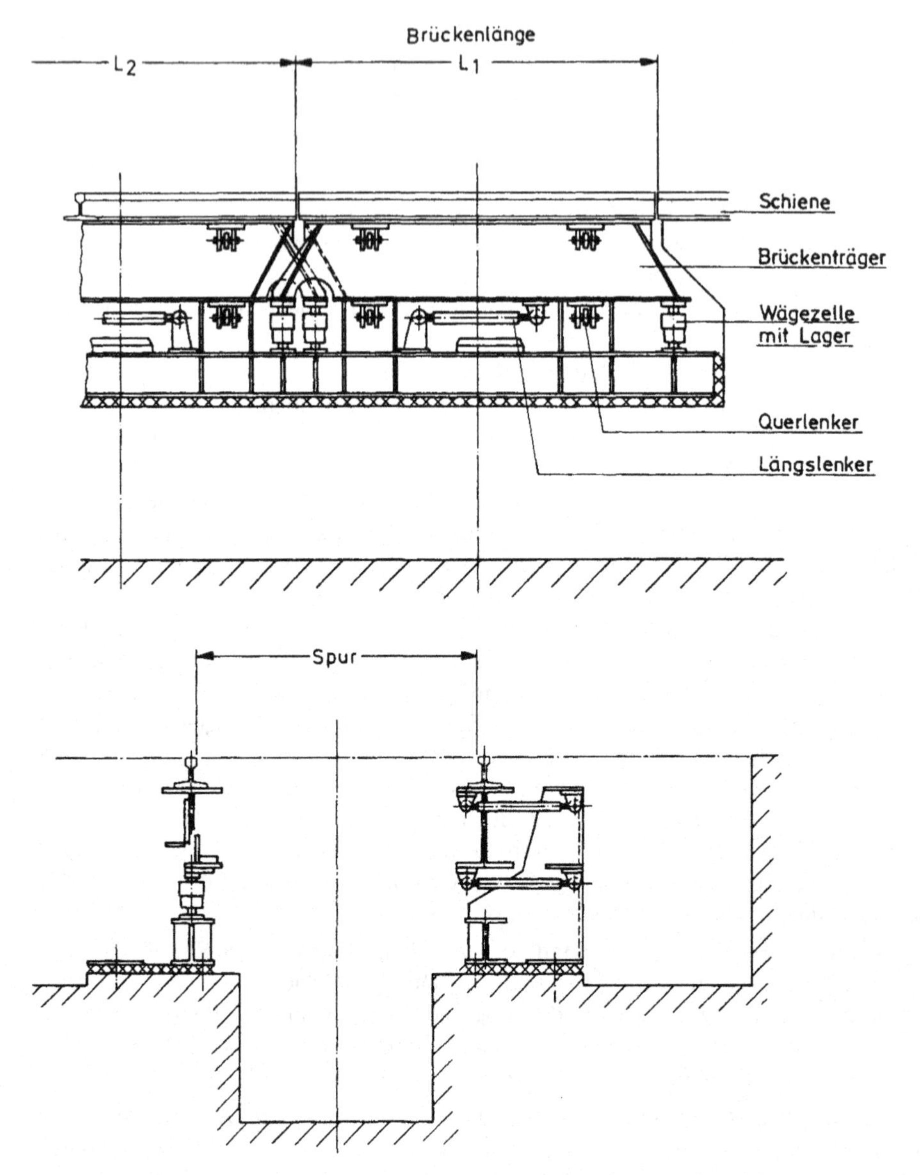

Bild 5.142 Radlastwaage zur Einstellung der Federn von Lokomotiven
Quelle: Schenck

5.7.6 Genauigkeit, Prüfung und Eichung

Straßenfahrzeug- und Gleiswaagen werden in der Regel im geschäftlichen Verkehr (Eich G) verwendet und unterliegen somit der Eichpflicht.

Auf die maßgeblichen gesetzlichen Vorschriften wird in diesem Abschnitt wie folgt Bezug genommen:

Eich G — Gesetz über das Meß- und Eichwesen
EO 9 — Eichordnung Anlage 9, nichtselbsttätige Waagen
EA — Eichanweisung — Allgemeine Verwaltungsrichtlinien für die Eichung von nichtselbsttätigen Waagen
Wäg V — Verordnung über öffentliche Waagen
MgBPflV — Verordnung über die Pflichten der Besitzer von Meßgeräten.

5.7.6.1 Wägung im Stillstand

Für Straßenfahrzeug- und Gleiswaagen sind die Eichfehlergrenzen der Genauigkeitsklasse (III) (Handelswaagen) nach EO 9 Nr. 4.1 maßgebend. Nach vollzogener Eichung gelten die Verkehrsfehlergrenzen, die das Doppelte der Eichfehlergrenzen betragen. Die Fehlergrenzen hängen ab vom Teilungswert *d* und damit von der Anzahl der Teile, in die der Wägebereich aufgelöst ist, ab (Bild 5.143).

Nach EO 9 Nr. 3.2.3 ist die Anzahl der Skalenteile analog anzeigender bzw. Zahlenschritte digitaler Waagen auf 10 000 begrenzt. Für Straßenfahrzeug- und Gleiswaagen besteht — von genehmigungspflichtigen Ausnahmen abgesehen — eine Beschränkung auf maximal 3000 Teile (Rundschreiben 1.33–1/83 der PTB an Eichaufsichtsbehörden und Hersteller). Dabei wird

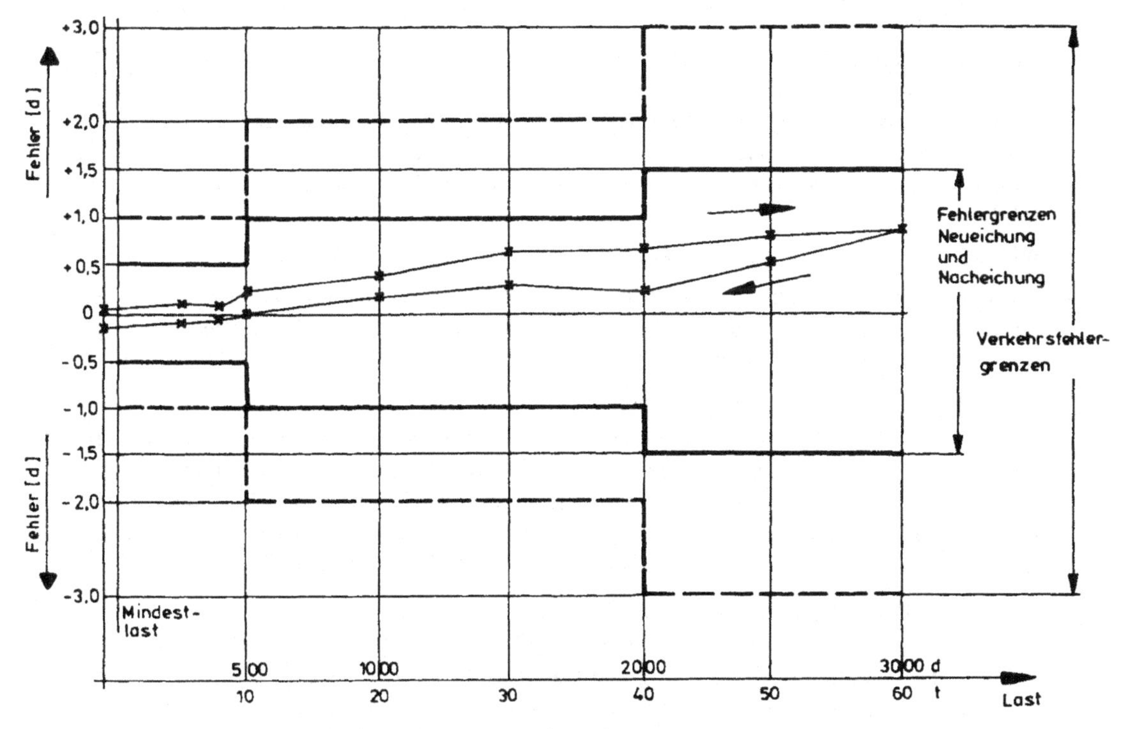

Bild 5.143 Fehlerkurve und Fehlergrenzen einer Straßenfahrzeugwaage mit 60 t Höchstlast
Quelle: Verfasser

der Einfluß von Umgebungsbedingungen auf die Wägung berücksichtigt, denen im Freien aufgestellte Waagen ausgesetzt sein können (Witterung, Wind, Erschütterungen, durch das Erdreich übertragene Schwingungen.)

Für Fahrzeugwaagen sind besondere Bauartvorschriften erlassen, die der Sicherung der Meßergebnisse und der eichamtlichen Überwachung dienen, s. EO 9 Nr. 15.1.10. Wesentliche Bestimmungen sind in kurzer Zusammenfassung:

- Einsehbarkeit der Waagenteile durch abnehmbare Brückenabdeckung der Öffnungsklappen bzw. durch Zugang in die Waagengrube, wobei die lichte Höhe unterhalb der Brücke mindestens 1,2 m betragen muß (Fundamenttiefe!),
- Entwässerungsanlage für die Waagengrube,
- Befestigter Boden und genügend Raum für die Sauberhaltung unterhalb der Waagenbrücke,
- Standsichere Fundamente bis in Frosttiefe,
- Mindestbrückenlängen in Abhängigkeit von der Höchstlast,
- Gerade und waagrechte Beruhigungsstrecken vorgeschriebener Länge beiderseits der Waage,
- Einsehbarkeit der Waagenbrücke vom Standort des Wägers aus.

Achsweise Wägung

Hier ist jedes Teilgewicht mit dem Fehler der Waage behaftet, so daß eine Fehleraddition eintreten kann.

Das Gesamtgewicht eines Fahrzeuges entspricht nur dann der Summe der Teilgewichte, wenn zwischen der Wägung der Achsen keine Veränderung der Lastverteilung eintritt. Daher ist die achsweise Wägung von Straßenfahrzeugen an folgende Voraussetzung gebunden: Die Beruhigungsstrecken vor oder hinter der Waagenbrücke müssen mit dieser in gleicher Höhe liegen, gerade und waagrecht ausgeführt sein und das Wägegut darf nicht flüssig sein (MgBPflV).

Für öffentliche Waagen gilt darüber hinaus:

Achsweise Wägen soll nur aus zwingenden technischen Gründen vorgenommen werden, das Fahrzeug muß ungebremst auf der Waagenbrücke stehen; auf der Wägekarte oder dem Wägeschein ist zu vermerken: „Achsweise gewogen" (Wäg V).

Genauigkeit im Rahmen der Verkehrsüberwachung

Die Radlastmesser, die z. B. von der Polizei für die Verkehrsüberwachung eingesetzt werden, unterliegen den Bestimmungen nach EO 9 Nr. 14.4.1. Maßgebend sind die Fehlergrenzen für Grobwaagen (Genauigkeitsklasse (IIII)). Je nach Teilezahl liegen die Genauigkeiten der Geräte in der Größenordnung von 1 % bis 2 %. Die Fehlergrenzen müssen entsprechend dem Benutzungsbereich bei Temperaturen von $-10\ ^\circ C$ bis $+40\ ^\circ C$ eingehalten werden.

Wägung von nicht abgekuppelten Waggons

Bei der Wägung von Gleisfahrzeugen im Stillstand oder in Fahrt ist es rangiertechnisch vorteilhaft, die Waggons in Wägestellung nicht abzukuppeln. Dabei entsteht jedoch aus dem Einfluß der Kraftübertragung über die Kupplung ein zusätzlicher Fehler. Er wird verursacht durch Schrägzug – wenn etwa auf ein beladenes ein leeres Fahrzeug folgt – durch Reibungskräfte in den Kupplungsgelenken und vor allem durch Reibung, die bei Pufferberührung auftritt.

Deswegen ist das nicht abgekuppelte Wägen auf einer sogenannten Waggonwägeanlage nach EO 9 Nr. 14.7. an folgende Voraussetzungen gebunden: Das Gleis muß vor und nach der

Waagenbrücke auf einer Länge von mindestens 35 m ohne Krümmung verlaufen. Weichen und Kreuzungen dürfen sich in diesem Gleisstück nicht befinden. In einem Abstand, der mindestens der gesamten Zuglänge entspricht, dürfen die Gleisstrecken kein größeres Gefälle als 2 ‰ aufweisen. Der zu wägende Waggon darf keine Pufferberührung mit benachbarten Waggons haben.

Fehlergrenzen, siehe Abschnitt 5.7.6.2.

5.7.6.2 Wägung in Fahrt

Für Waggonwägeanlagen bei

Wägung im Stillstand, siehe Abschnitt 5.7.6.1
Wägung in Fahrt, siehe Abschnitt 5.7.5.2.1
sowie für Ablaufbergwaagen, siehe Abschnitt 5.7.5.2.3

gelten folgende Eichfehlergrenzen (siehe EO 9 Nr. 14.7.3.2 und 14.6.2):

Eichfehlergrenzen nach Genauigkeitsklasse (III), siehe Abschnitt 5.7.6.1, erweitert um das 0,5 fache des Teilungswertes.

Als Wägewert (Sollgewicht) wird jeweils das Gewicht der abgekuppelten Waggons benutzt, das bekannt ist oder auf der zuvor geeichten Waage unter Berücksichtigung des Fehlers der Waage im Stillstand ermittelt wurde.

Für die Wägung von ganzen Zügen gilt als Fehlergrenze für die Summe der Wägewerte der einzelnen Waggons die Summe der Fehlergrenzen für die Wägung der einzelnen Waggons.

Die Einhaltung der zuvor genannten Eichfehlergrenzen ist nicht möglich, da die Wägeergebnisse mit einer zu großen Meßunsicherheit (DIN 1319 Blatt 3) als Folge der Störeinflüsse behaftet sind. Soweit im Ausland Fahrtwägungsanlagen dieser Art geeicht werden, trägt man dem zufälligen Fehleranteil durch erweiterte Eichfehlergrenzen Rechnung. Dies kann in Form einer absoluten Toleranzgrenze, unter Umständen bei Beschränkung der Verwendung der Waage auf die Bestimmung von Beförderungsgebühren oder zu Kontrollzwecken, geschehen [25].

In Eichbestimmungen anderer Länder wird davon ausgegangen, daß die Streuung der Fehler einer statistischen Beurteilung unterliegt. Hierbei werden Genauigkeitsklassen gebildet und aus einem Kollektiv von Meßwerten ermittelt, mit welcher relativen Häufigkeit die Fehler innerhalb dieser Klassen liegen. Eine dementsprechend formulierte Abnahmebedingung lautet [26]:

Bei 10maliger Messung eines Prüfzuges von 10 gekuppelten Waggons (100 Meßwerte) soll die Differenz zum statischen Waggongewicht (Wägewert) nicht größer sein als:
0,2 % bezogen auf 30 Meßwerte,
0,5 % bezogen auf 5 Meßwerte,
1 % bezogen auf die Gesamtheit der 100 Meßwerte.

5.7.6.3 Prüfung und Eichung

Die der Eichung von Straßenfahrzeug- und Gleiswaagen vorausgehende Prüfung wird nach den entsprechenden Vorschriften der Eichanweisung (EA) durchgeführt.

Da die Höchstlasten der Straßenfahrzeug- und Gleiswaagen in der Regel im Bereich von 30 t bis 150 t liegen, ist die Frage nach der Bereitstellung von Normallast nicht zuletzt für den Anwender von Wichtigkeit. Normallast bedeutet Masse (Gewichte), deren Fehler höchstens 1/3 der für die zu eichende Waage geltenden Fehlergrenzen betragen darf.

Gewichtsgerätschaften, die diese Vorschrift erfüllen, werden als Straßenfahrzeuge von einigen Eichaufsichtsbehörden, Eichämtern und Privatunternehmen unterhalten. Schienengebundene Eichfahrzeuge stellt die Deutsche Bundesbahn zur Verfügung, ihr Standort sind verschiedene Bahnbetriebswerke, von denen ihr Einsatz disponiert wird.

Mit einem Eichfahrzeug (Bild 5.144) können 60 t Normallast bereitgestellt werden. Die Gesamtlast setzt sich zusammen aus:

34 t Eigengewicht des Fahrzeuges,
5,9 t fest eingebaute Ballastgewichte,
20 t in Form von 8 Rollgewichten á 2,5 t,
0,1 t als Gewichtssatz in einer Abstufung, wie sie für die Zulage kleiner Lasten benötigt wird.

Beim Einsatz von 2 Eichfahrzeugen können demnach Gleiswaagen bis 120 t Höchstlast geprüft werden. Mit Rollgewichten aus Eichfahrzeugen werden häufig auch Straßenfahrzeugwaagen geprüft, sofern ein Gleisanschluß dies erlaubt.

Die nicht schienengebundenen Eichgerätschaften bestehen in ähnlicher Weise aus einer Zugmaschine und einem Anhänger, der Normallast darstellt.

Gelingt es nicht, Normallast bis zur Höchstlast der Waage bereitzustellen, so muß die Prüfung der Richtigkeit der Waage nach dem Staffelverfahren mit teilweise unbekannter Last vorgenommen werden [27]. Voraussetzung ist die Verfügbarkeit von Normallast von mindestens 20 % der Höchstlast der Waage. Als Ersatzlast ist ein geeignetes Fahrzeug bereitzustellen, das mit unbekannter Last beladen werden kann.

Bild 5.144 Eichfahrzeug der deutschen Bundesbahn mit 60 t Normallast
Quelle: Bundesbahn

Der Ablauf der Prüfung einer Straßenfahrzeug- oder Gleiswaage ist im Detail in der Eichanweisung beschrieben. Hier sei nur auf die wesentlichen Phasen hingewiesen:

Beschaffenheitsprüfung. Zusatzprüfung vor Beginn der Hauptprüfung, um festzustellen, ob die Waage bei 10 ... 20 % der Höchstlast die Fehlergrenze einhält und ob ausreichende Beweglichkeit (Empfindlichkeit bei nicht selbsteinspielenden Waagen) vorhanden ist.

Hauptprüfung nach einem der vorgeschriebenen Verfahren zur Feststellung der Richtigkeit (Einhaltung der Fehlergrenzen). Prüfung der Unveränderlichkeit bei nicht mittiger Aufbringung von Last auf der Waagenbrücke in Form einer Exzentrizitätsprüfung (Eckenprüfung bei Straßenfahrzeugwaagen, Verschiebeprüfung bei Gleiswaagen) und bei wiederholtem Befahren der Waage mit gleicher rollender Last (Stabilitätsprüfung).

Straßenfahrzeug- und Gleiswaagen werden im Turnus von 3 Jahren einer Nacheichung unterzogen, wobei Fehlergrenzen und Prüfungsablauf einer Neueichung gleichzusetzen sind.

Schrifttum

[1] *Raudnitz, M., Reimpell, J.:* Handbuch des Waagenbaus. Bd. 1, Handbediente Waagen. Berlin, B. F. Voigt, 1955

[2] *Padelt, E., Damm, H.:* Handbuch der Meßtechnik in der Betriebskontrolle. Bd. 1, Mengen und Strömungsmessung. Teil 1, Wägetechnik. Leipzig, Akad. Verlagsgesellschaft Geest & Porting KG, 1970

[3] *v. Petery, A., Burger, G.:* Fahrzeugwaage. Pat-Schrift 20 10 669 BRD vom 19.8.1976. Schenck/ D & W

[4] *Kuhn, K.:* Haben firmeneigene Gewichtregistriergeräte noch eine Daseinsberechtigung. wägen + dosieren 2 (1970), S. 62–65

[5] *Süß, R., Sandhack, F.:* Anschluß von Datenverarbeitungsanlagen an Wägeeinrichtungen für den eichpflichtigen Verkehr. PTB-Mitteilungen 4 (1972), S. 213–216

[6] *Reimpell, J.:* Was ist beim Aufbau einer Wägeanlage für Straßenfahrzeuge zu beachten? Schenck-Mitteilungen 9 (1961), S. 15–22

[7] *Keller, H.:* Bestimmung der Achslasten fahrender Kraftfahrzeuge. Straße, Brücke, Tunnel 5 (1969), S. 121–139

[8] *Keller, H.:* Achswägung von Kraftfahrzeugen mit verschiedenen Wägeverfahren. Straße und Autobahn 5 (1970), S. 183–194

[9] *Eberhard, J.:* Dynamische Achslastwaage. fördern und heben 5 (1974), S. 428

[10] *Hennrich, G.:* Prozeßrechner überwacht Beladung von Lastkraftwagen. Regelungstechnische Praxis 8 (1978), S. 245

[11] *Schulze, H.:* LKW-Achslastkontrolle – ein wägetechnisches Problem. wägen + dosieren 5 (1980), S. 202–203

[12] *Kalisch, H.:* Einbau und Betrieb von 146 Achslast- und Achsmengenzählgeräten für das Forschungsvorhaben „Langzeitbeobachtungen". Straße und Autobahn 11 (1976), S. 431–438

[13] *Zoder, E.:* Von der mechanischen zur elektromechanischen Gleisfahrzeugwaage. Der Eisenbahningenieur 2 (1979), S. 54–62

[14] *Steinert, H. E., Hahn, P., Schröder, H.:* Automatisierte Lose-Verladung im Zementwerk Lägerdorf. Zement – Kalk – Gips 3 (1979), S. 119–123

[15] *Trilling, U.:* Meßprobleme bei der Wägung von Kesselwagen während der Fahrt. Technisches Messen 5 (1982), S. 177–183

[16] *Rousse, R., Hego, G.:* Le pesage des wagons en moúvement à la S.N.C.F. Revue generale des Chemins de Fer 10 (1975), S. 588–597

[17] *Kronmüller, H.:* Dynamisches Wägen – Fahrtverwägung. wägen + dosieren 1 (1982), S. 25–29

[18] *Semenjuk, V. F., Burtkovsky, I. I., Vulikhman, L. M.:* Weighing per-axle compared with the per-truck method. Acta IMEKO. 6. IMEKO Conference (1977) Odessa

[19] *Colijn, H.:* Weighing and proportioning of Bulk Solids. Trans Tech. Publication (1975), S. 182–191

[20] *Fricke, H., Schulten, H., Osthushenrich, G.:* Vorschlag für die Verwägung von Eisenbahnfahrzeugen in der Steilrampe von Ablaufbergwaagen. Rangiertechnik 22 (1962), S. 73–78

[21] *Reuther, R.:* Modell zur dynamischen Wägung zweiachsiger Güterwaggons. Feingerätetechnik 4 (1977), S. 169–170
[22] *Delvendahl, H.:* Die Einordnung der Gleiswaage in den Gleisplan. Elsners Taschenbuch für den bautechnischen Eisenbahndienst 35 (1963)
[23] *Jost, G., Wawra, C. M., Reinscher, K.:* Kontrollstation zur Überwachung der Beladung von Güterzügen im rollenden Betrieb. ZEV-Glasers Annalen 105 (1981), S. 161–169
[24] *Wawra, C. M..:* Waggonerkennung zur Fahrtwägung mit einem Mikrocomputer. VDI-Berichte 348 (1979), S. 85–89
[25] *Oeconomos, J., Porcheron, M.:* L'installation de pesage en mouvement du quai des Pondéreux de Dunkerque. REVUE DE METROLOGIE. PRATIQUE ET LEGALE (1980), S. 63–70
[26] NBS-Handbook 44 (1980) T. 3.8.3
[27] *Buer, D.:* Staffelverfahren für die eichtechnische Prüfung von Großwaagen. PTB-Bericht Me-26, 1980

5.8 Waagen für kontinuierliches Wägen

R. Kamuff, K. H. Nebhuth

Beim Transport von Schüttgütern stellt sich oft die Forderung, ohne Unterbrechung den Gutstrom gewichtsmäßig zu erfassen, entweder innerbetrieblich für Bilanzierung von Vorratslagern, zur Kostenermittlung des Rohstoffverbrauches, zur optimalen Steuerung von Prozessen usw. oder außerbetrieblich als Verkaufsbelege für den eichpflichtigen Verkehr. Im Vergleich zu einer diskontinuierlichen Verwägung einer Schüttgutmenge treten bei der stetigen, d. h. ununterbrochenen Wägung eines Schüttgutstromes eine Anzahl zusätzlicher Probleme auf.

5.8.1 Förderbandwaagen

Den weitaus größten Anteil der kontinuierlich arbeitenden Waagen nehmen die Förderbandwaagen in Anspruch, da das Förderband für einen stetigen Fördergutstrom die am meisten benutzte Transporteinrichtung ist, und der Fördergurt für die kontinuierliche Wägung besonders günstige Voraussetzungen bietet. Die veralteten Konstruktionen der mechanischen Bandwaagen sind heute durch die technisch ausgereifte Entwicklung der elektromechanischen Bandwaage weitgehend verdrängt worden. Ausgeführte Anlagen dieser Bauart existieren für eine Förderstärke von 20 000 t/h bei einer Bandbreite von 2200 mm und einer Bandgeschwindigkeit von 4 m/s.

Stellvertretend für eine rein mechanische Konstruktion werde hier das Beispiel der mechanisch addierenden Bandwaage erläutert (Bild 5.145). Bei diesem Meßprinzip wird die Brükkenbelastung über ein Hebelsystem auf eine Neigungsgewichteinrichtung übertragen. Zur Registrierung der Belastung wird je nach Bandgeschwindigkeit und Brückenlänge der Neigungshebel periodisch z. B. alle 4 s festgehalten. Der so fixierte Ausschlag wird durch eine Abtasteinrichtung über ein Getriebe auf ein Zählwerk mit Ziffernanzeige übertragen, das die Einzelwerte addiert und die Gesamtfördermenge anzeigt. Die periodische Arretierung erfolgt durch eine Steuerwelle, die mit dem Antrieb des Bandförderers gekoppelt ist.

Bei Brückenlängen von 4 ... 8 m für Bandgeschwindigkeiten zwischen 1 m/s und 2 m/s ergeben sich maximale Abweichungen von 0,5 % bis 1,0 %.

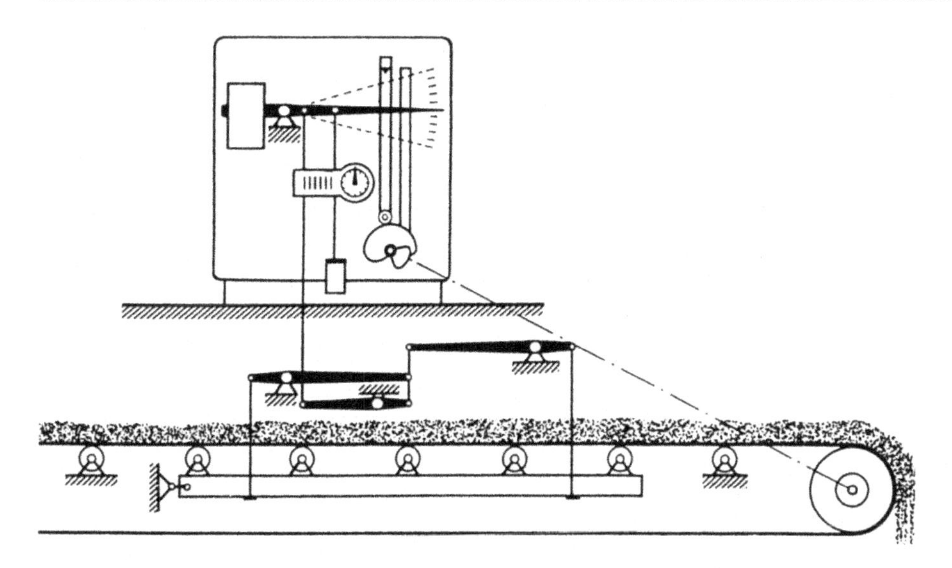

Bild 5.145 Mechanisch addierende Förderbandwaage.
Die Wägebrücke mit den Tragrollenstationen hängt mit vier Zugstangen an einem mechanischen Hebelsystem, das die Meßstärke auf die Auswägeeinrichtung überträgt, der außerdem der Wert der Bandgeschwindigkeit zugeführt wird.
Quelle: Schenck

Das Meßprinzip der elektromechanischen Bandwaagen gliedert sich in vier Teilabschnitte:

a) Messung der Bandbelastung q (kg/m),
b) Messung der Fördergutgeschwindigkeit v (m/s),
c) Multiplikation der beiden Meßwerte zur Bestimmung der Momentanförderstärke $q \cdot v = Q$ (kg/s),
d) Integration der Förderstärke über die Zeit zur Bestimmung der Fördermenge $\int Q \cdot dt = M$ (kg).

Bei der Umsetzung des Meßprinzips in die Praxis können sich die im folgenden beschriebenen Schwierigkeiten ergeben, auf die bei der Realisierung eines konkreten Falles bereits in der Planungsphase geachtet werden sollte.

5.8.1.1 Bandbelastung

Als Bandbelastung bezeichnet man die Masse des Fördergutes, die auf 1 m Bandlänge liegt. Die Wägung zur Ermittlung der Bandbelastung kann auf einen Teilabschnitt des oberen Trums beschränkt bleiben, indem eine oder mehrere nebeneinanderliegende Tragrollen auf einer Waagenbrücke abgestützt werden.

Denkt man sich die Belastung $l \cdot q$ des Förderbandstückes l zwischen zwei Tragrollen zu gleichen Teilen auf diese aufgeteilt, dann ergibt sich die Nettolast P einer Waagenbrücke mit einer Anzahl von i Tragrollen zu

$$P = i \cdot l \cdot q = L \cdot q. \tag{5.7}$$

Die wirksame Brückenlänge $L = i \cdot l$ beginnt bzw. endet demnach jeweils in den Mittellinien zwischen den äußersten Tragrollen auf der Waagenbrücke und den benachbarten Tragrollen

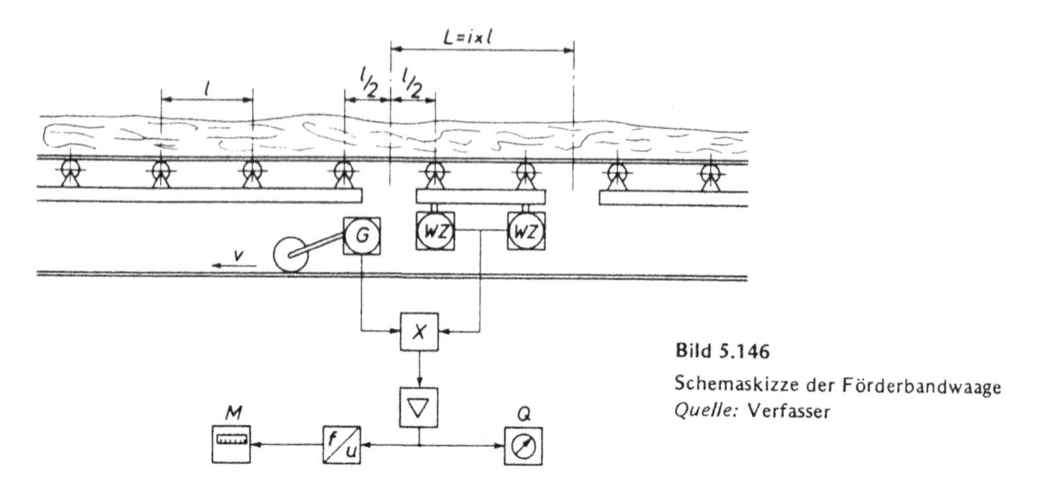

Bild 5.146
Schemaskizze der Förderbandwaage
Quelle: Verfasser

auf dem Gurtgerüst (Bild 5.146). Das von der Waage mit erfaßte Gewicht der Brücke mit ihren Tragrollenstationen und dem anteiligen Gurtgewicht wird als Taralast elektrisch oder mechanisch in Abzug gebracht, so daß die verbleibende Brückenlast $P = L \cdot q$ gleich dem Produkt aus der wirksamen Brückenlänge und der mittleren Bandbelastung ist.

Die Bestimmung der Brückenlast nach Gl. (5.7) läßt die Kräfte unberücksichtigt, die der Fördergurt durch seine Bandspannung auf die Waagenbrücke ausübt. Sie sind nach Bild 5.147 einfach abzuleiten.

Das Förderband wird in einzelne Trägerstücke aufgeteilt, die gelenkig verbunden sind und dadurch die Gurtspannkraft S übertragen können. Die Tragrollen der Waagenbrücke sind um die Höhe h über der Flucht der anderen Tragrollen liegend angenommen, so daß an den Knickstellen auf die betreffenden Tragrollen die Vertikalkomponente V der Spannkraft S einwirkt. Aus der Kraftzerlegung erhält man die Komponente

$$V = S \cdot \frac{h}{l} \qquad (5.8)$$

an beiden Seiten der Brücke, so daß durch die Bandspannung an der Brücke insgesamt die Kraft $2 \cdot V$ wirksam wird.

Die Abweichung h von der Flucht ändert sich mit der Größe der jeweiligen Brückenlast P, und zwar je nach der konstruktiven Ausführung der Auswägeeinrichtung und eventueller Übertragungsglieder, der Stabilität des Gurtgerüstes und der Fundamente. Aber auch die

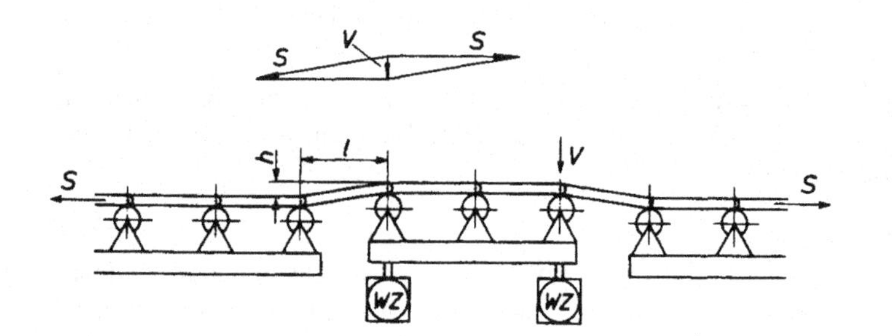

Bild 5.147
Einfluß der Bandspannung
Quelle: Verfasser

Bandspannkraft S an der Einbaustelle der Waage kann selbst bei Anwendung einer Gewichtspannstation sehr stark von der jeweiligen Bandbelastung abhängig sein, so daß Wägefehler unvermeidlich sind.

Dem großen Einfluß der Fluchtung ist durch sorgfältige Montage zu begegnen. Unter der Voraussetzung, daß die Tragrollen der Bandwaage und die anschließenden zwei bis drei Tragrollen vor und hinter der Waage so ausgewählt werden, daß sie mit einer Toleranz von 0,2 mm schlagfrei laufen, kann praktisch auf 0,3 ... 0,5 mm genau gefluchtet werden. Bandgerüst und Fundament müssen entsprechend ausreichend stabil sein, um die Fluchtung auch über lange Zeit zu gewährleisten. Abweichungen von der Flucht können aber auch durch Anbacken von Schmutz auf der Laufseite des Fördergurtes oder an den Tragrollen entstehen. Einwandfrei arbeitende Abstreifer sind daher eine Grundvoraussetzung für den Einbau einer jeden Bandwaage.

Eine wichtige Rolle spielt die Steifigkeit des Fördergurtes, die er besonders durch die Quermuldung erhält. Sie bewirkt eine zur Abweichung von der Flucht proportionale Be- oder Entlastung der betreffenden und der direkt benachbarten Tragrollen. Aber auch alle übrigen Tragrollen erfahren abwechselnd Be- oder Entlastungen, die allerdings mit wachsendem Abstand von der außer Flucht liegenden Rolle rasch abnehmen [1]. Für die Berechnung dieser Kräfte kann keine einfache mathematische Beziehung hergeleitet werden, da der Fördergurt als vielfach gelagerter Träger statisch unbestimmt ist. Doch gilt auch hier wie bei der Bandspannung, daß der Einfluß auf die Wägung durch sorgfältige Fluchtung weitgehend ausgeschaltet werden kann.

Besonders groß wird der Einfluß der Gurtsteifigkeit hinter der Umlenktrommel bzw. vor der Antriebstrommel im Bereich der Auf- bzw. Abmuldung des Gurtes. Um die dabei entstehenden Verformungskräfte von der Waage fernzuhalten, sollte daher an beiden Seiten der Waagenbrücke mindestens ein vollständig gemuldetes Bandstück von 2 m bis 3 m Länge anschließen.

Der relative Fehler einer Bandwaage, der aus den Einflüssen von Bandspannung, Bandsteifigkeit, Fluchtungsfehler, Temperatur usw. resultiert, sinkt mit wachsender Brückenlast P. Da die Brückenlast das Produkt aus der wirksamen Brückenlänge und der Bandbelastung ist, sollten diese beiden Faktoren im Hinblick auf eine hohe Genauigkeit möglichst groß gewählt werden. Als Richtwert bei der Wahl der Brückenlänge ist die Verweilzeit eines Fördergutteilchens auf der Waagenbrücke von mindestens 1 s anzustreben, wobei die Bandbelastung q je nach Gurtbreite und Muldung mindestens 10 ... 20 kg/m betragen sollte. Notfalls ist die Bandgeschwindigkeit entsprechend zu reduzieren. Diese Werte gelten bei Einbau einer Gewichtspannstation. Spindelspannstationen sollten in Gurtförderern mit eingebauter Bandwaage nicht verwendet werden, da sie keine definierte Bandspannung sicherstellen.

Die auf die Tragrollen der Wägebrücke einwirkenden Kräfte werden direkt oder über ein Hebelwerk auf eine oder mehrere Wägezellen übertragen und in ein proportionales elektrisches Signal umgeformt. Da der Gesamtfehler der Bandwaage überwiegend vom Einfluß des Fördergurtes herrührt, und dieser Einfluß um so geringer wird, je kleiner bei sonst gleichen Verhältnissen die Absenkung der Tragrollen der Wägebrücke bei maximaler Bandbelastung ist, muß auch die Größe der Absenkung zur Bewertung der Konstruktion herangezogen werden. Berücksichtigt man, daß die Absenkung durch die Anzahl der Übertragungsglieder (Hebel, Zugstangen, Gehänge und dgl.) bestimmt wird, so ist es naheliegend, die Waagenbrücke direkt auf Wägezellen abzustützen. Bei Verwendung von Wägezellen, die z. B. nach dem Prinzip der Dehnungsmeßstreifen arbeiten, beträgt der Weg der Wägezelle unter der Meßlast weniger als 0,1 mm. Setzt man für die Verformung der Abstützkonsole und der Krafteinleitungselemente nochmals je 0,1 mm an, so erhält man mit einer Absenkung von insgesamt 0,3 mm einen realisierbaren optimalen Wert.

Bei Fördergütern mit niedriger Schüttdichte läßt sich oft die erforderliche Bandbelastung nicht erreichen. Z. B. kann ein Förderband von 1000 mm Breite und 30° Muldung ca. 0,075 m^3 Gut je Meter Förderlänge aufnehmen. Bei einer Schüttdichte von 0,15 t/m^3 ergibt sich eine Bandbelastung von nur 11,3 kg/m, was zweifellos zu gering ist. In solchen Fällen kann man die Bandbelastung besser erfassen, indem der gesamte Gurtförderer bei einer Länge von 6 ... 10 m auf eine Waagenbrücke oder auf Wägezellen abgestützt und verwogen wird (Bild 5.148). Dabei entfallen alle Einflüsse des Förderbandes, der Fluchtung, der Stabilität des Gerüstes und der Fundamente usw. Allerdings ist andererseits die wirksame Brückenlänge L, die hier der Gesamtlänge der Materialbelegung entspricht, nicht exakt zu bestimmen. Das Auflegen des Fördergutes z. B. erfolgt je nach Förderstärke in einem unterschiedlich großen Bereich, und erst danach kann das Gut auf die Geschwindigkeit des Förderbandes beschleunigt werden. Am Abwurf dagegen bricht das Fördergut im Böschungswinkel ab, der je nach Körnung, Feuchte und Bandgeschwindigkeit variiert. Obgleich also die Verwägung bei dieser Methode sehr genau erfolgen kann, wird die Genauigkeit durch die Unsicherheit in der Bestimmung der wirksamen Brückenlänge doch unvermeidbar beeinträchtigt.

Mit der Bandwaage wird der mittlere Wert der Bandbelastung bezogen auf das Teilstück der wirksamen Brückenlänge gemessen. Je größer also die Brückenlänge, desto ausgeprägter ist auch die Mittelwertsbildung, d. h. das Einebnen der Belastungsspitzen. Als Beispiel werde der konstruierte Extremfall gemäß Bild 5.149 betrachtet, wo gleichschwere Einzellasten E

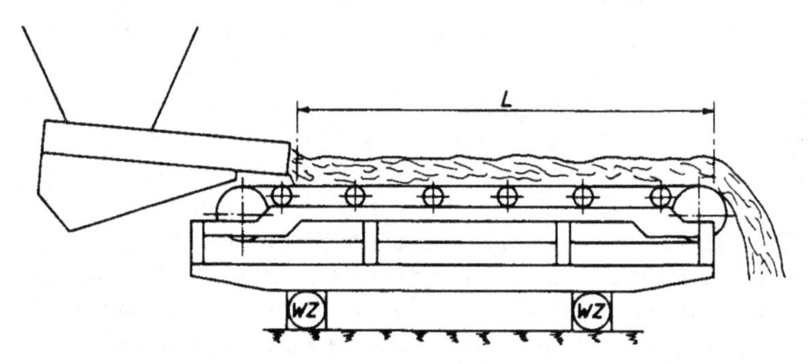

Bild 5.148 Wägestation für leichtes Schüttgut. Abstützen des kompletten Förderbandes auf vier Wägezellen. *Quelle:* Verfasser

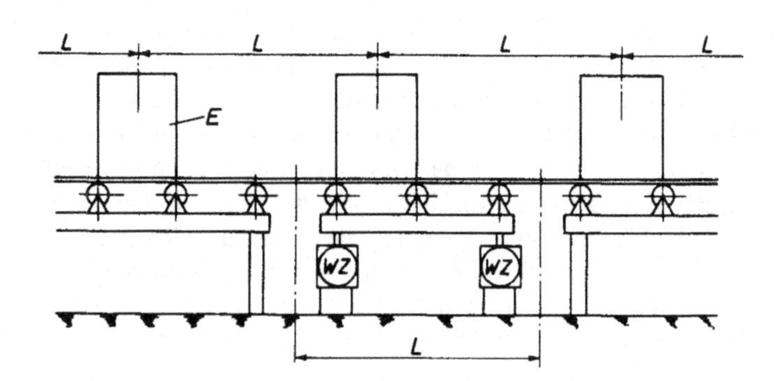

Bild 5.149

Einzellasten in regelmäßigen Abständen auf Förderbandwaage
Quelle: Verfasser

im Abstand der wirksamen Brückenlänge L aufgelegt sind. Für dieses Beispiel gilt, daß die Brückenlast, wie leicht einzusehen ist, ständig gleich dem Einzelgewicht E ist, so daß die zu messende Bandbelastung fälschlicherweise den Eindruck einer gleichförmigen Dauerbelastung des Förderbandes vermittelt. Für die genaue Erfassung der Fördermenge ist das allerdings belanglos. Soll jedoch proportional zum Momentanwert der Förderstärke eine zweite Komponente (Bild 5.159a) zugeteilt werden, weil z. B. ein Gemengestrom mit konstantem Mischungsverhältnis innerhalb kurzer Zeitabschnitte gewünscht wird, ist eine starke Mittelwertsbildung nachteilig, und es sollte dann eine möglichst kurze Brückenlänge gewählt werden.

5.8.1.2 Fördergutgeschwindigkeit

Unter der Annahme, daß im Bereich der Einbaustelle der Bandwaage das Gut ohne Relativbewegung zum Fördergurt transportiert wird, kann als die Geschwindigkeit des Fördergutes einfach die des Förderbandes gemessen werden. Es ist jedoch zu beachten, daß das Fördergut nach dem Auftreffen auf dem Band zunächst auf die Geschwindigkeit des Förderbandes beschleunigt werden muß, ehe es in den Meßbereich der Bandwaage gelangen darf. Schließlich muß der je nach Fördergut und Kornform zulässige Steigungs- bzw. Neigungswinkel des Bandes eingehalten werden, um eine Eigenbewegung des Gutes auf dem Förderband auszuschließen.

Die Bandgeschwindigkeit wird indirekt über die Drehzahl der Welle einer vom Förderband angetriebenen Meßrolle oder einer Umlenktrommel oder eines Reibrades gemessen. Durch ausreichenden Anpreßdruck und Umschlingungswinkel muß sichergestellt sein, daß die Meßeinrichtung schlupffrei mitgenommen wird.

Materialankrustungen an der Meßrolle, an der Umlenktrommel oder am Reibrad bewirken bei gleicher Bandgeschwindigkeit durch die Vergrößerung des Durchmessers eine kleinere Drehzahl und damit einen zu kleinen Meßwert. Anbackungen z. B. von nur 2 mm Dicke bedeuten bei einem Trommeldurchmesser von 400 mm bereits einen Fehler von 1 %. Es empfiehlt sich daher, für die Meßrolle z. B. schmale Auflageflächen durch Gummistützringe zu schaffen, an denen sich keine Ankrustungen bilden können.

Für die Drehzahlmessung wird ein Gleichstrom- oder ein Frequenztachogenerator an die Welle der Meßrolle angekuppelt, die somit einen proportionalen elektrischen Signalausgang liefert. Da bei Gurtförderern mit Drehstromantriebsmotor die Fördergeschwindigkeit des Bandes nur geringen Änderungen bei Belastungs-, Spannungs- oder Netzfrequenzschwankungen unterworfen ist, sind für den kleinen Meßbereich die Genauigkeitsansprüche technisch einfach zu erfüllen.

Zusammenfassend kann gesagt werden, daß für die Genauigkeit der Wägung neben den konstruktiven Details der Bandwaage auch die sorgfältige Fluchtung und Justierung, die regelmäßige Wartung und Kontrolle der Waage und des Förderbandes mindestens die gleiche Bedeutung haben. Daraus folgt, daß nicht nur der Hersteller der Bandwaage, sondern ebenso auch der Anwender an der Realisierung der oft hoch gesteckten Erwartungen einen großen Anteil beizutragen hat.

Einige verkürzt angeführte Empfehlungen bzw. Auflagen der Eichordnung für Bandwaagen der höchsten Genauigkeitsklasse 1 geben nachstehende, praxisbezogene Anhaltspunkte für die Gestaltung des Förderbandes, für Grenzbedingungen und für die erreichbare Genauigkeit:

- möglichst nicht mehr als 50 m Achsabstand,
- möglichst nicht mehr als 10 % bzw. 6° Neigung,

- möglichst nicht mehr als 20° Gurtmuldung,
- größter zulässiger Verkehrsfehler ± 1 %,
- mindestens alle 3 Stunden tarieren.

Die Justierung und Kontrolle einer Bandwaage sollte im Regelfall nur mit Fördergut erfolgen, das zum Vergleich auf einer statischen Waage verwogen wird. Die Fördermenge sollte dabei der in der Eichordnung festgelegten Mindestabgabemenge entsprechen. Aus Gründen der Zeit- und Kostenersparnis können Justierung und Kontrolle auch mit Prüfgewichten vorgenommen werden, die von Hand oder bei Fernbedienung motorisch angehängt werden können (Bild 5.150).

Der Gurteinfluß wird dabei jedoch nicht vollständig simuliert, so daß ein Fehler von 1 ... 3 % gegenüber der Messung mit Fördergut auftreten kann. Bei einer anderen Methode wird im Bereich der Waage die Belastung durch Kettenstränge simuliert, die auf dem Förderband aufliegen und einseitig gehalten werden, um die Mitnahme durch das Förderband zu verhindern. Der höhere Aufwand ist gerechtfertigt, da diese Methode der Belastung durch das Fördergut am nächsten kommt.

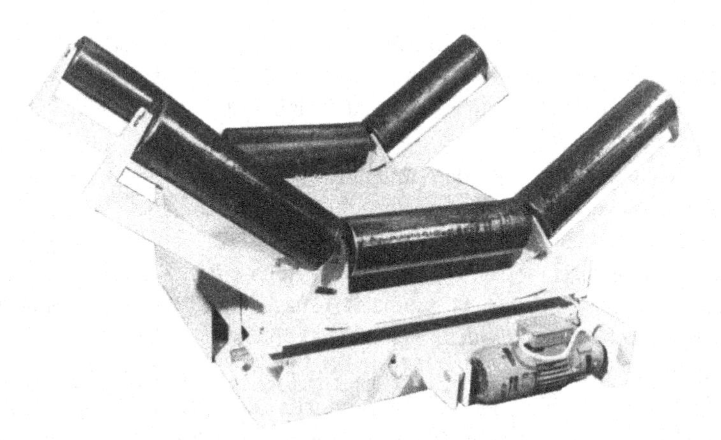

Bild 5.150 Zweirollen-Wägebrücke mit motorischer Prüfgewichtsauflegevorrichtung
Quelle: Boeckels

5.8.1.3 Verarbeitung der Meßsignale

Die elektrischen Signale der Wägezelle und des Tachogenerators werden miteinander multipliziert, verstärkt und in einen eingeprägten Strom gewandelt, der proportional zur Förderstärke Q ist und am Anzeigegerät abgelesen werden kann (Bild 5.146). Die Fördermenge M wird durch die Integration der Förderstärke über die Zeit ermittelt, indem der Verstärkerausgang an einen Spannungs-Frequenzwandler angeschlossen wird. Die Ausgangsfrequenz wird an einem Impulszähler zur Fördermenge aufaddiert [2].

Die Einstellungen von Tara, Bereich und Zählfrequenz werden an Potentiometern vorgenommen. Die Funktionsgruppen sind auf einzelnen Steckkarten zusammengefaßt, die im Beispiel des Bildes 5.151 in einen 19"-Einschub eingebaut werden.

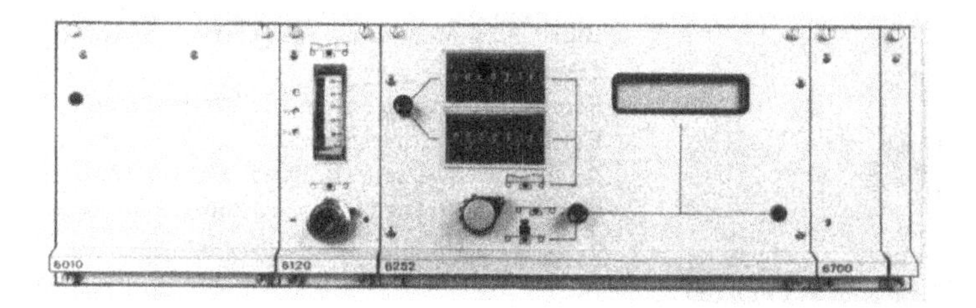

Bild 5.151 Einschub für Bandwaagenelektronik. Aufteilung auf 4 Kassetten: Netzteil/Verstärker mit Anzeige und Nullpotentiometer/Integrator mit Nullpunktkontrolle und Prüfzahleinrichtung/ Nullstellautomatik
Quelle: Boeckels

Mögliche zusätzliche Einrichtungen sind:

- automatische Tarierung,
- Abschalt-Zählwerke für Mengenvorwahl (z. B. Verladungen),
- Schreiber und Impulsdrucker,
- Spannungs- und Stromausgänge für die Zusammenschaltung mit anderen Dosiereinrichtungen.

Neben dem vorbeschriebenen analogen Meßverfahren werden heute immer stärker digitale Meßeinrichtungen mit Mikroprozessoren eingesetzt [3]. Der Aufbau eines Wägesystems mit Mikroprozessoren entspricht im wesentlichen dem eines Mikrorechners. Für die hauptsächlichen Funktionen der Bandwaage sind folgende Gruppen nötig (Bild 5.152):

a) Mikroprozessor zur Steuerung der Funktionsblöcke über den Datenbus,
b) Speicher für alle spezifischen Daten, Justagewerte, Meßbereiche, Grenzwerte usw.,
c) Meßwerteingang für Bandbelastung,
d) Meßwerteingang für Bandgeschwindigkeit,
e) Steuerungsinterface für Störmeldungen, Verriegelungen, externe Befehle vom bzw. zum Prozessor, Signalausgänge,
f) Bedien- und Anzeigeeinheit,
g) Netzteil.

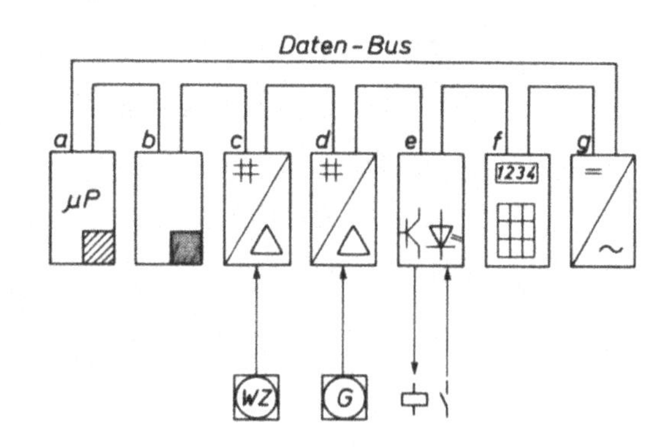

Bild 5.152
Funktionsblöcke einer Bandwaagenelektronik.
a) Mikroprozessor b) Speicher c) Eingänge Wägezelle d) Eingang Tacho e) Steuersignale f) Anzeige- u. Bedienteil g) Netzteil
Quelle: Verfasser

Die Steckkarten mit der Hardware, die für alle gravimetrischen Meßeinrichtungen gleich sind, sind zusammen mit der Bedien- und Anzeigeeinheit in einem Gehäuse eingebaut (Bild 5.153).

Bild 5.153 Meß- und Regelgerät mit Mikoprozessor
Frontseite mit Anzeigefeld 1: Betriebsart und Förderstärke; Anzeigefeld 2: wahlweise abzurufende Meßwerte, z. B. Bandbelastung; Modeschalter der Betriebsarten; Tastenfeld für Bedienung, Einstelldaten und Kontrollen.
Quelle: Schenck

Die großen Vorteile des digitalen Meßverfahrens liegen in der hohen Auflösung und der driftfreien Verarbeitung der eingehenden Meßsignale durch den festprogrammierten Mikroprozessor, der zur Erleichterung der Bedienung ohne zusätzliche Einrichtungen automatische Tarierung und Justierung ermöglicht.

5.8.2 Dosierbandwaagen

Im Gegensatz zur Bandwaage, die den anfallenden Fördergutstrom lediglich messen soll, hat die Dosierbandwaage zusätzlich die Aufgabe, den Fördergutstrom aus einem Vorratssilo in der gewünschten Förderstärke auszutragen. Entsprechende Konstruktionen sind für Förderstärken bis zu 1400 t/h bei einer Bandbreite von 1800 mm ausgeführt worden. Zu dieser Aufgabe sind eine Reihe verschiedener Lösungen gefunden worden.

5.8.2.1 Direktabzug aus dem Aufgabetrichter

Dieses Konstruktionsprinzip stellt für die meisten Anwendungsfälle die optimale Lösung dar, da sie eine kompakte Bauweise ermöglicht. Das Förderband mit integrierter Bandwaage wird so unter dem Bunkerauslauf angeordnet, daß bei laufendem Gurt das Fördergut aus dem Bunker abgezogen und bei stehendem Gurt durch den Böschungswinkel das Auslaufen des Fördergutes verhindert wird. Die heute übliche Ausführung (Bild 5.154) besitzt einen Flachgurt mit Materialführungsleisten, eine Einrollenbandwaage mit Brückenlänge von 0,3 ... 0,5 m,

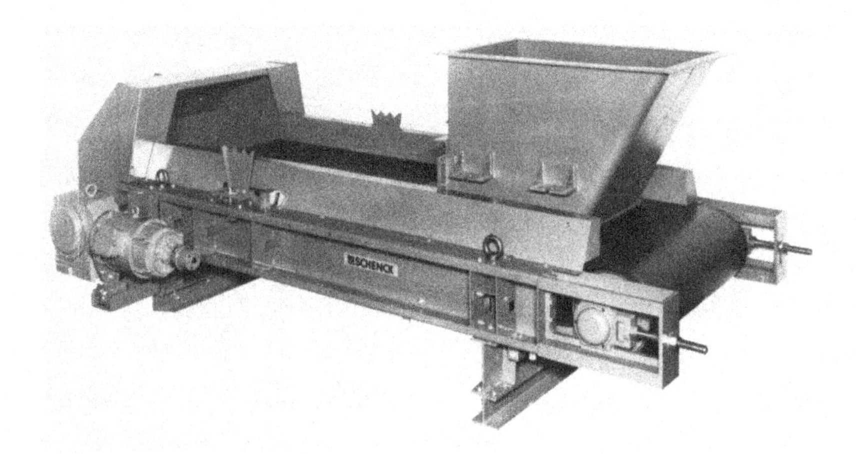

Bild 5.154 Dosierbandwaage
Bandbreite 1000 mm, Förderstärke bis 180 m^3/h, Körnung maximal 100 mm
Quelle: Schenck

eine Bandlenkeinrichtung, eine Gewichtspannstation, einen Gleichstrom-Getriebe-Regelmotor und einen Tachogenerator. Bei dieser Bauweise sind die meisten Probleme, die sonst bei Ermittlung der Bandbelastung durch eine Förderbandwaage auftreten, leicht zu meistern. Allerdings muß jedoch besonderes Augenmerk auf die Gestaltung des Bunkers gerichtet werden, um bei feinkörnigem Fördergut beispielsweise ein Durchschießen des Fördergutes am Bunkerauslauf und ein Überfluten des Bandes zu vermeiden oder in anderen Fällen einer Neigung zur Brücken- bzw. Schachtbildung zu begegnen. Diese typischen Störungen beim Materialabzug hängen im wesentlichen von der Bunkergeometrie, dem Kornspektrum und der Kornform sowie der Feuchte des Dosiergutes ab, und es bedarf einer langen Erfahrung, die geeigneten konstruktiven Maßnahmen zu treffen, die einen störungsfreien Betrieb gewährleisten [4, 5].

Um den Austrag des Gutes zu erleichtern und eine ausreichende Brückenlast sicherzustellen, muß der Abzugsquerschnitt genügend groß gewählt werden. Unter dieser Voraussetzung ist bei den üblichen Gurtgeschwindigkeiten von maximal 0,3 ... 0,4 m/s die Bandbelastung erfahrungsgemäß nahezu von der Bandgeschwindigkeit unabhängig, sofern die Schüttdichte konstant ist.

Aus Bandbelastung und Bandgeschwindigkeit wird die Ist-Förderstärke ermittelt und die Bandgeschwindigkeit durch Änderung der Drehzahl des Gleichstrommotors so geregelt, daß die Ist-Förderstärke gleich dem eingestellten Sollwert wird. Die Regelung der Förderstärke ist demnach auf die Einbaustelle der Wägerolle bezogen, so daß an der Abwurfstelle, falls dort eine andere Bandbelastung vorliegt, eine entsprechende Abweichung vom Sollwert der Förderstärke auftritt. Die Wägerolle wird deshalb möglichst nahe dem Abwurf angeordnet, weil dann als Folge der erwähnten hohen Konstanz der Bandbelastung größere Abweichungen kaum zu erwarten sind. Andernfalls kann in einem Schieberegister die Bandbelastung gespeichert werden, bis die zugehörige Bandstelle an den Abwurfpunkt gelangt, so daß die Wägerolle scheinbar in die Abwurfstelle verschoben wird. Da die Bandgeschwindigkeit ohne Verzögerung gemessen und sofort nachgeregelt wird, liegt eine unproblematische Regelung ohne Totzeit vor.

Bei einer früher häufiger gebauten Bauart mit Regelschieber (Bild 5.155a) blieb die Geschwindigkeit des Gurtes, der durch einen Drehstrommotor angetrieben wurde, konstant und die Regelung der Förderstärke erfolgte durch Änderung der Bandbelastung, d. h. durch Schalten des Verstellmotors für den Vertikalschieber am Bunkerabzug. Bedingt durch den Abstand zwischen Schieber und Wägerolle entstand hier eine große Zeitverzögerung zwischen der Schieberverstellung und der zugehörigen Meßsignaländerung an der Wägerolle, d. h., die Regelung mußte auf die große Totzeit abgestimmt werden und war entsprechend langsam.

5.8.2.2 Separates Abzugsorgan

Bei schwierigem Fließverhalten des Fördergutes kann der Abzug mit einem Fördergurt zu häufigen Betriebsstörungen führen. In diesem Fall ist die Verwendung eines speziell angepaßten Abzugsorganes unvermeidlich, das je nach Dosiergut eine Zellenschleuse, eine Förderschnecke, ein Drehteller, eine Vibrationsrinne oder auch ein Plattenband sein kann. Dabei muß natürlich in jedem Falle auch die Förderstärke des Abzugsorganes geregelt werden.

Intermittierende Beschickung

Das Abzugsorgan füllt intermittierend einen kleinen über der Dosierbandwaage aufgebauten Trichter, wobei zwischen zwei nahe beieinanderliegenden Grenzwerten ein niedriger Materialpegel über dem Abzugsband eingehalten wird. Der immer frisch eingefüllte, kleine Fördergut-

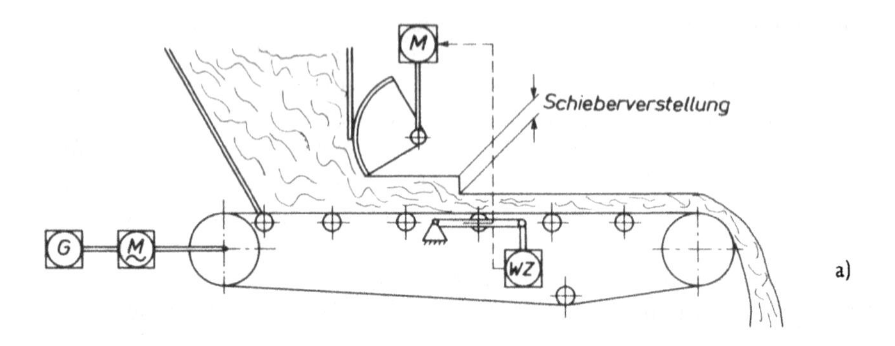

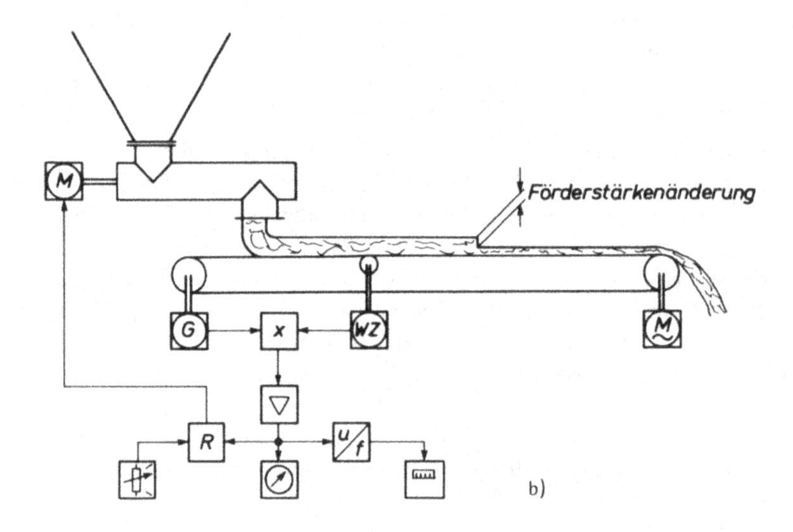

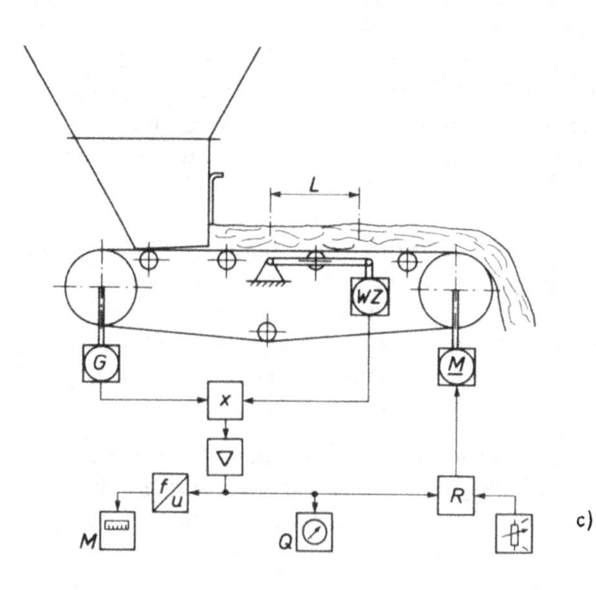

Bild 5.155

Schema der Dosierbandwaage
a) mit Schieberregelung
b) mit Regelung der Belastung
c) Schemaskizze einer Dosierbandwaage
Quelle: Verfasser

vorrat im Aufgabetrichter reduziert erfahrungsgemäß die sonst meist nur bei größerem Bunkerdruck auftretenden Probleme des Fließverhaltens, so daß die Regelung der Dosierbandwaage gemäß dem im Abschnitt 5.8.2.1 beschriebenen einfachen Direktabzug möglich ist. Die intermittierende Nachfüllung des Aufgabetrichters geschieht am einfachsten durch Ein- und Ausschalten des Drehstrommotors für das Abzugsorgan mittels der Grenzwertschalter im Aufgabetrichter. Der Motor ist deshalb für eine hohe Schalthäufigkeit auszulegen.

Regelung der Belastung des Dosierbandes

Bei diesem Regelverfahren ist die Förderstärke des Abzugsorgans, das ohne Zwischentrichter das Fördergut direkt auf die nachgeschaltete Dosierbandwaage abwirft, kontinuierlich verstellbar (Bild 5.155b). Der Bandantrieb der Dosierbandwaage besitzt einen Drehstrommotor, so daß mit konstanter Bandgeschwindigkeit gefahren wird. Die Bandwaage ermittelt den Istwert der Förderstärke und der Regler verändert bei Abweichungen vom Sollwert die Drehzahl des Abzugsorgans, so daß die Regelung durch Veränderung der Bandbelastung erfolgt. Dabei entsteht zwangsläufig wegen des Förderweges vom Abzugsorgan bis zur Meßstelle der Wägerolle eine Regelung mit relativ großer Totzeit und mit Neigung zu Regelschwingungen. Um die Totzeit soweit als möglich zu reduzieren, sollte deshalb die Wägerolle möglichst nahe an der Aufgabestelle des Abzugsorgans eingebaut werden.

Da die Regelung der Förderstärke nur über das Abzugsorgan erfolgt, kann eine Änderung des Sollwertes der Förderstärke erst nach der Laufzeit des Gurtes bis an die Abwurfstelle dort wirksam werden.

Ein weiterer Nachteil des Systems ist die bei verringerter Förderstärke im gleichen Maße verringerte Bandbelastung. Bei 10 % der maximalen Förderstärke wird deshalb der Einfluß von Störgrößen wie beispielsweise Taraänderungen und dgl. relativ zehnmal so groß wie bei Nennförderstärke sein.

Als eine Variante findet man häufig eine Ausführung [6], bei der die gesamte Bandkonstruktion an der Abwurfseite einseitig drehbar gelagert und an der gegenüberliegenden Seite auf einer Wägezelle abgestützt ist. Die Bandbelastung ist ebenso wie die Aufprallkraft des vom Abzugsorgan abgeworfenen Fördergutstromes proportional zur Förderstärke. Das bedeutet, daß die Aufprallkraft in diesem System auf einfachste Weise mit einjustiert werden kann und keinen Fehler bringt. Allerdings ist die Gefahr der Verschmutzung bei den relativ großen Staubablagerungsflächen, d. h. also die Gefahr der Taraveränderung, entsprechend größer.

Bei kleinen Förderstärken werden Dosierbandwaagen dieser Konstruktion in einem Gehäuse vor äußeren Einflüssen geschützt (Bild 5.156).

Bild 5.156
Kleinstdosierbandwaage mit Schutzgehäuse, Staubabsaugung und separater Aufgabeeinrichtung. Förderstärke 0,1 kg/h bis 50 kg/h.
Quelle: Brabender Technologie

Zusammenfassend kann festgestellt werden, daß Dosierbandwaagensysteme mit konstanter Bandgeschwindigkeit zwar preiswerter sind, aber durch die geringere Qualität der Regelung nur für solche Fälle eingesetzt werden sollten, die keinen großen Einstellbereich und keine häufigen Sollwertänderungen der Förderstärke erfordern.

Regelung der Geschwindigkeit des Dosierbandes

Dieses Regelverfahren erfordert sowohl für das Abzugsorgan als auch für die Dosierbandwaage einen drehzahlregelbaren Antriebsmotor. Die Bandbelastung des Dosierbandes bleibt bei allen Förderstärken angenähert konstant, da die Drehzahlen des Dosierbandes und des Abzugsorganes immer auf das gleiche Drehzahlverhältnis eingeregelt werden. Die Wägerolle wird in der Nähe der Abwurfstelle eingebaut, damit keine nennenswerte Abweichung der Förderstärke zwischen dem Fördergutstrom an der Wägerolle und dem am Abwurf auftreten kann.

Da der Meßwert der Förderstärke ohne Totzeit ermittelt wird, arbeitet die Regelung ohne Gefahr der Regelschwingungen und die Kurzzeitkonstanz ist daher hoch. Wenn von den vergleichsweise höheren Kosten abgesehen werden kann, ist diesem System der Vorzug zu geben.

5.8.2.3 *Elektrische Ausrüstung*

Zusätzlich zur Meßeinrichtung der Dosierbandwaage, die identisch mit der Meßeinrichtung einer Bandwaage ist, wird ein Regelkreis erforderlich, der die Ist-Förderstärke an die Soll-Förderstärke heranführt (s. Bild 5.155c). Als Stellglieder werden Gleichstrommotore, frequenzgeregelte Drehstrommotore oder Stellgetriebe benutzt.

Der Sollwert der Förderstärke wird an einem Potentiometer eingestellt, das mit einer Konstantspannung gespeist wird. Der Vergleich mit dem Istwert erfolgt im Regler R, dessen Leistungsteil den Regelmotor speist. Leistungsteil und Regelmotor müssen aneinander angepaßt sein. Die Funktionsgruppen der elektrischen Ausrüstung werden in einem 19″-Einschub zusammengefaßt und gemeinsam mit der Leistungselektrik in einem Schaltschrank eingebaut. Anzeigegeräte, Sollwertsteller und Impulszähler werden dagegen häufig für Fernbedienung in einer Schaltwarte installiert.

Auch hier geht die Entwicklung vom Analog-System weiter zur Digitalelektronik (Bilder 5.153 und 5.157), wie es bereits für die Bandwaagen beschrieben wurde. Gegenüber der Bandwaage werden jedoch zusätzlich zwei Gruppen (Bild 5.158a) benötigt:

h) Digitalregler mit Stellsignalausgabe,
k) Leistungsregler zum Anschluß des Regelmotors.

Bild 5.157
Mikrocomputer Steuerung für gravimetrische Dosiergeräte
Quelle: Brabender Technologie

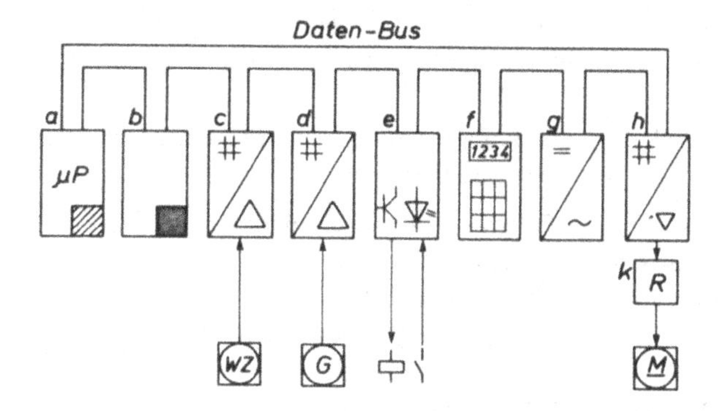

Bild 5.158

a) Schema eines Meß- und Regelgerätes mit Mikroprozessor
Quelle: Verfasser

b) Mikrocomputer mit Bildschirm und Universaltastatur für die Verkoppelung von einzelnen Wäge- und Dosiereinheiten bei Gemengeanlagen
Quelle: Schenck

Für die Zusammenschaltung mehrerer Meß- und Dosiereinrichtungen in einem verfahrenstechnischen Prozeß gibt es heute bereits entsprechend programmierte Mikrocomputer, die direkt per Klartextdialog auf dem Bildschirm die Verkopplungen von Einzelkomponenten zu Meß- und Dosiergruppen vornehmen können (Bild 5.158b).

Drehzahlgeregelte Dosierbandwaagen mit separatem Abzugsorgan (Abschnitt 5.8.2.2) erfordern einen Regelkreis für die Regelung der Bandgeschwindigkeit und einen zweiten Regelkreis für die der Bandgeschwindigkeit proportionalen Drehzahl des Abzugsorgans. Bei Abweichungen von der vorgegebenen Normal-Belastung nimmt der zweite Regelkreis eine entsprechende Korrektur am Abzugsorgan vor.

Die erzielbare Genauigkeit der Dosierbandwaage liegt im Durchschnitt zwischen 0,5 % und 1 %, je nach Fördergut und Wartung. Die Genauigkeitskontrolle der Dosierbandwaagen erfolgt am zuverlässigsten mit Fördergut, das auf einer statischen Waage zum Vergleich nachgewogen wird. Soll diese Kontrolle jedoch jederzeit ohne Betriebsunterbrechung durchgeführt werden können, dann wird der gesamte Bunker mit angehängter Dosierbandwaage auf Wägezellen abgestützt. Während der Kontrolldauer kann jetzt die von der Dosierbandwaage abgeworfene Fördergutmenge mit der Abnahme des Füllgewichtes im Bunker verglichen werden [7].

Eine einfache und schnelle Kontrolle kann mit Prüfgewichten vorgenommen werden, wobei sich gegenüber der Messung mit Fördergut ein zusätzlicher Fehler von etwa max. 1 % ergeben kann.

Die Dosierbandwaage wird außer zur Bildung eines konstanten Materialstromes auch für eine Reihe anderer Anwendungsfälle eingesetzt. Typische Beispiele sind:

- Beschickung einer Mühle auf einen konstanten Füllgrad, der indirekt über das Mahlgeräusch durch ein Mikrofon mit elektro-akustischem Wandler erfaßt wird;
- Bildung eines konstanten Gemengestromes durch Steuerung mehrerer Dosierbandwaagen, wobei die Einzelkomponenten in einem gleichbleibenden Gewichtverhältnis zueinander stehen;
- Bildung eines schwankenden Gemengestromes, wobei eine Komponente durch eine Bandwaage erfaßt wird, deren Ausgangssignal den Sollwert für die Zugabe einer 2. Komponente durch eine Dosierbandwaage darstellt (Bild 5.159a);
- Mühlenbeschickung mit einem Gemengestrom, wobei das Grieße-Rückgut von einer Bandwaage erfaßt wird und mit einer Dosierbandwaage nur soviel Frischgut zugegeben wird, daß ein konstanter Gesamtgemengestrom entsteht (Bild 5.159b).

Die Erläuterungen zur elektrischen Ausrüstung der Dosierbandwaage können sinngemäß auch auf die anderer Dosiereinrichtungen (Abschnitte 5.8.3 bis 5.8.6) übertragen werden [8].

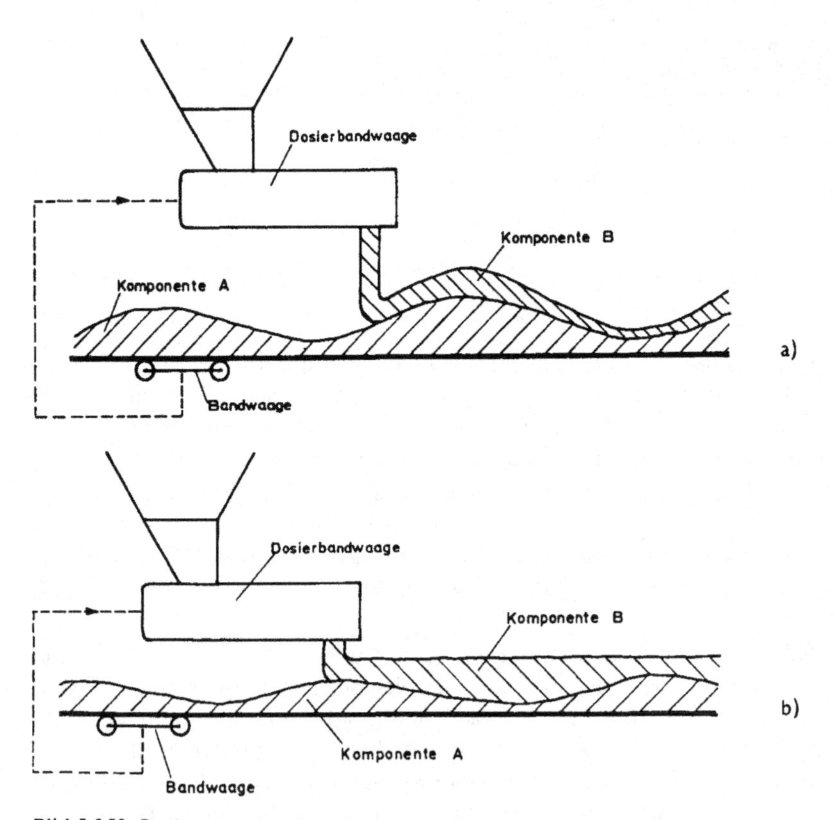

Bild 5.159 Dosierbandwaage

a) gesteuert von Bandwaage auf konstante Gemengezusammensetzung aus den Komponenten A und B
b) gesteuert von Bandwaage auf konstante Förderstärke des Gemenges aus den Komponenten A und B.
Quelle: Verfasser

5.8.3 Plattenbandwaage

Das Meßprinzip entspricht dem der Förderbandwaage, d. h., es werden Belastung und Fördergeschwindigkeit gemessen und miteinander multipliziert. Da die Stahlplatten von Laufrollen getragen werden, wird die Belastung durch Messung der Raddrücke ermittelt (Bild 5.160). Zu diesem Zweck wird ein Teilstück der Laufschiene, deren Länge ein ganzzahliges Vielfaches des Rollenabstandes sein muß, auf die Waagenbrücke montiert. Bei einer Waagenbrücke der üblichen Konstruktion würde jedoch beim Auflaufen der Laufrolle die Last stoßartig auftreten. Die Waagenbrücke wird daher meist als Knickbrücke ausgebildet, so daß die von der Auswägevorrichtung erfaßte Last eines Rades von Null bis zum Maximalwert zu und dann wieder bis auf Null abnimmt.

Die Genauigkeit einer solchen Waage beträgt je nach Verschmutzungsgrad 3 ... 5 %, da infolge der konstruktiven Ausführung mit ihren schweren Stahlplatten, Laschenketten, Laufrollen und Laufschienen erhebliche Reibungskräfte zwischen den Einzelteilen auftreten und Wägefehler verursachen. Bedingt durch die großen und stark schwankenden Taragewichte ist die Kurzzeitgenauigkeit gering. Der Einsatz solcher Waagen erfolgt daher nur in zwingenden Fällen, z. B. bei Förderguttemperaturen über 180 °C, wenn der Einsatz von Gummigurten nicht möglich ist. Ausgeführte Anlagen existieren bei Stahlzellenbreite 800 mm für eine Förderstärke von 200 t/h bei Fördergeschwindigkeiten von 0,3 m/s.

Bezüglich Fluchtung der Laufschienen, Stabilität und Steifigkeit der Konstruktion und dgl. gelten die bei der Förderbandwaage bereits angeführten Einzelheiten.

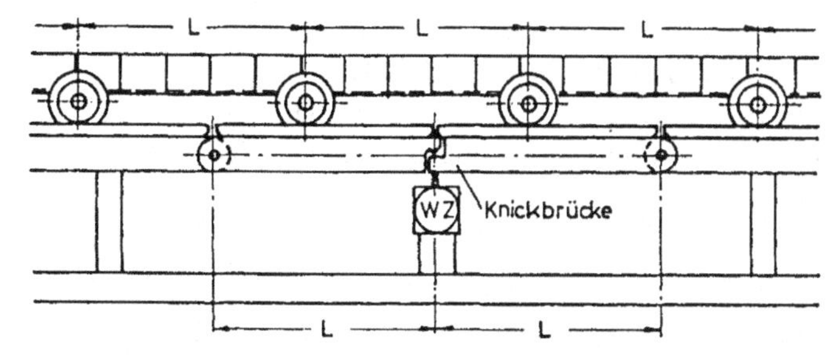

Bild 5.160 Wägestation mit Knickbrücke in einem Plattenband. Messung der Bandbelastung durch Raddruckmessung der Laufräder.
Quelle: Verfasser

5.8.4 Dosierplattenbandwaage

Sie entwickelt sich aus der Plattenbandwaage, wenn das Fördergut aus einem Vorratsbunker abgezogen und der Antrieb in seiner Drehzahl so geregelt wird, daß der Fördergutstrom in der gewünschten Stärke abgeworfen wird. Die Erläuterungen zur Dosierbandwaage können hier sinnvoll übernommen werden.

Handelt es sich um ein kurzes Plattenband mit einem Achsabstand von nur ca. 5 m, dann kann der Einfluß der Reibung, der auf der Waagenbrücke zwischen den einzelnen Platten auftritt, eleminiert werden, indem das Plattenband einschließlich der Antriebsgruppe in einer Lagerung an der Aufgabestelle des Fördergutes drehbar aufgehängt und die Belastung als

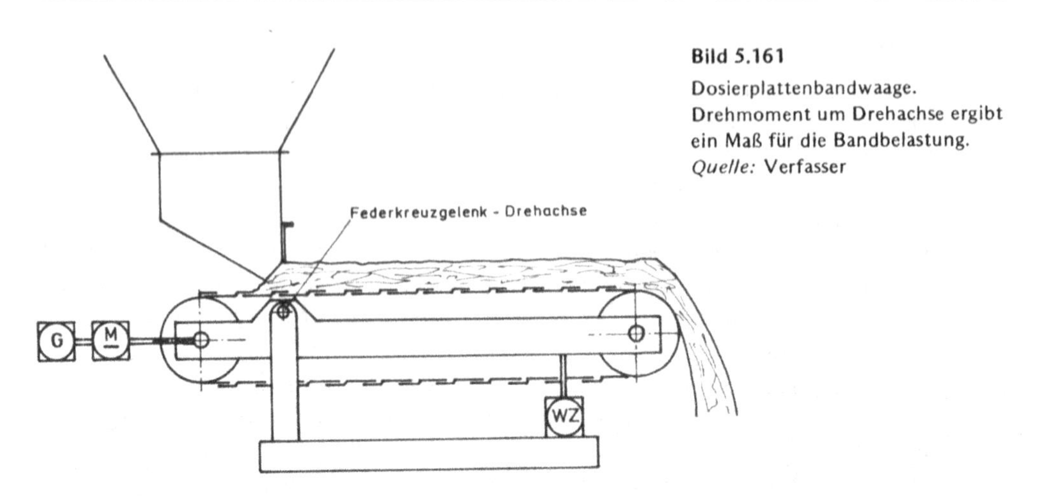

Bild 5.161

Dosierplattenbandwaage. Drehmoment um Drehachse ergibt ein Maß für die Bandbelastung.
Quelle: Verfasser

Moment um diesen Drehpunkt ermittelt wird (Bild 5.161). Durch entsprechende Anordnung von Motor und Getriebe wird das Taragewicht auf einen geringen Wert herabgesetzt. Voraussetzung dabei ist jedoch, die Aufgabestelle des Fördergutes so auszubilden, daß auf das Plattenband kein Bunkerdruck ausgeübt und das Fördergut nur aus seinem Böschungswinkel abgezogen wird. Die erreichbare Genauigkeit liegt dann bei 2 ... 3 %. Für Plattenbreite 1000 mm existieren Anlagen mit Förderstärken von 50 t/h.

5.8.5 Dosierschneckenwaage

Sie ist einer Dosierbandwaage mit separatem Abzugsorgan vergleichbar (Bild 5.162). Dabei tritt anstelle des Wägebandes die Förderschnecke, die als geschlossenes Förderorgan für ein feinkörniges, rieselfähiges Dosiergut besonders geeignet erscheint. Auch für das Abzugsorgan wird üblicherweise ebenfalls eine Förderschnecke eingesetzt, die mit drehzahlgeregeltem Antrieb ausgerüstet ist.

Bild 5.162

Dosierschneckenwaage. Schneckendurchmesser 125 mm, Dosierförderstärke bis 8 m^3/h.
Quelle: Brabender Technologie

Analog zur Bandwaage wird die Schneckenbelastung, d.h. die Masse des Fördergutes je Meter Schneckenlänge bestimmt, indem das Füllgewicht der Schnecke unter Berücksichtigung des Tarawertes ermittelt und durch die zugehörige Förderlänge der Schnecke dividiert wird. Allerdings kann die Förderlänge nicht im voraus exakt festgelegt werden, da die Aufgabe- und die Abwurfstelle bedingt durch Kornzusammensetzung, Feuchtigkeit und Drehzahl Schwankungen unterliegen.

Als zweiter Faktor wird die Fördergeschwindigkeit erfaßt. Durch die Rotation der Schekkenronden erfahren die Fördergutteilchen je nach Abmessungen der Schnecke, Füllungsgrad, Drehzahl und Fließverhalten zusätzliche Querbewegungen und werden an der Trogwand gebremst.

Die theoretische Geschwindigkeitskomponente in Richtung der Schneckenachse kann zwar aus Drehzahl und Steigung der Schnecke abgeleitet werden, doch muß ein Korrekturfaktor empirisch ermittelt und berücksichtigt werden. Eine weitere Beeinträchtigung der Genauigkeit ist durch den Abstand zwischen Schneckenronden und Trogwand bedingt, da in dieser Zone keine definierte Trennlinie zwischen ruhendem und bewegtem Fördergut besteht. Bei einem angenommenen Spiel von z.B. 4 mm und einem Schneckendurchmesser von 250 mm entsteht auf diese Weise eine Meßunsicherheit von über 6 %.

Ein Fördergut, das sich an den Ronden ansetzen könnte, muß natürlich in allen Anwendungsfällen ausgeschlossen sein.

Zuverlässige Meßergebnisse können mit einer Dosierschneckenwaage immer nur dann erzielt werden, wenn ein Fördergut mit günstigen und konstanten Fließeigenschaften vorliegt.

5.8.6 Dosiergefäßwaage

Dieses Dosiersystem hat in den letzten Jahren eine stetig wachsende Bedeutung erlangt, da es kaum Wartung benötigt und in vieler Hinsicht den gestiegenen Ansprüchen an die Umweltfreundlichkeit besser entspricht, als die von der Genauigkeit her vergleichbare Dosierbandwaage.

Das Waagengefäß mit der angebauten, regelbaren Austragseinrichtung ist auf einer Waagenplattform (Bild 5.163a) oder auf Wägezellen (Bild 5.163b) abgestützt. Die momentane Förderstärke kann bei dieser Meßmethode, im Gegensatz zu den bisher besprochenen, direkt bestimmt werden, indem die von der Austragseinrichtung entnommene Fördergutmenge durch die zugehörige Zeitdifferenz dividiert wird, mathematisch ausgedrückt, durch Bildung des Differentialquotienten des Gewichtes nach der Zeit. Die Dosiereinrichtung wird daher auch als kontinuierlich geregelte Entnahmewaage oder auch als Differentialdosierwaage bezeichnet. Die Regelung der am Dosiergefäß angebauten Austragseinrichtung sorgt für eine konstante Förderstärke gemäß dem vorgewählten Sollwert. Als Austragseinrichtungen können Förderschnecken, Zellenschleusen, Dosierschieber, Magnetrinnen, Förderbänder usw. eingesetzt werden oder für fluidisierte Stäube regelbare pneumatische Förderungen bzw. bei Flüssigkeiten auch Pumpen.

Für die Nachfüllung des leer werdenden Gefäßes sind zwei Verfahren gebräuchlich. Beim ersten Verfahren steht ein zweites komplettes und gefülltes Waagengefäß bereit, das in diesem Zeitpunkt die Dosierung übernimmt, während das erste Gefäß in der Zwischenzeit langsam aufgefüllt werden kann, um dann seinerseits wieder im Wechsel bereit zu stehen (Bild 5.164).

Beim zweiten Verfahren wird bei Erreichen des unteren Füllgewichtswertes das Dosiergefäß aus einem Vorratsbunker rasch wieder nachgefüllt (Bild 5.165). Da während der Nachfüll-

a)

b)

Bild 5.163
Dosiergefäßwaage

a) Differential-Dosierwaage
Dosierförderstärke bis 100 kg/h bei Schüttgewicht 1 kg/dm^3.
Quelle: K-Tron Soder

b) SIMPLEX-Dosierwaage
Schneckendurchmesser 200 mm, D
Dosierförderstärke bis 6 t/h Polyäthylenpulver
Quelle: Schenck

zeit gleichzeitig eine Überlagerung von entnommenem und aufgefülltem Fördergut stattfindet, ist in dieser Zeitspanne eine meßtechnische Erfassung der Förderstärke natürlich nicht möglich. Die Austragsregeleinrichtung wird daher während dieser Zeit auf volumetrischen Betrieb umgeschaltet. Unter der Voraussetzung gleichbleibender Verhältnisse beim Fördergut und bei der Austragseinrichtung wird auch während dieser Füllphase die Genauigkeit der Dosierung nicht beeinträchtigt.

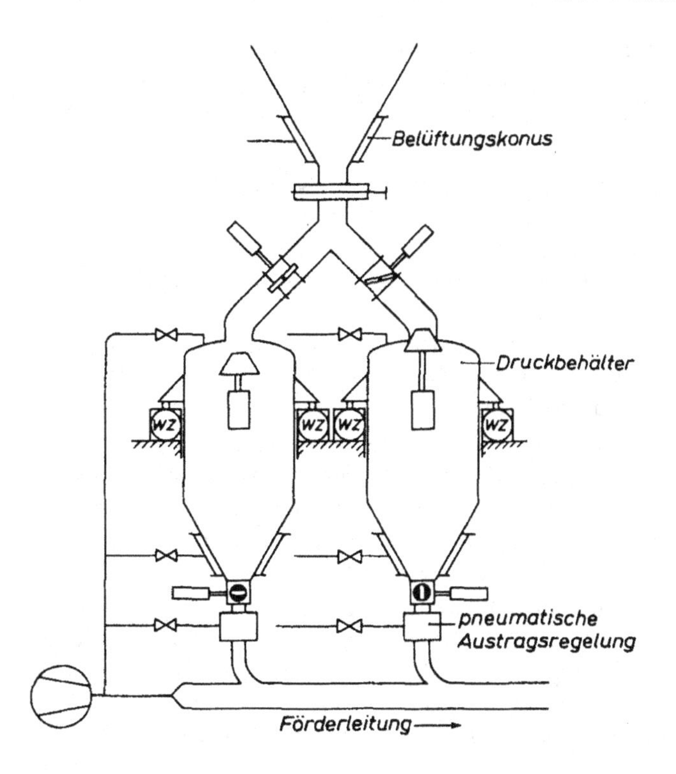

Bild 5.164
Schema der Dosierwaage mit 2 Waagengefäßen (Krupp Polysius)
Quelle: Verfasser nach Krupp Polysius

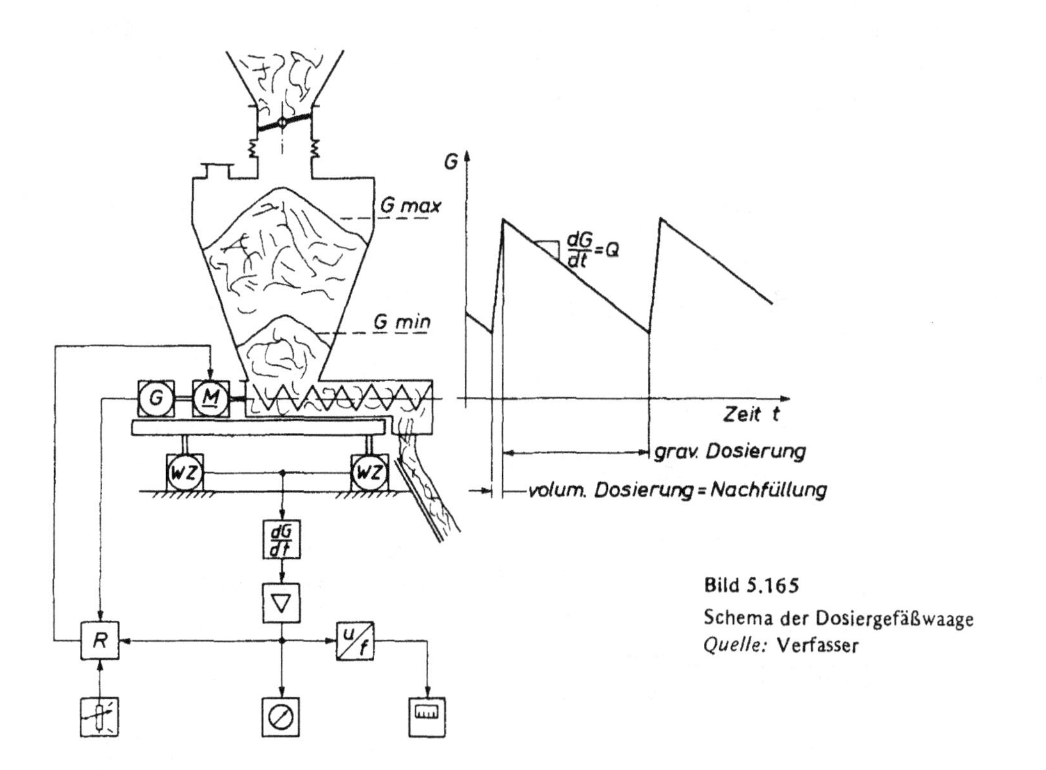

Bild 5.165
Schema der Dosiergefäßwaage
Quelle: Verfasser

Das erste Verfahren bleibt wegen der doppelten mechanischen Ausrüstung den Sonderfällen, wie z. B. fluidisiertem Fördergut mit pneumatischer Austragseinrichtung vorbehalten, während das zweite Verfahren, das im folgenden ausschließlich beschrieben wird, heute das gängige Verfahren geworden ist.

Typisch für dieses Verfahren ist der reichlich groß bemessene Materialpuffer, der im Waagengefäß vorhanden sein muß, wenn die Nachfüllung eingeschaltet wird. Damit tritt trotz des Nachfüllstoßes praktisch keine Änderung des Schüttgewichtes oder des Materialdruckes innerhalb der Austragseinrichtung ein. Das gelingt jedoch nur, wenn im Waagengefäß Massenfluß herrscht, also keine Fördergutbrücke bzw. kein Fördergutschacht und keine Totzonen des Fördergutes entstehen können. Die Anwendung der Dosiergefäßwaage ist also auf solche Fälle beschränkt, wo diese Voraussetzungen entweder durch das Fließverhalten des Gutes selbst gegeben sind oder durch konstruktive Maßnahmen erfüllt werden können [4, 5].

Um die Abmessungen der Dosiergefäßwaage in Grenzen zu halten, wird die Nachfüllmenge meist so gewählt, daß bei maximaler Förderstärke ein komplettes Wägespiel etwa 3 min benötigt. Der Anteil der Nachfüllzeit am Wägespiel, d. h., die Zeit ohne gravimetrische Regelung und Kontrolle, beträgt dabei höchstens ca. 10 %. In den meisten Fällen wird mit diesem Dosiersystem eine Förderstärke von 100 m^3/h nicht überschritten.

Als eine Variante kann auch direkt aus einem intermittierend nachgefüllten Bunker, der auf Wägezellen abgestützt ist, nach diesem Verfahren dosiert werden (Bild 5.166). Es gibt Anwendungsfälle, wo der Bunker so groß gewählt wird, daß ein Wägespiel ohne Nachfüllen mehrere Stunden betragen kann, z. B. weil der Verbraucher (Mischer, Reaktionsgefäß, Öfen usw.) nur über die begrenzte Zeitdauer einer Schicht oder einer Charge Dosiergut benötigt.

Die Umweltfreundlichkeit der Dosiergefäßwaagen ergibt sich aus dem normalerweise vollständig geschlossenen Weg des Fördergutes. Umweltbelastungen durch Staub, Geruch, Dämpfe oder gar aggressive, gesundheitsschädigende, feuer- oder explosionsgefährliche Stoffe können also ausgeschaltet werden. Falls erforderlich, kann das Dosiergut unter

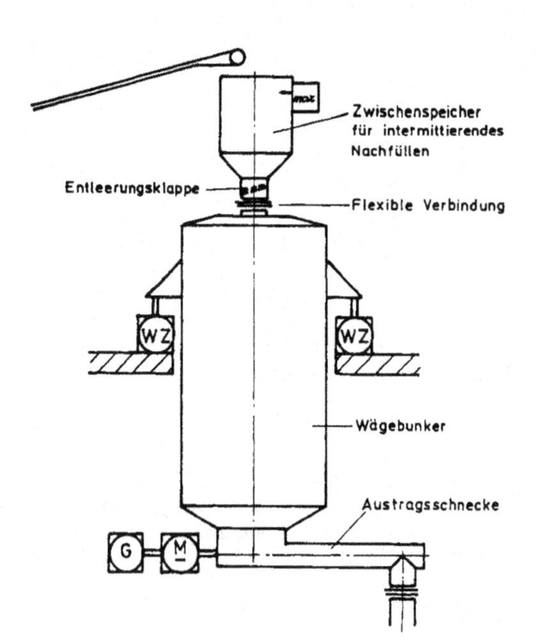

Bild 5.166

Wägebunker mit Entnahmeregelung
Quelle: Verfasser

Schutzgas gefahren oder in anderen Fällen für das Dosiergefäß eine druckstoßfeste Ausführung gewählt werden.

In den meisten Anwendungsfällen hat sich die Förderschnecke den anderen geschlossenen Austragseinrichtungen als überlegen erwiesen. Sie ermöglicht bei entsprechender Ausbildung einen gleichförmigen Austrag des Fördergutes und verhindert sowohl das Durchschießen von staubförmigem Schüttgut als auch notfalls in Verbindung mit einem zusätzlichen Rührwerk die Brückenbildung bei schlechter fließendem Schüttgut. Nicht geeignet ist sie jedoch für ein Schüttgut, das sich an den Ronden ansetzt oder Körnungen über 5 mm enthält.

Ein- und Auslauf der Dosiergefäßwaage bei geschlossener Ausführung müssen durch flexible Verbindungen mit dem Vorratsbunker bzw. dem nachgeschalteten Verbraucher staub- und gasdicht angeschlossen sein, ohne die Wägung zu behindern. Unterschiede zwischen dem Außen- und Innendruck können jedoch zu einer beträchtlichen Beeinflussung des Wägeergebnisses führen. Eine Kompensation ist z. B. möglich, wenn die Ein- und Auslaufstutzen den gleichen Querschnitt haben und durch ein Druckausgleichsrohr verbunden unter dem gleichen Innendruck stehen.

Taraänderungen, die durch Verschmutzung, Anbackungen von Fördergut, Temperaturgang der Wägezellen und der elektrischen Einrichtungen entstehen und bei anderen Dosiersystemen häufig die Ursache einer mangelnden Genauigkeit sind, verursachen hier keinen Fehler, da nur die Gewichtsdifferenz für die Bestimmung der Förderstärke maßgebend ist.

Ein weiteres Argument für den Einsatz der Dosiergefäßwaage ist die einfache Kontrollmöglichkeit der Förderstärke ohne Betriebsunterbrechung, indem der tatsächliche Wert aus dem in einer größeren Zeitspanne ausgetragenen und von der Waage angezeigten Gewicht und der dazugehörigen mit der Stoppuhr gemessenen Zeit berechnet wird.

5.8.7 Meßsysteme ohne Waagen

Eine Waage wird definiert als ein Meßgerät, das durch Vergleich mit bekannten Kräften das Gewicht einer Masse ermittelt. Es gibt jedoch kontinuierlich arbeitende Meßsysteme zur Bestimmung der Förderstärke, die in diesem Sinne keine Waagen sind, auch wenn sie im allgemeinen Sprachgebrauch häufig so benannt werden. Selbstverständlich kann auch die Funktion eines solchen Meßgerätes ohne Schwierigkeit durch einen Regelkreis, der auf ein regelbares Abzugsorgan des vorgeschalteten Vorratsbunkers einwirkt, zu einem Dosiergerät erweitert werden, unter der Voraussetzung, daß das Zeitverhalten des Meßsystems das erlaubt [9].

5.8.7.1 Radiometrische Bandwaage

Das radiometrische Meßprinzip der nuklearen Bandwaage benutzt den Effekt, daß die von einer radioaktiven Substanz ausgehende Gammastrahlung Materie durchdringt und dabei geschwächt wird. Die Strahlenschwächung ist ein Maß für die Masse des durchstrahlten Körpers, wobei seine chemische Zusammensetzung vergleichsweise nur geringen Einfluß hat. Als Strahlungsquellen werden meist Isotopen von Kobalt oder Caesium verwendet. Für die Messung der verbleibenden Reststrahlung werden Szintillationszähler oder Ionisationskammern benutzt. Da die Abhängigkeit zwischen dem Gewicht der durchstrahlten Masse und der Absorption der Strahlung nach einer Exponentialfunktion verläuft, muß das elektrische Ausgangssignal so umgeformt werden, daß ein linearer Zusammenhang zwischen diesem Gewicht und dem Meßsignal hergestellt wird. In dem Profilrahmen, der Strahler und Detektor trägt, ist eine Bleiabschirmung eingegossen (Bild 5.167), so daß für das Bedienungspersonal keine Gefährdung durch Gammastrahlen besteht. Das Meßsignal, das auf diese

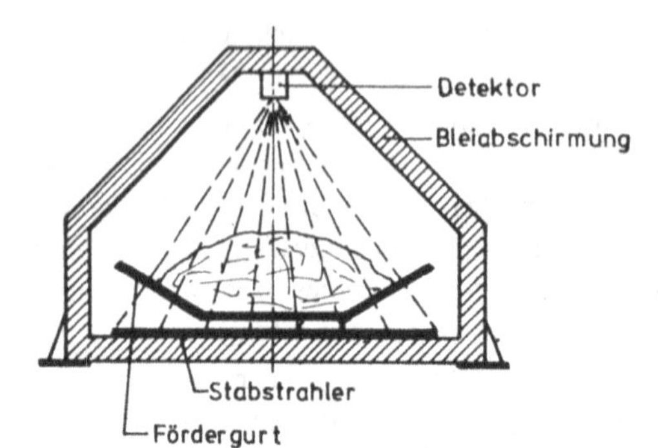

Bild 5.167
Radiometrische Bandwaage
Quelle: Verfasser

Weise von dem durchstrahlten Fördergut gewonnen wird, stellt dann die Bandbelastung dar und wird im übrigen wie bei der elektromechanischen Bandwaage weiterverarbeitet.

Das radiometrische Meßprinzip arbeitet berührungslos, es kennt nicht die Probleme der Fluchtung, der Bandspannung oder -steifigkeit, es benötigt wenig Platz und ist unbeeinflußt von der Neigung des Gurtförderers. Die Justierung muß mit Fördergut erfolgen, um die Einflüsse der chemischen Zusammensetzung, der Körnung und des Förderprofils einbeziehen zu können, und erreicht dann Genauigkeiten bis zu 1,0 %.

Das radiometrische Meßprinzip kann übrigens auch bei anderen geeigneten Fördereinrichtungen (z. B. Plattenband oder Förderschnecke) eingesetzt werden, sofern eine konstruktiv definierte oder aber meßbare Fördergeschwindigkeit gewährleistet ist.

5.8.7.2 Meßschurre

Bei dieser Meßmethode wird die Massenkraft gemessen, die bei der erzwungenen Ablenkung eines Fördergutstromes auf einer gekrümmten Schurre entsteht (Bild 5.168, s. auch Kapitel 3). Die Schurre ist drehbar gelagert und erfaßt die zur Förderstärke proportionale Massenkraft

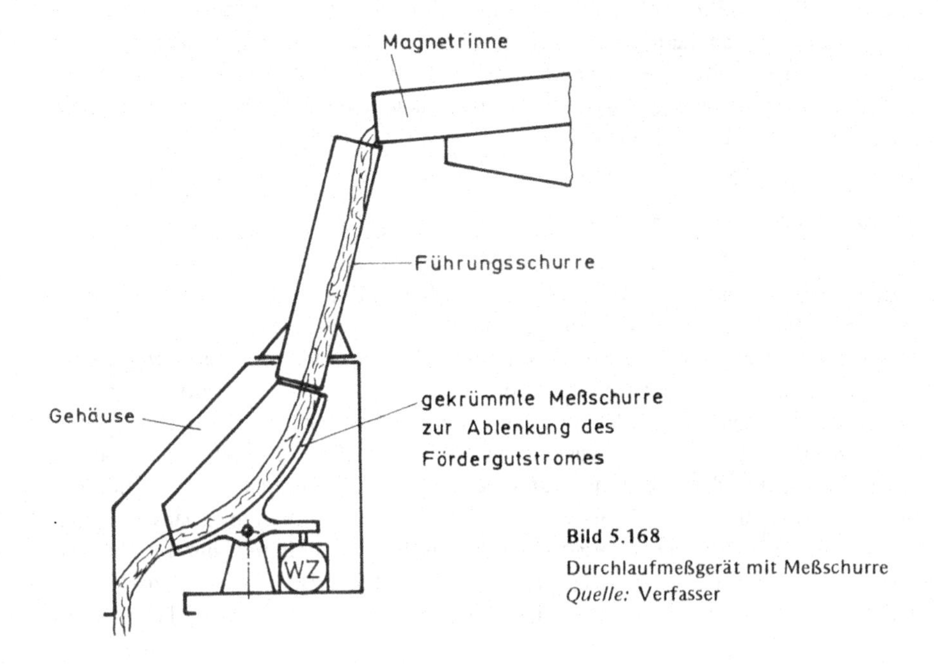

Bild 5.168
Durchlaufmeßgerät mit Meßschurre
Quelle: Verfasser

als Moment bezogen auf ihre Drehachse mittels einer Wägezelle. Die Lage der Drehachse wird so gewählt, daß der Einfluß der Reibungskräfte zwischen Fördergut und Meßschurre kompensiert und die Messung der Förderstärke von der Art des Fördergutes unabhängig wird. Der Fördergutstrom wird tangential auf die Meßschurre aufgegeben, um den Aufprallstoß zu vermeiden. Die Meßeinrichtung selbst wird in ein Gehäuse mit Ein- und Auslaufstutzen eingebaut und der Förderweg somit staubdicht geschlossen.

Unter der Voraussetzung, daß die vertikale Wegkomponente des Förderstromes von der Abwurfstelle des vorgeschalteten Förderorgans bis zur Meßschurre konstant ist und konstruktiv festliegt, wird die Kalibrierung mit dem theoretisch errechneten Prüfgewicht mit einer Genauigkeit von 3 % bis 5 % vorgenommen. Besteht die Möglichkeit einer Materialkontrollmessung, dann kann mit dem auf diese Weise korrigierten Prüfgewicht die Justierung auf eine Betriebsgenauigkeit von 1 % bis 2 % verbessert werden.

Die Fördergutgeschwindigkeit auf der Meßschurre liegt in der Größenordnung von 3 m/s und daher können mit relativ geringen Abmessungen (Schurrenbreite 1000 mm) Materialströme bis 1000 m^3/h gemessen werden. Der Einsatz der Meßschurre setzt natürlich voraus, daß das Fördergut rieselfähig ist und keine Tendenz zum Ankrusten an der Schurre zeigt.

5.8.7.3 Prallplatte

Der Aufprallstoß eines freifallenden Födergutstromes auf eine Prallplatte bewirkt eine zur Förderstärke und zur Geschwindigkeit proportionale Kraft. Die Prallplatte bildet mit der Senkrechten einen Winkel von etwa 30°, um das Fördergut leicht abfließen zu lassen. Die Prallplatte ist so gelagert, daß nur die horizontale Komponente der Stoßkraft auf die Wägezelle einwirkt und Ankrustungen an der Auftreffstelle des Förderstromes keine Taraänderungen verursachen können (Bild 5.169).

Eine theoretische Bestimmung der Meßkraft ist nicht möglich, da sowohl der Stoßfaktor, der den Anteil von elastischem und plastischem Stoßverhalten berücksichtigt, als auch der Reibungskoeffizient zwischen Fördergut und Prallplatte, der von der jeweiligen Kornzusammensetzung und Feuchte des Fördergutes abhängt, Änderungen unterworfen sind. Diese Einflüsse können erst bei Inbetriebnahme durch Messungen mit Fördergut und Vergleich durch

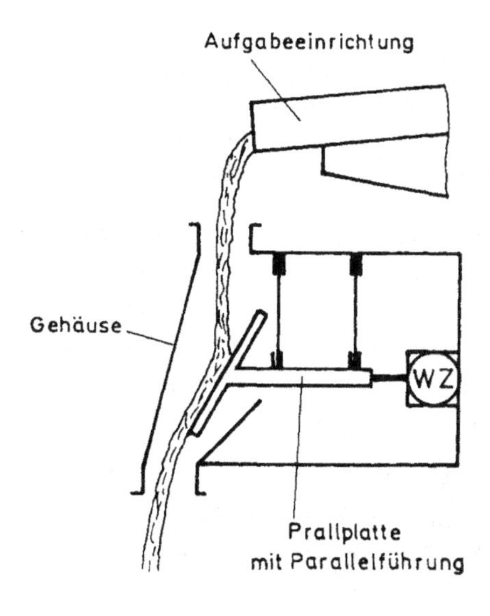

Bild 5.169
Schüttstrommesser mit Prallplatte
Quelle: Verfasser

Nachwiegen auf einer statischen Waage empirisch berücksichtigt werden. Je nach Materialkonstanz und Fließverhalten kann eine Genauigkeit von etwa 1 % bis 3 % erreicht werden.

Als konstruktive Variante kann die Prallplatte als Prallkegel oder Pralltrichter ausgebildet werden. In jedem Fall muß jedoch wie bei der Meßschurre das Fördergut rieselfähig sein und darf keine Tendenz zum Ankrusten an der Prallplatte zeigen. Auch hier wird durch Einbau der Meßeinrichtung in einem Gehäuse der Förderweg staubdicht geschlossen.

Schrifttum

[1] *A. E. Hidden:* Errors in conveyor belt weigher systems. Measurement and Control, Vol. 6, June, 1973

[2] *H. Schlepütz:* Die elektromechanische Bandwaage, Funktionsweise und Einsatzbeispiele. Aufbereitungs-Technik 17 (1976), S. 11–15

[3] *J. Biebel:* Digitale Elektronik für kontinuierliche Wägesystem. Zement – Kalk – Gips, 34 (1981), S. 295–298

[4] *Jenike, A. W.:* Storage and Flow of Solids. Builetin No. 123, Utah Engineering Experiment Station

[5] *O. Molerus:* Das Verhalten kohäsiver Schüttgüter. Powder Technologie 28 (1981), S. 135–145

[6] *H. Dehof, O. Wolf:* Dosierbandwaagen – geregelte gravimetrische Zuteiler hoher Genauigkeit. Techn. Mitt. AEG Telefunken 71 (1981) 3

[7] *H. Wüst:* Genauigkeitskontrolle von Dosierbandwaagen in der Praxis. Aufbereitungs-Technik 13 (1972), S. 10–13

[8] *D. Johansen:* Kontinuierliches Wägen und Dosieren von Schüttgütern. Aufbereitungs-Technik 22 (1981), S. 1–9

[9] *W. Reimund:* Dosieren und Erfassen von Schüttgutströmen mit Hilfe neuerer Wägetechniken. wägen + dosieren 10 (1979), S. 55–61

5.9 Selbsttätige Waagen zum diskontinuierlichen Wägen und Abwägen

H.-A. Oehring, J. Thiele

In allen Bereichen der Industrie und des Handels, wo Produkte aus Vorratsbehältern, Tanks, Silos, Bunkern, Mischern abgezogen und in Gebinde oder Beutel, Kartons u. ä. als Fertigpackungen abgefüllt werden, sowie zum Be- und Entladen von LKWs und Schiffen werden heute selbsttätige Waagen zum Abwägen (SWA), selbsttätige Waagen zum diskontinuierlichen Wägen (Förderbandwaagen, siehe Abschnitt 5.8) eingesetzt. Die zur Abfüllung kommenden Produkte stammen aus allen Bereichen: Lebensmittel, pharmazeutische Produkte, Farben, Lacke, Granulate, Flüssigkeiten, Mehle, Getreide, Dünger, Torf, Kohlen, Zement, Kalk, pasteuse Mischungen usw.

Eine selbsttätige Waage ist eine Waage, bei der für die Wägung eine Überwachung der Waagenfunktionen durch Bedienungspersonal nicht erforderlich ist, und die einen für das Gerät charakteristischen automatischen Ablauf immer wieder neu einleitet.

5.9.1 Selbsttätige Waagen zum diskontinuierlichen Wägen (SWW)

SWW sind dazu bestimmt, eine z. B. vom Produktionsfluß oder vom Stückgewicht des Wägeguts abhängige, von Wägung zu Wägung veränderliche Masse an Wägegut zu wägen. Es wird also das tatsächliche Istgewicht des auf dem Lastträger der Waage aufgebrachten Wägeguts festgestellt. Da während des Betriebs der SWW Bedienungspersonal nicht anwesend ist, muß die Funktionsweise einer SWW sicherstellen, daß Fehler im Wägeablauf entweder durch konstruktive Maßnahmen ausgeschlossen sind, oder von automatischen Überwachungseinrichtungen erkannt und gemeldet werden. Mögliche Fehler im Wägeablauf sind z. B.:

- Überschreitung der Höchstlast,
- Unterschreitung der Mindestlast,
- unvollständiges Aufbringen des Wägeguts auf den Lastträger,
- Störung in der Wägegutabführung,
- Überschreitung des Fassungsvermögens des Lastbehälters,
- Veränderung des Nullpunkts.

Hierbei werden insbesondere zur Ausschaltung des Einflusses eines veränderlichen Nullpunktes folgende Funktionsprinzipien angewandt, die (Buchstaben a und b) auch das automatische Wägen schwer fließender und stark anhaftender Wägegüter ermöglichen:

a) Entnahmewägung: Wägung, bei der das Gewicht des aus dem Lastbehälter entnommenen Wägeguts direkt angezeigt wird.
b) Rückwägung: Wägung des nach dem Entleeren des Lastträgers auf dem Lastträger zurückbleibenden Wägeguts, deren Ergebnis vom vorangegangenen Wägeergebnis für den gefüllten Lastträger abgezogen wird.
c) Automatische Nullpunktkontrolle oder Nullstellung: SWW dieser Ausführung sind nur für nicht zum Anhaften neigende Wägegüter geeignet, oder das Wägegut muß vor oder während der Wägung in separate, nicht zum Lastträger der SWW gehörende Gebinde gefüllt werden.

SWW lassen sich in bezug auf ihre Anwendung in zwei Grundtypen aufteilen:

5.9.1.1 SWW für Einzelwägung

Für die weitere Verwendung im Produktionsgang oder im geschäftlichen Verkehr werden nur die Ergebnisse der Einzelwägungen benötigt. Solche SWW finden Anwendung z. B.:

- zur Herstellung von Fertigpackungen ungleicher Nennfüllmenge,
- als Chargenwaage oder Gattierwaage in Mischanlagen für mehrere Komponenten,
- zum Wägen von Postsendungen in automatischen Postgebührenermittlungsanlagen.

Im eichpflichtigen Verkehr gelten die nach Teilungswerten der Waage festgesetzten Fehlergrenzen nur für jede Einzelwägung. Eine Summe aus den Ergebnissen mehrerer Einzelwägungen darf zwar zusätzlich angegeben werden, ist aber kein eichfähiger Meßwert.

5.9.1.2 Totalisierende SWW

Die Masse des Wägeguts wird durch fortlaufende Addition der Ergebnisse beliebig vieler Einzelwägungen bestimmt. Solche SWW werden z. B. als Annahme- und Verladewaage für Schüttgüter eingesetzt.

Im eichpflichtigen Verkehr gelten relative Fehlergrenzen in Promille der gewogenen und aufaddierten jeweiligen Gesamtmenge. Jede beliebige Gesamtmenge, die gleich oder größer als die für jede SWW festzusetzende „Kleinste Abgabemenge" ist ein eichfähiger Meßwert.

5.9.2 Selbsttätige Waagen zum Abwägen (SWA)

Selbsttätige Waagen zum Abwägen sind zur Herstellung gleicher voreinstellbarer Füllmengen entwickelt worden, wobei Sollmengen vom Grammbereich (z. B. Samen, Gewürze) bis zu einer Tonne und mehr (z. B. Schüttgüter) selbsttätig abgewogen werden können. Die Schüttleistungen bzw. die Ausbringungen in der Verpackungsindustrie liegen zwischen 100 Wägungen/Stunde und mehreren 1000 Wägungen/Stunde je nach Füllmenge, Produkt und Waagentyp.

5.9.2.1 Waagenarten nach Anwendungszweck oder Einsatzort

Je nach dem Anwendungszweck sind von der Waagenindustrie vielfältige Bauarten entwickelt worden. Wegen des andersartigen Einsatzes in der Verpackungsindustrie (Lebensmittel, Pharmazeutische-, Lack-, Farbenindustrie u. ä.), wo die SWA meistens in Verpackungslinien integriert sind, werden diese SWA als Abpackwaagen mit Höchstlasten bis etwa 10 kg in Abschnitt 5.9.3 besonders behandelt. Bei SWA mit Höchstlasten über 10 kg gibt es sehr vielfältige Ausführungsformen, teilweise als Einzelwaage, teilweise als Waagenzusammenstellungen z. B. als Mehrkomponentenwaage.
Nach der Art unterscheidet man heute (näheres siehe DIN 8120):

Absackwaagen (Brutto-, Netto-),
Behälterwaagen,
Nettowaagen,
Bunkerwaagen,
Dosierwaagen,
Gattier- oder Gemengewaagen,
Einkomponentenwaagen,
Mehrkomponenten- oder Chargen-Nettowaagen,
Nachdosierwaagen,
Flüssigkeitswaagen,
Ventilsackwaagen.

Da mit der Anwendungsart eine Waage nicht genau charakterisiert werden kann, wird häufig die technische Ausführung mit obigen und auch anderen Begriffen verbunden wie zum Beispiel:

mechanische Absackwaage,
elektromechanische Behälterwaage,
Abfüllwaage mit Leuchtbild-, Kreiszeigeranzeige usw.

5.9.2.2 Füll-(Wäge-)güter

Die Anzahl der in Frage kommenden Füllgüter ist sehr groß und umfaßt pulvrige, körnige, stückige Erzeugnisse, Produkte mit uneinheitlicher Stoffdichte, mit Neigung zur Brückenbildung und anderen Eigenschaften. In der nachfolgenden Zusammenstellung werden als Beispiel eine Reihe von verschiedenartigen Füllgütern aufgeführt, die mit SWA abgefüllt werden können.

Alupulver	Cellulosepulver	Feuerlöschpulver
Amalgam	Champignons	Flüssigkeiten
Arzneimittel	Chemikalien	Foto-Chemikalien
Badesalz	Chichorie	Futtermittel
Blumenerde	Dübel	Gemüse
Bonbons	Düngemittel	Getreide
Brausepulver	Farben	Gewürze

Gießerei-Zuschläge
Gips
Granulate
Grillkohle
Holzmehl
Hülsenfrüchte
Hundefutter
Hustensaft

Instant-Produkte
Kaffee
Kakao
Kalk
Kies
Kleineisenteile
Knöpfe
Lakritzen
Luftballonhüllen
Luftgewehr-Munition
Magnesia-Pulver
Mehl
Mehlprodukte

Milchpulver
Muscheln
Nüsse
Nudeln
Oblaten
Obst
Pflanzenschutzmittel
Pommes frites
Popcorn
Puder
Quarzsand
Rosinen
Saatgut
Salzstangen
Sand

Snack-Artikel
Soda
Spülmittel
Stärke
Süßstofftabletten
Suppenmassen

Tabak
Tee
Teigwaren
Thomasmehl
Tiefkühlkost
Tierfutter
Torf
Trockenobst
Unkrautvernichter
Veterinär-Heilmittel
Vitamintabletten
Vogelfutter
Vogelsand
Waffeln
Waschmittel
WC-Reiniger
Wolframpulver
Zellstoffschnitzel
Zement
Zucker
Zuckerwaren
Zwiebeln
Zwiebelringe

Einteilung der Wägegüter nach Stückigkeiten

In der EO Anlage 10-1 werden zur Festlegung der Fehlergrenzen für die selbsttätige Abwägung die Füllgüter in mehrere Klassen eingeteilt:

a) nichtstückige Güter (flüssige, mehlartige, körnige)
das durchschnittliche Stückgewicht ist nicht größer als 12,5 % der Eichfehlergrenze für die Einzelabwägung,
b) feinstückige Güter (Stückigkeitsgrenze I)
das durchschnittliche Stückgewicht liegt zwischen 12,5 % und 25 % der Eichfehlergrenze für die Einzelabwägung,
c) mittelstückige Güter (Stückigkeitsgrenze II)
das durchschnittliche Stückgewicht liegt zwischen 25 % und 100 % der Eichfehlergrenze für die Einzelabwägung,
d) grobstückige Güter (Stückigkeitsgrenze III)
das durchschnittliche Stückgewicht ist größer als die Eichfehlergrenze für die Einzelabwägung.
e) schlecht zuführbare Füllgüter wie Milchpulver, Suppeneinlagen, backfertige Mehle, Waschpulver u. ä.
f) Thomasmehl, Kohlenstaub, Zement, Soda und andere staubende mineralische Stoffe.

Die Fehler für die selbsttätige Abwägung sind in Abschnitt 5.9.4 aufgeführt.

Die Fertigpackungsverordnung von 1970 kannte die Klassen A und B sowie eine nicht bezeichnete Art, die man als schwerst abfüllbare Güter ansehen konnte.[1])

Aufgrund einer Änderung der EWG-Fertigpackungsrichtlinie [9] wurde 1978 die Klasse A gestrichen, so daß alle Erzeugnisse mit Ausnahme der schwerst abfüllbaren in bezug auf die Minusabweichungen gleich behandelt werden. Die schwerst abfüllbaren Güter werden in der FPV in § 22 Absatz 2 direkt aufgeführt. Es sind: Backwaren, Sauermilchkäse, Edelpilzkäse, Weichkäse, Schichtkäse, Eistorten, Holzgrillkohle, Torf und Blumenerde.

Neben den in gesetzlichen Vorschriften aufgeführten Einteilungen findet man bei Firmen häufig noch andere, so z. B. stückig, grob-, feinblättrig, grob-, feinkörnig und pulvrig oder spezifisch auf die Art des Füllgutes bezogen wie Bonbons uneingewickelt, in Wachspapier und in Zellglas eingewickelt.

5.9.2.3 Grundsätzlicher Aufbau von SWA (Bild 5.170)

Entsprechend der selbsttätigen Arbeitsweise und des Produktstromes besitzen SWA folgende Hauptbestandteile:

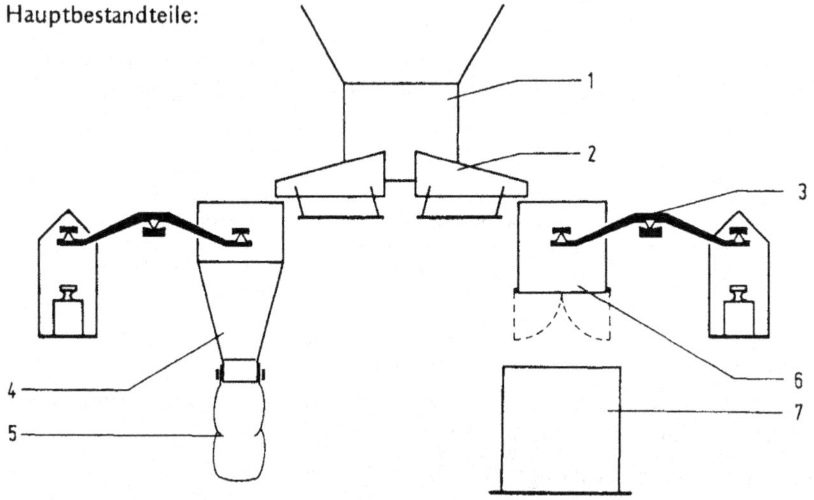

Bild 5.170 Grundsätzlicher Aufbau von selbsttätigen Waagen zum Abwägen, links Bruttowaage, rechts Nettowaage

1 Vorratsbehälter
2 Zuführungseinrichtung
3 Auswägeeinrichtung
4 Wägebehälter mit Klemmvorrichtung
5 Füllsack
6 Wägebehälter
7 Gebinde oder Fahrzeug

Quelle: Verfasser

---

1) Zur Klasse A, leicht abfüllbare Güter, gehörten alle Erzeugnisse, die bei der Abfüllung ausreichend fließfähig gemacht werden können, wenn sie

1. in einem Arbeitsgang abgefüllt werden können und
   – keine augenfälligen festen oder gasförmigen Beimengungen enthalten sowie
   – zum Zeitpunkt des Verkaufs pastös oder fest sind,
2. pulverige Erzeugnisse,
3. stückige und körnige Erzeugnisse, bei denen das Stückgewicht aller stückigen Bestandteile höchstens gleich einem Drittel der zulässigen Minusabweichungen für die Klasse A waren, wenn sie in einem Arbeitsgang abgefüllt werden können,
4. plastisch-streichfähige Erzeugnisse, wenn sie
   – in einem Arbeitsgang abgefüllt werden können sowie
   – eine einheitliche Stoffdichte ausweisen und keine grobstückigen Beimengungen enthalten.

Alle anderen Erzeugnisse gehörten zur Klasse B.
Für die Klasse B betrugen die Minusabweichungen das Doppelte von der Klasse A.

a) Zuführungseinrichtung, auch Dosiereinrichtung genannt, mit Grob-, Fein- und manchmal Mittelstrom, Nachstromregler und bei mechanischen Waagen mit Voreiler;
b) Auswägeeinrichtung mechanisch (Balkenwaage, Kreiszeiger-Leuchtbildwaage) oder elektromechanisch (Kraftmeßdosen, Federwägezelle mit Differentialtrafo);
c) Lastträger mit Lastgefäß (Behälter) und Entleerungseinrichtung bei Nettowaagen oder Klemmvorrichtung für das Gebinde (Säcke) bei Bruttowaagen.

5.9.2.4 Arbeitsweise der SWA

Das im Vorratsbehälter befindliche Wägegut wird mittels der Zuführungseinrichtung zuerst im Grobstrom dem Lastbehälter oder dem Gebinde bei Bruttowägung zugeführt. Kurz vor Erreichen des Sollgewichtes wird der Grobstrom abgeschaltet, der Feinstrom fördert dann so lange, bis das Sollgewicht erreicht ist. Bei elektromagnetischen Waagen erfolgt das Abschalten der Füllströme auf elektrischem Wege. Zur Erhöhung der Leistung wird bei einigen Produkten noch ein Mittelstrom dazwischen geschaltet. Nach Entleerung des Lastgefäßes bzw. Auswechselung des Gebindes beginnt der neue Wägezyklus.

5.9.2.5 Baugruppen der SWA

a) Zuführungseinrichtungen (Dosiereinrichtungen)

Mit der Zuführungseinrichtung wird das Wägegut dem Lastgefäß bzw. dem Gebinde zugeführt. Zur Erzielung optimaler Leistungen für die verschiedenartigen Füllgüter sind Einrichtungen entwickelt worden. Eine Übersicht verschiedener Ausführungsarten für Waagen mit größeren Höchstlasten zeigen die Bilder 5.171a bis h, während bei den Abpackwaagen bis etwa 10 kg die Vibrationsrinne vorherrschend ist. Der Abschaltpunkt des Grobstromes, der etwa 80 ... 90 % des Sollgewichtes ausmachen soll, wird bei mechanischen Waagen mit Waagebalken durch den Voreiler bewirkt. Dieser ist meistens als Feder oder Laufgewicht ausgeführt und muß mit stetig abnehmender Kraft bei zunehmender Masse im Lastbehälter auf den Waagebalken einwirken. Nach Beendigung des Grobstromes hat er keinen Einfluß auf den weiteren Wägevorgang, so daß das Wägeergebnis nicht beeinflußt wird.

Bei Waagen mit Kreiszeiger- oder Leuchtbildeinrichtung wird der Steuervorgang durch fotoelektrische Bauelemente oder Näherungsinitiatoren bewirkt, bei elektromechanischen Waagen durch entsprechende elektrische Einstellungen. Nach Beendigung des Grobstromes fördert der Feinstrom bis zum Sollgewicht; die Abschaltung jedoch muß etwas früher erfolgen, damit die in der Luft befindliche Menge des Wägegutes mit berücksichtigt wird. Im Bild 5.172 sind die Zusammenhänge für eine Balkenwaage mit Grob- und Feinstrom und mit zusätzlichem Mittelstrom in einem Zeitdiagramm aufgetragen. Eine kurze mathematische Erläuterung mit einigen Zahlenangaben ist in Abschnitt 5.9.2.6 gegeben.

Für die Leistung einer SWA (Wägungen/Zeiteinheit) ist es wichtig, daß ein kurzer Wägezyklus erreicht wird. Dazu muß ein möglichst großer Unterschied zwischen Grob- und Feinstrom bestehen, der über 1 : 10 oder besser noch über 1 : 20 liegen soll. Ist dieses durch entsprechende Regelung nur einer Zuführungseinrichtung für die beiden Ströme nicht möglich, müssen zwei getrennte Zuführungs- (Dosier-)einrichtungen eingesetzt werden. Bis zum Ende des Grobstromes fördern beide, danach fließt nur noch der Feinstrom.

b) Mechanische Auswägeeinrichtungen

Die Auswägeeinrichtungen setzen sich bei den mechanischen Waagen hauptsächlich zusammen aus:

- der eigentlichen Waage, die je nach dem physikalischen Prinzip (Massenvergleich – Kraftmessung) die Masse bestimmt,

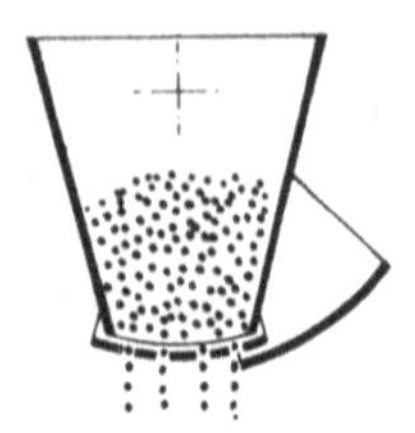

a) Klappenzuführung für freifließende, nicht brückende, grießig bis kleinstückige Wägegüter, z. B. Getreide, Pellets, Granulat.

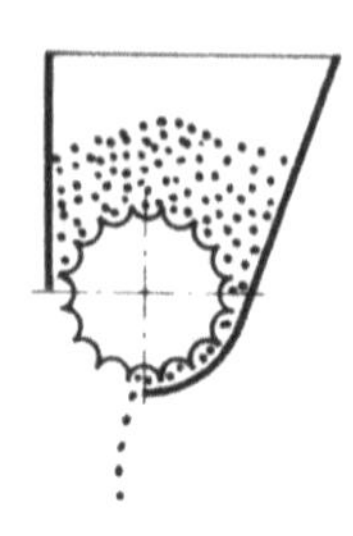

b) Walzenzuführung für leichtklebende, mehlige bis kleinstückige Wägegüter, z. B. stärker melassierte Futterschrote.

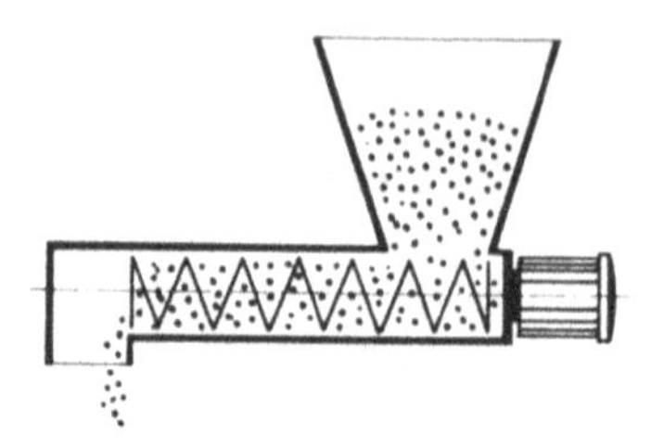

c) Schneckenzuführung für nicht klebende, pulver- und mehlförmige bis feinkörnige Wägegüter, z. B. Mehle, Mineralstoffe.

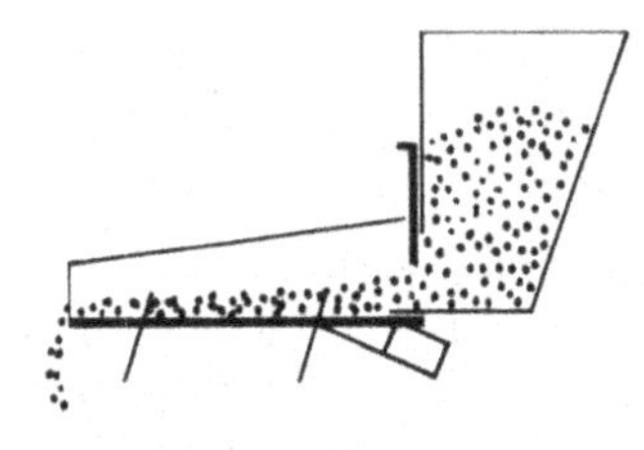

d) Vibrationsrinnenzuführung für freifließende, schrotige bis grobstückige sowie leicht brückende Wägegüter, z. B. viele Lebensmittel, Kleineisenteile, Süßigkeiten (Bonbons, Keks), Futterschnitzel, Holzkohle.

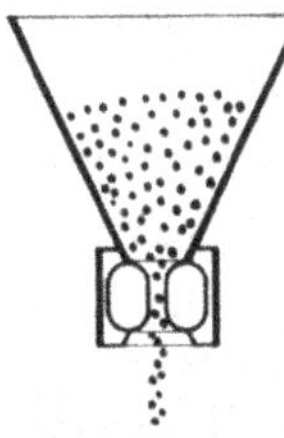

e) Ventilzuführung für fluisierende und wieder schwer anlaufende pulverförmige bis feingrießige nicht klebende Wägegüter, z. B. Gesteinsmehle, Quarzmehl.

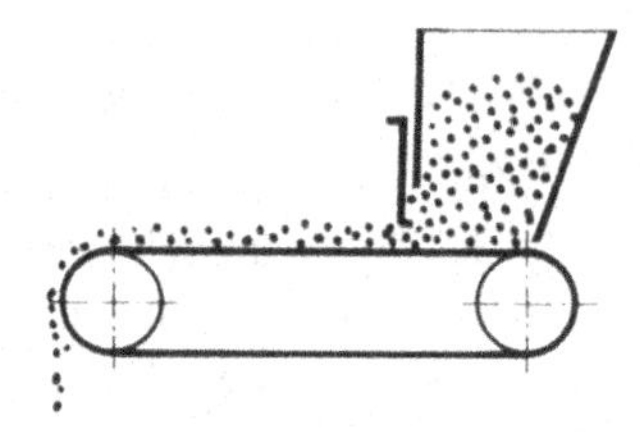

f) Bandzuführung für grobmehlige bis grobstückige, nicht backende, nicht freifließende Wägegüter, z. B. Futtermehle, Pellets.

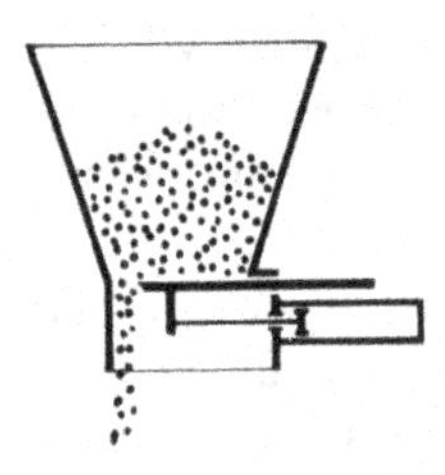

g) Dosierschieber für freifließende, nicht brückende Wägegüter bei Dosierwaagen.

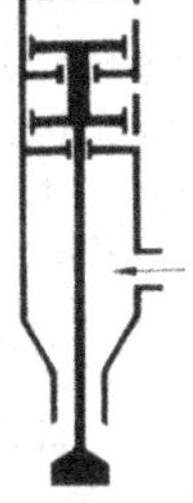

h) Dosierventil für Flüssigkeiten.
Quelle: Verfasser

Bild 5.171 Prinzipskizzen von häufig verwendeten Zuführungseinrichtungen, die teilweise auch miteinander kombinierbar sind. Grob- und Feinstrom werden durch verschiedene konstruktive Maßnahmen erzeugt, z. B. durch Schieber, Klappen, verschiedene Geschwindigkeiten der Schnecke bzw. des Bandes, unterschiedliche Abmessungen der Zuführungsrinnen usw.

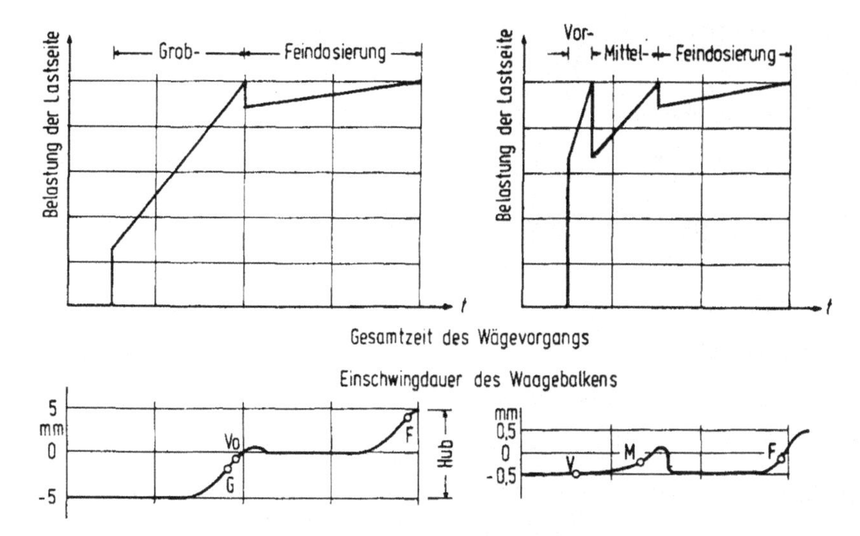

Bild 5.172 Weg-Zeit-Diagramm einer mechanischen Balkenwaage mit gleicharmigen Hebeln (linke Diagramme) und einer Hochleistungsbalkenwaage mit einer dreifachen Zuführung (Vor-, Mittel- und Feinstrom).
Quelle: Verfasser

- der Taraausgleichseinrichtung,
- der Nullstelleinrichtung, mit deren Hilfe die unbelastete Waage vor einer Wägung zum Einspielen auf „Null" gebracht wird,
- dem Voreiler, der durch zusätzliche Belastung des Lastarmes den Hebel vorzeitig in Bewegung setzt, damit die Hauptstromklappe für den Grobstrom sich schließen kann,
- dem Nachstromregler zum Ausgleich der Materialmenge, die sich nach dem Schließen der Zuführungseinrichtung noch in der Luft befindet.
- Abschalteinrichtung, die nach Erreichen des Sollwertes die Zuführung um- oder abschaltet.

Die mechanischen Auswägeeinrichtungen können heute prinzipiell in 3 Gruppen eingeteilt werden.

Balkenwägeeinrichtung

In dieser Ausführung ist eine Vielzahl von konstruktiven Lösungen bekannt. Es gibt Hebelübersetzungen mit gleicher und ungleicher Teilung zwischen Last- und Kraftarm. Die Taraausgleichseinrichtung ist meist im Kraftarm integriert. Der Meßweg zur Gewichtsermittlung beträgt mehrere Millimeter.

Hochleistungs-Balkenwaagen zeichnen sich durch extrem kurze Waagenbalken-Bewegungen aus. Die Bewegungen liegen unter 1 mm. Sie besitzen eine Arretierung des Waagebalkens bei der Grob-Feinstromumschaltung, um ein Überschwingen des Hebelsystems sowohl bei hoher Grobstromleistung als auch im Umschaltbereich zu vermeiden (Bild 5.173).

Ungleiche Hebelarme reduzieren darüber hinaus die Bewegung des Lastträgers, so daß sich Widerstandsverluste durch Kabelanschlüsse, Preßluftleitungen usw. zwischen dem schwingenden Teil der Waage und dem festen Gestell nur unbedeutend auswirken können.

Bild 5.173
Hochleistungsbalkenwaage für grießige und körnige Wägegüter
Max: 30 kg, Leistung: ca. 1000 Sack/h.
Quelle: Greif

Kreiszeigerwägeeinrichtung

Diese Waagenbauart hat sich im Abfüllbetrieb besonders bei automatischen Abfüllanlagen in vielen Ausführungen bewährt (Bilder 5.174 und 5.180). Ein Vorteil der Kreiszeigerwaagen ist die übersichtliche Skale sowie die Einstellmöglichkeit mehrerer Komponenten und die Ausgabe der zugehörenden Schaltbefehle. Als nachteilig hat sich herausgestellt, daß zur Betätigung des Zeigers am Meßwerk zu viele Teile bewegt werden müssen und dadurch – besonders bei hoher Wägefrequenz – die Störanfälligkeit relativ hoch ist. Weiterhin ist die Auflösung von 1000 bis maximal 1500 Skalenteile, bedingt durch den kleinsten zulässigen Teilstrichabstand von 1,25 mm an der Skale (im eichpflichtigen Verkehr) begrenzt. Zur Erweiterung können zwar Zuschaltungen eingebaut werden, aber bei automatischen Wägeeinrichtungen ist dieser Aufwand zu groß.

Leuchtbildwägeeinrichtung

Leuchtbildwägeeinrichtungen zeichnen sich im automatischen Abfüllbetrieb besonders dadurch aus, daß sie eine hohe Auflösung des Wägebereichs haben. Es stehen je nach Wägebereich Teilungen von 1000 bis 6000 Einheiten zur Verfügung.

Die Einrichtung ist in ihrer Konstruktion sehr einfach. Das Meßwerk hat nur wenige bewegliche Teile. Im wesentlichen ist es das Neigungspendel mit einem hochgenauen Skalendiapositiv, dessen Zahlen optisch vergrößert gut und parallaxfrei abzulesen sind. Weil sich die Schaltmarken auf dem Diapositiv befinden, wird durch Ausnutzen der optischen Vergrößerungen eine hohe Abschaltgenauigkeit erzielt.

Alle drei beschriebenen Auswägeeinrichtungen können mit Zusatzeinrichtungen gekoppelt werden, wie automatische Tariereinrichtung oder Gewichtsumsteuerung. Bei den Kreiszeiger-

Bild 5.174
Bodenklappenwaage mit Kreiszeigereinrichtung als Annahme- und Kontrollwaage für freifließende Güter wie Granulate.
– Max: 50 kg bis 300 kg.
Leistung: bis 400 Wägungen/h.
Quelle: Libra

und Leuchtbildauswägeeinrichtungen besteht darüber hinaus noch die Möglichkeit, Druckwerke anzuschließen. Es können dann auf Wägekarten, Streifen oder Formularen die Nettogewichte, Tara- und Bruttogewichte usw. registrierter Werte abgedruckt werden; auch eine Weitergabe an EDV-Anlagen ist möglich.

c) Elektromechanische Auswägeeinrichtungen

Elektromechanische Auswägeeinrichtungen setzen sich aus einer Kraftmeßdose, der Wägezelle, einem entsprechenden Meßgrößenumformer und der Auswerteeinrichtung zusammen. Die Krafteinleitung kann sowohl direkt als auch über Hebel erfolgen (Bild 5.175).

Zu den bereits beschriebenen Einrichtungen, wie Taraausgleichseinrichtung, Nullstelleinrichtung, kommen noch Toleranzanzeige mit „Minus – Gut – Plus“ und für unterschiedliche Abfüllmengen eine Umstellmöglichkeit. Regelungseinrichtungen sind einfach lösbar.

Auswägeeinrichtung mit analogen Meßgrößenumformer

Als Wägezelle kommen hierbei ausschließlich Dehnungsmeßstreifenzellen in Form von Biegestäben, Zug- oder Druckmeßdosen zum Einsatz. Für den hohen Leistungsbereich, in dem heute die Abfüllwaagen arbeiten, hat sich die Analogelektronik besonders gut bewährt. Sie wertet kontinuierlich das Ausgangssignal der Meßzelle aus und ermöglicht somit genaue Umschaltung und Abschaltung der Dosierströme. Moderne Analogelektroniken haben heute folgenden Aufbau:

Die Frontplatte enthält u. a. eine eichfähige Analoganzeige zur Kontrolle der Nullstellung der Waage und zur Kontrolle der Abwägung. Angezeigt wird die Differenz zwischen Soll- und Ist-

Bild 5.175 Elektromechanische SWA mit Hebelübersetzung als Kleinkomponenten-Waage für mehlige Wägegüter, mit Schneckenzuführung. – Max: 40 kg, Leistung: 0,04 m^3/h - 1,8 m^3/h.
Quelle: Greif

gewicht in einem Bereich von etwa ± 1,2 % der Nennlast; daher ist eine sehr gute Spreizung der Anzeigeteilung und damit Ablesbarkeit möglich (Bild 5.176).

Die erzielbare statische Genauigkeit der Waage, resultierend aus den Fehlern der Mechanik, der Wägezelle und der Elektronik, entspricht im Temperaturbereich von – 10 °C bis + 40 °C Umgebungstemperatur den Anforderungen der Eichordnung für Handelswaagen Genauigkeitsklasse (III).

Zusätzlich kann z. B. eine selbsttätige Nachsteuerung des Feinstromes aufgrund der vorliegenden Abfüllergebnisse vorgesehen werden. Damit bleiben die Einflüsse langsamer Verschmutzung der Waage, Temperaturänderungen und langsame Änderungen der Fließeigenschaften bzw. des spezifischen Gewichts des abzufüllenden Materials in Form von Nachlaufschwankungen auf den Fehler der Abwägung sehr gering. In Verbindung mit solchen Einrichtungen kann mit elektromechanischen Waagen eine höhere Genauigkeit bei größerer Wägegeschwindigkeit im Vergleich zu mechanischen Waagen erreicht werden, wobei der kleine Weg von etwa 0,3 mm bei der Wägezelle eine Rolle spielt, während dieser bei mechanischen Waagen meistens einige Millimeter beträgt.

Auswägeeinrichtungen mit digitalen Meßwertumformern

Diese Auswägeeinrichtungen können sowohl einen Analogausgang mit einem anschließenden A/D-Wandler besitzen (bei Kraftmeßdosen oder Federwägezellen mit Differentialtransformator), als auch eine digitale Meßwertausgabe (Saitenwaage) (siehe Kap. 3). Die Krafteinleitung kann bei den Wägezellen mit Dehnungsmeßstreifen direkt erfolgen, bei digitalen immer über Hebel.

Zwar sind die Meßraten der heute auf dem Markt befindlichen Abfüllelektroniken immer noch relativ langsam (im Bereich von 50 ms) aber durch den Einsatz von Mikroprozessoren

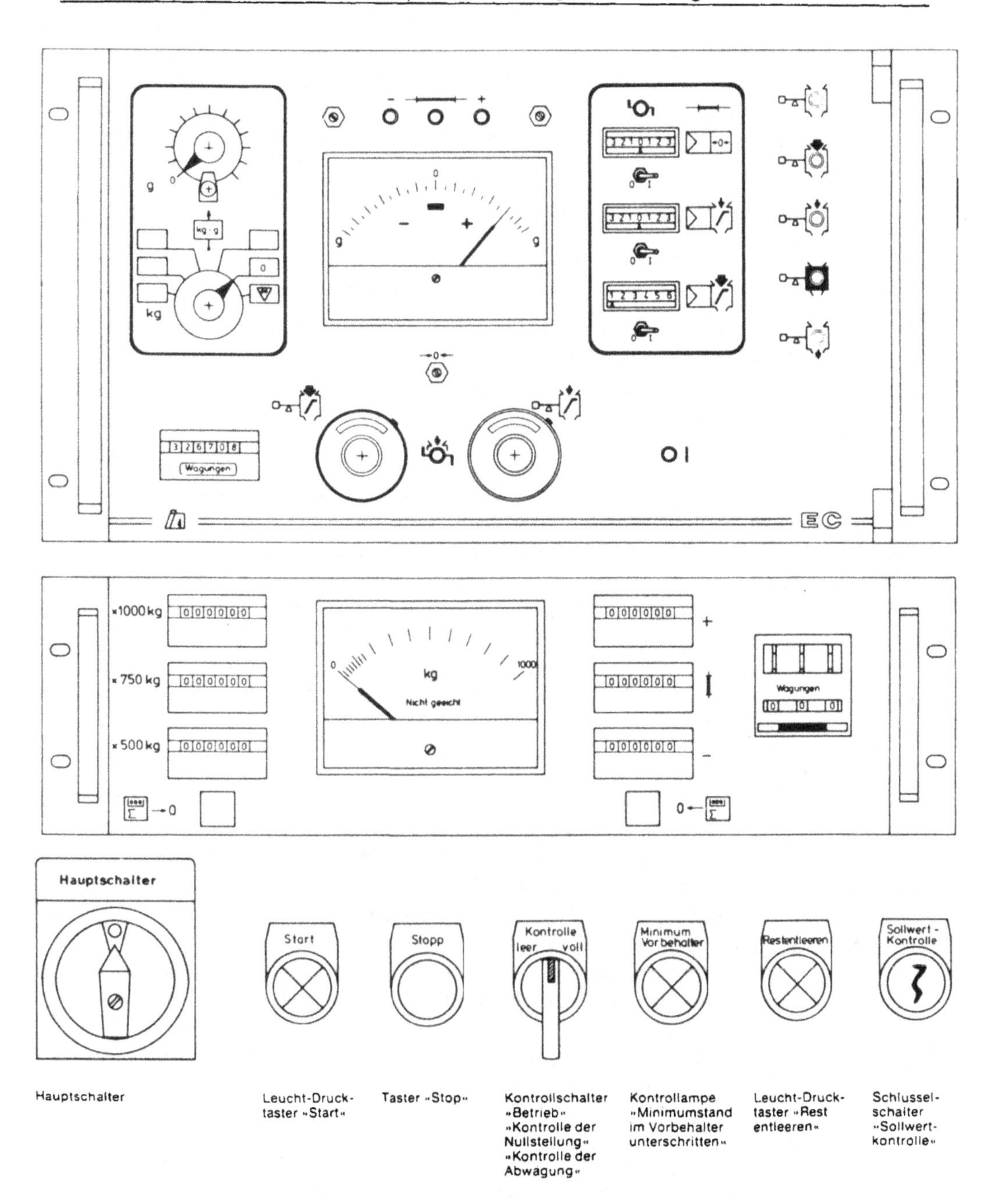

Bild 5.176 Frontplatte mit den Anzeige- und Bedienungseinrichtungen einer elektromechanischen analogen SWA.
Quelle: Libra

kann der ausströmende Dosierstrom (Masse pro Zeit) integriert und so der Abschaltpunkt mit guter Genauigkeit berechnet werden. Die Digitaltechnik bietet heute den Vorteil, daß eine Reihe von zusätzlichen Steuer- und Regelfunktionen oder Bedienungen bis hin zu Rechenoperationen relativ einfach hardware-mäßig lösbar sind. Unter anderem können vorgesehen werden:

- Eingabe von Daten über eine Tastatur,
- Gewichtsanzeige,
- Eingabe und Ausdruck betriebsinterner Daten,
- Ermittlung statistischer Daten wie Mittelwerte, Standardabweichung u. ä.

Alle Regeleinrichtungen der Analogtechnik, wie dort beschrieben, sind selbstverständlich auch bei der digitalen Auswerteelektronik möglich.

d) Lastträger bei selbsttätigen Waagen zum Abwägen

Lastträger bei Bruttowaagen

Bei diesen Ausführungen bildet ein Stutzen mit einer Klemmvorrichtung und das Behältnis, in das abgefüllt werden soll, den eigentlichen Lastträger. Fehler im Wägeergebnis nach Mindergewicht können durch mangelhafte Abdichtung von Stutzen und Gestell der Wägeeinrichtung entstehen. Da die Waage frei einspielen muß, kann aus den Spalten Wägegut herausstauben, wodurch die Beweglichkeit der Waage durch Ablagerung vermindert werden kann und außerdem Wägegut verloren geht. Die eigentliche Klemmung kann sowohl manuell als auch automatisch mit der Auslösung der Waage geschehen.

Zur Vermeidung von Schwingungen, sowohl beim Anhängen als auch beim eigentlichen Abwägevorgang und auch beim Abwurf des gefüllten Gebindes, wird der Stutzen mit Lenkern am Waagengestell befestigt.

Lastträger bei Nettowaagen

Im Gegensatz zu den Bruttowaagen wird das Wägegut während der Abwägung in einem Lastgefäß aufgefangen, der Entleerungseinrichtung. Diese ist meistens mit einer oder zwei Bodenklappen ausgerüstet oder als Kippgefäß oder Trommel (Bild 5.178) ausgeführt. Nach Entleerung in ein Gebinde oder ein Fahrzeug (PKW, Eisenbahnwagen, Schiff) kann mit einer neuen Wägung begonnen werden. – Die Lastgefäße müssen so konstruiert sein, daß möglichst keine Materialablagerungen in ihnen entstehen können, mit kurzen Nachstrom- und Entleerungszeiten und kein Material aus den Klappen vor Beendigung der Abwägung entweichen kann. Die Lastgefäße werden häufig zur Vermeidung von Schwingungen durch Lenker mit dem Waagengestell verbunden.

Bei elektromechanischen Waagen haben sich in neuester Zeit aufgrund der kleinen Meßwege Federgelenke als sehr brauchbar erwiesen.

e) Zusatzeinrichtungen

Zur Anpassung der Waagen an viele Einflußfaktoren, die sowohl von den abzufüllenden Produkten als auch von den unterschiedlichsten äußeren Einflüssen herrühren, gibt es eine Vielzahl von Zusatzeinrichtungen.

- Korrektureinrichtungen
  Wie allgemein im Waagenbau werden auch bei SWA elektrische oder elektronische Einrichtungen vorgesehen, mit denen die Abweichungen der Auswägungen vom Sollgewicht berichtigt werden können. Hierzu gehören:

- Nullpunktkontrolleinrichtung,
- automatische Tariereinrichtung,
- Tendenzkorrektureinrichtung.

- Verdichtungseinrichtungen
  Eine Reihe von Produkten ist oder wird beim Abfüllen so voluminös, daß sie nicht in bestimmte Normgebinde passen. Die Waagen werden in solchen Fällen mit Verdichtungseinrichtungen, die entweder durch Schwingungen oder Evakuierung eine Entlüftung während des Abfüllens erzwingen, kombiniert.
- Entlüftungseinrichtungen
  Während das Produkt dosiert der Waage zugeführt wird und beim Entleerungsprozeß schiebt die Produktsäule Luft vor sich her. Dieser Effekt kann je nach Intensität die Wägung beeinflussen. Spezielle Entlüftungseinrichtungen bauen diesen Einfluß soweit ab, daß keine größeren Fehler mehr auftreten können.
- Tendenzeinrichtung: (Feed-back-Regelung)
  Bei den heutigen Abfüllanlagen wird häufig neben der eigentlichen Abfüllwaage noch eine Kontrollwaage (Checkweigher) in die Linie integriert. Wird dann ein vorher bestimmter Toleranzbereich von der Kontrollwaage ermittelt, regelt ein Signal die eigentliche Abfüllwaage nach.
- Weitere Zusatzeinrichtungen siehe Abschnitt 7.1

5.9.2.6 Einflüsse auf die Abwägung

Das Ergebnis der Abwägung wird durch verschiedene Faktoren beeinflußt, die einmal von der Waage selbst herrühren und zum anderen vom Wägevorgang und dem Wägegut. Die wichtigsten werden nachstehend kurz erläutert.

Statische Empfindlichkeit

Bei Balkenwaagen, die,wie schon erwähnt, noch häufig Verwendung finden, wird die statische Empfindlichkeit geringer, bedingt durch die größeren Massen am Waagebalken besonders bei Nettowaagen, bei denen das Lastgefäß 50 kg und mehr schwer sein kann.

Aus den Hebelgesetzen lassen sich ableiten:

a) Statische Empfindlichkeit:

$$\frac{h}{m} = \frac{a^2}{h_S m_1}.$$

a wirksame Hebelarmlänge,
h_S Schwerpunkttiefe,
m_1 Abfüllmasse.

Praktisches Beispiel:

a = 170 mm,
h_S = 0,65 mm,
m_1 = 80 kg + 3,35 kg (einschl. reduzierter Balkenmasse).

$$\frac{h}{m} = 0{,}533 \frac{\text{mm}}{\text{g}}.$$

Bei einer Nettowaage mit einem Lastgefäß von 70 kg reduziert sich die statische Empfindlichkeit auf:

$$\frac{h}{m} = 0{,}290 \frac{\text{mm}}{\text{g}}.$$

b) Dynamische Reibungskräfte

Aus dem Schwingungsverfahren einer Balkenwaage kann errechnet werden und ist durch Versuche auch bewiesen worden, daß bei einer 50-kg-Waage die Reibungskraft in der Größenordnung von 5 g bis etwa 7 g liegt und daher vernachlässigt werden kann.

c) Dynamisches Verhalten des Hebelsystems

Aus den Schwingungsvorgängen eines Hebels lassen sich die Formeln zur Berechnung der Abschaltpunkte für Grob- und Feinstrom ableiten:

$$L_G = \frac{\alpha_0\, m \sqrt{h_s^3 g}}{a^2 Q}.$$

Einflüsse auf die Abwägung

d) Auftreffimpuls

Nach dem Impulssatz ergibt sich

$$m_A = \sqrt{2 h_F}\, Q.$$

h_F Fallhöhe,
Q Massenstrom,
g Erdbeschleunigung.

e) Nachstromeinfluß

Die Fallzeit beträgt

$$\Delta t = \frac{\sqrt{2 h_F}}{g}$$

und die in der Luft befindliche Masse ist

$$m_N = Q \cdot \Delta t = \sqrt{2 h_F}\, Q.$$

Beide Werte sind also gleich.

Zahlenbeispiel:
Teilhöhe 0,6 m (beim Umschalten Grob-/Feinstrom)

Q kg/s	$m_A = m_N$ kg
2	0,7
12	4,2
22	7,7

f) Dopplereffekt

Da das Material im Abfüllbehälter (Lastgefäß bei der Nettowaage, Sack bei der Bruttowaage) der Dosierung entgegenwächst, erhöht sich die scheinbare Auftreffgeschwindigkeit bzw. die in der Zeiteinheit auftreffende Masse.

Geht man von einer Fallhöhe h_F und einer Füllhöhe F_h für eine Gesamtmenge G aus, so ergeben sich

$$v_F = \sqrt{2 g h_F} \qquad v_{Wuchs} = \frac{F_h Q}{G};$$

die auftreffende Zusatzmasse je Zeiteinheit ist dann

$$Q_{zus} = Q \frac{v_{Wuchs}}{v_F}$$

und der durch den zusätzlichen Auftreffimpuls verursachte Massenfehler

$$m = \frac{v_{Fall}}{g} \qquad Q_{zus} = Q \frac{v_{Wuchs}}{g} = \frac{F_h Q^2}{Gg}.$$

Zahlenbeispiel:

$F_h = 0{,}6$ m, $h_F = 0{,}9$ m

Q kg/s	m g
2	9
12	330
17	663
22	1110

Bei zeitlich konstantem Massen-Strom kann der dadurch verursachte Fehler mit Zusatzgewichten korrigiert werden.

Einflüsse bei mechanischen Waagen

Mechanische Balkenwaagen arbeiten nach dem Prinzip des Massenvergleich. Konstruktiv besitzt daher jede dieser Waagen ein Hebelsystem zur Erzeugung der Vergleichsmomente. Zu den oben aufgeführten Fehlern kommen noch die aus dem Hebelsystem resultierenden Faktoren (siehe Bild 5.172).

Die Größenordnung, die durch Nachstrom und den Doppler-Effekt entstehen kann, zeigt die nachfolgende Tabelle:

Grobstrom kg/s*)	Grobstrom Halt s	Nachstrom kg	Doppler-Effekt kg	Fehler insgesamt kg
10	0,212	2,546	− 0,356	2,19
15	0,189	3,211	− 0,737	2,474
20	0,174	3,817	− 1,27	2,547

*) zuzüglich Feinstrom 2 kg/s

Daraus ergibt sich, daß der Grobstrom so frühzeitig abgeschaltet werden muß, daß der Fehler nach der letzten Spalte weitgehend eliminiert wird und außerdem der Feinstrom in der Umschaltpause weiterfließen kann, ohne daß es zu einer Überschreitung des Sollgewichts kommt.

Für den Feinstrom kann der Doppler-Effekt vernachlässigt werden:

Q kg/s	Fein-Halt s	Nachstrom kg
1,0	0,486	0,486
1,5	0,425	0,637
2,0	0,386	0,772

Externe Einflußfaktoren

Auf SWA im industriellen Einsatz wirken eine ganze Reihe von zusätzlichen Einflüssen ein, so Gebäudeschwingungen, Temperaturschwankungen, Verschmutzungen u.a. Bei entsprechender Auslegung der mechanischen Balkenwaagen können diese Einflüsse weitgehend unberücksichtigt bleiben. Da im Abschaltbereich beide Massen (m_1 und m_2) annähernd gleich sind, können sich Gebäudeschwingungen nur gering auswirken. Darüber hinaus hat sich gezeigt, daß höherfrequente, auf das Meßsystem einwirkende Schwingungen durch Abbau von Reibungen in den Gelenken sogar eine Verbesserung der Empfindlichkeit erzeugen können.

Einflüsse bei elektromechanischen Waagen [1]

Elektromechanische Waagen arbeiten heute je nach Wahl des Wägezellenprinzips sowohl nach dem Prinzip der Kraftmessung als auch des Massenvergleichs; siehe auch Kap. 3. Bei den Wägezellen werden für selbsttätige Waagen zum Wägen und Abwägen im industriellen Bereich heute eingesetzt:

1. Wägezellen mit Dehnungsmeßstreifen,
2. Wägezellen mit 1 oder 2 schwingenden Saiten,
3. Wägezellen mit Federwägesystem (bei Abpackwaagen).

Für die Betrachtung der Fehlermöglichkeiten muß nach den beiden Wägeprinzipien unterschieden werden. Für die Waagen, die nach dem Prinzip des Massenvergleichs arbeiten, gilt das bei den mechanischen SWA Gesagte. Waagen als „Kraftmesser" werden heute mit und ohne Hebelwerk gebaut. Durch die direkte Krafteinleitung in die Wägezelle entfallen die Hebeleinflüsse vollständig. Aber auch bei den Ausführungen mit Hebeln muß zur Beurteilung der Einflüsse nur das Maß der statischen Empfindlichkeit berücksichtigt werden, da dieses System im Gegensatz zum Massenvergleich keine Beschleunigungen auf die Hebel zuläßt.

Externe Einflußfaktoren

Grundsätzlich sind bei elektromechanischen Waagen die gleichen Einflußfaktoren wie bei den mechanischen SWA vorhanden. Dehnungsmeßstreifenwägezellen sind äußerst kompakt, weitgehend unempfindlich gegen Schmutz, Temperatur und Feuchtigkeit. Ihr Nachteil liegt in der Eigenfrequenz. Solange die Störfrequenz kleiner als die Meßfrequenz ist, ergeben sich nur geringe Abweichungen; stark beeinflussen die Meßwerte Frequenzen oder Teilfrequenzen im Bereich der Eigenfrequenz oder Störfrequenzen oberhalb der Eigenfrequenz. Bei SWA wirkt sich dieses besonders aus, wenn die Eigenfrequenz sehr nahe der in der Praxis auftretenden Schwingungen, wie Transportelemente, Siebe, Mischer, liegt.

Für Wägezellen nach dem Massenvergleich ergeben sich diese Schwierigkeiten nicht. Allerdings können bei ihnen Probleme hinsichtlich der Umgebungseinflüsse, Temperatur, Feuchtigkeit, Schmutz, Explosionsschutz usw., ergeben. Außerdem wirken die weiter vorn aufgeführten Einflußfaktoren auf die Meßergebnisse ein.

Bei der selbsttätigen Abwägung hängen die Meßfehler neben denen der Waage von der Reproduzierbarkeit der Abfülleinrichtungen, den Fließeigenschaften des abzufüllenden Materials, von der Abfüllgeschwindigkeit und weiteren Faktoren ab. Sie überlagern sich zu einem statistischen Fehler, der sich in den meisten praktischen Fällen einer Normalverteilung, der Gaußschen Glockenkurve, annähert.

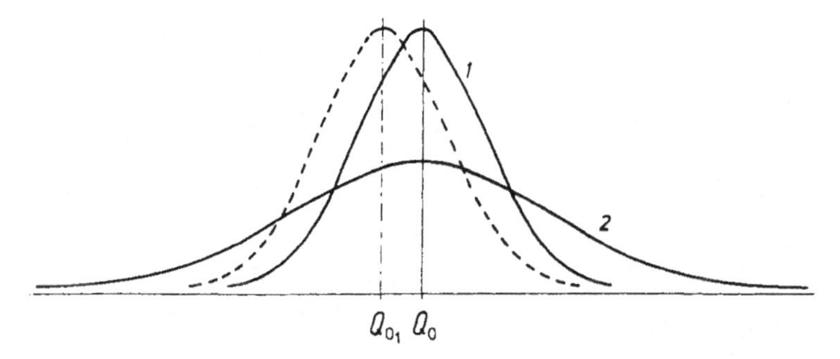

Bild 5.177 Normalverteilungen von Abfüllungen durch eine elektromechanische Waage, Kurve 1, und einer mechanischen Waage, Kurve 2.
Quelle: Verfasser

Bei sonst vergleichbaren Kriterien gilt wegen der höheren Eigenfrequenz der elektromechanischen Waage (ohne Berücksichtigung externer Einflüsse)

$$\sigma_{\text{elektr.theor.}} < \sigma_{\text{mechan.theor.}}$$

auch dann noch, wenn die Abfüllgeschwindigkeit bei der elektromechanischen Waage wesentlich größer gewählt ist (Bild 5.177).

Die Fehlerverteilung ist zusätzlich durch Streuungen von Tara, Nullpunkt und Nachstrom überlagert. Man kann sich dies so vorstellen, daß die Gauß'sche Glockenkurve eine Koordinatenverschiebung in Q-Richtung erfährt oder daß sich der Feinstromabschalt-Sollwert Q verschiebt, wie dies mit der gestrichelten Kurve angedeutet ist.

In dem dargestellten Fall würde es bedeuten, daß der größere Teil der Abfüllungen ein Minusgewicht hätte und dementsprechend der Mittelwert negativ wäre. Ebenso kann die Kurve zu positiven Werten verschoben werden. Bei den elektromechanischen Waagen ist es möglich, daß bei jeder Wägung eine Veränderung des Taragewichts bzw. des Nullpunktes und des Nachstroms selbsttätig korrigiert wird. Hierdurch können die Abfüllgewichte so gesteuert werden, daß die Abweichungen vom Sollgewicht gering bleiben.

Beim Einsatz von SWA im eichpflichtigen Betrieb sind in der EO Vorschriften für die Fehlergrenzen und die Mindestlast gemacht (Abschnitt 5.9.4).

5.9.2.7 Bauausführungen und Bauarten von SWA [2, 3]

Wie überall im Waagenbau wird auch bei den SWA die Elektronik einschließlich der Digitaltechnik in großem Maße eingesetzt; trotzdem wird heute noch ein relativ großer Prozentsatz von mechanischen Waagen gebaut und es gibt von fast jeder Bauart mechanische und elektromechanische Ausführungen.

Wie aus Abschnitt 5.9.2 zu ersehen ist, werden die SWA in die beiden Hauptgruppen Netto- und Bruttowaagen aufgegliedert. Bei Nettowaagen fällt das Wägegut in einen Behälter, mit dem die Auswägeeinrichtung vorbelastet ist; daher die häufig angewendete Bezeichnung Behälterwaage. Nach Erreichen des Sollgewichts wird der Behälter z. B. durch Öffnen von einer oder zwei Bodenklappen (Bild 5.174) oder durch Drehen des Trommelgefäßes (Bild 5.178) entleert und das Wägegut fällt in das vorgesehene Gebinde oder das Transportfahrzeug.

Zu den Nettowaagen (Bild 5.179) gehören auch die Annahmewaagen (Bilder 5.180 und 5.181), manchmal auch als Abgabewaagen bezeichnet, die zur Be- bzw. Entladung von

Bild 5.178
SWA mit Trommelgefäß, das zur Entleerung um 360° gedreht und dabei gleichzeitig innen und außen gereinigt wird, für flüssige und anhaftende Wägegüter wie Flüssigkeiten, Mehle, Kali Zucker u. ä. Die Konstruktion kann als Absackwaage oder als Kontroll-(Annahme)Waage o. ä. eingesetzt werden.
Absackwaage:
Max: 5 kg ... 100 kg,
Leistung: bis 700 Wägungen/h
Kontrollwaage:
Max: bis 3 t
Leistung: bis 500 t/h.
Quelle: Libra

Bild 5.179
Elektromechanische Nettowaage für freifließende Wägegüter wie Granulate, Pellets, Getreide, Salze, Zucker usw. mit DMW-Wägezelle.
Max: bis 50 kg, Leistung: bis 1200 Sack/h.
Quelle: Greif

Schiffen, Waggons, LKWs eingesetzt werden, deren Transportkapazität im allgemeinen so groß ist, daß auch mit Waagen mit größter Höchstlast, bis etwa 5 t, eine mehr oder weniger große Anzahl von Wägungen gemacht werden müssen, bis das Ladegewicht erreicht ist. Dieses kann entweder mit SWW erfolgen (Abschnitt 5.9.1) oder mit SWA. Hierzu haben diese ein Füllungszählwerk, mit dem jede einzelne Wägung gezählt und durch Multiplikation mit dem Füllgewicht das Gesamtgewicht ermittelt wird. Diese SWA besitzen meist eine

a)

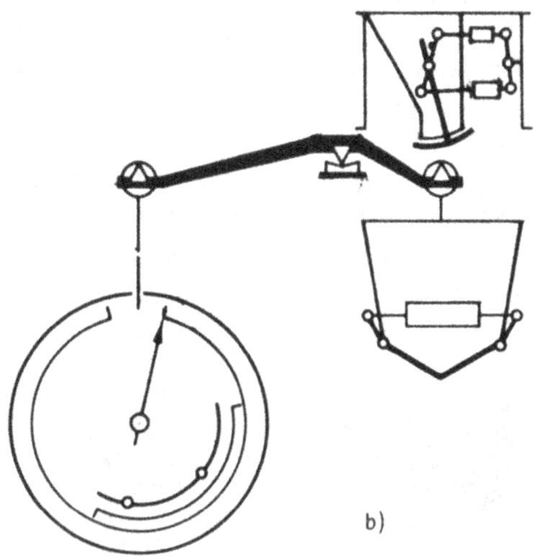

b)

Bild 5.180

Nettowaage mit ungleicharmigem Hebelwerk und zusätzlichem Kreiszeigerkopf für Futtermehle u. ä. Mit den Schaltelementen am Kreiszeigerkopf werden Sollgewicht und Nachstromausgleich eingestellt. – Die Waage kann auch als Annahmewaage eingesetzt werden, wobei die Restmenge direkt am Kreiszeigerkopf abgelesen werden kann und eine handbetätigte Restwaage entfällt. Max: 50 kg, Leistung: bis 600 Wägungen/h.
Quelle: Chronos

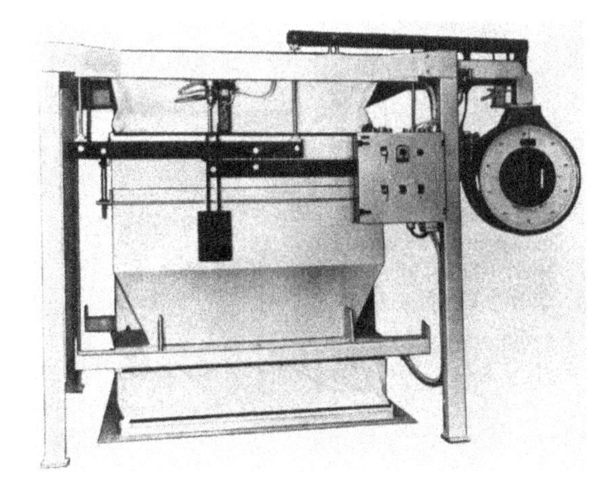

Bild 5.181

Annahme- und Abgabe-Behälterwaage mit pneumatisch betätigten Bodenklappen zum Abwägen von freifließenden Massengütern in Getreidesilos, Kraftfutterwerken, Lagerhäusern u. ä. Die benötigte Anzahl der Wägungen wird mittels eines Mengeneinstellwerkes vorbestimmt. Wägebreiche: 250 ... 500 kg bis 2,5 ... t bei Leistungen von 150 t/h bis 1000 t/h.
Quelle: Chronos

Restwaage, mit der nach Beendigung der Be- bzw. Entladung die Masse des noch verbliebenen Wägegutes ermittelt wird, das keine volle Füllung mehr ergibt.

Während Nettowaagen mit Höchstlasten vom Grammbereich bis 5 t gebaut werden, haben Bruttowaagen Wägebereiche von 10 ... 100 kg. Bruttowaagen liegen in ihren Abwägeleistungen im allgemeinen unter denen der vergleichbaren Nettowaagen, da in den Wägezyklus der Gebindewechsel der Papier-, Gewebe- oder Kunststoffsäcke fällt. Einen überschlägigen Vergleich der beiden Waagenarten zeigt die nachfolgende Tabelle.

	Bruttowaage		Nettowaage	
	mechanisch	elektromechanisch	mechanisch	elektromechanisch
Leistung in Wägungen/h	500	600	900	1200
Kostenfaktor	1,7	3,1	1,8	2,9

Bei Bruttowaagen wird das Gebinde, der Sack, entweder manuell oder automatisch am Sackstutzen befestigt, das Sackgewicht wird durch eine Taraeinrichtung ausgeglichen. Nach Füllung wird der Sack entfernt und ein neuer befestigt (Bild 5.182). Nettoabsackwaagen sind ähnlich aufgebaut, jedoch fällt das Wägegut zuerst in den Wägebehälter und wird dann in den Sack entleert (Bild 5.183). – Eine Abart sind die Ventilsackwaagen, bei denen durch ein eingeschobenes Rohr das Wägegut in den Ventilsack eingefüllt wird. Auch hier gibt es Brutto- und Netto-Ventilsackwaagen (Bilder 5.184 bis 5.186).

Alle SWA zur Abfüllung von Säcken werden häufig auch als Absackwaagen bezeichnet oder als Absackanlage, wenn sie in eine Linie integriert sind. Hierbei werden entweder Brutto-

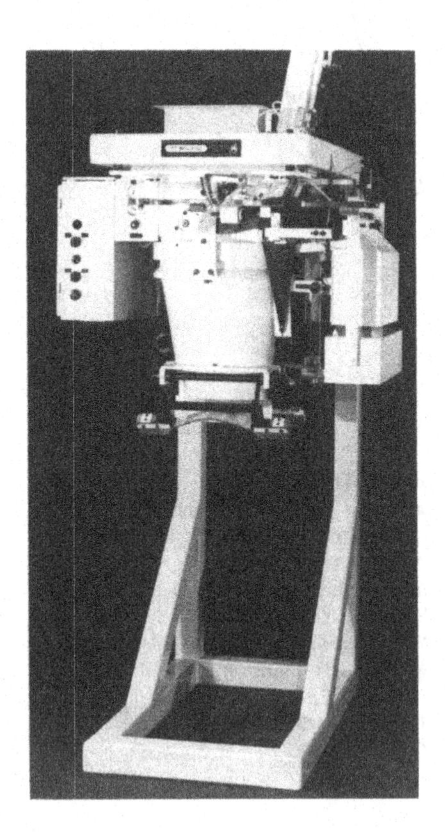

Bild 5.182
Bruttoabsackwaage für leicht- und schwerlaufende Wägegüter.
Max: 100 kg, Leistung: 320–400 Sack/h.
Quelle: Greif

Bild 5.183

Fahrbare mechanische Nettoabsackwaage zum Abwägen von Getreide mit einer gleicharmigen Balkenwaage als Auswägeeinrichtung und Kippgefäß. Grob- und Feinstrom werden durch Klappen gesteuert.
Max: 40 ... 100 kg, Leistung: 210 ... 360 Sack/h je nach Füllgewicht und Wägegut.
Quelle: Chronos

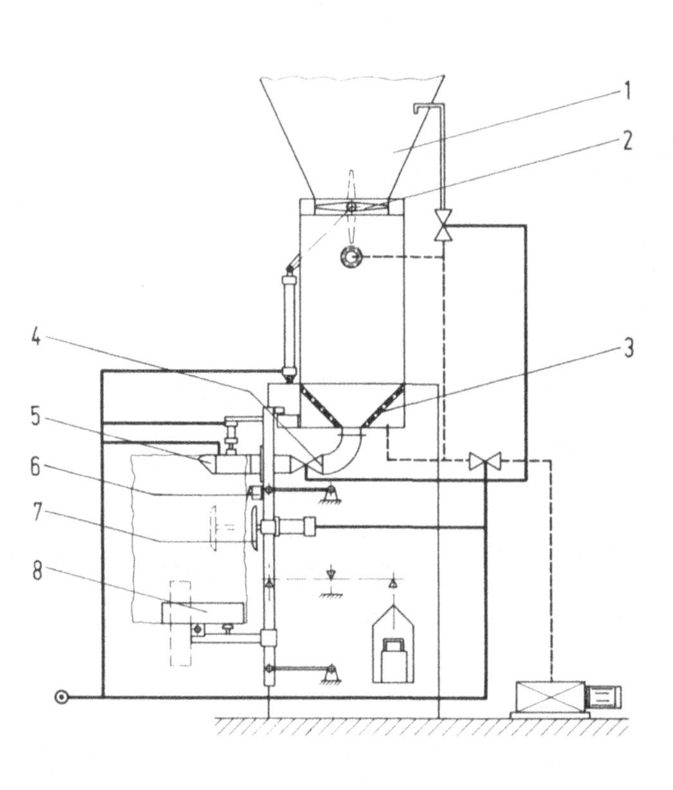

Bild 5.184

Schematischer Aufbau einer SWA mit Ventilsackfülleinrichtung

1 Vorratsbehälter
2 Drehklappe
3 Belüftungskegel
4 Ventil für die automatische Umschaltung von Grob- auf Feinstrom
5 Füllrohr
6 Endschalter
7 Ausstoßer für den Ventilsack
8 Sackstuhl

Quelle: Chronos

Bild 5.185 SWA für Ventilsäcke in Zwillingsausführung für schwerfließende, pulverförmige oder fluidisierte, auch für körnige bis kleinstückige (Granulate, Pellets) Wägegüter. Die Auswägeeinrichtung kann wahlweise aus einem Hebelwerk mit Nachstromregler oder einem Kreiszeigerkopf bestehen.
Wägebereich 10 ... 50 kg, Leistung: bis 360 Sack/h, abhängig vom Wägegut.
Quelle: Chronos

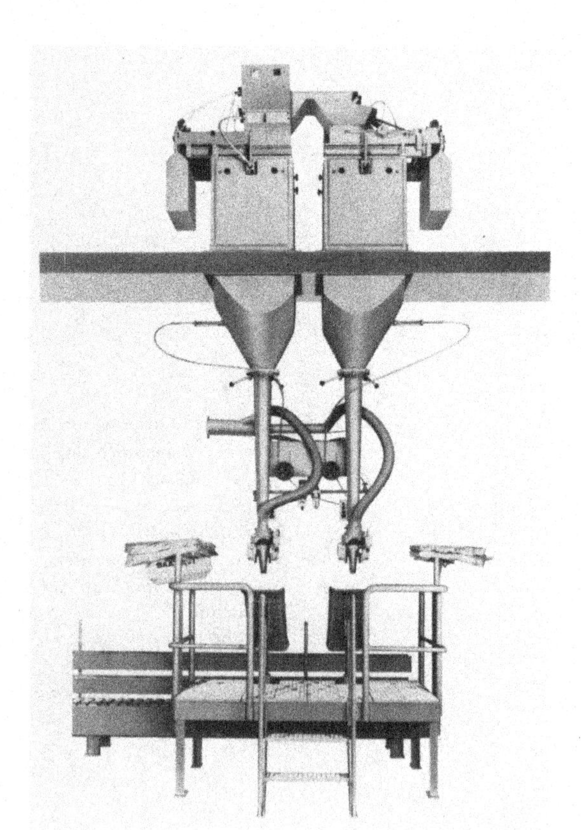

Bild 5.186
Absackstation zum Füllen von Ventilsäcken mit zwei selbsttätigen, pneumatisch betätigten Bodenklappenwaagen und Fallrohreinrichtung.
Leistung: 1500 Sack/h.
Quelle: Libra

waagen, wie beschrieben, eingesetzt oder vor allem bei schwer abfüllbaren Gütern Anlagen wie in Bild 5.187 skizziert: Der Sack wird mittels des Transportbandes (1) zur Vorfüllung gebracht, am Sackstutzen befestigt (2), dort entweder durch Volumen oder Gewichtsdosierung vorgefüllt (3), mit dem auf der Waage angebrachten Transportband (4) zur Waage (5)

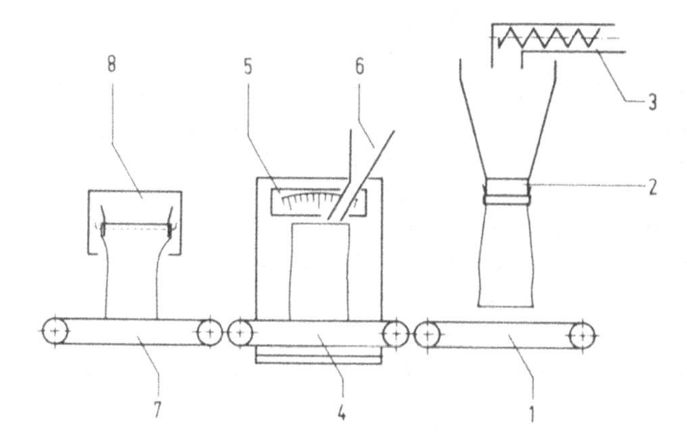

Bild 5.187

Prinzipskizze einer Abfüllanlage für schwer abfüllbare Güter, z. B. Milchpulver. Erläuterungen der Zahlenangaben im Text.
Quelle: Verfasser

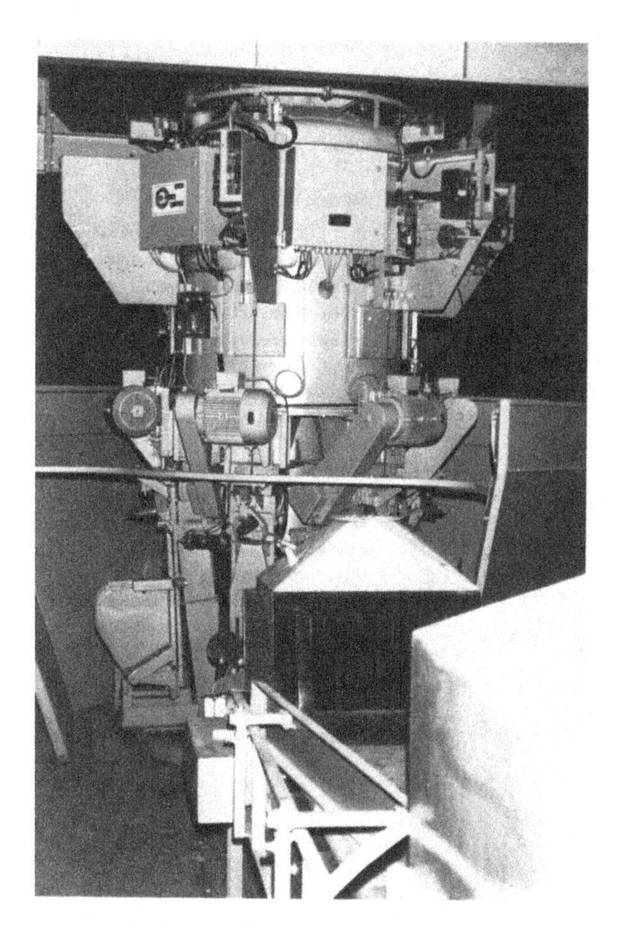

Bild 5.188

SWA zum Abwägen von Zement und ähnlichen Wägegütern mit 6 kreisförmig angeordneten mechanischen Auswägeeinrichtungen und nachgeschalteter selbsttätiger Kontrollwaage, im Bild unten rechts, die mittels Tendenzsteuerung die einzelnen Waagen über Kurvenscheiben nachsteuert.
Max: 50 kg, Leistung: bis 1500 Sack/h.
Quelle: Haver und Böker

befördert. Bei stehendem Band erfolgt die Feindosierung (6), nach Erreichen des Sollgewichts wird der Sack mit dem Abtransportband (7) zur Sackspreiz- und Verschließmaschine (Nähmaschine oder Schweißgerät) gebracht und verschlossen. Diese Absackwaagen werden oft auch als Nettoabsackwaagen bezeichnet, obwohl es zweifellos Bruttowaagen sind. Wahrscheinlich ist diese unrichtige Bezeichnung entstanden, um den Unterschied zu „echten" Bruttowaagen herauszustellen.

Wird einer SWA bei Abfüllungen über 10 kg eine selbsttätige Kontrollwaage so nachgeschaltet, daß jede Packung kontrolliert wird und solche, die die Fehlergrenze überschreiten, ausgeschieden werden (Abschnitt 5.9.4), entfällt die Eichpflicht für die SWA. Von dieser Möglichkeit ist bei dem Roto-Packer Gebrauch gemacht worden. Bei dieser Abfüllanlage für Zement, Kalk und ähnliche Wägegüter sind bis zu 6 SWA kreisförmig zusammengefaßt (Bild 5.188). Nach Verschließen der Säcke gelangen diese über Zwischenstationen zu einer SKW, die durch eine Tendenzsteuerung entsprechend den Sackgewichten jeder einzelnen Waage diese über Kurvenscheiben so nachsteuert, daß das Sollgewicht genau eingehalten werden kann.

Weitere Beispiele über die vielfältigen Einsatzmöglichkeiten zeigen die Bilder 5.189 bis 5.193.

Bild 5.189

Abfüllanlage für organisches Granulat in Plastikbehälter oder Kartons. Ex-geschützte Auswägeeinrichtung in Hybrid-Ausführung. Die elektronische Auswerteeinrichtung enthält neben der digitalen Anzeigeeinrichtung einen Tarierrechner zur automatischen Nullstellung, Analogausgang zur Füllstandsanzeige, Grenzwertkontakte für maximale und minimale Füllstandsbegrenzung in den Gebinden, digitale Einstelleinrichtungen für Sollwert, Grob- und Feinstrom. – Die Behälter werden durch ein Schwingförderrohr mit pneumatisch betätigter Schnellschlußklappe für Grob- und Feinstrom gefüllt.
Wägebereich: 3 ... 60 kg.
Quelle: Schenck

Bild 5.190 Verfahrbare Absackanlage mit zwei Bruttowaagen zur Abfüllung von Kunststoffgranulaten aus mehreren Silos. Leistung jeder Waage: 280 Sack/h bei 25 kg Füllgewicht.
Quelle: Greif

Bild 5.191 Kardanisch aufgehängte SWA mit Behälter zur Verwendung auf Schiffen mit Kreiszeigerwägekopf und zusätzlichem Kontroll-Kreiszeigerwägekopf mit 5fachen Zeigerumlauf für mehlige, körnige und kleinstückige Wägegüter. Die Waage kann bis zu Krängungen von 5° benutzt werden.
Max: 600 kg bis 6 t, Leistung: 200 ... 400 Wägungen/h.
Quelle: Libra

Bild 5.192 Selbsttätige Trommelgefäßwaage mit vier Schneckenzuführungen zur Dosierung von 4 Komponenten, z. B. Kohlenstaub, deren Anteile am Kreiszeigerwägekopf eingestellt werden.
Leistung: 200 Wägungen/h zu je 100 kg.
Quelle: Libra

Bild 5.193 Absackstation auf einem LKW-Anhänger mit zwei nebeneinander angeordneten Bruttowaagen. Beim Transport wird die Bühne mit der Zuführungseinrichtung in den Anhänger eingezogen.
Leistung: bei körnigen Wägegütern bis 1200 Sack/h.
Quelle: Libra

5.9.3 Maschinen zum Abfüllen von Packungen

H.-A. Oehring

5.9.3.1 Gerätearten

Nach 1950 haben vorverpackte Waren – die Fertigpackungen – auf dem Gebiet des Einzelhandels die früher übliche Art der Feststellung der Menge des zu verkaufenden Gutes vor den Augen des Käufers fast völlig verdrängt. Die Vielzahl der verpackten Güter, angefangen von den Lebensmitteln über Tierfutter, Chemikalien, Samen, Dünger bis zu Kleineisenteilen, hat dazu geführt, daß von der einschlägigen Industrie eine große Anzahl von Meßgeräten entwickelt wurde, um die verschiedenen Güter optimal abfüllen zu können. Sie werden mit Abfüllapparate, Abfüller, Abfüllmaschine und ähnlichen Begriffen bezeichnet, die sich in vier Gruppen einteilen lassen:

Maßfüllmaschinen (Volumenfüller)

Diese Meßgeräte sind zum selbsttätigen aufeinanderfolgenden volumetrischen Abmessen von Flüssigkeiten bestimmt und füllen sie in nach *ml* oder *l* gekennzeichnete Packungen ab. – Für eichfähige Ausführungen sind in der Eichordnung Anlage 4 Bauanforderungen und Fehlergrenzen aufgenommen.

Abfüllmaschinen

Abfüllmaschinen sind Meßgeräte mit einstellbarem Hohlraum zum volumetrischen Abmessen von Abfüllgütern und füllen sie in nach g oder kg gekennzeichnete Packungen ab. Es zählen hierzu u. a. Becherabfülleinrichtungen, bei denen das Füllgut in einem Gefäß abgemessen wird und dessen Hohlraum zur Feineinstellung verstellbar sein kann, und Pumpenabfülleinrichtungen, bei denen das Füllgut durch den Hub einer Kolbenpumpe, der zur Feineinstellung veränderbar ist, abgemessen wird.

Dosiermaschinen

Die vorerwähnten Maßfüll- und Abfüllmaschinen werden häufig in den Oberbegriff „Dosiermaschinen" einbezogen, zu dem aber vor allem die nachstehenden Geräte zählen:

- Schneckendosierer, das Füllgut wird durch eine bestimmte Umdrehungszahl der Förderschnecke abgemessen, die zeitabhängig gesteuert wird (Bild 5.194);
- Tellerdosierer für hohe Füllgeschwindigkeiten, die nur eingesetzt werden können, wenn die Dichte des Füllgutes hinreichend konstant ist (Bild 5.195);
- Strangpressen pressen plastisch-streichfähige Güter wie Butter, Margarine, Fette, Hefe, Käse u. ä. in einen Strang und bringen ihn auf gleichmäßigen Querschnitt. Durch eine geeignete Trenneinrichtung werden die einzelnen Portionen abgetrennt, die mit g oder kg in den Handel kommen. Durch Verändern des Querschnittes oder/und des zeitlichen Abstandes für das Durchtrennen wird die Sollmenge eingestellt.

Nach dem § 9 des bis 1969 gültigen Maß- und Gewichtgesetzes von 1935 unterlagen Wäge- und Abfüllmaschinen der Eichpflicht, die jedoch ausgesetzt wurde, weil die damalige Physikalisch-Technische Reichsanstalt aus Mangel an Erfahrung für Abfüllmaschinen noch keine Eichvorschriften festlegen konnte. Statt dessen war eine eichamtliche Überwachung vorgeschrieben. Nach 1950 führte die PTB Untersuchungen über die Eichfähigkeit der Abfüllmaschinen durch und schlug 1961 als vorläufige Fehlergrenzen die Verkehrsfehlergrenzen der selbsttätigen Waagen zum Abwägen vor. Infolge der beginnenden Überlegungen über eine andere Bewertung der Fertigpackungen, die in der Fertigpackungsverordnung (FPV) 1970 ihren Ausdruck fand, wurden die Arbeiten nach Aufstellung eines ersten Entwurfes einer FPV nicht weiter verfolgt.

Bild 5.194

Schneckendosiermaschine

a) Schneckendosiermaschine für pulverförmige, auch schwerfließende und haftende Produkte wie Mehl, Kakaopulver, Milch, Kakao-Zuckergemische, Gewürze gemahlen, Dextrose, Gips, Bautenschutzmittel, Schädlingsbekämpfungsmittel, Gießereizuschlagstoffe, Farbpigmente, Kartoffel- und Weizenstärkemehl, Säuglingsnährmittel usw. Dosiervolumen 10 ... 10 000 cm³ mit auswechselbaren Dosierschneckensätzen erreichbar. Genauigkeit ca. ± 0,5 %, Leistung bis 80 Dosierungen/min.

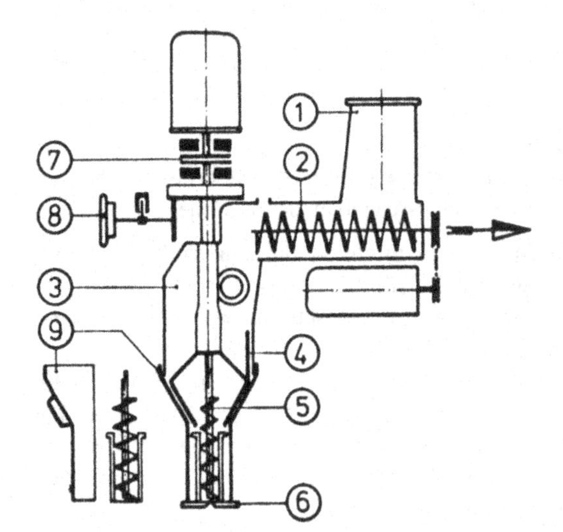

b) Prinzipskizze der Schneckendosiermaschine

1 Zulauf
2 Förderschnecke
3 Zwischenraum
4 Rührflügel
5 Dosierschnecke
6 Absperrschieber
7 Kupplung
8 Zählabgriff
9 abnehmbares Dosiergehäuse

Quelle: Optima

Abpackwaagen

Bei den nachfolgend näher beschriebenen Abpackwaagen handelt es sich um selbsttätige Waagen zum Abwägen (SWA) mit Höchstlasten bis zu etwa 10 kg. Sie unterscheiden sich prinzipiell nicht von denen mit größeren Höchstlasten, haben jedoch wegen der verschiedenen Füllgüter vielfältigere Ausführungsformen. In rechtlicher Hinsicht bilden die SWA bis zu 10 kg eine besondere Gruppe, da nach § 7 des Eichgesetzes Meßgeräte nicht der

Bild 5.195 Tellerdosiermaschine zum Aufbau auf Verpackungsmaschinen für freifließende Füllgüter wie Zucker, Reis, Hülsenfrüchte, Erdnußkerne, Waschpulver usw. Dosiervolumen von 64 ... 1293 cm^3, Leistung bis zu 80 Dosierungen pro Minute.
Quelle: Optima

Eichpflicht unterliegen, die zur Herstellung von Fertigpackungen gleicher Nennfüllmenge verwendet werden (nähere Angaben siehe Abschnitt 5.11.6.2).

Der zweckmäßigste Einsatz der verschiedenen Abfüllsysteme hängt von einer Reihe von Faktoren ab. Nachstehend ein Vergleich zwischen Schnecken-, Tellerdosierer und SWA:

Tabelle 5.13 Vergleich zwischen zwei Dosierern und einer SWA

	Schneckendosierer	Tellerdosierer	SWA
Vorteile	bis 100 Takte/min staubfreie Abfüllung großer Dosierbereich	hohe Leistung kleiner Zerstörungsgrad	große Genauigkeit bis ± 0,01 % produktschonend
Nachteile	Genauigkeit ca. 1 % Zerstörungsgrad bis 5 %	Genauigkeit ca. 2 %	kleine Wägegeschwindigkeit bis max 50 P/min, schlecht geeignet für staubende und haftende Güter

Tabelle 5.14 Einsatzmöglichkeiten bei verschiedenen Füllgütern

	Schneckendosierer	Tellerdosierer	SWA
stückig			
Backwaren	–	X	XX
Süßwaren	–	XX, X	XX
Teigwaren, groß	–	XX, X	XX
Tabletten	–	XX, X	XX
Futtermittel	X	XX, X	XX
Kleinteile	–	XX, X	XX
grobblättrig			
Lorbeerblätter	–	X	XX
Pfefferminz- und ähnl. Tees	–	X	XX
feinblättrig			
Haferflocken, Hefe	–	X, XX	XX
feinkörnig			
Instant Produkte	XX, X	XX	XX
Lebensmittel	XX, X	XX	XX
chemische und pharmaz. Produkte	XX, X	XX	XX
Reinigungsmittel	XX, X	XX	XX
Samen	XX, X	XX	XX
Düngemittel	XX, X	XX	XX
pulvrig			
Instant Produkte	XX	XX, X	XX, X
Lebensmittel	XX	X	X
Gewürze, gemahlen	XX	X	X
chemische und pharmaz. Produkte	XX	X	X
Farbpulver	XX	X	X
Waschmittel	X	XX	XX
Baustoffe	XX	X	X
Pflanzenschutzmittel	XX	X	X

XX gut abfüllbar, X schlecht abfüllbar, – nicht abfüllbar

5.9.3.2 Aufbau und Arbeitsweise

Das Füllgut befindet sich in einem von Hand oder maschinell gefüllten Vorratsbehälter und wird über die Zuführungseinrichtung in den Wägebehälter abgefüllt, der meistens als Klappenbehälter ausgeführt ist. Nach Erreichen des Sollgewichts werden die Klappen durch einen Drehmagneten geöffnet und das Wägegut in den bereitstehenden Behälter (Tüte, Karton, Schlauchbeutel o. ä.) entleert. Vielfach ist die Waage mit einer Verpackungsmaschine kombiniert, ihrerseits in eine Verpackungslinie integriert, kann sie mehrere Waagen nebeneinander haben. Bild 5.196 zeigt eine solche Anlage für Kartoffelchips, die von oben dem Vorratsbehälter zugeführt werden. Die Waage befindet sich im oberen Teil und die abgewogenen Chips werden über einen Trichter in den Schlauchbeutel geleert, der sofort verschlossen und über ein Band der Kartoniermaschine zugeführt wird.

Zuführungseinrichtungen

Besonders große Anwendung findet bei den SWA zum Abpacken die Vibrationsrinne, die durch einen Elektromagneten in Schwingungen versetzt wird. Da das Fördergut während einer Schwingungsperiode nur kurzzeitig mit dem Rinnenboden in Berührung kommt, tritt praktisch keine Relativbewegung zwischen Fördergut und Boden auf und im Vergleich zu

Bild 5.196 SWA mit Schlauchbeutel-Maschine in einer Verpackungslinie für Kartoffelchips.
Quelle: Verfasser

anderen Fördermitteln entsteht ein wesentlich geringerer Verschleiß des Rinnenkörpers und des Fördergutes.

Bei leicht abfüllbaren Gütern gelangt meistens das Füllgut aus dem Vorratsbehälter direkt auf die Grob- und Feinstromrinne und von dort zum Wägebehälter. Hat das Wägegut keinen gleichmäßigen Förderfluß, wird nach dem Vorratsbehälter eine zusätzliche Förderrinne angeordnet (Bild 5.197).

Zur Erhöhung der Ausbringung, insbesondere bei schwer abfüllbaren Gütern, kann die SWA eine Vorwaage besitzen. Diese Kombination wird dann als Doppelwaage bezeichnet (Bild 5.198). Dabei ist über dem Wägebehälter eine zweite Waage mit Klappenbehälter angeordnet. Der Grobstrom füllt den oberen Wägebehälter, der sie in den unteren zur Nachfüllung mit dem Feinstrom bis zum Sollgewicht weitergibt. Während dieser Nachfüllzeit erfolgt bereits wieder eine Grobfüllung der Vorwaage.

Eine Abänderung stellt die Ausführung mit Staukammer für Sticks dar (Bild 5.199). Dabei wird der gleichmäßig hohe und parallel ausgerichtete Grobstrom mittels einer Vibrationsrinne zeitlich dosiert in die Kammer eines Dosierrades gegeben. Die jeweils in eine Kammer abgefüllten Portionen werden dann nacheinander als Grobfüllung in den Wägebehälter entleert. Die Zuführung des Feinstromes erfolgt direkt.

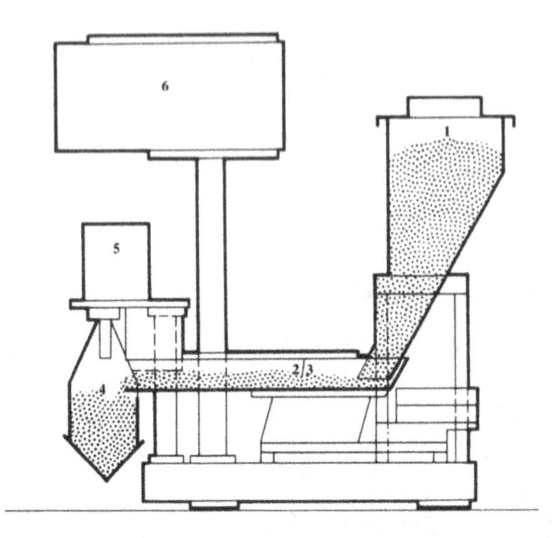

Bild 5.197 Prinzipskizze einer SWA für freifließende bis grobkörnige und flockige Produkte, z. B. Zucker, Grieß, Kaffee (gemahlen und ungemahlen), Tee, Gewürze, Reis, Hülsenfrüchte, Granulate, Milchpulver (gesprüht).

1 Einfülltrichter
2 Feinstromrinne
3 Grobstromrinne
4 Wägeschale
5 Wägezelle
6 Schaltschrank

Quelle: Bosch (Höfliger und Karg)

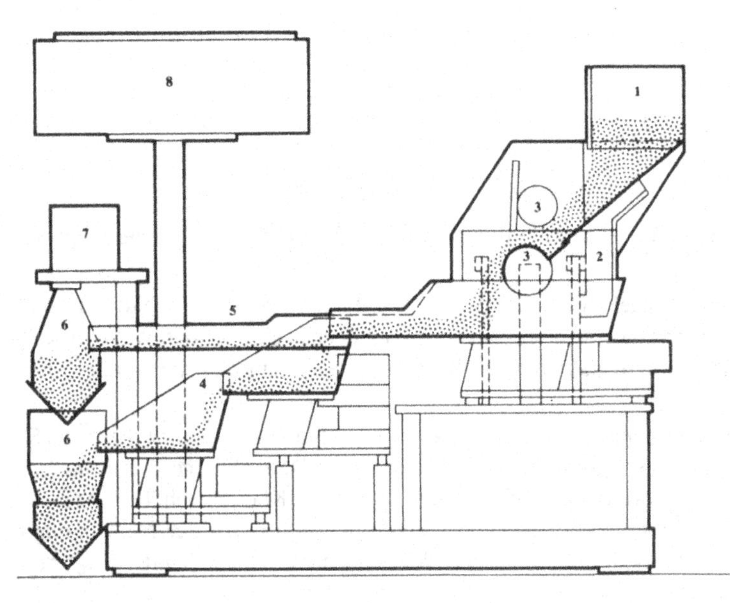

Bild 5.198 SWA zum automatischen Zuführen, Dosieren und Wägen von sperrigen und kurzen Teigwaren, Suppeneinlagen und langstieligem Tee.

1 Einfülltrichter
2 Zusatzeinrichtung für kurze Teigwaren
3 Schöpfwalzen
4 Feinstromrinnen
5 Grobstromrinnen
6 Wägeschalen
7 Wägezellen
8 Schaltschrank

Quelle: Bosch (Höfliger und Karg)

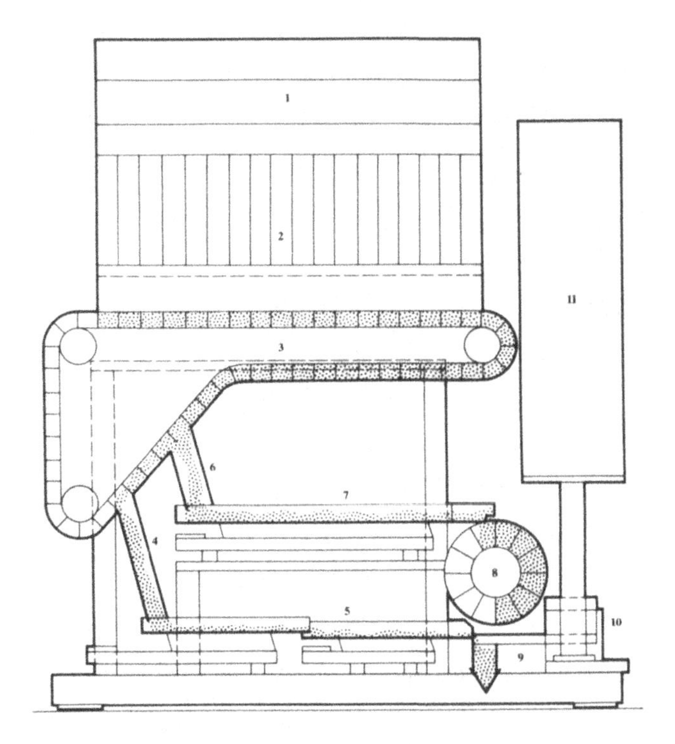

Bild 5.199

SWA für lange stabförmige Produkte, z. B. Salz-Sticks

1 Einlaufrutsche
2 Füllkasten
3 Mitnehmertransport
4 Feinstromschacht
5 Feinstromrinnen
6 Grobstromschacht
7 Grobstromrinne
8 Vordosierrad
9 Wägeschale
10 Wägezelle
11 Schaltschrank

Quelle: Bosch (Höfliger und Karg)

Bild 5.200

SWA in Zwillingsausführung für grobkörnige bis pulvrige Produkte

Quelle: Atoma

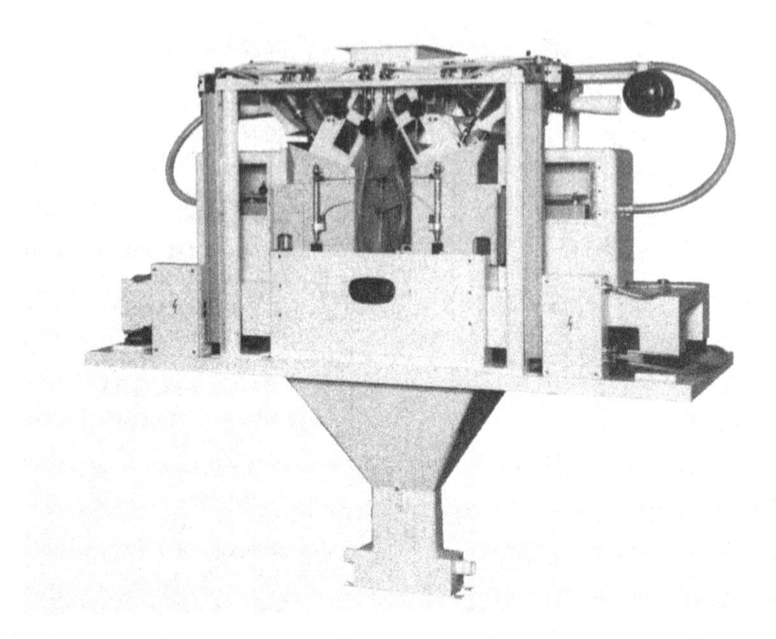

Bild 5.201 SWA in Zwillingsausführung zum Abfüllen von freifließenden Produkten wie granulierte Waschmittel, Kartoffelflocken, Gries, Reis, Kunststoffgranulate. – Die Zuführung des Wägegutes erfolgt durch schräg angeordnete Kanäle mit verschiedenen Durchmessern für Grob- und Feinstrom und pneumatisch betätigten Absperrklappen.
Wägebereich: bis 5000 g, Ausbringung: bis 25 Wägungen/min.
Quelle: Optima

Eine schnellere Wägefolge wird durch Zwillings-, Drillings- und Vierlingswaagen (auch als Zweifach-, Dreifach-, Vierfachwaage bezeichnet) erreicht, wobei mehrere Waagen nebeneinander angeordnet sind und jede durch eine eigene Zuführung das Wägegut aus dem gemeinsamen Vorratsbehälter abzieht. Bei Zwillingswaagen werden die beiden Wägebehälter entweder über getrennte Trichter oder einen gemeinsamen entleert (Bild 5.200).

Bei der Schwerkraftzuführung gelangt das Wägegut über senkrechte oder geneigte Kanäle in den Wägebehälter (Bild 5.201).

Auswägeeinrichtungen

Auch bei den SWA für Abpackungen ist noch die Balkenwaage die klassische Auswägeeinrichtung mit oder ohne Voreiler und Nachstromregler. Der Gewichtsausgleich erfolgt durch Gewichtstücke (Bild 5.202) oder/und eine Laufgewichteinrichtung. Bei Erreichen der Einspielungslage werden über einen Mikroschalter die Zuführungseinrichtungen abgeschaltet und der Drehmagnet für die Entleerungseinrichtung betätigt. Eine Variante stellt die Ausführung nach Bild 5.203 dar, welche hauptsächlich für Abfüllungen mit Sollwerten im Milligramm- und Grammbereich eingesetzt wird.

Eine häufig vor allem in früheren Jahren angewendete Kombination setzt sich aus einer nichtselbsttätigen Waage meist mit Neigungsgewichtseinrichtung als Vergleichs-(Plus/Minus-) Waage mit entsprechenden Zuführungseinrichtungen zusammen. Die Regelung von Grob- und Feinstrom erfolgt durch Steuerschalter, wobei der Nachstrom durch die Stellung des Feinstromschalters ausgeglichen wird.

Bild 5.202 Ältere Bauausführung einer SWA mit gleicharmiger Balkenwaage als Auswägeeinrichtung.
Quelle: Bosch (Hesser)

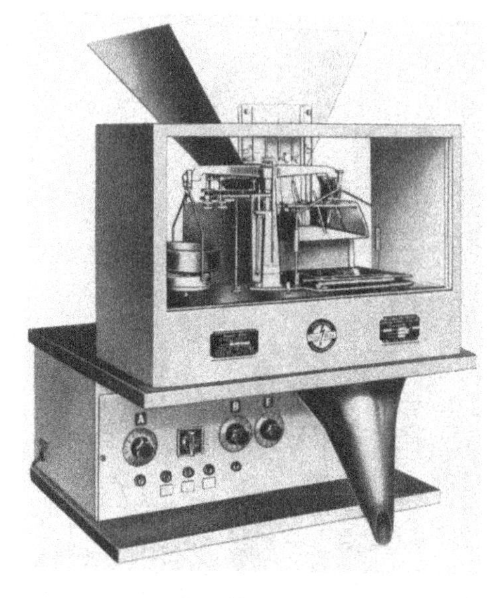

Bild 5.203 SWA zum Abfüllen von Wägegütern mit kleineren Füllgewichten.
Quelle: Collischan

Die vorstehend genannten Auswägeeinrichtungen haben heute nur noch untergeordnete Bedeutung. Sie werden hauptsächlich in Entwicklungsländer exportiert.

Bei sehr vielen Bauarten von selbsttätigen Waagen zum Abwägen und selbsttätigen Kontrollwaagen findet heute eine Wägezelle, auch Wägegeber genannt, Anwendung, die sich aus einem Federwägesystem mit einem induktiven oder kapazitiven Signalgeber zusammensetzt. (Genauere Beschreibung siehe Abschnitt 5.11.2.1.)

Mittels Potentiometer werden die Schaltpunkte zur Beendigung von Grob- und Feinstrom eingestellt, wobei der Nachstrom berücksichtigt wird. Zukünftig wird auch hier die digitale Steuerung größere Anwendung finden.

Das heute vielfach angewendete Prinzip der magnetischen Kraftkompensation bei nichtselbsttätigen Waagen und selbsttätigen Kontrollwaagen beginnt auch bei den SWA bis zu etwa 10 kg Eingang zu finden. Eine Variante, bei der ein Waagebalken durch Magnetkraft in der Gleichgewichtslage gehalten wird, ist schon länger im Gebrauch. Durch den kurzen Weg der Lastschale von weniger als 1 mm ist einmal der Verschleiß der Schneidenlager sehr gering und zum anderen werden durch die kurze Einschwingzeit hohe Wägegeschwindigkeiten erreicht.

5.9.3.3 Ausführungsbeispiele (Bilder 5.204 bis 5.213)

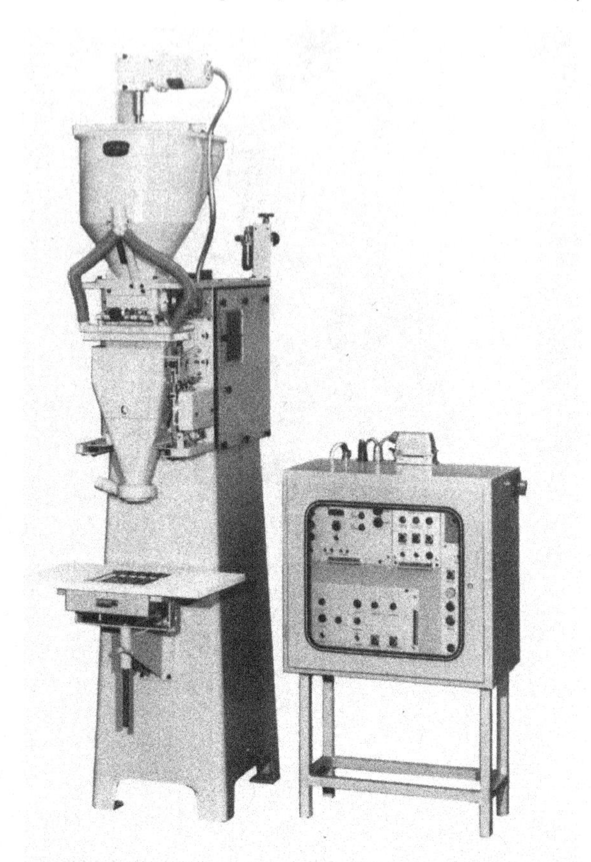

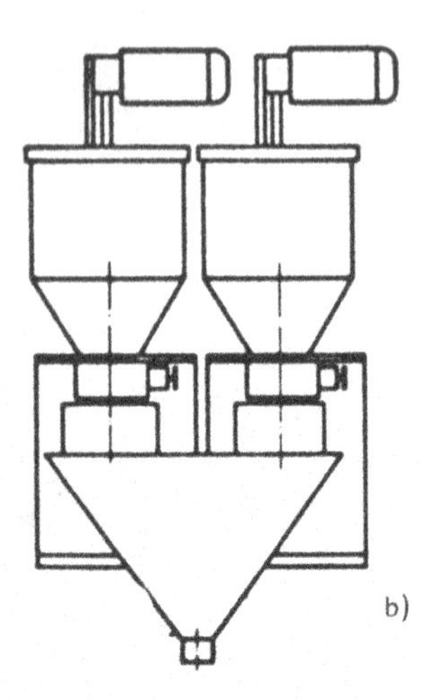

Bild 5.204 SWA zum Abfüllen von pulvrigen und feinkörnigen Produkten wie gemahlener Bohnenkaffee, löslicher Kaffee, Chemikalien. Im Einlauftrichter ist ein langsames Rührwerk und darunter eine horizontale Rührtrommel angeordnet (a), um Brückenbildung des Wägegutes zu vermeiden. Durch ein Schiebersystem unter der Rührtrommel werden Grob- und Feinstrom erzeugt. Die Bauart kann auch als Zwillingswaage ausgeführt werden (b).
Wägebereich: 50 ... 2000 g,
Ausbringung: 25 ... 35 Wägungen/min.
Quelle: Optima

5.9.3.4 Teilmengenwaagen

Teilmengenwaagen ermöglichen ein Abfüllen grobstückiger Wägegüter von Toleranzen deutlich unterhalb des mittleren Stückgewichts. – Das eingestellte Füllgewicht wird aus mehreren Teilwägungen mittels eines Rechners zusammengestellt. Es werden unterschieden:

a) Kombinationswaagen: aus 9 bis 14 Einzelwaagen mit bis über 1000 Kombinationsmöglichkeiten werden 3 bis 7 errechnet, die dem vorgegebenen Sollwert am nächsten kommen [9].

b) Kumulationswaagen: Kumulation (Anhäufung) von nacheinander gewogenen Teilmengen in mehreren Füllungsstationen.

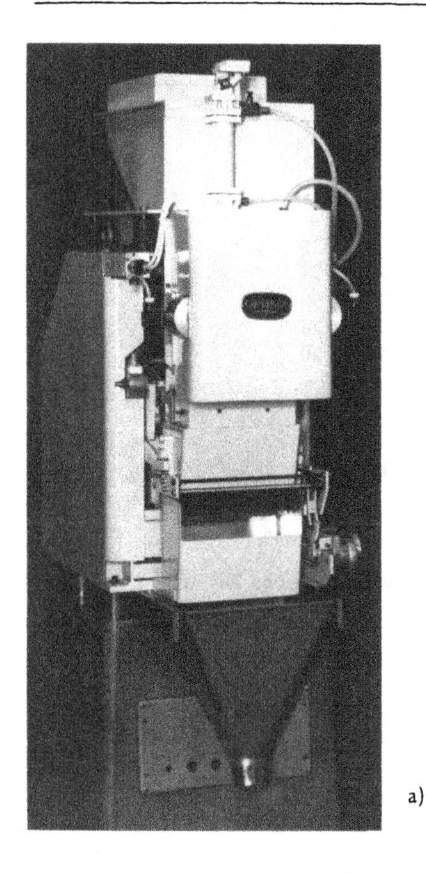

a)

b)

Bild 5.205 SWA für freifließende Produkte, insbesondere Kaffee (a). Durch einen 2-Kammer-Drehschieber-Dosierer wird der Grobstrom geregelt, während der Feinstrom zweistufig mit zwei Förderrinnen zugeführt wird. Wägebereich: 100 ... 500 g, Ausbringung: 40 Wägungen/min. Die gleiche Bauart ist als Zwillingswaage zum Abfüllen von Kristallzucker geeignet (b).
Wägebereich: 1000 ... 2500 g, Ausbringung: 60 Wägungen/min.
Quelle: Optima

5.9.3.5 Ausbringung

In der Verpackungsindustrie wird unter der Ausbringung die Anzahl der hergestellten Pakkungen in der Zeiteinheit verstanden, wobei als Einheit die Anzahl der Wägungen pro Minute benutzt wird. – Neben den konstruktionsbedingten Unterschieden durch die Waage selbst, beeinflussen das Füllgewicht und die Art des Wägegutes die Ausbringung. Die nachstehende Tabelle 5.15 gibt Werte an, die sich bei den einzelnen Herstellern nur geringfügig unterscheiden. Bei Mehrfachwaagen vergrößern sich die Zahlen entsprechend der Waagenanzahl. Beim Einsatz in Verpackungslinien reduziert sich die Ausbringung, bedingt durch die Synchronisation der verschiedenen Maschinen zueinander, um etwa 10 %.

Tabelle 5.15

Gewichtsbereich	Wägungen/min in Abhängigkeit vom Wägegut								
	A	B	C	D	E	F	G	H	I
50 g	40	30	27	30	–	–	30	–	–
100 g	40	30	27	30	–	–	27	–	–
150 g	35	27	24	25	–	–	24	32	–
200 g	35	27	24	25	22	35	20	32	–
250 g	33	26	23	23	20	33	15	30	–
500 g	30	22	20	20	18	30	–	27	20
750 g	24	18	16	17	16	24	–	24	18
1000 g	20	17	14	14	14	20	–	20	16
2500 g	–	–	–	–	–	–	–	9	10

Es bedeuten:

A Bonbons, uneingewickelt, Geleeartikel, gezuckerte Ausführung
B Bonbons in Zellglas eingewickelt
C Bonbons in Wachspapier eingewickelt
D Gebäck, z. B. Kräcker, Waffeln, Kekse
E Trockenfrüchte, z. B. Datteln, Feigen, Pflaumen
F kurze Teigwaren, z. B. Hörnchen, Muscheln, Suppeneinlagen wie Riebele und Buchstaben
G Kartoffelchips
H Tiefkühlprodukte, z. B. Erbsen, Karotten, geschnittene Kohlrabi, Bohnen bis ca. 100 mm lang, Mischgemüse, Blumenkohl bis 50 mm ϕ, Rosenkohl, Erdbeeren, Himbeeren und Heidelbeeren
I Pommes frites bis ca. 100 mm lang

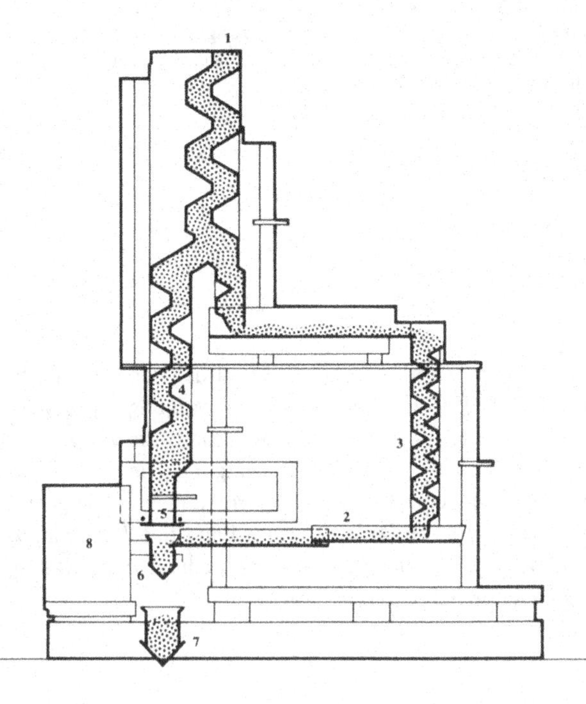

Bild 5.206
SWA zum Abfüllen von langstückigen Füllgütern, wie Makkaroni und Spaghetti bis 300 mm Länge.
Wägebereich 250 ... 1500 g,
Ausbringung: 25 ... 50 Wägungen/min.

1 Kaskadenschacht
2 Feinstromrinnen
3 Kaskadenschacht Feinstrom
4 Kaskadenschacht Grobstrom
5 Vordosierkammer
6 Wägeschale
7 Zwischenschale
8 Wägezelle

Quelle: Bosch (Höfinger und Karg)

Bild 5.207 Verpackungslinie für grobstückige Füllgüter, z. B. Gebäckmischungen mit fünf SWA, einem Becherelevator und einem Übergabeband zur Beutelabnahme- und -schließmaschine. Es können zwei verschiedene Gebäckmischungen mit 400 g und 500 g Sollgewicht und verschiedenen Komponentenzahlen hergestellt werden.
Ausbringung: bis 42 Packungen/min mit 400 g und 4 Komponenten,
bis 25 Packungen/min mit 500 g und 7 Komponenten.
Quelle: Bosch (Höfliger und Karg)

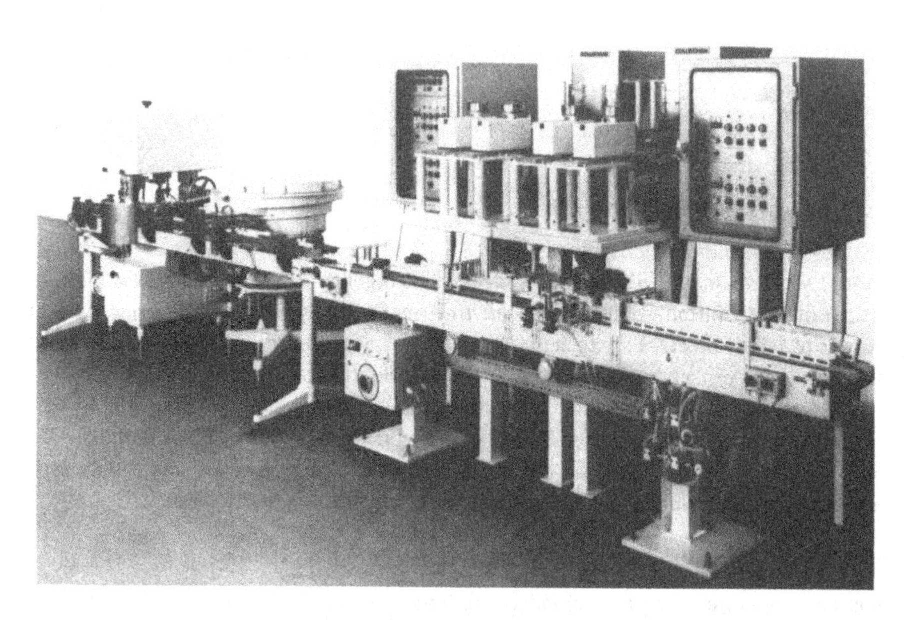

Bild 5.208 Sonderkonstruktion einer Abfüll-Linie für Süßstofftabletten mit vier SWA, zweispurigem Transportband, Festhaltevorrichtungen, Senkrechttrichtern, Rüttelstationen, Zusammenführung auf eine Spur und automatischer Verschließmaschine für Schnappverschluß-Deckel.
Ausbringung: bis 100 Packungen/min.
Quelle: Collischan

Bild 5.209 Sonderkonstruktion einer Abfüll-Linie für Luftgewehr-Munition (Diabolo-Kugeln) mit vier SWA zwei Zuführungs- und Sortiergeräten für die automatische Aufgabe von Blechdosen auf ein zweispuriges Transportband, Festhaltevorrichtungen, Senktrichtern, Rüttelstation und Deckelaufdrückmaschine.
Ausbringung: bis 80 Dosen/min.
Quelle: Collischan

5.9.4 Gesetzliche Vorschriften (Stand 1983)

Im § 9 Nr. 2 des Maß- und Gewichtgesetzes vom 13.12.1935 wurden Wägemaschinen besonders aufgeführt, wozu u. a. die SWA und Wägeeinrichtungen mit selbsttätiger Abschaltung der Wägegutzuführung zählten. Bauvorschriften und meßtechnische Anforderungen waren in der Eichordnung Abschnitt IX F festgelegt. Als Mitte der 50er Jahre im Bereich der Waagen zur Unterscheidung der einzelnen Waagengattungen ein Buchstabe in das Zulassungszeichen eingefügt wurde, erhielten die SWA den Buchstaben „F". In der neuen Eichordnung vom 15.01.1975 sind die Vorschriften für selbsttätige Waagen in der Anlage 10 aufgeführt. Die Anforderungen für SWA sind in den Abschnitt 10-1 aus der alten EO im Prinzip übernommen worden, insbesondere blieben die meßtechnischen Anforderungen unverändert.

5.9.4.1 Meßtechnische Anforderungen an SWA nach der EO [4]

Bei SWA müssen 2 Fehleranteile unterschieden werden:

a) Fehleranteile durch die eigentliche Waage,
b) Fehleranteile bei der selbsttätigen Abwägung.

Bild 5.210 Verpackungsanlage für Kartoffelprodukte wie Pommes frites, Kartoffelsalat u. ä. Die Anlage besteht aus zwei SWA, einem Schneckendosierer und zwei Schlauchbeutelmaschinen. Das Produkt wird in den zwei Waagen abgewogen, in Seitenfaltenbeutel abgefüllt und die Pulverkomponente wird mit dem Schneckendosierer dazugegeben. Zum Produktschutz wird die ganze Portion mittels Stickstoff gespült. Anschließend werden die Packungen auf das richtige Füllgewicht mit einer selbsttätigen Kontrollwaage geprüft.
Ausbringung: 20 ... 50 Packungen/Minute.
Quelle: Bosch (Hesser)

a) Fehleranteil durch die eigentliche Waage: Die eigentliche Waage hat wie jedes Meßgerät einen Fehler, der gegenüber dem zulässigen Fehler der selbsttätigen Abwägung klein sein muß, damit er letzteren nur gering beeinflußt. Für Waagen im eichpflichtigen Verkehr gelten dabei die Eichfehlergrenzen der Genauigkeitsklasse (III) (Handelswaagen, EO Anlage 9, Nr. 4.1), die vom Eichwert e abhängen und betragen

$\pm 0{,}5\,e$	bis	500 Skalenteile,
$\pm 1{,}0\,e$	über	500 bis 2000 Skalenteile
$\pm 1{,}5\,e$	über	2000 Skalenteile.

Außerdem müssen die SWA die sonstigen anwendbaren Bauanforderungen erfüllen, wie Abstand der Teilstriche, Teilung, Taraeinrichtung, digitale Wiedergabe der Meßwerte usw.

Bild 5.211 Abfüllanlage für frei fließende Güter wie Zucker, Salz, Reis, Hülsenfrüchte in Einfachbeutelpackungen. Die Fülleinrichtung besteht aus vier SWA, die oben auf dem mittleren Gestell angebracht sind. Nach der Füllung werden die Packungen auf richtiges Gewicht kontrolliert, fehlgewichtige ausgeschieden und die Beutel verschlossen.
Quelle: Bosch (Hesser)

Bild 5.212
SWA zum Abfüllen von Kartoffeln, Zwiebeln u. ä. Produkten. Bei diesen robust konstruierten Bauarten wird das Wägegut mittels eines Elevatorbands vom Vorratsbehälter nach oben zu einem Trichter befördert, von wo es in den Wägebehälter fällt. Über ein schmaleres Elevatorband werden kleinere Stücke als Feinstrom zugeführt. Als Auswägeeinrichtungen kommen u. a. Laufgewichtswaagen und Kreiszeiger-Federwaagen zur Anwendung. Die Abschaltung von Grob- und Feinstrom erfolgt durch Mikroschalter, berührungslose oder pneumatische Steuerschalter.
Quelle: Gamo

Bild 5.213 Waage mit Abgleichsicherung. Diese Waagenbauart kann als halbselbstätig bezeichnet werden. Über eine Zuführungseinrichtung gelangt das Wägegut (hauptsächlich Obst und Gemüse) in die Wägeschale. Wenn das ungefähre Sollgewicht erreicht ist, stoppt die Zuführungseinrichtung. Per Hand wird durch Austausch von Einzelstücken das Sollgewicht innerhalb einstellbarer Grenzwerte hergestellt und dann erst kann die Schale entleert werden.
Quelle: Verfasser

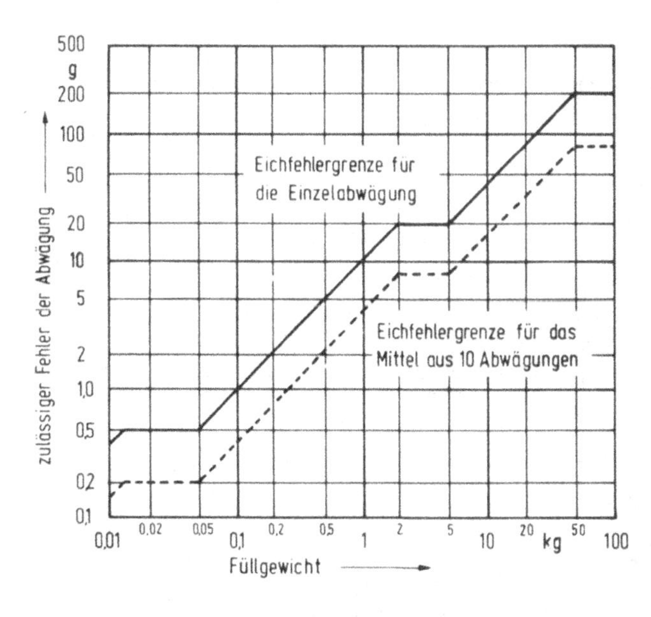

Bild 5.214
Eichfehlergrenze der selbsttätigen Abwägung für die Einzelwägung und das Mittel aus 10 Abwägungen
Quelle: Verfasser

b) Fehler der selbsttätigen Abwägung: Die Eichfehler beim Abfüllen von flüssigem, mehlartigem und körnigem Füllgut sind nachstehend aufgeführt und in Bild 5.214 zeichnerisch wiedergegeben. Außerdem darf das Mittel aus 10 Abwägungen bestimmte Werte nicht überschreiten.

Eichfehler der selbsttätigen Abwägung

12,5 g oder weniger	± 40	mg	je Gramm Füllgewicht
12,5 g bis 50 g	± 500	mg	
50 g bis 2 kg	± 10	mg	je Gramm Füllgewicht
2 kg bis 5 kg	± 20	g	
5 kg bis 50 kg	± 4	g	je Kilogramm Füllgewicht
50 kg bis 100 kg	± 200	g	
mehr als 100 kg	± 2	g	je Kilogramm Füllgewicht

Eichfehler für das Mittel aus 10 Abwägungen

12,5 g oder weniger	± 16	mg	je Gramm Füllgewicht
12,5 g bis 50 g	± 200	mg	
50 g bis 2 kg	± 4	mg	je Gramm Füllgewicht
2 kg bis 5 kg	± 8	g	
5 kg bis 50 kg	± 1,6	g	je Kilogramm Füllgewicht
50 kg bis 100 kg	± 80	g	
mehr als 100 kg	± 0,8	g	je Kilogramm Füllgewicht

Beim Abwägen von stückigem Füllgut hängen die Fehlergrenzen nach Mehrgewicht vom durchschnittlichen Stückgewicht ab. Bei schlecht zuführbaren Füllgütern wie Milchpulver, backfertige Mehle, Suppeneinlagen, Waschpulver beträgt der Eichfehler nach Mehrgewicht das Doppelte als die in den Tabellen angegebenen Werte und bei Thomasmehl, Kohlenstaub, Zement, Soda und ähnlichen staubenden mineralischen Stoffen das Dreifache. Für die Fehler nach Mindergewicht gelten in allen Fällen die Angaben in den Tabellen.

Mindestlast von SWA

Im Gegensatz zu nichtselbsttätigen Waagen, wo die Mindestlast bei der Genauigkeitsklasse (III) in den meisten Fällen 50 e bzw. 50 d beträgt, ist bei den SWA die untere Grenze der Mindestlast wie folgt festgelegt:

100 e für $0{,}5\ \text{g} \leqslant e \leqslant 20{,}0\ \text{g}$,
250 e für $20{,}0\ \text{g} \leqslant e \leqslant 200{,}0\ \text{g}$,
500 e für $200{,}0\ \text{g} < e$,

jedoch darf die Mindestlast nicht kleiner sein als 1/20 der Höchstlast.

Beispiel für zwei Waagen mit Max 50 kg

gleicharmige Balkenwaage	elektromechanische Waage mit 5000 d
Eichwert nach EO 9: $e = \frac{\text{max}}{2000} = 25\ \text{g}$	$e = d = 10\ \text{g}$
Eichfehler bis 12,5 kg ± 12,5 g 12,5 kg bis 50,0 kg ± 25,0 g	bis 5,0 kg ± 5 g 5,0 kg bis 20,0 kg ± 10 g 20,0 kg bis 50,0 kg ± 15 g
Mindestlast als Handelsw. 50 e = 1,25 kg als SWA: 250 e = 6,25 kg abgerundet: 6,0 kg	50 e = 0,5 kg 100 e = 1,0 kg dieser Wert ist kleiner als $\frac{\text{max}}{20}$ und die Mindestlast beträgt deshalb $\frac{50\ \text{kg}}{20} = 2{,}5\ \text{kg}$

5.9.4.2 Eichpflicht-Ausnahmen für SWA [5, 6]

Nach § 7 Abs. 1 des Eichgesetzes sind Meßgeräte von der Eichpflicht ausgenommen, wenn sie nur zur Herstellung von Fertigpackungen gleicher Nennfüllmenge verwendet werden. Diese Bestimmung wird durch § 31 Nr. 2 FPV eingeschränkt. Danach sind Abfülleinrichtungen als Meßgeräte zur Herstellung von Fertigpackungen mit einer Nennfüllmenge von mehr als 10 kg nur dann von der Eichpflicht befreit, wenn eine geeignete und geeichte Waage so nachgeschaltet ist, daß jede Packung gewogen wird und solche, deren Minusabweichungen größer sind als in der Tabelle 5.16 nach Anlage 7 Nr. 4 FPV angegeben sind, aussortiert werden. Bei sehr langsamer Arbeitsweise der SWA ist es noch möglich, eine nichtselbsttätige Waage für die Kontrolle jeder Packung einzusetzen. Im allgemeinen wird man aber eine selbsttätige Kontrollwaage hierfür benutzen, mit der es auch möglich ist, über eine Tendenzregelung die vorgeschaltete Abfülleinrichtung zu regeln.

Tabelle 5.16

Bruttogewicht der Fertigpackung kg	zulässige Abweichung nach Minus vom Bruttogewicht	größter zulässiger Eichwert g	größter zulässiger Unschärfebereich
mehr als 10 bis weniger als 50	0,8 %	20	0,2 %
50 bis weniger als 100	400 g	100	100 g
100 und mehr	0,4 %	200	0,1 %

Die in Spalte 2 angegebenen Abweichungen nach Minus vom Bruttogewicht stimmen mit dem Verkehrsfehler der selbsttätigen Abwägung überein.

5.9.4.3 Meßtechnische Anforderungen an SWW nach der EO [7]

Für SWW nach Abschnitt 5.9.1.1 (für Einzelwägungen) gelten die gleichen Eichfehlergrenzen wie für Handelswaagen Genauigkeitsklasse (III) nach Anlage 9. Ebenso gelten die gleichen Vorschriften zur Festlegung der Mindestlast. – Das gleiche gilt für totalisierende SWW im nichtselbsttätigen Betrieb.

Im selbsttätigen Betrieb sind zwei Genauigkeitsklassen für die Eichfehler festgelegt. Sie betragen:

Genauigkeitsklasse (III) B ± 1,25 g/kg,
Genauigkeitsklasse (III) C ± 2,5 g/kg.

Vorschriften für den Einsatz von Waagen entsprechend der Füllgüter bestehen nicht. Die beiden Genauigkeitsklassen machen nur eine Aussage über die Güte der Waage.

Besitzt eine SWW eine Digitalanzeige oder ist ein Digitalabdruck möglich, vergrößern sich die Eich- und Verkehrsfehlergrenzen um jeweils ± 0,5 Teilungswerte.

Die kleinste Abgabemenge, die der Mindestlast der anderen Waagengattungen entspricht, darf

in der Genauigkeitsklasse (III) B das 400-fache und
in der Genauigkeitsklasse (III) C das 200-fache

des Teilungswertes der betr. Anzeigeeinrichtung (Addier- oder Druckwerk) nicht unterschreiten.

5.9.4.4 Internationale Regelungen (Stand 1983) [8]

In der OIML (Internationale Organisation für gesetzliches Meßwesen) ist 1981 eine internationale Empfehlung für SWA erstellt worden. Ihr Aufbau weicht von der deutschen Eichordnung (EO) ab. So werden z. B. keine Unterschiede zwischen Brutto- und Netto-Waagen gemacht; bei den Fehlergrenzen wird auf den statistischen Prozeß der Abfüllung Bezug genommen und keine festen Werte vorgegeben, sondern ein maximaler Streubereich eingeführt. Auch fehlen Angaben über die Fehlergrenzen für schwer abfüllbare Güter mit einer Ausnahme für stückige Füllgüter, wenn das durchschnittliche Stückgewicht größer als ein Viertel des maximalen Streubereiches ist. Eine verbindliche EG-Richtlinie für SWA gibt es zum augenblicklichen Zeitpunkt nicht.

Für SWW gibt es zur Zeit noch keine internationalen Regelungen.

Schrifttum

[1] *J. Thiele:* Selbsttätige elektromechanische Waagen zum Wägen, Bausteine zur Rationalisierung. wägen + dosieren 2, 1982, S. 44–50
[2] *J. Thiele:* Mechanische und elektromechanische Absackwaagen im Widerspruch der Meinungen. wägen + dosieren 1, 1979, S. 15–25
[3] *J. Thiele:* Innovationen bei selbsttätigen Waagen zum Abwägen und Wägen steigern die Leistungsfähigkeiten von Dosieranlagen. Aufbereitungs-Technik 1, 1982, S. 24–32
[4] Eichordnung vom 15.1.1975, Anlage 10, Abschnitt 1.
[5] Eichgesetz vom 11.7.1969 mit Änderung vom 21.1.1976, §§ 7, 14 und 15.
[6] Verordnung über Fertigpackungen vom 18.12.1981, §§ 22, 27, 31 und Anlage 7.
[7] Eichordnung vom 15.1.1975, Anlage 10, Abschnitt 2.
[8] OIML-Internationale Empfehlung für Schwerkraft-Füllmaschinen, im Entwurf.
[9] *H. P. Oehring,* Interpack '84, Trend bei selbsttätigen Waagen. wägen + dosieren, 15, 1984, S. 140–143.

5.10 Behälterwaagen und Gemengewägeanlagen

E. Nagel, P. Giesecke

5.10.1 Einleitung

Behälterwaagen, also Waagen mit einem Lastträger in Form eines oder mehrerer Behälter zur Aufnahme des Wägegutes, werden zur statischen Wägung aller Arten austragsfähiger Flüssigkeiten und Schüttgüter eingesetzt. Das Haupteinsatzgebiet liegt in der rohstoffverarbeitenden Industrie, die zu wägenden Stoffe befinden sich im Regelfall im innerbetrieblichen Produktionsfluß. Die hieraus resultierende Erleichterung, daß diese Art von Waagen normalerweise nicht der Eichpflicht unterliegen, ist aber nur eine scheinbare, in vielen Fällen sind die Genauigkeitsforderungen gleich oder sogar höher als für Handelswaagen. Eine gewisse Vereinfachung der Aufgabenstellung ist vielleicht darin zu sehen, daß zumindest in den Fällen, wo es auf hohe Genauigkeit ankommt, auch entsprechende Umweltbedingungen vorgeschrieben werden, ein typisches Beispiel hierfür ist die besonders kritische Dosierung der Farbkomponenten in der Lackindustrie.

Eine weitere Besonderheit von Behälterwaagen liegt in der Tatsache, daß neben der bekannten Definition der statischen Wägegenauigkeit noch eine zusätzliche Angabe erforderlich ist, die sogenannte Abschaltgenauigkeit, also die Abweichung zwischen Ist- und Sollwert nach erfolgtem Befüll- bzw. Entleervorgang.

Sowohl die statische Wägegenauigkeit als auch die Abschaltgenauigkeit werden von einer ganzen Reihe erschwerender Faktoren beeinflußt, die bei der technischen Realisierung von Behälterwaagen entsprechend zu berücksichtigen sind. Als häufigste Störgrößenverursacher sind dabei anzusehen: kraftnebenschlußbewirkende Rohranschlüsse, die häufig noch Temperaturänderungen unterworfen sind, Umluft- und Absaugleitungen, Lenker, Manschetten an Ein- und Auslauföffnung, unwuchtbehaftete Rührwerke, anbackende, zur Brückenbildung neigende oder schießende Materialien usw.

Behälterwaagen werden hauptsächlich für die gewichtgenaue Bereitstellung der Einzelkomponenten für ein herzustellendes Gemenge eingesetzt. Der Zusammenschluß mehrerer solcher, mit geregelter Abschaltung ausgerüsteter Behälterwaagen bildet dann eine Gemengewägeanlage. In der Regel werden die Einzelkomponenten nach dem Wägen in einem Sammelbehälter zusammengefaßt oder mehrere Einzelkomponenten werden nacheinander in eine Behälterwaage eingewogen. Wie alle anderen industriellen Wägeanlagen sind ganz besonders Gemengeanlagen neben der eigentlichen Wägetechnik direkt oder indirekt mit dem Handling (Transport, Füllen und Entleeren, Lagern usw.) der verschiedensten Arten von Gütern verbunden, z. B. Erz, Koks, Sand, Zement oder Flüssigkeiten. Dies hat zur Folge, daß die Wägeaufgabe nicht isoliert betrachtet werden darf, sondern in das Konzept der Gesamtanlage zu integrieren ist.

Neben der Einhaltung der vorgegebenen Leistungsdaten und der Wägegenauigkeit ist die problembezogene, optimale Gestaltung der Anlage in ihrem verfahrenstechnischen Aufbau sowie ihrer maschinellen und elektronischen Ausrüstung für die Wirtschaftlichkeit der Anlage in der Produktion entscheidend. Gemengeanlagen werden in vielen Industriezweigen benötigt, beispielsweise für Hochofenmöllerung, Legierungsanlagen in Stahlwerken, Elektrodenmantelmassen- und Glasgemengeanlagen, Chemische Industrie, Mörtelanlagen, Nahrungs- und Futtermittelindustrie, um nur die wesentlichsten zu nennen.

Die Optimierung einer Gemengewägeanlage nach verfahrenstechnischen und kostenmäßigen Gesichtspunkten erfordert deshalb neben fundierten theoretischen Kenntnissen einen nicht unwesentlichen Anteil an praktischem Wissen und Erfahrung.

5.10.2 Funktionsübersicht

Zur Verdeutlichung der Arbeitsweise bei Behälterwaagen dient die folgende Darstellung der einzelnen Phasen beim Füll- bzw. Entleervorgang am Beispiel der Entnahmewägung. Die einzelnen Phasen des Wägevorganges sind in Bild 5.215 zeitlich aufeinanderfolgend zusammengefaßt.

Vor dem erstmaligen Befüllen wird die Auswägeeinrichtung auf Null gestellt: *Nullstellung*, Zeitpunkt T_1. Hierdurch können kleinere Abweichungen durch Schmutzablagerungen, Materialanbackungen usw. innerhalb eines eingeschränkten Bereiches korrigiert werden. Das Nullstellen einer Waage ist nicht mit dem Tarieren der Waage zu verwechseln!

Nach dem Nullstellen wird der Behälter gefüllt, Zeitpunkt T_2; in dem angenommenen Beispiel wurde der Sollfüllstand zu 7,5 t angenommen. Beim Erreichen des Sollwertes wird der Füllvorgang durch den sogenannten *MAX-Kontakt* gestoppt, Zeitpunkt T_3. Um eine Überfüllung des Behälters bei einem eventuellen Stromausfall zu vermeiden, muß der Schaltzustand des Relais im spannungslosen Zustand und beim Erreichen des Max-Kontaktes gleich sein. Die nach beendetem Füllvorgang tatsächlich im Behälter vorhandene Materialmenge wird als *Füllstand* bezeichnet, im gewählten Beispiel beträgt der Füllstand 7,520 t.

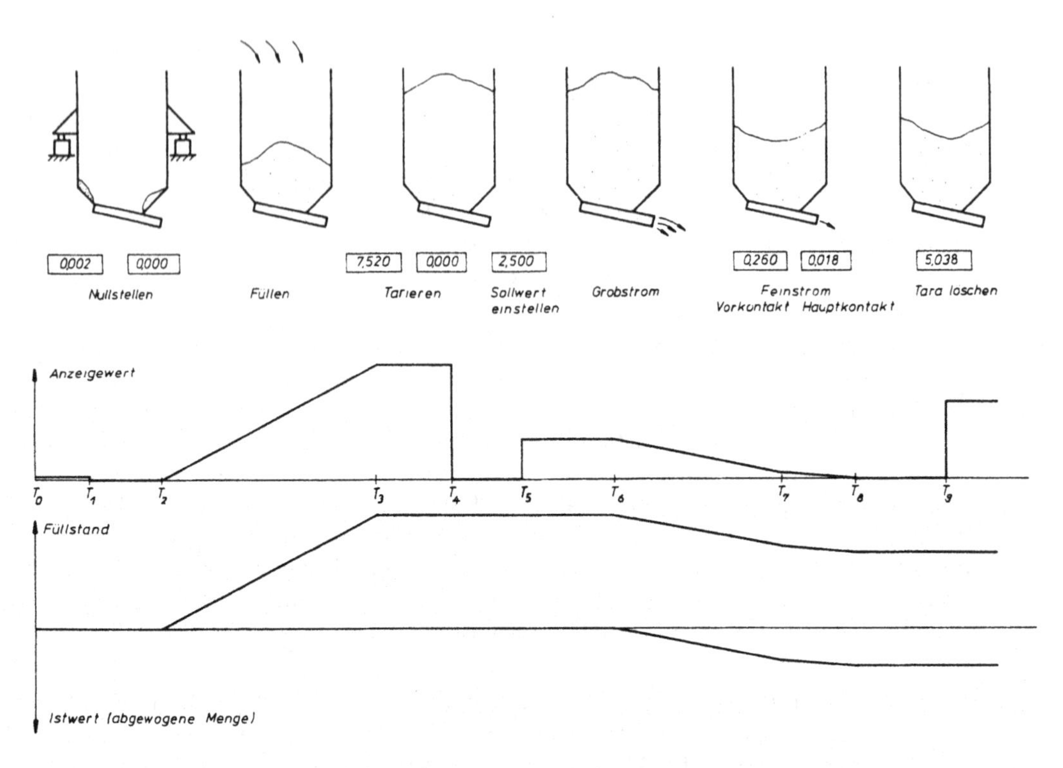

Bild 5.215 Zeitlicher Ablauf des Füll- und Entleervorganges am Beispiel der Entnahmewägung
Quelle: Verfasser

Nach erfolgter Befüllung des Wägebehälters wird die Anzeige der Auswägeeinrichtung wieder auf Null gestellt, die zum *Tarieren*, also zum Setzen des Taraspeichers, erforderliche Rechenoperation wird durch einen Tarierrechner durchgeführt. Zum Zeitpunkt T_4 steht die Anzeige also wieder auf Null, der wirkliche Füllstand ist in der Auswägeeinrichtung abgespeichert. Wird nach dem Tariervorgang Material auf die Waage gebracht oder aus dieser entnommen, so zeigt die Auswägeeinrichtung die entsprechende Gewichtszunahme bzw. -abnahme mit dem zugehörigen Vorzeichen an. Bei mehrfachem Tarieren ist darauf zu achten, daß der Wägebereich durch Überfüllung nicht überschritten wird. Soll nun aus den Behältern durch Entnahmewägung eine bestimmte Menge Material entnommen werden, so wird der *Sollwert* eingestellt, also der Gewichtswert, der anschließend ausgetragen werden soll. Beim Vorhandensein einer entsprechenden Zusatzeinrichtung kann dann dieser Sollwert an der Auswägeeinrichtung angezeigt werden; im vorliegenden Beispiel wurde er zu 2,500 t angenommen, Zeitpunkt T_5.

Nach Start des Auswägevorganges beginnt mit T_6 der Materialaustrag im sogenannten *Grobstrom*-Betrieb. In dieser Betriebsart arbeitet das Austragsorgan mit hoher Leistung, bis der Sollwert möglichst nahe erreicht, aber mit Sicherheit noch nicht überschritten ist. Während des Entleerens kann der aktuelle *Restwert*, also die momentane Differenz zwischen Soll- und *Istwert*, an der Auswägeeinrichtung verfolgt werden.

Der Restwert ist zu Beginn der Wägung gleich dem Sollwert und hat im Beispiel zum Zeitpunkt T_7 die Größe 1,120 t. Der Istwert ist dabei die Materialmenge, die nach dem Tarieren aus dem Wägebehälter entnommen wurde.

Nach Erreichen des *Vorkontaktes* wird von Grobstrom- auf *Feinstrom*-Betrieb umgeschaltet. Durch diese Untergliederung des Dosiervorganges in zwei getrennte Abschnitte läßt sich eine weitgehende, allerdings materialabhängige Optimierung zwischen Zeitbedarf und Abschaltgenauigkeit erreichen.

Übliche Werte der Leistungsstufung zwischen Grob- und Feinstrom liegen zwischen 5 : 1 bis 10 : 1, der optimale Zeitpunkt zur Umschaltung wird im allgemeinen durch praktische Versuche in der Inbetriebnahmephase bestimmt. Der Feinstrombetrieb wird mit Erreichen des *Vorkontaktes* zum Zeitpunkt T_8 eingeleitet und bei Betätigung des *Hauptkontaktes* durch Schließung bzw. Abschaltung der Austragsvorrichtung beendet: T_9.

In dem gewählten „Lehrbeispiel" gelten nach beendigtem Austrag folgende Werte: Istwert = 2,482 t, Restwert = 0,018 t. Wenn jetzt der Taraspeicher gelöscht wird, zeigt die Anzeige der Auswägeeinrichtung wieder den tatsächlichen Füllstand von 5,038 t an.

Der sogenannte *Dosierfehler*, im Beispiel zu 0,018 t angenommen, ist die Summe aller Fehler, die durch das Materialhandling entstehen. Das sind nicht nur Abschaltungenauigkeiten des Dosierorganes, sondern auch abgesaugte Stäube nach der Dosierung, Anhaftungen an Bändern und Schurren usw. Die Genauigkeit ist also nicht nur von der Waage abhängig, sondern man muß das gesamte Dosier- und Transportsystem auf Fehlermöglichkeiten untersuchen und bei der Planung berücksichtigen.

Beim *Rechnergeregelten Austrag* wird die Austragsleistung entsprechend einer für die jeweiligen Verhältnisse optimalen Durchsatz-Zeit-Kurve heruntergeregelt. Die zu diesem Zweck dienenden Softwareprogramme bieten damit die Möglichkeit der schnellen und geregelten Anpassung vor Ort. Weiterhin sind sie in der Lage, Veränderungen im Fließverhalten und im Schüttgewicht, wie sie z. B. bei Feuchteänderungen vorkommen, weitgehend ohne Neueinstellung von Parametern selbsttätig zu erkennen und zu berücksichtigen.

Zur weiteren Verdeutlichung des unterschiedlichen Abschaltverhaltens zwischen Grob-/Feinstrom-Verfahren und dem rechnergeregelten Austrag dient die üblicherweise für diesen Zweck benutzte Darstellung des *Durchsatzes*, also der gewogenen Gewichtsmenge pro Zeiteinheit, über die Zeitskala (Bild 5.216). Die abgewogene Menge ergibt sich bei der Darstellungsweise als Integral des Durchsatzes über der Zeit als die eingeschlossene Fläche unter der Austragskurve.

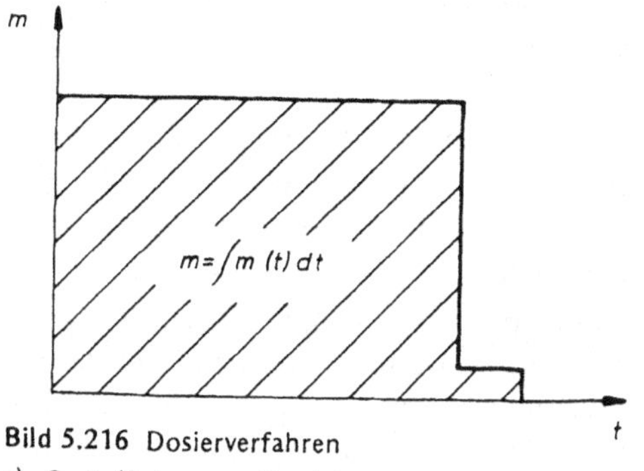

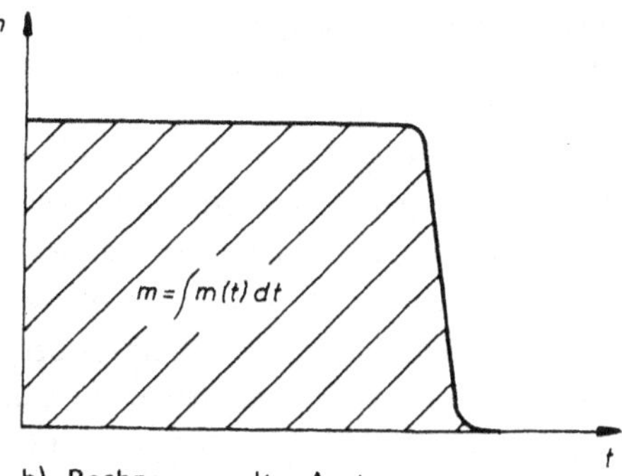

Bild 5.216 Dosierverfahren
a) Grob-/Feinstrom-Betrieb
b) Rechnergeregelter Austrag
Quelle: Verfasser

5.10.3 Mechanische und elektrische Komponenten einer Behälterwaage

5.10.3.1 Wägesysteme, Lastverteilung und Lasteinleitung

Die mechanischen Auswägeeinrichtungen mit Hebelwerk sind durch hybride und zunehmend rein elektromechanische Systeme abgelöst worden. Auf die Beschreibung der mechanischen Behälterwaagen kann hier verzichtet werden ([1, 2]). Zumindest für eine gewisse Übergangszeit wird man dagegen noch auf die Hybridtechnik zurückgreifen. Für diese Annahme sprechen vor allem zwei Gründe: Zur Zeit noch bestehende Preisvorteile im Bereich mittlerer und kleiner Wägebereiche und die beim hybriden System vorhandene Möglichkeit zum Taraausgleich. Der Preisvorteil für das rein elektromechanische System wird mit steigendem Wägebereich aufgrund der überproportional steigenden Hebelwerkskosten immer günstiger, und es ist bereits abzusehen, daß sich die Rentabilitätsgrenze mit fortschreitender Ausnutzung der Vorteile in der Serienproduktion von Wägezellen zu immer kleineren Wägebereichen verschieben wird, bis das hybride System fast vollständig abgelöst ist. Auch das Problem des Taraausgleiches, das sich gerade bei Behälterwaagen aufgrund der oft unverhältnismäßig schweren Austragsorgane stellt, wird bei den heute erreichbaren Auflösungen des Meßsignals zunehmend elektrisch gelöst. Dabei ist allerdings zu beachten, daß die im Industriebetrieb auftretenden Umweltbedingungen wie Erschütterungen, Temperaturschwankungen, Luftbewegungen usw. der technisch sinnvollen Auflösung des elektrischen Meßsignals eine natürliche Grenze setzen, die in Grenzfällen auch weiterhin den mechanischen Taraausgleich erforderlich machen.

Übersicht der Aufstellungsarten von Behälterwaagen

a) Die kostengünstigste Lösung besteht in der *Aufhängung bzw. Aufstellung in einem Punkt,* der möglichst exakt in der senkrechten Schwerpunktslinie des Behälters liegen sollte.

Die technischen Nachteile dieser Aufstellungsart liegen in dem Umstand, daß sich die Wägezelle genau im Bereich des Einfüll- bzw. Auslaßstutzens befindet und eventuelle Unsymmetrien bei der Behälterbefüllung möglichst klein zu halten sind. Beide Punkte sprechen dafür, die Einsatzfälle für diese Anordnung weitgehend auf das Wägen von Flüssigkeiten zu beschränken, die sich ohne besondere Vorrichtungen mit geringem Öffnungsquerschnitt abfüllen lassen.

Zur Stabilisierung gegen seitliche und drehende Bewegungen ist der Behälter unbedingt abzuspannen. Wenn weiterhin durch z. B. unsymmetrische Befüllung die Möglichkeit einer Schwerpunktverschiebung nicht völlig auszuschließen ist, muß eine Parallellenkung vorgesehen werden, die dann die vorgenannte Funktion gleich mitübernimmt. Die Einpunktausführungsform beschränkt sich im allgemeinen auf elektromechanische Lösungen, da sich bei der Hybridausführung die Anzahl der Wägezellen nicht reduziert. Es bleibt allerdings der Kostenvorteil beim Einsatz einer kleineren Wägezelle und die Möglichkeit zur mechanischen Tarierung.

b) Die Möglichkeit der *Zweipunktaufstellung* vermeidet zwar den Nachteil, daß der Bereich der Einlaß- und Auslaßöffnung durch die Wägeeinrichtung blockiert wird, erfordert aber ebenfalls eine weitgehend symmetrische Behältergeometrie, zumindest bezüglich der senkrechten Ebene durch die von den Aufstellpunkten gebildete Achse.

Wie bei der Einpunktaufstellung ist der Behälter abzuspannen bzw. durch Parallellenker auf den Freiheitsgrad in senkrechter Richtung zu beschränken. Da man im praktischen Betrieb, z. B. während des Füllvorganges, zwischen den Aufstellpunkten immer mit seitlichen Verschiebungen rechnen muß, ist zur Vermeidung von Zwangskräften, die sowohl das Wägeergebnis verfälschen als auch die Wägezellen zerstören können, zumindest ein Auflagerpunkt mit einem waagerechten Freiheitsgrad auszustatten. Dazu dienen die in der Wägetechnik üblichen Lagersysteme wie Gehänge, Pendelsupportlager, Vielkugellager, Elastomerlager usw.

c) Die für Behälterwaagen typischste Art der Krafteinleitung ist die *Dreipunktaufstellung.* Sie verbindet gegenüber allen anderen Lösungen zwei Vorteile miteinander: Das Wägesystem ist wie bei der Ein- und Zweipunktlösung auch statisch bestimmt, d.h., die Lastverteilung auf die Krafteinleitungspunkte ist weitgehend verformungsunabhängig, und eine zusätzliche Abspannung des Behälters ist bei Verwendung selbstzentrierender Lager nicht zwingend erforderlich. In vielen Fällen genügen Pendelbegrenzungen, die entweder in das Lager integriert sind (Bild 5.217) oder zusätzlich an den Behälterpratzen angebracht werden.

Bild 5.217
Selbstzentrierendes Wägezellenlager mit integrierter Pendelbegrenzung
Quelle: Schenck

Nur dort, wo durch betriebsbedingtes Auftreten seitlicher Querkräfte die Gefahr besteht, daß die Pendelbegrenzungen auch beim Wägevorgang anliegen, müssen Abspannungsmaßnahmen getroffen werden. Die Pendelbegrenzungen müssen so angeordnet sein, daß der Wägebehälter sowohl gegen Verschiebungen in der Ebene als auch gegen Verdrehen gesichert ist. Auch hier muß zur Vermeidung von Zwangskräften mindestens zwei Lagern die Möglichkeit der seitlichen Verschiebung gegeben werden. Parallelanlenkungen des Behälters sind unbedingt zu vermeiden, da sie das Wägesystem in einen statisch unbestimmten Zustand bringen, der zu undefinierter Lastverteilung auf die Wägezellen führt.

Die Gefahr des Kippens ist bei dreipunktgelagerten Behälterwaagen im allgemeinen nicht gegeben.

d) In den Fällen, wo aus bestimmten Gründen dennoch eine erhöhte Kippsicherheit gefordert wird und/oder der Behälter so groß ist, daß die ungenügende Steifigkeit mehr Auflagerpunkte erfordert, wird die *Vier- und Mehrpunktaufstellung* gewählt.

Auch hier kann man u. U. auf Abspannungsmaßnahmen verzichten, wenn selbstzentrierende Lager eingesetzt werden. Zu beachten ist, daß das System der Vier- und Mehrpunktauflage statisch unbestimmt ist. Daraus folgt, daß für eine annähernd gleichmäßige Lastverteilung auf die Wägezellen durch entsprechende Nachgiebigkeiten in der Kombination Behälter – Stützkonstruktion zu sorgen ist. Andernfalls besteht die Gefahr, daß beispielsweise bei Fundamentabsetzungen sich die Last auf zwei gegenüberliegende Meßpunkte konzentriert, die Folge wäre bei Überlastung Fehlanzeige des Bunkergewichtes und Gefahr des Überfüllens.

In den Fällen wo es auf keine hohe Genauigkeit des Wägeergebnisses ankommt, z. B. bei der Füllstandsmessung, oder wo die Lastverteilung auf die Stützpunkte immer die gleiche ist – bei Flüssigkeiten läßt sich dies immer durch eine symmetrische Behälterform in guter Näherung erreichen –, können einzelne Aufstellpunkte auch ohne Wägezelle ausgebildet sein.

Wichtig ist bei dieser Lösung, daß die Lager so ausgebildet und ausgerichtet sind, daß sie eine Drehachse zu dem wiegenden Stützpunkt bilden und der Drehung möglichst wenig Widerstand entgegensetzen (Bild 5.218).

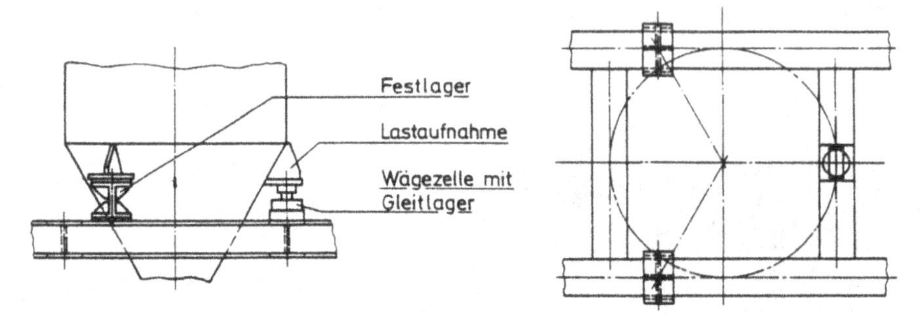

Bild 5.218 Füllstandsmessung mit einer Wägezelle in Dreipunktaufstellung
Quelle: Verfasser

5.10.3.2 Konstruktive Hinweise zur Aufstellung von Behälterwaagen

Grundsätzlich gilt für Behälterwaagen die gleiche Regel wie für alle anderen Waagen: Kraftnebenschlüsse wie auch alle anderen Störquellen sind so klein wie möglich zu halten bzw. möglichst ganz zu vermeiden.

Beim Einsatz von *Lenkern oder Abspannungen* ist in jedem Einzelfall zu überlegen, ob eine derartige Behälterfesselung wirklich notwendig ist, oder ob nicht doch die wägetechnisch saubere, kraftnebenschlußfreie Lösung mit selbstzentrierenden Lagern und Pendelbegrenzung gewählt werden kann, die sich bei Drei- und Mehrpunktlagerungen anbietet. Behälteranlenkungen sind im allgemeinen nur erforderlich, wenn beim eigentlichen Wägevorgang die Gefahr des Anliegens besteht! Mit dieser Möglichkeit ist zu rechnen z. B. bei Rührwerken, beim Auftreten von Windlasten und bei seitlichen Rohranschlüssen, die Temperaturdehnungen unterworfen sind. Sind Lenker oder Abspannungen nicht zu vermeiden, dann ist vor allem auf waagerechte Einbaulage, kleinen Kraftwiderstand in senkrechter Richtung und zwangsfreie Anordnung zu achten. Die Einhaltung der beiden ersten Forderungen wird durch Verwendung möglichst langer Lenker mit leichtgängigen und "slip stick"-armen Drehpunkten (z. B. Kreuzfedergelenke oder Kugellager) erleichtert. Weiterhin sind die Befestigungspunkte am Behälter und auf der Stützkonstruktion so zu wählen, daß die Lenker bei Belastungsänderungen – z. B. beim Befüllen des betreffenden Wägebehälters oder anderer, in die gleiche Stützkonstruktion eingebundener Vorratsbunker – möglichst waagerecht bleiben, dies ist dann besonders wichtig, wenn äußere Querkräfte auf die Behälterwaage einwirken. Die zweite Bedingung der Zwangsfreiheit ist erfüllt, wenn die Anzahl der Lenker auf das Minimum beschränkt wird, das gerade noch notwendig ist, um die im vorliegenden Fall verbotenen Bewegungsmöglichkeiten (dies können Verschieben, Drehen, Kippen sein) zu fesseln, ohne dabei die senkrechte Bewegung unzulässig zu hindern. In den

Fällen, wo mit erhöhter Vertikalbewegung des Wägebehälters zu rechnen ist, z. B. bei Verwendung elastischer Lager, kann der Behälter auch durch Rollen geführt werden.

Rohranschlüsse an den Wägebehältern können das Wägeergebnis durch Einleitung äußerer Kräfte durch die Rohrwand, die z. B. bei Temperaturdehnungen oder Verformungswegen zwischen Behälter und Stützkonstruktion auftreten, und durch einseitig wirkende Innendruckänderungen im Behältersystem verfälschen. Zur Reduzierung des Einflusses der äußeren Kräfte dienen im allgemeinen Wellrohrkompensatoren, Rohrbögen oder, im einfachsten Fall, die Verwendung einer möglichst langen biegeweichen Rohrverbindung zum Behälter. In Bild 5.219 sind fünf typische, den Kraftschluß reduzierende Rohranschlüsse zusammengefaßt. Bei nicht zu hohen Genauigkeitsanforderungen, z. B. bei der Füllstandsmessung, genügt der biegeweiche Rohranschluß. Das waagerechte Rohrstück zwischen Lager und Behälter sollte ein möglichst hohes $l:d$-Verhältnis besitzen und darf keine unzulässig hohen Querkräfte (bei Lenkerfesselung) bzw. Verschiebungen (bei selbstzentrierenden Lagern) auf den Wägebehälter ausüben. Im ersten Fall könnte das auftretende Kippmoment zur Entlastung einzelner Wägezellen führen, im zweiten Fall besteht die Gefahr des Kraftnebenschlusses durch Anliegen der Pendelbegrenzung. Wo die örtlichen Verhältnisse keine genügend langen Rohranschlüsse zulassen, kann mit einem Rohrbogen gearbeitet werden, der der ersten Lösung sowohl preislich als auch technisch in etwa gleichzusetzen ist. In den Fällen mit hoher Genauigkeitsforderung können zur Wegkompensation Metallfaltenbälge eingesetzt werden. Sie bieten den Vorteil, daß für jeden vorkommenden Rohrdurchmesser die auftretende Längenänderung ohne wesentlichen Platzbedarf mit praktisch jeder gewünschten Nachgiebigkeit aufgefangen werden kann.

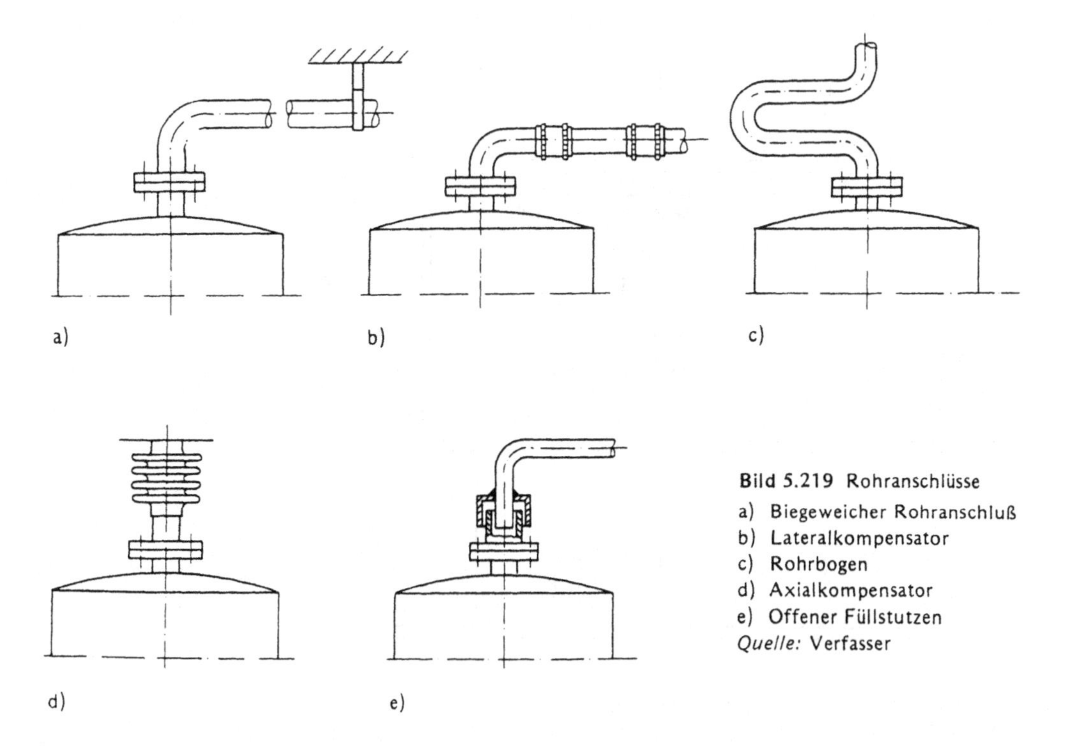

Bild 5.219 Rohranschlüsse

a) Biegeweicher Rohranschluß
b) Lateralkompensator
c) Rohrbogen
d) Axialkompensator
e) Offener Füllstutzen

Quelle: Verfasser

Die Steifigkeit des Kompensators wird so gewählt, daß das Produkt aus Federkonstante und maximal auftretender Längenänderung bzw. Verschiebung mit genügender Sicherheit kleiner als der zulässige Fehler bleibt. Eine häufig gewählte Anordnung ist die, bei der zwei Faltenbälge als Biegegelenke wirken; die senkrecht wirkende Federkonstante des Systems wird durch die Biegesteifigkeit der Bälge und ihren Abstand voneinander bestimmt. Die gezeigte Anordnung bietet den Vorteil, daß eventuelle Druckänderungen keine vertikalen Kräfte zur Folge haben. Eine weitere Möglichkeit besteht im Einbau eines direkt in Rohrrichtung wirkenden Längskompensators. Der Festpunkt an der vom Behälter abgewandten Seite sollte dabei auf der gleichen Stützkonstruktion liegen wie die Wägezellenlager, um die Relativbewegung möglichst klein zu halten. Zu beachten ist weiterhin, daß Innendruckänderungen entsprechend der Größe des wirksamen Querschnitts zu Meßfehlern führen. In den Fällen, wo Material und Verfahren es zulassen, ist immer der offene Füllstutzen vorzuziehen.

Die zur Aufstellung der Wägebehälter dienenden *Pratzen* sollten so dimensioniert werden, daß neben den Wägezellenlagern auch noch genügend Platz für die Sicherheitsstützen und, nicht zu vergessen, für die bei der Montage hilfreichen Hydraulikheber vorgesehen wird (Bild 5.220). Weitere Hinweise zur Aufstellung von Behälterwaagen sind z. B. in [3] zu finden.

Die Bilder 5.221 bis 5.223 zeigen eine Auswahl ausgeführter Behälterwaagen.

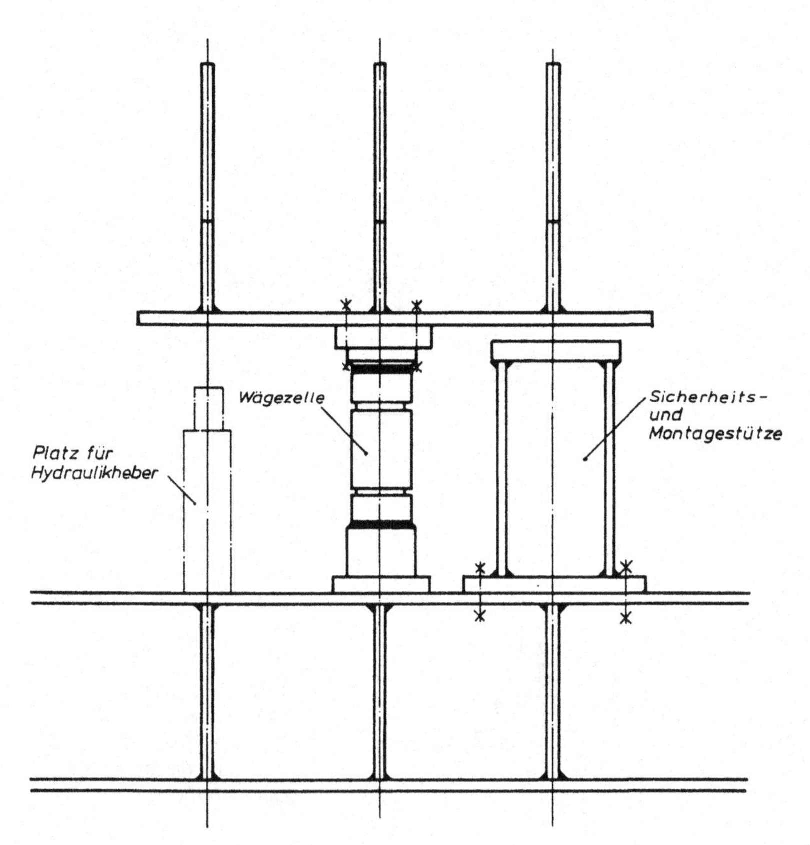

Bild 5.220 Ausbildung von Behälterpratzen
Quelle: Verfasser

Bild 5.221
Mechanische Behälterwaage
Quelle: Bizerba

Bild 5.222
Hybride Behälterwaage
Quelle: Bizerba

Bild 5.223
Elektromechanische Behälterwaage
Quelle: Schenck

5.10.3.3 Auswägeeinrichtungen

Auch bei Behälterwaagen und Gemengeanlagen hat die elektromechanische Waage die rein mechanische Waage und damit die mechanischen Auswägeeinrichtungen fast vollständig vom Markt verdrängt.

Die wesentlichen Gründe für die Ablösung der mechanischen Waagen sind:

- das Einbeziehen der Wägeanlagen in die Datenverarbeitung und Steuerung, was sich mit mechanischen Auswägeeinrichtungen nur sehr unbefriedigend realisieren läßt;
- die Wartungsintensivität von Hebelwerk und Auswägeeinrichtungen, die zwingend „vor Ort" angesiedelt sind;
- die Kostenverschiebung zu Gunsten der elektromechanischen Waage.

Mechanische Auswägeeinrichtungen werden daher nicht weiter behandelt.

Elektronische Auswägeeinrichtungen (siehe auch Kap. 3 und 4)

Das lastproportionale Nutzsignal der Wägezellen einer Waage wird über Spezial-Meßkabel direkt der Auswägeeinrichtung aufgeschaltet. Meist werden die Wägezellen schon „vor Ort" am Behälter parallel geschaltet (sofern die Waage mit mehreren Wägezellen ausgerüstet ist), jedoch ist auch Serienschaltung gebräuchlich. Ungleiche Lastverteilung auf die Wägezellen hat bei den meisten Fabrikaten keinen Einfluß auf die Wägegenauigkeit.

Die Technik der Auswägeeinrichtungen hat sich in den letzten Jahren durch die hochintegrierten Schaltkreise und die Mikroprozessortechnik stark geändert. Der Trend zu Softwarelösungen mit 8- oder gar 16-Bit-Mikroprozessoren und der Übergang von der parallelen zur seriellen Datenverarbeitung hat die Technik der Geräte stark beeinflußt. Nicht mehr die Schaltungstechnik steht im Vordergrund, die hochintegriert als komplette Funktionsbausteine (z. B. Verstärker, ADUs, Zähler, Mikroprozessoren) auf dem Bauelementemarkt gekauft werden kann, sondern die problem- und kundenbezogene Softwarelösung.

Die logischen und arithmetischen Funktionen des Gerätes werden durch einen Mikroprozessor gesteuert. Diese Technik erlaubt auch eine Selbstdiagnose im Störungsfalle derart, daß fehlerhafte Funktionen auf dem Display des Gerätes mit entsprechendem Kennzeichnungshinweis angezeigt werden.

Die Justierung bzw. Einstellung der waagenspezifischen Parameter, z. B. Tara, Meßbereich, Teilezahl usw., erfolgt bei modernen Geräten nicht mehr durch Justierung analoger Widerstandsketten, sondern durch geräteinterne, digitale Schalter oder gar per Software im Dialogverkehr mit einer Tastatur.

Software-Standardprogramme erlauben zusätzlich zu den Grundfunktionen des Gerätes – je nach Herstellerstandard – Soll-/Ist-Vergleich, Grenzwertüberwachung, Sollwertkorrekturrechnungen, Linearisierung und Mittelwertbildung von Meßwerten sowie die vier Grundrechnungsarten.

Mit entsprechenden Speicherkapazitäten sind Summenbildungen und Rezepturen möglich; in Verbindung mit seriellen Ausgängen (V 24; 20 mA) und seriell ansteuerbaren Druckern können Druckmusterformatierungen realisiert werden. Über die Serialausgänge, die bei Duplex-Funktion auch als Eingänge nutzbar sind, können Daten von einem Computer empfangen, aber auch an diesen ausgegeben werden. Alphanumerische Serialtastaturen ermöglichen die Eingabe von Funktionen und Daten, die auch im Druckmuster berücksichtigt werden.

Serielle Zweitanzeigen können ebenfalls an die Serialausgänge angeschlossen werden und über entsprechende Codierung im Telegramm ist die Anzeige verschiedener Werte (z. B. Istwert, Sollwert, Füllstand) möglich. Gegenüber 16poligen BCD-Ausgängen werden in der seriellen Technik nur 3polige Leitungen benötigt.

Mitunter sind auch frei programmierbare, digitale Ein- und Ausgänge (DE/DA) verfügbar, über die Steuer- bzw. Verriegelungsfunktionen und Ablaufsteuerungen realisiert werden können.

Moderne Auswägeeinrichtungen beschränken sich nicht mehr auf die früheren Grundfunktionen Anzeigen, Tarieren, Ausgeben, sie sind schon fast eine kleine Anlage einschließlich Datenterminal.

Auf einzelne Gerätefabrikate kann hier nicht näher eingegangen werden; hierzu wird auf Abschnitt 5.10.6.6 verwiesen. Ein prinzipielles Blockschaltbild mit den vorstehend beschriebenen technischen Möglichkeiten einer Auswägeeinrichtung soll hier genügen (Bild 5.224).

5.10.4 Meßunsicherheit

5.10.4.1 Abschätzung der hauptsächlichen Fehlerquellen

Je nach Einsatzfall können Behälterwaagen einer ganzen Reihe von Einflüssen ausgesetzt sein, die die Meßunsicherheiten vergrößern. Mit folgenden Störgrößen ist gegebenenfalls zu rechnen: Verformungen bzw. Längenänderungen, Innendruckschwankungen bei geschlossenen Behältern, Luftbewegungen im Umfeld des Wägebehälters und Schwingungen vom Fundament, von Anschlüssen, vom Austragsorgan oder vom Rührwerk (siehe auch Kap. 8). Welche der genannten Einwirkungen wirklich zu beachten ist, hängt vom konkreten Einsatzfall ab.

Verformungen und Längenänderungen treten bei mechanischen Belastungsänderungen auf, z. B. beim Füllen und Entleeren des Wägebehälters, und bei Temperaturänderungen. Die genannten Einflüsse lassen sich durch konstruktive Maßnahmen weitgehend kontrollieren.

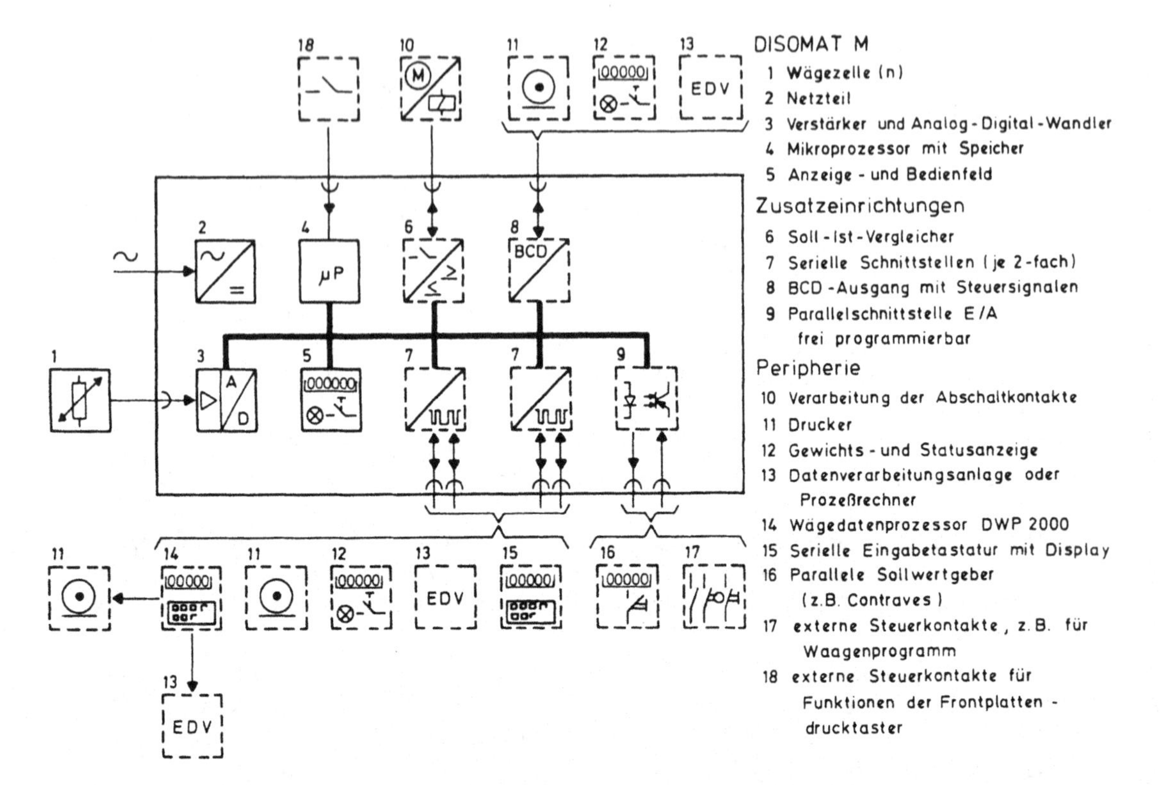

Bild 5.224 Blockschaltbild einer mikroprozessorgesteuerten Auswerteeinrichtung
Quelle: Verfasser

Sind Rohranschlüsse unvermeidlich, so sind diese vor allem in vertikaler Richtung möglichst weich auszulegen. Der verbleibende Fehler ergibt sich dann aus dem Produkt aus Federkonstante (z. B. aus Kompensator-Datenblatt) und zugehörigem Verformungsweg am betrachteten Anschluß.

Bei waagerechten Verformungen der Rohranschlüsse ist zwischen lenkergefesselten, rollengeführten und mit selbstzentrierenden Lagern ausgestatteten Behälterwaagen zu unterscheiden. Lenkerlose Waagen reagieren auf Querkräfte mit Auslenkungen am Wägezellenlager, die bei geeigneter Lagerkonstruktion zu relativ kleinen Fehlern führen, solange sich die Verschiebung auf den Freiraum der Pendelbegrenzung beschränkt. Der auftretende Fehler ist von der Charakteristik der eingesetzten Wägezellen-Lager-Kombination abhängig, z. B. ist beim Einsatz eines elastischen Lagers ein in erster Näherung proportionaler Zusammenhang zwischen erzwungener Querbewegung und Querkraft zu erwarten.

Sowohl rollengeführte als auch angelenkte Waagen dagegen reagieren auf waagerechte äußere Kräfte ohne merkliche Auslenkung mit einer Gegenkraft, die bei der Rollenführung zu Empfindlichkeitsminderung bei gleichzeitiger Hystereseerhöhung mit all den damit verbundenen, in der Wägetechnik so ungemein störenden "slip stick"-Effekten führen, und bei lenkergefesselten Waagen in Lastrichtung wirkende Fehlkräfte hervorrufen, wenn die Lenker nicht exakt waagerecht ausgerichtet sind. Die resultierenden Meßfehler ergeben sich damit aus den entsprechenden Reibwerten der Rollenführung bzw. den Winkelabweichungen der Lenker oder Abspannungen.

Winkelabweichungen treten bei einer durch unsymmetrische Stützkonstruktion hervorgerufene Schrägstellung des Wägebehälters und bei Relativbewegungen zwischen den beiden Lenkerbefestigungspunkten auf.

Durch *Innendruckänderungen* hervorgerufene Fehler können bei Rohranschlüssen mit senkrecht angeflanschten Kompensatoren auftreten, sie lassen sich durch Multiplikation der maximalen Druckänderung mit dem wirksamen Querschnitt des Kompensators leicht abschätzen.

Druckbedingte Querkräfte sind wie oben beschrieben zu berücksichtigen.

Störkräfte durch Luftbewegungen in der Umgebung des Wägebehälters sind um so störender, je kleiner der Wägebereich des Behälters im Vergleich zu seiner Abmessung und um so größer die erforderliche Meßsignalauflösung ist. Zur Entscheidung darüber, ob besondere Vorkehrungen wie Windschutzverkleidungen oder geschlossene Räume erforderlich sind, läßt sich der zu erwartende Windeinfluß über den Staudruck abschätzen.

Besteht die Gefahr der Anregung der Behälterwaage durch *mechanische Schwingungen*, ist zur Vermeidung von Resonanzerscheinungen darauf zu achten, daß die Eigenfrequenz nicht im Frequenzspektrum der angegebenen Schwingungen liegt. Generell gilt, daß das wägetechnische Verhalten des Systems um so besser ist, je höher die Eigenfrequenz liegt, d.h., je steifer die Stützkonstruktion ausgeführt ist. In kritischen Fällen ist durch besondere Dämpfungsmaßnahmen zumindest teilweise Abhilfe möglich.

5.10.4.2 Prüf- und Justierverfahren

Im allgemeinen gelten für Behälterwaagen beim Eichen und Kalibrieren die gleichen Gesetzmäßigkeiten wie für alle anderen Waagen auch. Es kommt allerdings erschwerend hinzu, daß in den meisten Fällen keine Plattform zum Aufbringen der Eichgewichte vorhanden ist. Der Projekteur muß also schon im Planungsstadium berücksichtigen, daß unter oder über der Behälterwaage genügend Platz zum Anbringen der Gehänge für die Hilfsplattformen vorgesehen wird. Bei Bunkerwaagen mit großem Wägebereich ist das Aufbringen von Justiergewichten entsprechend der maximalen Last nicht möglich bzw. zu teuer. Man arbeitet in diesem Falle dann entweder mit hebelübersetzten Justiergewichten, nach dem in der Eichordnung beschriebenen vollständigen oder abgekürzten Staffelverfahren, oder mit hydraulischen Belastungseinrichtungen mit Meisterwägezellen zur Kraftmessung, wobei das letzte Verfahren allerdings für eichpflichtige Waagen noch nicht näher erprobt wurde.

Eine kosten- und zeitsparende Variante der Kalibrierung von nebeneinander in einer Reihe angeordneten Behälterwaagen annähernd gleichen Wägebereiches besteht darin, das Totlastgewicht motorisch auf einer Laufschiene zu verfahren, die an den Behältern angehängt und zwischen den einzelnen Waagen jeweils durch einen Spalt kraftnebenschlußfrei geteilt ist.

5.10.5 Füllen und Entleeren des Wägebehälters

5.10.5.1 Wägeverfahren

Die generelle Unterscheidung zwischen zwei prinzipiellen Methoden, der Füllwägung und Entnahmewägung, ist auch eng mit den Begriffen Einkomponenten- bzw. Mehrkomponenwägung verbunden.

Füllwägung

Hierbei erfolgt das genaue Wägen während des Einfüllens des Wägegutes in das Wägegefäß. Einer Waage kann eine Komponente zugeordnet sein oder auch mehrere, die dann additiv nacheinander eingewogen werden.

Die in Silos gespeicherten Komponenten werden mit Dosierförderern, die den Eigenschaften des jeweiligen Wägegutes angepaßt sind, aus den Silos ausgetragen und in die Waage gefördert. Als Dosierförderer werden Bänder, Schnecken, Vibrationsförderer usw. eingesetzt. Sie müssen so ausgebildet sein, daß ein exaktes Abschalten bei Erreichen des Sollgewichtes gewährleistet ist. Dies wird durch eine stufenweise oder kontinuierliche Verminderung der Leistung der Zuteilorgane erreicht, entweder über polumschaltbare Motore in 2 Stufen bzw. abgestufte Leistung von Schwingförderern oder über eine kontinuierliche Drehzahlregelung bzw. Schwingweitenregelung gegen Null, z. B. über Rechner in Abhängigkeit von Füllgewicht, Fülleistung und Fließverhalten des Materials.

Die Waage selbst kann sehr unterschiedlich ausgebildet sein. Wesentlich ist der Grundsatz, daß eine Dosierung nicht genauer sein kann als es die restlose Entleerung der Waage erlaubt. Deshalb muß die Gestaltung der Waage hierauf besondere Rücksicht nehmen. Stationäre und fahrbare Gefäßwaagen werden deshalb oft mit flexiblen Gefäßwänden ausgebildet (z. B. Gummi), die ein Anhaften des Materials verhindern.

Auch die Waagenverschlüsse müssen der Forderung nach restloser Waagenentleerung entsprechen, deshalb werden bevorzugt Gummiquetschverschlüsse oder Freiflußklappen eingesetzt, die den Auslaßquerschnitt 100 %ig freigeben.

Ob einer Waage eine oder mehrere Komponenten zugeordnet werden, ist zunächst eine Frage der Genauigkeit, da diese in direkter Abhängigkeit zum Wägebereich der Waage steht. Aber auch Produktverträglichkeit kann ein Kriterium für die Komponentenverteilung auf die Waagen einer Anlage sein. So wird man z. B. in einer Glasgemengeanlage nassen Sand nicht gleichzeitig mit Soda in einer Waage verwägen, da dann mit Sicherheit Schwierigkeiten bei der Waagenentleerung zu erwarten sind.

Entnahmewägung

Bei dieser Wägemethode kann je Waage nur eine Komponente gewogen werden. Ein Wägegefäß wird zunächst mit einer Menge gefüllt, die immer größer als die Sollmenge gemäß der Rezeptur ist. Das genaue Wägen erfolgt durch Entnahme aus dem Wägegefäß, wobei die Anzeige der gefüllten Waage zu Beginn auf „Null" tariert und der entnommene Gewichtswert positiv angezeigt wird. Am Wägegefäß ist als Verschluß- und Austragsorgan das jeweils dem Material angepaßte Dosierorgan angebaut.

Der Vorteil dieser Wägemethode ist, daß nur das aus der Waage entnommene Material als gewogen angezeigt wird. Es entstehen keine Probleme mit restloser Waagenentleerung; deshalb ist diese Methode besonders zur Wägung von schwierigen Komponenten geeignet, die z. B. zum Anbacken neigen.

Andererseits ergibt sich bei dieser Methode für Gemengeanlagen das statistische Risiko einer nicht korrigierbaren Fehlcharge, weil Wägefehler erst nach vollendetem Austrag bemerkt werden, was besonders bei parallel arbeitenden Waagen einer Gemengeanlage von Bedeutung sein kann.

5.10.5.2 Hinweise zur Behälterkonstruktion

Die Gestaltung und Dimensionierung des Wägebunkers, insbesondere im Auslaßbereich, wird ganz wesentlich von den Fließeigenschaften der zu wägenden Materialien bestimmt. Infolge der Komplexität dieses Themas kann an dieser Stelle nur zusammenfassend auf die Probleme und einige allgemeingültige Regeln hingewiesen werden.

Grundsätzlich ist eine Bunkerform anzustreben, die den *Massenfluß* des Materials sicherstellt. Diese Art des Fließverhaltens ist dadurch gekennzeichnet, daß sich alle Massenpartikel im Behälter während des Entleerens in Richtung der Auslauföffnung bewegen. Das Massenflußverhalten reduziert die Gefahr der *Brückenbildung*, vermeidet *Kanalbildung* im Behälterzentrum und sorgt dafür, daß kein Material im Wägegefäß zurück bleibt. Die letzte Eigenschaft ist vor allem bei Füllwägung und bei Materialien wichtig, die sich zeitlich verändern, z. B. unter Feuchteeinfluß. Der Unterschied zwischen Massenfluß und dem zu vermeidenden *Kernfluß* wird in Bild 5.225 deutlich: Beim Kernfließen kommt nur ein Fluß im zylindrischen Mittelteil zustande, das an den Rändern verbleibende Material fällt dann entweder von oben in den entstehenden Hohlraum oder bleibt bei entsprechenden Kohäsiveigenschaften stehen und verursacht Tunnelbildung. Behälterwaagen mit Kernfließverhalten können allerdings aufgrund ihrer geringen Bauhöhe preisliche Vorteile bieten und die fehlende Relativbewegung zwischen Wand und Schüttgut schont die Behälterwand, was besonders bei stark schleißenden Materialien entscheidend sein kann.

Die richtige Gestaltung und Dimensionierung von Bunkern zur Erzielung von Massenfluß unter Berücksichtigung der vorhandenen Materialeigenschaften war und ist Gegenstand umfangreicher Materialuntersuchungen. Die wohl bekannteste Methode zur Materialklassifizierung und Bunkerauslegung stammt von Jenike. Sie umfaßt detaillierte Beschreibungen der Testprozeduren, Meßmethoden zur Ermittlung der Materialeigenschaften [4, 5], eine Analyse der Spannungszustände im Behälter [6], und daraus abgeleitete Formeln und graphische Darstellungen als Dimensionierungsgrundlage [6]. Eine zusammenfassende Darstellung ist in [7] zu finden. Generell gilt, daß das Verhältnis von Auslaßöffnung und Bunkerquerschnitt um so größer sein muß, je schlechter die Fließeigenschaften des zu wägenden Materials sind, in Extremfällen wie z. B. bei der Behälterfüllung mit Asbestfasern können sogar Querschnitts-

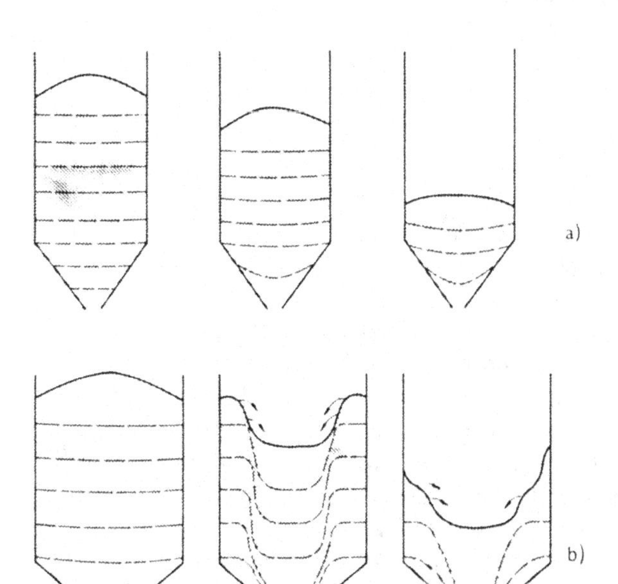

Bild 5.225
Fließverhalten im Wägebehälter
a) Massenfluß
b) Kernfluß
Quelle: Verfasser

erweiterungen im Bunkerauslauf erforderlich werden. Die zwei wichtigsten Materialkenngrößen zur Gestaltung des Auslaufes und zur Bunkerdimensionierung sind der Wandreibungswinkel und der Schüttwinkel. Der Winkel am Auslaufstutzen der Behälterwaage sollte den Wandreibungswinkel, also den Winkel, bei dem das Material gerade nicht mehr auf der Wand haften bleibt, mit genügender Sicherheit überschreiten, der Schüttwinkel bestimmt den Füllungsgrad und damit das erforderliche Bruttovolumen des Behälters. Bei sehr grobkörnigen Schüttgütern ist weiterhin darauf zu achten, daß die Auslaufabmessungen zur Vermeidung von Brückenbildung mindestens 4 bis 6 mal größer als die Korngröße gewählt wird.

Die üblicherweise vorkommenden Querschnitte sind quadratisch oder rechteckig. Die zur restlosen Entleerung geeignetste Form ist der runde Querschnitt, der weiterhin den Vorteil kleinerer erforderlicher Wanddicken bietet. Bei der Ausführung in quadratischer und rechteckiger Bauform ist zu beachten, daß die Fließgeschwindigkeit in den Ecken stark reduziert wird und damit die Gefahr des Anbackens besteht. Behälter mit geraden Wänden sind dafür platzsparender, im Einzelfall billiger herzustellen und bieten bei abrasiven Schüttgütern die Möglichkeit, die Behälterwand mittels austauschbarer Schleißbleche zu schützen. Bei stark anbackenden Materialien schafft in den meisten Fällen ein Gummiauslauf Abhilfe, dessen Wand durch einen Schwingungserreger in Vibration versetzt wird (Bild 5.226).

In Sonderfällen, bei denen auf eine möglichst gute Restentleerung zu achten ist, z. B. in der Farbenherstellung, kann die Reibung zwischen Material und Behälterwand durch spezielle Kunststoffbeschichtungen ganz erheblich reduziert werden.

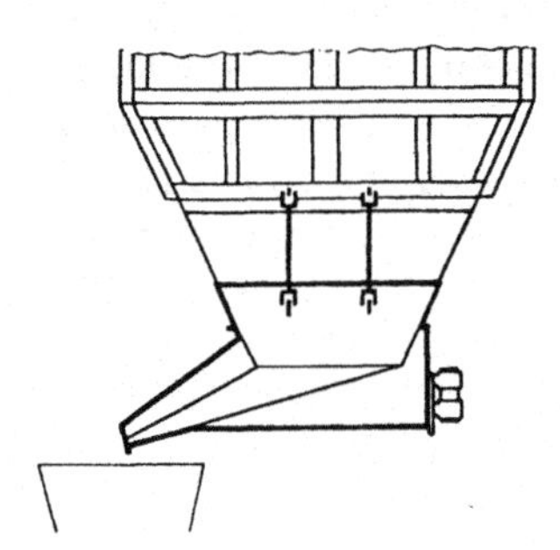

Bild 5.226
Gummiauslauf mit Schwingungserreger
Quelle: Verfasser

5.10.5.3 Füll- und Entleereinrichtungen

Zur stetigen, kontrollierten Entnahme des Materials aus Behälterwaagen sind Austragsvorrichtungen notwendig, deren Materialdurchsatz in möglichst weiten Bereichen regelbar ist. Die Wahl des für die gestellte Aufgabe geeigneten Typs und die richtige Auslegung bezüglich Leistung und Abschaltverhalten ist für die Gesamtfunktion der Behälterwaage entscheidend. Üblicherweise kommen Dosierschnecken, Schwingrinnen und Dosierbänder zum Einsatz.

Dosierschnecken zeichnen sich durch kleine Abmessungen und die Möglichkeit der problemlosen Abdichtung aus. Sie sind deshalb auch zum Austrag von „zum Schießen" neigenden Materialien geeignet, verbieten sich allerdings auf Grund des funktionsbedingten intensiven Wandungskontaktes bei stark abrasiv wirkenden Gütern und erfordern hohe Antriebsleistungen. Der Massendurchsatz ergibt sich aus den geometrischen Abmessungen der Schnecke, dem Füllungsgrad (also dem Verhältnis vom Materialvolumen zum Schneckentrogvolumen) und der Schneckendrehzahl.

Schwingrinnen transportieren das Schüttgewicht nach dem sog. Mikrowurfprinzip: Der annähernd sinusförmig mit in Transportrichtung schwingender Amplitude bewegte Trog wirft das Material auf parabelförmig verlaufenden Bahnen nach vorn, die Austragsleistung wird im wesentlichen durch Frequenz, Amplitude, Trogbreite und -neigung und durch die Schichthöhe bestimmt. Schwingrinnen eignen sich auch zum Abzug abrasiver Güter, sie sind zu vermeiden, wenn die Gefahr des Schießens (unkontrollierte Entleerung bei leichtfließenden Materialien) besteht.

Dosierbänder bieten den Vorteil eines relativ einfachen Aufbaus, guter Regulierbarkeit und des geringen Leistungsbedarfs im kontinuierlichen Betrieb. Zu beachten ist allerdings der erhöhte Leistungsbedarf beim Anlaufen, der besonders bei frisch gefüllten Behältern zu erheblichen Spitzenwerten führen kann. Zur Verdeutlichung dieses Verhaltens zeigt Bild 5.227 den Verlauf des Materialdruckes beim Füllen und Entleeren als Funktion der Zeit. Nachteilig bei Dosierbändern sind der Gurtverschleiß bei abrasiven Gütern und die Anbackungsgefahr bei klebrigen oder feuchten Gütern (ab ca. 4 % Feuchte). Teilweise Abhilfe läßt sich durch besondere Abstreifvorrichtungen unter dem Materialabwurf erzielen.

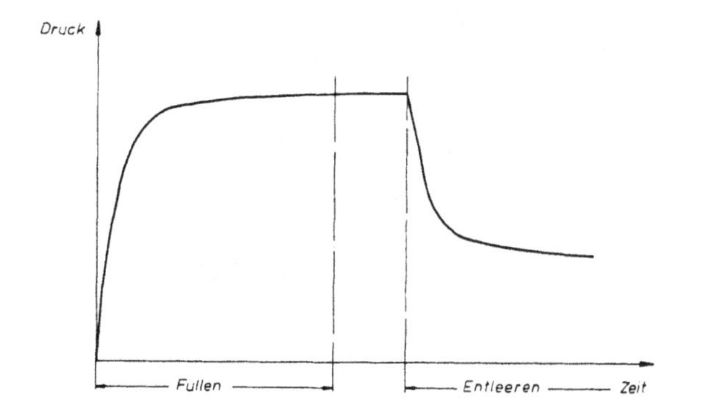

Bild 5.227
Materialdruck am Austrag
Quelle: Verfasser

5.10.5.4 Antriebsarten und Steuerung

Es werden nur die in der Leistung regelbaren Austrags- und Dosierorgane in ihrer Ansteuerung beschrieben. Stufenweise und stufenlose Ansteuerungen sind üblich. Die stufenlose, kontinuierliche Verstellung der Dosierleistung wird z. B. bei Verfahren angewendet, bei denen die Dosierleistung der Chargengröße angepaßt wird (Sandwich-Bildung) sowie bei kontinuierlichem Abregelverfahren zwecks Optimierung von Dosiergenauigkeit und Dosierzeit.

Schwingförderrinnen mit Magneterreger

Magneterreger eignen sich ideal für eine preisgünstige, stufenlose Steuerung ihrer Schwingungsamplitude und damit der Förderleistung der Rinne. Die Leistungssteuerung erfolgt über Thyristorsteller, die sich durch eine Steuerspannung von 0 ... 10 $V_=$ stufenlos regeln lassen. Durch den zusätzlichen Einbau eines Schwingweitengebers an der Rinne und eines Reglers im Thyristorsteller kann die Förderleistung, unabhängig von Störgrößen, bezogen auf den Sollwert konstant gehalten werden.

Der Förderleistungssollwert kann nach verschiedenen Methoden vorgegeben werden:

a) manuell mittels Potentiometer-Einstellung,

b) automatisch, in Stufen, durch selektives Aktivieren von *n* Potentiometern, z. B. 1. Kontakt für Grobstrom, 2. Kontakt für Feinstrom (Bild 5.228),
c) automatisch, durch direkte Ansteuerung mittels Analogsignal 0 ... 10 V oder 0 ... 20 mA von Auswägeeinrichtungen oder Rechnersystemen, entweder in Stufen oder stufenlos.

Dosierschnecken bzw. -bänder

Hier erfolgt der Antrieb fast ausschließlich elektromotorisch, im einfachsten Fall mit einem Drehstrom-Kurzschlußläufermotor (eine Drehzahl).

Um den Materialnachlauf nach dem Abschalten des Dosierantriebes reproduzierbar zu gestalten, wird in vielen Fällen eine durch Pneumatikzylinder gesteuerte Schnellschlußklappe am Austritt des Dosierorganes installiert. Aus Sicherheitsgründen ist die Klappensteuerung mit dem Dosierantrieb so verriegelt, daß dieser erst anlaufen kann, wenn ein Endschalter „Schnellschlußklappe geöffnet" meldet.

Bei Grob-/Feinstromdosierungen werden polumschaltbare Drehstrommotoren mit festen Drehzahlabstufungen von 1 : 2 bis 1 : 10 eingesetzt (Bild 5.229).

Die kontinuierliche Steuerung der Dosierleistung erfordert

a) Gleichstrommotoren mit Gleichstromstellern (Bild 5.230) oder
b) Drehstrommotoren mit Frequenzumrichtern (Bild 5.231).

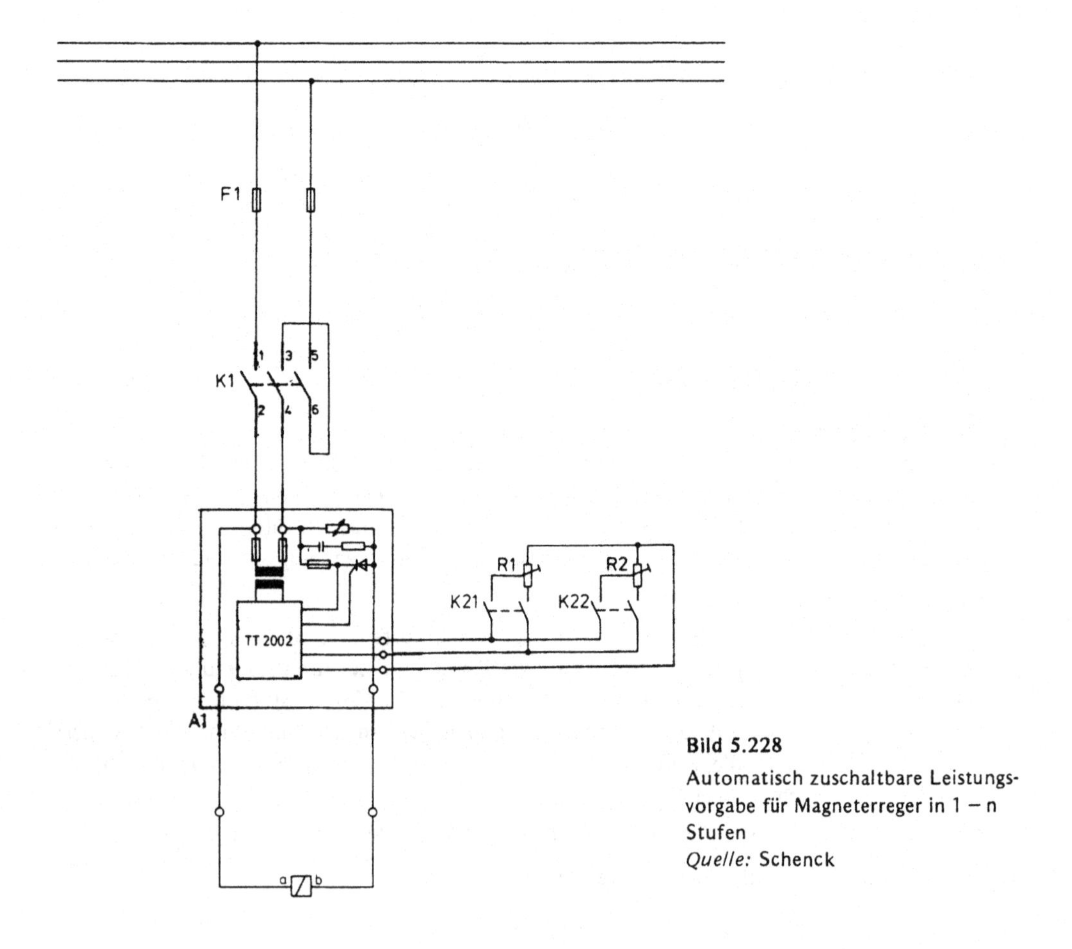

Bild 5.228

Automatisch zuschaltbare Leistungsvorgabe für Magneterreger in 1 – n Stufen
Quelle: Schenck

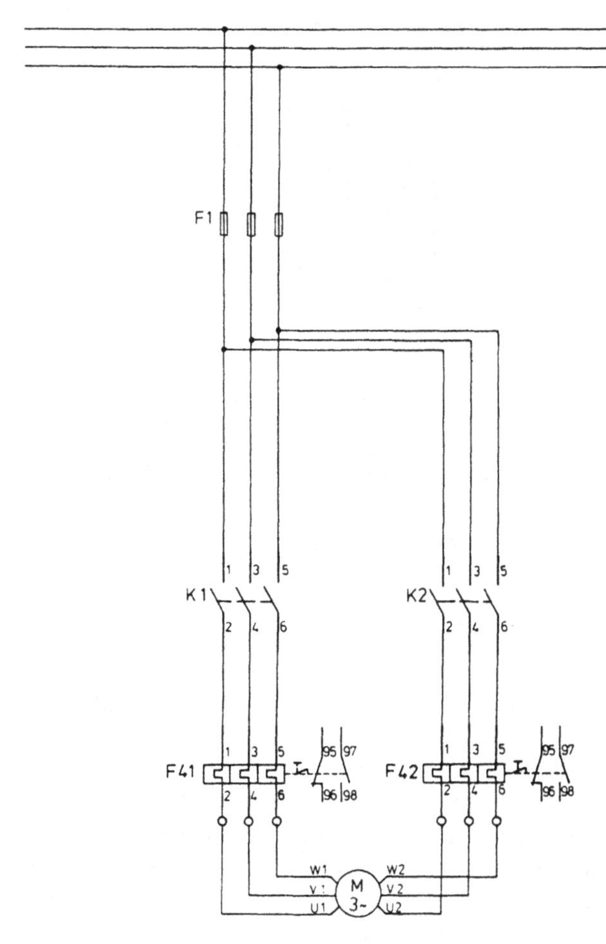

Bild 5.229
Drehzahlumschaltung für Motoren mit getrennten Wicklungen
Quelle: Schenck

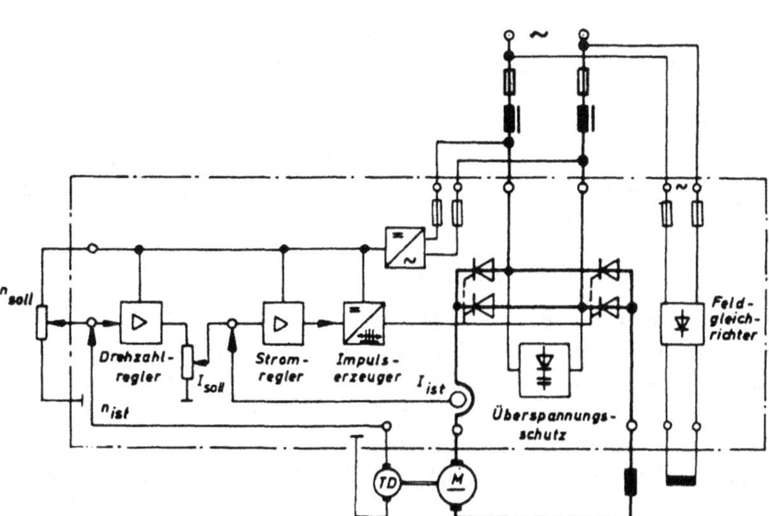

Bild 5.230 Kontinuierliche Drehzahlregelung für Gleichstrommotoren
Quelle: BBC

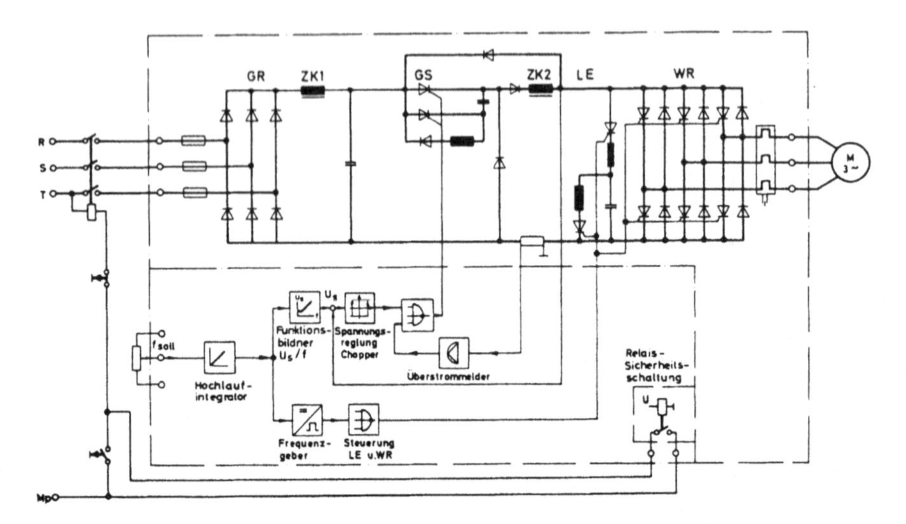

Bild 5.231 Kontinuierliche Drehzahlregelung für Drehstrommotoren
Quelle: BBC

Drehstrommotoren besitzen den Vorteil der Wartungsfreundlichkeit. Die Vorgabe des Dosierleistungssollwertes für die Ansteuerung nach a) bzw. b) kann nach den Methoden wie auf den Seiten 405 und 406 unter Punkt a) bis c) beschrieben erfolgen.

Stellbereiche für die Drehzahlsteuerung von 1 : 30 und größer sind bei kontinuierlicher Ansteuerung üblich. Ein am Antrieb angeflanschter Tachogenerator mit zugehörigem Regelkreis für die Drehzahl erlaubt die Einhaltung einer sehr genauen volumetrischen Dosierleistung. In bestimmten Anwendungsfällen werden auch Unwuchtrinnen mit einem regelbaren Antrieb ausgerüstet, jedoch ist ihr praktischer Regelbereich auf ca. 1 : 5 begrenzt.

Die Einhaltung einer gewichtsmäßigen Dosierleistung kann nur über das Waagensignal $\frac{dG}{dt}$ = konstant und entsprechender Drehzahlsteuerung realisiert werden.

5.10.6 Gemengewägeanlagen

In vergleichender Betrachtung sollen hier einige typische Bauarten in bezug auf das Wägeverfahren und den Anlagenaufbau gegenübergestellt werden, wie sie im Gemengeanlagenbau häufig zu finden sind.

5.10.6.1 Stationäre Einkomponenten-Gefäßwaagen

Diese Waagenart kann als die Standard-Gefäßwaage gelten, auch in Gemengeanlagen. Abhängig von den Eigenschaften des zu dosierenden Materials und dem Anlagenkonzept wird sie als Füll- oder Abzugswaage ausgelegt (siehe Abschnitt 5.10.5.1). Die Zusammenfassung der am Gemenge beteiligten Komponenten erfolgt z. B. über Rutschen oder Sammelbänder, die den Materialstrom direkt in den weiterverarbeitenden Prozeß leiten, wie z. B. bei Legierungsmitteln im Stahlwerk oder indirekt über einen Mischer, in dem das Gemenge aufbereitet wird (Bild 5.232).

Üblich sind aber auch nachstehend genannte Waagen-Bauformen, besonders in der Chemischen-, Keramischen-, Futtermittel- und Lebensmittel-Industrie.

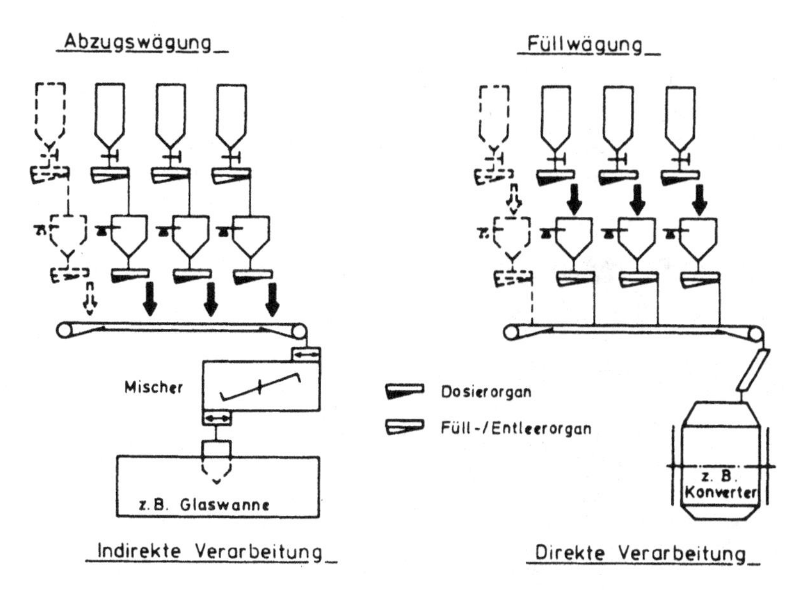

Bild 5.232 Prinzipbild einer Gemengeanlage mit Einkomponentenwaagen
Quelle: Schenck

5.10.6.2 Fahrbare Gefäßwaagen, stationäre Wägebänder und Mehrkomponentenwaagen (Wiegenester)

Fahrbare Gefäßwaagen haben den Vorteil, daß man mit einer einzigen Waage aus mehreren Silos Material verwägen kann. Es ist jedoch darauf zu achten, daß durch das Fahren der Waage mit genauer Positionierung an den Einfüllstellen ein Zeitproblem entsteht, d.h., eine fahrbare Waage ist nur da sinnvoll, wo die Chargengröße so groß ist, daß mit längeren Chargenzeiten (z.B. 15 ... 20 min, je nach Komponentenanzahl) zur Erreichung der gegebenen Anlagenleistung gerechnet werden kann. Durch Ausbildung der Waage mit mehreren Wägebereichen und mitfahrendem Sammelgefäß, in das jede Komponente entleert wird, kann praktisch mit der Genauigkeit der Einzelwägung gewogen werden.

Bei staubförmigen Materialien sind im Gegensatz zur stationären Waage die Anschlüsse an die einfüllenden Dosierorgane und die Absaugung der verdrängten Luft an jeder Füllstelle durch bewegliche Manschetten herzustellen (Bild 5.233).

Eine besondere Bauart einer Gefäßwaage sind z.B. *Wägebänder;* hier wird ein Gurtförderer komplett auf Wägezellen abgestützt. Solch eine Waage kann mit einem Gurtförderer bis zu 25 m Länge ausgestattet sein, so daß mit einer stationären Waage aus einer ganzen Bunkerbatterie gewogen werden kann. Nur trockene, nicht anhaftende Komponenten können auf diese Art gewogen werden. Solche Waagen findet man häufig in Anlagen für keramische Produkte (feuerfeste Steine, Porzellan usw.) (Bild 5.234).

Das sogenannte *Wiegenest* ist im Prinzip eine Mehrkomponentenwaage. Der Begriff ist nicht sehr geläufig; er ist wohl darauf zurückzuführen, daß das Wägegefäß im Zentrum von sternförmig angeordneten Vorratssilos angeordnet ist, wobei die Austragsorgane der Silos als Dosierorgane für eine Mehrkomponenten-Füllwaage arbeiten (Bild 5.235).

Für das Zusammenfassen mehrerer Komponenten in einer Waage sind verschiedene Kriterien zu beachten (siehe Abschnitt 5.10.5.1 Füllwägung). Neben den Problemen der Produktverträglichkeit und Wägegenauigkeit (Abstufung der Wägebereiche) wird die Anzahl der Komponenten je Waage durch konstruktive Gegebenheiten begrenzt.

Mit der Anzahl von Dosierorganen, die auf dem Deckel des Wägegefäßes angeordnet werden sollen, vergrößert sich die Deckelfläche, was zu stärker geneigten Gefäßwänden führt. Starke Wandneigungen müssen aber möglichst vermieden werden wegen der Anbackungsgefahr für

Bild 5.233
Fahrbare Waage mit Sammelgefäß und stationärem pneumatischem Sendegefäß
Quelle: Schenck

Bild 5.234
Mehrkomponentenwaage als Wägeband
Quelle: Schenck

Bild 5.235
Mehrkomponentenwaage als Wiegenest
Quelle: Bizerba

die Materialien und der dadurch schlechten Restentleerung. Da diese Waagen zwangsläufig als Füllwaagen arbeiten, sind Anbackungen einem Dosierfehler gleichzusetzen.

Die Förderwege zwischen Siloauslauf und Waageneinlauf werden meist direkt durch das Dosierorgan überbrückt; daher sollten diese Wege so kurz wie möglich gehalten werden (< 5 m).

Mehrkomponentenwaagen reduzieren die Anzahl der Waagen in einer Gemengeanlage, was kommerzielle Vorteile bringt, wenn es gelingt, die verschiedenen Kriterien aller Komponenten konstruktiv zu berücksichtigen. Waagen mit 10 Komponenten und mehr werden gebaut, insbesondere mit Schnecken als Dosierorgan, weil diese kleinere Einläufe im Wägegefäß erfordern als z. B. Magnetrinnen, und weil sie ein besseres Abschaltverhalten im Feinstrom haben.

5.10.6.3 Die Turmanlage und die Reihenanlage

Die *Turmanlage* ist eine auf relativ kleiner Grundfläche zusammengefaßte, in Anzahl und Größe begrenzte Anordnung von Silos. Die Waagen sind im wesentlichen als Mehrkomponentenwaagen zentral angeordnet; sie entleeren direkt in die weiterverarbeitenden Einrichtungen, z. B. Mischer, Absackeinrichtungen, Transporteinrichtungen usw. (Bild 5.236).

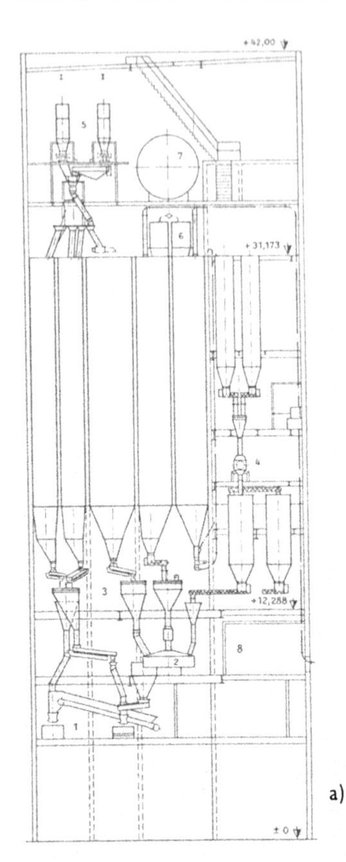

Bild 5.236 Schnittbild und Ansicht einer Turmanlage
Quelle: Schenck

Eine Turmanlage kann durchaus 20 Silos und mehr enthalten; die Silogröße kann dabei jedoch nicht beliebig groß ausgelegt werden, so daß eine solche Anlage nur da infrage kommen kann, wo der Antransport und die Nachlieferung der erforderlichen Rohstoffe in einer dem Verbrauch entsprechenden Leistung ohne Schwierigkeiten möglich ist. Weiterhin ist durch die Kompaktheit der Anlage eine evtl. spätere Erweiterung, soweit sie nicht bei der Planung der Anlage berücksichtigt worden ist, nur mit großen Schwierigkeiten möglich. Das herzustellende Produkt „Gemenge" und damit das Endprodukt darf sich in seiner Komponentenzusammensetzung gegenüber dem Planungsstadium nur unwesentlich ändern.

Andere Verhältnisse bestehen bei der *Reihenanlage*, bei der beliebig große Silos mit einer gewünschten Vorratsmenge aneinander gereiht werden können. Der Zwang zu großen Langzeitvorratssilos kann durch viele örtliche Gegebenheiten bedingt sein, z. B. durch Rohstoffe, die per Schiff angeliefert werden, so daß ganze Schiffsladungen bevorratet werden müssen, oder durch die Jahreszeit bedingte Transportunterbrechungen.

Die unter den Silos angeordneten Waagen werden einzelnen Silos oder Silogruppen zugeordnet; der Transport zu den weiterverarbeitenden Einrichtungen erfolgt mit zusätzlichen Transportsystemen, z. B. Gurtförderern, pneumatischen Fördereinrichtungen usw. Die Reihenanlage kann bevorzugt mit Entnahmegefäßwaagen ausgerüstet werden, weil Einkomponentenwaagen die Regel sind (Bild 5.237).

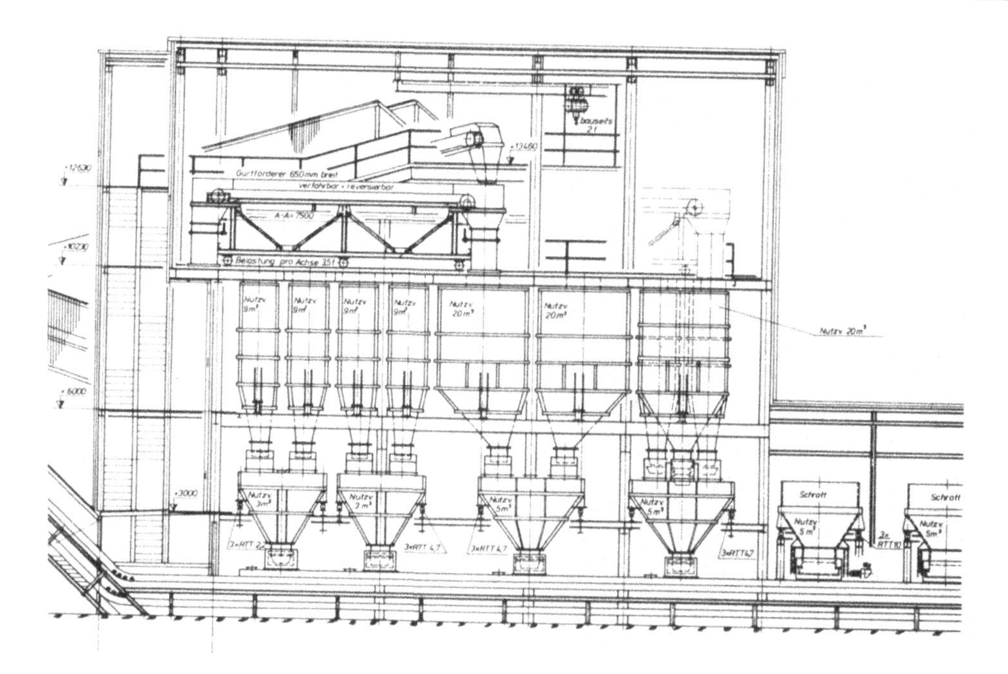

Bild 5.237 Darstellung einer Reihenanlage
Quelle: Schenck

In der Stahlindustrie kommen überwiegend Reihenanlagen zur Anwendung. Begründet ist dies in der Materialdisposition (Anlieferung, Transport, Lagerung), den großen Vorratssilos, die sich durch die großen Leistungen ergeben, sowie in der Forderung nach hoher Verfügbarkeit und schneller Reaktionszeit der wägetechnischen Einrichtungen, was folgerichtig zu Einzelwaagen mit dem Prinzip „Abzugswägung" führt.

5.10.6.4 Spezial-Gemengeanlagen

In bestimmten Branchen (z. B. Herstellung von Elektrodenmantelmassen, Farben) ist die Anzahl der möglichen Komponenten für das Gemenge so groß, daß sie oft nicht mehr wirtschaftlich in Bunkern gelagert werden können. 80 bis 100, aber auch mehrere 100 Komponenten sind üblich, die meist in speziellen Containern in Hochregallagern bevorratet werden. An der jeweiligen Rezeptur sind dann z. B. 20 bis 30 Komponenten beteiligt. Solche Anlagen erfordern spezielle Konzepte, die keine Allgemeingültigkeit haben können.

Zur Reduzierung der Anzahl von Waagen (Ein- bzw. Mehrkomponenten) bietet sich die fahrbare Gefäßwaage an; im allgemeinen wird hierbei Bunker- bzw. Silolagerung für die Komponenten vorgesehen. Wägebänder, siehe Abschnitt 5.10.6.2, die als Mehrkomponentenwaagen mit transportablen Containern beschickt werden, haben sich gut bewährt, weil die aus der Mehrkomponentenwägung resultierenden Entleerungsprobleme damit besser zu beherrschen sind als mit Gefäßwaagen, besonders bei Kleinstkomponenten (Bild 5.238). Eine ungünstige Gefäßgeometrie wird damit selbst bei z. B. 15 Komponenten vermieden. Die transportablen Container können mit einem Regalförder-Fahrzeug (RFZ) direkt nebeneinander auf einem Gerüst abgesetzt werden, das das Wägeband umbaut. Die Container

Bild 5.238
Wägeband mit Beschickung aus transportablen Containern
Quelle: Schenck

haben ein angebautes, regelbares Austragsorgan mit Reibradantrieb. Für jeden Container ist auf dem Gerüst eine regelbare Antriebsstation vorgesehen, die das Dosierorgan (Schnecke) kontinuierlich oder im Grob-/Feinstrom in Abhängigkeit vom Soll-/Istvergleich der Waage regelt.

Die beteiligten Komponenten werden nacheinander, wie bei einer Mehrkomponenten-Gefäßwaage, auf das gemuldete Band ausgetragen. Nach Austrag der letzten Komponente wird der Bandantrieb gestartet und somit das Wägeband restlos entleert.

Rechnergesteuerte Systeme sind obligatorisch, weil u. a. auch die Parameter für die Abschaltung der Dosierorgane je Komponente materialspezifisch abgespeichert sein müssen. Die umfangreiche Rezeptverwaltung, Protokollierung und Automatisierung erfordern ohnehin einen Rechner.

In der chemischen Industrie sind Wägebänder aus Gründen der Produktunverträglichkeit, Reinigung usw. meist nicht einsetzbar. Unter Beibehaltung des Prinzips „fahrbarer Dosiercontainer" werden diese z. B. über ein Schienen- oder Rollenbahnsystem nacheinander auf hochempfindliche Plattformwaagen mit mehreren Wägebereichen gefahren. Diese Plattformwaagen haben einen Zentralantrieb für die Dosierschnecke des aufgefahrenen Containers. Die Waage regelt nun nach dem Prinzip der Abzugswägung den Austrag, z. B. direkt in den darunter befindlichen Mischer.

Natürlich sind auch Kombinationen der genannten Systeme in einer Anlage möglich.

Die Bilder 5.239 bis 5.247 zeigen einige typische Ausführungsbeispiele für Gemengeanlagen, soweit sie die Wäge- und Dosiertechnik betreffen.

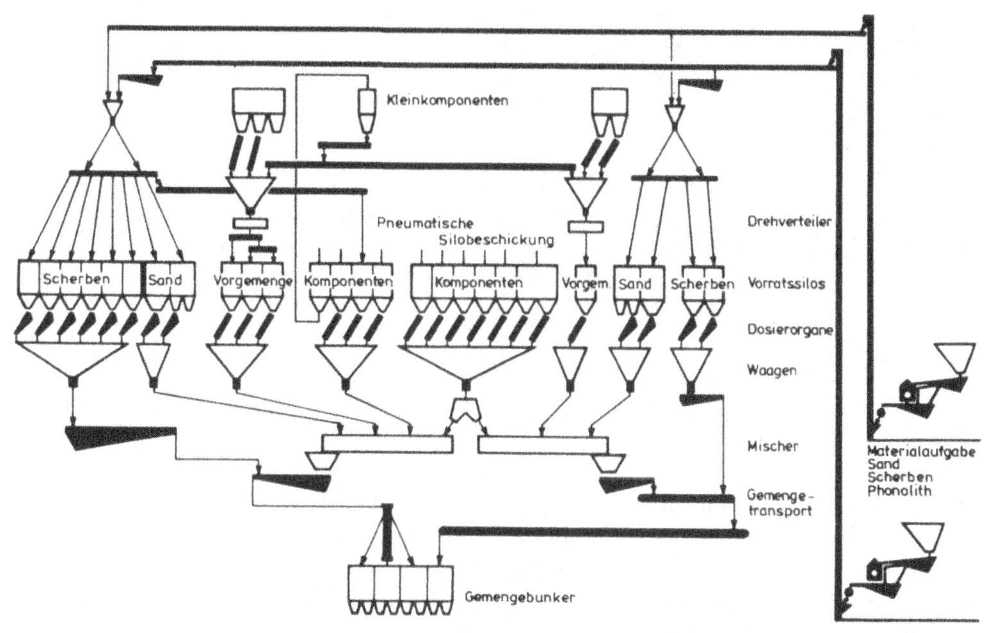

Bild 5.239 Schematische Darstellung einer Glasgemengeanlage für Hohlglas.
Die Anlage ist als Turmanlage auf einer Grundfläche von 10 X 5 m als Betonkonstruktion errichtet. Die Gemengeleistung einschließlich Scherbenanteil beträgt 500 tato; es werden nur Tagessilos verwendet. Die Gemengeaufbereitung folgt getrennt für weiße und bunte Flaschen.
Quelle: Verfasser

Bild 5.240
Mehrkomponentenwaagen der Glasgemengeanlage (Bild 5.239), mit Magnetrinnen als Dosierorgan (für Scherben und Sand).
Quelle: Schenck

Wesentliche Einflußgrößen für die Auslegung einer Gemengewägeanlage sind:

- Antransport der Rohstoffe (lose, in Gebinden, Straße, Schiff, Schiene);
- Lage der Anlage in bezug auf Antransportwege, Weiterverarbeitungsstellen des fertigen Gemenges, bauliche Gegebenheiten;
- Leistung der Anlage;
- Anzahl der Rohstoffe (Komponenten);

Bild 5.241
Mehrkomponentenwaagen der Glasgemengeanlage (Bild 5.239), mit Dosierschnecken, für feinkörnige Komponenten.
Quelle: Schenck

- Eigenschaften der Rohstoffe (Fließeigenschaften, Schüttgewicht, Körnung);
- erforderliche Vorratsmengen an Rohstoff und fertigem Gemenge;
- Anzahl und Gestaltung der Rezepturen (größter und kleinster Komponentenanteil);
- Genauigkeitsforderungen;
- Ausfallsicherheit (z. B. durch Reserveeinrichtungen).

Selbstverständlich ergeben sich zu diesen Anlagen noch eine Vielzahl von anderen Problemen, z. B. Hochtransport und Verteilung der Rohstoffe in die Silos mit mechanischen oder pneumatischen Systemen; Aufbereitung der Rohstoffe, z. B. Trocknen, Sieben, Zerkleinern, Eisenausscheidung usw., Gestaltung der Silos in materialgerechter Weise (Betonsilos, Stahlsilos, Gummisilos, rund, eckig usw.), die Gestaltung der Siloausläufe für einen ungehinderten Materialnachlauf als Voraussetzung für eine einwandfreie Dosierung; Versorgung der Anlage mit Hilfsstoffen, wie z. B. Preßluft, Wasser, Dampf usw. Ein wesentlicher Teil der Anlage ist jedoch die Steuerung der Anlage, derart, daß die maschinentechnischen Einrichtungen in einer dem jeweiligen Verfahren entsprechenden Weise sinnvoll zusammenarbeiten (siehe Abschnitt 5.10.6.5).

5.10.6.5 Die Automatisierung der Wäge- und Steueranlage

Die elektrische oder elektronische Steuerung stellt das „Gehirn" der Anlage dar. Sie steuert und überwacht den Verfahrensablauf und organisiert die Protokollierung. Ferner bildet sic das Bindeglied zwischen dem Bediener der Anlage und den Antriebs- bzw. Geberelementen. Die Wägetechnik ist eine Untermenge des Automatisierungskomplexes. Zur Vermeidung von später schwer änderbaren Fehlplanungen ist die Definition der Betriebsarten, also Automatikbetrieb, evtl. Teilautomatikbetrieb sowie Hand- und Vorortbetrieb, sowie die Festlegung des hierarchischen Steuerungskonzeptes, unter Beachtung der Verfügbarkeit und der Bedienbarkeit jeder einzelnen Automatisierungsebene frühzeitig erforderlich. Die Auswahl des Automatisierungsgerätes wird im wesentlichen vom Datenvolumen und der erforderlichen Speicherkapazität, aber auch vom Bedienkonzept abhängen.

Während Ablaufsteuerungen und Verriegelungen in Gemengeanlagen heute fast durchweg mit Hilfe einer speicherprogrammierbaren Steuerung (SPS) realisiert werden, finden Prozeßrechner – mit und ohne externem Datenspeicher – für Rezepturverwaltung, Bildschirmdialog und umfangreiche Protokollierung Anwendung. Den Belangen des Produktionsbetriebes wie auch des Erhaltungsbetriebes wird besonders Rechnung getragen durch eine den

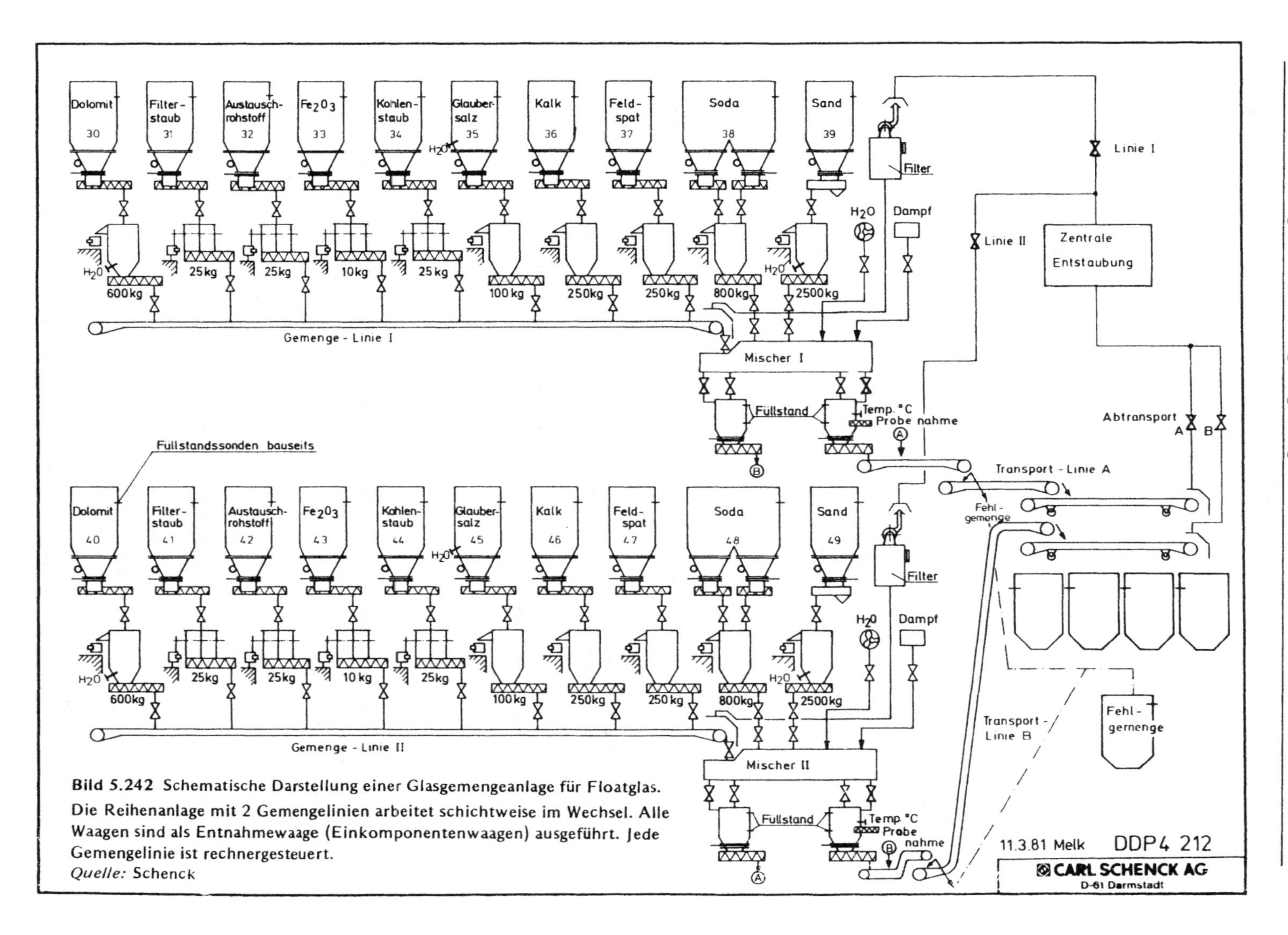

Bild 5.242 Schematische Darstellung einer Glasgemengeanlage für Floatglas. Die Reihenanlage mit 2 Gemengelinien arbeitet schichtweise im Wechsel. Alle Waagen sind als Entnahmewaage (Einkomponentenwaagen) ausgeführt. Jede Gemengelinie ist rechnergesteuert.
Quelle: Schenck

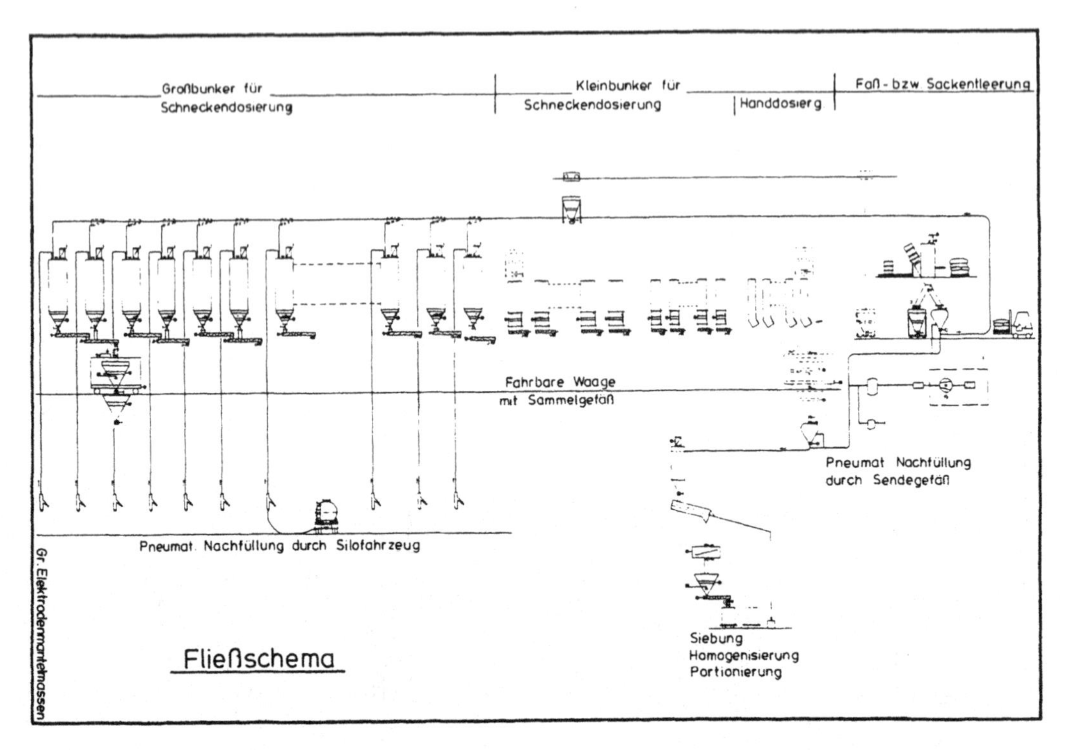

Bild 5.243 Schematische Darstellung einer Gemengeanlage für Schweißelektroden-Mantelmasse.
Die Reihenanlage ist mit einer fahrbaren Gefäßwaage und angebautem Sammelgefäß ausgerüstet. Die Waage arbeitet dadurch als Einkomponenten-Füllwaage mit 12 bis max. 20 Komponenten je Rezept. In 90 Bunkern mit 0,1 ... 30 m^3 Volumen werden 84 verschiedene Stoffe bevorratet; die Schüttgewichte variieren von 0,25 t je m^3 bis 6,25 t je m^3 und die Komponentengewichte je Rezept zwischen 0,2 kg und 380 kg. Die Flurebene beträgt nur 30 × 20 m.
Die Anlage ist rechnergesteuert, mit einem speziellen stufenlosen Dosierverfahren, das sich ändernden Materialeigenschaften selbsttätig anpaßt.
Quelle: Schenck

Produktionsablauf aufrechterhaltende speicherprogrammierbare Steuerung für Verriegelung und Ablaufsteuerung im Teilautomatik- bzw. Handbetrieb, während der Rechnerbetrieb den Normalfall hoher Anlagenleistung im Automatikbetrieb mit Bedienerführung und Protokollierung darstellt.

Besonders beim Einsatz von umfangreichen Prozeßrechnersystemen mit externen Plattenspeichern wird man die Vorteile einer speicherprogrammierbaren Steuerung mit festem Programm in EPROM's für unterlagerte Verriegelungs- und Überwachungszwecke nutzen. Jedoch sind auch „nur" Rechnerlösungen durch den Einsatz höherer Programmiersprachen sowie modularer, leicht austauschbarer Hardware-Komponenten, durch den Erhaltungsbetrieb bzw. Betriebselektriker beherrschbar. Eine gute Anlagenplanung setzt, neben zahlreichen mechanischen und wägetechnischen Überlegungen, die genaue Definition des Software-Mengengerüstes voraus. Hier sind Fragen der Kommunikation „Mensch – Maschine" über Bildschirm und das Protokollier- und Bilanzwesen Punkte, die mit dem Betreiber der Anlage möglichst frühzeitig abgestimmt werden müssen. Die schriftliche Zusammenstellung aller Forderungen an das Wäge- und Datenverarbeitungssystem wird im Pflichtenheft festge-

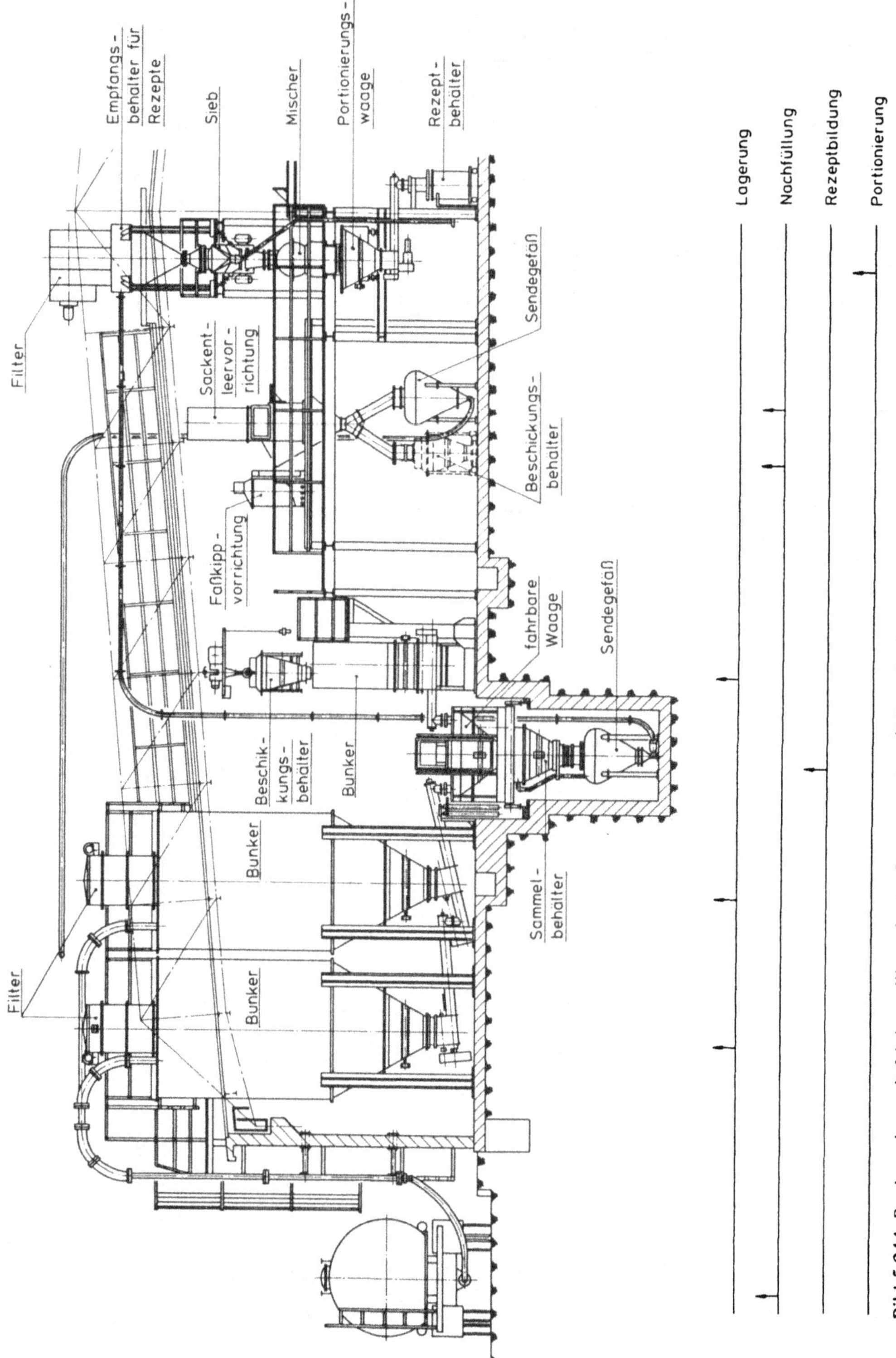

Bild 5.244 Bunkeranlage mit fahrbarer Waage in der Gemengeanlage (Bild 5.242)
Quelle: Schenck

Bild 5.245
Fahrbare Waage in der Gemengeanlage (Bild 5.242).
Die Dosierschnecken auf der linken Seite werden durch einen Zentralantrieb auf der Waage angetrieben.
Fahrgrube 30 m Länge.
Quelle: Schenck

Die Legierungsstoffe werden zeitgestaffelt während der Abstichlaufzeit in die Pfanne, innerhalb 3 ... 5 min, dosiert. Die Sollwerte liegen zwischen 30 kg und 6 000 kg, bei max. 14 beteiligten Komponenten pro Schmelze.
Die 25 Dosierwaagen mit 5 t bzw. 10 t Wägebereich arbeiten alle als Einkomponenten-Abzugswaagen. Die Vorratsbunker werden mit einer Einschienengleisbahn (Hängebahnwagen) aus der Tiefbunkeranlage beschickt.
Quelle: Verfasser

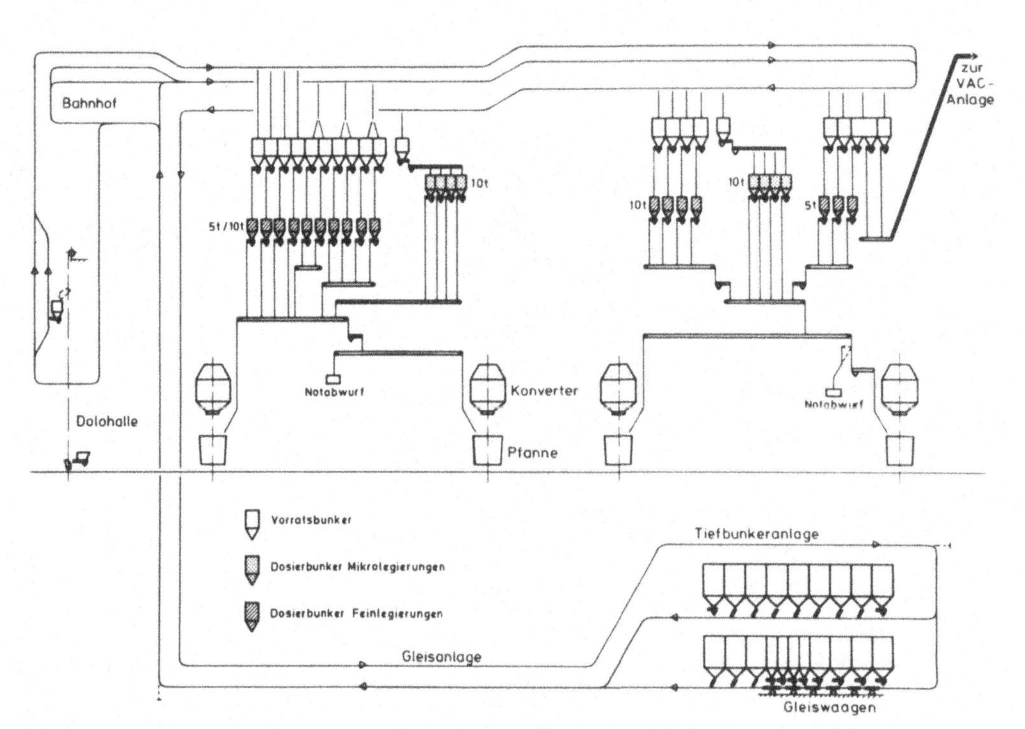

Bunker- und Förderschema Gesamt-Legierungsanlage

Bild 5.246 Schematische Darstellung einer Gemengeanlage für Legierungsmittelzugabe in einem Oxygenstahlwerk mit 4 Konvertern.
Quelle: Schenck

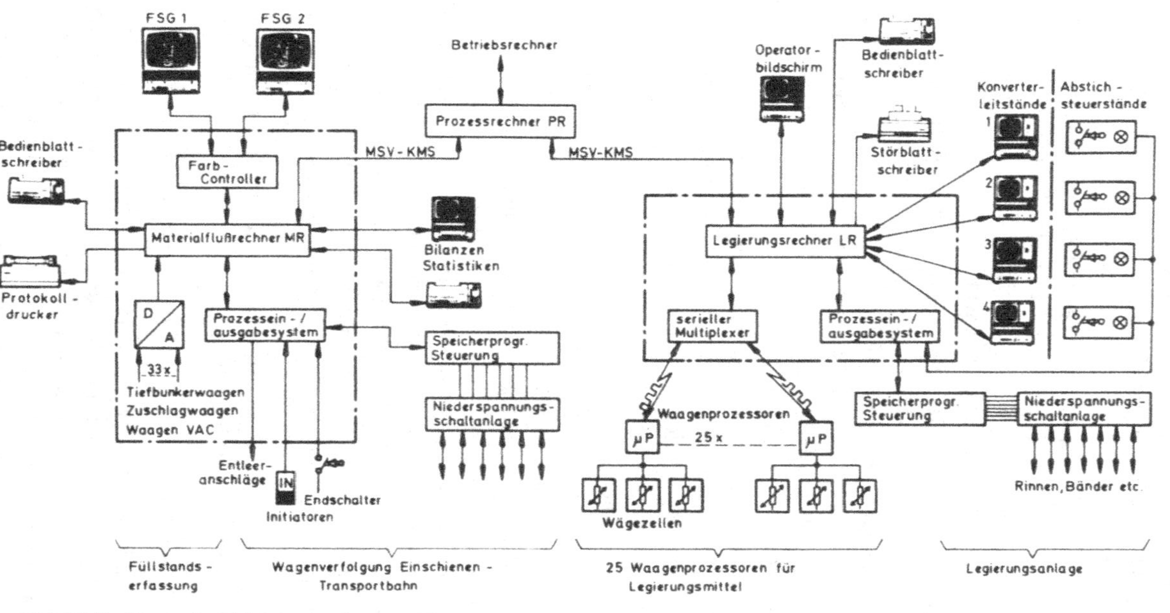

Bild 5.247 Blockschaltbild der Legierungsanlage

Jede der 25 Dosierwaagen ist mit einem eigenen Minicomputer ausgerüstet, weil freie Materialzuordnung für die Waagen, große Sollwertunterschiede und sehr unterschiedliche Austragungsleistungen ein intelligentes Wägesystem mit einem selbst adaptierenden Regelverfahren für die Dosierung in jeder Waage erfordern.
Die Dosieranlage wird automatisch von einem Legierungsrechner gesteuert, der von einem vorgeschalteten Prozeßrechner ein Legierungstelegramm mit Sollwerten und Legierungsreihenfolge erhält. Die Beschickungsanlage für die Bunker wird durch einen weiteren Rechner, dem Materialflußrechner, überwacht. Die Bedienung und Überwachung der Anlage erfolgt nur über Datensichtgeräte, die teilweise semigraphische Farbsichtgeräte sind.

Alle Steuerfunktionen der Transport-, Wäge- und Dosieranlage sind mittels unterlagerter SPS (Speicherprogrammierbare Steuerung) realisiert.
Quelle: Verfasser

legt. Es stellt einen wesentlichen Bestandteil der Anlagenplanung dar und sichert den Planer und Betreiber der Anlage vor späteren Diskussionen über den Softwarelieferumfang ab.

Speicherprogrammierbare Steuerungen (SPS), Niederspannungs-Schaltanlagen (NSS) sowie Mikroprozessor- bzw. Rechnersysteme sind nicht unbedingt Bestandteil einer Wägeanlage, sie gewinnen jedoch zunehmend Einfluß auf die Wägeanlage, je komplexer diese ist; ganz besonders ist dies bei Gemengeanlagen der Fall, weshalb diese Anlagenteile oft in den Lieferumfang des Lieferanten der Wägetechnik eingeschlossen werden.

Das Automatisierungskonzept für die Wägetechnik beeinflußt maßgebend den Systemaufbau der elektrischen Steuerung für das gesamte „Material-Handling-System". Die Philosophie des Automatisierungskonzeptes sollte durch technische Erfordernisse des Prozesses und die gegebenen technischen Möglichkeiten bestimmt sein.

Speicherprogrammierbare Steuerungen arbeiten heute viel zuverlässiger als Relais und Schütze (mechanischer Verschleiß, Kontaktoxidation). Sie bieten sich an für die gesamten logischen Verknüpfungen in der Steuerung, einschließlich Handsteuerung und Aufbereitung des Alarm- und Protokollwesens einer Anlage. Eine Ausnahme sind reine Sicherheitsschaltungen, z. B. Not-Aus, Reißleine eines Förderbandes usw., die direkt auf die Leistungssteuerung der Antriebe arbeiten müssen.

Nicht empfehlenswert sind Konzepte, bei denen die Handsteuerebene aus der SPS ausgelagert und in einer zusätzlichen Relaisebene realisiert werden soll (aus vermeintlichen Sicherheitsgründen). Zur Handsteuerung der Antriebe gehören gewisse Grundverriegelungen, die dann in der Relaisebene verwirklicht sind und zusätzlich in der SPS für den Automatikbetrieb mit Störwerterfassung. Ein solches Konzept ist störanfälliger und unübersichtlicher als ein reines SPS-System.

Andererseits ergibt es keinen Sinn, über mögliche Ausfälle eines zentralen Mikroprozessor- bzw. Computer-Systems nachzudenken, indem man zwecks vermeintlich erhöhter Verfügbarkeit Teilfunktionen aus dem Zentralsystem auslagert, wenn der Ausfall eines solchen Teilsystems auch zur Prozeßunterbrechung führt. Beispielsweise dann, wenn die Anlage aufgrund ihrer Komplexität von Hand nicht gefahren werden kann. Solche Art Anlagen können bedenkenlos mit einem zentralen Automatisierungskonzept geplant werden.

Bei Großanlagen modernster Konzeption werden mitunter Farbsichtsysteme eingesetzt, wobei nach dem Prinzip "Rolling-Map" ganze Fließbilder der Anlage – anstelle eines statischen Fließbildes auf Blechtafeln – auf dem Bildschirm erzeugt werden können. Sogar die Tastatur des Bildschirmes kann durch eine sogenannte virtuelle Tastatur auf dem Bildschirm ersetzt werden, die über einen Lichtgriffel bedient wird.

5.10.6.6 Typische Gerätekonfigurationen für die Wäge- und Dosiertechnik

Abhängig vom Herstellerstandard bestehen ganz unterschiedliche Philosophien im gerätetechnischen Aufbau und den Bedienkonzepten für die Auswägeeinrichtung mit integrierten oder ausgelagerten Dosiersteuerungen. Diese Unterschiede ergeben sich z. T. auch aus den Branchen, in denen der Gerätehersteller vorwiegend seine Marktanteile hat. Dagegen sind die funktionellen Konzepte annähernd gleich, weil sich die Wäge- und Dosierprobleme meist auf Standardfunktionen zurückführen lassen, ganz im Gegensatz zu der Steuerung einer Gemengeanlage, z. B. für den Materialtransport.

Mit der Einführung der Mikroprozessortechnik haben sich die Geräte in den letzten Jahren ständig geändert, so daß auch die hier dargestellten Systeme nur eine „Momentaufnahme" sein können, die wahrscheinlich schon in 1 bis 2 Jahren durch neue Gerätegenerationen abgelöst sein werden. Dennoch werden die grundsätzlichen Überlegungen, z. B. zur hierarchischen Gliederung des Automatisierungskonzeptes, über Jahre hinaus gültig bleiben.

Die dargestellten Geräte sind anhand vorhandenen Prospektmaterials beispielhaft ohne Präferenz ausgewählt.

Kompaktdosiersysteme für jeweils eine Waage

Sie sind meist als 19″-Geräte oder als Tafeleinbaugeräte konzipiert, für 1 bis ca. 16 Komponenten. Auswägeeinrichtung und komplette Dosiersteuerung sind in diesen Geräten kombiniert. Die wesentlichen Funktionsgruppen der Dosiersteuerung sind:

- Soll/Ist-Vergleich für Grob-/Feindosierung je Komponente mit Toleranzkontrolle und Dosierzeitüberwachung;
- Dosier-Ablaufsteuerung;
- Tastenfeld für Funktionen, Daten, Rezepturen;
- Datenschnittstellen für periphere Geräte, z. B. EDV, Drucker, Zweitanzeigen;
- Steuer- und Kontrollfunktionen.

Zusatzbaugruppen für Datenein-/-ausgänge und Signalumsetzer ergänzen von Fall zu Fall die Zentraleinheit (Bilder 5.248 und 5.249).

Mitunter ist die Anzeige- und Bedieneinheit von der 19″-Zentraleinheit getrennt aufgeführt (Bild 5.250).

Auch Baukastensysteme sind üblich, bei denen jeweils abgeschlossene Funktionseinheiten in einem getrennten Gehäuse eingebaut sind, die entsprechend der Ausbaustufe der Wägeanlage kombiniert werden können, z. B. aus:

- Auswägeeinrichtung,
- Sollwertgeber,
- Dosiersteuerung (Bild 5.251),
- Druckersteuerung

Die Auswägeeinrichtung kann auch so konzipiert sein, daß sie als Kompakt-Dosiersystem für Einzelwaagen ebenso geeignet ist wie als dezentrales Untersystem zu einer zentralen Dosiersteuerung (Blockschaltbild siehe Bild 5.224) (Bild 5.252).

Neben den Funktionen der Auswägeeinrichtung sind diverse Soll/Ist-Vergleicherfunktionen einschließlich zugehörigen Ausgaberelais möglich, die per Software beliebigen Sollwerten und Komponenten zugeordnet werden können. Die Sollwertvorgaben erfolgen über eine serielle Schnittstelle von externen Tastaturen, Datensichtgeräten, Rechnern.

Zur Realisierung der waagenspezifischen Ablaufsteuerung für eine oder mehrere Komponenten stehen parallele Steuerein- und -ausgänge zur Verfügung, die frei programmiert werden können. Die Zusammenschaltung mit einem Zentralsystem erfolgt über eine serielle Schnittstelle für den Datenaustausch unter Beibehaltung der Dezentralisierung der zeitkritischen Funktionen.

Zentrale Dosiersysteme für eine bis mehrere Waagen

Die Systemmöglichkeiten sind so zahlreich, daß nur prinzipiell darauf eingegangen werden kann.

Ein Zentralsystem (Mikroprozessor, Rechner) ist als sogenanntes Mastersystem mit einem oder mehreren Untersystemen (Slave-System) gekoppelt, die entweder nur als Auswägeeinrichtung arbeiten oder Teilfunktionen der Dosiersteuerung beinhalten, z. B. zeitkritische Funktionen wie den Soll/Ist-Vergleich.

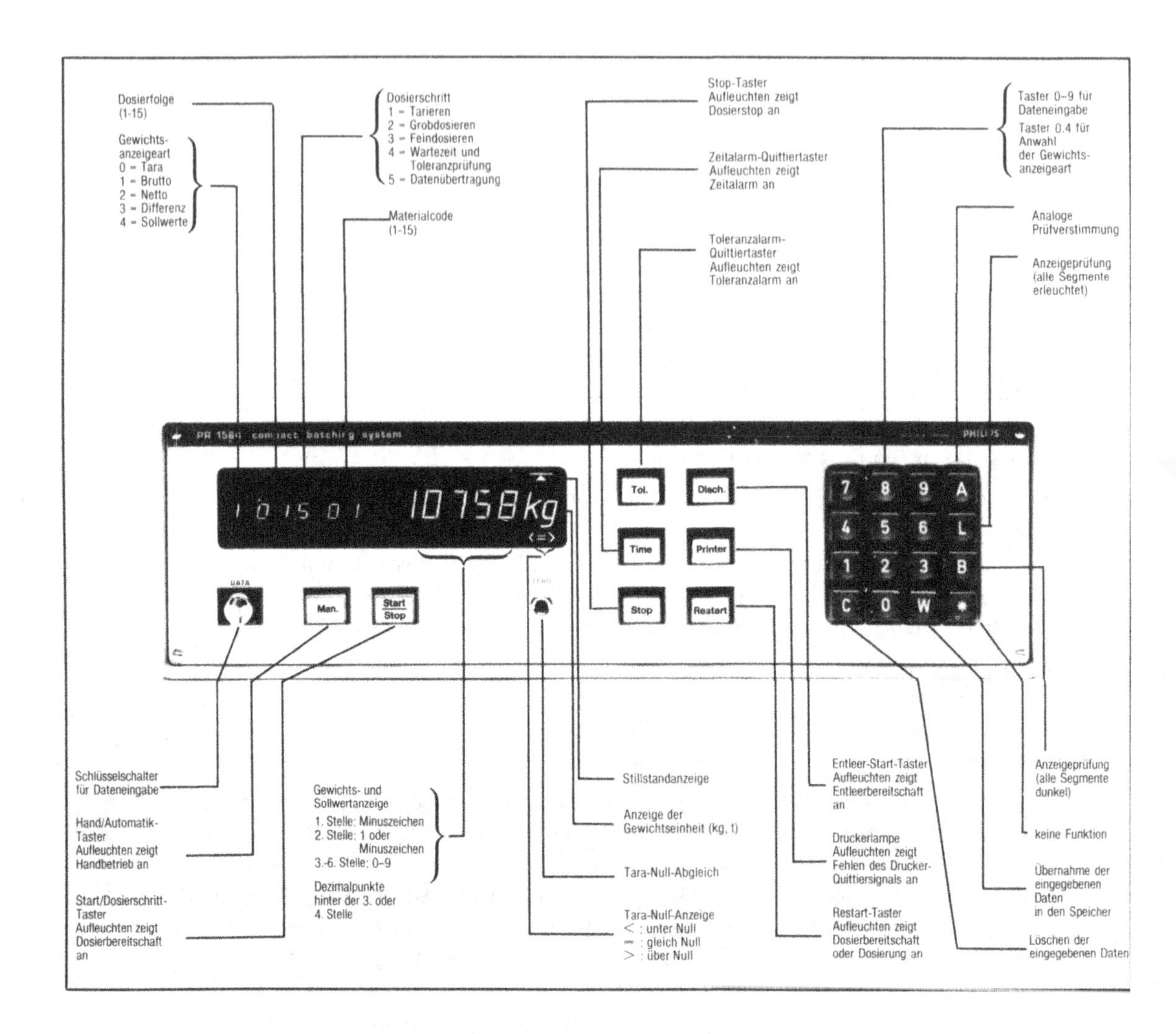

Bild 5.248 Kompakt-Dosiersystem Typ PR 15 64
Quelle: Philips

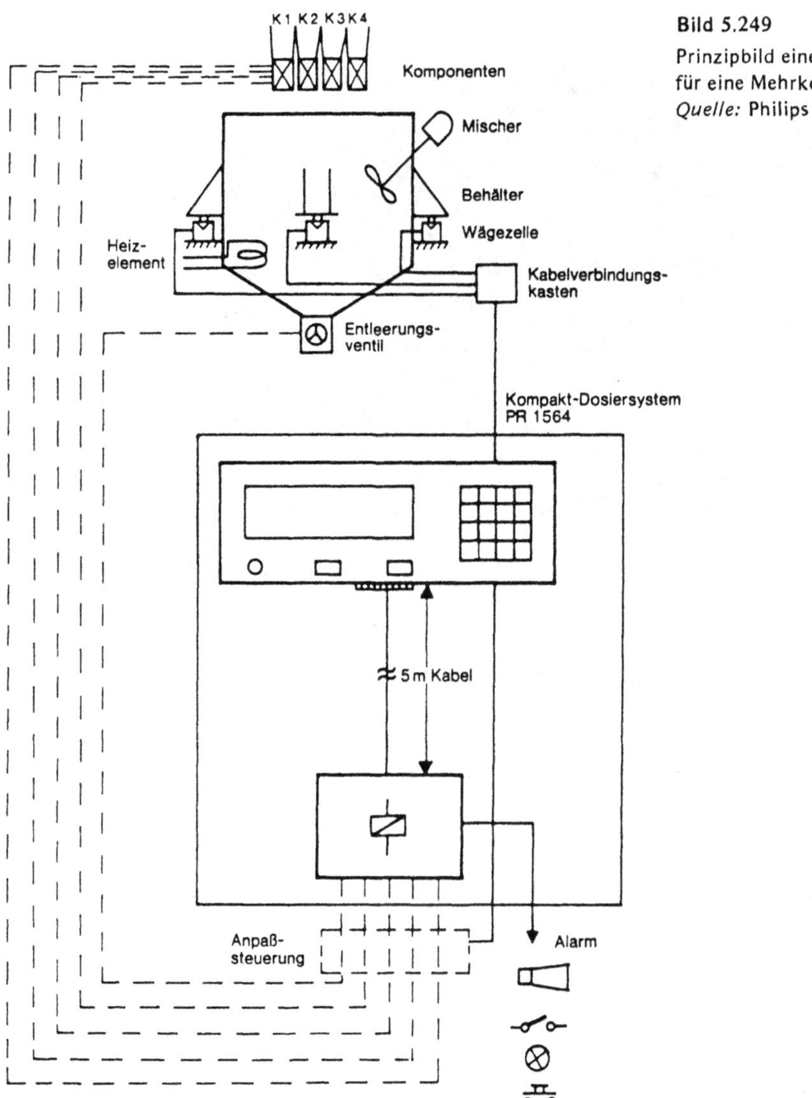

Bild 5.249
Prinzipbild einer Dosiersteuerung für eine Mehrkomponentenwaage
Quelle: Philips

Die Mindestkonfiguration der Zentraleinheit ist die sogenannte Datenkonzentratorfunktion, also das Zusammenfassen der Daten aller Waagen der Gemengeanlage zu einer zentralen Datenschnittstelle für einen Protokolldrucker und evtl. zusätzlich für eine EDV-Anlage. Dieses System setzt aber autonome Waagen einschließlich kompletter Dosiersteuerung und Sollwertvorgabe je Waage voraus, was ein weitgehend dezentrales System mit hoher Verfügbarkeit, aber relativ hohen Kosten ergibt (Bild 5.253).

Die nächsthöhere Zentralisierungsstufe ergibt sich, indem die Sollwertvorgaben für die Waagen (Rezeptur) über den Datenkonzentrator vorgegeben werden, entweder über ein angeschlossenes Datensichtgerät, eine eingebaute Tastatur mit Display oder eine Rechnerschnittstelle. Üblicherweise sind solche Systeme dann schon recht leistungsfähig, so daß z. B.

Bild 5.250 Bedieneinheit MCD für Dosieranlage
Quelle: Bizerba

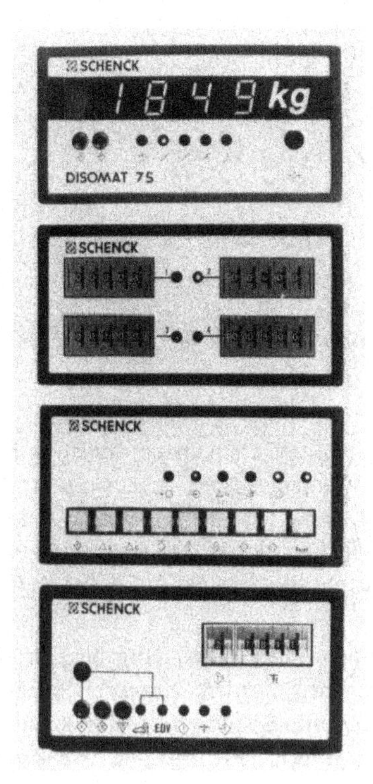

Bild 5.251
Kompakt-Dosiersteuerung Typ DISOMAT 7 S
Quelle: Schenck

Bild 5.252
Wäge- und Dosiersystem Typ DISOMAT M
Quelle: Schenck

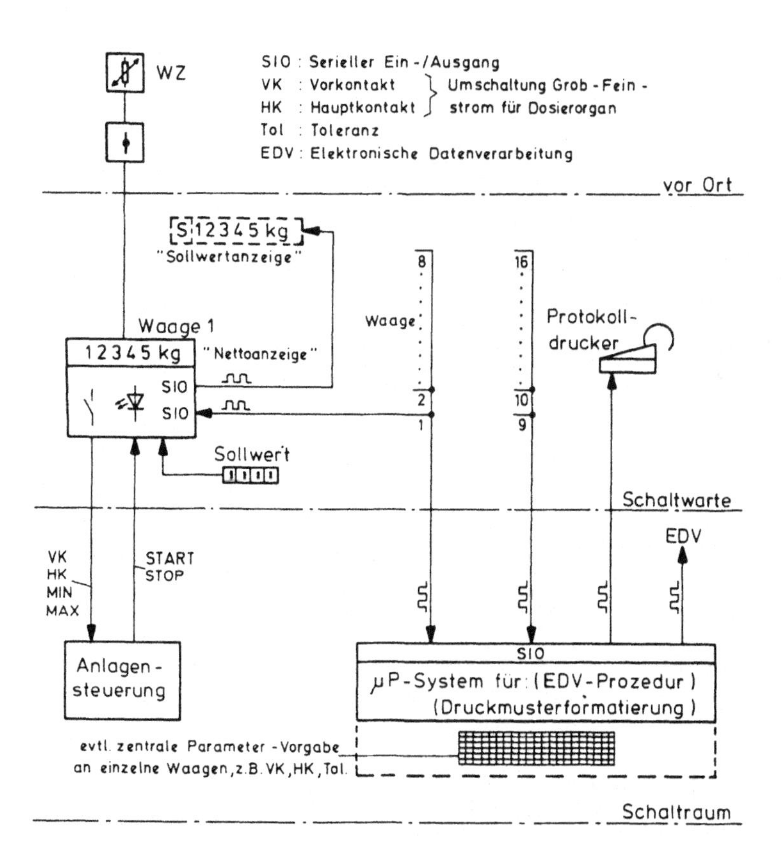

Bild 5.253 Blockschaltbild eines Datenkonzentrators für mehrere Waagen (Serial-BUS)
Quelle: Verfasser

auch zentrale Rechenfunktionen für Chargenprotokoll, Korrekturen (Sollwert, Feuchte, Nachlauf) usw., Druckmusterformatierung für die serielle Druckerschnittstelle und Ablaufprogramme für die Waagen zusätzlich in dem Gerät realisiert werden können.

Die Steuerkontakte für die Grob-/Feinstromumschaltung der Dosierorgane werden entweder direkt von den Auswägeeinrichtungen mit integriertem Soll/Istvergleich ausgegeben, oder aus der zentralen Mastereinheit, letzteres besonders dann, wenn die Dosierorgane kontinuierlich geregelt werden (Bild 5.254).

Bei Gemengeanlagen mit 10 und mehr Waagen, die sogar parallel arbeiten müssen, können sich bei Systemen mit zentralem Soll/Istvergleich Zeitprobleme und damit Probleme in der erreichbaren Dosiergenauigkeit ergeben.

Das vorteilhafte Auslagern der zeitkritischen Funktionen in die dezentralen Auswägeeinrichtungen bietet sich hier besonders an und erhöht auch die Verfügbarkeit der Anlage, weil bei Ausfall der Zentraleinheit oft noch ein automatisches Dosieren vorübergehend möglich ist, wenn zusätzlich die waagenspezifische Ablaufsteuerung über entsprechende Ein-/Ausgänge der Auswägeeinrichtung direkt in dieser realisiert werden kann. Dies zwar mit vermindertem Komfort und evtl. Verzicht auf Protokollierung und zentraler Sollwertvorgabe (Bild 5.255).

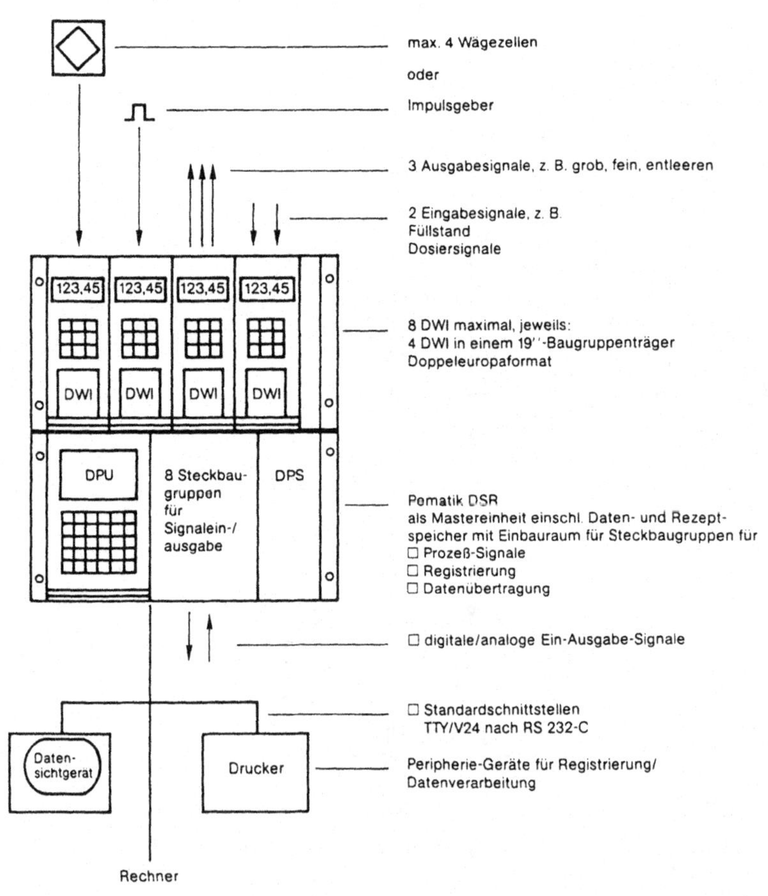

Bild 5.254 Zentrale Dosiersteuerung Typ DRS für mehrere Waagen
Quelle: Pfister

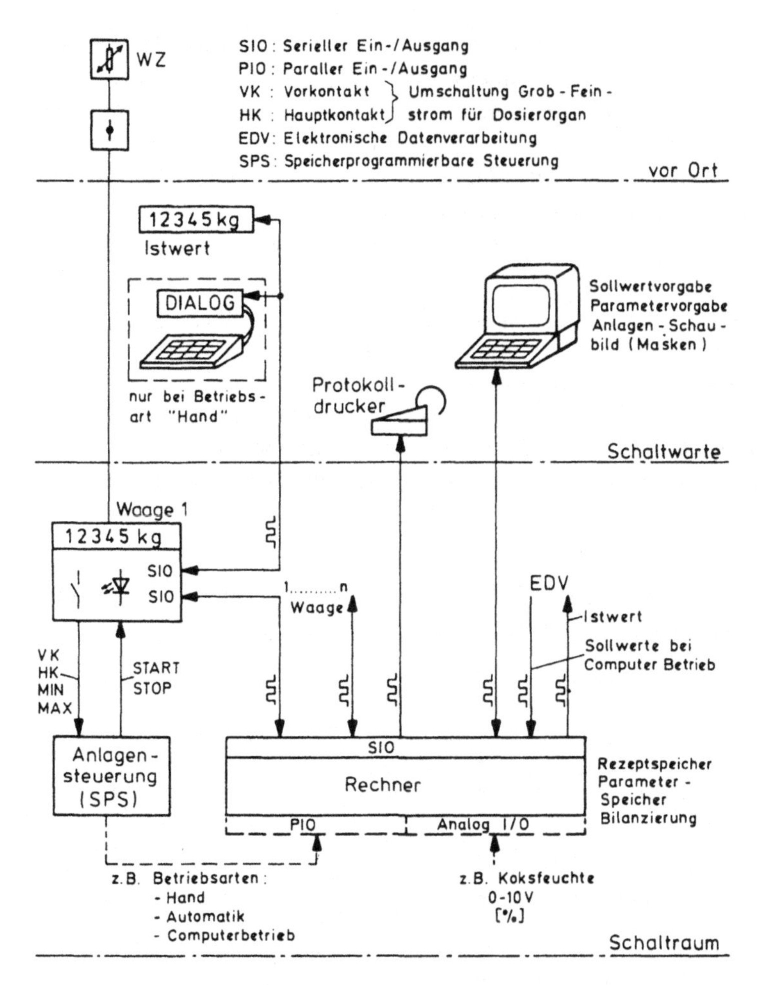

Bild 5.255 Zentrales Dosiersteuersystem für mehrere Waagen mit freiprogrammierbarem Rechner
Quelle: Verfasser

Sehr komplexe Gemengeanlagen werden nicht mit vorkonfektionierten Dosiersteuersystemen der vorgestellten Art realisiert, sondern mit frei programmierbaren Rechnersystemen, mit oder ohne zusätzliche speicherprogrammierbare Steuerungen (SPS), weil die zusätzlichen Aufgaben, z. B. für Materialdisposition, Steuerung von Förderwegen, Mischern usw., den Rahmen der Standardlösungen sprengen. Die folgerichtigen Überlegungen für solche Anlagenkonzepte wurden in Abschnitt 5.10.6.5 hinreichend erläutert.

5.10.6.7 Einfluß der Gemengeleistung auf Spielzeit und Chargengröße

In einer diskontinuierlichen Gemengeanlage mit Behälterwaagen wird das Gemenge in Chargen gebildet. Die Leistung der Anlage wird durch die *Chargengröße* und die Anzahl der Chargen je Zeiteinheit bestimmt. Die Zeit, die für eine Chargenbildung erforderlich ist, wird *Spielzeit* genannt. Basisgrößen für die konstruktive Auslegung einer Gemengeanlage sind die Anlagenleistung (t/h) und die erforderliche Wägegenauigkeit der Einzelkomponen-

ten. Chargengröße und Spielzeit müssen anhand dieser Vorgaben vom Anlagenplaner optimal ausgelegt werden. Beide Größen stehen in Wechselwirkung zueinander.
In jedem Anlagenkonzept gibt es Mindestzeiten, die durch das Anlagenprinzip, die Verfahrenstechnik und die Genauigkeitsforderungen bedingt sind. Daher ist es zweckmäßig, zunächst die resultierende Spielzeit zu ermitteln und danach unter Einbeziehung der vorgegebenen Anlagenleistung, die Chargengröße zu bestimmen. Zur Verdeutlichung der Wechselwirkung dieser Festlegungen werden die Begriffe Spielzeit und Chargengröße näher definiert.

Die Spielzeit wird u.a. bestimmt durch:

- die Anzahl und Zeitdauer der Operationen der Waage, die nacheinander ausgeführt werden müssen, z. B. Dosieren mehrerer Komponenten nacheinander in eine Waage, Fahr- und Beruhigungszeiten bei fahrbaren Waagen usw.;
- die Genauigkeitsforderungen an die Komponentenwägung; große Genauigkeiten erfordern längere Dosierzeiten und diese sind auch abhängig von der Chargengröße;
- Mindestzeiten, die sich ergeben aufgrund von Operationen, die dem Wägen und Dosieren folgen, z. B. Transportieren, Mischen, Granulieren usw.

Die Chargengröße wird u. a. bestimmt durch:

- die Kapazität der weiterverarbeitenden maschinellen Einrichtungen, aber auch durch Losgrößen, z. B. anlagenunabhängige Verkaufsgrößen (Gebindegrößen).

Schrifttum

[1] *Reimpell, J.; Raudnitz, M.:* Handbuch des Waagenbaues, Bd. 1: Handbediente Waagen. Voigt Verlag, Berlin, 1955.
[2] *Reimpell, J.; Krackau, E.:* Handbuch des Waagenbaues, Bd. 2: Selbstanzeigende und selbsttätige Waagen. Voigt Verlag, Berlin.
[3] Einbau von Wägezellen, Elektrisches Messen mechanischer Größen, Firmendruckschrift G 21.03.0, 1977, Hottinger Baldwin Meßtechnik, Darmstadt.
[4] *Jenike, A. W.; Elsey, P. J.; Wooleey, R. H.:* Flow properties of bulk solids. Univ. Utah, Engng. Exp. Station, Bull. No. 95, 1959
[5] *Jenike, A. W.:* Gravity flows of solids. Univ Utah, Engng. Exp. Station, Bull. No. 108, 1961.
[6] *Jenike, A. W.:* Storage and flow of solids. Univ Utah, Engng. Exp. Station, Bull. No. 123, 1964.
[7] *Reisner, W.; Eisenhart, V.; Rothe, M.:* Bins and Bunkers for Handling Bulk Materials, Practical Design and Techniques. Trans. Tech. Publications, Vol 1, No. 1, 1971.
[8] *Colijn, H.:* Weighing and Proportioning of Bulk solids, Trans. Tech. Publications, 1975.

5.11 Vergleichs-, Kontroll-, Sortier-, Klassierwaagen

H.-A. Oehring

5.11.1 Waagengattungen

Die Bezeichnungen Vergleichs-, Kontroll-, Sortier- und Klassierwaagen werden für solche Waagengattungen benutzt, die in irgendeiner Art zum Kontrollieren des Wägegutes eingesetzt werden, wobei die Begriffe nicht immer einheitlich verwendet werden.

5.11.1.1 Vergleichswaagen

Andere Benennungen sind: Plus-Minus-Waagen, Waagen für gleiche Packungen, Leicht-Schwer-Waagen, Abpackwaagen. Es sind halb- oder selbsteinspielende Waagen, die auf der Skale unmittelbar die Abweichung des Packungsgewichtes von dem Sollgewicht nach Mehr- oder Mindergewicht anzeigen. Als Auswägeeinrichtungen, die häufig nach dem Substitutionsprinzip arbeiten, kommen zur Anwendung: Tafel-, Laufgewichts- oder Schaltwaagen mit zusätzlicher Neigungsgewichts- oder Leuchtbildeinrichtung. Entsprechend dem geringen Wägebereich hat die meist symmetrisch vom Nullpunkt nach Plus und Minus geteilte Skale nur wenige Teilstriche (Bild 5.256).

Um das Ablesen der Skale zu vereinfachen, wurden bei einigen Bauarten fotoelektrische Bauelemente so angeordnet, daß der Zeiger bzw. eine Schaltfahne diese abdeckt oder nicht. Durch logische Schaltung werden dann die Lampen für „Minus", „Gut" oder „Plus" gesteuert. Die Waagen kann man als Vorläufer für die selbsttätigen Kontrollwaagen ansehen. Größere Bedeutung haben sie nicht mehr.

Bild 5.256
Vergleichswaage nach dem Substitutionsprinzip, Höchstlast 1 kg, Wägebereich ± 20 g, d = 1 g
Quelle: Bizerba

5.11.1.2 Kontrollwaagen

Da jede Waage, die zum Wägen geeignet ist, auch zum Kontrollieren gebraucht werden kann, wird der Begriff „Kontrollwaage" sehr vielfältig benutzt. Im Betrieb werden häufig nichtselbsttätige Waagen, wie Handelswaagen beliebiger Bauart oder auch Präzisionswaagen, so bezeichnet, wenn darauf eine Gewichtskontrolle vorher abgewogener Packungen, Behälter, Säcke usw. erfolgt, z. B. werden in Mühlen häufig die Mehlsäcke mit einer Dezimalwaage kontrolliert. Mit dem Inkrafttreten der Fertigpackungs-Verordnung (FPV) wurde das Wort „Kontrollmeßgerät" eingeführt. Es sind Waagen, die nach Anlage 7 der FPV bestimmte Fehlergrenzen einhalten müssen, wobei dem Hersteller von Fertigpackungen freigestellt ist, welche Waagengattung oder Waagenbauart er zur Kontrolle verwendet.

5.11.1.3 Selbsttätige Kontrollwaagen (SKW)

Bei einer SKW wird das Wägegut, wie Packungen, Stücke, zur Gewichtskontrolle ohne Einwirken von Bedienungspersonal der Auswägeeinrichtung zugeführt und die Abweichung der Masse vom Sollgewicht festgestellt. Bei den meisten Anwendungsfällen ist danach eine von der SKW gesteuerte Sortiereinrichtung angeordnet, die diejenigen Stücke aussortiert, die die eingestellten Grenzen nach Minus und/oder Plus überschreiten.

5.11.1.4 Sortierwaagen

Mit Sortierwaagen werden gleichartige Wägegüter nach Gewichtsklassen räumlich getrennt. In Deutschland kennt man hauptsächlich zwei Waagengattungen:

a) die oben erwähnten SKW mit Sortiereinrichtung und
b) Eiersortiermaschinen, die Eier in festgelegte Gewichtsklassen einsortieren (siehe Abschnitt 5.11.8).

In anderen Ländern gibt es Sortierwaagen für weitere Wägegüter, z. B. in Frankreich für Austern und Geflügel.

5.11.1.5 Klassierwaagen

Klassierwaagen registrieren, welcher vorgegebenen Gewichtsklasse jedes Stück zuzuordnen ist, das zu einer größeren Anzahl gleichartiger Stücke gehört und deren Stückgewichte eine beliebige statistische Verteilung haben, ohne sie räumlich zu trennen. Klassierwaagen sind meistens selbsttätige Kontrollwaagen mit einer größeren Anzahl von Klassen. In der Mehrzahl haben sie auch eine Sortiereinrichtung, so daß die Stücke mit zu großem Unter- bzw. Übergewicht aussortiert und die restlichen für innerbetriebliche Zwecke klassiert werden.

5.11.1.6 Verpackungsanlagen

SKW werden häufig nicht als einzelne Waage eingesetzt, sondern sie werden besonders in der Pharma- und Lebensmittelindustrie in Verpackungsanlagen integriert. Ein Beispiel zeigt Bild 5.257: Von den zugeführten Packungen wird auf einer SKW die Tara ermittelt und der Gewichtswert in der SKW zur Füllmengenkontrolle gespeichert. Nach der Füllung gelangt die Packung zu dieser SKW, das Nettogewicht wird ermittelt und fehlgewichtige Packungen werden von der Sortiereinrichtung ausgesondert; gleichzeitig können über die Tendenzeinrichtung die Abfüllung geregelt und in einem Rechner die Werte zur Fertigpackungskon-

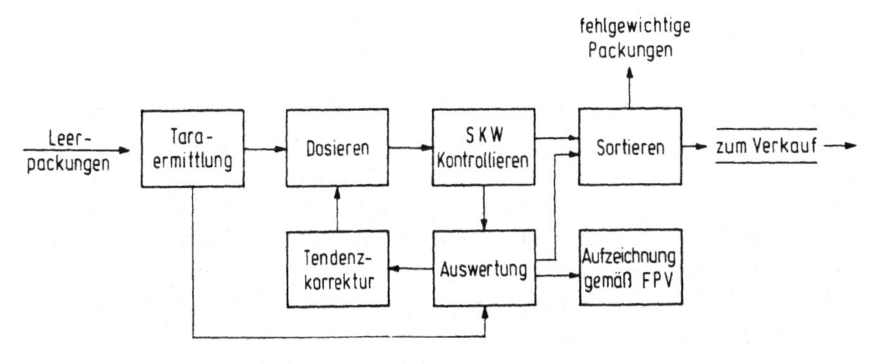

Bild 5.257 Schema einer Verpackungsanlage
Quelle: Verfasser

trolle ermittelt und ausgedruckt werden. Außerdem ist es möglich, Packungsbeilagen zuzulegen, die Packungen an geeigneter Stelle zu verschließen und Nachdosierungen vorzunehmen.

5.11.2 Bauausführungen von selbsttätigen Kontrollwaagen

Wie bereits in Abschnitt 5.11.1 erwähnt, sind die Vergleichswaagen als Vorläufer der SKW anzusehen. Eine Reihe von Bauarten sind zu selbsttätigen Kontrollwaagen weiterentwickelt worden, werden aber wegen zwei grundsätzlicher Nachteile kaum noch angewendet:

a) Infolge der relativ großen Wege des Hebelsystems ist die Wägegeschwindigkeit begrenzt,
b) mit den fotoelektrischen Bauelementen können wenige und nur diskret einstellbare Schaltpunkte realisiert werden.

Ab etwa Anfang der 60er Jahre wurden deshalb von einschlägigen Firmen Bauarten von SKW mit speziell auf den Anwendungszweck zugeschnittenen Konstruktionen entwickelt, die allgemein folgende Baugruppen haben:

- Auswägeeinrichtung,
- Waagenbrücke,
- Auswerteeinrichtung,
- Zusatzeinrichtungen (Sortiereinrichtung, Tendenzeinrichtung, Nullstelleinrichtung, Druckwerke).

5.11.2.1 Auswägeeinrichtungen

Federwägesystem mit induktivem oder kapazitivem Signalgeber (Bild 5.258)

Von den verschiedenen Bauarten der Auswägeeinrichtungen, die zu Beginn der SKW-Entwicklung entstanden, hat sich nur eine durchsetzen können. Bei dieser Wägezelle wirken vier, auf der einen Seite fest eingespannte Blattfedern als Lenker; als Gegenkraft dient eine Spiral-Meßfeder. An das System sind der Dämpfer und der Signalgeber angelenkt. Letzterer ist

Bild 5.258
Wägezelle für SKW
1 Öldämpfer
2 Blattfedern
3 Meßfeder
4 Dreipunktauflage für Bandwägeeinrichtung
5 Differentialtransformator
Quelle: Verfasser

meistens ein induktiver Weggeber in Form eines Differentialtransformators, der mit einer Frequenz etwa ab 6 kHz betrieben wird, oder vereinzelt kapazitive Wägegeber in Form z. B. eines Plattenkondensators. Dieses System hat den Vorteil, daß es eine hohe Eigenfrequenz besitzt; damit können bei aperiodischer Dämpfung kurze Einschwingzeiten und große Wägegeschwindigkeiten erzielt werden.

Die Unlinearitäten des Signalgebers können unberücksichtigt bleiben, wenn das Wägesystem nach dem Substitutionsprinzip arbeitet und so der eigentliche Wägebereich nur einen Teil der Höchstlast beträgt.

Bedingt durch die digitale Technik, die die bisherige analoge bei den SKW ablöst, ist das Substitutionsprinzip nicht mehr geeignet. Die Wägezellen müssen deshalb so umkonstruiert werden, daß mit ihnen der gesamte Wägebereich erfaßt werden kann.

Magnetische Kraftkompensation

Abgesehen von einer Konstruktion einer englischen Firma, die an eine Balkenwaage eine bewegliche Spule angelenkt hatte, die ihrerseits in einen Permanentmagneten tauchte und den induzierten Strom zur Auswertung benutzte, wurde knapp 10 Jahre später von einer deutschen Firma das Prinzip der magnetischen Kraftkompensation konsequent für den Einsatz in selbsttätigen Kontrollwaagen entwickelt. In neuerer Zeit kommt die Kraftkompensation vermehrt zur Anwendung.

Dehnungsmeßstreifen

Die Wägezelle mit Dehnungsmeßstreifen ist bisher im Bereich der SKW nur von einer Firma angewendet worden.

5.11.2.2 Waagenbrücke

Bei den selbsttätigen Kontrollwaagen ist die Waagenbrücke so ausgeführt, daß das zu kontrollierende Wägegut selbsttätig über diese hinweggeführt und dabei die Gewichtsabweichung vom Sollwert ermittelt wird.

Diskontinuierliche statische Wägung

Das zu wägende Stück befindet sich für eine kurze Zeit im Ruhezustand (Bild 5.259). Folgende Prinzipien kommen zur Anwendung:

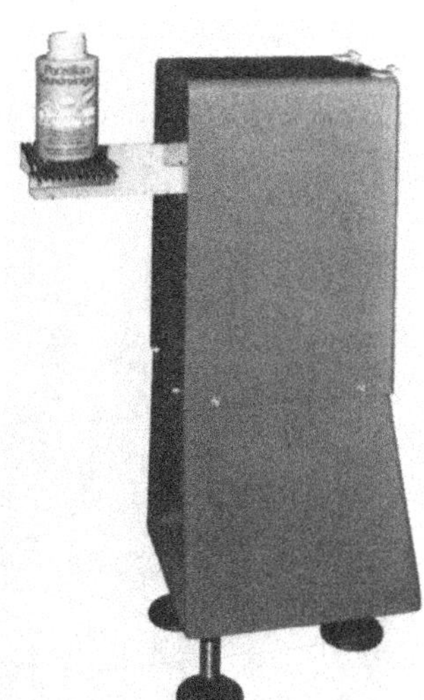

Bild 5.259

Diskontinuierliche SKW.

Je nach Art der Packung werden sie durch Greifer, Schieber o. ä. auf den Waagentisch gebracht. Leistung bis ca. 100 Wägungen/min. – Auf dem Bild fehlen die Anzeigeeinrichtungen.

Quelle: Optima

a) Die Packungen werden durch ein Förderband zur Waagenbrücke gebracht und dort auf einer in mehrere Einzelbänder aufgespaltene horizontal liegende Bandanlage zur Auswägeeinrichtung befördert. Durch Absenken der Bänder auf die Waagenbrücke oder Anheben dieser, befindet sich die Packung zur Ermittlung des Wägeergebnisses für kurze Zeit im Ruhezustand; danach wird sie weiterbefördert.

b) Die Packungen gelangen durch die eigene Schwerkraft auf die Auswägeeinrichtung. Das Verfahren wird z. B. bei Abfüllung in Schlauchbeutel angewendet, die nach Verschließen auf den Lastbehälter fallen, der so ausgebildet ist, daß sich je nach Größe des Packungsgewichts die eine oder andere Seite für fehl- bzw. gutgewichtige Packungen öffnen kann.

c) Die Packungen werden durch einen Greifer oder Schieber o. ä. auf die Waagenbrücke gebracht, bleiben dort für kurze Zeit zur Gewichtsermittlung in Ruhe und werden dann weiterbefördert und sofern nötig aussortiert. Bei einem anderen Prinzip schiebt die jeweils folgende Packung die vorhergehende auf die Waagenbrücke und nach der Wägung weiter.

Kontinuierliche dynamische Wägung

Bei dieser Art der Wägung befindet sich das Wägegut bei der Gewichtsermittlung in Bewegung. Zwei Arten kommen zur Anwendung:

a) *Schleifbandeinrichtung:* Das endlose Wägeband wird durch Reibrollen, die am Gestell einschließlich Motor angebracht sind, angetrieben und schleift über die Auswägeeinrichtung. Werden Bänder benutzt, beeinflussen Bandsteifigkeit, Bandstoß, Bandspannung den Fehler der SKW. Die Bänder werden häufig durch Kugel- oder Gelenkketten nach Art der Fahrradketten ersetzt (Bild 5.260).

b) Bei der *Bandwägeeinrichtung* liegt das Wägeband einschließlich Motor, Getriebe und Umlenkrollen, die sehr genau statisch und dynamisch ausgewuchtet sein müssen, als Totlast auf der Auswägeeinrichtung. Der Bandantrieb muß sehr gleichmäßig sein, da sich durch Verzögerung oder Beschleunigung der Bandgeschwindigkeit bei der Wägung der Unschärfebereich vergrößert. Die Stromzuführung zum Motor darf die Beweglichkeit der Auswägeeinrichtung nicht beeinflussen. Häufig wird das Band in mehrere Bänder aufgespalten, die aus Flach- oder Rundschnurmaterial bestehen. In seltenen Anwendungsfällen werden auch Ketten eingesetzt.

Vergleich der Wägeprinzipien

Für SKW mit Höchstlasten bis ca. 1000 g gelten etwa folgende Werte:

Zuführung	Leistung Pack./min	Unschärfebereich bei der Mindestlast und Wägegeschwindigkeiten bis etwa 150 Packungen/min mg
diskontinuierlich	ca. 120	100
kontinuierlich:		
Schleifbandeinrichtung	bis 600	500
desgl. mit Kugelkette	bis 600	300
desgl. mit Gelenkkette	bis 600	1000
Bandwägeeinrichtung	400 (600)	200

Die angegebenen Unschärfebereiche steigen bei größeren Wägegeschwindigkeiten je nach Art der Konstruktionen mehr oder weniger stark an.

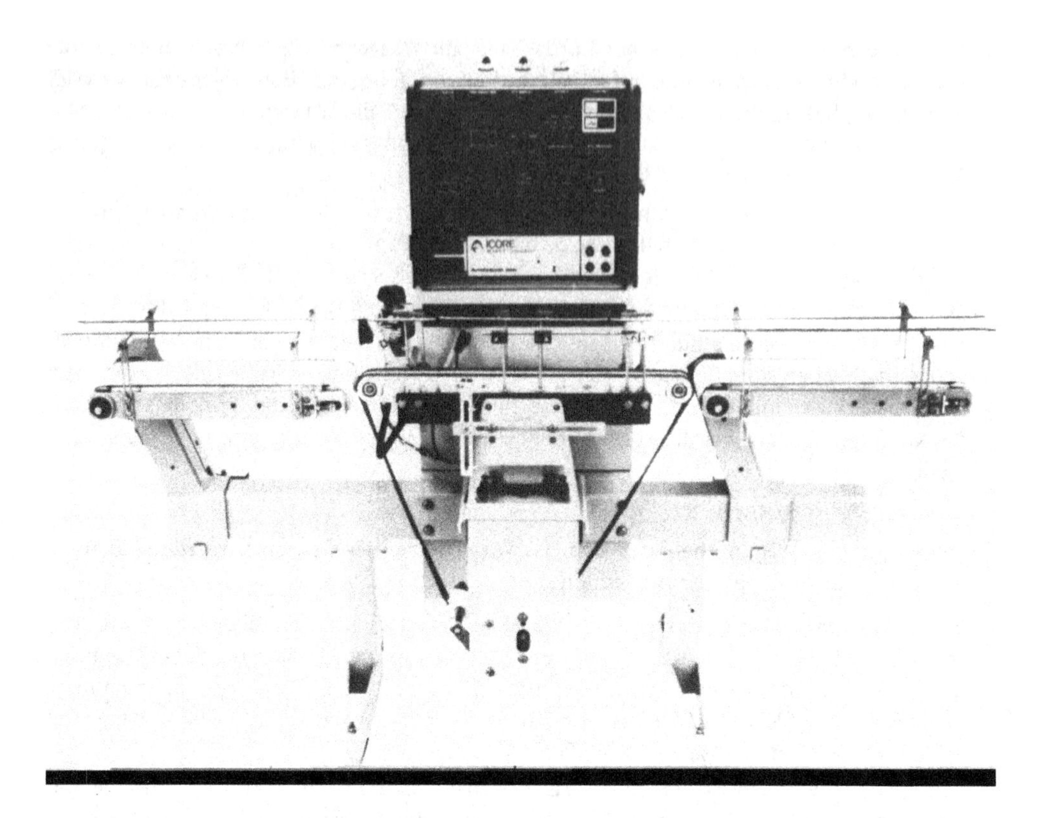

Bild 5.260 Kontinuierliche SKW mit Schleifbandeinrichtung, die in zwei Gelenkketten aufgespalten ist, mit fest an der Waage angebrachtem Zu- und Abfuhrband und digitaler Anzeigeeinrichtung. Leistung bis ca. 400 Wägungen/min.
Quelle: Icore

5.11.2.3 Auswerte- und Anzeigeeinrichtungen

Analog-Auswertung

Im Prinzip wird bei SKW mit Analoganzeige (Bild 5.261) das elektrische Wägesignal gleichgerichtet, gefiltert, verstärkt und einer logischen Schaltung zugeführt. Diese ist im allgemeinen so aufgebaut, daß durch Potentiometer die einzelnen Schaltpunkte eingestellt werden, wobei beim Überschreiten elektrische Bauelemente (Relais, Schalttransistoren) durchgeschaltet und die Anzeigeeinrichtungen betätigt werden. Es sind dieses bei analog arbeitenden SKW fast immer Anzeigelampen, Zähler und manchmal zusätzlich akustische Signale. Die Anzeigelampen zeigen durch Aufleuchten an, in welche Klasse die gewogene Packung einsortiert wurde. Bei einigen Waagenbauarten bleibt die angesteuerte Lampe bis zur nächsten Wägung brennen, bei anderen flammt sie nur kurz auf. Parallel zu den Lampen sind fast immer Klassenzähler geschaltet, die als Additionszählwerke die Anzahl der gewogenen Stücke registrieren, die entsprechend dem Stückgewicht den einzelnen Klassen zugeordnet wurden.

Da es bei N Schaltgrenzen $N+1$ Klassen gibt, haben SKW, die nur zwischen Minus- und Gutgewicht unterscheiden sollen, 2 Klassenzähler, denen häufig ein 3. Zähler als Gesamtsummenzähler beigefügt wird. Bei 2 Schaltgrenzen ergeben sich entsprechend die 3 Klassen

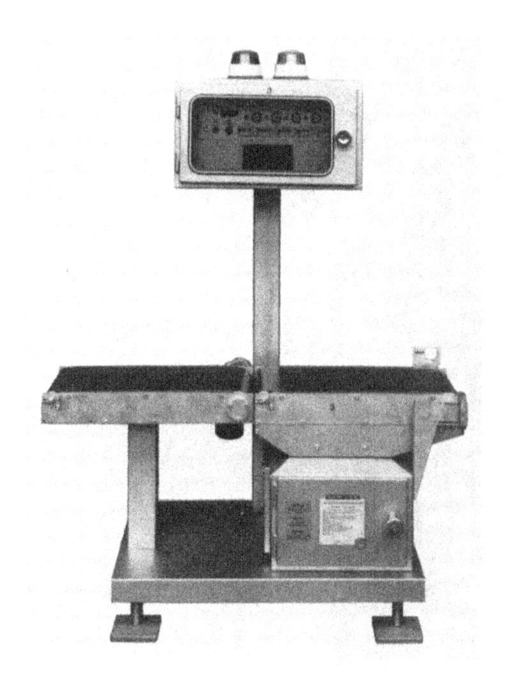

Bild 5.261
Kontinuierliche SKW mit Bandwägeeinrichtung in analoger Ausführung: Anzeigeeinrichtung: 4 Klassen- und ein Totalzähler, Anzeigelampen, für Packungen mit Unter- bzw. Gutgewicht. Leistung: bis 250 Wägungen/min.
Quelle: Optima

„Minus-", „Gut-" und „Plusgewicht". Hierbei wird der Zähler für die gutgewichtigen Packungen häufig als Gesamtsummenzähler verwendet, und die Anzahl der gutgewichtigen Stücke muß durch Subtraktion der beiden anderen Zählersummen ermittelt werden. – Bei mehr als 3 Klassen wird fast immer der Summenzähler zusätzlich eingebaut. Als Einstellhilfe wird oft ein Spannungs-Meßinstrument benutzt, das die Abweichung vom Sollwert nach Plus bzw. Minus anzeigt. Hierzu wird das analoge Signal vor der logischen Verknüpfung abgegriffen, das verschiedentlich auch zur Anzeige mit einem Digital-Voltmeter benutzt wird. Für den Nachweis der Erfüllung der Forderungen nach der Fertigpackungsverordnung kann über ein Interface das analoge Signal auf einen handelsüblichen Rechner gegeben werden, der die erforderlichen Rechnungen ausführt und die Ergebnisse ausdruckt.

Digital-Auswertung

Mit dem Aufkommen der Mikroprozessoren ergab sich die Möglichkeit, neben der Verbesserung des Bedienungskomforts, die Anzeigeeinrichtung zu digitalisieren und zugleich die benötigten Rechnungen auszuführen. Bei diesen SKW wird das analoge Signal mittels eines A/D-Wandlers in ein digitales gewandelt, das mit nachfolgenden Mikroprozessoren entsprechend dem eingegebenen Programm verarbeitet wird. Die Einstellung der Werte wie Sollgewicht, Plus- und Minus-Tendenz-Grenzen, absolute Grenzwerte, betriebsinterne Angaben erfolgt über Tasten. Die Werte werden entweder durch eine Digitalanzeige oder auf einem Bildschirm sichtbar gemacht (Bild 5.262). Im Betrieb wird meistens jeder einzelne Gewichtswert angezeigt.

Bild 5.262 Kontinuierliche SKW mit Bandwägeeinrichtung, Bildschirmanzeige und eingebautem Drucker. Der Dialog erfolgt mittels der beiden Tastaturen. Leistung: bis 400 Wägungen/min.
Quelle: Bosch (Höfliger u. Karg)

5.11.3 Zusatzeinrichtungen

5.11.3.1 Sortiereinrichtungen

Fast alle SKW sind mit einer Sortiereinrichtung versehen, die damit zu Kontroll- und Sortierwaagen werden. Da die Sortiereinrichtung räumlich hinter der SKW liegen muß, benötigt die auszusortierende Packung eine gewisse Zeit, bis sie zu dieser Stelle gelangt. Durch geeignete Zeitglieder in der elektronischen Schaltung wird erreicht, daß die Einrichtung die Packungen entsprechend dem Wägeergebnis zeitlich sortiert. Besondere Aufmerksamkeit benötigen die Zeitglieder, wenn die Wägegeschwindigkeit der SKW regelbar ist.

Je nach Art des Wägegutes, Packungsgröße und Masse gibt es die verschiedensten Ausführungen. Man kann folgende Grundtypen unterscheiden:

Bandabweiser

Bei dieser häufig angewendeten Konstruktion ist auf dem der SKW nachgeschalteten Transportband eine magnetisch oder pneumatisch betätigte Weiche angeordnet, die die auszusondernden Packungen von dem geradeaus laufenden Transportband ablenkt. Durch zwei hintereinander angeordnete Bandabweiser können „zu leichte" und „zu schwere" Packungen getrennt aussortiert werden. Nachteilig ist, daß die Weichenkonstruktion praktisch jeder Packungsart und -größe individuell angepaßt werden muß.

Ausblaseinrichtung

Für kleinere und leichte Packungen haben sich pneumatische Ausblaseinrichtungen sehr gut bewährt. Dabei wird durch einen scharfen Luftstrahl die Packung von dem Transportband weggeblasen. Sie haben den Vorteil, daß sie auch bei großen Wägegeschwindigkeiten noch eingesetzt werden können.

Ausstoßer

Ähnlich wie die Ausblaseinrichtungen werden die Ausstoßer, die mechanisch die Packungen vom Transportband entfernen, meist pneumatisch betrieben. Voraussetzung ist, daß die Packungen stabil und unempfindlich sind und die Wägegeschwindigkeit nicht zu groß ist.

Fallklappen

Fallklappen werden bei kontinuierlicher Wägung fast immer direkt hinter dem Wägeband angeordnet und erlauben im allgemeinen nur eine Einfachsortierung (z. B. „zu leicht"). Bei diskontinuierlicher Wägung gibt es Konstruktionen, die die Packungen direkt an der Waagenbrücke aussortieren und hier ist auch eine „Doppelsortierung" möglich.

Linienverteiler (Bild 5.263)

Linienverteiler, auch Wanderrostweichen genannt, gestatten es, Packungen sehr verschiedener Art bis etwa 3 kg schonend in bis zu 6 Kanäle zu sortieren, wodurch eine SKW zu einer

Bild 5.263 SKW mit tendenzgesteuerter Schnittstärkenregelung für geschnittene Wurst und nachgeschalteten Linienverteiler. Leistung: bis 120 Wägungen/min.
Quelle: Dr. Boekels

echten Sortierwaage werden kann. Die Funktionen des Linienverteilers werden durch entsprechend angeordnete Magnete erreicht. Nachteilig sind der große Platzbedarf und hohe Anschaffungskosten.

Röllchenweichen

Für größere Packungen mit ebener Unterseite werden häufig Weichen eingesetzt, die aus Bauelementen der Röllchenbahnen aufgebaut sind. Dabei wird ein Teil der Röllchen pneumatisch oder elektromagnetisch um eine Achse gedreht, wodurch die Packungen um einen Drehwinkel aus ihrer ursprünglichen Richtung abgelenkt und durch ein anderes Fördersystem weitergeleitet werden.

Schwenkbandweichen

Für schwergewichtigere Packungen wie Säcke, Kisten, Kartons gibt es Weichen, bei denen ein kurzes Förderband pneumatisch zur Aussortierung seitlich ausgeschwenkt wird. Diese Art ist nur anwendbar, wenn die Wägegeschwindigkeit so klein ist, daß die erforderliche Ausschwenkzeit vorhanden ist.

5.11.3.2 Tendenzeinrichtung

Neben der eigentlichen Aufgabe als Meßgerät kann eine SKW auch als Steuerorgan eines Regelkreises benutzt werden, mittels dessen die Abfüllmaschine durch entsprechende Impulse so gesteuert wird, daß die Abweichungen der Nennfüllmenge vom Sollgewicht sehr gering gehalten werden können und die häufig auftretenden Langzeitschwankungen des Füllgutes, fast völlig eliminiert werden. Das Steuerprinzip ist auch bei Dosierern anwendbar. Bild 5.264 zeigt den Unterschied der Gewichtsstreuung bei der Herstellung mit einem manuell und einem tendenzgesteuerten Tellerdosierer.

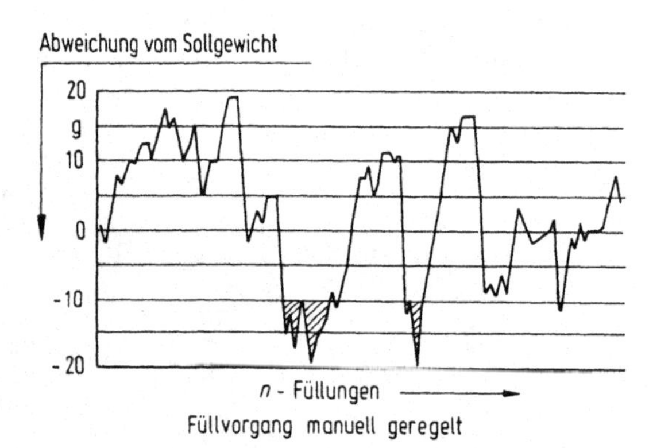

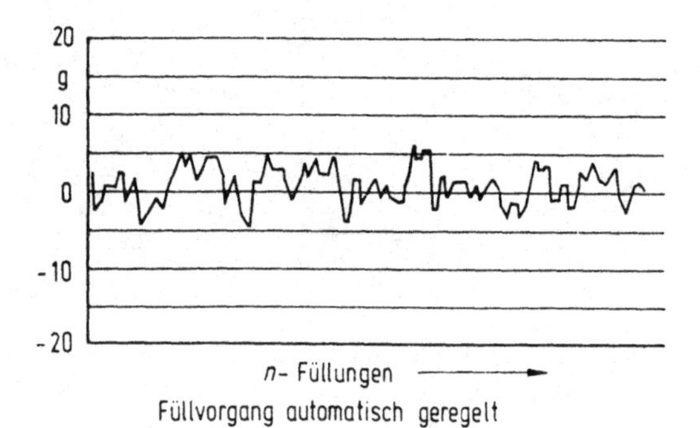

Bild 5.264
Streuung des Sollgewichts von Packungen bei einem manuell geregelten und einem tendenzgesteuerten Tellerdosierer
Quelle: Verfasser

5.11.3.3 *Nullstelleinrichtung*

Besonders durch die Anwendung der Mikroprozessoren hat sich eine elegante Lösung ergeben zu prüfen, ob die Waage ihre Nullstellung beibehalten hat. Sie kann sich z. B. durch Ablagerungen am Bande oder auf dem Wägetisch verändern, aber auch durch gewisse Instabilitäten, wie nicht völlig kompensierter Temperaturgang. Die automatische Nullstellung ist meistens so aufgebaut, daß der vor Beginn der Wägungen eingestellte Nullwert gespeichert wird und von Zeit zu Zeit der augenblickliche mit diesem verglichen und die Waage entsprechend nachgeregelt wird. Dieser Vorgang erfordert einen gewissen Zeitaufwand, der im allgemeinen größer ist als die Zeitdifferenz zwischen den einzelnen Wägungen. Es wird dann oft von folgender Lösung Gebrauch gemacht: Nach jeder Wägung wird der Nullstellvorgang eingeleitet, aber unterbrochen, wenn die nächste beginnt. Läuft ein Fabrikationsprozeß über längere Zeit gleichmäßig durch, kann es passieren, daß sehr lange keine Nullstellung erfolgt. Zur Verhinderung kann z. B. zeitgesteuert oder in Abhängigkeit der Anzahl von Wägungen eine Warnlampe aufleuchten, die auf die bisher nicht erfolgte Nullstellung aufmerksam macht. Häufig genügt es schon, daß ein oder zwei Packungen vom Zuführungsband per Hand weggenommen werden, wodurch die notwendige Zeitspanne zur Nullstellung erreicht wird.

5.11.3.4 *Druckwerke*

Ebenfalls mit dem Aufkommen der Mikroprozessoren werden verstärkt Drucker in die SKW integriert; die auszudruckenden Werte wie eingegebene Betriebsdaten, Uhrzeit, Datum sowie z. B. errechnete Gesamtanzahl der Wägungen, Mittelwert, Standardabweichung, Zwischenergebnisse, Unterschreitung vorgegebener Fehlergrenzen, Anzahl der aussortierten Packungen usw. werden im Digitalteil der Waage gespeichert und errechnet. Bei Erstellung der Druckbelege, die meist für eine gewisse Zeit aufbewahrt werden, sei es für die innerbetriebliche Kontrolle oder für die eichamtliche Überwachung, muß darauf geachtet werden, daß geeignete Papiersorten verwendet werden. Vor allem bei thermosensitiven Papieren kann der Druck durch Sonnenlicht schon nach wenigen Stunden verblaßt sein; Milch, Fette, ätherische Flüssigkeiten, Benzin, Spiritus usw. lassen oftmals den Druck schlagartig verschwinden. Elektrosensitive Papiere sind weit unanfälliger; ebenso die Belege von Nadeldrucker, da diese mit einem Farbband arbeiten (siehe Abschnitt 6.2).

5.11.4 Meßtechnische Eigenschaften der selbsttätigen Kontrollwaage

5.11.4.1 *Einflüsse auf die Meßgenauigkeit* [1]

Bei den verschiedenen Einflüssen kann man zwei Gruppen unterscheiden, wobei einzelne Faktoren vor allem die durch äußere Einflüsse hervorgerufenen, sowohl in die eine oder andere Gruppe eingeordnet werden können.

Gattungsspezifische Einflüsse

Darunter sind solche zu verstehen, die bedingt durch die Konstruktion, teilweise durch äußere Einflüsse, bei jeder Waage auftreten können.

a) Art der Zuführung (kontinuierlich, diskontinuierlich),
b) Masse der Packungen,
c) statische Bandaufladungen (Bild 5.265),
d) Lufttemperatur,
e) Luftdruck und -feuchtigkeit,
f) Netzspannung und -frequenz,
g) Frequenzeinstrahlungen z. B. von Motoren, Sprechfunkgeräten (siehe auch Kap. 8).

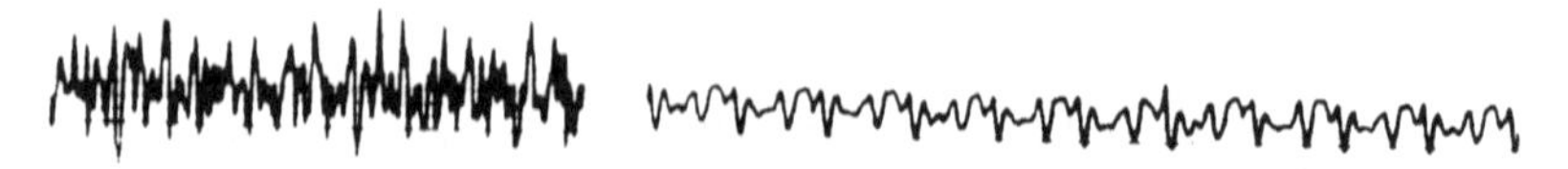

Bild 5.265 Einfluß statischer Aufladungen
links: Vergrößerung der Bandunruhe durch statische Aufladungen,
rechts: Bandunruhe nach Ableitung der statischen Aufladungen.
Quelle: Verfasser

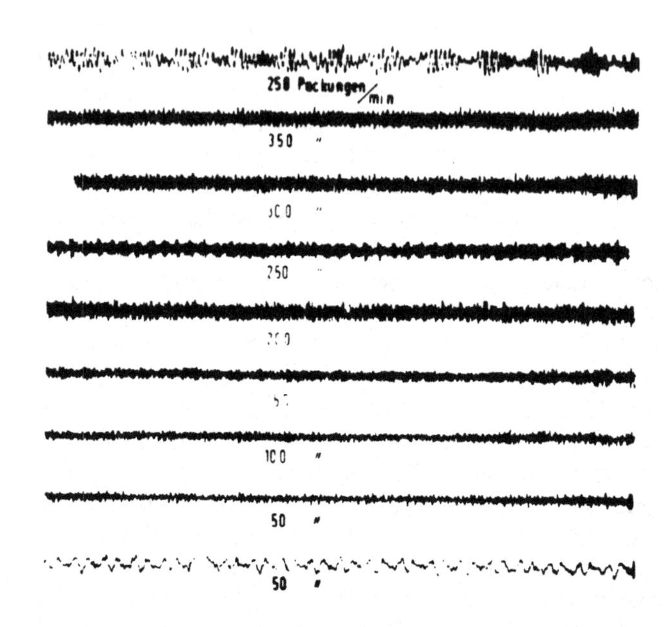

Bild 5.266
Veränderung der Bandunruhe bei Bandgeschwindigkeiten entsprechend 50 ... 350 Wägungen/min. Die unterste und die oberste Aufzeichnung erfolgte mit einem schnelleren Vorschub des Schreibers.
Quelle: Verfasser

Waagenspezifische Einflüsse

Sie könnten auch als „anwendungsspezifisch" bezeichnet werden. Es sind solche Einflüsse, die einmal durch die nicht völlig zu verhindernden Unterschiede von Waage zu Waage und zum anderen durch Anwendung und Aufstellung der SKW entstehen.

a) Dämpfereinstellung und Zeitpunkt der Wägesignalabfrage,
b) Ungleichmäßigkeiten von Motor und Getriebe,
c) Bandgeschwindigkeit (Bild 5.266),
d) Unwucht der Umlenkrollen,
e) Bandunregelmäßigkeiten (Bandstöße),
f) Bandspannung,
g) Bandverschmutzungen (Bild 5.267),
h) Form und Inhalt der Packungen (Bild 5.268),
i) Luftbewegungen,
j) Erschütterungen durch andere Maschinen.

Die Einflußgrößen können meßtechnisch in 2 Faktoren aufgespalten werden:

a) zeitlich sich schnell ändernde Vorgänge, hervorgerufen durch die verschiedenen dynamischen Einflüsse, die sich statistisch überlagern; der daraus resultierende Fehler wird heute im allgemeinen Unschärfebereich genannt;
b) zeitlich sich langsam ändernde Vorgänge, die sich als Schaltpunktwanderung bemerkbar machen.

Bild 5.267 Einfluß von einer lokalen Schmutzstelle auf dem Band mit einer Masse von 0,5 g, 1,0 g und 1,5 g.
Quelle: Verfasser

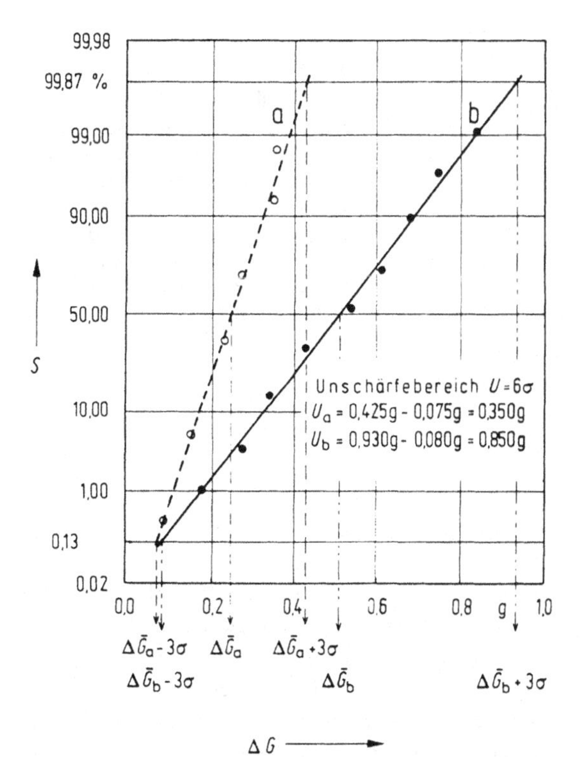

Bild 5.268
Einfluß der Packungsform auf den Unschärfebereich.
Aufgetragen ist die Summenhäufigkeit S in Abhängigkeit von der Gewichtszulage G bei Wägungen von gefüllten 0,2-l-Dosen (Gerade „a") und von leeren 0,33-l-Getränkedosen (Gerade „b")
Quelle: Verfasser

5.11.4.2 Unschärfebereich [9]

Bei einer ordnungsgemäß arbeitenden SKW gleichen sich die verschiedenen Einflüsse einer Gaußschen Normalverteilung an. Es entsteht eine um den Schaltpunkt gelegene Gewichtszone, in der Packungen von genau gleicher Masse sowohl in die eine oder andere Klasse eingeordnet werden können, getrennt durch die Schaltgrenze. Dieser Unschärfebereich wird auch mit Trennschärfe, Graue Zone, Fehlerzone, Schwellstufe bezeichnet.

5.11.4.3 Schaltpunktwanderung

Langzeiteinflüsse, hervorgerufen durch Temperatur, Luftdruck, Luftfeuchte, Netzspannungs- und Netzfrequenzänderungen, können eine Wanderung der Schaltpunkte hervorrufen. Nach außen hin wirken sie so, vor allem wenn sie kurzfristiger sind (bis zu einigen Stunden), als ob der Unschärfebereich sich vergrößern würde (Bild 5.269).

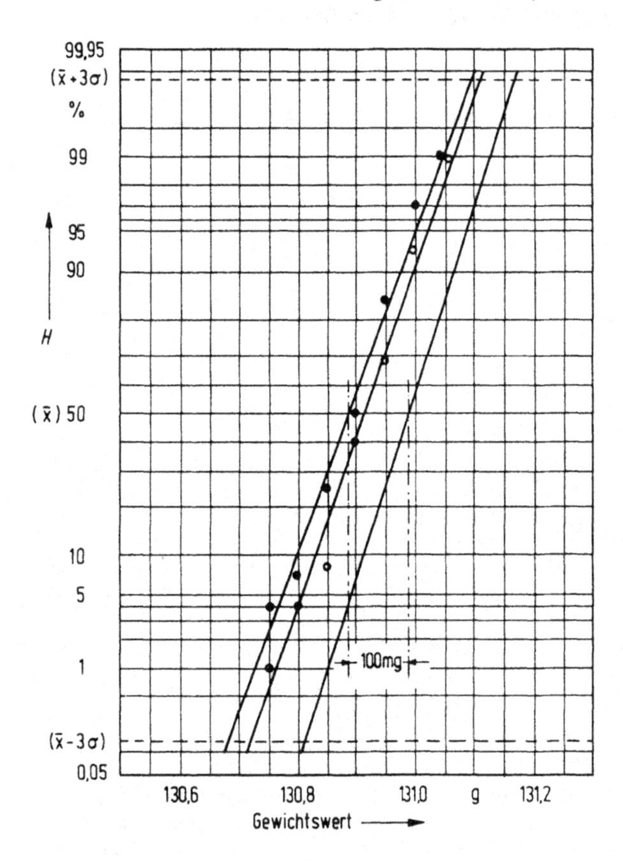

Bild 5.269

Schaltpunktwanderung einer SKW. Aufgetragen ist die Summenhäufigkeit *S* in Abhängigkeit der Gewichtszulage *G* von drei Meßreihen innerhalb einer halben Stunde. Die Schaltpunktwanderung von ca. 100 mg vergrößert den Unschärfebereich von 400 mg im Mittel auf 500 mg.
Quelle: Verfasser

5.11.4.4 Unschärfebereich und Mindestlast

Im Gegensatz zu den meisten Waagengattungen soll im allgemeinen mit einer SKW nicht die Masse des Wägegutes ermittelt werden, sondern die Abweichung vom Sollgewicht und wenn diese zu groß ist, soll das fehlgewichtige Stück aussortiert werden. Da die Waage also einen Fehler kontrolliert, darf ihr eigener Fehler, der Unschärfebereich, nur so groß sein, daß er das Ergebnis nicht sehr beeinflußt. Dieses ist der Fall, wenn das Verhältnis $\leq 1:4$ ist. – Soll z. B. die Vollständigkeit einer Sammelpackung kontrolliert werden, kann der zu kontrollierende Fehler recht groß werden (z. B. bei Gebinden mit Flaschen), im Gegensatz dazu ist er bei Fertigpackungen relativ klein und entsprechend muß auch der Unschärfebereich klein sein.

5.11.5 Rechtliche Vorschriften

Für SKW gibt es 1983 zwei überstaatliche Vorschriften: OIML-Empfehlung Nr. 51 [2] und EWG-Richtlinie 78/1031/EWG v. 5. Dezember 1978 [3], veröffentlicht im Amtsblatt der Europäischen Gemeinschaften, 21. Jahrgang Nr. L 364 vom 27.12.1978. Beide Vorschriften sind bis auf wenige Punkte identisch.

5.11.5.1 EWG-Richtlinie

Die EWG-Richtlinie ist mit ihrem Text nicht in der EO aufgenommen worden, sondern es wird in der Anlage 10-4 auf sie verwiesen [4]. Obwohl es eine von der Europäischen Gemeinschaft erstellte Richtlinie gibt, können z. Z. (1983) keine EG-Zulassungen für SKW ausgesprochen werden, weil in Nr. 1.3 die folgende Bestimmung steht: „Zusätzliche Bestimmungen werden später für mit elektronischen Einrichtungen versehene selbsttätige Kontroll- und Sortierwaagen ausgearbeitet, für die zur Zeit die EWG-Bauartenzulassungen nicht erlangt werden kann." Dieses wird erst möglich sein, wenn die elektronischen Rahmenrichtlinie in Kraft getreten ist.

5.11.5.2 Fertigpackungsverordnung [10]

SKW unterliegen in der Bundesrepublik nur der Eichpflicht, wenn sie im Rahmen der FPV eingesetzt werden. Nach Anlage 7 Nr. 1 Buchstabe b sind SKW als Kontrollmeßgeräte geeignet, wenn sie geeicht sind und der Unschärfebereich nicht größer ist als:

Brutto- oder Nettogewicht der Fertigpackungen g	größter zulässiger Unschärfebereich g
weniger als 50	das 0,125fache der zulässigen Minusabweichung
von 50 bis weniger als 150	0,5
von 150 bis weniger als 500	1,0
von 500 bis weniger als 1 500	2,0
von 1 500 bis weniger als 5 000	5,0
5 000 und mehr	das 0,125fache der zulässigen Minusabweichung

Vergleicht man die zulässigen Unschärfebereiche mit dem zulässigen maximalen Unschärfebereich nach Nr. 3.2 der EG-Richtlinie, ergeben sich außer bei 50-g-Packungen nach letzterer kleinere Mindestlasten im Vergleich zur Fertigpackungsverordnung (Bild 5.270). Die Diskrepanz ist dadurch entstanden, daß in einer Meßgeräte-Richtlinie keine Anwendungsvorschriften aufgenommen werden. Bei der Anwendung einer SKW als Kontrollmeßgerät darf deshalb der Unschärfebereich für die gewünschte Mindestlast die tabellarisch aufgeführten Werte nicht überschreiten. Die drei in der EG-Richtlinie genannten Unschärfebereiche sind:

- *Nennunschärfebereich,* wird vom Hersteller auf dem Hauptschild angegeben;
- *Standardunschärfebereich,* wird bei der Zulassungsprüfung mit Standardprüfpackungen ermittelt;
- *tatsächlicher Unschärfebereich,* wird bei der „Ersteichung" mit den Wägegütern ermittelt, die später mit der SKW kontrolliert werden. Seine Größe bestimmt die Mindestlast, wenn die SKW im Rahmen der FPV eingesetzt werden soll.

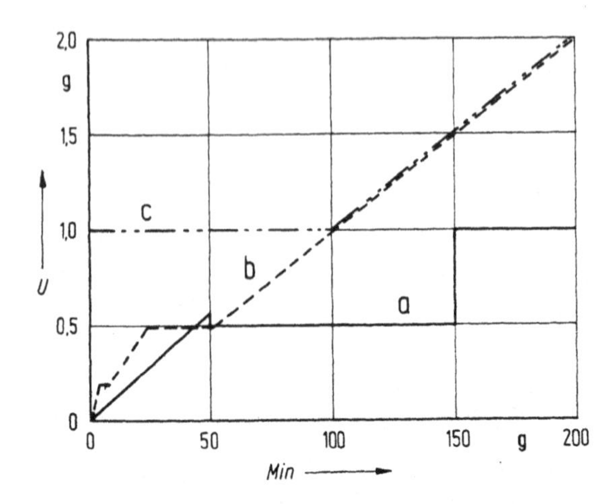

Bild 5.270
Unschärfebereich und Mindestlast
a) nach Fertigpackungs-Verordnung Anlage 7
b) nach EWG-Richtlinie, Nr. 5.1.2 untere Grenze des Meßbereichs
c) nach EWG-Richtlinie, Nr. 3.2 maximaler Unschärfebereich
Quelle: Verfasser

5.11.6 Bestimmung des Unschärfebereichs [10]

Da der Unschärfebereich ein statistischer Wert ist, kann er nur durch eine größere Anzahl von Messungen ermittelt werden. Um eine statistische Sicherheit von $P = 99{,}7\ \%$ entsprechend $\pm 3\,\sigma$ zu erreichen, sind mindestens 500 Wägungen notwendig.

Es sind mehrere Methoden zur Bestimmung des Unschärfebereichs entwickelt worden, von denen drei in der EG-Richtlinie 78/1031 EWG [2] aufgeführt sind. Sie werden nachstehend einschließlich einer weiteren beschrieben.

5.11.6.1 Zulageverfahren

Dieses Verfahren ist zumindest in Deutschland die fast ausschließlich angewendete Methode. Hierzu wird eine Packung bekannter Masse benötigt und eine Reihe von kleinen Gewichtstücken. Die SKW wird so eingestellt, daß die Packung bei mindestens 20, besser 50 oder 100 Wägungen immer als „zu leicht" beurteilt wird. Nach Zulegen eines kleinen Gewichtstückes etwa von der Größe 0,1 des zu erwartenden Unschärfebereichs wird wieder die gleiche Anzahl von Wägungen durchgeführt und das Verhältnis der „zu leicht" und „gut" beurteilten Packungen festgestellt. Das Verfahren wird solange fortgesetzt, bis sämtliche Packungen als „gut" beurteilt werden. Wird nur mit einer Packung gearbeitet, treten zwei Unterschiede zur Praxis auf, die zu möglichen Fehlern führen können:

a) Bei der betrieblichen Anwendung der SKW ist normalerweise der zeitliche Abstand der Packungen fast genau gleich; die Waage und der Öldämpfer, sofern er vorhanden ist, wird in einem ganz bestimmten Rhythmus beaufschlagt. Bei nur einer Packung befinden sich die Waage und der Dämpfer vor jeder Wägung im Ruhezustand; durch die andere Anwendung kann der Unschärfebereich größer oder auch kleiner sein. Man kommt also zu praxisgerechteren Werten, wenn mehrere genau abgestimmte Packungen, deren Massen besser als 1/10 des geschätzten Unschärfebereiches übereinstimmen müssen, im gleichmäßigen Abstand über die Waage laufen.
b) Durch das Auflegen und Wegnehmen der Packungen können zusätzliche Faktoren z. B. durch Luftbewegungen auf das Ergebnis einwirken.

Die Auswertung der Meßergebnisse kann auf zwei Arten erfolgen:

a) *Differenzbildung*
Es wird die Differenz zwischen dem Gewichtswert, bei dem erstmals alle Packungen als „gut" und dem, bei dem letztmals alle als „minus" beurteilt wurden, gebildet. Dieses Verfahren ist sehr einfach, hat jedoch den Nachteil, daß das Ergebnis nur dann die angestrebte Sicherheit von $P = 99{,}7\,\%$ haben wird, wenn die Anzahl der Wägungen sehr groß ist.

b) *Zeichnerische Lösung*
Nach Eintragen der Werte in Summenhäufigkeitspapier wird durch die Punkte nach Augenmaß eine Gerade gezogen. Man kann dann bei 50 % die Lage des Schaltpunktes und bei 0,13 % und 99,87 % die Größe des Unschärfebereiches schnell bestimmen. Besonders einfach ist das Verfahren, wenn jeweils 100 Wägungen je Gewichtswert durchgeführt werden, andernfalls müssen die entsprechenden Prozentzahlen errechnet werden.

5.11.6.2 Binäres Prüfverfahren

Dieses Verfahren wurde in der EG-Richtlinie für die Bauartenzulassung aufgenommen. Mit seinen Tabellen und Formeln wirkt es auf den Außenstehenden sehr kompliziert und schwer durchschaubar. Zum Verständnis deshalb nachstehende Erläuterungen:

Die Methode wurde für einen ganz anderen Meßzweck entwickelt und beruht auf folgender Überlegung: Das Gaußsche Fehlerintegral ist exakt nicht darstellbar. Die einer Summenhäufigkeitskurve ähnelnden Meßpunkte werden deshalb durch Zufügung von Faktoren, die in den Tabellen aufgeführt sind, so umgerechnet, daß man durch sie eine Gerade legen kann, die nach der Methode der kleinsten Quadrate errechnet wird.

Insgesamt sind für die Prüfpackungen 7 Gewichtswerte festgelegt, die sich nach der Formel:

$$m_{1,7} = A \pm 1{,}654\,\frac{B}{6};\; m_{2,6} = A \pm 1{,}282\,\frac{B}{6};\; m_{3,5} = A \pm 0{,}842\,\frac{B}{6};\; m_4 = A \qquad (5.9)$$

errechnen, wobei $A = \frac{H+L}{2}$ und $B = H - L$ sind und H und L die Grenzwerte des Unschärfebereichs oder mit anderen Worten: A ist der Mittelwert, d. h. der Schaltpunkt, und B ist die geschätzte Größe des Unschärfebereichs. Die Anwendung dieser Formel ist in der Praxis nicht zwingend notwendig. Einmal ist die Größe des Unschärfebereichs sehr klein im Verhältnis zur Masse der Packungen, die geringen Unterschiede zum Mittelwert haben deshalb keinen Einfluß auf das Ergebnis, und zum anderen ergeben sich vor allem bei sehr kleinen Unschärfebereichen Unterschiede in den einzelnen Massewerten, die wenige Milligramm betragen und nur schwer realisierbar sind.

Für die praktische Anwendung ist es besser, wenn man sich von der starren Vorschrift löst und ähnlich wie bei dem Zulageverfahren etwa 7 ... 10 Gewichtswerte mit äquidistanten Abständen benutzt, wobei letztere nicht kleiner als 50 mg sein sollten. Die zusätzliche Forderung, daß die Reihenfolge des Durchlaufs der Prüfpackungen dem Zufall zu überlassen ist und die beiden Packungen mit der kleinsten und der größten Masse nacheinander über die Waage laufen sollen, ist zwar ohne Schwierigkeiten zu realisieren, die Auswertung ist jedoch nur mit speziellen Meßgeräten möglich, ohne die es nicht möglich ist festzustellen, in welche Klasse die Packung mit der Masse m einsortiert wurde.

Unter diesen Voraussetzungen soll die Messung wie folgt durchgeführt werden: Es wird mit Packungen begonnen, deren Masse m_1 so groß ist, daß bei 200 Wägungen bis auf 1 ... 2 % alle als „zu leicht" bewertet werden. Nach Zulage der festen Masse Δm, werden die Packungen, die jetzt die Masse $m + \Delta m$ haben, wiederum 200mal gewogen. Nach Zulage von $2\Delta m$ kann die Anzahl der Wägungen auf 50 reduziert werden. Dies gilt auch für die folgenden 3 bis 5 Meßpunkte. Bei den letzten zwei Stück sollen dann wieder 200 Wägungen erfolgen. Die unterschiedliche Zahl von 50 bzw. 200 ergibt sich aus statistischen Überlegungen: In dem unteren und oberen Bereich werden nur sehr wenige Packungen in die andere Klasse einsortiert, so daß durch die vierfache Anzahl der Wägungen eine größere Sicherheit erreicht werden soll.

Wer Zeit und Lust hat, kann auch bei jedem Meßpunkt 200 Wägungen durchführen. Zur Auswertung der Ergebnisse werden diese in einen Vordruck eingetragen und das Ergebnis rechnerisch z. B. mit einem Taschenrechner etwas mühselig ermittelt. Mit einem programmierbaren Rechner erhält man den Unschärfebereich und die Lage des Schaltpunktes innerhalb weniger Minuten. Eine solche Berechnung zeigt Tabelle 5.17 mit Ergebnissen.

Tabelle 5.17

SP1 X	SP2 N	SP3 R	SP4 I	SP5 NW	SP6 NWY	SP7 NW*X	SP8 NW*X^2	SP9 NWY*X
0.00	1	200	1	8.406	-21.650	0.000	0.000	0.000
.04	5	200	2	28.028	-54.932	1.121	.045	-2.197
.08	36	200	3	93.298	-85.402	7.464	.597	-6.832
.12	81	200	4	124.674	-29.974	14.961	1.795	-3.597
.16	141	200	5	114.484	61.688	18.317	2.931	9.870
.20	168	200	6	88.096	87.608	17.619	3.524	17.522
.24	194	200	7	31.820	59.846	7.637	1.833	14.363
.28	198	200	8	14.350	33.384	4.018	1.125	9.348
				503.156	50.568	71.137	11.850	38.476

$\overline{X}$ = .141

$\overline{Y}$ = .101

S (NWXX) = 1.792

(NWXY) = 31.327

B = 17.479

SCHAETZWERT DES SCHALTPUNKTES M = 200.296 G
SCHAETZWERT DES UNSCHAERFEBEREICHS U = .343 G

Benutzt man die Ergebnisse zur Eintragung in Summenhäufigkeitspapier und vergleicht die Werte mit den rechnerisch ermittelten, so sind die Ergebnisse praktisch gleich. Auch bei Benutzung der Differenzmethode ergeben sich keine großen Unterschiede. Ein praktisches Beispiel zeigt Tabelle 5.18.

Tabelle 5.18

N	U_1 g	U_2 g	U_3 g	S_1 g	S_2 g	S_3 g
800	0,49	0,48	0,45	130,99	130,97	131,00
800	0,53	0,52	0,45	131,01	130,97	131,02
700	0,47	0,47	0,40	130,98	131,00	130,99
600	0,39	0,39	0,35	130,99	130,98	130,99
800	0,39	0,38	0,45	130,95	130,92	130,95
700	0,37	0,38	0,40	130,90	130,90	130,91
700	0,40	0,38	0,40	130,89	130,90	130,88

Die Tabelle enthält für 7 als Beispiel ausgewählte Meßreihen einen Teil der Ergebnisse. In ihr bedeuten

N Anzahl der Wägungen mit der selbsttätigen Kontrollwaage der PTB,
U_1 Unschärfebereich, rechnerisch ermittelt nach dem binären Prüfverfahren
U_2 Unschärfebereich, zeichnerisch ermittelt auf Summenhäufigkeitspapier,
U_3 Unschärfebereich, ermittelt durch Differenzbildung aus den beiden Grenzwerten der benachbarten Klassen,
S_1, S_2, S_3 Schaltpunkte, ermittelt nach den 3 Verfahren.

5.11.6.3 Methode "up and down"

Dieses Meßverfahren ist ebenfalls aus einer anderen Anwendung abgeleitet. Es wird hierbei nur eine Packung benutzt, deren Masse so groß sein soll, daß sie in die leichtere Klasse eingeordnet wird. Nach Zulage einer Masse Δm wird sie ein zweites Mal gewogen und kontrolliert, ob sie wiederum in die leichtere Klasse gefallen ist. Falls dieses der Fall ist, erfolgt wiederum die Zufügung eines Gewichtstückes mit der Masse Δm, insgesamt jetzt 2 Δm. Zeigt die Waage nochmals minus an, wird erneut die Masse um Δm erhöht. Dieses wird so lange fortgesetzt, bis die erste Anzeige in der schwereren Klasse erfolgt. Nun werden die Massestücke Δm nacheinander wieder entfernt, bis die Anzeige „zu leicht" erscheint. Dann wird wieder mit der Zulage begonnen. Im allgemeinen sind nicht mehr als vier Wägungen erforderlich, bis die andere Klasse angezeigt wird. Insgesamt müssen auch bei diesem Verfahren mehrere hundert Messungen gemacht werden. Das Ergebnis jeder einzelnen Wägung wird in einen Vordruck eingetragen und nach Schluß wird mittels eines „Rezeptes" der Unschärfebereich berechnet.

Der Vorteil dieses Verfahrens: es kann nicht „gemogelt" werden, wie das eventuell bei anderen möglich ist. Nachteil: Es ist nicht praxisgerecht, die Waage befindet sich vor jeder Wägung in Ruhe; das Ergebnis wird durch die Größe der Zusatzmassen bis zu $\pm\ \Delta m$ beeinflußt. Die Beobachtung der Anzeige bei jeder Messung führt bei dem Prüfer zur Ermüdung und damit zu Fehlablesungen.

5.11.6.4 Leicht-Schwer-Methode

Die nachstehende Methode ist in der EG-Richtlinie nicht aufgenommen worden. Sie ist jedoch in Einzelfällen bei Prüfungen in Betrieben gut zu benutzen und wird deshalb hier aufgeführt. Der Schaltpunkt der Waage wird so eingestellt, daß etwa 50 % aller Packungen in die leichtere Klasse und die anderen in die schwere Klasse einsortiert werden. Aus der laufenden Produktion werden mindestens je 200 Packungen aus jeder Klasse entnommen und alle auf einer nichtselbsttätigen Waage, die eine Genauigkeit von besser als 1/5 der Nennunschärfe haben muß, nachgewogen mit dem Ziel, nur die schwerste Packung in der leichteren Klasse und die leichteste Packung in der schwereren Klasse herauszufinden. Das Wägen der ca. 400 bis 500 Packungen verkürzt sich dadurch stark. Der Vorteil der Methode ist, daß sie ohne große Eingriffe in eine laufende Produktionslinie angewendet werden kann. Nachteilig ist das Nachwägen der Packungen und das Vorhandensein einer Waage mit kleinen Teilungswerten, der, z. B. bei einem Unschärfebereich von 500 mg, $d \leqslant 0,1$ g sein muß.

5.11.7 Einsatzmöglichkeiten und eichtechnische Probleme der SKW

Die zwei Haupteinsatzgebiete von SKW sind:

5.11.7.1 Vollständigkeitskontrolle (Bild 5.271)

Bei Sammelpackungen, z. B. im pharmazeutischen Bereich, aber auch bei anderen Produkten, wie Kartons mit Flaschen, wird häufig vom Hersteller eine Kontrolle der Vollständigkeit vorgenommen. Hierfür benötigt die SKW nur einen Schaltpunkt, womit sie die Gesamtzahl der Packungen in vollständig und unvollständig gefüllte Packungen sortiert. Der vorgegebene Fehler ist das Stückgewicht, das von einigen hundert Milligramm in der Pharmazie, z. B. bei Tabletten, bis zu einem Kilogramm bei Weinflaschen reichen kann. Demzufolge kann der Unschärfebereich sehr groß oder sehr klein sein. Diese Anwendungsfälle unterliegen in der Bundesrepublik nicht der Eichpflicht.

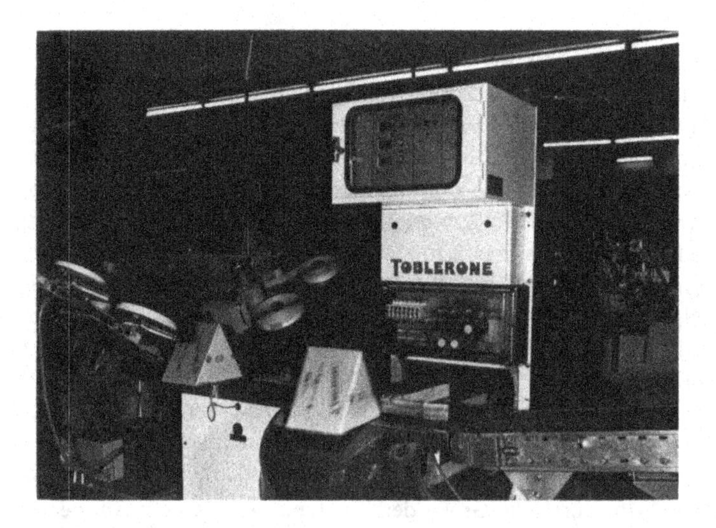

Bild 5.271 Vollständigkeitskontrolle in der Schoko-Industrie. Packungen mit fehlenden Stücken werden direkt nach der Wägung mittels Ausstoßer aussortiert. – Leistung bis 200 Packungen/min.
Quelle: Dr. Boekels

5.11.7.2 Fertigpackungskontrolle [11]

Bei Verwendung zur Fertigpackungskontrolle muß die SKW so gebaut sein, daß mit ihr der Mittelwert errechnet werden kann, bei Gewichtsunterschreitungen der T_{u1}-Grenze die Packungen sofern notwendig aussortiert und unterhalb der T_{u2}-Grenze alle Packungen aussortiert werden. Daneben sollte die Berechnung der Standardabweichung möglich sein.

Nachweis der Erfüllung der Mittelwertforderung

Diese Forderung kann mit selbsttätigen Kontrollwaagen auf verschiedene Arten erfüllt werden.

Wird bei einer SKW mit zwei Schaltpunkten, entsprechend drei Klassen, der für die untergewichtigen Packungen auf den Gewichtswert für T_{u1} und der für übergewichtige Packungen auf den gleichen Gewichtswert in den Plusbereich gelegt, kann man unter der Voraussetzung, daß eine quasi Normalverteilung besteht, an Hand der Zählerstände eine Aussage machen, ob der Mittelwert im Plus- oder Minusbereich liegt. Um die Forderung der FPV zu erfüllen, muß der Pluszählerstand gleich oder größer dem Minuszählerstand sein. Da hierbei der Hersteller die T_{u2}-Grenze nicht kontrollieren kann, müssen zwangsläufig alle unter T_{u1} liegenden Packungen aussortiert werden. Man kann Fälle konstruieren, wo das Verfahren fehlerhaft ist. Es wird deshalb von den Eichbehörden als nicht genügend angesehen. Sind 4 Schaltpunkte vorhanden, kann der eine auf den Gewichtswert der T_{u2}-Grenze und der andere um den gleichen Gewichtswert in den Plusbereich gelegt werden. Bei Vergleich der jeweils beiden Klassen im Minus- und Plusbereich kann mit relativ hoher Wahrscheinlichkeit eine Aussage über die Lage des Mittelwertes gemacht werden. Die Schaltpunkte können auch anders gelegt werden. Voraussetzung für das Verfahren ist jedoch, daß sie jeweils paarig vom Sollwert entfernt liegen.

Das analoge Signal kann auch benutzt werden, um einen Punkt- oder Linienschreiber damit zu steuern. Die entstehende Kurve ist statistisch auswertbar. Große Anwendungen hat diese Art nicht gefunden und wird nur der Vollständigkeit halber erwähnt.

Schon bald nach Aufkommen der Tischrechner setzte man diese zur Mittelwertüberwachung an SKW ein, wobei das analoge Signal über ein Interface dem Rechner angepaßt wird. Bei Waagen mit Mikroprozessoren können alle Werte in der Waage selbst errechnet und mit einem eingebauten Drucker ausgegeben werden. Durch entsprechende Programmierung können augenblickliche Werte abgerufen werden; daneben ist der Abdruck innerbetrieblicher Angaben möglich.

Überwachung der Grenzen T_{u1} und T_{u2}

Sie ergibt sich bereits aus dem Vorhergesagten. Der Hersteller kann dabei, um völlig sicher zu arbeiten, die Schaltpunkte um jeweils das 0,5fache des Unschärfebereichs von den beiden Grenzwerten in Richtung des Sollwertes verlegen.

Auch die Forderung, daß nur 2 % aller Packungen zwischen T_{u1} und T_{u2} liegen dürfen, läßt sich erfüllen. Das Programm wird so aufgebaut, daß erst nachdem 50 Packungen als „gutgewichtig" beurteilt wurden, eine Packung in dem Gewichtsbereich zwischen T_{u1} und T_{u2} liegen darf. Vorher werden alle diese aussortiert. Eine zweite Packung darf erst dann nicht aussortiert werden, wenn mindestens 100 Packungen „gutgewichtig" waren usw.

Der Einsatz einer SKW zur Fertigpackungskontrolle hat den Vorteil, daß jede Packung im Gegensatz zum Stichprobenverfahren gewogen wird. Wird zusätzlich eine Tendenzsteuerung verwendet, ist es möglich, den Istwert so zu steuern, daß weder der Hersteller eine große Überfüllung vornehmen muß, noch daß durch nicht auszuschließende Ausreißer der Käufer Packungen mit Untergewicht erhält.

5.11.7.3 Beispiele für weitere Einsatzmöglichkeiten

Ist die Tarastreuung zu groß, um mit einem Taramittelwert zu arbeiten, kann mit einer vorgeschalteten SKW das Taragewicht bestimmt und gespeichert werden. Nach Füllung wird auf einer zweiten SKW das Bruttogewicht bestimmt und durch Differenzbildung das

Nettogewicht ermittelt. Unbedingte Voraussetzung ist, daß eine Zwangskoppelung zwischen Tarawert und Bruttowert besteht.

Gefäße, deren Tarastreuung groß ist, können durch eine SKW in so viele Klassen sortiert werden, daß man dann mit Taramittelwerten arbeiten kann. Um die Tarastreuung von Gläsern so gering zu halten, daß sie nicht berücksichtigt werden muß, hat man versucht, den Glasfluß mittels einer SKW zu steuern.

Eine Auswahl weiterer Einsatzmöglichkeiten der SKW zeigen die Bilder 5.272 bis 5.277.

Bild 5.272 Einsatz einer SKW (Bildmitte unten) zum Abfüllen von Lacken in Dosen ab 100 ml bis 11 kg mit Nachregelung des Abfüllstutzens durch Tendenzregelung. Leistung der Anlage: bis 60 Füllungen und Kontrollwägungen/min.
Quelle: Dr. Boekels

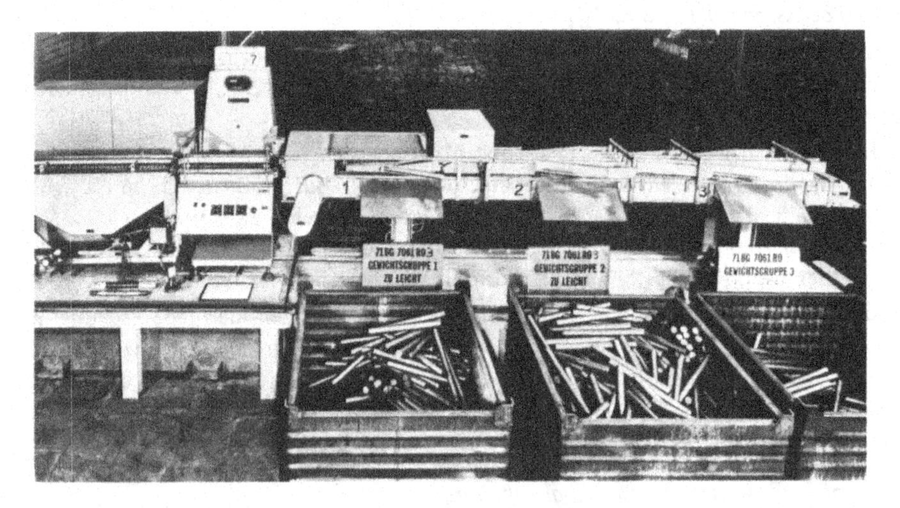

Bild 5.273 Gewichtskontrolle und Sortierung von Stahlknüppeln in einer Automobilfirma. Durch Aussortierung der schwereren und damit großvolumigeren Knüppel werden Beschädigungen an den Gesenken vermieden und bei den zu leichten entfällt die Weiterverarbeitung.
Quelle: Garvens

Bild 5.274
Einsatz einer SKW in der Gummiindustrie zur Gewichtsüberwachung von Karkassenstreifen. Leistung bis 60 Wägungen/min.
Quelle: Dr. Boekels

Bild 5.275
Doppel-SKW zur Gewichtskontrolle von Suppenbeuteln. Es können bis zu 360 Packungen/min kontrolliert werden.
Quelle: Dr. Boekels

Bild 5.276
SKW als Briefsortierwaage in 5 Klassen gem. der Postgebührenordnung mit Möglichkeit des Anschlusses von Frankiermaschinen. Es können in der Stunde bis zu 8000 Briefe sortiert werden.
Quelle: Mettler

Bild 5.277 SKW mit einer Höchstlast von 50 kg zur Kontrolle von Zuckersäcken mit einer Leistung bis zu 40 Wägungen/min.
Quelle: Dr. Boekels

5.11.8 Eiersortiermaschinen (ESM)

W. Wünsche

5.11.8.1 Allgemeines

ESM sind eine Zusammenstellung von mehreren Grenzwaagen mit zugehöriger Sortiereinrichtung, die Eier in die zur Vermarktung zugelassenen von 5 g zu 5 g gestuften Gewichtsklassen [5] sortieren. Durch die Grenzwaagen wird dabei nur festgestellt, ob das Gewicht der Eier ober- oder unterhalb bestimmter einstellbarer Grenzen liegt. Eine Ermittlung des tatsächlichen Gewichtswertes erfolgt nicht.

Die Bauformen der ESM sind vielfältig, allen gemeinsam sind die ausschließlich zur Aufnahme von eiförmigen Körpern geeigneten Lastträger der Grenzwaagen und Transportsysteme. Dabei sind insbesondere die Lastträger so ausgebildet, daß durch Kalkabrieb oder gar Bruch eines Eies die Verschmutzung gering bleibt. Das ist deshalb wichtig, weil in ESM nur elektromechanische Grenzwaagen, ausgeführt als Klassierwaagen (Abschnitt 5.11.8.3), automatisch oder halbautomatisch wirkende Nullstelleinrichtungen besitzen. Bei allen mechanischen Grenzwaagen in ESM ist eine Nullstellung nicht möglich. Sauberkeit ist daher Vorbedingung für die Richtigkeit der ESM.

ESM lassen sich nach ihrem Funktionsprinzip in zwei Grundtypen aufteilen:

5.11.8.2 ESM mit Sortierwaagen (Bild 5.278)

Für jedes Grenzgewicht zwischen zwei Gewichtsklassen ist eine Grenzwaage ausgeführt als labile Neigungswaage (Kippwaage) vorhanden, deren Kippunkt auf das Grenzgewicht eingestellt ist. Die Eier werden von einer Transporteinrichtung nacheinander auf die nach abneh-

Bild 5.278
Zweibahnige ESM mit Sortierwaagen für die Sortierung in 7 Gewichtsklassen
1 zwei Zuführungsbahnen mit Durchleuchtung der Eier
2 Reihe der Kippwaagen
3 Sortierfächer
Quelle: Staalkat

menden Grenzgewichten geordneten Kippwaagen aufgelegt. Ist ein Ei schwerer als das eingestellte Grenzgewicht einer Kippwaage, so kippt diese und wirft das Ei in das Sortierfach der betreffenden Gewichtsklasse ab. Ohne daß weitere Einrichtungen nötig sind, werden hier die Eier unmittelbar durch den Wägevorgang in ihre Gewichtsklassen räumlich getrennt.

Für die Sortierung in 7 Gewichtsklassen ($\geqslant$ 70 g bis $\leqslant$ 45 g) sind für die 6 Grenzgewichte 6 Kippwaagen notwendig. Diese bilden einen „Sortiersatz", die ESM hat eine „Bahn" für die einzugebenden unsortierten Eier. Größere ESM haben 6 oder 12 Bahnen mit ebensovielen Sortiersätzen, um die unsortierten Eier von den Paletten automatisch mittels Saughebern in einem Arbeitsgang auf die Zuführungsbahnen legen zu können. Eine 12bahnige ESM für 7 Gewichtsklassen besitzt demnach 72 Kippwaagen.

Eine Abwandlung dieses Funktionsprinzips besteht darin, daß nicht die Eier von Kippwaage zu Kippwaage transportiert werden, sondern daß sich jede Kippwaage mit dem einmal aufgelegten Ei, bei der höchsten Gewichtsklasse beginnend, an den Sortierfächern vorbeibewegt. Alle Kippwaagen sind in ihrem Kippunkt auf das gleiche, höchste Grenzgewicht der ESM justiert und bei jedem Sortierfach wird nun ein um 5 g größeres Zulagegewicht auf die Lastseite der Kippwaage aufgebracht bis die Waage abkippt. Die Anzahl der pro Zuführungsbahn (Sortiersatz) notwendigen Kippwaagen ist dabei um eine erhöht, da auch für das letzte Sortierfach eine Waage vorhanden sein muß.

Die Sortierleistung der ESM mit Sortierwaagen beträgt bis etwa 2700 Eier pro Stunde für jeden Sortiersatz (Zuführungsbahn).

5.11.8.3 ESM mit Klassierwaagen (Bild 5.279)

Jede Grenzwaage kann das aufgelegte Ei in alle Gewichtsklassen des Sortiersatzes der ESM klassieren. D. h., jedes Ei wird nur einmal auf eine solche Klassierwaage gelegt, von dieser einer Gewichtsklasse zugeordnet und mittels einer nachgeschalteten Sortiereinrichtung entsprechend dem von der Klassierwaage abgegebenen Klassiersignal in das zugehörige Sortierfach abgelegt. Die räumliche Trennung der Eier in Gewichtsklassen erfolgt also nicht unmittelbar durch den Wägevorgang, sondern erst durch die nachfolgende Sortiereinrichtung.

Bei solchen ESM ist nur eine Klassierwaage pro Zuführungsbahn bzw. Sortiersatz notwendig, pro Maschine damit bis zu 12 Waagen. Diese ESM-Bauarten sind elektromechanisch, d. h.,

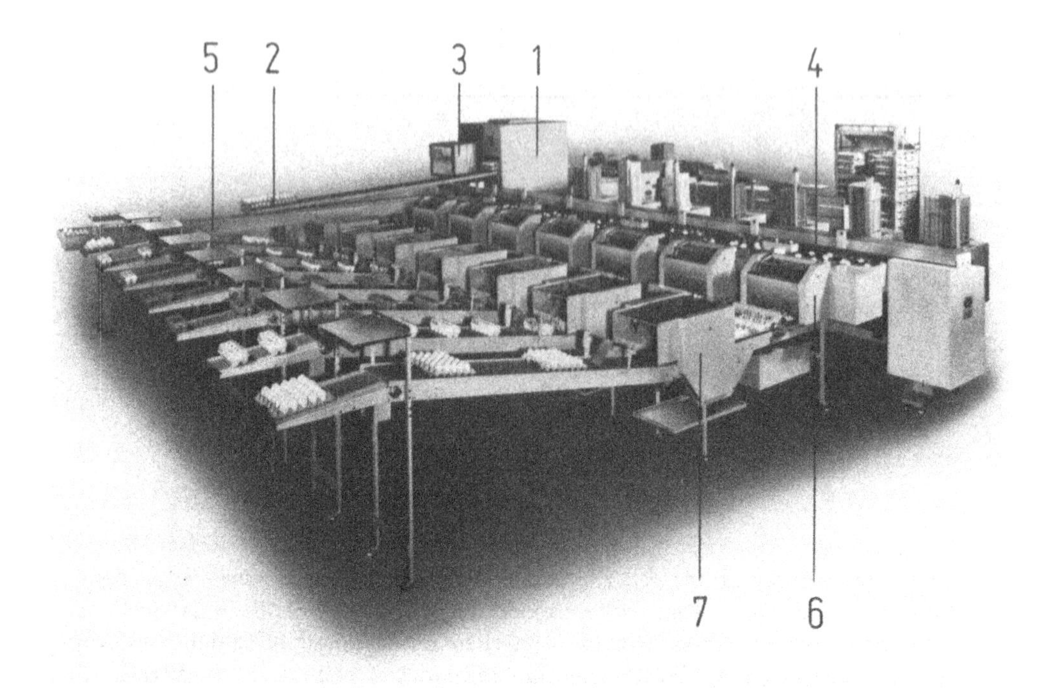

Bild 5.279 Zwölfbahnige ESM mit Klassierwaagen für die Sortierung in 7 Gewichtsklassen

1 Zuführungsbahnen mit Durchleuchtung der Eier
2 von Hand aussortierte schadhafte Eier
3 Klassierwaagen mit Auswerteelektronik
4 Sortiereinrichtung, darunter die Sortierfächer
5 Sonder-Sortierfach für zu große und zu kleine Eier
6 Packer ggf. mit Stempelung der Eier
7 Packungsschließer ggf. mit Stempelung der Packungen

Quelle: Staalkat

die Meßgröße „Masse des Eies" wird in ein elektrisches Signal umgeformt und so von der Sortiereinrichtung ausgewertet.

Eine Abwandlung dieses Funktionsprinzips macht die folgende rein mechanische Ausführung möglich. An einem kontinuierlich umlaufenden Rundlauf sind eine große Anzahl (gebaut mit bis zu 584 Stück) Klassierwaagen, ausgeführt als Neigungswaagen, befestigt. Nach der Eiauflage kann jede Waage etwa 5 ... 10 s frei einspielen, wird dann entsprechend ihres Neigungsausschlags zum zugehörigen Sortierfach zwangsgeführt und das Ei abgeworfen. Danach beginnt ein neuer Kreislauf bei den Zuführungsbahnen. Nach dem Wäge- und Klassiervorgang werden somit die Waagen selbst als Transport- und Sortiereinrichtung verwendet.

Die Sortierleistung der ESM mit Klassierwaagen beträgt bis etwa 4000 Eier pro Stunde für jede Zuführungsbahn. Es sind bis zu 12 Zuführungsbahnen vorhanden.

5.11.8.4 Einflüsse auf die Meßgenauigkeit

Es sind zu unterscheiden:

a) Zeitlich sich schnell ändernde Einflußgrößen:
   Ihnen unterliegen alle Grenzwaagen in ESM, sie verursachen den Unschärfebereich jeder Waage an jeder Gewichtsgrenze.

b) Zeitlich sich mittelfristig (innerhalb von Stunden) ändernde Einflußgrößen:
Sie dürfen bei ESM mit Grenzwaagen ohne Nullstelleinrichtung keine oder nur vernachlässigbar geringe Auswirkungen auf die Meßgenauigkeit haben. Daher sind bisher für diese Bauarten im eichpflichtigen Verkehr nur labile Neigungswaagen (Kippwaagen) und stabile Neigungswaagen einfacher und robuster konstruktiver Ausführung zugelassen.
c) Zeitlich sich langfristig (innerhalb von Jahren) ändernde Einflußgrößen:
Ihnen unterliegen wiederum alle Grenzwaagen in ESM. Im eichpflichtigen Verkehr wird dem durch die Nacheichfrist von 2 Jahren Rechnung getragen.

5.11.8.5 Unschärfebereich der Grenzwaagen und Fehlergrenzen der ESM

Wie bei der SKW ist auch bei ESM der Unschärfebereich der Grenzwaagen das Kriterium für die meßtechnische Qualität der ESM. Seine Bestimmung nach den für SKW angegebenen Verfahren ist jedoch wegen der großen Anzahl von Grenzwaagen in einer ESM und des damit verbundenen Aufwandes nicht möglich. Die für eichpflichtige ESM in [6] festgelegten Fehlergrenzen stellen daher ein stark gekürztes, auf das unbedingt Notwendige beschränkte Prüfverfahren dar. Danach darf bei der Prüfung mit Prüfeiern gemäß [7], deren Nennwert um jeweils ± 1 g von den Grenzgewichten abweicht, jedes Prüfei bei 30 Prüfdurchgängen nicht mehr als dreimal falsch sortiert werden. Die zulässige relative Anzahl Falschsortierungen beträgt also F_P = 10 % für jedes Prüfei. Was diese Forderung, bezogen auf eine komplette ESM bedeutet, ist in [8] eingehend untersucht worden und wird im Ergebnis im folgenden kurz dargestellt.

Zu berücksichtigen ist:

a) Es handelt sich um ein statistisches Prüfverfahren.
b) Gemäß [7] ist jedes Prüfei zweifach vorhanden
   - mit einem halb mit Sand gefüllten Hohlraum zur Nachbildung der Rolleigenschaften und der veränderlichen Lage des Schwerpunkts natürlicher Eier und
   - ohne Sandfüllung,

   so daß jedes Grenzgewicht insgesamt mit 4 Prüfeiern geprüft wird.
c) Die Fehlergrenzen F_P = 10 % gelten für jedes Prüfei getrennt, die Falschsortierungen dürfen untereinander nicht ausgeglichen werden.
d) Zu einem Sortiersatz gehören mindestens 5 Grenzgewichte.

In [8] ist nun die Wahrscheinlichkeit der Einhaltung der o. g. Fehlergrenzen (bezeichnet mit Annahmewahrscheinlichkeit A für den Fall abgeschätzt worden, daß jede Grenzwaage einer ESM nach Abschnitt 5.11.8.2 gerade auf F_P = 10 % für jedes Prüfei justiert ist. Das Ergebnis ist:

A = 50 % für *ein* Grenzgewicht geprüft mit *einem* Prüfei,
A = 17,6 % für *ein* Grenzgewicht geprüft mit *vier* Prüfeiern,
A = 0 % für eine ESM mit *fünf* Grenzgewichten geprüft mit je *vier* Prüfeiern.

D. h., schon die kleinstmögliche ESM mit nur einem Sortiersatz hat keine Chance, die Fehlergrenze einzuhalten, wenn ihre Grenzwaagen gerade auf F_P = 10 % justiert sind. Wird für eine solche ESM ein Annahmerisiko von 10 % noch für vertretbar gehalten, so ergibt sich

A = 90 % für eine ESM mit *fünf* Grenzgewichten geprüft mit je *vier* Prüfeiern, wenn ihre Grenzwaagen auf F_P = 2,3 % justiert sind [8].

Für größere ESM mit bis zu 12 Sortiersätzen muß mit $F_P \approx 1{,}5$ % gerechnet werden. Die Fehlergrenzen nach [6] sind bezogen auf die komplette ESM demnach wesentlich strenger, als es auf den ersten Blick erscheint.

5.11.8.6 Meßtechnische Möglichkeiten und gesetzliche Vorschriften

Im Vergleich zu den SKW sollen hier die bei den ESM auftretenden Probleme geschildert werden. In den Bildern 5.280 und 5.281 wird dazu eine graphische Darstellung der meßtechnischen Vorgänge in der Weise gegeben, daß die Flächen unter bzw. zwischen den Kurven die vorhandene Menge an Eiern bzw. Packungen wiedergeben. Damit ist aus dem Verhältnis der Flächenanteile zueinander der Anteil der Falschsortierungen leicht abzuschätzen.

Meßtechnische Voraussetzungen bei SKW (Bild 5.280)

a) Die Gewichtsverteilung der von der Abfüllmaschine abgegebenen Packungen ist in der Regel eine Normalverteilung. Die Gewichtsgrenzen der SKW liegen immer in den auslaufenden Ästen dieser Verteilung, so daß überhaupt nur bis etwa 3 % aller Packungen im Unschärfebereich der SKW um T_{u1} liegen.
b) Nur auf einer Seite (Minusseite) der Gewichtsgrenze T_{u1} ist eine gesetzliche Fehlergrenze festgelegt. Da sich die FPV nur auf die „in den Handel gebrachten" Packungen bezieht, sind richtige Packungen, die als untergewichtig aussortiert werden, für den Gesetzgeber nicht mehr relevant.
c) Aus b) folgt, daß ein zu großer Minusfehler der SKW durch Plusverschiebung der betr. Gewichtgrenze leicht zu korrigieren ist.

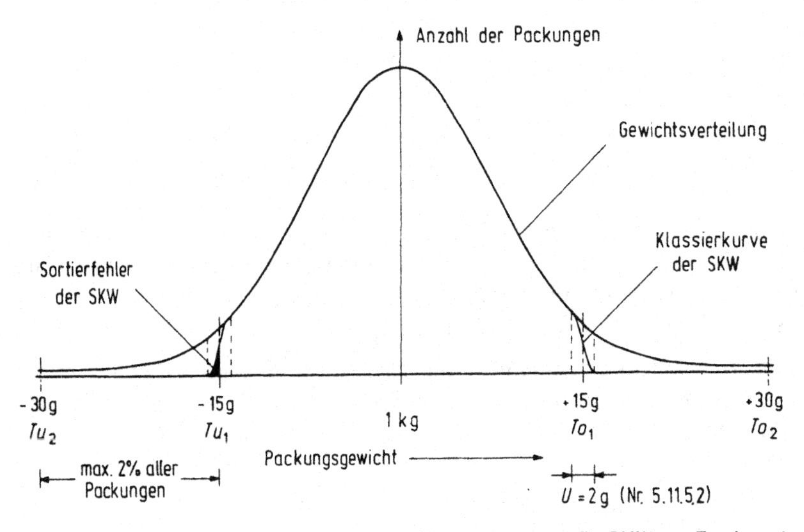

Bild 5.280 Darstellung der meßtechnischen Voraussetzungen für SKW zur Fertigpackungs-Kontrolle
Quelle: Verfasser

Meßtechnische Voraussetzungen bei ESM (Bild 5.281)

a) Die Gewichtsverteilung der Eier ist unbekannt und veränderlich. Schon bei gleichmäßiger Gewichtsverteilung liegen für eine ESM, die noch die Eichfehlergrenze [6] einhält, etwa 64 % der Gesamtzahl der Eier einer Gewichtsklasse innerhalb des Unschärfebereichs nach [8].
Dieser Anteil vergrößert sich noch, wenn für eine oder beide Rand-Gewichtsklassen die Anzahl der Eier stark abnimmt. Wie im Bild 5.281 aus dem Vergleich der Flächen der in

die Gewichtsklasse > 70 g sortierten Eier abzuschätzen ist, können leicht etwa 25 % Falschsortierungen nach Mindergewicht auftreten.

b) Auf beiden Seiten jeder Gewichtsgrenze befinden sich gesetzliche Gewichtsklassen, die von den Falschsortierungen betroffen sind.

c) Aus b) folgt, daß zwar ein zu großer Minusfehler in einer Gewichtsklasse durch Plusverschiebung der betr. Gewichtsgrenze korrigierbar ist, daß sich aber dadurch in der Gewichtsklasse auf der anderen Seite dieser Gewichtsgrenze der Plusfehler um den gleichen Betrag erhöht.

Vergleicht man die für SKW und ESM gegebenen Voraussetzungen, so ist festzustellen:

a) SKW lassen sich auf die durch die FPV festgelegten Fehlergrenzen ohne Probleme einstellen, und umgekehrt läßt sich die richtige Einstellung einer SKW durch Nachwägen der sortierten Packungen nachprüfen.

b) Bei ESM kann vom Sortierergebnis nicht ohne weiteres auf die meßtechnischen Eigenschaften des Gerätes rückgeschlossen werden. Stichprobenpläne für die Kontrolle nach erfolgter Sortierung von Eiern beliebiger Gewichtsverteilung müssen auf die für ESM gegebenen Voraussetzungen abgestimmt sein. Dazu ist es sinnvoll,

   – nur eine einseitige gesetzliche Fehlergrenze für jede Gewichtsklasse nach Mindergewicht festzulegen, damit die Gewichtsgrenzen der Grenzwaagen nach Plus korrigiert, und Eier z. B. der Rand-Gewichtsklasse mit zu vielen Falschsortierungen nach Mindergewicht durch Herabstufung in die nächst niedrigere Gewichtsklasse vermarktet werden können, und

   – die Eier erst dann als falsch sortiert einzustufen, wenn sie um 1 g oder mehr vom betreffenden Grenzgewicht abweichen. Damit würde die Tatsache berücksichtigt, daß in der Regel mehr als 60 % der Eier im Unschärfebereich der Grenzwaagen liegen.

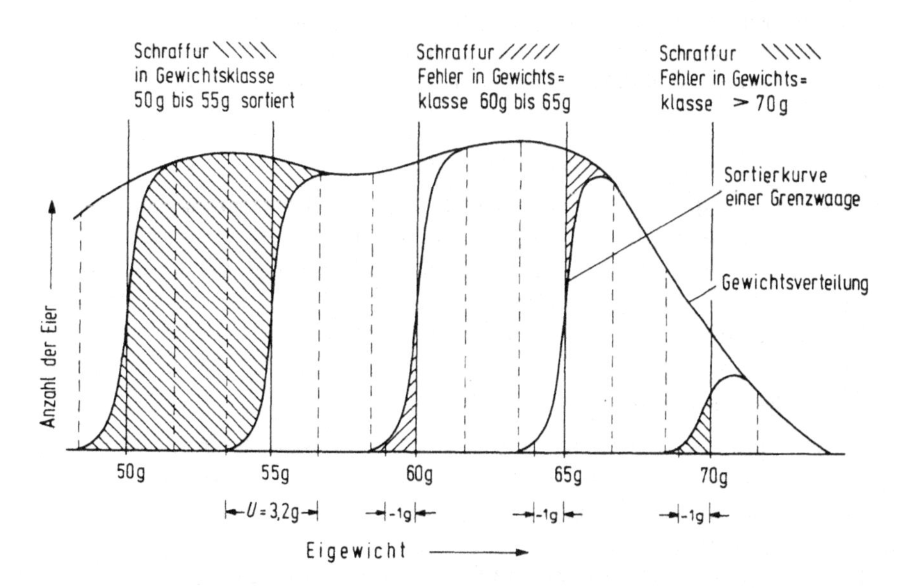

Bild 5.281 Darstellung der meßtechnischen Voraussetzungen für ESM
Quelle: Verfasser

Schrifttum

[1] wägen + dosieren 14 (1983), S. 214–218

[2] OIML, Internationale Empfehlung Nr. 51, Juni 1980

[3] EWG-Richtlinie 78/1031/EWG. Amtsblatt der Europäischen Gemeinschaften Nr. L 364, S. 1 ff. (1978)

[4] Eichordnung vom 15.1.1975, Anlage 10, Abschnitt 4

[5] EWG – Verordnung Nr. 95/96 vom 17.1.1969. Amtsblatt der Europäischen Gemeinschaften (1969) Nr. L 13, S. 13–17.

[6] Eichordnung vom 15.1.1975, Anlage 10, Abschnitt 5

[7] PTB – Richtlinien für die eichamtliche Beglaubigung von Prüfeiern zur Eichung von Eiersortiermaschinen, PTB-Mitteilungen 75 (1965), S. 515–516.

[8] *Verch, J.:* Das Fehlerverhalten von Grenzwägemaschinen, PTB-Mitteilungen 79 (1969), S. 163–169.

[9] *Oehring, H. A.*, Bedeutung des Unschärfebereichs. wägen + dosieren 15 (1984), S. 26–28, S. 70–72.

[10] *Oehring, H. A.*, Selbsttätige Kontrollwaagen als Kontrollmeßgeräte für Fertigpackungen. wägen + dosieren 15 (1984), S. 126–130.

[11] Verordnung über Fertigpackungen vom 18.12.1981. Bundesgesetzblatt, 1981, Teil 1, S. 1585–1619.

5.12 Haushalts- und Personenwaagen

H. Ockert

5.12.1 Einleitung

Haushaltswaagen sind Meßgeräte zur Bestimmung der Masse im privaten Bereich wie Personenwaagen, Küchenwaagen, Diätwaagen und Briefwaagen. Im Gesundheitsbereich, im Badezimmer oder in der Küche sind diese Waagen nicht mehr wegzudenken, weil der Bürger in hochentwickelten Industriegesellschaften das Bedürfnis hat, mit diesen Waagen Gewichtsermittlungen oder -kontrollen durchzuführen, um daraus fundierte Verhaltensweisen abzuleiten.

5.12.2 Anforderungen an Küchen- und Personenwaagen

Im Gegensatz zu allen anderen Waagen werden Küchen- und Personenwaagen sowohl in Fachgeschäften als auch in Kaufhäusern und im Versandhandel vertrieben. Erwirbt der Kunde ein Gerät, so sieht er in erster Linie die Verwendungsmöglichkeit, auf die er Wert legt. Dabei ist es ihm oft nicht bewußt, daß es sich um ein kompliziertes, meßtechnisches Gerät handelt. Er kann seine Waage einfach in der Tasche nach Hause tragen, aufstellen und ohne Vorkenntnisse in Betrieb setzen.

Daraus leiten sich folgende Anforderungen an die Waage ab:

a) Einfache Handhabung der Waage. Hierzu gehören: Leichte und exakte Null-Punkt-Einstellung, gute Ablesbarkeit des angezeigten Meßwertes, sicheres Be- und Entlasten der Waage, einwandfreie Reinigungsmöglichkeit, leichter Transport bei wechselndem Gebrauchsort und raumsparende Bauweise.

b) Richtige Dimensionierung und Werkstoff-Wahl der einzelnen Bauteile gegen Überlast und zur Sicherung der vom Hersteller vorgesehenen und garantierten Eigenschaften, eine der Konstruktion entsprechende Skalenteilung und ein dem Verwendungszweck entsprechender Korrosionsschutz.

c) Einsatz auf Teppichboden, unebenem Boden, an nicht lotrechten Wänden, in feuchter Atmosphäre.
d) Die kurze, einfache Bedienungsanleitung muß von jedermann verstanden werden.
e) Neben den meßtechnischen Anforderungen sind Design, Gebrauchstauglichkeit, Konsumverhalten und geringer Preis für eine optimale Lösung wesentlich. Das Know-how des Herstellers ist dabei von entscheidender Bedeutung, weil nur Großserienherstellung zu einem marktgerechten Preis führen kann.

5.12.3 Meß- und Anzeigesysteme

5.12.3.1 Mechanische Waagen

Der Lastausgleich wird wie bei anderen Waagenbauarten durchgeführt. Häufige Auswägeeinrichtungen sind:

Laufgewichtseinrichtung

Diese klassische Methode, die Belastung durch ein Gegenmoment weglos zu kompensieren, wird z. B. bei der konventionellen handbedienten Küchenwaage nach wie vor erfolgreich verwendet (Bild 5.282). Gemäß Bild 5.282b wird die Last über Stützen (1) vom Lastträger auf zwei Hebel (2) übertragen. Ein Laufgewichtshebel (3), an dem eine Laufgewichtseinrichtung (4) angebracht ist, wird über Koppel (5) mit einem der beiden Hebel (2) verbunden. Zum Ausgleich dienen Laufgewichte (6). Nach dem Aufbringen der Last auf die Brücke wird die Arretierung gelöst, Hauptlaufgewicht und Nebenlaufgewicht werden am Gewichtshebel soweit verschoben, bis Zeiger und Gegenzeiger einspielen, d. h. Gleichgewichtszustand erreicht ist.

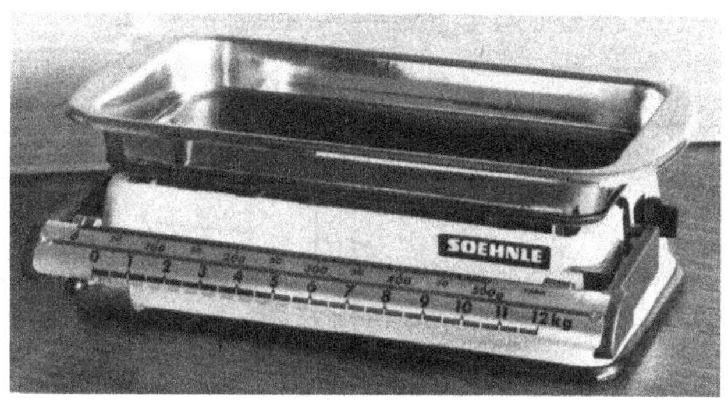

a)

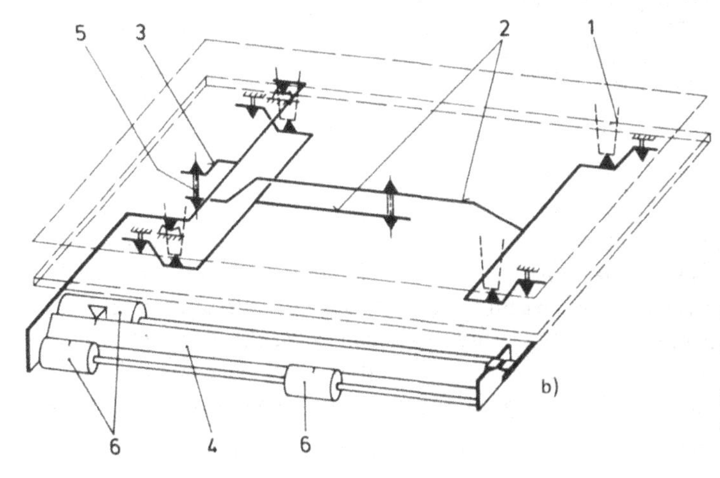

b)

Bild 5.282
Laufgewichts-Küchenwaage
Höchstlast 12,5 kg, d = 10 g
a) Stahlblechgehäuse mit verchromter Blechschale
b) Schema (Legende siehe Text)
Quelle: Soehnle-Waagen

Neigungsgewichtseinrichtung

Der Lastausgleich geschieht durch den Ausschlag eines Neigungshebels, die Anzeige ist an einer Neigungsskala ablesbar.

Nach Bild 5.283 erfolgt die Parallelführung der Waagschale durch ein Gelenkviereck (1) mit Ausführung der Waage als Ein- oder Mehrpendeleinrichtung. Sie ist eine Kombination mehrerer Neigungsgewichtseinrichtungen mit dem Ziel, bei kleineren Belastungen eine feinere Gewichtseinteilung und bei größeren Belastungen eine gröbere Skalenteilung zu erreichen. Dargestellt ist eine Waage mit einem Hebelwerk, bei dem das Pendelgewicht (2) durch Umklappen an zwei verschiedenen Stellen des Hebelarms zum Eingriff gebracht werden kann.

Bei mehreren Hebelarmen sind Pendelgewichte unterschiedlicher Größe über eine gemeinsame Achse drehbar in einem Rahmengestell gelagert. Dabei trägt das erste Pendel am Hebelarm den Lastträger, der mittels eines am unteren Ende angebrachten Gegenlenkers senkrecht geführt wird. Die übrigen Pendel bewegen sich lose um die Drehachse. In der Nullstellung liegen alle Pendel an Anschlägen auf. Die Skala ist im ersten Teil, in dem das erste Pendel arbeitet, am feinsten geteilt. Wird dieser Bereich überschritten, so nimmt mittels eines Stiftes das erste Pendel das zweite mit. Sie bilden dann zusammen ein schweres Pendel, für dessen Ausschlag dann der zweite Teil der Skala maßgebend ist. Wird auch dieser Bereich überschritten, so wiederholt sich der Vorgang mit der Mitnahme des dritten Pendels wie vorher.

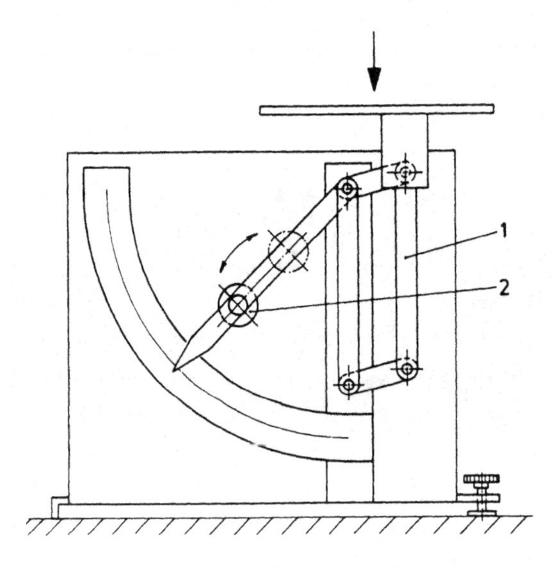

Bild 5.283

Schema einer Küchenwaage mit Neigungsgewichtseinrichtung

1 Gelenkviereck

2 Umklappbares Pendelgewicht

Quelle: Verfasser

Federauswägeeinrichtung

Die Längenänderung einer Schraubenfeder ist in bestimmten Grenzen der dehnenden Kraft (hier Gewichtskraft) proportional. Die Dehnung wird gemäß Bild 5.284 mit Zahnstangen Trieb auf einen Zeiger übertragen (siehe Abschnitt 5.12.4). Der für Federwaagen geltende Nachteil der Gravitationsabhängigkeit ist für die hier behandelten Waagen vernachlässigbar. Wegen konstruktiver Möglichkeiten (kleine Bauweise, Verwendung von mehreren Schrauben-, Blatt- oder Tellerfedern) haben sich Federwaagen für diesen Anwendungsbereich durchgesetzt.

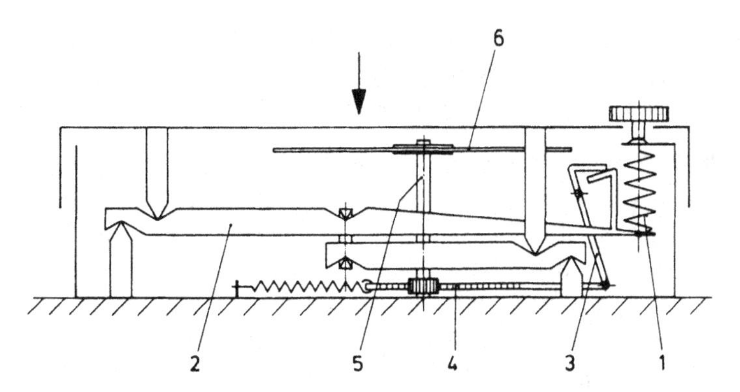

Bild 5.284 Schema einer Badezimmerwaage mit Federwägeeinrichtung

1 Schraubenfeder
2 Hebel
3 Umlenkhebel
4 Zahnstange
5 Ritzel mit Welle
6 Skalenblatt

Quelle: Verfasser

Im Bereich der Haushaltswaagen wird versucht, möglichst selbsteinspielende Waagen zu bauen. Als Anzeigeeinrichtung haben sich Kreiszeigerskalen eingeführt. Dabei werden zwei Prinzipien angewendet: entweder durch eine bewegliche Skala, die den belastungsproportionalen Winkelausschlag ausführt und an einem feststehenden Zeiger die Gewichtablesung ermöglicht, oder eine feststehende Skala mit einem entsprechend sich bewegenden Zeiger.

Genügender Teilstrichabstand und möglichst parallaxenfreie Ablesemöglichkeit sind selbstverständlich.

5.12.3.2 Elektromechanische Waagen

Die ersten Versuche beschränkten sich zunächst darauf, den in einer mechanischen, analog anzeigenden Waage vorhandenen Weg in ein elektrisches Signal umzuwandeln. Folgende Verfahren werden bei Haushalt- und Personenwaagen eingesetzt, siehe auch Abschnitt 3.9:

Induktive Wegmessung

Der Federweg der Meßfeder wird auf den Kern eines Differentialtransformators übertragen. Abhängig von der Stellung des Kerns liefert die Sekundärwicklung eine im optimalen Fall proportionale Spannung, die in bekannter Weise digitalisiert werden kann.

Kapazitive Wegmessung

Der bewegliche Teil eines Kondensators (Rotor) verändert seine Position gegenüber dem festen Teil (Stator). Die resultierende Kapazitätsänderung liefert eine Frequenzänderung und kann digital ausgewertet werden.

DMS-Wägezelle

Die Kraft der zu wägenden Last wird direkt (bei rein elektro-mechanischen Waagen) bzw. indirekt über Hebel (bei Hybridwaagen) in ein mit DMS versehenes Federelement eingeleitet.

5.12.3.3 Problematik der digitalanzeigenden Haushaltswaagen

Der Zwang zum Batteriebetrieb und die Sicherheitsaspekte (Badezimmer, Küche) schlossen automatisch die Verwendung von Hochvoltanzeigen wie Nixieröhren oder Plasmaanzeigen aus. Man mußte sich mit den zunächst optisch nicht sehr schönen LED-Anzeigen oder

Fluoreszenzanzeigen begnügen. In der Zukunft werden sich wegen des extrem niedrigen Stromverbrauchs (Batteriebetrieb) und des in weiten Grenzen frei wählbaren Designs (Anordnung der Ziffern und sonstigen Zeichen) Flüssigkristallanzeigen (LCD) durchsetzen.

5.12.4 Ausführungsbeispiele für Personen-, Küchen-, Diät- und Briefwaagen

Die Gestaltung eines Gebrauchsgegenstandes unter Berücksichtigung der sich laufend ändernden Merkmale wie Gebrauchstauglichkeit, Handhabung, Preis und eine sehr flexible Anpassung an die Kundenwünsche, sind für den Markterfolg des Produktes entscheidend. Dies führte in den letzten 10 Jahren zu immer kürzeren Produktlaufzeiten.

Früher wurde das Hauptaugenmerk auf die äußere Gestaltung gelegt. Damals produzierte man die Gehäuse aus Guß. Das Eigengewicht spielte eine untergeordnete Rolle. Viel wichtiger waren Verzierungen mit Ornamenten, Ziselierungen und handgemalte Bronzierungen. Heute dagegen steht funktionsgerechtes Design und Handling der Waage im Vordergrund.

Zusätzlich zur eigentlichen Aufgabe der Massenbestimmung werden vermehrt weitere Funktionen in den Geräten vorgesehen, um den Nutzungseffekt zu verbessern, z. B. Merkzeiger für die Gewichte der Familienmitglieder und Tarierskala.

Das ältere Prinzip der Laufgewichts-Küchenwaage ist bereits beschrieben worden. Eine Ausführung als Babywaage zeigt Bild 5.285. Eine mit Neigungsgewichtseinrichtung ausgeführte Briefwaage zeigt Bild 5.286. Ein älteres Modell einer Personenwaage mit Federwägeeinrich-

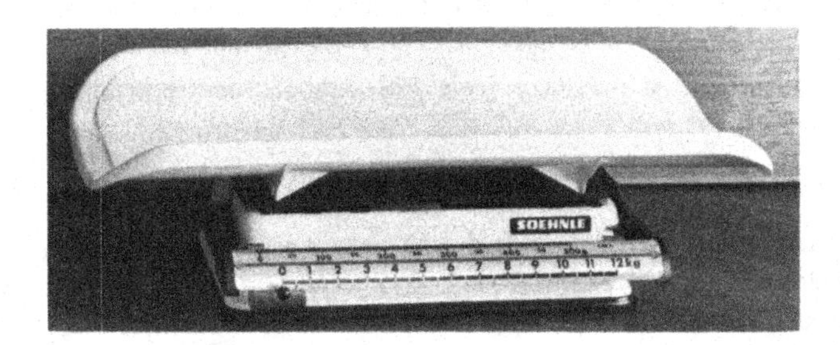

Bild 5.285

Laufgewichts-Babywaage mit einem als Mulde ausgebildeten Lastträger
Höchstlast 12,5 kg, d = 10 g
Quelle: Soehnle-Waagen

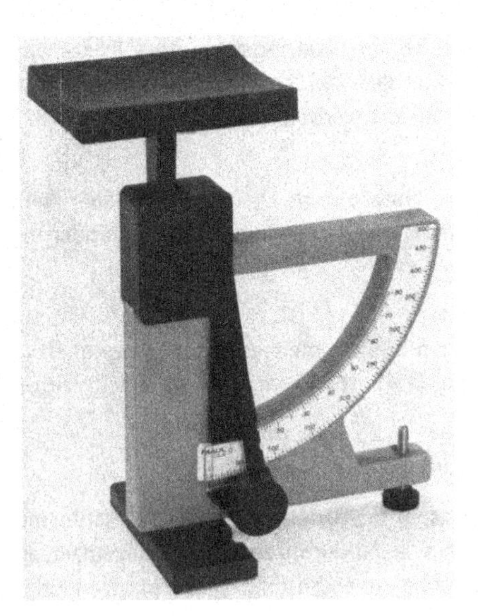

Bild 5.286

Briefwaage mit Neigungsgewichtseinrichtung
Höchstlast umschaltbar
bis 80 g $d = 1$ g
bis 500 g $d = 5$ g
Quelle: Maul

tung zeigt Bild 5.287. Durch Anordnung der Griffe konnte die Waage auch als Trainingsgerät für die Armmuskulatur verwendet werden.

Bild 5.284 zeigte bereits das meistverbreiteste Konstruktionsschema. Die vertikale Belastung wirkt auf ein im Grundsatz klassisches Hebelwerk. Als Lastausgleich dient eine Schraubenfeder (1), angebracht am langen Hebel (2). Die vertikale Bewegung des langen Hebels wird über einen Umlenkhebel (3) auf eine Zahnstange (4) und damit auf ein Ritzel mit Welle (5) übertragen. Das Skalenblatt (6) dreht sich unter einem feststehenden Zeiger so weit, bis der Gleichgewichtszustand zwischen Belastung und Federkraft erreicht ist.

Ein weiteres Konstruktionsschema zeigt Bild 5.288. Die Stützen (1) übertragen die Last vom Lastträger (2) auf vier Winkelhebel (3). Jeweils zwei Winkelhebel werden durch eine horizontalliegende Zugstange (4) verbunden. Die Zugstangen übertragen die Bewegung auf die Hebel (5) und (6), die an der Kulisse (7) gekoppelt werden. An der Kulisse greift die als

Bild 5.287
Personenwaage mit Griff und Vollsichtanzeige (System Federwaage mit Parallelführung und Kreiszeiger)
Höchstlast 125 kg, d = 0,5 kg
Quelle: Verfasser

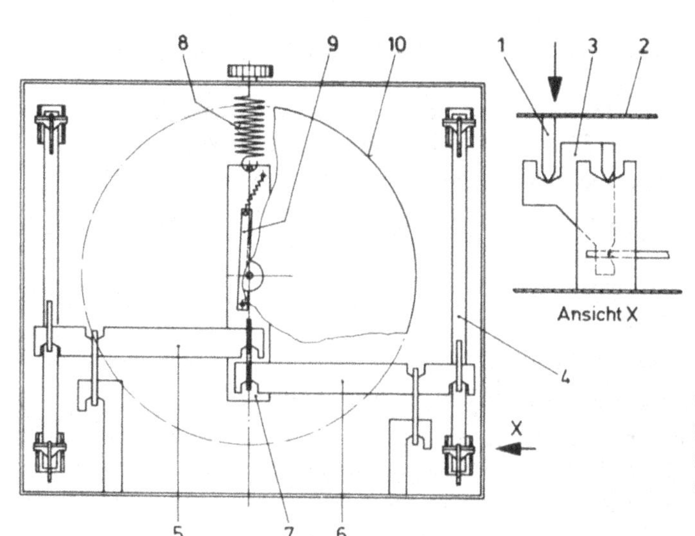

Bild 5.288
Schema einer Personenwaage mit Skalenblatt (Legende siehe Text)
Quelle: Verfasser

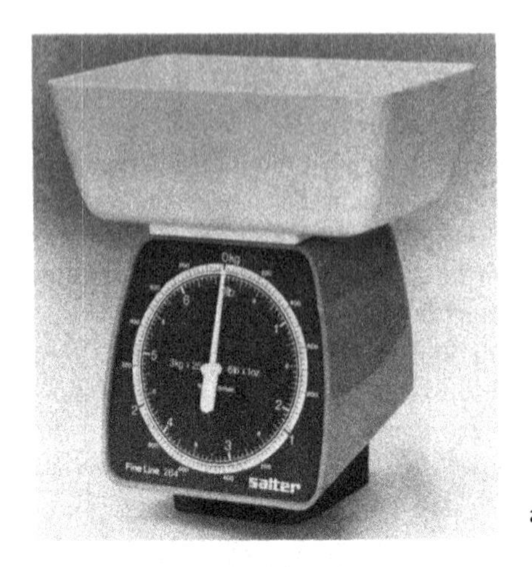

a)

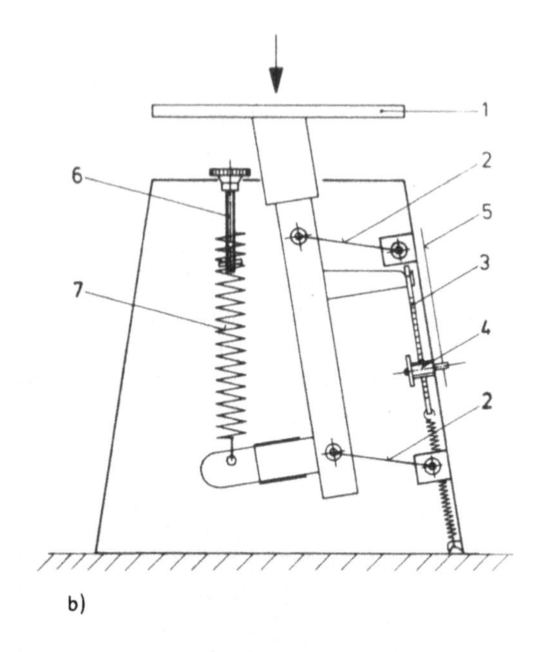

b)

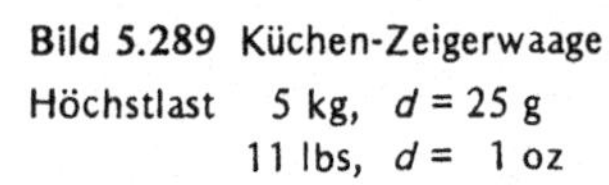

Bild 5.289 Küchen-Zeigerwaage
Höchstlast 5 kg, d = 25 g
11 lbs, d = 1 oz
a) Ansicht
b) Schema (Legende siehe Text)
Quelle: Salter

Lastausgleich dienende Schraubenfeder (8) an. Die Kulisse überträgt die Bewegung auf die Zugstange (9), die über ein Ritzel das Skalenblatt dreht.

Eine selbstanzeigende Federküchenwaage ist in den Bildern 5.289a und b dargestellt. Der Lastträger (1) wird durch die Lenkerpaare (2) parallel geführt. Die Lenkerbewegung wird über die Zahnstange (3) auf das Ritzel (4) und damit auf den Zeiger (5) übertragen. Als Nullstelleinrichtung dient eine Spindel (6), mit der die als Lastausgleich dienende Schraubenfeder (7) vertikal eingestellt werden kann.

Die Bilder 5.290a und b zeigen eine moderne Ausführung einer Küchenwaage als Wandwaage mit einsteckbaren Backrezepten und hochklappbarer Schale. Durch Kugelführungen (1) und (2) wird der Lastträger (3) vertikal geführt. Die als Lastausgleich dienende Schraubenfeder (4) kann mit der Nullstellspindel (5) vertikal verstellt werden. Vom Lastträger wird die Bewegung mittels Zahnstange (6) und Ritzel (7) auf den Zeiger (8) übertragen.

Feder-Personenwaagen können mit einer Anzeigeeinrichtung in Form eines

rotierenden Zifferblattes,
einer Trommelskala,
einer Leuchtbildanzeige oder einer
Vollsicht-Kreisskala (Bild 5.291)

ausgeführt sein.

Eine elektromechanische Personenwaage mit DMS-Wägezelle zeigt Bild 5.292.

Küchenwaagen erhalten einen abnehmbaren Lastträger, der als Rührschüssel dienen kann. Dosieraufgaben für mehrere Bestandteile einer Mischung werden durch die Nachführmöglichkeit des Nullpunktes der Anzeigeskala auf die jeweilige Zeigerstellung der letzten Komponente bequem lösbar.

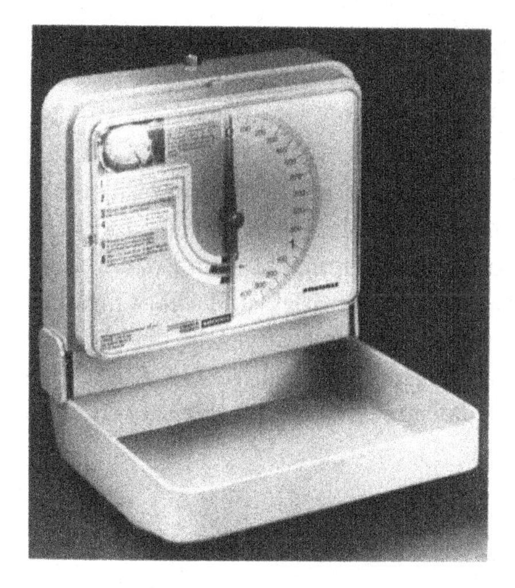

a) Ansicht

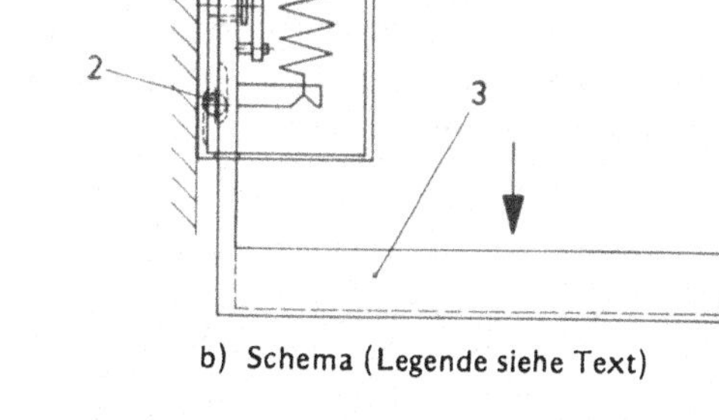

b) Schema (Legende siehe Text)

Bild 5.290 Küchen-Wandwaage

Gehäuse und hochklappbare Schale aus Kunststoff. Die Waage ist mit einsteckbaren Backrezepten ausgerüstet.

Höchstlast 3 kg, d = 20 g *Quelle:* Soehnle-Waagen

Bild 5.291

Personenwaage mit Vollsichtskala und Merkzeiger. Trittfläche gepolstert.
Höchstlast 130 kg, d = 0,5 kg
Quelle: Krups

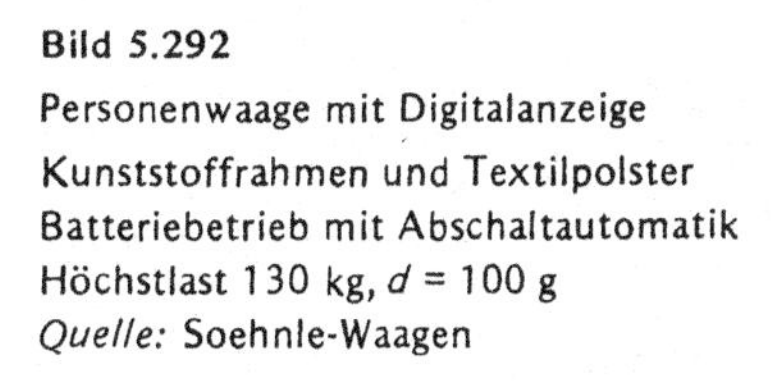

Bild 5.292

Personenwaage mit Digitalanzeige
Kunststoffrahmen und Textilpolster
Batteriebetrieb mit Abschaltautomatik
Höchstlast 130 kg, d = 100 g
Quelle: Soehnle-Waagen

Ein Lastträger kann durch einfaches Umstülpen als Behälter oder als Wägeplattform dienen. Informationen wie Backrezepte u. ä. oder Kalorientabellen an Diätwaagen, Idealgewichte oder Einstellmarken an Badezimmerwaagen zum Erkennen von Gewichtsveränderungen (Bild 5.293) helfen dem Bediener bei seinen Wägetätigkeiten.

Auch bei den Küchen-, Diät- und Briefwaagen kommen immer mehr elektromechanische Waagen mit Digitalanzeige auf den Markt. Während in Bild 5.294 noch eine kleine mechanische Brief- und Diätwaage dargestellt ist, die sich zusammenklappen läßt und dadurch als Reisewaage geeignet ist, zeigt Bild 5.295 die neue Tendenz: Eine Brief- und Diätwaage mit digitaler Anzeige für Batterie oder Netzbetrieb und einer Abschaltautomatik der Anzeige zum Energiesparen. Durch Auswechseln der Lastschale gegen einen Rührtopf o. ä. hat man eine Küchenwaage. Eine subtraktive Tara ermöglicht das äußerst komfortable, zuverlässige Einwägen mehrerer Zutaten.

Bild 5.293
Personenwaage
Trittfläche gepolstert.
Waage mit Übergewichtsanzeige.
Nach Einstellung von Geschlecht, Alter, Größe und Knochenbau zeigt die Skala das tatsächliche Gewicht und die Abweichung zum Idealgewicht an.
Höchstlast 130 kg, d = 0,5 kg
Quelle: Soehnle-Waagen

Bild 5.294
Brief- und Diätwaage auch als Reisewaage
Höchstlast 250 g, d = 2 g
Quelle: Soehnle-Waagen

Bild 5.295
Brief- und Diätwaage
Höchstlast 1 kg, $d = 2$ g
Quelle: Soehnle-Waagen

5.12.5 Technische Daten

Haushaltswaagen werden fast ausschließlich bei normaler Raumtemperatur (10 °C bis 30 °C) eingesetzt und kalibriert. Sie überdecken einen großen Wägebereich:

Briefwaagen	bis 1 kg,	$d =$ 2 g,
Küchenwaagen	bis 15 kg,	$d =$ 10 g,
Badezimmerwaagen	bis 150 kg,	$d =$ 100 g.

Sie sind für mindestens 10 000 Lastwechsel ausgelegt. Dies bedeutet für eine Personenwaage, die von einer vierköpfigen Familie täglich einmal benutzt wird, eine Mindeststandzeit von 7 Jahren (Herstellergarantie meist 3 Jahre).

Haushaltswaagen arbeiten in der Regel mit einer Genauigkeit von ± 1 % vom Skalenendwert (Absolutwägung). Bei Differenzwägungen ist die Waage um mindestens den Faktor 2 besser. Um die genannten Genauigkeiten zu erreichen, wird jedes einzelne Gerät vor dem Verlassen des Werkes einzeln mit Gewichtstücken geprüft und justiert.

Dem Wunsch des Verbrauchers nach einer sicheren und amtlich geprüften Waage kommen die Hersteller entgegen, indem sie Küchen- und Personenwaagen zur Eichung stellen. Diese Waagen werden dann in die Genauigkeitsklasse (IIII) eingeordnet, siehe Abschnitt 6.1.4. Ein Vergleich zwischen eichfähigen Haushaltswaagen und anderen Meßgeräten nach Bild 5.296 zeigt, daß alle betrachteten Geräte ähnliche Genauigkeiten aufweisen.

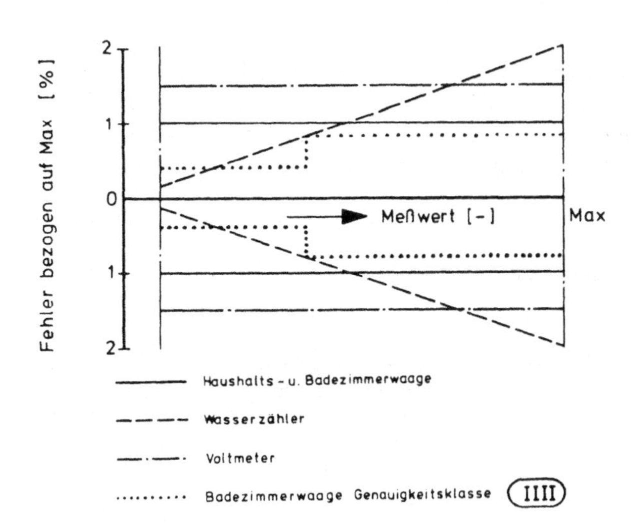

Bild 5.296
Fehlergrenzen bei Meßgeräten in Haushalten
Quelle: Verfasser

Haushaltswasserzähler, nach denen die Haushalte die Wassergebühren zu entrichten haben, arbeiten z. B. im Bereich von 1 % und teilweise schlechter. Benzinzapfsäulen liegen bei einer Genauigkeit von 0,5 %. Normale elektrische Meßgeräte beim Handwerker oder im Produktionsbereich, z. B. Voltmeter, haben eine Genauigkeit von 1,5 %, bezogen auf den Skalenendwert.

5.12.6 Tendenzen

Alle Haushaltswaagenarten bieten die Hersteller in rein mechanischer Ausführung mit Analoganzeige und in elektromechanischer Ausführung mit Digitalanzeige an. Es wird nicht nur vom Preis abhängen, inwieweit sich die neueren elektromechanischen Waagen durchsetzen werden. Denn dem Verbraucher sind neben den Vorteilen der Digitalanzeige – bequeme, eindeutige Ablesbarkeit, über das Wägeergebnis hinausgehende Informationen – auch Nachteile bewußt. Schalter und Stecker machen die Benutzung nicht einfacher, Batteriebetrieb verursacht laufende Kosten.

5.13 Waagen, die nicht der direkten Massebestimmung dienen

E. Debler, M. Kochsiek

5.13.1 Zählwaagen

Sollen Stückzahlen durch Wägen erfaßt werden, ergibt sich die Stückzahl z als Verhältnis von Mengengewicht M zu durchschnittlichem Einzelgewicht $\overline{E}$:

$$z = \frac{M}{\overline{E}}. \tag{5.10}$$

Das Prinzip, eine Gesamtmenge aus einer kleinen Teilmenge durch Wägung zu bestimmen, läßt sich auch auf Längen, Flächen und Volumina übertragen.

5.13.1.1 Mechanische Zählwaagen

Mechanische Zählwaagen sind abgeänderte Dezimal-, Zentesimal- und Laufgewichtswaagen mit festen oder veränderlichen Übersetzungsverhältnissen [1, 2]. Bild 5.297 zeigt das Hebelschema einer Zählwaage. Die Einerzählschale (1) hält den zu zählenden Stücken in der Mengenzählschale (2) direkt das Gleichgewicht, die Zehnerzählschale (3) wirkt über die

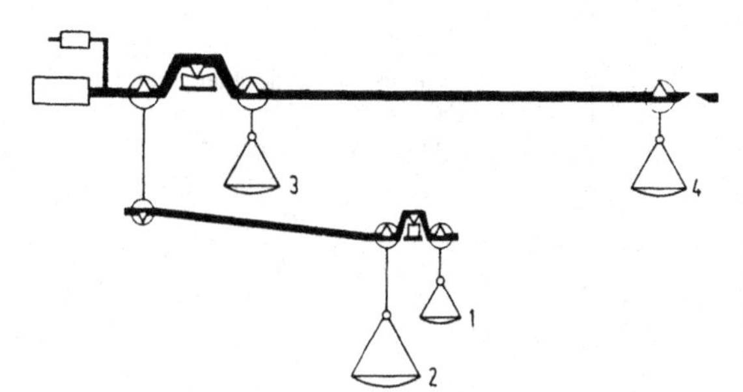

Bild 5.297
Hebelschema einer mechanischen Zählwaage für Kleinteile. 1 Einerzählschale, 2 Mengenzählschale, 3 Zehnerzählschale, 4 Hunderterzählschale.
Quelle: Verfasser

Hebelarmverhältnisse 1 : 1 und 1 : 10 und die Hunderterzählschale (4) über zwei Hebelarme, die jeweils 1 : 10 untersetzt sind. Zum Abzählen einer vorgegebenen Stückzahl eignen sich die Hebelarmverhältnisse 1 : 1, 1 : 10, 1 : 100 und 1 : 144; unbekannte Stückzahlen lassen sich vorteilhafter mit den Verhältnissen 1 : 9; 1 : 99 und 1 : 143 bestimmen [2].

Bei derartigen Verhältniswaagen tritt das Gewicht der Stücke nicht in Erscheinung. Angezeigt wird, ob die zu ermittelnde Stückzahl erreicht ist, ob sie unter- oder überschritten ist; angezeigt wird jedoch nicht, wieweit der gesuchte Wert entfernt ist. Das ist allein durch Probieren herauszufinden. Anders verhält es sich mit den Waagen, die mit einer Stückzählzusatzeinrichtung ausgestattet sind (s. Bild 5.301). Mit Hilfe mechanischer Zählwaagen ist es möglich, eine bestimmte Stückzahl bis zu 10mal schneller als von Hand zu ermitteln [3].

5.13.1.2 Elektromechanische Zählwaagen

Elektromechanische Zählwaagen ermitteln grundsätzlich das mittlere Einzelgewicht sowie das Gewicht aller zu zählenden Stücke und liefern die Stückzahl durch rechnerische Division. Der Fehler dieser Stückzahlbestimmung wird durch die in [4] abgeleitete Standardabweichung

$$\sigma_z = \sqrt{\left(\frac{\sigma_{fR}}{\overline{E}} \cdot \frac{z}{r}\right)^2 + \left(\frac{\sigma_{fM}}{\overline{E}}\right)^2 + \left(\frac{\sigma}{\overline{E}} \cdot \frac{z}{\sqrt{r}}\right)^2 + \left(\frac{\sigma}{\overline{E}} \cdot \sqrt{z}\right)^2} \tag{5.11}$$

beschrieben. r ist die Anzahl der Referenzstücke, die für die näherungsweise Bestimmung des durchschnittlichen Einzelgewichtes $\overline{E}$ verwendet wird. σ_{fR} und σ_{fM} stellen die Unsicherheiten dar, mit denen das Gewicht der r Referenzstücke (Referenzgewicht) bzw. das Gewicht der z Zählstücke (Mengengewicht) bestimmt wird. σ steht für die Gewichtsstreuung der Stücke.

Bild 5.298 zeigt ein Beispiel für die Auswertung der Standardabweichung

a) für stückgenaues Zählen bei einem Zählfehler $< 0{,}5$ (ausgezogene Linien),
b) für relative Zählfehler unter 1 %, wie sie nach der Fertigpackungsverordnung eingehalten werden müssen (gestrichelte Linien).

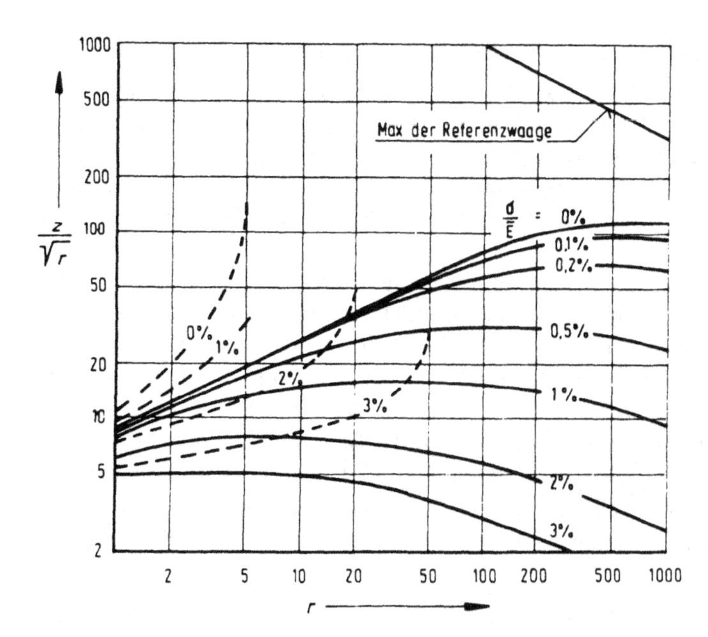

Bild 5.298
Stückzahl z, dividiert durch r, in Abhängigkeit von der Referenzstückzahl r, ermittelt mit elektromechanischen Waagen der Genauigkeitsklasse (II), für ein Vertrauensniveau $P = 99$ %. $\sigma/\overline{E}$ relative Gewichtsstreuung und $\overline{E}$ durchschnittliches Einzelgewicht der Stücke. *Quelle:* Verfasser

Aus Gl. (5.11) läßt sich ableiten:

1. Die bei vorgegebenem Zählfehler erreichbaren maximalen Stückzahlen z hängen in entscheidendem Maße von der relativen Streuung des Stückgewichts $\sigma/\bar{E}$ ab.
2. Die Unsicherheit σ_{fR} geht um den Faktor z/r verstärkt in das Ergebnis der Stückzahlmessung ein. Aus diesem Grunde wird häufig für die Bestimmung des Gewichts der Referenzstücke eine besondere Referenzwaage benutzt, die um den Faktor 10 genauer arbeitet (Bild 5.299). Statt zweier Waagen für die Bestimmung des Referenz- und des Mengengewichtes kann auch eine sogenannte Mehrteilungswaage verwendet werden, die die unterschiedlichen Meßbereiche beider Waagenarten in sich vereinigt.
3. Eine genauere Bestimmung des Mittelwertes $\bar{E}$ wird durch eine vergrößerte Anzahl von Referenzstücken erreicht. Auf diese Weise arbeitet die Waage in Bereichen geringerer relativer Meßunsicherheit und der Einfluß der Gewichtsstreuung der Einzelstücke verringert sich. Um Verzählfehler beim Einfüllen der Referenzstücke zu vermeiden, werden elektromechanische Zählwaagen auch zum Erfassen größerer Referenzstückzahlen genutzt. Dieses Vorgehen kann als Referenzverbesserung bezeichnet werden. Mit wachsendem r werden stets größere Stückzahlen z erfaßbar.

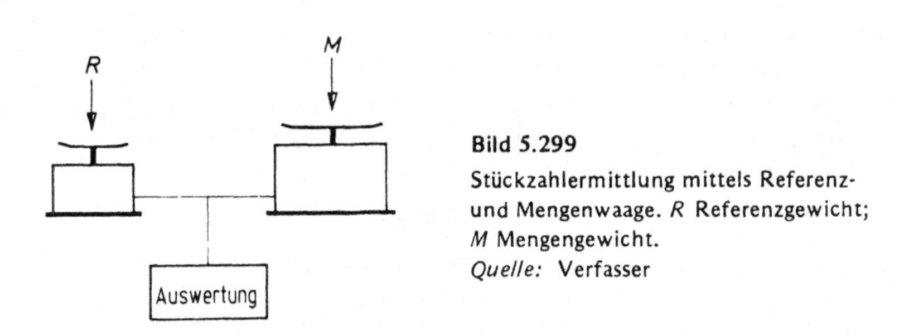

Bild 5.299
Stückzahlermittlung mittels Referenz- und Mengenwaage. *R* Referenzgewicht; *M* Mengengewicht.
Quelle: Verfasser

5.13.1.3 Gegenüberstellung mechanischer und elektromechanischer Zählwaagen

Der Anteil elektromechanischer Zählwaagen an der Anzahl der verbreiteten Zählwaagen betrug im Jahre 1982 erst ca. 10 %; die restlichen ca. 90 % waren mechanische Zählwaagen. Sie sind immer noch weit verbreitet, da sie äußerst robust sind, eine lange Lebensdauer haben und daher erst nach und nach ersetzt zu werden brauchen. Im Einsatz in größeren Fertigungsbetrieben vertragen sie auch hartes Absetzen der Paletten mit Gabelstaplern. Mehr als ein Herausspringen der Schneiden aus den Pfannen passiert selten. Die möglichen Verzählfehler von Hand bis 3 % sind von einer Größenordnung, die bemerkt wird. Die verbleibenden Fehler sind nicht so groß, daß sie einer Kontrolle der Lieferbedingungen der Firmen untereinander, die häufig Stückzahlstreuungen von 1 % tolerieren, entgegenstünden. Zudem sind mechanische Zählwaagen einfach zu handhaben. Insbesondere bietet sich das einfache Prinzip der mechanischen Zählwaagen auch heute noch an, wenn nur hin und wieder Teile zu zählen sind. Erst bei weitergehenden Ansprüchen an die Genauigkeit setzen sich die aufwendigeren elektromechanischen Zählwaagen durch. Sie sind äußerst flexibel anwendbar, da sie schneller in der Meßwerterstellung sind, durch die Kombination von Referenz- und Mengenwaage größere Meßbereichsumfänge erreichen und ihre Meßwerte für die Datenfernübertragung geeignet sind.

5.13.1.4 Ausführungen von Zählwaagen

Zählwaagen werden als Tisch-, Bock-, Boden-, Flachbett-, Wand- und Hängebahnwaagen ausgeführt. Taraausgleichseinrichtungen kompensieren Verpackungs- und Behälterleergewichte.

Für kleine Teile sind mechanische Zählwaagen als Analysenwaagen ausgeführt, eingebaut in ein Glasgehäuse zum Schutz vor Luftzug. Bis zu einer Höchstlast von 30 kg werden mechanische Zählwaagen als Balkenwaagen gebaut, für größere Lasten als Brückenwaagen. Bild 5.300 zeigt eine gemischte Ausführung, die sowohl Balken als auch eine Brücke enthält. Die gleichzeitige mechanische Erfassung von Stückzahl und Gewicht geht aus der Prinzipskizze des Bildes 5.301 hervor. Der Verbundhebel (1) teilt hierbei die über die Zugstange (2) eingeleitete Gewichtskraft in zwei Stränge auf.

Elektromechanische Zählwaagen können Handelswaagen sein. Sind sie Präzisionswaagen, so überdecken sie bei relativ kleiner Mindestlast einen weiten Wägebereich, so daß sie eine entsprechend hohe Anzahl von Teilen zu zählen vermögen. Auch Feinwaagen mit Teilungswerten ab 0,1 mg werden eingesetzt. Eine andere Lösung der Erweiterung des Zählumfanges

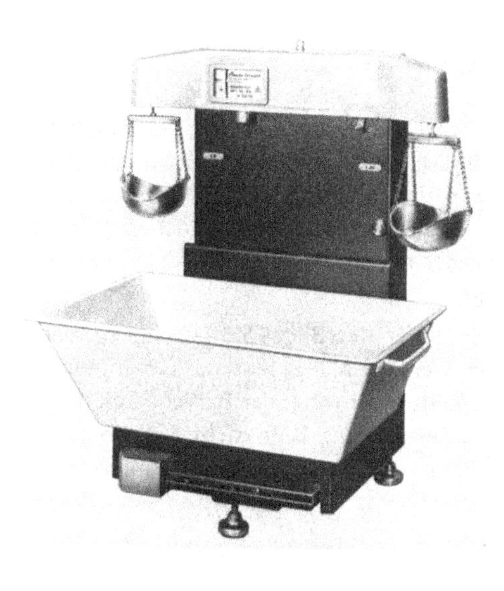

Bild 5.300
Mechanische Tisch-Zählwaage.
Quelle: Bizerba

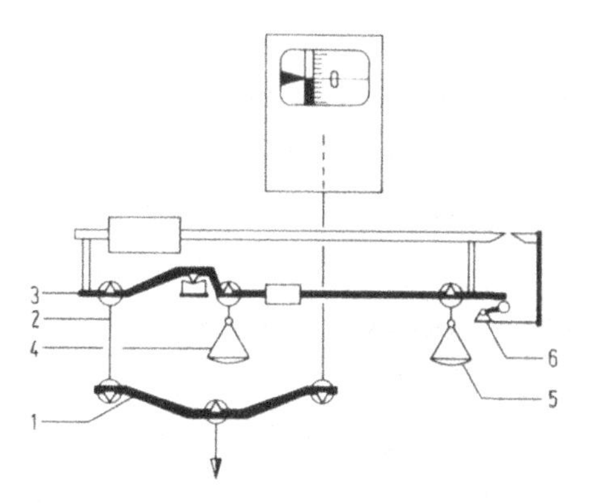

Bild 5.301
Prinzipskizze einer Stückzählvorrichtung mit gleichzeitiger Gewichtsanzeige.
1 Verbundhebel, 2 Koppel, 3 Haupthebel, 4 und 5 Zählschalen, 6 Feststellvorrichtung.
Quelle: Verfasser

Bild 5.302
Elektromechanische Waagen für die Erfassung von Stückzahlen, bestehend aus Referenz- und Mengenwaagen.
Quelle: Bizerba

besteht in der Aufteilung in Referenz- und Mengenwaage (Bild 5.302). Zählwägeanlagen enthalten bis zu drei einzelne Waagen. Die dritte Möglichkeit, den Zählumfang zu erweitern, wird durch eine 10fach feinere Auflösung im ersten 10tel des Wägebereichs von 0 bis Max oder durch mehrere Teilungswerte erzielt.

5.13.1.5 Münz- und Geldrollen-Zählwaagen

Die Anzahl von Münzen in Geldrollen und -säcken wird häufig über Gewichtsbestimmungen ermittelt. Im Gebrauch sind doppelschalige Neigungswaagen mit Fächer, auch Leuchtbildwaagen und neuerdings elektromechanische Waagen. Die Neigungswaagen enthalten statt der aus dem Ladenbereich bekannten Preisskalen Skalen, die den verschiedenen Münzgewichten angepaßt sind. Die anderen Waagen dienen der reinen Gewichtserfassung, die zugehörige Anzahl der Münzen wird Tabellen entnommen.

Der Kontrolle von Geldrollen dient der Geldrollen-Prüfer des Bildes 5.303, eine spezielle Ausführung einer Balkenwaage. In Abhängigkeit vom Wert der Münze wird das Gegengewicht in Kerben eingehängt. Nur bei richtiger Anzahl der Münzen schwingt der Balken, andernfalls berührt er einen der beiden Anschläge. Eine solche Bestimmung kann nicht funktionieren, wenn, wie bei den z. Z. im Umlauf befindlichen 2-Pfennig-Stücken, die Münzen unterschiedliches Gewicht (2,9 g und 3,25 g) besitzen.

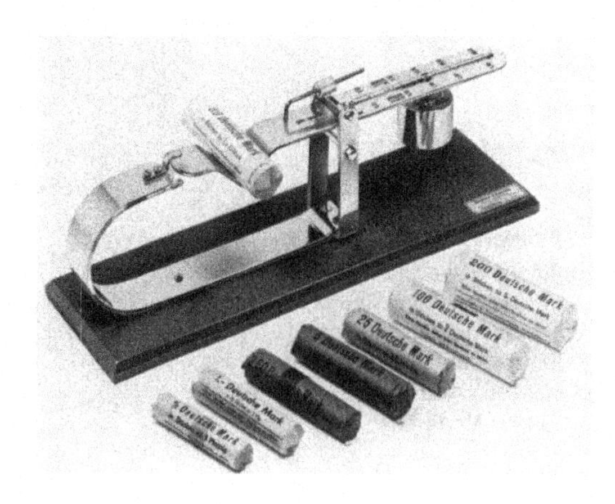

Bild 5.303
Geldrollen-Prüfer
Quelle: Kawaletz

5.13.1.6 Waagen zur Kontrolle der Stückzahl ungleichgewichtiger Teile

Eine Kontrolle der Stückzahl ungleichgewichtiger Teile ermöglichen die flexiblen elektromechanischen Zählwaagen. So werden z. B. Arzneimittel unterschiedlicher Gewichte, die der Großhandel an die Apotheken liefert, mit Hilfe elektromechanischer Waagen erfaßt. Die Einzelgewichte der Medikamente sind zentral gespeichert. Ihre Multiplikation mit der gewünschten Anzahl ergibt nach Addition das Gesamtgewicht, das innerhalb angebbarer Vertrauensbereiche erreicht werden muß. Fehler in der Zusammenstellung werden erkannt, wenn das vorausberechnete Gewicht nicht von der Waage angezeigt wird, es sei denn, zwei oder mehr Fehler höben sich gegenseitig auf, was nur selten vorkommen dürfte.

5.13.1.7 Eichpflicht bei Zählwaagen

Zählwaagen unterliegen laut Gesetz über das Meß- und Eichwesen seit 1976 nicht mehr der Eichpflicht. Auch für die Fertigpackungskontrolle werden seit 1981 entsprechend einem Beschluß des Bund-Länderausschusses Gesetzliches Meßwesen keine geeichten Zählwaagen mehr gefordert, so daß das richtige Zählen gänzlich in die Verantwortung des Abfüllers gelegt ist.

Zu beachten ist jedoch, daß Zählwaagen auch Gewichtswerte anzeigen können, die eichpflichtig sind, sofern sie im geschäftlichen Verkehr eingesetzt oder bereitgehalten werden. Das gilt auch für Referenzwaagen, die nur der Bestimmung des Gewichts eines einzelnen Stückes dienen.

5.13.2 Dichtewaagen – Hydrostatische Waagen

Für die Dichtebestimmung von Festkörpern, Flüssigkeiten und Gasen sind verschiedene Verfahren bekannt [5]. Bei der Auftriebsmethode stehen hydrostatische Waagen oder Dichtewaagen zur Verfügung, das sind Analysenwaagen mit besonderen Zusatzeinrichtungen (Unterflurwägeeinrichtung, Senkkörper, in Dichteeinheiten geteilte Skale usw., siehe Bilder 5.304 und 5.305.

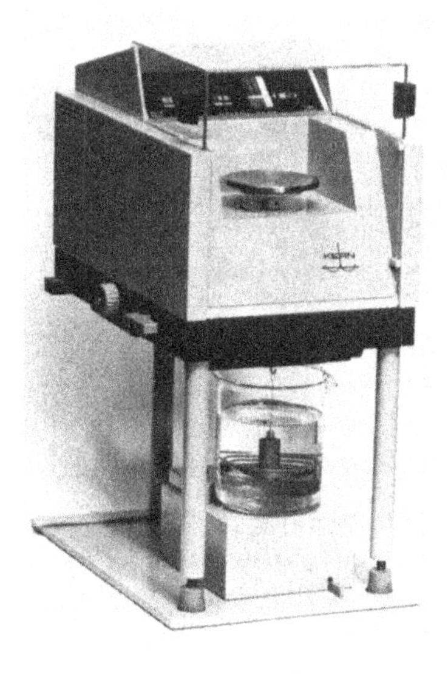

Bild 5.304 Mittelschalige Dichtewaage mit Digitalanzeige
Quelle: Kern

Bild 5.305 Dichtewaage für Flüssigkeiten und Feststoffe mit Direktablesung der Dichte
Quelle: Kern

Die Dichte ρ eines Stoffes ist der Quotient aus seiner Masse m und seinem Volumen V

$$\rho = \frac{m}{V}. \tag{5.12}$$

Führt man nun Wägungen in zwei verschiedenen Medien durch, z. B. in Luft und in Wasser, so läßt sich aus diesen beiden Wägungen die Dichte unter Berücksichtigung der Einflußgrößen (z. B. Temperatur, Masse des eingetauchten Fadens) berechnen.

Für eichfähige Ausführungen ist die Eichordnung Anlage 13-4 zu beachten (Zulassungsarten, Werkstoffe, Fein- und Präzisionswaagen, Mohr-Westphal-Waagen, Senkkörpereinrichtung, Justierung zusätzlicher Geräte, Aufschriften und Kennzeichnungen, Fehlergrenzen, Stempelstellen).

5.13.2.1 Dichtebestimmung fester Stoffe

Mit hydrostatischen Waagen wägt man zunächst den Festkörper in Luft (m), dann an einem Faden, Draht o. ä. aufgehängt in einer Flüssigkeit (M). Formelmäßig berechnet sich die Dichte nach

$$\rho = \frac{m}{m - M} \cdot \rho_{\mathrm{Fl}}, \tag{5.13}$$

mit ρ_{Fl} Dichte der Flüssigkeit.

Bild 5.304 zeigt eine mittelschalige Analysenwaage mit speziellem Aufbau zur Dichtebestimmung fester Stoffe (Probenmasse bis 160 g, Skalenwert 0,1 mg, Dichtebereich unbegrenzt). Siebartige Schalen und Tauchkelche für Feststoffe schwerer als die Tauchflüssigkeit, verschließbarer Gitterkorb und Tauchglocke für Feststoffe leichter als die Tauchflüssigkeit ermöglichen eine universelle Anwendung (Bild 5.306). Erwähnt werden sollen noch die Nicholsonsche Senkwaage (Schwimmkörper mit Schalen am oberen und unteren Ende) und die Jollysche Federwaage (zwei übereinander angeordnete Waagschalen an einer Feder), die noch in Laboratorien zur Anwendung kommen [5].

a) Tauchglocke

c) Siebartige Schale

b) Gitterkorb

Bild 5.306 Auftriebsschalen für Waagen mit Unterflureinrichtung

Quelle: Kern

5.13.2.2 *Dichtebestimmung von Flüssigkeiten*

Wägt man auf einer hydrostatischen Waage einen Körper mit bekanntem Volumen V zuerst in Luft (m) und dann in der zu untersuchenden Flüssigkeit (M), so ist $m - M$ gleich der Masse der verdrängten Flüssigkeit. Formelmäßig berechnet sich die Dichte der Flüssigkeit nach

$$\rho = \frac{m - M}{V}. \tag{5.14}$$

Als sog. Senkkörper benutzt man meistens Glas- oder Stahlkörper mit Nennvolumina von 1 cm³, 10 cm³, 50 cm³, 100 cm³.

Bild 5.307 zeigt eine Dichtewaage nach dem Prinzip Mohr-Westphal (Probenmasse bis 20 g, Skalenwert 0,0001 g/cm³, Genauigkeit ± 0,0003 g/cm³, Dichtebereich für Flüssigkeiten 0 bis 2,01 g/cm³).

Benutzt man Meßkolben, Meßzylinder, Pipetten, Büretten, Pyknometer als Behälter für bekannte Volumina, so läßt sich die Dichte aus einer Nettowägung mit einer Analysenwaage nach Gl. (5.12) ermitteln.

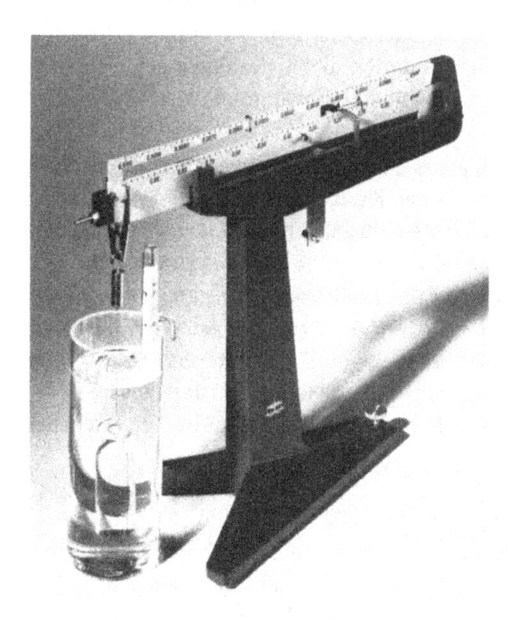

Bild 5.307
Dichtewaage (Prinzip Mohr-Westphal) mit Senkkörper nach Rumann
Quelle: Kern ✓

5.13.2.3 *Dichtebestimmung von Gasen*

Im Laborbereich kann die Dichte von Gasen mit einer Gaswaage nach folgendem Verfahren bestimmt werden (Bild 5.308) [5]. Eine Kammer (1) aus Glas oder Metall steht mit einem Quecksilbermanometer (2) in Verbindung und kann durch den Ansatz (3) evakuiert oder mit dem zu messenden Gas gefüllt werden. In der Kammer befindet sich eine empfindliche zweiarmige Waage (4), die auf der einen Seite einen Hohlkörper (5) und auf der anderen Seite ein Gegengewicht (6) mit Anzeigeeinrichtung trägt. Je nach der Dichte des die Kammer füllenden Gases wird sich der Hohlkörper infolge des Auftriebes heben oder senken; das Gleichgewicht bzw. die Nullstellung kann alsdann durch Änderung des Gasdruckes in der Kammer hergestellt werden. Die Dichte des Gases kann aus Parallelversuchen mit einem Gas bekannter Dichte (z. B. Luft) berechnet werden.

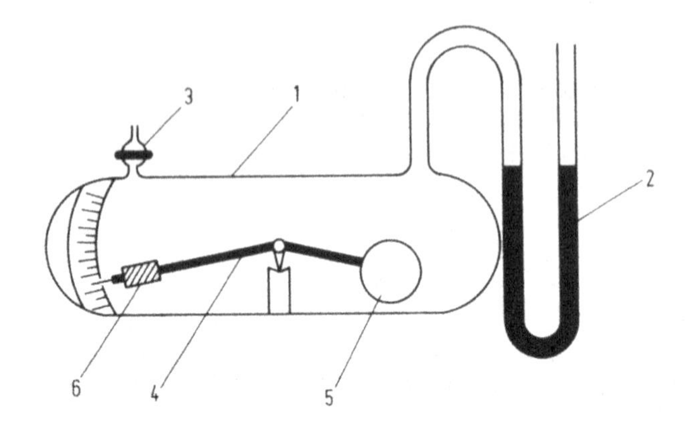

Bild 5.308
Gasdichtewaage (schematisch)
1 Kammer aus Glas oder Metall
2 Manometer
3 Evakuieransatz
4 Waage
5 Hohlkörper
6 Gegengewicht mit Anzeige-einrichtung
Quelle: Verfasser

5.13.3 Waagen zur Ermittlung des Schmutzgehaltes und des Stärkegehaltes von Kartoffeln

Bei der Anlieferung von Kartoffeln in Stärkefabriken und Brennereien muß schnell und wirtschaftlich der Schmutz- und Stärkegehalt untersucht werden. Da eine labormäßige genaue Bestimmung insbesondere des Stärkegehaltes unter diesen Bedingungen praktisch ausscheidet, wird eine hydrostatische Wägung durchgeführt (Bestimmung des Wägewertes in Luft und in Wasser).

An einer Auswägeeinrichtung (Wägebereich 100 g bis 5100 g, Skalenwert 5 g) hängen ein oder zwei Körbe aus rostfreiem Stahl zur Aufnahme der Kartoffeln. Unter der Waage steht ein Wasserbehälter (Kunststoff, Edelstahl) (Bild 5.309). Zusätzlich zur Gewichtanzeige ist eine Schmutzskale von 0 % bis 20 % und eine Stärkeskale von 10 % bis 25 % vorhanden.

Bei Ermittlung des Schmutz- und Stärkegehalts ist die Berücksichtigung des Haftwassers erforderlich. Für 5000 g sauber gewaschene aber nasse Kartoffeln beträgt der Mittelwert für das Haftwasser + 50 g. Deshalb muß die Skalenmarke 0 (null) der Schmutzprozentskale mit der Skalenmarke 50 g der Gewichtskale zusammenfallen. Bei Ermittlung des Stärkegehalts ist das Haftwasser durch die eingewogene Menge von 5050 g sauber gewaschener aber nasser Kartoffeln berücksichtigt.

5.13.3.1 Funktionsbeschreibung der Ermittlung des Schmutzgehaltes

Es werden 5000 g Kartoffeln im Anlieferungszustand in den Korb über Wasser eingewogen. Dann werden die Kartoffeln sauber gewaschen und im nassen Zustand in den Korb zurückgegeben. Unmittelbar danach wird der gefüllte Korb wieder über Wasser eingehängt und der Schmutzgehalt auf der Schmutzprozentskale abgelesen.

5.13.3.2 Funktionsbeschreibung der Ermittlung des Stärkegehaltes

Nach ausführlichen Versuchsreihen wurde eine Tabelle zusammengestellt, die den mittleren Stärkegehalt einer Probe von 5 kg sauberer, trockener Kartoffeln in Abhängigkeit zum Unterwassergewicht dieser Probe wiedergibt [7, 8]. Die zusätzliche Stärkeprozentskale entspricht dieser Tabelle. Zur Feststellung des Unterwassergewichtes sind folgende Methoden gebräuchlich:

a) *Zwei-Korb-Methode*

Der obere Korb hängt immer über Wasser, in ihn wird die 5-kg-Probe eingewogen.

Der untere Korb hängt immer unter Wasser, in ihn wird die 5-kg-Probe zur Ermittlung ihres Unterwassergewichtes umgeschüttet.

a)

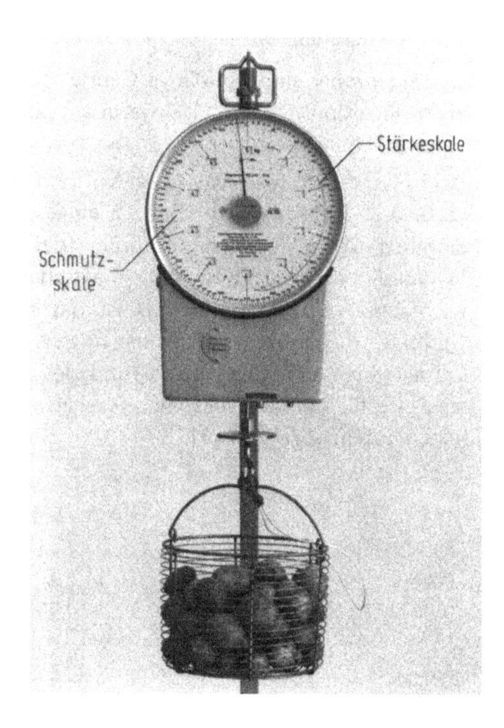

b)

Bild 5.309 Kartoffelstärkewaage nach Dr. Eckert
1 Auswägeeinrichtung
2 Drahtkorb mit Kartoffeln
3 Wasserbehälter
Quelle: Bizerba

b) *Ein-Korb-Methode*

Der Korb kann an einem zur Waage gehörigen Gehänge (Seil oder Haken) sowohl über Wasser als auch unter Wasser eingehängt werden. Ein Umschütten der Probe entfällt. Der Einfluß des unterschiedlichen Korbgewichtes unter und über Wasser auf die Nullstellung der Waage wird ausgeglichen

- entweder durch Verlängerung der Stärkeskale (Unterwassergewicht) bis zu ihrem Nullpunkt, der dann genau um den Korbauftrieb gegenüber dem Nullpunkt der Gewichtskale nach minus verschoben ist,
- oder durch ein separates Zwischenstück in der Korbaufhängung, das das Absenken des Korbes ins Wasser ermöglicht und in seinem Gewicht genau dem Korbauftrieb entspricht und ihn damit aufhebt.

Wasser- und Kartoffeltemperatur sollten etwa gleich sein. Unter Berücksichtigung von etwa 1 % Haftwasser, dem Fehler beim Wägen, der Tatsache, daß Hohlräume in den Kartoffeln, sowie ein wechselnder Anteil der stärkefreien Substanz zwischen 4,8 % und 7 % vorhanden sind, läßt sich der Stärkegehalt mit einer Unsicherheit von 1 % bis 2 % Stärkegehalt ermitteln [7].

5.13.4 Getreideprober

Getreideprober sind eichfähige Geräte zur Ermittlung des Schüttgewichtes von Getreide. Mit einer Präzisionsbalkenwaage werden 0,25 *l* oder 1 *l* des betreffenden Getreides gewogen (Bild 5.310).

Beim Gebrauch wird das Maß A durch das Füllrohr B gefüllt und das richtige Volumen (z. B. 0,25 *l*) mit dem in Schlitz S eingeschobenen Abstreichmesser C abgegrenzt. Das leere Hohlmaß A und der Vorlaufkörper (der ein gleichmäßiges Einfüllen des Getreides in das Hohlmaß bezweckt) bilden die Lastschale der Balkenwaage und sind mit der leeren Gewichtschale E ausgeglichen. D ist das Schüttgefäß zum Abmessen und Einschütten des Getreides in das Hohlmaß A, das mittels der Grundscheibe F fest auf den Aufbewahrungskasten aufgesetzt wird. Auf Grund des ermittelten Viertelliter- oder Liter-Schüttgewichts wird die für die Güte des Getreides als maßgebend angesehene Schüttdichte aus den Amtlichen Tafeln abgelesen [9].

Bild 5.310 1-l-Getreideprober

A Hohlmaß
B Füllrohr
C Abstreichmesser
D Schüttgefäß
E Gewichtschale
F Grundscheibe
G Schlitz
Quelle: Hess

Schrifttum

[1] *Raudnitz-Reimpell:* Handbuch des Waagenbaues. 1. Band, Verlag Bern. Friedr. Voigt. Berlin 1955.

[2] *Hess, E.:* Waagen – Bau und Verwendung. Deutscher Eichverlag. Berlin 1963.

[3] Eine neue Waage zum Zählen gewichtsgleicher Massenkleinteile. wägen + dosieren 1 (1970), S. 50–51.

[4] *Deber, E.:* Zählwaagen – Einflußgrößen und Fehlerfortpflanzung bei der Ermittlung der Stückzahl. wägen + dosieren 13 (1982), S. 178–180.

[5] *F. Kohlrausch:* Praktische Physik. Teubner, Stuttgart, 22. Auflage, 1968.

[6] Eichordnung, Anlage 13-4. Deutscher Eichverlag, Braunschweig, 1975.

[7] *Kempf, W.; Schnegg, H.:* Über die Beziehungen zwischen dem Unterwassergewicht der Kartoffel und ihrer analytischen Zusammensetzung. Die Stärke 23 (1971), S. 136–145.

[8] Eichordnung Anlage 9 Nr. 15.4.3.

[9] Amtliche Tafeln zur Ermittlung der Schüttdichte von Weizen, Roggen, Gerste und Hafer, vierte Auflage, Braunschweig, Deutscher Eichverlag 1967.

6 Zulassung und Eichung von Waagen und Zusatzeinrichtungen

M. Kochsiek

Eichpflicht für Waagen im geschäftlichen Verkehr besteht vermutlich seit Erfindung der Waage als Meßgerät für die Massebestimmung beim Güteraustausch. Heute unterliegen nach dem Eichgesetz in der Bundesrepublik Deutschland Waagen und bestimmte Zusatzeinrichtungen der Eichpflicht, wenn sie

- im geschäftlichen Verkehr verwendet oder zur Verwendung bereitgehalten oder
- im amtlichen Verkehr verwendet oder
- im Bereich der Heilkunde verwendet oder bei der Herstellung und Prüfung von Arzneimitteln verwendet oder zur Verwendung bereitgehalten werden.

6.1 Bauartzulassung

Bevor eine Waage geeicht werden darf, muß ihre Bauart zugelassen sein. Wir unterscheiden dabei drei Arten von Zulassungen:

- Die allgemeine Bauartzulassung: Sie gilt für langbewährte mechanische Bauarten, z.B. Balkenwaagen, Laufgewichtswaagen. Diese Waagen können direkt dem Eichamt vorgestellt werden.
- Die innerstaatliche Bauartzulassung, die im Bereich der Bundesrepublik Deutschland gültig ist und von der PTB ausgesprochen wird. Innerstaatlich zugelassen werden müssen alle elektromechanischen Waagen.
- Die EWG-Bauartzulassung, die im Bereich der Mitgliedstaaten der Europäischen Gemeinschaft gültig ist und von der Physikalisch-Technischen Bundesanstalt (PTB) oder einem der anderen staatlichen Meßdienste in der EG ausgesprochen wird. Hierunter fallen z.Z. nur mechanische Bauarten, weil man sich bei elektromechanischen Waagen noch nicht auf einheitliche Anforderungen einigen konnte.

Die Bauart eines eichpflichtigen Meßgerätes ist dann zur Eichung zuzulassen, wenn die Bauart richtige Meßergebnisse und eine ausreichende Meßbeständigkeit erwarten läßt; d.h., es wird zunächst durch ein Zulassungsverfahren mit umfangreichen Prüfungen festgestellt, ob die Waage den Anforderungen der Eichordnung entspricht. Die Zulassung zur Eichung wird durch die PTB ausgesprochen, die Eichung selbst durch das örtlich zuständige Eichamt.

Einzelheiten sind in folgenden Gesetzen, Verordnungen und Richtlinien festgelegt: *Eichgesetz, Einheitengesetz, Eichordnung, Rundschreiben der PTB.* Die EWG-Richtlinien auf diesen Gebieten sind in den genannten Vorschriften eingearbeitet.

6.1.1 Allgemeine Anforderungen

Folgende Anforderungen werden beurteilt: Richtigkeit des Meßergebnisses innerhalb der durch die Eichordnung vorgegebener Fehlergrenzen, Beständigkeit des Meßwertes während der Eichgültigkeitsdauer und Sicherheit der Arbeitsweise auch unter dem Einfluß von Störgrößen. Eine weitere Anforderung an die Waage, daß sie ständig einsatzbereit ist, wird im allgemeinen durch den Wettbewerb geregelt. Eine Waage mit zu geringer Verfügbarkeit – z.B. durch häufige Störungen bedingt – kann der Hersteller nicht verkaufen.

6.1.2 Aussagen über künftiges Verhalten des Meßgerätes

Grundsatz bei der Bauartzulassung muß die Gleichbehandlung aller Bauarten hinsichtlich der an sie zu stellenden technischen Anforderungen ohne Rücksicht auf das physikalische Wirkungsprinzip sein. Bei der Bauartzulassung in der PTB muß innerhalb von Wochen an Hand eines einzigen oder weniger Mustergeräte und der Konstruktionsunterlagen ein Urteil gefällt werden, ob die Konstruktion gleichzeitig Gewähr für richtige Meßergebnisse bei ausreichender Meßbeständigkeit und Sicherheit der Arbeitsweise bietet (s. Kap. 9). Nach Erfahrungen – und die Praxis hat dies bestätigt – kann man bei allen mechanischen und den meisten elektromechanischen Konstruktionen durch praxisnahe Tests und Prüfungen das Verhalten der Seriengeräte innerhalb der Gültigkeitsdauer der Eichung einigermaßen voraussehen. Seit vor etwa 20 Jahren elektronische Baugruppen im Waagenbau eingeführt wurden, hat sich die PTB zusammen mit den Herstellern Gedanken gemacht, wie verhindert werden kann, daß der Defekt eines einzelnen Bauelementes unter vielleicht 1000 Bauelementen zur Ausgabe eines falschen Meßwertes führt. Aus diesen Überlegungen ist das sogenannte Prinzip der Funktionsfehlererkennbarkeit hervorgegangen, das besagt, daß ein Defekt eines Bestandteils der Waage nicht zur Ausgabe eines falschen Meßwertes führt oder daß der Operateur der Waage diese Störung mühelos erkennen kann (s. Kap. 9).

6.1.3 Zulassungsprüfungen

Das Verfahren der Zulassung einer Waagenbauart zur Eichung dauert 3 bis 12 Monate. Die Zulassungsprüfung besteht aus einer Funktionsprüfung bei der folgendes festgestellt wird:

- die Verwendungsmöglichkeiten der Waage,
- die Funktionsfähigkeit von Anzeige, Tastaturen, Taraeinrichtungen, Nullstelleinrichtung, Schaltgewichte, Zusatzeinrichtungen wie Druckwerken usw.,
- eventuelle Möglichkeiten der Falschbedienung und Manipulation,
- Möglichkeiten der Fehlererkennung und
- Reaktionen auf einige äußere Einflüsse wie Schrägstellung, stoßartige Belastung und Entlastung, Hochheben der Waagenbrücke, horizontale Stoßbelastung und elektrische Störeinflüsse.

Daran schließen sich umfangreiche meßtechnische Prüfungen an, die insbesondere eine dynamische Dauerprüfung, das Temperaturverhalten und Auswirkungen von Stör- und Einflußgrößen beinhalten [3]:

- Richtigkeitsprüfung bei wenigstens drei Temperaturen. Bild 6.1 zeigt die jeweils um den Nullpunktfehler korrigierten Fehlerkurven bei den Extremtemperaturen – 10 °C, + 40 °C und der üblichen Umgebungstemperatur + 20 °C. Weitere Prüfungen bei dazwischenliegenden Temperaturen sind hier nicht notwendig, weil die Fehlergrenzen deutlich eingehalten wurden.
- Richtigkeitsprüfung bei verschiedenen Taralasten.
- Anzeigefehler bei Max und Änderung des Nullpunktes in Abhängigkeit von der Umgebungstemperatur.
- Prüfung des Nullpunktes (1/2-Stunden-Test).
- Unveränderlichkeitsprüfung.
- Beweglichkeitsprüfung.

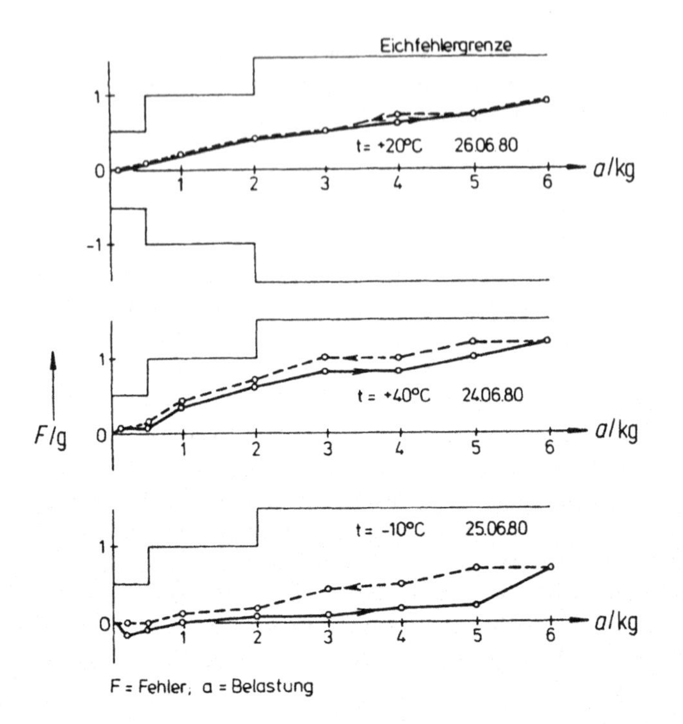

Bild 6.1
Richtigkeitsprüfungen an einer Ladentischwaage mit Max = 6 kg bei verschiedenen Temperaturen

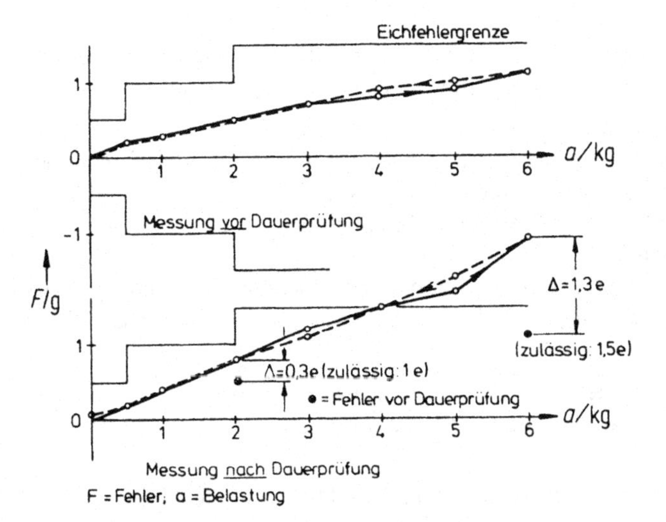

Bild 6.2
Richtigkeitsprüfung vor und nach 230 000 Belastungen mit 5 kg

- Seitenbelastungsprüfung.
- Schrägstellprüfung.
- Prüfung bei Dauerbelastung (8- bzw. 4-Stunden-Test).
- Prüfung des Einschaltverhaltens.
- Dynamische Dauerprüfung: Aufnahme der Fehlerkurve vor und nach 100 000 bis 500 000 Lastspielen (je nach Verwendungszweck der Waage). Bild 6.2 zeigt die Änderung der Fehlerkurve an einer 6-kg-Ladentischwaage nach 230 000 Lastspielen mit einem 5-kg-Gewichtstück.
- Zusätzliche Prüfungen, z. B. meßtechnisches Verhalten bei mechanischen Schwingungen.

Bild 6.3

Einrichtung für die dynamischen Dauerprüfungen von nichtselbsttätigen Waagen Max ≤ 30 kg

1 Lastträger
2 Belastungsgewicht
3 Motor mit Regelung der Hubhöhe und Frequenz der Lastspiele

6.1.4 Genauigkeitsklassen und Fehlergrenzen

Die Einstufung der nichtselbsttätigen Waagen erfolgt in Genauigkeitsklassen. Eine vereinfachte Darstellung zeigt die folgende Tabelle 6.1 (Entwurf der OIML-IR Nr. 3, Stand 1984).

Tabelle 6.1

	Anzahl der Skalenteile $n = \frac{Max}{e}$		Mindestlast
	n_{min}	n_{max}	Min
Feinwaagen (I) Eichwert 0,001 g ≤ e*	50 000	–	100 e
Präzisionswaagen (II) Eichwert 0,001 g ≤ e ≤ 0,05 g 0,1 g ≤ e	100 5 000	100 000 100 000	20 e 50 e
Handelswaagen (III) Eichwert 0,1 g ≤ e ≤ 2 g 5 g ≤ e	100 500	10 000 10 000	20 e 50 e
Grobwaagen (IIII) Eichwert 5 g ≤ e	100	1 000	10 e

* In der Bundesrepublik Deutschland gelten bei Feinwaagen mit e < 1 mg besondere Regelungen.

Bei der Eichung und der Zulassungsprüfung müssen die Eichfehlergrenzen im gesamten vorgesehenen Bereich (Temperatur, elektrische Spannung usw.) eingehalten werden (s. Tabelle 6.2). Bei der Eichung wird üblicherweise nur unter den gerade herrschenden Umwelteinflüssen geprüft.

Tabelle 6.2

Fehlergrenze (e = Eichwert)	Last m ausgedrückt in Eichwerten Feinwaage (I)	Präzisionswaage (II)	Handelswaage (III)	Grobwaage (IIII)
± 0,5 e	$0 \leq m \leq 50000e$	$0 \leq m \leq 5000e$	$0 \leq m \leq 500e$	$0 \leq m \leq 50e$
± 1 e	$50000e < m \leq 200000e$	$5000e < m \leq 20000e$	$500e < m \leq 2000e$	$50e < m \leq 200e$
± 1,5 e	$200000e < m$	$20000e < m \leq 100000e$	$2000e < m \leq 10000e$	$200e < m \leq 1000e$

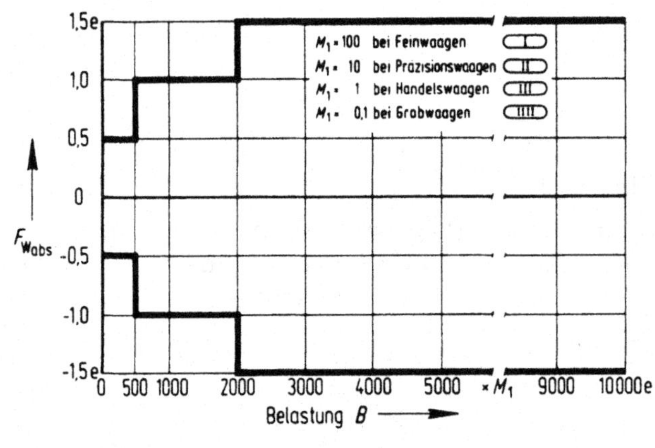

Bild 6.4
Eichfehlergrenzen für nichtselbsttätige Waagen

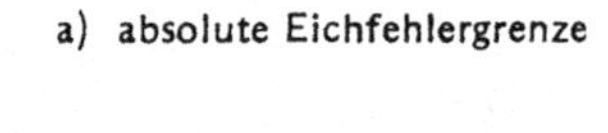
a) absolute Eichfehlergrenze

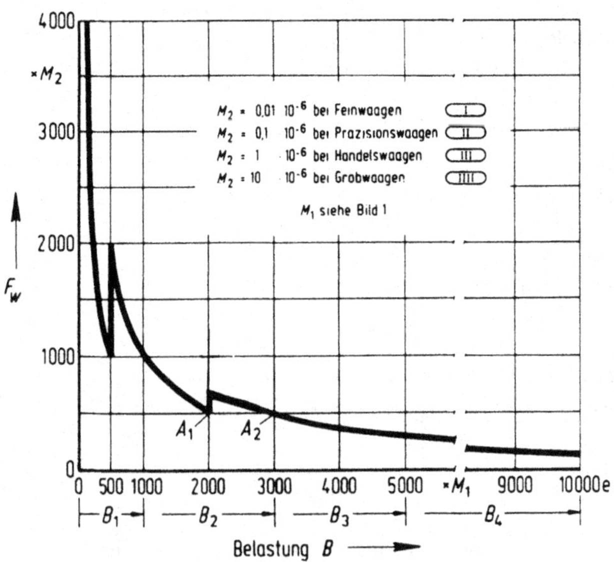

b) relative Eichfehlergrenze

Für selbsttätige Waagen sind je nach Bauart eigene Fehlergrenzen formuliert: z.B.

- Selbsttätige Waagen zum Wägen:
  Im selbsttätigen Betrieb mit Wägegut betragen die Eichfehlergrenzen
  in der Genauigkeitsklasse (III B) ± 1,25 ‰
  in der Genauigkeitsklasse (III C) ± 2,5 ‰
- Förderbandwaagen:
  Klasse 1
  0,5 % der abgewogenen Menge bei allen Förderstärken zwischen 20 % und 100 % der maximalen Förderstärke.
  Klasse 2
  1 % der abgewogenen Menge bei allen Förderstärken zwischen 20 % und 100 % der maximalen Förderstärke.

Bild 6.4 zeigt die zulässigen absoluten und relativen Fehlergrenzen für nichtselbsttätige Waagen.

6.2 Eichung

Die Eichung von Waagen kann je nach Bauart und Verwendungszweck im Eichamt, am Betriebsort, im Herstellerbetrieb, in einem Instandsetzungsbetrieb oder in einem Meßgerätelager erfolgen.

Die Prüfung einer zur Eichung vorgelegten Waage umfaßt

- die Prüfung auf Einhaltung der Bauvorschriften der Eichordnung und Zulassung (Beschaffenheitsprüfung),
- die meßtechnische Prüfung mit der Prüfung auf Einhaltung der Fehlergrenzen (Aufnahme der Fehlerkurve bei den zufällig herrschenden Umwelteinflüssen) auch bei Verwendung der Taraeinrichtung und bei exzentrischer Belastung, der Prüfung besonderer Baugruppen und Zusatzeinrichtungen (z.B. Druckwerke, Steuerschalter), Prüfung der Veränderlichkeit bzw. Standardabweichung u.a.m.

Bei Erfüllung der Anforderungen wird die Waage geeicht (Anbringen des Eichstempels, Bild 6.5) bzw. bei Nichtentsprechen der Eichvorschriften oder der Zulassungsanforderung erfolgt die Rückgabe der Waage.

Bild 6.5
Hauptstempelmarke

Der Eichstempel ist ein amtliches Zeichen, dessen mißbräuchliche Verwendung nach dem Strafgesetzbuch mit Strafe bedroht ist.

Zur Durchführung der Prüfung von nichtselbsttätigen Waagen ist eine Verwaltungsrichtlinie erlassen worden [4], in der alle für die Prüfung notwendigen Informationen zusammengefaßt sind. Hier sollen nur zwei Punkte erwähnt werden, die auch den Waagenbesitzer besonders interessieren:

6.2.1 Anforderungen an die Prüfmittel

In Abhängigkeit der Genauigkeitsklasse und der jeweiligen Belastung der Waagen ergeben sich Anforderungen an die bei der Eichung zu verwendenden Normalgewichte:

Tabelle 6.3 Fehlergrenzen von Normalgewichten und Gewichtsgerätschaften zur Eichung von Waagen

Genauigkeitskl. der zu eichenden Waage	Belastung bei der Eichung	max. zul. rel. Fehler der Normalgewichte	Genauigkeitskl. des Normalgewichts[1]	Werte der Normalgewichte								
				maximal zulässige Fehler der Normalgewichte								
			$\leq$ 50 kg	100 kg	200 kg	500 kg	1 t	2 t	2,5 t	5 t	10 t	20 t
(IIII)	$\leq$ 1 000 e	$500 \cdot 10^{-6}$	M_3	50 g	100 g	250 g	500 g	1 kg	1,25 kg	2,5 kg	5 kg	10 kg
(III)	$\leq$ 3 000 e	$170 \cdot 10^{-6}$	$\leq$ 50 g: M_1 / $\geq$ 50 g: M_2	17 g	33 g	85 g	170 g	330 g	425 g	850 g	1,7 kg	3,3 kg
	$\leq$ 5 000 e	$100 \cdot 10^{-6}$	M_1	10 g	20 g	50 g	100 g	200 g	250 g	500 g	1 kg	2 kg
	$\leq$ 10 000 e	$50 \cdot 10^{-6}$	M_1	5 g	10 g	25 g	50 g	100 g	125 g	250 g	500 g	1 kg
[2] (II)	$\leq$ 30 000 e	$17 \cdot 10^{-6}$	F_2	1,7 g	3,3 g	8,5 g	17 g	33 g				
	$\leq$ 100 000 e	$5 \cdot 10^{-6}$	F_1	0,5 g	1 g	2,5 g	5 g					
[2] (I)		$1{,}7 \cdot 10^{-6}$	E_2[3]	0,17 g								

1) An Stelle der angegebenen Normalgewichtsklassen dürfen auch Normalgewichte mit gleichen Fehlergrenzen verwendet werden.
2) Abweichende Regelungen hinsichtlich der zu verwendenden Normale können in der Bauartzulassung festgelegt sein.
3) Feinwaagen mit eingebauten Gewichtstücken können wegen EO 9 Nr. 4.2.5 in der Regel mit Normalgewichten nach EO 8-6 Klasse E_2 geprüft werden.

6.2.2 Prüfung auf Einhaltung der Fehlergrenzen

Bei Waagen größerer Höchstlasten wird die Einhaltung der Fehlergrenzen aus wirtschaftlichen Gründen in mehreren Abschnitten festgestellt:

durch die Vorprüfung,
durch die Hauptprüfung,
durch die Nebenprüfung,
durch die Prüfungen bei Zwischenbelastung,
durch zusätzliche Prüfungen.

Es werden folgende Prüfverfahren beim Eichen von Waagen unterschieden:

1. Prüfung mit voller Normallast, vorwiegend angewendet bei Waagen mit kleineren Höchstlasten (kleiner als 3 000 kg), aber auch bei Gleiswaagen und z.T. auch bei Straßenfahrzeugwaagen (mit Eichfahrzeugen) sowie bei Waagen mit einer großen Anzahl von Skalenteilen (z.B. $n = \frac{\text{Max}}{d} > 5\,000$).
2. Prüfung mit teilweise unbekannter Last (Ersatzlast):
   a) nach dem vollständigen Staffelverfahren,
   b) nach dem abgekürzten Staffelverfahren.

Bei der Prüfung mit teilweise unbekannter Last, die meist bei Waagen mit größeren Höchstlasten angewendet wird, braucht Normallast nur im Betrag von 1/5 der Höchstlast bzw. Höchstlast zuzüglich additiver Tarahöchstlast (Höchstbelastung) vorhanden zu sein. Voraussetzung für die Anwendung eines Staffelverfahrens ist eine ausreichend kleine Veränderlichkeit der Waage, die vorher untersucht wird.

Beim vollständigen Staffelverfahren wird die Waage mit der Normallast belastet (1. Staffel), diese dann durch eine unbekannte Ersatzlast ersetzt, bis die Anzeige etwa gleich derjenigen bei Belastung mit Normallast ist. Darauf wird zur Ersatzlast wiederum Normallast hinzugefügt (2. Staffel), dann diese Normallast durch weitere Ersatzlast von etwa gleichem Betrage wie die Normallast ersetzt usf., bis die erforderliche höchste Last aufgebracht ist. Dieses Verfahren wird insbesondere angewendet, wenn die Auswägeeinrichtung bei Zwischenbelastungen geprüft werden muß, z.B. bei den Waagen mit Neigungsgewichtseinrichtung, indem die Normallast einer Staffel stufenweise aufgebracht wird.

Beim abgekürzten Staffelverfahren wird zuerst Normallast aufgebracht und anschließend die Waage mit Ersatzlast etwa vom Betrage der um die Normallast verringerten höchsten erforderlichen Last zum Einspielen gebracht und dann nochmals die Normallast hinzugefügt. Das Verfahren ist nur bei der innerstaatlichen Eichung zugelassen und setzt voraus, daß die Auswägeeinrichtung vorher vorgeprüft worden ist, d.h. die Teilung innerhalb vorgeschriebener Fehlergrenzen richtig und der Fehler der Normalabschnitte bekannt ist. Das abgekürzte Staffelverfahren darf nur bei Lauf-, Roll- und Schaltgewichtswaagen angewendet werden.

Nähere Einzelheiten einschließlich Fehlerabschätzung, siehe [1, 2].

6.3 Eichamtliche Überwachung

Bei bestimmten Zusatzeinrichtungen, vorwiegend EDV-Anlagen, die an eichpflichtige Waagen angeschlossen sind, tritt an die Stelle der Eichung eine laufende eichamtliche Überwachung. Der Eichbeamte überzeugt sich im wesentlichen alle ein bis zwei Jahre davon, ob die Meßwerte nicht auf einfache Art manipulierbar sind und ob die Meßwerte richtig verarbeitet bzw. ausgegeben werden.

6.4 Eichgültigkeitsdauer

Die Gültigkeitsdauer der Eichung beträgt normalerweise 2 Jahre, abweichend davon ist festgelegt

1 Jahr für Kontrollwaagen und Radlastmesser,
3 Jahre für Waagen mit Max $\geqslant$ 3 t
(ausgenommen Baustoffwaagen und selbsttätige Waagen),
4 Jahre für nichtselbsteinspielende Fein- und Präzisionswaagen.

Die Gültigkeit der Eichung erlischt vorzeitig, wenn nach der Eichung z. B. die Verkehrsfehler überschritten oder Stempel verletzt werden.

6.5 Pflichten des Waagenbesitzers

Der Hersteller einer Waage beantragt die Zulassung seiner Bauart zur Eichung. Der Besitzer bzw. Betreiber der Waage stellt den Antrag auf Eichung. Obwohl häufig die Eichämter von sich aus die Nacheichung veranlassen, ist der Waagenbesitzer für die termingerechte Eichung verantwortlich.

Bei der Benutzung der geeichten Waage muß der Besitzer auf die Einhaltung anderer gesetzlicher Vorschriften aus dem Sicherheits- und Gesundheitswesen achten. Weiterhin ist er nach der Meßgerätebesitzer-Pflichtverordnung gehalten, dafür zu sorgen, daß eine Eichung gefahrlos und ungehindert möglich ist und besonders Prüfmittel bereitgestellt werden. Der Waagenoperateur muß eingewiesen werden. Die Waagen müssen so aufgestellt, angeschlossen, gehandhabt und unterhalten werden, daß die Richtigkeit der Messung und die zuverlässige Ablesung der Anzeige gewährleistet sind, § 11 Eichgesetz. Weiterhin müssen die Anforderungen an die Benutzung des Meßgerätes eingehalten werden (Bedienungsanleitung bzw. Auflagen in der Zulassung).

6.6 Bezeichnungen und Aufschriften

Eichfähige Waagen müssen folgende Angaben in Klarschrift tragen:

Name oder Marke des Herstellers
(evtl. zusätzlich des Importeurs bei eingeführten Waagen),
Fabriknummer,
Zeichen der Bauartzulassung,
Angabe der Genauigkeitsklasse,
Höchstlast, in der Form Max ...,
Mindestlast, in der Form Min ...,
Eichwert, in der Form e = ...

In bestimmten Fällen (Auszug) außerdem:

digitaler Teilungswert, in der Form d_d = ,
Teilungswert der Kaufpreise, in der Form d_p = ,
Teilungswert der Grundpreise, in der Form d_u = ,
Teilungswert der Taraeinrichtung, in der Form d_T = ,
additive Tarahöchstlast T = + ...,
subtraktive Tarahöchstlast T = − ...,
Tragfähigkeit Lim = ...,
die besonderen Temperaturgrenzen, innerhalb der die Waage den meßtechnischen Bedingungen genügen muß, in der Form ... °C/... °C,
die Betriebsspannung, in der Form ... V,
die Netzfrequenz, in der Form ... Hz,

Zusätzliche Angaben können für bestimmte Sonderzwecke gefordert werden, z. B.

„Nicht zulässig in offenen Verkaufsstellen",
„Ausschließlicher Verwendungszweck: ...",
„Nicht geeicht sind: ...".

6.7 Gesetzliche Vorschriften und Verordnungen im Zusammenhang mit eichpflichtigen Waagen [4]

Welche Meßgeräte eichpflichtig sind bzw. von der Eichpflicht befreit sind, ist in drei Rechtsvorschriften geregelt: Eichgesetz, Verordnungen über die Eichpflicht von Meßgeräten, Eichpflichtausnahmeverordnung (s. Anhang B). Andere Rechtsvorschriften wie Fertigpackungsverordnung, Apothekenbetriebsordnung, Futtermittelverordnung, Milch-Güteverordnung, um nur einige zu nennen, enthalten vorwiegend Verwendungsvorschriften für ganz spezielle Meßgeräte.

Um eine weitgehend eindeutige Rechtslage für eichtechnische und eichrechtliche Fragen zu schaffen, sind weitere Rechtsvorschriften notwendig, die im folgenden aufgeführt sind:

Gesetze:

1. *Eichgesetz (EichG)* vom 11.7.69, BGBl. I, S. 759, zuletzt geändert durch Gesetz vom 20.1.76, BGBl. I, S. 141

   Stichworte:

   Eichpflicht im geschäftlichen, amtlichen Verkehr, im Bereich der Heilkunde, der Herstellung und Prüfung von Arzneimitteln; Zusatzeinrichtungen; Ausnahmen von der Eichung; Eichfähigkeit und Zulassung; Fertigpackungen; öffentliche Waagen; zuständige Behörden; Kostenordnung; Bußgeldvorschriften.

2. *Einheitengesetz (EinhG)* vom 2.7.69, BGBl. I, S. 709, zuletzt geändert durch Gesetz vom 25.7.78, BGBl. I, S. 1110

   Stichworte:

   Gesetzliche Einheiten; Basiseinheiten und abgeleitete Einheiten; zuständige Behörden; Bußgeldvorschriften.

Verordnungen:

1. *Ausführungsverordnung zum EinhG* vom 26.6.70, BGBl. I, S. 981, zuletzt geändert am 8.5.81, BGBl. I, S. 422, Berichtigung vom 13.7.81, BGBl. I, S. 661

   Stichworte:

   Gesetzliche z. B. von der Masse abgeleitete Einheiten für Dichte, Kraft, Druck usw.; Übergangsvorschriften; Ordnungswidrigkeiten.

2. *Eichpflichtausnahmeverordnung (EAusnV)* vom 15.12.82, BGBl. I, S. 1745 (Neufassung)

   Stichworte:

   Allgemeine Ausnahmen wie z. B. einfache Laborgeräte aus Glas, Thermometer an Wärme- und Sterilisationsschränken, Diätwaagen; Meßgeräte bei der qualitativen Prüfung von Arzneimitteln, soweit sie nicht zur Ermittlung der quantitativen Zusammensetzung der Arzneimittel verwendet werden; bestimmte Zusatzeinrichtungen.

3. *Eichgültigkeitsverordnung (EGültV)* vom 18.6.70 BGBl. I, S. 802, zuletzt geändert am 14.12.79 BGBl. I, S. 2218

Stichworte:
Gültigkeitsdauer eines eichpflichtigen Meßgerätes 2 Jahre; besondere Gültigkeitsdauer: 1 Jahr für Kontrollwaagen und Radlastmesser; 3 Jahre für Waagen mit Max 3 t mit Ausnahme der Baustoffwaagen und selbsttätigen Waagen; 4 Jahre für Personenwaagen, Feingewichte, bestimmte mechanische Waagen wie Handelswaagen und Gewichte in Apotheken; vorzeitige Beendigung der Gültigkeit der Eichung.

4. *Meßgerätebesitzer-Pflichtenverordnung (MgBPfV)* vom 4.7.74, BGBl. I, S. 1444, zuletzt geändert vom 14.12.79, BGBl. I, S. 2218

   Stichworte:
   Aufstellung und Benutzung der Meßgeräte; Pflichten bei der Eichung; Ordnungswidrigkeiten.

5. *Fertigpackungsverordnung (FPV)* vom 18.12.81 BGBl. I, S. 1585 berichtigt am 8.2.82, BGBl. I, S. 155

   Stichworte:
   Flaschen als Maßbehältnisse; Füllmengen- und Grundpreiskennzeichnung von Fertigpackungen; Füllmengenkennzeichnung; Grundpreisangabe; Packungen mit besonderem Aufwand; Angaben auf Packungen; EWG-Fertigpackungen; Füllmengengenauigkeit; Bezugstemperatur; Kontrollmeßgeräte und Aufzeichnungspflichten; Ordnungswidrigkeiten; 9 Anlagen zu Detailfragen wie z.B. Verfahren zur Prüfung der Füllmengen von Fertigpackungen durch die zuständigen Behörden.

6. *Verordnung über öffentliche Waagen (WägV)* vom 18.6.70, BGBl. I, S. 799, geändert am 14.12.79, BGBl. I, S. 2218

   Stichworte:
   Pflichten des Inhabers einer öffentlichen Waage; Beurkundung einer Wägung; Bußgeldvorschriften.

7. *Eichordnung (EO)* vom 15.1.75, BGBl. I, S. 233, zuletzt geändert am 15.12.82, BGBl. I, S. 1750

   Stichworte:
   EO/Allgemeine Vorschriften (EO-A V)
   Allgemeines über Zulassung, Eichung und Befundprüfung; Innerstaatliche Bauartzulassung und Eichung; EWG-Bauartzulassung und Ersteichung; Instandsetzung; Ordnungswidrigkeiten; Zeichen und Stempel.

   EO Anlage 8: Gewichtstücke (EO8)
   Zulassungsart; Werkstoffe; Bauanforderungen; Fehlergrenzen; Berichtigungskammer; Aufbewahrung der Gewichtstücke; Aufschriften; Stempelstellen; Bescheinigungen; verschiedene Klassen wie Handels-, Präzisions-, Fein- und Karatgewichte, z.Z. in Überarbeitung mit DIN 1924.

   EO Anlage 9: Nichtselbsttätige Waagen (EO9)
   Innerstaatliche und EWG-Zulassung; Begriffsbestimmungen; Genauigkeitsklassen; Fehlergrenzen; Empfindlichkeit; Aufbringen der Prüflasten; Einfluß- und Störgrößen; Bauanforderungen; besondere Anforderungen für EWG-Zulassung; Zusatzeinrichtungen.

   EO Anlage 10: Selbsttätige Waagen (EO10)
   Anforderungen; Fehlergrenzen; Aufschriften usw. an selbsttätige Waagen zum Abwägen; selbsttätige Waagen zum diskontinuierlichen Wägen; Förderbandwaagen; Kontroll- und Sortierwaagen.

EO Anlage 13: Dichte-, Gehalts- und Konzentrationsmeßgeräte
Aräometer, Pyknometer, Tauchkörper; Werkstoffe; Fehlergrenzen; Aufschriften usw. für hydrostatische Waagen.

Allgemeine Verwaltungsvorschriften und Eichanweisungen

1. *Eichanweisung – Allgemeine Vorschriften* vom 12.6.73, Beilage zum Bundesanzeiger Nr. 117 vom 28.6.1973
   Stichworte:
   Allgemeines über Prüfvorschriften und Zulassungen; Amtstellen; Arbeitsräume und Ausrüstung der Eichbehörden; Meßtechnische Grundlagen; Eichung; Vorprüfung; Befundprüfung; Eichamtliche Sonderprüfung; Eichamtliche Überwachung; Stempelstellen und -verfahren.
2. *Allgemeine Verwaltungsrichtlinien für die Eichung von nichtselbsttätigen Waagen* – Teil I und Teil II vom 19.6.80, MinBlFi 1980, S. 386.
   Stichworte:
   Ort der Prüfung und Prüfmittel, Allgemeines über die Prüfung der baulichen Beschaffenheit von Waagen (Hebel, Schneiden, Druckwerke usw.); Prüfung der meßtechnischen Eigenschaften von Waagen; Vorprüfung; Wägeverfahren; Aufnahme der Fehlerkurve; Staffelverfahren; Einfluß von Störgrößen; Nullstell-, Tara- und Zusatzeinrichtungen; Druck- und Rechenwerke usw.; Leitfaden für die Prüfung der verschiedenen Waagenarten; Beschaffenheitsprüfung; Meßtechnische Prüfung.
3. *Bußgeldkatalog* für Verstöße gegen Vorschriften des Einheiten- und Eichrechts vom 20.6.80, MinBlFi 1980, S. 468.
   Stichworte:
   Bußgeld- und Verwarnungsverfahren; Grundsätze für die Bemessung der Geldbuße; Bußgeldkatalog z. B. Benutzung einer ungeeichten Waage bis Max 300 kg kostet 100,– DM.

Richtlinien des Bundesministers für Wirtschaft

Vorwiegend Richtlinien, die mit der Fertigpackungsverordnung zusammenhängen und hier weniger interessieren.

PTB-Prüfregeln, PTB-Anforderungen, PTB-Rundschreiben

1. *PTB-Prüfregeln, Band 5, 1970: Feinwaagen*
   Stichworte:
   Grundbegriffe; Gattungen mechanischer Feinwaagen; Aufstellung und Behandlung; Prüfung; Normalgewichte für die Prüfung; 8 Tafeln über eichfähige Bauarten, Prüfungsprozeduren usw. (Die Prüfregel ist veraltet)
2. Etwa 17 PTB-Rundschreiben über besondere Anforderungen, Prüfverfahren usw., die vornehmlich Hersteller und Eichbehörden interessieren.

Dauerbeschlüsse des Länderausschusses „Gesetzliches Meßwesen", der Vollversammlung der PTB und der Arbeitsgemeinschaft der Eichaufsichtsbeamten, die vornehmlich für Eichbehörden bestimmt sind.
(zusammengestellt vom Amt für das Eichwesen, Kiel, Düppelstr. 63)

Ergänzende Regelungen (*anerkannte Regeln der Technik*), z. B.

DIN 1319 T2 und T3 Grundbegriffe der Meßtechnik,
DIN 8120 T1 bis T3 Begriffe im Waagenbau,
DIN 8125 T1 und T2 Graphische Symbole für den Waagenbau,
VDI/VDE 2637 Wägezellen, Kenngrößen.

Schrifttum

Außer der im Anhang B für das Eich- und Meßwesen angegebenen Literatur:

[1] Allgemeine Verwaltungsrichtlinien für die Eichung von nichtselbsttätigen Waagen, Teil I und II. Ministerialblatt des Bundesministeriums der Finanzen und des Bundesministeriums für Wirtschaft 31 (1980), S. 386–467

[2] *Buer, D.:* Staffelverfahren für die eichtechnische Prüfung von Großwaagen. PTB-Bericht Me-36 (1980), S. 155-176

[3] *Brandes, P.; Debler, E.; Kochsiek, M.:* Prüfungen an elektromechanischen Waagen für die Zulassung zur Eichung (Nichtselbsttätige Waagen). wägen + dosieren 12 (1981), S. 70–77, 120–123, 160–161

[4] *Kochsiek, M.:* Rechtsgrundlagen für die Zulassung, Eichung und den Betrieb eichfähiger Waagen. wägen + dosieren 14 (1983), S. 121–125

7 Zusatzeinrichtungen an Waagen

7.1 Zusatzeinrichtungen außer Druckwerke

F. Sandhack

7.1.1 Zusatzeinrichtungen und ihre eichrechtliche Behandlung

Vor der Behandlung der für Waagen gebräuchlichsten Zusatzeinrichtungen ist es angebracht, auf die Erläuterung des Begriffes „Zusatzeinrichtungen" nach DIN 8120 Teil 1 hinzuweisen: „Teil einer Wägeanlage, der der zusätzlichen Darstellung, Weitergabe oder Weiterverarbeitung der Meßwerte dient und an die Waage angeschlossen, angefügt oder auch dort eingebaut werden kann. Bei selbsttätigen Waagen auch Einrichtungen, mit denen das Wägegut zu- oder abgeführt wird." Aus dieser Definition kann man ableiten, daß im Gegensatz zu Meßgeräten, die den Meßwert entweder selbst verkörpern oder ihn messen und anzeigen, Zusatzeinrichtungen keine für die eigentliche Messung und Ermittlung des Meßwertes notwendigen Einrichtungen sind.

Im eichrechtlichen Sinne werden sie aber den Meßgeräten gleichgestellt. So wird die Eichpflicht auch für Zusatzeinrichtungen im Eichgesetz (EichG) festgelegt. Der Text nach § 5 EichG lautet:

„Den Meßgeräten stehen gleich

1. Zusatzeinrichtungen, deren Wirkungsweise unmittelbar vom zugehörigen Meßgerät beeinflußt wird oder die eine Wirkung auf das zugehörige Meßgerät ausüben oder ausüben können oder
2. Zusatzeinrichtungen zur Ermittlung des Preises, die in offenen Verkaufsstellen verwendet werden."

Die in § 5 EichG erwähnte Gleichstellung von Zusatzeinrichtung und Meßgerät bedeutet zunächst, daß Zusatzeinrichtungen, die an eichpflichtige Waagen angeschlossen werden, entsprechend den §§ 1 bis 4 EichG ebenfalls geeicht sein müssen. Ausnahmen von der Eichpflicht werden durch § 6 der Eichpflichtausnahmeverordnung geregelt; Anforderungen an allgemein zulässige Einrichtungen sind in den Anlagen 9 und 10 der Eichordnung enthalten.

Dem 1. Teil des Gesetzestextes von Nr. 1 können die an Waagen üblichen Zusatzeinrichtungen zugeordnet werden. Beispiele dafür sind Meßwertgeber, zusätzliche Anzeigeeinrichtungen und Druckeinrichtungen. Der nachfolgende Teil von Nr. 1 erfaßt auch die Zusatzeinrichtungen, deren Funktion eine beabsichtigte Rückwirkung auf die Waage einschließt. Als Beispiele seien Steuerschalter, Taraeinrichtungen sowie Zuführungseinrichtungen und Mengeneinstellwerke selbsttätiger Waagen genannt.

Aber auch beabsichtigte Rückwirkungen dürfen die ordnungsgemäße Verwendung und Wirksamkeit der Waage nicht beeinträchtigen. Zumindest bei der Eichung müssen die Rückwirkungsmöglichkeiten berücksichtigt und untersucht werden. Gegenwärtig wird die geforderte Rückwirkungsfreiheit z.B. physikalisch durch den Einbau von Opto-Kopplern am Datenaus-

oder -eingang bzw. durch galvanische Trennung zwischen Waage und Zusatzeinrichtung sichergestellt.

7.1.2 Zusatzeinrichtungen zur zusätzlichen Darstellung von Meßwerten

Neben dem zur Waage gehörenden Ausgabe-Baustein zur Ansteuerung der eigenen Anzeigeeinrichtung besitzen heute die meisten Waagen einen in die Bauart integrierten Meßwertgeber. Die Möglichkeit zur Weitergabe ermittelter Wägeergebnisse bedeutet eine beachtliche Ausdehnung des Anwendungsgebietes von Waagen. In vielen Betrieben kann ein direktes Ablesen der Waagenanzeige am Betriebsort schon durch die Einsatzbedingungen erschwert sein, z. B. beim Wägen von gesundheitsschädlichem, aggressivem Wägegut. Hier können klassische Zusatzeinrichtungen wie

a) Nebenanzeigen und
b) Druckeinrichtungen

die zusätzliche Gewichtswertanzeige bzw. die Registrierung des ermittelten Gewichtswertes übernehmen.

Nebenanzeigen können in der Ausführung als Analog- oder Digitalanzeige, als Zählwerk oder auch als Bildschirm an Waagen angeschlossen sein.

7.1.2.1 Bauarten von Nebenanzeigen

Analoganzeigen

Analog arbeitende Zweitanzeigen finden nur noch bei Waagen geringer Genauigkeit (Genauigkeitsklasse (IIII)) mit Kreisskale Anwendung. Das Geberpotentiometer der Grobwaage ist mit dem Empfängerpotentiometer der Zweitanzeige zu einer selbstabgleichenden Meßbrücke zusammengeschaltet. Der Schleifer des Empfängerpotentiometers wird über ein Nachlaufsystem solange bewegt, bis die Spannungsdifferenz Null ist. Die Meßbrücke ist damit wieder abgeglichen. Das Empfängerpotentiometer hat die Widerstandsänderung und damit den Drehwinkel des über eine Konstantspannungsquelle gespeisten Geberpotentiometers nachvollzogen (Bilder 7.1 und 7.2).

Bild 7.1
Nachlaufeinheit, bestehend aus einem Gleichstromregelmotor mit Getriebe, einem hochauflösenden Potentiometer und Elektronikeinheit, zum Aufbau analoger eichfähiger Anzeigeeinrichtungen.
Quelle: Novotechnik

Bild 7.2
Beispiel einer Kreisskale für die dargestellte Nachlaufeinheit. Eichfähig einsetzbar mit bis zu 1000 Skalenteilen.
Quelle: Novotechnik

Digitalanzeigen

Zusätzliche Digitalanzeigen können in Verbindung mit allen elektromechanischen Waagen eingesetzt werden. Die Verbindung zur Waage erfolgt meist über eine serielle Schnittstelle. Der Teilungswert und der anzuzeigende Wägebereich stimmen bei eichfähiger Ausführung mit der Anzeige der zugehörigen Waage überein.

Die in Digitalanzeigen seit ca. 30 Jahren gebräuchlichen Ziffern- und Zeichenanzeigeröhren (Nixieröhren) werden heute durch drei wichtige Anzeigetechnologien ergänzt bzw. ersetzt:

LED – (Light-Emiting-Diode) – Leuchtdioden
PGD – (Planar-Gas-Discharge-Display) – Gasentladungsanzeigen (GEA)
LCD – (Liquid-Crystal-Display) – Flüssigkristallanzeigen (Bild 7.3).

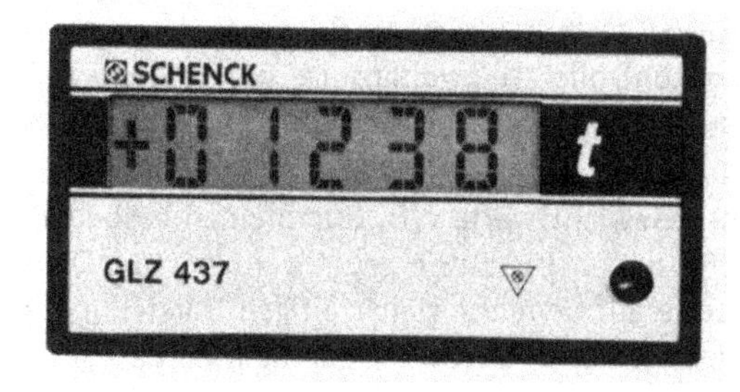

Bild 7.3
Eichfähige Flüssigkristallanzeige als Nebenanzeige einer Industriewaage.
Quelle: Schenck

Zählwerke

Neben vorgeschriebenen, zur eichfähigen Bauart gehörenden Zählwerken, z.B. bei selbsttätigen Waagen zum Abwägen Max $\geqslant$ 10 kg dürfen weitere Zählwerke an Waagen zusätzlich angeschlossen sein. Diese Zählwerke müssen ebenfalls springend fortschreiten und dürfen ausgeführt sein als

- Gewichtszählwerk zur fortlaufenden zusätzlichen Anzeige (Addition) des Sollgewichts der abgewogenen Füllmenge oder als
- Füllungszählwerk zur fortlaufenden Addition der Anzahl der abgewogenen Füllungen.

Mechanisch arbeitende Zweitzählwerke finden heute kaum Verwendung. Funktionsfehlererkennbar arbeitende elektromechanische und elektronische Fernzählwerke haben die Aufgabe der zusätzlichen Anzeige übernommen. Sie sind auch als Zusatzeinrichtungen mit der Waage so verriegelt, daß keine Wägungen mehr vorgenommen werden können, wenn durch Netzausfall Zählwerke nicht mehr funktionsfähig sind. Auch dürfen Einrichtungen zum Nullstellen der Zählwerke nur unter bestimmten Voraussetzungen wirksam sein. So ist z.B. eine Sicherung gegen Betätigung während des automatischen Betriebs unerläßlich (Bild 7.4).

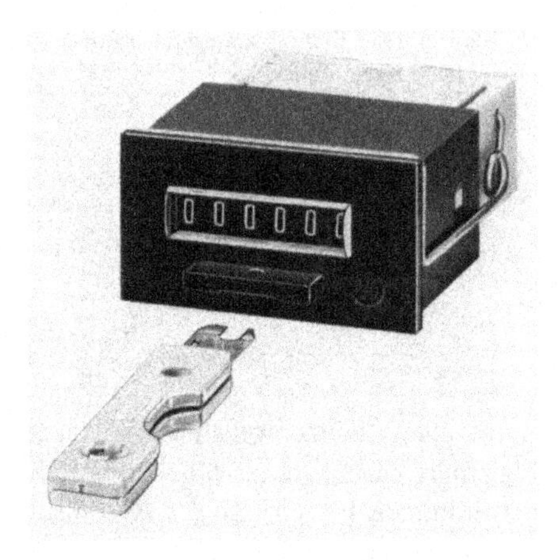

Bild 7.4
Elektromechanisches Impulszählwerk. In eichfähiger Ausführung kann die Nullstelltaste nur mit einem zusätzlichen Schlüssel betätigt werden.
Quelle: Irion und Vosseler

Darüber hinaus finden bei selbsttätigen Kontrollwaagen u.a. Klassenzählwerke, Summenzählwerke, Mittelwertzählwerke und Teilmengenzählwerke zur zusätzlichen Anzeige und Auswertung Anwendung. Diese Zählwerke an geeichten Kontrollwaagen sind neben Transporteinrichtungen, Sortiereinrichtungen, Tendenzeinrichtungen und auch Registriereinrichtungen, Zusatzeinrichtungen, die nicht der Eichpflicht unterliegen.

Bildschirme

Dem Stand der Technik folgend, werden vermehrt Datensichtgeräte (Bildschirme) wegen der Möglichkeit der Bedienerführung und Eingabekontrolle als Zweitanzeige für Gewichtswerte verwendet. Im eichpflichtigen Verkehr gilt auch für Bildschirme die Forderung der Eichordnung nach sicherer, einfacher und eindeutiger Anzeige der Wägeergebnisse.

Gegenwärtig werden von der Eichung erfaßte Gewichtswerte z.B. durch einen besonderen Rahmen eingefaßt, der nicht von einer angeschlossenen Tastatur erzeugt werden kann. Dieses wäre eine Möglichkeit, die ermittelten Meßwerte auf dem zur gleichzeitigen Darstellung anderer Daten frei verfügbaren Bildschirm eindeutig hervorzuheben. Außerdem ist darauf hinzuweisen, daß nur die innerhalb des Rahmens erscheinenden Meßwerte eichpflichtig ermittelt wurden.

Voranzeigeeinrichtungen

Diese an Waagen zusätzlich einsetzbaren Anzeigen dienen nicht der Darstellung von Meßwerten, sondern sind eine Hilfe zur schnellen, angenäherten Ermittlung des Wägeergebnisses oder

Beobachtung eines Be- oder Entladungsvorgangs. Voranzeigeeinrichtungen ohne Skalenteilung sind z.B. als ein in der Nähe der Waagenanzeige mitlaufender, sich entsprechend der Belastung verjüngender oder verbreiternder Balken ausgeführt. Haben Voranzeigeeinrichtungen eine Skalenteilung, so darf der Teilungswert bei eichfähigen Waagen nicht kleiner als ein Hundertstel von Max sein und muß mindestens gleich dem 5fachen Teilungswert der zugehörigen Waage sein.

Voranzeigeeinrichtungen müssen die Aufschrift „Nicht geeicht" tragen.

Anmerkung: Die beschriebenen Zweitanzeigeeinrichtungen sind beim Anschluß an eichpflichtige Waagen nach § 6 Abs. 1 Nr. 1 der Eichpflichtausnahmeverordnung nur dann von der Eichpflicht befreit, wenn eine geeichte Zusatzeinrichtung die Wägeergebnisse unverändert aufzeichnet oder speichert. Diese Aufzeichnungen müssen dem Geschäftspartner und der zuständigen Behörde zur Verfügung stehen (Bild 7.5).

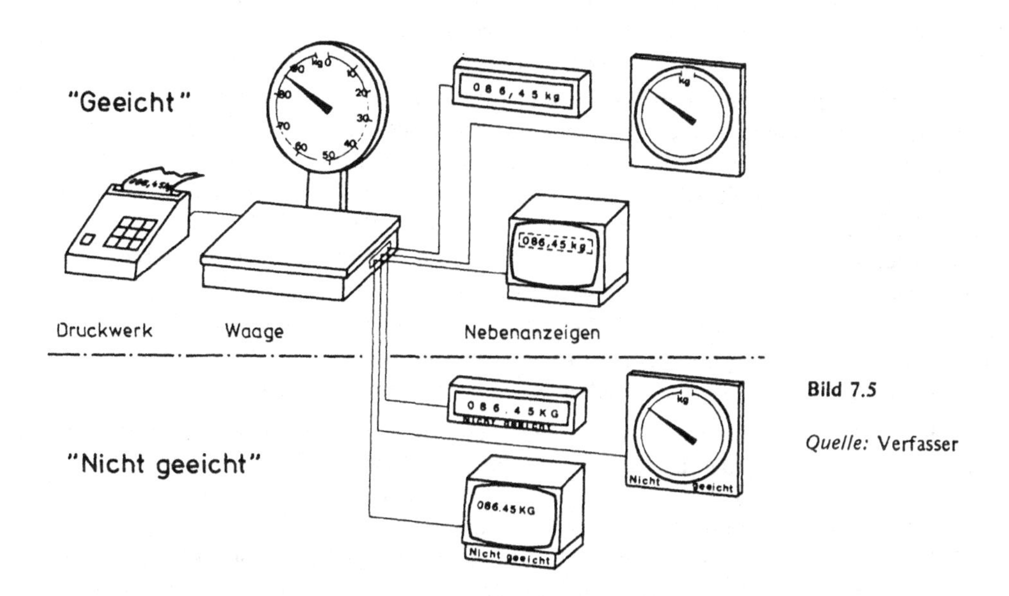

Bild 7.5

Quelle: Verfasser

7.1.2.2 Bauarten von Druckeinrichtungen

Druckeinrichtungen an Waagen werden in Abschnitt 7.2 ausführlich beschrieben. Deshalb sollen an dieser Stelle nur die grundsätzlichen Unterschiede zwischen den beiden bekanntesten eichfähigen Druckeinrichtungen für Waagen, dem *Ferndruckwerk* und dem *Sichtverbindungsdruckwerk* (früher Sicherheitsdruckwerk genannt) herausgestellt werden.

Bei Druckeinrichtungen mit Fernübertragung (Ferndruckwerk), müssen alle zugehörigen Baugruppen, wie Stillstandssicherung, Steuerteil, Codeumsetzer und das eigentliche Druckwerk funktionsfehlererkennbar arbeiten. Dagegen bestehen für das Sichtverbindungsdruckwerk keine eichtechnischen Forderungen nach sicherer Meßwertübertragung, automatischer Abdrucküberwachung und Fehlermeldung am Wägerstand. Nur die für alle eichfähigen Waagendruckeinrichtungen geforderte Stillstandsicherung zur Freigabe des Abdruckes bei eingespielter Waagenanzeige muß auch bei dieser einfachen Bauausführung sicher arbeiten.

Wenn auch durch die Funktion dieser Baugruppe der größere Teil der im Betrieb auftretenden Fehler beseitigt werden, hat die Bezeichnung „Sicherheitsdruckwerk", unter der diese Zusatzeinrichtung im Eichwesen bekannt ist, oft zu Fehldeutungen geführt.

Der Wäger muß den Abdruck mit der Waagenanzeige sofort vergleichen (können). Oft muß durch entsprechendes Einstellen des Papiervorschubes und Verlängerung der Standzeit der Waagenanzeige (auf insgesamt ca. 1 s) dem Wäger der Vergleich ermöglicht werden. Automatischer Wägebetrieb oder der Anschluß eines einzigen Sichtverbindungsdruckwerkes an mehrere Waagen sind deshalb im eichpflichtigen Verkehr unzulässig.

7.1.2.3 Datenverarbeitungsanlagen als Zusatzeinrichtungen

Als eine nicht klassische Zusatzeinrichtung für Waagen gilt die Datenverarbeitungsanlage (DVA). Anfänglich gab es nur die *mittelbare* Beeinflussung des Meßgerätes auf die DVA, d.h., die Meßwerte wurden auf Lochkarten, Magnetplatten oder Bändern gespeichert, und erst dann wurden der Zentraleinheit die auf diesen Zwischenträgern befindlichen Werte zur zusätzlichen Darstellung oder zur Weiterverarbeitung eingegeben.

Heute geben Wägeanlagen über geprüfte Schnittstellen ihre Gewichtswerte direkt in die DVA ein. Aber auch bei unmittelbarer Beeinflussung der DVA durch das Meßgerät ist eine Eichpflicht von frei programmierbaren Anlagen nicht vorgesehen. Als frei programmierbar können DVA angesehen werden, wenn Anwender den Funktionsablauf durch Modifikation von Programmspeichern unter Beibehaltung der Hardware verändern können. Das ist in aller Regel der Fall. Ausgelöst durch eine Tastenkombination oder programmierte Befehle können Meßwerte beliebig umgerechnet und auch verfälscht werden. Von einem solchen Eingriff ist absolut nichts zu sehen, weil er sich in der Regel im Bereich der Programme abspielt.

Eine Einrichtung mit diesen Eigenschaften ist nicht eichfähig. Die derzeitige für DVA geltende Lösung ist in § 6 der Eichpflichtausnahmeverordnung festgelegt. Danach kann eine DVA Meßwerte zusätzlich darstellen und auch programmierbar verarbeiten, wenn

1. nach § 6, Abs. 1 Nr. 1 die ermittelten Gewichtswerte von einem an die zugehörige Waage angeschlossenen geeichten Druckwerk oder einem eichfähigen Speicher unverändert aufgezeichnet oder gespeichert werden; die mit der Aufschrift „Nicht geeicht" versehene DVA kann dann unbeschränkt verwendet werden;
2. nach § 6 Abs. 1 Nr. 2 die DVA die richtige und zuverlässige Erfassung, Verarbeitung und Ausgabe der Meßwerte erwarten läßt; insbesondere ist sicherzustellen, daß die Erfassung, Verarbeitung und Ausgabe der Meßwerte und Ergebnisse nicht durch Falschbedienung oder durch einen Eingriff ohne besondere Hilfsmittel geändert werden können; eine laufende Überwachung durch die Eichbehörde muß möglich sein.

Überwachungspflichtig sind somit alle programmierbaren DVA, die direkt an eine geeichte Waage angeschlossen werden, wenn nicht ein geeichtes Druckwerk oder ein eichfähiger Speicher die zu verarbeitenden Meßwerte abdruckt oder speichert. Die Überwachungspflicht wird begründet von dem vorgesehenen Verwendungszweck als Zusatzeinrichtung im eichpflichtigen Verkehr. Wer eine solche DVA verwenden will, hat dies der für den Aufstellungsort zuständigen Eichbehörde anzuzeigen.

Durch Kenntnis der in den Unterlagen darzustellenden Verwendung mit anschließender Überprüfung der Arbeitsweise der DVA kann sich die Behörde davon überzeugen, ob die eichpflichtig ermittelten Meßwerte richtig verarbeitet und ausgegeben werden. Die Behörde wird die Überwachung in geeigneten Zeitabständen wiederholen (Bild 7.6).

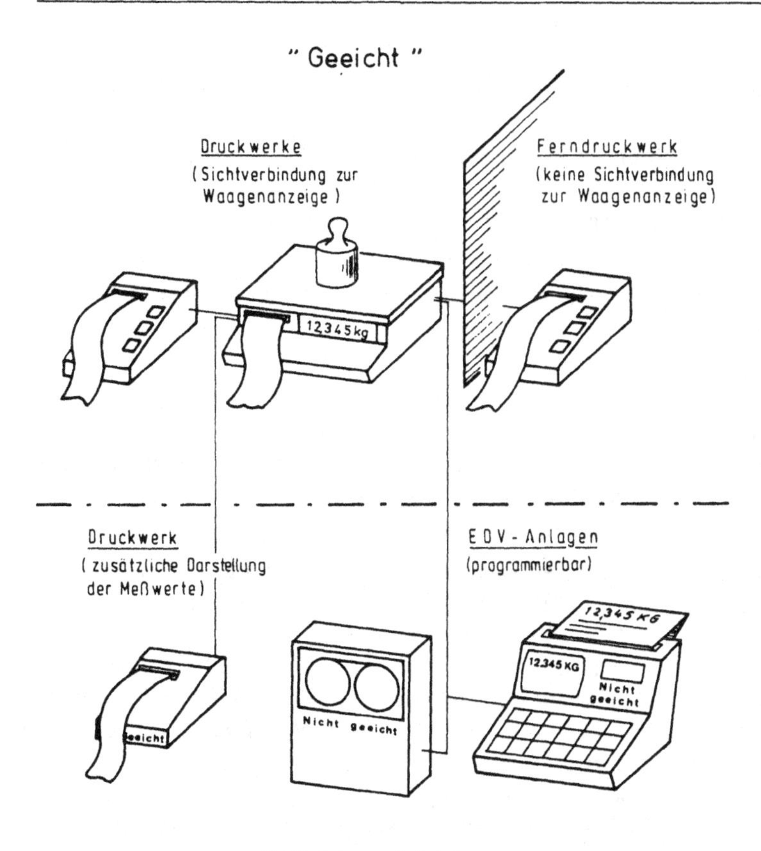

Bild 7.6 Programmierbare Datenverarbeitungsanlagen sind nach § 6 EAusnV von der Eichpflicht ausgenommen, wenn eine geeichte Zusatzeinrichtung die ermittelten Gewichtswerte aufzeichnet oder speichert; sonst „überwachungspflichtig".
Quelle: Verfasser

7.1.3 Sonstige Zusatzeinrichtungen

7.1.3.1 Taraeinrichtungen

Als eine der am häufigsten an Waagen verwendeten Zusatzeinrichtung ist die Taraeinrichtung zu nennen. Sie ist nicht zu verwechseln mit der zu einer Waage gehörenden „Nullstelleinrichtung", einer Baugruppe zum Nullstellen der unbelasteten Waage. Die Taraeinrichtung dient zum Nullstellen der belasteten Waage. Die Bezeichnung „Taraeinrichtung" ist der übergeordnete Begriff für die Bauausführung der *Taraausgleicheinrichtung* und der *Tarawägeeinrichtung.* Die Taraausgleicheinrichtung dient zum Ausgleich einer Taralast, ohne daß deren Gewicht ermittelt werden kann, während bei der Tarawägeeinrichtung der Tarawert angezeigt wird. Hierzu kann eine besondere Taraskale oder -anzeige verwendet werden. Dabei wird der Wägebereich

- entweder nicht in Anspruch genommen (additive Taraeinrichtung mit additiver Tarahöchstlast) oder
- um den Betrag der Taralast vermindert (subtraktive Taraeinrichtung mit subtraktiver Tarahöchstlast).

Man unterscheidet:

- automatische Taraeinrichtung, die ohne manuellen Eingriff die Tarierung automatisch durchführt,
- halbautomatische Taraeinrichtung, die aufgrund eines manuellen Eingriffs den Tariervorgang automatisch durchführt,
- nicht automatische Taraeinrichtung, die durch Handbedienung die Tarierung ermöglicht.

Zum Ausgleich oder Wägen von Taragewichten werden bei mechanischen Waagen folgende, auch allgemein zur innerstaatlichen Eichung zulässige Taraeinrichtungen eingesetzt:

a) Laufgewichtseinrichtungen,
b) Ketteneinrichtungen,
c) Federeinrichtungen,
d) Schaltgewichtseinrichtungen,
e) Einrichtungen zum Verschieben des Nullpunktes relativ zur Skale (Nachstellskale) bzw. Einrichtungen zur Verschiebung von Skale oder Ablesemarke,
f) Kombination von zwei der genannten Einrichtungen.

Die unter Buchstabe e genannte „Nachstellskale" ist als eine zur Hauptskale drehbare oder verschiebbare Skale angeordnet, die zum Bestimmen von Tara-, Brutto- oder auch Nettogewichten und zum Herstellen von Materialmischungen (Gattierungen) dient. Nach Einschwingen der Anzeigeeinrichtung (Zeiger) auf dem an der Hauptskale abzulesenden Tarawert, wird die Nachstellskale mit ihrem Nullpunkt auf diesen Meßwert gestellt. Durch weiteres Belasten kann das gewünschte Nettogewicht auf der Nachstellskale abgelesen werden. Gleichzeitig wird das Bruttogewicht auf der Hauptskale angezeigt.

In elektromechanischen Waagen sind Taraeinrichtungen als elektronische Baugruppen meist integriert. Bei eichfähigen Waagen wird ihre richtige Funktion bei der Zulassung der Waage mitgeprüft. Unter anderem muß bei allen eichfähigen Ausführungen

- der kleinste Teilungswert einer Tarawägeeinrichtung gleich dem kleinsten Teilungswert der Waage sein,
- sich der Tarawert durch einfaches Nebeneinanderstellen der von einzelnen Skalen oder bezifferten Einstellelementen einer Tarawägeeinrichtung angezeigten Werte ermitteln lassen,
- die Betätigung einer Taraeinrichtung deutlich angezeigt werden,
- die Tarahöchstlast auf dem Kennzeichnungsschild der Waage angegeben werden,
- eine Waage mit Taraeinrichtung die Fehlergrenze für die jeweilige Nettolast bei jeder möglichen Taralast einhalten,
- die Summe der Anzahl der Skalenteile der Waage und die ihrer additiven Taraeinrichtung die in der EO9 und/oder in der Zulassung für die Bauart angegebenen Anzahl n_{max} nicht überschreiten.

7.1.3.2 Steuerschalter

Unter Steuerschaltern versteht man elektrisch, pneumatisch oder mechanisch arbeitende Schalteinrichtungen, die zum Zu- oder Abschalten von Einrichtungen oder Vorgängen durch die Waage gesteuert werden. Es ist verständlich, daß bei diesen Schaltvorgängen keine unerwünschte Rückwirkung auf die Auswägeeinrichtung erfolgen darf. Mechanisch betätigte Schalter sind auch vor dem heute üblichen Einsatz von berührungslos und damit kraftlos arbeitenden Schaltsystemen nur für Schaltungen außerhalb des Einspielbereiches z.B. zur Verschiebung des Selbsteinspielbereiches bis zur Höchstlast oder für eine Notabschaltung der Wägeanlage verwendet worden.

Bei mechanischen Waagen werden besonders Lichtschrankenschalter und induktive Schlitzindikatoren verwendet. So können z.B. zur Abschaltung der Wägegutzufuhr die Schaltköpfe innerhalb des Wägebereiches auf jede beliebige Gewichtsanzeige eingestellt werden. Die Abschaltung erfolgt dann rückwirkungsfrei durch eine an der Anzeigeeinrichtung (Zeiger) angebrachte Schaltfahne.

Pneumatisch arbeitende Steuerschalter finden Anwendung bei Wägeanlagen in explosionsgefährdeter Umgebung. Der Schaltvorgang wird eingeleitet, wenn eine Schaltfahne den feinen Luftstrahl, der aus einer Düse tritt, unterbricht.

Heute werden im Waagenbau die anfallenden Steuer- und Schaltfunktionen zum großen Teil von Mikroprozessorsystemen durchgeführt.

Bei eichpflichtigen Waagen dürfen Steuerschalter zum Abschalten der Wägegutzufuhr nur dann mehrstufig arbeiten, wenn eine mit der Waage verriegelte Druckeinrichtung jedes Wägeergebnis zwangsweise abdruckt. Start oder Ende einer Wägung müssen manuell ausgelöst werden. Die bei selbsttätigen Waagen z.B. zum Abwägen vorhandenen Steuerschalter zur getrennten Abschaltung von Grob- und Feinstrom sind Baugruppen der eigentlichen Waage und fallen nicht unter die hier behandelten Zusatzeinrichtungen.

7.1.3.3 Einrichtungen zur Bestimmung von Stückzahl, Schmutzgehalt, Prozent und Dichte

Diese Einrichtungen haben durch völlige Integration einige Waagenarten so gewandelt, daß sie im Sprachgebrauch nicht unter Zusatzeinrichtungen fallen. Sie werden deshalb gesondert in Abschnitt 5.13 behandelt.

7.1.3.4 Umschalteinrichtungen

Die Umschalteinrichtung ist eine Zusatzeinrichtung für Waagenzusammenstellungen. Mit ihr können die Lastträger wahlweise einzeln oder gemeinsam mit der Auswägeeinrichtung zusammengeschaltet werden. Die Umschalteinrichtung muß den Einfluß unterschiedlicher Gewichtskräfte (Vorlast) der verschiedenen Lastträger und Übertragungshebel auf die Auswägeeinrichtung ausgleichen. Sie muß so wirken, daß bei unbelasteter Waagenzusammenstellung die Nullage der Anzeige jeder einzelnen Auswägeeinrichtung erhalten bleibt.

7.1.3.5 Zuführungseinrichtungen

Unter diesen Begriff fallen im Waagenbau Einrichtungen, mit denen das Wägegut entsprechend seinen Eigenschaften selbsttätigen Waagen zum Abwägen und Wägen gleichmäßig zugeführt wird. Zweistufig arbeitende Zuführungseinrichtungen haben einen groben Wägegutstrom (Grobstrom), der zu Beginn der Füllung zugeführt wird und kurz vor Erreichen des Sollwerts abgeschaltet wird, und einen abgeschwächten Wägegutstrom (Feinstrom) bis zum Erreichen des Sollwerts. Bei eichpflichtiger Verwendung muß die Abschaltung des Feinstromes durch die Waage erfolgen. Unzulässig ist eine Füllung nach Zeit oder Volumen, deren Einstellung durch den Wäger erfolgt. Mindestens ein Steuerschalter muß für den Feinstrom vorhanden sein.

Zuführungseinrichtungen sind je nach den Fließeigenschaften des Wägegutes verschiedenartig ausgeführt (z.B. Förderband, Förderschnecke, Rüttelrinne, Elevator, Schleuderrad, Füllventil). Auch sind, um evtl. auftretende Stauungen und Druckschwankungen in Zuführungseinrichtungen zu vermeiden, zusätzliche Einrichtungen zum Auflockern des Wägegutes (z.B. Rühr- und Rüttelwerke) vorhanden. Erschütterungen dürfen das Wägeergebnis nicht beeinflussen.

7.1.3.6 Entleerungseinrichtung

Selbsttätige Waagen zum Abwägen (SWA) und Wägen (SWW) können mit Einrichtungen zum Entleeren des Lastträgers nach Erreichen des vorgegebenen Gewichts oder nach Ermittlung des Gewichtswertes versehen sein. Bei SWA sind es meist Lastbehälter, die sich durch Kippen, Drehen oder durch Öffnen einer Bodenklappe, eines Ventils oder dgl. entleeren lassen. Bei Entleerungseinrichtungen an eichpflichtigen Waagen sind folgende Anforderungen zu erfüllen:

- Entleerungseinrichtungen dürfen das Wägeergebnis nicht beeinflussen;
- Lastbehälter müssen so gestaltet und eingerichtet sein, daß sie nach jeder Wägung vollständig entleert werden. Klopfwerke dürfen angebracht sein;
- es muß sichergestellt sein, daß auch das auf dem Schild der SWA angegebene Füllgut mit der geringsten Schüttdichte nicht aus dem Lastbehälter überläuft oder an die Zuführungseinrichtung heranreicht, wenn das für dieses Füllgut maximal einstellbare Füllgewicht angewählt wird;
- Bodenklappen, Ventile und dgl. müssen so schließen, daß Wägegut nicht austreten kann.

7.1.3.7 Restwaage

Selbsttätige Waagen zum Abwägen mit Entleerungseinrichtung und nichtselbsteinspielender Auswägeeinrichtung dürfen auch in eichfähiger Ausführung für Höchstlasten ab 20 kg oder mehr eine Restwaage haben. Diese von Hand zu bedienende zusätzliche Waage an einer Waage kann in weitem Sinn als Zusatzeinrichtung angesehen werden. Sie dient zum Wägen eines Wägegutrestes, der keine vollständige Füllung mehr ergibt.

7.2 Druckeinrichtungen an Waagen

H. J. Sacht

Seit ca. 100 Jahren ist man in der Lage, die auf Waagen ermittelten Gewichte auf einem Beleg abzudrucken und damit für längere Zeit lesbar zur Verfügung zu stellen.

Nach DIN 8120 ist eine Druckeinrichtung eine „Einrichtung in einem Gerät zur Ausgabe von Daten durch Erzeugung dauerhafter visuell erkennbarer Zeichen aus einem Zeichenvorrat auf Papier oder einen anderen Datenträger". Die wichtigste Baugruppe einer Druckeinrichtung ist das „Druckwerk", das der „Übertragung von Zeichen auf Papier oder einen anderen Datenträger dient und sich nach Art des Zeichenabdrucks pro Zeile sowie der graphischen und physikalischen Art der Zeichenerzeugung unterscheidet".

Im Eichwesen wurde die Druckeinrichtung bisher als Druckwerk bezeichnet. Dieser Begriff soll jedoch nur noch für den Teil gelten, der physikalisch die Zeichen erzeugt.

7.2.1 Anwendungsgebiete

Für den Benutzer einer Waage ist es von Vorteil, wenn er das Ergebnis einer Wägung nicht nur als (flüchtige) Anzeige sondern als dauerhaften Abdruck erhält. Waagen mit Druckeinrichtung werden also zweckmäßigerweise verwendet, wenn bei einer Handelstransaktion beide Partner einen dauerhaften Beleg über das abgewickelte Geschäft brauchen. Insbesondere Fahrzeugwaagen, bei denen das Nachwägen einer empfangenen Ladung wegen des nicht bekannten Taragewichts problematisch ist, werden heute praktisch nur noch mit angeschlossenem Druckwerk geliefert.

Da Wägungen oft schneller und genauer möglich sind als Zählungen, eignen sich Waagen besonders gut zur Überwachung und Kontrolle von Fabrikationsvorgängen. Es ist hierbei erforderlich, daß die ermittelten Gewichte nachprüfbar und irrtumsfrei aufgezeichnet werden. Im allgemeinen genügt es nicht, nur den Gewichtswert abzudrucken. In den meisten Fällen ist es notwendig, zur richtigen Identifizierung der Gewichtswerte noch weitere Daten, in der Wägetechnik spricht man von Beizeichen, festzuhalten [1].

Schon früh boten „Waagendrucker" die Möglichkeit, Brutto- und Taragewichte in getrennte Spalten oder Zeilen zu drucken. Die Eintragung des berechneten Nettogewichts mußte allerdings von Hand erfolgen. Folgende Druckergenerationen wurden mit mechanischen und später auch elektronischen Rechenwerken ausgerüstet, so daß sie Brutto-Tara-Nettorechnungen ausführen und das Ergebnis abdrucken konnten [1, 2].

Bei Fein- und Präzisionswaagen wurde der Anschluß von Druckwerken möglich, als hier die elektromechanischen Wägeprinzipien Eingang fanden.

Preisauszeichnung bei vorverpackten Waren wurde wirtschaftlich sinnvoll, als Preisauszeichnungswaagen mit Druckwerk zur Verfügung standen. Bei Preisetiketten ist der gleichzeitige Abdruck des von der geeichten Waage ermittelten Gewichts, des Grundpreises und des Kaufpreises für die Packung vorgeschrieben. Im allgemeinen sind Druckwerke für Preisauszeichnungswaagen so konstruiert, daß zusätzlich ein oder zwei Datumsangaben, die Bezeichnung der Ware und eventuell der EAN-Strichcode abgedruckt werden können.

Ein großer Teil der in offenen Verkaufsstellen verwendeten Waagen ist mit einem Bon-Drucker ausgestattet, der dem Käufer einen Beleg über seine Käufe erstellt. Der Einbau von Druckern in Ladentischwaagen erfolgte erst, als neue technische Bauprinzipien z.B. Typenraddruckwerke in kleinerer Bauweise entwickelt waren.

Bei Waagen, die zum Abwägen vorbestimmter Materialmengen verwendet werden, bringen Druckeinrichtungen für die eigentliche Waagenfunktion keine Vorteile. Wenn jetzt aber auch bei diesen Waagen in zunehmendem Umfang die Füllgewichte abgedruckt werden, so kommt hier der Wunsch der Waagenbenutzer zum Ausdruck, auch diese Wägungen beweiskräftig zu dokumentieren. Eine Aufzeichnung der tatsächlichen Wägeergebnisse ist immer dann wichtig, wenn eine Mischung von Stoffen durch Wägen der Materialkomponenten vorbereitet wird. In einigen Branchen sind derartige Protokolle sogar vorgeschrieben.

Bei Abfüllanlagen erlauben Druckwerke laufende Kontrolle und gegebenenfalls eine schnelle Nachregelung der Füllorgane, so daß Über- und Unterfüllungen vermieden werden.

Das Registrieren der Wägeergebnisse bei Waagen mit kontinuierlicher Zuführung des Wägeguts erfolgt meist durch Zählwerke. Verschiedentlich werden druckende Zähler verwendet, die wesentlich einfacher aufgebaut sein können als Waagendrucker.

Die Verwendung von gewichtsregistrierenden Druckwerken bei Förderbandwaagen und selbsttätigen Kontrollwaagen nimmt zu. Wenn diese entsprechend den betrieblichen Verhältnissen programmiert werden, können sie die meist für innerbetriebliche Zwecke notwendige Protokollierung der Wägeergebnisse einfacher und genauer durchführen, als es durch Ablesen und Aufschreiben möglich ist.

7.2.2 Die Anforderungen an Waagendrucker

7.2.2.1 Meß- und eichtechnische Forderungen

Mit einer Waage verbundene oder an eine Waage elektrisch angeschlossene Druckeinrichtungen unterliegen als Zusatzeinrichtungen der Eichpflicht, wenn die Waage im eichpflichtigen Verkehr verwendet oder bereitgehalten wird und die Bestimmungen der Eichpflichtausnahmeverordnung nicht angewendet werden können. Solche Waagendruckwerke müssen eine Reihe von Anforderungen erfüllen, die sich zum Teil aus den allgemeinen Regeln der Meßtechnik, zum Teil aus den besonderen Bestimmungen des Eichrechts ergeben.

Grundsätzlich darf jedes Waagendruckwerk – ebenso wie die eichpflichtige Waage – nur das richtige Gewicht innerhalb der zulässigen Fehlergrenzen abdrucken, es sei denn, ein Fehler kann eindeutig als solcher erkannt werden. Die Problematik bei allen Waagendruckern liegt darin, die Übereinstimmung zwischen Anzeige und Abdruck sicherzustellen. Man kann zwar verlangen, daß der verantwortliche Wäger einen Vergleich der Anzeige mit dem Abdruck vornimmt, aber dies ist keine technisch befriedigende Lösung. Grundsätzlich müssen alle Druckeinrichtungen so konstruiert sein, daß der Abdruck erst erfolgen kann, wenn die Waage ihre Einspiellage erreicht hat. Man spricht hier von einer Stillstandsicherung oder einer Abdrucksperre. Der Abdruck darf bei Auslösung des Druckvorgangs bei noch schwingender Waage höchstens um den Rundungsfehler einer Digitalstufe von der Einspiellage abweichen.

Druckeinrichtungen können in die Waage eingebaut sein oder so angeordnet werden, daß noch Sichtverbindung mit der Waagenanzeige besteht. Erst wenn dies nicht mehr der Fall ist, werden sie eichtechnisch als Ferndruckwerke behandelt.

Eichtechnisch besteht eine Druckeinrichtung für Waagen aus

- der Schnittstelle für die Übernahme der Gewichtswerte,
- aus dem Steuerteil, der das codierte Meßergebnis in Signale für die Ansteuerung des Druckwerkes erzeugt,
- dem eigentlichen Druckwerk und
- den Verbindungsleitungen zwischen den einzelnen Baugruppen.

Bedingt durch die technische Entwicklung ergeben sich eine ganze Reihe von Möglichkeiten für den elektrischen Anschluß einer Druckeinrichtung an eine Waage. Bei selbsteinspielenden mechanischen Waagen wird im allgemeinen ein mechanisch mit der Waage verbundener Analog-Digitalwandler, in der Eichordnung Meßwertgeber genannt, zur Erzeugung des Codes für die Druckerschnittstelle verwendet. Bei elektromechanischen Waagen wird gegebenenfalls das durch einen Meßumformer mit nachfolgendem Meßumsetzer erzeugte Codesignal an die Ausgangsschnittstelle gegeben.

Das von der PTB für die Darstellung der Zulassungsmöglichkeiten erstellte und verwendete Schema (Bild 7.7) zeigt, daß die Druckeinrichtung normalerweise als Zusatzeinrichtung zur Waage zugelassen wird. Es gibt darüber hinaus die Möglichkeit, für das Druckwerk und den Steuerteil getrennte Prüfungen durchzuführen, über die ein Prüfbericht erteilt wird.

Eichfähige Druckeinrichtungen müssen in einem bestimmten Temperaturbereich einwandfrei arbeiten und gewisse Störeinflüsse bei der Stromversorgung hinnehmen, ohne daß die Meßsicherheit beeinflußt wird. Funktionsfehler müssen, wenn ihre Wirkung nicht unbedeutend

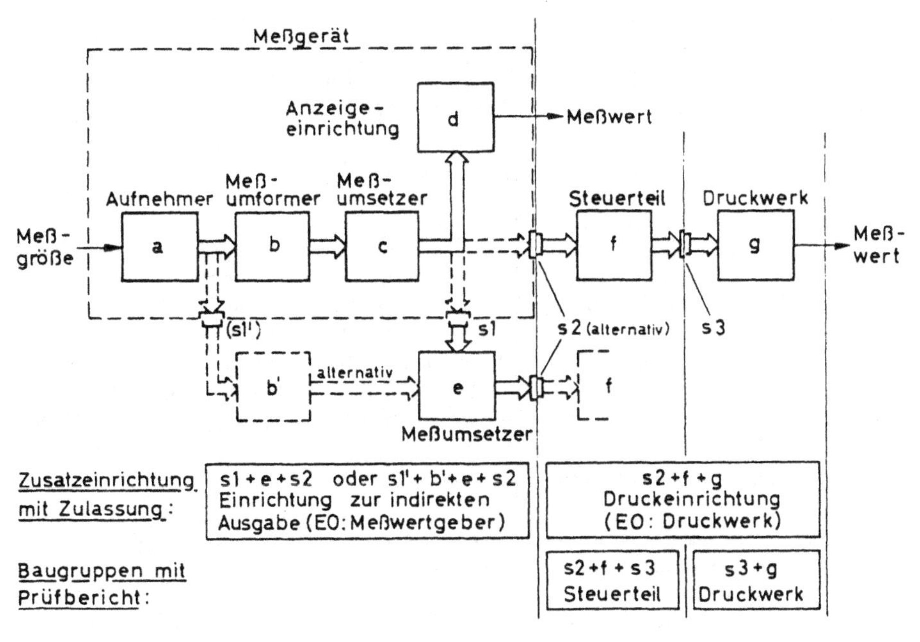

Bild 7.7 Anforderungen an Baugruppen eichfähiger Zusatzeinrichtungen
Quelle: PTB

Baugruppe	Anforderung	Lösungsbeispiel
1. Einrichtung zur indirekten Ausgabe (nach EO: Meßwertgeber)	Eingang kompatibel zum Ausgang des anzuschließenden Meßgerätes	Vergleich der Festlegungen für die Schnittstelle (s1 bzw. s1' in Bild 7.7)
	Umsetzung der Meßwerte mit FFE	Eingang analog: Automatische Aufschaltung einer Prüfspannung auf A/D-Wandler, sonst wie bei digitalem Eingang. Eingang digital: doppelte Umsetzung mit Vergleich Umsetzung vor- und rückwärts mit Vergleich des Eingangssignals
	Darstellung der auszugebenden Meßwerte in „sicherem" Code	Code mit Hamming-Distanz $\geqslant 2$: BCD mit Parity-Bit ASCII mit Parity-Bit m-aus-n-Codes
	Wenn vorgeschrieben: Stillstandsüberwachung mit FFE	Vergleich mehrerer aufeinanderfolgender Meßwerte, Zwischenspeicherung mit Kontrollrechnung
	Rückwirkungsfreier Ausgang	galvanisch getrennte Kontakte, Opto-Koppler

Baugruppe	Anforderung	Lösungsbeispiel
2. Steuerteil	Eingang kompatibel z. Ausgang der Einrichtung zur indirekten Ausgabe	Vergleich der Festlegungen für die Schnittstelle (s2 in Bild 7.7)
	Prüfung des übertragenen Meßwertes	Prüfrechnung entsprechend gewählter Codierung und Übertragungsart
	Umsetzung der Meßwerte in Steuerbefehle für das Druckwerk mit FFE	Druckwerk *ohne* Rückmeldung der angesteuerten Ziffern: doppelte Umsetzung mit Vergleich Umsetzung vor- und rückwärts mit Vergleich des Eingangssignals Druckwerk *mit* Rückmeldung der angesteuerten Ziffern: Vergleich der Rückmeldung mit dem über Schnittstelle s2 übernommenen Meßwert (Bild 7.7)
	Rückwirkungsfreier Ausgang	galvanisch getrennte Kontakte, Opto-Koppler
3. Druckwerk	Eingang kompatibel zum Ausgang des Steuerteils	Vergleich der Festlegungen für die Schnittstelle (s3 in Bild 7.7)
	Zeichenvorrat entsprechend der Meßgröße	Ziffern, Komma als Dezimalzeichen, Einheitenzeichen, 0 ohne Schrägstrich, Groß- oder Kleinschreibung der Einheitenzeichen Sonderzeichen zur Kennzeichnung eichfähiger Meßwerte, für die Fehlerkennzeichnung, ggf. für die Kennzeichnung verschiedener Betriebsweisen des Meßgerätes
	Lesbarkeit der Zeichen	ausreichende Schrifthöhe, gute Unterscheidbarkeit der Zeichen
	Umsetzung der Steuerbefehle in Druckzeichen mit FFE	Prüfung der Leistungstransistoren zur Magnetansteuerung, Prüfung der Stellenzahl, Prüfung der Stromzufuhr der Druckelemente bei Matrixdruckwerken, Prüfung entweder durch Vergleich mit Steuerbefehlen im Druckwerk oder durch Rückmeldung zum Steuerteil
	Fehlermeldung zum Meßgerät oder zum Ort der Auslösung des Abdrucks	Rückführung eines mit der Schnittstelle festgelegten Signals
	Prüfmöglichkeit der FFE-Schaltung	Einrichtung zur manuellen Fehlersimulation
	Sicherheit der Arbeitsweise (ohne FFE)	Überwachung von Zeilenende, Zeilenschaltung, Spaltenanwahl, Papierende, Farbbandausfall
4. Druckeinrichtung	Sinngemäße Kombination der an Steuerteil und Druckwerk gestellten Anforderungen ohne Schnittstelle s3 (Bild 7.7)	

ist, erkennbar sein. Die mechanische Zuverlässigkeit ist im allgemeinen durch einwandfreie Funktion bei 500 000 Abdrucken, z. B. eines vierstelligen Gewichtswertes, nachzuweisen.

Wägeergebnisse geeichter Waagen müssen in folgender Weise abgedruckt werden: Abgekürzte Zeichen der Masseneinheit müssen mit kleinen Buchstaben geschrieben werden, vorlaufende Nullen dürfen nicht weggelassen werden und als Dezimaltrennung ist nur das Komma gestattet. Berechnete oder von Hand eingegebene Gewichtswerte müssen neben dem obligatorischen Einheitenzeichen zusätzlich mit besonderen Zeichen zur Unterscheidung von den durch Wägen ermittelten Meßwerten abgedruckt werden. Üblich sind für von Hand eingegebene Gewichtswerte ein „H", für berechnete Gewichtswerte ein „E".

Nicht zuletzt im Hinblick auf die technische Entwicklung neuer Druckverfahren werden auch für die Lesbarkeit der Abdrucke bestimmte Forderungen gestellt, die für die einzelnen Waagenbauarten unterschiedlich sein können.

Zusätzliche Anforderungen gibt es bei Ferndruckwerken. Bei diesen muß sichergestellt sein, daß jeder Fehler, der bei der Datenübertragung oder bei sonstigen Funktionen auftritt, auch zum Wägerstand gemeldet wird. Wird der Fehler erst nach dem Abdruck erkannt, muß der falsche Abdruck gekennzeichnet werden. Das Ferndruckwerk arbeitet erst wieder, wenn der Wäger den Falschabdruck bestätigt (quittiert) hat.

7.2.2.2 Forderungen an die Tauglichkeit als Waagendrucker

Art und Handhabung der Abdruckbelege

Entsprechend den verschiedensten Zwecken muß auf unterschiedliche Papiere und -formate gedruckt werden können. Wichtig für die Verwendung an Waagen ist, daß das Druckwerk auch Formularsätze verschiedener Größe mit mehreren Durchschlägen bedrucken kann. Diese werden zur Vereinfachung betrieblicher Vorgänge häufig verwendet. Viele handelsübliche Druckwerke arbeiten mit Rollenpapier. Man muß dann die benötigten Einzelbelege abtrennen oder abreißen, wie dies z. B. bei Ladentischwaagen mit einem Preisdruckwerk üblich ist.

Preisauszeichnungswaagen müssen ein Druckwerk besitzen. Heute werden fast ausschließlich selbstklebende Etiketten verwendet, die vorgedruckt und vorgestanzt auf einem aufgerollten Trägerpapierstreifen sitzen. Sie werden nach dem Abdruck von diesem selbsttätig oder von Hand abgeschält.

Eine gewisse Bedeutung in der Waagenindustrie haben Druckeinrichtungen, die kein Papier sondern andere Materialien als Druckbeleg verwenden. So können Gewichtswerte z. B. in dünne Metallstreifen geprägt werden.

Ausführung der Druckzeichen

Ältere Waagendruckwerke drucken fast ausschließlich nur Ziffern ab, beschränkt Buchstaben in der Form von Beizeichen. Dies ist ein entschiedener Nachteil; denn die zu druckenden Beizeichen und ihre Druckpositionen müssen beim Bau des Druckers festgelegt werden. Ein Vorteil der älteren Konstruktionen bestand darin, daß die einzelnen Ziffern verhältnismäßig groß und damit gut lesbar abgedruckt werden konnten.

Waagendruckwerke der neuen Generation, die nicht mehr mit einem festen Zeichensatz arbeiten, drucken alphanumerisch, sie können sowohl Ziffern als auch Buchstaben darstellen. Erreicht wird dies dadurch, daß die Zeichen meist aus Einzelelementen aufgebaut werden. Durch entsprechende konstruktive Gestaltung sind heute mit alphanumerischen Druckwerken gut lesbare Wägebelege kein Problem.

Schnittstelle zum Anschluß an Waagen [3]

Alle elektrisch angesteuerten Drucker sind über eine Schnittstelle mit der Waage verbunden. Für die Übertragung numerischer Werte wurde früher häufig der Code 1 aus 10 verwendet. Bei ihm werden 10 Leitungen für die Signale der Ziffern 0 bis 9 und für jede Dekade eine weitere Leitung benötigt. Um Funktionsfehlererkennbarkeit (FFE) sicherzustellen, wird kontrolliert, ob in jeder Dekade nur eine Leitung Strom führt und ob alle zu übertragenden Dekaden angesprochen sind (Bild 7.8a).

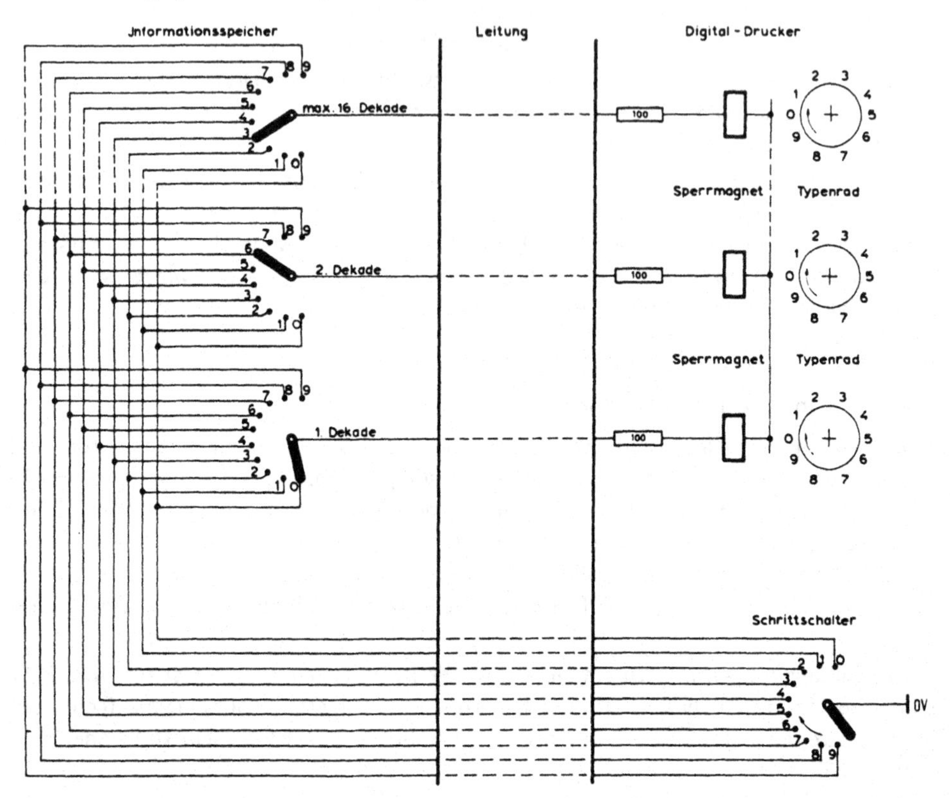

a) Schnittstelle 1 aus 10, bei der eine große Anzahl von Leitungen für die Verbindung von der Waage zum Drucker notwendig ist.

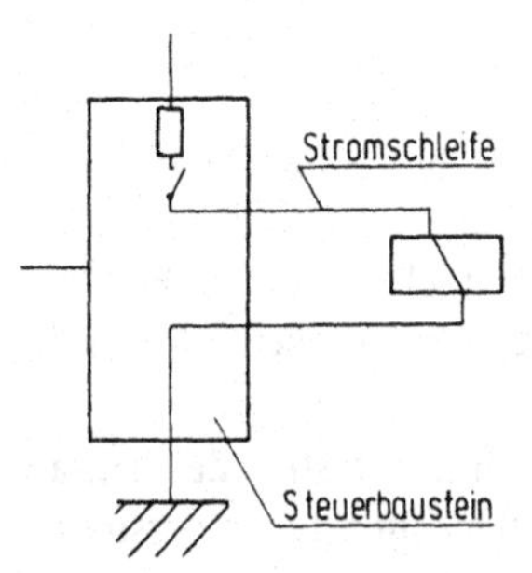

b) Serielle Schnittstellen

Bei den Spannungsschnittstellen sind bestimmte Spannungspegel definiert, während bei den Stromschnittstellen ein definierter Strom fließt.

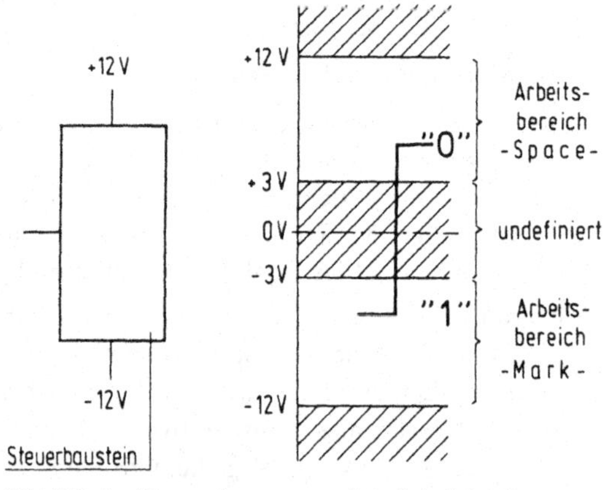

Bild 7.8 Im Waagenbau verwendete Schnittstellen
Quelle: Verfasser

Verwendet wurde auch die binäre Codierung der Ziffernwerte (BCD-Code), bei der man 4 Leitungen pro Ziffer benötigt. Da der BCD-Code alleine die Anforderungen der FFE nicht erfüllt – Hammingdistanz < 2 –, kann er im eichpflichtigen Verkehr nur durch zusätzliche Maßnahmen wie Anfügen eines Paritätsbits eingesetzt werden.

Bei alphanumerischen Druckeinrichtungen verwendet man heute fast ausschließlich den ASCII-Code für die Meßwertübertragung. Er benutzt 7 Bit eines 8 Bit breiten Datenbyte, wobei das 8. Bit als Parity-Bit für die Prüfung verwendet werden kann. Gerade oder ungerade Parität sind freigestellt. Die Datenbytes werden immer seriell übertragen, die einzelnen Bits parallel oder seriell.

Als Schnittstellen werden Stromschleifen und Spannungspegel verwendet. Bei ersteren ist die von Fernschreibern bekannte 20-mA-Stromschleife (nach der englischen Bezeichnung auch TTY-Schnittstelle genannt) am gebräuchlichsten. Die in Amerika übliche Schnittstelle RS-232-C (V.24), ist als Spannungsschnittstelle ausgeführt (Bild 7.8b).

7.2.2.3 Bauprinzipien

Im folgenden werden die Bauarten und Verfahren behandelt, die nach dem augenblicklichen Stand der Technik für Waagendruckwerke verwendet werden bzw. geeignet erscheinen. Es ist nicht auszuschließen, daß auch Waagendruckwerke unter Verwendung ganz neuer Konstruktionsprinzipien gebaut werden. Grundsätzlich muß man unterscheiden:

- Druckwerke mit Anschlag (englisch IMPACT PRINTER),
- Druckwerke ohne Anschlag (englisch NON IMPACT PRINTER),
- Zeichner (englisch PLOTTER).

Druckwerke mit Anschlag

Bei diesen Druckern werden die Zeichen auf dem Datenträger durch Anschlagen oder Andrücken einer Type oder eines anderen bewegten Elements erzeugt. Die Farbgebung erfolgt z.B. durch ein zwischengeschaltetes Farbband oder auch durch Farbpartikel im Papier, die durch den Anschlag sichtbar werden.

Zeilendruckwerke

Die Druckwerke der ersten Generation arbeiten mit auf einer Achse drehbaren Typenrädern oder Radsegmenten, die auf dem Umfang die Typen für die Ziffern 0 bis 9 tragen. Für jede Abdruckdekade ist ein Rad oder Segment notwendig. Vor dem eigentlichen Abdruck werden die Räder oder Segmente mechanisch so gedreht, daß die abzudruckenden Ziffern in einer Linie liegen. Im allgemeinen wird dann das Papier mit einem Druckhammer gegen die Typen geschlagen. Es gibt auch Konstruktionen, bei denen das Papier durch eine sich in Zeilenlängsrichtung bewegende Rolle angedrückt wird (Bild 7.9a).

Bei einem anderen Konstruktionsprinzip, das auch bei Druckwerken von Waagen Anwendung findet, befinden sich die Drucktypen auf dem Mantel einer Walze. Alle Einsen, alle Zweien usw. sind in einer Linie angeordnet. Für jede Abdruckstelle ist auch wieder ein Typensatz für alle Ziffern notwendig. Für den Abdruck werden zwei verschiedene Methoden verwendet.

Wenn man die Druckwalze oder Drucktrommel immer schrittweise dreht, sind zunächst alle Einsen, dann alle Zweien usw. in der Abdruckposition. Für jede Abdruckstelle wird ein eigener, meist elektromagnetisch betätigter Druckhammer benötigt, dessen Magnet immer dann erregt wird, wenn die gerade in Druckposition befindliche Ziffer in der betreffenden Stelle gedruckt werden soll.

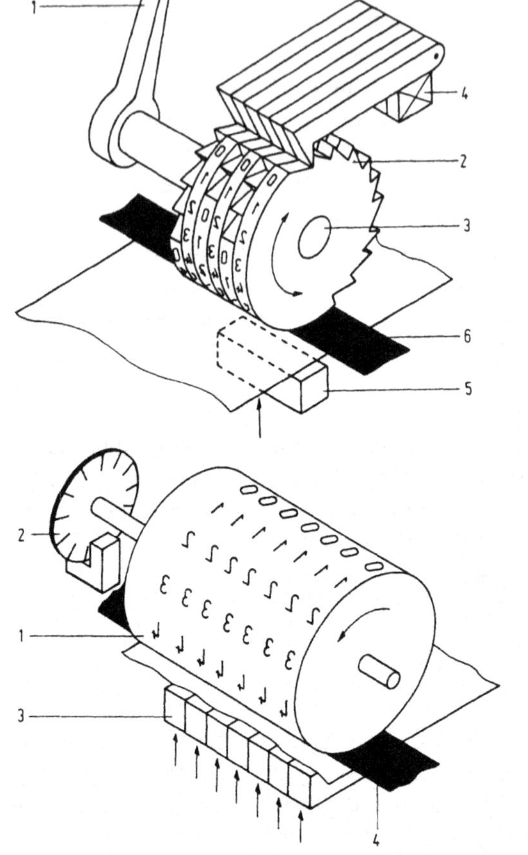

a) Druckwerk mit Voreinstellung der Typenräder (2). Die Räder werden durch Reibung auf der Achse (3) gehalten und gemeinsam, z. B. mittels Klinke 1 verdreht. Ein elektromagnetisch betätigter Sperrzahn (4) stoppt die Drehung, wenn die richtige Type in der Abdruckposition steht. Durch das Anschlagen des Druckhammers (5) auf die fixierten Typen wird durch das eingelegte Farbband (6) ein sichtbarer Abdruck erzeugt.

b) Druckwerk mit fliegendem Druck. Die Drucktrommel (1) dreht sich mit konstanter Geschwindigkeit. Druckhämmer (3) schlagen immer dann das Papier gegen die Trommel, wenn sich die abzudruckende Type in Abdruckposition befindet. Die Schlitzscheibe (2) dient zur Erkennung der Zeilenposition.

Bild 7.9 Beispiele für Bauarten von Zeilendruckwerken

Quelle: Verfasser

Bei einer anderen Bauart arbeitet man mit sogenanntem fliegenden Abdruck. Dies bedeutet, daß sich die Drucktrommel mit konstanter Geschwindigkeit dreht. Es wird dann ein Druckhammer über die Zeilenlänge bewegt und auf das Papier geschlagen, wenn sich in der betreffenden Abdruckstelle die richtige Ziffer gerade in der Abdruckposition befindet. Es gibt auch Konstruktionen, die mit fliegendem Druck und einzelnen Druckhämmern für jede Stelle arbeiten. Die Druckhämmer werden in diesem Fall nur durch kleine Magnete ausgelöst, aber mechanisch angeschlagen (Bild 7.9b).

Zeichendruckwerke mit festem Zeichensatz

Das typische Zeichendruckwerk ist die Schreibmaschine. Bei ihr wird ein Zeichen nach dem anderen angeschlagen, wobei der Vorrat der möglichen Zeichen durch die Konstruktion beschränkt ist. Schreibmaschinen haben aber gegenüber den meisten einfachen Zeilendruckern den Vorteil, daß sie alphanumerisch arbeiten. So waren elektromagnetisch angesteuerte Typenhebel-Schreibmaschinen auch die ersten Druckwerke, die in Verbindung mit Waagen verwendet wurden, wenn Textdruck neben dem Gewichtsabdruck notwendig war.

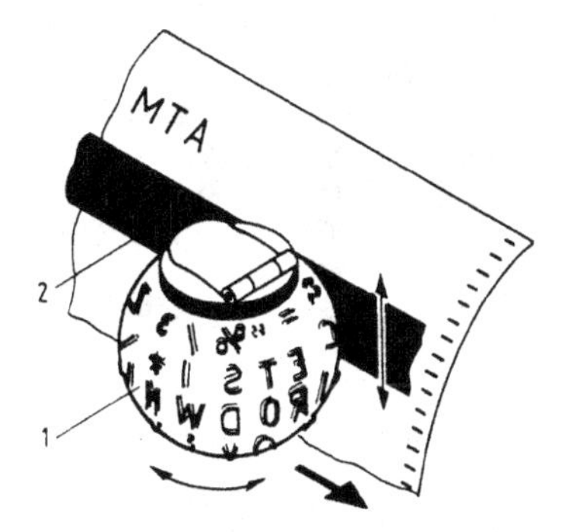

a) Typenkopfmaschine, bei der eine die Typen tragende Kugel (1) so gedreht und geschwenkt werden kann, daß immer nur ein Zeichen über das Farbband (2) auf das Papier geschlagen wird.

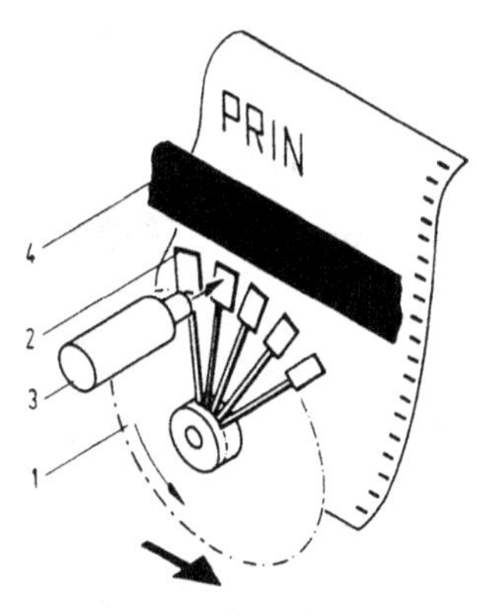

b) Speichenradmaschine, bei der die Typen am Ende der Speichen (2) eines Rades (1) angeordnet sind. Das Rad dreht sich konstant, und ein kleiner Magnethammer (3) schlägt die Type, die abgedruckt werden soll, auf das Farbband (4) bzw. Papier.

Bild 7.10 Schreibmaschinen als Druckwerke

Quelle: Verfasser

Heute werden als Druckeinrichtungen an Waagen Schreibmaschinenbauarten eingesetzt, die schneller sind als die Typenhebelmaschinen und die überdies leichter elektrisch betrieben und angesteuert werden können. Verwendet werden Typenkopf-Maschinen und Speichenrad-Maschinen (Bild 7.10). Bei den letzteren befinden sich die Typen auf den Speichen eines sich konstant drehenden Rades, das sich in Zeilenrichtung bewegt. Es wird hier auch mit fliegendem Abdruck gearbeitet. Ein magnetisch betätigter Hammer schlägt immer dann eine federnde Speiche auf das Papier, wenn die darauf befindliche Type zum Abdruck aufgerufen ist. Da das Speichenrad und der Druckhammer eine geringe Masse haben, arbeiten diese Drucker recht schnell.

Matrix-Druckwerke

Man kann alle Buchstaben, Ziffern und Sonderzeichen mit Hilfe einer Punktmatrix darstellen. Hierunter versteht man ein regelmäßig in Spalten und Zeilen eingeteiltes Rechteck, dessen einzelne Felder mit Punkten besetzt werden können. Schon 7 Zeilen mit je 5 Spalten reichen aus, ein gut lesbares Bild aller Ziffern und Großbuchstaben darzustellen. Werden mehr Zeilen und Spalten für ein Zeichen verwendet, wirkt das Bild der Zeichen geschlossener. Um auch die Unterlängen der kleinen Buchstaben darstellen zu können, braucht man mindestens eine 7×9 Matrix (Bild 7.11).

Bei den mit Anschlag arbeitenden Matrixdruckwerken werden elektromagnetisch betätigte Nadeln verwendet, um Punkte auf dem Papier zu erzeugen. Da die Nadeln eine geringe Masse haben, werden sie sehr schnell beschleunigt, so daß auch bei bewegtem Papier oder bewegtem Druckkopf ein scharf abgebildeter Punkt entsteht. Für den Aufbau der Zeichen in Zeilen und Spalten werden verschiedene Konstruktionen verwendet (Bild 7.12).

Die bei Nadeldruckwerken am häufigsten verwendete Konstruktion benutzt einen in Zeilenrichtung kontinuierlich bewegten Druckkopf, der eine der Zeilenzahl der Zeichenmatrix entsprechende Anzahl von Nadeln haben muß. Bei jeder Bewegung des Druckkopfes entsteht eine vollständige Zeile. Während des Abdrucks steht das Papier und wird erst danach transportiert. Pro Sekunde werden üblicherweise, abhängig von der Präzision des mechanischen Aufbaus, ca. 80 bis 300 Zeichen abgedruckt. Die Gesamtleistung eines derartigen Druckers

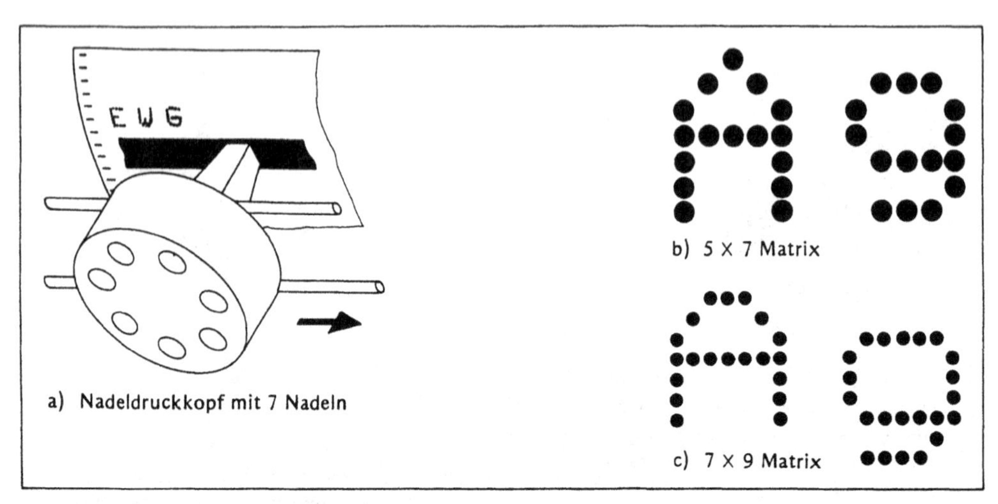

Bild 7.11 Punktmatrix und Nadeldruckwerk mit bewegtem Druckkopf
Quelle: Verfasser

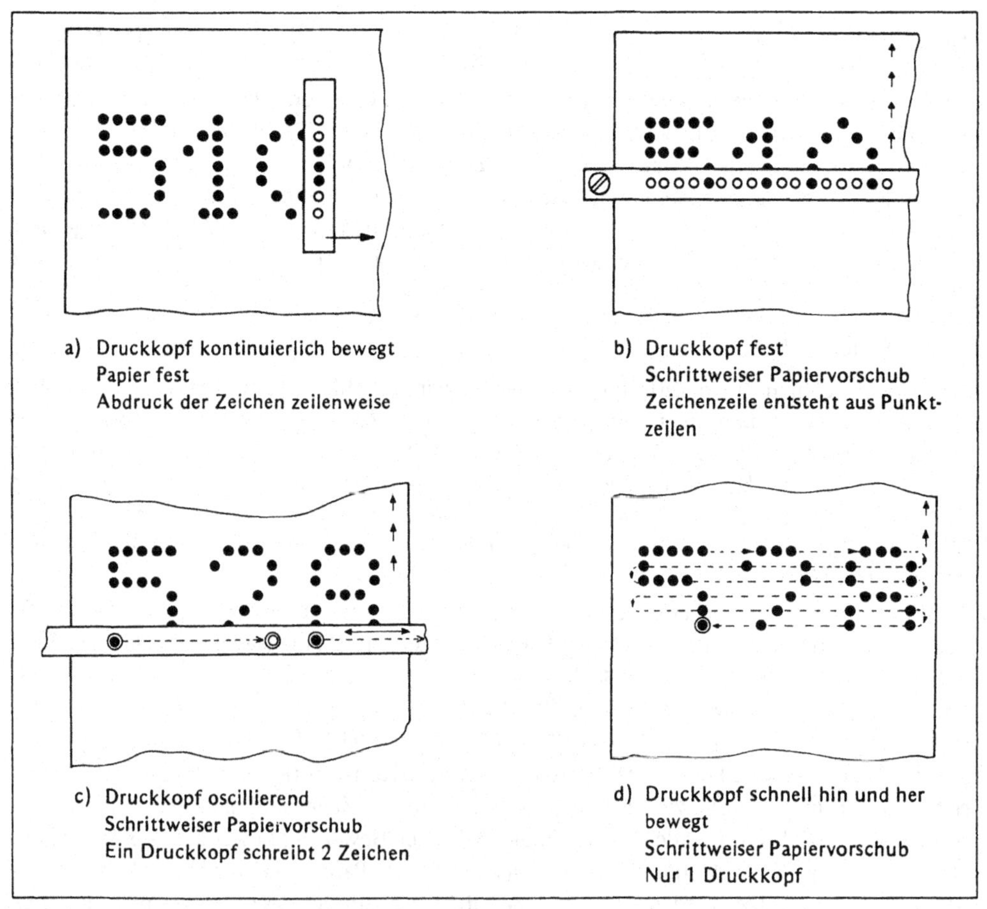

Bild 7.12 Verschiedene Methoden zum Abdruck von Matrix-Zeichen
Quelle: Verfasser

wird erheblich verbessert, wenn er bidirektional mit Druckwegoptimierung arbeitet. Dies bedeutet, daß der Druckkopf nur so weit über die Zeilenlänge bewegt wird, als dort auch etwas abzudrucken ist und daß er sowohl beim Vorwärts- als auch beim Rückwärtslauf druckt.

Druckwerke ohne Anschlag

Diese Drucker sind dadurch gekennzeichnet, daß die Zeichen auf dem Papier nicht durch einen Abdruck im wörtlichen Sinne, sondern durch andere physikalische oder chemische Vorgänge erzeugt werden. Es gibt heute schon eine ganze Reihe von Druckverfahren, die in diese Kategorie fallen, aber für Waagendruckwerke sind nur solche Verfahren brauchbar, die in der Technik nicht zu aufwendig sind. Man muß hierbei noch unterscheiden, ob der Abdruck auf normales Papier möglich ist, oder ob besonders vorbehandeltes Spezialpapier verwendet werden muß.

Abdruck auf Spezialpapier

Als für Waagendruckwerke geeignet haben sich die Matrix-Thermodruckwerke erwiesen. Man muß hier ein besonderes Thermopapier verwenden, in das kleine Partikel eingebettet sind, die sich bei Hitzeeinwirkung verfärben. Meist wird heute das in Bild 7.12b dargestellte Abdruckprinzip mit festem Druckkopf und bewegtem Papier verwendet. Der Druckkopf besteht aus einem Substrat, in das Widerstände oder Dioden als Heizpunkte eingebettet sind. Sie werden mit Hilfe einer elektronischen Schaltung kurzzeitig vom Strom durchflossen und erzeugen dann einen Punkt auf dem Papier.

Gut geeignet sind Matrix-Thermodrucker für das Bedrucken schmaler Papierstreifen, da man dann mit einer nicht zu breiten Thermo-Druckleiste auskommt. Im mechanischen Aufbau sind diese Druckwerke sehr einfach. Sie können darum billig hergestellt werden. Für den Antrieb wird fast immer ein Schrittmotor verwendet, so daß das Papier während des Heizvorganges stillsteht. Es gibt auch Thermodrucker, die entsprechend den in den Bildern 7.12a und 7.12c gezeigten Prinzipien arbeiten, insbesondere wenn auf breiteres Papier gedruckt werden soll.

Ein Problem bei vielen Thermo-Papieren ist die Dauerhaftigkeit des Abdrucks. Bei Wärmeeinwirkung, Lichteinfall und bei Benetzung durch Fette, leichte Säuren usw. verhalten sich nicht alle angebotenen Papiere befriedigend. Darum hat sich die PTB für Thermopapiere, die im eichpflichtigen Verkehr Verwendung finden, gewisse Auflagen vorbehalten.

Eine andere Art von Druckwerken, die ohne Anschlag mit Spezialpapier arbeiten, sind die Metallpapier-Drucker. Bei ihnen wird ein Papier mit einer dünnen Aluminiumschicht auf dunklem Untergrund verwendet. Die Druckpunkte werden durch punktförmiges Verdampfen der Aluminiumschicht mit Hilfe eines Stromüberschlags erzeugt.

Abdruck auf Normalpapier

Schon vor Jahren sind bei Datenverarbeitungsanlagen Ausgabedrucker eingesetzt worden, bei denen die abzudruckenden Zeichen durch einen gesteuerten Tintenstrahl erzeugt wurden. Es waren aber recht aufwendige Konstruktionen, die als Waagendrucker viel zu teuer sind. In den letzten Jahren ist nun auch bei den Tintenstrahl-Druckern ein technischer Durchbruch gelungen, so daß nicht auszuschließen ist, daß sie auch als Waagendruckwerke zum Einsatz kommen werden.

Die Tintenstrahl- oder Tintenspritz-Drucker der neuen Generation (INK JET PRINTER) erzeugen z. B. das in Bild 7.11 dargestellte Matrixschriftbild. Der Spritzkopf hat für jede Punktzeile eine Spritzdüse, aus der Tintentröpfchen geschleudert werden. Bewirkt wird dies durch eine kurzzeitige Druckerhöhung im Rohr vor der Düse mit Hilfe eines elektrisch erregten Quarzes. Tintenstrahl-Drucker sind schnell und leise. Allerdings können mit ihnen keine Durchschläge gemacht werden.

Möglicherweise kann noch ein ganz neues Abdruckprinzip auch für Waagen Bedeutung erlangen. Bei ihm werden mit Hilfe elektrostatischer Kräfte Grafitpartikel auf das Papier gebracht. Der Vorgang verläuft so schnell, daß auch bei Verwendung des in Bild 7.12c dargestellten Prinzips eine hohe Druckleistung erzielt wird.

7.2.3 Ausgeführte Bauarten von Waagendruckwerken [4]

7.2.3.1 Druckwerke an nicht selbsteinspielenden Waagen

Bei handbetätigten Waagen, bei denen durch den Bedienenden Lauf- oder Rollgewichte verschoben oder Schaltgewichte betätigt werden, ist es möglich, durch rein mechanische Übertragungsglieder ein Druckwerk so einzustellen, daß die in Abdruckposition stehenden Typen dem Gewicht entsprechen. Der eigentliche Abdruck wird dann durch Betätigung eines Hebels oder einer Kurbel vorgenommen. Schon 1877 wurde ein Patent für ein solches Druckwerk an einer Laufgewichtswaage erteilt.

Druckwerke, die nach dem beschriebenen Prinzip arbeiten, werden heute noch gebaut. Durch eine auch rein mechanisch arbeitende Abdrucksperre wird dafür gesorgt, daß der Abdruck nur erfolgen kann, wenn sich die Waage in der Einspiellage befindet.

7.2.3.2 Druckwerke an selbsteinspielenden Waagen

Die ersten Druckwerke an selbsteinspielenden Waagen waren Skalendrucker. Sie hatten eine durch die Gewichtskraft bewegte Skala mit erhaben geprägten Teilstrichen und Bezifferungen. Durch eine von außen ausgeübte Kraft kann nach dem Einspielen ein Teil der Skala zusammen mit der Ablesemarke auf eine Wägekarte gedruckt werden. Gelegentlich findet man heute noch Personenwaagen mit Münzeinwurf, die nach diesem Prinzip arbeiten.

Den Durchbruch zur Entwicklung der druckenden Waage brachte aber erst die Konstruktion von Typendruckern auch für selbsteinspielende Waagen. Entscheidend war die Idee, durch Abtasten eines auf der Zeigerachse befestigten Meßrades als eine Art Merkmalträger die Gewichtswerte in das Druckwerk zu übertragen. Da das Abtasten nach dem Einspielen der Waage erfolgt, wird diese in ihrer Bewegung durch den Drucker nicht gehemmt. Die Kraft für die Bewegung der Abtastfinger wird von außen zugeführt.

Von der Waagenindustrie sind viele Ausführungen für die Meßräder und die Abtastung entwickelt worden. Eine mechanisch recht einfache Bauart arbeitet mit je einem Stufenrad für jede Druckdekade, wie in Bild 7.13 dargestellt. Andere Ausführungen verwenden Stufen auf den Tastfingern und Meßräder mit Ausnehmungen oder mit Stiften.

7.2.3.3 Bauarten von Meßwertgebern

Die ersten in der Wägetechnik verwendeten Meßwertgeber arbeiteten mit Abtastung eines Meßrades. Statt der Typenräder wurden Schalter betätigt und dadurch bestimmte Signalausgänge geschaffen. Beim Druckwerk wiederum wurden der Schalterstellung des Meßwertgebers entsprechend Elektromagnete aktiviert, die mechanische Funktionen im Druckwerk in Gang setzten. Für diese Übertragung wurde jeweils nur eine Leitung pro Dekade aktiviert (Bild 7.14).

Da diese Art der Meßwertumsetzung und -übertragung wegen der verwendeten mechanischen Schalter störanfällig ist, wurden neue Wege für den Bau von Meßwertgebern gesucht, als

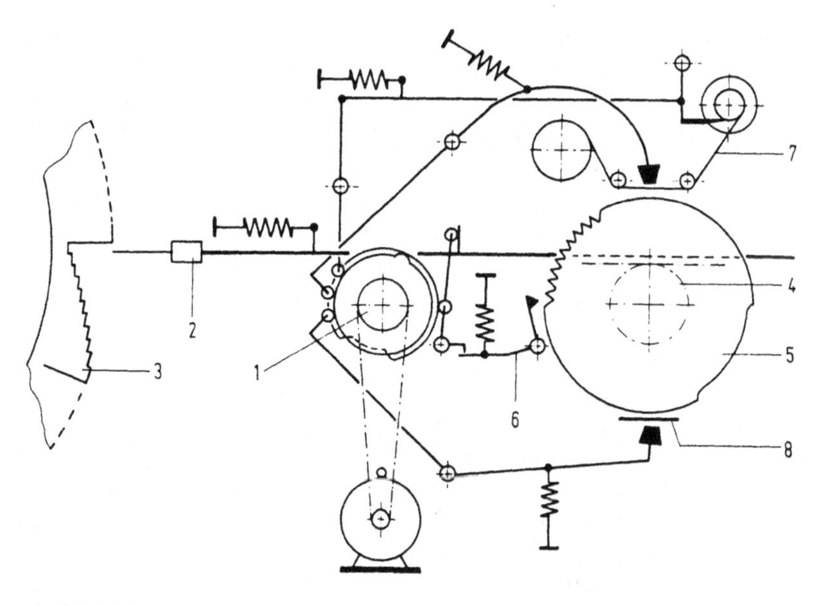

Bild 7.13 Schema eines Druckwerks mit Abtastung (Tacho-Berkel)

Wenn durch eine Kurve auf der Hauptsteuerwelle (1) der Taster (2) freigegeben wird, bewegt er sich durch Federzug in Richtung Meßrad (3) und wird dort in einer Stufe gestoppt. Bei der Bewegung wird über Zahnstange und Ritzel (4) das Typenrad (5) mitgedreht und dann am Ende der Bewegung durch die Sperrklinke (6) festgehalten. Das Typenrad trägt zwei Gravierungen, so daß oben ein sich aufrollender Kontrollstreifen (7) und unten eine Wägekarte (8) bedruckt werden können.

Quelle: Verfasser

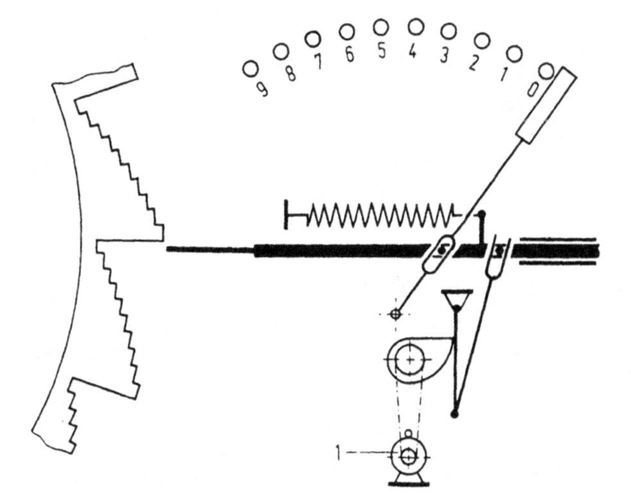

Bild 7.14

Meßwertgeber mit Kontaktfeld

In ähnlicher Weise wie bei der Meßwertabnahme für Druckwerke wird hier ein Meßrad abgetastet, wobei ein Kontaktfinger über ein Kontaktfeld schleift und Stromfluß entsprechend der ertasteten Stufe ermöglicht.

Quelle: Verfasser

elektronische Bauelemente zur Verfügung standen. Weit verbreitet sind noch Codescheiben oder Codesegmente mit einer Reihe von optisch lesbaren Codespuren. Die Abnahme der codierten Information erfolgt mit Hilfe von Fotozellen. In jedem Fall sind verhältnismäßig viele Leitungen für die Verbindung von der Waage zur Druckeinrichtung notwendig.

Seit zuverlässig arbeitende elektronische Zähler verfügbar sind, werden als Meßwertgeber vorwiegend Impulsgeber eingesetzt. Die Zählung der Impulse ergibt den numerischen Gewichtswert, der im Druckwerk zur Einstellung der Typenräder usw. verwendet wird. Ein sowohl vorwärts als auch rückwärts arbeitender Zähler kann auch bei schwingender Waage die momentane Stellung des Einspielzeigers melden.

7.2.3.4 Büromaschinen als Waagendrucker

Die ersten an Meßwertgeber von Waagen angeschlossenen Druckwerke waren umgebaute Additionsmaschinen. Die Tasten wurden durch aufgesetzte Magnete betätigt, die durch die Geberschaltung angesteuert wurden. Auf diese Weise war es auch möglich, die Gewichtswerte durch Rechenoperationen weiter zu verarbeiten. Die Büromaschinenindustrie hat darum geeignete Maschinen durch Einbau von Magneten zur Betätigung der verschiedenen sonst durch Tastendruck veranlaßten Funktionen zu Meßwertdruckern umgebaut. In Zusammenarbeit mit der Waagenindustrie wurden Möglichkeiten für die Prüfung dieser Drucker auf Funktionsfehler geschaffen, so daß diese Druckwerke auch im eichpflichtigen Verkehr Verwendung finden konnten (Bild 7.15).

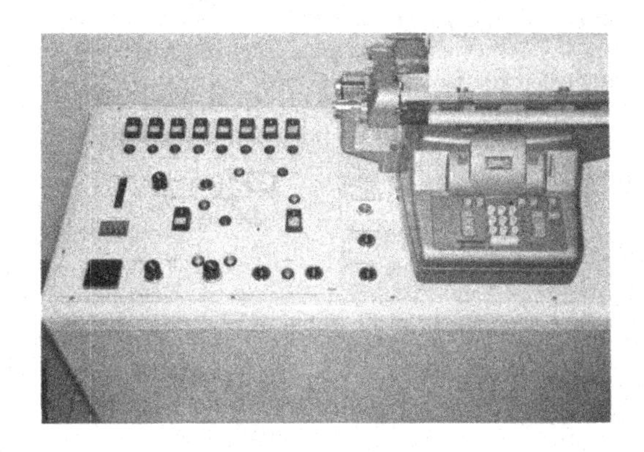

Bild 7.15
Büromaschine als Ferndruckwerk einer Wägeanlage
Quelle: Verfasser

7.2.3.5 Druckeinrichtungen mit Fernübertragung

Auch bei den Ferndruckwerken an Waagen gibt es viele verschiedene Bauarten. Im allgemeinen sind sie als Zeilendrucker mit einstellbaren Typenrädern oder Typensegmenten gebaut. Immer häufiger werden bei Ferndruckwerken auch Mikroprozessoren zur Ablaufsteuerung und zur Überwachung verwendet. Sie können kundenspezifisch programmiert werden. Handeingaben sind ebenso wie Rechen- und Speicheroperationen möglich (Bild 7.16).

7.2.3.6 Druckwerke für die Preisauszeichnung

An Druckwerke von Preisauszeichnungswaagen werden besonders hohe Anforderungen bezüglich der Lebensdauer, aber auch hinsichtlich der Arbeitsgeschwindigkeit gestellt. Am besten können diese Forderungen durch Zeilendrucker erfüllt werden. Diese Drucker arbeiten zwar meist mit mehrzeiligem Abdruck, aber die veränderlichen Werte stehen oft nur in einer Zeile und werden zusammen abgedruckt. Die Warenbezeichnung wird von einem aus-

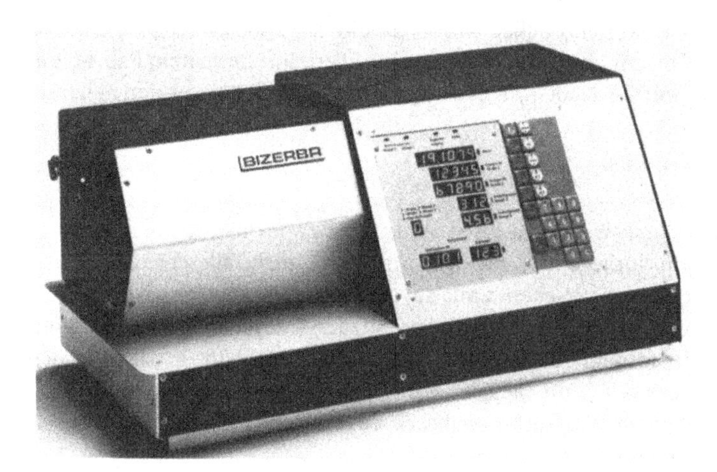

Bild 7.16

Ferndruckwerk mit Mikroprozessorsystem als Steuerteil (Bizerba)
Quelle: Bizerba

Bild 7.17

Etikettendruckwerk für Preisauszeichnung bei der Vorverpackung (Espera)
Quelle: Verfasser

wechselbaren Klischee und die vorgeschriebenen Datumangaben werden nach Einstellung gedruckt (Bild 7.17).

Mit den heute fast allgemein verwendeten selbstklebenden Etiketten erreichen diese Drucker hohe Druckleistungen. 60 Etiketten und mehr können pro Minute gedruckt werden.

Eine ähnlich hohe Leistung läßt sich mit Druckwerken, die Einzelzeichen drucken, nicht erzielen. Die Verwendung eines Matrixdruckwerkes als Preisauszeichnungsdruckwerk bringt zwar den Vorteil, daß damit auch Text, z. B. die Warenbezeichnung, gedruckt werden kann, aber der dann notwendige mehrzeilige Druck verlangsamt den Abdruckvorgang für ein Etikett erheblich.

Bei einem neu entwickelten Etikettendrucker wurde darum ein anderer Weg beschritten. Man arbeitet nicht mehr mit einem bewegten Nadelkopf sondern mit bewegtem Papier. Verwendet wird ein Nadelkopf mit 18 Nadeln, der den gleichzeitigen Druck zweier Zeilen erlaubt.

7.2.4 Ausblick

Für sehr viele Aufgaben, die durch Wägen zu lösen sind, ist es zweckmäßig, wenn die Wägeergebnisse in gedruckter Form vorliegen. Wenn heute trotzdem nicht alle der eingesetzten Waagen mit einer Druckeinrichtung versehen sind, so dürfte das an dem bisher gegebenen Preisverhältnis Waage/Drucker liegen (Bild 7.18). Während der Waagenpreis in Stufen entsprechend der Wägefähigkeit ansteigt, bleibt der Druckerpreis unabhängig davon gleich. Große und damit teure Waagen wie zum Beispiel Fahrzeugwaagen werden heute fast ausschließlich mit Druckeinrichtungen ausgerüstet, während bei kleinen Industrie- und Handelswaagen noch viel aufgeschrieben wird.

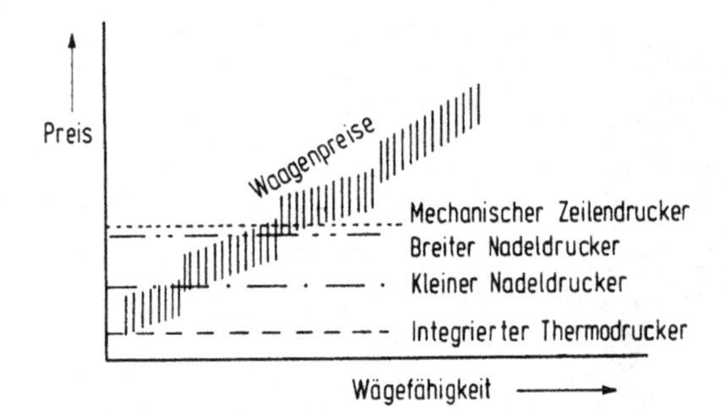

Bild 7.18
Abhängigkeit des Preises von der Wägefähigkeit bei Waagen und Druckwerken
Quelle: Verfasser

Durch den Einsatz neuartiger Bauprinzipien für Druckwerke bahnt sich eine neue Entwicklung an. Es zeichnet sich ab, daß es wohl in Zukunft drei Klassen von Waagendruckwerken geben wird, die in der Leistung und damit im Preis unterschiedlich sind [5]:

1. Matrix-Termodruckwerke mit ca. 20 Zeichen pro Zeile, als Rollendrucker für Ladentischwaagen, Laborwaagen und kleine Industrie- und Handelswaagen,
2. Nadeldruckwerke für Karten- und Formulardruck mit ca. 40 Zeichen pro Zeile mit getrenntem Gehäuse als preiswerte Drucker für verschiedene Verwendungen,
3. Nadeldruckwerke mit ca. 80 bis 200 Zeichen pro Zeile zur vorwiegenden Verwendung mit Endlospapier, aber mit gut zu bedienender Einrichtung für den Druck auf Karten und Formularsätzen.

Daneben werden selbstverständlich Preisauszeichnungsdrucker benötigt werden, für die andere Bedingungen und Voraussetzungen gelten.

Schrifttum:

[1] *Haeberle, K. E.:* Zehntausend Jahre Waage, Bizerba-Werke, Balingen, 1966

[2] *Reimpell, J.; Krakau, E.:* Handbuch des Waagenbaues, Band 2: Selbstanzeigende und Selbsttätige Waagen. Voigt, Berlin – Hamburg, 1955

[3] *Schumny, H.:* Zur Problematik der digitalen Schnittstellen bei der Bauartzulassung eichpflichtiger Meßgeräte. PTB-Mitt. 93 (1983) S. 157–160

[4] *Sacht, H.-J.:* Wägen und Drucken. wägen + dosieren 13 (1982), S. 10–13

[5] *Sacht, H.-J.:* Von der passiven zur aktiven Computerei – Eine Computer-Fibel. Vogel, Würzburg, 1982

8 Umwelteinflüsse

K. Wiedemann

8.1 Einfluß- und Störgrößen

Meßgeräte, wie Waagen, sind einer Reihe von Einfluß- und Störgrößen ausgesetzt. Einflußgrößen rufen im allgemeinen eine Änderung des Meßwertes hervor, z.B. Anzeige von 503 g anstelle von 500 g, Störgrößen einen falschen Meßwert, z.B. Anzeige von 238 kg anstelle 87 kg.

Es ist nicht möglich, eine Waage zu konstruieren, die unter allen auf der Erde vorkommenden Bedingungen richtige Meßergebnisse liefert. Deshalb ist es notwendig, Bereiche zu definieren, in denen die Waage meßbeständig arbeitet und richtige Ergebnisse (innerhalb anzugebender Fehlergrenzen) liefert. Voraussetzung hierfür ist aber, daß man sich über die möglicherweise auftretenden Einfluß- und Störgrößen im klaren ist.

Bei der Betrachtung des Problems, eine störfeste Waage für festgelegte Bereiche der Einfluß- und Störgrößen zu bauen, sollten folgende Aussagen beachtet werden [1]:

- Wägesysteme sind empfindlicher, schneller, kleiner, aber auch komplizierter und anfälliger für Störsignale geworden; Störsignale werden immer stärker, zahlreicher und hochfrequenter.
- Waagen mit immer kleinerer Meßunsicherheit, höherer technischer Zuverlässigkeit und umfangreicheren Meßaufgaben bedingen empfindlichere und komplexere Meßeinrichtungen.
- Der Hersteller muß durch Prüfungen feststellen, welche Bereiche er für die Einfluß- und Störgrößen festlegen kann, in denen die Waage noch richtige Wägeergebnisse erzielt.
- Der Benutzer der Waage muß entscheiden, ob seine Umweltbedingungen innerhalb dieser Bereichsgrenzen liegen.

Bei der Störbeeinflussung wird von einer Störquelle (Sender) über einen Übertragungskanal (Kabel, Atmosphäre) ein Störsignal an das Meßgerät (Empfänger) gegeben. Die Elemente des Stör-Übertragungssystems müssen erkannt, ihr Einfluß abgeschätzt und ihre Wirkung durch geeignete Maßnahmen so weit reduziert werden, daß die Fehlergrenzen nicht überschritten werden.

Der Hersteller hat aber im allgemeinen keine Möglichkeit, Störquellen auszuschalten oder zu begrenzen. Das ist eine Aufgabe des Staates (durch Gesetze und Verordnungen, z.B. Fernmeldeanlagengesetz) bzw. der Normung (VDE, DIN, IEC, ISO). Auch beim Übertragungskanal hat der Meßgerätehersteller nur in wenigen Fällen Möglichkeiten, eine Störsignalübertragung zu verhindern, so daß er sein Meßgerät selbst störfest aufbauen muß (Gehäuse- und Kabelabschirmung, Filter usw.).

Zusammenfassend ist eine Waage im allgemeinen folgenden Einfluß- und Störgrößen ausgesetzt (Bild 8.1):

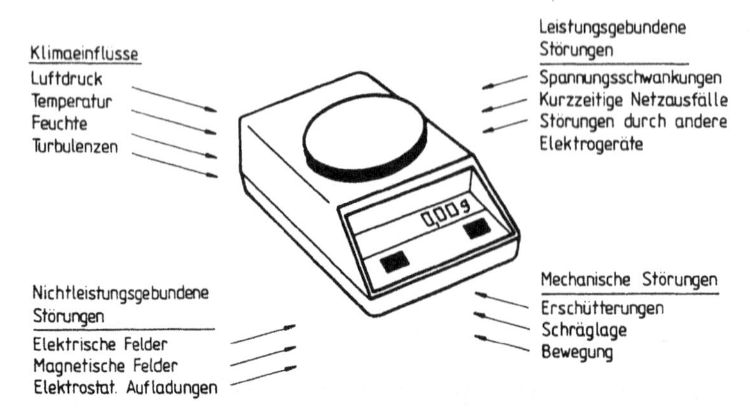

Bild 8.1 Störende Umwelteinflüsse beim Betrieb einer Waage
Quelle: Verfasser

- Klimaeinflüsse (z.B. Temperatur, Luftdruck, Luftfeuchte),
- Einflüsse, die durch oder mit der die Waage umgebenden Luft übertragen werden (z.B. Turbulenzen, Gase, Aerosole, Staub, Wärme),
- Einflüsse, die durch Aufstellung oder Einbau bedingt sind (z.B. Vibrationen, Schall, Stöße, Schräglage),
- magnetische Felder (z.B. Umgebung, Wägegut),
- elektrostatische Aufladungen (z.B. Atmosphäre, Kunststoffbodenbelag, Bediener der Waage),
- elektromagnetische Strahlung (z.B. Rundfunksender, Funkgeräte, Radaranlagen, Therapiegeräte, Mikrowellenherde, Röntgengeräte),
- Einflüsse durch elektrische Energieversorgung (z.B. leitungsgebundene Störungen wie Spannungsschwankungen, kurzzeitige Netzausfälle, Störungen durch andere Elektrogeräte),
- Einflüsse durch das Wägegut (z.B. Wärme, Bewegung des Wägegutes auf dem Lastträger, Kraftwirkungen mit Waage oder Umgebung).

8.2 Klimaeinflüsse

Unter Klima versteht man vereinbarungsgemäß das Zusammenwirken der drei Einflußgrößen Lufttemperatur, Luftdruck und Luftfeuchte. Eine Temperaturprüfung allein ist also noch keine Klimaprüfung, wenn auch die Temperatur zweifellos die wichtigste klimatische Einflußgröße beim Betrieb einer Waage ist. Dies kommt u.a. auch in einer Vielzahl detaillierter Prüfvorschriften speziell zu diesem Punkt zum Ausdruck.

8.2.1 Einfluß der Umgebungstemperatur

Unter der Voraussetzung, daß die einzelnen Bauelemente einer Waage so ausgewählt werden, daß sie innerhalb des vorgesehenen Arbeitstemperaturbereiches keinen Totalausfall erleiden, kann in der Regel davon ausgegangen werden, daß sich Temperatureinflüsse als reversible Meßfehler auswirken. Sie entstehen gleichermaßen im Bereich der Elektronik als auch im Bereich des Meßgrößenumformers (Wägezelle). Ein Beispiel dafür, wie sich Temperaturänderungen auf das Meßergebnis einer Waage auswirken, zeigt Bild 8.2: den typischen Verlauf der Fehlerkurven einer Waage in Abhängigkeit von der Umgebungstemperatur.

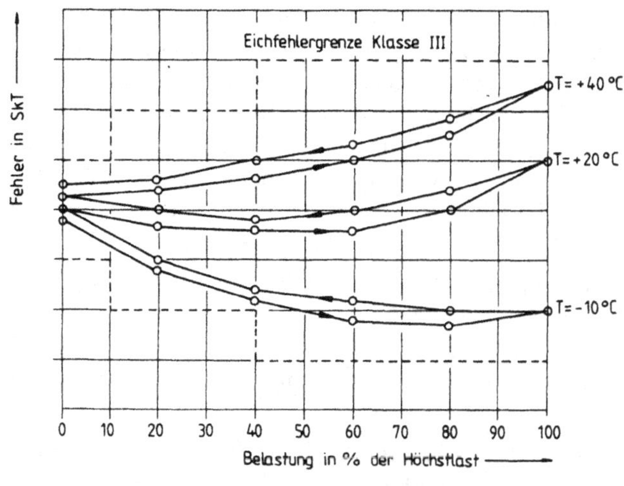

Bild 8.2
Einfluß der Umgebungstemperatur auf die Fehlerkurve einer Waage
Quelle: Verfasser

8.2.1.1 Temperaturfehler in der Waagenelektronik

Die Fehler selbst entstehen, was die Elektronik anbelangt, nahezu ausschließlich im analogen Schaltungsbereich. Ursache sind physikalisch bedingte Änderungen der elektrischen Parameter von Bauelementen in Abhängigkeit von der Temperatur, wie beispielsweise Schwellenspannungen, Offsetströme oder Referenzspannungen. Daß hier schon relativ geringfügige Änderungen einen deutlichen Fehler verursachen können, hängt u. a. damit zusammen, daß, bezogen auf den Ziffernschritt der Anzeige, sehr kleine Signalgrößen sicher verarbeitet werden müssen. In einem typischen Fall wird z. B. eine DMS-Wägezelle mit einem Kennwert von 2 mV/V an 10 V Gleichspannung betrieben. Bei Belastung der Wägezelle mit Nennlast ergibt dies eine Ausgangsspannung von 20 mV. Wird diese nun in beispielsweise 5 000 Ziffernschritte unterteilt, so ergibt dies eine Spannung von 20 000 μV : 5 000 = 4 μV pro Ziffernschritt. Damit ist jedoch eine Größenordnung erreicht, in der z. B. die Thermospannungen bereits eine Rolle spielen.

Thermospannungen entstehen bekanntlich dort, wo zwei unterschiedliche Leiterwerkstoffe miteinander kontaktiert werden. Am Ort des Kontaktes entsteht jeweils ein temperaturabhängiger Potentialsprung. Da nun insbesondere in dem Schaltungsbereich, in dem die Signalpegel noch sehr niedrig sind, praktisch überall derartige Materialübergänge vorkommen, wird hier der eigentlichen Meßspannung eine resultierende Thermospannung überlagert, die das Meßergebnis verfälscht. Bei einem reinen Gleichspannungsmeßverfahren könnten beide Spannungen anschließend nicht mehr voneinander getrennt werden. Hierzu bedarf es dann schon einer Modifizierung des Meßverfahrens, beispielsweise durch Umpolen der Speisespannung und Bildung des Mittelwertes aus mindestens zwei aufeinander folgenden Messungen oder überhaupt durch Wahl eines anderen Meßverfahrens.

8.2.1.2 Temperaturfehler im Meßgrößenumformer

Die zweite wichtige Fehlerquelle ist der Meßgrößenumformer, d. h. die Wägezelle selbst. Welche Effekte hier insbesondere vom Hersteller beherrscht werden müssen, soll am Beispiel von DMS-Wägezellen erläutert werden, deren prinzipielle Funktionsweise als bekannt vorausgesetzt wird (s. Kap. 3).

Eine unbelastete DMS-Wägezelle wird im Regelfall allein aufgrund einer Änderung ihrer Umgebungstemperatur ein Ausgangssignal abgeben. Dieses Ausgangssignal beruht auf einer scheinbaren Dehnung der vier meist in Vollbrückenschaltung verdrahteten Dehnungsmeßstreifen, die hierbei unterschiedlich stark „gedehnt" werden. Die Unterschiede entstehen aufgrund einer ungleichmäßigen Temperaturverteilung an den Applikationsstellen oder auch durch geometrische Unsymmetrien, wie beispielsweise unterschiedlich dicke Klebschichten. Die scheinbare Dehnung beruht auf zwei Effekten, die sich bei Temperaturänderung in Form einer Widerstandsänderung auswirken:

1. Der Widerstand des Dehnungsmeßstreifens ändert sich, weil sich sein Volumen und sein spezifischer Widerstand mit der Temperatur ändern.
2. Der Widerstand des Dehnungsmeßstreifens ändert sich, weil Trägermaterial und Dehnungsmeßstreifen (unterschiedliche) Ausdehnungskoeffizienten besitzen und letzterer hierdurch tatsächlich gedehnt wird.

Eine weitere Fehlerquelle in diesem Zusammenhang ist das sogenannte Kriechen, ebenfalls ein Effekt, der stark von der Umgebungstemperatur beeinflußt wird. Hierunter versteht man eine Änderung der Dehnung des Meßstreifens bei länger anhaltender Belastung bzw. Verformung der Meßfeder. Die Ursache hierfür ist darin zu suchen, daß sowohl die als Kleber verwendeten Kunststoffe als auch das Trägermaterial selbst unter anhaltender Belastung kriechen, d.h. nachgeben. Dieser Effekt ist bei höheren Temperaturen ausgeprägter, weil dann z.B. die Kunststoffe zunehmend weicher werden und sich damit leichter unter Druck bzw. Zug verformen.

Da bisher nur allgemein von Fehlern gesprochen wurde, muß abschließend darauf hingewiesen werden, daß sich die geschilderten Fehler in Bezug auf die Waage als Ganzes in zweierlei Hinsicht auswirken können. Auf der einen Seite können sogenannte Nullpunktfehler auftreten, d.h., ein zunächst eingestellter Nullpunkt in der Anzeige „läuft weg". Diese Auswirkung kann jedoch meist mit Hilfe der Nullstelleinrichtung kompensiert werden. Auf der anderen Seite kann sich aber auch die Steilheit der Waagenkennlinie – die Waagenkennlinie ist der Zusammenhang zwischen dem angezeigten Meßwert und der Belastung einer Waage – in Abhängigkeit von der Temperatur ändern. Dieser Fehler ist oftmals für den Benutzer nur schwer erkennbar. Im eichpflichtigen Verkehr ist z.B. für die Benutzer von Feinwaagen in diesem Fall eine Nachkalibrierung der Waage zulässig; die richtige Funktionsweise von Feinwaagen kann dabei jederzeit z.B. durch ein zur Waage gehörendes, geeichtes Gewichtstück überprüft werden. Für Präzisionswaagen, Handelswaagen und Grob- oder Baustoffwaagen gilt dies nicht. In den meisten Fällen kann jedoch die richtige Funktionsweise, zumindestens die der Elektronik, durch andere eingebaute Testmöglichkeiten überprüft werden, siehe auch Kap. 7.

Die Tabelle in Bild 8.3 vermittelt einen Eindruck von den Temperaturgrenzen, in denen eichpflichtige Waagen die vom Gesetzgeber festgelegten Fehlergrenzen einhalten müssen. Die in

	normal	eingeschränkt
Feinwaagen	+ 10 ... + 30 °C	$\Delta t =$ 5 °C[1])
Präzisionswaagen	+ 10 ... + 30 °C	$\Delta t =$ 20 °C
Handels- und Grobwaagen	− 10 ... + 40 °C	$\Delta t =$ 30 °C

[1]) In Ausnahmefällen für Eichwerte $e \leqslant 0{,}1$ mg auch $\Delta t = 1$ °C

Bild 8.3
Temperaturbereiche, in denen eichfähige Waagen festgelegte Fehlergrenzen einhalten müssen

der Spalte „normal" angegebenen Grenzwerte gelten immer dann, wenn auf dem Hauptschild der Waage nichts anderes vermerkt ist. Abweichend hiervon muß ein in der Spalte „eingeschränkt" angegebener Bereich jedoch mindestens eingehalten werden, wobei die Grenzwerte aber innerhalb der in der ersten Spalte vorgegebenen Werte frei wählbar sind.

8.2.2 Einfluß des Luftdrucks

Der Luftdruck ist für normalen Wägebetrieb als Fehlerquelle vernachlässigbar. Bei Präzisionsmassebestimmungen ($u_{rel} < 5 \cdot 10^{-4}$) muß die zusätzliche Auftriebskraft, die ein Körper bei einer Wägung in Luft erfährt, jedoch durch eine entsprechende Luftauftriebskorrektur berücksichtigt werden. Ist Δm die gemessene Abweichung zweier Massen m_1 und m_2, erhält man die wirkliche Abweichung $\Delta' m$ nach

$$\Delta' m = m_2 - m_1 = \Delta m + \rho (V_2 - V_1),$$

worin V_1 und V_2 die Volumina der Körper der Massen m_1 und m_2 und ρ die Dichte der Luft unter den Bedingungen der Wägung darstellen. Speziell die Luftdichte wird hierbei als Funktion der drei Zustandsgrößen Temperatur, relative Luftfeuchte und Luftdruck berechnet, [2 bis 4], siehe auch Anhänge E3 bis 5.

Eine zweite Einflußmöglichkeit ist bei bestimmten DMS-Wägezellen aufgrund ihrer Bauform gegeben. In Bild 8.4 erkennt man im oberen Bereich eine dünne, gewellte Membran. Sie hat die Aufgabe, das Innere der Wägezelle, d.h. insbesondere die Applikationsstellen der Dehnungsmeßstreifen, gegen äußere Einflüsse, z.B. die Luftfeuchte, zu schützen. Die Membran wird möglichst dünnwandig und flexibel ausgeführt, damit sie nur einen geringen Kraftnebenschluß zur Meßfeder bildet. Auf diese Weise ist der Innenraum der Wägezelle gegenüber der Umgebung hermetisch abgedichtet, so daß auch kein gegenseitiger Druckausgleich mehr stattfinden kann.

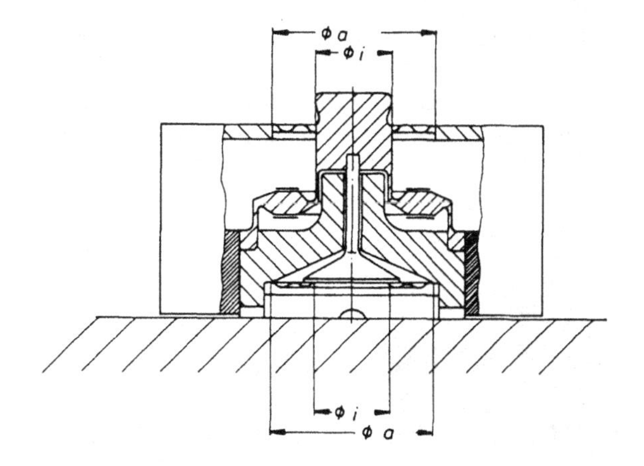

Bild 8.4
Prinzip der Luftdruckkompensation an einer Präzisionswägezelle
Quelle: Verfasser

Bei Druckdifferenzen zwischen Innenraum und Außenraum versucht die Membran nun in Richtung des Druckgefälles auszuweichen und überträgt dabei eine zusätzliche Kraft auf die Meßfeder. Als Kompensationsmöglichkeit ist am Boden der Wägezelle eine zweite Membran vorgesehen, die bei möglichst gleichem Wirkungsquerschnitt wie die obere Membran, deren Einfluß auf die Meßfeder durch eine gleich große aber entgegengesetzt gerichtete Kraft kompensiert. Der Luftdruckeinfluß ist bei Wägezellen mit geringer Nennlast und entsprechend weicher Feder am größten. Kompensiert wird im Nennlastbereich von ca. 10 kg bis 1 t.

Der bei nicht kompensierten Wägezellen durch Luftdruckänderungen hervorgerufene Fehler wirkt sich als Nullpunktverschiebung aus, die insbesondere bei Kurzzeitmessungen nicht von Bedeutung ist, da sie im Bedarfsfall durch die Nullstelleinrichtung eliminiert werden kann. Dies gilt jedoch nicht bei Langzeitmessungen, die beispielsweise bei Patienten- und Behälterwaagen mehrere Stunden bzw. Tage dauern können.

8.2.3 Einfluß der Luftfeuchte

Für die relative Luftfeuchte gilt wie für den Luftdruck, daß sie im Normalfall als umweltbedingte Einflußgröße auf die Wägung unberücksichtigt bleiben kann. Sieht man davon ab, daß sie ebenfalls bei einer Luftauftriebskorrektur als Bestimmungsgröße für die Luftdichte erforderlich ist, so bleibt außer möglichen Korrosionsschäden insbesondere an Verbindungsstellen nur ein wesentlicher Punkt übrig, an dem sie zu berücksichtigen ist. Dieser Punkt, der besonders den Hersteller von DMS-Wägezellen interessieren muß, ist allerdings für die Langzeitstabilität derartiger Wägezellen entscheidend.

Bei der Herstellung von DMS-Wägezellen ist es unbedingt erforderlich, nach dem Aufbringen des DMS auf das Trägermaterial, die Applikationsstelle gegen den Einfluß von Luftfeuchte zu schützen. Anderenfalls quillt der Kleber durch Feuchteaufnahme, dehnt so daß Meßgitter und nimmt auf diese Weise Einfluß auf die Langzeitstabilität der meßtechnischen Eigenschaften, wobei sowohl der Nullpunkt als auch die Steilheit der Wägezellenkennlinie beeinflußt werden. Als Schutzmaßnahme sind Überzüge aus Wachs, Bitumen oder ähnlichen Materialien für die Zwecke des Waagenbaus ungeeignet. Hinreichende Langzeitstabilität ist bisher nur für metallische Kapselungen nachgewiesen (z.B. in Form von Membranen). Andererseits sind in letzter Zeit, vorwiegend aus Kostengründen, Kapselungen auf Kunststoffbasis entwickelt worden (Bild 8.5). Im Zusammenhang mit dem Bau eichfähiger Waagen haben Langzeitversuche über mehrere Monate mit dieser neuen Bauart zwar schlechtere Ergebnisse gebracht als metallisch gekapselte Wägezellen, trotzdem sind einige dieser Neuentwicklungen probeweise für den eichpflichtigen Verkehr zugelassen worden, da erfahrungsgemäß mit einer Verbesserung der meßtechnischen Eigenschaften gerechnet werden kann, wenn Erfahrungen aus dem praktischen Einsatz vorliegen. Voraussetzung war jedoch die Erfüllung gewisser Mindestanforderungen sowie eine Begrenzung der Auflösung des Meßbereiches auf $n = 3\,000$ Teile (Stand Ende 1982).

Bild 8.5

a) Biegestabwägezelle mit metallischer Kapselung (Z6H2, Nennlast 50 kg) *Quelle:* Hottinger Baldwin

b) Biegestabwägezelle mit Kunststoffkapselung (WZ 18–20, Nennlast 18 kg) *Quelle:* Vogel und Halke

8.3 Elektrische Störgrößen

Im Gegensatz zu den klimatischen Einflußgrößen, deren Auswirkung auf das Wägeergebnis in Form von meßtechnischen Anforderungen und entsprechenden Prüfvorschriften hinreichend berücksichtigt wird, hat man sich für elektrische, magnetische und elektromagnetische Störgrößen bisher weder national noch international auf einheitliche Anforderungen und (vor allen Dingen reproduzierbare) Meßverfahren einigen können. Im Rahmen der EG besteht zu diesem Problemkreis ein „Vorschlag für eine Richtlinie des Rates ... betreffend gemeinsame Vorschriften über Meßgeräte sowie über Meß- und Prüfverfahren" [5], die in ihren Einzelheiten jedoch noch einiger Klärungen bedarf, so daß in absehbarer Zeit mit einer verbindlichen Regelung zu diesem Punkt noch nicht zu rechnen ist.

8.3.1 Leitungsgeführte Störgrößen

Unter leitungsgeführten Störgrößen versteht man alle die Störungen, die auf dem Umweg über den Anschluß an das elektrische Versorgungsnetz in die Waagenelektronik gelangen und hier die Meßwertbildung beeinflussen können. Der gleichzeitige Betrieb der unterschiedlichsten elektrischen Geräte an ein und demselben Versorgungsnetz hat zur Folge, das aufgrund der unvermeidbaren Rückwirkungen der Verbraucher auf das Netz, dessen Spannungsverlauf mit einem breiten Spektrum von Störspannungen überlagert wird. Dieses Spektrum reicht von kurzzeitigen Netzausfällen (eine oder mehrere Halbwellen) bis zu impulsförmigen Spannungsüberhöhungen, die ein mehrfaches der Nennspannung betragen können. Entsprechend vielfältig können die Auswirkungen auf die Arbeitsweise einer Waage sein, wobei die Tatsache einer Störung oftmals nur schwer erkennbar ist, nämlich dann, wenn der Meßwert hierdurch nur geringfügig verändert wird. Abhilfe schaffen in den meisten Fällen Filterschaltungen im Bereich der Zuführung der Versorgungsspannung, deren Dimensionierung jedoch häufig durch Versuche ermittelt werden muß.

Das Hauptproblem in diesem Zusammenhang liegt in einer Festlegung bzw. in einer Einigung auf reproduzierbare Meßverfahren, d.h. im wesentlichen auf einer definierten Nachbildung der Störgrößen. Zu diesem Zweck entwickelte sogenannte „Störgeneratoren" gestatten es heute, definierte Einzelstörungen zu erzeugen, z.B. Impulsstörungen mit genau festgelegter Amplitude, Anstiegszeit und Dauer. Andererseits hat sich die simple Nachbildung eines praktischen Störfalles, beispielsweise simuliert durch den Ausbau des Störfilters aus einer Handbohrmaschine, oftmals im Vergleich zur Verwendung eines Störgenerators als „wirkungsvoller" erwiesen, stellt aber im meßtechnischen Sinn natürlich keine Lösung dar.

Der Entwurf einer EG-Rahmenrichtlinie sieht für leitungsgebundene Störspannungen die Werte in Bild 8.6 vor [7].

Amplitude	Anstiegszeit	Halbamplituden-Dauer	Folgefrequenz
500 V	5 ns	100 ns	$\leq$ 12 Hz
1 500 V	25 ns	1 s	12 Hz
5 % des Nennwertes	Netz-überlagerte Sinuswelle		30 kHz bis 150 kHz
1 V	Netz-überlagerte Sinuswelle		150 kHz bis 400 MHz

Bild 8.6 Störspannungen, die bei künftigen Störspannungsprüfungen der Versorgungsspannung (Netzspannung) überlagert werden sollen.

8.3.2 Nichtleitungsgeführte Störgrößen

Als nichtleitungsgeführte Störgröße soll hier vorwiegend ein Ausschnitt aus dem Bereich der elektromagnetischen Strahlung betrachtet werden. Es handelt sich um den Bereich von einigen kHz bis zu einigen GHz, der intensiv zur drahtlosen Informationsübermittlung genutzt wird: Rundfunk, Fernsehen, Betriebsfunk, Meßwertübertragungen, Fernsteuerungen, Radarmessungen usw. Diese Aufzählung zeigt bereits, daß jedes Meßgerät, also auch eine Waage, ständig unter dem Einfluß dieser Störgröße arbeiten muß. Dabei ist es eine Frage des Zufalls bzw. der örtlichen Gegebenheiten, welche Werte im Einzelfall Frequenz und Feldstärke der Störstrahlung haben. Beispielsweise liegt die Feldstärke in der Umgebung eines Mittelwellensenders (Leistung: einige 100 kW) bis zu einem Radius von 10 km noch in der Größenordnung „Volt pro Meter" [6].

Ohne den Wirkungsmechanismus im Einzelnen zu untersuchen, soll hier nur festgehalten werden, daß in jedem elektrischen Leiter unter der Einwirkung elektromagnetischer Strahlung eine Spannung induziert wird. Die Stärke dieses Effektes ist unter anderem davon abhängig, ob die Frequenz der Störstrahlung bzw. ihre Wellenlänge und die geometrischen Abmessungen des betrachteten Leiterstückes in einem bestimmten Verhältnis zueinander stehen.

Nach derzeitigem Kenntnisstand sind im Waagenbau häufig die Verbindungskabel zwischen Wägezelle und Elektronik der Ort, an dem dem Nutzsignal ein induziertes Störsignal überlagert wird. Seltener ist der Fall, daß durch direkte Einstrahlung in die Elektronik eine Störung entsteht. Der Grund dürfte darin zu suchen sein, daß für bestimmte, häufig vorkommende elektromagnetische Strahlungen hier am ehesten optimale Verhältnisse vorliegen, was das Verhältnis von Wellenlänge und geometrischer Länge der Antenne (= Kabel) anbelangt. Dies gilt beispielsweise für den CB-Funk und die Modellfunkfernsteuerung im 11-m-Band oder den Taxen- und Betriebsfunk im 2-m-Band.

Abhilfemaßnahmen müssen meist, bezogen auf den Einzelfall, empirisch ermittelt werden. Oft genügt bereits eine „hochfrequenzgerechte" Verbindung zwischen Kabelabschirmung und Gerätemasse, in anderen Fällen sind langwierige Versuche innerhalb der Schaltung erforderlich. Ganz allgemein kann gesagt werden, daß, insbesondere zur Unterdrückung des Einflusses der elektrischen Feldkomponente, Metallgehäuse besser geeignet sind als Kunststoffgehäuse.

Die rein magnetische Feldkomponente ist hinsichtlich ihrer Wirkung auf elektromechanische Waagen bisher kaum untersucht worden, obwohl die magnetische Feldstärke in der Nähe stromführender Versorgungsleitungen, z.B. in Industriebetrieben, beachtliche Werte annehmen kann. Der Entwurf einer EG-Rahmenrichtlinie sieht zum Thema elektromagnetische Störstrahlungen folgende Prüfungen vor:

- Magnetfeld mit einer Feldstärke von 60 A/m bei 50 Hz,
- elektromagnetische Strahlung mit einer Feldstärke von
  10 V/m bei Frequenzen von 100 kHz bis 500 MHz und
  1 V/m bei Frequenzen von 500 MHz bis 1 000 MHz

Neben der bisher betrachteten elektromagnetischen Störstrahlung gibt es aber noch eine Reihe weiterer nichtleitungsgeführter Einflußgrößen, die zumindest kurz erwähnt werden sollen. So kann das Wägeergebnis beispielsweise durch magnetische Felder (Permanent-Magnete) aus der Umgebung der Waage verändert werden oder dadurch, daß das Wägegut selbst magnetische Eigenschaften aufweist. Auch elektrostatische Aufladungen, beispielsweise des Bedienungspersonals bei entsprechenden (Kunststoff-) Bodenbelägen, können die Ursache von Beeinflussungen sein.

8.4 Mechanische Störgrößen

Mechanische Störgrößen sind beim Betrieb von Waagen hauptsächlich in Form von Schock und Vibrationen vorhanden. Doch zählen auch Schräglage und exzentrische Belastung zu den möglichen Fehlerquellen. Allen gemeinsam ist, daß sie nicht immer auf das Meßgerät als Ganzes einwirken, sondern mitunter nur auf Teile davon. Entsprechend vielfältig sind die möglichen Fehlerursachen für das Meßergebnis. Die Tabelle in Bild 8.7, zeigt an einigen Beispielen, welche Folgeschäden mechanische Störgrößen an Waagen hervorrufen können.

	Schockbeanspruchungen durch hartes Aufsetzen von Lasten oder Gleisstöße beim Überfahren von Gleiswaagen und *Vibrationen* z.B. von Geschoßdecken in Gebäuden	*Schrägstellung*
Hebelwerke und mechanische Waagen	Zerstörung von Schneiden durch örtliche Überlastung oder Dehnung von Last- und Stützbändern bei Pendelwaagen (Einengung des Neigungsbereiches)	Meßfehler oder Zerstörung vorzugsweise der Schneidenecken durch längeren Betrieb mit einseitiger Anlage der Schneiden an den Begrenzungskörpern
elektromechan. Waagen	Irreversible Änderungen der meßtechnischen Eigenschaften von Wägezellen durch mechanische Überlastung bei Stößen (für die Schneiden von Hebelwerken: siehe oben)	Meßfehler durch „schräge" Krafteinleitung in die Wägezelle oder Verspannung der Lenker

Bild 8.7 Mögliche Folgeschäden mechanischer Störgrößen

Der Umstand, daß über die tatsächlichen mechanischen Einflußfaktoren am Einsatzort von Waagen wenig bekannt ist, findet seinen Ausdruck darin, daß keine einschlägigen Prüfvorschriften bestehen. Solange die tatsächlichen Einflußgrößen aber nicht bekannt sind, lassen sich auch kaum sinnvolle Anforderungen für eine Simulation derartiger Beanspruchungen formulieren. Zusätzliche Probleme bereitet hierbei auch noch die Größe der Waagen. Während man eine relativ kleine Ladentischwaage noch ohne große Schwierigkeiten auf einem handelsüblichen Rütteltisch prüfen kann, ist dies für größere Industriewaagen wenn überhaupt, nur mit enormem Prüfaufwand möglich. So bleibt in vielen Fällen dem Hersteller für die Konstruktion von Waagen und den Prüfinstituten für deren Beurteilung nur die Möglichkeit, auf Erfahrungswerte zurückzugreifen. Bild 8.8 zeigt, wie durch ein zusätzliches Feder-Masse-System bei Industriewaagen, der Einfluß von Stoßbelastungen auf die Wägezellen vermindert werden kann.

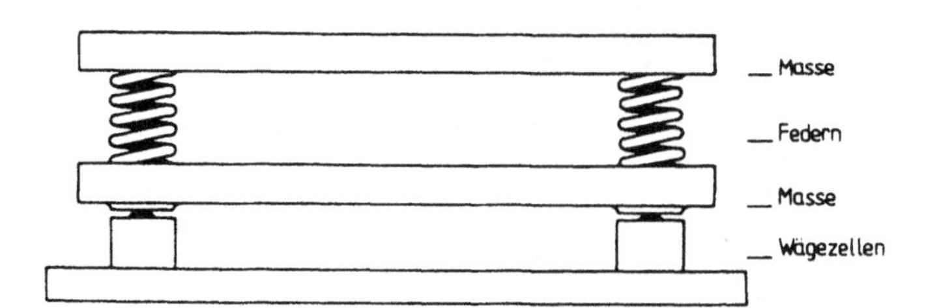

Bild 8.8 Reduzierung des Einflusses harter Belastungsstöße durch zusätzliches Feder-Masse-System
Quelle: Verfasser

Abschließend darf nicht unerwähnt bleiben, daß auch Bewegungen des Wägegutes selbst die Ursache für eine fehlerbehaftete Anzeige sein können. Dies ist beispielsweise bei Patientenwaagen in Krankenhäusern (Bettenwaagen, Stuhlwaagen, Personenwaagen allgemein) der Fall, wobei der Einfluß durch entsprechende Filterung der elektrischen Signale oder durch Wahl geeigneter Integrationszeiten bei der Meßwertaufbereitung in vertretbaren Grenzen gehalten werden kann. Das gleiche Problem tritt bei der Wägung von lebenden Tieren, beispielsweise auf Schlachthöfen oder im Rahmen von Laborversuchen auf.

Schrifttum

[1] *Kochsiek, M., Volkmann, Chr.:* Einfluß- und Störgrößen auf Waagen – eine Übersicht. PTB-Bericht Me 57, Dezember 84.

[2] *K.-H. Ach:* Luftauftriebskorrektionen bei Handelswaagen. wägen + dosieren 8 (1977), S. 197

[3] Bericht des BIPM: Formel für die Bestimmung der Dichte von feuchter Luft: PTB-Mitteilung 89 (1979), S. 271

[4] *K.-H. Ach:* Einfluß der Luftdichte auf die Anzeige von Waagen mit elektromagnetischer Kraftkompensation. wägen + dosieren 11 (1980), S. 88

[5] Vorschlag für eine Richtlinie des Rates zur Änderung der Richtlinie 71/316/EWG des Rates vom 26. Juli 1971 zur Angleichung der Rechtsvorschriften der Mitgliedstaaten betreffend gemeinsame Vorschriften über Meßgeräte sowie über Meß- und Prüfverfahren. Nr. Kommissionsvorschlag: 4517/79 KOM (78) 766 endg.

[6] *Hente, B., Seiler, E.:* Der Einfluß elektromagnetischer Störungen auf Waagen mit elektronischen Einrichtungen. PTB-Mitt. 88 (1978), S. 398–402.

[7] EWG-Richtlinienvorschlag für „Allgemeine Vorschriften über elektronische Einrichtungen als Bestand- oder Zubehörteil von Meßgeräten". PTB-Mitt. 91 (1981), S. 285–293.

9 Fragen der Meßbeständigkeit von Waagen

Chr. U. Volkmann

9.1 Meßtechnische Anforderungen an Meßgeräte

Von einer Waage wird wie von jedem technischen Gegenstand verlangt, daß sie nicht nur im Neuzustand ordnungsgemäß arbeitet, also zugesicherte Eigenschaften hinsichtlich Anwendungsbereich und Genauigkeit einhält, sondern daß diese Eigenschaften auch während einer gewissen Gebrauchsdauer hinreichend erhalten bleiben.

Die Eigenschaft eines Meßgerätes, in einem gegebenen Augenblick und unter bestimmten Umgebungsbedingungen richtige Meßergebnisse anzuzeigen, bezeichnet man als Meßrichtigkeit. Dieser Begriff umfaßt Aussagen über das Auflösungsvermögen bzw. die Empfindlichkeit eines Meßgerätes, seine Meßabweichungen und die Auswirkungen vorgegebener Umgebungsbedingungen, z.B. Temperatur, Feuchte, elektrische Störeinflüsse. Zahlenmäßige Festlegungen zu diesen Eigenschaften unterliegen bei nicht geeichten Meßgeräten der freien Vereinbarung zwischen dem Hersteller oder Anbieter, der diese Eigenschaften zusichert, und dem Verwender, der seine zu stellenden Anforderungen nach seinen eigenen Bedürfnissen festlegt.

Für die Fähigkeit eines beliebigen Gerätes, seine technischen Eigenschaften auch über einen längeren Verwendungszeitraum zu erhalten, wird heute allgemein der Begriff „Zuverlässigkeit" verwendet; DIN 40041 [14] definiert z.B. den Begriff der Zuverlässigkeit für Betrachtungseinheiten der Elektrotechnik. Der Zuverlässigkeit selbst kann kein Zahlenwert beigegeben werden, sie kann nur durch Zahlenangaben für Größen wie Lebensdauer, Ausfallrate, Verfügbarkeit und ähnliche gekennzeichnet werden. Alle derartigen Zahlenangaben und somit auch die Zuverlässigkeit selbst sind wesensmäßig Wahrscheinlichkeitsangaben für eine größere Menge gleichartiger Geräte, sie können nur schwer eine Aussage für das einzelne betrachtete Gerät machen. Bei Meßgeräten wird anstelle der Zuverlässigkeit meist von Meßbeständigkeit oder metrologischer Sicherheit gesprochen. Die Anforderungen hinsichtlich der Zuverlässigkeit, die an ein bestimmtes Gerät zu stellen sind, unterliegen im allgemeinen der freien Vereinbarung zwischen Hersteller und Verwender.

Bei geeichten Meßgeräten werden die Anforderungen an Richtigkeit und Meßbeständigkeit durch das Eichgesetz [8] und die dieses begleitenden Verordnungen [9, 10] festgelegt, siehe Kap. 6 und Anhang B. Das Eichgesetz bestimmt in § 10 Abs. 4:

> „Die Angaben geeichter Meßgeräte gelten innerhalb der nach § 9 Abs. 2, 3 und 5 festgelegten Verkehrsfehlergrenzen als richtig, soweit nicht durch Rechtsvorschriften etwas anderes bestimmt wird."

Eine der Voraussetzungen für die Eichung eines Meßgerätes ist, daß das Meßgerät selbst eichfähig ist, s. § 9 Abs. 2 des Eichgesetzes:

„Die Bauart eines Meßgeräts, das geeicht sein muß, ist zur Eichung zuzulassen, wenn die Bauart richtige Meßergebnisse und eine ausreichende Meßbeständigkeit erwarten läßt (Meßsicherheit)."

Hinsichtlich der „richtigen Meßergebnisse" ist in der Eichordnung [10] und ihren Anlagen für viele Arten eichpflichtiger Meßgeräte festgelegt, welche Fehlergrenzen sie einhalten müssen und unter welchen Umgebungs- und Verwendungsbedingungen diese Fehlergrenzen gelten. Siehe hierzu auch Kap. 8 und Anhang D. Dagegen ist die „Meßbeständigkeit", die Gegenstand dieses Kapitels ist, in den eichrechtlichen Vorschriften nur eine qualitative Forderung; zahlenmäßige Anforderungen werden nicht ausdrücklich genannt.

9.2 Meßbeständigkeit

Die Meßbeständigkeit eines Meßgerätes kann aus mehreren Gründen, mit und ohne Mitwirkung des Verwenders, beeinträchtigt werden:

- Überlastung, d.h. Verwendung außerhalb des vorgesehenen Bereiches für die Meßgröße oder die Umgebungsbedingungen,
- Ermüdung durch ständig wiederholte, an sich bestimmungsgemäße Verwendung des Geräts, z.B. Dauerbruch, Reibverschleiß,
- Alterung durch Korrosion oder andere Veränderungen, die nach längerer Zeit unabhängig von der Verwendung eintreten.

Die Beeinträchtigung beruht in der Regel auf Veränderungen an einem oder wenigen Bauteilen, die mit unterschiedlichem zeitlichem Ablauf zu einem Ausfall führen können, also zur „Beendigung der Fähigkeit, eine bestimmte Funktion zu erfüllen" (DIN 40041) [14]. Die hier betrachtete „Funktion" ist die Fähigkeit einer Waage, unter bestimmten Umgebungs- und Verwendungsbedingungen richtige Gewichtswerte anzuzeigen. Andere Aufgaben einer Waage, wie Übernahme oder Abgabe von Steuersignalen, Füll- und Transportvorgänge bei selbsttätigen Waagen, können ebenfalls von Ausfällen betroffen sein; diese werden hier jedoch nicht berücksichtigt.

9.2.1 Ausfallverhalten von Bauteilen und Waagen

Die Ausfallentstehung ist in Bild 9.1 dargestellt. Eine beliebige Eigenschaft E eines Bauteils soll für das ordnungsgemäße Funktionieren des Gerätes den Zahlenwert E_N annehmen. Dem Nennwert E_N sind die Toleranzen ΔE_1 und ΔE_2 zugeordnet. Am Beginn t_0 der Betrachtungszeit t liegt der tatsächliche Zahlenwert E_{eff} des Bauteils innerhalb des Toleranzbereiches. Nur im Idealfall bleibt E_{eff} konstant, in der Praxis wird er sich mehr oder weniger

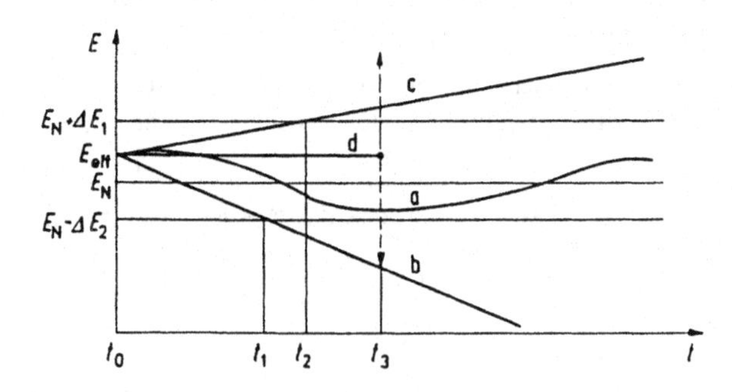

Bild 9.1
Ausfall eines Bauteils durch Änderung seiner Eigenschaft

t	Betrachtungszeit
E	Zahlenwert der betrachteten Eigenschaft
E_N	Nennwert von E
E_{eff}	Effektivwert von E
ΔE_1, ΔE_2	Toleranzgrenzen von E_N
a, b, c, d	Änderung von E über t
t_1, t_2, t_3	Ausfallzeitpunkte

stark ändern. Schwankungen innerhalb des Toleranzbereiches gemäß Kurve a führen nicht zu einem Ausfall. Monotone Veränderungen gemäß den Verläufen b oder c führen nach den Zeiträumen t_1 bzw. t_2 zum Überschreiten der Toleranzgrenzen und damit zu einem sogenannten Driftausfall. Ein Sprungausfall liegt vor, wenn E_{eff} nach Verlauf d bis zum Zeitpunkt t_3 innerhalb des Toleranzbereiches liegt und dann schlagartig auf einen weit außerhalb des Toleranzbereiches liegenden Wert springt.

Aus der Beobachtung von Ausfällen einer großen Anzahl gleicher Bauteile unter gleichen Prüf- oder Betriebsbedingungen gewinnt man Verteilungsfunktionen, aus denen auf die Ausfallwahrscheinlichkeit $F(t)$ oder die Überlebenswahrscheinlichkeit $R(t) = 1 - F(t)$ gleichartiger Bauteile geschlossen wird. Unabhängig von der im Einzelfall anwendbaren mathematischen Verteilungsfunktion zeigen mechanische und elektronische Bauteile ein grundsätzlich unterschiedliches Ausfallverhalten [4, 7].

Je nach Höhe der Beanspruchung ertragen mechanische Bauteile (Bild 9.2) eine größere oder kleinere Beanspruchungsdauer – gemessen in Betriebsstunden, Lastspielen o.ä. –, bevor die ersten Ausfälle auftreten; die mittlere Lebensdauer

$$t_m \approx \int_0^\infty R(t)\,dt$$

ist um so größer, je geringer die Beanspruchung ist. Die Streuung der Ausfälle um den Mittelwert t_m ist um so geringer, je gleichmäßiger die Qualität des untersuchten Bauteil-Loses und die Beanspruchungsbedingungen sind.

Bei ausgereiften mechanischen Bauteilen kommen Sprungausfälle – z.B. Gewalt- oder Dauerbrüche – bei normalen Verwendungsbedingungen nur in Ausnahmefällen vor. Die vorherrschenden Driftausfälle können, wenn erforderlich, durch geeignete Überwachungsmaßnahmen vorhergesagt und durch vorbeugenden Bauteilersatz vermieden werden.

Bauteile und Baugruppen der Elektronik (Bild 9.3) zeigen häufig bereits am Beginn der Beanspruchung eine größere Anzahl von Ausfällen (Frühausfälle), danach eine längere Phase geringer Zunahme der Ausfälle (Zufallsausfälle) und zuletzt eine stärkere Zunahme der Ausfälle (Spät-, Verschleißausfälle). Vor allem durch den Anteil der Frühausfälle ergibt sich eine relativ geringe mittlere Lebensdauer. Werden durch besondere Voralterung (burn-in) die Frühausfälle künstlich herbeigeführt und die betroffenen Prüflinge ausgesondert, ergibt sich für die verbleibenden Bauteile eine geringere Zunahme der Ausfälle mit einem wesentlich höheren Mittelwert t_m.

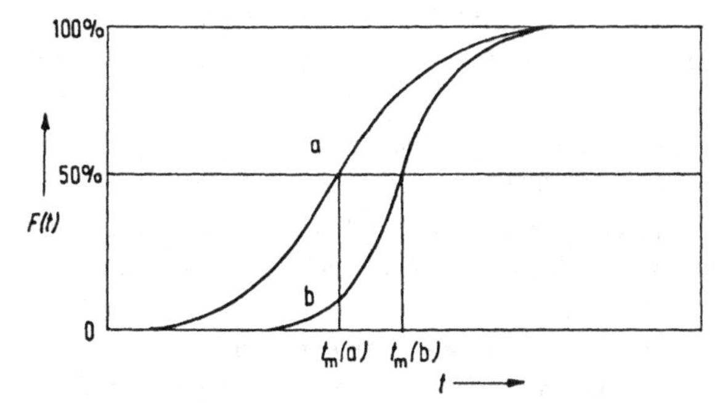

Bild 9.2
Ausfallverhalten mechanischer Bauteile
- t Betrachtungszeit
- F Ausfallwahrscheinlichkeit
- a Verlauf bei höherer Beanspruchung und wenig gleichmäßigen Bedingungen
- b Verlauf bei geringer Beanspruchung und gleichmäßigen Bedingungen
- t_m mittlere Lebensdauer bis zum Ausfall

Bei Elektronik-Bauteilen wird üblicherweise die Ausfallrate

$$\lambda(t) = \frac{1}{1 - F(t)} \cdot \frac{dF(t)}{dt}$$

zur Beurteilung ihres Ausfallverhaltens herangezogen.

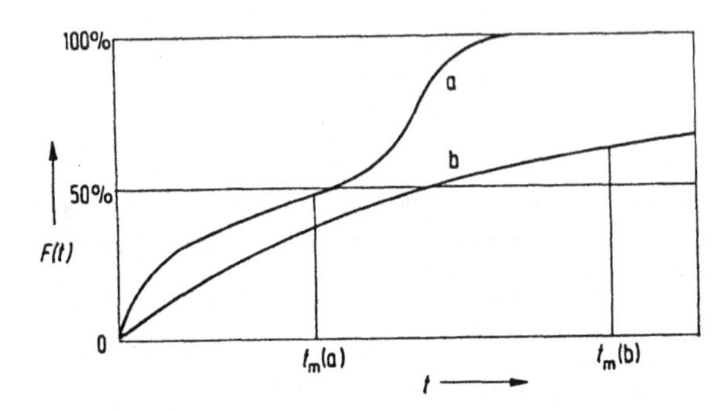

Bild 9.3

Ausfallverhalten elektronischer Bauteile

- t Betrachtungszeit
- F Ausfallwahrscheinlichkeit
- a Verlauf ohne besondere Qualitätssicherung
- b Verlauf bei Aussonderung von Frühausfällen und höherer Qualität
- t_m mittlere Lebensdauer bis zum Ausfall

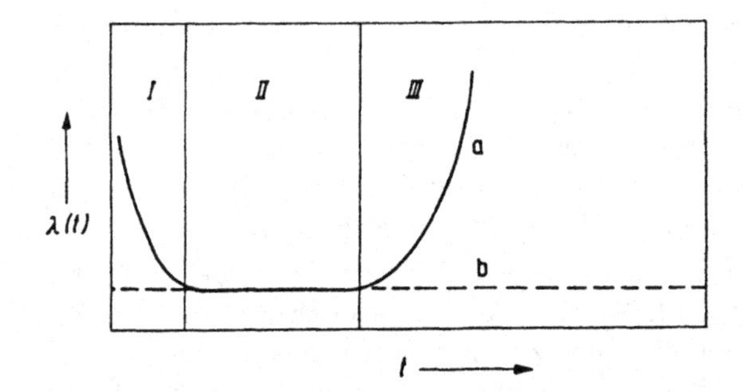

Bild 9.4 Ausfallraten zu Bild 9.3

- λ Ausfallrate
- I Bereich der Frühausfälle
- II Bereich der Zufallsausfälle
- III Bereich der Verschleißausfälle

Die zu Bild 9.3 gehörenden Ausfallraten zeigt Bild 9.4. Für die nicht vorgealterten Teile ist die sogenannte „Badewannenkurve" mit drei deutlich unterscheidbaren Teilbereichen typisch. Durch Voralterung kann dagegen eine annähernd konstante Ausfallrate erreicht werden. Der Kehrwert $1/\lambda$ ist dann theoretisch gleich der mittleren Lebensdauer t_m. Praktisch ist jedoch zu berücksichtigen, daß der Zeitraum, für den λ = const. gilt, in der Regel kürzer als $1/\lambda$ ist, weil nach längeren Betriebszeiten Spätausfälle mit zunehmendem λ einsetzen.

Erfahrungsgemäß überwiegen bei elektronischen Bauteilen die Sprungausfälle, so daß eine Vorbeugung durch Überwachung meist nicht möglich ist.

Das Ausfallverhalten von mechanischen und elektromechanischen Waagen einerseits, Waagen mit elektronischen Einrichtungen andererseits folgt in der Regel den gleichen empirischen Gesetzmäßigkeiten. Bei bestimmungsgemäßer Verwendung zeigen mechanische Waagenbauarten überwiegend Driftausfälle, z.B. durch Abnutzung von Schneiden und Pfannen oder Änderung von Feder-Kennlinien. Diese Ausfälle beginnen erst nach einer gewissen Beanspruchungsdauer und können vorbeugend vermieden werden; sie bleiben ohne meßtechnische Prüfung in der Regel unerkannt und führen zu systematischen Meßfehlern.

Dies gilt auch für die mechanischen Baugruppen von Waagenbauarten mit elektronischen Einrichtungen, während die elektronischen Einrichtungen selbst sich hinsichtlich des Ausfallverhaltens wie elektronische Bauteile verhalten. Sprungausfälle, z. B. durch Kurzschlüsse oder Unterbrechungen in hochintegrierten Digital-Bauteilen, können vereinzelt schon nach kurzer Beanspruchungsdauer auftreten, ohne daß Früherkennung und Vorbeugung möglich wären. Wegen der Vielzahl elektronischer Bauteile und Funktionen in modernen elektronischen Waagen sind Art und Umfang solcher Ausfälle nicht vorherzusehen. Sie können erkannt werden, wenn sie als offensichtlich unsinnige Anzeige oder Signale auftreten. Driftausfälle, z. B. durch Änderung eines durch Dioden oder Widerstände festgelegten elektrischen Referenzwertes, können teilweise vorbeugend vermieden werden, soweit sie durch Messung erkennbar sind. Ohne meßtechnische Prüfung bleiben sie ebenfalls in der Regel unerkannt und führen zu systematischen Meßfehlern.

Mikroprozessor-Systeme können zudem verborgene Programmfehler haben, die längere Zeit unerkannt bleiben. Bei strenger Betrachtung sind solche elektronischen Einrichtungen a priori für ihren Verwendungszweck nicht voll geeignet, sie sind aber verwendbar, bis der Fehler offenbar wird.

9.2.2 Anforderungen an die Meßbeständigkeit

Die Beeinträchtigung der Meßbeständigkeit einer Waage kann auf verschiedene Weise auftreten:

a) Unmöglichkeit, ein Wägeergebnis zu erhalten,
b) offensichtlich falscher, z. B. um Größenordnungen vom zu vermutenden abweichender Wägewert
c) geringfügig, aber um mehr als den Betrag der jeweiligen Fehlergrenze abweichender Wägewert.

Die Ausfälle a) und b) sind zwar unerwünscht, weil sie die Verwendbarkeit der Waage beenden oder bis zur Reparatur einschränken, jedoch meßtechnisch unbedenklich. Ausfall c) läßt die Verwendung der Waage weiter zu, er ist aber meßtechnisch unerlaubt. Von der Verwendbarkeit ist die Verfügbarkeit des nicht ausgefallenen Geräts zu unterscheiden (DIN 40041) [14]; es ist jedoch auf die Problematik eines nicht erkannten Ausfalls vom Typ c) hinzuweisen.

Hersteller und Verwender einer nicht eichpflichtigen Waage können und sollten festlegen, was sie inhaltlich unter Meßbeständigkeit verstehen wollen und wie der Verwender gegen Ausfälle geschützt wird. Dabei sind die folgenden Kriterien zu berücksichtigen [2, 6]:

- Wägevorgang selbsttätig oder nicht selbsttätig,
- Wägevorgang wiederholbar oder nicht,
- Unterbrechung des Wägevorgangs zulässig oder nicht,
- Folgen eines fehlerhaften Wägeergebnisses:
  - Gefahr für Leib und Leben,
  - Gefahr für Sachen,
  - wirtschaftlicher Schaden.

Zahlenangaben über die bei verschiedenen Waagenbauarten erreichte Dauer der Meßbeständigkeit sind in der Literatur kaum zu finden. Waagen stehen einfach in dem Ruf „sehr guter" oder „weniger guter Bewährung". Das Auftreten von Meßfehlern wird oft nicht bemerkt, weil zu einer meßtechnischen Prüfung die Absicht oder die technischen Mittel fehlen, und für eine statistische Auswertung sind meist die Serien zu klein. Hinzu kommt bei Waagen mit elektronischen Einrichtungen die rasche technologische Weiterentwicklung von Bauteilen und Waagenbauarten. Bei nicht eichpflichtigen Waagen wird daher die Meßbeständigkeit im Rahmen der üblichen Gewährleistungsfristen mit abgedeckt.

Für eichpflichtige Waagen wird Meßbeständigkeit, wie auch für andere eichpflichtige Meßgeräte, in der Bundesrepublik Deutschland inhaltlich in der Regel so verstanden, daß den Vorschriften des Eichgesetzes und der Eichordnung Genüge getan wird, wenn die Ausgabe falscher Meßwerte verhindert wird. Wird gar kein oder ein offensichtlich falsches Wägeergebnis angezeigt, ist das aus der Sicht des Eichwesens unerheblich; Meßgeräte mit offenkundigen Fehlern gelten automatisch als nicht mehr gültig geeicht – § 3, EichgültigkeitsV – [9]. Die Verfügbarkeit einer Waage steht somit hinter ihrer Meßbeständigkeit zurück. Diese Auffassung ist damit zu erklären, daß Waagen ganz überwiegend im geschäftlichen Verkehr eingesetzt werden, wobei die Wägungen überwiegend wiederholbar sind. Selbst beim Ausfall einer kontinuierlich arbeitenden Waage sind „nur" geschäftliche Interessen berührt, wenn keine Wägung möglich ist. Gefahr für Leib und Leben, und damit ein größeres Interesse an möglichst hoher Verfügbarkeit einer Waage, wäre allenfalls bei nicht wiederholbaren Wägungen im medizinischen Bereich gegeben.

Die besondere Ausprägung der Meßbeständigkeit im Sinne eines Ausschließens falscher Meßwerte wird in gleichlautenden Dokumenten der Kommission der Europäischen Gemeinschaften [12] metrological reliability bzw. sécurité métrologique genannt. Sie wird hier zur deutlicheren Unterscheidung als metrologische Sicherheit bezeichnet.

Ein Zeitmaß für die Meßbeständigkeit eichpflichtiger Waagen oder anderer Meßgeräte ist nicht ausdrücklich festgelegt. Im Eichgesetz [8] heißt es in § 13 Abs. 1 Nr. 2:

> „Der Bundesminister für Wirtschaft wird ermächtigt, durch Rechtsverordnung mit Zustimmung des Bundesrates zur Gewährleistung der Meßsicherheit die Gültigkeitsdauer der Eichung zu befristen."

Damit ist der Zweck der in der Eichgültigkeitsverordnung [9] zusammengestellten Fristen klargestellt. Durch eine rechtzeitige Wiederholung der Eichung soll geprüft werden, ob die Geräte noch richtig anzeigen, und zugleich soll sichergestellt werden, daß sie auch für eine erneute mehrjährige Eichgültigkeitsdauer Meßergebnisse innerhalb der Verkehrsfehlergrenzen anzeigen werden. Deshalb werden bei der meßtechnischen Prüfung, die mit jeder Nacheichung verbunden ist, die Eichfehlergrenzen zugrunde gelegt, die nur halb so groß sind wie die durch den Akt der Eichung garantierten Verkehrsfehlergrenzen – § 9 EOAV [10]. Nach einer Anmerkung von A. Strecker zur Eichgültigkeitsverordnung [5] sollte die Eichgültigkeitsdauer einer Meßgeräteart so festgelegt werden, daß bei der Nacheichung von Meßgeräten, die vor der Nacheichung üblicherweise nicht überholt werden, die Eichfehlergrenze von nicht mehr als etwa 5 % der Geräte überschritten wird. Diese Bemerkung läßt offen, welcher Anteil dieser Meßgeräte tatsächlich die Verkehrsfehlergrenze überschreiten und wie groß diese Überschreitung sein dürfte. Sie läßt jedoch den Schluß zu, daß der Gesetzgeber trotz der allgemeinen Bestimmung von § 9 Abs. 4 des Eichgesetzes in Kauf nimmt, daß die Angaben geeichter Meßgeräte gelegentlich oder vereinzelt die Verkehrsfehlergrenzen überschreiten.

Inhaltlich wie zeitlich sind die beschriebenen Anforderungen an die meßtechnische Sicherheit als ein Kompromiß anzusehen zwischen dem Ziel des Eichgesetzes, vor falschen Meßergebnissen zu schützen, und der Beschränkung auf einen wirtschaftlich vertretbaren Aufwand im Waagenbau.

9.2.3 Beurteilung der metrologischen Sicherheit bei der Zulassung zur Eichung

Zur Sicherung der Meßbeständigkeit soll durch die Zulassung zur Eichung sichergestellt werden, daß während der Eichgültigkeitsdauer von 1, 2 oder 3 Jahren nach der Eichung keine fehlerhaften Wägeergebnisse angezeigt werden. Bei mechanischen Waagen einfacher Konstruktion genügt es dazu, bei der Eichung zu prüfen, ob die in EO9 [11] festgelegten Bauvorschriften eingehalten werden. Bei komplizierteren und neuen mechanischen Konstruktionen wird beim Verfahren der Bauartzulassung durch die PTB ein Festigkeitsnachweis einzelner Bauteile gefordert und eine zeitraffende Dauerbelastungsprüfung durchgeführt. Als angemessenes Äquivalent für die während einer Eichgültigkeitsperiode auftretende Beanspruchung werden die Waagen mit annähernd Max im Wechsel be- und entlastet:

bei Waagen der Klasse (I) : 50 000 mal,
bei Waagen der Klasse (II) bis (IIII) : 200 000 mal,
bei Preisauszeichnungsgeräten : 1 000 000 mal.

Diese Beanspruchungen dürfen nicht zu einer größeren Abweichung der Gewichtsanzeige als dem Absolutbetrag der Eichfehlergrenze führen. Wird Anfälligkeit von Bauteilen besonderer Technologie gegen Langzeiteinwirkung von Einflüssen wie Temperatur oder Feuchte erwartet, werden ebenfalls zeitraffende Sonderprüfungen durchgeführt, z. B. an Wägezellen ohne metallischen Schutz der Dehnungsmeßstreifen-Applikation [3].

Bei elektronischen Baugruppen von Waagen ist die Beurteilung der Meßbeständigkeit schwieriger. Zeitraffende Prüfungen mit erhöhter Temperatur sind nicht nur für einzelne Bauelemente möglich, die Beurteilung für komplexe Kombinationen von Bauteilen mit unterschiedlichem Einfluß der Temperatur auf das Ausfallverhalten ist aber nicht einfach. Eine Erprobung unter Verwendungsbedingungen müßte über mehrere Jahre erfolgen, was technisch und wirtschaftlich nicht sinnvoll ist. Wegen des Einflusses der Frühausfälle müßte zudem eine größere Anzahl von Geräten geprüft werden, um statistisch gesicherte Aussagen zu gewinnen. Der theoretische Nachweis des zu erwartenden Ausfallverhaltens aufgrund bekannter Ausfallraten der verwendeten Bauelemente ist schwierig, weil der mathematische Aufwand sehr hoch ist, die Ausfallraten meist nicht für alle Bauteile vorliegen und die Mikroelektronik sich rasch weiterentwickelt.

Anstelle eines theoretischen oder experimentellen Nachweises der zu erwartenden Meßbeständigkeit ist es zur Zeit üblich, den Ablauf der Schaltungsvorgänge und Signalverarbeitung innerhalb der elektronischen Schaltungen durch besondere, integrierte Prüfvorgänge zu überprüfen (s. Abschnitt 9.3). Das Feststellen einer „Funktionsfehler" genannten Abweichung vom vorgesehen Funktionsablauf muß dann zu einer der folgenden Konsequenzen führen:

a) Ausgabe eines Warnsignals zum Wägeergebnis, Waage vielleicht weiter verwendbar,
b) kein Wägeergebnis, Waage stillgesetzt,
c) Übernahme der gestörten Funktion durch eine andere Baugruppe bzw. eine zweite Elektronik.

Das Vorhandensein der entsprechenden Schaltungen und Prüfroutinen wird beim Zulassungsverfahren durch entsprechende Dokumentation der Schaltung nachgewiesen und stichprobenweise geprüft.

Schaltungen nach a) und b) verwirklichen die sogenannte Funktionsfehlererkennbarkeit (FFE), Schaltungen nach c) die sogenannte Funktionsfehlersicherheit. (Hinweis: die Definitionen für FFE und FFS in DIN 8120 T. 3 [13] weichen hiervon ab).

Anforderung	immer richtige Anzeige	keine falsche Anzeige
Verwirklichung durch	mechanische Baugruppen: $L_W \gg t_{eich}$ elektronische Baugruppen: FFS	mechanische Baugruppen: $L_W > t_{eich}$ elektronische Baugruppen: FFE
Bezeichnung	Zuverlässigkeit	metrologische Sicherheit
Verfügbarkeit V	V = Meßbeständigkeit	$V \leqslant$ Meßbeständigkeit

Bild 9.5 Verwirklichung der Meßbeständigkeit bei unterschiedlichen Anforderungen an die Funktionsbereitschaft

L_W wahrscheinliche Lebensdauer
t_{eich} Eichgültigkeitsdauer
FFS Funktionsfehlersicherheit
FFE Funktionsfehlererkennbarkeit

Aus wirtschaftlichen Gründen wird FFE bei eichpflichtigen Waagen als ausreichend angesehen. Lediglich im Bereich der Heilkunde sind Anwendungsfälle mit nicht wiederholbaren Messungen denkbar, die wegen möglicher Folgen des Ausbleibens einer Messung FFS erfordern könnten. Die geltende Eichordnung [11] läßt anstelle von FFE auch die Verwendung von „Bauteilen erhöhter Zuverlässigkeit" zur Gewährleistung der meßtechnischen Sicherheit zu. In der Praxis sind derartige Bauteile aber offenbar so aufwendig, daß die FFE im allgemeinen die wirtschaftlichere Lösung darstellt.

Die Eigenschaft „metrologische Sicherheit" im hier verwendeten Sinn ist nicht mit dem Begriff „Zuverlässigkeit" nach DIN 40041 gleichzusetzen (Bild 9.5). Eine hohe Zuverlässigkeit ist gleichbedeutend mit hoher Verfügbarkeit und einer Wahrscheinlichkeit nahe Null für irgendeinen der 3 genannten Ausfalltypen. Um dies zu erreichen, müßten die mechanischen Teile eine Lebenserwartung L_W von einem Vielfachen des Betrachtungszeitraumes, z.B. einer Eichgültigkeitsperiode t_{eich} haben, und für die Elektronik wäre FFS erforderlich. Demgegenüber würde die hier geforderte metrologische Sicherheit durch geringere Anforderungen an die Mechanik und FFE ausreichend sichergestellt.

Neuerdings wird im Bereich der Europäischen Gemeinschaften diskutiert, die Gewährleistung der Meßbeständigkeit dem Qualitätssicherungssystem des Herstellers zu überlassen. Auch ein Ersatz der Ersteichung durch ein entsprechendes Herstellerkennzeichen wird erwogen. Dies könnte ein Anreiz für die Hersteller werden, ihre vorhandenen Prüfeinrichtungen noch auszubauen, um die vermutlich recht schwierigen Bedingungen für eine entsprechende Anerkennung zu erfüllen. Die möglichen Auswirkungen vor allem auf kleinere Waagenbaufirmen sind noch nicht abzusehen.

9.3 Funktionsfehlererkennbarkeit (FFE) bei Waagen mit elektronischen Einrichtungen

Ein Funktionsfehler liegt grundsätzlich immer dann vor, wenn das Ergebnis einer Signalverarbeitung in einer elektronischen Schaltung vom theoretisch bestimmten Sollwert abweicht. Solche Abweichungen werden als bedeutende Störungen bezeichnet, wenn sie das von der Waage angezeigte Meßergebnis um mehr als eine vorgegebene Fehlergrenze verfälschen. Jede bedeutende Störung ist durch entsprechende Kontrollschaltungen zu erkennen und in geeigneter Weise anzuzeigen. Hiervon ausgenommen sind jedoch solche Störungen, die so offensichtlich sind, daß sie dem Benutzer der Waage auffallen müssen, z. B. Flackern der Anzeige, unleserliche Anzeige, Anzeige Null trotz geänderter Belastung und dergleichen.

9.3.1 Funktionsfehler bei verschiedenen Signalarten

Im Bild 9.6 ist schematisch die Signalverarbeitung in einer Waagenelektronik dargestellt. Eine Wägezelle beliebiger Technologie, z. B. eine solche mit Dehnungsmeßstreifen, wandelt die Gewichtskraft einer aufgelegten Last in ein elektrisches Signal um. Die Wägezelle selbst ist nicht dargestellt, da sie nicht als Teil der Waagenelektronik angesehen wird. Nach entsprechender Verstärkung liegt eine der Last proportionale Spannung U als analoges Signal vor. Diese Spannung wird durch einen Analog-Digital-Wandler zusammen mit einem Zähler in einen der Last proportionalen Zahlenwert umgewandelt. Der eigentliche AD/Wandler gibt zunächst in Abständen von 0,2 ... 0,5 s Impulsfolgen aus, bei denen der Meßwert durch die Anzahl der Impulse dargestellt ist. Dieses digital-inkrementale Signal wird wiederholt gesendet. Im Gegensatz dazu ist unten links in Bild 9.6 eine Strichscheibe dargestellt, die bei jeder Laständerung in eine neue Lage gedreht wird. Ein Sensor nimmt die jeder Laständerung entsprechende Anzahl von Strichmarken auf und gibt ein digital-inkrementales Signal einmalig an den Zähler weiter. Der Zähler bildet die Summen der jeweiligen Impulsfolgen und gibt diese in binär codierter Form, meist im BCD-Code weiter. Der Zählerstand wird ständig wiederholt an die Zentralrecheneinheit CPU gegeben, in der die Umwandlung des Zählerstandes in den eigentlichen Meßwert erfolgt. Dabei wird der Meßwert um das Nullpunktsignal korrigiert, ein eventueller Tarawert verrechnet und das Ergebnis auf den digitalen Teilungswert der Waagenanzeige gerundet. Beim Datenaustausch zwischen CPU und Schreib-Lese-Speicher RAM werden ebenfalls codierte Signale übertragen, jedoch nur einmal für jeden Vorgang. Die im RAM abgelegten Werte sind dort für eine unbestimmte Zeit in binär codierter Form abgelegt. In der CPU wird auch die BCD-Codierung des Meßwertes umge-

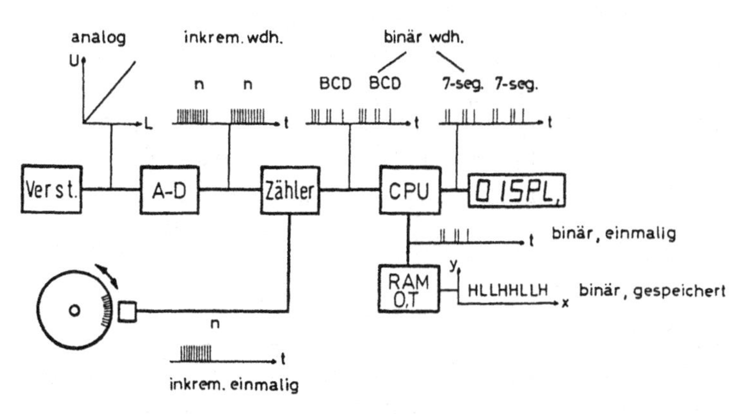

Bild 9.6 Signalarten in einer Waagen-Elektronik

A–D	Analog-Digital-Wandler	RAM	Schreib-Lese-Speicher
BCD	binär codiertes Signal		0 = Nullpunktswert
CPU	Zentralrecheneinheit		T = Tarawert
DISPL	Anzeigeeinrichtung	U	Meßspannung
n	Anzahl der Impulse	Verst.	Verstärker
inkrem.	digital-inkremental	wdh.	wiederholte Signalverarbeitung
L	Last	7-seg.	Ansteuersignal für 7-Segment-Anzeigeeinrichtung

wandelt in die für die Ansteuerung der Anzeige erforderliche Codierung, im Beispiel eine 7-Segment-Anzeige, deren Ansteuerung durch ständig wiederholte Impulsfolgen erfolgt.

Alle genannten Signale können durch verschiedene Einflüsse verfälscht werden. Mögliche Ursachen dafür können sein: äußere Störeinflüsse klimatischer, mechanischer und vor allem elektromagnetischer Art; falsche Verwendung durch den Benutzer; Ermüdung oder Alterung; schließlich unerkannte Fehler im Schaltungsentwurf. Unabhängig von der Ursache kann jeder Funktionsfehler von unterschiedlicher Zeitdauer sein. Zu unterscheiden sind drei Arten von Funktionsfehlern:

1. Umkehrbare Funktionsfehler sind solche, die nur für die Dauer der äußeren Einwirkung vorhanden sind und zusammen mit dieser ohne bleibende Folge verschwinden.
   Beispiel: Veränderung einer Spannung durch elektromagnetische Induktion.
2. Rückstellbare Funktionsfehler treten bei einmaliger Signalverarbeitung oder -übertragung auf, der betroffene Zahlenwert bleibt verfälscht, bis er durch einen neuen ersetzt wird.
   Beispiel: Verändern eines Speicherinhaltes infolge einer elektrostatischen Entladung.
3. Dauernde Funktionsfehler als Folge eines Ausfalls eines Bauelementes.
   Beispiele: Unterbrechung einer Datenleitung durch mechanische Einwirkung, Durchschlagen von Trennschichten innerhalb von Halbleiterbausteinen.

Nicht alle Wirkungsarten kommen bei allen Signalarten vor, z.B. ist ein rückstellbarer Funktionsfehler bei einem analogen Signal nicht möglich und ein umkehrbarer Funktionsfehler nicht bei einmaliger digitaler Signalverarbeitung (Bild 9.7). Das Vorkommen solcher Funktionsfehler, die nicht offensichtlich sind, ist so oft zu überprüfen, daß die Anzeige eines falschen Meßwertes verhindert wird.

Wirkungsart Signalart	umkehrbarer Funktionsfehler	rückstellbarer Funktionsfehler	Ausfall
analog	– (Abschirmung)	– (kommt nicht vor)	intermittierend (von Hand)
digital inkremental einmalig	– (k.n.v.)	ständig	ständig
inkremental wiederholt	– (offensichtlich)	– (k.n.v.)	ständig
binär einmaliger Vorgang	– (k.n.v.)	ständig	intermittierend (automatisch)
binär wiederholter Vorgang	– (offensichtlich)	– (k.n.v.)	intermittierend (automatisch)
binär gespeichert	– (k.n.v.)	ständig	intermittierend (automatisch)

Bild 9.7 Empfohlene Häufigkeit der Prüfung auf bedeutende Fehler
k.n.v. Fehlerart kommt nicht vor

Umkehrbare Funktionsfehler führen bei wiederholt verarbeiteten digitalen Signalen zu offensichtlichen Fehlern in der Anzeige, weil dort kein stabiler Gewichtswert erscheint. Bild 9.7 zeigt für jede Wirkungsart und für jede Signalart die derzeit für angemessen erachtete Häufigkeit der Prüfung auf bedeutende Fehler. Ein Strich bedeutet, daß eine Prüfung nicht gefordert wird, der Grund ist jeweils angegeben. Die Prüfung analoger Signale auf umkehrbare Funktionsfehler ist nach dem derzeitigen Stand der Technik sehr schwer durchzuführen; es genügt deshalb eine Abschirmung der diese Signale verarbeitenden Bauteile, deren Wirksamkeit mit geeigneten Funkgeräten überprüft wird.

Die in Bild 9.7 angegebenen Häufigkeiten bedeuten:

ständig: Prüfung jedes einzelnen Verarbeitungsvorgangs,
intermittierend: bei digitaler Signalverarbeitung alle 2 ... 5 s,
bei analoger Signalverarbeitung jeweils nach mehreren Stunden (nur Driftausfälle zu erwarten!).

Alle ständigen und alle automatisch intermittierenden Prüfungen müssen durch die Waagenelektronik selbst erfolgen. Während dazu am Beginn der Entwicklung elektronischer Waagen noch eine Anzahl zusätzlicher Bauteile erforderlich waren, können die Prüfungen heute als zusätzliche Rechen- oder Steuervorgänge vom Mikroprozessor mit durchgeführt werden. Dadurch wurde der für FFE erforderliche Aufwand wesentlich reduziert. Intermittierende Prüfungen analoger Bauteile können auch vom Bedienungsmann einer nichtselbsttätigen Waage durchgeführt werden, ggf. von der Waage dadurch erzwungen, daß sie nur durch diese Prüfungen betriebsbereit wird.

9.3.2 Maßnahmen zur Funktionsfehlererkennung bei Waagen

Für die Prüfung auf Funktionsfehler und Bauteilausfälle wurden inzwischen eine Vielzahl von Verfahren entwickelt. In allen Fällen ist es grundsätzlich möglich, die Prüfung durch Verdoppeln der Bauteile und Vergleich der von beiden getrennt erarbeiteten Signale zu verwirklichen. Diese Lösung ist jedoch sehr aufwendig, sie wird daher nach Möglichkeit durch andere Verfahren unter Ausnutzung der ohnehin vorhandenen Bauteile ersetzt. Bild 9.8 zeigt eine schematische Übersicht über die Möglichkeiten, die unterschiedlichen Signalarten auf Funktionsfehler und Ausfälle zu überprüfen. Zu jeder Prüfungsart ist angegeben, welcher Häufigkeitsforderung sie entspricht.

Wird durch eine dieser Prüfungen ein Funktionsfehler festgestellt, so muß das eine angemessene Folge auslösen (Bild 9.9). Bei von Hand ausgelöstem Prüfvorgang ist es üblich, daß eine Kontrollzahl angezeigt wird, die vom Wäger selbst mit einem Sollwert und bestimmten Toleranzgrenzen verglichen werden muß. Es liegt also in der Verantwortung des Wägers, den Funktionsfehler gegebenenfalls zu erkennen und beheben zu lassen. Ein automatisch ablaufender Vergleich zwischen Kontrollzahl und Sollwert kann beim Überschreiten einer Fehlergrenze zu einer Fehlermeldung in der Anzeige führen. Die weitere Verwendung der Waage kann unterbunden sein, oder sie wird durch Drücken einer Bestätigungstaste wieder möglich.

Alle automatisch ausgelösten Prüfvorgänge müssen zu einer automatischen Reaktion der Waage selbst führen:

- der Meßwert wird weiterhin angezeigt, und durch eine Warnlampe o. ä. wird auf den Funktionsfehler hingewiesen,
- der Meßwert selbst wird durch Blinken o.ä. als fehlerbehaftet gekennzeichnet,
- in der Anzeige erscheint gar nichts oder eine Fehlermeldung, die dann in der Bedienungsanweisung erläutert ist.

Signalart \ Ziel der Prüfung	Prüfung auf Funktionsfehler		Prüfung auf Ausfälle		
analog	zwei verschiedene Bauteile	P	Verdoppeln der Bauteile		P
			Prüfspannung	Im,a	
			Aufschaltg. zusätzlicher Prüfbauteile	Im,a	
			eingebautes Prüfgewicht	Im	
inkremental					
monoton	Verdoppeln der Bauteile	P	Verdoppeln der Bauteile		P
			Prüfzählung	Ia	
wiederholt	Summenvergleich	P	Prüfzählung	Ia	P
binär					
Übertragung	sicherer Code, Wieder-Einlesen	P	Prüfwort	Ia	
			Schreib-Lese-Routine	Ia	
			sicherer Code		P
			Wieder-Einlesen		P
Umwandlung	Wieder-Einlesen	P	Prüfumwandlung	Ia	P
Rechnung	doppelte Rechnung	P	Prüfrechnung	Ia	P
	Umkehr-Rechnung	P	Mehrfacheinsatz		P
im Speicher	sicherer Code; Verdopplung	P	Schreib-Lese-Routine	Ia	
			sicherer Code		P
			Verdopplung		P

Bild 9.8 Mögliche Verfahren zur Prüfung auf bedeutende Fehler

a automatische Auslösung der Prüfung
I intermittierende Prüfung
m manuelle Auslösung der Prüfung
P ständige Prüfung

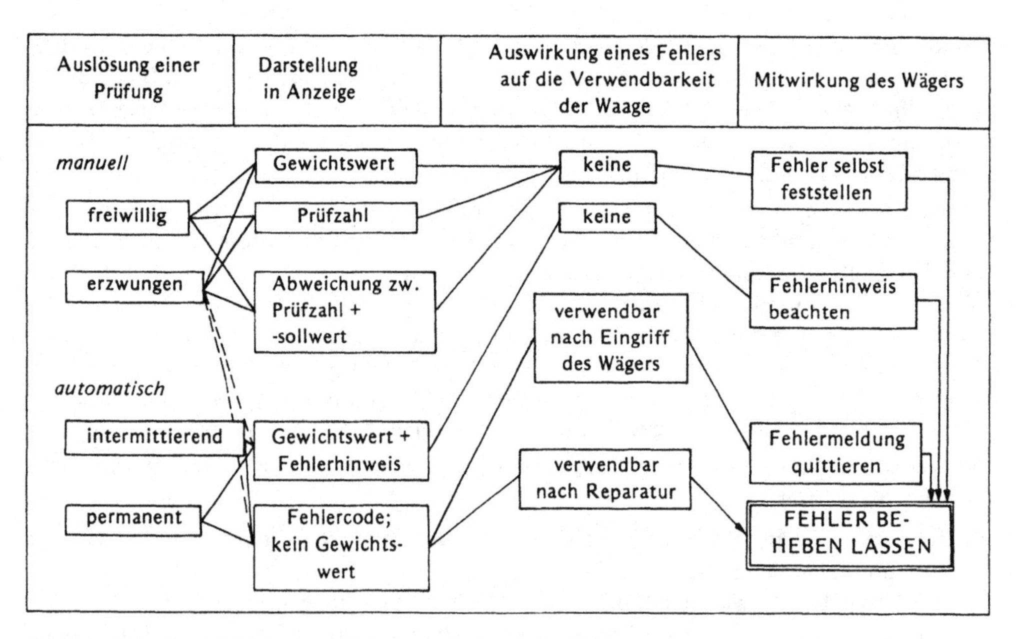

Bild 9.9 Ablauf von Prüfungen zur Erkennung bedeutender Fehler

—— übliche Verfahren
– – – mögliche, jedoch nicht übliche Verfahren

Daneben können Steuersignale ausgegeben werden, die angeschlossene Zuführeinrichtungen für Wägegüter oder Drucker und Datenverarbeitungsanlagen stillsetzen. Der Abdruck fehlerhafter Werte oder ihre Darstellung auf einer Zweitanzeige muß entweder verhindert oder in geeigneter Weise gekennzeichnet werden.

Die Art der Konsequenz eines Funktionsfehlers hängt wesentlich von der betrachteten Waagenart ab. Bei selbsttätig arbeitenden Waagen ist meist ein akustisches Signal und das Stillsetzen der Anlage nötig. Bei nichtselbsttätigen Waagen wird in der Regel die Aufmerksamkeit des fachkundigen Wägers vorausgesetzt, hier genügt meist der Hinweis auf das Vorliegen eines Fehlers, ohne daß die weitere Verwendung der Waage unterbunden wird. Je mehr jedoch Waagen durch ungeschultes Personal bedient werden können, z. B. in offenen Verkaufsstellen, um so mehr sollte ein Funktionsfehler auch automatisch zum Stillsetzen der Waage führen.

9.3.3 Beispiele ausgeführter Kontrollverfahren [1]

1. Prüfung des Analogteils einer Waage

Bild 9.10a zeigt die Anzeige einer Waage, die entsprechend der Kennlinie des Analogverstärkers der wirkenden Last proportional ist. Bei fehlerfreiem Arbeiten erscheint nach Auflegen der vollen Waagenhöchstlast eine entsprechende Waagenanzeige, im Beispiel 10,00 kg. Ändert sich die Kennlinie des Analogverstärkers infolge Driftausfalls seiner Bauteile, so erscheint beim Auflegen derselben Last eine vom Sollwert 10,00 kg abweichende Anzeige. Diese Abweichung kann entweder vom Wäger mit dem auf einem Schild an der Waage angegebenen Toleranzwert verglichen werden, oder der Vergleich erfolgt durch das Rechnersystem der Waage automatisch. Der Vergleichswert kann (Bild 9.10b) auch durch manuelle oder automatische Aufschaltung einer Prüfspannung auf die Meßleitung erzeugt werden.

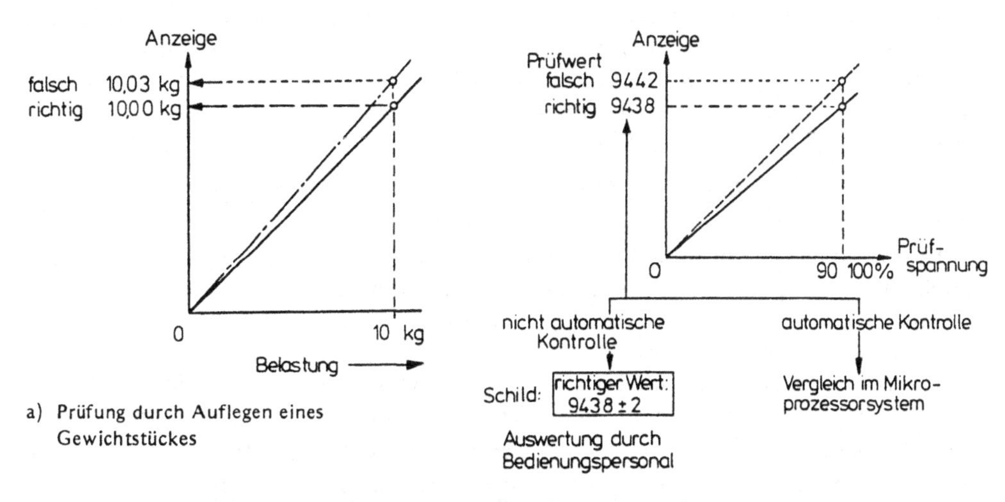

a) Prüfung durch Auflegen eines Gewichtstückes

b) Prüfung durch Aufschalten einer Prüfspannung

Bild 9.10 Prüfung des Analogteils einer Waage auf Driftausfälle, nach [1]

2. Prüfung von Zählern für inkrementale Digitalsignale

Wird das inkrementale Signal nur einmal gebildet, wie in Bild 9.6 links unten dargestellt, erfordert die ständige Prüfung eine Verdoppelung der Komponenten (Bild 9.11). Zwei Sensoren a und b bilden in zwei Zählern 1 und 2 die Summe der bei einer Laständerung auftretenden Impulse. Der Zählerstand des einen Zählers wird nur dann weiterverarbeitet, wenn der Vergleicher Übereinstimmung zwischen den von beiden Zählern gebildeten Summen feststellt. Der Vergleicher selbst ist durch Aufbringen eines Störsignals von Hand darauf zu überprüfen, ob er eine Differenz beider Zählerstände auch tatsächlich erkennt. Der Vergleich der Zählerstände kann auch in den vom Mikroprozessor ausgeführten Programmablauf eingefügt sein; in diesem Fall führt jede auftretende Differenz, die einen einprogrammierten Schwellenwert überschreitet, zur Anzeige eines bedeutenden Fehlers.

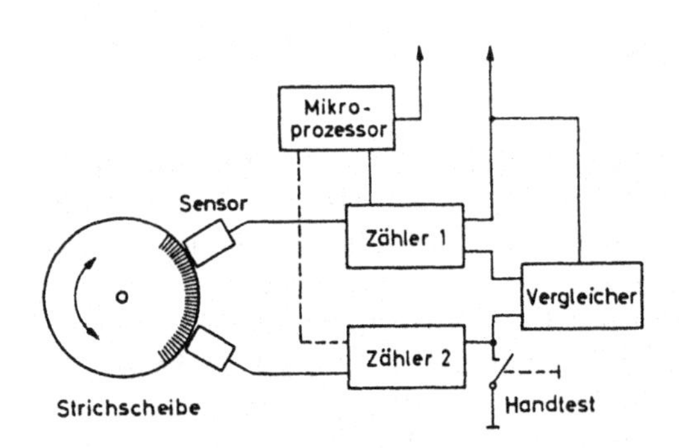

Bild 9.11
Prüfschaltung für inkrementale Signale mit 2 Zählern

Die Verdopplung von Bauteilen kann auch zur ständigen Prüfung der wiederholt verarbeiteten inkrementalen Signale eingesetzt werden. Da bei dieser Signalart gemäß Bild 9.7 jedoch nur eine Prüfung auf Bauteilausfälle erforderlich ist, kann ein anderes Prüfverfahren mit geringerem Aufwand angewandt werden, z.B. das Aufsummieren einer vom Mikroprozessor ausgesandten Impulsfolge, deren Summe mit dem bekannten Sollwert ebenfalls vom Mikroprozessor verglichen wird. Werden dazu abwechselnd zwei Prüfsummen benutzt, die im BCD-Code inverse Bitmuster ergeben, so sind damit alle Bauteile und Verbindungsleitungen zwischen Zähler und Zentraleinheit überprüft.

3. Prüfung einmalig verarbeiteter codierter Signale

Eine einmalige Verarbeitung von codierten Signalen kann sein:

- Berechnung eines Zahlenwertes, z.B. Berechnung eines Nettowertes durch Taraabzug oder Berechnung des Kaufpreises aus Gewicht und Grundpreis;
- Umwandlung eines Zahlenwertes von einer Codierung in eine andere, z.B. vom BCD-Code in die Ansteuerung einer 7-Segment- oder Matrixanzeige;
- Übertragung eines Zahlenwertes von einer Funktionseinheit zu einer anderen, z. B. vom Zentralrechner auf einen Speicherplatz oder zu einer Gruppe von Treiberdioden.

Zur Kontrolle von Rechnungs- und Umwandlungsvorgängen kann auf den jeweiligen Vorgang unmittelbar folgend die entsprechende Umkehrfunktion ausgeführt werden, d.h. Umkehr des Rechenvorganges oder Rückcodierung, so daß sich die Ausgangswerte wieder ergeben müssen. Die richtige Übertragung von Binärsignalen wird geprüft durch Rückübertragung des vom Empfänger übernommenen Wertes oder durch Verwendung eines sog. sicheren Codes. Darunter ist die Ergänzung der Codierung des Zahlenwertes um ein oder mehrere Kontrollbits zu verstehen, z. B. ein Paritätsbit oder die Angabe der Quersumme (Hammingdistanz $\geqq$ 2). Zur Prüfung auf Bauteilausfälle kann auch intermittierend der jeweilige Vorgang mit einer Prüfzahl durchgeführt werden, deren Werte vor und nach der Verarbeitung bekannt sind.

4. Prüfung wiederholt verarbeiteter codierter Signale

Diese Signalverarbeitung tritt insbesondere bei der Übertragung auf, z.B. Weitergabe des Zählerstandes vom A/D-Wandler zum Rechner oder Wiederholung der Ansteuerung der Anzeigeeinrichtung. Erforderlich ist nur die Prüfung auf Ausfälle an Bauteilen oder Verbindungsleitungen. Als Beispiel wird eine LED-Anzeige mit ihrer Ansteuerung betrachtet. Der vom Rechner gelieferte Zahlenwert in BCD-Codierung wird in einem Dekoder in die Ansteuersignale der 7-Segment-Anzeige umgewandelt. Von den Ansteuersignalen werden Treiber aktiviert, die die jeweiligen Segmente der LED-Anzeige zum Aufleuchten bringen. Zur Überprüfung der durch die einzelnen Segmente fließenden Ströme können beispielsweise Operationsverstärker eingesetzt werden, die für jedes Segment eine logische Null ausgeben, wenn die an dem Segment abfallende Spannung auf Kurzschluß oder Unterbrechung des Segmentes schließen läßt.

Jede einzelne Stufe dieser Signalverarbeitung zu prüfen, ist zwar technisch möglich, jedoch sehr aufwendig. Eine vollständige Überprüfung der ganzen Funktionskette wird auch erreicht, indem nur die logischen Zustände der Operationsverstärker zum Mikroprozessor zurückgeführt und dort mit dem anzuzeigenden Meßwert verglichen werden.

Beim Übertragen von Daten von einem Gerät, z.B. einer Waage, zu einem anderen, z.B. einem Drucker, wird statt des Zurücklesens der Information die Verwendung eines sicheren Codes mit Prüfung in dem empfangenden Gerät bevorzugt.

5. Prüfung gespeicherter codierter Signale

Gespeicherte codierte Signale können die im Programmspeicher eines Mikroprozessors abgelegten unveränderlichen Befehle und Zahlenwerte oder im Datenspeicher abgelegte veränderliche Zahlenwerte sein, die sich bei der Verwendung der Waage ergeben. Die Überprüfung eines Programmspeichers ist möglich z.B. durch Addition des Inhaltes aller Speicherplätze als Teil des Programmablaufs, wobei eine „Halbaddition", d.h. Addition ohne Berücksichtigung eines Übertrages, ausreichend ist. Eine Verfälschung eines Programmbefehls führt jedoch nach neuerer Erfahrung bei Mikroprozessorsystemen zu offensichtlichen Fehlfunktionen des Systems, so daß eine Überprüfung des Inhaltes von Befehlsspeichern kaum noch notwendig ist. Im Programmspeicher abgelegte Zahlenwerte sind jedoch in jedem Fall auf Richtigkeit zu überprüfen, entweder durch Verwendung eines sicheren Codes oder durch doppelte Abspeicherung und doppeltes Einlesen bei jedem Aufruf.

Datenspeicher sind daraufhin zu überprüfen, ob sie eine eingegebene Information richtig abspeichern und ob Daten, die über einen längeren Zeitraum gespeichert werden, während dieser Zeit nicht verändert wurden. Das richtige Abspeichern kann durch Einschreiben, Auslesen und Prüfen zueinander inverser Bitmuster überprüft werden. Möglich ist auch das sofortige Auslesen und Vergleichen der gerade eingegebenen Daten durch den Mikroprozessor. Länger zu speichernde Daten werden gegen Verfälschung gesichert, indem sie entweder doppelt abgespeichert und ausgelesen oder in einem sicheren Code abgespeichert werden.

Die hier gegebene Darstellung der Funktionsfehlererkennbarkeit sollte aufzeigen, daß es möglich ist, die bei der Signalverarbeitung in einer elektronischen Waage möglicherweise auftretenden Funktionsfehler zu erkennen und dem Waagenbediener in geeigneter Weise anzuzeigen. Dabei wurden die Anforderungen an die Prüfvorgänge nur nach der Art der zu prüfenden Signale, unabhängig von der jeweils verwendeten Technologie dargestellt. Die praktischen

Beispiele zeigten einige Möglichkeiten auf, diese Anforderungen mit den beim heutigen Stand der Technik verwendeten Bauelementen zu erfüllen. Der Waagenhersteller hat jederzeit die Freiheit, auch andere gleichwertige Verfahren zu entwickeln. Er sollte jedoch immer dem Waagenbenutzer durch eine entsprechend deutliche Gebrauchsanweisung oder Hinweise an der Waage aufzeigen, wie weit dessen Aufmerksamkeit im Einzelfall zur Verwirklichung der Funktionsfehlererkennbarkeit mit einbezogen ist.

Schrifttum

Bücher, Aufsätze

[1] *Brandes, P., Kochsiek, M.:* Maßnahmen zur „Funktionsfehlererkennbarkeit (FFE)" an einer elektromechanischen Waage, PTB-Bericht Me-37, Braunschweig 1982.

[2] *Glimm, J.:* Über die Zuverlässigkeit eichpflichtiger Meßgeräte, PTB-Mitteilungen 93 (1983), S. 15/20.

[3] *Meißner, B., C. U. Volkmann:* Prüfung von Dehnungsmeßstreifen-Wägezellen, PTB-Bericht Me-30, Braunschweig 1981.

[4] *Schäfer, E.:* Zuverlässigkeit, Verfügbarkeit und Sicherheit in der Elektronik, 1. Auflage, Würzburg 1979.

[5] *Strecker, A.:* Eichgesetz, Einheitengesetz und Durchführungsverordnungen. Text und Erläuterungen, 2. Auflage, Braunschweig 1982.

[6] *Süß, R.:* Entwicklungstendenzen im Waagenbau in: Wägetechnische Probleme bei der Massebestimmung, S. 95/116, PTB-Bericht Me-26, Braunschweig 1980.

[7] Technische Zuverlässigkeit, hrsg. von Messerschmitt-Bölkow-Blohm, 2. Auflage, Berlin–Heidelberg–New York 1977.

Gesetze, Verordnungen, Richtlinien

[8] Gesetz über das Meß- und Eichwesen (Eichgesetz) vom 11.07.1969, BGBl. I S. 759.

[9] Verordnung über die Gültigkeitsdauer der Eichung (Eichgültigkeitsverordnung) vom 18.06.1980, BGBl. I S. 802.

[10] Eichordnung (EO), Allgemeine Vorschriften vom 15.01.1975, BGBl. I S. 233.

[11] Anlage 9 zur Eichordnung [10] – Nichtselbsttätige Waagen –

[12] Vorschlag für eine Richtlinie des Rates zur Änderung der Richtlinie 71/316/EWG ... Dokument Nr. 4332/81. Der Rat der Europäischen Gemeinschaften, Brüssel, 29.01.1981. Dokument gleichlautend in Englisch und Französisch.

[13] DIN 8120. Begriffe im Waagenbau, Teile 1, 2, 3, Juli 1981.

[14] DIN 40041. Zuverlässigkeit von Betrachtungseinheiten der Elektrotechnik – Begriffe. Teil 1: Allgemeines, Entwurf Mai 1981.

Anhang

A Die Entwicklung der mechanischen Präzisionswaage

H. R. Jenemann

A.1 Einleitung

Die Einführung der ersten Vergleichsmaße und -körper zu Messungen und Wägungen verliert sich im Dunkel der Vorgeschichte des Menschen. Gegenüber der heutigen Vielzahl ist der Mensch über Jahrtausende hinweg mit ganz wenigen solcher „Einheiten" ausgekommen, vor allem für die Länge, die Zeit und die Masse. Sicherlich sind die Bemühungen, Güter in ihrer Masse mit möglichst großer Genauigkeit zu bestimmen, auf eine mehrere Jahrtausende v. Chr. liegende Zeit anzusetzen. Je wertvoller das zu wägende Gut war, um so größere Anforderungen wird man an die Leistungsfähigkeit der Waage gestellt haben. Wen mag es wundern, daß die Wägung gerade derjenigen Stoffe, die dem Menschen von Anfang an besonders lieb und teuer gewesen sind – die Edelmetalle und später die Münzen, welche aus ihnen hergestellt wurden – unter zentrale staatliche Aufsicht gestellt wurde [1]?

In jeder dem Römischen Reich unterworfenen Stadt befanden sich amtliche Wägemeister; an sie waren die der Bevölkerung auferlegten Abgaben zu zahlen. Sie hatten außerdem die Aufgabe, den Soldaten ihren Sold zuzuwägen. Ihren Hauptsitz hatten diese Beamten auf dem Kapitol in Rom, wo auch die Münzstätte der JUNO MONETA zu vermuten ist. In dem Ponderarium, einem staatlichen Gebäude auf dem Kapitol, waren die zu Vergleichswägungen verwendeten Waagen wie auch die Normalgewichtstücke und -münzen aufbewahrt [2].

Zu Handelszwecken verwendeten die Römer üblicherweise die nach ihnen benannte, vermutlich aber bereits von den Etruskern oder einem anderen Volksstamm erfundene „Römische Schnellwaage", eine ungleicharmige Waage mit nur einer Schale. Bei ihr wird, nachdem die zu wägende Last aufgelegt ist, das Gleichgewicht durch Verschieben eines Laufgewichtes auf der Gegenseite wieder hergestellt und das Ergebnis der Wägung direkt an dem graduierten Waagebalken abgelesen.

An der Laufgewichtswaage konnte man Wägungen in einem Genauigkeitsverhältnis von kaum besser als $1 : 10^2$ ausführen. Für anspruchsvollere Zwecke, wie sie die vorher genannten Aufgaben darstellten, war dies jedoch nicht genau genug. So dürften gerade die Wägungen von Normalgewichten, wie auch von Münzen und Edelmetallen, ausschließlich mit der symmetrisch gestalteten, in drei Achsen gelagerten Zweischalenwaage vorgenommen worden sein. Deren oft sehr sorgfältig ausgearbeitete und künstlerisch ausgeschmückte Gestaltung läßt darauf schließen, daß diese sogenannte gleicharmige Waage mit einem für die damalige Zeit erreichbaren Optimum an Genauigkeit von etwa dem Zehn- bis Hundertfachen derjenigen der Laufgewichtswaage arbeitete. Sie erlaubte also Wägungen in einem Verhältnis der Auflösung von maximal $1 : 10^4$.

Dabei waren die Waagen der Römer, wie bereits vorher diejenigen anderer Völker (Bild A.1) von teilweise recht unterschiedlicher Dimension. Sie waren also, entsprechend der Größe wie auch der Feinheit des Wägegutes, für verschiedene Wägebereiche konstruiert. Die empfind-

Bild A.1 Symmetrische Waage der Antike auf großem Dreifußgestell, nach einem Relief auf griechischer silberner Weinkanne. Aus der Ilias von Homer: Rückkauf der Leiche des Hektor, die gegen Gold aufgewogen wird.
Quelle: Th. Ibel: „Die Waage im Altertum und Mittelalter", Erlangen 1908.

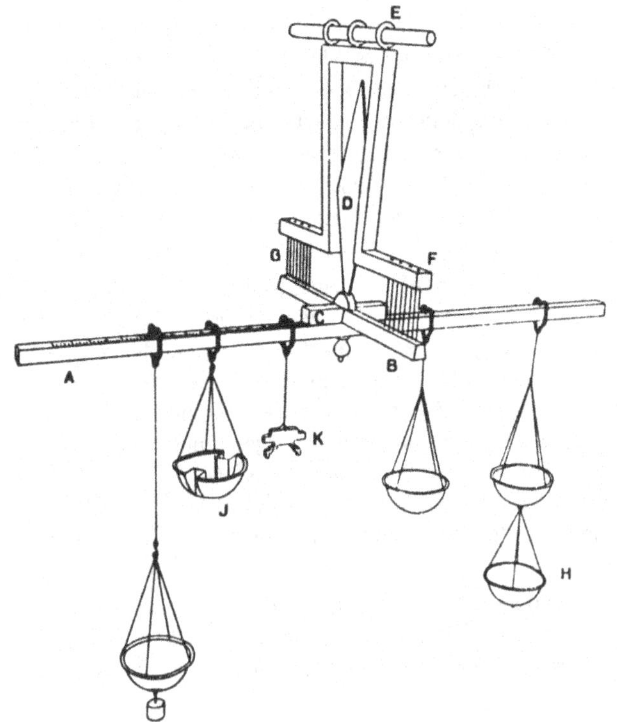

Bild A.2
Arabische Universalwaage mit 5 Schalen, insbesondere zur Dichtebestimmung durch Hydrostatische Wägung. Nach A. Chazini: „Buch der Waage der Weisheit", ca. 1100.
Quelle: H. Bauerreiß: „Zur Geschichte des spezifischen Gewichtes im Altertum und Mittelalter", Erlangen 1914.

lichsten dürften, nach heutiger Einheit, Wägungen bis in den Hundertstelgramm-Bereich herab erlaubt haben.

Nach dem Niedergang des Römischen Reiches wurden die Araber in dessen östlichen Teil Bewahrer des kulturellen und wissenschaftlichen Erbes der Antike und führten es, um die Jahrtausendwende, einer neuen Blüte entgegen (Bild A.2) [3]. In Europa dagegen fiel das Lebensniveau auf eine niedrigere Stufe zurück. Später, in der Renaissance, begannen sich die Menschen – nachdem vorher bereits vereinzelt Forderungen erhoben worden waren, wissenschaftliche Kriterien zur Grundlage der menschlichen Existenz zu machen [4] – auf das geistige Erbe der Antike zurückzubesinnen.

Die Wende vom 16. zum 17. Jahrhundert gilt als die Zeit der Geburt der naturwissenschaftlichen Methode [5]. Die durch neue Meß- und Beobachtungsinstrumente gewonnenen Erkenntnisse lieferten die Basis zur Erweiterung des menschlichen Denkens. Und in der Mechanik, der Wissenschaft von den Kräften und ihrer Übertragung auf die Herstellung arbeitserleichternder Maschinen, war es vor allem die Waage, durch deren systematische Anwendung neue Zusammenhänge erkannt wurden; ohne die Waage war eine wissenschaftliche Arbeit nicht möglich. Im 18. Jahrhundert, zur Zeit der Aufklärung, wurden dann die Grundlagen zur späteren Ausbreitung der Technik erarbeitet.

A.2 Bedingungen zur Herstellung leistungsfähiger Waagen

Im 18. Jahrhundert setzten sich in der Konzeption der zu wissenschaftlichen Arbeiten verwendeten Wägeinstrumente neue Konstruktionsprinzipien durch. Die Lagerung des Waagebalkens auf der frei hängenden „Schere" wird bei den neu entwickelten Präzisionswaagen aufgegeben. Die Hauptschneide wird auf einer ebenen Platte aus poliertem Stahl, später aus Halbedelstein (Achat), gelagert, die auf der mit der Grundplatte der Waage verbundenen Säule befestigt ist. Vorrichtungen werden angebracht, die es erlauben, den Balken aus seiner Ruhestellung abzusenken und wieder zu arretieren. Um diese empfindlichen Geräte vor Luftzug, Staub, Korrosion und Wärmeeinwirkung zu schützen, werden sie mit einem verglasten Gehäuse aus Holz umgeben.

Während einer recht langen Periode gebrauchten in der Folgezeit die Naturforscher zu Präzisionswägungen ausschließlich langarmige Waagen. Mit Waagebalken von 40 cm, 50 cm und noch größerer Länge strebte man eine möglichst große Empfindlichkeit der Wägung an, um dadurch noch recht geringe Unterschiede der zu bestimmenden Masse erkennen zu können. Unter der Empfindlichkeit versteht man die Änderung der Neigung des Balkens nach Auflage eines kleinen zusätzlichen Gewichtstückchens Δm auf eine der Waagschalen. Nach der Theorie der Waage [6, 7] ist nun diese Winkeländerung, außer von der Armlänge l des Balkens, noch von seiner Masse m sowie der Entfernung d zwischen seinem Schwerpunkt und der Drehachse abhängig. Der Schwerpunkt muß dabei, um die Waage im Zustand des stabilen Gleichgewichts funktionsfähig zu gestalten, unterhalb der Drehachse liegen (Bild A.3). Zur Berechnung der Empfindlichkeit einer Waage läßt sich die nachstehende Formel ableiten:

$$\tan\alpha = k \cdot \frac{1}{d} \cdot \frac{l}{m} \cdot \Delta m \tag{A.1}$$

mit: k Proportionalitätsfaktor, einschließlich der mechanischen Reibung des Systems,
d Abstand zwischen Schwerpunkt und Drehachse des Balkens,
l Länge des Balkens,
m Masse des Balkens,
Δm zusätzlich auf eine Seite der Waage aufgelegte kleine Masse.

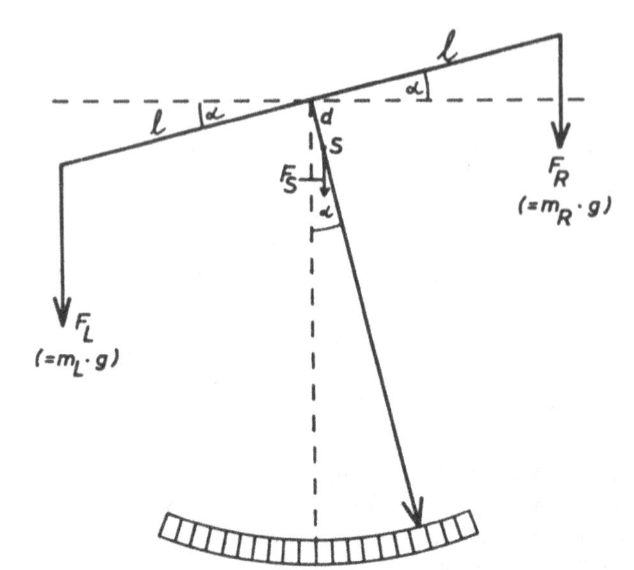

Bild A.3
Die Empfindlichkeit an der Dreischneidenwaage

Zur Herstellung einer gleicharmigen Waage guter Leistungsfähigkeit sollten noch die beiden Armlängen des Balkens „absolut" gleich lang sein und die drei Achsen – Hauptdrehlager und die beiden seitlichen Schneiden als Angriffslinien von Lastschale und Gewichtschale – auf einer (gedachten) Ebene liegen, welche diese miteinander verbindet. Nur wenn letztgenannte Bedingung erfüllt ist, bleibt, bei Anwendung des Wägeverfahrens durch Kompensation – Ausgleich der Gewichtskraft der zu wägenden Masse durch diejenige von Gewichtstücken auf der Gegenschale – die Empfindlichkeit der Waage über den gesamten Wägebereich konstant. Selbstverständlich muß, als grundsätzliche Voraussetzung, das gesamte System so reibungsarm wie möglich gestaltet werden.

Eine höheren Ansprüchen gerecht werdende Theorie der Waage wurde erstmals von dem großen Mathematiker *Leonhard Euler* (1707–1783) entwickelt [8]. Die dann hergestellten langarmigen Waagen hatten noch den Vorteil, daß sie besser auf (weitgehende) Gleichheit der Armlängen zu justieren waren (Bild A.4).

Bild A.4
Große langarmige Waage von großer Präzision; konischer Balken aus beidseitig abgestumpften Kugeln; Balkenlänge 3 Fuß (preußisch? – entsprechend ca. 1100 mm). Hergestellt von N. Mendelssohn, Berlin 1808.

Indessen zeigt die nähere Betrachtung der Formel für die Empfindlichkeit der Waage zweierlei:

1. Bei der Konstruktion von Waagen wird es erforderlich, Kompromisse einzugehen, da es nicht möglich ist, alle Bedingungen gleichzeitig in idealer Form zu erfüllen. So wird man das Verhältnis der Länge des Balkens zu seiner Masse in einer gewissen optimalen Relation zueinander halten müssen. Anderenfalls wird es, bei zunehmender Länge des Balkens, nicht zu vermeiden sein, daß er sich bei Belastung durchbiegt. Dadurch wird die Verbindung der drei Schneiden von ihrer Idealform abweichen; mit größer werdender Belastung wird somit die Empfindlichkeit reduziert. Eine Verringerung der Empfindlichkeit tritt auch dann ein, wenn einer Durchbiegung des Balkens durch materielle Verstärkung und damit durch Zunahme seiner Masse entgegengewirkt wird: Mit wachsender Länge des Balkens muß, um seine Stabilität zu erhalten, seine Masse überproportional zunehmen.
2. Eine möglichst große Empfindlichkeit kann nicht das ausschließlich kennzeichnende Merkmal für die Leistungsfähigkeit einer Waage sein. Legt man etwa den Schwerpunkt so nahe wie nur möglich an die Drehachse, läßt d also sehr klein werden, resultiert daraus zwar eine größere Empfindlichkeit, diese jedoch in zweierlei Bedeutung des Begriffes: Nicht nur im Sinne der wägetechnischen Definition, sondern auch in Hinsicht auf eine verstärkte Störanfälligkeit gegenüber Einflüssen jeder Art. Eine übermäßig verstärkte Empfindlichkeit führt somit zu einer weniger sicheren Einstellung der Gleichgewichtslage der Waage und damit zu einer stärkeren Streuung der Ergebnisse. So sind heute andere Kriterien für die Qualität einer Waage maßgeblich: die durch die Standardabweichung charakterisierte Reproduzierbarkeit der Ablesung, die geringstmögliche Ablesbarkeit und die größtmögliche Belastbarkeit. Aus den beiden zuletzt genannten Daten ergibt sich das maximale Auflösungsverhältnis der Waage [9].

Was die Gleichheit der beiden Hebelarme der sogenannten gleicharmigen Waage betrifft, kann diese nur innerhalb gewisser Grenzen hergestellt und beibehalten werden. Arbeitet man jetzt nach dem auch als Proportionalwägung bezeichneten Kompensationsverfahren, wird man bald an die Grenze der Wägegenauigkeit stoßen: Weichen bei einem Waagebalken von 200 mm Gesamtlänge die beiden Hebelarme von je 100 mm um nur 1 μm voneinander ab, also im Verhältnis $1 : 10^5$, resultiert daraus für eine Masse von 1 kg bereits eine Abweichung im Ergebnis der Wägung von 10 mg.

Nun kann jeder schwingende Waagebalken auch als physikalisches Pendel beschrieben werden. Da der langarmige Balken mit seiner recht großen Masse ein beträchtliches Trägheitsmoment besitzt, resultiert daraus eine sehr lange Schwingungsdauer. Somit führt die langarmige Ausführung des Balkens zu ziemlich ausgedehnten Wägezeiten. Bei den damals noch wesentlich beschaulicheren Verhältnissen als heute wurden diese nicht unbedingt als Nachteil empfunden, wenn nur die Genauigkeit der Wägung gesichert war.

A.3 Die Waage im wissenschaftlichen Laboratorium

Die bei wissenschaftlichen Wägungen auftretenden Anforderungen können von recht verschiedener Art sein; die gestellte Aufgabe macht deshalb die Verwendung einer dazu angepaßten Waage erforderlich. Von einigen Aufgabenstellungen spezieller Art abgesehen, können im wesentlichen Waagen für drei größere Anwendungsbereiche unterschieden werden.

A.3.1 Hochleistungs-Präzisionswaagen

Für den Vergleich der Hauptnormale der Eichbehörden mit dem Nationalen Prototyp und für daran nachgeordnete Vergleichswägungen, bei der Bestimmung der mittleren Dichte der

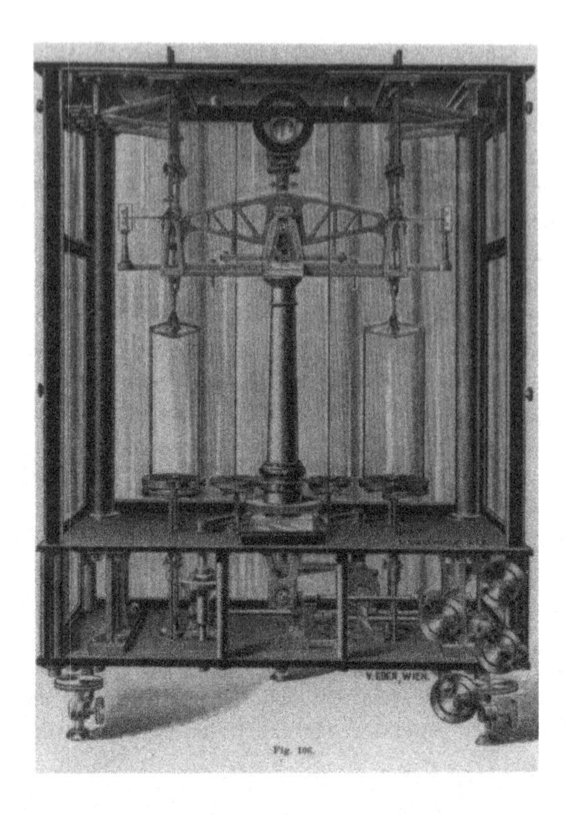

Bild A.5
Große metrologische Waage für Wägungen höchsten Genauigkeitsgrades. Hergestellt für H. Landolt zum Nachweis des Gesetzes der Erhaltung der Masse (innerhalb der Nachweisgrenze bei chemischen Umsetzungen). Hersteller: A. Rueprecht, Wien 1901.

Erde, bei Bestimmungen des „Atomgewichtes" (heute als relative Atommasse bezeichnet) sowie bei der Überprüfung des Gesetzes von der Erhaltung der Masse bei chemischen Umsetzungen wurden die genauesten Waagen eingesetzt, die man bauen konnte. Es sind durchweg Spezialanfertigungen der „klassischen" Dreischneidenwaage mit längerem Balken (Bild A.5); allerdings bediente man sich dabei nicht der einfachen Proportionalwägung, sondern machte sich verfeinerte Wägeverfahren zunutze, so daß eine Wägegenauigkeit im Verhältnis von $1 : 10^8$ und darüber hinaus angestrebt wird, bei 1 kg Belastung sind dies 10 μg und weniger. Diese Wägegenauigkeit entspricht der Messung der 10 000 km betragenden Entfernung zwischen Pol und Äquator auf 0,1 m!

A.3.2 „Normale" Präzisionswaagen

In einem mittleren Wägebereich von etwa 0,1 mg bis 100 g arbeitet man meist mit der allgemein üblichen Ausführung der Laboratoriumswaage. Solche Aufgaben standen, häufiger werdend ab etwa der Mitte des vorigen Jahrhunderts, vor allem im chemischen Laboratorium zur Ausführung von Analysen an. Die bis dahin verwendeten Präzisionswaagen der einfachen Art, mit einer Wägeleistung im Verhältnis von etwa $1 : 10^5$ (bei 100 ... 200 g Belastung noch etwa 1 mg anzeigend), genügten den steigenden Anforderungen nicht mehr. Durch konstruktive Verbesserungen konnte ihre Leistungsfähigkeit erhöht werden. So lieferten die neu entwickelten chemischen oder analytischen Waagen, die jetzt eine Auflösung von $1 : 10^6$ erreichten, Ergebnisse von besserer Präzision als die bisher durch diesen Begriff gekennzeichneten Instrumente. In dieser Entwicklung ist der Grund für die heutige Benennung der Laboratoriumswaagen zu suchen – eine sicherlich nicht als sehr glücklich zu bezeichnende Klassifizierung. Hier jedoch soll unter dem Begriff „Präzisionswaage" ein Wägeinstrument verstanden werden, das der historischen und wörtlichen Bedeutung dieses Begriffes gerecht wird. Indessen wurde die „Analysenwaage" im Laboratorium für anspruchsvollere Wägungen dominierend, nicht nur für chemisch-analytische, sondern auch für Aufgaben rein physikalischer Art.

A.3.3 Mikrowaagen

Die Bestimmung von recht kleinen Massen bis herab zu 10^{-6} g und teilweise noch wesentlich darunter – im Extremfall bis 10^{-9} g, ja bis 10^{-12} g [10] – machte die Konstruktion der sogenannten Mikrowaagen erforderlich. Meist war dazu, von Wägungen mit großer Tara-Belastung abgesehen, keine sehr große relative Wägegenauigkeit vonnöten. Diese Mikrowaagen wurden, dem jeweiligen Anwendungszweck angepaßt, oft nur in Einzelanfertigung hergestellt, und zwar durch den ausführenden Wissenschaftler selbst. Üblicherweise wurde ein fein ausgezogener Quarzfaden als Waagebalken verwendet (Bild A.6). Vom prinzipiellen Aufbau her und nach ihrer Funktion stellten sie nichts anderes als verkleinerte Ausführungen von Waagentypen dar, die bereits im Makrobereich, auch für Wägungen nicht-wissenschaftlicher Art, verwendet wurden –Balkenwaagen, Neigungswaagen, Feder- und Torsionswaagen und später dann auch Waagen mit elektromagnetischer Kraftkompensation [11]. Eine Sonderentwicklung mit breitem Anwendungsbereich wurde die zur Ausführung von vornehmlich organischen Mikroanalysen bestimmte „mikrochemische Waage", ein verkleinertes Modell der Makro-Analysenwaage [12]. Dieses Instrument wurde im späteren Verlauf ebenfalls als „Mikrowaage" bezeichnet, und schließlich reduzierte sich dieser Begriff, der ursprünglich für eine ganze Gruppe recht verschiedenartiger Modelle gestanden hatte, zur Benennung für die mikrochemische Waage allein.

Nachfolgend soll vor allem die Entwicklung der auf breiter Basis verwendeten Analysenwaage während der letzten 100 Jahre aufgezeigt werden, das Wägeinstrument also, das zur Ausführung der meist anspruchsvolleren Aufgaben im Laboratorium dient. Die Waagen für Sonderzwecke, die in den Abschnitten 3.1 und 3.3 genannt wurden, bleiben weitestgehend außerhalb der Betrachtung.

Bild A.6

Mikrowaage mit Quarzfaden; Prinzip: Torsions-Neigungswaage. W. Nernst 1903. Hersteller: Spindler & Hoyer, Göttingen, ca. 1910.
Quelle: Jenemann

A.4 Paul Bunge und die Einführung der kurzarmigen Waage

Mit der Einführung der kurzarmigen Waage durch *Paul Bunge* im Jahre 1867 wurde in der Geschichte der wissenschaftlichen Waage ein neues Kapitel zu schreiben begonnen. Bunge (1839–1888) hatte in seiner Heimatstadt Halle a.d.Saale eine ingenieursmäßige Ausbildung im Brückenbau erfahren. Er gründete 1866 in Hamburg eine feinmechanische Werkstatt, in der er Feinwaagen mit wesentlich kürzeren, nämlich nur noch ca. 130 mm langen Waagebalken herstellte (Bild A.7); ihre Tragkraft war nicht geringer als die der langarmigen Instrumente. Ganz wesentlich für die Konstruktion des Bungeschen Balkens war auch dessen Form, ein hoch abgesteiftes gleichschenkliges Dreieck, das eine sehr große Starrheit gegenüber Durchbiegung gewährleistet.

Die Masse des neuen Waagebalkens betrug nur noch einen Bruchteil von denen der bisher üblichen. Die neuartigen Waagen hatten eine wesentlich reduzierte Schwingungszeit von nur noch wenigen Sekunden pro Schwingung und erlaubten damit eine sehr viel schnellere Ausführung der Wägung als bisher. Die hohe Präzision wurde, trotz der kurzarmigen Ausführung, durch Anwendung völlig neuer Konstruktionsprinzipien erreicht, auch zur Justierung der Schneiden und zur Aufhängung der Schalen. Bunge begründete seine Erkenntnisse unter mathematischer Beweisführung in wissenschaftlichen Zeitschriften und zeigte dabei, daß die Genauigkeit seiner Waagen derjenigen der langarmigen Spezies nicht unterlegen war [13].

Die Anwender der analytischen Waagen in den Laboratorien nahmen die Bungesche Erfindung begeistert auf. Mit seinen Waagen kam Bunge einem Bedürfnis der Praxis entgegen, das vor allem bei den analytisch tätigen Chemikern in zumindest latenter Form vorhanden war: Die durch Chemie und Physik gewonnenen wissenschaftlichen Erkenntnisse hatten begonnen, zur wirtschaftlichen Auswertung in Technik und Produktion zu führen. Im Zeichen der heraufziehenden Industrialisierung begann das menschliche Dasein schnellebiger zu werden. Und nicht nur bei den Prozessen der Produktion wurde der Faktor „Zeit" zum Stimulans der Kosteneinsparung.

Auch wenn sich stellenweise der langarmige Typus noch über Jahrzehnte hinweg halten konnte, setzte sich das kurzarmige Prinzip durch. Es wurde von den anderen Herstellern übernommen, gleich ob durch Kopieren oder Variieren des Vorbildes [14].

Bild A.7
Kurzarmige Waage zur Analyse von Edelmetallen in Erzen (sogenannte Probierwaage: außerdem verwendet zur genauen Wägung kleiner Massen bei anderen Aufgaben). Hersteller: P. Bunge, Hamburg 1870; Vorbild der späteren Mikrowaage. Tragkraft 20 g; „Empfindlichkeit" 0,005 mg. Abmessungen des Gehäuses: Breite 210 mm; Tiefe 155 mm; Höhe (über alles) 240 mm. Länge des Waagebalkens: 70 mm. Im Besitz der PTB, Braunschweig.
Quelle: Jenemann

A.5 Die Ausbreitung der Technologie und die Verbesserung der Feinwaage

Bereits gegen Ende des 19. Jahrhunderts deutliche Steigerungsraten erreichend, breitete sich die Technologie immer mehr aus, und die industrielle Produktion wuchs stetig an. Immer mehr wurde versucht, Arbeitszeit einzusparen. So nimmt es nicht wunder, wenn Anstrengungen unternommen wurden, auch an der Laboratoriumswaage weitergehende Verbesserungen anzubringen. Man strebte danach, die – nach Einführung der kurzarmigen Waage – bereits beträchtlich reduzierte Wägezeit noch mehr zu verringern und den Wägevorgang selbst zu erleichtern. Denn gerade für den weniger Geübten war das Arbeiten an der Waage eine Tätigkeit, zu der es ziemlicher Geschicklichkeit und Ausdauer bedurfte. Die Bemühungen der Konstrukteure erstreckten sich auf Verbesserungen an allen Teilen der Feinwaage. Wie versucht wurde, diese zu verwirklichen, sei an den wichtigsten Teilen der Feinwaage erläutert:

Waagebalken: Die Stabilität des Balkens sollte durch noch besser angepaßte Formgebung wie auch durch Verwendung besonders leichter, jedoch mechanisch und chemisch widerstandsfähigerer Metalle und Legierungen verstärkt werden, beispielsweise von neu entwickelten Aluminium- und Magnesiumlegierungen.

Schneiden und Pfannen: Die Abriebfestigkeit der in direktem Kontakt miteinander stehenden Teile sollte durch Einsatz neuartiger synthetischer Materialien vergrößert werden; die meist verwendeten natürlichen Achate neigen bei starker Belastung zum Ausbrechen. An den Schneiden sollte dann noch ein verschärfter Schliff angebracht und ihre Justierung durch neu erfundene Mechanismen verbessert werden.

Schalen und Gehänge: Die störende Auswirkung von Eigenschwingungen der belasteten Schalen sollte durch Einbau verbesserter Zwischengehänge eliminiert werden; man machte sich hier das Prinzip des nach *H. Cardanus* (1501–1576) benannten Cardanischen Gelenks in variierter Form zunutze. Schalen samt Bügel wurden durch Verwendung besser geeigneter Metallegierungen wie auch durch Anbringen galvanischer Überzüge den gestiegenen Anforderungen angepaßt.

Arretierungsvorrichtung: Um die empfindlichen Schneiden im Ruhezustand und während des Lasteingriffs zu schützen, gelangten neu konstruierte Hebelübertragungen zu Arretierung und Entarretierung zum Einsatz. Man war dabei bestrebt, sowohl das Aufsetzen der Mittelschneide auf ihr Lager, die „Pfanne", als auch den Eingriff der beiden Endschneiden auf die Gehänge an immer genau denselben Stellen zu gewährleisten.

Gehäuse: Störfaktoren von außerhalb sind imstande, den Wägevorgang beträchtlich zu beeinflussen, seien es Wärmeeinwirkung, Korrosion oder Staub. Um ihnen zu begegnen, wurden neue Formen und Materialien für das Gehäuse entwickelt; so wurden auch, anstelle des allgemein benutzten Holzes, Metalle zur Verkleidung der Waage verwendet. Das Gehäuse mußte aber auch zunehmend dazu dienen, die zusätzlich angebrachten Elemente zur Dämpfung, zur optischen Anzeige, zur Gewichtsauflage von außerhalb und anderes mehr aufzunehmen.

Es läßt sich eine Vielzahl einzelner Vorschläge auffinden, um derartige Verbesserungen an der Waage des Wissenschaftlers anzubringen. Von besonderer Bedeutung mag sein, daß fast alle wesentlichen Erfindungen bereits spätestens am Ende des vorigen Jahrhunderts vorgelegen haben. Gerade die Jahrzehnte vor der letzten Jahrhundertwende sind durch eine Fülle von Neuerungen auf dem gesamten Gebiet der Technik gekennzeichnet. Zu deren endgültigen Durchsetzung jedoch mußten, nachdem häufig genug solche Vorschläge über lange Zeit hinweg vergessen schienen, oft viele Jahre vergehen, bis sie, als „neue" Erfindungen, in anderer Form wieder vorgelegt wurden.

A.6 Verbesserte Bequemlichkeit des Wägens durch neue Vorrichtungen

Mit der Verfeinerung an den bisher genannten „klassischen" Teilen der Laboratoriumswaage konnte man sich jedoch nicht zufrieden geben. Gerade der weniger Geübte sah sich mehrfachen Schwierigkeiten bei der Ausführung von Wägungen gegenüber:

- Dem Wägevorgang an der schwingenden Waage mußte man zur Ermittlung des Zeigerausschlags ständig die volle Aufmerksamkeit widmen. Man verfuhr ja nach der Schwingungs- oder Ausschlagsmethode, bei der die letzten Dezimalen des Ergebnisses im Neigungsbereich der Waage ermittelt werden. Sowohl Ablesefehler an der Skale als auch Rechenfehler bei der Mittelung der einzelnen Ablesungen konnten leicht zu falschen Wägeresultaten führen.
- Die Ablesung an der Skale konnte sich, insbesondere bei weniger leistungsfähigen Augen, recht beschwerlich gestalten. Nach Möglichkeit wollte man ja noch Bruchteile der fein unterteilten Skale erkennen.
- Das Manipulieren der teilweise recht kleinen Gewichtstückchen, im Extremfall bis zu 1 mg herab, war ebenfalls nicht allzu angenehm; oft genug gingen sie verloren und entzogen sich dadurch der weiteren Verwendung. Nicht anders erging es dem Wägenden bei der Benutzung des „Reiters", eines gebogenen Drahtgewichtes, das mit Hilfe einer als Reiterverschiebung benannten Stange entlang des Balkens bewegt und auf diesem oder einem davor angeordneten Reiterlineal aufgesetzt werden konnte. Gerade die Reiterverschiebung sollte ja das Auflegen der kleinsten Gewichtstückchen entbehrlich machen.

Die Bemühungen zur weiteren Verbesserung der Wägetechnik durch zusätzlich anzubringende Vorrichtungen mußten somit zum Ziel haben:

- Eine noch weitergehende Reduzierung der Wägezeit, was durch Abbremsen der Balkenschwingung, also den Einbau einer Dämpfung, angestrebt wurde.
- Eine Verbesserung der Ablesung im Neigungsbereich der Waage durch Anwendung vergrößernder optischer Instrumente.
- Eine Erleichterung der Gewichtsauflage durch Anbringen geeigneter mechanischer Einrichtungen.

Sowohl einzeln als auch in Verbindung miteinander suchte man, Vorrichtungen an der Waage anzubringen, die die genannten Aufgaben erfüllen sollten. Die Initiativen der Konstrukteure sollten im Verlauf dazu führen, das Arbeiten an der wissenschaftlichen Waage entscheidend zu verändern.

A.6.1 Dämpfung

Bei der Dämpfung kommt es darauf an, die (nahezu) periodische Schwingung des Balkens in eine aperiodische umzuwandeln und sie innerhalb kurzer Zeit völlig ausklingen zu lassen (Bild A.8). Es wird also erforderlich, der Bewegung des Balkens eine äußere Krafteinwirkung entgegenzusetzen, sei es durch Reibung oder Kräfte elektromagnetischer Art. So wird der Kontakt mit einem festen, flüssigen oder auch gasförmigen Körper zu einem recht schnellen oder auch allmählichen Abklingen der Schwingung führen. Allerdings kann es recht problematisch werden, eine Bremse durch einen Festkörper als Massendämpfung anzuwenden; allzu leicht besteht die Gefahr einer seitlichen Verschiebung der Hauptachse auf ihrem Lager. Indessen kann das vorsichtige Hantieren mit der Arretierung bereits dazu dienen, mit Hilfe der Unterstützungsteller der Waagschalen in das sich bewegende System einzugreifen.

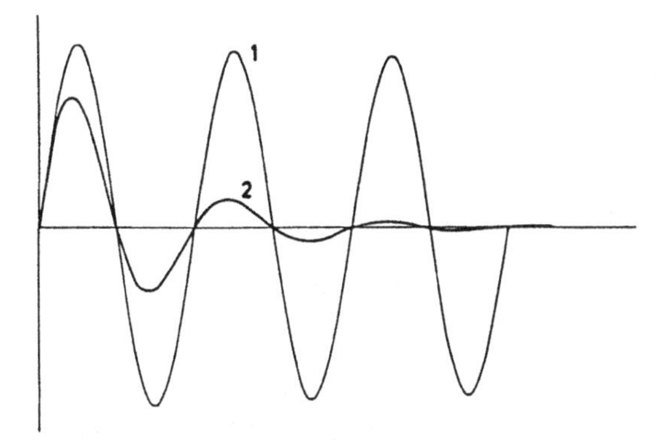

$A_t = A_0 \cdot e^{-\lambda \cdot t} \cdot \sin\varphi_t$

A_0: Maximale Anfangsamplitude bei ungedämpfter Schwingung (t = 0)

t: Zeit

A_1: Amplitude zum Zeitpunkt t

λ: Dämpfungskonstante

φ: Phasenverschiebungswinkel

Bild A.8 Die Schwingung des Waagebalkens:
Kurve 1: Nahezu ungedämpfte periodische Schwingung.
Kurve 2: Gedämpfte aperiodische Schwingung.

Konstrukteure brauchten sich indessen lediglich solche Vorrichtungen zum Vorbild zu nehmen, die bereits an anderen Meßinstrumenten angebracht waren. Empfindliche Galvanometer waren seit geraumer Zeit sowohl mit Wirbelstrom- als auch mit Luft- oder Flüssigkeitsdämpfung ausgestattet.

Die erste Luftdämpfung an der Waage wurde im Jahre 1875 durch *Friedrich Arzberger* (1833–1905) in Wien verwirklicht [15]. Dazu wurde senkrecht unter dem Gehänge eine aus Metall bestehende Scheibe befestigt, die sich mit geringem Spielraum in einem am Waagengehäuse angebrachten Zylinder bewegen konnte. Die Luft konnte bei der Schwingung des Balkens nur durch zwei kleine Löcher entweichen oder wieder zutreten. Sie bewirkte dadurch, daß sich an den Engstellen des Systems eine Reibungskraft aufbaute, die der weiteren Fortbewegung des Balkens einen stärker werdenden Widerstand entgegensetzte. *Pierre Curie* (1859–1906) konstruierte 1889 eine Luftdämpfung ähnlicher Art. Ein am schwingenden System angebrachter Dämpfungszylinder – bei Curie unterhalb der Waagschale angeordnet – konnte in einem in die Grundplatte eingelassenen Zylinder gleicher Art eine auf- und absteigende Bewegung ausführen [16] (Bild A.9).

Es läßt sich zeigen, daß die Reproduzierbarkeit der Einstellung des Zeigers nach der Dämpfung begrenzt ist. Jede Dämpfung stellt einen mit Reibung verbundenen Eingriff in das frei schwingende System dar. Deshalb konnten, bis zum heutigen Tag, Dämpfungseinrichtungen bei Hochleistungswägungen nicht zum Einsatz gelangen. Allerdings wirkt sich eine einwandfrei eingestellte Dämpfung im Arbeitsbereich einer Analysenwaage noch nicht störend aus. Es hat jedoch recht lange gedauert, bis in die dreißiger Jahre unseres Jahrhunderts hinein, bis bei den Anwendern die gegen diese praktische Einrichtung bestehenden Bedenken ausgeräumt werden konnten.

Noch problematischer erscheint die Dämpfung durch eine Flüssigkeit – meist ein möglichst wenig viskoses Öl –, in das eine am Zeiger oder am Balken angebrachte Fahne aus Metall eintaucht. Die Oberflächenspannung wirkt sich an der Trennungslinie zwischen Flüssigkeit und umgebender Luft ungünstig auf die eintauchende Halterung aus und verhindert die gleichmäßige Einstellung der Dämpfungselemente. So reicht die Genauigkeit einer Öldämpfung, heutzutage meist Silikonöl, nicht zum Einsatz an der Analysenwaage aus. Zur Verwendung in Wägeinstrumenten, an die geringere Anforderungen gestellt werden, erweist sich eine solche Dämpfung jedoch als recht vorteilhaft.

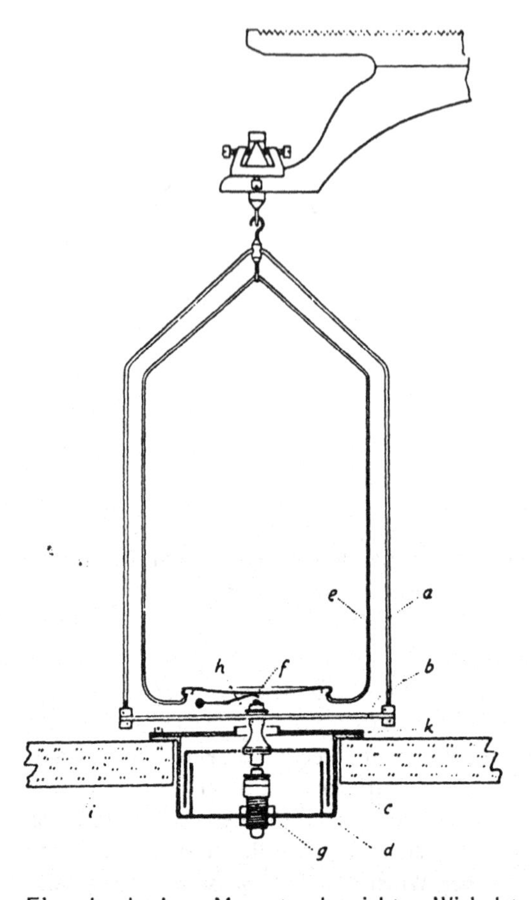

Bild A.9
Luftdämpfung mittels Dämpfungszylinder, der sich in fest in der Grundplatte der Waage angebrachtem zweiten Zylinder bewegt. Anordnung nach P. Curie, Paris, 1889. Hier in später hergestellter Waage.

Eine durch einen Magneten bewirkte „Wirbelstromdämpfung" an der Waage wurde erstmals 1906 von *W. Marek* (1853–?) in Wien beschrieben [17]. Eine Scheibe aus gut leitendem, aber absolut unmagnetischem Metall, z.B. Aluminium, wird am schwingenden System der Waage befestigt und bewegt sich im Feld eines am Gehäuse angebrachten Permanentmagneten. Dadurch werden in der Platte Wirbelströme induziert. Es bildet sich ein elektromagnetisches Kraftfeld aus, das dem Feld des Magneten entgegen wirkt, wodurch ein schneller Stillstand der Waage erreicht wird. Über lange Zeit hinweg fand auch die Dämpfung mittels Magneten nur vereinzelt Anwendung. Wegen der nicht völlig ausschließbaren Abwesenheit von Eisen, insbesondere in Form von Staubteilchen, befürchtete man Störungen in der gleichmäßigen Einstellung der Gleichgewichtslage.

A.6.2 Optische Hilfsmittel für Anzeige und Ablesung

An der mechanischen Waage bedarf es zur Feststellung des Ergebnisses der Wägung in jedem Fall der Anwendung optischer Vorrichtungen. Bereits an der einfachen Gewichtwaage muß die angestrebte Gleichgewichtslage bestätigt oder die Abweichung davon ermittelt werden können; dazu dient die visuelle Ablesung der Zeigerstellung gegenüber der Skale. Bei den langarmigen Waagen bestand der Zeiger meist aus einer Verlängerung des Balkens, der in eine feine Spitze auslief. Mit der Einführung der kurzarmigen Waagen verwendete man generell zum Waagebalken senkrecht angeordnete und mit diesem fest verbundene Zeiger, um dadurch einen, in Millimeter gemessen, möglichst großen Ausschlag zu erreichen.

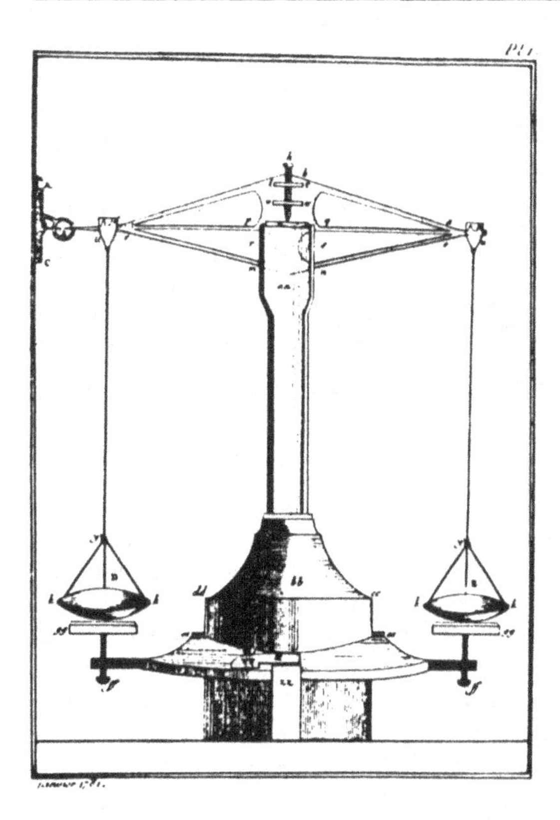

Bild A.10

Probierwaage von J. H. Magalhaens, 1781. Rhomboidaler, durchbrochener Waagebalken: Lagerung der Drehelemente auf poliertem Achat: Ablesung in linker Verlängerung des Waagebalkens mittels Ableselupe. Arretierung.
Quelle: "Observations sur la Physique" 17 (1781)

Normal leistungsfähige Augen vorausgesetzt, lassen sich an Analysenwaagen ohne zusätzliche optische Hilfsmittel Ergebnisse erreichen, die bei 200 g Maximalbelastung noch auf 0,1 mg ablesbar sind, also besser als das Verhältnis $1 : 10^6$. Wenn der Arbeitsbereich einer guten Feinwaage über dieses Verhältnis hinaus gesteigert werden soll, wird das menschliche Auge beim Ablesen an der dann noch wesentlich feiner geteilten Skale vor nicht mehr erfüllbare Anforderungen gestellt. Es wird also erforderlich, optische Hilfsmittel zur Unterstützung der Ablesung durch das Auge heranzuziehen; deren Verwendung wird auch dann bereits sinnvoll, wenn bei einfachereren Wägungen im Neigungsbereich der Waage gearbeitet wird. So erkannte man recht früh die Vorteile des Anbringens von Lupen, später von Ablesemikroskopen wie auch -fernrohren zur besseren Erkennung des Zeigerausschlags bei schwingender Waage [18]. Bild A.10 zeigt die von *J. H. Magalhaens* (1722–1790) im Jahre 1781 konstruierte Waage mit Ableselupe; noch eine Reihe anderer Verbesserungen sind an dieser verwirklicht. Auch die von *A. L. Lavoisier* (1743–1794) während seiner Arbeiten in der Kommission für die neuen Maße und Gewichte verwendete Waage war mit optischen Ableseinstrumenten ausgestattet [19].

Optische Hilfsmittel erlauben es auch, kleinste Drehungswinkel vergrößernd zu übertragen und objektiv meßbar zu machen. Eine bereits frühzeitig ausgeführte Lösung zur Anzeige kleinster Winkelabweichungen stellt die Spiegelablesung nach *J. Chr. Poggendorff* (1796–1877) dar [20]. Zum Einsatz bei Wägungen bringt man am Balken senkrecht zu seiner Schwingungsebene einen Planspiegel und in einigem Abstand vor diesem eine Skale an. Auf den Spiegel richtet man dann ein Fernrohr. Ändert sich nun die Neigung des Balkens und damit auch die des Spiegels, so zeigt das Fernrohr auf einen anderen Abschnitt der Skale; der

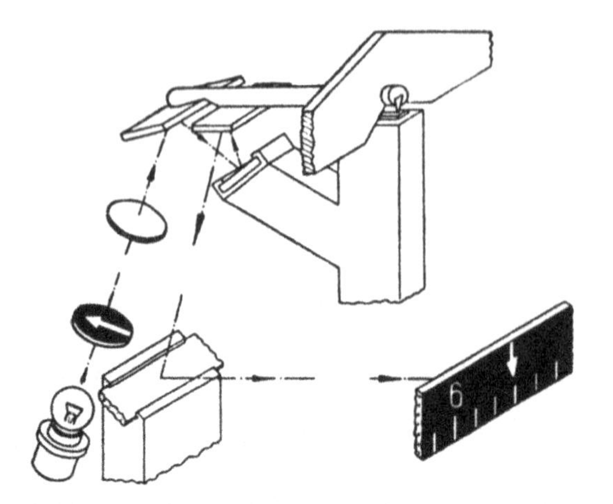

Bild A.11
Spiegelablesung nach Chr. Poggendorf (1826). Bei Präzisionswägungen erstmals angewandt von C. A. Steinheil (1837). Hier: Moderne Ausführung mit doppelter Reflektion am Balken und somit vierfache Vergrößerung der Anzeige im Neigungsbereich. Kombination mit optischer Projektion und Ablesung auf Breitbandskala (Sauer, Ebingen 1950).

Drehungswinkel wird dabei, gegenüber der Drehung des Balkens, verdoppelt. Durch das Fadenkreuz des Fernrohrs erscheinen jetzt die Schwingungen des Waagebalkens so, als bewege sich die Skale hin und her. Damit besteht der Zeiger faktisch aus einem langen, masselosen Lichtstrahl. Bereits *C. A. von Steinheil* (1801–1870) hat sich bei den metrologischen Arbeiten, die er im Jahre 1837 ausgeführt hat, der Vorteile der Spiegelablesung bedient [21].

Bild A.11 zeigt das Prinzip der Spiegelablesung an der Waage in einer neueren Ausführung – hier in Verbindung mit optischer Projektion. Durch die zweimalige Reflexion am Balken wird eine insgesamt vierfache Vergrößerung der Winkelabweichung des einfallenden Lichtstrahls erreicht. Die Abbildung der Zeigermarke wird auf einer Breitbandskale sichtbar gemacht.

Bei der Ablesung durch ein Kollimationsfernrohr macht man sich ebenfalls die Verdoppelung des Ausschlagwinkels durch Spiegelreflexion zunutze. Man beobachtet durch ein Fernrohr, in dessen Okular eine feine Mikroskale, auch als Strichplatte bezeichnet, eingelassen ist. Über ein System von Reflexionsprismen wird nun auf den am Waagebalken angebrachten Spiegel das Bild eines Indexstriches projiziert, das dann auf dem gleichen Weg wieder zurückgeworfen wird. Durch das Okular erscheinen jetzt die Schwingungen des Balkens als Hin- und Herbewegung des Indexstriches vor der Mikroskale. Auf einen Vorschlag von *Ernst Abbe* bringt Bunge an einer um das Jahr 1880 konstruierten Spezialwaage für metrologische Vergleichswägungen ein Kollimationsfernrohr an. Er erreicht jedoch eine wesentliche Vereinfachung, indem er dessen Objektiv wegläßt und den Planspiegel am Balken durch einen Hohlspiegel entsprechender Brennweite ersetzt [22] (Bild A.12).

Eine weitere Variante, nämlich die teilweise Umkehrung des hier angegebenen Verfahrens, stellt die Anzeigevorrichtung durch Projektion dar, die für die Laboratoriumswaage erstmalig 1891 durch *A. Collot* in Paris vorgestellt wurde (Bild A.13) [23]. Auch für diese Anordnung könnte eine Vorrichtung zum Vorbild gedient haben, die bereits vorher zur Anzeige des Ergebnisses elektrischer Messungen zur Anwendung gelangte. Eine kleine Glasplatte, die in ein Rähmchen eingefaßt und mit einem feinen Indexstrich versehen ist, wird am Ende des Zeigers befestigt. Nun wird sie von einem feinen Lichtbündel durchstrahlt. Das Bild der hin- und herschwingenden Marke wird dann nach optischer Vergrößerung auf einen mit einer Skale, gegenüber der es beobachtet wird, versehenen Schirm projiziert.

Später ging man dazu über, die Anordnung umzukehren, indem eine fein geteilte Mikroskale, die „Strichplatte", am Zeiger befestigt wurde. Das Bild dieser Mikroskale wurde dann, nach

Bild A.12
Metrologische Waage mit Ablesung durch Kollimationsfernrohr. P. Bunge, Hamburg 1885.

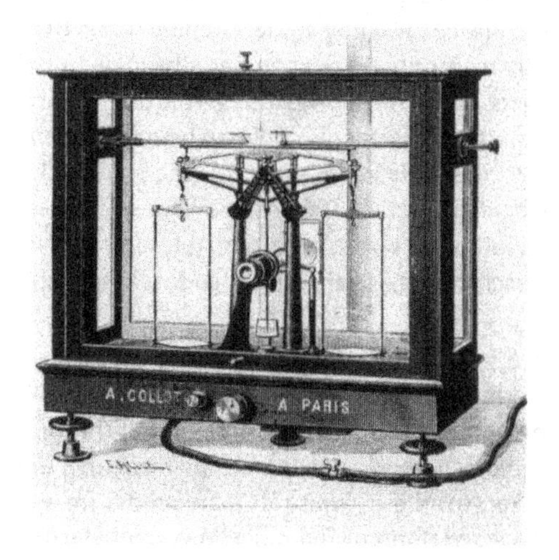

Bild A.13
Präzisionswaage mit Ablesung im Neigungsbereich durch Projektion: Lichtstrahl erzeugt durch Gasbrenner. A. Collot, Paris 1891.

mehrfacher Reflexion an Spiegeln oder an Prismen, auf eine mit einer Strichmarke versehene Mattscheibe projiziert. Auf dieser konnte somit, ohne die anstrengende Beobachtung durch ein Ablesemikroskop, ein besser objektivierbares Bild festgestellt werden; zudem war es durch mehrere Beobachter gleichzeitig ablesbar. Anstelle der Strichmarke brachte man später auf der Mattscheibe einen Nonius an, dessen Einteilung mit derjenigen der Skale korrespondierte. Man erreichte dadurch eine in der letzten Dezimalen genauere Anzeige, ohne den Wert dieser Stelle schätzen oder die Empfindlichkeit der Waage vergrößern zu müssen.

A.6.3 Die „Gewichtewaage" und kombinierte Wägeprinzipien

Bereits frühzeitig vereinigte man die Funktion der Gewichtewaage – Kompensation oder Substitution durch Gewichtstücke – mit den Prinzipien anderer, schon länger bekannter Waagentypen, der Laufgewichts-, der Neigungs- und der Federwaage; man baute aber auch in neuerer

Zeit erst entwickelte Vorrichtungen zur Massebestimmung ein. Durch diese, im unteren Wägebereich wirkenden Mechanismen suchte man, die manuelle Auflage vor allem der kleineren Gewichtstücke zu umgehen.

A.6.3.1 Gewichtewaage und Laufgewichtswaage

Wie in der Einleitung zu diesem Kapitel bereits berichtet, ermöglicht die Anwendung der Laufgewichtswaage eine schnelle Wägung ohne zusätzliche Gewichtsauflage; das Ergebnis wird am graduierten Balken abgelesen. Auch die Verbindung der Laufgewichtswaage mit der allgemeinen Zweischalenwaage ist bereits vom Altertum her bekannt [24]. Bei der wissenschaftlichen Waage bezeichnete man dann, etwa zu Beginn des 19. Jahrhunderts, das Laufgewicht als „Reiter", der zuerst manuell und später mit Hilfe einer als Reiterverschiebung bezeichneten Stange auf Balken oder Reiterlineal aufgesetzt wird [25]. Dabei gelangt das Reitergewicht – gegenüber der Stellung genau über der Endschneide – nur mit demjenigen Anteil seiner Gewichtskraft zur Wirkung, der seinem Abstand von der Drehachse entspricht.

A.6.3.2 Gewichtewaage und Neigungswaage

Für die praktische Verwendung brauchbare Ausführungen der Neigungswaage datieren etwa aus der Mitte des 18. Jahrhunderts [26]. Wesentlicher Bestandteil der Neigungswaage ist eine meist quadrantenförmige Skale, von der das Ergebnis der Wägung an der Stelle des zur Ruhe gekommenen Zeigers direkt abgelesen wird. Stellt man nun an einer an der allgemeinen Balkenwaage angebrachten Skale mit Hilfe des Zeigers die Winkelabweichung von der Nullstellung des Balkens fest, also seine Neigung, ist damit die Verbindung dieser beiden Systeme vollzogen. Im Bereich dieser Skale korrespondiert dieser Neigungswinkel – wie in ähnlicher Form auch die Reiterverschiebung – mit den beiden letzten Stellen des Wägeergebnisses; vorauszugehen hat die Kalibrierung der Skale. Kombiniert man also die Ablesung im Neigungsbereich mit der Anwendung der Reiterverschiebung, gelangt man dadurch schneller zum Ergebnis der Wägung.

Es ist jedoch möglich, die Stricheinteilung der Skale noch beträchtlich feiner zu machen. Gibt man sodann der Waage eine größere Empfindlichkeit und wendet zur Ablesung im Neigungsbereich vergrößernde optische Instrumente an, kann man die beiden Einrichtungen nacheinander einsetzen und dadurch einen Wägebereich über die vier letzten Dezimalen hinweg ohne Benutzung von Gewichtstücken abdecken. In dieser Weise ist man bei der im Verhältnis $1:10^7$ auflösenden mikrochemischen Waage verfahren. Bei einer Maximalbelastung von 20 ... 30 g konnte man an dieser noch bis auf 1 μg ablesen.

A.6.3.3 Gewichtewaage und Federwaage

Der Gebrauch der Federwaage läßt sich bereits im letzten Viertel des 17. Jahrhunderts nachweisen [27]. Im Laufe des nächsten Jahrhunderts gelangte sie in wissenschaftlichen Instrumenten als Torsionswaage zur Anwendung. Die erste Beschreibung der Kombination einer solchen Torsionswaage mit der Balkenwaage wird im Jahre 1830 von *William Ritchie* gegeben [28]. Auch andere Formen der Federwaage können zum Einsatz gelangen; es ist dabei prinzipiell gleich, ob eine Blatt-, Spiral- oder Helixfeder auf Zug oder Druck oder ein Federstab auf Torsion belastet wird. Man gleicht den Hauptanteil der Last wiederum mit Gewichtstücken aus und bringt die Waage mit Hilfe der Rückstellkraft der Feder in ihre Nullstellung zurück. Die Ablesung an der in der Masseneinheit kalibrierten Skale ist das Maß für die Kraft, die dazu erforderlich gewesen ist.

A.6.3.4. Gewichtewaage und Drehgewicht

Beim Drehgewicht, durch *F. L. Gallois* in seiner ursprünglichen Erfindung im Jahre 1862 als „Präcisierungsbogen" bezeichnet [29], ist ein Metallstab direkt über der Achse drehbar gelagert – vom Prinzip her gleich, ob horizontal oder vertikal. Je nach Größe des mit der Längsachse des Balkens gebildeten Winkels gelangt das Drehgewicht mit einem verschieden großen Teilbetrag der maximalen Gewichtskraft zur Wirkung. Bild A.14 zeigt eine etwas variierte Ausführung des Drehgewichts aus späterer Zeit.

Bild A.14
Analysenwaage mit „Drehgewicht" – angebracht über Mittelschneide des Balkens; Einstellung von außen mit Schiebestange. Hier: Anordnung von Sauter, Ebingen 1926. Außerdem Luftdämpfung mit Dämpfungszylinder über dem Waagebalken.
Quelle: Jenemann

A.6.3.5 Gewichtewaage und Kettengewicht

Bei dem erstmals im Jahre 1891 von *V. Serrin* in Paris vorgestellten Kettengewicht ist das eine Ende einer feinen Kette am Waagebalken und das andere an einer in der Höhe verstellbaren Halterung fixiert, deren Einstellung an einer Skale ablesbar ist. Je tiefer das bewegliche Ende eingestellt ist, desto länger wird der Teil der Kette, der auf dem Balken lastet [30] (Bild A.15).

Anstelle der in der Höhe verstellbaren Halterung sind auch Ausführungen bekannt, bei denen die Kette auf eine Welle aufgespult wird. Der auf den Balken wirkende Anteil wird an einer direkt mit der Welle verbundenen kreisförmigen Skale angezeigt, die ihrerseits wiederum in der Einheit der Masse kalibriert ist.

A.6.4 Die Mechanisierung der Gewichtsauflage

In der Folgezeit strebte man danach, die Auflage der einzelnen Gewichtstücke selbst zu mechanisieren, vor allem der „Bruchgrammgewichte", der 10er und 100er Milligramme. Nach einer recht langen Entwicklung findet man eine ganze Reihe von Konstruktionen, bei denen jedes Gewichtstück einzeln mit Hilfe ziemlich komplizierter Hebelübertragungen von außen her aufgelegt werden konnte. Die ersten davon wurden bereits zur Ausführung der nach der „Meter-Konvention" von 1875 erforderlich gewordenen Vergleichswägungen der einzelnen nationalen Massestandards verwirklicht [31].

Noch aus den 80er Jahren stammt die Milligramm-Auflage von *A. Rueprecht* in Wien [32]. Mit Hilfe von Hebelgestängen werden horizontal angeordnete Ringgewichte durch Einzeltasten waagerecht auf eine mit dem Gehänge fest verbundene Platte aufgelegt. Die Unter-

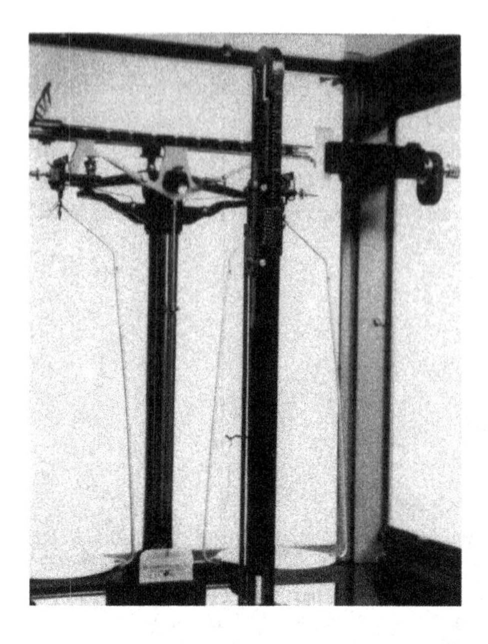

Bild A.15

Analysenwaage mit „Kettengewicht" – Einstellung ablesbar an vertikal angebrachter Skala. Anordnung von W. M. Ainsworth, Denver, Col. (USA) 1945. Außerdem Wirbelstromdämpfung in Verlängerung des Waagebalkens. Im Bild links erkennbar: Klaue zur Auflage des Reitergewichts.
Quelle: Jenemann

Bild A.16

Analysenwaage mit Milligrammzulage (von 10 bis 990 mg) von A. Rueprecht, Wien, 1900. Einzelauflage mittels Taste, Hebelübertragung und Stößel auf Platte unterhalb dem rechten Zwischengehänge.
Quelle: Jenemann

teilung der acht Ringgewichte ist mit zweimal 10 mg, je einmal 20 mg und 50 mg sowie zweimal 100 mg, je einmal 200 mg und 500 mg so ausgeführt, daß beliebige Auflagen zwischen 10 mg und 990 mg vorgenommen werden können; der Bereich von 0,1 bis 10 mg wird durch die Reiterverschiebung bedient (Bild A.16).

Die Milligramm-Zulage von *J. Nemetz*, ebenfalls in Wien, wird erstmals im Jahre 1892 vorgestellt [33]. Durch zwei konzentrisch gelagerte Drehknöpfe, an denen noch Teilstriche zur

Markierung der jeweiligen Gewichtsauflage angebracht sind, wird über ein System von Kegelradgetrieben jeweils ein Rad in Bewegung gesetzt. Beide Räder – im Jargon der Hersteller als „Karussell" bezeichnet – sind mit je neun Trägern für Reitergewichte von gleicher Masse vorgesehen, eines für 10 mg und das andere für 100 mg; die zehnte Stelle ist leer, entsprechend der Zulage „Null". Durch Drehen eines Rades wird jeweils ein Reiter auf eine mit dem Gehänge verbundene Leiste aufgesetzt, durch Drehen in der Gegenrichtung wieder aufgehoben. Bild A.17 zeigt eine ähnliche Einrichtung aus späterer Zeit.

Bild A.17

Analysenwaage mit Milligrammzulage von Kaiser & Sievers, Hamburg, 1930; Auflage auf Träger unter rechtem Zwischengehänge mittels zwei konzentrischen Drehknöpfen über starre Welle. Außerdem: Optische Projektion und über dem Balken angebrachte doppelte Luftdämpfung.
Quelle: Jenemann

Bild A.18

Analysenwaage mit halbautomatischer Bruchgrammauflage von W. Spoerhase, Gießen 1933. Zwei konzentrische Drehknöpfe mit Anzeige der geschalteten Ringgewichte; Übertragung mittels zweifachem Kegelradgetriebe auf 2 Nockenwellen zur getrennten Auflage der 10er und der 100er Milligramme.
Quelle: Jenemann

A.6.5 Die Bestimmung der Masse an verschiedenen Waagensystemen

In Darstellungen über Waage und Wägung ist immer wieder zu lesen, daß an der Balkenwaage ein direkter Vergleich von Masse gegen Masse stattfinde und aus diesem Grund das Ergebnis für ein und denselben Körper immer und überall gleich und auch richtig sei. Die Federwaage und mit dieser vergleichbare Wägesysteme, wozu beispielsweise auch die auf der elektromagnetischen Kraftkompensation beruhenden sogenannten elektronischen Waagen gehören, liefere nach einem Vergleich zweier verschiedenartiger Kräfte, örtlich bedingt, unterschiedliche Ergebnisse. Zwei Aussagen, die beide, wenn nicht völlig falsch, so doch zumindest mehr oder weniger inkorrekt sind.

Bereits der Begriff der „gleicharmigen Waage" ist dubios. Stellt man nämlich höhere Anforderungen an die Wägegenauigkeit, wird man feststellen müssen, daß es – wie vorher erläutert – ein solches Instrument gar nicht geben kann. Infolge der prinzipiell nicht möglichen Gleicharmigkeit ist somit die als selbstverständlich angenommene Voraussetzung des „Massevergleichs an der gleicharmigen Waage" nicht gegeben.

Nun können am Hebel, eine der einfachen klassischen Maschinen, Kräfte angreifen, die – wenn bestimmte Bedingungen erfüllt sind – zueinander im Gleichgewicht stehen. An der Waage ist diese Bedingung nach dem Hebelgesetz dann erfüllt, wenn die Drehmomente auf beiden Seiten des Hebels, die Produkte von jeweils wirkender Kraft und zugehörigem Kraftarm, gleich sind: $F_1 \cdot l_1 = F_2 \cdot l_2$. Unter Berücksichtigung der beiden Armlängen kann nun aus der Gewichtskraft der bekannten Masse diejenige der unbekannten ermittelt werden (s. Kap. 3).

Allerdings darf beim Arbeiten an der zweischaligen Balkenwaage die Fallbeschleunigung am jeweiligen Wägeort als gleich angesehen werden, so daß sie sich aus der Drehmomentengleichung wieder herauskürzt. Es entsteht der Eindruck, als würde sich die Fallbeschleunigung bei der Bestimmung der Masse an der Balkenwaage nicht auswirken. Als Folge davon wird auch nicht bewußt, daß an dieser, wie an allen anderen Wägeinstrumenten, durch ein und dieselbe Masse eine von Ort zu Ort unterschiedliche Gewichtskraft angreift. Die Einbeziehung der Fallbeschleunigung in das Wägeergebnis und die Vernachlässigung des Armlängenverhältnisses berechtigen also nicht dazu, von einem „direkten Massevergleich" zu sprechen.

Hinzu kommt noch, daß es bei anspruchsvolleren Wägungen erforderlich ist, den Luftauftrieb zu berücksichtigen, dem alle in Luft befindlichen Körper ausgesetzt sind. Solange bei „genauen" Wägungen im Laboratorium kein Auftrieb, der ja eine Größe von der Art einer Kraft ist, berücksichtigt wird, müssen sie grundsätzlich als fehlerhaft angesehen werden (s. Abschnitt 5.1).

Die Anzeige einer Federwaage kann in Newton kalibriert werden. Es ist dann erforderlich, diese Kalibrierung auf den „Normort" mit der dort herrschenden Fallbeschleunigung zu beziehen. Dividiert man das an einer solchen Waage erhaltene Ergebnis durch die örtliche Fallbeschleunigung, gelangt man immer und überall zum gleichen Resultat für die zu bestimmende Masse.

Meist jedoch zeigen die Skalen solcher Waagen das Ergebnis der Wägung in der Einheit der Masse an. Die Voraussetzung zu ihrer Verwendung müßte jetzt die sein, daß sie am Wägeort gegen die Gewichtskraft bekannter Massestücke justiert werden. Damit führt die Kraftmessung, prinzipiell gleich wie der Kraftvergleich an der Hebelwaage, direkt zur Masse als Ergebnis der Wägung. Nach vorangegangener Kalibrierung am jeweiligen Wägeort gelangt man dadurch immer und überall zum gleichen und auch richtigen Ergebnis in der Bestimmung einer Masse. Indessen ist mit etwa $1 \cdot 10^{-3}$ die Genauigkeit der Wägung an der Federwaage um einige Zehnerpotenzen geringer als diejenige an der feinen Hebelwaage. Deshalb wirkt es sich selbst über größere Entfernungen so gut wie nicht aus, wenn dabei die örtliche Fallbeschleunigung nicht berücksichtigt wird. Allerdings ist es erforderlich, die nach dem Prinzip der elektromagnetischen Kraftkompensation arbeitenden sogenannten elektronischen Waagen, die in gleicher Weise wie die Federwaage ortsabhängig sind, sehr sorgfältig am Aufstellungsort einzujustieren; solche Waagen erreichen heute eine relative Genauigkeit, die teilweise besser als $1 \cdot 10^{-6}$ ist.

A.7 Die weitere Vervollkommnung der wissenschaftlichen Waage

Durch die Verbindung der Luftdämpfung mit der Ergebnisanzeige im Neigungsbereich durch optische Projektion war sowohl die Verwendung der Reiterverschiebung als auch die Ablesung an der schwingenden Waage überflüssig geworden [35, 36]. Als man dann die Analysenwaagen mit der jetzt zuverlässig arbeitenden Bruchgrammauflage ausstattete, erhielt man das, was man damals zu Recht als „Schnellwaage" bezeichnen durfte – ein Begriff jedoch, der aus späterer Sicht gesehen nur eine bedingte Berechtigung hat. So brauchten bei den neu auf den Markt gekommenen Waagen, die ab etwa 1935 zu einer Art Standardtyp wurden, nur noch die ganzen Grammgewichte aufgelegt zu werden. Die Bruchgramme wurden innerhalb kürzester Frist zugeschaltet, und die Dämpfung ließ die Schwingung aperiodisch schnell ausklingen, so daß das Ergebnis der Wägung durch die Anzeige auf der Mattscheibe vervollständigt werden konnte.

Die durch Drehknopf zu betätigende Bruchgrammauflage bewährte sich so gut, daß man die Gewichtsauflage über Nockenwelle auch auf die ganzen Grammgewichte, von 1 g bis 100 g oder 200 g, erweiterte. So stand noch vor Beginn des zweiten Weltkrieges zu Routinearbeiten in der Industrie – vor allem bei großen Serien von Einwaagen für eine sich ändernde Analysentechnik, Maßanalyse und optisch-spektrale Verfahren anstelle der Gravimetrie – eine echte Schnellwaage zur Verfügung, an der man in der Stunde mehr als 50 Einwaagen ausführen konnte (Bild A.19).

Bild A.19

Industrieschnellwaage von F. Sartorius, Göttingen 1936. Auflage sämtlicher Gewichtstücke von 0,01 bis 199,99 g über Drehknöpfe und mit diesen direkt verbundenen Nockenwellen. Optische Projektion von 0,1 bis 10 mg. Luftdämpfung mit Dämpfungszylindern unterhalb des Balkens.
Quelle: Jenemann

A.8 Die Einführung des Substitutionsprinzips und der Abschluß der Entwicklung der mechanischen Waage

Wie im einleitenden Teil gezeigt wurde, bestehen bei der Wägung an der zweischaligen Dreischneidenwaage, solange nach dem Kompensationsverfahren gearbeitet wird, systembedingte Fehlermöglichkeiten. Durch Anwendung verfeinerter Wägeverfahren lassen sich solche Fehler ausschalten, der Armlängenfehler der Waage beispielsweise durch das nach *Ch.-J. de Borda* (1733–1799) benannte Substitutions- [37] oder durch das *C. F. Gauß* (1777–1855) zugeschriebene Transpositions- oder Vertauschungsverfahren [38]. Über lange Zeit hinweg wurde der Transpositionswägung der Vorzug gegeben, wenn es darauf ankam, möglichst fehlerfreie Ergebnisse zu erhalten.

Mit der Durchsetzung der Substitutionswägung an der speziell für dieses Wägeverfahren konstruierten einschaligen Zweischneidenwaage leitete *Erhard Mettler* (geb. 1917) in den Jahren nach 1945 einen neuen Abschnitt in der Geschichte der Waage und der Wägetechnik ein. Die Substitutions-Zweischneidenwaage besitzt nur eine Waagschale. Diese greift – gemeinsam mit den direkt unterhalb des Gehänges angeordneten Schaltgewichten – an ein und demselben Arm der Waage an, die deswegen oft, fälschlicherweise, als „einarmige" bezeichnet wird. Die Hauptschneide trägt das ganze System. Der Ausgleich am anderen Hebelarm, der eine beliebige Länge haben darf – in der ursprünglichen Ausführung der „Mettler-Waage" besaß der Waagebalken noch eine symmetrische Form (Bild A.20) – geschieht durch eine Ausgleichsmasse von prinzipiell nicht festgelegter Größe. In der Nullstellung, also ohne zusätzliche Belastung der Schale mit dem zu wägenden Gegenstand, steht die Endschneide unter der Belastung aller Gewichtstücke. Wenn dann die zu wägende Last aufgelegt wird, muß die Waage durch Abheben von in deren Masse gleichen Schaltgewichten wieder ins Gleichgewicht gebracht werden.

Die Entwicklung der analytischen Waage ist mit der Durchsetzung der Substitutionswägung nicht zu Ende gewesen. Weitere Verbesserungen wurden im Zuge einer sich beschleunigenden Technisierung und Automatisierung realisiert, um dadurch eine noch schnellere Ausführung der Wägung und die Ausschaltung von immer noch möglichen Wägefehlern zu erreichen. Die Bemühungen der Konstrukteure erstreckten sich auf:

- die Vorwaage zur schnellen Ermittlung der zu betätigenden Schaltgewichte, was durch den Einbau einer zusätzlichen Federwaage erreicht wurde;

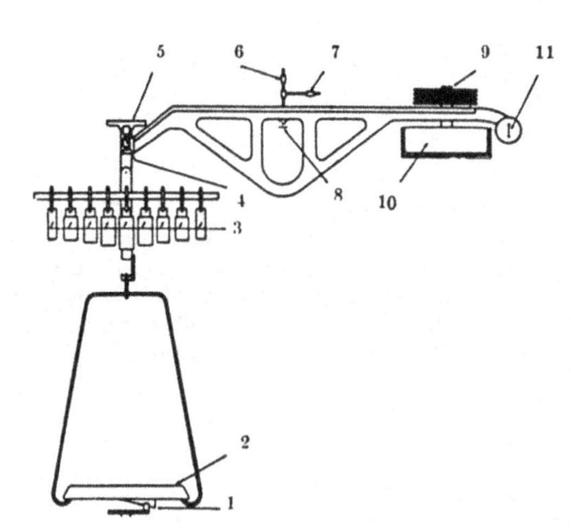

Bild A.20

Seitenriß Substitutions-Zweischneidenwaage von E. Mettler, Küsnacht b. Zürich 1947 (mit symmetrischem Balken der Erstkonstruktion).
1 Schalenbremse; 2 Waagschale; 3 Schaltgewichtssatz; 4 Endschneide; 5 Zwischengehänge; 6 Schraubgewicht zur Einstellung der Empfindlichkeit; 7 Schraubgewicht zur Nullpunktkorrektur; 8 Hauptschneide; 9 Scheibensatz zum Feuchtigkeitsausgleich; 10 Feste Ausgleichsmasse und Luftdämpfung; 11 Mikroskala für optische Projektion.

- die automatische Arretierung und Entarretierung durch elektrische und pneumatische Systeme, um dadurch die Schneiden zu schonen und deren jederzeit völlig gleiche Stellung gegenüber den Lagerelementen zu gewährleisten;
- mechanische und optische Tariereinrichtungen, um durch diese die Feststellung der Grundbelastung der Waage zu ersparen und damit die Differenzbildung zwischen Gesamt- und Tarabelastung zur Ermittlung des Nettobetrags der Wägung überflüssig zu machen;
- die quasi-digitale Anzeige des gesamten Wägeergebnisses durch Einbau mechanischer Zählrollen und eines optischen Mikrometers, um dadurch noch immer mögliche Ablesefehler zu reduzieren;
- die optische Abtastung der Anzeige des Wägeergebnisses zur anschließenden elektronischen Speicherung auf Datenträger, um die Analysenwaage in den automatischen Ablauf integrierter Systeme einzubeziehen.

Damit hatten mechanische, optische und auch elektrische Prinzipien zu einem Zustand geführt, an dem nicht mehr allzu viel zu verbessern schien. Die Verwendung elektronischer Bauteile zur Registrierung und Speicherung des Wägeergebnisses stellte den Beginn zu einer völlig neuen Entwicklung dar, die Verdrängung der oben genannten Prinzipien im Waagenbau durch die Elektronik. Der heutige Stand dieser noch nicht abgeschlossenen Entwicklung ist in Abschnitt 5.1 „Analysen- und Laborwaagen" dargestellt.

A.9 Tabelle zur Entwicklung der Präzisionswaage

Stand: Mai 1982

1 Waage

Zeit	Konstrukteur oder Berichterstatter; ggf. Fundort	Neuerung (ggf. bisheriger Zustand)	Besonderheiten und Hinweise	Anmerkungen
ca. 6000–5000 v.Chr.	Niltal	„Urwaage" mit Waagebalken aus Holz	kein Fundstück vorhanden; Rückschluß nach aufgefundenen Gewichtstücken aus Stein	F. Petrie (1926)
ca. 4000 v.Chr.	Niltal	symmetrische Waage mit Waagebalken aus Kalkstein	prähistorische Grabbeilage; singulärer Fund eines Waagebalkens	F. Petrie (1926); Genauigkeit d. Wägung: ca. $1:10^2$ (d. Verf.)
1500–1200 v.Chr.	Ägypten (Neues Reich, 18.–20. Dynastie)	mannshohe symmetrische Waage guter Leistung	zahlreiche Basreliefs als Handelswaage; in völlig gleicher Form als „Seelenwaage" in den Totenbüchern	W. Wreszinski (1923); Genauigkeit d. Wägung: $1:10^3 – 1:10^4$ (d. Verf.)
ca. 350 v.Chr.	Griechenland, Aristoteles	Theoretische Betrachtung über gleicharmige und ungleicharmige Waagen	Prinzip des Bismar bekannt	Aristoteles: „De Mechanica"
ca. 300 v.Chr.	Indien	Bismar in Gebrauch	vermutlich bereits übernommen von Völkerschaften in Vorder- oder Ostasien	N. T. Belaiew (1933)
ca. 250 v.Chr.	Griechenland, Archimedes	Grundlagen der Hydrostatik; Hebelgesetz	Bestimmung der Dichte bekannt	Archimedes: „Buch über schwimmende Körper". – „Buch über Waagen" verloren
ca. 100 v.Chr.	Spät-etruskisch (?)	asymmetrische Waage mit beweglichem Laufgewicht	Fundstück im Science-Museum (London); später als „Römische Schnellwaage" benannt; heutige englische Bezeichnung: „Steelyard"	nach F. M. Feldhaus (1941) u. F. Klemm (1954) Laufgew.waage bereits 1400 v.Chr. in Ägypten bekannt (?); nach F. Petrie (1926) erst nach Eindringen der Römer

ca. ± 0	Spät-Etruskisch (?)	asymmetrische Waage mit beweglichem Hauptlager	Fundstelle Chiusi; spätere Namen: Bismar, Desemer u. ähnl.	E. Pernice (1898)
ca. 1120	A. Châzinî („Buch der Waage der Weisheit")	arabische hydrostatische Waage mit 5 Schalen	hydrostatische Wägung von Edelsteinen und -metallen; – Hinweis auf wesentlich frühere Kenntnis der hydrostatischen Wägung (Archimedes ?)	Skizze bei H. Bauerreiß (1914)
1000–1300	Islamische Kaufleute (?)	mittelalterliche Klappwaage	Handelsfeinwaage zum Wägen von Edelmetallen	H. Steuer (1977)
Vor 1500	„Probierer" im Erzbergbau	„Probierwaage" im Gehäuse	empfindliche Feinwaage zur Wägung von Edelmetallen; – Anwendung zur Erzanalyse in der Metallverhüttung; – Probierkunst: Edelmetallanalyse auf trockenem Wege	Buchillustration: British Museum, London. – G. Agricola: Abbildung in „De re metallica", 1556
1554	Butéon in Lyon	Waage mit zusammengesetzten (aufgelösten) Hebelarmen	Anwendung des Prinzips der Laufgewichtswaage zur genaueren Wägung größerer Lasten mit relativ klein dimensionierten Waagen	„Heuwaage" von J. Leupold (1718) nach gleichem Prinzip
1669	G. P. de Roberval	„Parallelogramm-Waage"	Zusammengesetzte Hebel in beweglichen Gelenken	Demonstration des Prinzips des „Statischen Phänomens" – nicht jedoch Anwendung im Sinne der heute nach Roberval benannten oberschaligen Waage
1678	R. Hooke, London	Helix-Federwaage	Prinzip der Federwaage später in vielgestaltiger Variation, auch als Blatt- u. Spiralfeder- und Torsionswaage	Abbildung einer „Sackwaage" bei J. Leupold (1726)
1665	B. Monconys (Lyon)	Probierwaage in „Präzisions"-Ausführung	gleicharmige Waage besonders guter Leistung. – Lagerung des Balkens auf tragender Säule mit Arretierung – anstelle auf frei hängender „Schere"	In Reiseberichten über England; Abbildung in verbesserter Form bei J. Leupold (1726)
1742	W. J. 'sGravesande, Leiden	hydrostatische Waage mit Höhenmeßeinrichtung unter der rechten Schale	Prinzip der Ablesung im Neigungsbereich der Waage; – Erweiterung des Arbeitsbereichs der Waage	Kombination der „Gewichtewaage" mit der Neigungswaage

Zeit	Konstrukteur oder Berichterstatter; ggf. Fundort	Neuerung (ggf. bisheriger Zustand)	Besonderheiten und Hinweise	Anmerkungen
1747	H. Kühn, Danzig	symmetrische Waage mit Zeiger und großer halbkreisförmiger Skale	„Ausführliche Beschreibung einer neuen und vollkommeneren Art von Waagen"	Neigungswaage in symmetrischer Ausführung
1758	J. H. Lambert, Basel	Neigungswaage in asymmetrischer Ausführung	neuartige „Quadranten-Waage" mit Zeiger und Skale	Skizzen über „selbstanzeigende Waagen" bereits bei Leonardo da Vinci, ca. 1500
1784	Ch. A. Coulomb, Paris	Torsions-Drehwaage	Messung der elektrischen Ladung	
1788	J. Ramsden, London	Große Präzisionswaage	Waage mit hohlem, konischem Waagebalken	Genauigkeit der Wägung: $1:10^6$
1830	W. Ritchie, London	Torsionswaage	elastische Glasfäden als Torsionselemente	Erweiterung des Wägebereichs nach unten
1833	W. Ch. Bochkoltz aus Trier (in Paris)	Substitutions-Zweischneidenwaage als Probierwaage mit asymmetrischem, um 90° gedrehtem Balken	Wägung unter stets konstanter Belastung; Doppelwaagschale, die obere zur Gewichtsauflage	kein Armlängenfehler und kein Fehler im Neigungsbereich
1867	P. Bunge, Hamburg	schnellschwingende kurzarmige Waage	neue Konstruktionsprinzipien für Balken, Aufhängung und Schneidenjustierung	beträchtliche Verringerung der Wägezeit
1870	P. Bunge, Hamburg	empfindliche Probierwaage	Bei 20 g Auflage noch „Empfindlichkeit" bis 0,01 mg	Vorbild der „Mikrowaage" (mikrochemische Waage f. insbesondere organische Mikroanalysen)
1875	P. Bunge, Hamburg	Vakuum-Waage für Vergleichswägungen von Massenormalen	vollständiger Vertauschungsmechanismus von außen für Transpositionswägungen im Vakuum; zusätzlich: mechanische Auflage kleiner Ausgleichsgewichte	Vergleichung der nationalen Massestandards mit dem „Ur-Kilogramm" in Paris
1880	A. Rueprecht, Wien	Präzisionswaage höchster Leistung	Vergleichung von 1 kg-Massenormalen mit Genauigkeit von etwa 10 µg ($1:10^8$)	

1895	K. Ångström, Stockholm	elektro-mechanische Waage f. Mikrowägungen	Prinzip der elektromagnetischen Kraftkompensation	Grundlage der heutigen sogen. elektronischen Laboratoriumswaagen
1903	W. Nernst, Göttingen	Torsions-Neigungs-Mikrowaage	Quarz-Waagebalken	bei 0,05 g Lastauflage: 20 μg bestimmbar
1912	R. W. Gray u. W. Ramsay, London	Quarzbalken-Mikrowaage		bei 0,01 g Lastauflage 0,02 μg bestimmbar
1914	H. Petterson, Göteborg	Mikrowaage mit Quarzfadenaufhängung		Wägungen bis unterhalb 0,001 μg
1911	A. Collot, Paris	Substitutionswaage mit Luftdämpfung, opt. Projektion und Auflage aller Gewichtstücke von außen	Wägungen im Laboratorium noch schneller, sicherer und bequemer	Vorläufer der Analysenwaage der 50er Jahre
1944	R. Vieweg und Th. Gast in Darmstadt	automatische „elektronische" Mikrowaage	Steuerung der elektromagnetischen Kraftkompensation durch Elektronenröhren	1979 Ehrung von Th. Gast durch „Intern. Conf. on Vacuum Microbalance Techniques" für „Unusual Microweighing Techniques"
1947	E. Mettler und H. Meier, Zürich	moderne Substitutions-Zweischneidenwaage	durchgreifende Änderung der Wägetechnik im Laboratorium	andere Hersteller übernehmen „Mettler-Prinzip" spätestens nach 1960
1955	E. Mettler und H. Meier, Zürich	Substitutions-Oberschalenwaage	einfache Präzisionswägungen wesentlich beschleunigt	Prinzip der oberschaligen Schaltgewichts-Neigungswaage mit Federvorwaage im Patent von J. Post, Hamburg (1880) vorweggenommen
1960	Th. Gast, Göttingen	automatische Laboratoriumswaage mit Tauchspulensystem	Grundlage der „elektronischen" Makro-Laboratoriumswaagen	im späteren Verlauf: Laboratoriumswaagen mit elektromagnetischer Kraftkompensation im Tauchspulensystem mit elektronischer Steuerung und digitaler Anzeige beginnen, die (rein) mechanische Waage zu verdrängen

2 Form und Material des Waagbalkens

Zeit	Konstrukteur oder Berichterstatter; ggf. Fundort	Neuerung (ggf. bisheriger Zustand)	Besonderheiten und Hinweise	Anmerkungen
	„Urwaage"	Waagebalken aus Holz	runder, massiver Balken von gleichem Querschnitt über gesamte Länge	s.a. unter 1. Ganze Instrumente
ca. 4000 v.Chr.		Waagebalken aus Stein	einmaliges Exemplar als Ausnahme (?)	
ca. 1500 v.Chr.	Ägyptische Waage	Waagebalken mit nach den Enden beträchtlich dünner werdendem Querschnitt	Verbesserung der Beweglichkeit des Balkens	
ca. 500 v.Chr.	Mittelmeerraum	Waagebalken aus Bronze, später auch aus Eisen		
ca. 1500	Mittleres Europa	Waagebalken von erheblich größerer Höhe als Dicke	verbesserte Stabilität gegenüber Durchbiegung bei gleichzeitiger Reduzierung der Masse des Balkens	
ca. 1750	England und Frankreich	für Präzisionswaagen Waagebalken von ziemlich großer Länge; meist aus Messing	bessere Empfindlichkeit in der Einstellung der Gleichgewichtslage	langarmige Waage erfordern lange Wägezeiten
1781	J. H. Magalhaens, London	rhombischer Balken mit waagrechter Querstrebe; Innenteil des Metallbleches weitgehend ausgespart	Verbesserung der Empfindlichkeit durch Verringerung der Masse des Balkens	
1788	J. Ramsden, London	langarmiger Balken aus zwei hohlen Kegelstümpfen („cone-beam-balance")	Vorbild der Lagerung von astronomischen und geodätischen Instrumenten	
ca. 1825	T. Ch. Robinson, London	Balken in Form eines länger gestreckten Rhombus mit senkrechten Verstrebungen	bessere Stabilität durch senkrechte Ableitung der wirkenden Gewichtskraft	
1855	A. Collot, Paris	Waagebalken aus Aluminium für Waagen von niedriger Tragkraft	Verringerung der Masse des Balkens durch geringere Dichte des Materials bei nicht allzu viel geringerem E-Modul	später: Legierungen des Aluminiums und anderer Leichtmetalle (Magnesium) zur Verbesserung der mechanischen und chemischen Beständigkeit

1867	P. Bunge, Hamburg	kurzer Balken in Form eines hoch abgesteiften gleichschenkligen Dreiecks; Balken aus einzelnen Metallstreben zusammengesetzt	wesentlich kürzere Schwingungsdauer durch kleineres Trägheitsmoment Verringerung der Arbeitszeit beim „Balkenfeilen" (Von anderen Herstellern nicht übernommen)	in der Folgezeit kurze Waagebalken in vielgestaltiger Ausführung und aus verschiedenartigen Materialien
1886	E. Warburg u. T. Ihmori, Freiburg	Waagebalken aus 1 mm dünnen Glasröhrchen	Waagebalken für Mikrowaage	in der Folgezeit Herstellung in Einzelexemplaren durch Wissenschaftler zu Problemlösungen extrem niedriger Massebestimmungen
1912	D. Steele u. K. Grant, London	Waagebalken aus 0,1 mm dünnen Fäden aus Quarzglas	empfindliche Mikrowaage mit Ablesbarkeit (im Vakuum) von $3 \cdot 10^{-9}$ g	
1957	W. Hohenhaus, Ebingen	Balken aus Keramik	geringere Durchbiegung; gleichbleibende Empfindlichkeit bei Belastung	
1978	W. Lotmar u. J. G. Ulrich (CH)	Balken aus Glaskeramik	in der Praxis vernachlässigbare Wärmeausdehnung; geringere Dichte als z. B. Messing bei etwa gleicher mechanischer Festigkeit (E-Modul)	Reduzierung der Störanfälligkeit bei Hochleistungswägungen bei gleichzeitig verbesserter Empfindlichkeit (geringeres Trägheitsmoment bei niedrigerer Dichte)

3 Lagerung des Waagebalkens und Aufhängung der Schalen

Zeit	Konstrukteur oder Berichterstatter; ggf. Fundort	Neuerung (ggf. bisheriger Zustand)	Besonderheiten und Hinweise	Anmerkungen
	„Urwaage"	Aufhängung der Last an den Balken umwindenden Schnüren	soweit Schalen vorhanden, in gleicher Weise Aufhängung direkt am Balken, ggf. in Einkerbungen oder Rillen	
ca. 4000 v.Chr.	Prähistorische Waage	senkrechte Durchbohrung des Balkens zu dessen Aufhängung an einer Schnur	Aufhängung des Wägegutes oder aufnehmender Schalen ebenfalls mit Schnüren in Durchbohrungen des Balkens	F. Petrie (1926)
ca. 1500 v.Chr.	Ägyptische Handels- (und „Seelen"-)waage	trompetenartige Aufbauchung des Balkenendes; Aufhängung der Schalen mit Schnüren, die seitlich aus dem Balken heraustreten	bessere Herstellung der Gleicharmigkeit	
ca. 200 v.Chr.	Funde aus der Zeit der römischen Antike	kreisförmige Aussparungen im Balken für Balken- und Schalenaufhängung		englisch: „ring and hole pivot"; s.a. bei L. Sanders (1944)
ca. 500	Spätzeit der Römerherrschaft in Gallien	hohler Waagebalken aus Eisen mit innen liegenden Drehelementen; Drehelemente in scharfkantiger Form	singulärer Fund im Rhein. Landesmuseum Trier; Vorform der erst wesentlich später auftretenden Schneiden	
ca. 1500	Zeichnungen bei A. Dürer	„Schwanenhals"-förmige Aufhängung der Schalen am Balken; Hauptlager des Balkens als runder Zapfen, der sich in kreisförmiger Aussparung („Pfanne") der Aufhängevorrichtung („Schere") bewegt	Verringerung der Reibung bei den Schwingungen des Balkens; dadurch bessere Empfindlichkeit der Wägung	
ca. 1600	bildliche Darstellungen des 16. Jhdt. und später. Erhaltene Münzwaagen	kassettenförmige Ausführung des Drehlagers für die Schalenaufhängung; Mittelachse in gestreckter, birnenförmiger Ausführung	noch weitergehende Verringerung des Reibungswiderstandes bei der Balkenschwingung	

vor 1700	Darstellung bei J. Leupold (1726)	Drehachsen für Mittellager und Schalenaufhängung in scharf zugespitzter, messerförmiger Ausführung aus Stahl („Schneiden"); Gegenlager für Schneiden in dachförmig zugespitztem Lager	schneidenförmige Drehlager führen zu noch reibungsfreieren Schwingungen	Empfindlichkeit der Wägung im Verhältnis $1:10^5$ erreichbar
ca. 1720	Darstellung bei J. Leupold (1726)	Lagerung des Balkens auf feststehender Säule	ruhigere Stellung des Balkens als bei Aufhängung in Schere	
1781	J. H. Magalhaens	Mittellager des Balkens und Aufhängung der Schalen an zwei Spitzen (anstelle Schneiden); Gegenlager: Plan geschliffener Achat; Zwischengehänge für Schalen	für kleine Lasten beträchtliche Verringerung der Reibung	
ca. 1800	Hersteller in England	Schneiden aus geschliffenem Achat	bei nicht sehr hoher Belastung: bessere Korriosionsbeständigkeit als Stahl; bessere Abriebfestigkeit bei vergleichbarer Härte	
ca. 1790	Hersteller in England	Justieren der Schneiden durch Einstellen mittels Justierschräubchen	bessere Herstellung der Gleicharmigkeit; bisherige Methode: Bearbeiten des Balkens und der Schneidenlager mit leichten Hammerschlägen	
1837	W. Weber, Göttingen	Aufhängung der Schalen an querelastischen Bändern	Eliminierung der Lagerung in mechanisch beanspruchten Teilen	Vorbild für die Schalenaufhängung von Mikrowaagen und Waagen mit elektromagnetischer Kraftkompensation nach 1950
1875	P. Bunge, Hamburg	Doppelschneide in kreuzförmiger Lagerung	völlige Eliminierung der Auswirkung von Schalenschwingungen auf den Balken	Anwendung des Prinzips von H. Cardanus („Cardanisches Gelenk"); Kompensationsgehänge in prinzipiell gleicher Anordnung
1944	Th. Gast	Aufhängung der Schalen der elektromechanischen Mikrowaage an Bändern	gleiche Anordnung bei der „elektronischen" Waage versch. Hersteller	vgl. 1837

Zeit	Konstrukteur oder Berichterstatter; ggf. Fundort	Neuerung (ggf. bisheriger Zustand)	Besonderheiten und Hinweise	Anmerkungen
1947	E. Mettler u. H. Meier, Zürich	Schneiden und Pfannen für Analysenwaagen aus synth. Saphir	bessere Härte und Abriebfestigkeit als Achat	Erfahrung der Uhren-Industrie in der Schweiz bei der Bearbeitung von Lagersteinen; wesentliche Voraussetzung zur Herstellung von Waagen, die unter dauernder Höchstbelastung stehen

4 Arretierung und Dämpfung

Zeit	Konstrukteur oder Berichterstatter; ggf. Fundort	Neuerung (ggf. bisheriger Zustand)	Besonderheiten und Hinweise	Anmerkungen
	„Urwaage"	Eingriff in das schwingende System durch Hantieren an Schalenaufhängung oder Balken	Darstellung an ägyptischen Waagen	noch heute üblich an Waagen auf Märkten des Südens und des Orients
ca. 1500 v.Chr.	Ägyptische Waage	Anordnung der Schalen in nur geringem Abstand über dem Boden oder einer zusätzlich angebrachten Unterlage	Darstellung an ägyptischen Waagen	Schale der einseitig belasteten Waage gelangt auf Unterlage zur Ruhe; Waage kann nicht umschlagen
ca. 100 v.Chr.	Führungsrahmen für Waagebalken	Begrenzung des Spielraums der Schwingung	Schutz des Wägenden vor „Ausschlägen" bei einseitiger Belastung. Darstellung an römischen Waagen (z. B. in Trier) und Ausgrabungsfunden	E. Nowotny (1913)

ca. 1500	Probierwaagen des späten Mittelalters	Aufzugsvorrichtung der gesamten Waage mittels Schnur und Rollen	in Ruhelage sind Schalen auf Bodenplatte abgesenkt; in Wägestellung bewirkt am Ende der Schnur angebrachte Metallmasse, daß die Waage in „entarretierter" Stellung verbleibt	G. Agricola (1556); – Feststellmasse später in Form von Tierkörpern oder -köpfen
ca. 1720	J. Leupold, Leipzig	Hebelmechanismus zum Hochheben einer im Inneren der Säule der Waage geführten Stößelstange	beim Niederdrücken einer Platte wird der Balken durch die Stößelstange angehoben und damit aus seiner Ruhestellung gelöst	
ca. 1780	W. (?) Harrison, London	außen am Gehäuse angebrachter Schaltknopf mit -welle zur Freigabe eines Unterstützungsmechanismus für den Balken	nach Betätigung der Schaltung geben Nocken die Arretierung des Balkens frei	Waage für H. Cavendish; nach J. T. Stock (1973)
1781	J. H. Magalhaens, London	Hebelarretierung für die beiden Schalen	Entarretieren der Schalen durch Abschwenken von Unterstützungsplatten	
1789	J. Ramsden, London	zentrische Arretierung des Balkens durch einen Träger	Entarretieren des Balkens durch Betätigen eines Hebelmechanismus	J. T. Stock (1969)
1808	N. Mendelssohn, Berlin	Halbarretierung des Balkens durch regelbare Begrenzung des seitlichen Ausschlags	in halbarretierter Stellung schnelle Vorwägung möglich	
ca. 1830	T. Ch. Robinson, London	Arretierungsvorrichtung für Balken und Schalengehänge	Arretierungsstange mit seitlichen Trägern wird durch Hebelbetätigung gelöst; der Balken wird auf das Mittellager abgesenkt; gleichzeitig werden die Schalengehänge freigegeben	
1839	T. Girgensohn, St. Petersburg	Arretierungsvorrichtung für Balken, Schalengehänge und Waagschalen	Schubstange und Arretierungsträger für Balken und Gehänge; seitlicher Hebelmechanismus für die Schalen	

Zeit	Konstrukteur oder Berichterstatter; ggf. Fundort	Neuerung (ggf. bisheriger Zustand)	Besonderheiten und Hinweise	Anmerkungen
1870	P. Bunge, Hamburg	gemeinsame Arretierung für Balken, Gehänge und Schalen, die jedoch nacheinander in Funktion tritt	durch eine einzige Drehung des Arretierungshebels bewirken gegenläufig auf der Arretierungswelle angebrachte Nocken – in Verbindung mit zweigeteilter Schubstange – daß Belastung der Schneiden nur partiell eintritt	
1875	D. I. Mendelejew, St. Petersburg	Kreisbogen- oder schwingende Arretierung	Auflagestellen von Balken und Schalengehänge stehen bei jeder Balkenstellung genau denselben Stellen der Gegenlager entgegen	Kreisbogenarretierung soll, gegenüber Parallelarretierung, bei zu starken Balkenausschlägen eine bessere Schonung der Dreh- und Lagerelemente bewirken
1875	F. Arzberger, Wien	Luftdämpfung an Präzisionswaagen mittels Scheibe in Metallzylinder		
1889	P. Curie, Paris	Luftdämpfung mittels paarweise angebrachter Dämpfungszylinder in Bodenplatte der Waage		
1894	J. H. Poynting, London	Flüssigkeitsdämpfung an Waagen	nicht anwendbar bei Fein- und Analysenwaagen	
1906	W. Marek, Wien	Wirbelstromdämpfung an Waagen	absolut unmagnetische Scheibe bewegt sich im Feld eines Permanentmagneten	Wirbelstromdämpfung bereits wesentlich früher in elektr. Meßgeräten (empfindliche Galvanometer)
1953	Stanton Instr. Ltd., London	Motorarretierung an Feinwaagen	Schonung der empfindlichen Schneiden durch immer gleichmäßiges Abheben und Aufsetzen	Patente – z.B. auch Deutsches Patent

5 Anzeige und Ablesung

Zeit	Konstrukteur oder Berichterstatter; ggf. Fundort	Neuerung (ggf. bisheriger Zustand)	Besonderheiten und Hinweise	Anmerkungen
	„Urwaage"	Einstellung der Gleichgewichtslage nach Augenmaß, auch durch Parallelstellen des Balkens gegenüber Horizontale im Hintergrund		
ca. 1500 v.Chr.	Ägyptische Waage	am Balken angebrachter Zeiger, der aus drei Teilen (Fäden?) und einem Massestück besteht	Funktion bei kleineren Ausschlägen gleich wie starr befestigter Zeiger	Zeiger der ägyptischen Waage meist (fälschlich?) als Lot bezeichnet
ca. 100 v.Chr.	Laufgewichtswaage	kalibrierter Waagebalken, vermutlich in der jeweils gültigen Einheit der Masse	Anzeige des Ergebnisses an der jeweiligen Stellung des Laufgewichtes	
ca. ± 0	An Laufgewichtswaage der Römer	Führungsrahmen	Gleichgewichtslage innerhalb des nach oben und unten begrenzten Rahmens	E. Nowotny (1913)
ca. 100	An gleicharmiger Waage der Römer	nach oben gerichteter, fest mit dem Balken verbundener Zeiger aus Metall	Spiel des Zeigers wird gegenüber der „Schere" (Aufhängung der Waage an ihrem Mittellager) beobachtet	frühere gleicharmige Waagen vermutlich ohne festen Zeiger; T. Ibel (1908), E. Nowotny (1913)
ca. 1500	Zeichnungen von A. Dürer	verfeinerte Ausführung von Zeiger und Schere	verbesserte Anzeige-Empfindlichkeit	
1689	J. Dolaeus, Kassel	Zeiger an Helixfederwaage	direkte Ergebnisanzeige an linear geteilter Skale	Begriff der „Sackwaage": nicht um Säcke zu wiegen, sondern wegen bequemer Mitführbarkeit in der Tasche (im „Säckel")
ca. 1720	J. Leupold	ausgespannte waagrechte Schnur an Rückseite des Gehäuses in Höhe des längerarmigen Balkens	bei empfindlichen Probierwaagen verbesserte Einstellung der Gleichgewichtslage	Vorform der Skalenablesung direkt am Balken
1742	W. J. 'sGravesande, Leiden	vertikal geteilte Skale unterhalb der Schale	Ablesung im Neigungsbereich in senkrechter Anordnung	Verbesserung der Wägegenauigkeit um mehr als eine Zehnerpotenz

Zeit	Konstrukteur oder Berichterstatter; ggf. Fundort	Neuerung (ggf. bisheriger Zustand)	Besonderheiten und Hinweise	Anmerkungen
1747	H. Kühn, Danzig	gleicharmige Waage mit großem Zeiger und Skalenbereich	Ablesung an kreisförmig geteilter Skale	Erweiterung des Arbeitsbereiches der Gewichtewaage durch Kombination mit Neigungswaage
1781	J. H. Magalhaens, London	Ableselupe gegenüber Strichmarke in Verlängerung des Balkens (als fein ausgezogener Zeiger)	optische Instrumente zur Unterstützung der Ablesung durch das Auge	
1808	N. Mendelssohn, Berlin	Ablesemikroskop mit Fadenkreuz gegenüber seitlich angebrachter Skale	genauere Beobachtung des Zeigerausschlags der schwingenden Waage	
ca. 1825	T. Ch. Robinson, London	an der Mitte des Balkens angebrachter, nach unten gerichteter Zeiger, der vor der Waage schwingt	bequemere – und bei längerem Zeiger auch genauere – Ablesung als seitlich am Balken	
1837	C. A. v. Steinheil, München	Poggendorffsche Spiegelablesung im Neigungsbereich der Waage	Lichtstrahl als langer, masseloser Zeiger gegenüber Breitbandskale	
ca. 1875		Ablesefernrohr oder -mikroskop an metrologischen Waagen	Arbeiten nach der „Meter-Konvention" zum Vergleich von kg-Massestandards	
1878	C. Rumann, Göttingen	mechanischer, verstellbarer Nonius (Vernier) an Zeigerskale	noch weitergehende Ausdehnung des Arbeitsbereichs der Feinwaage	
1880	P. Bunge, Hamburg	Ablesung im Neigungsbereich durch Kollimationsfernrohr	Vorteile der Spiegelreflexion und -ablesung unter raumsparenden Bedingungen	Vorschlag von E. Abbe
1887	A. Rueprecht, Wien	Bruchgrammauflage mit direkter Anzeige der aufgelegten Ringgewichte	Freigabe der verdeckten Gewichtswerte an den Schaltknöpfen	
1891	A. Collot, Paris	Lichtprojektion durch am Zeiger angebrachte Strichmarke und Ablesung gegen Mikroskale durch Mikroskop	Strahlenbündel durch Gasbrenner erzeugt	
1892	J. Nemetz, Wien	Bruchgrammauflage mit Anzeige der Gewichtschaltung direkt am Drehknopf	Drehknopf ist als Rundskale graduiert; Anzeige der Einstellung gegenüber Strichmarke	

1894	W. H. F. Kuhlmann, Hamburg	Zylinder-Hohlspiegel mit fünffacher Vergrößerung des Zeigerausschlags	bequeme Alternative zu Ablesung durch Mikroskop	
1908	F. Sartorius, Göttingen	Projektion von elektrisch erzeugtem Lichtbündel durch Mikroskale am Zeiger auf Mattscheibe	bequeme Ablesung im Neigungsbereich	
1940	Bunge-Werkstatt, Hamburg	optischer Nonius an Projektionsanzeige	erste Schritte zur Kompaktanzeige des Wägeergebnisses	an Analysenwaage „Anilin"
1940	Bunge-Werkstatt, Hamburg	mechanische Ziffernrolle als Anzeige der geschalteten Bruchgramme	mit Anzeige an Ziffernrolle, Projektion der Mikroskale und Noniusablesung kompakte Darstellung des gesamten Wägeergebnisses „Nach dem Komma" (0,1 mg bis 1 000 mg)	an Analysenwaage „Anilin"
1947	E. Mettler, Zürich	Unterteilung der letzten Einheit der projizierten Mikroskale durch strichmäßig geteilte Mikrometerscheibe	Mikrometer ermöglicht etwa 10fach verbesserte Ablesung gegenüber Nonius	Halbmikrowaage 100 A5M
1961	E. Mettler, Greifensee	ziffernmäßig geteilte Mikrometerscheibe in Verbindung mit projizierter ziffernmäßig geteilter Mikroskale	Anzeige des gesamten Wägeergebnisses in fortlaufender Ziffernfolge in mechanisch-optischer Anordnung	mechanisch-optische Digitalanzeige an Analysenwaage S5
1964	E. Mettler, Greifensee	ziffernmäßig geteiltes Rollenzählwerk zur Anzeige im Mikrometerbereich	Abschluß der Digitalisierung der Anzeige des gesamten Wägeergebnisses in mechanisch-optischer Anordnung – jedoch in keiner Beziehung zu späterer elektronisch-digitaler Anzeige	Analysenwaage H6T („digital"). – Der Begriff „Digitalanzeige" bezieht sich später ausschließlich auf elektronische Anzeigen („mit springenden Ziffern")

6 Vorrichtungen zum Ausgleich der Gewichtskraft des zu wägenden Körpers

Zeit	Konstrukteur oder Berichterstatter; ggf. Fundort	Neuerung (ggf. bisheriger Zustand)	Besonderheiten und Hinweise	Anmerkungen
	„Urwaage“	Auflage von Körpern bestimmter Masse auf die Schale der Gegenseite	„Gewichtewaage“	nach heutigem Verständnis: Ausgleich (Kompensation) der Gewichtskraft der zu bestimmenden Last durch diejenige von Gewichtstücken
ca. 50 n.Chr.	Fund in Pompeji	Zweischalenwaage mit zusätzlichem Laufgewicht	Kombination der Gewichtewaage mit der Laufgewichtswaage	A. Rich (1862)
1747	H. Kühn, Danzig	Zweischalenwaage mit großer Quadrantenskale für den Neigungsbereich	Kombination der Gewichtewaage mit der Neigungswaage	
ca. 1790	J. Black	wissenschaftliche Waage mit „Reiterversatz“	manuelles Umsetzen von „Reiter“-gewichten aus dünnem, gebogenem Draht auf dem graduierten Waagebalken	M. Speter (1930)
1830	W. Ritchie, London	Zweischalenwaage mit senkrecht zum Balken (in Richtung der Drehachse) gespanntem Glasfaden	Kombination der Gewichtewaage mit der Feder- oder Torsionswaage	
1837	C. A. v. Steinheil, München	„Schubriegel“ an Präzisionswaage in Gehäuse zum Umsetzen des Reiters	mechanische Reiterverschiebung anstelle des manuellen Umsetzens	Reiterverschiebung nach J. J. Berzelius benannt; bestand jedoch bei B. noch aus manuellem Umsetzen
1862	F. L. v. Gallois, Wallis	Zweischalenwaage mit „Präzisionsbogen“	um Mittelachse der Waage drehbares „Drehgewicht“ anstelle der Reiterverschiebung	
1875	P. Bunge, Hamburg	Vakuumwaage mit vollständiger Gewichtsvertauschung und mechanischer Auflage kleiner Ausgleichsgewichte von außen	Gewichtsauflage über Hebelgestänge und Trägervorrichtung am Schalengehänge	auf Londoner Ausstellung (1876) gem. L. Loewenherz (1878)

1882	J. Post, Hamburg	oberschalige Waage mit Vorrichtung zur approximativen Vorwägung	Vorwaage durch Umschaltung der Gewichtswaage auf eingebaute Federwaage. – Hinweis, daß auch Vorwaage im Neigungsbereich der Waage möglich (nach Verringerung der Empfindlichkeit)	Patentschrift
1887	A. Rueprecht, Wien	Schaltung der Bruchgrammgewichte durch Einzeltasten	Auflage von horizontal angeordneten Ringgewichten auf mit dem Schalengehänge verbundene Platte über Hebel und Stößel	bequeme Bedienung in Tischhöhe
1891	V. Serrin, Paris	Zweischalenwaage mit Kettenwiegeapparat	schnellere Bestimmung der kleinen Massenanteile möglich	
1892	J. Nemetz, Wien	Auflage der Bruchgrammgewichte in direkter Folge durch Drehen eines Schaltknopfes	doppeltes Kegelradgetriebe mit Sternrad („Karussell“) zum Absetzen von Reitergewichten jeweils gleicher Masse	B. Pensky
1895	J. Nemetz, Wien	Auflage der Grammgewichte (in konzentrischer Anordnung) in direkter Folge durch Betätigen nur eines Schaltknopfes	Auflage der konzentrischen Ringgewichte direkt auf die Waagschale	B. Pensky
1901	J. Nemetz, Wien	Auflage aller Bruchgramm- und Grammgewichte unter Steuerung durch Kurvenscheiben	Reduzierung der für jede Gewichtsdekade erforderlichen Reiter- und Ringgewichte auf nur vier Einzelgewichte	B. Pensky;
1933	W. Spoerhase, Gießen	Bruchgrammauflage über Drehknopf und Nockenwelle	Vorbild der mechanischen Gewichtsauflage der Folgezeit	

Schrifttum

[1] *Vieweg, R.:* Aus der Kulturgeschichte der Waage. Balingen (Württ.) 1966, 80 pp.
[2] *Ibel, Th.:* Die Wage im Altertum und Mittelalter. Diss. Erlangen 1908, 187 pp., bes. 67–69.
[3] *Châzinî, A.:* Buch der Waage der Weisheit. Ca. 1120. Teilw. Übers.: Vgl. Anm. 2 und: *Khanikoff, N.:* Analysis and Extracts of Book of the Balance of Wisdom. Journ. Am. Or. Soc. **6** (1860), 1–128.
[4] *Cusanus, N.* (Nikolaus v. Cues): Idiota de staticis experimentis (Der Laie über Versuche mit der Waage). 1450. In: Schriften des Nikolaus v. Cues. Leipzig 1942, 95 pp.
[5] *Crombie, A. C.:* Von Augustinus bis Galilei. Frankfurt a.M. 1966, 637 pp.
[6] *Felgentraeger, W.:* Feine Waagen, Wägungen und Gewichte. Berlin 1932, 308 pp.
[7] *Biétry, L.:* Warum Substitutionswägung? Chimia (Zürich) 11 (1957), 92–96.
[8] *Euler, L.:* Disquisitio de bilancibus. Comm. Acad. Petropol. **10** (1738), 3–18; St. Petersburg 1747.
[9] DIN 8120: Begriffe im Waagenbau, Teile 1–3. Ausg. Juli 1981.
[10] *Padelt, E.* und *H. Damm:* Wägetechnik. In: *J. Stanek* (Hrsg.): Handbuch der Meßtechnik in der Betriebskontrolle. Teil 1 von Band II: Mengen- und Strömungsmessung mit mechanischen und elektrotechnischen Hilfsmitteln. Leipzig 1970, 238 pp. (hier: p. 194).
[11] *Emich, F.:* Einrichtung und Gebrauch der zu chemischen Zwecken verwendbaren Mikrowagen. pp. 55–147 in: *E. Abderhalden* (Hrsg.): Handbuch der biochemischen Arbeitsmethoden, 9. Bd. Berlin und Wien 1919, 763 pp.
[12] *Pregl, F.:* Die quantitative organische Mikroanalyse. Berlin 1917, 189 pp.
[13] *Bunge, P.:* Die Bunge'schen Präcisionswaagen. Centr. Ztg. Optik u. Mechanik **5** (1884), 220–225 u. 229–231. – Auch im Selbstverlag u.d.T.: Beschreibung der Präcisionswaagen neuester Original-Construction nebst Constructionsmotiven. Hamburg 1884, 16 pp.
[14] *Frerichs, F.:* Über eine verbesserte Waage mit Balken aus Aluminium. Annalen Chemie (Liebig) **178** (1875), 365–369.
[15] *Arzberger, F.:* Luftdämpfung für analytische Waagen. Annalen Chemie (Liebig) **178** (1875), 382–384.
[16] *Curie, P.:* Sur une balance de précision apériodique et à lecture directe des derniers poids. Comptes Rendus Acad. Sc. **108** (1889), 663–666.
[17] *Marek, W.:* Aperiodische Wage mit Hilfsfedern. Österr. Zentr.-Ztg. f. Optik u. Mech. **1** (1906), 5–7.
[18] *Magalhaens, J. H.:* Lettre sur les balances d'essai. Observations sur la Physique **17** (1781), 43–49 u. Pl. 1.
[19] *Truchet, P.:* Les instruments de Lavoisier. Annales de Ch. et de Ph. 5. Série; Tome **18** (1879), 289–299.
[20] *Poggendorff, J. C.:* Ein Vorschlag zum Messen der magnetischen Abweichung. Annalen Physik **83** (1826), 121–130.
[21] *Steinheil, C. A.:* Über das Bergkrystall-Kilogramm. Abh. Bay. Ak. Wiss. – Math.-Phys. Kl. **4** (1846), 163–244, bes. 198–199.
[22] *Bunge, P.:* Vgl. Anm. 13: p. 230 bzw. p. 15.
[23] *Collot, A.:* Appareil de projection lumineuse, applicable aux balances de précision. Comptes Rendus Acad. Sc. **112** (1891), 99–101.
[24] *Ibel, Th.:* Vgl. Anm. 2; p. 62.
[25] *Speter, M.:* Joseph Blacks „Mikrowaage“ mit Reiterversatz. Z. Instr. kde. **50** (1930), 204–206.
[26] *Jenemann, H. R.:* Zur Entwicklungsgeschichte der Neigungswaage. Wägen + Dosieren **11** (1980), 210–215 u. 248–253.
[27] *Hooke, R.:* De Potentia Restitutiva or of Spring, explaining the Power of springing Bodies. London 1678. – Als Traktat VI Bestandteil von: *R. Hooke*: Lectiones Cutleriana or a Collection of Lectures Physical, Mechanical, Geographical, & Astronomical. London 1679.
[28] *Ritchie, W.:* On the elasticity of threads of glass, with some of the most useful applications of this property to torsion balances. Phil. Trans. **120** (1830/I), 215–222.
[29] *Gallois, F. L.:* Der Präcisierungsbogen an analytischen und anderen Waagen. Annalen Physik **116** (1862), 339–346.
[30] *Serrin, V.:* Un nouveau système de balance de précision à pesées rapides. Bull. Soc. Enc. 4. Série, Tome **6** (1891), 453.

[31] *Loewenherz, L.:* Bestimmung der Masse und des absoluten Gewichts. pp. 223–263 in: *A. W. Hofmann* (Hrsg.): Bericht über die wissenschaftlichen Instrumente auf der Londoner Internationalen Ausstellung im Jahre 1876. Braunschweig 1878, 423 pp.

[32] *Rueprecht, A.:* Neuerung an Präcisionswaagen. Deutsches Patent No. 43 846 v. 28. Juli 1888.

[33] *Pensky, B.:* Über einige neuere Waagenkonstruktionen der Firma *J. Nemetz,* Wien. Z. Instr. kde. 12 (1892), 221–228.

[34] *Prybill, A.:* Der Einbau einer mechanischen Bruchgrammauflage in eine Analysenwaage. Deutsche Apotheker-Zeitung 49 (1934), 453.

[35] *Féry:* Sur la balance de précision à pesées très rapides de *M. A. Collot.* Bull. Soc. Enc. 1912, 1. Sem., 343–344.

[36] *Becker's Sons:* Tijdbesparende Balansen. Brummen (NL), Prospekt 1926.

[37] *Jenemann, H. R.:* Zur Geschichte der Substitutionswägung und der Substitutionswaage. Technikgeschichte 49 (1982), 89–131.

[38] *Peters, C. A. F.* (Hrsg.): Briefwechsel zwischen *C. F. Gauss* und *H. C. Schumacher.* Bd. 3, Altona 1861, p. 100.

B Das Eichwesen in der Bundesrepublik Deutschland

E. Seiler

B.1 Einleitung

Die Bedeutung des Messens für die Entwicklung des Handels und die Erhebung von Steuern und Abgaben wurde bereits von den Herrschenden der Frühzeit erkannt. Sie schufen einheitliche Maßsysteme für ihre Reiche, um so unabhängig vom Ort mit gleicher Elle messen zu können. Maß und Gewicht unterstanden ihrem besonderen Schutz. Die als Normale benutzten Maßverkörperungen erhielten häufig die Gestalt heiliger Tiere. Sie sollten wie die Götter ewig Bestand haben. Sie zu ändern hieße, nicht nur gegen irdische Gesetze zu verstoßen, sondern auch Frevel an den Göttern zu begehen. Betrügerische Manipulationen wurden daher mit unnachsichtiger Härte bestraft.

Die Grundlagen des Eichwesens lassen sich auf die Anfänge der Geschichte zurückführen. An den Prinzipien hat sich auch nach mehreren tausend Jahren menschlicher Entwicklung nichts geändert: Durch Gesetz wird bestimmt, welches die richtigen Maße sind, welchen Anforderungen Meßgeräte genügen müssen und mit welchen Strafen diejenigen zu rechnen haben, die gegen das Gesetz verstoßen.

Durch ihre weite Verbreitung und ihre Verwendung in vielen Bereichen der Meßtechnik ist die Waage von besonderer Bedeutung für den Teil des Meßwesens, der durch staatliche Vorschriften geregelt ist. Ein Abschnitt über das amtliche Eichwesen hat daher im Handbuch des Wägens seine Berechtigung.

B.2 Ziele des Eichwesens

Die *Internationale Organisation für Gesetzliches Meßwesen* (*Organisation Internationale de Métrologie Légale,* OIML) definiert in ihrem Vokabularium [1] „Gesetzliches Meßwesen“ wie folgt:

> „Der Teil des Meßwesens, für den amtlich die Sicherheit und angemessene Genauigkeit von Messungen durch verbindliche Anforderungen an Maßeinheiten, Meßmethoden und Meßgeräte gewährleistet wird.“

Diese Definition ist sehr allgemein. Die weiteren Ausführungen beziehen sich nur auf den Bereich, der vom *Gesetz über das Meß- und Eichwesen* (*Eichgesetz*) [2] und vom *Gesetz über Einheiten im Meßwesen* (*Einheitengesetz*) [3] erfaßt wird.

Nach dem *Eichgesetz* der *Bundesrepublik Deutschland* dürfen für bestimmte Verwendungszwecke nur Meßgeräte benutzt werden, die bestimmten Anforderungen genügen und amtlich geprüft, „geeicht“, worden sind. Eichpflicht besteht für Meßgeräte zur Bestimmung von im Eichgesetz genannten physikalischen Größen, wenn sie

- im geschäftlichen und amtlichen Verkehr,
- zur amtlichen Überwachung des Straßenverkehrs und
- im Bereich der Heilkunde und der Herstellung und Prüfung von Arzneimitteln

verwendet werden.

Ferner enthält das Eichgesetz eine Ermächtigung, die Eichpflicht vorzuschreiben für

1. Dosis- und Dosisleistungsmesser, die zum Strahlenschutz dienen,
2. Meßgeräte, die zur Feststellung von Geräuschen, Erschütterungen oder Luftverunreinigungen zum Immissionsschutz verwendet werden,
3. Geräte, die bei der Raumheizung Meßwerte in Abhängigkeit von der Temperatur des Heizkörpers und der Zeit bilden und dem Verbraucherschutz dienen,
4. Meßgeräte zur Bestimmung der Temperaturen in Lager-, Beförderungs- und Verkaufseinrichtungen für gekühlte, gefrorene oder tiefgefrorene Lebensmittel.

Aus dieser Aufzählung geht hervor, daß neben dem Verbraucherschutz und der Sicherung eines geordneten Austausches von Gütern und Leistungen die Gewährleistung richtiger Messungen in den Bereichen Heilkunde, Strahlenschutz und Umweltschutz auch zu den Zielen des Eichwesens gehört. In einer technisch immer komplizierter werdenden Umwelt übernimmt der Staat den Schutz des Bürgers vor den Auswirkungen falscher Messungen, wenn anderweitig keine entsprechenden Vorkehrungen getroffen sind. Wie das mit den Mitteln des Eichwesens erreicht wird, ist in den nächsten Abschnitten beschrieben.

Im Folgenden wird „eichen" immer im Sinn von „amtlich eichen", d. h. amtlich prüfen und kennzeichnen gebraucht.

B.3 Maße und Normale

Zu den Zielen des Eichwesens gehört es, die Voraussetzungen für richtiges Messen zu schaffen. Im Sinne des *Eichgesetzes* ist die Angabe eines geeichten Meßgerätes richtig, wenn es die durch Rechtsverordnung festgelegten Fehlergrenzen einhält. Bei der Eichung und bei der Befundprüfung wird das durch einen Vergleich mit einem *Normal* überprüft. Das Normal verkörpert das richtige *Maß.*

Maße sind nicht naturgegeben, sondern müssen durch Maßverkörperungen oder durch Meßeinrichtungen realisiert werden. Waren vor 150 Jahren noch sehr viele unterschiedliche Maßsysteme in den zahlreichen deutschen Staaten in Gebrauch, so ist heute durch das *Gesetz über Einheiten im Meßwesen* das *Internationale Einheitensystem* (*Système Internationale d'Unités, SI*) verbindlich geworden.

Hervorgegangen ist es aus dem metrischen System. Es beruht auf den 7 Basisgrößen: Länge (Meter), Masse (Kilogramm), Zeit (Sekunde), elektrische Stromstärke (Ampere), thermodynamische Temperatur (Kelvin), Stoffmenge (Mol), Lichtstärke (Candela). In Klammern sind die Basiseinheiten angegeben.

Am Beispiel der Basisgröße „Masse" soll erläutert werden, wie die Darstellung der Einheit und ihre Weitergabe erfolgt. Die Definition der Basisgröße „Masse" hat sich seit der *1. Generalkonferenz für Maß und Gewicht* der *Meterkonvention,* der höchsten internationalen Instanz für die Definition von Einheiten, im Jahre 1889 nicht geändert [4]: „Die Basiseinheit 1 Kilogramm ist die Masse des Internationalen Kilogrammprototyps". Es wird in Sèvres bei Paris im *Internationalen Büro für Maß und Gewicht* aufbewahrt. Die Bundesrepublik Deutschland besitzt die Kopie Nr. 52 als nationalen Prototyp. Bei einer Vergleichsmessung im Jahre 1974 mit dem Internationalen Prototyp wurde seine Masse zu 1,000 000 187 kg bestimmt. Die Standardabweichung s dieser Messung betrug $s = 8\ \mu g$ [5].

Von diesem nationalen Prototyp ausgehend werden durch Teile und Vielfache der Einheit weitere Normale abgeleitet, um beliebige Massen darstellen zu können. Gewöhnlich benutzt man für eine Dekade 4 Normale mit Massenverhältnissen von 1, 2, 2 und 5. Da jeweils Vergleichsmessungen mit dem Kilogrammprototyp durchgeführt werden müssen, um die richtige Teilung bzw. Vervielfachung zu überprüfen, wird die relative Unsicherheit immer größer, je weiter man sich vom Kilogramm entfernt (s. Kap. 2).

Für die Realisierung von Massenormalen sowie für die Normale der anderen Größen und ihre Weitergabe ist die *Physikalisch-Technische Bundesanstalt* (*PTB*) zuständig. Sie bewahrt den nationalen Prototyp und die anderen nationalen Normale auf und führt Anschlußmessungen mit höchster Präzision durch [3].

Die PTB prüft auch die höchsten Normale der obersten Landesbehörden für das Eichwesen (Eichdirektionen), die ihrerseits die Normale der Eichämter überprüfen. Auf diese Weise entsteht eine hierarchisch gestufte Rangordnung von Normalen (Bild B.1) [34].

Das hier für die Masse beschriebene Verfahren gilt in analoger Weise auch für die Darstellung und Weitergabe der übrigen Einheiten [6]. Durch den Anschluß der Normale an die nationalen Normale zum Prüfen von Meßgeräten, der in der Regel über mehrere Zwischenstufen

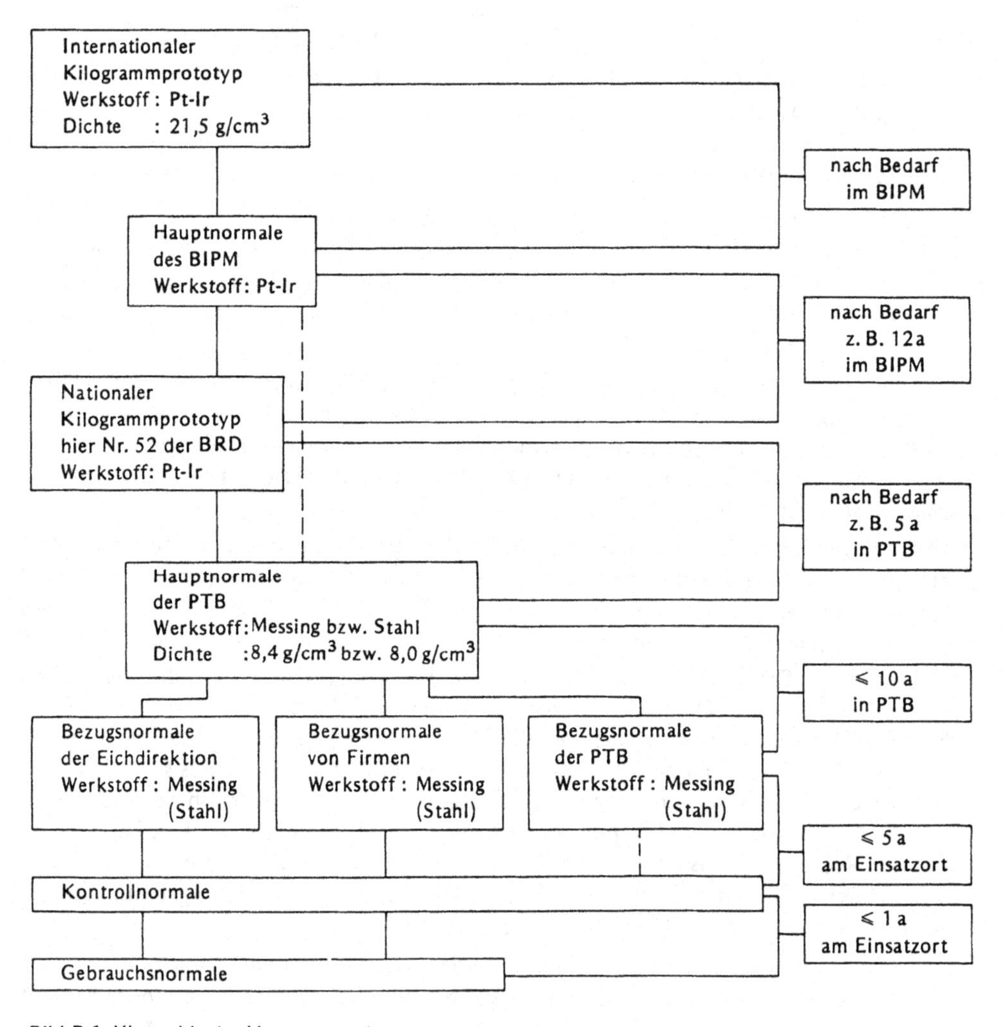

Bild B.1 Hierarchie der Massennormale
Quelle: [34]

erfolgt, wird die Einheitlichkeit im Meß- und Eichwesen gesichert. Regelmäßige Wiederholungsmessungen im Abstand von einigen Jahren dienen der Überprüfung der Langzeitkonstanz der Normale. Mit diesen Maßnahmen wird sichergestellt, daß richtige Normale zum Prüfen der Meßgeräte zur Verfügung stehen.

Mit seinen *Gebrauchsnormalen* entscheidet der Eichbeamte, ob z. B. eine Waage die *Eichfehlergrenzen* einhält. Das Normal selbst darf nur einen Fehler aufweisen (die Abweichung zum eine Stufe in der Hierarchie höherstehenden Normal), der klein gegenüber den Eichfehlergrenzen für das zu prüfende Meßgerät ist. Nur in besonderen Fällen wird dieser Fehler bei der Eichung berücksichtigt. Die folgende Zusammenstellung enthält die Fehlergrenzen für Gewichte unterschiedlicher *Genauigkeitsklassen* nach der *Eichordnung, Anlage 8,* [7].

Fehlergrenzen

Die Eichfehlergrenzen der konventionellen Wägewerte betragen:

Nennwerte	Klasse E_1 in mg	Klasse E_2 in mg	Klasse F_1 in mg	Klasse F_2 in mg	Klasse M_1 in mg	Präzisionsgewichte in mg	Handelsgewichte in mg
1 mg	± 0,002	± 0,006	± 0,020	± 0,06	± 0,20	± 0,2	
2 mg	± 0,002	± 0,006	± 0,020	± 0,06	± 0,20	± 0,4	
5 mg	± 0,002	± 0,006	± 0,020	± 0,06	± 0,20	± 0,5	
10 mg	± 0,002	± 0,008	± 0,025	± 0,08	± 0,25	± 1,0	
20 mg	± 0,003	± 0,010	± 0,03	± 0,10	± 0,3	± 1,0	
50 mg	± 0,004	± 0,012	± 0,04	± 0,12	± 0,4	± 1,0	
100 mg	± 0,005	± 0,015	± 0,05	± 0,15	± 0,5	± 2,0	
200 mg	± 0,006	± 0,020	± 0,06	± 0,20	± 0,6	± 2,0	
500 mg	± 0,008	± 0,025	± 0,08	± 0,25	± 0,8	± 2,0	
1 g	± 0,010	± 0,030	± 0,10	± 0,3	± 1,0	± 5,0	
2 g	± 0,012	± 0,040	± 0,12	± 0,4	± 1,2	± 5,0	
5 g	± 0,015	± 0,050	± 0,15	± 0,5	± 1,5	± 10	
10 g	± 0,020	± 0,060	± 0,20	± 0,6	± 2,0	± 20	± 20
20 g	± 0,025	± 0,080	± 0,25	± 0,8	± 2,5	± 20	± 30
50 g	± 0,030	± 0,10	± 0,30	± 1,0	± 3,0	± 30	± 50
100 g	± 0,05	± 0,15	± 0,5	± 1,5	± 5	± 30	± 60
200 g	± 0,10	± 0,30	± 1,0	± 3,0	± 10	± 50	± 100
500 g	± 0,25	± 0,75	± 2,5	± 7,5	± 25	± 100	± 250
1 kg	± 0,50	± 1,5	± 5	± 15	± 50	± 200	± 400
2 kg	± 1,0	± 3,0	± 10	± 30	± 100	± 400	± 600
5 kg	± 2,5	± 7,5	± 25	± 75	± 250	± 800	± 1 250
10 kg	± 5	± 15	± 50	± 150	± 500	± 1600	± 2 500
20 kg	± 10	± 30	± 100	± 300	± 1000	± 3200	± 4 000
50 kg	± 25	± 75	± 250	± 750	± 2500	± 8000	± 10 000

Auch für die anderen eichpflichtigen Meßgeräte sind Fehlergrenzen in der Eichordnung festgelegt. Sie richten sich nicht nach dem technisch Möglichen, sondern nach dem für die Schutzziele des Eichwesens Notwendigen.

Welche weiteren Anforderungen an Meßgeräte gestellt werden, um die Ziele des Eichwesens zu erreichen, wird im nächsten Abschnitt beschrieben.

B.4 Meßgeräte

Durch das *Eichgesetz* und seine Folgeverordnungen werden Maßnahmen vorgeschrieben, um die Voraussetzungen für richtiges Messen zu gewährleisten. Dieses Ziel wird durch unterschiedliche Methoden erreicht. *Repressiv* (strafandrohend) geht der Gesetzgeber vor, wenn die Verantwortung für richtiges Messen dem Ausführenden übertragen werden kann. Diese Voraussetzungen sind z. B. im Bereich der Herstellung von Fertigpackungen gegeben. Von Betrieben, die Produkte in Form von Fertigpackungen herstellen, muß man erwarten können, daß sie den Abfüllvorgang auch meßtechnisch beherrschen. Der Gesetzgeber verlangt daher im Interesse der Verbraucher gewisse Prüfungen durch den Hersteller zur Gewährleistung der richtigen Füllung von Fertigpackungen. In unregelmäßigen Zeitabständen kontrollieren die Eichbehörden stichprobenweise die Einhaltung dieser gesetzlichen Regelung und ahnden Verstöße durch Bußgelder.

Sind die Voraussetzungen für ein repressives Vorgehen nicht gegeben, übernimmt der Staat durch *präventive* (vorbeugende) Maßnahmen eine Gewähr für die meßtechnische Qualität von Meßgeräten. Das Eichgesetz sieht als solche Maßnahmen die *Zulassung und Eichung* von Meßgeräten vor. Diese amtlichen Prüfungen finden ihren sichtbaren Ausdruck im Eichstempel.

Obwohl die Richtigkeit jedes beliebigen Meßgerätes geprüft werden kann, wird nicht jedes Meßgerät geeicht. Voraussetzung dafür ist seine Zulassung zur Eichung. Sie ist mit der Bedingung verknüpft, daß die Meßgeräte richtige Meßergebnisse (*Meßrichtigkeit*) über einen ausreichend langen Zeitraum (*Meßbeständigkeit*) erwarten lassen müssen. Diese Eigenschaft wird im Eichgesetz als *Meßsicherheit* bezeichnet. Sie ist das entscheidende Kriterium für die Zulassung. Man unterscheidet zwei verschiedene Arten von Zulassungen, die *allgemeine Zulassung* (Zulassung durch Rechtsverordnung) und die *Zulassung einer Meßgerätebauart durch die PTB* (Zulassung durch Verwaltungsakt).

B.4.1 Allgemeine Zulassung

Meßgerätearten können allgemein zur Eichung zugelassen werden, wenn dies die *Eichordnung* vorsieht. In einem solchen Fall sind Anforderungen festgelegt für die Bauausführung, die zulässigen Werkstoffe, die Alterung oder sonstige Behandlung von Werkstoffen oder Bauteilen und weitere Spezifikationen, die für die Meßbeständigkeit der Meßgeräteart von Bedeutung sind.

Von den über 80 in der Eichordnung genannten Meßgerätearten sind 44 allgemein zur Eichung zugelassen. Es handelt sich dabei überwiegend um einfache Meßgerätearten wie Längenmaße, Meßwerkzeuge für Flächenmessungen, Lösch- und Ladegefäße, Lagerbehälter, Volumenmaße, Glasthermometer, Labormeßgeräte aus Glas, Gewichte und mechanische Waagen. Sie können direkt zur Eichung gestellt werden.

B.4.2 Bauartzulassung

Die *Bauartzulassung* ist für solche Meßgerätearten erforderlich, für die in der Eichordnung keine allgemeine Zulassung vorgesehen ist. Nach dem Eichgesetz ist die Physikalisch-Technische Bundesanstalt für die Durchführung der Bauartzulassung zuständig. Dabei wird überprüft, ob eine ausreichende Meßbeständigkeit zu erwarten sein wird und ob die Bauart den in der Eichordnung festgelegten Anforderungen genügt, wenn es solche Anforderungen gibt. Zur Beurteilung der Bauart müssen alle Eigenschaften untersucht werden, die Einfluß auf die Meßrichtigkeit und Meßbeständigkeit haben können.

Dazu gehören

- die Eignung des Meßgerätes für den vorgesehenen Verwendungszweck,
- die Meßrichtigkeit im zulässigen Gebrauchsbereich und
- die Unempfindlichkeit gegenüber äußeren Störungen.

Für die Meßrichtigkeit sind die in der Eichordnung festgelegten Fehlergrenzen maßgebend. Das Eichgesetz verlangt, daß geeichte Meßgeräte bei ihrer Verwendung die *Verkehrsfehlergrenzen* einhalten müssen. Sie sind das größte Mehr oder Minder, bis zu dem der einzelne Meßwert eines geeichten Meßgerätes bei seiner Verwendung vom Normal abweichen darf. Um das vom Eichgesetz verfolgte Schutzziel zu erreichen, werden nur solche Meßgerätebauarten zur Eichung zugelassen, von denen erwartet werden kann, daß sie bei ordnungsgemäßem Gebrauch unter den zugelassenen Verwendungsbedingungen diese Fehlergrenzen nicht überschreiten werden.

Richtige Messungen sind von einem Meßgerät nur zu erwarten, wenn es innerhalb der zulässigen *Gebrauchsbereiche* (Umgebungstemperatur, Luftfeuchte usw.) verwendet wird. Soweit erforderlich, müssen diese Bereiche der verschiedenen *Einflußgrößen* bei der Zulassung festgelegt werden, wenn die Eichordnung keine entsprechenden Anforderungen enthält oder wenn von diesen abgewichen werden muß (s. Kap. 8).

Für Handelswaagen und Grobwaagen z. B. schreibt die *Eichordnung Anlage 9* Nr. 8.2.1 vor, daß sie die meßtechnischen Anforderungen in einem Temperaturbereich von − 10 °C bis + 40 °C erfüllen müssen. Ob das der Fall ist, wird bei der Bauartzulassung überprüft.

Als weitere Einflußgrößen bei Waagen sind spezifiziert:

> Schrägstellung (1 : 1000 bzw. 2 : 1000) und
> Schwankungen der elektrischen Versorgungsspannung und -frequenz (− 15 % bis + 10 %, bzw. ± 2 %).

Neben diesen quantitativen finden sich auch folgende qualitative Angaben unter

> „8.4 Andere Einfluß- und Störgrößen, die die normale Arbeitsweise von Waagen beeinflussen können.
>
> Die Waagen müssen die Anforderungen der Nrn. 4 bis 9 im normalen Betrieb auch dann erfüllen, wenn andere Einfluß- und Störgrößen, wie Magnetfelder, elektrostatische Kräfte, Schwingungen, Witterungsverhältnisse, mechanische Beanspruchungen, Versorgungs-, Zuführungs- und Entleerungseinrichtungen, die mit der Waage verbunden sind, auf sie einwirken." (s. Kap. 7).

Die Unempfindlichkeit gegenüber diesen Einflüssen sichert die Gebrauchstauglichkeit der Meßgeräte, und der Verwender kann unter diesen „normalen" Bedingungen richtige Ergebnisse erwarten.

Meßgeräte mit elektronischen Einrichtungen werden außerdem unter dem Einfluß elektromagnetischer Störungen aller Art geprüft. Die PTB folgt dabei weitgehend einem Prüfprogramm, das in einem Arbeitsausschuß der *Kommission der Europäischen Gemeinschaft* nach langen Beratungen verabschiedet wurde (s. Kap. 8) [8].

Im geschäftlichen Verkehr sollen meßtechnische Manipulationen zur Benachteiligung eines Geschäftspartners verhindert werden. Von den zahlreichen Vorschriften seien hier als Beispiele Anforderungen an Waagen für offene Verkaufsstellen angeführt. In *Anlage 9* der *Eichordnung* Nr. 11.5.2.1 – Sichtbarkeit des Wägeergebnisses – wird gefordert:

> „Waagen und ihre Zusatzeinrichtungen, insbesondere die in Nr. 10.7.5 genannte Nullanzeigeeinrichtung müssen so gebaut sein, daß die Wägeergebnisse auf beiden Seiten

der Waage gleichzeitig sichtbar sind. Bei Waagen mit automatischen Preisanzeigern gelten dieselben Anforderungen für die Anzeige der Grundpreise und der Kaufpreise. Die Anzeigen müssen so lange sichtbar sein, wie sich das Wägegut auf der Lastschale befindet.

Werden beim Wägen Gewichtstücke verwendet, so muß es dem Käufer möglich sein, die Nennwerte der Gewichtstücke zu erkennen."

Unter Nr. 11.5.2.2.3 heißt es

„Taraeinrichtung

Waagen mit zwei Schalen dürfen keine Taraeinrichtung haben. Bei Waagen mit einer Schale sind Taraeinrichtungen zulässig, wenn vom Käufer zu beobachten ist:

- ob die Taraeinrichtung betätigt ist (s. Nr. 12.6.3),
- ob die Taraeinrichtung verstellt wird."

Wegen dieser Konstruktionsvorschriften werden nur solche Waagen zugelassen, bei denen auch der Käufer den Wägevorgang beobachten kann. Das ist eine wesentliche Voraussetzung, wenn das Ziel „Verbraucherschutz" des Eichgesetzes erreicht und mögliche Manipulationen des Wägers verhindert werden sollen. Bei der Bauartprüfung werden daher die Mustergeräte daraufhin untersucht, ob sie die entsprechenden Anforderungen der Eichordnung erfüllen. Enthält die Eichordnung keine Vorschriften über eine eichpflichtige Bauart, können notwendige Anforderungen bei der Zulassung festgelegt werden.

Bestehen Zweifel über die Eignung für den vorgesehenen Verwendungszweck, die sich durch Untersuchungen in der PTB nicht klären lassen, so können Gutachten von anderen kompetenten Stellen gefordert werden. Dieses Verfahren wird häufig für medizinische Meßgeräte angewendet.

Die Beurteilung der Meßrichtigkeit erfolgt anhand der Fehlergrenzen. Es gibt aber kein quantitatives Kriterium für die Meßbeständigkeit. Weder das Eichgesetz noch die Eichordnung quantifizieren, daß x % aller Meßgeräte einer Bauart über y Jahre richtig messen müssen, wobei diese Aussage mit einer Wahrscheinlichkeit von z % zutreffen soll. Hier bleibt ein gewisser Ermessensspielraum innerhalb folgender Überlegungen: Da die Nacheichfrist für jede Meßgeräteart durch die *Eichgültigkeitsverordnung* [10] geregelt ist, muß dieser Zeitraum als unterste Grenze für die Meßbeständigkeit betrachtet werden. Nach Ablauf dieser Frist erfolgt bei der Nacheichung eine meßtechnische Überprüfung. Dabei werden eventuelle Änderungen in den meßtechnischen Eigenschaften des Meßgerätes offensichtlich und können korrigiert werden.

Die Statistik über die Ergebnisse bei der Nacheichung zeigt, daß der Anteil von Meßgeräten, die nach Ablauf der Nacheichperiode noch den eichtechnischen Anforderungen genügt, für viele Meßgerätearten bei 95 % und darüber liegt [11]. Um diesen Qualitätsstandard zu halten, ist eine Zulassung nur zu erteilen, wenn von mindestens 95 % aller Meßgeräte der Bauart eine Meßbeständigkeit über den Mindestzeitraum einer Nacheichperiode erwartet werden kann.

In den letzten 10 Jahren bis 1982 sind nur sehr wenige Fälle bekannt geworden, wo im praktischen Betrieb Fehler auftraten, die so groß und so häufig waren, daß die Zulassung widerrufen oder gar zurückgenommen werden mußte. Zur Würdigung dieser Tatsache muß man wissen, daß jährlich mehr als 500 Zulassungen ausgesprochen und 16 Millionen Meßgeräte geeicht werden. Dieses gute Ergebnis wird durch einen hohen Aufwand beim experimentellen Nachweis der Meßbeständigkeit erreicht. Bei mechanischen Bauarten werden oftmals mehrere Prüflinge einer Dauerbelastung unterworfen. Der praktische Betrieb wird simuliert, wobei gewisse Vorgänge beschleunigt ablaufen, um zu lange Prüfzeiten zu vermeiden. Beispielsweise wird eine Waage wochenlang mit einer Frequenz von 1 ... 2 Hz be- und entlastet, wobei die Anzahl der Belastungen etwa den zu erwartenden Lastwechseln während einer Nacheichperiode bei normalem Gebrauch entspricht. Durch Messungen vor, während und nach den Dauerversuchen wird festgestellt, ob die Meßgeräte den zu erwartenden Beanspruchungen gewachsen und damit meßbeständig sein werden.

Dieses Verfahren führt zu Problemen bei Geräten mit elektronischen Einrichtungen, da bei elektronischen Bauelementen sporadische Ausfälle zu beobachten sind. Dauerversuche an einem oder wenigen Geräten geben keine zuverlässigen Aussagen über die Meßbeständigkeit, weil man mit statistischen Ausfällen der elektronischen Bauteile rechnen muß. Die erforderliche große Anzahl von Meßgeräten steht in der Regel nicht zur Verfügung, denn üblicherweise beginnt die Serienfertigung erst nach der Bauartzulassung. Um fehlerhafte Messungen zu verhindern, wird gefordert, daß elektronische Einrichtungen durch Kontrollschaltungen überwacht werden, die Funktionsfehler erkennen und anzeigen [9, 33] (s. Kap. 9).

Kontrolleinrichtungen zum Erkennen von Funktionsfehlern vereinfachen die Prüfung für die Bauartzulassung, da Dauerprüfungen entfallen können. Allerdings muß ihre Funktionsweise und ihre Wirksamkeit unter dem Einfluß äußerer Störungen getestet werden. Sind Kontrolleinrichtungen nicht realisierbar, muß der Nachweis der Meßrichtigkeit innerhalb der zulässigen Nenngebrauchsbereiche und die Meßbeständigkeit auf eine andere Art gesichert werden. Bleiben trotz umfangreicher Prüfungen Zweifel, ob die Verkehrsfehlergrenzen von den Meßgeräten bei ihrer Verwendung über den Zeitraum der Eichgültigkeitsdauer eingehalten werden, kann die PTB eine probeweise Zulassung erteilen.

B.4.3 Probeweise Zulassung

Der Sinn dieses Verfahrens besteht in der Erprobung von Meßgeräten über einen längeren Zeitraum in der Praxis, wenn Laborversuche keine befriedigenden Resultate über die Meßbeständigkeit in vertretbaren Zeiträumen liefern können. Eine probeweise Zulassung enthält daher gewisse Auflagen und Bedingungen, zum Beispiel die Begrenzung der Gültigkeit oder der Stückzahl der zu eichenden Geräte. In der Regel werden Nachprüfungen an einer ausreichenden Anzahl von Meßgeräten in festgelegten Zeitabständen entweder von der PTB oder von den Eichbehörden durchgeführt. Von den Ergebnissen dieser Nachprüfungen hängt es ab, ob die Beschränkungen der probeweisen Zulassung aufgehoben werden können. Das Zulassungsverfahren ist daher erst nach der Erprobung der Bauart abgeschlossen.

B.4.4 Beantragung der Zulassung

Der Antrag auf eine Bauartzulassung ist vom Meßgerätehersteller oder seinem Beauftragten bei der PTB zu stellen. Die PTB muß Bauarten prüfen, wenn für die entsprechenden Meßgeräte Eichpflicht besteht. Der Antragsteller hat die entsprechenden Unterlagen und Mustergeräte für die Prüfung zur Verfügung zu stellen. Führen die Prüfungen zu einer Zulassung, so wird das durch einen *Zulassungsschein* (Bild B.2) dokumentiert und im Amtsblatt der PTB, den *PTB-Mitteilungen*, veröffentlicht.

Die Bauart erhält ein *Zulassungszeichen* ⊒, das auf jedem zur Eichung gestellten Meßgerät aufgebracht sein muß. Die Eichbehörden erhalten neben dem Zulassungsschein weitere Unterlagen über die Bauart, die für eichtechnische Prüfungen erforderlich sind. Die Zulassung kann probeweise erteilt und inhaltlich beschränkt, befristet oder mit Auflagen und Bedingungen versehen sein.

War die Zulassung zeitlich nicht befristet, so muß sie widerrufen werden, wenn sich herausstellt, daß die Meßgeräte im praktischen Einsatz nicht die notwendige Meßbeständigkeit aufweisen. Sie kann auch widerrufen werden,

Physikalisch-Technische Bundesanstalt

Zulassungsschein

Innerstaatliche Bauartzulassung

Nr. 1.33-4629/82

Auf Grund der §§ 9 und 29 des Eichgesetzes vom 11. Juli 1969 (BGBl. I S. 759) in Verbindung mit dem § 2 Abs. 2 und § 12 der Eichordnung vom 15. Januar 1975 (BGBl. Teil I Nr. 6, S. 233) in ihrer derzeit gültigen Fassung wird
der Firma Sartorius GmbH
Postfach 19

3400 Göttingen

die Bauart des Meßgeräts Selbsteinspielende elektromechanische Präzisionswaage mit Digitalanzeigeeinrichtung;

Typ	3862 004	Genauigkeitsklasse (II)
Max	16 kg	
Min	50 g	
e =	1 g	
d_d =	0,1 g	

Taraausgleichsbereich 100 % von Max

Temperaturbereich +10 °C bis +30 °C

zur innerstaatlichen Eichung zugelassen und erhält folgendes Zulassungszeichen

9.291
82.02

Die wesentlichen Merkmale und die Zulassungsauflagen für die Bauart sind in der Anlage festgelegt. Sie ist Bestandteil der Zulassung.

Physikalisch-Technische Bundesanstalt Braunschweig, den 11.02.1982

Im Auftrag
Brandes
Brandes

Dienststempel

L.S.

– Rechtsbehelfsbelehrung auf der Rückseite –

Zulassungsscheine ohne Unterschrift und ohne Dienststempel haben keine Gültigkeit.
Die Zulassungsscheine dürfen nur unverändert weiterverbreitet werden.
Auszüge oder Änderungen bedürfen der Genehmigung der Physikalisch-Technischen Bundesanstalt, Bundesallee 100, Postfach 3345, D-3300 Braunschweig.

320001a 1.81 HAF

Bild B.2 Zulassungsschein der Physikalisch-Technischen Bundesanstalt. Einzelheiten zur Charakterisierung der zugelassenen Bauart und gegebenenfalls zur eichtechnischen Behandlung werden in einer Anlage zum Zulassungsschein festgelegt.
Quelle: PTB

- wenn der Zulassungsinhaber nachträglich Merkmale ändert, die bei der Zulassung festgelegt worden sind,
- wenn inhaltliche Beschränkungen oder Bedingungen nicht beachtet wurden oder
- wenn Auflagen nicht oder nicht fristgerecht erfüllt werden.

Eine Zulassung muß zurückgenommen werden, wenn sie aufgrund von Fehlern erteilt wurde und die Meßsicherheit von Anfang an nicht gewährleistet war. Die Rücknahme bedeutet rechtlich, daß die Zulassung nicht bestanden hat. Meßgeräte, die davon betroffen sind, dürfen nicht länger im eichpflichtigen Verkehr verwendet werden.

Wird eine Zulassung widerrufen, so dürfen die bereits geeichten Meßgeräte im eichpflichtigen Verkehr verbleiben und nachgeeicht werden, solange sie die Fehlergrenzen und die gültigen Anforderungen erfüllen. Gibt es für die betreffende Meßgeräteart eine EWG-Richtlinie, so kann eine *EWG-Bauartzulassung* erteilt werden. Die EWG-Bauartzulassung berechtigt zur *EWG-Eichung*, die Voraussetzung ist für den freien Handel mit Meßgeräten innerhalb der *Mitgliedstaaten der Europäischen Gemeinschaft* (s. Abschnitt B.6.3). Im Gegensatz zur innerstaatlichen Zulassung ist die Gültigkeit einer EWG-Bauartzulassung auf 10 Jahre beschränkt. Außerdem bestehen einige weitere Besonderheiten, die in der *Eichordnung, Allgemeine Vorschriften*, aufgeführt sind.

B.4.5 Eichung

Meßgeräte einer zugelassenen Bauart oder einer allgemein zugelassenen Art können auf Antrag durch die Eichämter der Bundesländer geeicht werden. Die Eichung besteht aus einer *Beschaffenheitsprüfung* und einer *meßtechnischen Prüfung*. Bei der Beschaffenheitsprüfung wird insbesondere festgestellt, ob die Art oder die Bauart des Meßgerätes zur Eichung zugelassen ist, die Ausführung des Meßgerätes den Vorschriften der Eichordnung und zutreffendenfalls den Festlegungen der Zulassung entspricht und ob die vorgeschriebenen Bezeichnungen, Aufschriften und Stempelstellen vorhanden sind. Führt diese Prüfung zu keinen Beanstandungen, folgt die meßtechnische Prüfung, bei der die Einhaltung der Fehlergrenzen sowie eventuell weitere Eigenschaften wie die Unveränderlichkeit, die Empfindlichkeit oder die Beweglichkeit überprüft werden. Für die meßtechnische Prüfung werden geprüfte Normale oder Normalmeßeinrichtungen verwendet. Soweit das Prüfverfahren nicht durch eine *Eichanweisung* (bei Waagen durch die sogenannte Eichanweisung 9 [30]) geregelt ist, werden entsprechende Hinweise erforderlichenfalls von der PTB in der Anlage zum Zulassungsschein gegeben. Bestehen Zweifel darüber, ob die Fehlergrenzen noch eingehalten werden, wird die Prüfung unter Umständen mehrfach wiederholt.

Genügt das Meßgerät den Anforderungen, so wird es als geeicht gestempelt. Das *Eichzeichen* (Bild B.3a) und das *Jahreszeichen* (Bild B.3b), oder die *Jahresbezeichnung* (Bild B.3c) bilden zusammen den *Hauptstempel*. Gehört das Meßgerät zu einer Bauart, für die eine EWG-Bau-

Bild B.3a Das Eichzeichen der Eichbehörden besteht aus einem geschwungenen Band mit dem Buchstaben D, der Ordnungszahl der jeweiligen Eichaufsichtsbehörde und einem sechsstrahligen Stern.

Bild B.3b Das Jahreszeichen besteht aus den beiden letzten Ziffern der Jahreszahl in Schildumrandung.

74

Bild B.3c Die Jahresbezeichnung besteht aus den beiden letzten Ziffern der Jahreszahl. Das Eichzeichen und das Jahreszeichen oder die Jahresbezeichnung bilden zusammen den Hauptstempel. *Quelle:* [7]

Bild B.4a Zeichen für die EWG-Bauartzulassung.
Im oberen Teil des Symbols steht ein D für Bundesrepublik Deutschland, wenn die Zulassung durch die PTB erteilt wurde, und dahinter folgen die letzten Ziffern der Jahreszahl der Zulassung. Im unteren Teil steht die Nummer der Anlage der Eichordnung für die betreffende Meßgeräteart. Die weiteren Ziffern kennzeichnen unterschiedliche Bauarten und enthalten Informationen über die Anzahl der zugelassenen Bauarten.

Bild B.4b Das EWG-Eichzeichen besteht aus einem stilisierten e. Es enthält in der oberen Hälfte das Kennzeichen des Mitgliedstaates, der die Ersteichung durchgeführt hat.
B für Belgien, DK für Dänemark, D für Bundesrepublik Deutschland, E für Griechenland, F für Frankfurt, I für Italien, IR für Irland, L für Luxemburg, NL für Niederlande, UK für das Vereinigte Königreich.
Das Eichzeichen enthält außerdem in der oberen Hälfte die Ordnungszahl der jeweiligen Eichaufsichtsbehörde und im unteren Teil die Ordnungszahl des prüfenden Eichamtes.

Bild B.4c Die EWG-Jahresbezeichnung besteht aus den beiden letzten Ziffern des Jahres der Eichung in einer sechseckigen Umrandung. Das EWG-Eichzeichen und die EWG-Jahresbezeichnung bilden zusammen den EWG-Eichstempel.
Quelle: [7]

artzulassung erteilt wurde (Bild B.4a), so kann es mit dem *EWG-Eichzeichen* (Bild B.4b) und der EWG-Jahresbezeichnung (Bild B.4c) gestempelt werden. In dem Sechseck sind die beiden letzten Ziffern des Jahres der Eichung angegeben. Die Eichung gilt in der Regel zwei Jahre, wenn in der *Verordnung über die Gültigkeitsdauer der Eichung* [10] keine anderen Fristen festgesetzt sind. Sie erlischt vorzeitig, wenn

- das Meßgerät nach der Eichung die Verkehrsfehlergrenzen nicht einhält,
- Änderungen oder Reparaturen vorgenommen werden, die Einfluß auf die meßtechnischen Eigenschaften des Gerätes oder seine Verwendung haben,
- der Hauptstempel oder ein Sicherungsstempel entfernt oder verletzt ist oder wenn
- das Gerät mit einer Zusatzeinrichtung verbunden wird, deren Anbau nicht zugelassen ist.

Die PTB kann bei probeweisen Zulassungen kürzere Nacheichfristen, als in der Verordnung vorgeschrieben, festsetzen.

Die eichtechnische Prüfung kann für gewisse einfache Meßgerätearten bei der Ersteichung nach statistischen Methoden durchgeführt werden. Zu diesen Meßgerätearten gehören z. B.

- Maßstäbe bis zu 2 m Länge,
- Fässer,
- Waagen der Genauigkeitsklasse (IIII) bis 200 kg, die nicht zur innerstaatlichen Verwendung im eichpflichtigen Verkehr bestimmt sind, sowie gewisse
- Meßgeräte aus Glas,
- Meßgeräte oder Teile von Meßgeräten, die nur zum einmaligen Gebrauch bestimmt sind.

Einzelheiten über das statistische Prüfverfahren sind in den PTB-Mitteilungen [12] veröffentlicht.

Treten bei der Verwendung Zweifel auf, ob ein Meßgerät noch den eichtechnischen Anforderungen entspricht, kann eine *Befundprüfung* durch die Eichbehörden erfolgen. Das Meßgerät muß dabei die Verkehrsfehlergrenzen einhalten. Ist das nicht der Fall, wird der Hauptstempel entwertet und das Gerät darf nicht länger im eichpflichtigen Verkehr verwendet werden [31].

Der Besitzer eines eichpflichtigen Meßgerätes muß die Auflagen an die Benutzung des Meßgerätes einhalten, die bei der Zulassung der Bauart oder der Art des Meßgerätes festgelegt und in die Bedienungsanleitung aufgenommen worden sind [32]. Mit diesen präventiven Maßnahmen, die sich sowohl an den Hersteller als auch an den Besitzer von Meßgeräten wenden, werden die Voraussetzungen für richtiges Messen geschaffen. Einzelheiten der Maßnahmen richten sich nach dem verfolgten Schutzziel, also nach dem möglichen Schaden falscher Messungen, nach der Motivation für eventuelle betrügerische Manipulationen mit Hilfe der Meßgeräte und nach dem zu erwartenden Sachverstand der Messenden.

Die strengsten Anforderungen sind zu stellen, wenn von Messungen Maßnahmen abgeleitet werden, die die Gesundheit betreffen. Wenn man den Verwender von Meßgeräten in die Verantwortung für das richtige Messen nehmen kann, ohne ihn dabei technisch oder moralisch zu überfordern, kann man auch mit repressiven Methoden zum Ziel gelangen.

B.4.6 Andere Maßnahmen anstelle der Eichung

Bislang wurden die *präventiven Maßnahmen* beschrieben, die der Gesetzgeber zur Sicherung richtiger Messungen durch amtliche Prüfungen für notwendig erachtet, wenn vom Verwender nicht erwartet werden kann, daß er die meßtechnischen Eigenschaften des Meßgerätes objektiv beurteilen und die Einhaltung der Fehlergrenzen selbst kontrollieren kann oder will.

Das Eichgesetz kennt aber auch *repressive Maßnahmen.* Sie werden dort angewendet, wo dem Verwender von Meßgeräten die Verantwortung für das richtige Messen übertragen werden kann. Als Beispiel dafür werden die Regelungen für den Bereich Fertigpackungen beschrieben. Ausgehend von der Erkenntnis, daß geeichte Waagen zwar eine notwendige aber keine hinreichende Bedingung für die Herstellung von Fertigpackungen gleicher und richtiger Füllmengen sind, sieht die aufgrund des *Eichgesetzes* erlassene *Fertigpackungsverordnung* [13] vor, daß

> Fertigpackungen gleicher Füllmengen mit geeigneten Kontrollmeßgeräten stichprobenweise regelmäßig zu überprüfen sind.
>
> Die Überprüfung der Füllmengen von Flaschen als Maßbehältnisse kann auch mit anderen geeigneten Kontrolleinrichtungen oder Kontrollmethoden stichprobenweise erfolgen. Das gleiche gilt für die Überprüfung der Füllmengen von nach Stückzahl gekennzeichneten Fertigpackungen.
>
> Die Ergebnisse der Überprüfung sind so aufzuzeichnen, daß sie den Zeitpunkt der Überprüfung und die Mittelwerte und Streuungen leicht erkennen lassen.

Durch dieses Verfahren wird der Hersteller von Fertigpackungen gleicher Füllmenge zur Verwendung von geeigneten Kontrollmeßgeräten und zur Aufzeichnung der Ergebnisse verpflichtet. Als geeignete Kontrollmeßgeräte gelten geeichte Meßgeräte. Damit sind die Voraussetzungen für die richtige Abfüllung und die Durchführung richtiger Kontrollmessungen gegeben. Für die vorschriftsmäßige Füllung der Fertigpackungen ist der Abfüller verantwortlich. Die Eichbehörden prüfen stichprobenweise, ob die gesetzlichen Auflagen erfüllt werden. Dazu gehören die innerbetrieblichen Aufzeichnungen der Stichprobenergebnisse des Gewichts oder des Volumens, der Mittelwerte, der Streuungen, der Spannweiten oder der

Standardabweichungen sowie die Zeitpunkte der Prüfungen. Die Aufzeichnungen müssen auch Angaben über das Füllgut, die Bezeichnung der Abfüllstellen (z. B. Maschinennummer) sowie die Namenszeichen der Prüfer enthalten.

Die Häufigkeit der innerbetrieblichen Prüfungen haben sich nach der Stabilität des Abfüllprozesses zu richten, daher können Kontrollintervalle von 10 min nötig oder solche von 2 h ausreichend sein. Der Abfüller muß entscheiden, wie eng die Intervalle zu legen sind. Die Praxis hat gezeigt, daß man gewöhnlich mit einem Stichprobenumfang von 5 auskommt.

Neben der Kontrolle der innerbetrieblichen Aufzeichnungen führen die Eichbehörden eigene Stichprobenprüfungen durch. Es wird angestrebt, jeden Hersteller von Fertigpackungen einmal pro Jahr zu kontrollieren. Die Ergebnisse der amtlichen Kontrollen, getrennt nach Produktgruppen, werden jährlich veröffentlicht [14]. Ein Überblick über die Beanstandungsquoten für einzelne Produktgruppen seit Einführung der *Fertigpackungskontrollen* ist in [15] zu finden (Bild B.5). Es zeigt sich eine Verbesserung des Befüllungsgrades bei einigen Produktgruppen im Laufe der Jahre, während bei anderen Gruppen davon nichts zu bemerken

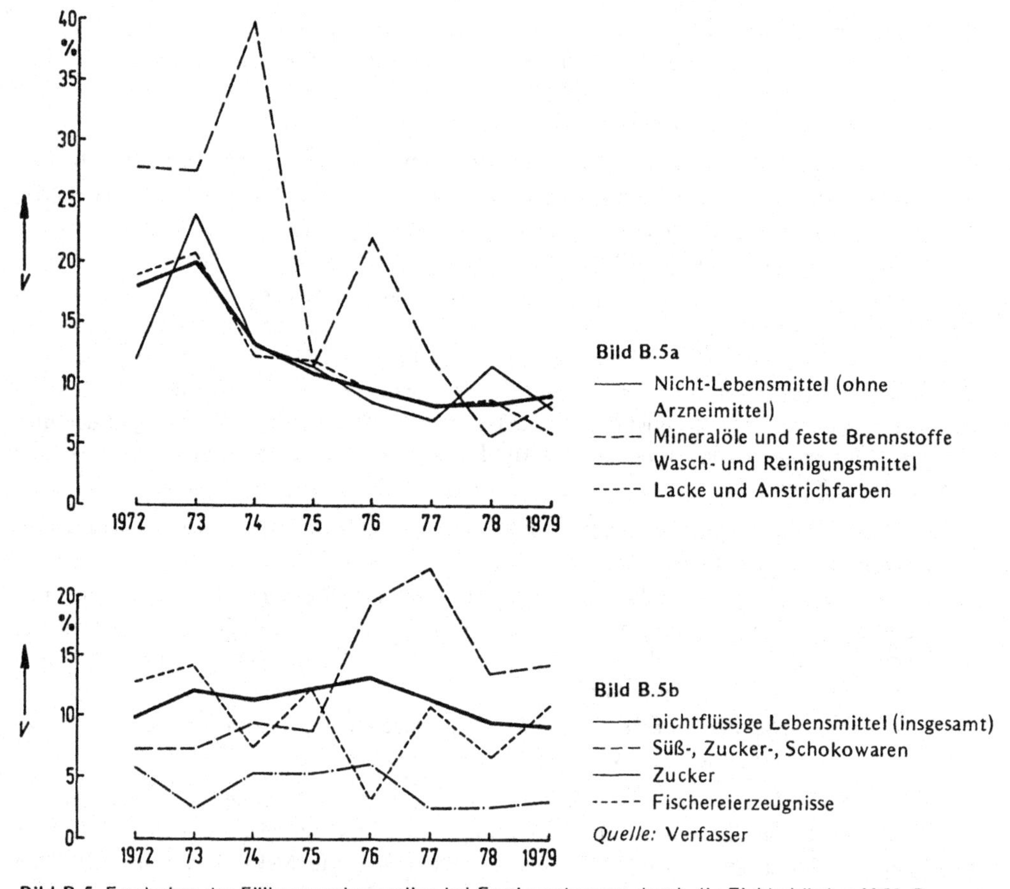

Bild B.5 Ergebnisse der Füllmengenkontrollen bei Fertigpackungen durch die Eichbehörden [15]. Das Bild B.5a enthält die Ergebnisse für den Bereich Nicht-Lebensmittel und einige ausgewählte spezielle Produkte. Das Bild B.5b enthält die Ergebnisse für den Bereich nichtflüssige Lebensmittel und einige ausgewählte spezielle Produkte.

V: Verstöße gegen die Mittelwertvorschrift in Prozent bezogen auf die Anzahl der durchgeführten Prüfungen.

ist. Das ist ein Grund, warum durch amtliche Kontrollen die Einhaltung der Vorschriften überwacht und ggf. mit staatlichen Mitteln durchgesetzt werden muß.

Zwei weitere Beispiele aus dem nicht-geschäftlichen Bereich zeigen, wo andere Maßnahmen an die Stelle amtlicher Prüfungen treten, um richtige Messungen zu sichern.

Die *Eichpflichtausnahmeverordnung* [16] nimmt Volumenmeßgeräte, die nur für solche quantitativen Analysen benutzt werden, deren Richtigkeit durch ständige Überwachung nach den Methoden der statistischen Qualitätskontrolle und durch Ringversuche nachgewiesen wird, von der Eichpflicht aus. Hierbei handelt es sich um Volumenmeßgeräte, die in ärztlichen Laboratorien verwendet werden. In der ständigen Kontrolle der Messungen wird eine effektivere Maßnahme zur Sicherung richtiger Messungen gesehen als in der Eichung der Geräte.

Die gleichen Überlegungen haben dazu geführt, die Gültigkeitsdauer der Eichung für Strahlenschutzdosimeter mit geeigneten Kontrollvorrichtungen nicht zu befristen, wenn der Benutzer in jedem Meßbereich des Dosimeters Kontrollmessungen ausführt und ihre Ergebnisse aufzeichnet [10]. Die Bauart der Kontrollvorrichtung muß von der PTB zugelassen sein, und die Kontrollmessungen müssen mindestens halbjährlich durchgeführt werden.

Während bei den Dosimetern Bauartzulassung und Ersteichung erforderlich sind und die Bauart der Kontrollvorrichtung zugelassen sein muß, sind die Volumenmeßgeräte ohne jegliche amtliche Prüfung verwendbar. Hier trägt der Verwender allein die Verantwortung für die Auswahl geeigneter Meßgeräte und für das richtige Messen. Selbst die Ahndung von Verstößen gegen die Vorschriften (Nichtbeteiligung oder erfolglose Beteiligung an den Ringversuchen) überläßt hier der Gesetzgeber anderen Organen. Bei Verstößen honorieren in diesem Fall die Krankenkassen nicht mehr die vom Arzt erbrachten Laborleistungen.

B.5 Institutionen des Eichwesens

Nach dem *Grundgesetz der Bundesrepublik Deutschland* (Art. 73) hat der Bund die Gesetzgebungskompetenz für Maße und Gewichte. Die Länder führen die diesbezüglichen Bundesgesetze als eigene Angelegenheit aus (Art. 83). Aufgrund dieser verfassungsmäßigen Festlegung bedürfen Gesetze für den Bereich des Meß- und Eichwesens der Zustimmung des *Bundesrates*, der für das Gesetzgebungsverfahren zuständigen Vertretung der Länder. Die Aufgaben der vielen Institutionen, die mit den Belangen des Meß- und Eichwesens befaßt sind, werden nachfolgend dargestellt und erläutert (siehe auch Bild B.6).

B.5.1 Die Physikalisch-Technische Bundesanstalt

Die *Physikalisch-Technische Bundesanstalt* (PTB) in *Braunschweig* und *Berlin* ist das natur- und ingenieurwissenschaftliche Staatsinstitut und die technische Oberbehörde der Bundesrepublik Deutschland für das Meßwesen und gehört zum Dienstbereich des *Bundesministers für Wirtschaft* [11, 18]. Sie wurde 1887 in Berlin als *Physikalisch-Technische Reichsanstalt* (PTR) gegründet. Die Metrologie, die Wissenschaft vom Messen, ist das wichtigste Tätigkeitsfeld der PTB. Es umfaßt ein weites Spektrum von anwendungsorientierter Grundlagenforschung und technischer Entwicklung.

Nach dem Gesetz über Einheiten im Meßwesen hat die Physikalisch-Technische Bundesanstalt die gesetzlichen Einheiten mit möglichst kleiner Unsicherheit darzustellen, die nationalen Normale zu entwickeln und an die internationalen Normale anzuschließen sowie die Verfahren bekanntzumachen, nach denen nicht verkörperte Einheiten dargestellt werden.

Im *Gesetz über die Zeitbestimmung* ist die Bundesanstalt mit der Darstellung und Verbreitung der gesetzlichen Zeit beauftragt worden.

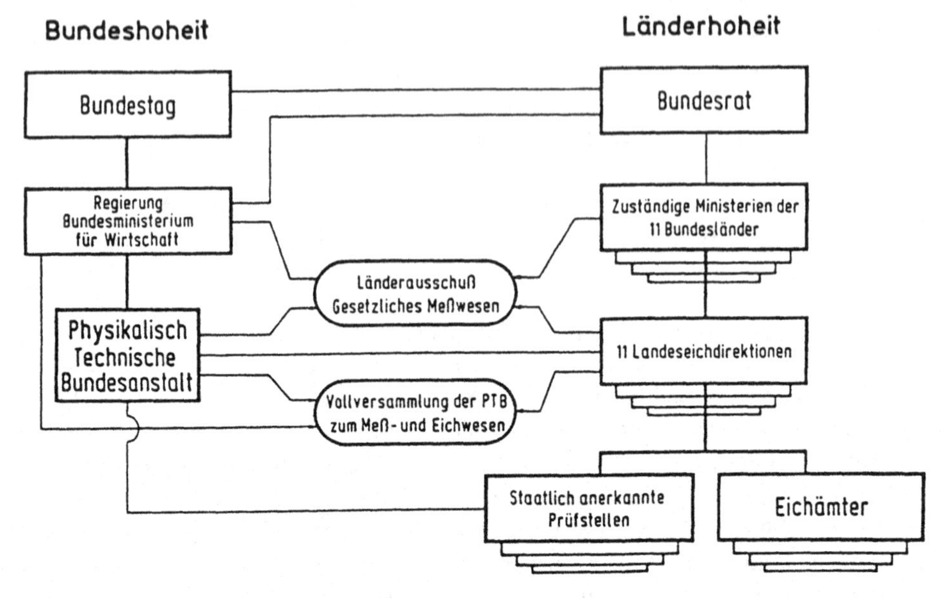

Bild B.6 Organisatorischer Aufbau des Eichwesens in der Bundesrepublik Deutschland, nach [29].
Die bundeseinheitliche Gesetzgebung für das Eich- und Meßwesen erfolgt durch den Bundestag mit Zustimmung des Bundesrates. Ausführungsverordnungen erläßt die Bundesregierung bzw. in bestimmten Fällen der Bundesminister für Wirtschaft mit Zustimmung des Bundesrates.
Die Vollversammlung der Physikalisch-Technischen Bundesanstalt und der Länderausschuß „Gesetzliches Meßwesen" erarbeiten Empfehlungen für die Anpassung und Weiterentwicklung der gesetzlichen Vorschriften.
Die Physikalisch-Technische Bundesanstalt prüft Bauarten von Meßgeräten und läßt sie zur Eichung zu.
Die Eichung der Meßgeräte erfolgt durch die Eichämter der Bundesländer. Meßgeräte in Versorgungsleitungen für Wasser, Gas, Wärme oder Elektrizität können auch von staatlich anerkannten Prüfstellen eines Versorgungsunternehmens oder eines Herstellerbetriebes beglaubigt werden. Die Prüfstellen unterstehen der Aufsicht der Eichbehörden der Länder.
Quelle: Verfasser

Nach der Eichgesetzgebung und den damit zusammenhängenden Vorschriften sind die Hersteller von gewissen Meßgeräten verpflichtet, Baumuster dieser Geräte von der Bundesanstalt prüfen zu lassen. Die einzelnen Geräte selbst können dann nach Zulassung der Bauart durch die PTB zur Eichung von den Eichbehörden der Bundesländer oder auch von staatlich anerkannten Prüfstellen in vorgeschriebenen Zeitabständen geeicht werden.

Bereits im Jahre 1898 erhielt die PTR den gesetzlichen Auftrag zur Darstellung und Bewahrung der elektrischen Einheiten und zur Überwachung von Meßgeräten für elektrische Größen. Der wachsende Umfang dieser Arbeit zwang dazu, gewisse Aufgaben an *Prüfämter* zu delegieren, die der Aufsicht der PTR unterstanden.

Es waren im wesentlichen wirtschaftliche Gründe, die im Jahre 1923 zur Eingliederung der *Reichsanstalt für Maß und Gewicht* in die PTR führten [21]. Von diesem Zeitpunkt an war die PTR für alle gesetzlichen Einheiten zuständig. Sie bekam außerdem die technische Oberaufsicht über die Eich- und Prüfämter. Diese Befugnisse sind nach der Gründung der Bundesrepublik Deutschland auf die *Landeseichbehörden* übergegangen, die für den Vollzug des Eichgesetzes zuständig sind.

Nach dem Eichgesetz hat die PTB,

- Bauarten von Meßgeräten zur Eichung zuzulassen,
- Normalgeräte und Prüfungshilfsmittel der zuständigen Behörden und der staatlich anerkannten Prüfstellen auf Antrag zu prüfen und
- die für die Durchführung des Eichgesetzes zuständigen Landesbehörden sowie die staatlich anerkannten Prüfstellen zu beraten.

Der Prüfungs- und Genehmigungspflicht durch die PTB unterliegen spezielle Geräte aus dem Bereich der Heilkunde, Geräte, bei denen Vorschriften der Sicherheitstechnik und des Strahlenschutzes zu beachten sind, Glückspielgeräte sowie zivile Schußwaffen. Außerdem werden noch Prüfungen ohne gesetzliche Verpflichtung an Meßgeräten, Apparaturen, Maschinenelementen und Werkstoffen vorgenommen.

Die Bundesanstalt ist verantwortlich für die Planung, den Bau und den späteren Betrieb eines Endlagers für radioaktive Abfälle. Ihr unterliegt die Genehmigung für die Beförderung und Aufbewahrung von Kernbrennstoffen.

Wissenschaftler und Techniker der PTB wirken in Ausschüssen und Arbeitsgruppen zahlreicher Fachgremien sowie in gesetzgebenden Körperschaften mit, die sich mit Fragen des Meßwesens und der Normung befassen.

Die PTB arbeitet eng mit metrologischen Staatsinstituten anderer Länder sowie einer großen Anzahl nationaler und internationaler Institute und Institutionen zusammen.

Die Erfahrungen der Bundesanstalt werden auch an Entwicklungsländer weitergegeben, denen sie im Auftrage der Bundesregierung technische Hilfe beim Aufbau eines gesetzlichen Meßwesens gewährt.

B.5.2 Die Vollversammlung der PTB zum Meß- und Eichwesen

Einmal im Jahr wird vom Präsidenten der PTB die *Vollversammlung für das Meß- und Eichwesen* einberufen. Sie hat über Angelegenheiten zu beraten und zu beschließen, für die die Bundesanstalt nach dem Eichgesetz und seinen Ausführungsvorschriften zuständig ist. Der Vollversammlung gehören Vertreter des Bundesministeriums für Wirtschaft, die Leiter der Eichaufsichtsbehörden der Bundesländer sowie der Präsident, der Vizepräsident, die Abteilungsleiter und die Leiter der zuständigen Gruppen, Laboratorien und Referate der PTB an.

Die von der Vollversammlung beschlossenen Änderungen und Ergänzungen zum Eichgesetz und seinen Durchführungsverordnungen haben den Charakter von Empfehlungen an den Bundesminister für Wirtschaft, die notwendigen Maßnahmen zu ergreifen, um sie als Gesetze oder Verordnungen zu erlassen.

Der Ursprung der Vollversammlung reicht weit zurück in die Geschichte des Eichwesens [19].

B.5.3 Die Eichbehörden der Bundesländer

Die Landesregierungen bedienen sich ihrer *Eichaufsichtsbehörden* zur Durchführung folgender, im Eichgesetz genannter Aufgaben:

- Eichung (§ 10),
- Anerkennung von Prüfstellen für Meßgeräte für Elektrizität, Gas, Wasser oder Wärme sowie für die Aufsicht über diese Prüfstellen und die Prüfung der Sachkunde des leitenden Prüfstellenpersonals (§ 6),
- Überwachung der Fertigpackungen (§ 17), Maßbehältnisse (§ 1 (2)) und Schankgefäße (§ 18),

- Prüfung der Sachkunde und die Bestellung von Wägern an öffentlichen Waagen (§ 21) und
- Aufgaben, für die die Physikalisch-Technische Bundesanstalt nicht zuständig ist (§ 27).

Insgesamt gibt es 68 Eichämter mit mehr als 1 500 Mitarbeitern. In Gemeinden ohne eigenes Eichamt werden zu festgesetzten Tagen Nacheichungen für transportable Meßgeräte durchgeführt, festinstallierte oder nicht transportable Meßgeräte werden an Ort und Stelle geeicht. Die Ersteichung erfolgt häufig in Eichabfertigungsstellen des Herstellers. Meßgeräte in Versorgungsleitungen für Elektrizität, Gas, Wasser und Wärme werden überwiegend in *amtlich anerkannten Prüfstellen* beglaubigt, die der Aufsicht der Eichbehörden unterstehen. Rechtlich unterscheidet sich die *Beglaubigung* nicht von der Eichung. Die Anzahl der zu eichenden Meßgeräte beträgt insgesamt mehr als 16 Millionen pro Kalenderjahr. Hinzu kommen noch etwa 50 000 Kontrollen in Betrieben, die Fertigpackungen herstellen, und im Handel. Die Gebühreneinnahmen der Eichbehörden betrugen 1980 mehr als 65 Millionen DM [20]. In dieser Summe sind die Kosten für die Beglaubigung von etwa 6 Millionen Elektrizitäts-, Gas-, Wasser- und Wärmezählern durch die staatlich anerkannten Prüfstellen nicht enthalten.

Bestehen Zweifel, ob ein eichpflichtiges Meßgerät den Vorschriften genügt, führen die Eichbehörden Befundprüfungen durch.

Zu den Aufgaben der Eichbehörden gehören weiter die Überwachung von programmierbaren Datenverarbeitungsanlagen, die im eichpflichtigen Verkehr eingesetzt werden, die Aufsicht über öffentliche Wägebetriebe und die Sonderprüfungen für nicht eichpflichtige Meßgeräte.

Die Eichbeamten haben zur Abwehr oder Unterbindung von Zuwiderhandlungen gegen das Eichgesetz oder gegen die aufgrund dieses Gesetzes erlassenen Rechtsverordnungen die Befugnisse von Polizeibeamten. Zu diesen Befugnissen gehört die Beschlagnahme von Gegenständen und die Festsetzung von Bußgeldern [2].

B.5.4 Eichschule

Neben der Ausbildung und der Vorbereitung für die Laufbahn eines Eichbeamten bei den Eichbehörden der einzelnen Bundesländer werden von der *Eichschule* beim *Bayerischen Landesamt für Maß und Gewicht* in *München* Lehrgänge und Prüfungen abgehalten [22]. Vorgesehen sind

- ein mindestens viermonatiger Lehrgang für den gehobenen eichtechnischen Dienst mit unmittelbar anschließender Prüfung (Eichinspektorenprüfung),
- ein mindestens zweimonatiger Lehrgang für den mittleren eichtechnischen Dienst mit unmittelbar anschließender Prüfung.

Daneben sollen nach Bedarf ein mindestens einmonatiger Fortbildungslehrgang für Beamte des gehobenen eichtechnischen Dienstes und gegebenenfalls ein Vorbereitungskursus für Bewerber, die nicht das Abschlußzeugnis einer höheren technischen Lehranstalt besitzen, abgehalten werden. Außerdem werden weitere Fortbildungsveranstaltungen durchgeführt, an denen z. T. auch Sachverständige der PTB und der Meßgeräteindustrie mitwirken.

B.5.5 Das Bundesministerium für Wirtschaft

Die PTB ist eine Bundesoberbehörde im Geschäftsbereich des Bundesministers für Wirtschaft. In seiner Unterabteilung II C „Leistungssteigerung der Wirtschaft" werden im Referat II C 5 „Recht der Technik, Normenwesen" u. a. die Belange des Eichwesens wahrgenommen. Zu den wichtigsten Aufgaben gehören:

- die Vorbereitung und Durchführung der Anpassung von Gesetzes- und Verordnungstexten,

- die Vertretung der Interessen der Bundesrepublik Deutschland bei den Verhandlungen in Brüssel über gemeinsame Richtlinien der Europäischen Gemeinschaft,
- die Leitung des Länderausschusses „Gesetzliches Meßwesen".

Da sich die Interessen an der Eichgesetzgebung unterscheiden, ob man als Verbraucher oder als Meßgerätehersteller davon betroffen wird, obliegt es dem Referat, für einen ausgewogenen Ausgleich zwischen dem Schutzbedürfnis einerseits und dem dafür notwendigen technischen Aufwand andererseits Sorge zu tragen. Aus diesem Grund werden enge Kontakte sowohl zu den Verbraucherschutzverbänden wie zu den Verbänden der Industrie und Wirtschaft gehalten.

B.5.6 Der Länderausschuß Gesetzliches Meßwesen

Diesem Ausschuß gehören die Vertreter der Länderministerien an, denen die Eichbehörden unterstehen, sowie die Leiter der Landeseichbehörden und Vertreter der PTB. Den Vorsitz führt der Leiter des für das Eichwesen zuständigen Referats des Bundesministeriums für Wirtschaft.

Während die Vollversammlung zum Meß- und Eichwesen vorwiegend technische Probleme behandelt, werden im Länderausschuß vor allem eichrechtliche Probleme, Kostenfragen und Regelungen für Fertigpackungen diskutiert und zur Entscheidung vorbereitet. Der Ausschuß tritt zweimal im Jahr zusammen.

B.5.7 Arbeitsgemeinschaft der Eichaufsichtsbeamten

Die Leiter der Eichaufsichtsbehörden der Bundesländer haben sich zu einer Arbeitsgemeinschaft zusammengeschlossen. In diesem Gremium werden spezielle Probleme des Eichwesens diskutiert mit dem Ziel, einen einheitlichen Vollzug zu sichern, Erfahrungen über die Grenzen der Bundesländer hinweg auszutauschen, möglichst einheitliche Stellungnahmen zu geplanten Gesetzes- und Verordnungsänderungen zu erarbeiten und selbst Vorschläge für die Weiterentwicklung des Eichwesens der Vollversammlung oder dem Länderausschuß vorzulegen. Die Arbeitsgemeinschaft wählt einen Vorsitzenden aus ihrer Mitte, der die Amtsgeschäfte für 2 Jahre führt. Üblicherweise wird der Leiter des Referats Eichwesen als Vertreter der Zulassungsbehörde zu den Arbeitssitzungen eingeladen, die drei- bis viermal pro Jahr stattfinden.

B.5.8 Arbeitsausschuß Waagen

Für den Bereich Waagen hat sich seit einigen Jahren ein spezieller Ausschuß etabliert, dem Vertreter der Industrie, der Eichaufsichtsbehörden und der PTB angehören. Dieses informelle Gremium diskutiert spezielle Probleme, die sich aus der Eichpflicht für Waagen ergeben und unterbreitet den zuständigen offiziellen Organen Stellungnahmen und Vorschläge zur Änderung und Weiterentwicklung eichrechtlicher Vorschriften.

B.6 Internationale Organisationen

B.6.1 Die Meterkonvention und ihre Organe

Die Vorarbeiten zur Einführung des *Internationalen Einheitensystems* gehen auf Beschlüsse und Arbeitsergebnisse der Organe der *Meterkonvention* zurück. Diese wurde 1875 von 17 Staaten unterzeichnet, die sich damit verpflichteten, die Vervollkommnung und die Ausbreitung des metrischen Systems zu betreiben. Ihre Organe sind die höchsten internationalen Instanzen für die Definitionen von Einheiten und die meßtechnischen Methoden für ihre

Darstellung [23]. Beschlüsse werden von der *Generalkonferenz für Maß und Gewicht* gefaßt, zu der alle Mitgliedstaaten Delegierte entsenden können. Zu ihren Aufgaben gehört:

- die Diskussion und Veranlassung der notwendigen Messungen, um die Ausbreitung und Vervollkommnung des Internationalen Systems, der Weiterentwicklung des metrischen Systems zu gewährleisten,
- die Sanktionierung der Ergebnisse von Fundamentalbestimmungen und von wissenschaftlichen Entschließungen von internationaler Tragweite,
- Entscheidungen über die Organisation und die Entwicklung des *Internationalen Büros für Maß und Gewicht* zu treffen.

Entscheidungen werden im *Internationalen Komitee für Maß und Gewicht* (*Comité International des Poids et Mesures, CIPM*) vorbereitet. Es setzt sich aus 18 international bedeutenden Experten der Metrologie zusammen. Die Komitee-Mitglieder werden von der Generalkonferenz gewählt. Sie leiten und tragen die wissenschaftlichen und technischen Arbeiten, die die Signatarstaaten der Meterkonvention beschlossen haben. Das Komitee beaufsichtigt ferner das Internationale Büro für Maß und Gewicht, ernennt dessen Direktor und genehmigt das Budget des Büros im Rahmen der von der Generalkonferenz bewilligten Mittel.

Das Internationale Büro (BIPM), als erstes wissenschaftliches Institut auf internationaler Ebene 1875 gegründet, sorgt durch ständige Kontrolle und Vergleiche der internationalen Normale und durch Anschlußmessungen von nationalen Normalen für die weltweite Einheitlichkeit der Einheiten im Bereich der höchsten Präzision. Es bewahrt den internationalen Prototyp des Kilogramms auf.

Zu seiner Unterstützung bei den vielseitigen wissenschaftlichen Aufgaben setzt das Internationale Komitee *Beratende Komitees* (*Comité Consultatif*) ein und wählt deren Mitglieder. Zur Zeit bestehen 8 solcher beratender Komitees (Bild B.7).

Das Internationale Einheitensystem ist bislang in mehr als 100 Staaten verbindlich eingeführt.

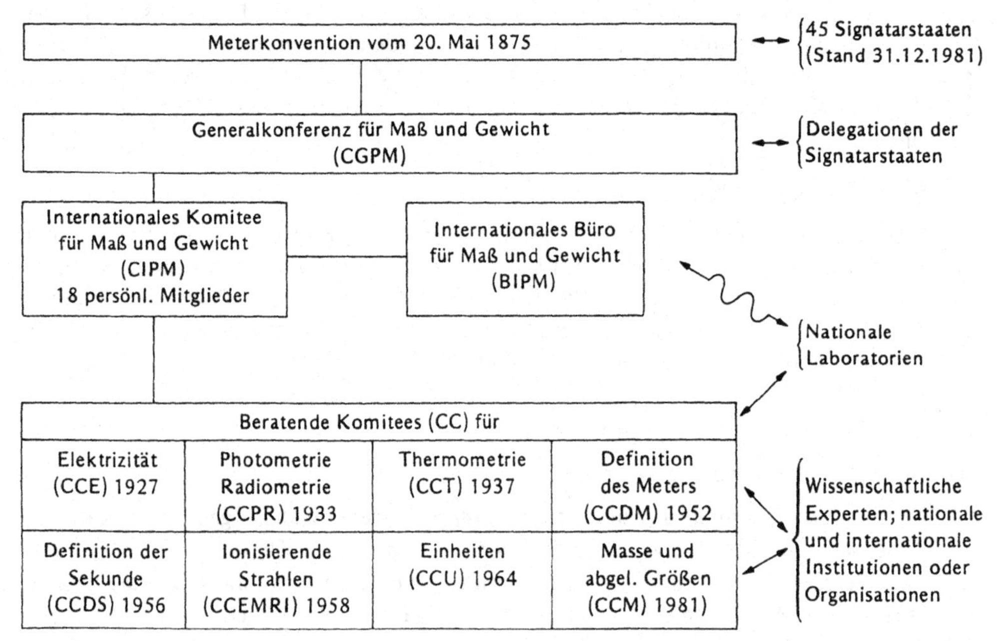

Bild B.7 Organe der Meterkonvention.
Quelle: [5]

B.6.2 Die Internationale Organisation für Gesetzliches Meßwesen

Bereits vor dem zweiten Weltkrieg gab es intensive Bestrebungen, eine internationale Organisation für das gesetzliche Meßwesen zu schaffen. Aber erst 1950 wurden diese Arbeiten durch ein provisorisches Komitee wieder aufgenommen, das eine Konvention über die Gründung einer *Internationalen Organisation für Gesetzliches Meßwesen* (*Organisation Internationale de Métrologie Légale, OIML*) vorbereitete. Nachdem 16 Staaten dieses Übereinkommen unterzeichnet hatten, trat die Konvention 1958 in Kraft. Die Anzahl der Unterzeichnerstaaten hat sich seitdem auf 46 erhöht, außerdem gehören 19 Staaten der Organisation als korrespondierende Mitglieder an (Bild B.8) [24].

Zu den in Artikel 1 der Konvention [25] genannten Aufgaben der Organisation gehören u. a.

- die allgemeinen Grundsätze des gesetzlichen Meßwesens festzulegen;
- im Hinblick auf eine Vereinheitlichung der Methoden und Regelungen die Probleme der Gesetzgebung und Normung auf dem Gebiet des gesetzlichen Meßwesens, deren Lösung von internationaler Bedeutung ist, zu untersuchen und
- die erforderlichen und ausreichenden Merkmale und Eigenschaften zu definieren, denen die Meßinstrumente entsprechen müssen, damit sie von den Mitgliedstaaten genehmigt und zur Verwendung auf internationaler Ebene empfohlen werden können.

Bislang wurden mehr als 50 internationale Empfehlungen und Dokumente verabschiedet, davon 11 für den Bereich Waagen und Gewichte. Das Arbeitsgebiet der Organisation umfaßt neben den klassischen Bereichen der Längen-, Massen- und Volumenbestimmung für den geschäftlichen Verkehr auch neuere Entwicklungen, wie meßtechnische Probleme im Bereich des Gesundheits- und Umweltschutzes.

Struktur der Organisation

Die Organisation kennt folgende Organe und Arbeitsgremien (B.9):

Die *Internationale Konferenz für Gesetzliches Meßwesen* (*Conférence Internationale de Métrologie Légale*). Aufgabe der Konferenz ist es,

Bild B.8
Mitgliedstaaten der Internationalen Organisation für Gesetzliches Meßwesen (OIML)
Quelle: [24]

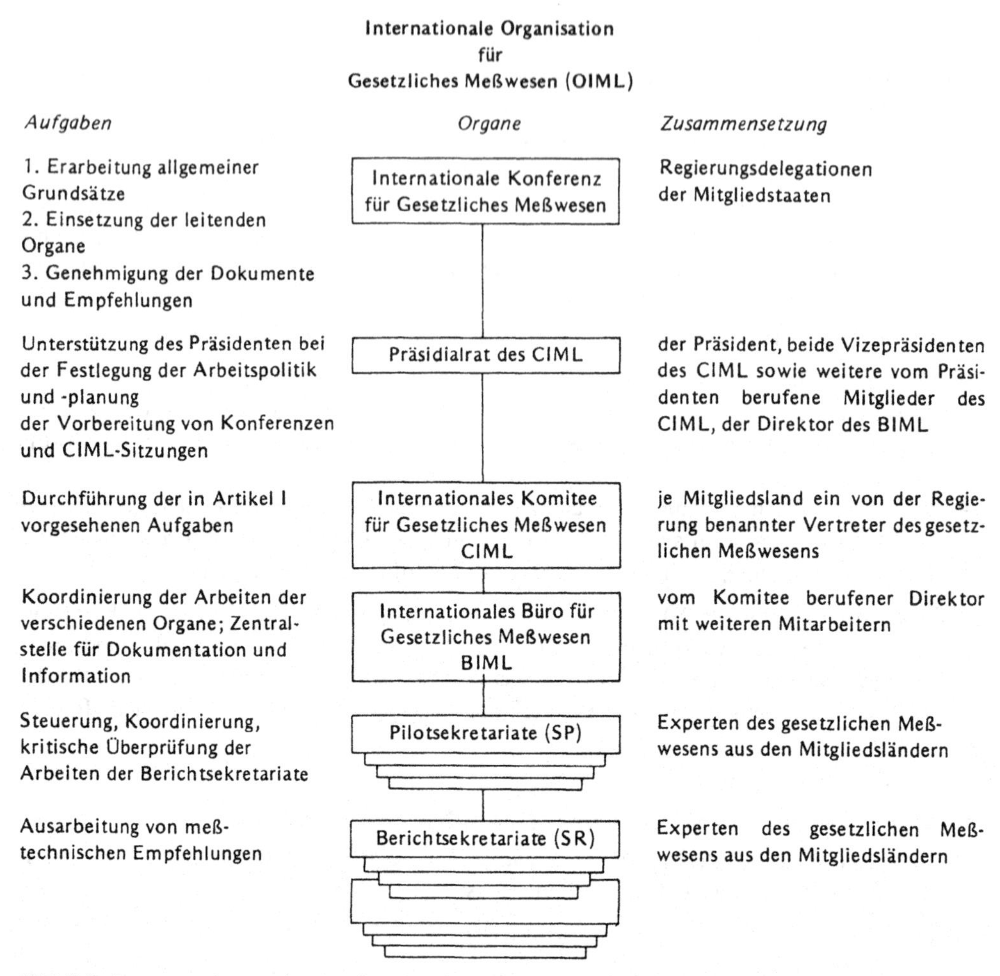

Bild B.9 Organe der Internationalen Organisation für Gesetzliches Meßwesen
Quelle: [24]

1. die mit den Zielen der Organisation zusammenhängenden Fragen zu untersuchen und alle diesbezüglichen Beschlüsse zu fassen;
2. für die Einsetzung der leitenden Organe der Organisation zu sorgen, deren Aufgabe es ist, die Arbeiten der Organisation auszuführen;
3. vorgelegte Berichte und Empfehlungen zu prüfen und zu genehmigen.

Das Arbeitsorgan der Internationalen Konferenz ist das *Internationale Komitee für Gesetzliches Meßwesen* (*Comité International de Métrologie Légale, CIML*). Es besteht aus je einem von der Regierung benannten Vertreter aus jedem Mitgliedsland, der im Gesetzlichen Meßwesen tätig sein muß. Das Komitee hat für die Durchführung der Aufgaben der Organisation zu sorgen. Es wählt aus seiner Mitte einen *Präsidenten* und zwei Stellvertreter. Der Präsident hat das Recht, einen *Präsidialrat* (*Conseil de la Présidence*) zu benennen, der den Präsidenten bei der Festlegung der Arbeitspolitik und -planung unterstützt.

Für die Durchführung der Amtsgeschäfte sorgt das *Internationale Büro für das Gesetzliche Meßwesen* (*Bureau International de Métrologie Légale, BIML*). Zu seinen Aufgaben gehören die Koordinierung der Arbeiten und die Information der verschiedenen Organe und Mitgliedsländer. Außerdem unterhält es ein Dokumentationszentrum für nationale Vorschriften und Regelungen sowie für Literatur zum Meß- und Eichwesen. Das Büro führt weder experimentelle Forschung noch Laboratoriumsarbeiten durch.

Mit der Aufgabe, Entwürfe für internationale meßtechnische Empfehlungen auszuarbeiten, werden *Berichtsekretariate* (*Secrétariat-Rapporteur, SR*) beauftragt, deren Leitung Vertretern der Meßdienste einzelner Mitgliedsländer anvertraut ist. Mehrere Berichtsekretariate, die sich thematisch einer physikalischen Größe oder einem speziellen Gebiet des gesetzlichen Meßwesens zuordnen lassen, gehören zu einem *Pilotsekretariat* (*Secrétariat Pilote, SP*). Mit ihrer Leitung werden Mitgliedsländer beauftragt, die über Erfahrungen auf dem jeweiligen speziellen Gebiet verfügen. Zur Zeit gibt es 31 Pilotsekretariate mit mehr als 160 Berichtsekretariaten.

Wenn eine Zusammenarbeit mit der OIML vereinbart worden ist, können auch Vertreter internationaler Organisationen (z. B. der *Normenorganisationen ISO* (*International Organization for Standardization*) oder *IEC* (*International Electrotechnical Commission*) oder der *WHO* (*Weltgesundheitsorganisation*)) an den Arbeiten beteiligt werden.

Für die Mitgliedstaaten besteht die moralische Verpflichtung, meßtechnische Empfehlungen in die nationale Gesetzgebung zu übernehmen. Für internationale Dokumente gilt diese Verpflichtung nicht, da sie mehr informativen Charakter haben [35].

B.6.3 Harmonisierung meß- und eichrechtlicher Vorschriften in der Europäischen Gemeinschaft

Die mit dem Vertrag zur Gründung der *Europäischen Wirtschaftsgemeinschaft* (*EWG*) angestrebten Ziele sind nur erreichbar, wenn auch solche Handelshemmnisse abgebaut werden, die aufgrund unterschiedlicher technischer Anforderungen z. B. an Meßgeräte bestehen. Grundlage für die Harmonisierungsarbeit bilden die Artikel 100, 101 und 102 dieses Vertrages [26] zur Angleichung derjenigen Verwaltungsvorschriften, die sich unmittelbar auf die Errichtung oder das Funktionieren des gemeinsamen Marktes auswirken.

Mit der Harmonisierung der technischen Vorschriften wird also kein einheitliches europäisches Eichwesen angestrebt; die Angleichung von Rechts- und Verwaltungsvorschriften, die Meßgeräte betreffen, erfolgt zum Zweck der Handelserleichterung. Damit allein sind jedoch noch nicht alle möglichen Erschwernisse abgebaut. Hinzu können noch unterschiedliche Arbeitsweisen der nationalen Prüfbehörden kommen. Deshalb wurde zunächst eine *Rahmenrichtlinie* erarbeitet, die das Verfahren von EWG-Bauartzulassungen und EWG-Ersteichungen regelt. Sie trägt den etwas umständlichen Titel

> Richtlinie des Rates zur Angleichung der Rechtsvorschriften der Mitgliedstaaten betreffend gemeinsame Vorschriften über Meßgeräte sowie über Meß- und Prüfverfahren, 71/316/EWG [27].

In speziellen Einzelrichtlinien werden die Anforderungen an die verschiedenen Meßgerätearten festgelegt, wenn das aus handelspolitischen Gründen für notwendig erachtet wird. Existiert eine solche Einzelrichtlinie, wie das z. B. für Nichtselbsttätige Waagen der Fall ist [35], so können die zuständigen nationalen Behörden für diese Bauarten EWG-Zulassungen erteilen. Die EWG-Bauartzulassung ist auf 10 Jahre begrenzt. Sie kann auf Antrag verlängert werden.

Die *EWG-Bauartzulassung* und die *EWG-Ersteichung* werden in allen Mitgliedstaaten anerkannt. Entsprechend geprüfte Meßgeräte tragen Zulassungs- und Eichzeichen, wie sie in Bild B.4 dargestellt sind. Die Mitgliedstaaten dürfen den Handel mit diesen Meßgeräten nicht behindern.

Die nationalen Unterschiede im Eichwesen der einzelnen Mitgliedstaaten erschweren die Harmonisierungsarbeit, da die an Meßgeräte zu stellenden Anforderungen auch davon abhängen, in welchem Umfang und wie häufig Kontrollen bei der Verwendung vorgesehen sind. Fragen der Nacheichung und der Kontrolle von Meßgeräten, die sich bereits im Verkehr befinden, sind aber nicht Thema der Harmonisierungsarbeit. Es kommt daher vor, daß aus wirtschaftspolitischen Gründen Kompromisse eingegangen werden müssen, die sich eichtechnisch oder eichrechtlich nicht begründen lassen.

Während Meßgeräte-Richtlinien den Herstellern von Meßgeräten Vorteile bei der Vermarktung ihrer Produkte bringen, tragen EWG-Richtlinien über Fertigpackungen zu einer besseren Markttransparenz durch einheitliche Größenstufungen und vorgeschriebene Preisangaben bei und sind daher auch von Nutzen für den Verbraucher.

B.7 Gesetze, Verordnungen, Richtlinien und Empfehlungen zum Eichwesen

B.7.1 Gesetze

Gesetz über Einheiten im Meßwesen (Einheitengesetz)
vom 2. Juli 1969 (BGBl. I S. 709), geändert durch

1. Gesetz zur Änderung des Gesetzes über Einheiten im Meßwesen vom 6. Juli 1973 (BGBl. I S. 720),
2. Artikel 287 Nr. 48 des Einführungsgesetzes zum Strafgesetzbuch vom 2. März 1974 (BGBl. I S. 469),
3. Gesetz über die Zeitbestimmung vom 25. Juli 1978 (BGBl. I S. 1110).

Gesetz über das Meß- und Eichwesen (Eichgesetz)
vom 11. Juli 1969 (BGBl. I S. 759) in der Fassung der Änderungen durch

1. Gesetz zur Änderung des Eichgesetzes vom 6. Juli 1973 (BGBl. I S. 717),
2. Artikel 184 des Einführungsgesetzes zum STGB vom 2. März 1974 (BGBl. I S. 469),
3. Artikel 9 Nr. 3 des Volljährigkeitsgesetzes vom 31. Juli 1974 (BGBl. I S. 1715),
4. Artikel 7 der Gesamtreform des Lebensmittelrechtes vom 15. August 1974 (BGBl. I S. 1945),
5. Zweites Gesetz zur Änderung des Eichgesetzes vom 20. Januar 1976 (BGBl. I S. 141).

Verwaltungskostengesetz
vom 23. Juni 1970 (BGBl. I S. 821).

B.7.2 Rechtsverordnungen

Ausführungsverordnung zum Gesetz über Einheiten im Meßwesen (Einheitenausführungsverordnung)
vom 26. Juni 1970 (BGBl. I S. 981), geändert durch

1. Verordnung zur Änderung der Ausführungsverordnung zum Gesetz über Einheiten im Meßwesen vom 27. November 1973 (BGBl. I S. 1761),
2. Zweite Verordnung zur Änderung der Ausführungsverordnung zum Gesetz über Einheiten im Meßwesen vom 12. Dezember 1977 (BGBl. I S. 2537),
3. Dritte Verordnung zur Änderung der Ausführungsverordnung zum Gesetz über Einheiten im Meßwesen vom 8. Mai 1981 (BGBl. I S. 422).

Eichordnung (EO) vom 15. Januar 1975 (BGBl. I S. 233)
herausgegeben von der Physikalisch-Technischen Bundesanstalt (PTB)

Anlage zur EO		Bis 1983 geändert durch ÄndVO*)	Letzte Ausgabe Jahr**)
	Allgemeine Vorschriften	1., 2., 4. u. 5.	1975
1	Längenmeßgeräte	2., 3. u. 4.	1979
2	Flächenmeßgeräte	–	1975
3	Raummeßgeräte für feste Meßgüter	3.	1975
4	Meßgeräte für die Volumenmessung von Flüssigkeiten in ruhendem Zustand	1. u. 4.	1981
5	Meßgeräte zur Ermittlung des Volumens oder der Masse von strömenden Flüssigkeiten (außer Wasser)	2., 4. u. 5.	1981
6	Meßgeräte für die Volumenmessung von strömendem Wasser	1., 3. u. 4.	1981
7	Meßgeräte für Gas	3. u. 5.	1979
8	Gewichtstücke	2., 4. u. 5.	1983
9	Nichtselbsttätige Waagen	2., 3., 4. u. 5.	1981
10	Selbsttätige Waagen	1., 2., 2. u. 4.	1981
10-1	Selbsttätige Waagen zum Abwägen (SWA)	2., 4. u. 5.	1983
10-2	Selbsttätige Waagen zum diskontinuierlichen Wägen (SWW)	2., 3. u. 5.	1983
11	Meßgeräte zur Bewertung von Getreide	2.	1975
12	Volumenmeßgeräte für Laboratoriumszwecke	1. u. 4.	1981
13	Dichte-, Gehalts- und Konzentrationsmeßgeräte	2., 4. u. 5.	1981
14	Temperaturmeßgeräte	2., 3. u. 4.	1981
15	Meßgeräte für die Heilkunde	1., 2. u. 4.	1981
15-3	Medizinische Spritzen	5.	1983
16	Überdruckmeßgeräte	2. u. 4.	1981
17	Meßgeräte für milchwirtschaftliche Untersuchungen	2.	1975
18	Meßgeräte im Straßenverkehr	2., 3., 4. u. 5.	1981
19	Zeitzähler	–	1975
20	Meßgeräte für Elektrizität	2. u. 4.	1981
21	Schallpegelmesser	5.	1983
22	Meßgeräte für thermische Energie und thermische Leistung	4.	1981
23	Meßgeräte für ionisierende Strahlen	Neuaufnahme	1983

*) **) siehe Seite 612

*) *Änderungsverordnungen (ÄndVO)*

1. ÄndVO	Verordnung zur Änderung der Eichordnung vom 13. Januar 1977 (Bundesgesetzbl. I Nr. 5, S. 130 v. 25.1.1977)	Ausgabe 1977
2. ÄndVO	Zweite Verordnung zur Änderung der Eichordnung vom 9. August 1978 (Bundesgesetzbl. I Nr. 48, S. 1266, v. 15.8.1978 u. Nr. 52, S. 1519, v. 30.8.1978)	Ausgabe 1978
3. ÄndVO	Dritte Verordnung zur Änderung der Eichordnung vom 14. Dezember 1979 (Bundesgesetzbl. I Nr. 74, S. 2177, v. 21.12.1979)	Ausgabe 1979
4. ÄndVO	Vierte Verordnung zur Änderung der Eichordnung vom 5. Juni 1981 (Bundesgesetzbl. I Nr. 21, S. 459, v. 12.6.1981)	Ausgabe 1981
5. ÄndVO	Fünfte Verordnung zur Änderung der Eichordnung vom 15. Dezember 1982 (Bundesgesetzbl. I Nr. 51, S. 1750, v. 18.12.1982)	Ausgabe 1983

**)1975 – Erstausgabe der EO vom 15. Jan. 1975, danach kein Neudruck
1979 – Neudruck in der Fassung nach der 3. ÄndVO
1981 – Neudruck in der Fassung nach der 4. ÄndVO
1983 – Neudruck in der Fassung nach der 5. ÄndVO

Verordnung über die Eicbpflicht von Meßgeräten (Eichpflichtverordnung)
vom 10. März 1972 (BGBl. I S. 436) in der Fassung der Änderung durch die Vierte Verordnung zur Änderung der Eichordnung vom 5. Juni 1981 (BGBl. I S. 459).

Zweite Verordnung über die Eichpflicht von Meßgeräten (2. Eichpflichtverordnung)
vom 6. August 1975 (BGBl. I S. 2161) in der Fassung der Änderung durch

1. die Verordnung zur Änderung der Zweiten und Dritten Verordnung über die Eichpflicht von Meßgeräten vom 21. Dezember 1979 (BGBl. I S. 2347),
2. die Dritte Verordnung zur Änderung der Ausführungsverordnung zum Gesetz über Einheiten im Meßwesen vom 8. Mai 1981 (BGBl. I S. 422).

Dritte Verordnung über die Eichpflicht von Meßgeräten (3. Eichpflichtverordnung)
vom 26. Juli 1978 (BGBl. I S. 1139), geändert durch

die Verordnung zur Änderung der Zweiten und Dritten Verordnung über die Eichpflicht von Meßgeräten vom 21. Dezember 1979 (BGBl. I S. 2347).

Verordnung über Ausnahmen von der Eichpflicht (Eichpflichtausnahmeverordnung)
vom 15. Dezember 1982 (BGBl. I S. 1745).

Verordnung über die Gültigkeitsdauer der Eichung (Eichgültigkeitsverordnung)
vom 18. Juni 1970 (BGBl. I S. 802) in der Fassung der Änderungen durch

1. die Erste Verordnung zur Änderung der Eichgültigkeitsverordnung vom 12. November 1971 (BGBl. I S. 1803),
2. die Zweite Verordnung zur Änderung der Eichgültigkeitsverordnung vom 4. Juli 1974 (BGBl. I S. 1443),

3. die Dritte Verordnung zur Änderung der Eichgültigkeitsverordnung vom 5. August 1976 (BGBl. I S. 2062) in der Neufassung gem. Bekanntmachung vom 5. August 1976 (BGBl. I S. 2082),
4. die Verordnung zur Änderung eichrechtlicher Vorschriften vom 14. Dezember 1979 (BGBl. I S. 2218).
5. die Vierte Verordnung zur Änderung der Eichgültigkeitsverordnung vom 25.6.1983 (BGBl. I S. 707).

Verordnung über die Pflichten der Besitzer von Meßgeräten (Meßgerätebesitzer-Pflichtverordnung)
vom 4. Juli 1974 (BGBl. I S. 1444) in der Fassung der Änderungen durch die Verordnung zur Änderung eichrechtlicher Vorschriften vom 14. Dezember 1979 (BGBl. I S. 2218).

Verordnung über Fertigpackungen (Fertigpackungsverordnung)
vom 30.12.1981 (BGBl. I S. 1585).

Verordnung über öffentliche Waagen (Wägeverordnung)
vom 18. Juni 1970 (BGBl. I S. 799), geändert durch

1. Verordnung zur Änderung eichrechtlicher Vorschriften vom 14.12.1979 (BGBl. I S. 2218).

Kostenordnung für die Zulassung von Meßgeräten zur Eichung (Zulassungskostenordnung)
vom 23. Februar 1973 (BGBl. I S. 111), zuletzt geändert durch die Dritte Verordnung zur Änderung der Zulassungskostenordnung vom 21. April 1982 (BGBl. I S. 479).

Kostenordnung für Nutzleistungen der Physikalisch-Technischen Bundesanstalt (PTB-Kostenordnung)
vom 17. Dezember 1970 (BGBl. I S. 1745),
zuletzt geändert durch
Vierte Verordnung zur Änderung der Kostenordnung der Physikalisch-Technischen Bundesanstalt vom 3. September 1981 (BGBl. I S. 936).

Eich- und Beglaubigungskostenordnung
vom 21. April 1982 (BGBl. I S. 428).

B.7.3 Verwaltungsvorschriften

Auswahl der wichtigsten Vorschriften, soweit sie für den Bereich Waagen, Gewichte und Fertigpackungen von Bedeutung sind.

Eichanweisung, Allgemeine Vorschriften
Beilage zum Bundesanzeiger Nr. 117 vom 28. Juni 1973,
herausgegeben von der
Physikalisch-Technischen Bundesanstalt
Bundesallee 100
3300 Braunschweig

Allgemeine Verwaltungsrichtlinien für die Eichung von nichtselbsttätigen Waagen Teil I und Teil II
Ministerialblatt des Bundesministers der Finanzen und des Bundesministers für Wirtschaft Nr. 13, 1980, S. 385–467.

Verwaltungsvorschrift für öffentliche Waagen (Wägevorschriften)
Min.Blatt Nordrhein-Westfalen, Ausg. A vom 13.4.1971, S. 706–709.

Richtlinien zur Füllmengenprüfung von Fertigpackungen durch die zuständigen Behörden
Ministerialblatt des Bundesministers der Finanzen und des Bundesministers für Wirtschaft vom 30. April 1982, S. 78–132.

B.7.4 Richtlinien der Europäischen Gemeinschaft (soweit sie Waagen, Gewichte und Fertigpackungen betreffen)

Richtlinie des Rates zur Angleichung der Rechtsvorschriften der Mitgliedstaaten betreffend gemeinsame Vorschriften über Meßgeräte sowie über Meß- und Prüfverfahren – Rahmenrichtlinie (71/316/EWG)
vom 26.7.1971, EG-Amtsblatt Nr. L 202/1.

Richtlinie des Rates zur Angleichung der Rechtsvorschriften der Mitgliedstaaten über Blockgewichte der mittleren Fehlergrenzenklasse von 5 bis 50 Kilogramm und über zylindrische Gewichtstücke der mittleren Fehlergrenzenklasse von 1 Gramm bis 10 Kilogramm (71/317/EWG)
vom 26. Juli 1971, EG-Amtsblatt Nr. L 202/14.

Richtlinie des Rates zur Angleichung der Rechtsvorschriften der Mitgliedstaaten über die Einheiten im Meßwesen (71/354/EWG)
vom 18. Oktober 1971, EG-Amtsblatt Nr. L 243/29.

Richtlinie des Rates zur Änderung der Richtlinie des Rates vom 26. Juli 1971 zur Angleichung der Rechtsvorschriften der Mitgliedstaaten betreffend gemeinsame Vorschriften über Meßgeräte sowie über Meß- und Prüfverfahren (72/427/EWG)
vom 19. Dezember 1972, EG-Amtsblatt Nr. L. 291/156.

Richtlinie des Rates zur Angleichung der Rechtsvorschriften der Mitgliedstaaten für nichtselbsttätige Waagen (73/360/EWG)
vom 19. November 1973, EG-Amtsblatt Nr. L 335/1.

Richtlinie des Rates zur Angleichung der Rechtsvorschriften der Mitgliedstaaten über Wägestücke von 1 mg bis 50 kg von höheren Genauigkeitsklassen als der mittleren Genauigkeit (74/148/EWG)
vom 4. März 1974, EG-Amtsblatt Nr. L 84/3.

Richtlinie des Rates zur Angleichung der Rechtsvorschriften der Mitgliedstaaten über die Abfüllung bestimmter Flüssigkeiten nach Volumen in Fertigpackungen (75/106/EWG)
vom 19. Dezember 1974, EG-Amtsblatt Nr. L 42/1.

Richtlinie des Rates zur Angleichung der Rechtsvorschriften der Mitgliedstaaten über Flaschen als Maßbehältnisse (75/107/EWG)
vom 19. Dezember 1974, EG-Amtsblatt Nr. L 42/14.

Richtlinie des Rates zur Angleichung der Rechtsvorschriften der Mitgliedstaaten für selbsttätige Waagen zum kontinuierlichen Wägen (Förderbandwaagen) (75/410/EWG)
vom 24. Juni 1975, EG-Amtsblatt Nr. L 183/25.

Richtlinie des Rates zur Angleichung der Rechtsvorschriften der Mitgliedstaaten über die Abfüllung bestimmter Erzeugnisse nach Gewicht oder Volumen in Fertigpackungen (76/211/EWG)
vom 20. Januar 1976, EG-Amtsblatt Nr. L 46/1.

Richtlinie der Kommission zur Anpassung der Richtlinie des Rates vom 19. November 1973 zur Angleichung der Rechtsvorschriften der Mitgliedstaaten für nichtselbsttätige Waagen (76/696/EWG)
vom 27. Juli 1976, EG-Amtsblatt Nr. L 236/26.

Richtlinie des Rates zur Änderung der Richtlinie 71/354/EWG zur Angleichung der Rechtsvorschriften der Mitgliedstaaten über die Einheiten im Meßwesen (76/770/EWG)
vom 26. Juli 1976, EG-Amtsblatt Nr. L 262/204.

Richtlinie der Kommission zur Anpassung der Anhänge folgender Richtlinien an den technischen Fortschritt:
Richtlinien 75/106/EWG und 76/211/EWG des Rates im Bereich der Fertigpackungen (78/891/EWG)
vom 28. September 1978, EG-Amtsblatt Nr. L 311/21.

Richtlinie des Rates zur Angleichung der Rechtsvorschriften der Mitgliedstaaten über selbsttätige Kontrollwaagen und Sortierwaagen (78/1031/EWG)
vom 5. Dezember 1978, EG-Amtsblatt Nr. L. 364/1.

Richtlinie des Rates zur Änderung der Richtlinie 75/106/EWG zur Angleichung der Rechtsvorschriften der Mitgliedstaaten über die Abfüllung bestimmter Flüssigkeiten nach Volumen in Fertigpackungen (79/1005/EWG)
vom 23. November 1979, EG-Amtsblatt Nr. L 308/25.

Richtlinie des Rates zur Angleichung der Rechtsvorschriften der Mitgliedstaaten über die Einheiten im Meßwesen und zur Aufhebung der Richtlinie 71/354/EWG (80/181/EWG)
vom 20. Dezember 1979, EG-Amtsblatt Nr. L 39/40.

Richtlinie des Rates zur Angleichung der Rechtsvorschriften der Mitgliedstaaten über die zulässigen Reihen von Nennfüllmengen und Nennvolumen von Behältnissen für bestimmte Erzeugnisse in Fertigpackungen (80/232/EWG)
vom 15. Januar 1980, EG-Amtsblatt Nr. L 51/1.

Richtlinie des Rates zur Änderung der Richtlinie 71/316/EWG zur Angleichung der Rechtsvorschriften der Mitgliedstaaten betreffend gemeinsame Vorschriften sowie über Meß- und Prüfverfahren (83/575/EWG)
vom 26. Oktober 1983, EG-Amtsblatt Nr. L 332/43.

B.7.5 Internationale meßtechnische Empfehlungen der Internationalen Organisation für Gesetzliches Meßwesen (OIML)

(soweit sie Waagen oder Gewichte betreffen)

Nr.		Jahr der Ausgabe
1	Zylindrische Gewichtstücke von 1 g bis 10 kg der mittleren Fehlergrenzenklasse	1973
2	Blockgewichte, 5 kg bis 50 kg, der mittleren Fehlergrenzenklasse	1973
* 3	Meßtechnische Vorschriften für nichtselbsttätige Waagen	1978
25	Normalgewichte für Eichbeamte	1977
*28	Technische Vorschriften für nichtselbsttätige Waagen	1981
33	Konventioneller Wägewert bei Wägungen in Luft	1973
*47	Normalgewichte zur Kontrolle von Waagen für schwere Lasten	1978
50	Selbsttätige Waagen mit Addierwerk	1980
51	Kontroll- und Sortierwaagen	1980
52	6-eckige Gewichtstücke – Genauigkeitsklasse Handelsgewichte – von 100 g bis 50 kg	1980

* Neben Fassungen in französisch und englisch auch in deutsch vorhanden

Schrifttum

[1] Vocabulaire de Métrologie Légale, Termes fondamentaux Organisation Internationale de Métrologie Légale. 11, Rue Turgot, 75009 Paris, Edition 1978
Die deutsche Fassung dieses Wörterbuchs wurde herausgegeben und kommentiert von *E. Seiler* unter dem Titel: Grundbegriffe des Meß- und Eichwesens bei Friedr. Vieweg & Sohn, Braunschweig/Wiesbaden 1983

[2] Gesetz über das Meß- und Eichwesen (Eichgesetz) vom 11. Juli 1969. Bundesgesetzblatt I, S. 759

[3] Gesetz über Einheiten im Meßwesen (Einheitengesetz) vom 2. Juli 1969. Bundesgesetzblatt I, S. 709

[4] Comptes Rendus des Séances de la Première Conférence Générale des Poids et Mesures, réunie à Paris en 1889. Gauthiers-Villars et Fils, 1890

[5] *German, S.:* Das Kilogramm. PTB-Mitt. 85/1 (1975), S. 11–13

[6] *German, S.; Drath, P.:* Handbuch SI-Einheiten. Friedrich Vieweg & Sohn, Braunschweig/Wiesbaden, 1979

[7] Eichordnung vom 15. Januar 1975. Bundesgesetzblatt I, S. 233 mit Anlagen zum Bundesgesetzblatt II Nr. G vom 21.1.1975

[8] *Seiler, E.:* EWG-Richtlinienvorschlag für „Allgemeine Vorschriften über elektronische Einrichtungen als Bestand- oder Zubehörteile von Meßgeräten". PTB-Mitt. 91/4 (1981), S. 285–293

[9] *Mühlfeld, A.; Süss, R.:* Zur Funktionssicherheit bzw. -Erkennbarkeit bei elektronischen Baugruppen elektromechanischer Meßgeräte. PTB-Mitt. 88/5 (1978), S. 328–331

[10] Verordnung über die Gültigkeitsdauer der Eichung (Eichgültigkeitsverordnung) vom 18. Juni 1970, Bundesgesetzblatt I, S. 802

[11] Statistik der Eichbehörden, Anzahl der Eichungen und Sonderprüfungen von Meßgeräten im Jahre 1980. PTB-Mitt. 92/1 (1982), S. 81

[12] Verfahren für die statistische Attribut-Prüfung bei der Ersteichung von Meßgeräten und Teilen von Meßgeräten nach § 23a der Eichordnung (Sammeleichung). PTB-Mitt. 89/2 (1979), S. 109–111

[13] Verordnung über Fertigpackungen (Fertigpackungsverordnung) vom 16. Dezember 1971, Bundesgesetzblatt I, S. 2000

[14] *Strecker, A.; Trapp, W.; Rüssing, J.:* Kommentar Eichgesetz, Fertigpackungsverordnung, Stand 1980, (Loseblatt-Sammlung). B. Behr's Verlag Hamburg

[15] *Seiler, E.:* Künftige Aufgaben des Eichwesens. PTB-Mitt. 91/1 (1981), S. 23–29

[16] Verordnung über die Ausnahmen von der Eichpflicht (Eichpflichtausnahmeverordnung) vom 27. Juni 1970. Bundesgesetzblatt I, S. 960

[17] *Hauser, W.; Klages, H.:* Die Entwicklung der PTR/PTB zum metrologischen Staatsinstitut. Phys. Bl. 33, S. 457–464 (1977)

[18] Physikalisch-Technische Bundesanstalt – Aufgaben und Organisation, Programmbudget 1982. Herausg. Physikalisch-Technische Bundesanstalt, Bundesallee 100, D-3300 Braunschweig

[19] *Stenzel, R.:* Zusammenfassung der Sitzungsprotokolle der Plenar- bzw. Vollversammlungen von 1869 bis 1970. PTB-Bericht IB 2/72

[20] Eichstatistik IV der Bundesländer (unveröffentlicht)

[21] *Stenzel, R.:* Begründung für die Verschmelzung der Reichsanstalt für Maß und Gewicht mit der Physikalisch-Technischen Reichsanstalt in Berlin im Jahre 1923. Annals of Science, 33 (1976), S. 289–306

[22] Prüfungsordnung für die Eichschule beim Bayerischen Landesamt für Maß und Gewicht für den gehobenen und den mittleren eichtechnischen Dienst vom 3. Dezember 1976. Bayerisches Gesetz- und Verordnungsblatt Nr. 23, 17. Dezember 1976

[23] *Hoppe-Blank, J.:* Vom metrischen System zum internationalen Einheitensystem – 100 Jahre Meterkonvention – PTB-Bericht PTB-ATWD-5, 1975

[24] Aufgaben und Arbeitsweise der Internationalen Organisation für Gesetzliches Meßwesen. PTB-Bericht PTB-OIML 76/1, 1976

[25] Convention Instituent une Organisation Internationale de Métrologie Légale, signée à Paris le 12 Octobre 1955, modifiée en 1968. Bureau International de Métrologie Légale, 11, Rue Turgot, 75009 Paris. Offizielle Übersetzung: Übereinkommen zur Errichtung einer internationalen Organisation für Gesetzliches Meßwesen.
Bundesgesetzblatt II, 1959, S. 674–686 und
Bundesgesetzblatt II, 1968, S. 862–863

[26] Vertrag zur Gründung der Europäischen Wirtschaftsgemeinschaft. Amt für amtliche Veröffentlichungen der Europäischen Gemeinschaften, Postfach 1003, Luxemburg 1

[27] Richtlinie des Rates zur Angleichung der Rechtsvorschriften der Mitgliedstaaten betreffend gemeinsame Vorschriften über Meßgeräte sowie über Meß- und Prüfverfahren (Rahmenrichtlinie) 71/316/EWG. Amtsblatt der EG, L 202/1 vom 26. Juli 1971

[28] Vereinbarung der im Rat vereinigten Vertreter der Regierungen der Mitgliedstaaten vom 28. Mai 1969 über die Stillhalteregelung und die Unterrichtung der Kommission. Amt für amtliche Veröffentlichungen der Europäischen Gemeinschaften, Postfach 1003, Luxemburg 1

[29] *Seiler, E.:* Enseignement de la Métrologie en République Fédérale d'Allemagne. Bulletin de l'Organisation Internationale de Métrologie Légale Nr. 67, 1977, S. 16–22.

[30] Allgemeine Verwaltungsrichtlinien für die Eichung von nichtselbsttätigen Waagen. Teil I und Teil II (sog. Eichanweisung 9). Ministerialblatt des Bundesministers der Finanzen und des Bundesministers für Wirtschaft Nr. 13, 1980, S. 385–467

[31] Eichanweisung, Allgemeine Vorschriften. Beilage zum Bundesanzeiger Nr. 117 vom 28. Juni 1973. Bundesanzeiger Verlagsgesellschaft Köln

[32] Verordnung über die Pflichten der Besitzer von Meßgeräten (Meßgerätebesitzer-Pflichtverordnung) vom 4. Juli 1974, Bundesgesetzblatt I, S. 1444

[33] *Brandes, P.; Kochsiek, M.:* Pattern Approval of Electromechanical Weighing Machines with Requirements for "Operational Fault Perceptibility". Bulletin OIML 86, 1982, S. 3–16

[34] *German, S.; Kochsiek, M.:* Darstellung und Weitergabe der Masseeinheit Kilogramm in der Bundesrepublik Deutschland. wägen + dosieren 1977, S. 5–12

[35] Richtlinie für nichtselbsttätige Waagen 73/360/EWG, Amtsblatt der EG L 335/1 vom 5.12.1973 und Anpassung dieser Richtlinie. Amtsblatt der EG L 236/26 vom 27.8.1976

C Die Verbandsorganisation im Deutschen Waagenbau

H. Kraushaar

C.1 Vorbemerkung

Im Wirtschaftsleben und in der Industrie- und Arbeitswelt werden die Zusammenhänge in Wissenschaft und Technik, Politik und Gesellschaft und die daraus sich ergebenden Probleme zunehmend komplexer und für den Einzelnen immer weniger überschaubar. Gesetze, Verordnungen, Richtlinien und Ausführungsbestimmungen sollen diese Zusammenhänge ordnen. Dies gilt sowohl für Forschung und Entwicklung als auch für den Markt, für die Unternehmensentscheidungen, den Dialog mit den Mitarbeitern, Behörden, Aufsichtsorganen und anderen gesellschaftlichen Gruppen. Der Einzelne ist hier überfordert, die Zusammenarbeit in der Gruppe (Teamwork) notwendig.

Es gibt branchenspezifische Aufgaben und übergeordnete Probleme, deren Lösung dem Einzelunternehmen nicht oder nur mit einem unverhältnismäßig hohen Aufwand möglich ist. Gleichgerichtete Interessen aller Unternehmen einer Branche lassen sich durch einen Verband, indem dieser einen gewissen wirtschafts- und gesellschaftspolitischen Freiraum nutzen kann, einfacher und mit größerem Widerhall in der Öffentlichkeit durchsetzen.

Auf den ausländischen Märkten werden die Aktivitäten deutscher Unternehmen schwieriger. Dazu tragen die dort geltenden Gesetze und Vorschriften bei (Sprachbarrieren tun das übrige) und nur ein Verband kann hier den Einzelunternehmen Hilfestellung geben. Wenn es um die internationale Harmonisierung, Normalisierung und Systematisierung von Rahmenbedingungen, technischen Anforderungen und branchenspezifischen Informationen geht, erwachsen den Verbänden hier ebenso große Aufgaben wie im nationalen Bereich, denen sie sich – zumindest innerhalb der EG – durch Verhandlungen und Festlegungen in den jeweiligen Branchenkomitees stellen. Insbesondere die Waagenindustrie hat frühzeitig damit begonnen, gemeinsame Interessen über eigene Verbände vertreten zu lassen.

C.2 Geschichtliche Entwicklung

Historisch ist folgende Entwicklung im Verbandswesen der deutschen Waagenindustrie zu verzeichnen: Abgesehen von regionalen Vereinigungen und Innungsverbänden des Waagenbauhandwerks erfolgte erstmals im Jahre 1912 ein Zusammenschluß von Großwaagenfabriken mit dem Ziel, alle Bedarfsfälle in Gleiswaagen durch ein Melde- und Verständigungsverfahren zu erfassen. Diese Vereinigung überdauerte allerdings den ersten Weltkrieg nicht. Vielmehr konstituierten sich nach dessen Ende innerhalb des Vereins Deutscher Maschinenbau-Anstalten (VDMA) folgende Waagenherstellerverbände:

- 1919 der *Großwaagenverband,* der sich u. a. mit der Überwachung der Ein- und Ausfuhr von Waagenbauerzeugnissen befaßte,
- 1920 der *Registrierwaagen-Verband* (RWV),
- 1921 der *Neigungswaagenverband,* nachdem Neigungswaagen im rechtsgeschäftlichen Verkehr zulässig geworden waren.

Weiterhin hatten sich z. B. Hersteller von Kleinneigungswaagen – sogar unter Einschluß von Zweigniederlassungen ausländischer Firmen – in einer *Verständigungsgemeinschaft der Schnellwaagenfabriken* (VDS) zu einem Preiskartell zusammengetan.

In der Folge schlossen sich, gemeinsam mit den vorgenannten Verbänden, der

- *Verein deutscher Brückenwaagen-Fabrikanten* (BWV),
- *Verein deutscher Tafelwaagen-Fabrikanten* (TWV),
- *Verein deutscher Federwaagen-Fabrikanten* (FWV)

zu einem *Gesamtverband deutscher Waagenhersteller* (GDW) zusammen, u. a. mit dem Ziel, die Typisierung und Normung der Erzeugnisse mit zu gestalten.

Im DIN wurde 1919 der *Fachnormenausschuß Waagenbau* gegründet, in der Physikalisch-Technischen Reichsanstalt in Berlin ein *Eichausschuß* gebildet, der eine enge Zusammenarbeit mit dem Gesamtverband (GDW) gewährleistete.

Nach 1933 wurde die Organisation der gewerblichen Wirtschaft gestrafft und dabei der Gesamtwaagenverband in die *Fachuntergruppe Groß- und Schnellwaagen* innerhalb der Wirtschaftsgruppe Maschinenbau übernommen. Die übrigen Waagenverbände wurden dem Fachverband Metallwaren-Industrie angegliedert.

Der Versuch, unmittelbar nach Beendigung des 2. Weltkrieges die deutschen Waagenfabriken wieder in einer Organisation zusammenzuschließen, scheiterte infolge der Aufteilung des deutschen Reichsgebietes in 4 Besatzungszonen. 1946 fand mit der Auflösung der Fachuntergruppe Groß- und Schnellwaagen auch die Tätigkeit des Gesamtwaagenverbandes zunächst ihr Ende, und eine lose Verbindung der Waagenindustrie in West- und Ostdeutschland bestand nur noch über den Fachnormenausschuß Waagenbau.

Die Verbandstätigkeit in der Waagenindustrie wurde im April 1949 mit der Gründung des bizonalen Fachausschusses *Groß- und Schnellwaagen* in der Arbeitsgemeinschaft der Verbände deutscher Maschinenbau-Anstalten (AVDMA) wieder aufgenommen. In diesem Ausschuß konnten die Waagenhersteller aus der französischen Besatzungszone nicht mitarbeiten, jedoch wurden sie stets als Gäste zu den Verbandstagungen eingeladen. Insgesamt gab es zu diesem Zeitpunkt 67 Waagenbaufirmen in den 3 westlichen Besatzungszonen.

Mit der Errichtung der Bundesrepublik Deutschland und der Wiederetablierung des VDMA erhielt der bizonale Fachausschuß Groß- und Schnellwaagen noch im Herbst 1949 die Bezeichnung *Fachgemeinschaft Waagen im VDMA*, die heute noch besteht.

Parallel hierzu hatten sich auch in anderen Industriebereichen Hersteller von Waagen organisiert. So die Hersteller von Fein- und Präzisionswaagen im Verband der *Feinmechanischen und Optischen Industrie* (F & O), die Hersteller von Haushalt- und Personenwaagen (Badezimmerwaagen) im *Wirtschaftsverband der Eisen, Blech und Metall verarbeitenden Industrie* (EBM) und im Zuge der Entwicklung von elektromechanischen Waagen die Hersteller von Bausteinen für elektromechanische Waagen (später auch dieser Waagen selbst) im *Zentralverband der Elektrotechnischen Industrie* (ZVEI).

Die *Fachvereinigung Waagenbau Württemberg-Hohenzollern* als regionaler Waagenfachverband ist nach Beendigung des 2. Weltkrieges in der Phase der trizonalen Verwaltung der westlichen Besatzungszonen entstanden, als es den Fabrikanten in der französischen Besatzungszone noch nicht erlaubt war, sich einem in der Bizone bestehenden Verband anzuschließen.

Die technische Entwicklung im Waagenbau und der durch den technologischen Fortschritt in den 60er Jahren einsetzende Strukturwandel in der deutschen Waagenindustrie sind nicht ohne Einfluß auf die inner- und zwischenverbandliche Arbeit der Waagenbauorganisationen geblieben.

Die Erkenntnis, daß die Grundkonzeption für Waagen aus den verschiedenen bereits genannten Industrie- und sonstigen Anwendungsbereichen (Handel, Labor und Haushalt) dieselbe ist und auch die Probleme, besonders bei der Verwendung dieser Wägegeräte im eichpflichtigen Verkehr – soweit diese gegeben ist – einander ähneln, gab es bereits in den 50er Jahren. Fazit aus diesen Überlegungen war, daß die Waagenhersteller aus den verschiedenen Produktions- und Anwendungsbereichen versuchen wollten, untereinander eine gemeinsame Sprachregelung zu finden und gemeinsame Standpunkte nach außen mit einer Stimme zu vertreten.

Dies gelang Mitte der 60er Jahre, als das Prinzip der elektromechanischen (Gewichts-) Kraftmessung in die Wägetechnik Eingang fand und dort einen z.T. stürmisch verlaufenden technologischen Umbruch mit den damit verbundenen Strukturänderungen einläutete. Der klassische mechanische Waagenbau mußte die neue Technologie in die Entwicklung neuer Produkte einbeziehen, die mit dem technologischen know-how ausgerüsteten Newcomer auf wägetechnischem Gebiet dagegen hatten das metrologische Verständnis und Wissen um die Präzision, die dem mechanischen Waagenbau von je her eigen waren, zu erwerben. Zwischen beiden Gruppen setzte ein reger Informationsaustausch ein, wobei offen bleibt, welche Gruppe am meisten davon profitiert hat.

Die Verbände VDMA und ZVEI stellten sich dieser Entwicklung, indem sie Ende 1967 die Arbeitsgemeinschaft (besser Arbeitsausschuß) *Bausteine für elektromechanische Waagen* (ABEW) bildeten, in der die Hersteller solcher Bausteine – aber auch nur diese und damit im wesentlichen Produzenten aus der Elektroindustrie – mitwirkten und sich über Angebotsart, Normung und Kenndaten solcher Bauteile zu verständigen suchten.

Durch Aufnahme der Hersteller von elektromechanischen Waagen, die nicht Bausteinehersteller waren, und unter Einbeziehung der Waagenhersteller aus Feinmechanik und Optik sowie der Eisen, Blech und Metall verarbeitenden Industrie konnte 2 Jahre später anläßlich des 50jährigen Jubiläums der deutschen Waagenbauorganisation am 17. Oktober 1969 in München eine *Arbeitsgemeinschaft Waagen* aus der Taufe gehoben werden. Damit sollten, wie es im Gründungsbeschluß hieß, die entwicklungsbedingt auseinander laufenden Techniken des Maschinenbaus und der Elektrotechnik auf dem Gebiete des Waagenbaus wieder zusammengeführt werden.

Im Laufe der Zeit wurde diese Organisation institutionell verfestigt und – obwohl kein eigener Verband und ohne Rechtspersönlichkeit – mit einigen verbandsrechtlichen Instituten und Organen (Geschäftsordnung, Vorstand, Beirat und Geschäftsführung) ausgestattet, wobei Art und Umfang der Wirkung nach innen und außen geregelt wurden.

C.3 Gegenwärtige Verbandsorganisation

Die *Arbeitsgemeinschaft Waagen* heutiger Prägung hat sich am 21.11.1974 konstituiert; die gewählte Abkürzung „AWA" ist in Fachkreisen und der damit befaßten Öffentlichkeit bekannt. Ideell und finanziell getragen wird die Arbeitsgemeinschaft Waagen von den nachstehend aufgeführten Fachabteilungen verschiedener Wirtschaftsverbände, in denen Waagenhersteller organisiert sind. Es sind dies:

- Fachgemeinschaft Waagen im Verband Deutscher Maschinen- und Anlagenbau e.V. (VDMA),
- Fachabteilung 6 „Elektromechanische Waagen" im Fachverband 15 „Meßtechnik und Prozeßautomatisierung" des Zentralverbandes der Elektrotechnischen Industrie (ZVEI),

- Fachvereinigung Waagenbau Württemberg-Hohenzollern (FVW),
- Fachgruppe „Feinmechanische Geräte" im Verband der Feinmechanischen und Optischen Industrie (F & O),
- Fachverband Metallwaren und verwandte Industrien e.V. im Verband Eisen, Blech und Metall verarbeitende Industrie e.V. (EBM).

Ziel und Aufgabe der Arbeitsgemeinschaft Waagen ist es, die gemeinsamen Interessen der deutschen Hersteller von

- mechanischen und elektromechanischen Industrie- und Handelswaagen sowie Waagen für die Heilkunde,
- Fein- und Präzisionswaagen,
- nicht eichfähigen Haushalts- und Personenwaagen,
- spezifischen Bauteilen vorgenannter Waagen

in allen technischen und eichrechtlichen Angelegenheiten des Waagenbaus und den sich daraus ergebenden Sachfragen wahrzunehmen.

Dies geschieht u.a. durch zentrale und gegenseitige Information und Koordinierung der Meinungsbildung und Verhandlungen mit

- nationalen und übernationalen Legislativ- und Exekutivbehörden, wie BMWi, PTB, Eichbehörden und EWG-Kommission auf wägetechnischem und eichrechtlichem Gebiet,
- berufsständischen und fachwissenschaftlichen Institutionen und Verbänden der Anwenderindustrien, wie VDI/VDE und VDEh,
- nationalen und übernationalen Normengremien, wie Normenausschuß Waagenbau (NWB) im DIN, DKE, CENELEC und ISO,
- in- und ausländischen Industrie- und Behördenorganisationen entsprechender Zweckbestimmung, wie CECIP und OIML,
- Verbänden der Waagenhersteller in anderen Ländern.

Mitglied der AWA können alle Organisationen in der Bundesrepublik Deutschland einschließlich Berlin (West) werden, deren Mitglieder Waagen und/oder deren spezifische Bauteile herstellen.

Die Organe der AWA sind (Bild C.1):

a) die *Versammlung der Mitgliedfirmen* der Trägerverbände, die mindestens einmal im Jahr stattfindet und an der alle Hersteller von Waagen und/oder deren spezifische Bauteile teilnehmen können, soweit sie einem oder mehreren dieser Trägerverbände angehören,
b) der *Vorstand*, der in der Regel von den Vorsitzenden der drei größten Trägerverbände gebildet wird,
c) der *Beirat*, der aus den Mitgliedern des Vorstandes und insgesamt etwa 12 Waagenherstellervertretern aus den verschiedenen Trägerverbänden besteht und der den Vorstand bei der Meinungsbildung und der Lösung seiner Aufgaben unterstützt,
d) der *Technische Ausschuß*, der eine ständige Einrichtung der Arbeitsgemeinschaft Waagen ist und in dem alle waagenherstellenden Mitgliedfirmen der Trägerverbände permanent oder je nach Themenstellung und Interessenlage von Fall zu Fall mitwirken können.

   Innerhalb des Technischen Ausschusses der AWA gibt es eine Anzahl ständiger und nichtständiger *Arbeitskreise*, in denen sowohl die aktuellen Sachfragen in den einzelnen Waagenbereichen (ständige Arbeitskreise) als auch übergreifende Probleme und spezielle Sachpunkte (in der Regel in den nichtständigen Arbeitskreisen) behandelt werden,

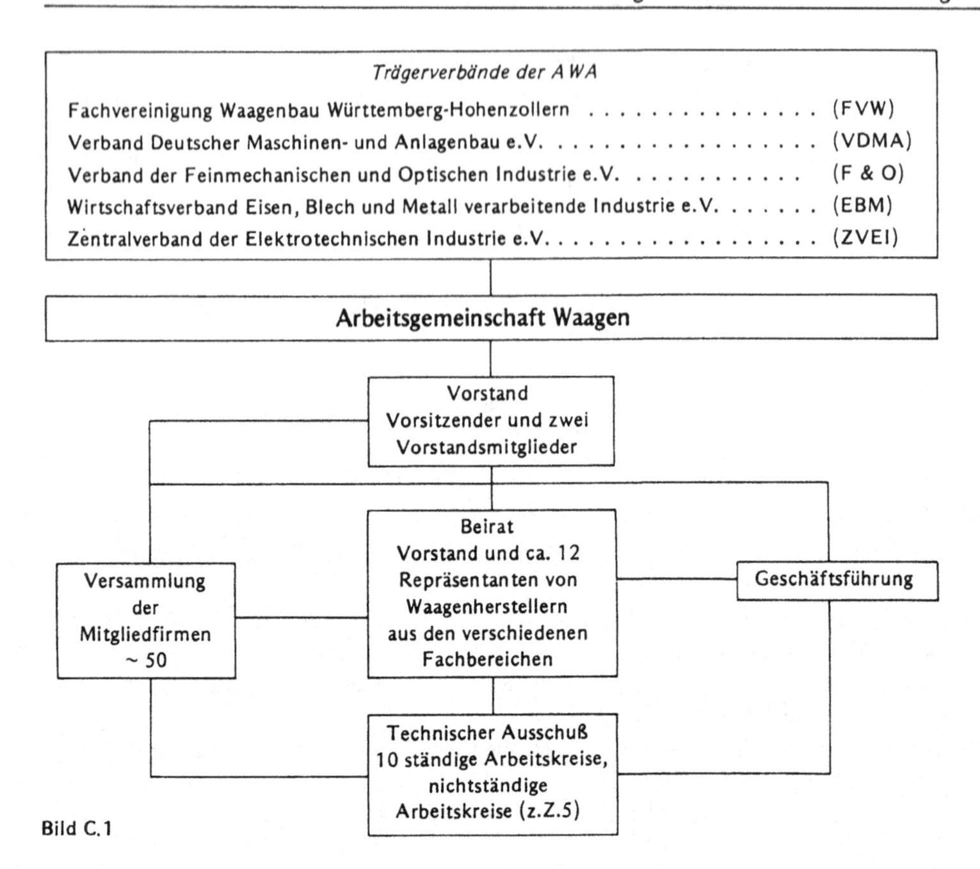

Bild C.1

e) die *Geschäftsführung,* die den Vorstand, den Beirat und den Technischen Ausschuß unterstützt und die organisatorischen Arbeiten erledigt. Z. Z. und bis auf weiteres ist die Geschäftsführung der AWA in Personalunion mit der Geschäftsführung der Fachgemeinschaft Waagen im VDMA verbunden.

Das Arbeitsprogramm der AWA enthält eine Palette von Aufgaben. Nachstehend einige Beispiele dieser Aktivitäten (Stand 1983):

- auf nationaler Ebene Diskussion mit der PTB über Zulassungsfragen bei Thermodruckern, Waagen mit mehreren Teilungswerten, Anschluß von Waagen an DV-Anlagen, Bildschirmanzeige usw., Normung von Begriffen und graphischen Symbolen;
- auf bilateraler und europäischer Ebene – direkt oder über das CECIP – Mitwirkung bei Verhandlungen über die Harmonisierung von Bauanforderungen und Prüfvorschriften zwecks gegenseitiger Anerkennung von nationalen Bauartzulassungen sowie Mitwirkung bei der Erstellung von EG-Richtlinien bzw. deren Erweiterung auf elektronische Einrichtungen in oder an Waagen als Voraussetzung für die Erteilung von EG-Bauartzulassungen;
- auf internationaler Ebene Beeinflussung der Entwürfe für Internationale Empfehlungen der OIML über elektronische Wägeeinrichtungen, selbsttätige Waagen zum Wägen und Abwägen, Wägezellen sowie der Änderung bestehender Empfehlungen.

Darüber hinaus gibt es – mit Zustimmung der Trägerverbände – Aktivitäten auf dem Gebiet des Messewesens. Hier wirkt die AWA bei den für die Waagenindustrie bedeutenden Messeveranstaltungen, wie INTERKAMA, INTERPACK, ACHEMA usw. mit, ist an der Gestaltung von Kongreßprogrammen beteiligt und repräsentiert die Waagenhersteller in verschiedenen Ausstellungsbeiräten.

Im Rahmen der Öffentlichkeitsarbeit und zur Informationsvertiefung innerhalb der Branche werden in Abständen von 2 bis 3 Jahren (1975, 1976, 1978, 1981, 1984) Fachtagungen durchgeführt, bei denen Fachleute aus dem Waagenbau und aus der Anwenderindustrie sowie Vertreter der Wissenschaft, der meßtechnischen Dienste und der Aufsichtsbehörden über technische Entwicklungen in der Wägetechnik berichten und den Dialog mit Waagenherstellern und -anwendern suchen.

An der Normung im Waagenbau beteiligt sich die AWA über den Normenausschuß Waagenbau (NWB).

C.4 Europäische Zusammenarbeit der Waagenhersteller

Innerhalb der Europäischen Wirtschaftsgemeinschaft (EWG) und des Gemeinsamen Marktes gründeten die Waagenherstellerverbände der Mitgliedländer im Jahre 1959 das *Europäische Komitee der Waagenhersteller* (CECIP), *Comité Européen des Constructeurs d'Instruments de Pesage,* dem inzwischen die Waagenfachverbände folgender europäischer Länder angehören:

> Belgien, Bundesrepublik Deutschland, Dänemark, Frankreich, Großbritannien, Italien, Niederlande, Schweiz, Schweden, Spanien. Anschriften des CECIP und der nationalen Fachverbände s. Anhang E.9.

In der Präambel zur CECIP-Darstellung wird u. a. folgendes festgestellt:

> „Die große Bedeutung der Waage in der Wirtschaft sowie im öffentlichen und privaten Lebensbereich liegt darin, daß dieses Meßgerät an zahlreichen Stellen in den Warenstrom, der vom Grundstoff über die Aufbereitung und Verarbeitung zum Verbraucher fließt, eingeschaltet ist und das richtige Gewicht garantiert, das parallel zum Warenstrom den Geldfluß bestimmt. Weniger in der Quantität der Produktion als vielmehr in der Qualität der Funktion liegt somit die Bedeutung der Waage.
>
> Bei dem Erfordernis der Schaffung größerer Wirtschaftsräume und der Gewinnung neuer Märkte ergibt sich für die Wägetechnik die Notwendigkeit einer weitestgehenden Harmonisierung nationaler Regelungen und Vorschriften für die Zulassung und Eichung von Waagen im rechtsgeschäftlichen Verkehr, um dadurch Handelsschranken beim grenzüberschreitenden Warenaustausch zu beseitigen."

In der Waagenindustrie der Mitgliedsländer des CECIP gibt es zusammen etwa 25 000 Beschäftigte, die Waagenbauerzeugnisse im Werte von mehr als 2 Mrd. DM produzieren (Stand 1982). Wenn auch die Waagenproduktion nur einen Bruchteil der Gesamtproduktion von Industriegütern in diesen Ländern umfaßt, so ist die volkswirtschaftliche Bedeutung dieser Branche dort um ein Vielfaches größer als der Marktwert der Erzeugnisse, wird doch, einer Schätzung zufolge, allein in der Bundesrepublik Deutschland jährlich das Gewicht von Gütern im Werte von 800 Mrd. DM mittels Waagen festgestellt und kontrolliert.

Ziele des CECIP sind:

- Förderung von Technologien zur Herstellung von Waagen,
- eine „repressive" Gesetzgebung für Waagen, um nicht durch eine „präventive" Reglementierung die gegenwärtig außerordentlich schnell voranschreitende Entwicklung der Wägetechnik zu blockieren,
- Vereinfachung und Vereinheitlichung der Formalitäten bei der Zulassung von Waagen durch die Meßtechnischen Dienste,
- Förderung eines einheitlichen internationalen Systems der Auslegung und Anwendung von Vorschriften und Verfahren zur Stempelung der Waagen,
- Förderung eines weitreichenden Verständnisses für die moderne Wägetechnik.

Hierzu werden als wesentlich und notwendig erachtet:

- Zusammenarbeit mit den Verantwortlichen der Meßtechnischen Dienste, um Regelungen zu schaffen, die der hochentwickelten Technologie in der Wägetechnik entsprechen,
- Beschränkung der gesetzlichen Regelungen für Waagen in technischer und verwaltungsmäßiger Hinsicht auf das im öffentlichen Interesse notwendige Mindestmaß,
- Zusammenarbeit mit Organisationen, die – entsprechend den Zielen des Vertrages von Rom – den Abbau von Zollschranken und die Beseitigung nichttarifärer Handelshemmnisse fördern,
- Mitarbeit in Arbeitsgruppen der EWG und der OIML zur Schaffung von Gesetzen, die die praktischen Erfahrungen der europäischen Waagenhersteller und die Bedürfnisse der Verwender berücksichtigen,
- Information der zuständigen europäischen Behörden über die Entwicklung der Technologie im Waagenbau, um eine spätere, diesen Entwicklungen angepaßte Gesetzgebung vorzubereiten,
- Verteilung allgemeiner das Wägen betreffende Informationen in administrativen und kommerziellen Angelegenheiten an die Mitglieder des CECIP,
- enge Zusammenarbeit zwischen den einzelnen Fachorganisationen, die das CECIP bilden, und deren Mitgliedern.

Um diese Ziele zu verwirklichen, steht das CECIP in Verbindung mit:

- der Kommission der Europäischen Gemeinschaften in Brüssel,
- der Internationalen Organisation für Gesetzliches Meßwesen (OIML),
- den für Angelegenheiten des Meß- und Eichwesens zuständigen nationalen Behörden in jedem Land,
- den für industrielle oder wirtschaftliche Fragen zuständen Abteilungen in den Ministerien,
- wissenschaftlichen und technischen Institutionen der Mitgliedländer, insbesondere mit dem Internationalen Amt für Maß und Gewicht in Sèvres, Frankreich,
- Verbraucherorganisationen (Bild C.2).

Die Meinungsbildung in allen, die Branche in ihrer Gesamtheit betreffenden Fragen, vor allem im ökonomischen Bereich, erfolgt während der jährlichen CECIP-Hauptversammlung, an der Delegationen aus allen Mitgliedländern (-verbänden) teilnehmen.

Diskussionen über technische Sachfragen finden in Arbeitsgruppen statt. Diese sind z. B.: Gesetzliches Meßwesen, Interpretation von Vorschriftentexten, elektronische Einrichtungen, Wägezellen, Etikettierung und Strich-Codeanwendung bei der Preisauszeichnung, Wägen und Abwägen von Schüttgütern.

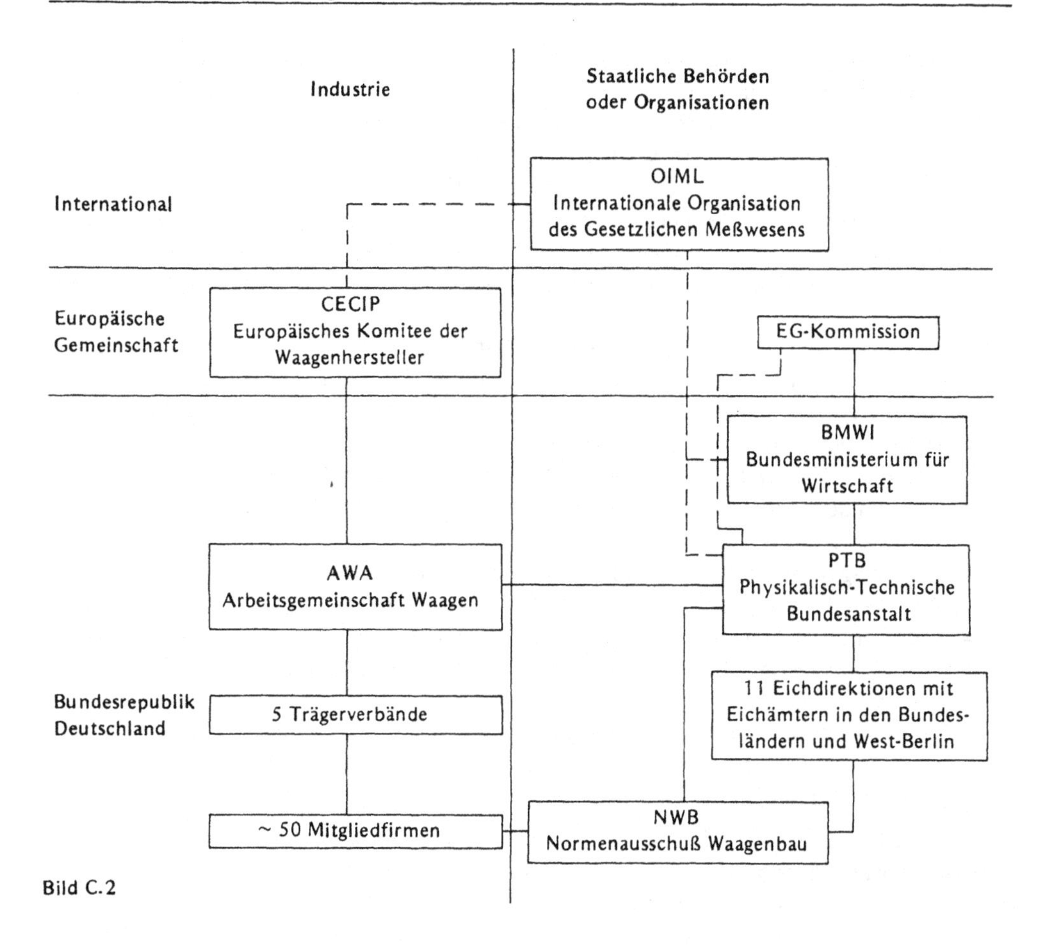

Bild C.2

C.5 Normenausschuß Waagenbau (NWB)

Der *Normenausschuß Waagenbau* (NWB), ein selbständiger Fachausschuß im DIN Deutsches Institut für Normung e.V., erarbeitet alle den Waagenbau betreffenden Normen. Die eigentliche Sacharbeit vollzieht sich in Arbeitsausschüssen, die bei Bedarf gebildet werden und in denen alle Mitglieder des NWB mitwirken können. Mitglieder des NWB können gemäß der allgemeinen Prinzipien im deutschen Normungswesen sowohl Hersteller und Anwender von Waagen als auch Vertreter der wissenschaftlich meßtechnischen Behörde (PTB), deren Aufsichtsbehörde (BMWi) und der Eichaufsichtsbehörden sein. Die Hersteller können eine persönliche (Firmen-) Mitgliedschaft begründen oder aber über eine Fachorganisation (z. B. die AWA) vertreten sein.

Die Organe des NWB sind:

a) der *Mitarbeiterkreis*, dem die Beschlußfassung über grundsätzliche Entscheidungen obliegt;
b) der *Beirat*, in dem Behörden, Industrie, Handwerk und Waagenbenutzer angemessen vertreten sein sollen; ihm obliegt es u. a.
   - das Arbeitsprogramm des NWB als Rahmenprogramm unter Berücksichtigung von Wirtschaftlichkeitsgesichtspunkten und von Bedürfnissen der Allgemeinheit festzulegen und zu überwachen,

- Arbeitsausschüsse unter Festlegung ihres Arbeitsgebietes und ggf. Unterausschüsse einzusetzen und aufzulösen,
- die Facharbeit zu steuern und ihre Koordinierung innerhalb des NWB sowie mit anderen Normenausschüssen (z. B. Mitträgerschaften) zu überwachen,
- die Beteiligung an der regionalen und internationalen Normungsarbeit zu steuern und zu überwachen sowie über wesentliche Änderungsvorschläge oder Ablehnung von regionalen oder internationalen Normen zu entscheiden,
- den Vorsitzenden bei der Wahrnehmung seiner Aufgaben zu beraten und zu unterstützen und ähnliches;

c) der *Vorsitzende* – er wird ebenso wie seine 2 Stellvertreter vom Beirat für 3 Jahre gewählt – vertritt den NWB nach außen und arbeitet mit dem Präsidium des DIN zusammen;

d) der *Fördererkreis*, der aus Firmen, Verbänden, Behörden, Vereinen, Institutionen sowie Einzelpersonen bestehen kann, wobei die Fördereigenschaft nicht gleichbedeutend mit der Mitgliedschaft im DIN ist; zu seinen Aufgaben gehören insbesondere:
   - Sicherstellung der Finanzierung der Normungsarbeit des NWB durch Festsetzung des Fördererbeitrages,
   - Genehmigung des Haushaltsplanes und des Finanzberichtes,
   - Ausfüllen des vom Beirat aufgestellten Rahmenprogramms,
   - Wahl der zusätzlichen Beiratsmitglieder;

e) die *Arbeitsausschüsse*, deren Konstitution und Funktion in den Richtlinien für Normenausschüsse festgelegt sind;

f) der *Geschäftsführer*, dessen Aufgabe es u. a. ist, die Geschäfte des NWB in fachlicher, organisatorischer und finanzieller Hinsicht im Rahmen der Beschlüsse des Beirats verantwortlich zu führen.

Im NWB gibt es nach derzeitigem Stand (1982) 56 Mitglieder, wovon 39 Waagenhersteller, 2 Waagenorganisationen, der Rest Behörden und Stiftungen sind. In diesen Zahlen sind auch die Mitglieder des NWB in der DDR und Ostberlin enthalten, zu denen Kontakt besteht, wenngleich ihre aktive Mitwirkung im NWB beschränkt ist. Normen für den Waagenbau siehe Anhang E.13.

C.6 Die wirtschaftliche Situation im deutschen Waagenbau

Die Behandlung wirtschaftlicher und wirtschaftspolitischer Fragen fällt in die Zuständigkeit der Trägerverbände der Arbeitsgemeinschaft Waagen, die ihre Funktionen und Aufgaben als Wirtschaftsverbände wahrnehmen und die Interessen ihrer Branchen in der Öffentlichkeit artikulieren. Dazu gehört auch die Sammlung und Ausweisung von marktstatistischen Daten des jeweiligen Fachbereiches und ihre Erläuterung.

So berichtet z. B. im Bereich des Maschinenbaus die Fachgemeinschaft Waagen im VDMA aufgrund spezieller Erhebungen bei ihren Mitgliedfirmen und unter Verwendung von diesbezüglichen Informationen des Statistischen Bundesamtes in regelmäßigen Zeitabständen über die (wirtschaftliche) Lage im Waagenbau, wobei vor allem auf die diesem Bereich zugehörigen Industrie- und Handelswaagen abgehoben wird. In diesem Bericht sind, nach Waagenarten und Waagenkategorien unterteilt, Daten über Auftragseingang (Inland und Ausland), Produktion und Außenhandel (Ausfuhr und Einfuhr) von Waagenbauerzeugnissen zusammengestellt, und es werden – soweit diese erkennbar – Ursachen für die Änderung dieser Marktdaten innerhalb eines bestimmten Zeitraumes genannt, so daß der Benutzer dieser Ausweisungen und im Vergleich mit den eigenen firmenspezifischen Daten seinen Standort im Markt bestimmen kann.

Es ist festzustellen, daß die wirtschaftliche Entwicklung im Waagenbau in den Jahren 1978 bis 1981 hinter der im Gesamtmaschinenbau zurückgeblieben ist, d.h., daß sowohl die Produktion als auch die Inlandsmarktversorgung, vor allem von 1979 auf 1980, wertmäßig abgenommen haben, während beim Außenhandel in den letzten beiden Jahren wieder eine Zunahme des Exports nach rückläufigen Ergebnissen in den beiden vorangegangenen Jahren zu verzeichnen war.

Das Wertverhältnis von Waagenausfuhr zu Waageneinfuhr lag über eine längere Reihe von Jahren konstant bei 10 : 1, hat sich jedoch in den letzten Jahren, bedingt durch eine niedrigere Exportquote und einen höheren Einfuhranteil, zugunsten der Einfuhr verschoben (6,5 : 1).

Weltweit nimmt die bundesdeutsche Waagenproduktion im Werte von etwa 900 Mio. DM (1981) eine Spitzenstellung ein, gefolgt von Japan mit 60 % der deutschen Waagenproduktion (Stand 1977). Ähnlich sieht es bei den Ausfuhren aus, wo im Durchschnitt der Jahre 1976 bis 1978 die Bundesrepublik Deutschland dreimal soviel Waagen wie die USA und sechsmal soviel wie Japan exportierte.

C.7 Rück- und Ausblick

Die Organisation im deutschen Waagenbau, ihre geschichtliche Entwicklung und jetzige Struktur ergeben sich aus der gemeinschaftlichen Interessenwahrnehmung bei der Lösung branchenspezifischer Aufgaben. Der verbandsmäßige Zusammenschluß der Unternehmen hat dazu beigetragen, daß sich die deutsche Waagenindustrie entsprechend ihrer Bedeutung im Gesamtprozeß der Wirtschaft darstellen und in der Öffentlichkeit profilieren konnte.

In Zukunft werden die Aufgaben und Probleme nur durch interdisziplinäre und über die Grenzen hinwegreichende Kooperation zu meistern sein. Politisch bedeutet dies, daß sich die Meinungs- und Willensbildung von der nationalen auf die (zumindest) europäische oder sogar internationale Ebene verlagert (im Falle der Waagenindustrie von PTB-AWA auf EG-Kommission-CECIP oder sogar OIML), wofür jedoch die notwendigen Voraussetzungen (z. B. europäisches Eichgesetz) noch nicht vorhanden sind.

Bei der Konstruktion und Fertigung der Produkte werden branchenübergreifende Erkenntnisse und darauf beruhende Regelungen zu berücksichtigen sein. Abgrenzungsprobleme können dazu führen, daß es u. U. schwierig ist, für ein gegebenes Produkt eine objektive Standortbestimmung und Bereichszuordnung vorzunehmen.

Dies alles ist in der Waagenindustrie frühzeitig erkannt, und es ist in der zwischenverbandlichen Organisationsform der AWA versucht worden, erste Ansätze für die Lösung dieser Probleme zu finden, was auch für andere Bereiche beispielgebend sein könnte.

D Beschreibung, Kenngrößen und Angaben über Genauigkeit und Leistung von Waagen

M. Kochsiek

Zweck dieses Anhanges ist es, Herstellern und Anwendern von Waagen Hinweise zu geben, die Einsatzmöglichkeit und die zu erwartende Leistung des Meßgerätes eindeutig darzustellen. Hierdurch soll einerseits dem Waagenbenutzer die Wahl der für ihn richtigen Waagentype erleichtert, andererseits dem Hersteller ermöglicht werden, seine Angebote eindeutig zu formulieren. So kann die Übereinstimmung zwischen Kundenwunsch und Angebot einfacher erreicht und Lieferverträge können eindeutiger gestaltet werden.

Zur vollständigen Charakterisierung einer Waage gehören neben der Aufgabenstellung:

1. Beschreibung,
2. Kenngrößen,
3. Genauigkeit und Leistung,
4. Angaben für besondere Waagenarten.

Für alle Waagen gelten im wesentlichen die Abschnitte D.1 bis D.3.

In Abschnitt D.4 sind Ergänzungen für einzelne Waagenarten gemäß Gruppeneinteilung in DIN 8120 Teil 1 aufgeführt, wobei die zweite Ziffer sich auf die Gruppeneinteilung, die dritte Ziffer auf die Zugehörigkeit zu den Abschnitten D.1 bis D.3 dieses Anhanges bezieht.

D.1 Beschreibung

1.1 Bezeichnung der Waage nach DIN 8120 Teil 1
1.2 Anwendungszweck (wenn nicht aus der Waagenbezeichnung erkennbar)
1.3 Arbeitsweise der Waage (nichtselbsttätig oder selbsttätig)
1.4 Technisches Prinzip der Gewichtsermittlung
1.5 Art der Anzeige (wenn nicht aus der Waagenbezeichnung erkennbar)
1.6 Art des Lastträgers
1.7 Wägegut (wenn nur für bestimmte Wägegüter geeignet)
1.8 Besondere Einrichtungen (z. B. Tara-, Nullstell- und Abschalteinrichtung)
1.9 Anschlußmöglichkeiten für periphere Geräte (Code, Schnittstellen)
1.10 Zusatzeinrichtungen (z. B. Drucker, Zu- und Abführungseinrichtungen, Zählwerke)
1.11 Aufstellungsort (z. B. fester Aufstellungsort, wechselnder Aufstellungsort)
1.12 Aufstellungsart der Waage (z. B. fest eingebaut, tragbar, fahrbar)
1.13 Besondere Einsatzbedingungen (z. B. im Freien, in klimatisierten Räumen)
1.14 Eichfähigkeit (mit Angabe der Genauigkeitsklasse und des Eichortes)
1.15 Maßnahmen zur Gewährleistung der metrologischen Sicherheit (eingebaute Prüfeinrichtungen)
1.16 Maßnahmen gegen Umwelteinflüsse (z. B. Korrosionsschutz, Schwingungsdämpfung)
1.17 Erfüllung von Schutzarten und -vorschriften (z. B. Exschutz, VDE-, DIN-Vorschriften, Werkstoffe)
1.18 Äußere Ausführung der Waage (z. B. Farbanstrich, Gehäuseausführung, Werkstoffe)
1.19 Mitgeliefertes Zubehör

D.2 Kenngrößen

2.1 Wägebereich bzw. Förderstärkenbereich
2.2 Teilungswert und ggf. Eichwert der Hauptskale
2.3 Teilungswert und ggf. Eichwert von Zusatzskalen oder -anzeigen (z. B. Prozentskale)
2.4 Abmessung des Lastträgers (Brückengröße oder Behältervolumen)
2.5 Tarierbereich (subtraktiv, additiv)
2.6 Nullstellbereich
2.7 Tragfähigkeit (Überlastschutz)
2.8 Fundamentmaße (Platzbedarf, Abmessung)
2.9 Temperaturgrenzen, innerhalb derer die Waage verwendet werden darf (evtl. Temperaturgrenzen für Lagerung)
2.10 Erforderliche Energieversorgung (Spannung, Frequenz, Leistung) (Elektrizität, Druckluft, Druckflüssigkeit)
2.11 Energieverbrauch (auch für Druckluft und Absaugung)
2.12 Eigengewicht
2.13 Verpackungsmaße und -gewichte

D.3 Genauigkeit und Leistung

Von einer Waage als Meßgerät wird eine bestimmte Genauigkeit bzw. Leistung erwartet. Hierfür sind je nach Waagenart unterschiedliche Angaben erforderlich, die sich grundsätzlich immer nur auf die bestimmungsgemäßen Einsatzbedingungen beziehen.

3.1 *Beurteilung der Genauigkeit*

Den Benutzer einer Waage interessiert, inwieweit er die Meßwerte als richtig ansehen kann.

Je nachdem, ob Vergleichs- bzw. Differenzwägungen oder Absolutwägungen durchgeführt werden sollen, ist die Reproduzierbarkeit bzw. die Richtigkeit von Bedeutung.

Zweckmäßigerweise werden für die Beurteilung dieser nur qualitativen Begriffe für die Reproduzierbarkeit die Standardabweichung und für die Richtigkeit die Fehlergrenzen als quantitative Größen verwendet.

3.1.1 Standardabweichung

Rechengröße für Beurteilung der Güte einer Waage hinsichtlich Veränderlichkeit und Reproduzierbarkeit; mit ihr werden die zufälligen Fehler der Waage erfaßt. Die Definition der Standardabweichung ist in DIN 1319 Blatt 3 gegeben, die Ermittlung in DIN 8120 Teil 3 beschrieben.

3.1.2 Fehlergrenzen

Die Fehlergrenzen einer Waage bezeichnen die größten Abweichungen der Anzeigen bzw. Wägeergebnisse vom richtigen Wert, die nach Eichordnung (Eichfehlergrenzen, siehe EO 9 bzw. EO 10) oder nach Angabe des Herstellers (Garantiefehlergrenzen, siehe DIN 1319) noch zulässig sind. Fehlergrenzen beinhalten alle zufälligen *und* systematischen Fehler der Waage. Damit die festgelegten Fehlergrenzen sicher eingehalten werden können, muß die Standardabweichung erheblich kleiner sein als der durch die Fehlergrenze gegebene Bereich.

3.2 *Beurteilung der Leistung*

3.2.1 Durchsatz, Ausbringung

Anstelle des früher mehrdeutig verwendeten Wortes „Leistung" werden folgende Begriffe benutzt:

Durchsatz: gewogene Masse/Zeiteinheit
Ausbringung: Anzahl der gewogenen Packungen/Zeiteinheit

3.2.2 Wägezeit

Soweit es für den Gebrauch einer Waage wichtig ist, müssen auch Angaben über die Zeitdauer gemacht werden, die ein Wägevorgang benötigt (Wägezeit); ggf. ist es zweckmäßig, die Wägezeit in Füllzeit, Meßzeit und Entleerungszeit aufzuteilen.

D.4 Zusätzlich (oder vom Vorstehenden abweichend) für gewisse Waagenarten noch geltende Festlegungen

4.1 *Analysen- und Laborwaagen*

4.1.1 – Maßnahmen zur Luftauftriebskorrektur
– Art des Feinstellers

4.1.2 – Integrationszeit
– Teilung des Feinstellers
– Linearität
– Temperaturverhalten

4.2 *Ladentisch- und Preisauszeichnungswaagen*

4.2.1 – Art der Preisrundung
– Art und Ausführung der Grundpreiseingabe
– Art und Ausführung der Druckbelege

4.2.2 – Einstellbereich und Teilung der Grundpreise
– Stellenzahl und Teilung für Kaufpreis
– Höchststellenzahl für Summierwerke

4.3 *Plattformwaagen für Handel und Industrie*

4.3.1 – Abmessungen des Lastträgers s. DIN 1926 Blatt 1, 2 und 3

4.4 *Waagen für hängende Last*

4.5 *Waagen zur Ermittlung von Beförderungsentgelten*

4.5.1 – Einteilung der Gebührenskalen

4.6 *Personenwaagen (eichpflichtig)*

4.6.1 – Besondere Brückenaufbauten (z. B. Stuhl, Auffahrschienen für Betten, Säuglingsmulde usw.)
– Art des Taraspeichers für Langzeitwägungen
– Art der Münzannahme (Münzwert, Anzahl, Prüfung, Diebstahlsicherung)

4.6.2 – Wägebereich der Differenzanzeige
– Fassungsvermögen des Münzkastens

4.7 *Waagen für Gleis- und Straßenfahrzeuge*

4.7.1 – Brückenausführung (Ortsbeton, Spannbeton, Stahlträger mit Betonfahrbahn, Stahlträger mit Blechbelag)
– Bei Gleiswaagen Schienenausführung (Verlegung, Profil, Spaltausbildung)

4.7.2 – Maximale Fahrgeschwindigkeit bei Fahrtwägung
– Bei Gleiswaagen: Spurweite

4.8 *Waagen für kontinuierliches Wägen*

4.8.1 – Einrichtung zur Regelung der Förderstärke
– Mengeneinstellwerke
– Funktionskontrolleinrichtungen

4.8.2 – Daten des Fördergurtes (Breite, Länge, Geschwindigkeit, Muldung, Neigung)
– Statische Mindest- und Höchstlast für Lastaufnehmer
– Kleinste Abgabemenge
– Teilung der Mengenanzeige
– Teilung der Förderstärkenanzeige
– Zeit eines vollen Bandumlaufes

4.8.3 Bei nichteichfähigen Förderbandwaagen Angabe der Fehlergrenzen bei der kleinsten Abgabemenge von verschiedenen Förderstärken

4.9 *Waagen zum diskontinuierlichen Wägen und Abwägen*

4.9.1 – Nachstromreglerbereich
– Grob- und Feinstromförderstärke
– Kleinste Abgabemenge

4.10 *Behälterwaagen und Gemengeanlagen*

4.10.1 Je nach Art der Gemengekomponenten und der verwendeten Waage ergibt sich ein absoluter Fehler, der auch bei optimaler Funktion nicht unterschritten werden kann.

Die Angabe von relativen Fehlern der einzelnen Komponenten in bezug auf die Gesamtmenge muß sich hieran orientieren. Angaben über relative Fehler können darum jeweils nur für ein ganz bestimmtes Rezept gemacht werden.

Die erreichbare Genauigkeit ist darüber hinaus von der Konstanz der Schüttdichte und den Fließeigenschaften der Materialien abhängig, deren Grenzen ggf. für Leistungsangaben festzulegen sind.

4.11 *Vergleichs- und Sortierwaagen*

4.11.1 – Art der Vereinzelung des Packungsstromes

4.11.2 – minimale und maximale Bandgeschwindigkeit
– minimale und maximale Packungslänge
– maximale Packungsbreite
– Gestalt der Packung und Lage des Packungsschwerpunktes
– Zahl und Einstellbereich für die einzelnen Sortierklassen
– Arbeitshöhe von . . . . bis . . . .

4.11.3 – Unschärfebereich, ggf. für verschiedene Bandgeschwindigkeiten und Verpackungslängen aufgeführt.
– Ausbringung in Abhängigkeit von der Packungsgröße aufgeführt.

4.12 *Haushalts- und Badezimmerwaagen*

Anforderungen und Fehlergrenzen für nichteichpflichtige Waagen:
- Laufgewichtsbrückenwaagen DIN 8110
- selbsteinspielende Waagen bis 10 kg DIN 8111
- selbsteinspielende Waagen über 100 kg DIN 8112

4.13 *Sonstige nach dem Wägeprinzip arbeitende Meßgeräte z. B. Zählwaagen*

4.13.1 – kleinstes und größtes Stückgewicht
– kleinste und größte Stückmenge
– Referenzstückzahl(en)

E Tafeln, Tabellen, Anschriften

M. Kochsiek

E.1 Einteilung in Gebrauchszonen bei der Prüfung fallbeschleunigungsabhängiger Waagen

Eine nähere Betrachtung der g-abhängigen Waagen zeigt, daß von den bestehenden vier Genauigkeitsklassen nur die Klassen (II) und (III) gesondert behandelt zu werden brauchen:

Die Genauigkeitsklasse (IIII) umfaßt Grobwaagen mit bis zu 1 000 Skalenteilen. Diese Waagen können im Gebiet der Bundesrepublik Deutschland als nicht fallbeschleunigungsabhängig angesehen werden, da die relative Differenz zwischen der größten und kleinsten auftretenden Fallbeschleunigung 10^{-3} ist.

Die Genauigkeitsklasse (I) (Feinwaagen mit mehr als 50 000 Teilen) ist ebenfalls unproblematisch; denn diese Waagen bedürfen aufgrund ihrer extremen Empfindlichkeit von vornherein einer Justierung am Aufstellungsort. Sie erfolgt mit Hilfe von Normalgewichten. Der örtliche g-Wert braucht dazu weder gemessen noch errechnet zu werden.

Die Genauigkeitsklassen (II) (Präzisionswaagen) und (III) (Handelswaagen) sind jedoch einerseits so empfindlich, daß sie auf die g-Schwankungen merklich reagieren, andererseits ausreichend robust, so daß sie schon vom Hersteller endgültig justiert werden können. Nach Gleichung $\Delta m = m\,(g_2 - g_1)/g_1$ lassen sich die Zulagen aus der g-Abhängigkeit berechnen, sofern der Gebrauchsort und seine Höhe bekannt sind. Um nicht für jeden Gebrauchsort neue Zulagen Δm berechnen und bereitstellen zu müssen, ist die Bundesrepublik Deutschland in Gebrauchszonen eingeteilt worden, innerhalb derer ein einziger Vergleichswert der Fallbeschleunigung als repräsentativ gilt. Der Einteilung der Zonen liegen folgende Bedingungen zugrunde:

a) Die durch Extremwerte der Fallbeschleunigung innerhalb einer Gebrauchszone bedingte Änderung der Anzeige einer Waage übersteigt nicht mehr als ± 1/2 des Absolutwertes der mittleren Eichfehlergrenzen (arithmetisches Mittel über das Integral der Fehlergrenze).

b) Die Grenzen der Gebrauchszonen decken sich aus verwaltungstechnischen Gründen mit den Grenzen der Eichaufsichtsbezirke.

Da für Waagen die Fehlergrenzen in Vielfachen oder Teilen von Eichwerten gestaffelt sind, ergibt sich:

- Waagen, bei deren Eichung innerhalb der Bundesrepublik Deutschland die Fallbeschleunigung weder für einen Prüfungsort noch für eine Gebrauchszone berücksichtigt zu werden braucht. Dazu gehören neben den erwähnten Waagen der Klasse (IIII) die Waagen der Klasse (II), wenn sie weniger als 500 Teilungswerte aufweisen und Waagen der Klasse (III) mit 1 000 Teilungswerten und weniger.

Bild E.1
Gebrauchszonen für fallbeschleunigungsabhängige Waagen

- Waagen, bei denen eine Korrekturmasse Δm zu berechnen ist, wenn sie nicht am Gebrauchsort geeicht werden. Dazu wurde die Bundesrepublik Deutschland in vier Gebrauchszonen unterteilt (Bild E.1) und folgende Staffelung für die Vergleichswerte der Fallbeschleunigung festgelegt [1, 2].

  a) Alle vier Gebrauchszonen können zu einer Gebrauchszone zusammengefaßt werden ($g_Z = 9{,}810\ \text{m}\cdot\text{s}^{-2}$) bei

  Waagen der Klasse (II) mit mehr als 500 bis zu 1 000 Teilungswerten,
  Waagen der Klasse (III) mit mehr als 1 000 bis zu 3 000 Teilungswerten.

  b) Je zwei benachbarte Gebrauchszonen können zu einer Gebrauchszone zusammengefaßt werden
  (z. B. Zone 3 und 4: $g_Z = 9{,}8118\ \text{m}\cdot\text{s}^{-2}$) bei

  Waagen der Klasse (II) mit mehr als 1 000 bis zu 2 000 Teilungswerten,
  Waagen der Klasse (III) mit mehr als 3 000 bis zu 5 000 Teilungswerten.

  c) Nur jeweils eine der vier Gebrauchszonen
  (z.B. Zone 1: $g_Z = 9{,}8070\ \text{m}\cdot\text{s}^{-2}$) gilt bei

  Waagen der Klasse (II) mit mehr als 2 000 bis zu 3 300 Teilungswerten,
  Waagen der Klasse (III) mit mehr als 5 000 Teilungswerten.

  d) Waagen der Klasse (II) mit mehr als 3 300 Teilungswerten können nicht für eine Gebrauchszone geeicht werden.

Bei Waagen, die nur teilweise von der Fallbeschleunigung beeinflußt werden (z. B. halbselbsteinspielende Waagen), braucht nur die Anzahl n' der Teilungswerte, die von der Fallbeschleunigung beeinflußt wird, berücksichtigt werden.

Weitere Einzelheiten mit Berechnungsbeispielen siehe [1, 2].

[1] PTB-Rundschreiben 2/78 des Laboratoriums 1.32

[2] *Kochsiek, M.; Wünsche, W.:* The testing of weighing machines dependent on the acceleration due to gravity. OIML-Bull. No 80, 21 (1980), p. 10–17

E.2 Fallbeschleunigung g – Berechnungsformel und Werte für ausgesuchte Orte

Formel nach *Cassinis* (1930), gültig für das Rotationsellipsoid nach *Hayford* [1]

$$g = g_0 \,(1 + 0{,}005\,2884 \sin^2\beta - 5{,}9 \cdot 10^{-2} \sin^2(2\beta) - h/h_0)$$

mit

$g_0 = 9{,}78035 \text{ m s}^{-2}$

$h_0 = 3{,}3 \cdot 10^6 \text{ m}$

β geographische Breite

h Höhe über NN in m

Anmerkung:

Der vertikale Gradient von g über der Erdoberfläche, der „Freiluftgradient", liegt je nach Untergrund und Topographie zwischen

$$\frac{\partial g}{\partial z} = 2{,}5 \cdot 10^{-6} \ldots 3{,}5 \cdot 10^{-6} \text{ s}^{-2},$$

theoretischer Wert:

$$\frac{\partial g}{\partial z} = 3{,}086 \cdot 10^{-6} \text{ s}^{-2}.$$

[1] Lexikon der Physik, Franckh'sche Verlagshandlung, Stuttgart, 1969, 3. Auflage.

Werte der Fallbeschleunigung für ausgesuchte Orte in $\text{m} \cdot \text{s}^{-2}$

Deutschland		*Europa*	
Flensburg	9,81486	Oslo	9,81916
Hamburg	9,8138	Helsinki	9,8191
Bremen	9,8132	Kopenhagen	9,81543
Hannover	9,8127	London (Teddington)	9,8119
Potsdam	9,8126	Paris	9,8092
Düsseldorf	9,81184	Madrid	9,7998
Frankfurt	9,8104	Rom	9,8033
Nürnberg	9,8092	Belgrad	9,8058
Stuttgart	9,80833	Catania	9,8004
München	9,8072		

Asien	
Beirut	9,7968
Teheran	9,7940
Tokio	9,7977
Delhi	9,7912
Hongkong	9,7876
Aden	9,7831
Bangkok	9,7831
Manila	9,7835
Colombo	9,7812
Singapur	9,78065
Afrika	
Casablanca	9,7963
Kairo	9,7929
Akkra	9,7808
Addis Abeba	9,7745
Nairobi	9,7753
Kinshasa	9,7793
Salisbury	9,7812
Kapstadt	9,7963
Nordamerika	
Vancouver	9,8092
Winnipeg	9,9098
Montreal	9,8063
Denver	9,7961
Chicago	9,8027
Washington	9,8009
San Francisco	9,7997
Houston	9,7928
Miami	9,7902
Anchorage	9,8191
Mittel- und Südamerika	
Mexiko City	9,7794
Panama	9,7823
Bogotá	9,7739
Lima	9,7829
Belém	9,7802
Rio de Janeiro	9,7876
Buenos Aires	9,7970
Punta Arenas	9,8131
Australien und Ozeanien	
Darwin	9,78301
Perth	9,7940
Alice Springs	9,7865
Brisbane	9,7914
Melbourne	9,7995
Wellington	9,8027
Oahn-Honolulu	9,7893
Antarktis	
Mc Murdo	9,8297

Anmerkungen:

1. Die Angaben wurden ohne Ausnahme dem IGSN 71 entnommen. Die Orte wurden so ausgewählt, daß das betreffende Gebiet einigermaßen gleichmäßig abgetastet wird, bekanntere Ortschaften wurden bevorzugt.
2. Für die einzelnen Orte sind in der IGSN-Tabelle mehrere Angaben (bis zu 20) enthalten, ohne daß deren genaue Lage angegeben wäre. Deshalb wurden für die Angaben für einen Ort Durchschnittswerte gebildet.

E.3 Überschlägige Bestimmung der Fallbeschleunigung in Abhängigkeit von geographischer Breite und Meereshöhe

Fallbeschleunigung in Abhängigkeit
von geographischer Breite und Meereshöhe:

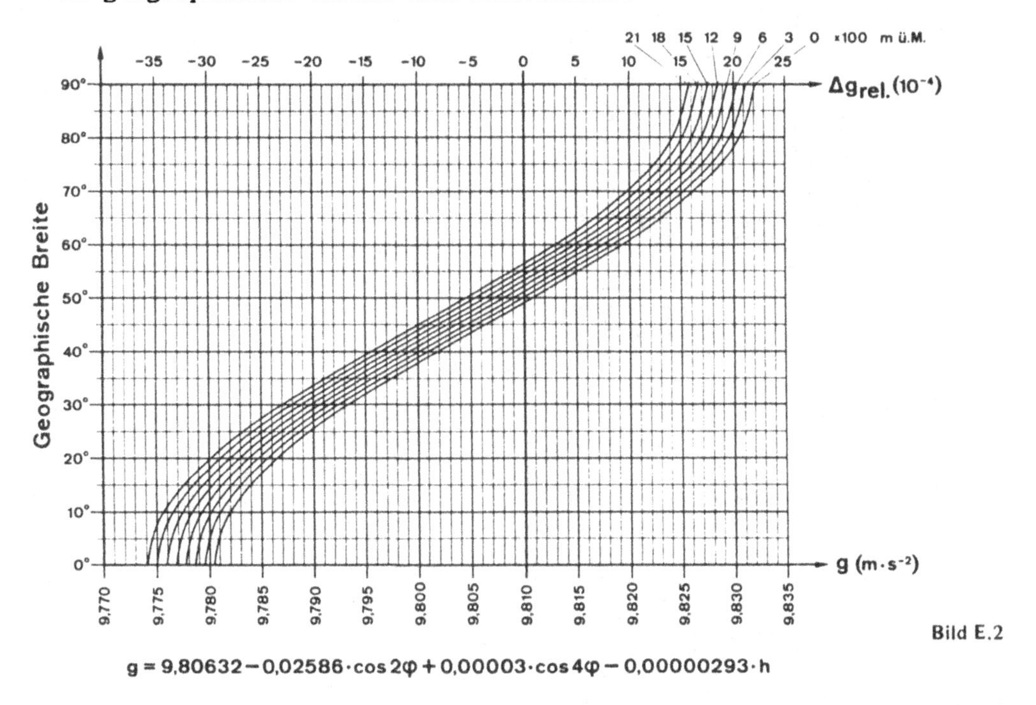

Bild E.2

Beispiel: Stadt Mittenwald in 1000 m Höhe und 47,5° geographischer Breite

$g = 9{,}807\ \mathrm{m \cdot s^{-2}}$

E.4 Dichte der trockenen und feuchten Luft

Berechnet nach der vom Comité International des Poids et Mesures empfohlenen Formel [1, 2]

$$\rho = 3{,}48353\ \mathrm{kg\ K\ J^{-1}} \cdot \frac{p}{ZT}\,(1 - 0{,}3780\,x_\mathrm{v}) \cdot 10^{-3}$$

p Luftdruck in mbar
T Lufttemperatur in Kelvin
x_v molarer Anteil des Wasserdampfes = $f(p, t_\mathrm{r}, p_\mathrm{sv})$
Z Realgasfaktor = $f(p, T, x_\mathrm{v})$

Zusammensetzung der trockenen Referenzluft:

Gas	N_2	O_2	Ar	CO_2	Ne	He	CH_4	Kr	H_2	N_2O	CO
Volumen-gehalt in %	78,10	10,94	0,92	0,04	0,0018	0,0005	0,002	0,0001	$5 \cdot 10^{-5}$	$3 \cdot 10^{-5}$	$2 \cdot 10^{-5}$

Die Werte für ρ gelten für einen CO_2-Volumengehalt von 0,04 %. Eine Änderung um ± 0,01 % des CO_2-Volumengehalts bewirkt eine Änderung von ρ um $\pm 4{,}1 \cdot 10^{-5}\ \rho$.

Temperatur t in °C	Dichte der trockenen Luft ρ_{tr} in kg m^{-3} bei folgenden Drücken in mbar												Feuchte-Korrekturfaktor A in kg m^{-3}
	930	940	950	960	970	980	990	1000	1010	1020	1030	1040	
15	1,1247	1,1368	1,1489	1,1610	1,1731	1,1852	1,1973	1,2094	1,2215	1,2336	1,2457	1,2578	$-\ 7{,}77 \cdot 10^{-3}$
16	1,1208	1,1329	1,1450	1,1570	1,1691	1,1811	1,1932	1,2052	1,2173	1,2294	1,2414	1,2535	$-\ 8{,}25 \cdot 10^{-3}$
17	1,1170	1,1290	1,1410	1,1530	1,1650	1,1770	1,1891	1,2011	1,2131	1,2251	1,2371	1,2491	$-\ 8{,}77 \cdot 10^{-3}$
18	1,1131	1,1251	1,1371	1,1490	1,1610	1,1730	1,1850	1,1969	1,2089	1,2209	1,2329	1,2448	$-\ 9{,}30 \cdot 10^{-3}$
19	1,1093	1,1212	1,1332	1,1451	1,1570	1,1690	1,1809	1,1928	1,2048	1,2167	1,2286	1,2406	$-\ 9{,}87 \cdot 10^{-3}$
20	1,1055	1,1174	1,1293	1,1412	1,1531	1,1650	1,1769	1,1887	1,2006	1,2125	1,2244	1,2363	$-10{,}47 \cdot 10^{-3}$
21	1,1017	1,1136	1,1254	1,1373	1,1491	1,1610	1,1728	1,1847	1,1965	1,2084	1,2202	1,2321	$-11{,}09 \cdot 10^{-3}$
22	1,0980	1,1098	1,1216	1,1334	1,1452	1,1570	1,1689	1,1807	1,1925	1,2043	1,2161	1,2279	$-11{,}75 \cdot 10^{-3}$
23	1,0943	1,1061	1,1178	1,1296	1,1414	1,1531	1,1649	1,1767	1,1884	1,2002	1,2120	1,2238	$-12{,}45 \cdot 10^{-3}$
24	1,0906	1,1023	1,1140	1,1258	1,1375	1,1492	1,1610	1,1727	1,944	1,1962	1,2079	1,2196	$-13{,}18 \cdot 10^{-3}$
25	1,0869	1,0986	1,1103	1,1220	1,1337	1,1454	1,1571	1,1688	1,1805	1,1921	1,2038	1,2155	$-13{,}94 \cdot 10^{-3}$

$\rho = (\rho_{tr} + \varphi \cdot A)\,(1 + (x_{CO_2} - 0{,}04) \cdot 4{,}1 \cdot 10^{-3})$

φ relative Luftfeuchte (als Dezimalbruch geschrieben)
A Feuchtekorrekturfaktor (s. Tabelle)

Beispiel: t = 20 °C
p = 1000 mbar
φ = 0,50 (50 % rel. Luftfeuchte)
x_{CO_2} = 0,06 % CO_2-Volumengehalt

$$\rho = (1{,}1887\ \text{kg m}^{-3} + 0{,}50\,(-10{,}47 \cdot 10^{-3}) \cdot (1 + (0{,}06 - 0{,}04) \cdot 4{,}1 \cdot 10^{-3})\ \text{kg m}^{-3} = 1{,}1836\ \text{kg m}^{-3}$$

[1] *Giacomo, P.:* Equation for the Determination of the Density of Moist Air (1981). Metrologia 18 (1982) S. 33–40

[2] *Kochsiek, M.:* Formel für die Bestimmung der Dichte feuchter Luft. PTB-Mitt. **89** (1979), S. 271–280

E.5 Überschlägige Bestimmung der Luftdichte ρ_L in $g \cdot m^{-3}$ bei einer Luftfeuchte φ = 70 %, im Temperaturbereich − 30 °C bis + 30 °C und im Luftdruckbereich 440 mm Hg bis 770 mm Hg (für Luftdruckmeßgeräte, die noch in mm Hg kalibriert sind)

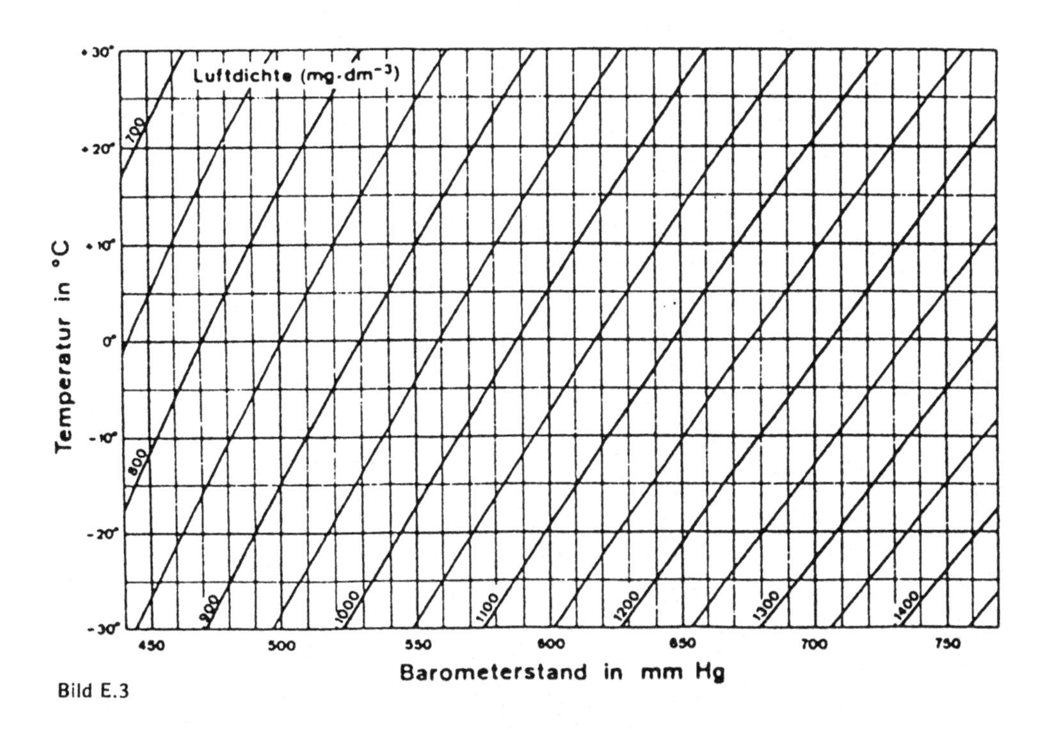

Bild E.3

E.6 Überschlägige Bestimmung der Luftauftriebskorrektion

Das Diagramm E.4 gestattet die Bestimmung von k nach Abschnitt 5.1.7.3 mit der Bezugsdichte der Gewichtstücke von 8000 kg m^{-3}.

Das Diagramm gestattet eine einfache Ermittlung der Luftauftriebskorrektion k:

1. Man zeichnet im Diagramm auf der horizontalen Achse vom Wert der am Meßort bestehenden Luftdichte aus eine vertikale Linie.
2. Im Schnittpunkt mit dem der Dichte des Wägegutes entsprechenden Strahl zieht man eine horizontale Linie zur vertikalen Achse und erhält einen Korrekturfaktor.
3. Diesen Faktor multipliziert man mit der Anzeige der Waage (in Gramm) und findet den Wert des Luftauftriebes (in mg).
4. Diesen Wert addiert man zur Anzeige der Waage und erhält so die Masse.

Beispiel: Luftdruck 715 mm Hg,
Temperatur 20 °C,
Luftfeuchte 70 %
Dichte des Wägegutes 2,6 g/cm³,
Anzeige der Waage 200 g.

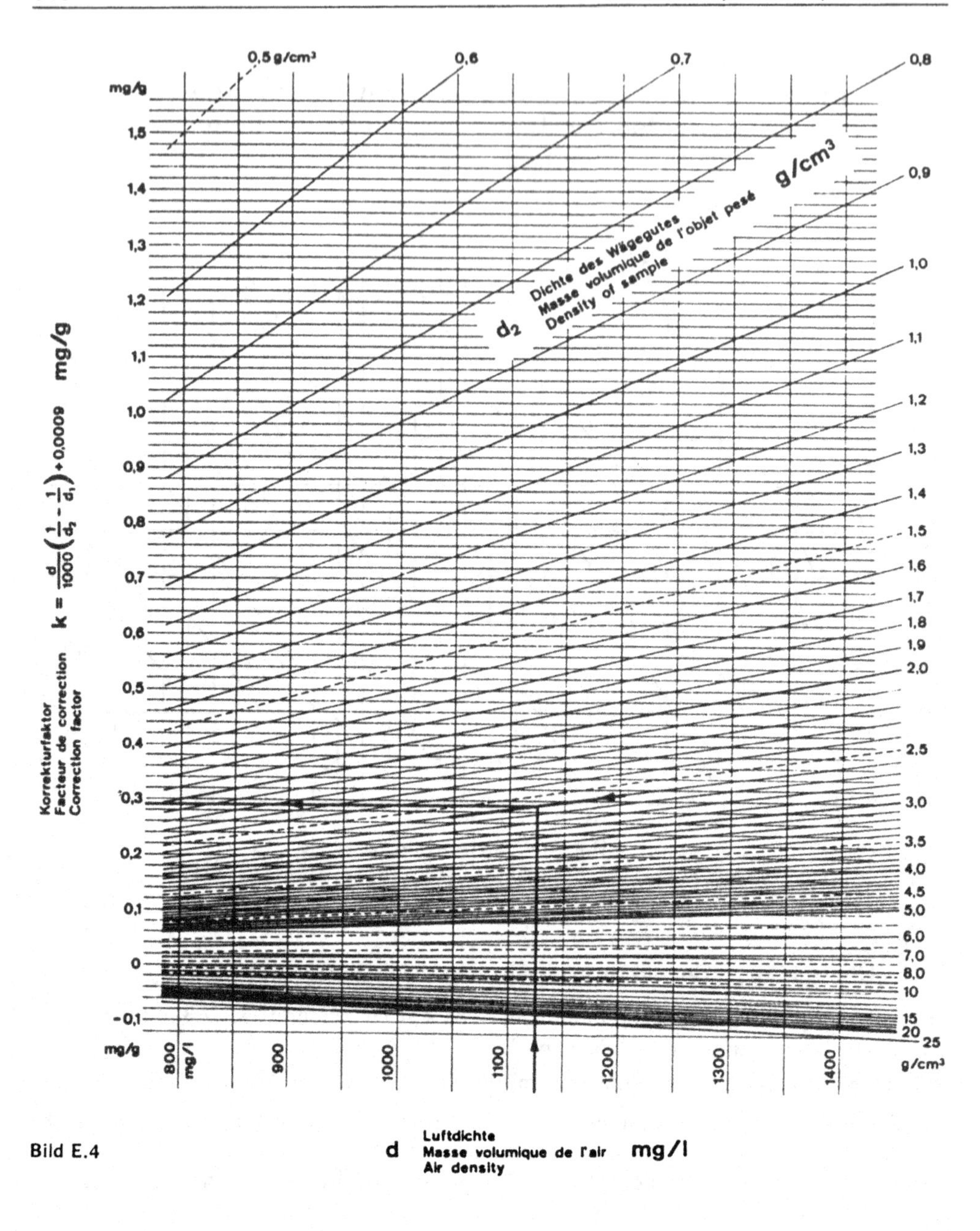

Bild E.4

a) Aus E.4 ergibt sich für die gegebene Temperatur, Luftfeuchte und Druck eine Luftdichte von 1,125 kg/m³ = 1125 mg/cm³.
b) Vom Punkt 1125 auf der horizontalen Achse aus zeichnet man eine vertikale Linie.
c) Im Schnittpunkt dieser Linie mit dem Strahl 2 (Dichte des Wägegutes) zieht man eine horizontale Linie zur vertikalen Achse und erhält den Wert 0,29 mg/g.
d) Diesen Wert multipliziert man mit der Anzeige der Waage (200 g), 200 g · 0,29 mg/g = 58 mg, und addiert diesen Wert zur Anzeige der Waage: Masse = 200,058 g.

E.7 Werkstoffe für Gewichtstücke [1]

Fehlergrenzen Klasse M_1 und besser:

Korrosionsbeständiger, unmagnetischer Stahl (z. B. Werkstoff Nr. 4571 nach DIN 17440) für alle Nennwerte (bis 5000 kg),

bis 10 mg auch Aluminium (-folie),
bis 500 mg auch Nickel, Nickellegierungen (Neusilber).
(Fehlergrenzenklassen F_1 bis M_1 bis 50 kg auch Messing mit Nickel- oder Chromüberzug)

schlechter als Fehlergrenzen Klasse M_1: Grauguß

[1] *Kochsiek, M.:* Anforderungen an Massenormale und Gewichtstücke für höchste Genauigkeitsansprüche. wägen + dosieren 9 (1978), S. 4–11.

E.8 Fehlergrenzen und Dichtebereiche bei 20 °C von Gewichtstücken

Nennwerte	Klasse E_1		Klasse E_2		Klasse F_1		Klasse F_2		Klasse M_1	
	Fehlergrenzen in mg	Dichtebereich in kg m^{-3}	Fehlergrenzen in mg	Dichtebereich in kg m^{-3}	Fehlergrenzen in mg	Dichtebereich in kg m^{-3}	Fehlergrenzen in mg	Dichtebereich in kg m^{-3}	Fehlergrenzen in mg	Dichtebereich in kg m^{-3}
1 mg	± 0,002	$234 \leq \rho$	± 0,006	$80 \leq \rho$	± 0,020	$25 \leq \rho$	± 0,06	$15 \leq \rho$	± 0,20	$4 \leq \rho$
2 mg	± 0,002	$454 \leq \rho$	± 0,006	$158 \leq \rho$	± 0,020	$49 \leq \rho$	± 0,06	$17 \leq \rho$	± 0,20	$6 \leq \rho$
5 mg	± 0,002	$1045 \leq \rho$	± 0,006	$382 \leq \rho$	± 0,020	$119 \leq \rho$	± 0,06	$41 \leq \rho$	± 0,20	$13 \leq \rho$
10 mg	± 0,002	$1847 \leq \rho$	± 0,008	$559 \leq \rho$	± 0,025	$189 \leq \rho$	± 0,08	$61 \leq \rho$	± 0,25	$20 \leq \rho$
20 mg	± 0,003	$2287 \leq \rho$	± 0,010	$858 \leq \rho$	± 0,03	$309 \leq \rho$	± 0,10	$96 \leq \rho$	± 0,3	$33 \leq \rho$
50 mg	± 0,004	$3429 \leq \rho$	± 0,012	$1601 \leq \rho$	± 0,04	$559 \leq \rho$	± 0,12	$196 \leq \rho$	± 0,4	$61 \leq \rho$
100 mg	± 0,005	$4364 \leq \rho \leq 47994$	± 0,015	$2287 \leq \rho$	± 0,05	$858 \leq \rho$	± 0,15	$309 \leq \rho$	± 0,5	$96 \leq \rho$
200 mg	± 0,006	$5334 \leq \rho \leq 15999$	± 0,020	$3001 \leq \rho$	± 0,06	$1334 \leq \rho$	± 0,20	$454 \leq \rho$	± 0,6	$158 \leq \rho$
500 mg	± 0,008	$6316 \leq \rho \leq 10909$	± 0,025	$4364 \leq \rho \leq 47994$	± 0,08	$2183 \leq \rho$	± 0,25	$858 \leq \rho$	± 0,8	$290 \leq \rho$
1 g	± 0,010	$6857 \leq \rho \leq 9600$	± 0,030	$5334 \leq \rho \leq 15999$	± 0,10	$3001 \leq \rho$	± 0,3	$1334 \leq \rho$	± 1,0	$454 \leq \rho$
2 g	± 0,012	$7273 \leq \rho \leq 8889$	± 0,040	$6000 \leq \rho \leq 11999$	± 0,12	$4001 \leq \rho$	± 0,4	$1847 \leq \rho$	± 1,2	$728 \leq \rho$
5 g	± 0,015	$7619 \leq \rho \leq 8421$	± 0,050	$6857 \leq \rho \leq 9600$	± 0,15	$5334 \leq \rho \leq 15999$	± 0,5	$3001 \leq \rho$	± 1,5	$1334 \leq \rho$
10 g	± 0,020	$7742 \leq \rho \leq 8276$	± 0,060	$7273 \leq \rho \leq 8889$	± 0,20	$6000 \leq \rho \leq 11999$	± 0,6	$4001 \leq \rho$	± 2,0	$1847 \leq \rho$
20 g	± 0,025	$7837 \leq \rho \leq 8170$	± 0,080	$7500 \leq \rho \leq 8571$	± 0,25	$6621 \leq \rho \leq 10105$	± 0,8	$4800 \leq \rho \leq 23998$	± 2,5	$2595 \leq \rho$
50 g	± 0,030	$7921 \leq \rho \leq 8081$	± 0,10	$7742 \leq \rho \leq 8276$	± 0,30	$7273 \leq \rho \leq 8889$	± 1,0	$6000 \leq \rho \leq 11999$	± 3,0	$4001 \leq \rho$
100 g	± 0,05	$7934 \leq \rho \leq 8067$	± 0,15	$7805 \leq \rho \leq 8205$	± 0,5	$7385 \leq \rho \leq 8727$	± 1,5	$6400 \leq \rho \leq 10666$	± 5	$4364 \leq \rho \leq 47994$
200 g	± 0,10	$7934 \leq \rho \leq 8067$	± 0,30	$7805 \leq \rho \leq 8205$	± 1,0	$7385 \leq \rho \leq 8727$	± 3,0	$6400 \leq \rho \leq 10666$	± 10	$4364 \leq \rho \leq 47994$
500 g	± 0,25	$7934 \leq \rho \leq 8067$	± 0,75	$7805 \leq \rho \leq 8205$	± 2,5	$7385 \leq \rho \leq 8727$	± 7,5	$6400 \leq \rho \leq 10666$	± 25	$4364 \leq \rho \leq 47994$
1 kg	± 0,5	$7934 \leq \rho \leq 8067$	± 1,5	$7805 \leq \rho \leq 8205$	± 5	$7385 \leq \rho \leq 8727$	± 15	$6400 \leq \rho \leq 10666$	± 50	$4364 \leq \rho \leq 47994$
2 kg	± 1,0	$7934 \leq \rho \leq 8067$	± 3,0	$7805 \leq \rho \leq 8205$	± 10	$7385 \leq \rho \leq 8727$	± 30	$6400 \leq \rho \leq 10666$	± 100	$4364 \leq \rho \leq 47994$
5 kg	± 2,5	$7934 \leq \rho \leq 8067$	± 7,5	$7805 \leq \rho \leq 8205$	± 25	$7385 \leq \rho \leq 8727$	± 75	$6400 \leq \rho \leq 10666$	± 250	$4364 \leq \rho \leq 47994$
10 kg	± 5	$7934 \leq \rho \leq 8067$	± 15	$7805 \leq \rho \leq 8205$	± 50	$7385 \leq \rho \leq 8727$	± 150	$6400 \leq \rho \leq 10666$	± 500	$4364 \leq \rho \leq 47994$
20 kg	± 10	$7934 \leq \rho \leq 8067$	± 30	$7805 \leq \rho \leq 8205$	± 100	$7385 \leq \rho \leq 8727$	± 300	$6400 \leq \rho \leq 10666$	± 1000	$4364 \leq \rho \leq 47994$
50 kg	± 25	$7934 \leq \rho \leq 8067$	± 75	$7805 \leq \rho \leq 8205$	± 250	$7385 \leq \rho \leq 8727$	± 750	$6400 \leq \rho \leq 10666$	± 2500	$4364 \leq \rho \leq 47994$

E.9 Dichte von luftfreiem Wasser in kg/m³ von 0 °C bis 99 °C beim Druck 101 325 Pa

t °C	0	1	2	3	4	5	6	7	8	9
0	999,8396	999,8985	999,9399	999,9642	999,9720	999,9637	999,9399	999,9011	999,8477	999,7801
10	999,6987	999,6039	999,4961	999,3756	999,2427	999,0977	998,9410	998,7728	998,5934	998,4030
20	998,2019	997,9902	997,7683	997,5363	997,2944	997,0429	996,7818	996,5113	996,2316	995,9430
30	995,6454	995,3391	995,0243	994,7010	994,3694	994,0296	993,6819	993,3263	992,9629	992,5920
40	992,214	991,828	991,435	991,035	990,628	990,213	989,792	989,363	988,928	988,485
50	988,036	987,581	987,119	986,651	986,176	985,695	985,208	984,715	984,216	983,710
60	983,199	982,682	982,159	981,630	981,095	980,555	980,009	979,457	978,900	978,338
70	977,770	977,196	976,617	976,033	975,444	974,849	974,249	973,644	973,034	972,418
80	971,798	971,172	970,542	969,906	969,266	968,620	967,970	967,315	966,655	965,990
90	965,320	964,646	963,966	963,282	962,594	961,900	961,202	960,500	959,792	959,080

nach *Wagenbreth, H.* und *Blanke, W.:* Die Dichte des Wassers im Internationalen Einheitensystem und in der Internationalen Praktischen Temperaturskala von 1968. PTB-Mitt. 81 (1971) S. 412–415

E.10 Anschriften der Physikalisch-Technischen Bundesanstalt und der Eichaufsichtsbehörden

Physikalisch-Technische Bundesanstalt
Bundesallee 100
3300 Braunschweig

Physikalisch-Technische Bundesanstalt
Abbestraße 2–12
1000 Berlin 10

Baden-Württemberg

Landesgewerbeamt Baden-Württemberg
– Eichwesen –
Rotebühlstr. 131
7000 Stuttgart 1
mit Eichämtern in:
Albstadt, Freiburg, Heilbronn, Karlsruhe, Mannheim, Ravensburg, Fellbach, Ulm

Bayern

Bayerisches Landesamt für Maß und Gewicht
Franz-Schrank-Str. 9
8000 München 19
mit Eichämtern in:
Aschaffenburg, Augsburg, Bamberg, Bayreuth, Hof, Ingolstadt, Kempten, Landshut, München, Nürnberg, Passau, Regensburg, Traunstein, Würzburg

Berlin

Landesamt für das Meß- und Eichwesen
Abbestraße 5–7
1000 Berlin 10

Bremen

Der Senator für Arbeit
– Landeseichdirektion –
Contrescarpe 73
Postfach 10 15 27
2800 Bremen 1
mit Eichämtern in:
Bremen, Bremerhaven

Hamburg

Freie und Hansestadt Hamburg
Behörde für Wirtschaft, Verkehr und Landwirtschaft – Eichdirektion –
Nordkanalstr. 50
2000 Hamburg 1
mit Eichamt in Hamburg

Hessen

Hessische Eichdirektion
Holzhofallee 3
6100 Darmstadt
mit Eichämtern in:
Darmstadt, Frankfurt, Fulda, Gießen, Hanau, Kassel, Wiesbaden

Niedersachsen

Niedersächsisches Landesverwaltungsamt
– Eichwesen –
Goethestraße 44
3000 Hannover 1
mit Eichämtern in:
Braunschweig, Celle, Emden, Göttingen, Hannover, Hildesheim, Lüneburg, Nienburg, Oldenburg, Osnabrück, Stade

Nordrhein-Westfalen

Landeseichdirektion Nordrhein-Westfalen
Spichernstr. 73–77
Postfach 19 03 29
5000 Köln 1
mit Eichämtern in:
Aachen, Arnsberg, Bielefeld, Dortmund, Duisburg, Düsseldorf, Hagen, Köln, Krefeld, Münster, Paderborn, Recklinghausen

Rheinland-Pfalz

Eichdirektion Rheinland-Pfalz
Steinkaut 3
6550 Bad Kreuznach
mit Eichämtern in:
Bad Kreuznach, Kaiserslautern, Koblenz, Ludwigshafen, Trier

Saarland

Der Minsiter für Wirtschaft, Verkehr und Landwirtschaft – Eichaufsichtsbehörde –
Hardenbergstr. 8
6600 Saarbrücken
mit Eichamt in Saarbrücken

Schleswig-Holstein

Der Minister für Wirtschaft und Verkehr des Landes Schleswig-Holstein
– Amt für das Eichwesen –
Düppelstr. 63
2300 Kiel 1
mit Eichämtern in:
Elmshorn, Flensburg, Kiel, Lübeck

E.11 Anschriften der meßtechnischen Dienste in den Ländern der Europäischen Gemeinschaft

EG

Kommission der Europäischen Gemeinschaften
Generaldirektion Binnenmarkt und Gewerbliche Wirtschaft
Rue de la Loi 200
B-1049 Brüssel

Belgien

Ministère des Affaires Economiques
Administration du Commerce
Service de la Métrologie
Rue J.-A. de Mot, 24–26
B-1040 Brüssel

Dänemark

Teknologisty relsen
Tagensvej 135
DK-2200 Copenhagen N

Dantest
National Institute for Testing and Verification
Amager Boulevard 115
DK-2300 Copenhagen S/Dänemark

Frankreich

Bureau International de Métrologie Légale (BIML)
11, Rue Turgot
F-75 009 Paris

Ministère de Redéploiement Industriel
et du Commerce Extérieur
Service de la Métrologie
Inspection Générale
32, Rue Guersant
F-75 017 Paris

Bureau International des Poids et
Mesures (BIPM)
Pavillon de Breteuil
F-92 310 Sèvres

Griechenland

Fonctionnaire technique
Direction des Poids et Mesures
Direction Générale Technique
Ministère du Commerce
Athen/Griechenland

Großbritannien

National Weights and Measures
Laboratory Metrology, Quality Assurance
Safety and Standards Division
Department of Trade
26, Chapter Street
GB-London SW1P 4 NS

Irland

Minister for Industry and Commerce
Office of Weights and Measures
Dublin Castle
IRL – Dublin, 2

Italien

Ufficio Centrale Metrico
Ministero dell'Industria
e del Commercio
Via Antonio Bosio, 15
I-00161 Roma

Luxemburg

Service de Métrologie
Luxembourg-Howald
Zone Industrielle
L – Luxembourg

Niederlande

Dienst van het IJkwezen
Hoffdirectie
Van Swinden Laboratorium VSL
Postbus 654
Schoemakerstraat 97
NL-2600 AR Delft

E.12 Anschriften der meßtechnischen Dienste außerhalb der EG

Egyptian Organization for standardization
and quality control
2 Latin America Street, Garden City
Cairo / Ägypten

Drejtoria e Kontrollit
shteteror te mjeteve peshe matese prane
Keseillit te ministrave
Tirana / Albanien

Instituto Nacional de Tecnologia Industrial
Parque Tecnológico
Miguelete, C.C.No. 157
1650 San Martin, Bs.As. / Argentinien

Weights & Measures Inspection Section
Ethiopian Standards Institution
P.O. Box 2310
Addis Abbeba / Äthiopien

National Standards Commission
P.O.Box 282
North Ryde, N.S.W. 2113 / Australien

Bundesamt für Eich- und Vermessungswesen
16, Arltgasse 35
Postfach 20
A-1163 Wien/Österreich

Dirección General de Normas y Tecnologia
Casilla Postal 4430 – Av. Camacho 1488
La Paz/Bolivien

Amt für Standardisierung, Meßwesen und Warenprüfung
Fürstenwalder Damm 388
DDR-1162 Berlin/Deutsche Demokratische Republik

Secretaria de Estado de Industria y Comercio
Departamento de Control de Calidad
Edificio de Dependencia del Estado
Av. México esq. Leopoldo Navarro
Apartado 1360
Santo Domingo D.N./Dominikanische Republik

Instituto Equatoriano de Normalización
Casilla Nr. 3999
Quito/Equador

The Permanent Secretary for Commerce and Industry
Development Bank Centre
Box 2118
Suva/Fiji

The Permanent Secretary
Department of Weights and Measures
Ministry of Commerce and Industry
Private Bag 0048
Gaborone/Botswana

INMETRO
Caixa Postal 94501
25400 Xerem – R.J./Brasilien

Centre National de Métrologie
Dept. à la Normalisation
21, rue du 6 Septembre
1000 Sofia/Bulgarien

Instituto Nacional de Normalización
Matias Cousiño 64 – 60 Piso
Casilla 995 – Correo 1
Santiago/Chile

The State Bureau of Metrology
of the People's Republic of China
P.O.B. 2112
Beijing/China

Ministro de Economia, Industria y Comercio
Drección de Normas
Apartadó 10216
San José/Costa Rica

Ministry of Commerce and Industry
Industrial Office
Nicosia/Cypern

Metrology Department
Technical Inspectorate
Box 204
SF 00181 Helsinki 18/Finnland

Ministry of Commerce
Direction of Weights and Measures
Kanigos Square
Athen/Griechenland

Instituto Centroamericano
de Investigación y Tecnologia Industrial
(ICAITI)
Apartado Postal 1552
Ciudad de Guatemala/Guatemala C.A.

National Science Research
Council Guayana
P.O.Box 689
University Campus, Turkeyen
Greater Georgetown/Guayana

Service National de Métrologie Légale
Ministère du Commerce Intérieur
Conakry/Guinea

Direction Weights and Measures
Industry Department
Ocean Centre, 14/F
5 Canton Road
Kowloon/Hong Kong

Ministry of Civil Supplies
Weights and Measures
Room Nr. 306, B-Wing
Neu Delhi 110 001/Indien

Direktorat Metrologi
Departement Perdagangan, dan Koperasi
Jalan Pasteur 27
Bandung/Indonesien

Central Organization for Standardization
and Quality Control Metrology Department
P.O.B. 13032
Al Jadiria
Baghdad/Irak

Ministry of Industries and Mines
Institute of Standards and Industrial
Research of Iran
P.O.B. 2937
Teheran/Iran

Ministry of Industry and Trade
Section of Weights, Measures and Standards
P.O.B. 299
Jerusalem/Israel

Jamaican Bureau of Standards
6 Winchester Road
P.O.B. 113
Kingston 10/Jamaica

National Research Laboratory of Metrology
1–4, 1-Chome, Umezono, Sakura-Mura
Niihari-Gun
Ibaraki 305/Japan

Directorate of Standards
Ministry of Industry and Trade
P.O.B. 2019
Amman/Jordanien

Bureau Fédéral des Mesures et
Métaux Précieux
Mike Alasa 14
11000 Belgrad/Jugoslawien

Direction des Prix et des Poids et Mesures
Boête de Postale 493
Douala/Kamerun

Legal Metrology Branch
Consumer and Corporate Affairs
Tunney's Pasture
Standards Building
Ottawa, Ontario K1A OC9/Kanada

Kenya Bureau of Standards
P.O.B. 54974
Nairobi/Kenia

Centro de Control de
Calidad y Metrologia
Apartado Aereo 51 064
Bogotá – 2/Kolumbien

Bureau des Services d'Extension
Bureau du Développement Industriel
Division Métrologie
Ministère du Commerce et de l'Industrie
Seoul/Korea

Central Metrological Institute
Committee of Science and Technology
of the State of the D.P.R. of Korea
Sosong guyok Ryonmod dong
Pyongyang/D.P.R. of Korea

Comité Estatal de Normalizacion
Egido 610
Zona Postal 1
Ciudad de La Habana/Kuba

Under Secretary
Ministry of Commerce and Industry
Department of Standards and Metrology
P.O.B. 2944
Kuwait

Service des Poids et Mesures
Ministère de l'Economie et du Commerce
Rue Al-Sourati, imm. Assaf
Ras-Beyrouth/Libanon

Direction Général des Affaires Economiques
Service des Poids et Mesures
P.B. 201
Bamako/Mali

Ministère du Commerce et de l'Industrie
Division de la Métrologie Légale
Direction du Commerce Intérieur
Rabat/Marokko

Mauritius Standards Bureau
Ministry of Commerce and Industry
Reuit/Mauritius

Consejo Nacional de Ciencia
y Tecnologia – CONACYT
Insugentes Sur 1677, 4° piso
México – D.F./Mexiko

Centre Scientifique de Monaco
16, Boulevard de Suisse
MC Monte Carlo/Monaco

Ministry of Finance
Mint, Weights & Measures Dept.
Bhimsenstambha
Kathmandu/Nepal

Chief Inspector of Weights and Measures
Head Office
Private Bag
Wellington/Neuseeland

Det norske justervesen
Postbox 6832 ST. Olavs Plass
Oslo 1/Norwegen

Ministry of Commerce and Industry
Directorate General of Specifications and Measurements
Muscat/Oman

Bundesamt für Eich- und Vermessungswesen
Gruppe Eichwesen
Postfach 20
A-1163 Wien/Österreich

Comisión Panameña de Normas
Industriales y Tecnicas (COPANIT)
Apartado 9658
Panamá 4/Rep. de Panamá

Pakistan Standards Institution
39-Garden Road, Saddar
Karachi-3/Pakistan

Instituto Nacional de Tecnologia
y Normalización
Avenida Artigas y General Roa
Apartado Postal 967
Asunción/Paraguay

Instituto de Investigación Industrial
y de Normals Técnicas (ITINTEC)
Jr. Morelli 2° Cuadra – Esq. Av. Las Artes
Urbaniz. San Borja
Apartado 145
Lima 34/Peru

Officer-in-Charge
Product Standards Agency
Ministry of Trade and Industry
361 Buendia Avenue Extension
Makati, Metro Manila
Philippines 3117
P.O.Box 3719
Manila/Philippinen

Polski Komitet Normalizacji
Miar i Jakosci
ul. Elektoralna 2
00-139 Warszawa/Polen

Direccao-Geral da Qualidade
Servigo de Metrologia
Ministèrio da Industria e Energia
Rua José Estevâo, 83-A
1199 Lisboa Cedex/Portugal

Institutul National de Metrologie
Sos Vitan-Birzesti nr. 11
Bukarest 4/Rumänien

Départment de Métrologie
Gosstandart
Leninsky Prospect 9
117049 Moskau/U.D.S.S.R.

Comisión Nacional de Metrologia
y Metrotécnia
3 calle del General Ibanez Ibero
Madrid-3/Spanien

Measurement Standards and Services Division
Department of Internal Trade
Park Road
Colombo 5/Sri Lanka

SABS
South African Bureau of Standards
Dr Lategan Road Groenkloof
Private Bag X 191
Pretoria 0001/Rep. of South Africa

SP Statens Provningsanstalt
P.O. Box 857
S-501 15 Boras/Schweden

Eidgenössisches Amt
für Maß und Gewicht
Lindenweg 50
CH-3084 Wabern BE./Schweiz

Patent & Standards Information Center
7th Fl. 36, Nan-king Road, Sec. 3
Taipei/Taiwan Republic of China

National Bureau of Standards
Weights & Measures
P.O.Box 313
Dar Es Salaam/Tansania

Ministry of Commerce
Weights & Measures Division
Bangkok/Thailand

Trinidad and Tobago Bureau of Standards
P.O.B. 467
Port of Spain/Trinidad y Tobago

Urad pro normalizaci a mereni
Vàclavské nàmesti c.19
113 47 Prag 1 – Nove Mesto/
Tschechoslowakei

Ministère de l'economie Nationale
Entreprises Publiques Industrielles
et Planification
1, rue d'Irak
Tunis/Tunesien

Service des Poids et Mesures
Ticaret Bakanligi
Ölcüler ve Ayarlar Müdür Vekili
Bakanliklar
Ankara/Türkei

Országos Mérésügyi Hivatal
P.O.Box 19
H-1531 Budapest/Ungarn

Laboratorio Tecnológico del Uruguay
Galicia 1133
Montevideo/Uruguay

National Bureau of Standards
International Legal Metrology Program
Office of Product Standards Policy
Bldg. 221, room A 353
Washington D.C. 20234/U.S.A.

Servicio Nacional de Metrologia Legal
Ministerio de Fomento
Av. Javiar Ustariz,
Urb. San Bernardino
Caracas/Venezuela

E.13 Anschriften einiger nationaler Waagenfachverbände

Europa:
CECIP
COMITE EUROPEEN DES
CONSTRUCTEURS
D'INSTRUMENTS DE PESAGE
36 Avenue Hoche
F-75 008 Paris

Belgien:
FEDERATION DES ENTREPRISES DE
L'INDUSTRIE DES FABRICATIONS
METALLIQUES (FABRIMETAL)
Groupe 12 – CONSTRUCTEURS D'APPAREILS DE PESAGE
21, rue des Drapiers
Brüssel 5

Bundesrepublik Deutschland:
FACHGEMEINSCHAFT WAAGEN
IM VDMA
Lyoner Str. 18
6000 Frankfurt/Main 71

Dänemark:
VAEGTFORENINGEN
Foreningen af fabrikanter og importører
af vaegte i Danmark
Skodsborgparken 36
DK-2942 Skodsborg

Frankreich:
FEDERATION NATIONALE DU PESAGE
ET DU MESURAGE
Groupe des constructeurs
36, Avenue Hoche
F-75 008 Paris

Großbritannien:
NATIONAL FEDERATION OF SCALE
AND WEIGHING MACHINE
MANUFACTURERS
Turret House Station Road
Amersham-Bucks HP 7 OAB

Italien:
UNIONE COSTRUTTORI ITALIANIA
STRUMENTI PER PESARE (U.C.I.S.P.)
Piazza Diaz 2
I-20123 Mailand

Niederlande:
VERENIGUNG VAN WEEGWERKTUIG-
INDUSTRIEEN (VWI)
Nassaulaan 25
Den Haag

Schweiz:
VERBAND SCHWEIZERISCHER
WAAGEN-FABRIKANTEN
Postfach 303
CH-8048 Zürich

Schweden:
SVERIGES MEKANFÖRBUND
VÄGGRUPPEN
Box 55 06
S-114 85 Stockholm

Spanien:
ASOCIACTION DE CONSTRUCTORES DE
INSTUMENTOS DE PESAJE (AECIP)
Jose Anselmo Clave 2 – 2 Planta
Barcelona

Finnland:
VAAKAKILTA RY
Kelohongantie 17
SF-15 200 Lahti 20

Japan:
JAPAN MEASURING INSTRUMENTS
FEDERATION
25-1 Nando-Cho
Shinjuku-Ku
Tokyo

Österreich:
FACHVERBAND DER MASCHINEN- U.
STAHLBAUINDUSTRIE OESTERREICH
Bauernmarkt 13
A-1011 Wien 1

USA:
SCALE MANUFACTURERS
ASSOCIATION
1000 Vermont Avenue, N.W.
Washington, DC 20005

E.14 DIN-Normen, für die der Normenausschuß Waagenbau (NWB) verantwortlich ist (Stand 1.2.1983)

DIN		Ausgabe-datum:	Titel:
1916		04.72	Dosenlibellen für Waagen
1917		09.78	Verschlußstempelstellen für Waagen
1918		04.72	Stahlbänder zur Kraftübertragung für Waagen mit Neigungsgewichteinrichtung
1921		09.64	Schneiden, Achsen und Pfannen für Handels- und Präzisionswaagen, Normprofile
1923		02.78	Laufgewichtshebel für Waagen mit und ohne Kartendruckwerk
1924	Teil 1	10.82	Zur Eichung zugelassene Gewichtstücke; Handelsgewichte
1924	Teil 3	10.82	Zur Eichung zugelassene Gewichtstücke; Karatgewichte
1925		11.79	Brückenwaagen; Lastannahmen, Sicherheitskennzeichnung
1926	Teil 1	01.73	Brückenwaagen; Höchstlast, Brückengrößen
1926	Teil 2	09.73	Brückenwaagen; Straßenfahrzeugwaagen, Höchstlast, Brückengrößen
1926	Teil 3	07.74	Brückenwaagen; Gleiswaagen einschl. der kombinierten Gleis- und Straßenfahrzeugwaagen, Höchstlast, Brückengrößen
1927		07.72	Brückenwaagen; Stellung des Wägeschrankes zur Brücke
1929		07.82	Wägekarten für Fahrzeug- und Viehwaagen mit Druckeinrichtung
1930		09.64	Dezimalwaagen; Feststellschrauben für Ausgleichsgewichte
1931		01.70	Waagengruben für Brückenwaagen mit zwei oder mehr Lasthebeln
1932		12.72	Stempelplättchen
1933		12.72	Gewichtsschalen für Dezimalbrückenwaagen, rechteckig
8110		06.67	Laufgewichtsbrückenwaagen; Haushaltswaagen, nicht eichfähig, Anforderungen, Kennzeichnung
8111		07.71	Selbsteinspielende Haushaltswaagen, nicht eichfähig; Anforderungen
8112		04.66	Personenfederwaagen, nicht eichfähig; Anforderungen, Kennzeichnung
8119		12.71	Brücken für Straßenfahrzeugwaagen; Lastannahmen
8120	Teil 1	07.81	Begriffe im Waagenbau; Gruppeneinteilung; Benennungen und Definitionen von Waagen
8120	Teil 1 Beiblatt 1	10.82	Begriffe im Waagenbau; Gruppeneinteilung; Benennungen und Definitionen von Waagen, Benennungen in Deutsch, Englisch, Französisch, Spanisch
8120	Teil 2	01.81	Begriffe im Waagenbau; Benennungen und Definitionen von Bauteilen und Einrichtungen für Waagen
8120	Teil 2 Beiblatt 2	10.82	Begriffe im Waagenbau; Benennungen und Definitionen von Bauteilen und Einrichtungen für Waagen; Benennungen in Deutsch, Englisch, Französisch, Spanisch

DIN		Ausgabe-datum:	Titel:
8120	Teil 3	01.81	Begriffe im Waagenbau; Meß- und eichtechnische Benennungen und Definitionen
8120	Teil 3 Bei-blatt 3	10.82	Begriffe im Waagenbau; Meß- und eichtechnische Benennungen und Definitionen; Benennungen in Deutsch, Englisch, Französisch und Spanisch
8125	Teil 1	06.82	Graphische Symbole für den Waagenbau; Übersicht
8125	Teil 1	06.82	Graphische Symbole für den Waagenbau; Bildzeichen mit breiten Linien
8125	Teil 2	01.83	Graphische Symbole für den Waagenbau; Graphische Symbole zur Information der Öffentlichkeit

Sachwortverzeichnis